普通高等教育“十一五”国家级规划教材
北京高等教育精品教材
高等院校精品教材系列

理论力学教程

水小平　白若阳　刘海燕　编著

電子工業出版社
Publishing House of Electronics Industry
北京·BEIJING

内容简介

本教材根据教育部高等学校力学基础课程教学指导分委员会最新制定的“理论力学课程教学基本要求（**A** 类）”编写，是普通高等教育“十一五”国家级规划教材和北京高等教育精品教材，也是国家精品课程的配套教材。全书共分为三篇：第一篇为运动学，包括运动学基础、刚体的平面运动、复合运动；第二篇为静力学，包括静力学基本概念、力系的简化、力系的平衡；第三篇为动力学，包括动力学基础、动能定理、动量原理（含碰撞）、达朗贝尔原理、虚位移原理、动力学普遍方程和第二类拉格朗日方程。全书共配有607道题（大部分是作者编写的新题），其中例题136道、思考题155道和习题316道。另外，还附有北京理工大学2010～2013年攻读硕士学位研究生入学考试“理论力学”试题。

本教材可作为高等学校工程力学类、航空航天类、机械类、动力类、材料类、土建类、船舶类、水利类等专业本科生多学时理论力学教材，也可供函授、远程、高职高专的相关专业师生及有关工程技术人员参考，同时也是研究生入学考试和教师备课值得选用的参考材料。

图书在版编目(CIP)数据

理论力学教程／水小平，白若阳，刘海燕编著．—北京：电子工业出版社，2013.9
高等院校精品教材系列
ISBN 978-7-121-21350-2

I. ①理… II. ①水… ②白… ③刘… III. ①理论力学-高等学校-教材 IV. ①O31

中国版本图书馆CIP数据核字(2013)第202973号

策划编辑：余　义
责任编辑：余　义
印　　刷：涿州市京南印刷厂
装　　订：涿州市京南印刷厂
出版发行：电子工业出版社
　　　　　北京市海淀区万寿路173信箱　邮编：100036
开　　本：787×1092　1/16　印张：24.75　字数：634千字
版　　次：2013年9月第1版
印　　次：2022年6月第12次印刷
定　　价：55.00元

凡所购买电子工业出版社图书有缺损问题，请向购买书店调换。若书店售缺，请与本社发行部联系，联系及邮购电话：(010)88254888。

质量投诉请发邮件至 zlts@phei.com.cn，盗版侵权举报请发邮件至 dbqq@phei.com.cn。

服务热线：(010)88258888。

前　言

"理论力学"是一门演绎性很强的重要技术基础课，它不仅是整个力学学科的基础，也是许多工科专业的学生学习后续相关课程和将来从事科学技术工作的必要基础。"理论力学"课程以理论的系统性与应用的灵活性为特点，可以培养学生的逻辑思维能力、抽象简化能力、实践应用能力和初步的科学研究能力。通过该课程的学习，学生不仅可以掌握力学的最基本概念和定理（或原理），还可以学会处理力学问题的最基本方法和技能。同时，它又是将矢量函数、微积分、线性代数等高等数学知识较早地应用于工程实际的课程，在对学生进行工程意识与工程能力、科学素质与严谨作风、探索精神与创新能力的培养中起到了举足轻重的作用。

本教材是根据教育部高等学校力学基础课程教学指导分委员会最新制定的"理论力学课程教学基本要求（A类）"，借鉴国内外一些优秀教材的成功经验，结合北京理工大学工程力学课程组（我校"工程力学"课程 2006 年被评为国家级精品课程，我校"工程力学"教学团队 2007 年被评为首届国家级教学团队）多年来的教学研究、改革与实践的成果以及作者 20 多年的教学心得编写而成的，并被列为普通高等教育"十一五"国家级规划教材和北京高等教育精品教材。

针对理论力学虽然定理、公式不多，基本概念和基本理论貌似浅显却难以深入掌握，解题过程需对力和运动进行缜密分析，对基本定理（或原理）的应用灵活，题型多变，所研究的物体机械运动与日常生活及很多领域的工程有着广泛的联系等特点，本教材以力学的基本概念、基本定理、基本方法为主体内容，同时注重相关知识的扩展和适度的深化，较多地采用从一般到特殊的知识体系，结构紧凑，表述简洁；通过解释日常生活现象和工程实例，体现了理论与实际的密切联系，既提高了学生的学习兴趣，又增强了学生的工程意识与解决实际问题的能力；精编典型例题，规范解题过程，针对学生解题时往往止步于求出答案，缺乏对例题的深入思考这一弊端，本教材在所有例题的后面都附有深入细致的"注意"（即小批注），有的对解题的关键予以说明，有的指出了学生在解题中容易混淆的概念和忽略的问题或常犯的错误及错误的根源，有的给出一题多解的思路或进一步可研究的问题，可以夯实学生对基本知识的理解并更好地启迪学生的创新思维，学生仔细研读一题可胜过囫囵吞枣地阅读多题，是对基本理论学习的具体指导，能起到举一反三的作用；每章后的思考题都是针对一些容易犯错的概念精心设计的，给学生留下了独立思考的空间，可以很好地帮助学生深入、准确地理解课程内容；所给习题新颖丰富，并在题目中注意体现基本理论和基本方法的灵活应用，以使学生得到比较全面的训练，有利于学生综合能力的培养，能满足不同层次学生在学习中的多种需求，为了方便读者，书后附有习题参考答案。本教材中的例题、思考题和习题有相当一部分是作者围绕课程内容自己编写的新题，同时也参考国内外一些优秀教材中的部分例题、思考题和习题，在此，作者向这些教材的编著者们深表谢意。附录 A 给出了北京理工大学 2010～2013 年攻读硕士学位研究生入学考试"理论力学"试题，相信对报考北京理工大学及其他高校或研究院所相关专业的硕士研究生在"理论力学"课程的系统复习和进一步的提高中有一定的帮助作用。

总之，本教材力争将基本概念阐述得科学、准确，将基本理论阐述得系统、全面，将基本方法阐述得清楚、易懂，帮助读者在较短的时间内融会贯通所学知识和深入理解其物理意义。同时，在重视基础、突出重点、加强综合能力、提高科学素质、培养工程意识和激发创新思维等方面进行了有益尝试。本教材很好地反映了编著者近年来开展“启发式和研究型”教学改革与实践的成果，体系新颖、条理清晰、逻辑严谨、特色鲜明，使学生在物体机械运动的瞬时分析和过程分析两个层面都得到有效训练，着力培养学生将工程实际问题抽象简化为力学模型和进行力学计算的能力，相信对“理论力学课程的高质量教学”能够起到积极的作用。

本教材由全国优秀教师、第三届北京市高等学校教学名师奖获得者水小平教授潜心编著，白若阳副教授精心绘制了全部插图并认真解答了所有习题，刘海燕副教授仔细校核了全书内容和所有习题的解答，工程力学课程组的韩斌、廖力、秦晓桐、张强、李海龙、赵希淑等老师在教材的编写过程中也参与了部分工作。

首届高等学校国家级教学名师奖获得者梅凤翔教授对教材进行了详细审阅，并提出了许多宝贵意见。北京理工大学宇航学院力学系许多教师对本教材的编写也提出了许多好的建议。北京理工大学教务处、宇航学院的相关领导以及电子工业出版社对本教材的出版提供了热情帮助和大力支持。在此，作者一并表示衷心的感谢。

编写一套集基本概念、基本理论、解题指导和富有创意的思考题、习题于一体的理论力学教材是作者多年的夙愿，也深深体会到做好这项工作的艰难，需要有志于理论力学教学的全体同仁的共同不懈努力。由于作者的水平有限，书中疏漏和有误之处在所难免，真诚希望广大读者对本教材提出修改意见和建议，使本教材能够不断得到提高和改进。

水小平　白若阳　刘海燕

2013 年 7 月

目　录

第一篇　运　动　学

第二篇　静　力　学

第三篇　动　力　学

绪　论

理论力学是研究物体机械运动一般规律的科学。所谓机械运动，就是物体的位置随时间而变化。它是客观世界中物质运动的最基本形式。力是物质间的一种相互作用，机械运动状态的变化就是由这种相互作用引起的。众所周知，许多工程技术学科，如机械、车辆、航空航天器、机器人等的主要运动形式就是机械运动，因此，理论力学是与这些机械运动密切相关的工程技术学科必不可少的基础。理论力学所研究的是力学中最普遍、最基本的规律，这就决定了它更是各门力学学科的重要基础。

理论力学的知识体系是以伽利略和牛顿所建立的力学基本定理为基础的，属于**经典力学**的范畴。它仅适用于运动速度远小于光速的宏观物体的运动，绝大多数工程实际中所遇到的力学问题都属于这个范围。至于速度接近光速的宏观物体的运动和微观粒子的运动，则是相对论和量子力学的研究范畴。

抽象化和数学演绎是形成理论力学的基本概念和基本理论的主要方法。在对具体的机械运动进行研究时，如果对实际存在的所有因素不分主次全部计入，看起来似乎很符合实际，而结果可能使问题无法求解，或者虽能求解，但困难极大，费时费力，而实际工作中并不需要这样高的精确度，因此，对于一个具体问题，可以根据研究问题的性质和目的，抓住起决定作用的主要因素，忽略影响很小的次要因素，进行合理抽象简化得到研究对象的**力学模型**，使其既满足实际要求，又必须在数学计算上方便可行。当被研究物体的运动范围远远大于其本身的大小，它的形状对运动的影响可以忽略不计时，可以将该物体抽象简化为只有质量而没有体积的点，称为**质点**。一般情况下，任何物体都可以看成是由许多质点所组成的系统，称为**质点系**。当物体的变形对其运动的影响可忽略不计时，可将该物体抽象为**刚体**，即不会发生变形的物体，是组成物体的各个质点之间的距离永远保持不变的特殊质点系。由多个刚体相互连接而组成的系统称为**刚体系**。将质点、质点系、刚体、刚体系统称为**离散系统**，它是理论力学的研究对象。在分析固体的变形或流体的流动规律时，必须建立另外一种力学模型，即物质在空间连续分布的**连续介质**，它是固体力学、流体力学等后续力学分支的研究对象。但理论力学中涉及的一些力学普遍规律也适用于连续介质。当然，不同的研究对象可以抽象为不同的力学模型，即使是同一研究对象，根据研究问题的性质和目的的不同也可以抽象为不同的力学模型，以我们生活的地球为例，当研究地球在太阳系中的运动轨道时，地球半径（约为 6370km）比其轨道平均半径（约为 1.5×10^{8} km）要小得多，此时可将地球抽象为一个质点；当研究人造地球卫星的运动轨道时，地球的大小就不能不考虑，但它的变形可忽略不计，此时的地球可抽象为一个刚体；至于考虑地震的起因或地球的演化时，则必须考虑地球各部分的变形和流动，即将地球看成是连续介质来研究。建立力学模型后，再采用数学演绎的方法得到相关的公式、定理、定律和结论，并经受实践的严格检验，得到正确的力学理论，深刻反映物体机械运动的规律，再应用这些概念、理论和结论去指导新的实践，解决工程、生产和生活中的实际力学问题。

理论力学的研究内容由运动学、静力学和动力学三部分组成。**运动学**只从几何的角度研究物体的运动，而不研究引起物体运动的原因，给出运动描述的方法，建立不独立运动量与独立运动量之间的关系；**静力学**主要研究物体在力系作用下的平衡规律，同时也研究力的基本性质，物体受力的分析方法和力系的简化方法；**动力学**则建立物体的运动与其受力之间的定量关系。从理论力学的知识体系来讲，运动学和静力学的基本概念相对独立，但它们都是动力学的必备基础，动力学则是理论力学的核心内容。必须指出，这三部分内容所涉及的基本概念或公式、定理与解决问题的方法均可直接解决工程对象的力学问题，例如：运动学可以解决机械系统中从动件与主动件之间的运动学关系；静力学可以解决工程结构的内力计算和机构的条件平衡的求解；动力学可以直接给出机械系统在外力系作用下的运动规律。

理论力学是一门理论严谨、概念抽象、系统性强、应用面广的重要技术基础课程，需在以下三个方面达到要求：(1)具有清晰的物理概念和形象的几何直观，准确地理解和掌握基本概念与基本原理；(2)熟悉基本定理和公式，并能在正确条件下灵活运用；(3)学会处理力学问题的一些基本方法。这就需要在认真钻研理论、深入消化例题和独立完成足够数量的习题之间做一定的交替，力求达到深化认识、融会贯通、正确应用的课程学习的最终目的。

第一篇 运动学

运动学研究点和刚体运动的几何性质，包括点的运动方程（或轨迹）、速度、加速度和刚体的转动方程、角速度、角加速度等，而不考虑力和质量等与运动有关的物理量。换言之，运动学只研究对已给定运动的描述，而不考虑引起运动的原因和实现的方法。后者属于动力学的研究范围。

要描述一个物体的运动，必须以另一个不变形的物体为参照才能确定，这个参照物体称为**参考体**。通过不同的参考体来观察和描述同一物体的运动，其结果是不同的。例如，站在地面上和坐在行驶着的车辆中来观察同一地面建筑物，在地面上的观察者以地面为参考体，观察到的建筑物处于静止状态；而坐在车辆上的观察者以行驶着的车辆为参考体，观察到建筑物处于与车辆行驶的反方向运动中。因此，在描述物体的运动时，必须指出相对于哪个参考体，如不进行特别说明，则以地球为参考体。为了便于对物体的运动进行定量描述，通常在参考体上固连某种坐标系称为**参考系**，参考系也可视为与参考体相固连的整个延伸空间。

在运动学中研究的点是指一个没有质量和大小的纯几何点，当物体的几何尺寸和形状在运动过程中可忽略不计时，物体的运动便可简化为点的运动。由于刚体可看成是无数个点的组合，所以点的运动又是研究刚体运动学的基础。

第1章 运动学基础

点的运动和刚体的简单运动——平移和定轴转动是工程中很常见的运动，也是研究复杂运动的基础。本章先介绍约束及其分类、刚体运动的分类、广义坐标和自由度等基本概念，然后以地球为参考体研究点的一般运动的描述，最后研究刚体平移和定轴转动的整体运动特征及其上点的运动性质。

1.1 约束及其分类

在理论力学中将所有物体分为两类：自由体和非自由体。凡能在空间自由运动的物体称为**自由体**，即自由体在空间的位移不受任何限制，例如在空中飞行的飞机、卫星等。而**非自由体**是指它在空间的位移受到一定限制的物体，例如列车受铁轨的限制，只能沿轨道运动；电机转子受到轴承的限制，只能绕转轴转动等。一般将这种事先给定的限制物体运动的条件称为**约束**，因此，非自由体就是受到约束的物体，而自由体是不受约束的物体。必须注意对约束定义中“事先给定”的正确理解，例如，射击时枪膛事先限制了子弹只能沿枪膛内壁上刻出的螺旋线(称为来复线)作螺旋运动，因此，枪膛就是对子弹的一种约束，但子弹出膛后其质心作抛物线运动则不是事先给定的，而是由初始条件和动力学方程共同确定的，是子弹质心的运动轨迹，而不是约束。

工程中常见约束的基本类型如下：

1. 柔性体约束

不可伸长的质量可忽略不计的柔绳、链条或胶带构成的约束统称为**柔性体约束**(图 1-1)，简称**柔索**，它只限制物体沿柔索被拉伸方向的运动，而不能限制物体其他方向的运动。

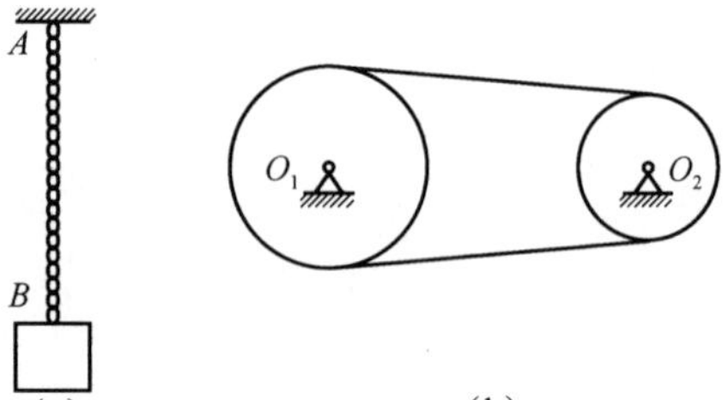

(a) (b)

图 1-1 柔性体约束

2. 光滑面约束

将物体搁置于光滑的平面或曲面上而形成**光滑面约束**(图 1-2)，它限制物体不能取得沿法线方向进入光滑面的位移。

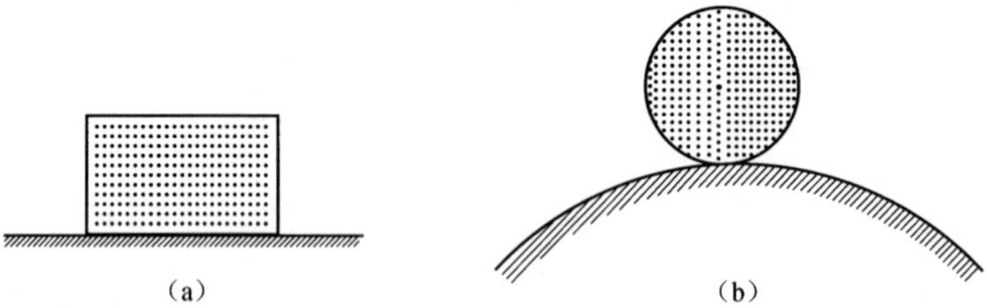
(a) (b)

图 1-2 光滑面约束

3. 光滑圆柱铰链约束

用光滑圆柱销钉将两个带有销钉大小孔的构件连接在一起组成**光滑圆柱铰链约束**(图 1-3(a))，

受这种约束的物体只能绕销钉中心轴线转动，而不能取得沿销钉轴向和任意径向的位移，其简图为图 1-3(b)。

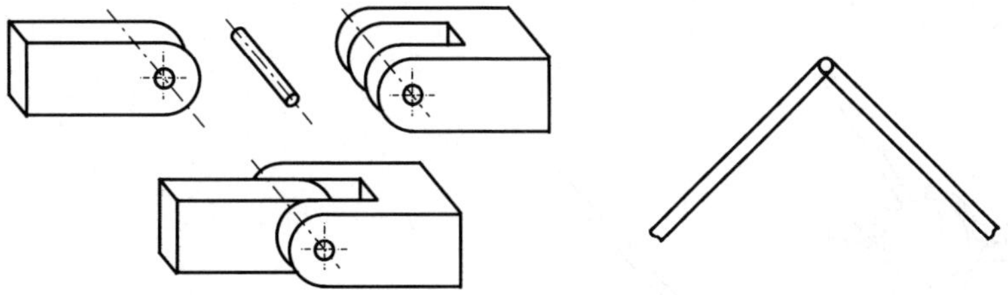

(a) (b)

图 1-3 光滑圆柱铰链约束

4. **固定铰支座约束**

这类约束是光滑圆柱铰链的演变形式。若用光滑圆柱铰链相连的两物体中，有一个是与地面固连静止不动的支座，则称另一个物体在铰链处受**固定铰支座约束**(图 1-4(a))，其简图为图 1-4(b)。

5. **活动铰支座约束**

这类约束也是光滑圆柱铰链约束的演变形式，它是在固定铰支座下安放一排光滑滚柱而成，称为**活动铰支座约束**，又称为**辊轴支座**(图 1-5(a))，它限制与它相连的物体不能取得进入约束平面方向的位移，其简图为图 1-5(b)。

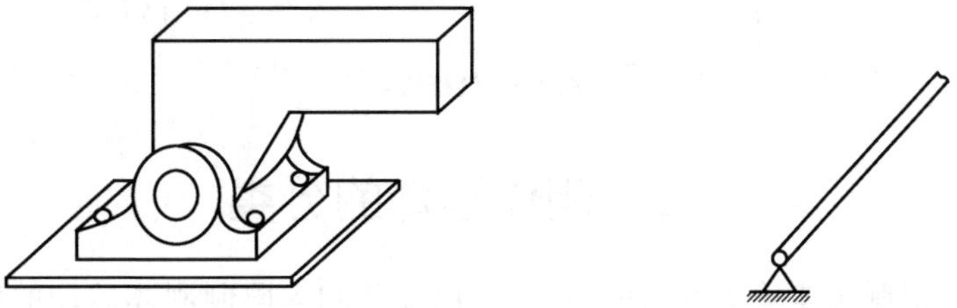

(a) (b)

图 1-4 固定铰支座约束

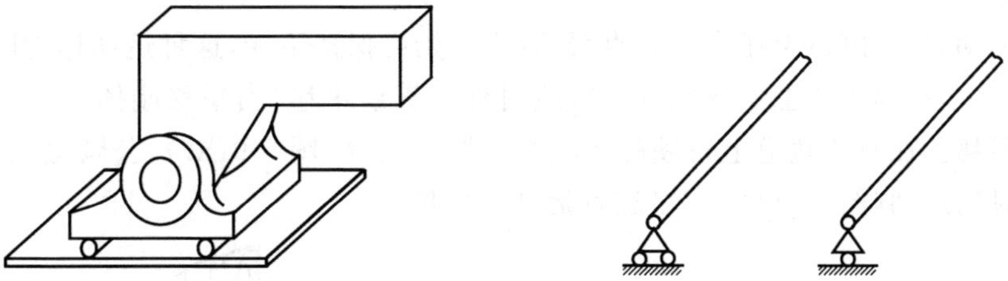

(a) (b)

图 1-5 活动铰支座约束

6. **光滑球铰链支座约束**

这种约束是光滑面约束的一种演变形式，它是将被约束物体的一端做成光滑圆球，并置于直径相同的光滑的固定球窝支座中而构成，称为**光滑球铰链支座约束**(图 1-6(a))，它允许被约束的物体只可绕球心作任意方向的转动，而球心不能有任意方向的位移，其简图为图 1-6(b)。

7. 固定端约束

物体的一端与另一物体相固连，不允许这两物体间发生任何相对运动称为**固定端约束**（图 1-7），如悬臂梁等。

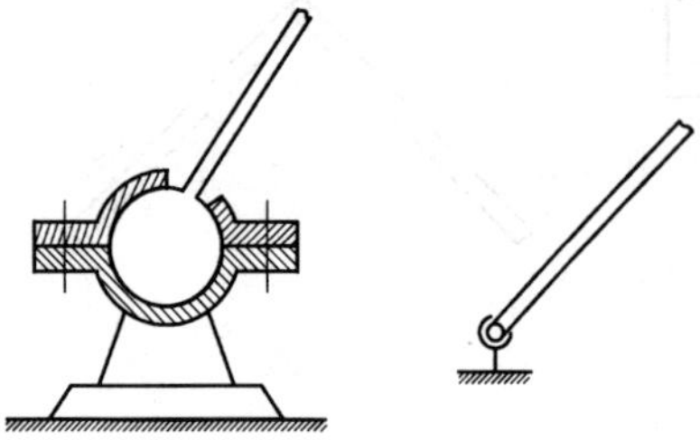

（a）　　　　　　　　（b）

图 1-6　光滑球铰链支座约束

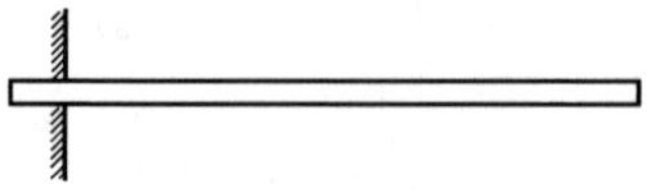

图 1-7　固定端约束

8. 链杆约束

两端用光滑圆柱铰链与被约束物体和大地相连接的刚杆称为**链杆**（图 1-8），链杆只限制被约束物体沿链杆被拉伸或压缩方向的位移。显然图 1-8(a)中点 A 只能沿水平方向运动，图 1-8(b)中点 A 不能发生任意方向的位移。

（a）　　　　　　　　（b）

图 1-8　链杆约束

1.2　刚体运动的分类

由于约束能够限制刚体某些方向的运动，可以按照约束限制刚体运动的特点，将刚体的运动分为以下几类：

1. 平移

当刚体运动时，在刚体上任意画一直线，其方位始终保持不变，这种运动称为刚体的**平行移动**，简称**平移**。当平移刚体上点的轨迹为直线时称为**直线平移**，当平移刚体上点的轨迹为曲线时称为**曲线平移**。在直线轨道上行驶的车辆其车厢的运动（图 1-9(a)），公园里儿童荡浪木，浪木保持平行时的运动（图 1-9(b)）都是这种运动的实例。

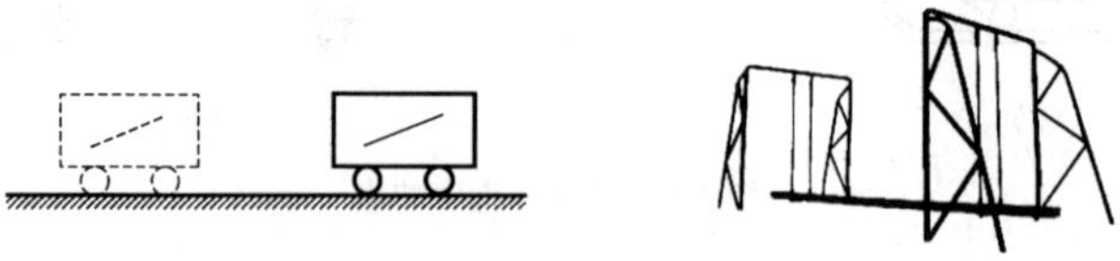

（a）　　　　　　　　（b）

图 1-9　平移刚体实例

2. 定轴转动

当刚体运动时，若刚体内或在其延拓部分始终存在着一根不动的直线，则该刚体的运动称为**定轴转动**，这根不动的直线称为刚体的转轴，机器中的齿轮（图 1-10(a)），单摆中的摆杆 OA（图 1-10(b)）均是此类运动的实例。

3. 平面运动

当刚体运动时，其上各点轨迹均为平面曲线，这些曲线所在平面相互平行（包括重合），则该刚体的运动称为**平面运动**。两端分别沿水平和铅垂轨道在铅垂面内运动的刚杆 AB（图 1-11(a)），在直线轨道上滚动的车轮（图 1-11(b)）均是这类运动的实例。

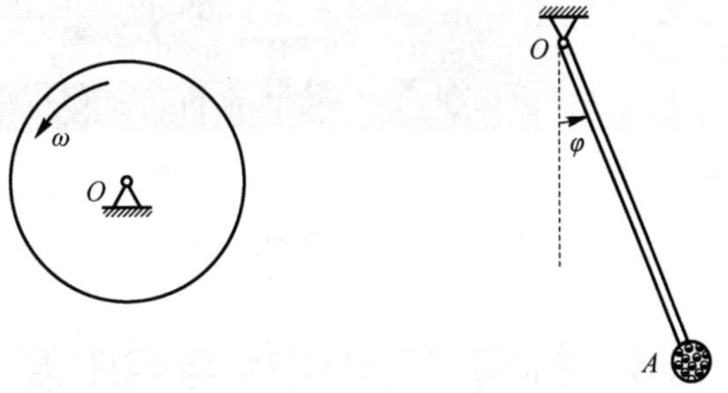

（a）　　（b）

图 1-10　定轴转动刚体实例

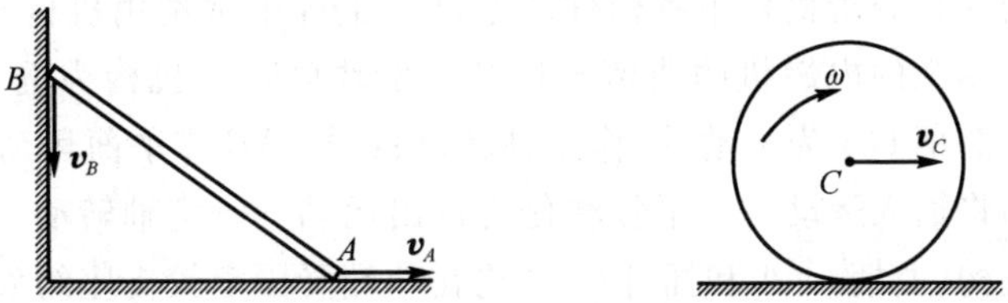

（a）　　（b）

图 1-11　平面运动刚体实例

4. 定点运动

当刚体运动时，若刚体内或其延拓部分始终存在着一个且只有一个静止不动的点，则该刚体的运动称为**定点运动**。由于定点运动刚体上的点到固定点的距离始终保持不变，因此，其上任一点都在以固定点为中心，而以该点到固定点的距离为半径的球面上运动，也就是说，刚体的定点运动是三维的空间运动。陀螺运动（图 1-12(a)），研磨机的滚子（1-12(b)）都是刚体定点运动的实例。

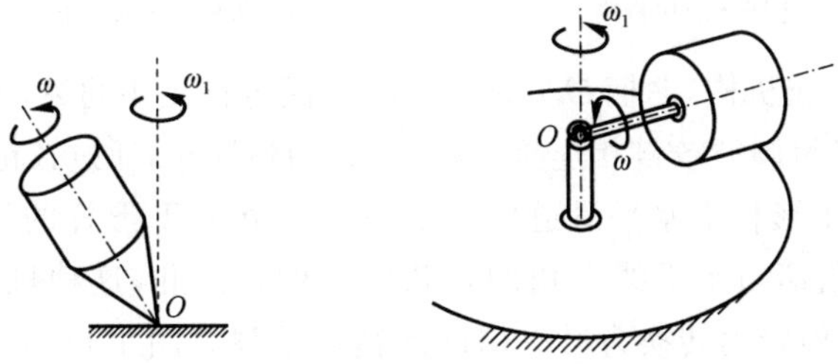

（a）　　（b）

图 1-12　定点运动刚体实例

5. 一般运动

自由刚体的运动也称为刚体的**一般运动**，这时刚体的运动不受任何约束，空中的飞机（图 1-13(a)），海中的舰船（图 1-13(b)）都是一般运动刚体的实例。

本书只研究刚体的前三种运动，重点是平面运动的刚体和刚体系。

(a) (b)

图 1-13 一般运动刚体实例

1.3 机构、广义坐标与自由度

机构是指用各种形式约束将各构件相互连接起来，能够实现某种预期运动的刚体系。在运动学中所谓分析运动就是分析机构中各构件的运动。工程中常利用机构来传递运动或改变运动的形式。先以人们熟悉的内燃机的曲柄一连杆一滑块（活塞）机构为例（图 1-14），活塞 B 为原动件，作平移运动；曲柄 OA 为从动件，作定轴转动；连杆 AB 作平面运动，通过它将活塞和曲柄连接起来。该机构将输入运动——平移转化为输出运动——定轴转动。再如图 1-15 所示的曲柄一连杆一摇杆机构，曲柄 O_1A 和摇杆 O_2B 均在一端受固定铰支座约束，而另一端均以光滑圆柱铰链与连杆 AB 相连，当曲柄 O_1A 绕轴 O_1 转动整周时，通过作平面运动的连杆 AB 带动摇杆 O_2B 绕轴 O_2 作往复摆动（只在小于 360°的某个范围内转动）。此机构又称四连杆机构（O_1O_2 可视为一固定不动的刚杆），它可以实现转动和摆动两种运动间的转换。

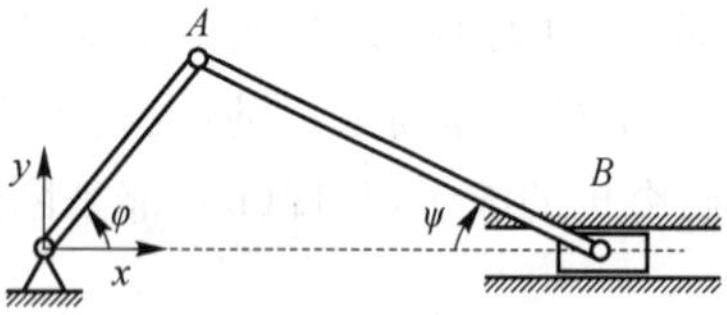

图 1-14 曲柄一连杆一滑块机构

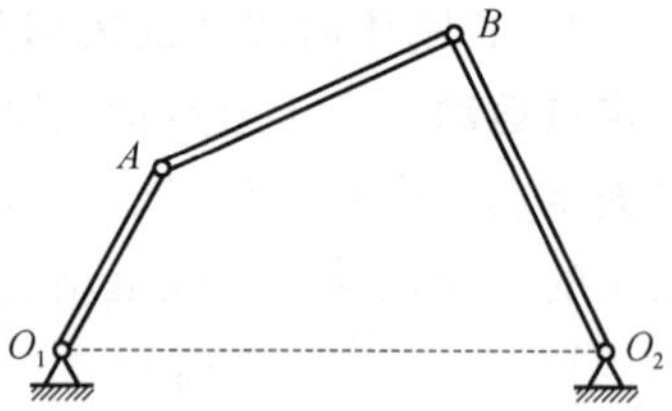

图 1-15 曲柄一连杆一摇杆机构（四连杆机构）

图 1-16 为一正（余）弦机构，曲柄 OA 的一端 O 受固定铰支座约束，另一端与置于 T 形杆铅垂滑槽中的滑块 A 以光滑圆柱铰链相连接，当曲柄转动整周时，通过铰链 A 带动滑块在 T 形杆的滑槽内滑动，并带动 T 形杆沿水平滑道作往复平移。由于 T 形杆的位移和曲柄与铅垂线夹角的正弦成比例（或和曲柄与水平线夹角的余弦成比例），因此，这种机构称为正（余）弦机构。它可以使一个构件的不停转动转换为另一构件的往复平移。图 1-17(a)为凸轮机构，当偏心轮（凸轮）绕固定铰支座转动时，通过其轮廓表面推动挺杆 AB 在铅垂滑道内往复平移，使与挺杆相固连的阀门时而开启、时而关闭。此机构多用于发动机配气机构，它也实现将一个构件的不停转动转换为另一构件的往复平移。图 1-17(b)为另一凸轮机构，当半圆凸轮沿水平轨道作平移时，通过其轮廓表面推动挺杆 AB 沿铅垂滑道作平移，实现了一构件的水平方向平移转换为另一构件的铅垂方向平移。图 1-18为刨床机构，曲柄 O_1A 与摇杆 O_2B 的端部 O_1、O_2 受固定铰支座约束，曲柄 O_1A 的另一端 A 与套在摇杆 O_2B 上的套筒 A 以光滑圆柱铰链相连接，连杆 BC 的两端分别与摇杆 O_2B 和沿水平滑道滑动的滑枕 CDE 以光滑圆柱铰链相连接，滑枕

的左部以光滑圆柱铰链与刨刀相连接。当曲柄以 ω 作匀角速转动时，通过套筒带动摇杆绕轴 O_2 往复摆动，从而通过作平面运动的连杆 BC 带动滑枕在水平轨道内作往复平移。由于这种机构的滑枕在往左的冲程（切削冲程）中的速度慢，而往右的冲程（退刀冲程）中的速度快，所以又称为**急回机构**。

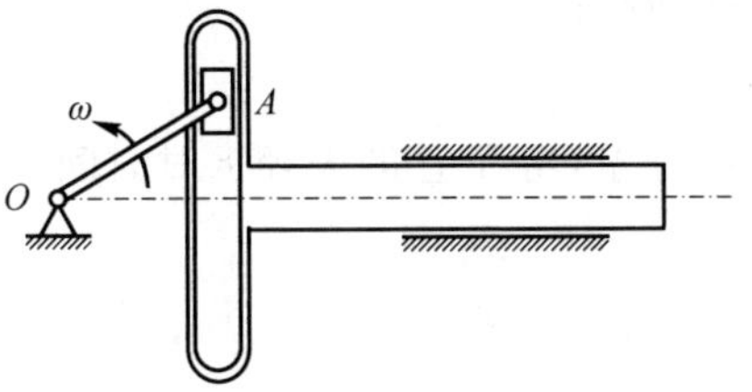

图 1-16　正（余）弦机构

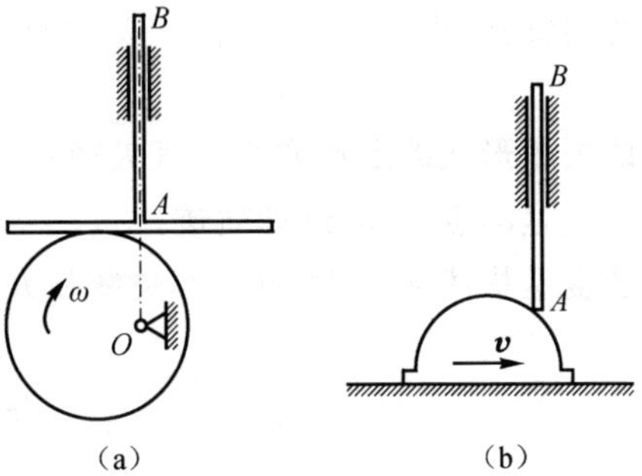

图 1-17　凸轮机构

机构中各构件上点的位置由机构的位置确定，而机构的位置总可以由某些独立的几何参数所确定。如图 1-14 所示的曲柄一连杆一滑块机构，其位置可由图中的角 φ 确定；图 1-19 所示的滑块一摆杆机构，其位置可由图中的直角坐标 x 和角 θ 确定。确定机构即机械系统在参考系中的位置的独立几何参数称为**广义坐标**，确定系统位置的广义坐标的个数则反映了系统能够自由运动的程度，称为系统的**自由度数**①。必须指出，给定系统的自由度数是确定的，但广义坐标的选取可有不同方案，例如图 1-14 还可以选连杆 AB 与水平线夹角 ψ 或点 B 的位置（可用 x_B 表示）为广义坐标。

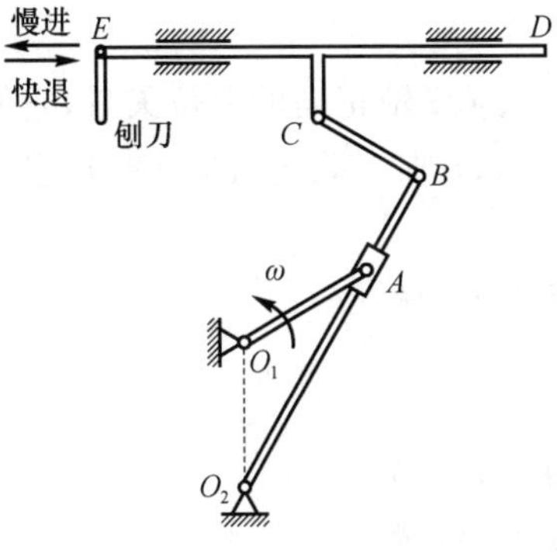

图 1-18　刨床机构（急回机构）

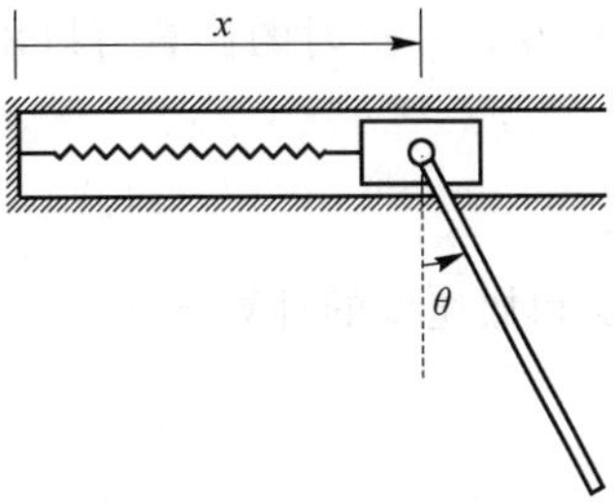

图 1-19　滑块一摆杆机构

1.4　点的一般运动及其描述方法

点的运动学是研究刚体运动学的基础，又具有独立的应用价值。刚体是由点组成的，机构中各构件之间的运动传递也是通过连接点或接触点来实现的。

点的运动分为直线运动和曲线运动，《大学物理》中主要介绍了直线运动和简单的平面曲线运动（如圆周运动、抛物线运动），本课程还要研究一般的空间曲线运动。

---

① 该自由度数的定义只对完整约束系统才正确，更确切的自由度定义见相关的《分析力学》教材。

1. 矢量法

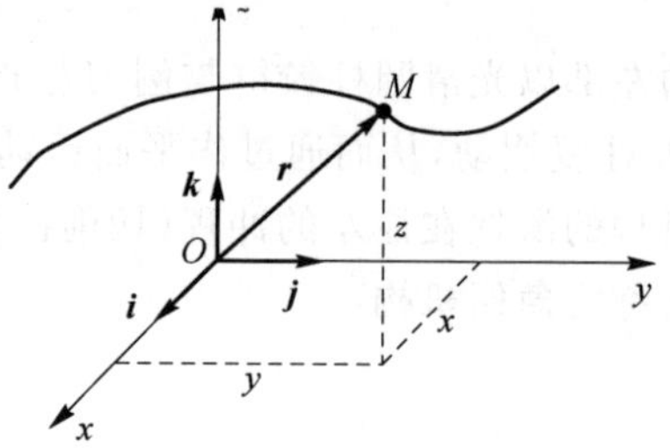

图 1-20　点的运动描述

设动点 M 在空间沿某一曲线运动，选取某固定点 O 为原点，则点 M 在空间的位置可用矢径 $\boldsymbol{r}=\overrightarrow{OM}$表示，如图 1-20 所示，当动点 M 运动时，矢径 $\boldsymbol{r}$ 的大小和方向都随时间 t 连续变化，即

$$\boldsymbol{r} = \boldsymbol{r}(t) \tag{1-1}$$

这就是**点的矢量形式的运动方程**。其矢径端点在空间所描绘出的曲线就是动点 M 的**运动轨迹**。

点的速度是描述动点 M 的运动快慢和方向的物理量，等于它的矢径 $\boldsymbol{r}$ 对时间 t 的一阶导数，即

$$v = \frac{\mathrm{d}\boldsymbol{r}(t)}{\mathrm{d}t} = \dot{\boldsymbol{r}}(t) \tag{1-2}$$

其方向沿轨迹的切线，并与该点运动的方向一致。

点的加速度是描述点的速度大小和方向变化的物理量，等于其速度 v 对时间的一阶导数，或等于其矢径 $\boldsymbol{r}$ 对时间的二阶导数(注：物理量上方加"·"表示该量对时间的一阶导数，加"¨"表示该量对时间的二阶导数)，即

$$\boldsymbol{a} = \dot{v} = \ddot{\boldsymbol{r}} \tag{1-3}$$

以上对点的运动描述采用了矢量法，矢量法概念清楚，表达式简单，且与具体坐标系选择无关，常用于理论推导。为了便于计算，下面再介绍描述点的一般运动的直角坐标法和自然坐标法(弧坐标法)。

2. 直角坐标法

在固定点 O 建立直角坐标系 $Oxyz$($\boldsymbol{i}$、$\boldsymbol{j}$、$\boldsymbol{k}$ 分别为 x、y、z 轴正向的单位矢量，它们均为常矢量)，则动点 M 在每一瞬时的位置可以用其直角坐标 x、y、z 唯一确定(图 1-20)，它们与其矢径 $\boldsymbol{r}$ 的关系为

$$\boldsymbol{r}(t) = x(t)\boldsymbol{i} + y(t)\boldsymbol{j} + z(t)\boldsymbol{k} \tag{1-4}$$

于是点的速度和加速度的计算式为

$$v(t) = \dot{x}(t)\boldsymbol{i} + \dot{y}(t)\boldsymbol{j} + \dot{z}(t)\boldsymbol{k} \tag{1-5}$$

$$\boldsymbol{a}(t) = \ddot{x}(t)\boldsymbol{i} + \ddot{y}(t)\boldsymbol{j} + \ddot{z}(t)\boldsymbol{k} \tag{1-6}$$

由式(1-5)和式(1-6)可分别确定速度、加速度的大小和方向。

3. 自然坐标法(弧坐标法)

当点的运动轨迹已知时，利用轨迹曲线定义弧坐标来描述点的运动，并建立一个与点的轨迹有关的坐标系(自然轴系)来描述点的速度和加速度，可得物理意义明确的计算公式。

设动点 M 的空间轨迹曲线如图 1-21 所示，在轨迹上任取一点 O 为原点，同时设定点 O 的某侧为正向(另一侧为负向)，动点 M 在某瞬时的位置可用带正、负号的弧长$s=\overset{\frown}{OM}$来确定，称该弧长为动点 M 的**弧坐标或自然坐标**。当动点 M 运动时，s 随时间 t 连续变化，即

$$s = s(t) \tag{1-7}$$

这就是**点的弧坐标形式的运动方程**。

动点 M 在其空间轨迹曲线上运动的某瞬时，其切线只有一条，而其法线有无数条(过点 M

垂直于其切线的所有直线都为其法线)，这些法线构成一平面，称为法平面，我们要在这些法线中确定一条主法线和一条副法线(它们相互垂直)，将这三条线(切线、主法线、副法线)的方向确定为自然坐标系的三个方向，如图1-22所示。

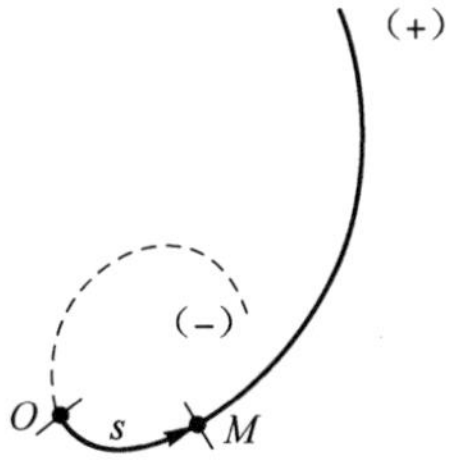

图 1-21　弧坐标

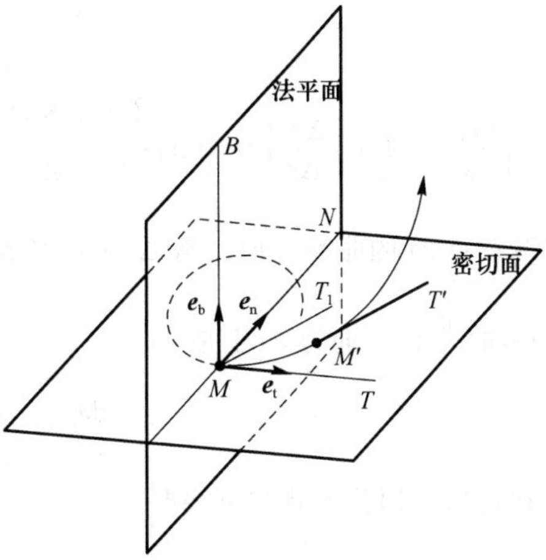

图 1-22　自然轴系

对空间曲线上相邻两点 M 和 M' 分别作切线 MT 和 $M'T'$，过点 M 作 $MT_1 /\!/ M'T'$，可得平面 TMT_1，当 M' 趋近于 M 时，TMT_1 绕 MT 转动，当 M' 无限趋近于 M 时，平面 TMT_1 将趋于某一极限位置，称为空间曲线在点 M 的**密切面**(曲率平面)。显然，平面曲线的密切面即为曲线所在平面。所以，密切面可以理解为：点 M 附近的微段轨迹曲线可近似看作为平面曲线，该微段曲线所在平面即为点 M 处的密切面。通过点 M 与切线 MT 垂直的平面称为点 M 的**法平面**，密切面与法平面的交线称为空间曲线在点 M 的**主法线**，与主法线垂直的那条法线称为空间曲线在点 M 的**副法线**。点 M 的切线、主法线、副法线组成一正交坐标系，称为空间曲线在点 M 的**自然轴系**。以 $\boldsymbol{e}_t$、$\boldsymbol{e}_n$、$\boldsymbol{e}_b$ 分别表示沿自然轴系三根轴的单位矢量。其中，$\boldsymbol{e}_t$ 的正向沿点 M 切线，指向与弧坐标正向一致；$\boldsymbol{e}_n$ 的正向指向曲线凹的一侧，即指向曲率中心；$\boldsymbol{e}_b=\boldsymbol{e}_t\times\boldsymbol{e}_n$。自然轴系就是弧坐标的坐标系。当动点 M 沿其运动轨迹运动时，$\boldsymbol{e}_t$、$\boldsymbol{e}_n$、$\boldsymbol{e}_b$ 的方向均随之改变。因此，自然轴系是随动点一起运动且坐标轴方向也随之改变的动坐标系，这一点与前面的固定直角坐标系是不一样的。

下面推导自然轴系中动点 M 的速度和加速度的表达式。

$$v=\frac{\mathrm{d}\boldsymbol{r}}{\mathrm{d}t}=\frac{\mathrm{d}\boldsymbol{r}}{\mathrm{d}s}\frac{\mathrm{d}s}{\mathrm{d}t}=\dot{s}\frac{\mathrm{d}\boldsymbol{r}}{\mathrm{d}s}$$

而 $\left|\frac{\mathrm{d}\boldsymbol{r}}{\mathrm{d}s}\right|=\lim\limits_{\Delta s\to 0}\left|\frac{\Delta\boldsymbol{r}}{\Delta s}\right|=1$，且当 $\Delta t\to 0$ 时，$\frac{\Delta\boldsymbol{r}}{\Delta s}$ 的方向即为 $\boldsymbol{e}_t$ 的方向(图 1-23)，故有 $\frac{\mathrm{d}\boldsymbol{r}}{\mathrm{d}s}=\boldsymbol{e}_t$，于是

$$v=\dot{s}\boldsymbol{e}_t=v\boldsymbol{e}_t \tag{1-8}$$

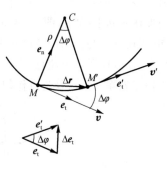

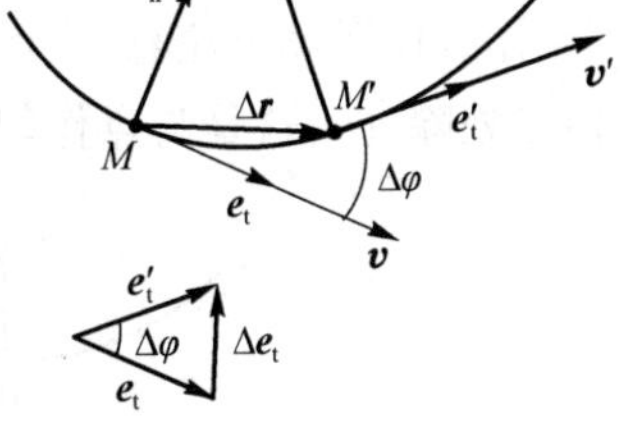

图 1-23　点沿曲线运动的速度和加速度

其中，$v=\dot{s}$，表示速度在该点自然轴系切线方向上的投影，动点速度的大小为 $|v|=|v|=|\dot{s}|$，即速度的大小等于动点的弧坐标对时间的一阶导数的绝对值。速度的方向为沿轨迹的切线方向。当 $\dot{s}>0$ 时，指向与 $\boldsymbol{e}_t$ 相同，即动点沿轨迹正向运动；当 $\dot{s}<0$ 时，指向与 $\boldsymbol{e}_t$ 相反，即动点沿轨迹负向运动。

$$a = \frac{dv}{dt} = \frac{d(v\boldsymbol{e}_t)}{dt} = \frac{dv}{dt}\boldsymbol{e}_t + v\frac{d\boldsymbol{e}_t}{dt} = \dot{v}\boldsymbol{e}_t + v\frac{d\boldsymbol{e}_t}{dt} \tag{1-9}$$

$$\frac{d\boldsymbol{e}_t}{dt} = \frac{d\boldsymbol{e}_t}{ds}\frac{ds}{dt} = v\frac{d\boldsymbol{e}_t}{ds} \tag{1-10}$$

由图 1-23 可见：

$$\left|\frac{d\boldsymbol{e}_t}{ds}\right| = \lim_{\Delta s\to 0}\left|\frac{\Delta\boldsymbol{e}_t}{\Delta s}\right| = \lim_{\Delta s\to 0}\left|\frac{2\times 1\times \sin\frac{\Delta\varphi}{2}}{\Delta s}\right| = \lim_{\Delta s\to 0}\left|\frac{\Delta\varphi}{\Delta s}\right| = \left|\frac{d\varphi}{ds}\right| = \frac{1}{\rho}$$

式中，ρ 为曲线在点 M 的曲率半径。当 $\Delta t\to 0$ 时，$\Delta\varphi\to 0$，$\Delta\boldsymbol{e}_t$ 和 $\boldsymbol{e}_t$ 之间的夹角 $\left(\frac{\pi}{2}-\frac{\Delta\varphi}{2}\right)\to\frac{\pi}{2}$，并指向曲率中心，故 $\frac{d\boldsymbol{e}_t}{ds}$ 的方向为 $\boldsymbol{e}_n$ 于是

$$\frac{d\boldsymbol{e}_t}{ds} = \frac{1}{\rho}\boldsymbol{e}_n \tag{1-11}$$

将式(1-10)和式(1-11)代入式(1-9)得

$$\boldsymbol{a} = \dot{v}\boldsymbol{e}_t + \frac{v^2}{\rho}\boldsymbol{e}_n \tag{1-12}$$

若用 a_t, a_n, a_b 分别表示 $\boldsymbol{a}$ 在切向轴、主法线轴、副法线轴上的投影，则

$$a_t = \dot{v} = \ddot{s},\ a_n = \frac{v^2}{\rho},\ a_b = 0 \tag{1-13}$$

即加速度在切线轴上的投影等于速度代数量对时间的一阶导数或弧坐标对时间的二阶导数；加速度在主法线轴上的投影等于速度大小的平方除以轨迹曲线在该点的曲率半径；加速度在副法线轴上的投影恒等于零。所以加速度 $\boldsymbol{a}$ 的表达式又可写成为

$$\boldsymbol{a} = \boldsymbol{a}_t + \boldsymbol{a}_n = a_t\boldsymbol{e}_t + a_n\boldsymbol{e}_n \tag{1-14}$$

式中，第一项为切向加速度，对照式(1-9)知，它反映了速度大小的变化率，其方向沿轨迹的切线方向，当 $\dot{v}>0$，指向与 $\boldsymbol{e}_t$ 相同；当 $\dot{v}<0$，指向与 $\boldsymbol{e}_t$ 相反。第二项为法向加速度，对照式(1-9)知，它反映了速度方向的变化率，其方向沿主法线方向，始终指向曲率中心。这说明，动点 M 的加速度 $\boldsymbol{a}$ 总是位于该点的密切面内，大小为 $a=\sqrt{a_t^2+a_n^2}$，方向一般指向轨迹曲线的内凹一侧，只有当：①动点作直线运动；②动点作曲线运动，但 $v=0$ 或运动至曲线拐点处（此时 $\rho=\infty$），$\boldsymbol{a}$ 才沿切线方向（此时 $a_n=0$）。但 $\boldsymbol{a}$ 绝不可能指向曲线外凸的一侧，如图 1-24 所示。当速度 v 与切向加速度 $\boldsymbol{a}_t$ 同向时（图 1-24(a)），即 v 与 a_t 的符号相同时，速度的绝对值不断增加，点作加速运动；当速度 v 与切向加速度 $\boldsymbol{a}_t$ 反向时（图 1-24(b)），即 v 与 a_t 的符号相反时，速度的绝对值不断减小，点作减速运动。注意，当点作匀速曲线运动时（指速度的大小不变），点的加速度 $\boldsymbol{a}=\boldsymbol{a}_n\neq 0$（曲线拐点处除外），这是与点作匀速直线运动时所具有的 $\boldsymbol{a}\equiv 0$ 不一样的地方。

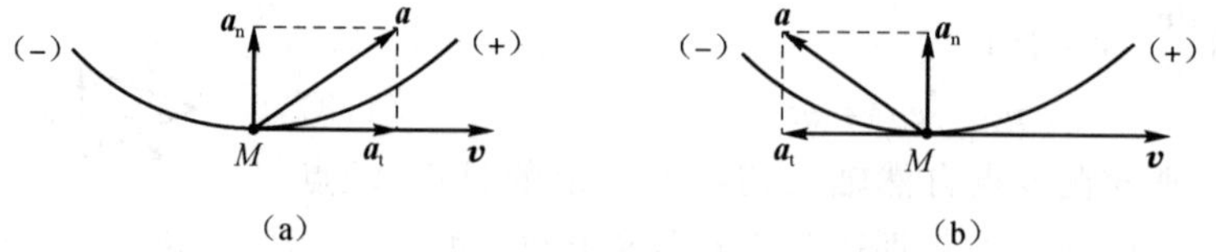

图 1-24　动点 M 的加速度图

综上所述，运动方程(1-7)和轨迹方程 $\boldsymbol{r}=\boldsymbol{r}(s)$ 共同确定了动点的运动。点的速度和加速度的弧坐标表达式物理概念明确，清楚地反映了速度的大小和方向，及速度大小和方向随时间的改变，

从而深刻地反映了点的运动本质。但当弧坐标 s 和曲率半径 ρ 不方便计算或未知时，速度、切向加速度和法向加速度就不好直接计算了。

例 1-1　在图(a)所示曲柄一连杆一滑块机构中，$OA=AB=l$，O、B 两点连线为水平直线，曲柄 OA 绕轴 O 以 $\varphi=\omega t$ 的规律转动(ω 为已知常数)，试求连杆 AB 的中点 C 的轨迹，并求 $\varphi=30°$ 时点 C 的速度、加速度和曲率半径。

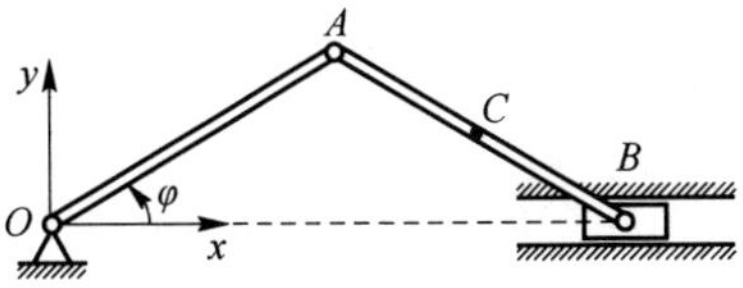

(a)

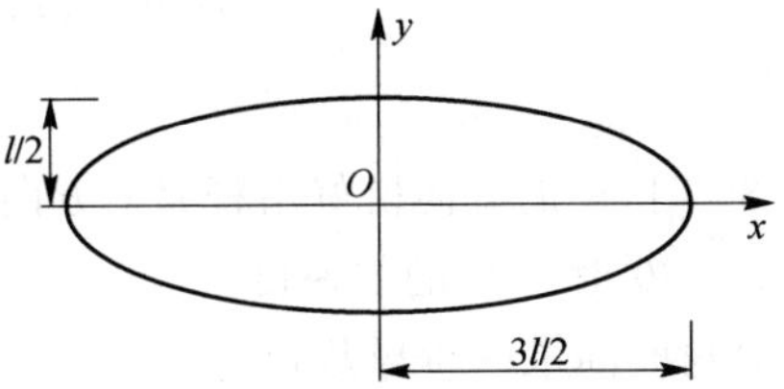

(b)

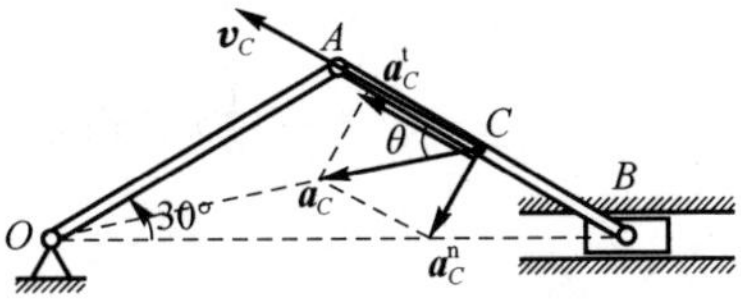

(c)

例 1-1 图

解：(1)求点 C 的轨迹

建立图(a)所示直角坐标系 Oxy，因为△OAB 为等腰三角形，则有

$$\left.\begin{aligned} x_C &= OA\cos\varphi + AC\cos\varphi = \frac{3}{2}l\cos\varphi \\ y_C &= BC\sin\varphi = \frac{1}{2}l\sin\varphi \end{aligned}\right\} \tag{1}$$

于是有

$$\left(\frac{x_C}{\frac{3}{2}l}\right)^2 + \left(\frac{y_C}{\frac{1}{2}l}\right)^2 = 1 \tag{2}$$

说明杆 AB 的中点 C 的轨迹是一椭圆，如图(b)所示。

(2)求 $\varphi=30°$ 时点 C 的速度

将式(1)对时间求一阶导数得

$$\left.\begin{aligned} \dot{x}_C &= -\frac{3}{2}l\omega\sin\varphi \\ \dot{y}_C &= \frac{1}{2}l\omega\cos\varphi \end{aligned}\right\} \tag{3}$$

当 $\varphi=30°$ 时

$$v_C = -\frac{3}{4}l\omega\boldsymbol{i} + \frac{\sqrt{3}}{4}l\omega\boldsymbol{j}$$

点 C 的速度大小为

$$v_C = \sqrt{\left(-\frac{3}{4}l\omega\right)^2 + \left(\frac{\sqrt{3}}{4}l\omega\right)^2} = \frac{\sqrt{3}}{2}l\omega$$

其方向余弦为

$$\cos(v_C, \boldsymbol{i}) = \frac{-\dfrac{3}{4}l\omega}{\dfrac{\sqrt{3}}{2}l\omega} = -\frac{\sqrt{3}}{2}$$

$$\cos(v_C, \boldsymbol{j}) = \frac{\dfrac{\sqrt{3}}{4}l\omega}{\dfrac{\sqrt{3}}{2}l\omega} = \frac{1}{2}$$

说明当 $\varphi=30°$时，v_C的方向恰好沿杆 BA 方向。

(3)求 $\varphi=30°$时点 C 的加速度

将式(3)对时间求一阶导数得

$$\left.\begin{aligned}\ddot{x}_C &= -\frac{3}{2}l\omega^2\cos\varphi \\ \ddot{y}_C &= -\frac{1}{2}l\omega^2\sin\varphi\end{aligned}\right\} \tag{4}$$

所以

$$\begin{aligned}\boldsymbol{a}_C &= -\frac{3}{2}l\omega^2\cos\varphi\boldsymbol{i} - \frac{1}{2}l\omega^2\sin\varphi\boldsymbol{j} \\ &= -\omega^2(x_C\boldsymbol{i} + y_C\boldsymbol{j})\end{aligned}$$

说明点 C 的加速度始终由点 C 指向点 O，当 $\varphi=30°$时，点 C 的加速度大小为

$$a_C = \sqrt{\left(-\frac{3\sqrt{3}}{4}l\omega^2\right)^2 + \left(-\frac{1}{4}l\omega^2\right)^2} = \frac{\sqrt{7}}{2}l\omega^2$$

(4)求 $\varphi=30°$时点 C 的曲率半径

当 $\varphi=30°$时，设 $\boldsymbol{a}_C$ 与 v_C的夹角为θ(见图(c))，在$\triangle OAC$ 中，由正弦定理

$$\frac{OC}{\sin 120°} = \frac{OA}{\sin\theta}$$

$$\sin\theta = \frac{OA}{OC}\sin 120° = \frac{l}{\dfrac{\sqrt{7}}{2}l} \times \frac{\sqrt{3}}{2} = \frac{\sqrt{3}}{\sqrt{7}}$$

于是

$$a_C^{\mathrm{n}} = a_C\sin\theta = \frac{\sqrt{3}}{2}l\omega^2$$

又

$$a_C^{\mathrm{n}} = \frac{v_C^2}{\rho_C}$$

故

$$\rho_C = \frac{v_C^2}{a_C^{\mathrm{n}}} = \frac{\left(\dfrac{\sqrt{3}}{2}l\omega\right)^2}{\dfrac{\sqrt{3}}{2}l\omega^2} = \frac{\sqrt{3}}{2}l$$

注意：当 $\varphi\neq\omega t$ 时，点 C 的加速度始终由点 C 指向点 O 不再正确，这是因为题中 $\ddot{\varphi}=0$，而一般情况下 $\ddot{\varphi}\neq0$；不管 φ 如何随时间变化，当 $\varphi=30°$时，点 C 的曲率半径都不变，其理由是，当 φ 的运动规律变化时，只影响点 C 在其轨迹曲线上运动的快慢，而不会使轨迹曲线的形状发生改变。

例 1-2 汽车以匀速 v 沿水平直线道路向右行驶，车轮半径为 r，车轮与路面间无相对滑动，即作纯滚动。试求轮缘上任一点 M 的运动方程、速度、加速度和曲率中心。

解：车轮往右纯滚动时，轮缘上各点必先后依次与路面接触。在某瞬时，轮缘上的点 M 与路面上的点 O 相接触，即自此开始研究点 M 的运动和开始计算时间。

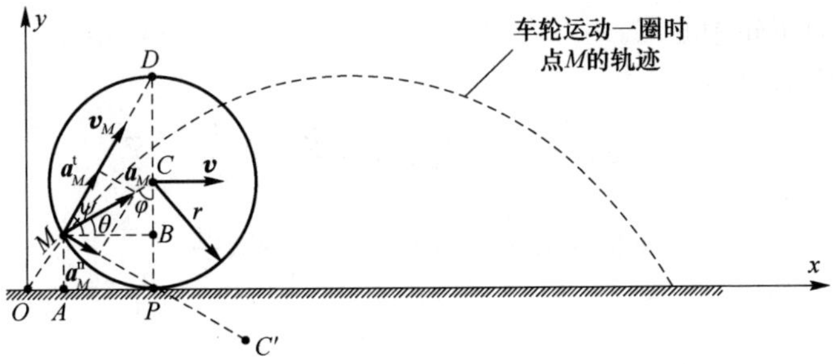

例 1-2 图

(1)求点 M 的运动方程

以点 O 为原点建立图示直角坐标系 Oxy，在瞬时 t，轮缘上点 P 与路面相接触。设轮心为 C，则 $x_C=vt$，因轮子只滚不滑，故圆弧 $\overset{\frown}{PM}$ 与直线段 OP 等长，设 CP 与 CM 的夹角为 φ，则 $r\varphi=x$，$r\dot{\varphi}=v$，动点 M 的运动方程为

$$\left.\begin{aligned} x_M &= OA = OP - AP = x_C - r\sin\varphi \\ y_M &= AM = PC - BC = r - r\cos\varphi \end{aligned}\right\} \tag{1}$$

由运动方程算出在不同瞬时的 x_M 和 y_M 值，便可描出点 M 的轨迹曲线，称为摆线或旋轮线，如图所示。

(2)求点 M 的速度

点 M 的速度 v_M 在坐标轴上的投影为

$$\left.\begin{aligned} v_{Mx} &= \dot{x}_M = v(1-\cos\varphi) = 2v\sin^2\frac{\varphi}{2} \\ v_{My} &= \dot{y}_M = v\sin\varphi = 2v\sin\frac{\varphi}{2}\cos\frac{\varphi}{2} \end{aligned}\right\} \tag{2}$$

故点 M 速度的大小为

$$v_M = \sqrt{v_{Mx}^2 + v_{My}^2} = 2v\sin\frac{\varphi}{2}$$

设 v_M 与水平线夹角为 ψ，则

$$\tan\psi = \frac{v_{My}}{v_{Mx}} = \cot\frac{\varphi}{2}$$

说明 v_M 由点 M 指向车轮的最高点 D，即 $v_M \perp PM$。

(3)求点 M 的加速度

点 M 的加速度在坐标轴上的投影为

$$\left.\begin{aligned} a_{Mx} &= \ddot{x}_M = \frac{v^2}{r}\sin\varphi \\ a_{My} &= \ddot{y}_M = \frac{v^2}{r}\cos\varphi \end{aligned}\right\} \tag{3}$$

故点 M 加速度的大小为

$$a_M = \sqrt{a_{Mx}^2 + a_{My}^2} = \frac{v^2}{r}\text{(常数)}$$

设 $\boldsymbol{a}_M$ 与水平线夹角为 θ，则

$$\tan\theta = \frac{a_{My}}{a_{Mx}} = \cot\varphi$$

说明 $\boldsymbol{a}_M$ 由点 M 指向车轮中心 C。

(4)求点 M 的曲率中心

$$a_M^{\mathrm{t}} = \dot{v}_M = 2v \times \frac{\dot{\varphi}}{2} \times \cos\frac{\varphi}{2} = \frac{v^2}{r}\cos\frac{\varphi}{2}$$

$$a_M^{\mathrm{n}} = \sqrt{a_M^2 - (a_M^{\mathrm{t}})^2} = \frac{v^2}{r}\sin\frac{\varphi}{2}$$

又

$$a_M^{\mathrm{n}} = \frac{v_M^2}{\rho_M} = \frac{4v^2\sin^2\dfrac{\varphi}{2}}{\rho_M}$$

于是

$$\rho_M = 4r\sin\frac{\varphi}{2} = 2PM$$

即图中点 C' 为点 M 的曲率中心，在 MP 的延长线上，且 $C'M = 2PM$。

注意：①当点 M 取为点 P 时，即 $\varphi=0°$，$v_P=0$，$a_P=\dfrac{v^2}{r}(\uparrow)$，即作纯滚动的车轮与固定地面的接触点的速度为零，但加速度不为零，方向沿旋轮线的切线方向，即有切向加速度，预示着在下一时刻，点 P 有速度（竖直离开地面）。②轮缘上点 M 的加速度大小不变，且恒指向轮心这一结论，是在汽车车厢作匀速直线平移条件下得到的，它不适用于汽车作变速运动的情形。③只要车轮在水平地面上作纯滚动，但轮心速度不等于常数，只影响点 M 在其轨迹曲线上的运动快慢，不会影响轨迹曲线的形状，因此点 M 的曲率中心不变，但同一瞬时轮缘上不同点（体现在 φ 不相同上）的曲率半径和曲率中心都是不相同的，例如点 P 的曲率半径为 0；车轮最高点 $D(\varphi=\pi)$ 曲率半径为 $4r$，曲率中心在竖直线上，并在地面下离点 D 距离为 $4r$ 处。而对轮缘上同一点 M 在不同时刻，其曲率中心和曲率半径都是不相同的。④例中给出的曲率半径计算公式只对轮缘上点成立，对轮上其他点不再正确。⑤题中讨论的车轮属于在水平地面上作平面纯滚动的情形，若车轮的运动状态属于其他运动情形，则需另作讨论。

1.5 刚体的基本运动及其描述方法

刚体由无数个点组成，在点的运动学基础上可研究刚体的运动。刚体运动学既要研究刚体的整体运动，又要研究其上各点的运动与整体运动之间的关系。

刚体的平移和定轴转动是两种最简单的刚体运动形式，其运动规律不仅在工程实际中应用很广，而且也是研究刚体复杂运动的基础，所以常称为**刚体的基本运动**。

1. 刚体的平移

如图 1-25 所示，设在作平移的刚体上任取两点 A 和 B，并作矢量 $\overrightarrow{BA}$，由刚体的不变形性质和平移的特点，则 $\overrightarrow{BA}$ 为一常矢量。设在固定点 O 作 A、B 的矢径 $\boldsymbol{r}_A$、$\boldsymbol{r}_B$，则有

$$\boldsymbol{r}_A = \boldsymbol{r}_B + \overrightarrow{BA} \tag{1-15}$$

因此，只要将点 B 的轨迹沿$\overrightarrow{BA}$的方向平行搬动一段距离 BA，就能与点 A 的轨迹完全重合。

将式(1-15)对时间求一阶和二阶导数，并注意到常矢量$\overrightarrow{BA}$的导数等于零，可得

$$v_A = v_B \tag{1-16}$$

$$\boldsymbol{a}_A = \boldsymbol{a}_B \tag{1-17}$$

可见，刚体平移时，其上各点的轨迹形状相同；在同一瞬时，其上各点的速度相等，加速度也相等。因此，平移刚体上任一点的运动都可以代表刚体的运动。于是，刚体平移时的运动学问题可以归结为点的运动学问题来研究。

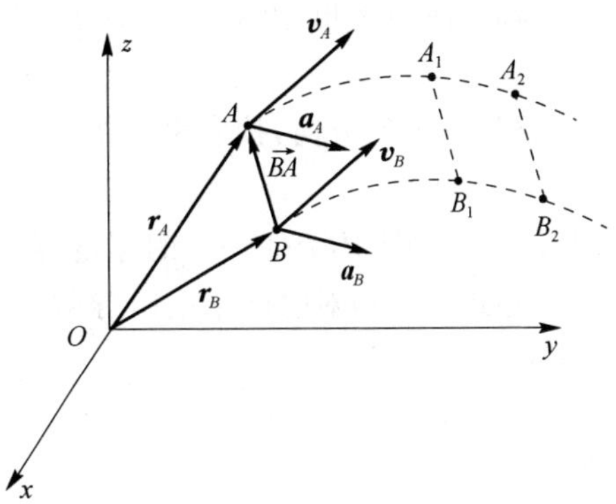

图 1-25　刚体平移的描述

2. 刚体的定轴转动

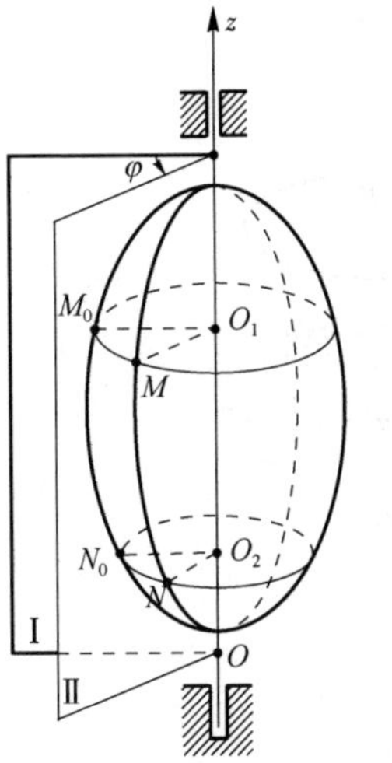

图 1-26　刚体定轴转动的描述

如图 1-26 所示，设有一刚体绕固定轴 Oz 轴转动。通过 Oz 轴选一固定平面Ⅰ，再选一与刚体固连的平面Ⅱ。显然，刚体在转动过程中，若平面Ⅱ的位置确定了，则此刚体的位置也就确定了，而平面Ⅱ的位置可由它与平面Ⅰ之间的夹角 φ 来确定。考虑到平面Ⅱ有两种转向，角 φ(用弧度 rad 计)应是代数量，并规定由 z 轴正向往下看，从固定平面Ⅰ到运动平面Ⅱ的转向为逆时针的转角 φ 取正值，反之取负值，即其正负号由右手法则确定。当刚体转动时，φ 是时间的连续函数，即

$$\varphi = \varphi(t) \tag{1-18}$$

这个方程称为**刚体定轴转动的运动方程**。

设刚体在 $\mathrm{d}t$ 时间内转过微小转角 $\mathrm{d}\varphi$，可用矢量$\overrightarrow{\mathrm{d}\varphi}$表示，该矢量沿 z 轴，指向按右手法则确定。以 $\boldsymbol{k}$ 表示沿 z 轴正向的单位矢量，则有

$$\overrightarrow{\mathrm{d}\varphi} = \mathrm{d}\varphi\boldsymbol{k}$$

将上式两端同除以 $\mathrm{d}t$，得到$\dfrac{\overrightarrow{\mathrm{d}\varphi}}{\mathrm{d}t}=\dfrac{\mathrm{d}\varphi}{\mathrm{d}t}\boldsymbol{k}$，即

$$\boldsymbol{\omega} = \omega\boldsymbol{k} \tag{1-19}$$

称 $\boldsymbol{\omega}=\dfrac{\overrightarrow{\mathrm{d}\varphi}}{\mathrm{d}t}$为刚体的角速度矢量。$\omega=\dfrac{\mathrm{d}\varphi}{\mathrm{d}t}$为角速度的代数值，当 ω 值为正，表示 $\boldsymbol{\omega}$ 沿 z 轴正向；反之沿 z 轴负向。

将角速度矢量 $\boldsymbol{\omega}$ 对时间的一阶导数定义为刚体的角加速度矢量，并用 $\boldsymbol{\alpha}$ 表示，即

$$\boldsymbol{\alpha} = \frac{\mathrm{d}\boldsymbol{\omega}}{\mathrm{d}t} = \frac{\mathrm{d}\omega}{\mathrm{d}t}\boldsymbol{k} = \alpha\boldsymbol{k} \tag{1-20}$$

式中，$\alpha=\dfrac{\mathrm{d}\omega}{\mathrm{d}t}$为角加速度的代数值，其正、负值含义与 ω 相同。

显然，当 ω 与 α 正负号相同时，$\boldsymbol{\omega}$ 与 $\boldsymbol{\alpha}$ 的方向相同，ω 的绝对值增大，刚体作加速转动；当 ω 与 α 正负号相反时，$\boldsymbol{\omega}$ 与 $\boldsymbol{\alpha}$ 的方向相反，ω 的绝对值减小，刚体作减速转动。

定轴转动刚体上点的速度 v 和加速度 $\boldsymbol{a}$ 可以用 $\boldsymbol{\omega}$，$\boldsymbol{\alpha}$ 和 $\boldsymbol{r}$ 组成的叉积来表示。设 M 是定轴转动刚体上的任意点，在定轴上任选一点 O 作点 M 的矢径 $\boldsymbol{r}=\overrightarrow{OM}$(图 1-27(a))，并以 θ 表示 $\boldsymbol{r}$

与 z 轴正向的夹角，点 C 表示点 M 轨迹圆的圆心，ρ 表示该圆的半径。点 M 的速度大小为

$$|v| = |\boldsymbol{\omega}|\rho = |\boldsymbol{\omega}||\boldsymbol{r}|\sin\theta = |\boldsymbol{\omega}\times\boldsymbol{r}|$$

且叉积 $\boldsymbol{\omega}\times\boldsymbol{r}$ 的方向，按右手法则正好与 v 的方向相同。因此，点 M 的速度可表示为

$$v = \boldsymbol{\omega}\times\boldsymbol{r} \tag{1-21}$$

即：定轴转动刚体上任一点的速度等于刚体的角速度矢量与该点矢径的叉积。

将式(1-21)对时间求一阶导数，即得点 M 的加速度表达式

$$\boldsymbol{a} = \frac{\mathrm{d}v}{\mathrm{d}t} = \frac{\mathrm{d}}{\mathrm{d}t}(\boldsymbol{\omega}\times\boldsymbol{r}) = \frac{\mathrm{d}\boldsymbol{\omega}}{\mathrm{d}t}\times\boldsymbol{r}+\boldsymbol{\omega}\times\frac{\mathrm{d}\boldsymbol{r}}{\mathrm{d}t}$$

即

$$\boldsymbol{a}=\boldsymbol{\alpha}\times\boldsymbol{r}+\boldsymbol{\omega}\times v \tag{1-22}$$

由图 1-27(b)可知，式(1-22)右边两项的大小分别为

$$|\boldsymbol{\alpha}\times\boldsymbol{r}| = |\boldsymbol{\alpha}||\boldsymbol{r}|\sin\theta = |\boldsymbol{\alpha}|\rho = |a_{\mathrm{t}}|$$

$$|\boldsymbol{\omega}\times v| = |\boldsymbol{\omega}||v|\sin 90^\circ = \omega^2\rho = |a_{\mathrm{n}}|$$

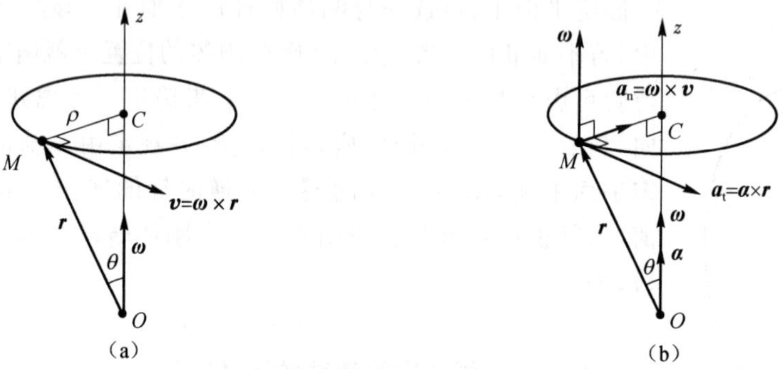

图 1-27　定轴转动刚体上点的速度、加速度的叉积表示

其方向分别与点 M 的切向加速度 $\boldsymbol{a}_{\mathrm{t}}$ 和法向加速度 $\boldsymbol{a}_{\mathrm{n}}$ 一致，因此，得

$$\boldsymbol{a}_{\mathrm{t}} = \boldsymbol{\alpha}\times\boldsymbol{r} \tag{1-23}$$

$$\boldsymbol{a}_{\mathrm{n}} = \boldsymbol{\omega}\times v = \boldsymbol{\omega}\times(\boldsymbol{\omega}\times\boldsymbol{r}) \tag{1-24}$$

即：定轴转动刚体上任一点的切向加速度等于刚体的角加速度矢量与该点矢径的叉积；法向加速度等于刚体角速度矢量与该点速度的叉积。

可见，式(1-22)就是定轴转动刚体上任意点的加速度分解为切向加速度和法向加速度的矢量和的表达式。

例 1-3　如图(a)所示平面机构，$O_1A=O_2B=O_1O_2=AB=l$，C 为 AB 的中点，$CD=\frac{\sqrt{3}}{2}l$，在图示瞬时，杆 O_1A 的角速度为 ω_0，角加速度为 α_0，转角如图所示，试求该瞬时 T 型杆上点 D 的速度和加速度。

解：由已知条件知 $AB /\!/ O_1O_2$，即 T 型杆作平移，点 D 速度与点 A 相同，点 D 加速度也与点 A 相同，即

$$v_D = v_A = l\omega_0,\ a_D^{\mathrm{t}} = a_A^{\mathrm{t}} = l\alpha_0,\ a_D^{\mathrm{n}} = a_A^{\mathrm{n}} = l\omega_0^2$$

方向如图(b)所示。

注意：①以下式子 $v_D=O_1D\cdot\omega_0$，$a_D^{\mathrm{t}}=O_1D\cdot\alpha_0$，$a_D^{\mathrm{n}}=O_1D\cdot\omega_0^2$ 都是错误的，因为 O_1 不是点 D 的曲率中心，曲线平移刚体上各点的曲率半径在同一瞬时是相同的，但曲率中心不同。②ω_0

和 α_0 也不是点 D 转动的角速度和角加速度，因为点无转动的概念，转动是刚体的一种运动形式，而不是点的运动形式，所以点也就没有角速度和角加速度的概念。

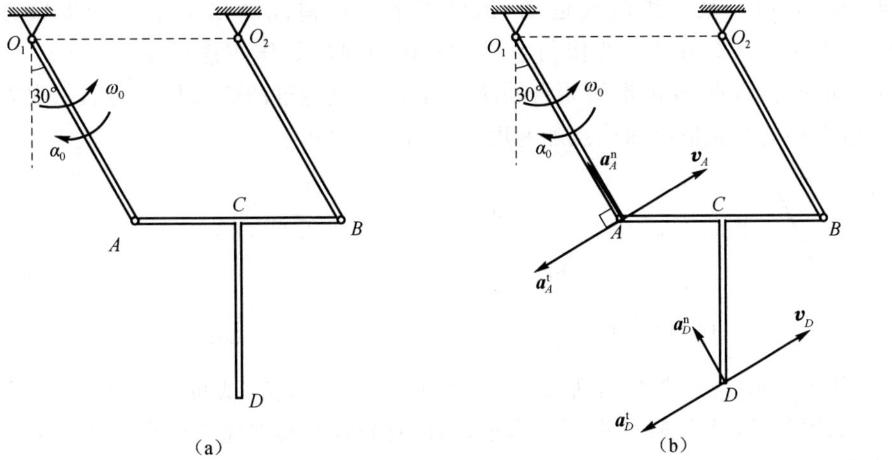

例 1-3 图

例 1-4 如图所示凸轮摆杆机构，半径为 r 的半圆凸轮以 v 匀速向左运动，摆杆搁在凸轮上绕轴 O 作定轴转动，试求 $\theta=30°$时摆杆的角速度和角加速度。

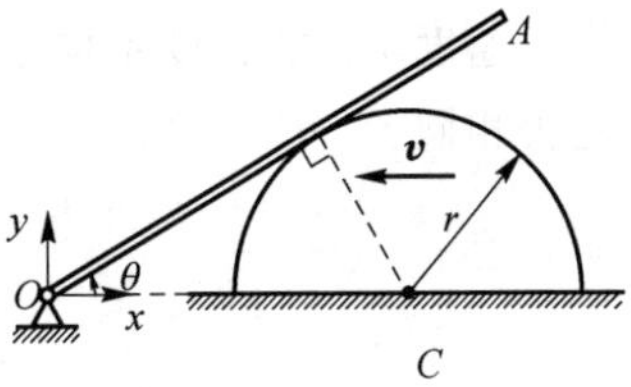

例 1-4 图

解：建立图示直角坐标系 Oxy

$$x_C = \frac{r}{\sin\theta} \tag{1}$$

将式(1)对时间求一、二阶导数得

$$\dot{x}_C = \frac{-r\cos\theta}{\sin^2\theta}\dot{\theta} = -v \tag{2}$$

$$\ddot{x}_C = \frac{-r(\ddot{\theta}\cos\theta - \dot{\theta}^2\sin\theta)\sin^2\theta + r\dot{\theta}\cos\theta(2\sin\theta\cos\theta)\dot{\theta}}{\sin^4\theta} = 0 \tag{3}$$

设 $\theta=30°$时，摆杆的角速度为 ω_1，角加速度为 α_1，即 $\dot{\theta}|_{\theta=30°}=\omega_1$，$\ddot{\theta}|_{\theta=30°}=\alpha_1$，则由式(2)得

$$-\frac{\sqrt{3}}{2}r\omega_1 = -v\left(\frac{1}{2}\right)^2, \omega_1 = \frac{\sqrt{3}v}{6r}(\curvearrowleft)$$

再由式(3)得

$$-r\left(\alpha_1\frac{\sqrt{3}}{2} - \frac{v^2}{12r^2}\frac{1}{2}\right)\frac{1}{4} + r\frac{\sqrt{3}v}{6r}\frac{\sqrt{3}}{2}\left(2\cdot\frac{1}{2}\cdot\frac{\sqrt{3}}{2}\right)\frac{\sqrt{3}v}{6r} = 0$$

$$\alpha_1 = \frac{7\sqrt{3}v^2}{36r^2}$$

注意：①将 $\dot{x}_C$ 写成 v 是错误的，因为 x_C 的正向与 v 的方向相反。②设杆 OA 与凸轮的接触点为 B，则以下表达式 $v_B=v(\leftarrow)$，$a_B=\dot{v}=0$ 也都是错误的，这是因为杆与凸轮的接触点是存在相对运动的，这两个接触点的速度和加速度都是不相等的。

思 考 题

1-1 平移和定轴转动是否都是平面运动的特殊情况？为什么？

1-2 如果刚体上每一点轨迹都是圆，则该刚体一定作定轴转动吗？为什么？

1-3 若某刚体作平面运动，其上各点轨迹不相同，试问其上某点的轨迹为圆弧可能吗？试举例说明。

1-4 如图所示，某点作曲线运动，试就以下三种情况画出加速度的大致方向：(1)在 M_1 处作加速运动；(2)在 M_2 处作匀速运动；(3)在 M_3 处作减速运动。

1-5 如图所示，点 M 沿螺旋线自外向里运动，若它走过的弧长与时间的一次方成正比，试问该点速度大小的变化情况和该点加速度大小的变化情况。

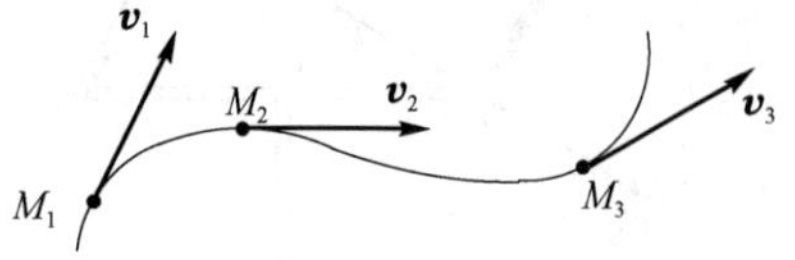

思考题 1-4 图

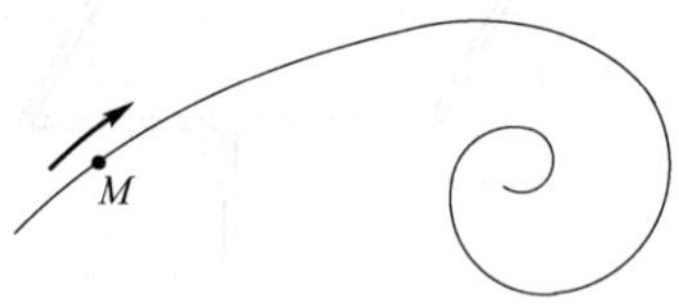

思考题 1-5 图

1-6 如图所示，点作曲线运动，已知点的加速度为常矢量，试问该点是否作匀变速运动？

1-7 如图所示，某点 M 作椭圆轨道逆时针转向运动，其加速度恒指向椭圆中心，试指出加速运动曲线段和减速运动曲线段。

1-8 如图所示，一绳缠绕在半径为 r 的鼓轮上，绳端系一重物，绳与轮缘间无相对滑动，当重物以速度 v 和加速度 $\boldsymbol{a}$ 向下运动时，绳上点 A 与轮上点 A' 相接触，试问这两点的速度和加速度是否相同？

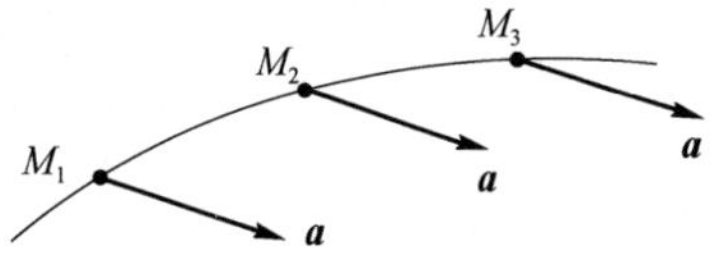

思考题 1-6 图

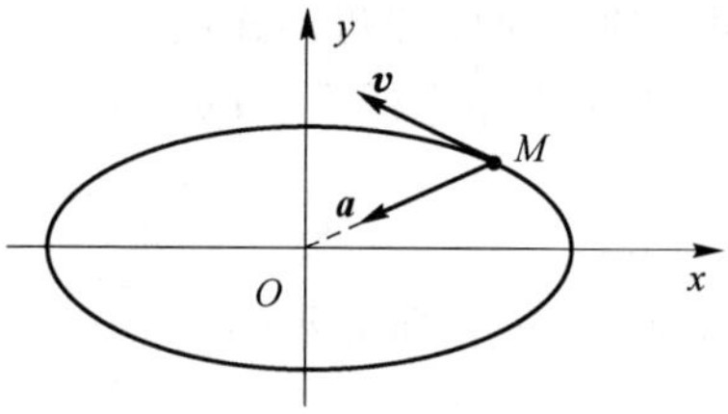

思考题 1-7 图

1-9 如图所示，汽车在转弯时，绕定轴 O 转动，若汽车尾部 A、B 两点的速度大小分别为 v_A、v_B，A、B 两点之间的距离为 b，试问汽车的角速度大小是多少？

1-10 对于图示半径为 r 的圆轮的角速度(柔绳与圆轮轮缘间无相对滑动)，试问如下计算正确吗？为什么？

因为 $\tan\varphi=\dfrac{x}{r}$，所以 $\omega=\dot{\varphi}=\dfrac{\mathrm{d}}{\mathrm{d}t}\left(\arctan\dfrac{x}{r}\right)$，其中 $\dot{x}=v$。

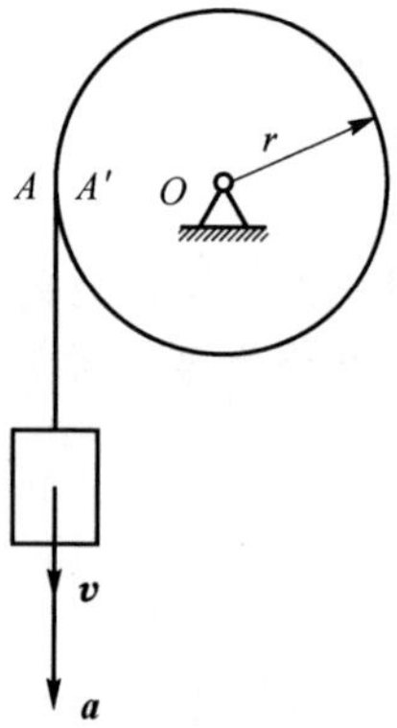

思考题 1-8 图

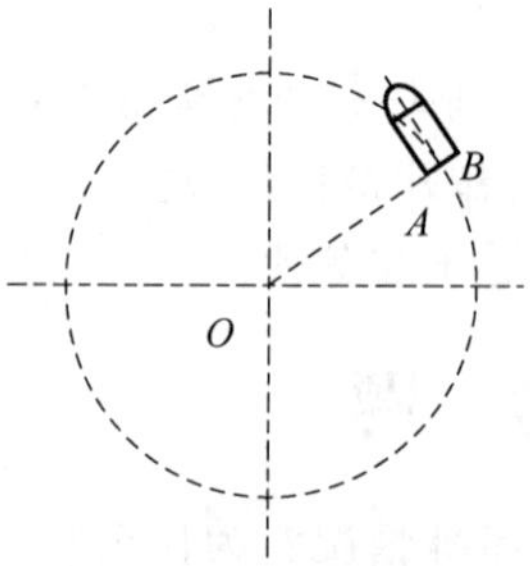

思考题 1-9 图

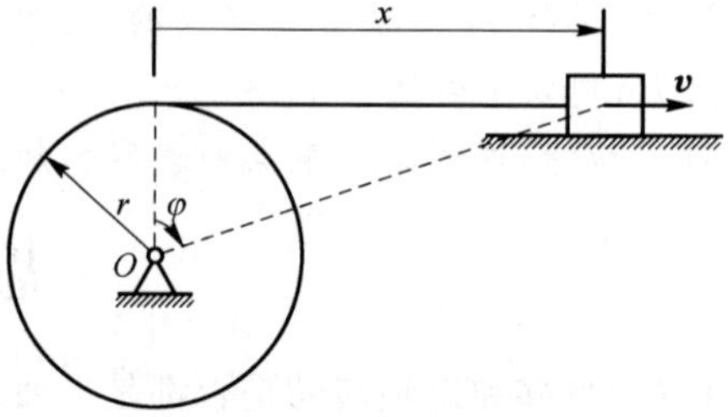

思考题 1-10 图

习　　题

1-1　图示平面机构，杆 AB 沿铅垂导槽以匀速 v 向上运动，通过连杆 BC 带动滑块 C 沿水平直槽运动，若 $BC=l$，且初始瞬时 $\theta=0°$，试求 $\theta=30°$ 时，滑块 C 的速度和加速度。

1-2　图示平面机构，杆 BC 以匀速 v 沿水平导槽向右运动，通过套筒使杆 OA 绕轴 O 作定轴转动，已知轴 O 与水平导槽相距为 h，试求 $\theta=60°$ 时杆 OA 的角速度和角加速度。

1-3　图示为曲柄一滑道平面机构，销钉 M 同时在固定圆弧形槽 BC 和曲柄 OA 的直槽内滑动，圆弧 BC 的半径为 r，曲柄绕轴 O 以匀角速度 ω 作逆时针定轴转动，$t=0$ 时曲柄在水平位置，试分别用直角坐标法和弧坐标法求销钉 M 的运动方程、速度和加速度。

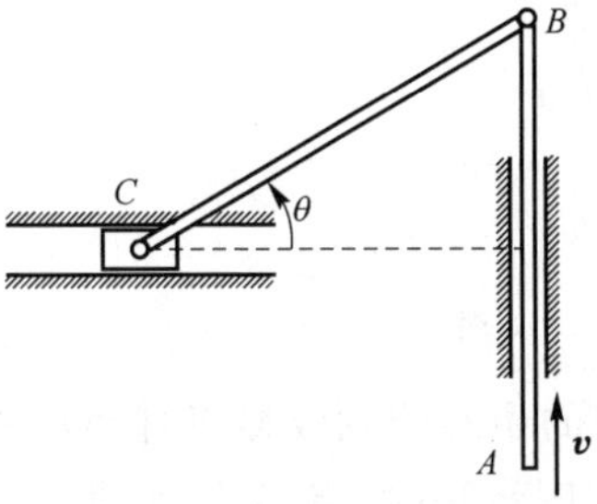

习题 1-1 图

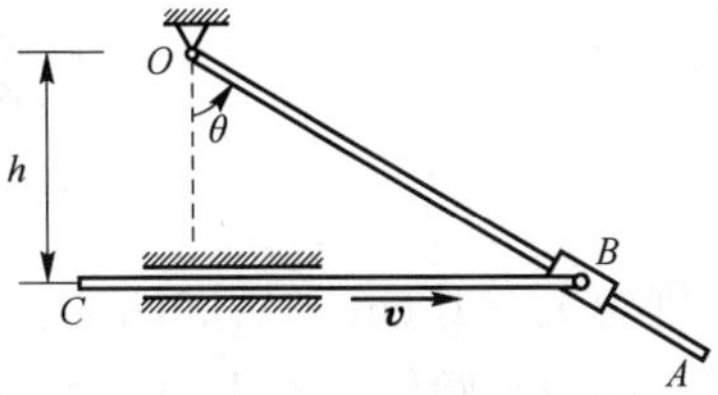

习题 1-2 图

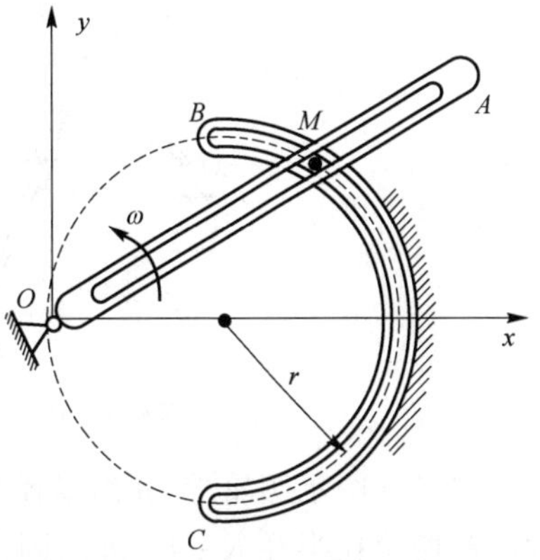

习题 1-3 图

1-4　图示小环 M 由作平移的 T 型杆 ABC 带动，沿着图示固定曲线轨道运动，T 型杆以匀速度 v 向右运动，轨道曲线的方程为 $y^2=2px$（p 为常数），当 $t=0$ 时，$x=0$，试求 t 时刻小环 M 的速度、加速度的大小。

1-5　图示平面系统，套筒 A 由绕过定滑轮 B（大小不计）的不可伸长的绳索牵引而沿轨道上升，定滑轮 B 到导轨的水平距离为 l，铅垂绳索以等速 v 下拉，试求套筒 A 的速度和加速度与坐标 x 的关系。

1-6　图示平面系统，半径为 r 的圆轮作为凸轮绕轴 O 作定轴转动，偏心距 $OC=e$，转角 $\varphi=\omega t$（ω 为常数），轴 O 在顶杆 AB 的正下方，试求顶杆 AB 运动的速度和加速度。

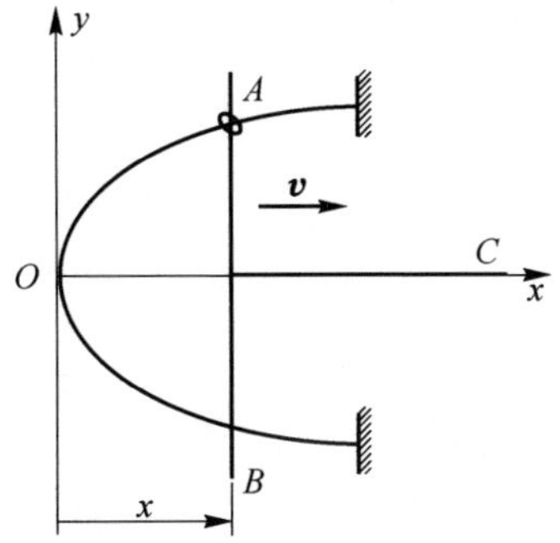

习题 1-4 图

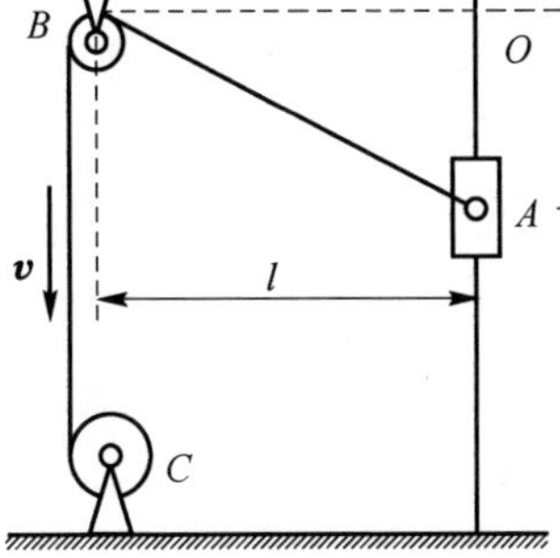

习题 1-5 图

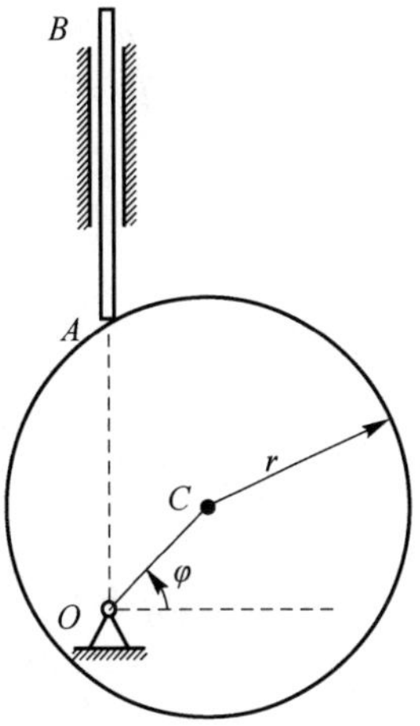

习题 1-6 图

1-7 图示平面机构，曲柄 OA 的长度为 r，与长度为 $l=2r$ 的杆 AB 相铰接，杆 AB 穿过绕定轴 D 转动的套筒 D，O、D 两点连线为水平直线，且 $OD=r$，曲柄 OA 的转动方程为 $\varphi=\omega t$（ω 为常数），试求点 B 的速度和加速度。

1-8 图示为牛头刨床中的摇杆机构，曲柄 O_1A 以匀角速度 ω 绕轴 O_1 作顺时针转动，套筒 A 可沿摇杆 O_2B 滑动，并同时带动摇杆 O_2B 绕轴 O_2 摆动，O_1、O_2 处于同一铅垂直线上，固连于滑枕上的销钉 D 放置于摇杆 O_2B 的直槽内，已知 $O_1A=r$，$O_1O_2=3r$，滑枕到轴 O_2 的距离为 $6r$，$t=0$ 时，$\varphi=0$，试求任一瞬时，滑枕沿水平滑道运动的速度和加速度。

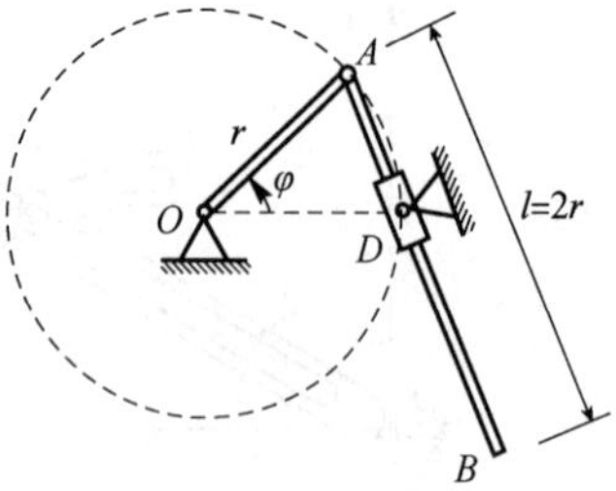

习题 1-7 图

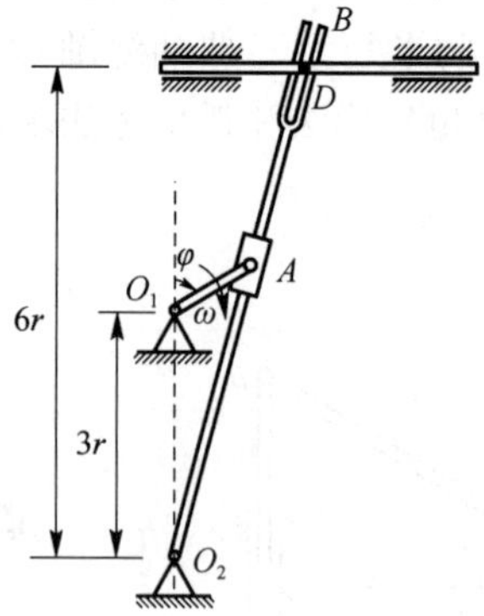

习题 1-8 图

1-9 图示圆轮Ⅰ、Ⅱ的半径分别为 $r_1=15\text{cm}$，$r_2=20\text{cm}$，它们的中心分别铰接于杆 AB 的两端，两轮在半径 $R=45\text{cm}$ 的固定不动的凸圆轮上作平面运动，在图示瞬时，点 A 的加速度大小为 $a_A=120\text{cm/s}^2$，其方向与 OA 线成 $60°$ 夹角，试求杆 AB 的角速度、角加速度及点 B 的加速度大小。

1-10 图示点 M 沿空间曲线运动，已知某瞬时 $v=(4\boldsymbol{i}+3\boldsymbol{j})\text{m/s}$，加速度 $\boldsymbol{a}$ 与速度 v 之间的夹角为 $30°$，且 $a=10\text{m/s}^2$，试求该点在此瞬时的切向加速度和曲率半径。

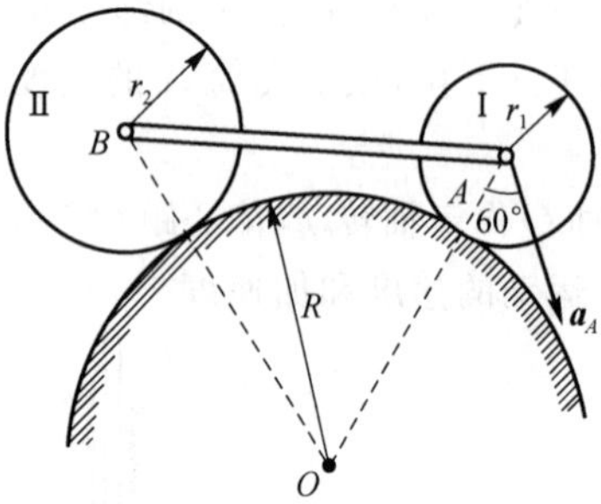

习题 1-9 图

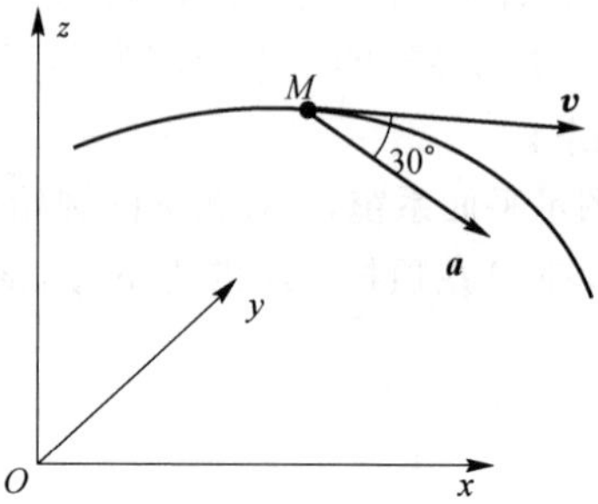

习题 1-10 图

第 2 章　刚体的平面运动

刚体的平面运动是实际工程中常见的一种运动，是比平移和定轴转动更复杂的一种运动形式。研究平面运动的性质是平面机构运动分析的基础。

2.1　刚体平面运动研究的简化和运动方程

当刚体作平面运动时，其上各点均在平行于某固定平面Ⅰ的平面内运动。若用一个平行于固定平面Ⅰ的平面Ⅱ去截割刚体，则得到一个截面 S(图 2-1)，它是一个平面图形，当刚体运动时，该平面图形 S 始终在定平面Ⅱ内运动。而刚体内垂直于平面图形 S 的任意一条直线段 A_1A_2 则作平移(可以根据刚体上任意两点间的距离保持不变的性质用反证法得证)，由于平移直线上各点的运动规律是相同的，所以直线段 A_1A_2 的运动可以用其与平面图形 S 的交点 A 的运动来代表。以此类推，如果将平面图形 S 扩大为刚体在平面Ⅱ上的整个投影，则平面图形 S 上各点的运动可以代表刚体内所有点的运动；也就是说，刚体的平面运动可以简化为平面图形 S 在其自身平面内的运动。

平面图形 S 在其平面上的位置，完全可以由图形内任意线段 AB 的位置来确定，要确定线段 AB 的位置，只需确定点 A 的位置和 AB 与固连于平面Ⅱ的直角坐标系 Oxy 的 Ox 轴的夹角 φ 即可(图 2-2)。刚体作平面运动时，点 A 的直角坐标 x_A、y_A 和夹角 φ 是时间 t 的连续函数，即

$$\left.\begin{aligned} x_A &= x_A(t) \\ y_A &= y_A(t) \\ \varphi &= \varphi(t) \end{aligned}\right\} \tag{2-1}$$

称为**刚体的平面运动方程**。

特殊情况：

(1)φ= 常数，为平面平移；

(2)x_A= 常数和 y_A= 常数，为定轴转动。

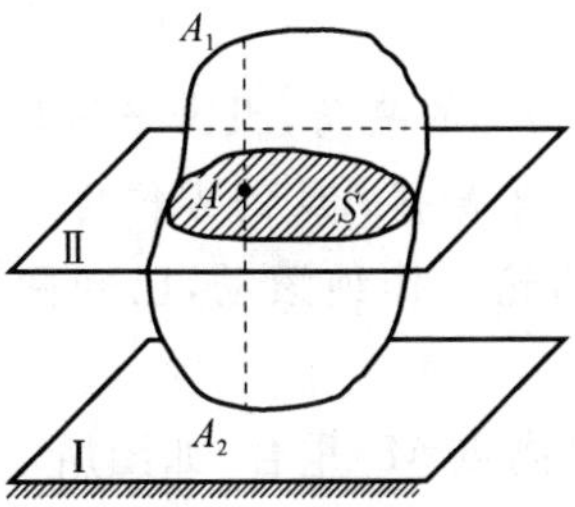

图 2-1　刚体的平面运动简化

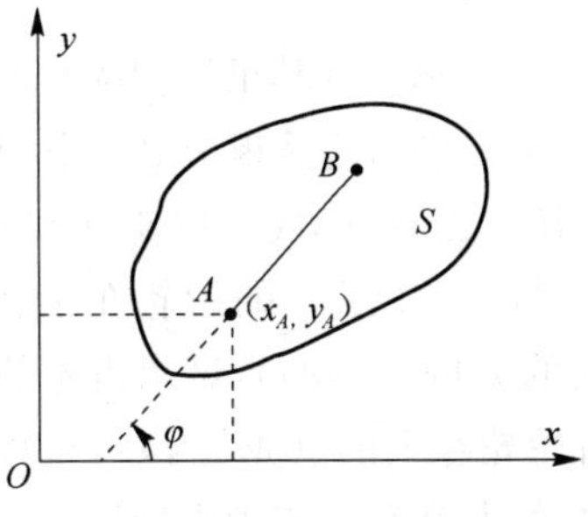

图 2-2　平面图形的运动描述

2.2 平面运动刚体的角速度和角加速度

一般将不是平面平移和定轴转动的平面运动称为**刚体的一般平面运动**。一般平面运动图形上各点的轨迹均不相同，因而在同一瞬时其上各点的速度和加速度也不相同。当选取平面图形 S 上的不同点为点 A 时，其运动规律是不相同的。当选取平面图形上的不同线段，不妨设为 AB 和 A_1B_1，且 A_1B_1 不平行于 AB，它们与 Ox 轴的夹角 φ 和 φ_1 的关系为（见图 2-3）

$$\varphi_1 = \varphi + \beta$$

式中，β 为 A_1B_1 和 AB 的夹角，由于是刚体，在运动过程中，β 角是不变的。因此，尽管在同一瞬时 $\varphi_1(t) \neq \varphi(t)$，但它们对时间的变化率却是相同的，即

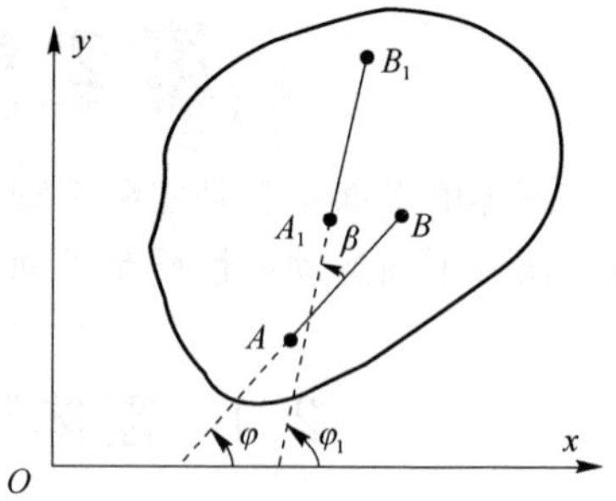

图 2-3 平面图形的方位角

$$\dot{\varphi}_1(t) = \dot{\varphi}(t)$$
$$\ddot{\varphi}_1(t) = \ddot{\varphi}(t)$$

故可以将平面图形上任意直线段 AB 与 x 轴夹角 φ 称为**平面图形的方位角**，它是一个代数量，一般规定，由固定方向 Ox 至运动直线段 AB 的转向为逆时针时为正，顺时针时为负，并以弧度 rad 作为其描述单位。而将 $\dot{\varphi}$、$\ddot{\varphi}$ 分别称为**平面图形**（即**平面运动刚体**）**的角速度和角加速度**，分别记为 ω、α，即

$$\omega(t) = \dot{\varphi}(t) \tag{2-2}$$

$$\alpha(t) = \dot{\omega}(t) = \ddot{\varphi}(t) \tag{2-3}$$

显然，平面运动刚体的角速度和角加速度并没有涉及具体转轴，或者说是与转轴无关的量，这与定轴转动时有明显不同。当它们的值为正时，按方位角的符号规定是逆时针转向。若按照右手法则，并规定垂直于运动平面朝外的单位矢量为 $\boldsymbol{k}$，则刚体平面运动的角速度和角加速度也可表示成以下矢量

$$\boldsymbol{\omega} = \omega \boldsymbol{k} = \dot{\varphi} \boldsymbol{k} \tag{2-4}$$

$$\boldsymbol{\alpha} = \alpha \boldsymbol{k} = \dot{\omega} \boldsymbol{k} = \ddot{\varphi} \boldsymbol{k} \tag{2-5}$$

例 2-1 图示平面系统，已知：$\varphi=\varphi(t)$，$\psi=\psi(t)$，试求杆 OA、AB 的角速度。

解： $\omega_{OA}=\dot{\varphi}$（↺）

$\theta=\varphi-\psi$

$\omega_{AB}=\dot{\theta}=\dot{\varphi}-\dot{\psi}$（其正转向为↺）

注意： $\omega_{AB}\neq\dot{\psi}$（↶），这是因为 ψ 为杆 AB 与运动直线 OA 的夹角，根据平面运动刚体方位角的定义，杆 AB 与固定方向（不妨设为水平向右）的夹角 θ 才是杆 AB 的方位角。

例 2-2 图示半径为 r 的齿轮在半径为 R 的固定凸轮上作纯滚动，已知两轮的圆心连线 OC 与铅垂线的夹角 $\varphi=\varphi(t)$，试求齿轮的角速度。

解： 选齿轮轮缘上的点 M，当 $\varphi=0$ 时，它与凸轮的最高点 M_0 重合，如图所示，设点 C、M 的连线与铅垂线的夹角为 ψ，它为齿轮的方位角。设 $\varphi=\varphi(t)$ 时，齿轮与凸轮的接触点为 P，由纯滚动条件知 $\widehat{M_0P}=\widehat{PM}$，即 $R\varphi=r(\psi-\varphi)$，$\psi=\dfrac{R+r}{r}\varphi$，因此，齿轮 C 的角速度 $\omega=\dot{\psi}=\dfrac{R+r}{r}\dot{\varphi}$（↺）。

注意：φ 不是齿轮的方位角，因为 OC 不是齿轮上的固连直线，将齿轮的角速度写成 $\omega=\dot{\varphi}$(↺)是错误的。

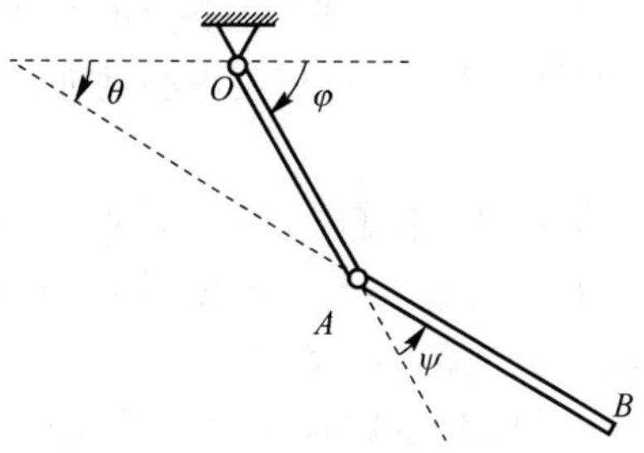

例 2-1 图

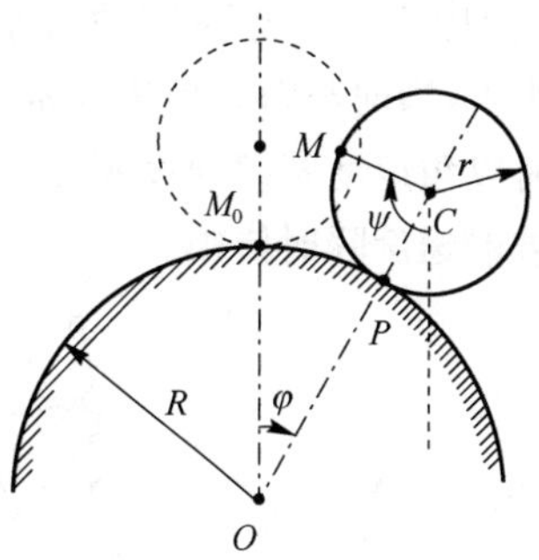

例 2-2 图

2.3 平面图形运动的位移定理

定理 平面图形在其自身平面内的任何非平移的位移，可看成是绕图形或其延拓部分上某点 D 的一次转动而达到，点 D 称为转动中心。这个定理也称为**欧拉—沙尔定理**。

证明：设 AB 是平面图形上的任一直线段，在 t 瞬时位于图形自身平面上位置Ⅰ(图 2-4)，在 $t+\Delta t$ 瞬时，运动至 $A'B'$，位于位置Ⅱ。分别作连线 AA' 和 BB' 的垂直平分线，设其交点为 D。需证 AB 直线段由位置Ⅰ至位置Ⅱ，可绕点 D 的一次转动而达到。为此，连接 A、D，B、D，A'、D，B'、D，可得到 $\triangle ABD$ 和 $\triangle A'B'D$，在这两个三角形中，各对应边的边长相等，因此，这两个三角形全等，因而有 $\angle BDA=\angle B'DA'$，在这两个角上再分别加上同一个角 $\angle ADB'$，则有 $\angle ADA'=\angle BDB'=\Delta\varphi$，于是，将 $\triangle ABD$ 绕点 D 转过角 $\Delta\varphi$ 后，$\triangle ABD$ 与 $\triangle A'B'D$ 完全重合，AB 由位置Ⅰ到达了位置Ⅱ(直线段 AB 在 $t\to t+\Delta t$ 时间段内发生的角位移也为 $\Delta\varphi$)，证毕。

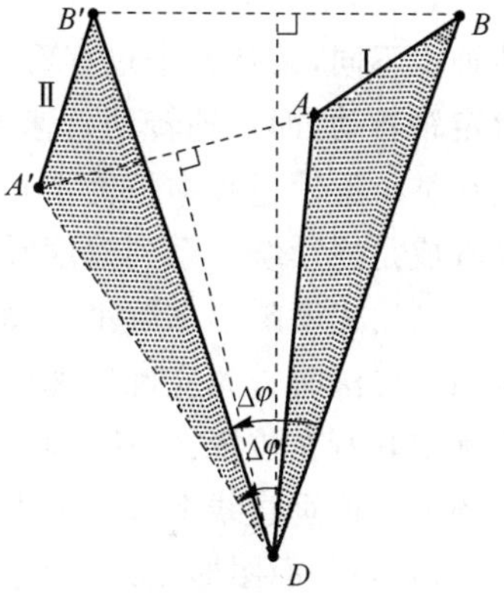

图 2-4 欧拉—沙尔定理的表示

2.4 用速度瞬心法求平面图形上点的速度

欧拉—沙尔定理所描述的平面图形由一个位置到另一个位置的运动过程，显然与真实的运动过程不同。但是，时间间隔 Δt 越短，其所描述就越能接近于图形的真实运动情况。

当 $\Delta t\to 0$，$A'B'\to AB$，转动中心 D 趋于某一确定的位置点 P，直线段 AB 在 t 瞬时的运动可视为绕点 P 的转动，其瞬时角速度为

$$\omega=\lim_{\Delta t\to 0}\frac{\Delta\varphi}{\Delta t}$$

于是，该瞬时图形上任意一点 M 的速度可表示为

$$v_M=\boldsymbol{\omega}\times\overrightarrow{PM} \tag{2-6}$$

其中，$\boldsymbol{\omega}=\omega\boldsymbol{k}$，$\boldsymbol{k}$ 为垂直于平面图形朝外的单位矢量。平面图形上点 P 在 t 瞬时的速度为零，

点 P 称为**瞬时速度中心**，简称**速度瞬心**。速度瞬心可以在平面图形内，也可以在平面图形外（即在其延拓部分上）。

结论：平面图形上各点速度的大小与该点至速度瞬心的距离成正比，方向与该点和速度瞬心的连线相垂直，指向与瞬时角速度 ω 的转向相一致（图 2-5(a)）。图形上各点的速度分布情况与图形在该瞬时以角速度 ω 绕速度瞬心 P 转动时一样（图 2-5(b)）。过速度瞬心且垂直于平面图形的轴称为**刚体的速度瞬时转轴**。

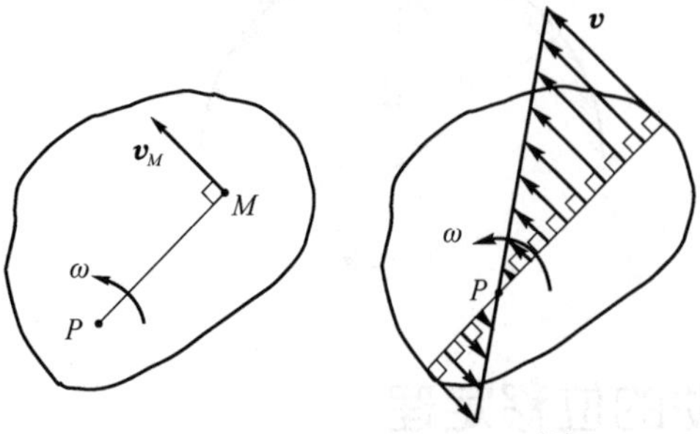

图 2-5　某瞬时平面图形上点的速度及分布规律

必须注意，速度瞬心只是瞬时不动。该瞬时，平面图形上的这一点是速度瞬心，下一瞬时另一点将成为速度瞬心。即速度瞬心在刚体上的位置不是固定的，而是随时间的变化而变化的，例如，一车轮在水平地面上作纯滚动，在不同的瞬时，轮缘上的点逐个相继与地面接触而成为各瞬时车轮的速度瞬心。由于速度瞬心在平面图形上的位置在不断变化，说明速度瞬心的速度等于零，加速度并不等于零。这表明，作一般平面运动的刚体，在每一瞬时，刚体好像是作定轴转动，但时刻不同，转轴也不同，故从整个过程看，它并不是定轴转轴。称平面运动每一瞬时的这种定轴转动为**瞬时定轴转动**，而定轴转动是速度瞬心始终不变的刚体平面运动（此时转轴上各点的速度和加速度在整个运动过程中恒为零）。所以，代表平面运动刚体的平面图形在其自身平面内的运动可以看成是连续绕一系列速度瞬时转轴的瞬时定轴转动来实现。

利用速度瞬心求解平面图形上任意一点速度是比较简便且常用的方法，称为**速度瞬心法**。应用该方法时首先应确定速度瞬心的位置，除了速度瞬心的定义外，还可以按照以下两条原则来确定其所在位置：①速度瞬心必在过平面图形上某点且垂直于该点速度方向的直线上；②平面图形沿该垂直线上各点速度的大小为线性分布。具体方法如下：

(1)当平面图形在另一个固定平面或曲面上作纯滚动（即无滑动的滚动）时，由于平面图形上与固定面的接触点相对于固定面的速度为零，所以该接触点即为平面图形的速度瞬心（图 2-6）。

(2)已知某一瞬时平面图形的角速度 ω 和其上一点 M 的速度 v_M，则由式(2-6)知平面图形的速度瞬心所在位置为点 P，且 $MP=\frac{v_M}{\omega}$，$\overrightarrow{MP}$ 的方向与 $\boldsymbol{\omega}\times v_M$ 一致，也就是说 $\overrightarrow{MP}=\frac{\boldsymbol{\omega}\times v_M}{\omega^2}$（图 2-7）。

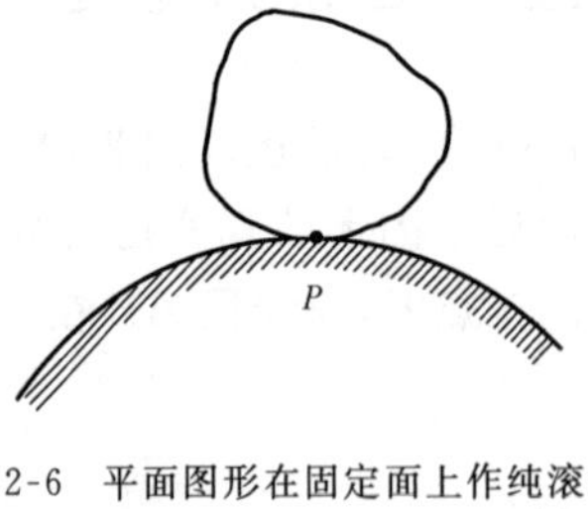

图 2-6　平面图形在固定面上作纯滚动

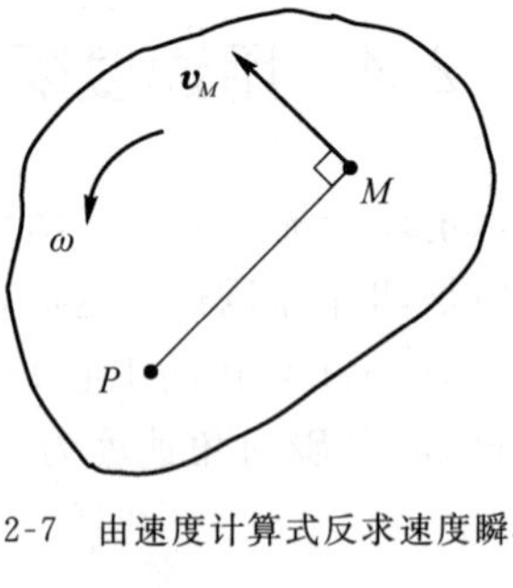

图 2-7　由速度计算式反求速度瞬心

(3)当已知平面图形上两点 A、B 的速度方向，但不平行时，则过点 A 作 v_A 的垂直线，过点 B 作 v_B 的垂直线，这两垂直线的交点 P 即为平面图形的速度瞬心（图 2-8(a)）。

(4)当已知平面图形上两点 A、B 的速度，且 $v_A /\!/ v_B$，$v_A \perp \overrightarrow{AB}$ 时：①若 $v_A \neq v_B$，两速度的矢量末

端连线与 A、B 的连线的交点即为平面图形的速度瞬心(图 2-8(b)、图2－8(c))；②若 $v_A=v_B$，则两速度的矢量末端的连线与 A、B 的连线平行，可看作它们交于无穷远处，即 $PA=\infty$，由 $\omega=\frac{v_A}{PA}$(v_A 为有限大小)知该瞬时 $\omega=0$(图 2-8(d))。

(5)当已知平面图形上两点 A、B 的速度方向平行，但不与 A、B 连线垂直时，即 $v_A /\!/ v_B$，但 v_A 不垂直于 $\overrightarrow{AB}$ 时，则过点 A 作 v_A 的垂直线与过点 B 作 v_B 的垂直线平行，可看作它们交于无穷远处，此种情况在该瞬时也为 $\omega=0$(图 2-8(e))。

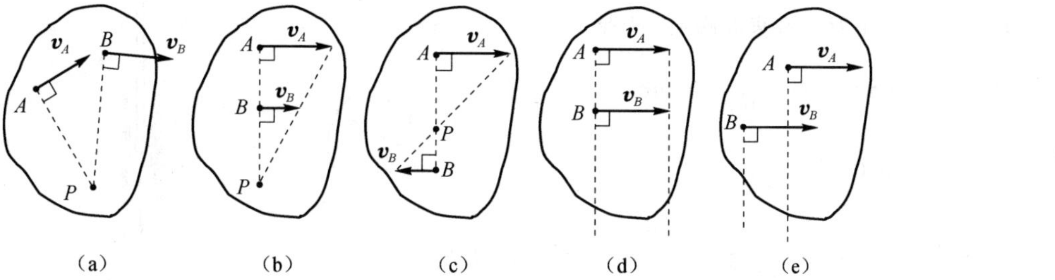

图 2-8　通过平面图形上两点速度求速度瞬心

综上所述，对于作一般平面运动的刚体，从某一瞬时 t 来看，要么刚体的角速度 $\omega\neq0$，为瞬时定轴转动的情形；要么刚体的角速度 $\omega=0$，即刚体“瞬时不转”，在 $t\rightarrow t+\mathrm{d}t$ 的时间间隔内，刚体上的各点没有角位移(否则 $\omega\neq0$ 了)，只有平移位移且相等(否则两点之间的距离将发生变化，就不是刚体的模型了)，说明刚体上各点在该瞬时具有相同的速度，刚体此瞬时的运动称为**瞬时平移**。瞬时平移与平移的区别为瞬时平移刚体在该瞬时的角速度为零，但角加速度不为零(即前一瞬时或后一瞬时刚体的角速度并不为零)，且其上各点在该瞬时的速度相等，但加速度并不相等(即前一瞬时或后一瞬时刚体上点的速度并不相等)；而平移刚体在每一瞬时，刚体的角速度和角加速度恒为零，且刚体上各点在同一瞬时的速度相等，加速度也相等。图 2-9(a)中刚体 AB 作瞬时平移，而图 2-9(b)中刚体 AB 作平移，读者按上面的阐述可仔细体会到它们的差别。

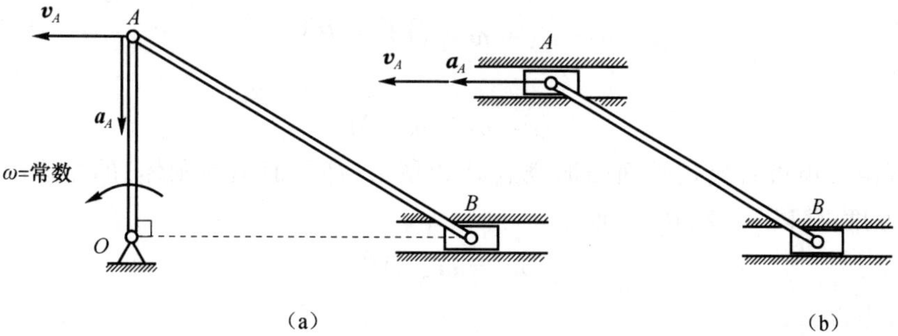

图 2-9　瞬时平移刚体和平移刚体的差别

例 2-3　图示平面机构，曲柄 O_1A 以匀角速度 ω_0 绕轴 O_1 作顺时针转动，已知 $O_1A=AB=BC=AD=l$，$O_2B=\sqrt{3}l$，在图示瞬时，O_1、B、C 处在同一铅垂直线上，杆 AD 处于水平位置，试求该瞬时滑块 C、D 的速度及杆 AB、AD、BC 的角速度。

解：(1)研究杆 AD 的运动，因为 $v_A /\!/ v_D$，且不垂直于 $\overrightarrow{AD}$，所以杆 AD 为瞬时平移，即

$$v_D=v_A=O_1A\cdot\omega_0=l\omega_0\quad(\text{方向如图所示})$$

$$\omega_{AD}=0$$

(2)研究杆 AB 的运动，已知 v_A 和 v_B 的方向，过点 A 作 v_A 的垂直线，过点 B 作 v_B 的垂直

线，这两条垂直线交于点 P_1，它就是杆 AB 的速度瞬心，于是

$$v_A = P_1A \cdot \omega_{AB} = l \cdot \sin 30^\circ \cdot \omega_{AB} = l\omega_0$$

$$\omega_{AB} = 2\omega_0 (\circlearrowleft)$$

$$v_B = P_1B \cdot \omega_{AB} = l \cdot \cos 30^\circ \cdot 2\omega_0 = \sqrt{3} l\omega_0$$

(3)研究杆 BC 的运动，过点 B 作 v_B 的垂直线，过点 C 作 v_C 的垂直线，它们相交于点 P_2，它就是杆 BC 的速度瞬心，于是

$$v_B = P_2B \cdot \omega_{BC} = \frac{l}{\sin 30^\circ} \cdot \omega_{BC} = \sqrt{3} l\omega_0$$

$$\omega_{BC} = \frac{\sqrt{3}}{2}\omega_0 (\circlearrowright)$$

$$v_C = P_2C \cdot \omega_{BC} = \frac{l}{\tan 30^\circ} \cdot \frac{\sqrt{3}}{2}\omega_0 = \frac{3}{2} l\omega_0 (\downarrow)$$

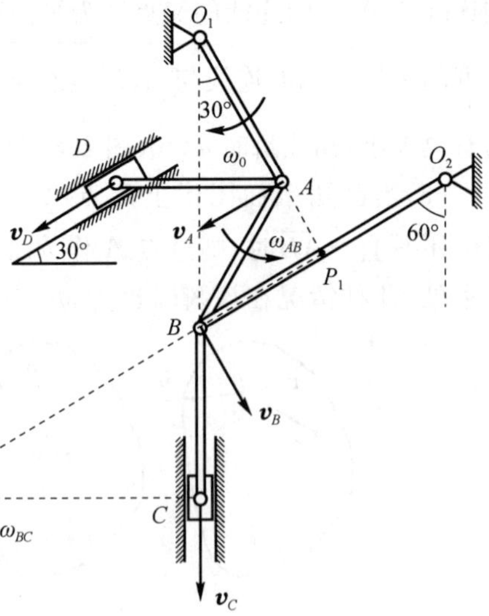

例 2-3 图

注意：①点 P_1 和 P_2 分别是杆 AB 和 BC 的延拓部分上的点。②由此题可以看出，利用速度瞬心对平面机构进行运动学速度分析是十分简便的。

2.5 平面图形上两点的速度关系

建立平面图形上两点 A、B 的速度关系的依据是平面图形上点的速度等于平面图形绕速度瞬心 P 转动时该点的速度(图 2-10(a))，即

$$v_A = \boldsymbol{\omega} \times \overrightarrow{PA}$$

$$v_B = \boldsymbol{\omega} \times \overrightarrow{PB}$$

两式相减得

$$v_B - v_A = \boldsymbol{\omega} \times (\overrightarrow{PB} - \overrightarrow{PA})$$

即

$$v_B = v_A + \boldsymbol{\omega} \times \overrightarrow{AB} \tag{2-7}$$

式(2-7)右端第二项可看成是平面图形绕点 A 以图形(即平面运动刚体)的角速度 ω 转动时点 B 所具有的速度，并以 v_{BA} 表示之，即

$$v_{BA} = \boldsymbol{\omega} \times \overrightarrow{AB} \tag{2-8}$$

显然，它的大小为

$$v_{BA} = \omega \cdot AB \cdot \sin 90^\circ = \omega \cdot AB$$

方向垂直于 A、B 两点连线，指向图形角速度 ω 转向一边(图 2-10(b))。于是式(2-7)可写成

$$v_B = v_A + v_{BA} \tag{2-9}$$

称为**平面图形(即同一平面运动刚体)上两点的速度关系**。一般将点 A 称为**基点**。

结论：平面图形上某点 B 的速度等于基点 A 的速度与该平面图形以其角速度 $\boldsymbol{\omega}$ 绕点 A 转动时点 B 所具有的速度的矢量和(图 2-10(b))。这种求解方法常称为**基点法**。

对矢量式(2-9)常采用以下两种方法进行求解：①根据式(2-9)先作出图 2-10(b)所示平行四边形，然后利用其中三角形的几何关系对问题进行求解，这种求解方法常称为**几何法**；②将

式(2-9)向平面图形两个相交的坐标轴(正交或斜交都行)进行投影,得到两个独立的代数方程并进行求解,这种求解方法常称为**投影法**。

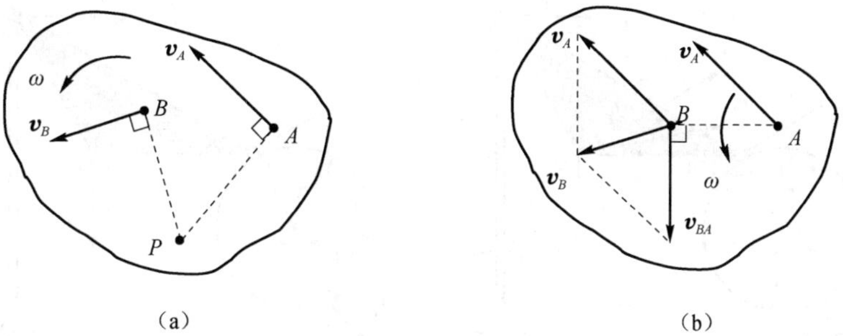

图 2-10 平面图形上两点的速度关系

将式(2-9)在$\overrightarrow{AB}$的方向上进行投影,得

$$[v_B]_{AB} = [v_A]_{AB} \tag{2-10}$$

它表明,平面图形上任意两点的速度在其连线上的投影相等,称为**速度投影定理**。它正是反映了同一刚体上任意两点间距离保持不变这一特性。如果 A、B 两点速度在其连线上投影不等,则就意味着 A、B 两点间的距离将要变长或变短,就不符合刚体这一模型了。当已知刚体上某点速度的大小和方向及同一刚体上另一点速度的方向而需求它的大小时,利用速度投影定理可方便地进行求解。

当基点 A 取为速度瞬心 P 时,基点法就变成了速度瞬心法,即速度瞬心法是基点法的特殊情况。

例 2-4 如图(a)所示一平面铰接机构,已知半径为 r 的圆盘以匀角速度 ω 绕其盘缘上轴 O 作逆时针转动,底角为 30°的等腰三角板的底边 BC 和杆 AB 的长度都为 $l=2\sqrt{3}r$,试求图示位置三角板 BCD 和杆 AB 的角速度及点 D 的速度大小。

解法一:几何法

圆盘作定轴转动,$v_C = OC \cdot \omega = 2r\omega$(方向如图(a)所示),杆 AB 作定轴转动,$v_B = AB \cdot \omega_{AB} = 2\sqrt{3}r\omega_{AB}$(方向沿水平方向)。根据 $v_B = v_C + v_{BC}$ 可作出图示平行四边形,说明 v_B 水平向左,由其中三角形几何关系知,$v_B = v_{BC}$,$v_C = v_B\cos30° + v_{BC}\cos30°$,于是

$$v_B = v_{BC} = \frac{2}{3}\sqrt{3}r\omega$$

$$\omega_{AB} = \frac{v_B}{AB} = \frac{1}{3}\omega(\curvearrowleft)$$

$$\omega_{\triangle} = \frac{v_{BC}}{BC} = \frac{1}{3}\omega(\curvearrowright)$$

$$v_{DC} = CD \cdot \omega_{\triangle} = 2r \cdot \frac{1}{3}\omega = \frac{2}{3}r\omega(\downarrow)$$

再由 $v_D = v_C + v_{DC}$ 可作出图示平行四边形,由其中三角形的余弦定理可得

$$\begin{aligned} v_D^2 &= v_C^2 + v_{DC}^2 - 2v_C v_{DC}\cos60° \\ &= 4r^2\omega^2 + \frac{4}{9}r^2\omega^2 - 2 \cdot 2r\omega \cdot \frac{2}{3}r\omega \cdot \frac{1}{2} = \frac{28}{9}r^2\omega^2 \end{aligned}$$

$$v_D = \frac{2}{3}\sqrt{7}r\omega$$

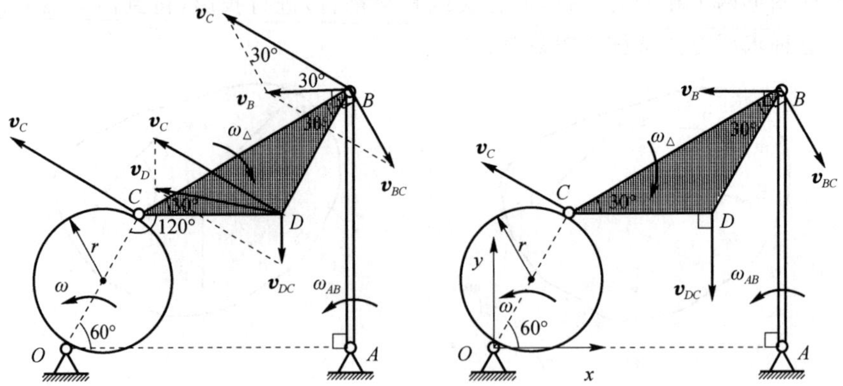

(a)　　　　　　　　　　(b)

例 2-4 图

解法二:投影法

如图(b)所示,假设杆 AB 的角速度转向为↶,三角板角速度转向为∪,根据

	v_B	=	v_C	+	v_{BC}	(1)
大小	$AB\cdot\omega_{AB}$(?)		$OC\cdot\omega$(✓)		$BC\cdot\omega_{\triangle}$(?)	
方向	←		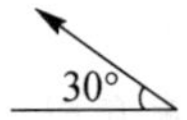		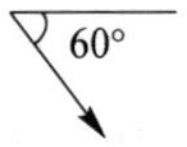	

式(1)沿$\overrightarrow{BC}$方向投影得

$$v_B\cos 30^\circ = v_C\cos 60^\circ + 0$$

$$v_B = \frac{\sqrt{3}}{3}v_C = \frac{2}{3}\sqrt{3}r\omega$$

$$\omega_{AB} = \frac{v_B}{AB} = \frac{1}{3}\omega(↶)$$

式(1)沿$\overrightarrow{AB}$方向投影得

$$0 = v_C\cos 60^\circ - v_{BC}\cos 30^\circ$$

$$v_{BC} = \frac{\sqrt{3}}{3}v_C = \frac{2}{3}\sqrt{3}r\omega$$

$$\omega_{\triangle} = \frac{v_{BC}}{BC} = \frac{1}{3}\omega(\cup)$$

再根据

	v_D	=	v_C	+	v_{DC}	(2)
大小	?		$OC\cdot\omega$(✓)		$CD\cdot\omega_{\triangle}$(✓)	
方向	?		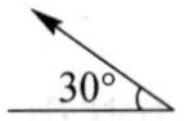		↓	

式(2)分别沿图(b)所示 x、y 轴投影得

$$v_{Dx} = -v_C\cos 30^\circ + 0 = -\sqrt{3}r\omega$$

$$v_{Dy} = v_C\cos 60^\circ - v_{DC} = 2r\omega\cdot\frac{1}{2} - 2r\cdot\frac{1}{3}\omega = \frac{1}{3}r\omega$$

因此点 D 的速度大小为

$$v_D = \sqrt{v_{Dx}^2 + v_{Dy}^2} = \frac{2}{3}\sqrt{7}r\omega$$

注意:①通过 B、C 两点的速度关系作平行四边形可直接确定 v_B 和 v_{BC} 的方向,从而也就确定了杆 AB 和 $\triangle BCD$ 的角速度的转向,这是用几何法求解的优点之一;三角形往往能给出简单明了的几何关系,这是利用几何法求解的另一个优点。②利用投影法求解时,不需画出平行四边形,但只能先假设角速度的转向(对平面运动或定轴转动刚体)并画出对应矢量的方向,或假设速度的指向(对平移刚体),当求出其值为正时,说明假设的转向或指向正确;当求出其值为负时,说明真实的转向或指向与假设相反。③对式(1)选择投影轴时,最好如解答所示使其中一个未知量的投影为零,这样可以避免解联立方程,减小出错概率;在写具体投影式时,一定要对着矢量式子写出等号两边每一项投影的正、负号和大小,确保运算结果正确。④用上节的速度瞬心法也可以对本题进行求解,请读者自己完成。

例 2-5 图(a)所示一平面铰接机构。已知:$O_1A=O_2B=l$,$AC=\sqrt{3}l$,$BC=2l$,杆 O_1A 的角速度 $\omega_1=\sqrt{3}\omega_0$,杆 O_2B 的角速度为 $\omega_2=2\omega_0$,转向都为逆时针。在图示位置:杆 O_1A 处于铅垂位置,杆 O_2B 与 AC 处于水平位置,杆 BC 与杆 AC 的夹角为 30°,试求该瞬时点 C 的速度。

解法一:由基点法求解

杆 O_1A 和 O_2B 作定轴运动,其 A、B 两点速度为 $v_A=O_1A\cdot\omega_1=\sqrt{3}l\omega_0$(←),$v_B=O_2B\cdot\omega_2=2l\omega_0$(↓)。杆 AC 和 BC 均作平面运动。因点 C 是杆 AC 上的一个点,故有

$$v_C = v_A + v_{CA} \tag{1}$$

因 v_C 的大小、方向及 v_{CA} 的大小均未知,仅用式(1)无法求出 v_C。考虑到点 C 又是杆 BC 上的一点,故有

$$v_C = v_B + v_{CB} \tag{2}$$

同样 v_C 的大小、方向及 v_{CB} 的大小均未知,仅用式(2)也无法求出 v_C。但比较式(1)、式(2)得

$$v_A + v_{CA} = v_B + v_{CB} \tag{3}$$

式(3)中只有 v_{CA}、v_{CB} 的大小未知,可求解,考虑到图示瞬时 $v_{CA}\perp v_A$,由式(3)求出 v_{CA} 后,再由式(1)可方便求出 v_C。

将式(3)沿 $\overrightarrow{BC}$ 方向投影得

$$v_A\cos30^\circ - v_{CA}\cos60^\circ = v_B\cos60^\circ$$

$$v_{CA} = 2(\sqrt{3}l\omega_0\cdot\frac{\sqrt{3}}{2} - 2l\omega_0\cdot\frac{1}{2}) = l\omega_0$$

再由式(1)知 v_C 的大小为

$$v_C = \sqrt{v_A^2 + v_{CA}^2} = 2l\omega_0$$

v_C 的方向与 $\overrightarrow{CA}$ 的夹角 $\qquad \theta=\arctan\frac{v_{CA}}{v_A}=\arctan\frac{l\omega_0}{\sqrt{3}l\omega_0}=\arctan\frac{\sqrt{3}}{3}=30^\circ$

解法二:由速度投影定理求解

假设点 C 的速度 v_C 的方向与 $\overrightarrow{CA}$ 的夹角为 θ,如图(b)所示,因 A、C 两点都为杆 AC 上的点,因此 $[v_C]_{CA}=[v_A]_{CA}$,即

$$v_C\cos\theta = v_A \tag{4}$$

又 B、C 两点都为杆 BC 上的点,故 $[v_C]_{BC}=[v_B]_{BC}$,即

$$v_C\cos(\theta+30^\circ) = v_B\cos60^\circ \tag{5}$$

式(4)、式(5)可写为

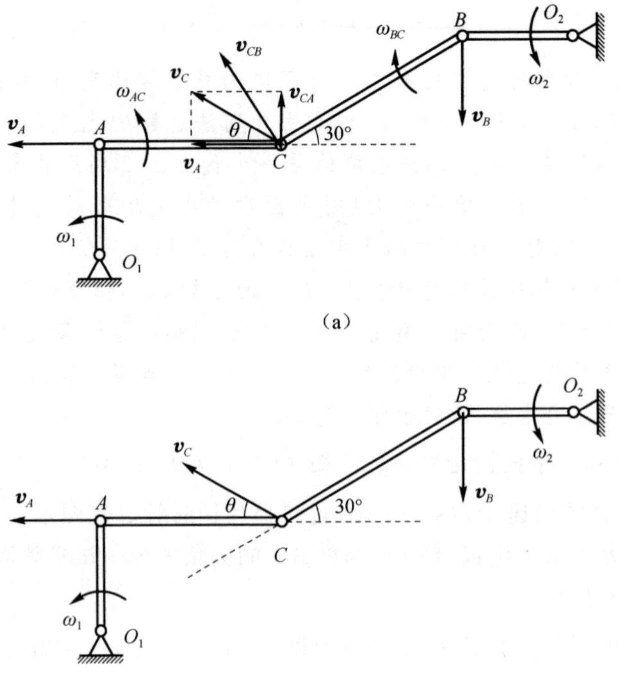

(b)

例 2-5 图

$$v_C\cos\theta = \sqrt{3}l\omega_0 \tag{6}$$

$$v_C\cos(\theta + 30^\circ) = l\omega_0 \tag{7}$$

式(6)除以式(7)得

$$\cos\theta = \sqrt{3}\cos(\theta + 30^\circ) = \sqrt{3}\left(\frac{\sqrt{3}}{2}\cos\theta - \frac{1}{2}\sin\theta\right)$$

$$\tan\theta = \frac{\sqrt{3}}{3}, \theta = 30^\circ$$

再由式(6)知 $$v_C = \sqrt{3}l\omega_0/\cos30^\circ = 2l\omega_0$$

注意：①运动学是求解未知运动与已知运动的关系，本题给出两个已知运动，说明是一个两自由度系统。②对于式(1)和式(2)两个独立的平面矢量式，可求解四个未知量，除了题中已求出的v_C的大小和方向两个未知量外，还可进一步求出杆 AC 和杆 BC 的角速度。③只用速度投影定理无法求出杆 AC 和 BC 的角速度，因为速度投影定理本质上只是两点速度关系中的一个投影式而已。④速度为矢量，要求点 C 的速度就是要求它的大小和方向，不能因为在图示瞬时，杆 AC 处于水平位置，点 A 速度又在水平方向，就主观地认为点 C 的速度也在水平方向。

2.6 平面图形上两点的加速度关系

2.5 节已经得到平面图形上任意两点 A、B 速度之间的关系，其数学表达式为式(2-7)，即

$$v_B = v_A + \boldsymbol{\omega} \times \overrightarrow{AB}$$

下面建立平面图形上任意两点 A、B 加速度之间的关系。设 A、B 两点相对于固定点 O 的矢径

分别为$\boldsymbol{r}_A$、$\boldsymbol{r}_B$，则将上式两端对时间求一阶导数，得

$$\frac{\mathrm{d}v_B}{\mathrm{d}t}=\frac{\mathrm{d}v_A}{\mathrm{d}t}+\frac{\mathrm{d}\boldsymbol{\omega}}{\mathrm{d}t}\times\overrightarrow{AB}+\boldsymbol{\omega}\times\frac{\mathrm{d}\overrightarrow{AB}}{\mathrm{d}t} \tag{2-11}$$

式(2-11)左端和右端第一项分别表示点B和点A的加速度，即

$$\frac{\mathrm{d}v_B}{\mathrm{d}t}=\boldsymbol{a}_B,\frac{\mathrm{d}v_A}{\mathrm{d}t}=\boldsymbol{a}_A \tag{2-12}$$

$\frac{\mathrm{d}\boldsymbol{\omega}}{\mathrm{d}t}$为平面图形的角加速度，即

$$\frac{\mathrm{d}\boldsymbol{\omega}}{\mathrm{d}t}=\boldsymbol{\alpha} \tag{2-13}$$

而$\overrightarrow{AB}=\boldsymbol{r}_B-\boldsymbol{r}_A$，故

$$\frac{\mathrm{d}\overrightarrow{AB}}{\mathrm{d}t}=\frac{\mathrm{d}\boldsymbol{r}_B}{\mathrm{d}t}-\frac{\mathrm{d}\boldsymbol{r}_A}{\mathrm{d}t}=v_B-v_A$$

将式(2-7)移项后代入上式得

$$\frac{\mathrm{d}\overrightarrow{AB}}{\mathrm{d}t}=\boldsymbol{\omega}\times\overrightarrow{AB} \tag{2-14}$$

将式(2-12)、式(2-13)、式(2-14)代入式(2-11)得

$$\boldsymbol{a}_B=\boldsymbol{a}_A+\boldsymbol{\alpha}\times\overrightarrow{AB}+\boldsymbol{\omega}\times(\boldsymbol{\omega}\times\overrightarrow{AB}) \tag{2-15}$$

式(2-15)右端第二项可看成是平面图形绕点A以图形(即平面运动刚体)的角加速度$\boldsymbol{\alpha}$转动时点B所具有的切向加速度，并以$\boldsymbol{a}_{BA}^{\mathrm{t}}$表示之，即

$$\boldsymbol{a}_{BA}^{\mathrm{t}}=\boldsymbol{\alpha}\times\overrightarrow{AB} \tag{2-16}$$

其大小为

$$a_{BA}=\alpha\cdot AB\cdot\sin 90^\circ=\alpha\cdot AB$$

方向垂直于A、B两点连线，指向图形角加速度$\boldsymbol{\alpha}$转向一边(图 2-11)。式(2-15)右端第三项可看成是平面图形绕点A以图形(即平面运动刚体)的角速度$\boldsymbol{\omega}$转动时点B所具有的法向加速度，并以$\boldsymbol{a}_{BA}^{\mathrm{n}}$表示之，即

$$\boldsymbol{a}_{BA}^{\mathrm{n}}=\boldsymbol{\omega}\times(\boldsymbol{\omega}\times\overrightarrow{AB}) \tag{2-17}$$

其大小为

$$a_{BA}^{\mathrm{n}}=\omega\cdot(\omega\cdot AB\cdot\sin 90^\circ)\cdot\sin 90^\circ=\omega^2\cdot AB$$

方向由点B指向点A(图 2-11)，显然，改变$\boldsymbol{\omega}$的转向，$\boldsymbol{a}_{BA}^{\mathrm{n}}$的大小和方向不变，一般将式(2-16)和式(2-17)的矢量和记为$\boldsymbol{a}_{BA}$，即

$$\boldsymbol{a}_{BA}=\boldsymbol{a}_{BA}^{\mathrm{t}}+\boldsymbol{a}_{BA}^{\mathrm{n}} \tag{2-18}$$

将式(2-16)、式(2-17)代入式(2-15)得

$$\boldsymbol{a}_B=\boldsymbol{a}_A+\boldsymbol{a}_{BA}^{\mathrm{t}}+a_{BA}^{\mathrm{n}} \tag{2-19}$$

称为**平面图形(即同一平面运动刚体)上两点的加速度关系式**，一般也将点A称为**基点**。

结论：平面图形上某点B的加速度等于基点A的加速度与该平面图形以其角速度$\boldsymbol{\omega}$、角加速度$\boldsymbol{\alpha}$绕点A转动时所具有的切向加速度、法向加速度的矢量和(图 2-11)。这种求解方法也称为**基点法**。

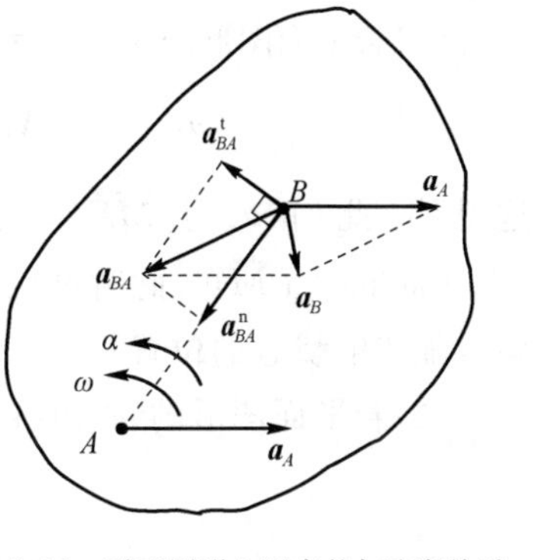

图 2-11　平面图形上两点的加速度关系

式(2-19)是平面矢量方程，但由于平面运动刚体上点的轨迹一般都是曲线，即点A、B一般都有切向加速度和法向加速

度，因此式(2-19)包含的矢量个数较多，用几何法建立各矢量的大小关系不方便，通常都是将该矢量式投影于矢量所在平面内两个相交的坐标轴(正交、斜交都行)上，得到与之等价的两个独立代数方程，因而可求解两个未知量，这种求解方法即为投影法。必须注意，该式沿某轴，不妨为 x 轴的投影式为 $[\boldsymbol{a}_B]_x=[\boldsymbol{a}_A]_x+[\boldsymbol{a}_{BA}^{\mathrm{t}}]_x+[\boldsymbol{a}_{BA}^{\mathrm{n}}]_x$，将其写为 $\sum a_x=0$ 则是错误的。当然，如果式(2-19)中只包含三个矢量，这时使用所作平行四边形中三角形关系，即几何法求解则是很简便的。

将式(2-19)在 AB 的方向上进行投影，注意到 $\boldsymbol{a}_{BA}^{\mathrm{t}}\perp\overrightarrow{AB}$，得

$$[\boldsymbol{a}_B]_{AB}=[\boldsymbol{a}_A]_{AB}+[\boldsymbol{a}_{BA}^{\mathrm{n}}]_{AB} \tag{2-20}$$

可见，当 $\omega\neq 0$ 时，由于 $[\boldsymbol{a}_{BA}^{\mathrm{n}}]_{AB}=-\omega^2\cdot AB\neq 0$，故

$$[\boldsymbol{a}_B]_{AB}\neq[\boldsymbol{a}_A]_{AB}$$

只有当 $\omega=0$ 时，才有

$$[\boldsymbol{a}_B]_{AB}=[\boldsymbol{a}_A]_{AB} \tag{2-21}$$

这说明，平面图形(即同一刚体)上任意两点的加速度在这两点连线上的投影一般不相等。或者说，只有当某瞬时刚体的角速度为零，该刚体上任意两点在该瞬时的加速度在这两点连线上的投影才相等。

平面图形上加速度为零的点，称为**加速度瞬心**，并以 P^* 表示之。若选加速度瞬心 P^* 为基点，则由式(2-19)知，平面图形上任意一点 M 的加速度为

$$\boldsymbol{a}_M=\boldsymbol{a}_{MP^*}^{\mathrm{t}}+\boldsymbol{a}_{MP^*}^{\mathrm{n}} \tag{2-22}$$

其大小、方向分别为(设 $\boldsymbol{a}_M$ 与 $\overrightarrow{MP^*}$ 的夹角 θ)

$$a_M=\sqrt{(a_{MP^*}^{\mathrm{t}})^2+(a_{MP^*}^{\mathrm{n}})^2}=\sqrt{(P^*M\cdot\alpha)^2+(P^*M\cdot\omega^2)^2}$$
$$=P^*M\cdot\sqrt{\alpha^2+\omega^4} \tag{2-23}$$

$$\theta=\arctan\frac{a_{MP^*}^{\mathrm{t}}}{a_{MP^*}^{\mathrm{n}}}=\arctan\frac{P^*M\cdot\alpha}{P^*M\cdot\omega^2}=\arctan\frac{\alpha}{\omega^2} \tag{2-24}$$

这说明，某瞬时平面图形上任一点 M 的加速度，其大小与该点至加速度瞬心的距离 MP^* 成正比，其方向与 $\overrightarrow{MP^*}$ 的夹角 θ($\boldsymbol{a}_M$ 至 $\overrightarrow{MP^*}$ 的转向与 α 的转向一致)和点 M 的位置无关(图 2-12)。

由于平面图形上各点的加速度与该点和加速度瞬心 P^* 的连线的夹角 θ 与 ω、α 有关，一般不为直角，因此加速度瞬心的位置不像速度瞬心那样容易确定，但对于以下三种特殊情况，加速度瞬心是很容易确定的。

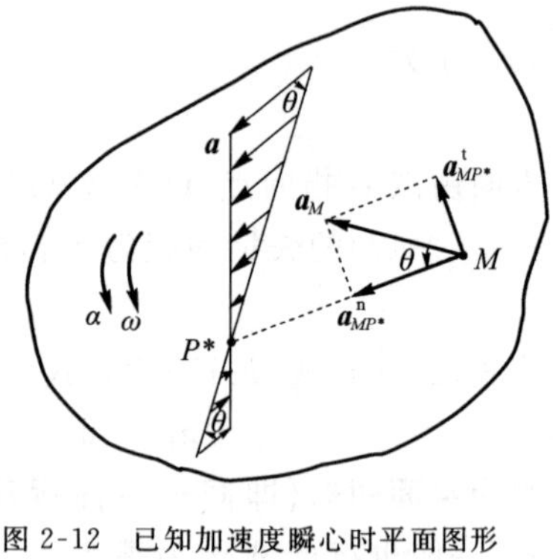

图 2-12　已知加速度瞬心时平面图形上点的加速度及其分布规律

(1)若平面图形上某点速度为常矢量，则该点即为加速度瞬心；

(2)若平面图形的 $\omega=0$，$\alpha\neq 0$，则由式(2-23)、式(2-24)知

$$a_M=P^*M\cdot\alpha,\theta=\frac{\pi}{2}$$

这说明，此时 $\boldsymbol{a}_M\perp\overrightarrow{MP^*}$，对照速度瞬心法时的 $v_M=PM\cdot\omega$，$v_M\perp\overrightarrow{PM}$ 知，此时可以与确定速度瞬心一样的办法确定加速度瞬心的位置；

(3)若平面图形的 $\omega\neq 0$，$\alpha=0$，则由式(2-23)、式(2-24)知

$$a_M=P^*M\cdot\omega^2,\theta=0$$

这说明，此时 $\boldsymbol{a}_M$ 由点 M 指向点 P^*，只要已知平面图形(即同一刚体)上两点 A、B 的加速度方

向，则它们的延长线的交点即为加速度瞬心，且点 M 的加速度大小与加速度瞬心的关系简单。

必须注意，虽然速度瞬心和加速度瞬心都是平面图形或其延拓部分上某个点，但不是同一个点；在某瞬时，速度瞬心的加速度不为零，加速度瞬心的速度不为零；不同瞬时，平面图形或其延拓部分上不同点成为加速度瞬心。只有在以上三种特殊情况时用加速度瞬心去确定平面图形上点的加速度才比较简便，这种求解方法称为**加速度瞬心法**（一般将过加速度瞬心且垂直于平面图形的轴称为平面运动刚体的**加速度瞬时转轴**，且与速度瞬时转轴不重合）；对于其他情况，则一般就不采用加速度瞬心法了，理由如下：当对机构进行加速度分析时，对平面运动刚体的角速度虽在其速度分析时可求出，但其角加速度通常并不知道，从而因 θ 角未知而无法确定加速度瞬心的位置；即使已知平面运动刚体的角速度和角加速度，应用作图法确定加速度瞬心的位置并求刚体上感兴趣点的加速度时，需量取 θ 角的值和 P^*M 的长度，显然这并不方便且极易出错。

综上所述，对一般平面运动刚体进行加速度分析时，一般只采用基点法中的投影法。

如果点 C 为平面图形上 A、B 两点连线的中点则 $v_C = v_A + v_{CA}$，$v_C = v_B + v_{CB}$。由于 $v_{CA} = -v_{CB}$ 故 $v_C = \dfrac{1}{2}(v_A + v_B)$，于是 $\boldsymbol{a}_C = \dfrac{1}{2}(\boldsymbol{a}_A + \boldsymbol{a}_B)$，这两个关系式对某些问题的求解会带来一定的简便。

例 2-6 在图(a)所示平面机构中，滑块 A 以匀速度 v_A 沿铅垂滑道向下平移，通过长度为 $l=4r$ 的连杆 AB 带动半径为 r 的圆盘（B 为其圆心）沿水平地面作纯滚动。试求图示位置：(1) 杆 AB 的角速度、角加速度和圆盘 B 的角速度、角加速度；(2) 杆 AB 和圆盘 B 各自速度瞬心的加速度；(3) 杆 AB 的中点 C 和圆盘盘缘上点 M 的切向和法向加速度。

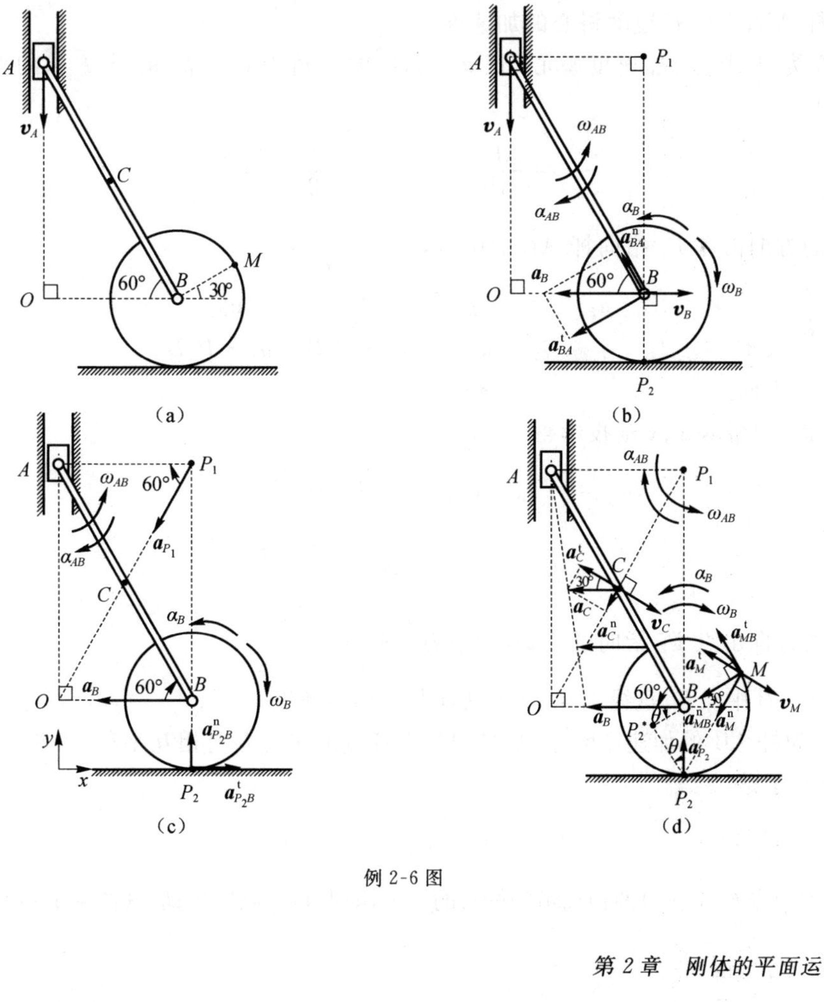

例 2-6 图

解:(1)求杆、圆盘的角速度和角加速度

因盘心 B 作水平直线运动,点 P_1 为杆 AB 的速度瞬心(图(b));因圆盘在水平地面作纯滚动,故其与地面的接触点 P_2 为圆盘的速度瞬心。于是

$$v_A = P_1A \cdot \omega_{AB}, \qquad \omega_{AB} = \frac{v_A}{P_1A} = \frac{v_A}{l\cos 60^\circ} = \frac{v_A}{2r} \quad (\curvearrowleft)$$

$$v_B = P_1B \cdot \omega_{AB} = l\sin 60^\circ \cdot \frac{v_A}{2r} = \sqrt{3}v_A \quad (\rightarrow)$$

$$v_B = P_2B \cdot \omega_B = r\omega_B, \omega_B = \frac{\sqrt{3}v_A}{r} \quad (\circlearrowright)$$

因 v_A 为常矢量,故 $\boldsymbol{a}_A = 0$,即点 A 即为杆 AB 的加速度瞬心 P_1^*,由 $\boldsymbol{a}_B = \boldsymbol{a}_{BA}^{\mathrm{n}} + \boldsymbol{a}_{BA}^{\mathrm{t}}$ 可作出图(b)所示矢量图,其中 $a_{BA}^{\mathrm{n}} = \omega_{AB}^2 \cdot AB = \frac{v_A^2}{r}$,于是

$$a_{BA}^{\mathrm{t}} = a_{BA}^{\mathrm{n}} \tan 60^\circ = \frac{\sqrt{3}v_A^2}{r}, \qquad \alpha_{AB} = \frac{a_{BA}^{\mathrm{t}}}{AB} = \frac{\sqrt{3}v_A^2}{4r^2} \quad (\circlearrowright)$$

$$a_B = \frac{a_{BA}^{\mathrm{n}}}{\cos 60^\circ} = \frac{2v_A^2}{r} \quad (\leftarrow)$$

因 $v_B = r\omega_B$ 普遍成立,且点 B 作直线运动,故

$$a_B = r\alpha_B, \qquad \alpha_B = \frac{a_B}{r} = \frac{2v_A^2}{r^2} \quad (\curvearrowleft)$$

(2)求杆 AB、圆盘 B 速度瞬心的加速度

因点 A 为杆 AB 的加速度瞬心,且 $\boldsymbol{a}_B$ 与 $\overrightarrow{BA}$ 的夹角为 60°,故 $\boldsymbol{a}_{P_1}$ 与 $\overrightarrow{P_1A}$ 的夹角也为 60°(图(c)),且

$$\frac{a_{P_1}}{a_B} = \frac{AP_1}{AB}, \qquad a_{P_1} = \frac{1}{2}a_B = \frac{v_A^2}{r}$$

这说明 $\boldsymbol{a}_{P_1}$ 的方向由点 P_1 指向杆 AB 的中点,大小为 $\frac{v_A^2}{r}$。

根据	$\boldsymbol{a}_{P_2}$	=	$\boldsymbol{a}_B$	+	$\boldsymbol{a}_{P_2B}^{\mathrm{n}}$	+	$\boldsymbol{a}_{P_2B}^{\mathrm{t}}$
大小	?		a_B		$\omega_B^2 \cdot P_2B$		$\alpha_B \cdot P_2B$
方向	?		$\leftarrow$		$\uparrow$		$\rightarrow$

上式分别沿图(c)所示 x、y 轴投影得

$$a_{P_{2x}} = -a_B + a_{P_2B}^{\mathrm{t}} = -\frac{2v_A^2}{r} + \frac{2v_A^2}{r^2} \cdot r = 0$$

$$a_{P_{2y}} = a_{P_2B}^{\mathrm{n}} = \omega_B^2 \cdot r = \frac{3v_A^2}{r}$$

这说明 $\boldsymbol{a}_{P_2}$ 的方向由点 P_2 指向圆心 B,大小为 $\frac{3v_A^2}{r}$。

(3)求杆 AB 中点 C、盘缘上点 M 的切向与法向加速度

因点 A 为杆 AB 的加速度瞬心,故杆 AB 上各点加速度方向相互平行,大小与点 A 距离成正比(图(d)),于是

$$a_C = \frac{1}{2}a_B = \frac{v_A^2}{r}(\leftarrow)$$

又在运动过程中点 C 到点 O 的距离恒为杆长的一半,即点 C 作圆周运动,其曲率中心为点 O,故

$$a_C^{\mathrm{n}} = a_C\sin30^\circ = \frac{v_A^2}{2r} \quad \text{（由点}C\text{指向点}O\text{）}$$

$$a_C^{\mathrm{t}} = a_C\cos30^\circ = \frac{\sqrt{3}v_A^2}{2r} \quad \text{（方向垂直于}\overrightarrow{OC}\text{，斜向上）}$$

根据

$$\begin{array}{lccccccc} & \boldsymbol{a}_M^{\mathrm{n}} & + \boldsymbol{a}_M^{\mathrm{t}} = & \boldsymbol{a}_B & + & \boldsymbol{a}_{MB}^{\mathrm{n}} & + & \boldsymbol{a}_{MB}^{\mathrm{t}} \\ \text{大小} & ? & ? & a_B(\surd) & & \omega_B^2\cdot BM(\surd) & & \alpha_B\cdot BM(\surd) \\ \text{方向} & \surd & \surd & \surd & & \surd & & \surd \end{array}$$

上式分别沿 $\boldsymbol{a}_M^{\mathrm{n}}$、$\boldsymbol{a}_M^{\mathrm{t}}$ 方向投影得

$$\begin{aligned} a_M^{\mathrm{n}} &= a_B\cos60^\circ + a_{MB}^{\mathrm{n}}\cos30^\circ - a_{MB}^{\mathrm{t}}\cos60^\circ \\ &= \frac{2v_A^2}{r}\cdot\frac{1}{2} + \left(\frac{\sqrt{3}v_A}{r}\right)^2\cdot r\cdot\frac{\sqrt{3}}{2} - \frac{2v_A^2}{r^2}\cdot r\cdot\frac{1}{2} \\ &= \frac{3\sqrt{3}v_A^2}{2r} \quad \text{（方向如图(d) 所示）} \end{aligned}$$

$$\begin{aligned} a_M^{\mathrm{t}} &= a_B\cos30^\circ + a_{MB}^{\mathrm{n}}\cos60^\circ + a_{MB}^{\mathrm{t}}\cos30^\circ \\ &= \frac{2v_A^2}{r}\cdot\frac{\sqrt{3}}{2} + \left(\frac{\sqrt{3}v_A}{r}\right)^2\cdot r\cdot\frac{1}{2} + \frac{2v_A^2}{r^2}\cdot r\cdot\frac{\sqrt{3}}{2} \\ &= \left(2\sqrt{3}+\frac{3}{2}\right)\frac{v_A^2}{r} \quad \text{（方向如图(d) 所示）} \end{aligned}$$

注意：①杆 AB 作一般平面运动，其速度瞬心 P_1、加速度瞬心 A 和点 C 的曲率中心 O（点 O 不是杆 AB 上的点）为三个不同的点，这与刚体作定轴转动时速度瞬心、加速度瞬心和曲率中心永远都为转轴上的点有很大的区别，显然杆 AB 上不同点的运动轨迹是不一样的，这说明，即使是同一瞬时，杆 AB 上不同点的曲率中心和曲率半径也是不一样的。同样，纯滚动圆盘也作一般平面运动，根据式(2-24)可求得 $\theta=\arctan\dfrac{\alpha_B}{\omega_B^2}=\arctan\dfrac{2}{3}$，$\boldsymbol{\alpha}_B$ 为逆时针转向，由 $\boldsymbol{a}_B$ 逆时针转 θ 角作一条直线，再由 $\boldsymbol{a}_{P_2}$ 逆时针转 θ 角作另一条直线，这两条直线的交点 P_2^* 即为圆盘的加速度瞬心 P_2^*（图(d)），它与圆盘的速度瞬心 P_2 及圆盘上不同点的曲率中心一般也互不重合。②由于点 A 为杆 AB 的加速度瞬心而认为 $a_C^{\mathrm{t}}=a_{CA}^{\mathrm{t}}$，$a_C^{\mathrm{n}}=a_{CA}^{\mathrm{n}}$ 是错误的，因为尽管 $\boldsymbol{a}_C=\boldsymbol{a}_C^{\mathrm{t}}+\boldsymbol{a}_C^{\mathrm{n}}=\boldsymbol{a}_{CA}^{\mathrm{n}}+\boldsymbol{a}_{CA}^{\mathrm{t}}$，但由于速度瞬心 P_1 与加速度瞬心 A 不重合，根据点的速度沿其轨迹的切线方向，所以，$\boldsymbol{a}_C^{\mathrm{t}}\,/\!/\,v_C$，$\boldsymbol{a}_C^{\mathrm{n}}\perp v_C$，这说明 $\boldsymbol{a}_C^{\mathrm{t}}$ 不平行于 $\boldsymbol{a}_{CA}^{\mathrm{t}}$，$\boldsymbol{a}_C^{\mathrm{n}}$ 不平行于 $\boldsymbol{a}_{CA}^{\mathrm{n}}$，故它们的大小一般是不会相等的。③由于点 P_1、P_2 分别为杆 AB、圆盘的速度瞬心而认为 $a_C^{\mathrm{t}}=a_{CP_1}^{\mathrm{t}}$，$a_C^{\mathrm{n}}=a_{CP_1}^{\mathrm{n}}$，$a_M^{\mathrm{t}}=a_{MP_2}^{\mathrm{t}}$，$a_M^{\mathrm{n}}=a_{MP_2}^{\mathrm{n}}$ 也是错误的，因为当选速度瞬心为基点去求其他点的加速度时，尽管它们的方位对应相同，但由于速度瞬心有加速度，这个加速度在运动点的切向和法向上一般也是有投影的。

例 2-7 图示曲柄—连杆—滑块机构，曲柄 OA 以匀角速度 ω_0 绕轴 O 作逆时针转动，$OA=r$，$AB=2r$，滑道的倾角为 30°，试求图示瞬时，连杆 AB 的中点 C 的速度和加速度的大小与方向。

解：因图示位置 $v_A\,/\!/\,v_B$，且 v_A 不垂直于 $\overrightarrow{AB}$，故连杆 AB 为瞬时平移，于是

$$v_C=v_A=OA\cdot\omega_0=r\omega_0\text{，方向与 }v_A\text{ 相同；}$$

因 $\omega_{AB}=0$，且已知 $\boldsymbol{a}_A$、$\boldsymbol{a}_B$ 的加速度方向，则图(b)所示点 P^* 为连杆 AB 的加速度瞬心，于是

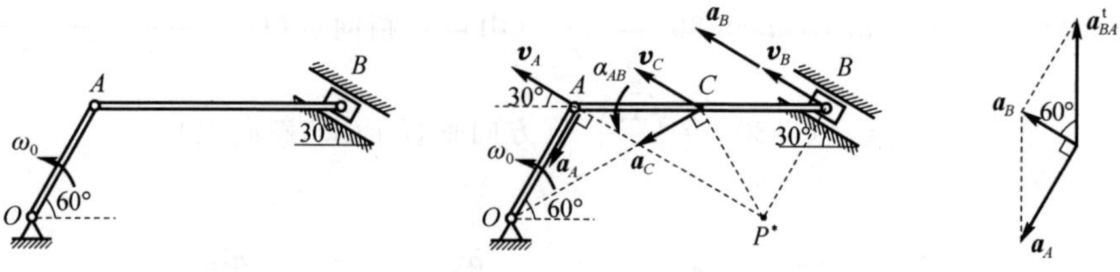

例 2-7 图

$$a_A = P^* A \cdot \alpha_{AB} = OA \cdot \omega_0^2, \qquad \alpha_{AB} = \frac{r\omega_0^2}{\sqrt{3}r} = \frac{\sqrt{3}}{3}\omega_0^2 \quad (\curvearrowleft)$$

$$a_C = P^* C \cdot \alpha_{AB} = r \cdot \frac{\sqrt{3}}{3}\omega_0^2 = \frac{\sqrt{3}}{3}r\omega_0^2 \quad \text{（方向如图(b) 所示）}$$

注意：①此题是利用连杆 AB 为瞬时平移可方便确定其加速度瞬心，从而求得它的角加速度和其上点的加速度的典型例子。②因 $\omega_{AB}=0$，故有$[\boldsymbol{a}_B]_{BA}=[\boldsymbol{a}_A]_{BA}$，可求得 $a_B=\frac{\sqrt{3}}{3}r\omega_0^2$，再利用 $\boldsymbol{a}_C=\frac{1}{2}(\boldsymbol{a}_A+\boldsymbol{a}_B)$也可方便求得 $\boldsymbol{a}_C$ 的大小和方向。③因 $a_{BA}^n=0$，根据 $\boldsymbol{a}_B=\boldsymbol{a}_A+\boldsymbol{a}_{BA}^t$，再利用图(c)所示平行四边形中三角形关系可求出 α_{AB}，再根据 $\boldsymbol{a}_C=\boldsymbol{a}_A+\boldsymbol{a}_{CA}^t$ 也可求出 $\boldsymbol{a}_C$ 的大小和方向。

例 2-8 在图(a)所示的平面机构中，杆 O_1A 以匀角速度 ω_0 绕轴 O_1 作逆时针转动，$O_1A=BC=l$，$AB=\sqrt{3}l$，$O_2B=2l$，试求图示位置△ABC 的顶点 C 的速度和加速度。

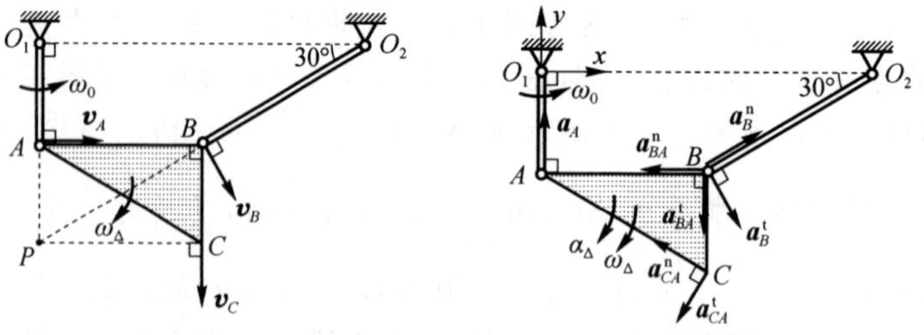

例 2-8 图

解：(1)速度分析(图(a))

显然，点 P 为△ABC 的速度瞬心

$$v_A = O_1A \cdot \omega_0 = PA \cdot \omega_\triangle, \omega_\triangle = \omega_0 (\circlearrowright)$$

$$v_B = PB \cdot \omega_\triangle = \sqrt{l^2+(\sqrt{3}l)^2} \cdot \omega_\triangle = 2l\omega_0 \quad \text{（方向如图(a) 所示）}$$

$$v_C = PC \cdot \omega_\triangle = \sqrt{3}l\omega_0 \quad \text{（方向如图(a) 所示）}$$

(2)加速度分析(图(b))

	$\boldsymbol{a}_B^n$	+ $\boldsymbol{a}_B^t$	= $\boldsymbol{a}_A$	+ $\boldsymbol{a}_{BA}^n$	+ $\boldsymbol{a}_{BA}^t$
大小	$\frac{v_B^2}{O_2B}$	a_B^t	$\omega_0^2 \cdot l$	$\omega_\triangle^2 \cdot AB$	$\alpha_\triangle \cdot AB$
	√	?	√	√	?
方向	√	√	√	√	√

上式沿$\overrightarrow{BO_2}$ 的方向投影得

$$a_B^n = a_A\cos60° - a_{BA}^n\cos30° - a_{BA}^t\cos60°$$

$$\frac{(2l\omega_0)^2}{2l} = \omega_0^2 l\cdot\frac{1}{2} - \omega_0^2\cdot\sqrt{3}l\cdot\frac{\sqrt{3}}{2} - \alpha_\triangle\cdot\sqrt{3}l\cdot\frac{1}{2}$$

$\alpha_\triangle = -2\sqrt{3}\omega_0^2$ （负号表示其真实转向与图(b)所示相反）

	$\boldsymbol{a}_C$	=	$\boldsymbol{a}_A$	+	$\boldsymbol{a}_{CA}^n$	+	$\boldsymbol{a}_{CA}^t$
大小	a_C		$\omega_0^2\cdot l$		$\omega_\triangle^2\cdot AC$		$\alpha_\triangle\cdot AC$
	?		√		√		√
方向	?		√		√		√

上式分别沿图(b)所示 x、y 方向投影得

$$\begin{aligned}a_{Cx} &= -a_{CA}^n\cos30° - a_{CA}^t\cos60°\\ &= -\omega_0^2\cdot(2l)\cdot\frac{\sqrt{3}}{2} - (-2\sqrt{3}\omega_0^2)\cdot(2l)\cdot\frac{1}{2}\\ &= \sqrt{3}\omega_0^2 l\end{aligned}$$

$$\begin{aligned}a_{Cy} &= a_A + a_{CA}^n\cos60° - a_{CA}^t\cos30°\\ &= \omega_0^2 l + \omega_0^2\cdot(2l)\cdot\frac{1}{2} - (-2\sqrt{3}\omega_0^2)\cdot(2l)\cdot\frac{\sqrt{3}}{2}\\ &= 8\omega_0^2 l\end{aligned}$$

于是

$$\boldsymbol{a}_C = \omega_0^2 l(\sqrt{3}\boldsymbol{i} + 8\boldsymbol{j})$$

注意:①如果直接用 A、C 两点的加速度关系求解，因△ABC 作一般平面运动，点 C 的运动轨迹未知，它的加速度大小和方向均未知或它的切向和法向加速度的大小均未知，而三角形的角加速度又未知，有 3 个未知量，却只有 2 个独立投影式，无法求解；但三角形上点 B 的轨迹已知，它的法向加速度已知，切向加速度的大小未知，B、A 两点加速度关系中只有 2 个未知量，所以题解中先利用它求出三角形在图示瞬时的角加速度，再利用 C、A 两点加速度关系求出点 C 的加速度。②若认为 $\alpha_\triangle = \dot{\omega}_\triangle = \dot{\omega}_0 = 0$ 是错误的，因为题中求得的 $\omega_\triangle$ 是瞬时解，而不是通解，不能对它求导。

例 2-9 图(a)所示平面机构，半径为 r 的圆盘 C 在半径为 $R=3r$ 的固定凹槽内作纯滚动，通过连杆 AB 带动杆 OA 绕轴 O 转动，$OA=r$，$AB=2r$，已知在图示瞬时，圆盘的角速度为 ω_0，角加速度为 α_0，转向都为顺时针，试求该瞬时杆 OA 的角速度和角加速度。

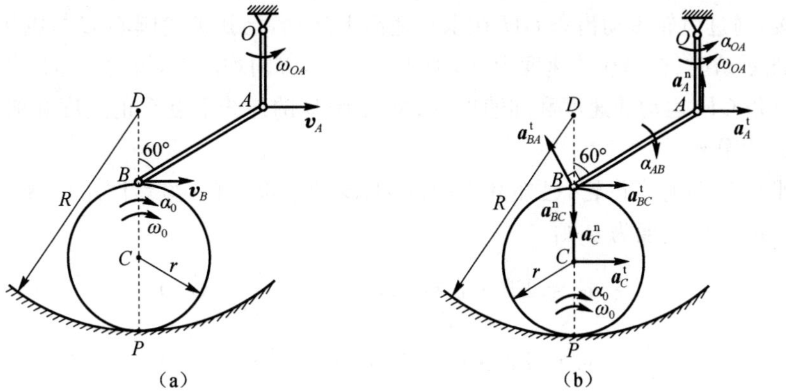

例 2-9 图

解:(1)速度分析

显然,在图示位置,P 为圆盘的速度瞬心,杆 AB 为瞬时平移(图(a))

$$\omega_{AB}=0$$

$$v_A=v_B=PB\cdot\omega_0=2r\omega_0$$

$$v_A=OA\cdot\omega_{OA},\qquad \omega_{OA}=2\omega_0\quad(\circlearrowleft)$$

$$v_C=PC\cdot\omega_0=r\cdot\omega_0\quad(\rightarrow)$$

(2)加速度分析

设任意瞬时,圆盘 C 的角速度为 ω_C,角加速度为 α_C,则 $v_C=r\omega_C$ 恒成立,因此 $a_C^{t}=\dot{v}_C=r\alpha_C$,$a_C^{n}=\dfrac{v_C^2}{R-r}=\dfrac{1}{2}\omega_C^2 r$,在图示瞬时(图(b))

	$\boldsymbol{a}_B$ =	$\boldsymbol{a}_C^{n}$	$+\boldsymbol{a}_C^{t}$	$+\boldsymbol{a}_{BC}^{n}$	$+\boldsymbol{a}_{BC}^{t}$	= $\boldsymbol{a}_A^{n}$	$+\boldsymbol{a}_A^{t}$	$+\boldsymbol{a}_{BA}^{n}$	$+\boldsymbol{a}_{BA}^{t}$
大小		$\frac{1}{2}\omega_0^2 r$	$r\alpha_0$	$\omega_0^2\cdot BC$	$\alpha_0\cdot BC$	$\omega_{OA}^2\cdot OA$	$\alpha_{OA}\cdot OA$	0	$\alpha_{AB}\cdot AB$
		✓	✓	✓	✓	✓	?		?
方向		✓	✓	✓	✓	✓	✓		✓

上式沿 $\overrightarrow{BA}$ 的方向投影得

$$a_C^{n}\cos60^\circ+a_C^{t}\cos30^\circ-a_{BC}^{n}\cos60^\circ+a_{BC}^{t}\cos30^\circ=a_A^{n}\cos60^\circ+a_A^{t}\cos30^\circ$$

$$\frac{1}{2}\omega_0^2 r\cdot\frac{1}{2}+r\alpha_0\cdot\frac{\sqrt{3}}{2}-\omega_0^2 r\cdot\frac{1}{2}+\alpha_0 r\cdot\frac{\sqrt{3}}{2}=4\omega_0^2 r\cdot\frac{1}{2}+r\alpha_{OA}\cdot\frac{\sqrt{3}}{2}$$

$$\alpha_{OA}=2\alpha_0-\frac{3\sqrt{3}}{2}\omega_0^2\quad(其正转向为\circlearrowleft)$$

注意:①点 C 作圆周运动,其圆心为点 D,半径为 $R-r=2r$,但以下表达式 $a_C^{t}=2r\alpha_0$,$a_C^{n}=2r\omega_0^2$ 是错误的,如果想象有一无重刚杆 DC 通过光滑圆柱铰链与大地上点 D 和圆盘中心点 C 相连,则杆 DC 绕轴 D 作定轴转动,$a_C^{t}=2r\alpha_{DC}$,$a_C^{n}=2r\omega_{DC}^2$ 是正确的,但 $v_C=2r\omega_{DC}=r\omega_0$,显然是 $\omega_{DC}\neq\omega_0$,$\alpha_{DC}\neq\alpha_0$ 的缘故。②将 $a_B^{n}=PB\cdot\omega_0^2$ 是错误的,$a_B^{t}=PB\cdot\alpha_0=2r\alpha_0$ 凑巧正确,这是因为速度瞬心 P 的加速度并不为零,通过 $\boldsymbol{a}_P=\boldsymbol{a}_C^{n}+\boldsymbol{a}_C^{t}+\boldsymbol{a}_{PC}^{n}+\boldsymbol{a}_{PC}^{t}$ 可求得 $a_P=\dfrac{3}{2}\omega^2 r(\uparrow)$,再由 $\boldsymbol{a}_B^{n}+\boldsymbol{a}_B^{t}=\boldsymbol{a}_P+\boldsymbol{a}_{BP}^{n}+\boldsymbol{a}_{BP}^{t}$ 可求出 $\boldsymbol{a}_B^{n}$ 和 $\boldsymbol{a}_B^{t}$ 的值。③题中并没有要求求杆 AB 的角加速度,所以在选择投影轴时,使 α_{AB} 不出现在投影方程中。

例 2-10 在图(a)所示平面机构中,杆 AB 可沿铅垂滑道运动,其 B 端与半径为 $R=5r$ 的半齿轮光滑铰接,通过齿轮带动齿条 GH 在水平地面上运动,已知齿轮圆心 E 与铰接点 B 的距离为 $EB=3r$。在图示瞬时:杆 AB 的速度为 v_0,加速度为 a_0,方向均向下,齿轮上与齿条的啮合点为 D,试求该瞬时齿条 GH 运动的速度和加速度,以及点 B、D 的连线中点 C 的速度和加速度。

解:(1)速度分析

作一般平面运动的半齿轮,已知其上两点 B、D 的速度方向,显然图示位置其速度瞬心为圆心 E(图(a)),设其角速度为 ω 则

$$v_B=EB\cdot\omega=v_0,\qquad \omega=\frac{v_0}{3r}\quad(\circlearrowleft)$$

$$v_D=ED\cdot\omega=5r\cdot\frac{v_0}{3r}=\frac{5}{3}v_0\quad(\rightarrow)$$

因啮合点速度相等,故齿条 GH 在图示位置的速度大小为 $\dfrac{5}{3}v_0$,方向水平向右。

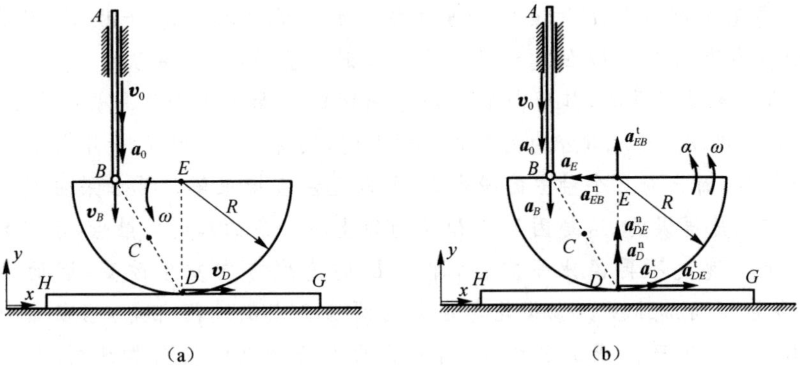

例 2-10 图

设图(a)所示 x、y 轴正向的单位矢量为 $\boldsymbol{i}$、$\boldsymbol{j}$，则点 C 的速度为

$$v_C=\frac{1}{2}(v_B+v_D)=\frac{v_0}{2}\left(\frac{5}{3}\boldsymbol{i}-\boldsymbol{j}\right)$$

(2)加速度分析

因圆心 E 作水平直线运动，设图示位置，半齿轮的角加速度为 α，根据

	$\boldsymbol{a}_E$	=	$\boldsymbol{a}_B$	+	$\boldsymbol{a}_{EB}^{\mathrm{n}}$	+	$\boldsymbol{a}_{EB}^{\mathrm{t}}$
大小	a_E		a_0		$\omega^2\cdot BE$		$\alpha\cdot BE$
	?		√		√		?
方向	√		√		√		√

上式沿图(b)所示 x、y 方向投影得

$$-a_E=-a_{EB}^{\mathrm{n}},\qquad a_E=\left(\frac{v_0}{3r}\right)^2\cdot 3r=\frac{v_0^2}{3r}\quad(\leftarrow)$$

$$0=-a_B+a_{EB}^{\mathrm{t}},\qquad \alpha=\frac{a_B}{BE}=\frac{a_0}{3r}\quad(\circlearrowleft)$$

再根据

	$\boldsymbol{a}_D^{\mathrm{n}}$	+	$\boldsymbol{a}_D^{\mathrm{t}}$	=	$\boldsymbol{a}_E$	+	$\boldsymbol{a}_{DE}^{\mathrm{n}}$	+	$\boldsymbol{a}_{DE}^{\mathrm{t}}$
大小	a_D^{n}		a_D^{t}		a_E		$\omega^2\cdot ED$		$\alpha\cdot ED$
	?		?		√		√		√
方向	√		√		√		√		√

上式沿图(b)所示 x、y 方向投影得

$$a_D^{\mathrm{t}}=-a_E+a_{DE}^{\mathrm{t}}=-\frac{v_0^2}{3r}+\frac{a_0}{3r}\cdot 5r=\frac{1}{3}\left(-\frac{v_0^2}{r}+5a_0\right)$$

$$a_D^{\mathrm{n}}=a_{DE}^{\mathrm{n}}=\left(\frac{v_0}{3r}\right)^2\cdot 5r=\frac{5v_0^2}{9r}$$

因齿轮与齿条的两啮合点在两轮廓线的公切线方向上加速度的正交分量相等，故齿条 GH 在图示位置的加速度为 $\frac{1}{3}\left(-\frac{v_0^2}{r}+5a_0\right)$，其正方向水平向右。而点 C 的加速度为

$$\begin{aligned}\boldsymbol{a}_C&=\frac{1}{2}(\boldsymbol{a}_B+\boldsymbol{a}_D)=\frac{1}{2}(\boldsymbol{a}_B+\boldsymbol{a}_D^{\mathrm{n}}+\boldsymbol{a}_D^{\mathrm{t}})\\&=\frac{1}{2}\left[-a_0\boldsymbol{j}+\frac{5v_0^2}{9r}\boldsymbol{j}+\frac{1}{3}\left(-\frac{v_0^2}{r}+5a_0\right)\boldsymbol{i}\right]\\&=\frac{1}{18}\left[\left(-\frac{3v_0^2}{r}+15a_0\right)\boldsymbol{i}+\left(\frac{5v_0^2}{r}-9a_0\right)\boldsymbol{j}\right]\end{aligned}$$

注意:①如果直接利用 D、B 两点的加速度关系 $\boldsymbol{a}_D^n+\boldsymbol{a}_D^t=\boldsymbol{a}_B+\boldsymbol{a}_{DB}^n+\boldsymbol{a}_{DB}^t$,而认为 $a_D^n=\omega^2\cdot\rho$,$a_D^t=\alpha\cdot\rho$,其中 ρ 为轮缘上点 D 的运动轨迹在该瞬时的曲率半径,并认为矢量式中只有2个未知量 ρ,α 而进行求解是错误的,其理由是点 D 在该瞬时的曲率中心不是齿轮上的点,不是加速度瞬心,因此以上 a_D^n、a_D^t 与 ρ、ω、α 的关系式是错误的,实际上 $\boldsymbol{a}_D^n$、$\boldsymbol{a}_D^t$ 的大小与 α 均未知,矢量式中包含3个未知量,而只有2个独立的投影式,所以无法直接求解。②如果主观地认为点 D 的加速度沿水平方向是错误的,这是因为点 D 是齿轮上与齿条的瞬时接触点,下一瞬时因该点不再与齿条接触使其速度不再沿水平方向,即点 D 的速度方向发生改变,因而存在法向加速度,而不只是存在切向加速度。③齿轮与齿条的两啮合点的速度相等,当啮合点的速度方向沿这两个刚体在该瞬时轮廓线的公切线时,则这两个啮合点的切向加速度相等,而它们的法向加速度却不相等。这两个啮合点在下一瞬时都不再为切点,或者说,在下一瞬时,这两个啮合点是分离的,就是由于它们的加速度沿该瞬时轮廓线的公法线方向正交分量不等所造成的。④点 C 的速度和加速度都为矢量,在题中没有明确要求它们的大小和方向时,用矢量表达式给出即可。

思 考 题

2-1 图示半径为 r 的圆盘 A 在半径为 R 的固定不动凹面上作纯滚动,已知图示 $\varphi=\varphi(t)$,则该圆盘的角速度 $\omega=\dot{\varphi}(t)$(逆时针转向)是否正确?为什么?

2-2 图示平面系统,半径为 r 的齿轮 B 在绕轴 O 作定轴转动的齿条 OA 上运动,点 M 为轮缘上确定点,已知图示的 $\varphi=\varphi(t)$,$\psi=\psi(t)$,则齿轮的角速度为 $\omega=\dot{\psi}(t)$(顺时针转向)是否正确?为什么?

2-3 在图示平面系统中,杆 O_1A 以匀角速度 ω_0 作逆时针转动,则杆 O_1A 和三角形 AC 边上各点图示的速度分布是否正确?为什么?

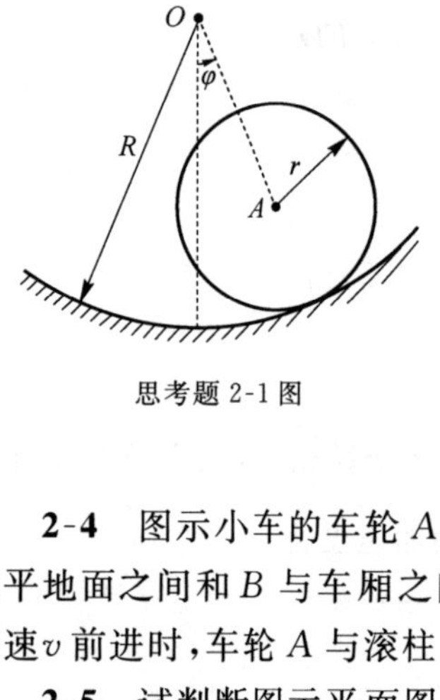

思考题 2-1 图

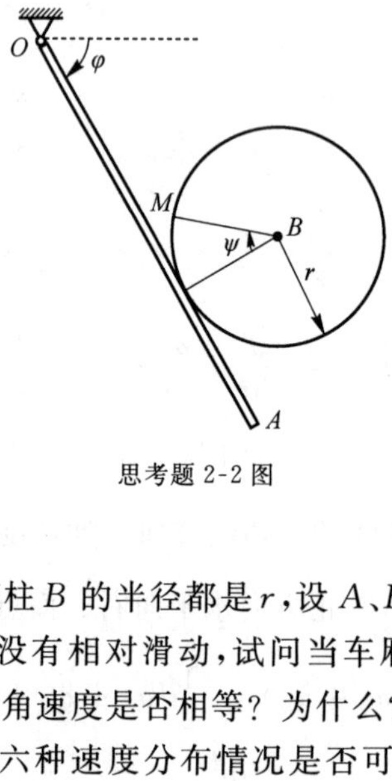

思考题 2-2 图

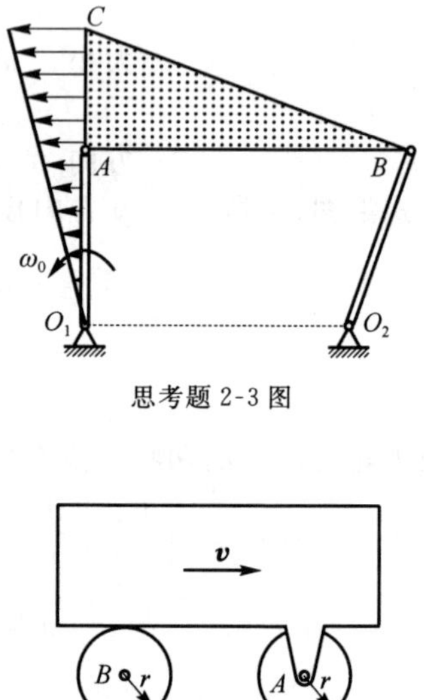

思考题 2-3 图

2-4 图示小车的车轮 A 与滚柱 B 的半径都是 r,设 A、B 与水平地面之间和 B 与车厢之间都没有相对滑动,试问当车厢以匀速 v 前进时,车轮 A 与滚柱 B 的角速度是否相等?为什么?

思考题 2-4 图

2-5 试判断图示平面图形上六种速度分布情况是否可能?为什么?

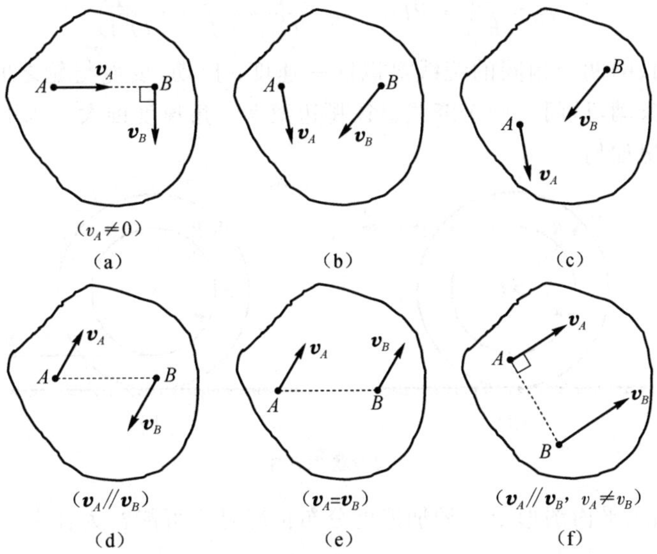

思考题 2-5 图

2-6 试问下列各题的计算过程有没有错误？为什么？

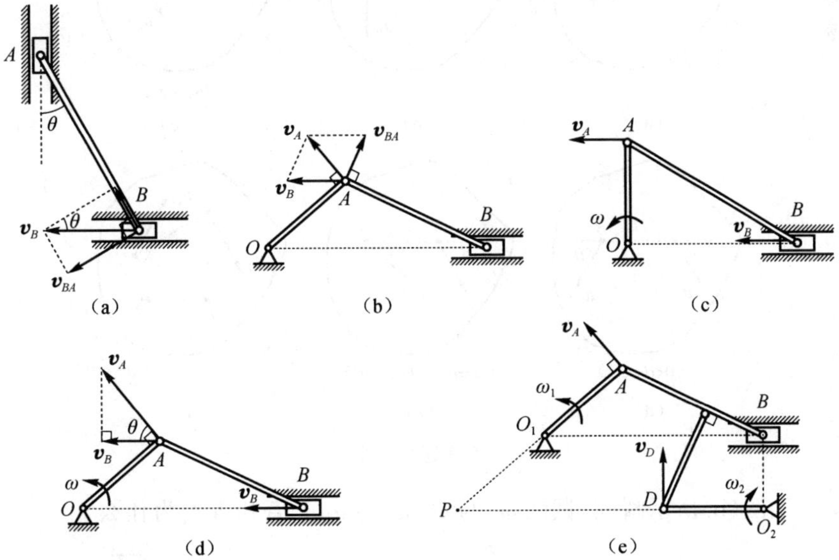

思考题 2-6 图

(1)如图(a)所示，已知 v_B，则

$$v_{BA} = v_B\cos\theta, \quad \omega_{AB} = \frac{v_{BA}}{AB} = \frac{v_B\cos\theta}{AB}$$

(2)如图(b)所示，已知 $v_B = v_A + v_{BA}$，则平行四边形如图(b)所示。

(3)如图(c)所示，已知 ω 为常数，$OA = r$，$v_A = \omega r$，在图示瞬时 $v_A = v_B$，则 $v_B = \omega r$，$a_B = \dot{v}_B = 0$。

(4)如图(d)所示，已知 $v_A = \omega \cdot OA$，所以 $v_B = v_A\cos\theta$。

(5)如图(e)所示，已知 $v_A = \omega_1 \cdot O_1A$，方向垂直于 O_1A，v_D 方向垂直于 O_2D，于是可确定速度瞬心 P 的位置，于是

$$v_D=\frac{v_A}{PA}\cdot PD,\quad \omega_2=\frac{v_D}{O_2D}=\frac{v_A}{PA}\cdot\frac{PD}{O_2D}$$

2-7 图(a)、图(b)两个相同的绕线盘以同一速度v拉动，设绳与轮之间无相对滑动，盘轮在水平地面上作纯滚动，试问这两个绕线盘往哪边滚动？角速度谁大？水平段绳子的长度在这两种情形下变化情况如何？

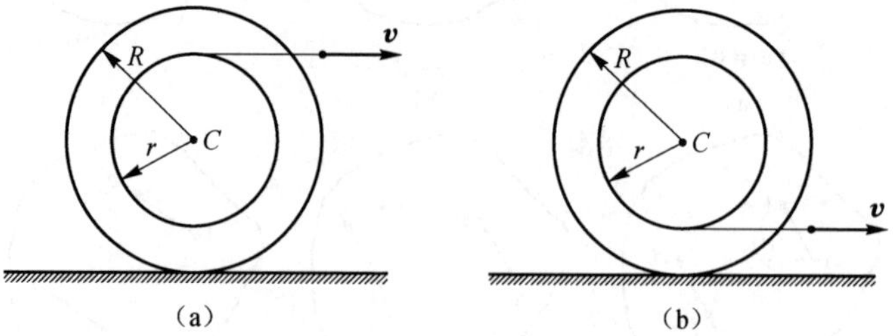

思考题 2-7 图

2-8 试判断图示平面图形上六种加速度分布情况是否可能？为什么？

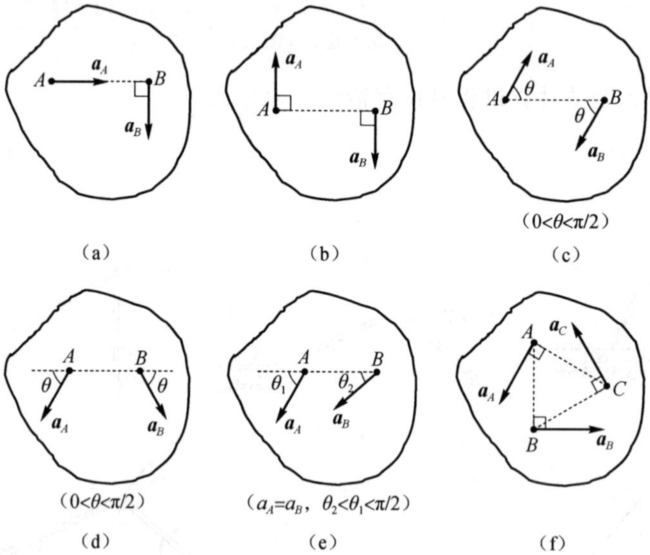

思考题 2-8 图

2-9 图(a)、图(b)所示瞬间，试问ω_1与ω_2，α_1与α_2是否相等？为什么？

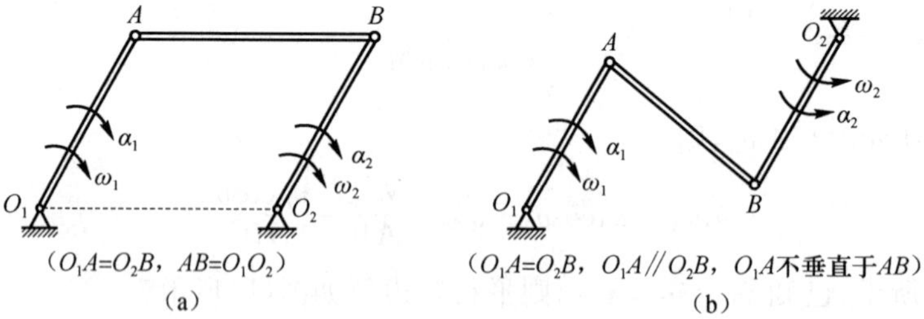

思考题 2-9 图

2-10 图(a)、图(b)、图(c)所示半径为r的圆盘以角速度ω、角加速度α分别在水平地面、半径为R的凸面、半径为R的凹面上作纯滚动，试问三个速度瞬心的加速度有何区别？点M的曲率半径有何区别？

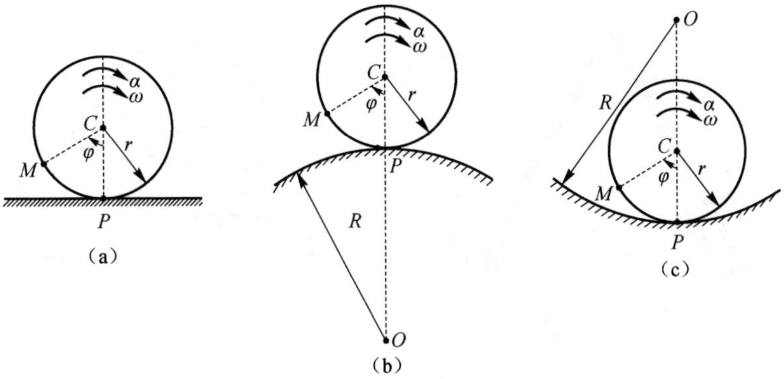

思考题 2-10 图

2-11 图示半径为 $R=2r$ 的圆盘 C 以匀角速度 ω 沿水平地面向右作纯滚动，$M_1C=M_2C=M_3C=M_4C=r$，试问圆盘上点 M_1、M_2、M_3、M_4 在该瞬时的曲率中心有何不同？

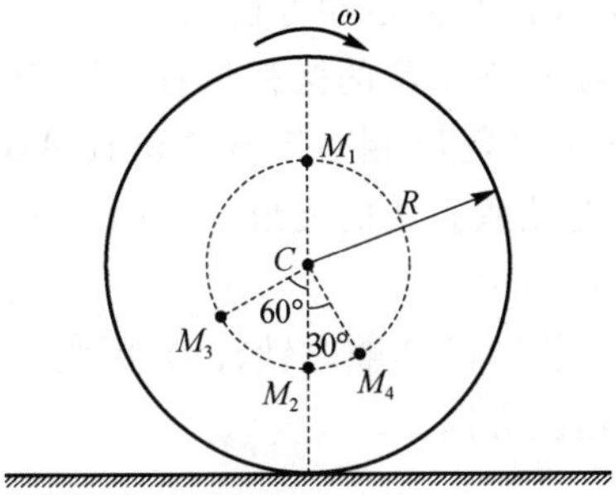

思考题 2-11 图

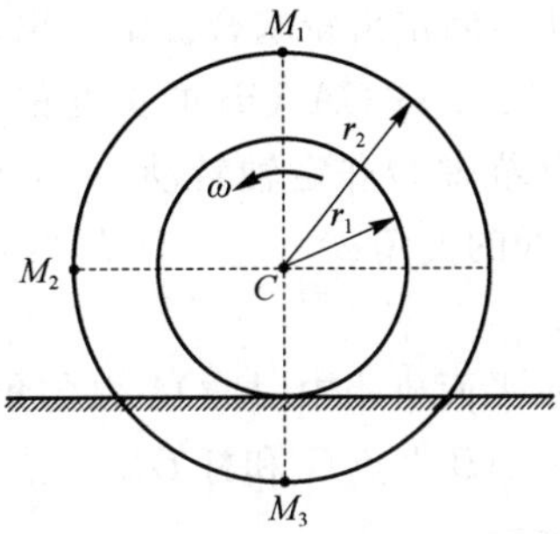

思考题 2-12 图

2-12 图示鼓轮的内半径为 $r_1=3r$，外半径为 $r_2=5r$，其内轮沿水平导轨作纯滚动，鼓轮的角速度 ω 为常数，且为逆时针，试问其上点 M_1、M_2、M_3 在图示瞬时曲率中心分别在何处？

2-13 图示在铅垂面内运动的直杆 AB 的 A 端以匀速度 v_A 沿水平直线轨道运动，其 B 端在铅垂轨道上运动，$AB=l$，$AM=l/4$，试问在图示位置点 M 的曲率半径为多大？

2-14 图示曲柄—连杆—滑块机构，杆 OA 以匀角速度 ω 绕轴 O 作顺时针转动，$OA=r$，$AB=2r$，试问图示位置杆 AB 的中点 C 的曲率半径为多大？

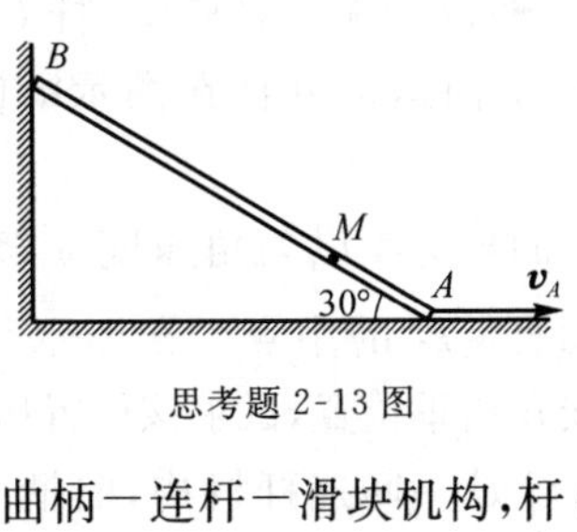

思考题 2-13 图

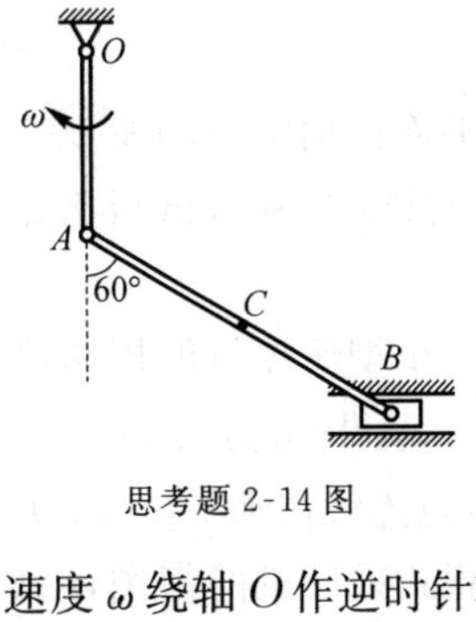

思考题 2-14 图

2-15 图示曲柄—连杆—滑块机构，杆 OA 以匀角速度 ω 绕轴 O 作逆时针转动，$OA=AB=l$，点 C 为杆 AB 的中点，试问在图示位置点 C 的曲率半径为多大？

2-16 图示半径为 r 的车轮沿某固定曲面作纯滚动，已知某瞬时其轮心 C 的速度 v_C 和加速度 $\boldsymbol{a}_C$，其夹角 30°，则车轮的角加速度是否等于 $a_C\cos30°/r$，轮心在该瞬时的曲率半径及车轮速度瞬心 P 的加速度如何确定？

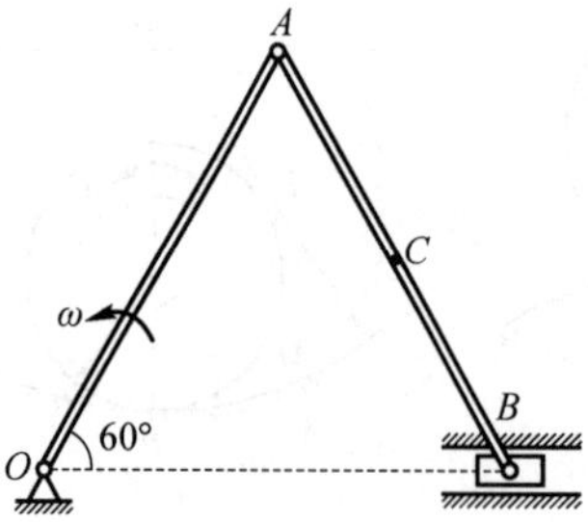

思考题 2-15 图

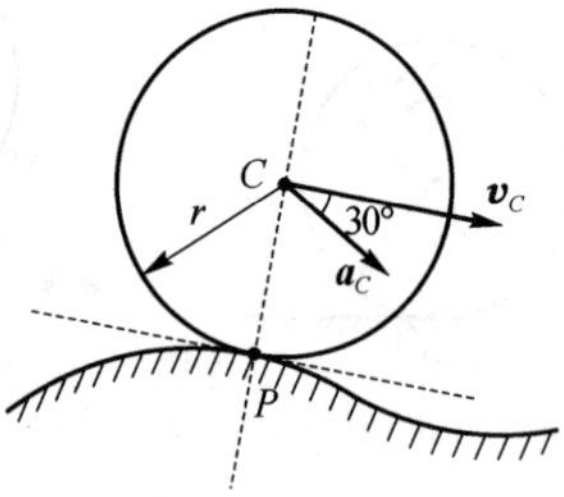

思考题 2-16 图

习　　题

2-1　图示半径为 r 的齿轮 A 由曲柄 OA 带动，沿半径为 R 的固定齿轮滚动，如曲柄 OA 以常角加速度 α 绕轴 O 作逆时针转动。当运动开始时，曲柄 OA 的角速度 $\omega=0$，转角 $\varphi=0$，齿轮 A 的轮缘上点 M 与固定齿轮啮合。试写出动齿轮 A 的平面运动方程。

2-2　图示细长直杆 OA、OB 的长度都为 R，与半径为 R 的圆弧形杆 AB 相互焊接而成一扇形刚体，该刚体绕轴 O 作定轴转动，一半径为 r 的圆盘 D 相对于圆弧形杆 AB 作纯滚动，已知 OA 与铅垂直线的夹角 $\varphi=\varphi(t)$，O、D 两点连线与铅垂直线的夹角 $\psi=\psi(t)$，试求圆盘 D 的角速度。

2-3　在图示平面机构中，杆 OA 以匀角速度 ω 绕轴 O 作顺时针转动，圆盘在水平地面上作纯滚动，试画出杆 AB 上点 G 和杆 DE 上点 H 的速度方向。

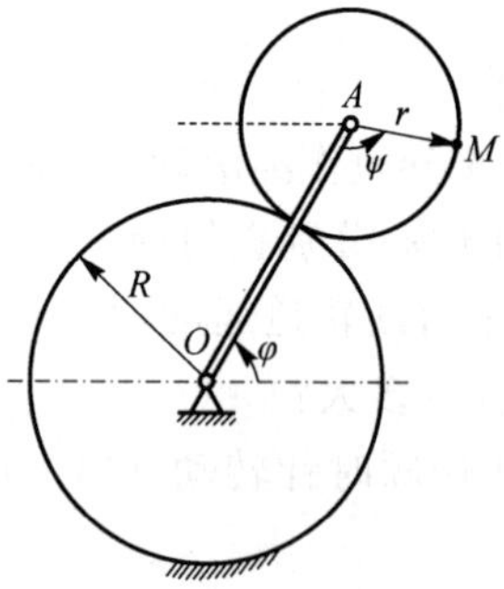

习题 2-1 图

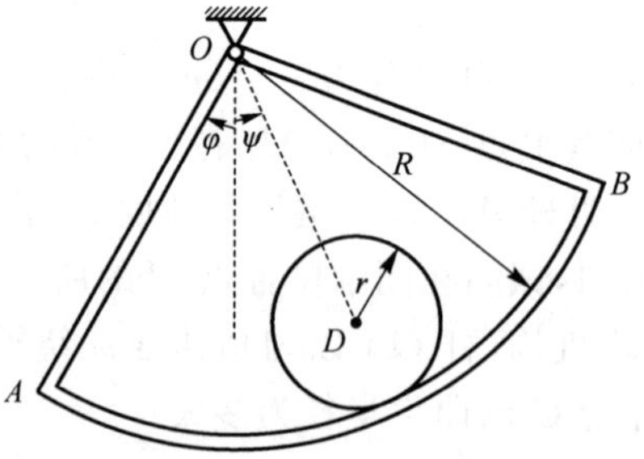

习题 2-2 图

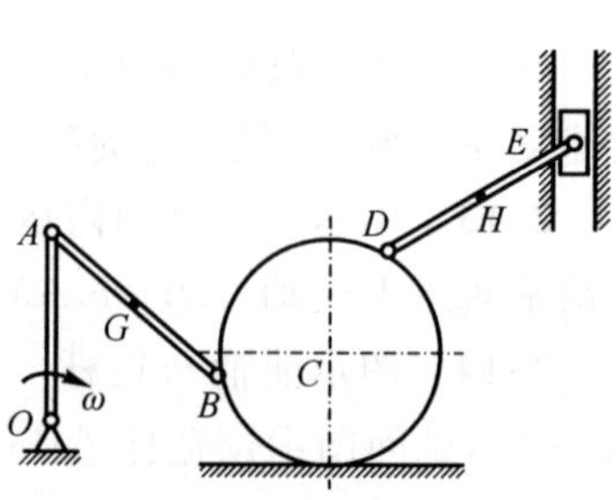

习题 2-3 图

2-4　在图示平面机构中，杆 OC 以匀角速度 ω 绕轴 O 作顺时针转动，杆 OC、OE、AC、AD、BD、BE、CD、CE 的长度都为 l，试指出系统中作一般平面运动杆件在图示瞬时速度瞬心所在位置。

2-5　图示为一小型压榨机的传动机构简图，已知杆 O_1A 以匀角速度 ω 绕轴 O_1 作顺时针转动，$O_1A=O_2B=r$，$AC=\sqrt{3}r$，$CD=2\sqrt{3}r$，点 B 为杆 CD 的中点。在图示位置：$O_1A\perp AC$，$O_2B\perp CD$，O_2、C 两点连线在水平位置，O_1、C 两点连线在铅垂位置，试求该位置压头 E 的速度。

2-6　图示为腭式破碎机的简图，OA、AB、BC、CO 是一四连杆机构，曲柄 OA 绕轴 O 以匀角速度 ω 作逆时针转动，通过连杆 AB 带动杆 BC 绕轴 C 摆动。CB、BD、DE、EC 又是一四连杆机构，杆 CB 通过连杆 BD 带动腭板 DE 绕轴 E 来回摆动，从而使矿石破碎，已知 $OA=ED=3l$，$BC=BD=2l$，$AB=6l$，试求图示位置（点 B 恰好在轴 O 的正下方，杆 OA 及 C、D 两点连线处于水平位置）腭板 ED 的角速度。

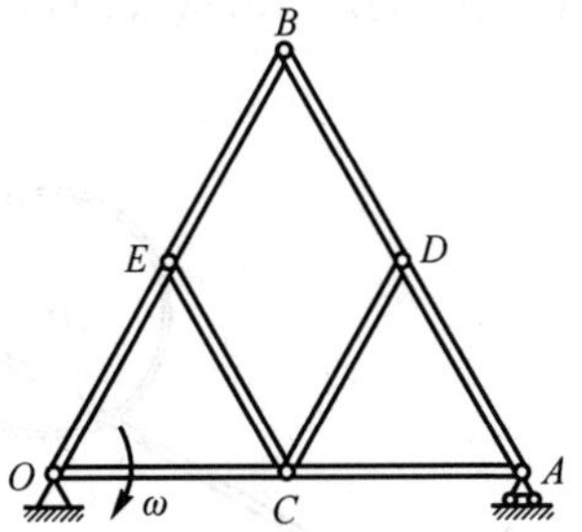

习题 2-4 图

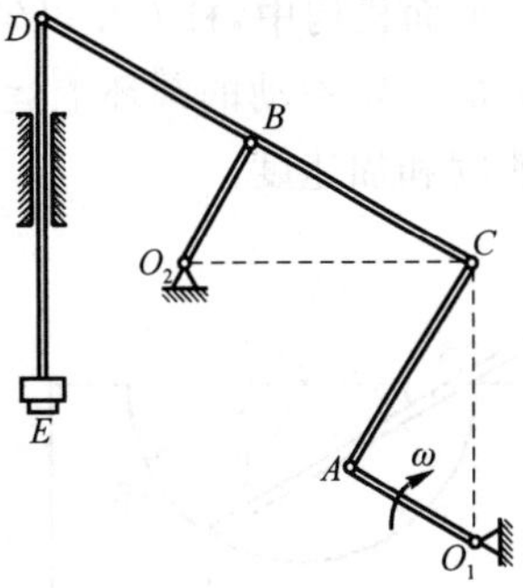

习题 2-5 图

2-7 图示为某一蒸汽机传动机构的简图，已知：活塞水平向右运动的速度为 v；$O_1A_1=a_1$，$O_2A_2=a_2$，$CB_1=b_1$，$CB_2=b_2$；齿轮半径分别为 r_1 和 r_2；且有 $a_1b_2r_2\neq a_2b_1r_1$。在图示瞬时，杆 B_1B_2 处于铅垂位置，点 A_1、A_2 和轴 O_1、O_2 都在同一铅垂直线上，试求该瞬时齿轮 O_1 的角速度。

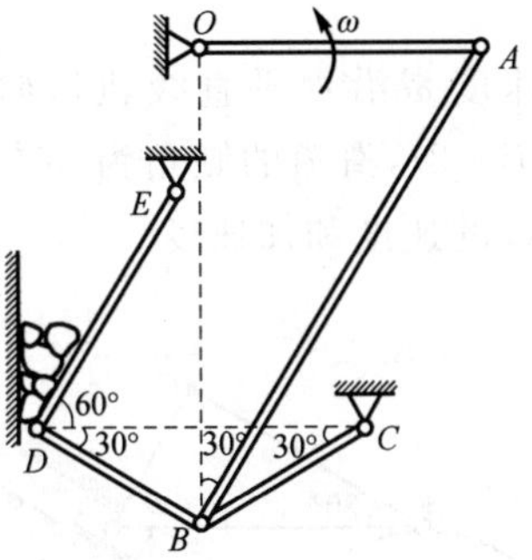

习题 2-6 图

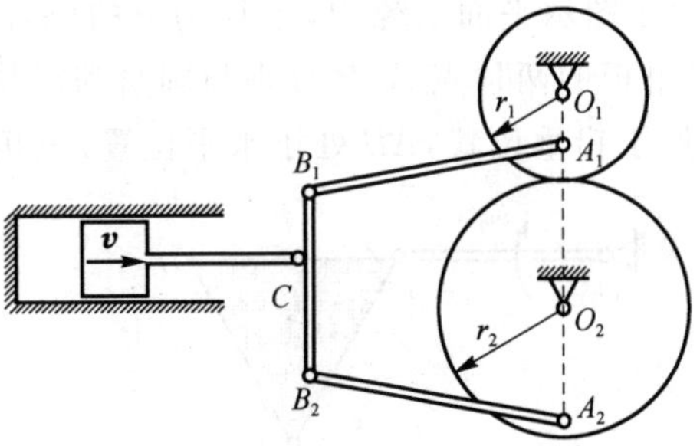

习题 2-7 图

2-8 如图所示，地铁动力车是通过与电动机相连的用轴承铰接于车体上的主动齿轮 B 驱动的。齿轮 B 的半径为 r，与固连于半径为 $r_1=3r$ 的车轮 C 上半径为 $r_2=2r$ 的齿轮相啮合（注意在 B 处不与车轮 C 铰接），铰接于车体的车轮 C 在水平地面上作纯滚动，若该车以速度 v 向右前进，试求齿轮 B 的角速度。

2-9 在图示平面机构中，已知 $O_1A=30\text{cm}$，$O_2B=20\text{cm}$，$O_1O_2=40\text{cm}$，在图示位置：杆 O_1A、O_2B 处于铅垂位置，点 A、C、O_2 在一直线上，杆 BC 处于水平位置，$\omega_1=2.5\text{rad/s}$，$\omega_2=3\text{rad/s}$，试求该位置点 C 的速度。

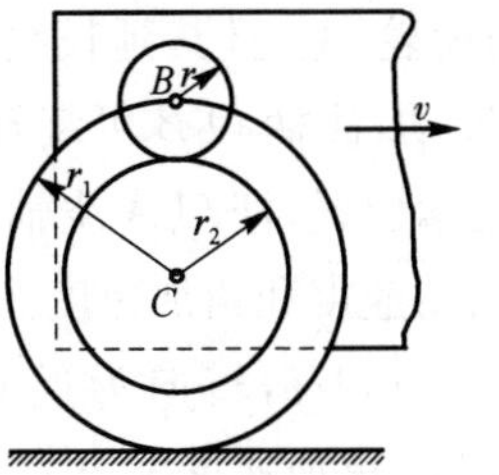

习题 2-8 图

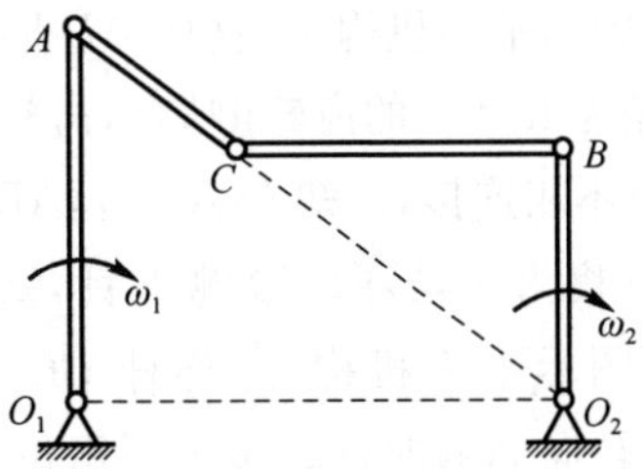

习题 2-9 图

2-10 如图所示，直杆 AB 放在一半径为 r 的固定不动的半圆槽内，其一端 A 沿圆槽内壁作圆周运动，其速度大小 v_A 为常数。当杆与水平线夹角为 θ 时，试求杆 AB 上与半圆槽的接触点 D 的速度和加速度。

2-11 在图示平面机构中，杆 OA 以匀角速度 ω 绕轴 O 作逆时针转动，通过连杆 AB 带动套筒 B 在半径为 r 的固定不动的圆环上运动，已知 $OA=2r$，$AB=4r$，试求图示位置（$DB/\!/OA$）杆 AB 中点 C 的速度和加速度。

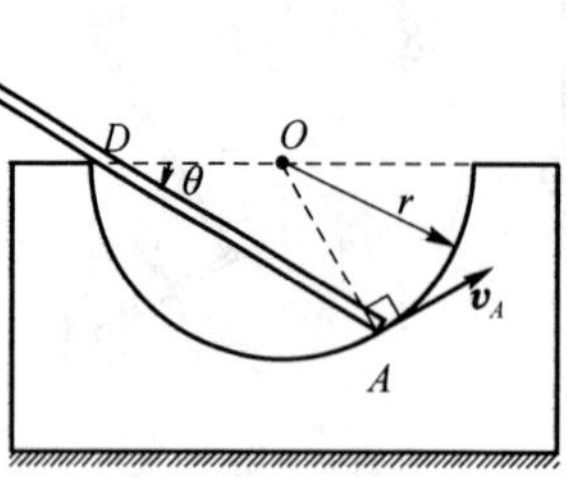

习题 2-10 图

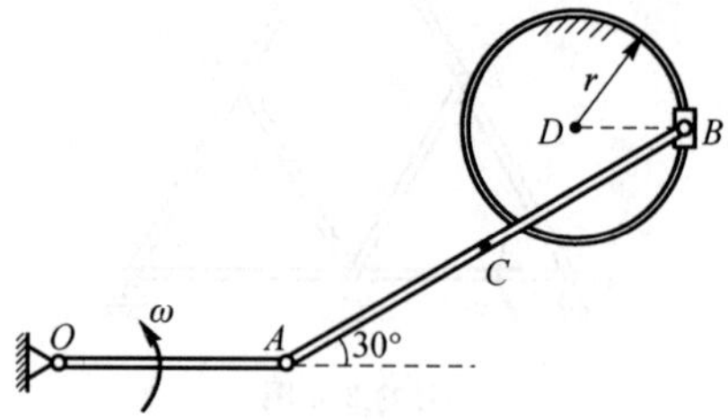

习题 2-11 图

2-12 在图示平面系统中，等边三角形薄板 ABD 在顶点 A、B 处分别与可绕轴 O_1、O_2 转动的直杆 O_1A、O_2B 铰接，已知 $O_1A=AB=O_2B=l$，杆 O_1A 转动的角速度 $\omega_0=$ 常数，转向为逆时针，试求图示位置，三角板中心 C 的速度和加速度。

2-13 在图示平面系统中，半径为 r 的圆盘以匀角速度 ω 沿水平直线轨道向左作纯滚动，直角三角板的两顶点 A、B 分别与圆盘和滑块铰接，$AB=2r$，滑道的倾角为 30°，试求图示位置（AO 处于铅垂位置，AB 处于水平位置）三角板顶点 C 的速度和加速度。

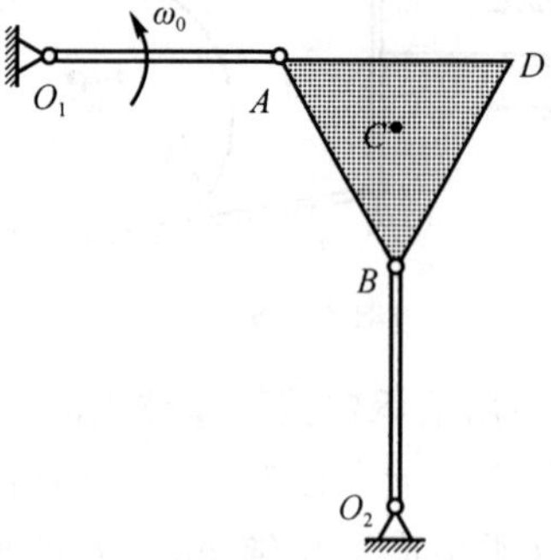

习题 2-12 图

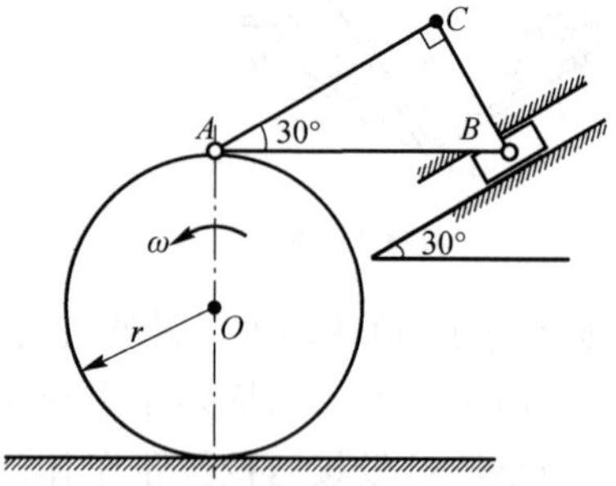

习题 2-13 图

2-14 在图示平面系统中，杆 O_1C、O_2D、AB、BC、BD 的长度都为 l，$CD=O_1O_2$，杆 O_1C 以匀角速度 ω 绕轴 O_1 作逆时针转动。试求当 $\varphi=60°$，$\theta=30°$ 的瞬时，滑块 A 沿铅垂滑道运动的速度和加速度。

2-15 在图示平面机构中，直杆 AD 固连于半径为 r 的齿轮Ⅰ上，且其延长线过齿轮Ⅰ的中心 B，齿轮Ⅰ与半径为 $R=2r$ 的齿轮Ⅱ啮合，齿轮Ⅱ可绕其中心轴转动，曲柄 O_2B 可绕轴 O_2 转动，此两轴位置重合，但不相连接，已知 $O_1A=3r$，$AB=O_1O_2=6r$，在图示位置，杆 O_1A 绕轴 O_1 转动的角速度为 ω_0，角加速度为 α_0，转向都为顺时针，试求该瞬时齿轮Ⅱ的角速度和角加速度。

2-16 在图示平面机构中，连杆 BC 的角速度为 $\omega_{BC}=2\text{rad/s}$，转向为逆时针，角加速度 $\alpha_{BC}=4\text{rad/s}^2$，转向为顺时针。试求图示位置，杆 AB 的角速度、角加速度及点 C 的速度、切向和法向加速度。

2-17 在图示平面系统中，半径为 r 的半圆盘在其两端分别铰接滑块 A 和 B，该两滑块可分别沿铅垂滑道和水平滑道运动，且 v_A 为常矢。在图示位置，直径 AB 与铅垂线夹角为 30°，盘缘上点 D 与圆心 C 的连线处于水平位置，试求该瞬时点 D 的速度和加速度。

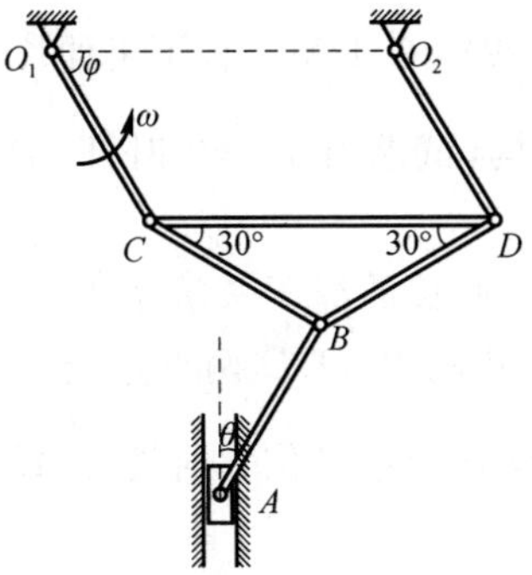

习题 2-14 图

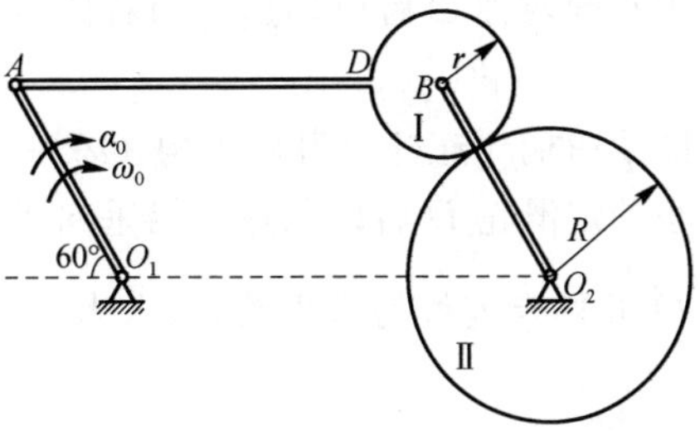

习题 2-15 图

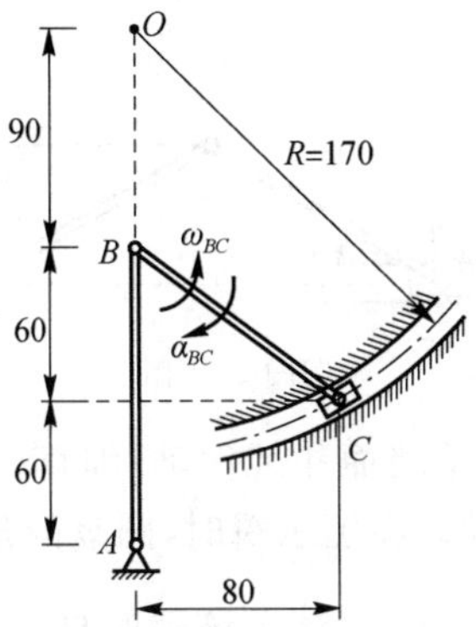

习题 2-16 图

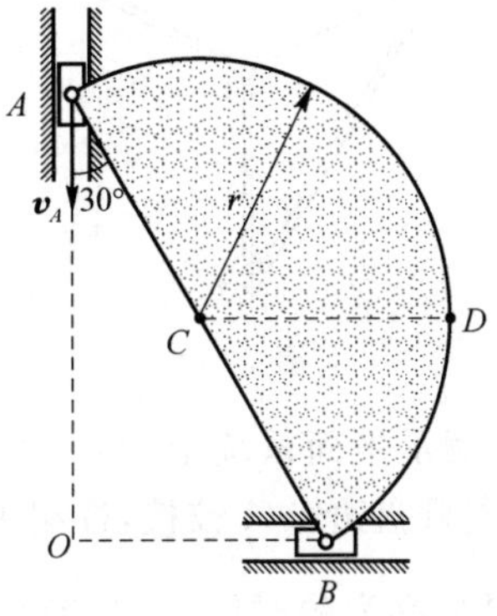

习题 2-17 图

2-18 在图示平面机构中,杆 OA 以匀角速度 ω 绕轴 O 作逆时针转动,$OA=r$,$AB=2r$,菱形板的边长为$\frac{2\sqrt{3}}{3}r$,试求图示瞬时,菱形板的角速度和角加速度及其顶点 E 的速度和加速度。

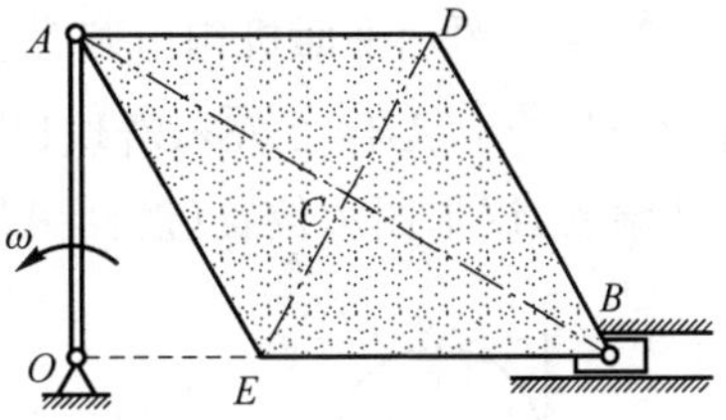

习题 2-18 图

2-19 图示系统处于同一铅垂平面内,曲柄 O_1E 以匀角速度 ω 绕轴 O_1 作顺时针转动,齿轮 A 焊接于曲柄 O_1E 上而成为一体(轮心 A 在曲柄 O_1E 的延长线上),齿轮 C 铰接于杆 AB 上,两齿轮的半径都为 r,且相互啮合,$O_1A=O_2B=2r$,$O_1O_2=AB=4r$,试求图示位置齿轮 C 的最低点 D 的速度和加速度。

2-20 如图所示,齿条 AB 的 A 端沿水平地面以速度 v 向右匀速运动,带动半径为 r 的齿轮 D 在水平地面上作纯滚动。试求当 $\varphi=60°$时,齿条 AB 及齿轮 D 的角速度和角加速度。

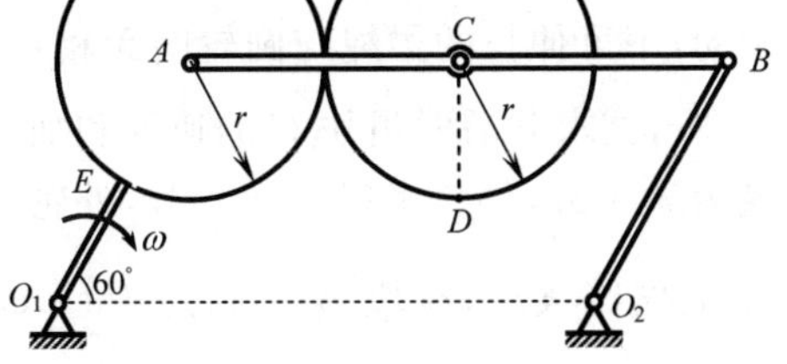

习题 2-19 图

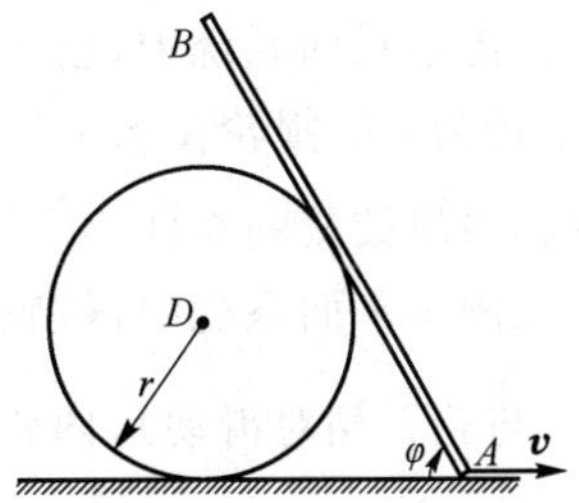

习题 2-20 图

2-21 图示四连杆机构，$OA=OB=l$，$AC=BC=\frac{\sqrt{3}}{3}l$，铰链 C 上系一根不可伸长的绳子，绳子绕过不计大小的转轴 O 后以匀速 v 向右拉动，以收起机构，试求当 $\varphi=60°$ 时杆 OA 的角速度和角加速度。

2-22 图示曲柄一连杆一滑块机构，$OA=AB=l$，不可伸长的绳子一端系于铰链 A 上，并跨过不计大小的定滑轮 D 后以匀速 v 铅垂向下拉动，以提升机构，O、D 两点连线为铅垂直线，且 $OD=\frac{l}{2}$，O、B 两点连线为水平线，试求当 $\varphi=30°$、绳 AD 处于水平位置时连杆 AB 的中点 C 的速度和加速度。

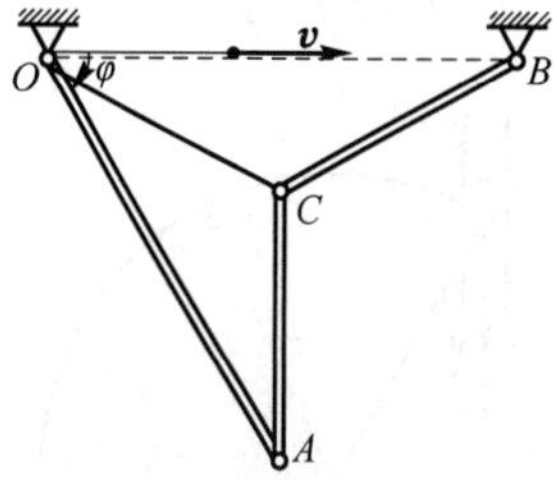

习题 2-21 图

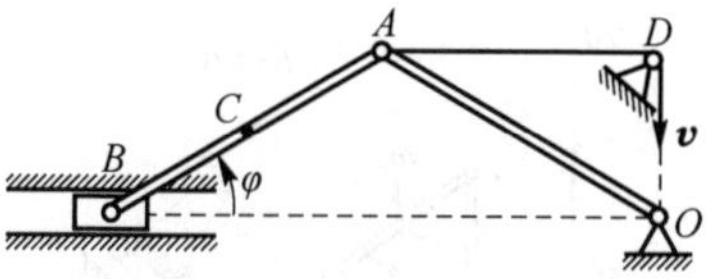

习题 2-22 图

2-23 在图示平面系统中，半径为 r 的圆盘 C 沿铅垂墙面作纯滚动，细直杆 AB 的长度为 $l=5r$，杆端 A 与圆盘边缘 A 铰接，杆端 B 沿水平地面滑动。在图示瞬时，圆盘的角速度为 ω_0，角加速度为 α_0，转向都为顺时针，杆与铅垂线的夹角 $\theta=\arctan\frac{4}{3}$，试求该瞬时杆端 B 的速度和加速度。

2-24 图示平面机构由圆盘、连杆和滑块组成，连杆的两端分别与圆盘和滑块铰接，已知圆盘的半径为 r，$AB=2\sqrt{3}r$，滑块以匀速度 v_B 沿倾角为 60°的滑道向下运动，圆盘相对于水平地面作纯滚动，试求图示位置（连杆 AB 处于水平位置）圆盘的角速度和角加速度。

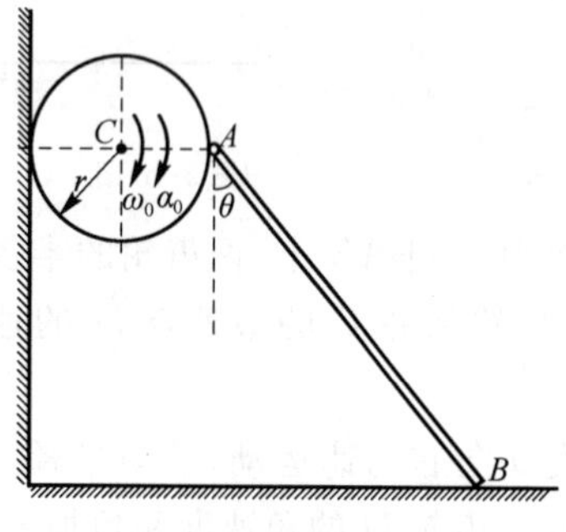

习题 2-23 图

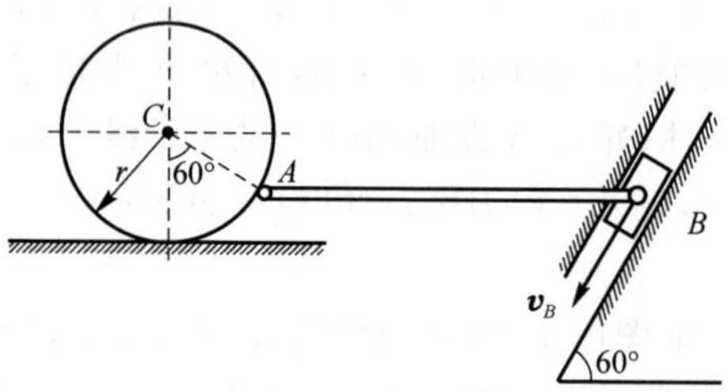

习题 2-24 图

2-25 在图示平面系统中，已知机构在图示瞬时物块 D 的速度为 v_0，加速度为 a_0，方向均铅垂向下，半径为 r 的圆轮在水平轨道上作纯滚动，不可伸长的柔绳与圆轮间无相对滑动，两端分别与圆轮和滑块铰接的连杆 BC 的长度为 $l=\sqrt{3}r$，试求此瞬时滑块 C 的速度和加速度。

2-26 在图示平面系统中，鼓轮的内轮半径为 $r_1=3r$，外轮半径为 $r_2=4r$，外轮上绕有不可伸长的柔绳（与轮无相对滑动），内轮在水平导轨上作纯滚动，滑块 A 沿倾角 $\theta=\arctan\frac{4}{3}$ 的滑道滑动，两端分别与鼓轮外轮和滑块铰接的连杆 AB 的长度为 $l=5r$，已知图示瞬时（连杆 AB

处于铅垂位置,BC 处于水平位置)物块 E 的速度为 v_0,加速度为 a_0,方向均铅垂向下,试求该瞬时连杆 AB 的角速度和角加速度。

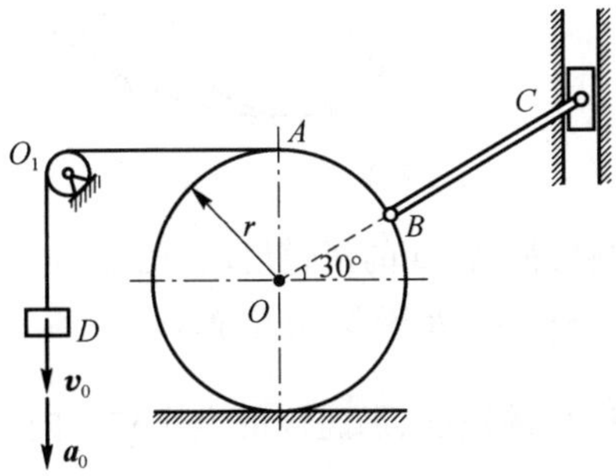

习题 2-25 图

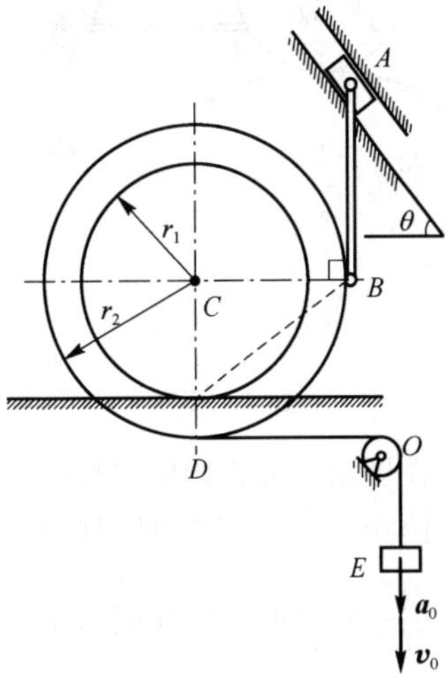

习题 2-26 图

2-27 在图示平面机构中,杆 OA 以匀角速度 ω 绕轴 O 作顺时针转动,通过连杆 AB 带动半径为 r 的圆轮 B 在半径为 $R=3r$ 的固定不动的凸轮上作纯滚动,已知 $OA=r$,$AB=4r$,试求图示位置杆 AB 的中点 C 的速度和加速度。

2-28 在图示平面机构中,长度为 r 的细直杆 OA 以匀角速度 ω 绕轴 O 作顺时针转动,通过细直角弯杆 ABC 带动半径为 r 的圆盘在半径为 $R=3r$ 的固定不动的凹轮上作纯滚动,已知 $AB=4r$,$BC=3r$,试求图示位置,圆盘的角速度和角加速度。

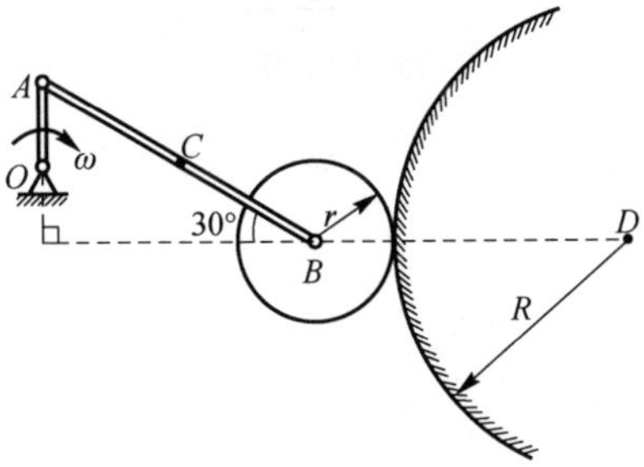

习题 2-27 图

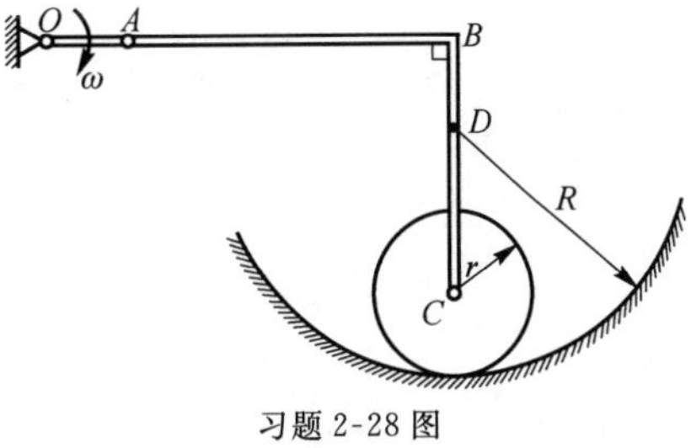

习题 2-28 图

2-29 在图示平面系统中,长度为 $l=2r$ 的直杆 BC 在其两端分别与半径为 r 的圆盘盘缘 B 处及滑块 C 铰接,在图示位置,圆盘在半径为 $R=3r$ 的固定不动的圆弧形凸面上作纯滚动,其角速度为 ω_0、角加速度为 α_0,转向都为顺时针,试求该瞬时滑块 C 沿倾角为 60°的滑道运动的速度和加速度。

2-30 在图示平面系统中,长度为 $l=\sqrt{3}r$ 的直杆 AB 的两端分别与滑块 A 和半径为 r 的圆盘盘缘 B 处铰接,滑块 A 以匀速度 v_A 沿水平滑道向左运动,通过杆 AB 带动圆盘在半径为 $R=3r$ 的固定不动的圆弧形的凹面上作纯滚动。试求图示瞬时圆盘的角速度和角加速度。

2-31 在图示平面机构中,已知各杆长度均为 $l=1\text{m}$,杆 O_1A 以匀角速度 $\omega_1=5\text{rad/s}$ 绕轴 O_1 作逆时针转动,杆 O_2C 以匀角速度 $\omega_2=3\text{rad/s}$ 绕轴 O_2 作顺时针转动。试求图示位置($\theta=\arctan\dfrac{4}{3}$,杆 AB 和 O_2C 处于水平位置,杆 BC 处于铅垂位置)杆 AB、杆 BC 的角速度和角加速度。

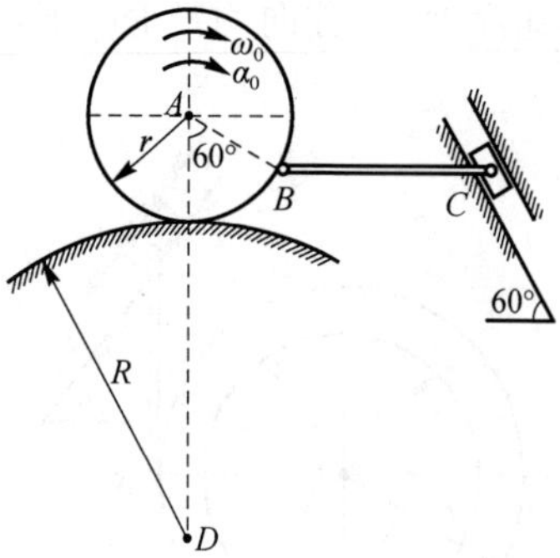

习题 2-29 图

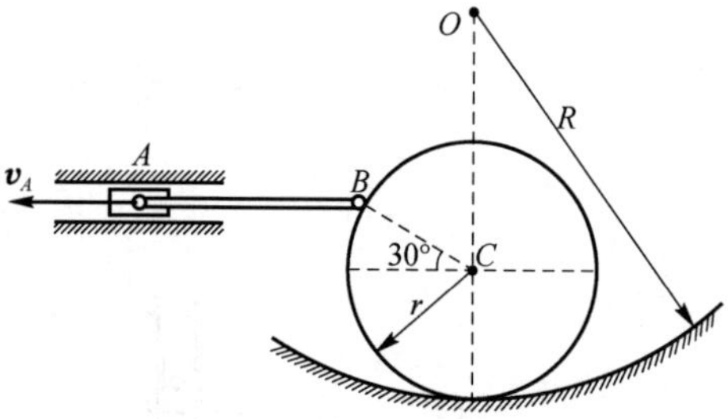

习题 2-30 图

2-32 在图示平面机构中，滑块 A、B 分别沿两个倾角都为 30°的滑道滑动，已知 $AC=BC=l$，两杆在点 C 铰接。在图示瞬时，杆 AC 处于水平位置，杆 BC 处于铅垂位置，$v_A=v_B=v$，$a_A=\dfrac{2\sqrt{3}v^2}{l}$，$a_B=\dfrac{2v^2}{l}$，它们的方向如图所示，试求该瞬时，铰链 C 的速度、加速度的大小和方向。

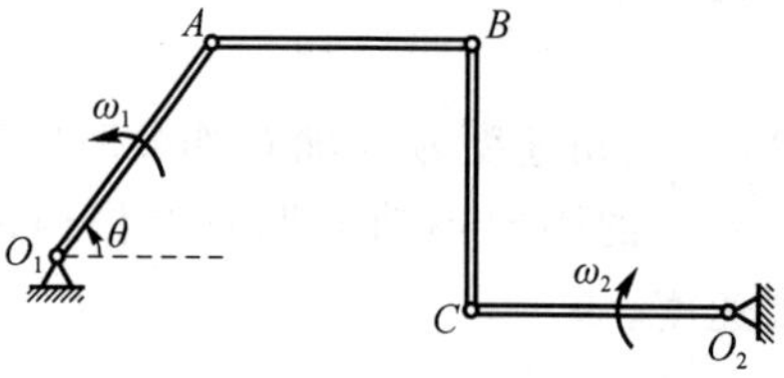

习题 2-31 图

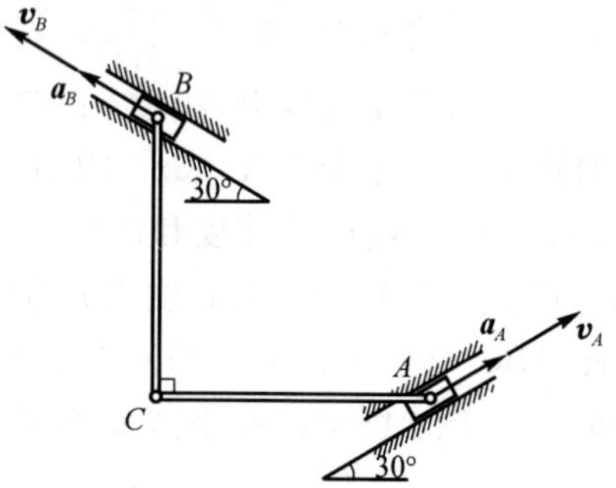

习题 2-32 图

第3章　复合运动

一切物体的运动都是相对的，同一物体在不同的参考体上所观察到的运动规律一般是不相同的，但相互之间又是有联系的。本章将讨论同一个点或刚体相对于两个不同参考系的运动关系，这就是点和刚体的复合运动问题。它既是工程中广泛存在的实际问题，又是研究复杂运动的理论基础。本章先研究点的复合运动问题，最后一节研究平面运动刚体的复合运动问题。

3.1　绝对运动、相对运动与牵连运动

首先通过一个实例来说明从两个不同参考系研究同一点的运动情况及其相互关系。如图3-1所示，沿直线轨道作纯滚动的半径为 r 的车轮，现讨论其轮缘上某确定点 M 的运动，先在地面上建立一个直角坐标系 Oxy（运动开始时，点 M 与点 O）重合，则点 M 相对于地面的运动方程为

$$\left.\begin{aligned} x_M &= r\varphi - r\sin\varphi \\ y_M &= r - r\cos\varphi \end{aligned}\right\} \tag{3-1}$$

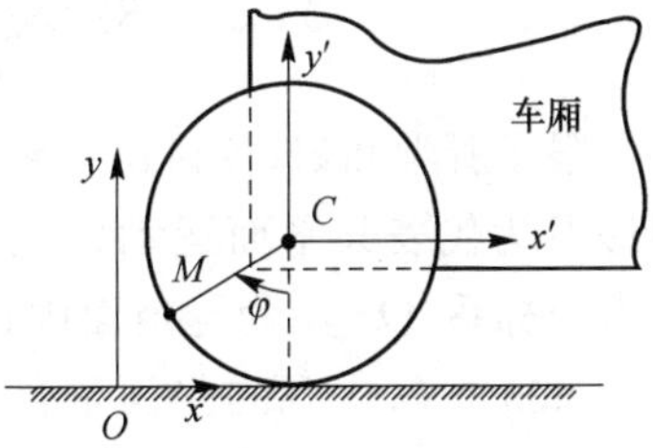

图3-1　作纯滚动车轮轮缘上点 M 的运动分析

它的轨迹是旋轮线。在轮心 C 处（在该处车轮与车厢铰接）建立一个固连于车厢的直角坐标系 $Cx'y'$，则点 M 相对于车厢的运动方程为

$$\left.\begin{aligned} x'_M &= -r\sin\varphi \\ y'_M &= -r\cos\varphi \end{aligned}\right\} \tag{3-2}$$

它的轨迹是一个圆。车厢相对于地面的运动是水平直线平移，它的运动可用其上的一点 C 来代表，其相对于地面的运动方程为

$$\left.\begin{aligned} x_C &= r\varphi \\ y_C &= r \end{aligned}\right\} \tag{3-3}$$

它的轨迹是水平直线。比较式(3-1)、式(3-2)和式(3-3)知，式(3-1)是式(3-2)与式(3-3)的叠加结果，说明点 M 相对于地面的旋轮线运动可以看成是点 M 相对于车厢作圆周运动，同时车厢相对于地面作水平直线平移这两种简单运动的合成。

一般将所研究的点称为**动点**，将存在相对运动的两个参考系中的一个参考系（从相对意义上）视为固定不动，称为**固定参考系**，简称**定系**（若定系为地面，可不必特别说明），而将另一个参考系视为相对于定系作某种运动的**动参考系**，简称为**动系**。则动点相对于定系的运动称为**绝对运动**，动点相对于动系的运动称为**相对运动**，动点的绝对运动与相对运动的不同完全是由于动系相对于定系有运动所导致的，可见动系的运动是建立动点绝对运动与相对运动关系的纽带，称动系相对于定系的运动为**牵连运动**。显然，动点的绝对运动和相对运动都是点的运动，它可能是直线运动，也可能是曲线运动，而牵连运动则是与动系固连的刚体的运动，它可以是平移，定轴转动，平面运动或其他更为复杂的运动。上例中若将地面视为定系，车厢视为动系，则

式(3-1)给出的点 M 的旋轮线运动为绝对运动，式(3-2)给出的点 M 的圆周运动为相对运动，式(3-3)给出的直线运动则是描述了动系相对定系运动的牵连运动，动点 M 的绝对运动可视为其相对运动和随同动系的牵连运动的合成运动，通常将这种合成运动称为**点的复合运动**，或者说，动点的绝对运动可分解为其相对运动和该点随同动系的牵连运动。

必须指出，上述运动的合成与分解是在两个有相对运动的参考系中进行的，因此，必须明确动点、定系和动系，区别绝对运动、相对运动与牵连运动。这与物理课程中在一个参考系中进行运动的合成与分解是不相同的，读者应予以足够的注意。

应用上述运动的合成与分解的方法，可以将点的复杂运动分解为某些简单的运动，对这些简单的运动分析清楚后，再合成起来就可以解决复杂的运动问题，从而使某些问题的研究得以简化，这在理论分析和工程应用上都有重要意义。

在对机构进行运动学分析时，若两构件的接触点为铰接点，由于这两个接触点不存在相对运动，我们是根据它们具有共同的轨迹、速度和加速度来建立两构件运动之间的关系的；若两构件在接触点存在相对运动，这时就需要应用上述复合运动的方法，将其中一个构件上的接触点或其他点选为动点，而将另一个构件取为动系，将机架(即地面)作为定系，于是，动点的绝对运动可视为由其相对运动和牵连运动合成的复合运动，从而建立起两构件运动之间的关系。

3.2 变矢量的绝对导数与相对导数的关系

限于所学知识，仅讨论动参考系相对于定参考系作平面运动的情形。如图3-2所示，设平面图形 S 为代表某平面运动的刚体，$A\xi\eta\zeta$ 为与之固连的动参考坐标系，$Oxyz$ 为与地面固连的定参考坐标系，S 所在平面 $A\xi\eta$ 与 Oxy 所在平面重合，设 $\boldsymbol{r}$ 为大小与方向随时间变化的矢量，则 $\boldsymbol{r}$ 在定系和动系中可正交分解为

$$\boldsymbol{r} = x\boldsymbol{i} + y\boldsymbol{j} + z\boldsymbol{k} = \xi\boldsymbol{\xi}^{\circ} + \eta\boldsymbol{\eta}^{\circ} + \zeta\boldsymbol{\zeta}^{\circ} \tag{3-4}$$

式中，$\boldsymbol{i}$、$\boldsymbol{j}$、$\boldsymbol{k}$ 分别为 Ox、Oy、Oz 轴正向的单位矢量；$\boldsymbol{\xi}^{\circ}$、$\boldsymbol{\eta}^{\circ}$、$\boldsymbol{\zeta}^{\circ}$ 分别为 $A\xi$、$A\eta$、$A\zeta$ 轴正向的单位矢量。在定系中所观察到的 $\boldsymbol{r}$ 对时间的变化率称为**矢量的绝对导数**，记为 $\frac{\mathrm{d}\boldsymbol{r}}{\mathrm{d}t}$，则

$$\frac{\mathrm{d}\boldsymbol{r}}{\mathrm{d}t} = \frac{\mathrm{d}x}{\mathrm{d}t}\boldsymbol{i} + \frac{\mathrm{d}y}{\mathrm{d}t}\boldsymbol{j} + \frac{\mathrm{d}z}{\mathrm{d}t}\boldsymbol{k} \tag{3-5}$$

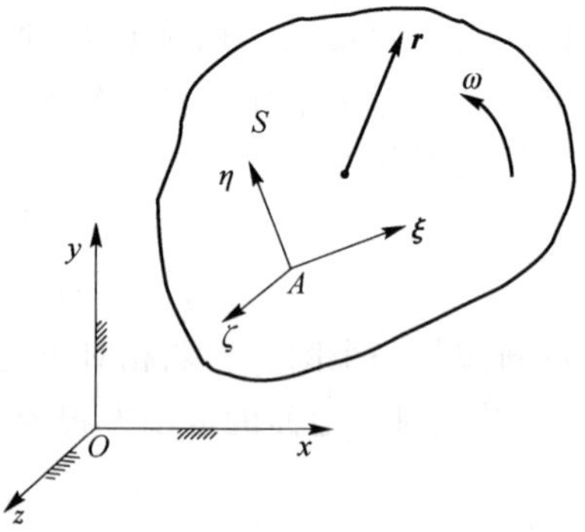

图 3-2 变矢量在定系和动系中的表示

在动系中所观察到的 $\boldsymbol{r}$ 对时间的变化率称为**矢量的相对导数**，记为 $\frac{\tilde{\mathrm{d}}\boldsymbol{r}}{\mathrm{d}t}$，即

$$\frac{\tilde{\mathrm{d}}\boldsymbol{r}}{\mathrm{d}t} = \frac{\mathrm{d}\xi}{\mathrm{d}t}\boldsymbol{\xi}^{\circ} + \frac{\mathrm{d}\eta}{\mathrm{d}t}\boldsymbol{\eta}^{\circ} + \frac{\mathrm{d}\zeta}{\mathrm{d}t}\boldsymbol{\zeta}^{\circ} \tag{3-6}$$

式(3-4)等号两边同时对时间求一阶绝对导数，并注意到 $\boldsymbol{i}$、$\boldsymbol{j}$、$\boldsymbol{k}$ 在定系中的大小与方向都不变，$\boldsymbol{\xi}^{\circ}$、$\boldsymbol{\eta}^{\circ}$、$\boldsymbol{\zeta}^{\circ}$ 的大小不变，但方向在定系中是变化的，可得

$$\frac{\mathrm{d}x}{\mathrm{d}t}\boldsymbol{i} + \frac{\mathrm{d}y}{\mathrm{d}t}\boldsymbol{j} + \frac{\mathrm{d}z}{\mathrm{d}t}\boldsymbol{k} = \frac{\mathrm{d}\xi}{\mathrm{d}t}\boldsymbol{\xi}^{\circ} + \frac{\mathrm{d}\eta}{\mathrm{d}t}\boldsymbol{\eta}^{\circ} + \frac{\mathrm{d}\zeta}{\mathrm{d}t}\boldsymbol{\zeta}^{\circ} + \xi\frac{\mathrm{d}\boldsymbol{\xi}^{\circ}}{\mathrm{d}t} + \eta\frac{\mathrm{d}\boldsymbol{\eta}^{\circ}}{\mathrm{d}t} + \zeta\frac{\mathrm{d}\boldsymbol{\zeta}^{\circ}}{\mathrm{d}t} \tag{3-7}$$

由于 $\boldsymbol{\xi}^{\circ}$、$\boldsymbol{\eta}^{\circ}$、$\boldsymbol{\zeta}^{\circ}$ 实际上为平面图形上的连体矢量，由式(2-14)知

$$
\left.\begin{aligned}
\frac{\mathrm{d}\boldsymbol{\xi}^{\circ}}{\mathrm{d}t} &= \boldsymbol{\omega} \times \boldsymbol{\xi}^{\circ} \\
\frac{\mathrm{d}\boldsymbol{\eta}^{\circ}}{\mathrm{d}t} &= \boldsymbol{\omega} \times \boldsymbol{\eta}^{\circ} \\
\frac{\mathrm{d}\boldsymbol{\zeta}^{\circ}}{\mathrm{d}t} &= \boldsymbol{\omega} \times \boldsymbol{\zeta}^{\circ}
\end{aligned}\right\} \tag{3-8}
$$

式中，$\boldsymbol{\omega}$ 为平面图形(即动系)的角速度。将式(3-5)、式(3-6)、式(3-8)、式(3-4)代入式(3-7)得

$$
\frac{\mathrm{d}\boldsymbol{r}}{\mathrm{d}t} = \frac{\tilde{\mathrm{d}}\boldsymbol{r}}{\mathrm{d}t} + \boldsymbol{\omega} \times \boldsymbol{r} \tag{3-9}
$$

即矢量的绝对导数等于该矢量的相对导数加上动系的角速度与该矢量的叉积，通常将它称为**矢量的绝对导数与相对导数的关系式**，是由法国科学家科里奥利(G. G. Coriolis)首先提出的，故又称科里奥利公式。它表明，同一变矢量相对于不同参考系的时间变化率一般是不相同的，但当动系的角速度为零时，同一变矢量的绝对导数与相对导数是相等的。该关系式在以后相关公式的推导中很有用。

3.3 点的速度合成定理

如图 3-3 所示，设在任一瞬时动点 M 相对于定系的矢径为 $\boldsymbol{r}_M$，相对于动系的矢径为 $\boldsymbol{r}'_M$，点 A 相对于定系的矢径为 $\boldsymbol{r}_A$，则

$$
\boldsymbol{r}_M = \boldsymbol{r}_A + \boldsymbol{r}'_M \tag{3-10}
$$

式(3-10)两边对时间求一阶绝对导数，则有

$$
\frac{\mathrm{d}\boldsymbol{r}_M}{\mathrm{d}t} = \frac{\mathrm{d}\boldsymbol{r}_A}{\mathrm{d}t} + \frac{\mathrm{d}\boldsymbol{r}'_M}{\mathrm{d}t} \tag{3-11}
$$

根据式(3-9)知

$$
\frac{\mathrm{d}\boldsymbol{r}'_M}{\mathrm{d}t} = \frac{\tilde{\mathrm{d}}\boldsymbol{r}'_M}{\mathrm{d}t} + \boldsymbol{\omega} \times \boldsymbol{r}'_M \tag{3-12}
$$

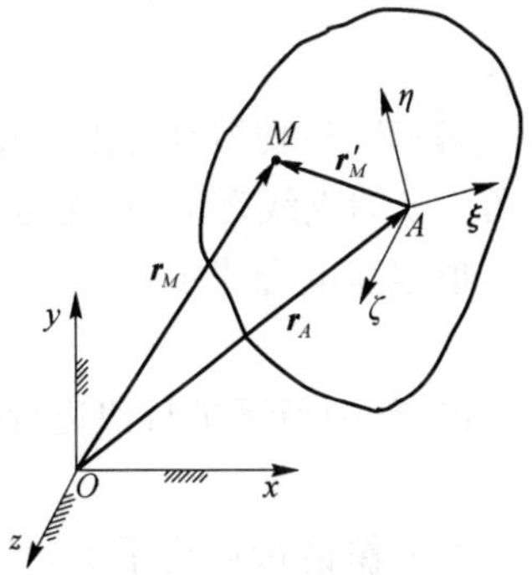

图 3-3　动点相对于不同参考系运动的关系

动点 M 相对于定系运动的速度称为**绝对速度**，用 v_a 表示，它等于动点在定系中的矢径对时间的一阶绝对导数，即 $v_a = \frac{\mathrm{d}\boldsymbol{r}_M}{\mathrm{d}t}$；动点 M 相对于动系运动的速度称为**相对速度**，用 v_r 表示，它等于动点在动系中的矢径对时间的一阶相对导数，即 $v_r = \frac{\tilde{\mathrm{d}}\boldsymbol{r}'_M}{\mathrm{d}t}$，而 $\frac{\mathrm{d}\boldsymbol{r}_A}{\mathrm{d}t}$ 即为动系的坐标原点相对于定系运动的速度 v_A。于是，将式(3-12)代入式(3-11)，则得

$$
v_a = v_r + v_A + \boldsymbol{\omega} \times \boldsymbol{r}'_M \tag{3-13}
$$

因为，动系相对于定系的运动(即牵连运动)是刚体的运动，所以，动系上各点的运动一般是不相同的(除非动系作平移)，而与动点的牵连运动直接相关的是动系上与动点的重合点的运动，随着动点的运动，动点在动系上的重合点在不断地变化，因此，可以定义：在任一瞬时，动系上(即与动系相固连的刚体或其延拓部分上)与动点重合的那一点 M' 为动点在该瞬时的**牵连点**。显然，在该瞬时 $\overrightarrow{AM'} = \boldsymbol{r}'_M$，根据同一平面运动刚体上两点的速度关系知，$v_A + \boldsymbol{\omega} \times \boldsymbol{r}'_M$ 即为动点在该瞬时的牵连点 M' 相对于定系的速度 $v_{M'}$，称为动点 M 在该瞬时的**牵连速度**，用 v_e 表示，即

$$
v_e = v_A + \boldsymbol{\omega} \times \boldsymbol{r}'_M \tag{3-14}
$$

于是，式(3-13)可写为

$$v_a = v_r + v_e \tag{3-15}$$

它表明：在任一瞬时，动点的绝对速度等于其相对速度与牵连速度的矢量和，称为**点的速度合成定理**。根据此定理，动点的绝对速度可以由相对速度和牵连速度为边所作的平行四边形的对角线来确定，并可由某一速度方向确定其他两个速度的指向，再利用其中三角形的几何关系求解具体问题的相关未知量的大小，这种求解方法即为几何法。当然也可以直接将式(3-15)沿平面图形上两相交的坐标轴（正交或斜交都行）进行投影，得到两个独立的代数方程，即投影法对具体问题进行求解。

例 3-1 图(a)所示为自动切料机构的简图，切刀 B 的推杆 AB 在其 A 端与滑块 A 铰接，滑块 A 可在长方形板 $abcd$ 的斜直槽（倾角为 θ）中滑动。当长方形板作水平向左运动时，使推杆 AB 沿铅垂滑道作向上运动，从而切断料棒 CD，试求当长方形板向左运动的速度为 v 的瞬时切刀 B 的速度。

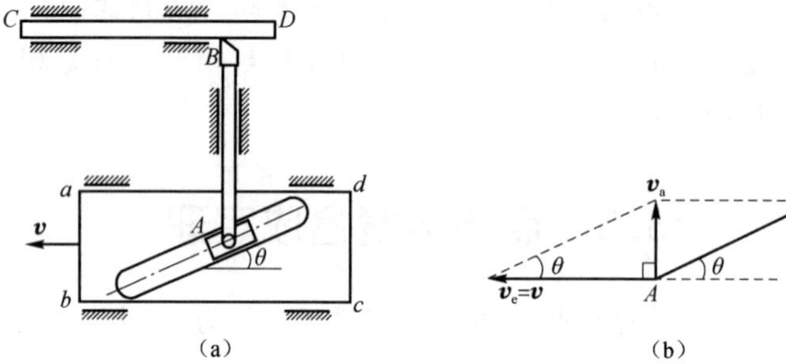

例 3-1 图

解：动点：切刀推杆上的点 A；动系：与长方形板固连。绝对运动：铅垂直线运动；相对运动：倾角为 θ 的直线运动；牵连运动；水平直线平移。

根据速度合成定理

$$v_a = v_r + v_e$$

可作出图(b)所示平行四边行，由其中直角三角形关系可得

$$v_a = v_e \tan\theta = v\tan\theta$$

由于切刀作铅垂直线平移，所以刀口 B 的速度与刀杆上点 A 的速度相同，大小为 $v_A = v_a = v\tan\theta$，方向垂直向上。

注意：①通过作平行四边形，可以直接由 v_e 方向得 v_a 方向。②还可求得相对速度 $v_r = \dfrac{v}{\cos\theta}$，方向沿斜槽向上。③当 $\theta > 45°$ 时，可以由较小速度 v 获得较大的切削速度 v_a。

例 3-2 图(a)所示平面系统，半径为 r 的圆盘以匀角速度 ω 绕轴 O 作逆时针转动，试求图示位置杆 AB 沿水平滑道运动的速度。

解法一

动点：杆 AB 上点 A；动系：与圆盘 D 固连。绝对运动：水平直线运动；相对运动：以点 D 为圆心，半径为 r 的圆弧运动；牵连运动：绕轴 O 的定轴转动。

根据速度合成定理

$$v_a^{(1)} = v_r^{(1)} + v_e^{(1)}$$

可作出图(b)所示平行四边形，由其中等腰三角形关系可得（圆盘上与杆 AB 的接触点为 A'）

$$v_a^{(1)} = v_e^{(1)} = OA' \cdot \omega = \sqrt{3} r\omega$$

即杆 AB 沿水平滑道的运动速度的大小为 $v_A = v_a^{(1)} = \sqrt{3} r\omega$，方向水平向右。

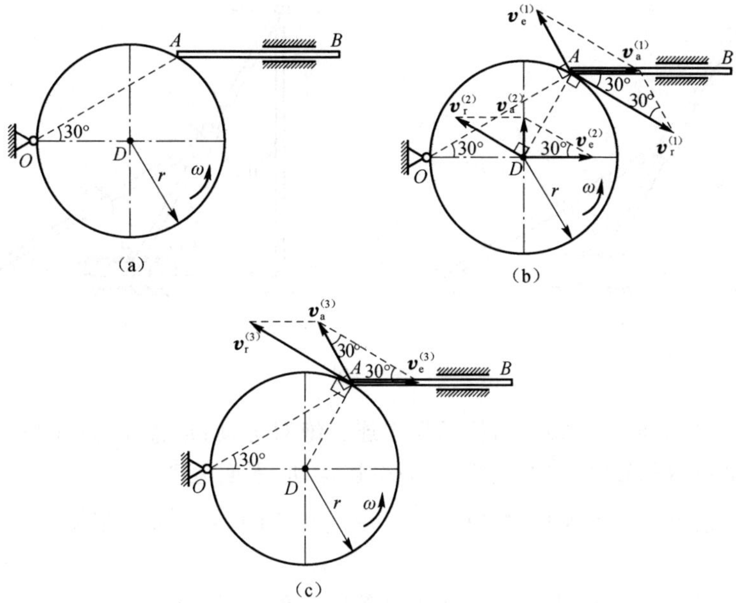

例 3-2 图

解法二

动点：圆盘中心 D；动系：与杆 AB 固连。绝对运动：以点 O 为圆心，半径为 r 的圆周运动；相对运动：以杆 AB 上点 A 为中心，半径为 r 的圆弧运动；牵连运动：水平直线平移。

根据速度合成定理

$$v_a^{(2)} = v_r^{(2)} + v_e^{(2)}$$

可作出图(b)所示平行四边形，由其中的直角三角形关系可得

$$v_e^{(2)} = v_a^{(2)} \cot 30^\circ = (r \cdot \omega)\sqrt{3} = \sqrt{3} r\omega$$

即

$$v_A = v_e^{(2)} = \sqrt{3} r\omega \qquad (\rightarrow)$$

注意：①由于圆盘与杆的两个接触点，其绝对速度方向不同，故在杆上观察圆盘和在圆盘上观察杆都为一般平面运动，由于在运动过程中杆 AB 上点 A 与圆盘中心 D 的距离保持不变（否则两刚体就不接触了），故两种解法中的相对轨迹都为圆弧运动，但进一步求解可得 $v_r^{(1)}=\sqrt{3}v_e^{(1)}=3r\omega$，$v_r^{(2)}=2v_a^{(2)}=2r\omega$，说明这两个相对速度的大小并不相等。如果认为由于杆相对于圆盘运动的角速度及圆盘相对于杆作带滑动滚动的角速度的大小相等，这两个圆弧运动的半径又都为 r，则这两个相对速度的大小必定相等的话，那就不正确了。②如果选圆盘上与杆的接触点 A' 为动点，动系与杆固连，但由于该接触点在图示瞬时的前后都不与杆接触，故其相对轨迹是一般平面曲线，尽管通过 $v_A=v_a^{(1)}=v_r^{(1)}+v_e^{(1)}=v_r^{(1)}+v_{A'}$ 及 $v_{A'}=v_a^{(3)}=v_r^{(3)}+v_e^{(3)}=v_r^{(3)}+v_A$ 可得 $v_r^{(3)}=-v_r^{(1)}$，说明此相对轨迹在该瞬时的切线方向即为圆盘的轮廓线在与杆相接触处的切线方向，由图(c)所示的矢量图，也可求得 $v_A=v_e^{(3)}=v_a^{(3)}=OA' \cdot \omega=\sqrt{3}r\omega(\rightarrow)$，但由于此相对轨迹在该瞬时的曲率半径 ρ_r 未知，从而使 a_r^n 的大小 $\dfrac{(v_r^{(3)})^2}{\rho_r}$ 未知，a_r^t 的大小及 a_{AB} 的大小也未知，有 3 个未知量，在进一步进行加速度分析时会遇到求解困难，所以不建议使用。

例 3-3 图(a)所示平面系统，杆 OA 以匀角速度 ω 绕轴 O 作顺时针转动，$OA=DE=\sqrt{3}r$，$AB=2r$，试求图(b)所示瞬时杆 DE 的角速度。

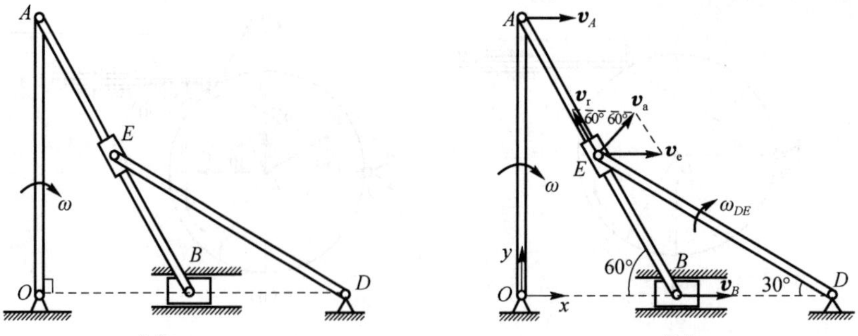

例 3-3 图

解:动点:杆 DE 上点 E;动系:与杆 AB 固连。绝对运动:以点 D 为圆心,DE 为半径的圆弧运动;相对运动:沿杆 AB 杆向的直线运动;牵连运动:平面运动。

显然,杆 AB 在图示位置为瞬时平移,故 $v_e = v_A = OA \cdot \omega = \sqrt{3} r\omega$,根据

$$v_a = v_r + v_e$$

可作出图(b)所示平行四边形,其中的三角形为等边三角形,故

$$v_a = v_e = \sqrt{3} r\omega$$

而

$$v_a = v_E = DE \cdot \omega_{DE}$$

于是

$$\omega_{DE} = \frac{\sqrt{3} r\omega}{\sqrt{3} r} = \omega(\circlearrowleft)$$

注意:不能因为杆 AB 上与动点 E 的重合点 E' 的速度方向沿水平方向,就认为 $v_{E'} = v_E \cos 60^\circ$,这相当于将 v_E 沿水平、铅垂方向进行正交分解,尽管 $v_{Ex} = v_E \cos 60^\circ$,但由于 $v_E \neq v_{E'}$,即两接触点存在相对运动,故 $v_{E'} \neq v_{Ex}$。这说明绝对速度必须沿相对速度方向和牵连速度方向进行分解才有对应的物理意义。

3.4 点的加速度合成定理

将速度合成公式(3-15)对时间求一阶绝对导数得

$$\frac{\mathrm{d}v_a}{\mathrm{d}t} = \frac{\mathrm{d}v_r}{\mathrm{d}t} + \frac{\mathrm{d}v_e}{\mathrm{d}t} \tag{3-16}$$

动点 M 相对于定系运动的加速度称为**绝对加速度**,用 $\boldsymbol{a}_a$ 表示,它等于动点的绝对速度对时间的一阶绝对导数,即 $\boldsymbol{a}_a = \frac{\mathrm{d}v_a}{\mathrm{d}t}$,也就是说式(3-16)左端即为绝对加速度。

动点 M 相对于动系运动的加速度称为**相对加速度**,用 $\boldsymbol{a}_r$ 表示,它等于动点的相对速度对时间的一阶相对导数,即 $\boldsymbol{a}_r = \frac{\tilde{\mathrm{d}} v_r}{\mathrm{d}t}$,根据式(3-9)知,式(3-16)的右端第一项为

$$\frac{\mathrm{d}v_r}{\mathrm{d}t} = \frac{\tilde{\mathrm{d}} v_r}{\mathrm{d}t} + \boldsymbol{\omega} \times v_r = \boldsymbol{a}_r + \boldsymbol{\omega} \times v_r \tag{3-17}$$

其中,等号右端第二项当 $\omega = 0$ 时是没有的,是由于动系的牵连转动引起相对速度的方向在定系中发生变化而产生的附加加速度,体现了牵连转动对相对速度在定系中所观察到的绝对变化率的影响。

再根据式(3-14)和式(3-9)知，式(3-16)右端第二项为

$$\frac{\mathrm{d}v_{\mathrm{e}}}{\mathrm{d}t}=\frac{\mathrm{d}(v_A+\boldsymbol{\omega}\times\boldsymbol{r}'_M)}{\mathrm{d}t}=\frac{\mathrm{d}v_A}{\mathrm{d}t}+\frac{\mathrm{d}\boldsymbol{\omega}}{\mathrm{d}t}\times\boldsymbol{r}'_M+\boldsymbol{\omega}\times\frac{\mathrm{d}\boldsymbol{r}'_M}{\mathrm{d}t}$$

再将式(3-12)代入上式，并注意到$\frac{\mathrm{d}v_A}{\mathrm{d}t}$即为动系的坐标原点相对于定系运动的加速度$\boldsymbol{a}_A$，$\frac{\mathrm{d}\boldsymbol{\omega}}{\mathrm{d}t}$即为动系的角加速度$\boldsymbol{\alpha}$，可得

$$\frac{\mathrm{d}v_{\mathrm{e}}}{dt}=\boldsymbol{a}_A+\boldsymbol{\alpha}\times\boldsymbol{r}'_M+\boldsymbol{\omega}\times(\boldsymbol{\omega}\times\boldsymbol{r}'_M)+\boldsymbol{\omega}\times v_{\mathrm{r}} \tag{3-18}$$

根据同一平面运动刚体上两点的加速度关系知，其中等号右端前三项即为该瞬时动点的牵连点M'相对于定系的加速度$\boldsymbol{a}_{M'}$，称为动点M在该瞬时的**牵连加速度**，用$\boldsymbol{a}_{\mathrm{e}}$表示，即

$$\boldsymbol{a}_{\mathrm{e}}=\boldsymbol{a}_A+\boldsymbol{\alpha}\times\boldsymbol{r}'_{\mathrm{M}}+\boldsymbol{\omega}\times(\boldsymbol{\omega}\times\boldsymbol{r}'_{\mathrm{M}}) \tag{3-19}$$

于是式(3-18)可写为

$$\frac{\mathrm{d}v_{\mathrm{e}}}{\mathrm{d}t}=\boldsymbol{a}_{\mathrm{e}}+\boldsymbol{\omega}\times v_{\mathrm{r}} \tag{3-20}$$

其中，等号右端第二项当$v_{\mathrm{r}}=0$时是没有的，是由于动点有相对运动($v_{\mathrm{r}}\neq0$)，改变了动点在动系上的重合点所引起的动点牵连速度发生变化而产生的附加加速度，体现了相对运动对牵连速度的影响。

因此，式(3-16)最终可写为

$$\boldsymbol{a}_{\mathrm{a}}=\boldsymbol{a}_{\mathrm{r}}+\boldsymbol{a}_{\mathrm{e}}+\boldsymbol{a}_{\mathrm{C}} \tag{3-21}$$

其中

$$\boldsymbol{a}_{\mathrm{C}}=2\boldsymbol{\omega}\times v_{\mathrm{r}} \tag{3-22}$$

称为**科氏加速度**，是法国科学家科里奥利于1835年首先提出的。科氏加速度是一个很特殊的物理量，是由牵连运动与相对运动的相互影响而引起的，它根本不是哪个点相对于哪个参考系的加速度。对于平面系统，由于$v_{\mathrm{r}}\perp\boldsymbol{\omega}$，故其大小为$a_{\mathrm{C}}=2\omega\cdot v_{\mathrm{r}}\cdot\sin90^\circ=2\omega v_{\mathrm{r}}$，其方向只要将$v_{\mathrm{r}}$的方向按动系角速度$\boldsymbol{\omega}$的转向转过90°即可得到；当动系作平移时，由于$\omega\equiv0$，故$a_{\mathrm{C}}\equiv0$；或虽然动系作带转动的平面运动(定轴转动和一般平面运动)，但在某瞬时$v_{\mathrm{r}}=0$(相对运动为瞬时静止时)或$\omega=0$(牵连运动为瞬时平移或瞬时静止时)，则在该瞬时$a_{\mathrm{C}}=0$。但当动点M不在S或与其平行的平面内运动时，由于v_{r}不垂直于$\boldsymbol{\omega}$，这时科氏加速度的大小为$a_{\mathrm{C}}=2\omega v_{\mathrm{r}}\sin\theta$，其中$\theta$为$v_{\mathrm{r}}$与$\boldsymbol{\omega}$的夹角，方向由右手法则确定；显然，某瞬时$v_{\mathrm{r}}=0$或动系角速度$\omega=0$或$v_{\mathrm{r}}/\!/\boldsymbol{\omega}$时$a_{\mathrm{C}}=0$。

式(3-21)表明：在任一瞬时，动点的绝对加速度等于其相对加速度、牵连加速度与科氏加速度的矢量和，称为**点的加速度合成定理**。由于其包含的矢量个数较多，通常采用投影法，即将式(3-21)投影到平面图形上两个不平行的坐标轴(正交、斜交均可)上，得到两个独立的代数方程求解两个未知量。必须注意，将该式沿某轴，不妨为x轴的投影式为$a_{\mathrm{a}x}=a_{\mathrm{r}x}+a_{\mathrm{e}x}+a_{\mathrm{C}x}$，将其写为$\sum a_x=0$是错误的。当然，在某些特殊情况下。若式(3-21)只包含三个未知量，则采用几何法，即利用矢量图(平行四边形)中三角形的几何关系求解往往是很简便的。

必须指出，利用点的复合运动解题时，动点与动系的选择可有不同的方案，但应遵循两个原则：①动点与动系不能选在同一刚体上，它们之间应有相对运动；②动点的相对运动轨迹已知，最好是直线或圆弧。

另外，还应该指出，上一章的刚体平面运动理论建立了同一刚体上两个不同点的速度和加速度之间关系，而本章的点的复合运动理论则建立了两个不同刚体上的重合点(动点和牵连点)的速度和加速度之间的联系，在复杂机构的运动分析中，往往要同时应用这两种理论，这就是运动分析的综合问题。

例 3-4 图(a)所示平面机构，直杆 AB 以匀速 v_0 在铅垂滑道中向下运动，试求图示瞬时半径为 r 的凸轮在水平地面上运动的速度和加速度。

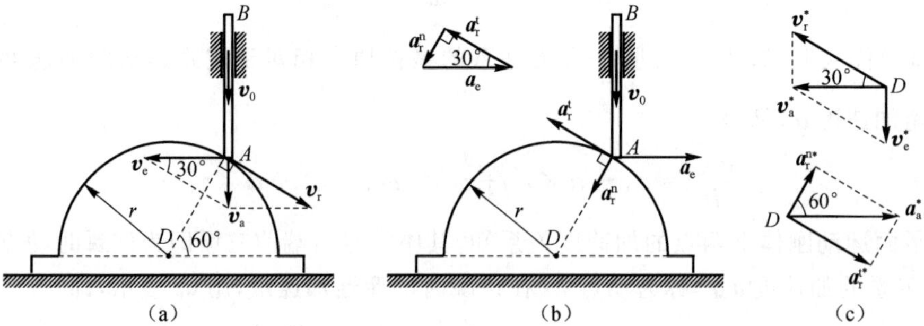

例 3-4 图

解：(1)动点和动系的选择

动点：杆 AB 上点 A；动系：与凸轮固连。绝对运动：铅垂直线运动；相对运动：以点 D 为圆心，半径为 r 的圆弧运动；牵连运动：水平直线平移。

(2)速度分析

根据 $v_a = v_r + v_e$ 可作出图(a)所示平行四边形，根据其中的直角三角形关系得

$$v_r = \frac{v_a}{\sin 30°} = 2v_0$$

$$v_e = v_a \cot 30° = \sqrt{3}v_0$$

即图示瞬时凸轮在水平地面上运动的速度大小为 $\sqrt{3}v_0$，方向水平向左。

(3)加速度分析

因 v_0 为常矢量，故 $a_a = 0$；因动系平移，故 $a_C = 0$。根据 $\boldsymbol{a}_a = \boldsymbol{a}_r^n + \boldsymbol{a}_r^t + \boldsymbol{a}_e = 0$ 可作出图(b)所示封闭直角三角形，于是有

$$a_e = \frac{a_r^n}{\sin 30°} = 2\,\frac{v_r^2}{r} = 8\,\frac{v_0^2}{r}$$

即图示瞬时凸轮在水平地面上运动的加速度大小为 $8v_0^2/r$，方向水平向右。

注意：①在本题加速度分析时，由于是三个方向或方位已知矢量的矢量和为零，故作出的是一个首尾相接的封闭三角形，而不是以前一个矢量等于其他两个矢量的矢量和那样作平行四边形。②当选取圆心 D 为动点，动系与杆 AB 固连时，则动点的相对轨迹为以杆 AB 上点 A 为圆心，半径为 r 的圆弧，此时 $v_e^* = v_0$，$\boldsymbol{a}_e^* = 0$，$\boldsymbol{a}_C^* = 0$，由 $v_a^* = v_r^* + v_e^*$ 可求得 $v_D = v_a^* = \sqrt{3}v_0$，$v_r^* = 2v_0$，由 $\boldsymbol{a}_a^* = \boldsymbol{a}_r^{n*} + \boldsymbol{a}_r^{t*}$，并根据 $a_r^{n*} = \frac{(v_r^*)}{r} = \frac{4v_0^2}{r}$ 可得 $a_D = a_a^* = \frac{a_r^{n*}}{\cos 60°} = \frac{8v_0^2}{r}$，相关矢量图见图(c)。③若选取图示瞬时凸轮上与杆的接触点 A' 为动点，动系与杆 AB 固连，因凸轮相对于杆 AB 作平移，因此点 A' 的相对轨迹的形状与点 D 相对于杆 AB 的相对轨迹形状一致，其速度和加速度的求解过程与②相同。

例 3-5 图(a)所示平面机构，杆 O_1A 以匀角速度 ω_0 绕轴 O_1 作顺时针转动，$O_1O_2 = b$，且 O_1、O_2 两点连线为水平直线，$O_2B = \sqrt{3}b$，试求图示瞬时($\varphi = 60°$，$\psi = 30°$)杆 O_2B 的角速度和角加速度。

解：(1)动点和动系的选择

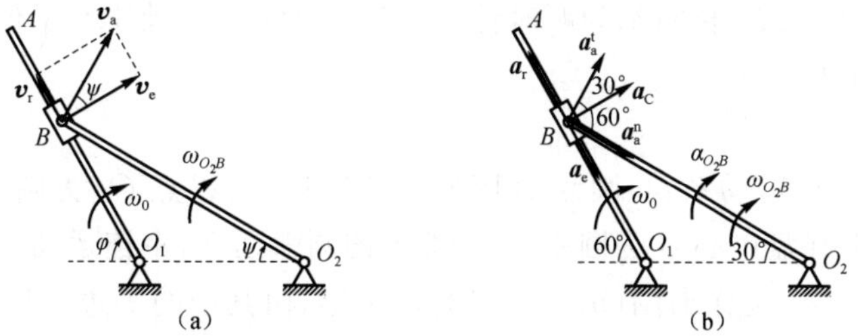

例 3-5 图

动点：杆 O_2B 上点 B；动系：与杆 O_1A 固连。绝对运动：以点 O_2 为圆心的圆弧运动；相对运动：沿杆 O_1A 杆向的直线运动；牵连运动：绕轴 O_1 的定轴转动。

（2）速度分析

根据 $v_a = v_r + v_e$ 可作出图(a)所示平行四边形（为矩形），由其中直角三角形关系可得

$$v_r = v_e \tan 30° = O_1B' \cdot \omega_0 \cdot \frac{\sqrt{3}}{3} = \frac{\sqrt{3}}{3} b\omega_0$$

$$v_a = \frac{v_e}{\cos 30°} = \frac{2}{3}\sqrt{3} b\omega_0, \omega_{O_2B} = \frac{v_a}{O_2B} = \frac{2}{3}\omega_0 (\circlearrowright)$$

（3）加速度分析

根据

	$\boldsymbol{a}_a^n$	$+\ \boldsymbol{a}_a^t$	$= \boldsymbol{a}_r$	$+\ \boldsymbol{a}_e$	$+\ \boldsymbol{a}_C$
大小	$\omega_{O_2B}^2 \cdot O_2B$	$\alpha_{O_2B} \cdot O_2B$	a_r	$\omega_0^2 \cdot O_1B'$	$2\omega_0 v_r = \frac{2}{3}\sqrt{3} b\omega_0^2$
	√	?	?	√	√
方向	√	√	√	√	√

上式沿 $\boldsymbol{a}_C$ 方向投影（见图(b)），得

$$a_a^n \cos 60° + a_a^t \cos 30° = a_C$$

$$\left(\frac{2}{3}\omega_0\right)^2 \cdot \sqrt{3} b \cdot \frac{1}{2} + \alpha_{O_2B} \cdot \sqrt{3} b \cdot \frac{\sqrt{3}}{2} = \frac{2}{3}\sqrt{3} b\omega_0^2 \quad , \quad \alpha_{O_2B} = \frac{8\sqrt{3}}{27}\omega_0^2 (\circlearrowleft)$$

注意：①因题中并没有要求求出相对加速度，故选择投影轴时，使其投影为零。②本题也可用分析法求解如下：设在任意瞬时，对三角形 O_1O_2B 由正弦定理知：$\frac{O_2B}{\sin(\pi - \varphi)} = \frac{O_1O_2}{\sin(\varphi - \psi)}$，即 $\sqrt{3}\sin(\varphi - \psi) = \sin\varphi$，对其求时间的一、二阶导数，并利用已知条件 $\dot{\varphi} = \omega_0$，$\ddot{\varphi} = 0$ 可得 $\sqrt{3}(\omega_0 - \dot{\psi})\cos(\varphi - \psi) = \omega_0 \cos\varphi$，$\sqrt{3}[\ddot{\psi}\cos(\varphi - \psi) + (\omega_0 - \dot{\psi})^2 \sin(\varphi - \psi)] = \omega_0^2 \sin\varphi$，将图示瞬时 $\varphi = 60°$、$\psi = 30°$ 代入可得该瞬时杆 O_2B 的角速度和角加速度为 $\omega_{O_2B} = \dot{\psi} = \frac{2}{3}\omega_0 (\circlearrowleft)$，$\alpha_{O_2B} = \ddot{\psi} = \frac{8}{27}\sqrt{3}\omega_0^2 (\circlearrowleft)$。这说明分析法首先要给出运动的全过程各物理量的变化规律，然后代入特定瞬时获得该瞬时各物理量的值；而题解的几何法和投影法则直接建立某特定瞬时各物理量的关系，而不需要弄清运动的全貌。

例 3-6 在图(a)所示平面系统中，长度为 r 的杆 O_1A 绕轴 O_1 转动，通过其杆端 A 与半径为 r 的圆盘 B 的盘缘接触，从而带动圆盘 B 绕轴 O_2 转动。已知图示瞬时，杆 O_1A 的角速度、角

加速度的大小分别为 ω_0、α_0，转向都为顺时针，且 O_1A 和 O_2B 都处于水平位置，试求该瞬时圆盘 B 的角速度和角加速度。

解法一

动点：杆 O_1A 上点 A；动系：与圆盘 B 固连。绝对运动：以点 O_1 为圆心，半径为 O_1A 的圆弧运动；相对运动：以圆盘中心 B 为圆心，半径为 r 的圆弧运动；牵连运动：绕轴 O_2 的定轴转动。

根据 $v_a^{(1)}=v_r^{(1)}+v_e^{(1)}$ 可作出图(b)所示平行四边形，由其中的等边三角形关系得

$$v_e^{(1)}=v_r^{(1)}=v_a^{(1)}=O_1A\cdot\omega_0=r\omega_0$$

$$\omega_B=\frac{v_e^{(1)}}{O_2A}=\frac{r\omega_0}{r}=\omega_0\,(\circlearrowright)$$

根据

	$\boldsymbol{a}_{an}^{(1)}$ +	$\boldsymbol{a}_{at}^{(1)}$ =	$\boldsymbol{a}_{rn}^{(1)}$ +	$\boldsymbol{a}_{rt}^{(1)}$ +	$\boldsymbol{a}_{en}^{(1)}$ +	$\boldsymbol{a}_{et}^{(1)}$ +	$\boldsymbol{a}_{C}^{(1)}$
大小	$\omega_0^2\cdot O_1A$	$\alpha_0\cdot O_1A$	$\dfrac{(v_r^{(1)})^2}{r}$	$a_{rt}^{(1)}$	$\omega_B^2\cdot O_2A$	$\alpha_B\cdot O_2A$	$2\omega_Bv_r^{(1)}=2r\omega_0^2$
	√	√	√	?	√	?	√
方向	√	√	√	√	√	√	√

上式沿 $\boldsymbol{a}_C^{(1)}$ 方向投影得(图(c))

$$a_{an}^{(1)}\cos60^\circ-a_{at}^{(1)}\cos30^\circ=-a_{rn}^{(1)}-a_{en}^{(1)}\cos60^\circ-a_{et}^{(1)}\cos30^\circ+a_C^{(1)}$$

$$\omega_0^2r\cdot\frac{1}{2}-\alpha_0r\cdot\frac{\sqrt{3}}{2}=-\omega_0^2r-\omega_0^2r\cdot\frac{1}{2}-\alpha_Br\cdot\frac{\sqrt{3}}{2}+2r\omega_0^2$$

$$\alpha_B=\alpha_0\,(\circlearrowright)$$

解法二

动点：圆盘中心 B；动系：与杆 O_1A 固连。绝对运动：以点 O_2 为圆心，半径为 r 的圆弧运动；相对运动：以杆 O_1A 上点 A 为圆心，半径为 r 的圆弧运动；牵连运动：绕轴 O_1 的定轴转动。

根据 $v_a^{(2)}=v_r^{(2)}+v_e^{(2)}$ 可作出图(d)所示平行四边形，由其中等腰三角形关系得

$$v_a^{(2)}=v_r^{(2)}=\frac{v_e^{(2)}}{\sqrt{3}}=\frac{O_1B\cdot\omega_0}{\sqrt{3}}=\omega_0r$$

$$\omega_B=\frac{v_a^{(2)}}{O_2B}=\omega_0\,(\circlearrowright)$$

根据

	$\boldsymbol{a}_{an}^{(2)}$ +	$\boldsymbol{a}_{at}^{(2)}$ =	$\boldsymbol{a}_{rn}^{(2)}$ +	$\boldsymbol{a}_{rt}^{(2)}$ +	$\boldsymbol{a}_{en}^{(2)}$ +	$\boldsymbol{a}_{et}^{(2)}$ +	$\boldsymbol{a}_{C}^{(2)}$
大小	$\omega_B^2\cdot O_2B$	$\alpha_B\cdot O_2B$	$\dfrac{(v_r^{(2)})^2}{r}$	$a_{rt}^{(2)}$	$\omega_0^2\cdot O_1B$	$\alpha_0\cdot O_1B$	$2\omega_0v_r^{(2)}=2r\omega_0^2$
	√	?	√	?	√	√	√
方向	√	√	√	√	√	√	√

上式沿 $\boldsymbol{a}_C^{(2)}$ 方向投影得(图(e))

$$-a_{an}^{(2)}\cos60^\circ+a_{at}^{(2)}\cos30^\circ=-a_{rn}^{(2)}-a_{en}^{(2)}\cos30^\circ+a_{et}^{(2)}\cos60^\circ+a_C^{(2)}$$

$$-\omega_0^2r\cdot\frac{1}{2}+\alpha_Br\cdot\frac{\sqrt{3}}{2}=-r\omega_0^2-\omega_0^2\cdot\sqrt{3}r\cdot\frac{\sqrt{3}}{2}+\alpha_0\cdot\sqrt{3}r\cdot\frac{1}{2}+2r\omega_0^2$$

$$\alpha_B=\alpha_0\,(\circlearrowright)$$

解法三

动点：杆 O_1A 上点 A；动系：随点 B 作平移的坐标系 $Bx'y'$（不与圆盘固连）。绝对运动：以点 O_1 为圆心，半径为 O_1A 的圆弧运动；相对运动：以圆盘中心 B 为圆心，半径为 r 的圆周运动；牵连运动：圆弧平移。

根据 $v_a^{(3)}=v_r^{(3)}+v_e^{(3)}$ 作出图(f)，因为 $v_a^{(3)}$ 平行于 $v_e^{(3)}$，而不平行于 $v_r^{(3)}$，故 $v_r^{(3)}=0$，$v_e^{(3)}=v_a^{(3)}=O_1A\cdot\omega_0=r\omega_0$，$\omega_B=\dfrac{v_e^{(3)}}{O_2B}=\omega_0$（↻）

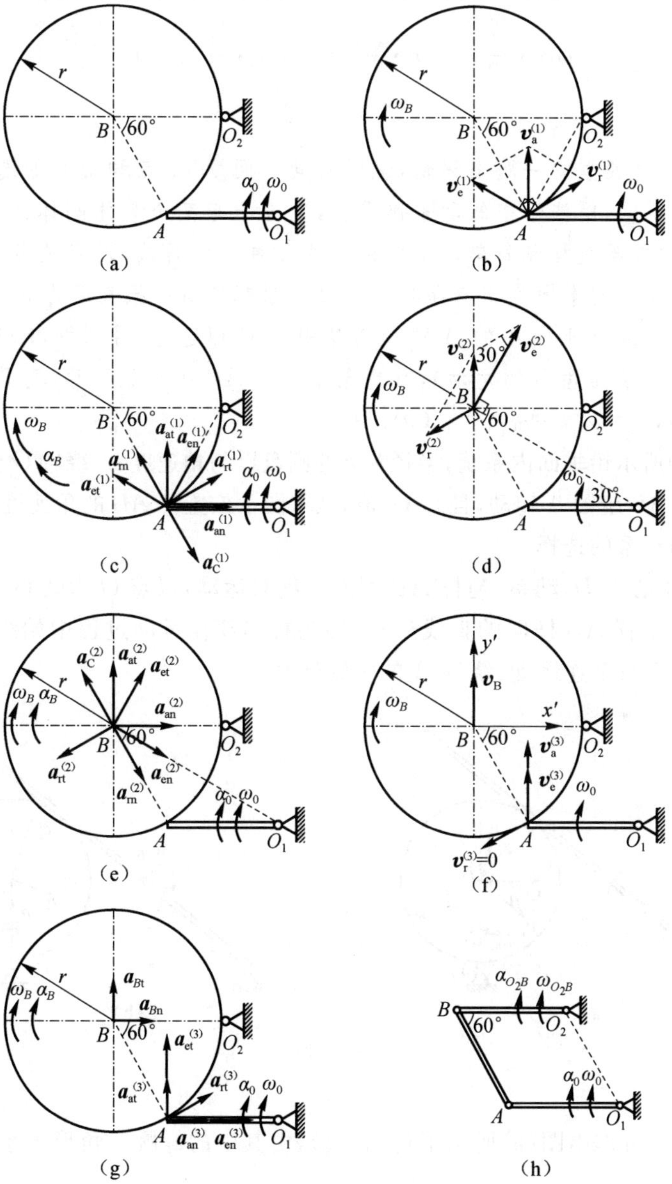

例 3-6 图

又因为动系角速度恒为零，故 $a_C^{(3)}=0$，根据 $v_r^{(3)}=0$ 知 $a_{rn}^{(3)}=\dfrac{(v_r^{(3)})^2}{r}=0$，于是加速度合成公式变为

$$
\begin{array}{cccccc}
 & \boldsymbol{a}_{an}^{(3)} \quad + & \boldsymbol{a}_{at}^{(3)} \quad = & \boldsymbol{a}_{rt}^{(3)} \quad + & \boldsymbol{a}_{en}^{(3)} \quad + & \boldsymbol{a}_{et}^{(3)} \\
\text{大小} & \omega_0^2 \cdot O_1A & \alpha_0 \cdot O_1A & a_{rt}^{(3)} & \omega_B^2 \cdot O_2B & \alpha_B \cdot O_2B \\
 & \checkmark & \checkmark & ? & \checkmark & ? \\
\text{方向} & \checkmark & \checkmark & \checkmark & \checkmark & \checkmark
\end{array}
$$

上式沿$\overrightarrow{AB}$方向投影得(图(g))

$$-a_{an}^{(3)}\cos60° + a_{at}^{(3)}\cos30° = -a_{en}^{(3)}\cos60° + a_{et}^{(3)}\cos30°$$

$$-\omega_0^2 r \cdot \frac{1}{2} + \alpha_0 r \cdot \frac{\sqrt{3}}{2} = -\omega_0^2 r \cdot \frac{1}{2} + \alpha_B r \cdot \frac{\sqrt{3}}{2}$$

$$\alpha_B = \alpha_0 (\circlearrowright)$$

注意:①本例题是典型的一题多解题,说明对同一问题,动点和动系的选择并不唯一,求解的难易程度也随之不同,解法三中的动系作平移,它并不与某个具体刚体固连,是一种抽象,在这三种解法中,它的求解过程最简单。本题给出的三种不同解法,对点的复合运动基本概念的理解以及解题基本方法的掌握是很有帮助的。②如果想象有一根长度为 r 的无重刚杆,其二端分别通过光滑圆柱铰链与杆 O_1A 的 A 端和圆盘中心 B 相连,则得到图(h)所示的四连杆机构 O_1ABO_2(杆 O_2B 代表了圆盘 B 的运动),且想象中的杆 AB 作圆弧平移,则马上可以知道 $\omega_B = \omega_{O_2B} = \omega_{O_1A} = \omega_0 (\circlearrowright)$,$\alpha_B = \alpha_{O_2B} = \alpha_{O_1A} = \alpha_0 (\circlearrowright)$。

例 3-7 图(a)所示铅垂面内系统,半径为 r 的圆盘以匀角速度 ω_0 绕轴 O 作逆时针转动,从而带动靠在盘上的杆 AB 绕轴 A 转动,且 $OA=3r$,试求图示位置杆 AB 的角速度和角加速度。

解:(1)动点和动系的选择

动点:圆盘的中心点 D;动系:与杆 AB 固连。绝对运动:以点 O 为圆心,半径为 r 的圆弧运动;相对运动:平行于杆 AB 杆向的直线运动(因为杆 AB 在运动过程中始终与圆盘相切,点 D 到杆 AB 的距离不变);牵连运动:绕轴 A 的定轴转动。

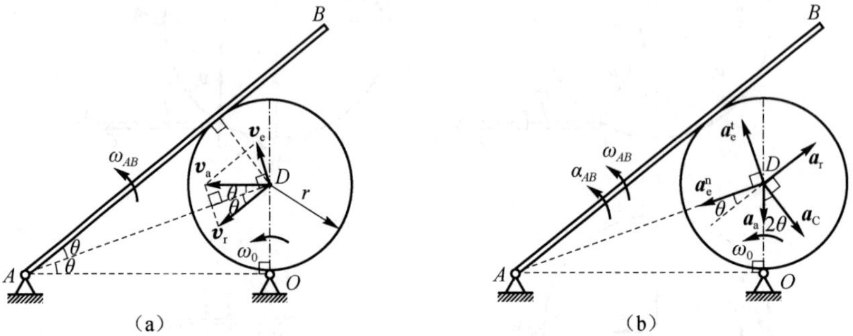

例 3-7 图

(2)速度分析

根据 $v_a = v_r + v_e$ 可作出图(a)所示平行四边形,由其中的等腰三角形关系得

$$v_r = v_a = r \cdot \omega_0$$

$$v_e = 2v_a\sin\theta = 2r\omega_0 \cdot \frac{1}{\sqrt{10}} = \frac{\sqrt{10}}{5}r\omega_0$$

$$\omega_{AB} = \frac{v_e}{AD} = \frac{1}{5}\omega_0 (\circlearrowleft)$$

(3)加速度分析

根据

$$
\begin{array}{cccccc}
 & \boldsymbol{a}_a = & \boldsymbol{a}_r + & \boldsymbol{a}_e^n + & \boldsymbol{a}_e^t + & \boldsymbol{a}_C \\
\text{大小} & \omega_0^2 \cdot OD & a_r & \omega_{AB}^2 \cdot AD & \alpha_{AB} \cdot AD & 2\omega_{AB} v_r = \frac{2}{5} r\omega_0^2 \\
 & \checkmark & ? & \checkmark & ? & \checkmark \\
\text{方向} & \checkmark & \checkmark & \checkmark & \checkmark & \checkmark
\end{array}
$$

上式沿 $\boldsymbol{a}_C$ 方向投影得(图(b))

$$a_a \cos 2\theta = -a_e^n \sin\theta - a_e^t \cos\theta + a_C$$

$$\omega_0^2 r(\cos^2\theta - \sin^2\theta) = -\omega_{AB}^2 \cdot r - \alpha_{AB} \cdot 3r + \frac{2}{5} r\omega_0^2$$

$$\alpha_{AB} = -\frac{11}{75}\omega_0^2 \quad \text{(负号表示其真实转向与图(b)所示相反)}$$

注意:当两个刚体在接触点处存在相对运动时,如果其中一个刚体上的接触点为持续接触点,则一般可选此点为动点,动系则固连于另一个刚体。但本题圆盘和杆上在图示瞬时的接触点在该瞬时的前、后时刻都不再是接触点,如果选该瞬时某刚体的接触点为动点,动系与另一个刚体固连,尽管速度分析可以完成,但由于相对轨迹为未知的平面曲线,即相对轨迹在此瞬时的曲率半径 ρ_r 未知,从而使 a_r^n 的大小 $\frac{v_r^2}{\rho_r}$ 未知,又 a_r^t 的大小及 α_{AB} 又未知,共有 3 个未知量,而平面系统中点的加速度合成公式为平面矢量式,只可以写出两个独立的投影方程,从而造成加速度的瞬时分析无法进行,如果主观地认为 $a_r^n=0$ 是错误的,所以,如果读者这样去选动点和动系进行瞬时运动学分析是不正确的。

例 3-8 在图(a)所示平面机构中,可在水平滑道滑动的杆 AB 与杆 AD 在 A 处铰接,杆 AD 穿过绕固定轴 O 转动的套筒 O,轴 O 到水平滑道的距离为 h,在图示瞬时杆 AB 运动的速度和加速度的大小分别为 v_0、a_0,方向如图,试求该瞬时杆 AD 的角速度和角加速度。

解法一

动点:杆 AB 上点 A;动系:与套筒 O 固连。绝对运动:水平直线运动;相对运动:沿杆 AD 杆向的直线运动;牵连运动:绕轴 O 的定轴转动。

根据 $v_a^{(1)} = v_r^{(1)} + v_e^{(1)}$ 可作出图(b)所示平行四边形(为矩形),由其中直角三角形关系得

$$v_r^{(1)} = v_a^{(1)} \cos 60° = \frac{1}{2} v_0$$

$$v_e^{(1)} = v_a^{(1)} \sin 60° = \frac{\sqrt{3}}{2} v_0$$

$$\omega_{AD} = \omega_O = \frac{v_e^{(1)}}{OA} = \frac{\frac{\sqrt{3}}{2} v_0}{\frac{2}{3}\sqrt{3}h} = \frac{3v_0}{4h} (\circlearrowleft)$$

根据

$$
\begin{array}{llllll}
 & \boldsymbol{a}_{\mathrm{a}}^{(1)} = & \boldsymbol{a}_{\mathrm{r}}^{(1)} + & \boldsymbol{a}_{\mathrm{en}}^{(1)} + & \boldsymbol{a}_{\mathrm{et}}^{(1)} + & \boldsymbol{a}_{\mathrm{C}}^{(1)} \\
\text{大小} & a_0 & a_{\mathrm{r}}^{(1)} & \omega_O^2 \cdot OA & \alpha_O \cdot OA & 2\omega_O v_{\mathrm{r}}^{(1)} = \dfrac{3v_0^2}{4h} \\
 & \checkmark & ? & \checkmark & ? & \checkmark \\
\text{方向} & \checkmark & \checkmark & \checkmark & \checkmark & \checkmark
\end{array}
$$

上式沿 $\boldsymbol{a}_{\mathrm{C}}^{(1)}$ 方向投影得(图(c))

$$-a_{\mathrm{a}}^{(1)}\cos30^\circ = a_{\mathrm{et}}^{(1)} + a_{\mathrm{C}}^{(1)}$$

$$-a_0 \cdot \frac{\sqrt{3}}{2} = \alpha_O \cdot OA + \frac{3v_0^2}{4h}$$

$$\alpha_{AD} = \alpha_O = -\left(\frac{3\sqrt{3}v_0^2}{8h^2} + \frac{3a_0}{4h}\right) \quad \text{(负号表示其真实转向为顺时针)}$$

解法二

动点:套筒上的点 O;动系:与杆 AD 固连。绝对运动:固定不动;相对运动:沿杆 AD 杆向的直线运动;牵连运动:一般平面运动。

根据 $v_{\mathrm{a}}^{(2)} = v_{\mathrm{r}}^{(2)} + v_{\mathrm{e}}^{(2)} = 0$ 知杆 AD 上与轴 O 的重合点 O' 的速度为 $v_{O'} = v_{\mathrm{e}}^{(2)} = -v_{\mathrm{r}}^{(2)}$,即杆 AD 上点 O' 的速度方向沿杆 AD 的杆向,于是点 P 为杆 AD 的速度瞬心(图(d)),故

$$v_A = PA \cdot \omega_{AD} = \frac{4}{3}h\omega_{AD} = v_0, \quad \omega_{AD} = \frac{3v_0}{4h}(\curvearrowleft)$$

$$v_{\mathrm{r}}^{(2)} = v_{O'} = PO' \cdot \omega_{AD} = \frac{2}{3}h \cdot \frac{3v_0}{4h} = \frac{v_0}{2}$$

根据

$$\boldsymbol{a}_{\mathrm{a}}^{(2)} = \boldsymbol{a}_{\mathrm{r}}^{(2)} + \boldsymbol{a}_{\mathrm{e}}^{(2)} + \boldsymbol{a}_{\mathrm{C}}^{(2)} = 0$$

又杆 AD 作一般平面运动,故

$$\boldsymbol{a}_{\mathrm{e}}^{(2)} = \boldsymbol{a}_{O'} = \boldsymbol{a}_A + \boldsymbol{a}_{O'A}^{\mathrm{n}} + \boldsymbol{a}_{O'A}^{\mathrm{t}}$$

于是有

$$
\begin{array}{llllll}
 & \boldsymbol{a}_{\mathrm{r}}^{(2)} + & \boldsymbol{a}_A + & \boldsymbol{a}_{O'A}^{\mathrm{n}} + & \boldsymbol{a}_{O'A}^{\mathrm{t}} + & \boldsymbol{a}_{\mathrm{C}}^{(2)} = 0 \\
\text{大小} & a_{\mathrm{r}}^{(2)} & a_0 & \omega_{AD}^2 \cdot O'A & \alpha_{AD} \cdot O'A & 2\omega_{AD} \cdot v_{\mathrm{r}}^{(2)} = \dfrac{3v_0^2}{4h} \\
 & ? & \checkmark & \checkmark & ? & \checkmark \\
\text{方向} & \checkmark & \checkmark & \checkmark & \checkmark & \checkmark
\end{array}
$$

上式沿 $\boldsymbol{a}_{\mathrm{C}}^{(2)}$ 方向投影得(图(e))

$$a_A\cos30^\circ + a_{O'A}^{\mathrm{t}} + a_{\mathrm{C}}^{(2)} = 0$$

$$a_0 \cdot \frac{\sqrt{3}}{2} + \alpha_{AD} \cdot \frac{2\sqrt{3}}{3}h + \frac{3v_0^2}{4h} = 0$$

$$\alpha_{AD} = -\left(\frac{3\sqrt{3}v_0^2}{8h^2} + \frac{3a_0}{4h}\right) \quad \text{(负号表示其真实转向为顺时针)}$$

注意:①尽管杆 AD 作一般平面运动,套筒 O 作定轴转动,但因杆 AD 始终平行于套筒 O,即杆 AD 相对于套筒 O 作直线平移,故解法一中点 A 的相对轨迹为直线运动,杆 AD 的方位角与套筒 O 相同,它们的角速度与角加速度的大小和转向分别相同。②解法二中选一不动点

为动点是符合动点和动系选择的两个原则的。但不能因其牵连点 O' 的速度沿杆 AD 的杆向,就认为牵连加速度也沿杆 AD 的杆向,这是由于杆 AD 作一般平面运动,其上点的轨迹一般为平面曲线,一般既有切向加速度,也有法向加速度,应由两点加速度关系求点 O' 的加速度。③因解法一的动系作定轴转动,解法二的动系作一般平面运动,故解法一比解法二简单,也不易出错。④本题也可用分析法求解,如图(f)所示,设系统处于任意位置,并建立直角坐标系 Oxy,则 $x_A=h\cot\varphi$,$\dot{x}_A=h(-\csc^2\varphi)\dot{\varphi}=v_A$,$\dot{\varphi}=-\frac{v_A}{h}\sin^2\varphi$,$\ddot{\varphi}=-\frac{a_A}{h}\sin^2\varphi-\frac{v_A}{h}[\sin(2\varphi)]\dot{\varphi}=-\frac{a_A}{h}\sin^2\varphi+\frac{v_A^2}{h^2}\sin^2\varphi\sin(2\varphi)$,当 $\varphi=60°$ 时:$v_A=v_0$,$a_A=-a_0$,$\omega_{AD}=\dot{\varphi}=-\frac{3v_A}{4h}$(负号表示其转向与 φ 的转向相反,即为逆时针),$\alpha_{AD}=\frac{3a_0}{4h}+\frac{3\sqrt{3}v_0^2}{8h^2}$(正号表示其转向与 φ 的转向相同,即为顺时针)。

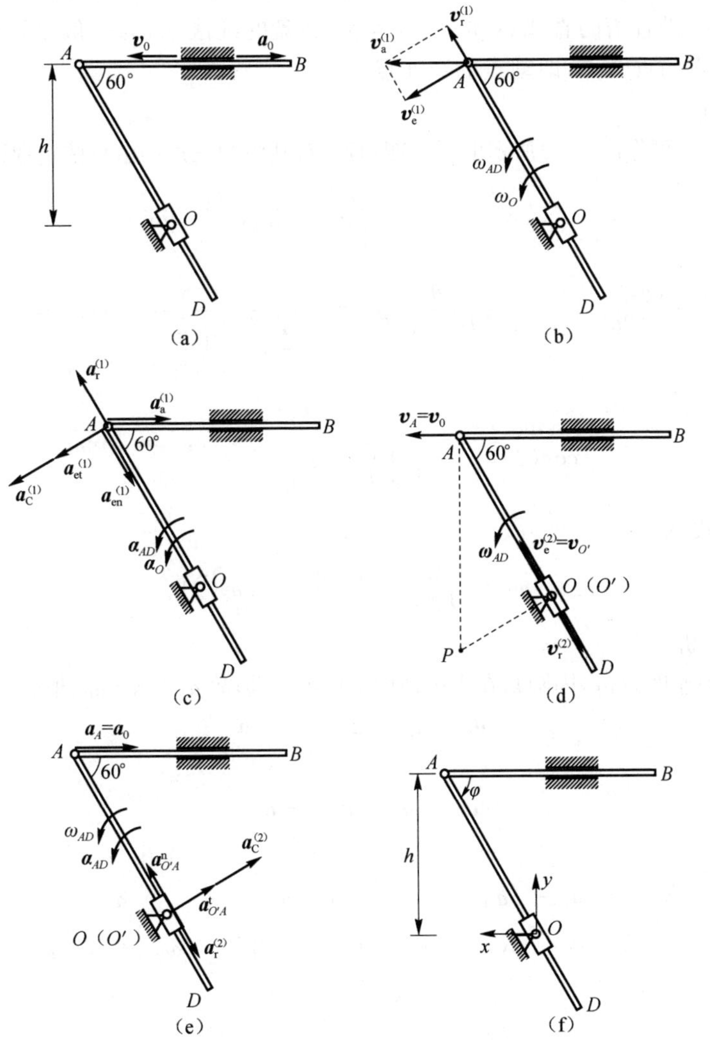

例 3-8 图

例 3-9 在图(a)所示平面机构中,长度为 $l=7r$ 的直杆 OA 绕轴 O 转动,其 A 端铰接一滑块,滑块置于半径为 $R=4r$ 的圆盘 B 的直槽内,从而带动圆盘 B 在水平地面上作纯滚动。在图示瞬时，O、A、B 处于同一水平线上，且 $AB=3r$，直槽中心线过圆盘的最高点，杆 OA 的角速度和角加速度大小分别为 ω_0，α_0，转向都为顺时针，试求该瞬时圆盘运动的角速度和角加速度。

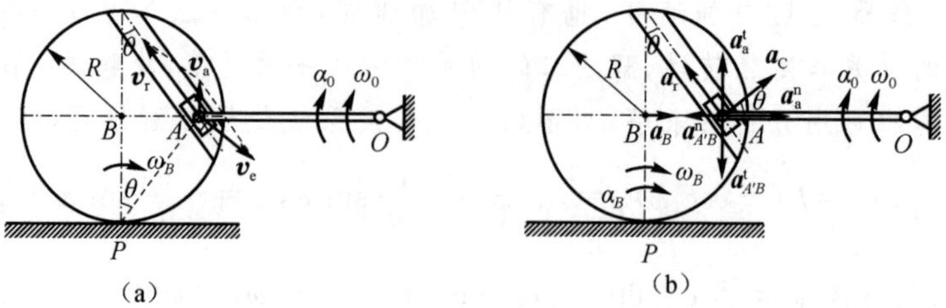

例 3-9 图

解：(1)动点和动系的选择

动点：杆 OA 上的点 A；动系：与圆盘 B 固连。绝对运动：以点 O 为圆心，半径为 $l=7r$ 的圆弧运动；相对运动：沿直槽的直线运动；牵连运动：圆盘的纯滚动，为一般平面运动。设 A' 为该瞬时圆盘上与动点的重合点，即动点的牵连点。

(2)速度分析

根据 $v_a = v_r + v_e$ 可作出图(a)所示的平行四边形，对其中的三角形由正弦定理得

$$\frac{v_r}{\sin(90°+\theta)} = \frac{v_e}{\sin\theta} = \frac{v_a}{\sin(90°-2\theta)}$$

$$v_r = \frac{\cos\theta}{\cos(2\theta)} v_a = \frac{\cos\theta}{\cos^2\theta - \sin^2\theta} v_a = \frac{\frac{4}{5}}{\left(\frac{4}{5}\right)^2 - \left(\frac{3}{5}\right)^2} \cdot 7r\omega_0 = 20r\omega_0$$

$$v_e = \frac{\sin\theta}{\cos(2\theta)} v_a = \frac{\frac{3}{5}}{\left(\frac{4}{5}\right)^2 - \left(\frac{3}{5}\right)^2} \cdot 7r\omega_0 = 15r\omega_0$$

于是圆盘的角速度为

$$\omega_B = \frac{v_e}{PA'} = \frac{15r\omega_0}{5r} = 3\omega_0 \; (\circlearrowright)$$

(3)加速度分析

设圆盘的角加速度为 α_B，因圆盘在水平地面上作纯滚动，故 $a_B = R \cdot \alpha_B$，根据

$$\boldsymbol{a}_a^n + \boldsymbol{a}_a^t = \boldsymbol{a}_r + \boldsymbol{a}_e + \boldsymbol{a}_C$$

及

$$\boldsymbol{a}_e = \boldsymbol{a}_B + \boldsymbol{a}_{A'B}^n + \boldsymbol{a}_{A'B}^t$$

得到

	$\boldsymbol{a}_a^n$	$+$	$\boldsymbol{a}_a^t$	$=$	$\boldsymbol{a}_r$	$+$	$\boldsymbol{a}_B$	$+$	$\boldsymbol{a}_{A'B}^n$	$+$	$\boldsymbol{a}_{A'B}^t$	$+$	$\boldsymbol{a}_C$	(1)
大小	$\omega_0^2 \cdot OA$		$\alpha_0 \cdot OA$		a_r		$R\alpha_B$		$\omega_B^2 \cdot A'B$		$\alpha_B \cdot A'B$		$2\omega_B v_r = 120r\omega_0^2$	
	√		√		?		?		√		?		√	
方向	√		√		√		√		√		√		√	

上式沿 $\boldsymbol{a}_C$ 方向投影得(图(b))

$$a_a^n \cos\theta + a_a^t \sin\theta = a_B \cos\theta - a_{A'B}^n \cos\theta - a_{A'B}^t \sin\theta + a_C$$

$$\omega_0^2 \cdot 7r \cdot \frac{4}{5} + \alpha_0 \cdot 7r \cdot \frac{3}{5} = 4r\alpha_B \cdot \frac{4}{5} - (3\omega_0)^2 \cdot 3r \cdot \frac{4}{5} - \alpha_B \cdot 3r \cdot \frac{3}{5} + 120r\omega_0^2$$

$$\alpha_B = 3\alpha_0 - \frac{464}{7}\omega_0^2 \quad (其正转向为顺时针)$$

注意:①在加速度分析中,尽管矢量式(1)中有三个矢量的大小未知,但真正的未知量只有 a_r 和 α_B,故式(1)可求解。②认为 $a_e^t = PA' \cdot \alpha_B$,$a_e^n = PA' \cdot \omega_B^2$ 是错误的,因为速度瞬心 P 的加速度不为零。一般都以圆心为基点,通过两点加速度关系写出圆盘上其他点的加速度,这样做最不容易出错。

例 3-10 在图(a)所示平面机构中,杆 AB 穿在半径为 r 的圆盘 D 的直槽中,杆端 A 以匀速 v_A 沿水平地面向左运动,从而带动圆盘在水平地面上作纯滚动,试求图示瞬时圆盘的角速度和角加速度。

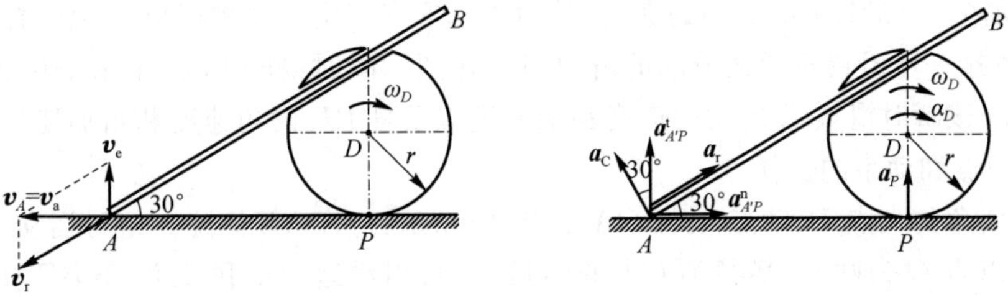

(a) (b)

例 3-10 图

解:(1)动点和动系的选择

动点:杆 AB 上点 A;动系:与圆盘 D 固连;绝对运动:水平直线运动;相对运动:沿圆盘直槽的直线运动;牵连运动:沿水平地面的纯滚动,为一般平面运动。

(2)速度分析

因动点 A 的牵连点为动系上的点,即圆盘的延拓部分上的点 A',而圆盘作纯滚动,故圆盘与地面的接触点为其速度瞬心,于是有 $v_e \perp \overrightarrow{PA'}$。根据 $v_a = v_r + v_e$ 可作出图(a)所示平行四边形,由其中直角三角形关系得

$$v_r = \frac{v_a}{\cos 30^\circ} = \frac{2\sqrt{3}}{3} v_A$$

$$v_e = v_a \tan 30^\circ = \frac{\sqrt{3}}{3} v_A$$

于是圆盘的角速度为

$$\omega_D = \frac{v_e}{PA'} = \frac{\frac{\sqrt{3}}{3} v_A}{2\sqrt{3} r} = \frac{v_A}{6r} (\curvearrowright)$$

(3)加速度分析

因 v_A 为常矢量,故 $\boldsymbol{a}_a = \boldsymbol{a}_A = 0$,将 $\boldsymbol{a}_e = \boldsymbol{a}_P + \boldsymbol{a}_{A'P}^n + \boldsymbol{a}_{A'P}^t$ 代入点的加速度合成公式得

	$\boldsymbol{a}_a =$	$\boldsymbol{a}_r$ +	$\boldsymbol{a}_p$ +	$\boldsymbol{a}_{A'P}^n$ +	$\boldsymbol{a}_{A'P}^t$ +	$\boldsymbol{a}_C$	$= 0$
大小		a_r	$\omega_D^2 \cdot r$	$\omega_D^2 \cdot PA'$	$\alpha_D \cdot PA'$	$2\omega_D v_r = \frac{2\sqrt{3} v_A^2}{9r}$	
		?	✓	✓	?	✓	
方向		✓	✓	✓	✓	✓	

上式沿 $\boldsymbol{a}_C$ 方向投影得(图(b))

$$a_p\cos30° - a_{A'P}^{n}\cos60° + a_{A'P}^{t}\cos30° + a_C = 0$$

$$\omega_D^2 r \cdot \frac{\sqrt{3}}{2} - \omega_D^2 \cdot 2\sqrt{3}r \cdot \frac{1}{2} + \alpha_D \cdot 2\sqrt{3}r \cdot \frac{\sqrt{3}}{2} + \frac{2\sqrt{3}v_A^2}{9r} = 0$$

$$\alpha_D = -\frac{5\sqrt{3}}{72}\frac{v_A^2}{r^2}\quad（负号表示其真实转向与图(b)所示相反）$$

注意：①本题中杆 AB 和圆盘 D 均作一般平面运动，因 AB 始终平行于圆盘上的直槽，因此杆 AB 的角速度、角加速度分别与圆盘的角速度和角加速度相等。②因题中这种特殊情形，写牵连加速度时选速度瞬心 P 为基点要比选圆心 D 为基点更方便。

例 3-11 在图(a)所示平面系统中，长度为 r 的杆 OA 以匀角速度 ω_0 绕轴 O 作逆时针转动，其 A 端铰接一可沿杆 BE 滑动的套筒，从而带动靠在固定不动的棱角 D 上的杆 BE 运动，杆 BE 的 B 端铰接一可沿铅垂滑道滑动的滑块 B。在图示瞬时：杆 OA 处于水平位置，A、D 两点距离为 r，试求该瞬时滑块 B 运动的速度和加速度以及杆 BE 的角速度和角加速度。

解：(1)动点和动系的选择

动点 1：棱角的尖点 D；动点 2：杆 OA 上点 A；动系：与杆 BE 固连。绝对运动 1：固定不动；绝对运动 2：以点 O 为圆心，半径为 OA 的圆弧运动；相对运动 1 和 2：沿杆 BE 杆向的直线运动；牵连运动：一般平面运动。

(2)速度分析

根据 $v_a^{(1)} = v_r^{(1)} + v_e^{(1)} = 0$ 知杆 BE 上与动点 1 的重合点 D' 的速度沿杆 BE 的杆向，又知点 B 的速度方向为铅垂方向，故图(a)所示的点 P 为杆 BE 的速度瞬心。杆 BE 上与动点 2 的重合点 A' 的速度 $v_e^{(2)} = v_{A'} \perp \overrightarrow{PA'}$，再根据 $v_a^{(2)} = v_r^{(2)} + v_e^{(2)}$ 可作出图(a)所示平行四边形，由其中等腰三角形的关系得

$$v_r^{(2)} = v_a^{(2)} = OA \cdot \omega_0 = r\omega_0$$

$$v_e^{(2)} = \sqrt{3}v_a^{(2)} = \sqrt{3}r\omega_0,\ \omega_{BE} = \frac{v_e^{(2)}}{PA'} = \frac{\sqrt{3}}{2}\omega_0\ (\circlearrowleft)$$

$$v_r^{(1)} = v_e^{(1)} = PD' \cdot \omega_{BE} = \sqrt{3}r \cdot \frac{\sqrt{3}}{2}\omega_0 = \frac{3}{2}r\omega_0$$

$$v_B = PB \cdot \omega_{BE} == 2\sqrt{3}r \cdot \frac{\sqrt{3}}{2}\omega_0 = 3r\omega_0\ (\uparrow)$$

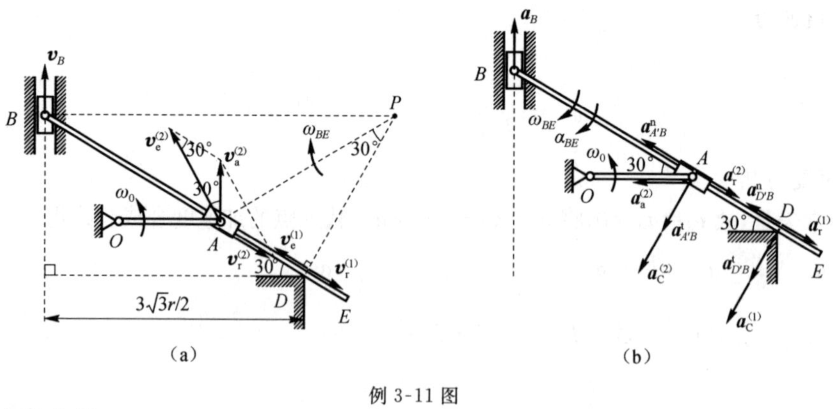

例 3-11 图

(3)加速度分析

根据

	$\boldsymbol{a}_{\mathrm{a}}^{(1)} =$	$\boldsymbol{a}_{\mathrm{r}}^{(1)}$	$+(\boldsymbol{a}_B +$	$\boldsymbol{a}_{D'B}^{\mathrm{n}}$	$+\ \boldsymbol{a}_{D'B}^{\mathrm{t}})$	$+\ \boldsymbol{a}_{\mathrm{C}}^{(1)}$	$= 0$ (1)
大小		$a_{\mathrm{r}}^{(1)}$	a_B	$\omega_{BE}^2 \cdot BD'$	$\alpha_{BE} \cdot BD'$	$2\omega_{BE} v_{\mathrm{r}}^{(1)} = \dfrac{3}{2}\sqrt{3} r\omega_0^2$	
		?	?	✓	?	✓	
方向		✓	✓	✓	✓	✓	

上式沿 $\boldsymbol{a}_{\mathrm{C}}^{(1)}$ 方向投影得(图(b))

$$-a_B\cos30^\circ + a_{D'B}^{\mathrm{t}} + a_{\mathrm{C}}^{(1)} = 0$$

$$-a_B \cdot \frac{\sqrt{3}}{2} + 3r\alpha_{BE} + \frac{3}{2}\sqrt{3} r\omega_0^2 = 0$$

$$\alpha_{BE} = -\frac{\sqrt{3}}{2}\omega_0^2 + \frac{\sqrt{3}}{6r}a_B \tag{2}$$

再根据

	$\boldsymbol{a}_{\mathrm{a}}^{(2)} =$	$\boldsymbol{a}_{\mathrm{r}}^{(2)}$	$+(\boldsymbol{a}_B +$	$\boldsymbol{a}_{A'B}^{\mathrm{n}}$	$+\ \boldsymbol{a}_{A'B}^{\mathrm{t}})$	$+\ \boldsymbol{a}_{\mathrm{C}}^{(2)}$	(3)
大小	$\omega_0^2 \cdot OA$	$a_{\mathrm{r}}^{(2)}$	a_B	$\omega_{BE}^2 \cdot BA'$	$\alpha_{BE} \cdot BA'$	$2\omega_{BE} v_{\mathrm{r}}^{(2)} = \sqrt{3} r\omega_0^2$	
	✓	?	?	✓	?	✓	
方向	✓	✓	✓	✓	✓	✓	

上式沿 $\boldsymbol{a}_{\mathrm{C}}^{(2)}$ 方向投影得(图(b))

$$a_{\mathrm{a}}^{(2)}\cos60^\circ = -a_B\cos30^\circ + a_{A'B}^{\mathrm{t}} + a_{\mathrm{C}}^{(2)}$$

$$\omega_0^2 r \cdot \frac{1}{2} = -a_B \cdot \frac{\sqrt{3}}{2} + 2r\alpha_{BE} + \sqrt{3} r\omega_0^2 \tag{4}$$

联立式(2)、式(4)可得

$$a_B = -\sqrt{3} r\omega_0^2 \quad \text{(负号表示其真实方向为铅垂向下)}$$

$$\alpha_{BE} = -\frac{1+\sqrt{3}}{2}\omega_0^2 \quad \text{(负号表示其真实转向为逆时针)}$$

注意:①式(1)与式(3)右端小括号中的各项之矢量和分别为动点 1、动点 2 的牵连加速度。②如果认为动点 1 的牵连加速度,即点 D'的绝对加速度沿杆 BE 的杆向是错误的。③此题必须选取两个动点才能求解,选取动点 1 的目的是找到杆 BE 上点 D'的速度方向,以便找到杆 BE 的速度瞬心,这样才能确定 $v_{\mathrm{e}}^{(2)}$ 的方位,以及建立 a_B 与 α_{BE} 的关系式,即式(2),使式(4)只包含两个独立的未知量。

例 3-12 在图(a)所示平面机构中,$\omega_1 = \omega_2 = \omega$(为常数),$OA = AB = l$,试求图示位置杆 AB 的角速度和角加速度。

解:(1)动点和动系的选择

动点:杆 AB 上点 B;动系:与杆 DE 固连。

(2)速度分析

注意到 $v_{\mathrm{a}} = v_B$,于是有

$$
\begin{array}{lcccccccc}
 & \boldsymbol{v}_r & + & \boldsymbol{v}_e & = & \boldsymbol{v}_A & + & \boldsymbol{v}_{BA} & (1) \\
\text{大小} & v_r & & DB\cdot\omega_2 & & OA\cdot\omega_1 & & \omega_{AB}\cdot AB & \\
 & ? & & \checkmark & & \checkmark & & ? & \\
\text{方向} & \checkmark & & \checkmark & & \checkmark & & \checkmark &
\end{array}
$$

式(1)沿图(a)所示 ξ 轴投影得

$$-v_r\cos60^\circ+v_e\cos30^\circ=0,\quad v_r=\sqrt{3}v_e=\sqrt{3}(2l\omega_2)=2\sqrt{3}l\omega$$

式(1)沿图(a)所示 η 轴投影得

$$v_e=-v_A\cos60^\circ+v_{BA}\cos60^\circ$$

$$2l\omega_2=-l\omega_1\cdot\frac{1}{2}+l\omega_{AB}\cdot\frac{1}{2},\omega_{AB}=5\omega(\circlearrowleft)$$

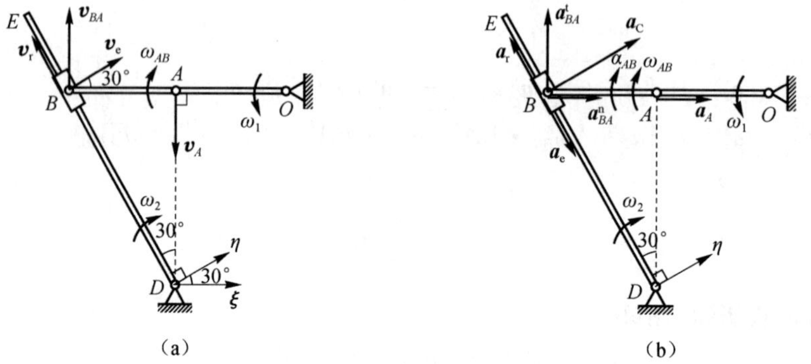

例 3-12 图

(3)加速度分析

注意到 $\boldsymbol{a}_a=\boldsymbol{a}_B$，于是有

$$
\begin{array}{lccccccccccc}
 & \boldsymbol{a}_r & + & \boldsymbol{a}_e & + & \boldsymbol{a}_C & = & \boldsymbol{a}_A & + & \boldsymbol{a}^n_{BA} & + & \boldsymbol{a}^t_{BA} \quad (2) \\
\text{大小} & a_r & & \omega_2^2\cdot DB & & 2\omega_2 v_r=4\sqrt{3}l\omega^2 & & \omega_1^2\cdot OA & & \omega_{AB}^2\cdot AB & & \alpha_{AB}\cdot AB \\
 & ? & & \checkmark & & \checkmark & & \checkmark & & \checkmark & & ? \\
\text{方向} & \checkmark & & \checkmark & & \checkmark & & \checkmark & & \checkmark & & \checkmark
\end{array}
$$

式(2)沿图(b)所示 η 轴投影得

$$a_C=a_A\cos30^\circ+a^n_{BA}\cos30^\circ+a^t_{BA}\cos60^\circ$$

$$4\sqrt{3}l\omega^2=\omega^2 l\cdot\frac{\sqrt{3}}{2}+(5\omega)^2 l\cdot\frac{\sqrt{3}}{2}+\alpha_{AB}l\cdot\frac{1}{2}$$

$$\alpha_{AB}=-18\sqrt{3}\omega^2\text{(负号表示其真实转向与图(b)所示相反)}$$

注意：动点 B 为作一般平面运动的杆 AB 上的点，其速度的大小、方向和加速度的大小、方向都未知，若只用速度合成公式、加速度合成公式或两点速度关系、两点加速度关系都无法求解，需将它们联系起来，即题解中的式(1)、式(2)才能求解。

例 3-13 在图(a)所示平面机构中，曲柄 O_1A 以匀角速度 ω 绕轴 O_1 作顺时针转动，$O_1A=l$，$O_2B=\frac{2}{3}\sqrt{3}l$，$\triangle ABD$ 是一个边长为 l 的等边三角形。在图示位置，杆 O_1A 处于水平位置，杆

OE 处于铅垂位置,O_2、B、D 三点处于同一直线上,且 O、A 两点连线平行于 DB,试求该瞬时套筒 D 相对于杆 OE 的速度和加速度。

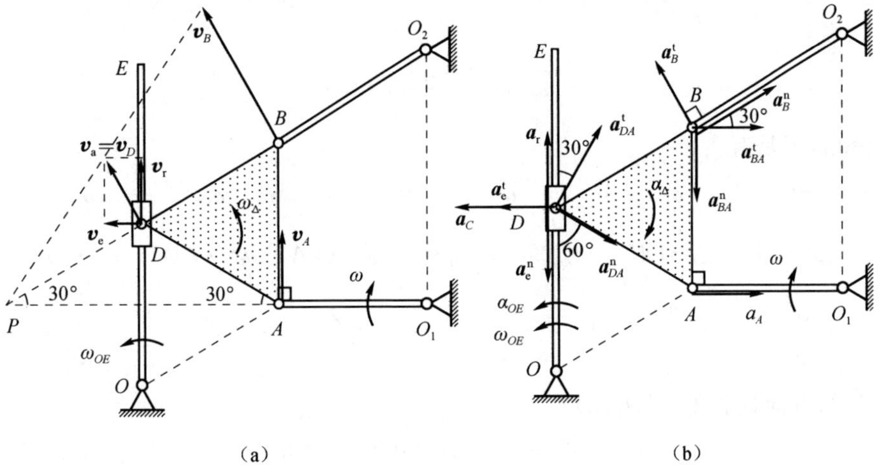

例 3-13 图

解:(1)动点和动系的选择

动点:$\triangle ABD$ 上点 D;动系:与杆 OE 固连。

(2)速度分析

点 P 为图示位置 $\triangle ABD$ 的速度瞬心

$$v_A = PA \cdot \omega_\triangle = O_1 A \cdot \omega, \quad \omega_\triangle = \frac{l\omega}{\sqrt{3}l} = \frac{\sqrt{3}}{3}\omega(\curvearrowleft)$$

$$v_B = PB \cdot \omega_\triangle = \frac{2\sqrt{3}}{3}l\omega$$

$$v_a = v_D = PD \cdot \omega_\triangle = l \cdot \frac{\sqrt{3}}{3}\omega = \frac{\sqrt{3}}{3}l\omega (\text{方向如图(a)所示})$$

根据 $v_a = v_r + v_e$ 可作出图(a)所示平行四边形(为矩形),由其中直角三角形关系得

$$v_e = v_a \sin 30° = \frac{\sqrt{3}}{6}l\omega, \quad \omega_{OE} = \frac{v_e}{OD} = \frac{\sqrt{3}}{6}\omega(\curvearrowleft)$$

$$v_r = v_a \cos 30° = \frac{1}{2}l\omega(\uparrow)$$

(3)加速度分析

根据

	a_B^n	+	a_B^t	=	a_A	+	a_{BA}^n	+	a_{BA}^t	(1)
大小	$\dfrac{v_B^2}{O_2 B}$		a_B^t		$\omega^2 \cdot O_1 A$		$\omega_\triangle^2 \cdot AB$		$\alpha_\triangle \cdot AB$	
	√		?		√		√		?	
方向	√		√		√		√		√	

式(1)沿 $\overrightarrow{BO_2}$ 的方向投影得(图(b))

$$a_B^n = a_A \cos 30° - a_{BA}^n \cos 60° + a_{BA}^t \cdot \cos 30°$$

$$\frac{\left(\frac{2\sqrt{3}}{3}l\omega\right)^2}{\frac{2}{3}\sqrt{3}l}=\omega^2 l\cdot\frac{\sqrt{3}}{2}-\left(\frac{\sqrt{3}}{3}\omega\right)^2\cdot l\cdot\frac{1}{2}+\alpha_{\triangle}l\cdot\frac{\sqrt{3}}{2}$$

$$\alpha_{\triangle}=\frac{3+\sqrt{3}}{9}\omega^2(\circlearrowleft)$$

注意到 $\boldsymbol{a}_a=\boldsymbol{a}_D$，于是有

$$\boldsymbol{a}_r+\boldsymbol{a}_e^n+\boldsymbol{a}_e^t+\boldsymbol{a}_C=\boldsymbol{a}_A+\boldsymbol{a}_{DA}^n+\boldsymbol{a}_{DA}^t \tag{2}$$

	$\boldsymbol{a}_r$	$\boldsymbol{a}_e^n$	$\boldsymbol{a}_e^t$	$\boldsymbol{a}_C$	$\boldsymbol{a}_A$	$\boldsymbol{a}_{DA}^n$	$\boldsymbol{a}_{DA}^t$
大小	a_r	$\omega_{OE}^2\cdot OD$	$\alpha_{OE}\cdot OD$	$2\omega_{OE}v_r=\frac{\sqrt{3}}{6}l\omega^2$	$\omega^2\cdot O_1A$	$\omega_{\triangle}^2\cdot AD$	$\alpha_{\triangle}\cdot AD$
	?	√	?	√	√	√	√
方向	√	√	√	√	√	√	√

式(2)沿 $\overrightarrow{OE}$ 的方向投影得(见图(b))

$$a_r-a_e^n=-a_{DA}^n\cos 60°+a_{DA}^t\cos 30°$$

$$a_r=\left(\frac{\sqrt{3}}{6}\omega\right)^2\cdot l-\left(\frac{\sqrt{3}}{3}\omega\right)^2\cdot l\cdot\frac{1}{2}+\frac{3+\sqrt{3}}{9}\omega^2\cdot l\cdot\frac{\sqrt{3}}{2}=\frac{1+2\sqrt{3}}{12}l\omega^2(\uparrow)$$

注意：在速度分析完成后进行加速度分析时，因△ABD 作一般平面运动，其上点 D 的轨迹未知，而点 B 的轨迹为以 O_2 为圆心，半径为 O_2B 的圆弧，故需先通过 A、B 两点的加速度关系求出三角形的角加速度后才可确定点 D 的加速度，再利用加速度合成公式可方便求解 $\boldsymbol{a}_r$。但如果认为 $a_D^n=PD\cdot\omega_{\triangle}^2$，$a_D^t=PD\cdot\alpha_{\triangle}$ 则是错误的，这是由于速度瞬心 P 的加速度不为零的缘故。

例 3-14 在图(a)所示平面机构中，长度为 $l=2r$ 的直杆 BD，其 B 端与半径为 r 的齿轮中心铰接。在图示瞬时：齿条 OA 处于水平位置，其绕轴 O 转动的角速度和角加速度大小分别为 ω_0 和 α_0，转向如图所示，试求该瞬时杆 BD 绕轴 D 转动的角速度和角加速度以及齿轮的角速度和角加速度。

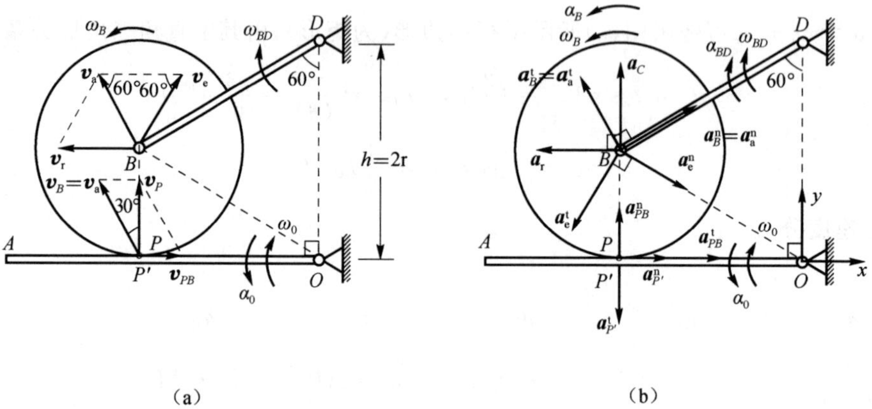

(a)　　(b)

例 3-14 图

解：(1)动点和动系的选择

动点：齿轮中心点 B；动系：与齿条 OA 固连。

(2)速度分析

根据 $v_a\perp\overrightarrow{BD}$，$v_e\perp\overrightarrow{OB}$，$v_r/\!/\overrightarrow{OA}$，再由 $v_a=v_r+v_e$ 可作出图(a)所示平行四边形，由其中的

等边三角形关系知

$$v_r = v_a = v_e = OB \cdot \omega_0 = 2r\omega_0$$

$$\omega_{BD} = \frac{v_a}{DB} = \frac{2r\omega_0}{2r} = \omega_0(\circlearrowright)$$

设图示瞬时齿轮与齿条的啮合点分别为 P、P'，则 $v_P = v_{P'} = OP' \cdot \omega_0 = \sqrt{3}r\omega_0(\uparrow)$，再根据 $v_P = v_B + v_{PB}$ 可作出图(a)所示平行四边形，由其中直角三角形关系得 $v_{PB} = \frac{1}{2}v_a = r\omega_0$，故齿轮 B 的角速度为

$$\omega_B = \frac{v_{PB}}{BP} = \frac{r\omega_0}{r} = \omega_0(\circlearrowleft)$$

(3)加速度分析

根据

	$\boldsymbol{a}_a^n$	+	$\boldsymbol{a}_a^t$	=	$\boldsymbol{a}_r$	+	$\boldsymbol{a}_e^n$	+	$\boldsymbol{a}_e^t$	+	$\boldsymbol{a}_C$
大小	$\omega_{BD}^2 \cdot DB$		$\alpha_{BD} \cdot DB$		a_r		$\omega_0^2 \cdot OB$		$\alpha_0 \cdot OB$		$2\omega_0 v_r = 4r\omega_0^2$
	√		?		?		√		√		√
方向	√		√		√		√		√		√

上式沿 $\boldsymbol{a}_C$ 方向投影得(图(b))

$$a_a^n\cos60° + a_a^t\cos30° = -a_e^n\cos60° - a_e^t\cos30° + a_C$$

$$2r\omega_0^2 \cdot \frac{1}{2} + 2r\alpha_{BD} \cdot \frac{\sqrt{3}}{2} = -2r\omega_0^2 \cdot \frac{1}{2} - 2r\alpha_0 \cdot \frac{\sqrt{3}}{2} + 4r\omega_0^2$$

$$\alpha_{BD} = \frac{2\sqrt{3}}{3}\omega_0^2 - \alpha_0(\text{其正转向为}\circlearrowright)$$

再根据 $\boldsymbol{a}_P$ 和 $\boldsymbol{a}_{P'}$ 在齿轮与齿条在图示瞬时的轮廓线的公切线方向，即 x 方向上的投影相等，即 $a_{Px} = a_{P'x}$，将矢量式

	$\boldsymbol{a}_P$	=	$\boldsymbol{a}_B^n$	+	$\boldsymbol{a}_B^t$	+	$\boldsymbol{a}_{PB}^n$	+	$\boldsymbol{a}_{PB}^t$	(1)
大小	a_P		$\omega_{BD}^2 \cdot DB$		$\alpha_{BD} \cdot DB$		$\omega_B^2 \cdot BP$		$\alpha_B \cdot BP$	
	?		√		√		√		?	
方向	?		√		√		√		√	

沿 x 方向投影得

$$a_{Px} = a_B^n\cos30° - a_B^t\cos60° + a_{PB}^t = 2r\omega_0^2\frac{\sqrt{3}}{2} - 2r\alpha_{BD} \cdot \frac{1}{2} + r \cdot \alpha_B$$

$$= \frac{\sqrt{3}}{3}r\omega_0^2 + r\alpha_0 + r\alpha_B$$

而

$$a_{P'x} = a_{P'}^n = \omega_0^2 \cdot \sqrt{3}r = \sqrt{3}r\omega_0^2$$

于是

$$\alpha_B = \frac{2\sqrt{3}}{3}\omega_0^2 - \alpha_0(\text{其正转向为}\circlearrowleft)$$

注意:齿轮与齿条的啮合点的速度相等,但此时啮合点的速度方向沿铅垂向上,根据点的速度方向为该点的切线方向知啮合点的切线方向为 y 轴方向,不是该瞬时两刚体的轮廓线的公切线方向(公切线方向为水平方向,即 x 轴方向),题解中所使用的 $a_{Px}=a_{P'x}$ 可严格证明如下:以齿轮上在该瞬时的啮合点 P 为动点,动系与齿条固连,因齿轮相对于齿条作纯滚动,则 $v_r^*=0$,根据 $\boldsymbol{a}_a^*=\boldsymbol{a}_r^*+\boldsymbol{a}_e^*+\boldsymbol{a}_C^*$,其中 $\boldsymbol{a}_a^*=\boldsymbol{a}_P$,$\boldsymbol{a}_e^*=\boldsymbol{a}_{P'}$,$a_C^*=2\omega_0 v_r^*=0$,$\boldsymbol{a}_r^*$ 方向为 y 轴方向(类比在水平地面上作纯滚动的圆盘,其速度瞬心的加速度方向知),上式分别沿 x、y 方向投影得 $a_{Px}=a_{P'x}$,$a_{Py}=a_r^*+a_{P'y}\neq a_{p'y}$,而 $a_P^t=a_{Py}$,$a_{P'}^t=a_{P'y}$,$a_P^n=a_{Px}$,$a_{P'}^n=a_{P'x}$,说明 $a_P^t\neq a_{P'}^t$,$a_P^n=a_{P'}^n$,因此认为齿轮与齿条的啮合点的切向加速度相等,法向加速度不等的表述并不一定正确(此例的情况恰好相反),只有当啮合点的速度方向沿该瞬时齿轮与齿条轮廓线的公切线方向时才正确(参见例 3-10)。由以上证明过程可知,无论齿轮与齿条作什么样的平面运动,其啮合点的加速度沿该瞬时齿轮与齿条的轮廓线的公切线方向上的投影必相等。而沿两刚体轮廓线的公法线方向上的投影不相等。

3.5 平面运动刚体的复合运动

我们已经知道,刚体的一般平面运动要比刚体的平移和定轴转动复杂。能否选择恰当的动系,将刚体的一般平面运动分解为运动形式相对简单的相对运动与牵连运动,这正是本节需研究的内容。

1. 刚体平面运动的角速度和角加速度合成定理

如图 3-4 所示,设刚体相对于某定系 Oxy 作一般平面运动,$D\xi\eta$ 为某一个相对于定系作平面平移或定轴转动的动系,则代表该刚体运动的平面图形 S 相对于动系也作平面运动。若用 φ_a、φ_r、φ_e 分别表示平面图形 S 的绝对方位角、相对方位角和动系相对于定系的牵连方位角,它们随时间的变化规律为

$$\left.\begin{aligned}\varphi_a &= \varphi_a(t)\\ \varphi_r &= \varphi_r(t)\\ \varphi_e &= \varphi_e(t)\end{aligned}\right\} \tag{3-23}$$

由图 3-4 可知,在任一瞬时各方位角之间具有如下关系

$$\varphi_a(t)=\varphi_r(t)+\varphi_e(t) \tag{3-24}$$

上式对时间求一阶导数得

$$\dot{\varphi}_a(t)=\dot{\varphi}_r(t)+\dot{\varphi}_e(t)$$

其中,$\dot{\varphi}_a(t)$ 为刚体相对于定系的角速度,称为**绝对角速度**,用 ω_a 表示;$\dot{\varphi}_r(t)$ 为刚体相对于动系的角速度,称为**相对角速度**,用 ω_r 表示;而 $\dot{\varphi}_e(t)$ 为动系相对于定系运动的角速度,称为**牵连角速度**,用 ω_e 表示。它们都为代数量,当其值为正时,说明该角速度的方向垂直于纸面(即运动平面)朝外,为负时,则朝里。于是

$$\omega_a=\omega_r+\omega_e \tag{3-25}$$

设 $\boldsymbol{k}$ 为垂直于纸面朝外方向的单位矢量,则上述角速度可用矢量表示,即

图 3-4 平面运动刚体相对于不同参考系角位移的关系

$$\boldsymbol{\omega}_a=\omega_a\boldsymbol{k},\quad \boldsymbol{\omega}_r=\omega_r\boldsymbol{k},\quad \boldsymbol{\omega}_e=\omega_e\boldsymbol{k}$$

则式(3-25)又可写为

$$\boldsymbol{\omega}_a = \boldsymbol{\omega}_r + \boldsymbol{\omega}_e \tag{3-26}$$

式(3-26)即为**平面运动刚体的角速度合成定理的数学表达式**。

式(3-26)对时间求一阶导数得

$$\frac{d\boldsymbol{\omega}_a}{dt} = \frac{d\boldsymbol{\omega}_r}{dt} + \frac{d\boldsymbol{\omega}_e}{dt}$$

式中，$\frac{d\boldsymbol{\omega}_a}{dt}$为平面运动刚体相对于定系的角加速度，称为**绝对角加速度**，用 $\boldsymbol{\alpha}_a$ 表示；$\frac{d\boldsymbol{\omega}_e}{dt}$为动系相对于定系运动的角加速度，称为**牵连角加速度**，用 $\boldsymbol{\alpha}_e$ 表示；根据式(3-9)，$\frac{d\boldsymbol{\omega}_r}{dt}$可表示为

$$\frac{d\boldsymbol{\omega}_r}{dt} = \frac{\tilde{d}\boldsymbol{\omega}_r}{dt} + \boldsymbol{\omega}_e \times \boldsymbol{\omega}_r$$

其中，$\frac{\tilde{d}\boldsymbol{\omega}_r}{dt}$即为平面运动刚体相对于动系的角加速度，称为**相对角加速度**，用 $\boldsymbol{\alpha}_r$ 表示；而 $\boldsymbol{\omega}_e /\!/ \boldsymbol{\omega}_r$，故 $\boldsymbol{\omega}_e \times \boldsymbol{\omega}_r = 0$，于是得

$$\boldsymbol{\alpha}_a = \boldsymbol{\alpha}_r + \boldsymbol{\alpha}_e \tag{3-27}$$

式(3-27)即称为**平面运动刚体的角加速度合成定理的数学表达式**。

2. 刚体平面运动可分解为平移和定轴转动

如果将上述动系的原点选为平面图形上某确定点 A，并使动系以与点 A 相同的规律作平面平移(不与平面图形 S 固连)，则平面图形的绝对运动是一般平面运动；相对运动为通过点 A 且垂直于运动平面的轴的定轴转动；牵连运动为平面平移，即刚体的一般平面运动可分解为随其上某点的平面平移和绕过该点且垂直于运动平面的轴的定轴转动。由于牵连运动为平移，故 $\boldsymbol{\omega}_e \equiv 0$，$\boldsymbol{\alpha}_e \equiv 0$，于是平面运动刚体的绝对角速度、绝对角加速度与平面运动刚体的相对角速度、相对角加速度在任意瞬时分别相等，即

$$\left.\begin{aligned} \boldsymbol{\omega}_a(t) &= \boldsymbol{\omega}_r(t) \\ \boldsymbol{\alpha}_a(t) &= \boldsymbol{\alpha}_r(t) \end{aligned}\right\} \tag{3-28}$$

平面图形上任意一点 B 的速度和加速度也可由以上复合运动的方法得到。点 B 的相对运动是以点 A 为圆心，AB 为半径的圆弧运动；牵连运动为与点 A 同规律的平移，故 $v_e = v_A$，$\boldsymbol{a}_e = \boldsymbol{a}_A$，$\boldsymbol{a}_C = 0$，$v_a = v_B$，$\boldsymbol{a}_a = \boldsymbol{a}_B$，而 $v_r = \boldsymbol{\omega}_r \times \overrightarrow{AB}$，$\boldsymbol{a}_r^t = \boldsymbol{\alpha}_r \times \overrightarrow{AB}$，$\boldsymbol{a}_r^n = \boldsymbol{\omega}_r \times (\boldsymbol{\omega}_r \times \overrightarrow{AB})$，注意到式(3-28)，表示绝对运动的下标 a 一般可略去不写，于是点的速度合成公式(3-15)和加速度合成公式(3-21)可写为

$$v_B = v_A + \boldsymbol{\omega} \times \overrightarrow{AB}$$

$$\boldsymbol{a}_B = \boldsymbol{a}_A + \boldsymbol{\alpha} \times \overrightarrow{AB} + \boldsymbol{\omega} \times (\boldsymbol{\omega} \times \overrightarrow{AB})$$

以上两式正是在第 2 章中得到的平面图形上两点速度和加速度的关系，现在由复合运动可清楚地理解其中各项的物理含义。这说明，平面图形上两点的速度和加速度关系是点的复合运动的一种特殊情况而已。

3. 某类刚体的平面运动可分解为两个定轴转动

如果代表一般平面运动刚体的平面图形 S 在运动过程，其上存在一点 A 到定系中某固定点 O 的距离始终保持不变，则可以引进一无重刚杆 OA，其两端分别与定系中的点 O 和平面图

形上点 A 以光滑圆柱铰链相连接，并将动系固连于刚杆 OA 上，则平面图形相对于动系的相对运动为定轴转动，动系相对于定系的牵连运动也为定轴转动，这说明这类刚体的一般平面运动可分解为相对于动系绕轴 A 的定轴转动和随同动系绕轴 O 的定轴转动。由于这两根轴相互平行，因此又称这样的一般平面运动为**绕两平行轴转动的合成运动**(图 3-5)。在任意时刻，平面图形 S 的绝对方位角 φ_a，相对方位角 φ_r 和动系相对定系的牵连方位角 φ_e 满足式(3-24)，因而有式(3-26)和式(3-27)。

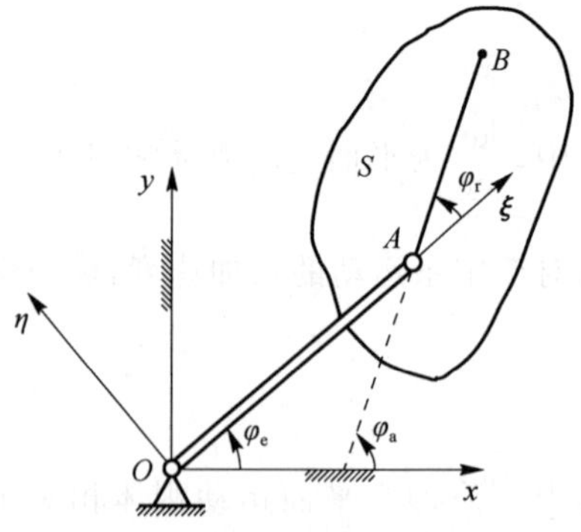

图 3-5　某类刚体的平面运动可分解为两个定轴转动的表示

当 $\boldsymbol{\omega}_r$ 与 $\boldsymbol{\omega}_e$ 同向时，在平面图形 S 或其延拓部分上取某点 P 与杆 OA 的某点重合(图 3-6(a))，则

$$v_P = v_r + v_e$$

其中

$$v_r = AP \cdot \omega_r$$

$$v_e = OP \cdot \omega_e$$

且 v_r 与 v_e 的方向相反，于是可令

$$v_P = AP \cdot \omega_r - OP \cdot \omega_e = 0$$

则

$$\frac{AP}{OP} = \frac{\omega_e}{\omega_r}$$

此时点 P 的位置是内分 OA 的两段，内分比与两个角速度 $\boldsymbol{\omega}_r$ 和 $\boldsymbol{\omega}_e$ 的大小成反比。通过这个特殊点 P 且与平面图形垂直的轴即为刚体在该瞬时的速度瞬时转轴。由此可得到结论：刚体绕两平行轴的同向转动可合成绕速度瞬时转轴的转动，速度瞬时转轴与原两轴共面且平行，在两轴之间，到两轴的距离与两角速度的大小成反比；绝对角速度等于这两个角速度之和，且其方向与这两个角速度相同。

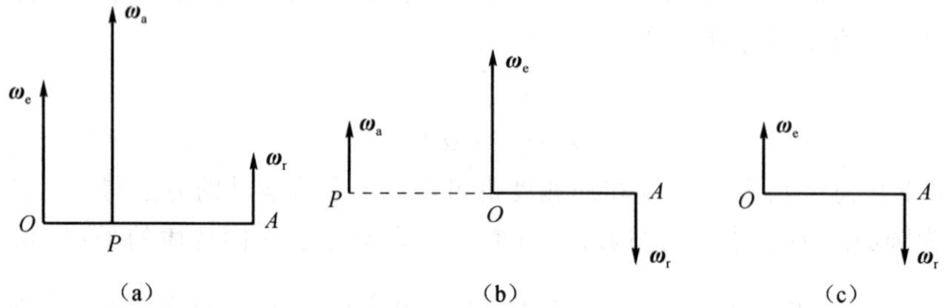

图 3-6　刚体绕两平行轴转动的合成运动

当 $\boldsymbol{\omega}_r$ 与 $\boldsymbol{\omega}_e$ 反向，且 $|\omega_r| \neq |\omega_e|$ 时，在 OA 的延长线上，并在这两个角速度绝对值较大的角速度外侧取一个平面图形 S 或其延拓部分上的点 P (图 3-6(b))，使其速度为零，即

$$v_P = AP \cdot \omega_r - OP \cdot \omega_e = 0$$

$$\frac{AP}{OP} = \frac{\omega_e}{\omega_r}$$

这说明，刚体绕两平行轴的反向转动(两角速度的大小不等)可合成为绕速度瞬时转轴的转动，速度瞬时转轴与原两轴共面且平行，在两轴之外，偏于较大角速度的一侧，到两轴的距离与两角速度的大小成反比；绝对角速度大小等于两角速度之差的绝对值，其方向与较大的角速度相同。

若在某个瞬时，$\boldsymbol{\omega}_r = -\boldsymbol{\omega}_e$，则 $\boldsymbol{\omega}_a = 0$，说明刚体作瞬时平移。若在运动的任意瞬时都有 $\boldsymbol{\omega}_r = -\boldsymbol{\omega}_e$，则 $\boldsymbol{\omega}_a \equiv 0$，说明刚体作平移，这种特殊情况称为转动偶(图 3-6(c))，我国魏晋时代的马

钧（约公元 235 年）就是利用转动偶的性质设计了指南针，他利用轮系传动使车上的木头人的手指始终指向南方，而无论车向何方行驶。自行车上的脚踏板或摩天轮上的坐椅也是转动偶的例子。

如果某刚体的一般平面运动可分解为两个定轴转动，这似乎并无优越性，相反在分析其上点的加速度时还会出现科氏加速度而使问题复杂化，但在行星轮系（即某轮存在自转和公转时的轮系）的运动分析中，重点往往是各轮的角速度，如果将动系固连在与各轮以光滑圆柱铰链相连的曲柄（也称系杆）上，则在动系中观察时各轮均作定轴转动，可以简化分析过程，因而这时多采用作定轴转动的曲柄（系杆）将行星轮的运动分解为两个定轴转动，请参看下面例子。

例 3-15 在如图（a）所示的某平面行星轮系中，曲柄 OA 以匀角速度 ω_0 绕轴 O 作逆时针转动；半径为 r_1 的轮Ⅰ固定不动；半径为 r_2 的轮Ⅱ与半径为 r_3 的轮Ⅲ固连一起而成为双连轮，在其轮心 B 处与曲柄 OA 光滑铰接；半径为 r_4 的轮Ⅳ在轮心 A 处也与曲柄 OA 光滑铰接。已知各轮在其接触处无相对滑动，试求行星轮Ⅳ的角速度和其速度瞬心所在位置。

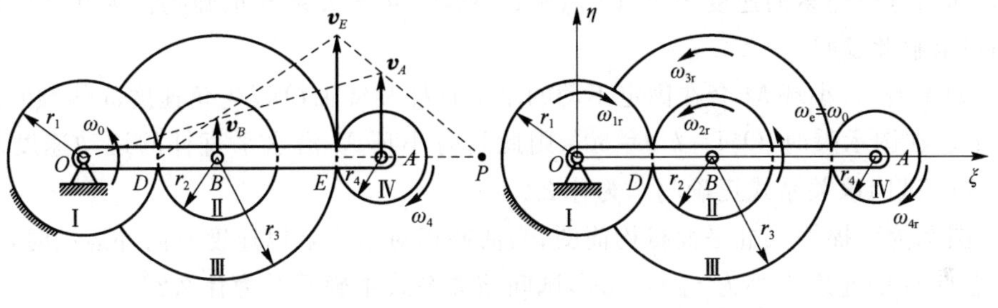

(a) (b)

例 3-15 图

解：将角速度看成代数量，以逆时针转向为正，并将动系 $O\xi\eta$ 固连于曲柄 OA 上，则 $\omega_e=\omega_0$，在相对运动中，各轮均作定轴转动，设它们的相对角速度分别为 ω_{1r}，ω_{2r}，ω_{3r}，ω_{4r}，且 $\omega_{2r}=\omega_{3r}$，转向如图（b）所示。因各轮在其接触处无相对滑动，故

$$\omega_{1r}\cdot r_1=\omega_{2r}\cdot r_2$$

$$\omega_{4r}\cdot r_4=\omega_{3r}\cdot r_3$$

将以上两式相除得

$$\omega_{4r}=\frac{r_1r_3}{r_2r_4}\omega_{1r}(\circlearrowright)$$

因轮Ⅰ固定不动，故

$$\omega_1=-\omega_{1r}+\omega_e=-\omega_{1r}+\omega_0=0,\omega_{1r}=\omega_0(\circlearrowright)$$

$$\omega_4=-\omega_{4r}+\omega_e=-\omega_{4r}+\omega_0=-\frac{r_1r_3}{r_2r_4}\omega_0+\omega_0$$

$$=\frac{r_2r_4-r_1r_3}{r_2r_4}\omega_0\text{（其正转向为逆时针转向）}$$

轮Ⅳ的速度瞬心 P 的位置在 $O\xi$ 轴上与点 A 的距离为

$$b=\frac{v_A}{|\omega_4|}=\frac{(r_1+r_2+r_3+r_4)\omega_0}{\dfrac{|r_2r_4-r_1r_3|}{r_2r_4}\omega_0}=\frac{r_2r_4(r_1+r_2+r_3+r_4)}{|r_2r_4-r_1r_3|}$$

轮Ⅳ的速度瞬心 P：当 $\omega_4>0$（为逆时针转向）时在点 A 的左侧；当 $\omega_4<0$（为顺时针转向）时，则在点 A 的右侧；而当 $r_2r_4=r_1r_3$ 时，轮Ⅳ作平移（为半径等于 $r_1+r_2+r_3+r_4$ 的圆弧平移），无速度瞬心。

注意：此题也可以用速度瞬心法求 ω_4，具体过程如下：如图（a）所示，设轮Ⅰ与轮Ⅱ的啮合点为点 D，轮Ⅲ与轮Ⅳ的啮合点为点 E，则点 D 为轮Ⅱ和轮Ⅲ的速度瞬心，$v_B=DB\cdot\omega_2=(r_1+r_2)\omega_0$，$\omega_2=$

$\frac{r_1+r_2}{r_2}\omega_0$(↶)，于是有 $v_E=DE\cdot\omega_2=\frac{1}{r_2}(r_1+r_2)(r_2+r_3)\omega_0=PE\cdot\omega_4$，而 $v_A=OA\cdot\omega_0=(r_1+r_2+r_3+r_4)\omega_0=PA\cdot\omega_4$，因此有 $v_E-v_A=(PE-PA)\omega_4=r_4\omega_4$，于是得 $\omega_4=\frac{v_E-v_A}{r_4}=\frac{(r_1+r_2)(r_2+r_3)}{r_2r_4}\omega_0-\frac{(r_1+r_2+r_3+r_4)\omega_0}{r_4}=\frac{r_1r_3-r_2r_4}{r_2r_4}\omega_0$。显然，其求解过程没有将Ⅳ的运动分解成两个定轴转动（题解中解法）简便。

思　考　题

3-1　有人说："牵连速度是动参考物带动动点的速度。"试问这种说法正确吗？为什么？

3-2　如图所示，套筒 A 由绕过定滑轮 B（大小不计）的不可伸长的绳索牵引而沿铅垂轨道上升，若拉动铅垂段绳索的速度为 v，则 $v_A=v\cos\theta$，试问该关系式正确吗？为什么？你能用复合运动知识求解此题吗？

3-3　如图所示，小环 M 套在固定不动的水平直杆和绕轴 O 以匀角速度 ω 作顺时针转动的直杆 OA 上。在图示瞬时，$OM=l$，$\theta=60°$，则此瞬时小环 M 沿水平直杆的运动速度的大小为 $v_M=l\omega\sin60°$，试问该关系式正确吗？为什么？

3-4　图示为一摇摆汽缸平面机构简图，当活塞相对于汽缸以速度 v 向外运动时，在图示瞬时杆 BD 上点 B 的速度大小为 $v_B=v\sin\theta$，试问该关系式正确吗？为什么？

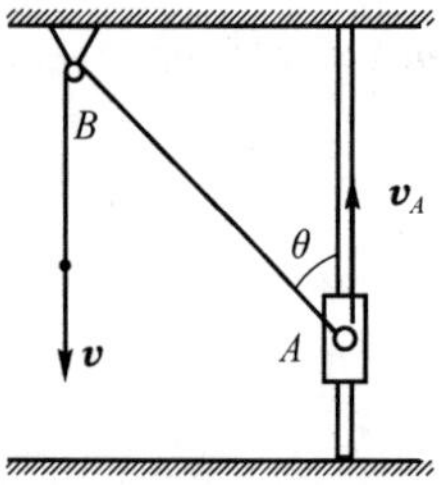

思考题 3-2 图

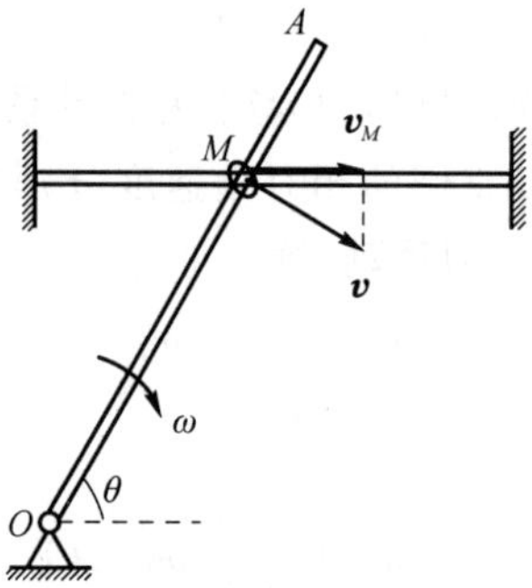

思考题 3-3 图

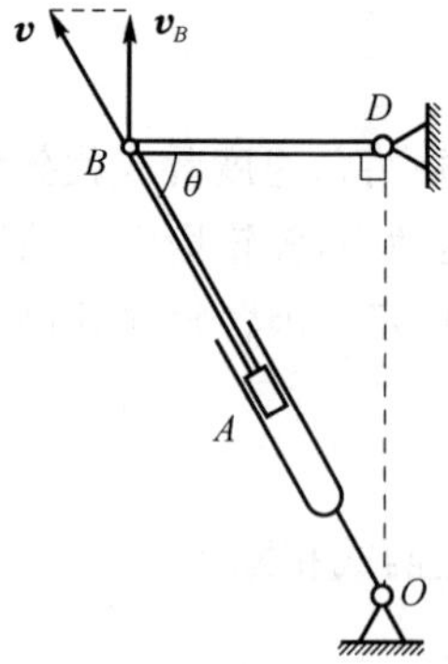

思考题 3-4 图

3-5　试问图中的速度平行四边形正确吗？为什么？

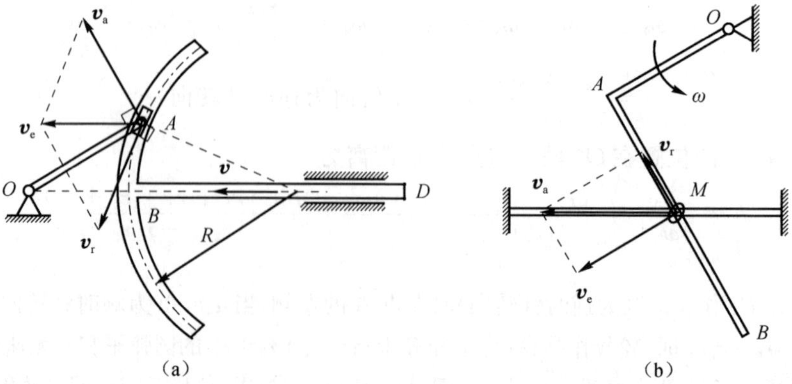

思考题 3-5 图

3-6 如图所示，车 A 沿半径为 r 的圆弧形道路运行，其速度为 v_A；车 B 沿直线道路行驶，其速度为 v_B，试问坐在车 A 中的观察者所看到的车 B 的相对速度 v_{BA} 与坐在车 B 中的观察者所看到的车 A 的相对速度 v_{AB} 是否满足 $v_{AB}=-v_{BA}$？请说明理由。

3-7 图示为某一凸轮顶杆机构，若①以顶杆上点 A 为动点，随圆心 D 平移的坐标系 $Dx'y'$ 为动系；②以圆心 D 为动点，动系与顶杆 AB 固连。试问图示瞬时它们的速度合成矢量图有何区别？

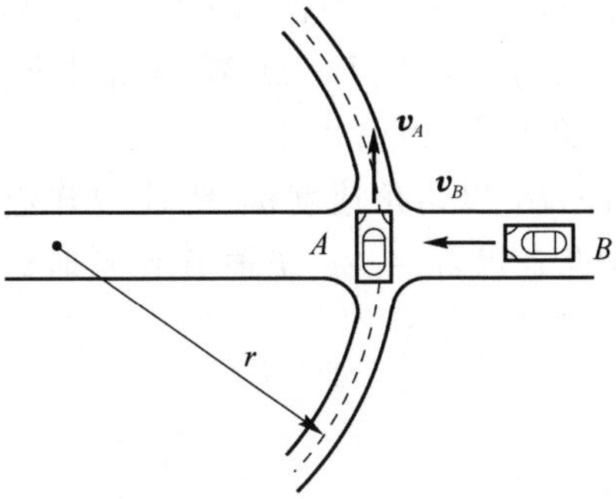

思考题 3-6 图

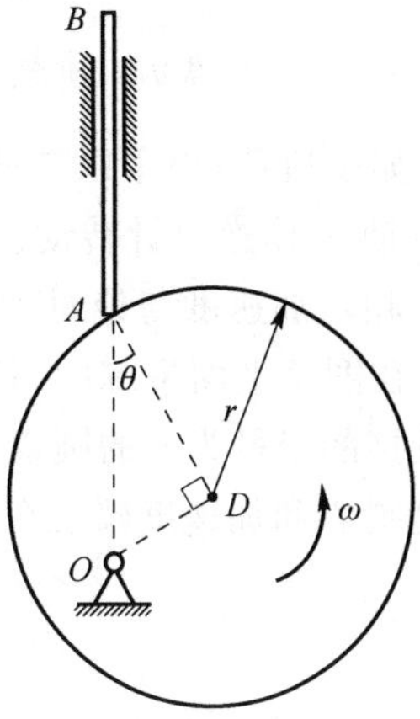

思考题 3-7 图

3-8 试画出图示三种情况下，杆 AB 速度瞬心的位置。

3-9 在图示四连杆机构中，$O_1A=O_2B=O_1O_2=AB=l$，杆 O_1A 以匀角速度 ω_0 绕轴 O_1 作逆时针转动，试问若分别以杆 O_1A、O_2B 为动系所观察到的杆 AB 的中点 D 的科氏加速度一样吗？为什么？

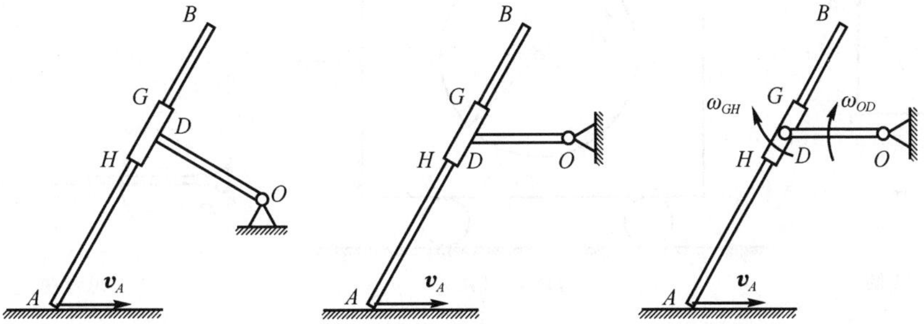

（a）套筒 GH 与杆 OD 垂直固连　（b）套筒 GH 与杆 OD 固连，但不垂直　（c）套筒 GH 与杆 OD 在 D 处铰接，且 $\omega_{GH}=2\omega_{OD}$

思考题 3-8 图

3-10 图示系统处于铅垂面内，$OA=l$，$AB=2l$，杆 OA 以匀角速度 ω_0 绕轴 O 作逆时针转动，杆 AB 与台阶尖点 D 接触，若以杆 AB 上的点 B 为动点，动系与杆 OA 固连，试问图示瞬间 ($AD=\sqrt{3}l$) 杆 AB 速度瞬心在何处？动点的科氏加速度的大小和方向又如何？

3-11 如图所示，矩形板 $ABDE$ 以匀角速度 ω_0 绕固定轴 z 转动，点 M_1、M_2 和 M_3 分别沿板的边 BA、对角线 BE 和边 BD 运动，在图示位置它们相对于板的速度大小为 $v_1'=v_2'=v_3'=v_0'$，若动系与板固连，该瞬时这三个点的科氏加速度有何区别？

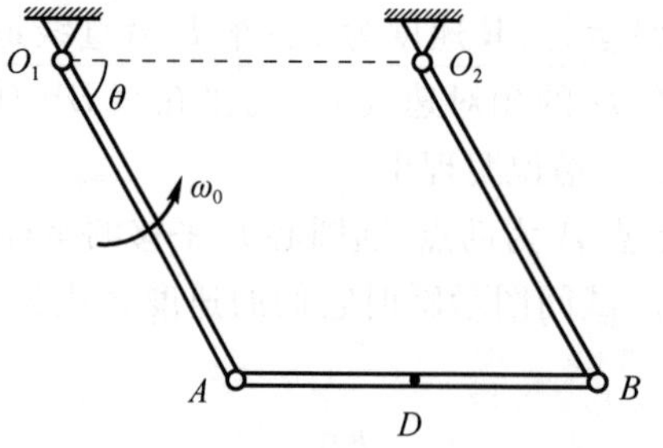

思考题 3-9 图

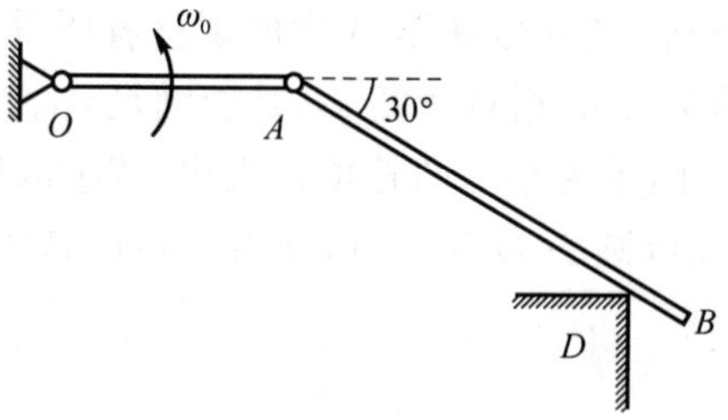

思考题 3-10 图

3-12 如图所示，小车以匀速 v 沿直线轨道行驶，车上有一半径为 r 的飞轮以匀角速度 ω 绕车上固定轴 A 作逆时针转动。若以小车为动系，试问轮缘上某一点 M 的相对速度与绝对速度一样吗？相对加速度与绝对加速度一样吗？为什么？

3-13 在图示平面系统中，长度为 $l=4r$ 的直杆 OA 以匀角速度 ω_0 绕轴 O 作逆时针转动，与杆 OA 铰接的半径为 r 的圆盘相对于杆 OA 以匀角速度 $\omega_r=3\omega_0$ 绕轴 A 作顺时针转动，试问圆盘的速度瞬心和加速度瞬心分别在何处？

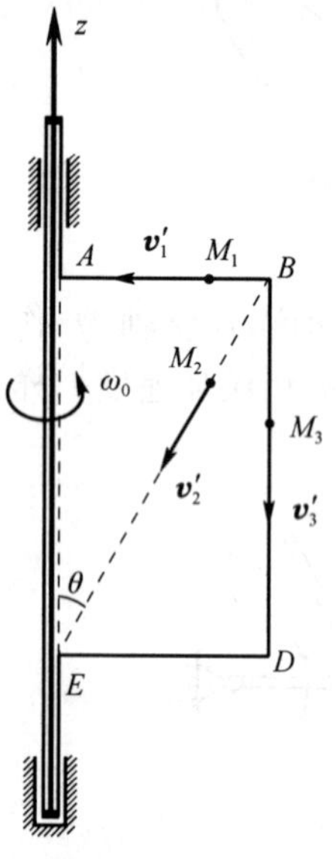

思考题 3-11 图

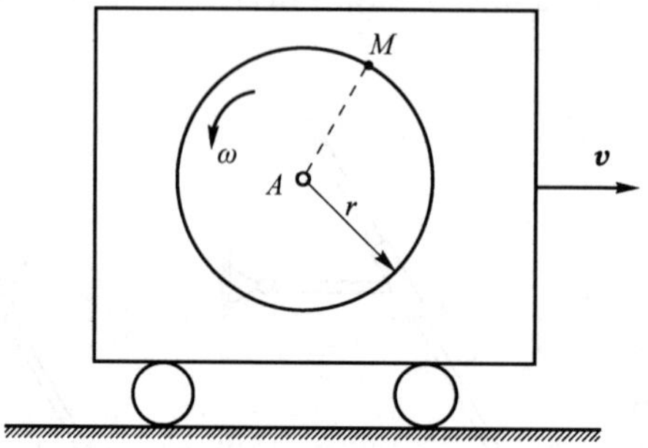

思考题 3-12 图

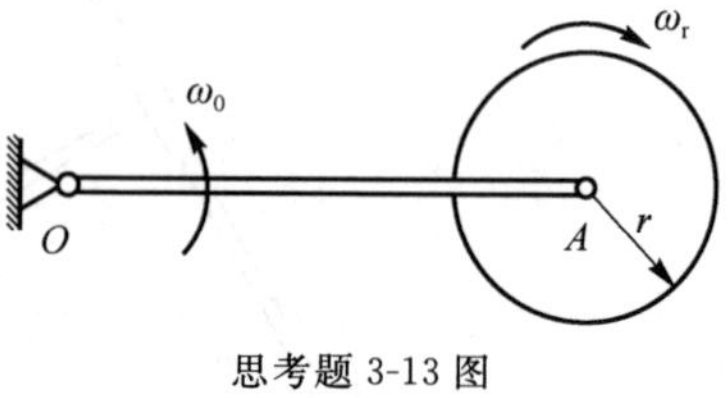

思考题 3-13 图

3-14 图示曲柄一摇杆机构中，曲柄 O_1A 在图示位置绕轴 O_1 转动的角速度为 ω_0，角加速度为 α_0，若以杆 O_1A 上的点 A 为动点，动系与杆 O_2B 固连，则加速度矢量图如图中所示。试问：(1) 科氏加速度 $\boldsymbol{a}_C=2\boldsymbol{\omega}_e\times\boldsymbol{v}_r$，其中 ω_e 是杆 O_1A 的角速度 ω_0，还是摇杆 O_2B 的角速度 ω_{O_2B}？(2) 为求杆 O_2B 的角加速度 α_{O_2B}，以及套筒相对于 O_2B 的相对加速度 a_r，下列投影方程是否正确？为什么？

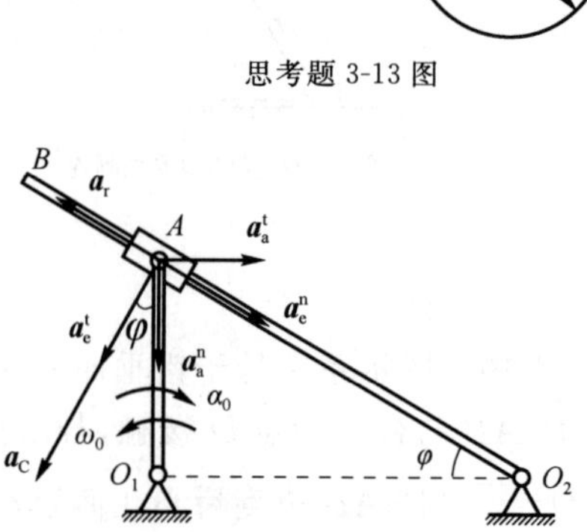

思考题 3-14 图

$$a_a^n\cos\varphi+a_e^t+a_C=a_a^t\sin\varphi \quad , \quad a_a^n\sin\varphi+a_a^t\cos\varphi+a_e^n=a_r$$

习　题

3-1　图示半圆形凸轮以匀速 v 向左平移，凸轮的半径为 r，杆 OA 的长度也为 r，且杆 OA 的 A 端与凸轮的轮廓线保持接触，O、B 两点连线为水平直线，试求图示位置杆 OA 的角速度。

3-2　在图示平面机构中，$O_1A=O_2B=O_1O_2=AB=l$，C 为杆 AB 的中点，$OE=\frac{2\sqrt{3}}{3}l$，杆 OE 以匀角速度绕轴 O 作逆时针转动，试求图示瞬时杆 O_1A 的角速度。

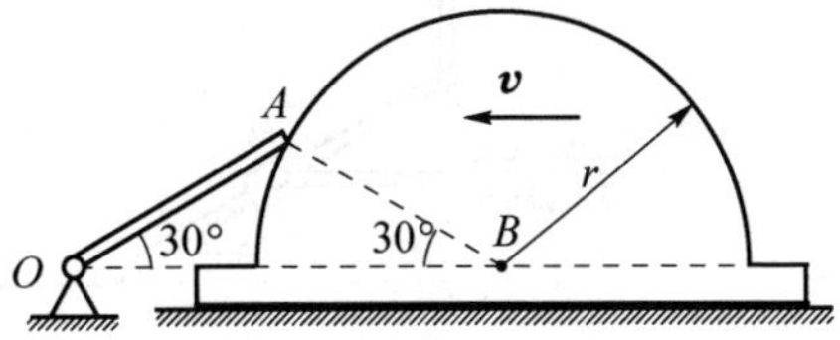

习题 3-1 图

3-3　在图示平面机构中，直角弯杆 OAB 以匀角速度 ω 绕轴 O 作顺时针转动，$OA=DE=l$，试求图示瞬时杆 DE 绕轴 E 转动的角速度。

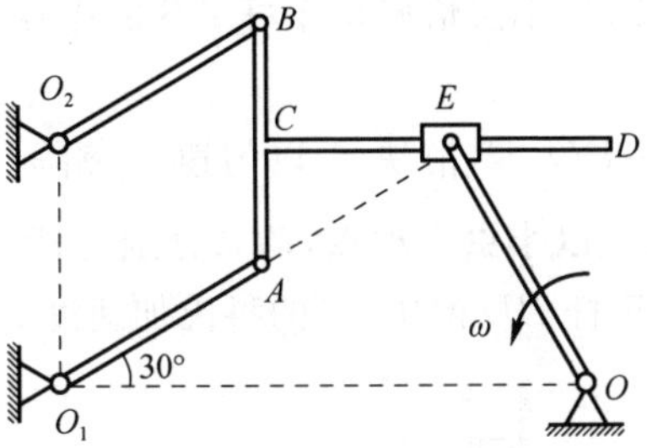

习题 3-2 图

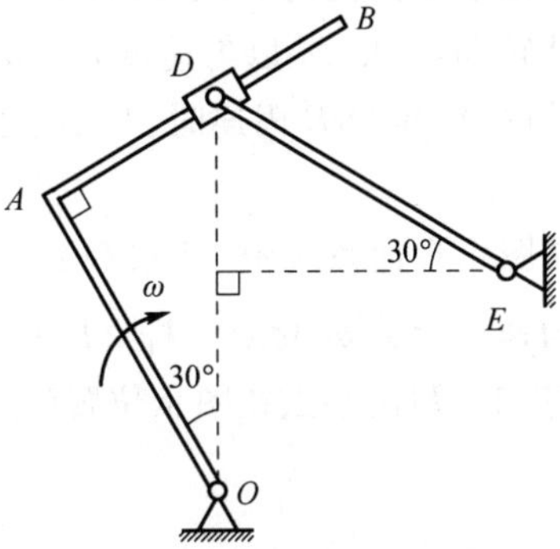

习题 3-3 图

3-4　在图示平面系统中，半径为 r，偏心距 $OD=r/2$ 的凸轮以匀角速度 ω_0 绕轴 O 作顺时针转动，轴 O 在杆 AB 的正下方，试求图示位置杆 AB 运动的速度。

3-5　在图示平面系统中，长度为 $l=2r$ 的杆 OA 以匀角速度 ω_0 绕轴 O 作逆时针转动，通过杆 A 端与半径为 r 的圆盘 B 的盘缘接触，从而带动圆盘 B 在水平地面上作纯滚动，试求图示瞬时（杆 OA 处于水平位置）圆盘 B 的角速度。

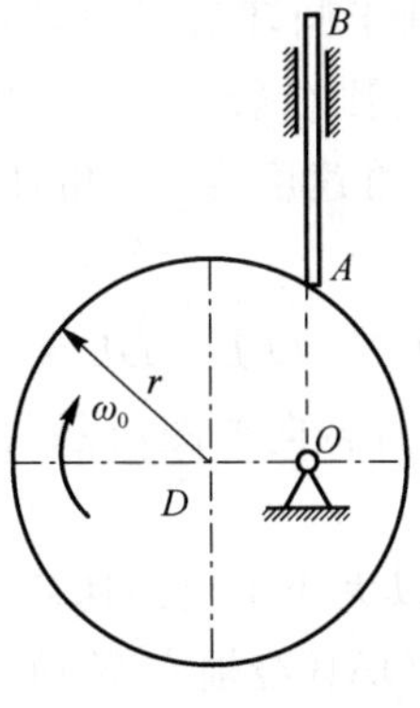

习题 3-4 图

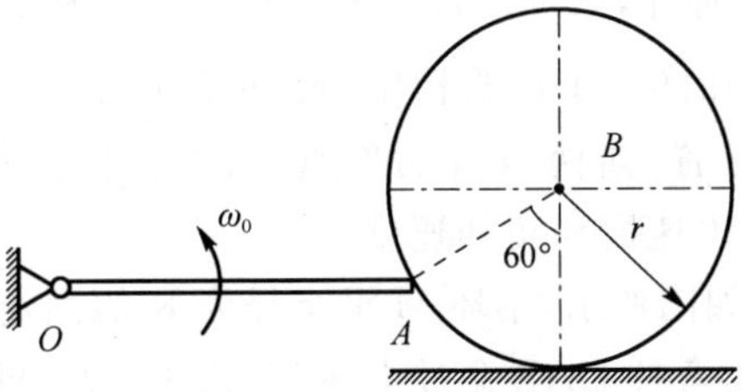

习题 3-5 图

3-6　在图示平面机构中，$O_1A=O_2B=l$，$AB=2l$，杆 O_1A 以匀角速度 ω_0 绕轴 O_1 作逆时针转动。在图示位置套筒 D 恰好位于杆 AB 的中点，试求该位置杆 DE 沿水平滑道运动的速度。

3-7　图示系统处于铅垂平面内，倾角为 30°的三角块在水平地面上以匀速度 v 向左运动，

以推动半径为 r 的圆盘 A 在铅垂墙面上运动。试在以下两种情况下分别求圆盘的角速度：(1) 圆盘相对于墙面作纯滚动；(2) 圆盘相对于三角块作纯滚动。

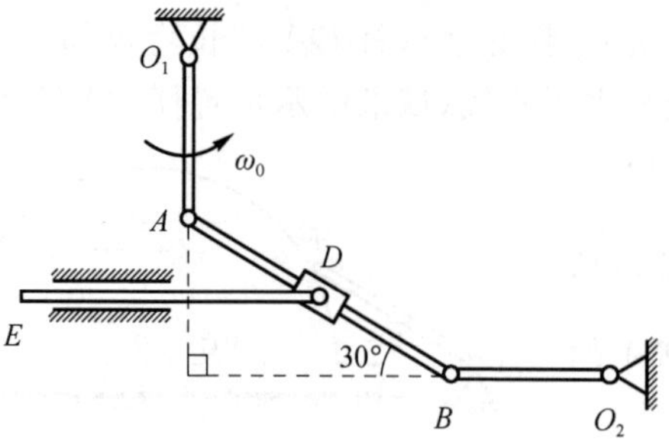

习题 3-6 图

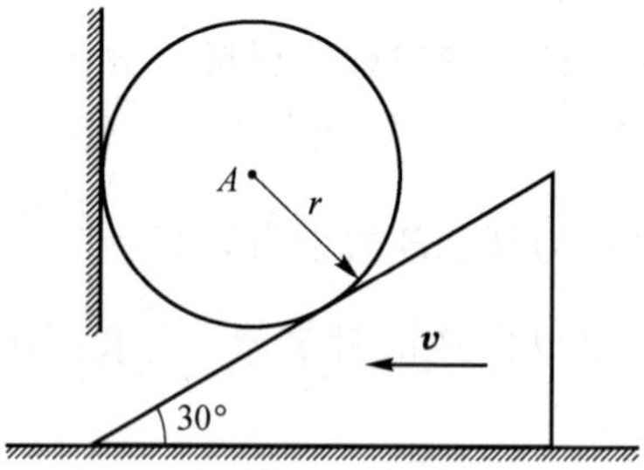

习题 3-7 图

3-8 在图示平面机构中，已知 $O_1A=O_2B=l$，$O_1O_2=AB=2l$，杆 O_1A 以匀角速度 ω 绕轴 O_1 作逆时针转动，小虫 M 以匀速度 $v'=\omega l$ 相对于杆 AB 向右爬动，试以小虫为动点，动系分别与杆 AB、杆 O_1A、杆 O_2B 固连时，写出小虫在图示位置（小虫恰好位于杆 AB 的中点）的科氏加速度。

3-9 在图示平面系统中，已知 $OA=AB=BD=DO=l$，滑块 A 以匀速 v_0 铅垂向下运动，小虫 M 以匀速 $v'=\sqrt{3}v_0$ 相对于杆 BD 斜向下爬动，试以小虫为动点，动系分别与杆 AB、杆 BD 和杆 OA 固连时，写出小虫在图示位置（小虫恰好位于杆 BD 的中点）的科氏加速度。

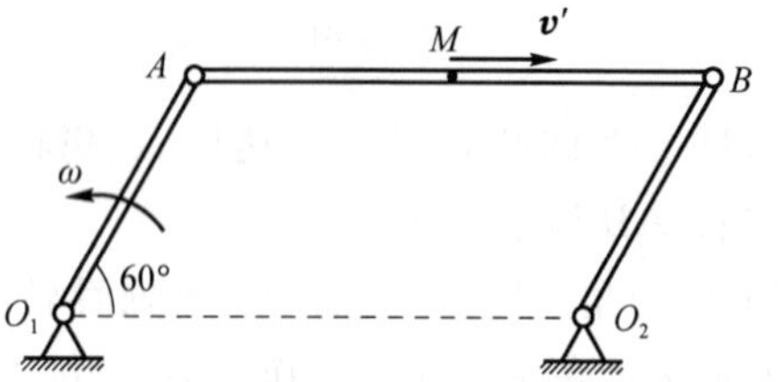

习题 3-8 图

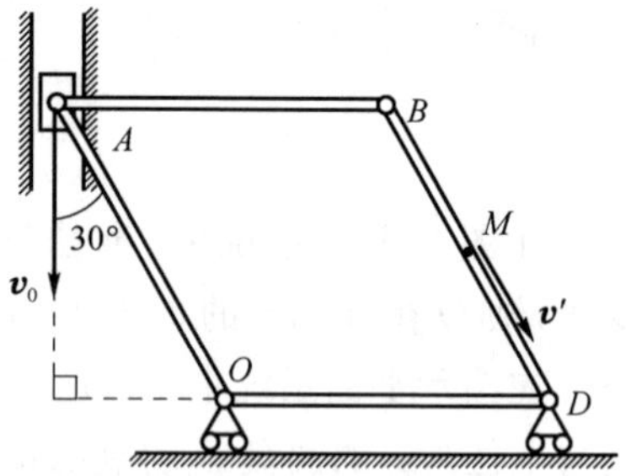

习题 3-9 图

3-10 在处于同一铅垂平面内的图示系统中，半径为 r 的细半圆环沿径向与一可沿铅垂滑道滑动的细直杆 DE 焊接成一体，长度也为 r 的细直杆 OA 绕轴 O 转动，通过其 A 端与圆环内侧接触，从而带动杆 DE 运动。已知在图示位置，杆 OA 的角速度为 ω_0、角加速度为 α_0，转向都为顺时针，试求该位置杆 DE 的速度和加速度。

3-11 在图示平面机构中，已知半圆形平板的半径为 r，$O_1A=O_2B=DE=\sqrt{3}r$，$O_1O_2=2r$，在图示位置，曲柄 O_1A 的角速度、角加速度大小分别为 ω_0、α_0，转向如图所示，试求图示位置杆 DE 的角速度和角加速度。

3-12 如图所示，小环 M 沿半径为 R 的固定不动的大圆环以大小不变的速度 v 逆时针转向运动，直角弯杆 OAB 穿过小环 M，由于小环 M 的运动使弯杆 OAB 绕轴 O 转动，已知 $OA=\sqrt{3}r$，$R=2r$，试求图示位置弯杆 OAB 的角速度和角加速度。

3-13 在图示平面机构中，杆 BD 沿水平滑道运动，带动半径为 r 的圆盘绕水平轴 O 作定轴转动，已知图示位置，杆 BD 的速度为 v_0，加速度为 a_0，方向都为水平向左，试求该位置圆盘的角速度和角加速度。

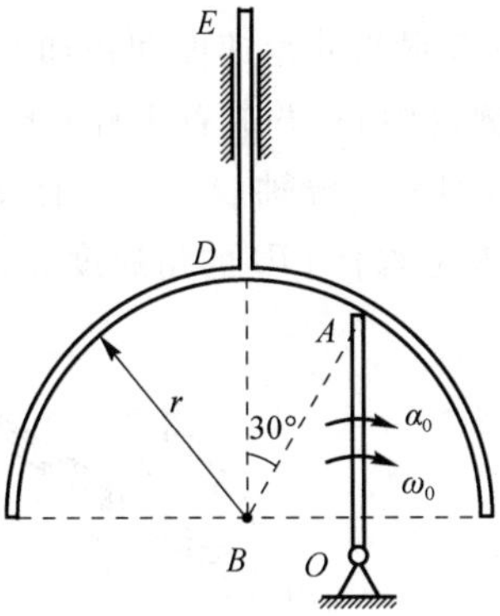

习题 3-10 图

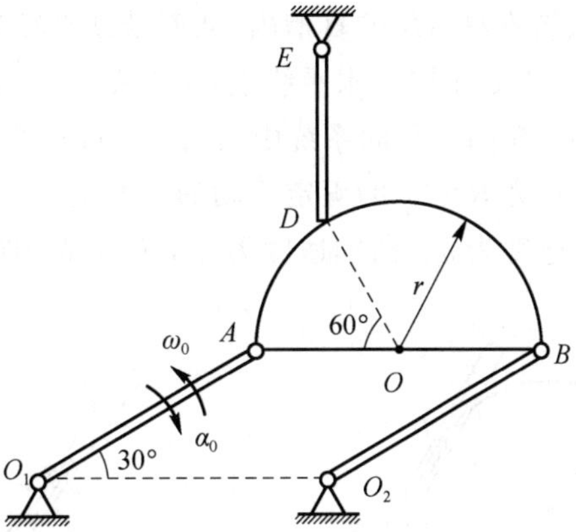

习题 3-11 图

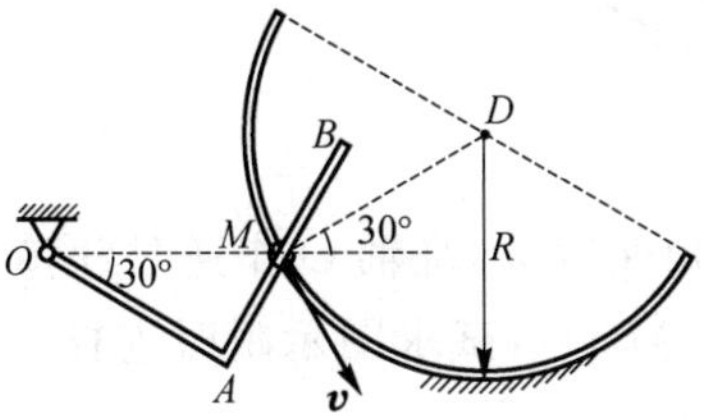

习题 3-12 图

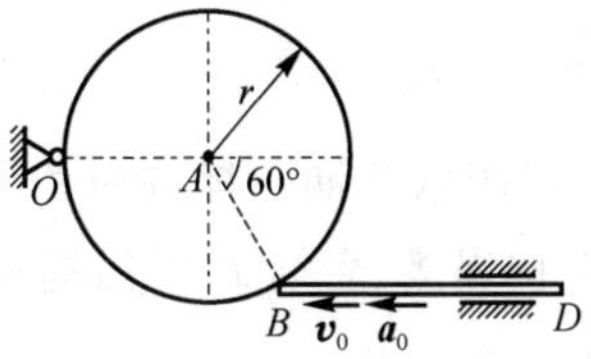

习题 3-13 图

3-14 图示系统处于同一铅垂平面内，细长直杆 AB 的长度为 r，以匀角速度 ω_0 绕轴 A 作逆时针转动，其 B 端与半径为 r 的 $\frac{1}{4}$ 圆板的圆弧边缘接触，从而带动 $\frac{1}{4}$ 圆板绕轴 O 转动，且 $OD=\frac{r}{2}$，试求图示位置 $\frac{1}{4}$ 圆板的角速度和角加速度。

3-15 在图示平面系统中，半径为 r 的细半圆环沿径向焊接一长度为 r 的细直杆 O_1A，长度为 $l=\sqrt{3}r$ 的细直杆 O_2B 的 B 端靠在半圆环上。已知图示瞬时杆 O_1A 绕轴 O_1 转动的角速度、角加速度的大小分别为 ω_0、α_0，转向都为顺时针，试求该瞬时杆 O_2B 的 B 端相对于半圆环的速度和加速度。

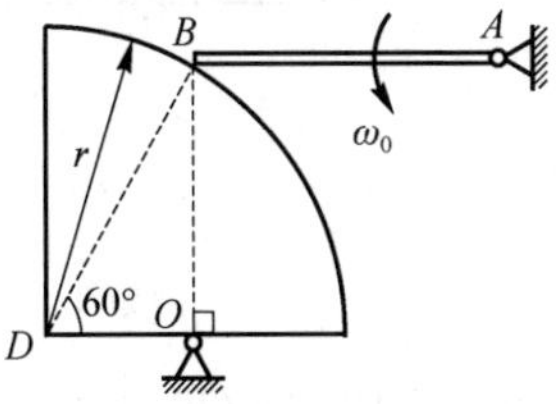

习题 3-14 图

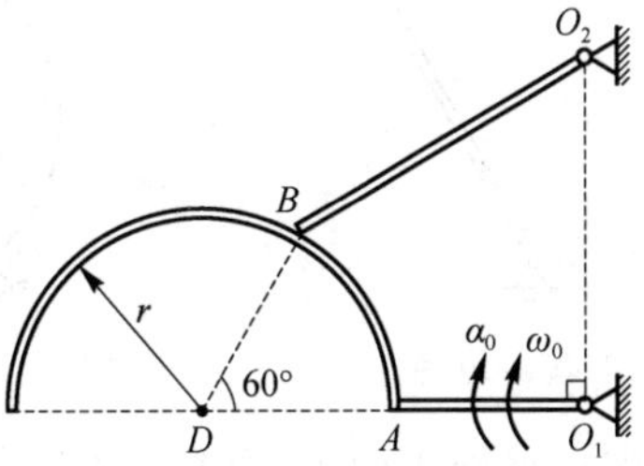

习题 3-15 图

3-16 在图示平面系统中，半径为 r 的圆盘 B 的盘缘固连一销钉 D，并将之放置于杆 OA 的直槽内，当杆 OA 绕轴 O 转动时，通过销钉 D 带动圆盘在水平地面上作纯滚动。在图示瞬时，O、D 连线恰好为圆盘 B 的切线，杆 OA 的角速度、角加速度的大小分别为 ω_0、α_0，转向都为顺时针，试求该瞬时圆盘中心 B 的速度和加速度。

3-17 在图示平面系统中，杆 AB 以匀角速度 ω 绕轴 A 作逆时针转动，固连于圆盘中心的

销钉 D 放置在杆 AB 的直槽内，从而带动半径为 r 的圆盘在半径 $R=3r$ 的固定不动的凹面上作纯滚动，O、A 处于同一水平线上，且 $OA=1.5r$，试求图示位置圆盘的角速度和角加速度。

3-18 在图示平面系统中，销钉 A 固连于半径为 r 的圆盘中心，并放置于杆 OB 的直槽内，圆盘在半径为 $R=2r$ 的固定不动的凸面上作纯滚动，并带动杆 OB 绕轴 O 转动。已知图示位置圆盘的角速度为 ω_0，角加速度为 α_0，转向都为顺时针，试求该位置杆 OB 的角速度和角加速度。

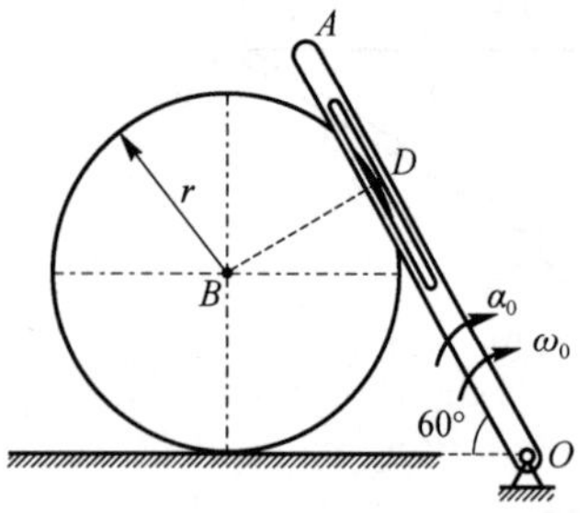

习题 3-16 图

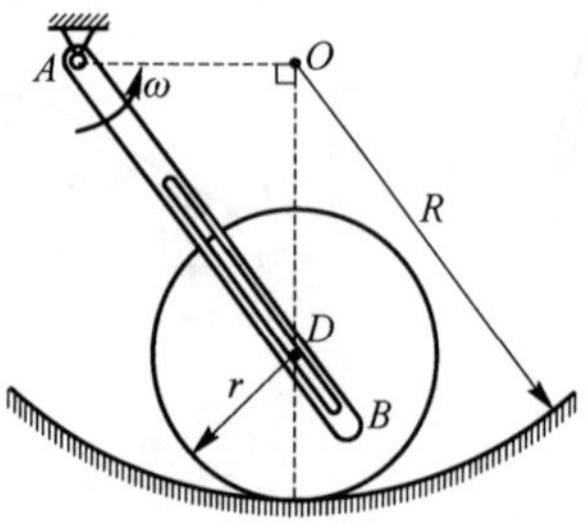

习题 3-17 图

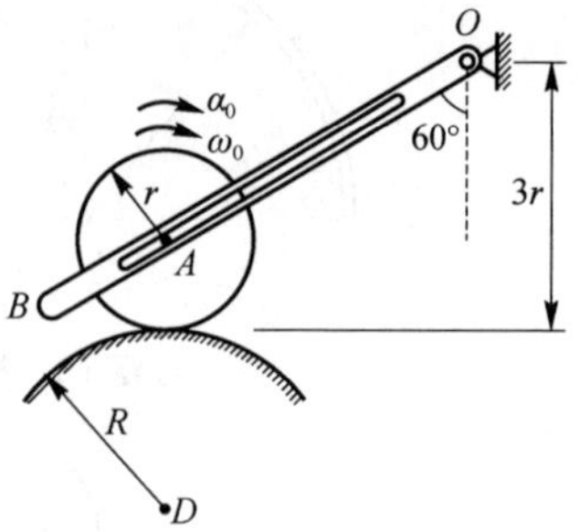

习题 3-18 图

3-19 在图示曲柄一摇杆机构中，曲柄 OA 以匀角速度 ω_0 绕轴 O 作逆时针转动，连杆 AB 与套筒 B 垂直焊接，套筒 B 可沿摇杆 DE 滑动，$OA=AB=l$，试求图示瞬时连杆 AB 的角速度和角加速度。

3-20 如图所示，半径为 r 的圆轮 A 以匀角速度 ω_0 绕轴 O_1 作逆时针转动，并带动杆 O_2B 绕轴 O_2 转动。在图示瞬时，O_1A 与水平线的夹角为 60°，杆 O_2B 处于水平位置，且杆与轮的接触点 D 到 O_2 的距离 $O_2D=\sqrt{3}r$，试求该瞬时杆 O_2B 的角速度和角加速度。

3-21 在图示平面机构中，已知直角弯杆 O_1A 段的长度为 r，AE 段与半径也为 r 的圆盘 B 始终相切。在图示位置时，两刚体的切点 D 离 A 的距离为 $AD=1.5r$，直角弯杆的角速度、角加速度的大小分别为 ω_0、α_0，转向都为顺时针。试求该位置圆盘 B 绕轴 O_2 转动的角速度和角加速度。

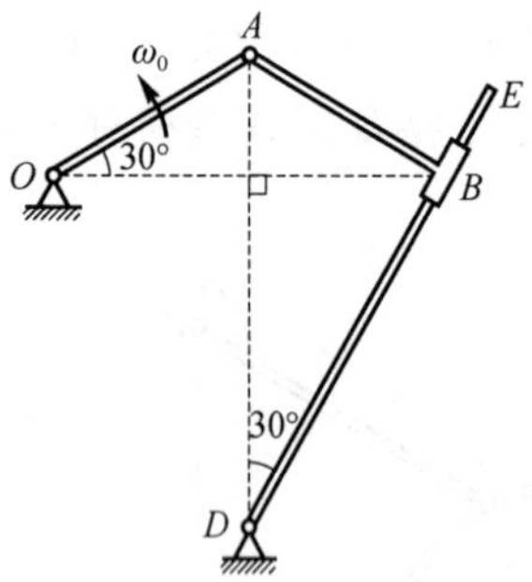

习题 3-19 图

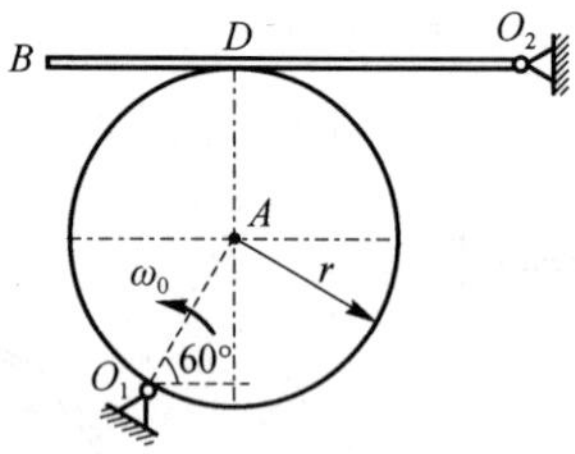

习题 3-20 图

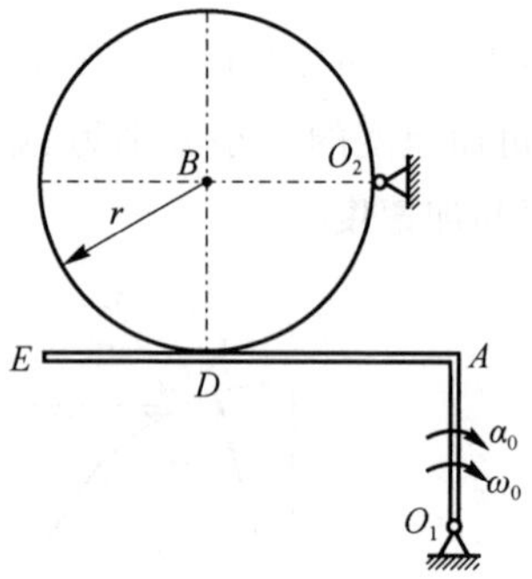

习题 3-21 图

3-22 在图示平面机构中，已知 $OA=3r$，$OD=4r$，在图示瞬时，杆 OA 的角速度、角加速度的大小分别为 ω_0、α_0，转向如图所示。试求该瞬时杆 AB 在绕轴 D 转动的导管中运动的相对速度和相对加速度。

3-23 在图示平面系统中，半径为 r 的圆盘 D 以匀角速度 ω_0 在半径为 $R=3r$ 的凹面上作纯滚动，其盘缘 A 与一可沿套筒 E 滑动的直杆 AB 铰接，从而带动套筒绕轴 E 转动，试求图示瞬时杆 AB 的角速度和角加速度。

3-24 在图示平面机构中，直角弯杆的一边 AB 的长度为 l，其端点 A 可沿铅垂墙面下滑，

另一边 BD 的长度为$\sqrt{3}l$，并可在绕轴 O 转动的导槽中滑动。在图示位置，O、B 两点距离为$\frac{\sqrt{3}}{3}l$，A、D 两点连线为水平直线，点 A 运动的速度、加速度大小分别为 v_A、a_A，方向都铅垂向下，试求该位置点 D 的速度和加速度。

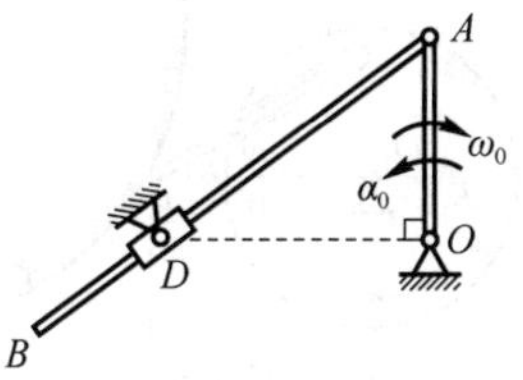

习题 3-22 图

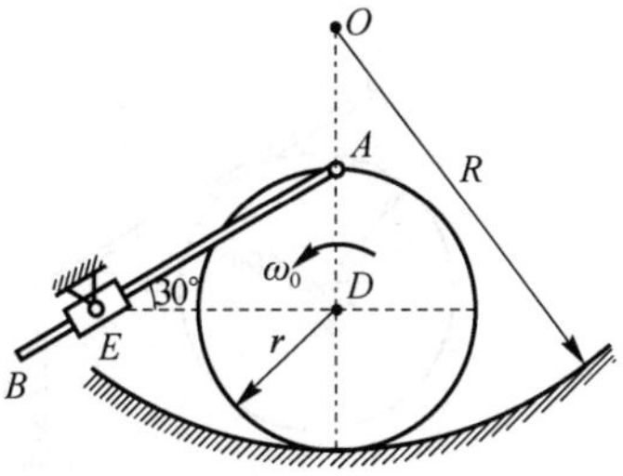

习题 3-23 图

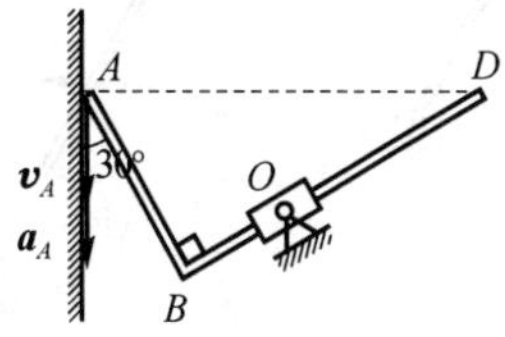

习题 3-24 图

3-25 在图示平面系统中，长度为 r 的杆 OA 与套筒 A 垂直焊接，可沿套筒滑动的杆 BE，其 B 端与一可沿水平地面作纯滚动的半径为 r 的圆盘铰接，$BD=\frac{r}{2}$，杆 OA 以匀角速度 ω_0 绕轴 O 作顺时针转动。在图示瞬示，O、B 两点的连线为水平直线，B、D 两点连线与水平线夹角为 30°，试求该瞬时圆盘 D 的角速度和角加速度。

3-26 在图示平面系统中，直杆 BE 可沿铰接于杆 OA 的套筒 A 和铰接于大地的套筒 D 滑动，长度为 r 的杆 OA 以匀角速度 ω_0 绕轴 O 作逆时针转动，O、D 两点连线为铅垂直线，试求图示瞬时杆 BE 的角速度和角加速度及滑块 B 沿水平滑道运动的速度和加速度。

3-27 在图示平面机构中，套筒 A 与绕轴 O 作逆时针转动的杆 OA 铰接，杆 BE 穿过套筒 A 在其两端分别与杆 BD 和滑块 E 铰接，$OA=r$，$BD=2r$，$BE=4r$，且 ω_0 为常数，试求图示位置（OA、BD 处于水平位置，D、E 两点连线为铅垂直线，套筒 A 位于杆 BE 的中点处）杆 BD 的角速度和角加速度及滑块 E 沿水平滑道运动的速度和加速度。

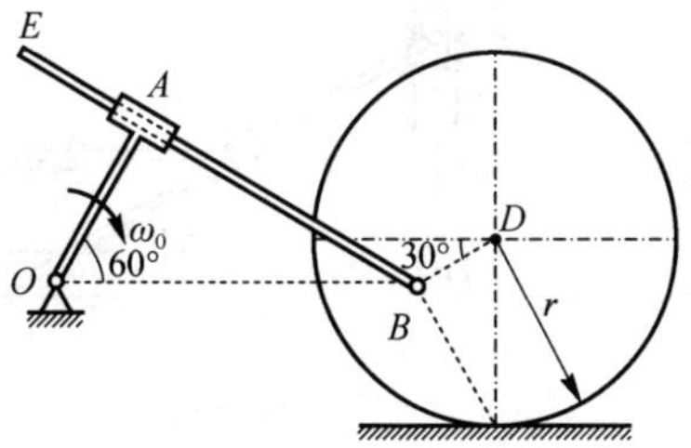

习题 3-25 图

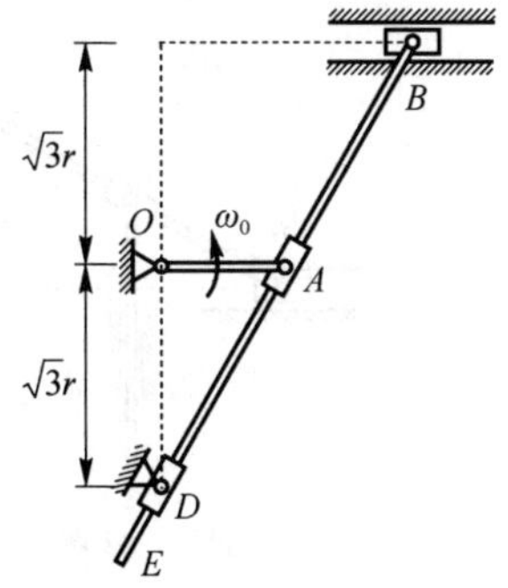

习题 3-26 图

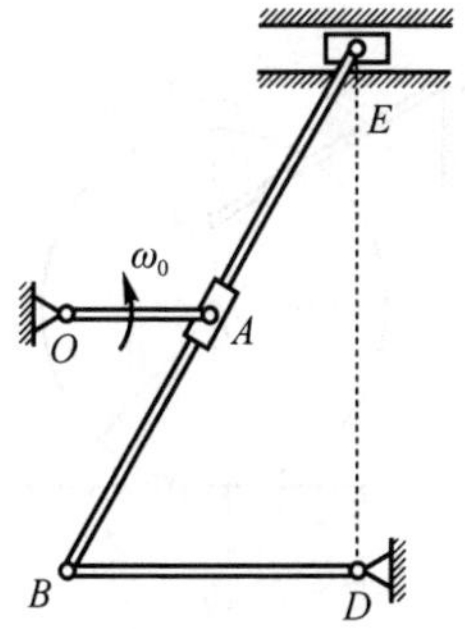

习题 3-27 图

3-28 图示系统处于同一铅垂平面内，$O_1A=2r$，$O_2B=r$，半圆板的半径为 r，杆 O_1A 以匀角速度 ω_0 绕轴 O_1 作顺时针转动。在图示位置，$O_1A\,/\!/\,O_2B$，试求该位置半圆板的角速度和角加速度以及杆 DE 沿水平滑道运动的速度和加速度。

3-29 图示为由曲柄 OA、齿条 AB 和齿轮 D 所组成的平面机构，$OA=r$，齿轮的半径也为 r，曲柄 OA 以匀角速度 ω_0 绕轴 O 作顺时针转动，试求图示瞬时齿条 AB、齿轮 D 的角速度和角加速度。

3-30 在图示平面系统中，圆盘的半径为 $R_1=2r$，其直槽内放置一直杆 AB，直杆 AB 的 B 端与半径为 $R_2=4r$ 的圆弧形固定凸面接触，圆盘以匀角速度 ω_0 绕轴 O_1 作逆时针转动，试求图示位置，杆端 B 的速度和加速度。

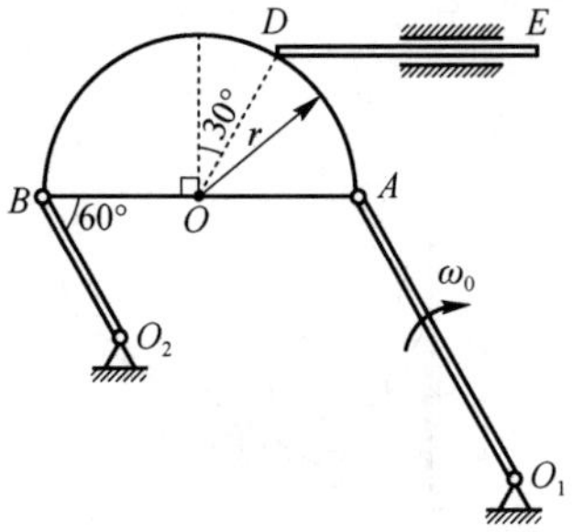

习题 3-28 图

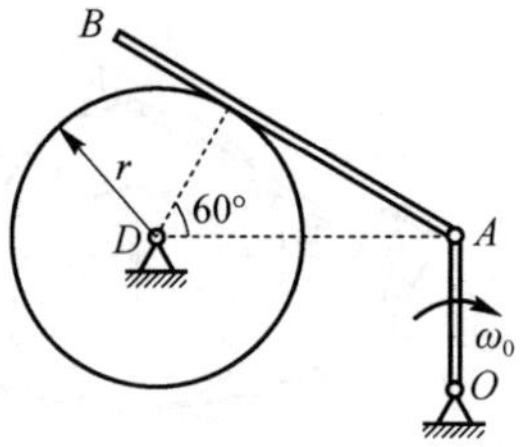

习题 3-29 图

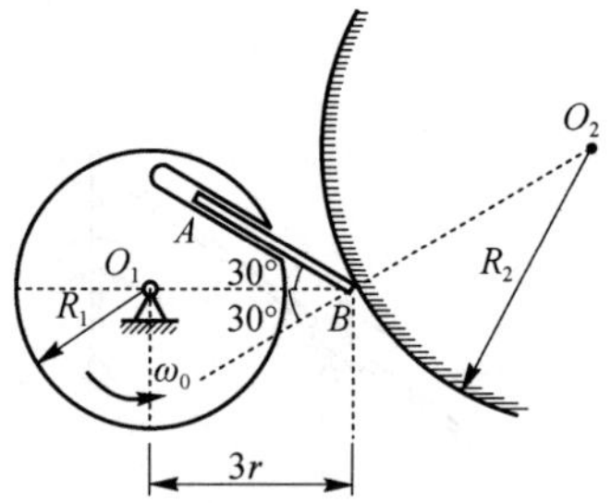

习题 3-30 图

3-31 在处于铅垂平面内的图示系统中，杆 AB 与半径为 $R=2r$ 的圆盘上点 A 铰接($OA=r$)，并靠在固定不动的棱角 D 上，圆盘以匀角速度 ω_0 在水平地面上向右作纯滚动。在图示瞬时，OA 处于铅垂位置，AB 与水平线夹角为 30°，A、D 两点距离为 $AD=3r$，试求该瞬时杆 AB 的角速度和角加速度。

3-32 在图示平面机构中，已知 $OA=l$，$AB=2l$，杆 OA 以匀角速度 ω_0 绕轴 O 作逆时针转动。在图示位置，$OA\perp OB$，杆 DE 的 D 端恰好位于杆 AB 的中点，试求该位置杆 DE 沿铅垂滑道运动的速度和加速度。

3-33 在图示平面机构中，长度为 l 的直杆 AB，其两端分别铰接沿水平滑道和铅垂滑道滑动的滑块 A 和滑块 B，且滑块 A 的速度 v_A 为常矢量，与杆 DE 铰接的套筒 D 可沿杆 AB 滑动。在图示位置时，杆 DE 的 D 端恰好位于杆 AB 的中点，试求该位置杆 DE 沿水平滑道运动的速度和加速度。

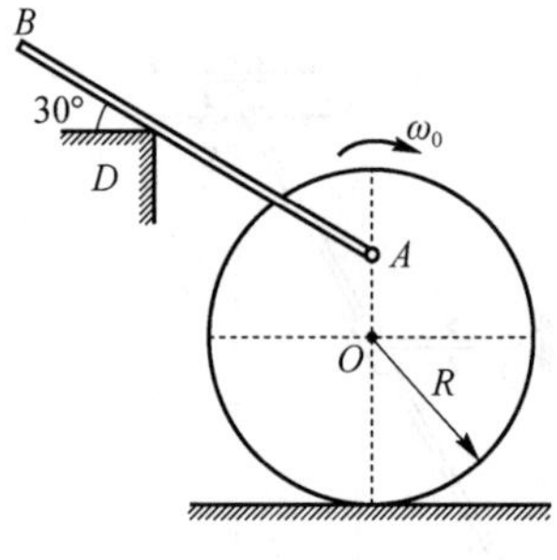

习题 3-31 图

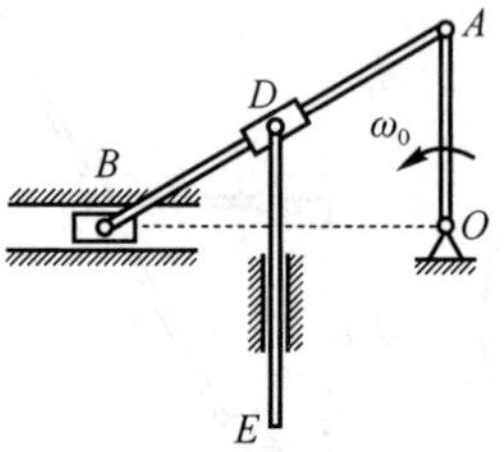

习题 3-32 图

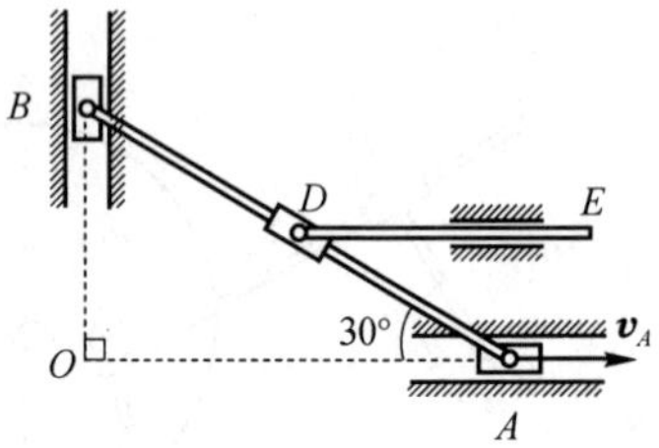

习题 3-33 图

3-34 在图示平面机构中，半径为 $R=2r$ 的圆轮沿固定水平面作纯滚动，连杆 AD 的一端与圆轮上的点 A 铰接，另一端与可沿摇杆 O_1E 的直槽内滑动的滑块 D 铰接，连杆在 B 处与可沿水平滑道滑动的滑块 B 铰接，已知 $OA=r$，$AB=6r$，$BD=4r$，轮心 O 具有不变的向右速度 v_0，试求图示瞬时摇杆 O_1E 绕轴 O_1 转动的角速度和角加速度。

3-35 在图示平面机构中，直杆 OA、BD、DE 在 B、D 处铰接，直杆 AG 的两端分别与杆 OA、套筒 G 铰接，套筒可在杆 BD 上滑动，已知杆 OA 以匀角速度 ω_0 绕轴 O 作顺时针转动，试求图示瞬时杆 AG 的角速度和角加速度。

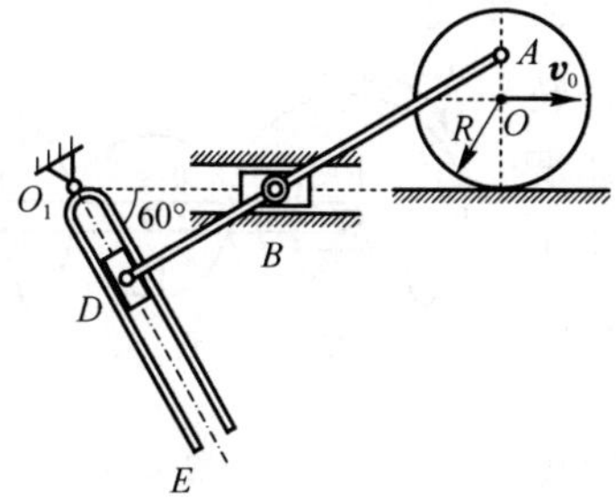

习题 3-34 图

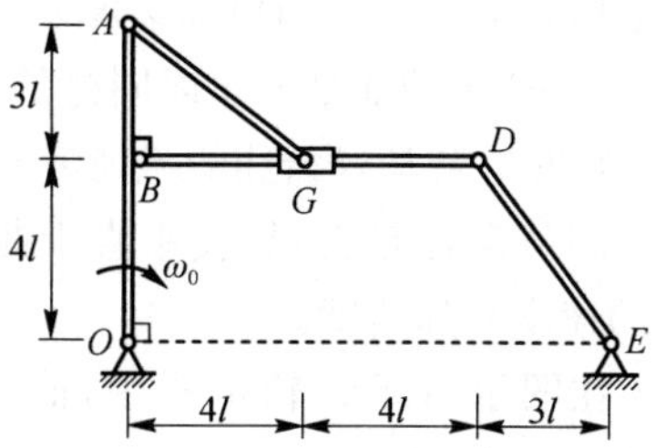

习题 3-35 图

3-36　在图示平面机构中，已知 $O_1A=O_2B=\dfrac{2\sqrt{3}}{3}l$，$O_1O_2=AB=l$，杆 O_1A 以匀角速度 ω_0 绕轴 O_1 作逆时针转动，铰接于杆 AD 上的套筒 D 可沿杆 O_2B 滑动。在图示瞬时，杆 O_1A 处于铅垂位置，杆 AB 处于水平位置，试求该瞬时杆 AD 的角速度和角加速度。

3-37　在图示平面系统中，两个半径为 r、中心距离保持不变的圆盘均在水平地面上作纯滚动，在其盘缘 A、B 处铰接的直杆 AB 上安装一套筒 D，杆 O_1D 的两端分别与圆盘中心 O_1 和套筒 D 铰接，若圆心 O_1 以匀速 v_0 水平向右运动，试求图示瞬时套筒 D 相对于杆 AB 的速度和加速度。

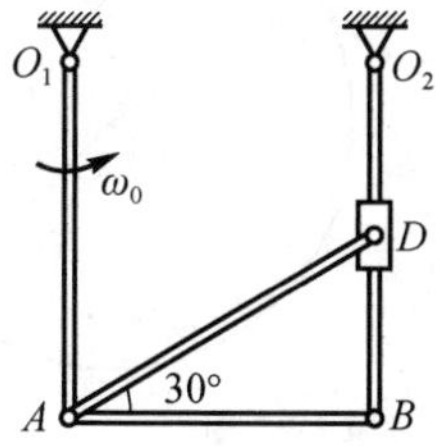

习题 3-36 图

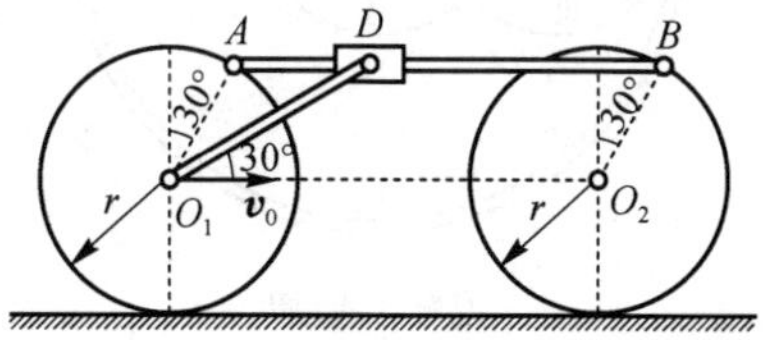

习题 3-37 图

3-38　如图所示，边长为 $\sqrt{2}l$ 的正方形板 $ABDE$ 在自身平面内运动，其两边始终与固定槽边点 G 与 H 接触，槽宽 $GH=l$。在图示瞬时，正方形板的角速度、角加速度大小分别为 ω_0、α_0，转向都为逆时针，G、H 恰好位于边 AE、DE 的中点，试求该瞬时顶点 B 的速度和加速度。

3-39　如图所示，直角弯杆 DME 可在两套筒中滑动，与套筒 A 垂直焊接的套筒臂 OA 以匀角速度 ω 绕轴 O 作逆时针转动，另一套筒可绕轴 B 转动，O、B 两点连线为铅垂直线，$OA=OB=l$，试求图示位置，直角弯杆 DME 上点 M 的速度和加速度。

3-40　如图所示，齿轮Ⅰ、Ⅱ和曲柄 OA 空套在转轴 O 上，曲柄 OA 带动双连轮(由齿轮Ⅲ和Ⅳ相固连而成)的转轴 A，各齿轮的半径分别为 r_1、r_2、r_3、r_4。已知齿轮Ⅰ、Ⅱ的角速度大小分别为 $\omega_1=4\omega$，$\omega_2=3\omega$，转向都为逆时针，试求曲柄 OA 以及双连轮的角速度。

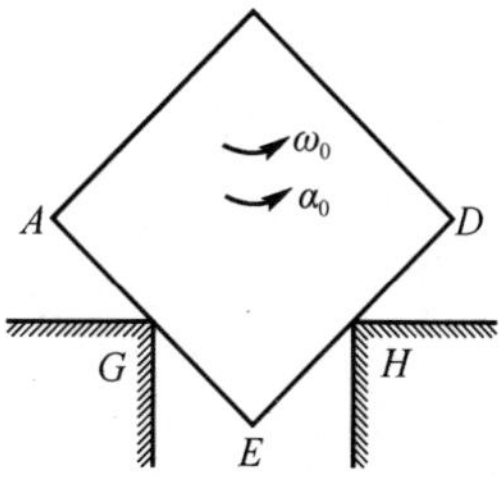

习题 3-38 图

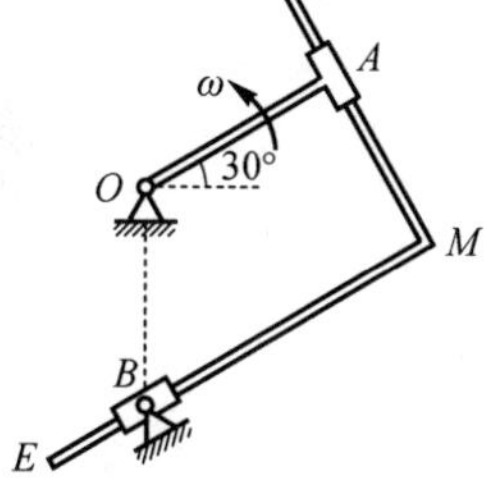

习题 3-39 图

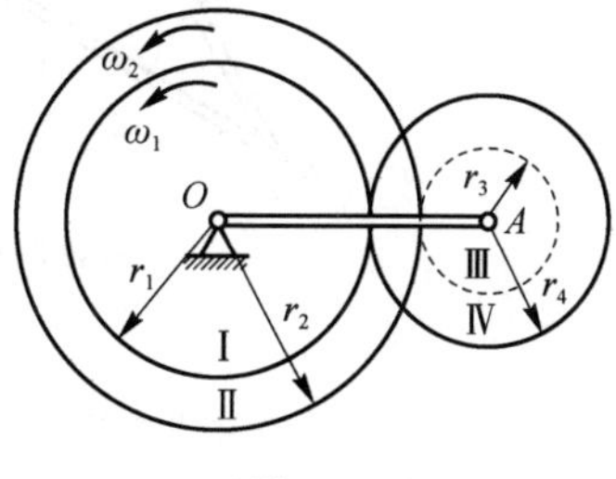

习题 3-40 图

3-41 如图所示，在周转轮系传动装置中，半径为 $r_1=3r$ 的主动齿轮Ⅰ以角速度 ω_0 和角加速度 α_0 绕轴 O 作逆时针转动，而长度为 $l=10r$ 的曲柄 OA 以同样的角速度和角加速度绕其轴 O 作顺时针转动，齿轮Ⅱ的半径为 $r_2=2r$，点 M 位于半径为 $r_3=3r$ 的从动齿轮上，且在垂直于曲柄的直径的末端，试求点 M 的速度和加速度。

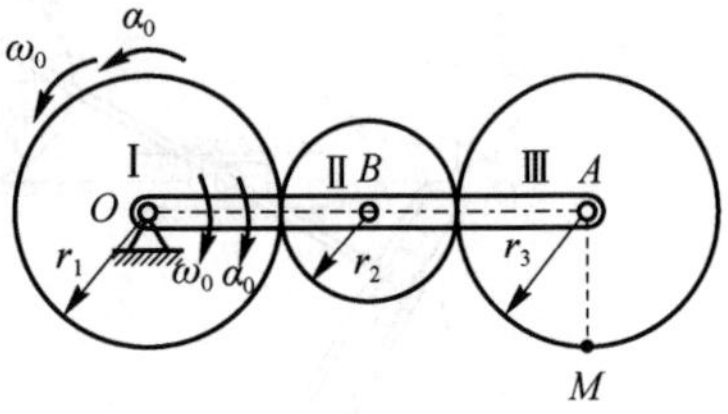

习题 3-41 图

3-42 在图示行星齿轮机构中，曲柄 OA 以匀角速度 ω_0 绕轴 O 作顺时针转动，从而带动彼此固连的齿轮Ⅱ和齿轮Ⅲ沿固定不动的齿轮Ⅰ运动，再带动内齿圈Ⅳ绕轴 O 转动，$r_1=r_3=2r$，$r_2=r$，$r_4=5r$，试求齿轮Ⅲ与齿圈Ⅳ两啮合点的加速度。

3-43 在图示平面机构中，已知齿轮 A 的半径为 $R=2r$，以匀角速度 ω_0 绕轴 O 作顺时针转动，齿轮 B 的半径为 r，$OA=\dfrac{3r}{2}$，点 O 与杆 BD 处于同一水平直线上。试求 $OA\perp BD$ 时：(1)杆 BD 沿水平滑道运动的速度和加速度；(2)齿轮 B 的角速度和角加速度。

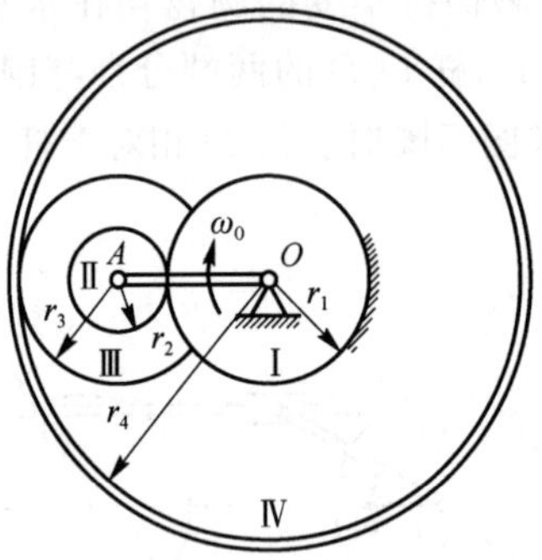

习题 3-42 图

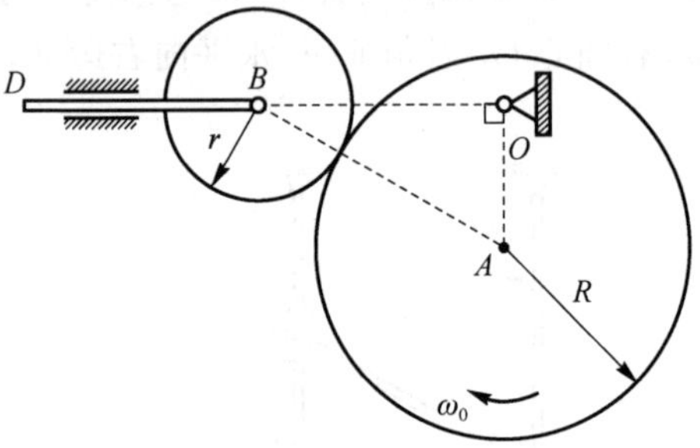

习题 3-43 图

3-44 在图示平面机构中，已知杆 AB 相对于杆 OA 的角速度 ω_r 为常数，转向为逆时针，$OA=\sqrt{3}r$，$AB=r$，试求图示位置杆 OA 的角速度和角加速度。

3-45 在图示平面机构中，已知 $OD=l$，$OA=\sqrt{3}l$，$AB=2l$，杆 AB 相对于杆 OA 的角速度 ω_r 为常数，转向为逆时针，试求图示位置杆 AB 上点 B 的速度和加速度。

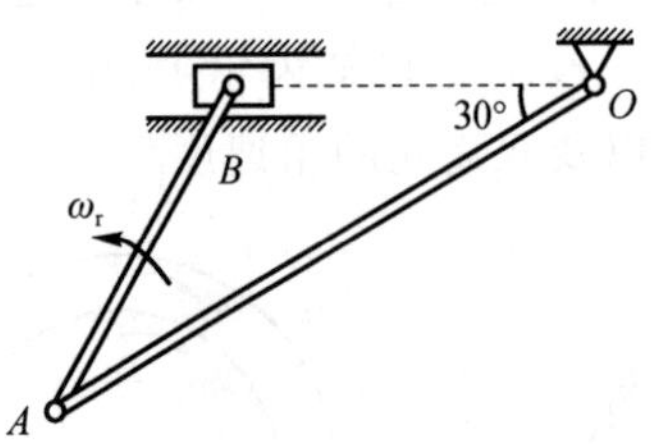

习题 3-44 图

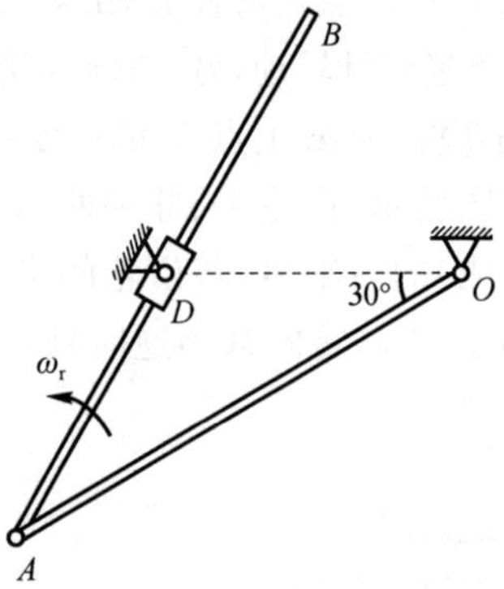

习题 3-45 图

第二篇 静力学

静力学是研究物体或物体系统在力系的作用下平衡规律的科学。所谓**力系**是指作用于同一物体或物体系统的一群力。所谓**物体的平衡**是指物体相对于惯性参考系处于静止或匀速直线平移的状态。对一般的工程而言,将与地球固连的参考系作为惯性参考系已有相当的精确度,若物体相对于地球保持静止状态或匀速直线平移状态,就称此物体处于平衡状态。由于相对于惯性参考系作匀速直线平移的任何参考系都是惯性参考系,因此作匀速直线平移的物体相对于以同一速度作匀速直线平移的惯性参考系必保持静止,故这两种运动状态本质上是没有差别的。从这个意义上讲,静力学就是研究物体在力系作用下静止平衡的条件。

静力学的研究途径是:①将受载荷作用的平衡构件从其所在位置隔离出来,用力取代周围物体对它的作用,即将之简化为受力系作用的平衡刚体;②研究力系的整体特征,得到作用于平衡刚体上的力系所应满足的条件,称为力系的平衡条件;③运用平衡条件,由已知载荷求出构件所受到的其他作用力。

由于物体的受力往往比较复杂,这就需要对力系进行简化,所谓**力系的简化**是指用一个简单力系代替原来的复杂力系,同时保持对物体的作用效果不变。力系简化是寻找力系平衡条件的简捷途径,但力系简化的应用绝不仅限于静力学,在动力学中需研究物体在力系作用下如何运动,力系简化同样重要。

本篇所涉及的物理量,如力、力矩、力偶矩、力系的主矢和对某点的主矩等都是矢量,各物理量之间以简明的矢量关系式相联系,运用矢量图中三角形的几何关系或矢量在坐标轴上的投影可将矢量关系式转化为标量运算。所以本篇所述的静力学又称为**矢量静力学**。其基本理论与方法不仅在工程实际中有着广泛的应用,而且也是机械零件和工程结构静力分析、计算及设计的理论基础。此外,由于静力学可以看成是动力学的特殊情况,因此本篇所给出的基本概念,尤其是物体受力分析方法和力系的简化理论也是研究动力学的必要基础。

第 4 章　静力学基本概念

本章首先介绍力和力偶这两个基本力学量的概念及其性质以及力系特征量的计算，然后给出力系平衡的基本公理和力系等效的基本性质，最后阐述了几种典型约束的约束性质和对应约束力的特征及对物体进行正确受力分析的方法。它是研究力系简化、力系平衡和动力学问题的重要基础。

4.1 力和力偶

力和力偶是力学的最基本概念，是其他一切复杂作用的基本元素。下面来研究它们的一些基本性质。

1. 力的定义

力是物体对物体的机械作用。这种作用可使物体运动状态发生改变或使物体产生变形。通常，力的前一种作用效应称为**力的运动效应**或**外效应**；力的后一种作用效应称为**力的变形效应**或**内效应**。人们正是通过力的作用效应来认识力的存在的。

实践表明，力对物体的作用效应取决于力的大小、方向和作用点，称为**力的三要素**。其中，力的大小和方向可用一矢量 $\boldsymbol{F}$（或其他黑体字母）表示，称为**力矢量**或**力矢**，而力的作用点 D 的位置可用它相对于空间某一确定点 O 的矢径 $\boldsymbol{r}$ 表示（图 4-1）。力矢量通常从力的作用点画出，即作用于一般物体上的力矢量是起始点确定的定位矢量。力矢量所沿直线称为**力的作用线**。

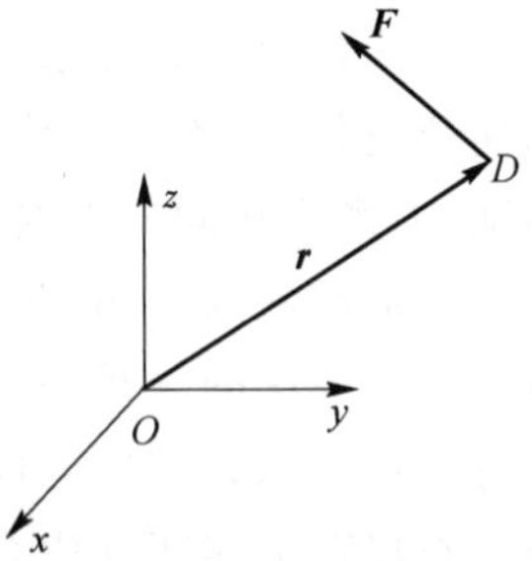

图 4-1　力的表示

若以点 O 为原点建立直角坐标系 $Oxyz$，且将 $\boldsymbol{r}$、$\boldsymbol{F}$ 沿此直角坐标系的三个坐标轴方向进行分解，则有

$$\boldsymbol{r} = x\boldsymbol{i} + y\boldsymbol{i} + z\boldsymbol{k} \tag{4-1}$$

$$\boldsymbol{F} = F_x\boldsymbol{i} + F_y\boldsymbol{j} + F_z\boldsymbol{k} \tag{4-2}$$

式中 $\boldsymbol{i}$、$\boldsymbol{j}$、$\boldsymbol{k}$ 分别为 x 轴、y 轴、z 轴正向的单位矢量。因为

$$\boldsymbol{F}\cdot\boldsymbol{i} = F_x, \boldsymbol{F}\cdot\boldsymbol{j} = F_y, \quad \boldsymbol{F}\cdot\boldsymbol{k} = F_z \tag{4-3}$$

所以，式(4-2)中 F_x、F_y、F_z 分别为 $\boldsymbol{F}$ 在 x、y、z 轴上的投影，它们是代数量。当$F_x>0$，表示 $\boldsymbol{F}$ 沿直角坐标系的三个坐标轴方向进行分解时，在 $\boldsymbol{i}$ 方向上的分力与 $\boldsymbol{i}$ 同向；反之，则与 $\boldsymbol{i}$ 反向。F_y、F_z 的正负号所表示的含义也类似。

必须注意：力矢量在非正交坐标系中沿单位基矢量方向的分量值不再与力在相应轴上的投影值相等。力 $\boldsymbol{F}$ 在某一坐标轴上的投影是唯一的，而力 F 在这根轴单位基矢量方向上的分量值却依赖于分解该力的其他轴。

2. 力对点的矩和力对轴的矩

一个力作用于某刚体，一般可同时产生两种基本运动效应：平移和转动。为了度量力作用于刚体时，使刚体产生绕某点或某轴的转动效应，可引进力对点的矩和力对轴的矩的概念。

力的作用点相对于点 O 的矢径 $\boldsymbol{r}$ 与力矢 $\boldsymbol{F}$ 的叉积定义为**力对点 O**(称为矩心)**的矩**，简称**力矩**，用 $\boldsymbol{M}_O(\boldsymbol{F})$ 表示(图 4-2)，即

$$\boldsymbol{M}_O(\boldsymbol{F}) = \boldsymbol{r}\times\boldsymbol{F} = \begin{vmatrix} \boldsymbol{i} & \boldsymbol{j} & \boldsymbol{k} \\ x & y & z \\ F_x & F_y & F_z \end{vmatrix}$$
$$= (yF_z - zF_y)\boldsymbol{i} + (zF_x - xF_z)\boldsymbol{j} + (xF_y - yF_x)\boldsymbol{k} \tag{4-4}$$

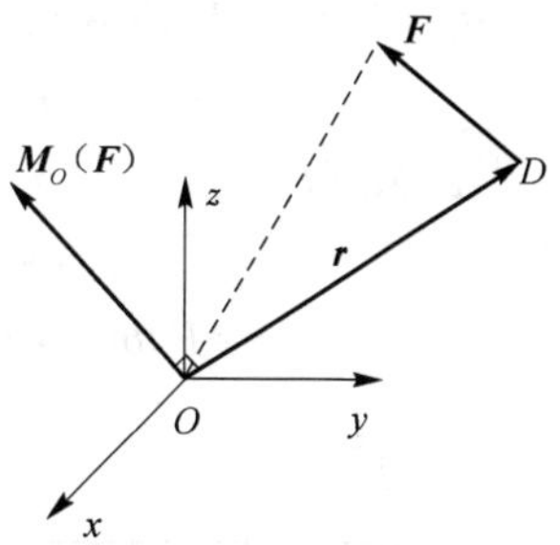

图 4-2 力对点的矩的表示

式(4-4)中单位基矢量前面的三个系数分别为 $\boldsymbol{M}_O(\boldsymbol{F})$ 在三个坐标轴上的投影，即

$$\left.\begin{aligned} M_{Ox}(\boldsymbol{F}) &= yF_z - zF_y \\ M_{Oy}(\boldsymbol{F}) &= zF_x - xF_z \\ M_{Oz}(\boldsymbol{F}) &= xF_y - yF_x \end{aligned}\right\} \tag{4-5}$$

显然，力矩的大小和方向是随矩心的改变而改变的，因此力矩是一个定位矢量，其起始点必须画在矩心上。通常将力矩的大小、方向和矩心称为**力矩的三要素**。

必须指出，在中学物理中，定义力矩的大小等于力的大小乘以力臂，容易证明，这与现在力矩的定义并不矛盾。

不妨考虑式(4-5)中的 $M_{Oz}(\boldsymbol{F})$，它的值与力 $\boldsymbol{F}$ 的作用点 D 的 z 坐标是无关的，若将矩心由坐标系原点 O 改变到 z 轴上的任意一点 A，并同时平移坐标系 $Oxyz$ 为坐标系 $Ax'y'z'$，由于 $x'=x$，$y'=y$，$z'\neq z$，$F_{x'}=F_x$，$F_{y'}=F_y$，$F_{z'}=F_z$，所以 $M_{Az'}(\boldsymbol{F})$ 也是 $M_{Oz}(\boldsymbol{F})$ 的值。显然 z 轴和 z' 轴是同一根轴，因此可称 $M_{Oz}(\boldsymbol{F})$ 为力 $\boldsymbol{F}$ 对 z 轴的矩，即将力 $\boldsymbol{F}$ 对 z 轴上任意一点的矩在 z 轴的投影称为力 $\boldsymbol{F}$ 对 z 轴的矩，记为 $M_z(\boldsymbol{F})$。它是一个代数量，容易证明，其绝对值为该力在垂直于 z 轴的平面上的投影 $\boldsymbol{F}_{xy}$ 对 z 轴与该平面交点 A 的矩 $\boldsymbol{M}_A(\boldsymbol{F}_{xy})$ 的大小，当 $\boldsymbol{M}_A(\boldsymbol{F}_{xy})$ 的方向与 z 轴正向一致时，其符号取正号，否则，取负号。同理，$M_{Ox}(\boldsymbol{F})=M_x(\boldsymbol{F})$，$M_{Oy}(\boldsymbol{F})=M_y(\boldsymbol{F})$，分别称为力 $\boldsymbol{F}$ 对 x 轴和对 y 轴的矩。于是，力对直角坐标系原点 O 的矩与力对坐标轴的矩之间有以下关系

$$\boldsymbol{M}_O(\boldsymbol{F}) = M_x(\boldsymbol{F})\boldsymbol{i} + M_y(\boldsymbol{F})\boldsymbol{j} + M_z(\boldsymbol{F})\boldsymbol{k} \tag{4-6}$$

一般来说，力 $\boldsymbol{F}$ 对任意轴 l(沿该轴正向的单位矢量为 $\boldsymbol{l}^\circ$)的矩 $M_l(\boldsymbol{F})$ 等于力 $\boldsymbol{F}$ 对这根轴上任意一点 B 的矩在这根轴上的投影，即

$$M_l(\boldsymbol{F}) = \boldsymbol{M}_B(\boldsymbol{F})\cdot\boldsymbol{l}^\circ \tag{4-7}$$

若力的作用线与某轴相交或者平行，即力与某轴共面时，由式(4-7)知，力对该轴的矩为零。这时力对该轴无转动效应。例如，在关门时，若作用力通过门轴或与门轴平行，则不可能将门关上。

必须指出，若某个力作用于刚体上，对该刚体上某个点或某根轴的矩不为零，则该点或该轴不一定不运动。另外，力对点的矩和轴的矩在计算变形固体的内力(弯矩和扭矩)时也可应用。

例 4-1 长方体边长为 a、b、c，在顶点 A 上作用一力 $\boldsymbol{F}$，已知其大小为 F，方向如图所示。试求：(1)力 $\boldsymbol{F}$ 在 x、y、z 轴上的投影；(2)力 $\boldsymbol{F}$ 对点 O 的矩；(3)力 $\boldsymbol{F}$ 对 x、y、z 轴及由点 O 指向点 B 的 OB 轴的矩。

解： (1)$\boldsymbol{r}=a\boldsymbol{i}+b\boldsymbol{j}+c\boldsymbol{k}$

$$\boldsymbol{F}=-F\cos\alpha\sin\beta\boldsymbol{i}-F\cos\alpha\cos\beta\boldsymbol{j}+F\sin\alpha\boldsymbol{k}$$

故 $F_x=-F\cos\alpha\sin\beta, F_y=-F\cos\alpha\cos\beta, F_z=F\sin\alpha$

$$(2)\boldsymbol{M}_O(\boldsymbol{F})=\begin{vmatrix}\boldsymbol{i} & \boldsymbol{j} & \boldsymbol{k}\\ a & b & c\\ -F\cos\alpha\sin\beta & -F\cos\alpha\cos\beta & F\sin\alpha\end{vmatrix}$$

$$=F(b\sin\alpha+c\cos\alpha\cos\beta)\boldsymbol{i}-F(c\cos\alpha\sin\beta+a\sin\alpha)\boldsymbol{j}+F\cos\alpha(-a\cos\beta+b\sin\beta)\boldsymbol{k}$$

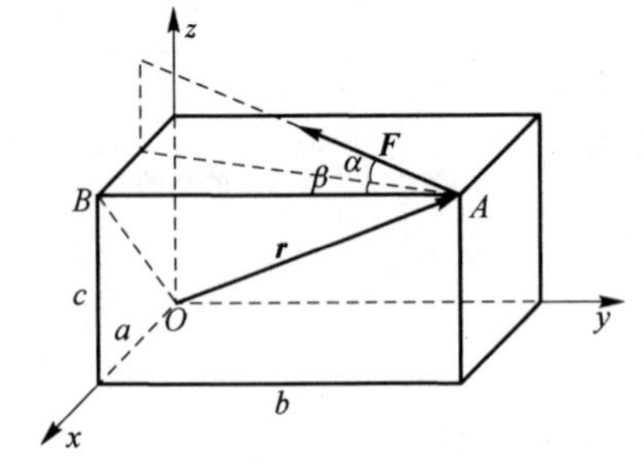

例 4-1 图

(3)由(2)可得

$$M_x=F(b\sin\alpha+c\cos\alpha\cos\beta)$$

$$M_y=-F(c\cos\alpha\sin\beta+a\sin\alpha)$$

$$M_z=F\cos\alpha(-a\cos\beta+b\sin\beta)$$

设$\boldsymbol{l}^{\circ}$为 OB 轴的单位基矢量,则

$$\boldsymbol{l}^{\circ}=\frac{1}{\sqrt{a^2+c^2}}(a\boldsymbol{i}+c\boldsymbol{k})$$

$$M_{OB}(\boldsymbol{F})=\boldsymbol{M}_O(\boldsymbol{F})\cdot\boldsymbol{l}^{\circ}=\frac{Fb}{\sqrt{a^2+c^2}}(a\sin\alpha+c\cos\alpha\sin\beta)$$

注意:①题中求力对坐标轴投影时,先将力 $\boldsymbol{F}$ 沿 z 轴方向和过点 A 的水平平面进行投影,然后将其在水平面上的投影再沿 x、y 轴进行投影,这种求解方法称为二次投影法。②虽然力在某轴上投影是代数量,但力在某平面上的投影却是矢量,这是由于力在平面上投影不仅有大小,而且有方向的缘故。

3. 力偶和力偶矩

将大小相等、方向相反、作用线不共线的两个力 $\boldsymbol{F}_1$ 和 $\boldsymbol{F}_2$(作用点分别为 D_1 和 D_2,且作用于同一刚体上)称为**力偶**,记为力偶$(\boldsymbol{F}_1,\boldsymbol{F}_2)$(图 4-3),这两个力所在的平面称为**力偶的作用面**,这两个力的作用线之间的垂直距离 d 称为**力偶臂**。

力偶具有以下两个基本性质:

(1)力偶$(\boldsymbol{F}_1,\boldsymbol{F}_2)$的两个力矢的矢量和恒为零,即

$$\boldsymbol{F}_1+\boldsymbol{F}_2=0 \tag{4-8}$$

(2)力偶$(\boldsymbol{F}_1,\boldsymbol{F}_2)$中的两个力对空间任意点的矩的矢量和恒相等,且不为零。

证明:设 O 为空间任意一确定点,则

$$\boldsymbol{M}_O(\boldsymbol{F}_1)+\boldsymbol{M}_O(\boldsymbol{F}_2)=\overrightarrow{OD_1}\times\boldsymbol{F}_1+\overrightarrow{OD_2}\times\boldsymbol{F}_2 \tag{4-9}$$

将 $\boldsymbol{F}_1=-\boldsymbol{F}_2$ 代入式(4-9)可得

$$\boldsymbol{M}_O(\boldsymbol{F}_1)+\boldsymbol{M}_O(\boldsymbol{F}_2)=\overrightarrow{D_1D_2}\times\boldsymbol{F}_2\text{ 或 }\overrightarrow{D_2D_1}\times\boldsymbol{F}_1$$

$$=\boldsymbol{M}_{D_1}(\boldsymbol{F}_2)\text{ 或 }\boldsymbol{M}_{D_2}(\boldsymbol{F}_1) \tag{4-10}$$

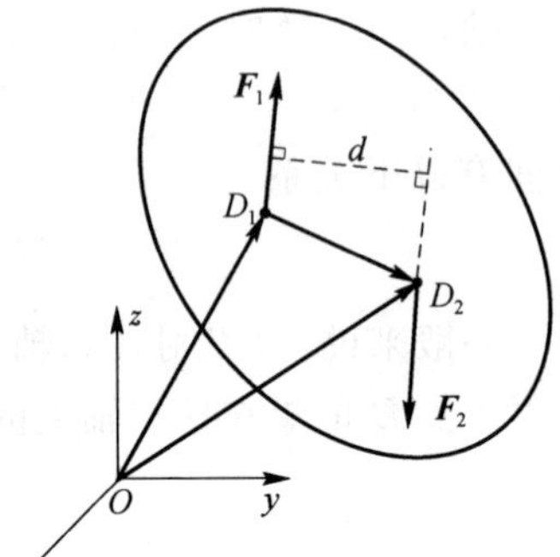

图 4-3 力偶

其方向垂直于力偶$(\boldsymbol{F}_1,\boldsymbol{F}_2)$的作用面,指向由右手螺旋法则确定;其大小等于$|\boldsymbol{F}_1|$或$|\boldsymbol{F}_2|$乘以力偶臂,显然其值不为零,且与矩心 O 无关,于是得证。

通常,将力偶$(\boldsymbol{F}_1,\boldsymbol{F}_2)$中的两个力对空间任意一点的矩的矢量和定义为**力偶矩矢量**,简称**力偶矩**,记作 $\boldsymbol{M}(\boldsymbol{F}_1,\boldsymbol{F}_2)$或简写成 $\boldsymbol{M}$,也可以由右手螺旋法则,在力偶的作用面内用带箭头的圆弧形转向来表示之。式(4-10)说明,力偶矩等于其中一个力对另一个力的作用点的矩。

力偶的作用面及其力偶矩的大小和在其作用面内的转向通常称为**力偶的三要素**。力偶

的作用效应是使刚体的转动状态发生改变或使变形固体产生扭曲变形。

例 4-2 在图示$\triangle ABC$的平面内作用有力偶($\boldsymbol{F}_1,\boldsymbol{F}_2$)，其中$\boldsymbol{F}_1$作用于点$C$，沿$\overrightarrow{CB}$方向，$\boldsymbol{F}_2$作用于点$A$，已知$OA=a,OB=b,OC=c,|\boldsymbol{F}_1|=|\boldsymbol{F}_2|=F$，试计算该力偶的力偶矩。

解：$\boldsymbol{M}(\boldsymbol{F}_1,\boldsymbol{F}_2)=\boldsymbol{M}_C(\boldsymbol{F}_2)=\overrightarrow{CA}\times\boldsymbol{F}_2$

$$=\begin{vmatrix}\boldsymbol{i} & \boldsymbol{j} & \boldsymbol{k}\\ a & 0 & -c\\ 0 & -\dfrac{Fb}{\sqrt{b^2+c^2}} & \dfrac{Fc}{\sqrt{b^2+c^2}}\end{vmatrix}$$

$$=-\frac{F}{\sqrt{b^2+c^2}}(bc\boldsymbol{i}+ac\boldsymbol{j}+ab\boldsymbol{k})$$

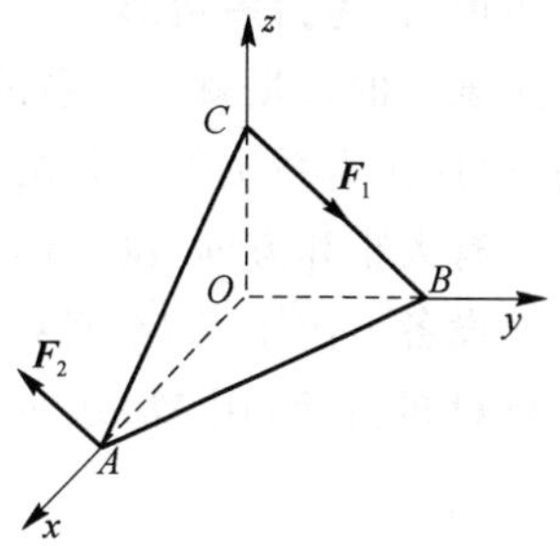

例 4-2 图

注意：①利用力偶矩等于其中一个力对另一个力的作用点的矩可方便地计算力偶矩。②利用$\boldsymbol{F}_2=-\boldsymbol{F}_1=-F\dfrac{\overrightarrow{CB}}{|CB|}=-F\dfrac{b\boldsymbol{j}-c\boldsymbol{k}}{\sqrt{b^2+c^2}}$可方便地写出矢量$\boldsymbol{F}_2$。

4.2 力系的主矢和力系对某点的主矩

物体往往同时受到许多力的作用。将同时作用于同一物体的一群力称为力系。根据力系中各力作用线分布的不同特点可对力系进行以下分类：各力作用线均在同一直线上的力系称为**共线力系**，各力作用线均在同一平面内分布的力系称为**平面力系**，并将该平面称为**平面力系的作用面**，各力作用线在空间分布的力系称为**空间力系**；各力作用线都相互平行的力系称为**平行力系**，各力作用线都汇交于同一点的力系称为**汇交力系**(各力的作用点相同的力系称为**共点力系**，它为汇交力系的特殊情况)，全由力偶组成的力系称为**力偶系**，而将各力作用线任意分布的力系称为**任意力系**或**一般力系**，其他力系都是一般力系的某种特殊情况。

力系的主矢和对某点的的主矩能刻画力系对物体整体的作用效应，称它们为力系的特征量。这一点将在动力学中清楚地看到。

设一力系由作用于点D_i上的力$\boldsymbol{F}_i(i=1,2,\cdots,n)$组成。将力系中各力矢的矢量和定义为**力系的主矢量**，简称**力系的主矢**，用$\boldsymbol{F}_\mathrm{R}$表示，即

$$\boldsymbol{F}_\mathrm{R}=\sum_{i=1}^{n}\boldsymbol{F}_i \tag{4-11}$$

以空间任意点O为原点建立直角坐标系$Oxyz$，将力系中的各力矢和力系的主矢分别在该直角坐标系中进行分解得

$$\boldsymbol{F}_i=F_{ix}\boldsymbol{i}+F_{iy}\boldsymbol{j}+F_{iz}\boldsymbol{k}\qquad(i=1,2,\cdots,n) \tag{4-12}$$

$$\boldsymbol{F}_\mathrm{R}=F_{\mathrm{R}x}\boldsymbol{i}+F_{\mathrm{R}y}\boldsymbol{j}+F_{\mathrm{R}z}\boldsymbol{k} \tag{4-13}$$

将式(4-12)、式(4-13)代入式(4-11)得

$$F_{\mathrm{R}x}=\sum_{i=1}^{n}F_{ix},F_{\mathrm{R}y}=\sum_{i=1}^{n}F_{iy},F_{\mathrm{R}z}=\sum_{i=1}^{n}F_{iz} \tag{4-14}$$

于是，力系主矢$\boldsymbol{F}_\mathrm{R}$的大小和方向余弦分别为

$$F_\mathrm{R}=\sqrt{F_{\mathrm{R}x}^2+F_{\mathrm{R}y}^2+F_{\mathrm{R}z}^2} \tag{4-15}$$

$$\cos(\boldsymbol{F}_R,\boldsymbol{i}) = \frac{F_{Rx}}{F_R},\cos(\boldsymbol{F}_R,\boldsymbol{j}) = \frac{F_{Ry}}{F_R},\cos(\boldsymbol{F}_R,\boldsymbol{k}) = \frac{F_{Rz}}{F_R} \tag{4-16}$$

对力系的主矢可作以下几何解释：按一定比例，依次作出力系中各力矢的首尾相接的开口多边形，称为**力多边形**，力多边形的封闭边，即力多边形第一个力矢的起点至最后一个力矢的终点所画出的矢量就是力系的主矢量。一般在作力多边形时，第一个力矢的起点的选择是任意的，因此画力系主矢的起始点是任意的，也就是说力系的主矢是一个自由矢量。由于力系的主矢只有大小和方向，没有作用点，所以它不是一个力。

设各力作用点 D_i 相对于点 O 的矢径为 $\boldsymbol{r}_i$，将力系中各力对点 O 的矩的矢量和定义为**力系对点 O 的主矩**，用 $\boldsymbol{M}_O$ 表示，即

$$\boldsymbol{M}_O = \sum_{i=1}^{n}\boldsymbol{M}_O(\boldsymbol{F}_i) = \sum_{i=1}^{n}\boldsymbol{r}_i \times \boldsymbol{F}_i \tag{4-17}$$

由于力对点的矩与矩心有关，所以力系的主矩也与矩心有关。设 A 为空间另一任意确定点，力系中各力 $\boldsymbol{F}_i$ 的作用点 D_i 相对于点 A 的矢径为 $\boldsymbol{r}_i'$，下面推导 $\boldsymbol{M}_A$ 与 $\boldsymbol{M}_O$ 之间的关系。显然

$$\boldsymbol{r}_i = \overrightarrow{OA} + \boldsymbol{r}_i' \tag{4-18}$$

$$\boldsymbol{M}_A = \sum_{i=1}^{n}\boldsymbol{M}_A(\boldsymbol{F}_i) = \sum_{i=1}^{n}\boldsymbol{r}_i' \times \boldsymbol{F}_i \tag{4-19}$$

将式(4-18)代入式(4-17)，并由式(4-11)和式(4-19)可得

$$\boldsymbol{M}_O = \boldsymbol{M}_A + \overrightarrow{OA} \times \boldsymbol{F}_R \tag{4-20}$$

称为**力系对不同两点的主矩关系**。该式表明，只有在两种情况下 $\boldsymbol{M}_O$ 与 $\boldsymbol{M}_A$ 才是一样的：一是力系的主矢 $\boldsymbol{F}_R$ 为零；二是点 A 选得很特别，使 $\overrightarrow{OA}$ 与 $\boldsymbol{F}_R$ 平行。除此之外，对于不同的矩心，力系的主矩是不相同的。这就是为什么力系的主矩必须说明矩心的原因，同时也说明力系的主矩是一个定位矢量。

如果力系中包含力偶，由力偶的性质知，在计算力系的主矢时可以不考虑力偶（它对主矢的贡献为零），计算力系的主矩时只要加上其力偶矩即可。

例 4-3 如图所示力系，已知 $\boldsymbol{F}_1$ 作用于点 A，$\boldsymbol{F}_2$ 作用于点 B，方向如图所示，$|\boldsymbol{F}_1|=|\boldsymbol{F}_2|=F$，$OA=OD=a$，$OB=OC=2a$，试求该力系的主矢和对直角坐标系原点 O 及点 $E(a,a,a)$ 的主矩。

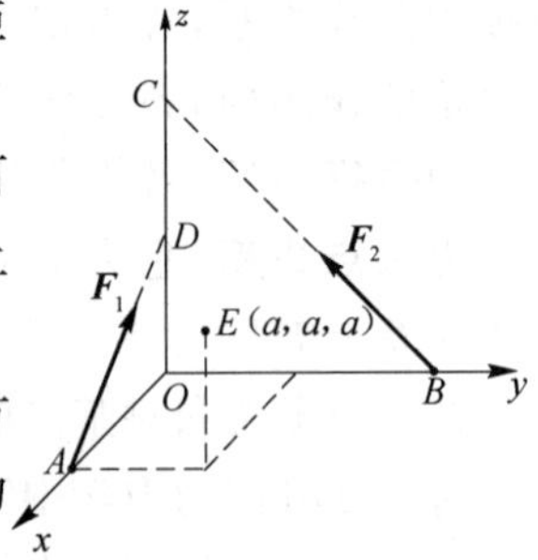

例 4-3 图

解：

$$\boldsymbol{F}_1 = F\frac{\overrightarrow{AD}}{|AD|} = -\frac{\sqrt{2}}{2}F\boldsymbol{i} + \frac{\sqrt{2}}{2}F\boldsymbol{k}$$

$$\boldsymbol{F}_2 = F\frac{\overrightarrow{BC}}{|BC|} = -\frac{\sqrt{2}}{2}F\boldsymbol{j} + \frac{\sqrt{2}}{2}F\boldsymbol{k}$$

$$\boldsymbol{F}_R = \boldsymbol{F}_1 + \boldsymbol{F}_2 = -\frac{\sqrt{2}}{2}F(\boldsymbol{i} + \boldsymbol{j} - 2\boldsymbol{k})$$

$$\boldsymbol{M}_O = \overrightarrow{OA} \times \boldsymbol{F}_1 + \overrightarrow{OB} \times \boldsymbol{F}_2$$

$$= \begin{vmatrix} \boldsymbol{i} & \boldsymbol{j} & \boldsymbol{k} \\ a & 0 & 0 \\ -\frac{\sqrt{2}}{2}F & 0 & \frac{\sqrt{2}}{2}F \end{vmatrix} + \begin{vmatrix} \boldsymbol{i} & \boldsymbol{j} & \boldsymbol{k} \\ 0 & 2a & 0 \\ 0 & -\frac{\sqrt{2}}{2}F & \frac{\sqrt{2}}{2}F \end{vmatrix}$$

$$= \frac{\sqrt{2}}{2}Fa(2\boldsymbol{i} - \boldsymbol{j})$$

$$\boldsymbol{M}_E = \boldsymbol{M}_O + \overrightarrow{EO} \times \boldsymbol{F}_R$$

$$= \boldsymbol{M}_O + \begin{vmatrix} \boldsymbol{i} & \boldsymbol{j} & \boldsymbol{k} \\ -a & -a & -a \\ -\frac{\sqrt{2}}{2}F & -\frac{\sqrt{2}}{2}F & \sqrt{2}F \end{vmatrix}$$

$$= \frac{\sqrt{2}}{2}Fa(-\boldsymbol{i} + 2\boldsymbol{j})$$

注意:利用行列式方法计算两矢量的叉积比较简便。

4.3 力系平衡的基本公理

力系平衡的基本公理是研究复杂力系平衡性质的理论基础。所谓公理是指人们在生活和生产活动中长期积累的经验总结,又经过实践的反复检验,证明是符合客观实际的普遍规律。

公理 1　二力平衡公理:作用于同一刚体上的两个力,使刚体保持平衡状态的充要条件是这两个力的大小相等、方向相反、作用线相同,简称等值、反向、共线。

这个公理说明,若一个刚体在两个力的作用下处于平衡状态,则这两个力的作用线必在它们作用点的连线上,且等值反向,这样的刚体称为二力体,是工程实际中常见的基本构件之一。如果该刚体是一杆件,也称二力杆。凡是两端各受一个力的作用,而中间不受力的直杆、折杆或曲杆都是二力杆。显然,上述平衡条件对于变形体,则只是必要条件,而不是充分条件。

公理 2　加减平衡力系公理:在已知力系作用的某一刚体上,加上或减去任何一个平衡力系,均不改变原力系对该刚体的作用效应。

推论　力在刚体上的可传性:作用于某一刚体上的力可以沿其作用线将其作用点任意滑移到该刚体上其他点,并不改变此力对该刚体的作用效应。

证明:设力 $\boldsymbol{F}$ 作用于某刚体上点 A(图 4-4(a)),若在其作用线上任取一点 B,在点 B 加上一对力 $\boldsymbol{F}_1$ 和 $\boldsymbol{F}_2$,且 $\boldsymbol{F}_1 = -\boldsymbol{F}_2 = \boldsymbol{F}$(图 4-4(b))。由二力平衡公理,$\boldsymbol{F}_1$ 与 $\boldsymbol{F}_2$,$\boldsymbol{F}$ 与 $\boldsymbol{F}_2$ 为两个平衡力系。根据加减平衡力系公理知,先加上一对平衡力 $\boldsymbol{F}_1$ 与 $\boldsymbol{F}_2$,然后再减去一对平衡力 $\boldsymbol{F}$ 与 $\boldsymbol{F}_2$,此时该刚体上只留下作用于点 B 的力 $\boldsymbol{F}_1$(图 4-4(c)),力 $\boldsymbol{F}_1$ 与力 $\boldsymbol{F}$ 对该刚体的作用效果是相同的。显然,力 $\boldsymbol{F}_1$ 可由力 $\boldsymbol{F}$ 将力 $\boldsymbol{F}$ 的作用点 A 沿力 $\boldsymbol{F}$ 的作用线在该刚体上滑移至点 B 得到,证毕。

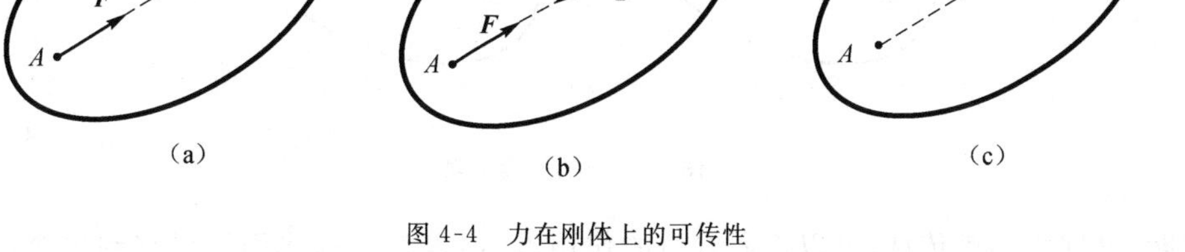

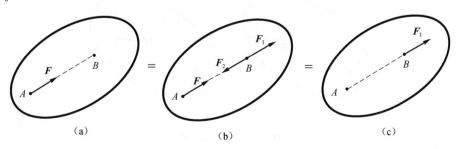

图 4-4　力在刚体上的可传性

这个推论说明，作用于刚体上的力是一个可以沿其作用线滑移的滑移矢量。因此，作用于刚体上的力的三要素可由原来的大小、作用点和方向改为大小、作用线和指向。

公理3　刚化公理：变形体或物体系统（简称物系）在某一力系的作用下处于平衡状态，若在该位置将变形体或物系刚化为一个刚体，则其平衡状态保持不变。

此公理说明，变形体或物系处于平衡时作用在它上面的力系，必须满足刚化后刚体的平衡条件。即刚体的平衡条件对于平衡的变形体或物系只是必要条件，而非充分条件。通过刚化公理，可以将刚体的平衡条件应用于变形体或物系的平衡问题。

4.4　力系等效的基本性质

同样的力系作用于刚体和变形体，其力学效果显然是不同的，即力学效果依赖于物体本身的性质。本节讨论的力系等效的基本性质只限于刚体，它们是研究复杂力系的等效力系的理论基础。

性质1　力的平行四边形法则：作用于刚体上同一点的两个力，可以合成为一个合力，合力的作用点也在该点，合力的力矢则由这两个力为邻边所构成的平行四边形的对角线确定，即合力矢等于两分力矢的矢量和。

在图4-5中，设 $\boldsymbol{F}_1$、$\boldsymbol{F}_2$ 为作用于刚体上点 A 的两个力，其合力矢用 $\boldsymbol{F}$ 表示，则 $\boldsymbol{F}=\boldsymbol{F}_1+\boldsymbol{F}_2$。力的平行四边形法则是下一章将要研究的力系的简化的重要根据。显然，力的平行四边形法则对变形物体也是成立的。

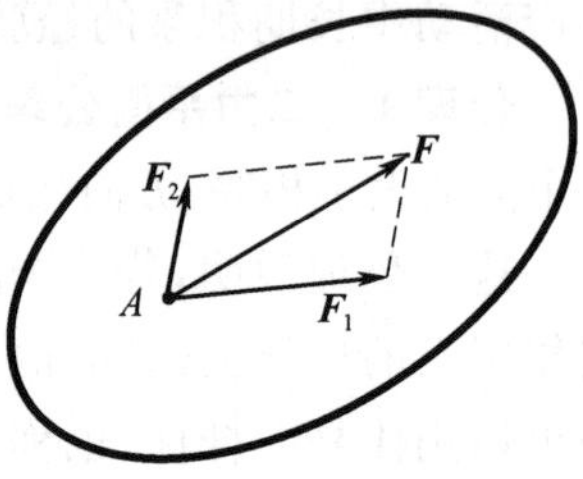

图4-5　力的平行四边形法则

推论1　三力平衡定理：作用于同一刚体上的三个力使刚体处于平衡状态，其中两个力的作用线交于一点，则第三个力的作用线必经过此点，且与这两个力的作用线共面。

证明：设某个刚体在三个力 $\boldsymbol{F}_1$、$\boldsymbol{F}_2$ 和 $\boldsymbol{F}_3$ 的作用下处于平衡状态，且 $\boldsymbol{F}_1$ 与 $\boldsymbol{F}_2$ 的作用线交于点 O，根据力的可传性和力的平行四边形法则，力 $\boldsymbol{F}_1$ 和 $\boldsymbol{F}_2$ 的作用点可先沿各自作用线滑移到点 O，然后合成为一个合力 $\boldsymbol{F}_{12}$，显然 $\boldsymbol{F}_{12}$ 和 $\boldsymbol{F}_3$ 为一平衡力系，由二力平衡公理知，$\boldsymbol{F}_3$ 必与 $\boldsymbol{F}_{12}$ 共线，故 $\boldsymbol{F}_3$ 必在 $\boldsymbol{F}_1$ 和 $\boldsymbol{F}_2$ 的作用线所决定的平面内，且作用线经过点 O（图4-6）。

推论2　汇交力系存在合力定理：作用于同一刚体上的 n 个力 $\boldsymbol{F}_i(i=1,2,\cdots,n)$ 组成的汇交力系，可以合成为一个合力 $\boldsymbol{F}$，合力的作用点为汇交点，合力的力矢由该力系各力矢的矢量和确定，即 $\boldsymbol{F}=\sum_{i=1}^{n}\boldsymbol{F}_i$。

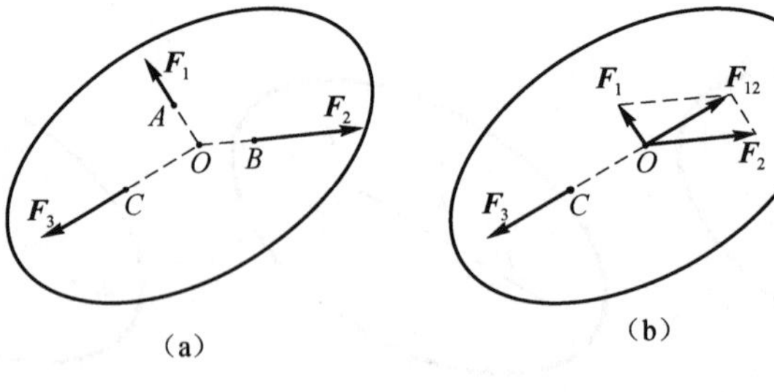

图4-6　三力平衡定理

证明：根据力的可传性，可以把所有力的作用点，沿着各自的作用线滑移到这个汇交点上，若这个汇交点不在刚体内，则可以设想将刚体"延拓"（想象有一个虚设的无重刚架，把这个点与刚体固连在一起)。然后由力的平行四边形法则,可以把 $\boldsymbol{F}_1$ 和 $\boldsymbol{F}_2$ 合成为一个力 $\boldsymbol{F}_{12}=\boldsymbol{F}_1+\boldsymbol{F}_2$,作用点为汇交点,接着再将 $\boldsymbol{F}_{12}$ 与 $\boldsymbol{F}_3$ 合成为一个力 $\boldsymbol{F}_{123}=\boldsymbol{F}_1+\boldsymbol{F}_2+\boldsymbol{F}_3$,作用点仍为汇交点,一直下去,最后求得一个合力 $\boldsymbol{F}=\sum_{i=1}^{n}\boldsymbol{F}_i$,作用点为汇交点,证毕。

推论 3　合力矩定理[伐里农(Varignon P)定理]:作用于同一刚体上的汇交力系的合力对某点(或某轴)的矩,等于其各分力对同一点的矩的矢量和(或对同一轴的矩的代数和)。

该定理可根据力对点的矩(或力对轴的矩)的定义和推论 2 直接证明。以后可以证明,对于存在合力的一般力系,该定理仍然成立。

当某一力对某点(或某轴)的矩不容易直观写出,而其分力对该点(或该轴)的矩却很容易直观写出时,利用该定理来计算此力对该点(或该轴)的矩是很方便的。

推论 4　作用于同一刚体上的两个平行力,若它们的力矢的矢量和不为零,则它们一定可以合成为一个合力,合力的力矢等于原来两个力的力矢的矢量和。

证明:设 $\boldsymbol{F}_1$、$\boldsymbol{F}_2$ 为作用于同一刚体上的两个平行力,且 $\boldsymbol{F}_1+\boldsymbol{F}_2\neq 0$。先作它们的某一公垂线,交 $\boldsymbol{F}_1$、$\boldsymbol{F}_2$ 的作用线于 A、B 两点,根据力的可传性,可将 $\boldsymbol{F}_1$、$\boldsymbol{F}_2$ 的作用点分别滑移到 A、B 两点。然后分别在 A、B 两点沿公垂线方向作用一对平衡力 $\boldsymbol{F}_3$、$\boldsymbol{F}_4$(图 4-7),此时作用于该刚体上的力系与原力系等效。设 $\boldsymbol{F}_1$ 和 $\boldsymbol{F}_3$ 的合力为 $\boldsymbol{F}_5$,$\boldsymbol{F}_2$ 和 $\boldsymbol{F}_4$ 的合力为 $\boldsymbol{F}_6$,显然 $\boldsymbol{F}_5$ 与 $\boldsymbol{F}_6$ 的作用线必交于某点 C,这时再将 $\boldsymbol{F}_5$ 和 $\boldsymbol{F}_6$ 滑移至点 C,则由 $\boldsymbol{F}_5$ 和 $\boldsymbol{F}_6$ 合成的合力为 $\boldsymbol{F}=\boldsymbol{F}_5+\boldsymbol{F}_6=\boldsymbol{F}_1+\boldsymbol{F}_2$,这就是原力系的合力,证毕。

推论 5　主矢不为零的平行力系,一定可以合成为一个合力,合力的力矢等于原力系各力矢的矢量和。

推论 5 不难由推论 4 直接证明。由推论 5 知,同向平行力系必存在合力。

例 4-4　在图示边长分别为 a、b、c 的长方体的顶点 A 上作用一个力 $\boldsymbol{F}$,已知其大小为 400N,方向沿对角线 $\overrightarrow{AB}$。若 $a=b=\sqrt{3}\,\mathrm{m}$,$c=\sqrt{2}\,\mathrm{m}$,试求该力 $\boldsymbol{F}$ 对坐标系原点 O 及 x、y、z 轴的矩。

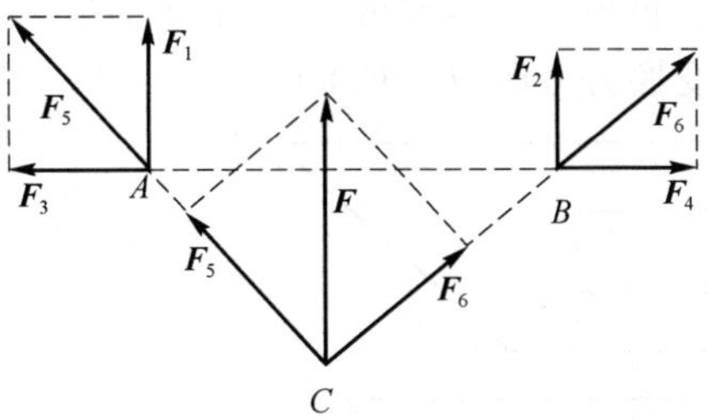

图 4-7　主矢不为零的两个平行力的合成

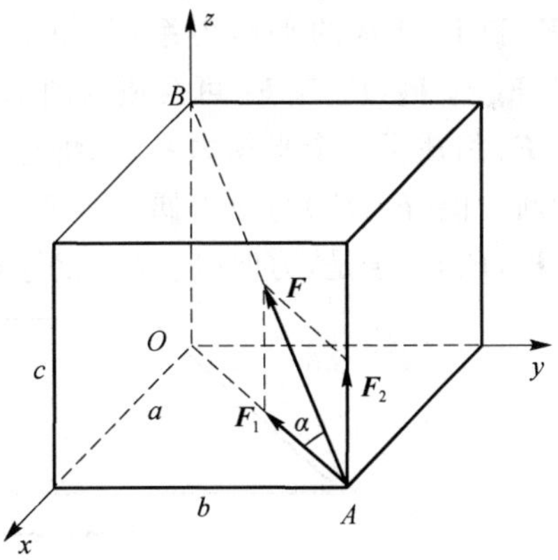

例 4-4 图

解:　由 $\tan\alpha=\dfrac{c}{\sqrt{2}a}=\dfrac{\sqrt{3}}{3}$　得 $\alpha=30°$

将 $\boldsymbol{F}$ 沿 $\overrightarrow{AO}$ 及 z 轴正向的两个单位矢量方向进行分解,得

$$F_1=F\cos\alpha=200\sqrt{3}\mathrm{N},F_2=F\sin\alpha=200\mathrm{N}$$

因 $\boldsymbol{F}_1$ 的作用线过点 O,与三个坐标轴均相交,对点 O 及三个坐标轴的矩均为零。由合力矩定理得

$$M_x = F_2 b = 200\sqrt{3}\,\text{N}\cdot\text{m},\quad M_y = -F_2 a = -200\sqrt{3}\,\text{N}\cdot\text{m}$$

$$M_z = 0,\quad \boldsymbol{M}_O(\boldsymbol{F}) = (200\sqrt{3}\boldsymbol{i} - 200\sqrt{3}\boldsymbol{j})\,\text{N}\cdot\text{m}$$

注意:此题是合力矩定理以及力对坐标系原点的矩与力对坐标轴的矩之间关系的应用的一个典型例题。

性质 2　力偶等效定理:作用于同一刚体上的两个力偶等效的条件是这两个力偶的力偶矩相等。

证明:设力偶($\boldsymbol{F}_1$,$\boldsymbol{F}_2$)和力偶($\boldsymbol{F}_3$,$\boldsymbol{F}_4$)是力偶矩相等的作用于同一刚体上的任意两个力偶。要证明它们的等效性,只要证明力偶($\boldsymbol{F}_1$,$\boldsymbol{F}_2$)可以等效地变换为力偶($\boldsymbol{F}_3$,$\boldsymbol{F}_4$)。

下面分两种情况来证明。

(1)若力偶($\boldsymbol{F}_1$,$\boldsymbol{F}_2$)和力偶($\boldsymbol{F}_3$,$\boldsymbol{F}_4$)的作用面相同(图 4-8)。根据力的可传性,可将 $\boldsymbol{F}_1$、$\boldsymbol{F}_2$ 的作用点分别沿各自作用线滑移到 $\boldsymbol{F}_1$ 和 $\boldsymbol{F}_3$ 的交点 A,$\boldsymbol{F}_2$ 和 $\boldsymbol{F}_4$ 的交点 B,然后将 $\boldsymbol{F}_1$ 沿 $\overrightarrow{BA}$、$\boldsymbol{F}_3$ 方向分解为 $\boldsymbol{F}_5$、$\boldsymbol{F}_7$,将 $\boldsymbol{F}_2$ 沿 $\overrightarrow{AB}$、$\boldsymbol{F}_4$ 方向分解为 $\boldsymbol{F}_6$、$\boldsymbol{F}_8$,显然 $\boldsymbol{F}_5 = -\boldsymbol{F}_6$,$\boldsymbol{F}_7 = -\boldsymbol{F}_8$。而 $\boldsymbol{F}_5$、$\boldsymbol{F}_6$ 为作用线共线的平衡力系,根据加减平衡力系公理,将其去掉后,余下的 $\boldsymbol{F}_7$ 和 $\boldsymbol{F}_8$ 组成的力偶与原力偶($\boldsymbol{F}_1$,$\boldsymbol{F}_2$)等效。再根据已知条件,力偶($\boldsymbol{F}_7$,$\boldsymbol{F}_8$)亦应与力偶($\boldsymbol{F}_3$,$\boldsymbol{F}_4$)的力偶矩相等,又因这两个力偶中两力的作用线分别共线,它们的力偶臂相同,故 $\boldsymbol{F}_7 = \boldsymbol{F}_3$,$\boldsymbol{F}_8 = \boldsymbol{F}_4$。这说明,将 $\boldsymbol{F}_7$ 和 $\boldsymbol{F}_8$ 的作用点分别沿各自作用线滑移到 $\boldsymbol{F}_3$ 和 $\boldsymbol{F}_4$ 的作用点位置就得到力偶($\boldsymbol{F}_3$,$\boldsymbol{F}_4$)。这样力偶($\boldsymbol{F}_1$,$\boldsymbol{F}_2$)就等效地变换为力偶($\boldsymbol{F}_3$,$\boldsymbol{F}_4$)了。

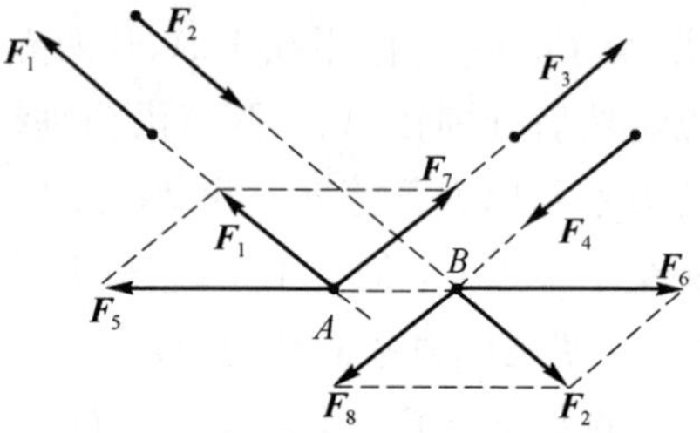

图 4-8　力偶在其作用面内等效变换

(2)若力偶($\boldsymbol{F}_1$,$\boldsymbol{F}_2$)和力偶($\boldsymbol{F}_3$,$\boldsymbol{F}_4$)的作用面平行(图 4-9)。过 $\boldsymbol{F}_1$、$\boldsymbol{F}_2$ 的作用点 A、B 分别作力偶作用面的垂线,与力偶($\boldsymbol{F}_3$,$\boldsymbol{F}_4$)的作用面相交于 C、D 两点。现在 C、D 两点上分别加上 $\boldsymbol{F}_5$ 和 $\boldsymbol{F}_7$,$\boldsymbol{F}_6$ 和 $\boldsymbol{F}_8$ 组成的平衡力系,并使 $\boldsymbol{F}_5 = \boldsymbol{F}_1$,$\boldsymbol{F}_6 = \boldsymbol{F}_2$。又因 $\boldsymbol{F}_7 = -\boldsymbol{F}_5$,$\boldsymbol{F}_8 = -\boldsymbol{F}_6$,$\boldsymbol{F}_2 = -\boldsymbol{F}_1$,显然,$\boldsymbol{F}_1$ 与 $\boldsymbol{F}_8$,$\boldsymbol{F}_2$ 与 $\boldsymbol{F}_7$ 可合成为图示作用点相同的力 $\boldsymbol{F}_9$ 和 $\boldsymbol{F}_{10}$,且 $\boldsymbol{F}_9 = -\boldsymbol{F}_{10} = 2\boldsymbol{F}_1$,这说明 $\boldsymbol{F}_9$ 和 $\boldsymbol{F}_{10}$ 组成了一个平衡力系,现将它去掉。根据加减平衡力系公理,得到作用面与($\boldsymbol{F}_3$,$\boldsymbol{F}_4$)相同的新力偶($\boldsymbol{F}_5$,$\boldsymbol{F}_6$)与原力偶($\boldsymbol{F}_1$,$\boldsymbol{F}_2$)等效。再根据(1),即可知力偶($\boldsymbol{F}_5$,$\boldsymbol{F}_6$)可等效地变换为力偶($\boldsymbol{F}_3$,$\boldsymbol{F}_4$)。于是,力偶($\boldsymbol{F}_1$,$\boldsymbol{F}_2$)就等效地变换为力偶($\boldsymbol{F}_3$,$\boldsymbol{F}_4$)了。

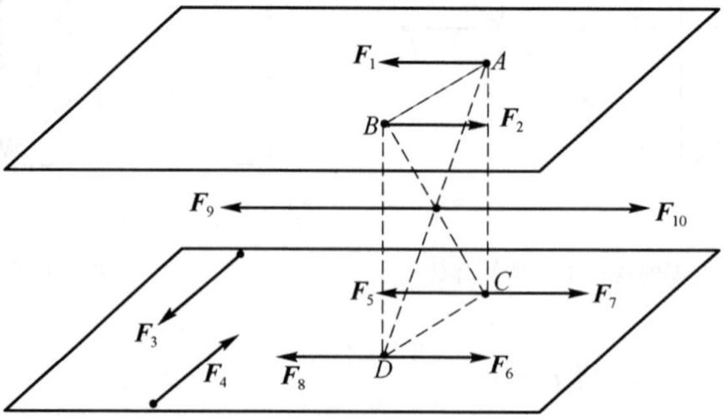

图 4-9　力偶在平行作用面间的等效变换

推论 1 力偶中两力的作用线在力偶作用面内同时作任何相同的平移;或同时作任何相同的转动后再平移,使力偶臂不变,都不会改变力偶对刚体的作用效应。

推论 2 力偶作用面的任何平移都不会改变力偶对刚体的作用效应。

推论 3 在保持力偶矩不变的条件下,可以任意改变力偶中两力的大小和力偶臂的值,都不会改变力偶对刚体的作用效应。

根据推论 3,利用双手转动一刚体时,可利用增大力偶臂来达到省力的目的。

由此可见,作用于刚体上的力偶,其力偶矩是一个自由矢量。由于力偶矩与力偶作用面垂直,力偶矩在力偶作用面内的转向可由右手螺旋法则确定。因此,作用于刚体上的力偶只有两个要素,即其力偶矩的大小和方向。由于力偶($\boldsymbol{F}_1$,$\boldsymbol{F}_2$)的主矢为零,对空间任意点的主矩均等于其力偶矩 $\boldsymbol{M}$,这说明力偶对刚体的作用效应只取决于其力偶矩,因此,力偶与力偶矩一般不加区别。

性质 3 力偶矩的平行四边形法则:作用于同一刚体上的两个力偶总可以合成为一个合力偶,合力偶的力偶矩等于两个分力偶的力偶矩的矢量和。

证明:设作用于同一刚体上的两个力偶分别为($\boldsymbol{F}_1$,$\boldsymbol{F}_2$)和($\boldsymbol{F}_3$,$\boldsymbol{F}_4$),其力偶矩分别为 $\boldsymbol{M}_1$ 和 $\boldsymbol{M}_2$,其作用面分别为 π_1 和 π_2(图 4-10)。在一般情况下,π_1 和 π_2 相交,若在其交线上任取两点 A 和 B,则根据性质 2 及其推论,可将这两个力偶等效地转化为力偶臂均等于 AB,作用面依然为 π_1 和 π_2 的力偶($\boldsymbol{F}_5$,$\boldsymbol{F}_6$)和($\boldsymbol{F}_7$,$\boldsymbol{F}_8$),并使 $\boldsymbol{F}_5$ 和 $\boldsymbol{F}_7$ 汇交于点 A,$\boldsymbol{F}_6$ 和 $\boldsymbol{F}_8$ 汇交于点 B。以 $\boldsymbol{F}_9$ 和 $\boldsymbol{F}_{10}$ 分别表示 $\boldsymbol{F}_5$、$\boldsymbol{F}_7$ 和 $\boldsymbol{F}_6$、$\boldsymbol{F}_8$ 的合力,显然,$\boldsymbol{F}_9=-\boldsymbol{F}_{10}$,即 $\boldsymbol{F}_9$ 与 $\boldsymbol{F}_{10}$ 组成了新力偶。这个新力偶与原力偶系等效,所以力偶($\boldsymbol{F}_9$,$\boldsymbol{F}_{10}$)就是力偶($\boldsymbol{F}_1$,$\boldsymbol{F}_2$)和($\boldsymbol{F}_3$,$\boldsymbol{F}_4$)的合力偶,其力偶矩为

$$\boldsymbol{M}=\overrightarrow{AB}\times\boldsymbol{F}_{10}=\overrightarrow{AB}\times(\boldsymbol{F}_6+\boldsymbol{F}_8)=\overrightarrow{AB}\times\boldsymbol{F}_6+\overrightarrow{AB}\times\boldsymbol{F}_8$$

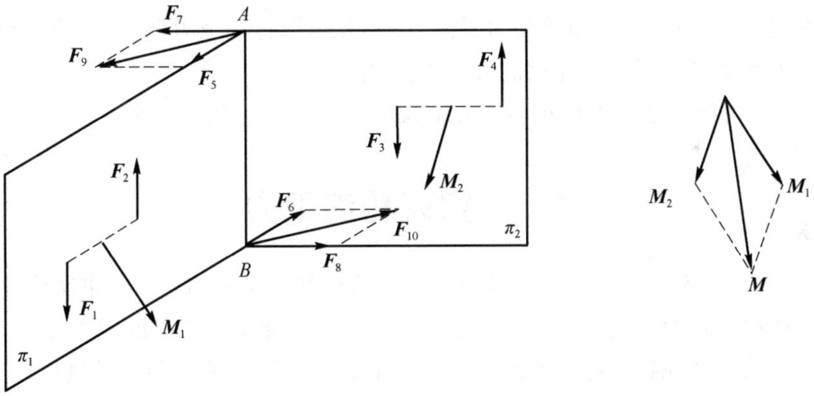

图 4-10 力偶矩的平行四边形法则

又因为

$$\boldsymbol{M}_1=\overrightarrow{AB}\times\boldsymbol{F}_6,\boldsymbol{M}_2=\overrightarrow{AB}\times\boldsymbol{F}_8$$

所以

$$\boldsymbol{M}=\boldsymbol{M}_1+\boldsymbol{M}_2$$

即合力偶的力偶矩等于这两个分力偶的力偶矩的矢量和。

在特殊情况下,当两个力偶($\boldsymbol{F}_1$,$\boldsymbol{F}_2$)和($\boldsymbol{F}_3$,$\boldsymbol{F}_4$)的作用面重合时,由以上证明过程知,此结论依然成立。而当两力偶的作用面平行时,由性质 2 的推论 2 知,它可等效于两力偶的作用面重合的情形。

推论　合力偶定理：作用于同一刚体上的 n 个力偶组成的力偶系总可以合成为一个合力偶，合力偶矩 $\boldsymbol{M}$ 等于力偶系中各力偶矩 $\boldsymbol{M}_i(i=1,2,\cdots,n)$ 的矢量和，即 $\boldsymbol{M}=\sum_{i=1}^{n}\boldsymbol{M}_i$。

性质 4　力偶不可能与一个力相平衡。

证明：用反证法。设某力偶($\boldsymbol{F}_1,\boldsymbol{F}_2$)与某个力 $\boldsymbol{F}$ 相平衡。有两种情况：

(1)若力 $\boldsymbol{F}$ 与力偶($\boldsymbol{F}_1,\boldsymbol{F}_2$)的作用面相交，则由性质 2 的推论 1 知，可将该力偶中两个力 $\boldsymbol{F}_1$ 和 $\boldsymbol{F}_2$ 的作用线在该力偶的作用面内同时作相同的平移，直至力 $\boldsymbol{F}$ 与这其中的一个力的作用线相交为止，显然力 $\boldsymbol{F}$ 不可能与该力偶的平移后的两个力的作用线同时相交。

(2)若力 $\boldsymbol{F}$ 与力偶($\boldsymbol{F}_1,\boldsymbol{F}_2$)的作用面平行，则由性质 2 的推论 2 知，可将该力偶的作用面作平移，直至力 $\boldsymbol{F}$ 处于该力偶平移后的作用面内为止(若力 $\boldsymbol{F}$ 原来就在力偶($\boldsymbol{F}_1,\boldsymbol{F}_2$)的作用面内，则不需要平移该力偶的作用面)，这时不论力 $\boldsymbol{F}$ 的作用线是否与力偶的两个力 $\boldsymbol{F}_1$ 和 $\boldsymbol{F}_2$ 的作用线相交，根据性质 2 的推论 1，都可将这两个力 $\boldsymbol{F}_1$ 和 $\boldsymbol{F}_2$ 的作用线同时作任何相同的转动再平移，使力偶臂保持不变，这样力 $\boldsymbol{F}$ 与转动与平移后的两个力的作用线分别交于不同的两点上。

以上两种情况都与三力平衡定理相矛盾，说明假设不成立，于是该性质得证。

推论 1　力偶的两个力不可能合成为一个力。

证明：用反证法。设力偶的两个力可以合成为一个力，则总存在另一个力与此力组成平衡力系，因而也和该力偶组成平衡力系，这与性质 4 矛盾。所以力偶的两个力不可能合成为一个力，即力偶无合力或力偶不可能与一个力等效。

应该指出，无合力与合力为零是两个不同的概念。无合力是指找不到一个力与之等效，合力为零是指存在一个大小为零的力与之等效。

该推论说明，一个力偶是最简单的力系之一，不要企图将一个力偶作进一步简化了。因此，一个力或一个力偶都是力对刚体作用的最基本形式。

推论 2　一个力偶只能被力偶矩与之等值反向的另一个力偶所平衡。

4.5　约束和约束力

在运动学中，把事先给定的限制非自由体运动的条件定义为约束。约束实际上是非自由体通过与其他物体相接触而形成的。在静力学中，为了便于研究物体间的相互作用，将限制非自由体某些方向运动的其他物体称为**约束**。约束对非自由体运动的限制是通过作用力来实现的，称这种作用力为**约束力**。为与约束力相区别，将那些主动地作用于非自由体上，使非自由体产生运动或使非自由体有运动趋势的作用力称为**主动力**(在工程中通常又将主动力称为载荷)。在静力学中，主动力的大小和方向一般是预先知道的独立的力，它与非自由体所受的约束无关。而约束力却是被动的，它的大小和方向，不仅与主动力有关，而且与接触处的约束特点和物体的运动状态或运动趋势有关。由于约束限制被约束物的运动状态是通过相互接触实现的，因此，约束力是接触力，它作用在相互接触处，约束力的方向总是与约束所限制物体的运动或运动趋势的方向相反，而约束力的大小一般是未知的，需要通过平衡条件或动力学规律进行求解。

在研究非自由体的受力时，通常将约束想象地解除，即想象地撤去约束物，并在接触处用适当的约束力来代替约束物，称之为**解除约束原理**。

下面介绍常见的约束和约束力的性质。

1. 柔索约束

将柔软的、不可伸长的约束物体称为柔索约束，如绳索、链条、胶带等。如无特别说明，这类约束物的横截面尺寸及其重量一律不计。这类约束只能限制被约束物体沿柔索被拉伸方向的运动，故其约束力沿其中心线，且背离被约束的物体(图 4-11)，通常将之称为**张力**，用符号 $\boldsymbol{F}_{\mathrm{T}}$ 表示。将这种只限制非自由体单侧运动的约束称为**单侧约束**，而将限制非自由体两个相反方向运动的约束称为**双侧约束**。

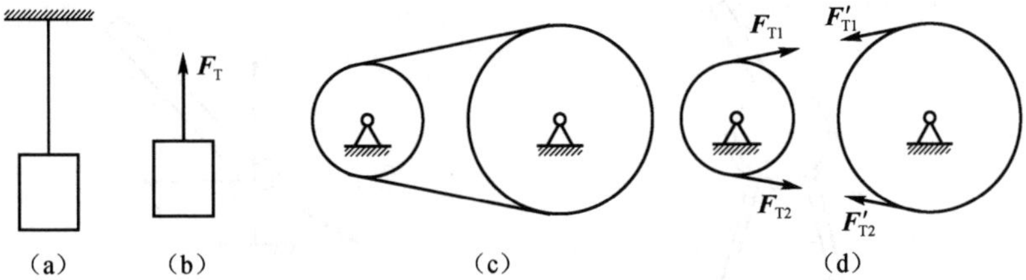

图 4-11 柔索约束的约束力表示

2. 光滑面约束

当两物体的接触表面为可忽略摩擦阻力的光滑平面或曲面时，一物体对另一物体的约束就是光滑面约束。这类约束只能限制被约束物体沿接触处的公法线并指向约束物体方向的相对运动，故其约束力沿接触处的公法线并指向被约束的物体，通常称之为**法向约束力**，用符号 $\boldsymbol{F}_{\mathrm{N}}$ 表示。当接触面为平面或直线时，约束力为均匀或非均匀分布的同向平行力系，常用其合力表示(图 4-12)。

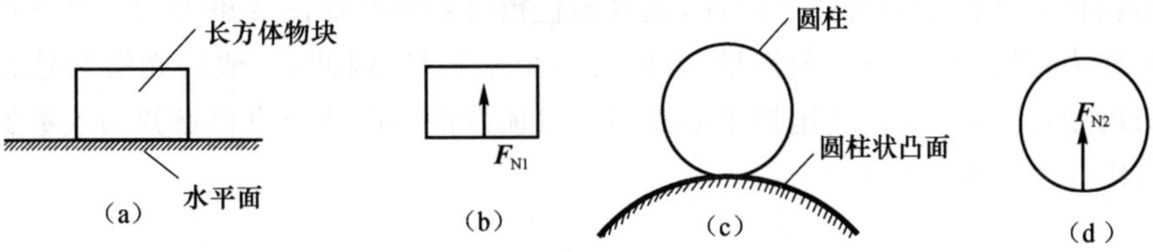

图 4-12 光滑面约束的约束力表示

当一物体表面与另一物体尖点光滑接触而形成约束时，可把尖点视为极小的圆弧，则约束力的方向仍沿接触处的公法线并指向被约束的物体(图 4-13)。

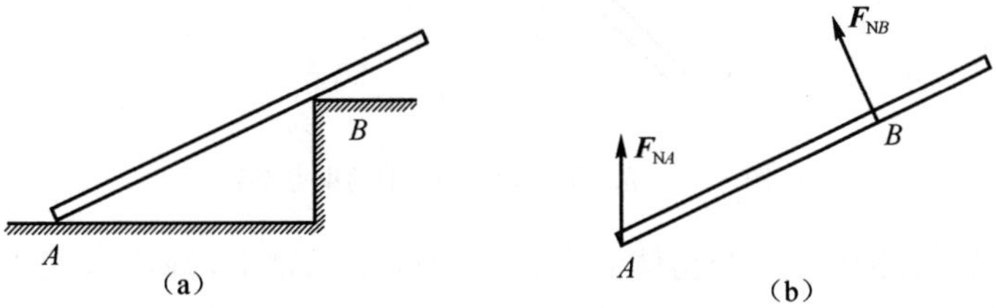

图 4-13 尖点光滑接触的约束力表示

光滑面约束也属于单侧约束。

3. 光滑铰链约束

包括球铰链和圆柱铰链在内的光滑铰链约束是一种特殊的光滑面约束，它们大量地应用于工程实际中。

光滑球铰链的圆球比球窝略小，它们之间是光滑球面上的点接触。其约束力过接触点和球心，但因接触点未知（它与被约束物体的其他受力情况有关），故约束力的方向不能事先确定；而约束力的大小显然取决于被约束物体的其他受力情况。这说明光滑球铰链对应的约束力是一个过球心的空间力，其大小有一个未知量，方向含两个未知量，因此，一般将光滑球铰链的约束力画在球心上，并用三个方位已知而代数值未知的正交分力 $\boldsymbol{F}_x$、$\boldsymbol{F}_y$ 和 $\boldsymbol{F}_z$ 来表示（图 4-14）。

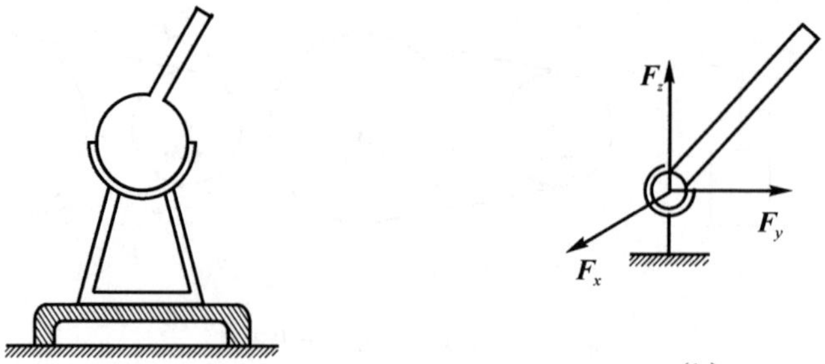

(a)　　(b)

图 4-14　光滑球铰链约束的约束力表示

光滑圆柱铰链的圆柱状销钉的直径比被约束物体的圆孔直径略小，它们之间是光滑圆柱面之间的线接触，其约束力经过接触点并沿销钉的径向，接触直线为圆柱面的某条母线，这说明光滑圆柱铰链对应的约束力系是一个沿接触母线分布的同向力系，一般用其合力表示。由于接触母线的位置与被约束物体所受的其他力有关，故约束力的方向不能事先确定，且约束力的大小也与被约束物体的其他受力有关。因此，光滑圆柱铰链约束对应的约束力是一个在销钉对称横截面内的平面力，其大小有一个未知量，方向有一个未知量，因此，一般将光滑圆柱铰链的约束力画在销钉的中心上，并以在过销钉中心点的销钉横截面内的两个方位已知而代数值未知的正交分力 $\boldsymbol{F}_x$、$\boldsymbol{F}_y$ 表示（图 4-15）。

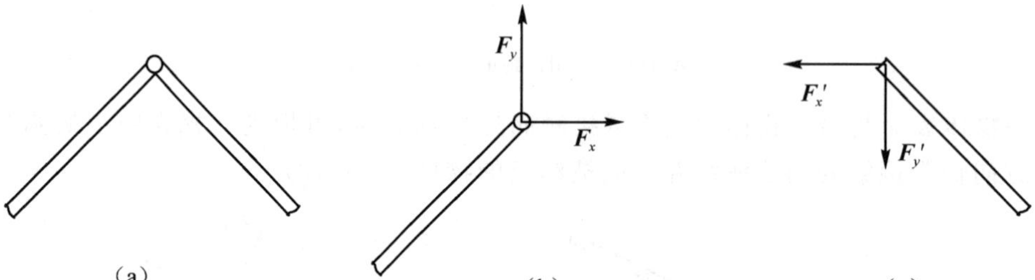

(a)　　(b)　　(c)

图 4-15　光滑圆柱铰链约束的约束力表示

若与光滑圆柱铰链相连的一个物体固定在静止的支承物上，则约束变为光滑固定铰支座，其约束力一般也以同样方法画出（图 4-16）。

对于光滑活动铰支座，支座受到两个约束力，一个是支承面给予的方向垂直于支承面且指向支座的约束力，另一个是销钉给予的约束力，因支座处于平衡状态，且支座的重量一般不计，故销钉的力与支承面的力组成二力平衡。所以光滑活动铰支座的约束力必经过销钉中心，与支承面垂直，且指向被约束的物体（图 4-17）。

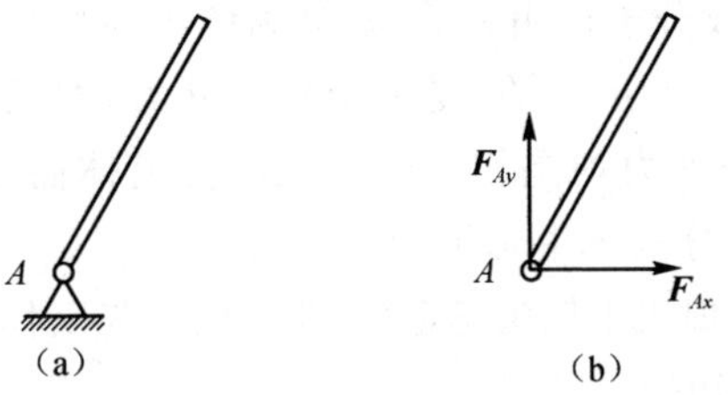

图 4-16　光滑固定铰支座的约束力表示

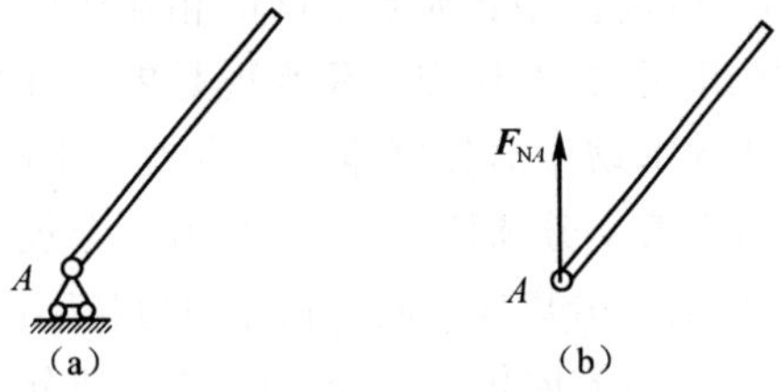

图 4-17　光滑活动铰支座的约束力表示

4.链杆约束

两端用光滑铰链与物体和地面相连，中间不受力（包括不受重力）的刚杆称为链杆。链杆约束只能限制被约束物体上与链杆的连接点沿链杆两端铰链中心的连线趋向或背离链杆的运动。显然链杆为二力杆，它既能受压，也能受拉。通常将链杆的约束力先按假定链杆受压情况画出（图 4-18），当通过平衡方程或动力学方程计算出它的值的正、负号后，再确定其真实指向。链杆约束属于双侧约束。

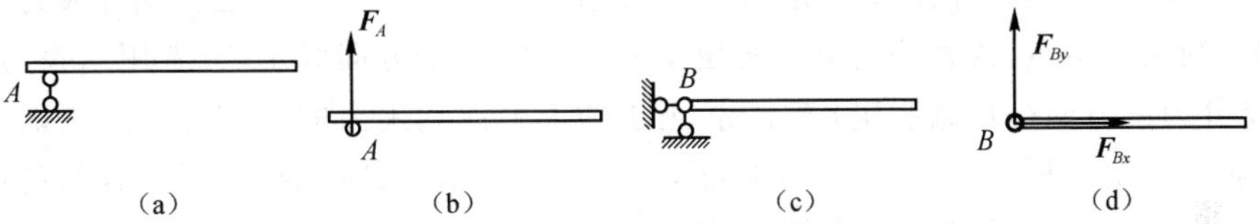

图 4-18　链杆约束的约束力表示

4.6　物体的受力分析和受力图

在求解工程实际中的力学问题时，首先需要选择某个或某些物体为研究对象，然后对研究对象应用静力学平衡条件或动力学运动规律，由已知力求出所需的未知量。这首先需要分析清楚研究对象上受哪些力的作用，即分析其上所受到的全部主动力和约束力的作用位置和方向，这一过程称为物体或物体系统的**受力分析**。然后将研究对象上所受到的全部力用适当的矢量符号画到其简图上，称为物体或物体系统的**受力图**。正确的受力分析不仅是解决静力学问题的关键环节，也是解决动力学问题的必要准备。

物体或物体系统的受力分析一般可按以下步骤进行：

(1)明确研究对象，画分离体的简图。实际问题中常有几个物体相互连接在一起，必须明确哪一个或哪一部分（由几个相连物体组成）是要进行研究的对象，将其从周围的约束中分离出来，得到解除约束的研究对象，称为**分离体**，并单独画出它的简图。

(2)分析分离体是否受到主动力或主动力偶的作用。若受到主动力或主动力偶的作用，则在分离体的简图上画出其受到的全部主动力或对应的主动力偶矩。注意，主动力往往是给定的，只要如实画出即可，但不小心的话，很容易漏掉。

(3)分析分离体在几个地方与其他物体接触，按各接触处的约束类型及所对应的约束力特点画出全部约束力。

按以上步骤按部就班地对物体进行受力分析可避免漏掉力或多画力的错误，也可有效地避免将约束力的方向画错，使画出的每个力都有施力体和依据。

在画受力图时，还应特别注意以下几点：

(1)分离体中各质点之间的相互作用力(万有引力或分子作用力等)及分离体内各部分之间的相互作用力,对研究对象来说是内力,内力在受力图上是不画的,受力图只画外力,即只画主动力和周围物体对分离体的约束力。应该注意,内力和外力均是相对于所取的分离体而言的,一个力在某个分离体是外力,在另一个包含更多物体的分离体中则可能是内力。

(2)若各分离体之间存在作用力与反作用力,则要体现出牛顿第三定律,即作用力与反作用力要大小相等,方向相反,且分别作用于两分离体的对应接触处。

(3)当物体间的连接处为光滑圆柱铰链时,称该处为**节点**。以同一光滑圆柱铰链相连的几个物体之间并不直接发生相互作用,而是通过销钉发生相互作用,当节点受主动力作用时,一般都认为主动力作用于销钉的中心上,将铰链处的销钉附带于某个或某几个与之相连的物体上,可简化受力分析过程,并便于表示分离体之间的作用力与反作用力。

(4)若分离体与二力体相连,则一定要按二力体的约束特点画出二力体对分离体的约束力。

(5)尽管作用于刚体上的力是滑移矢量,但在画受力图时,一般不要随便移动力的作用点位置。这样做,一方面便于为画变形体的受力图养成良好习惯,另一方面便于检查受力图是否正确。

(6)当已知约束力的方向时,必须将约束力按真实方向画出。当无法预知约束力的方向时,可根据相应约束的特点,或者按约束的两相反方向假定一个方向画出,或者用约束力的正交分力(各正交分力的方向可任意假定)表示出,至于约束力或约束力的正交分力的正确方向,在静力学中可通过平衡方程,在动力学中可通过动力学方程,求出其值的正、负号后确定,即正号表示与假定的方向一致,负号表示与假定的方向相反。

(7)若多个分离体在某处存在相同的约束,则对应的约束力在各分离体的受力图中的方向及力符必须一致。

(8)在画受力图时,一定要先取分离体,取分离体实质上是暴露物体间相互作用的一种方法,只有把施力体和受力体分离开来,才能将它们之间的机械作用以力代替。若将某个整体的受力图与其局部的受力图画在同一幅简图上,则无法区分某些力的施力体和受力体,分不清研究对象的内力和外力,很容易出错,在具体解题时,取多少次研究对象,就要画多少次分离体及其受力图。

下面通过几个典型例子帮助读者掌握受力分析和画受力图的必要步骤和正确方法。

例 4-5 三铰拱结构及其受力情况如图(a)所示,若不计自重和摩擦,试分别画出左半拱 AC 和右半拱 BC 的受力图。

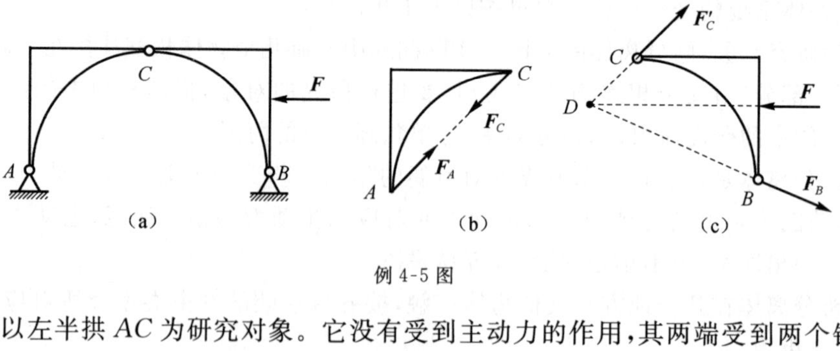

例 4-5 图

解:(1)以左半拱 AC 为研究对象。它没有受到主动力的作用,其两端受到两个销钉的约束力的作用,所以,它为二力体,其两端所受约束力必经过 A、C 两点,不妨假设其指向如图(b)所示。

(2)以右半拱 BC(带销钉 C)为研究对象。先画出主动力 $\boldsymbol{F}$,C 端受到左半拱的反作用力 $\boldsymbol{F}'_C$

的作用，B 处受到光滑固定铰支座的作用，由三力平衡定理，其约束力 $\boldsymbol{F}_B$ 必过 $\boldsymbol{F}$ 和 $\boldsymbol{F}'_C$ 的交点 D，如图(c)所示。

注意：不能将主动力 $\boldsymbol{F}$ 沿其作用线滑移至左半拱 AC 上(此时，右半拱变成二力体，左半拱变成三力平衡汇交了)，因为作用于刚体上的力为滑移矢量必须作用在同一个刚体上，由右半拱 BC 滑移至左半拱 AC 是不正确的。

例 4-6 如图(a)所示平面结构，主动力 $\boldsymbol{F}$ 水平向右地作用于铰链 A 上，CD 为水平张紧的绳索，若不计自重和摩擦，试分别画出杆 OA、AB 的受力图。

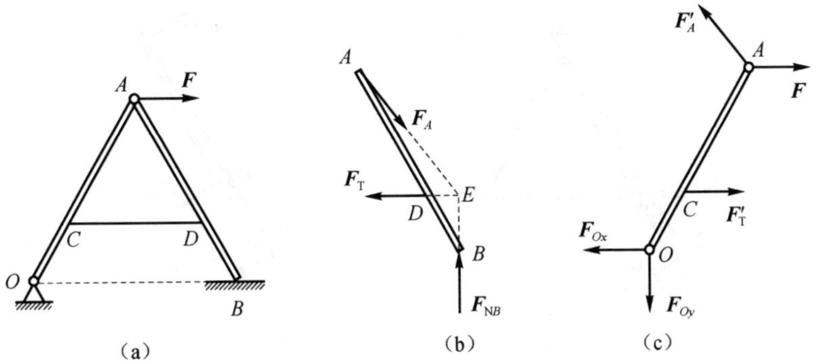

例 4-6 图

解：(1)以杆 AB(不带销钉 A)为研究对象。它无主动力作用，B 处为光滑面约束，D 处为柔索约束，其约束力分别为 $\boldsymbol{F}_{NB}$ 和 $\boldsymbol{F}_T$，A 处受光滑圆柱铰链约束，由三力平衡定理，销钉 A 对杆 AB 的约束力 $\boldsymbol{F}_A$ 必过 $\boldsymbol{F}_{NB}$ 和 $\boldsymbol{F}_T$ 的交点 E，如图(b)所示。

(2)以杆 OA(带销钉 A)为研究对象。先画主动力 $\boldsymbol{F}$，A 处和 C 处受到 $\boldsymbol{F}_A$ 和 $\boldsymbol{F}_T$ 的反作用力 $\boldsymbol{F}'_A$ 和 $\boldsymbol{F}'_T$ 的作用，B 处受光滑固定铰支座约束，其约束力方向可用两个正交分力 $\boldsymbol{F}_{Ox}$ 和 $\boldsymbol{F}_{Oy}$ 表示，如图(c)所示。

注意：①由整体的平衡可判断出光滑固定铰支座 O 对系统的约束力 $\boldsymbol{F}_O$ 必过 $\boldsymbol{F}$ 和 $\boldsymbol{F}_{NB}$ 的交点。②作用于铰链 A 上的主动力画在销钉 A 上。

例 4-7 如图(a)所示平面结构，三角形平板上刻有滑槽，固连于杆 AB 上的销钉 C 放置于该滑槽内，主动力 $\boldsymbol{F}$ 铅垂向下地作用于三角形平板上，若不计自重和摩擦，试分别画出平板和杆的受力图。

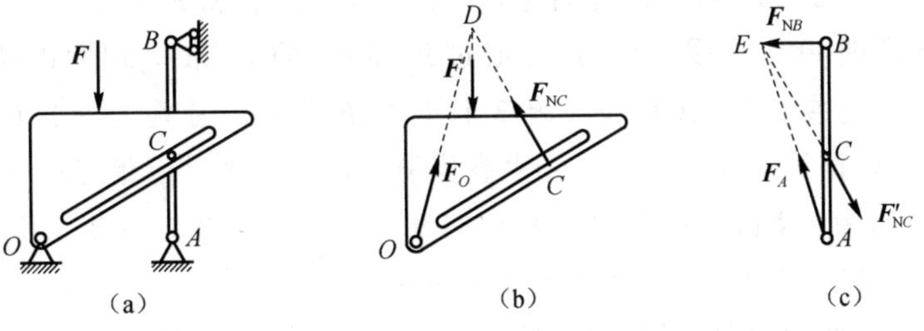

例 4-7 图

解：(1)以三角形平板为研究对象。先画主动力 $\boldsymbol{F}$，杆 AB 上销钉 C 与滑槽为光滑面接触，其约束力 $\boldsymbol{F}_{NC}$ 垂直于滑槽，光滑固定铰支座 O 对平板的约束力 $\boldsymbol{F}_O$ 必过 $\boldsymbol{F}$ 与 $\boldsymbol{F}_{NC}$ 的交点 D，如图(b)所示。

(2)以杆 AB 为研究对象。它无主动力作用，销钉 C 处受 $\boldsymbol{F}_{NC}$ 的反作用力 $\boldsymbol{F}'_{NC}$ 的作用，B 处

受到光滑活动铰支座 B 的约束力 $\boldsymbol{F}_{NB}$ 的作用，A 处受到光滑固定铰支座的约束力 $\boldsymbol{F}_A$ 的作用，$\boldsymbol{F}_A$ 必过 $\boldsymbol{F}'_{NC}$ 和 $\boldsymbol{F}_{NB}$ 的交点 E。如图(c)所示。

注意：①若将 C 处约束力用两个正交分力表示，则是错误的，因为销钉 C 与滑槽属于光滑面接触，其约束力沿接触处的公法线方向，即 C 处约束力的方向是可以确定的。②若要画整体的受力图，则只要在图(a)的 O、A、B 处分别画上 $\boldsymbol{F}_O$、$\boldsymbol{F}_A$ 和 $\boldsymbol{F}_{NB}$ 即可；$\boldsymbol{F}_{NC}$ 和 $\boldsymbol{F}'_{NC}$ 变成一对内力，不画。

例 4-8 如图(a)所示平面结构，固连于杆 AB 上的销钉 D 放置于杆 CE 的直槽内，其矩为 M 的主动力偶作用于杆 CE 的 E 端，若不计自重和摩擦，试分别画出杆 AB、BC、CE 的受力图。

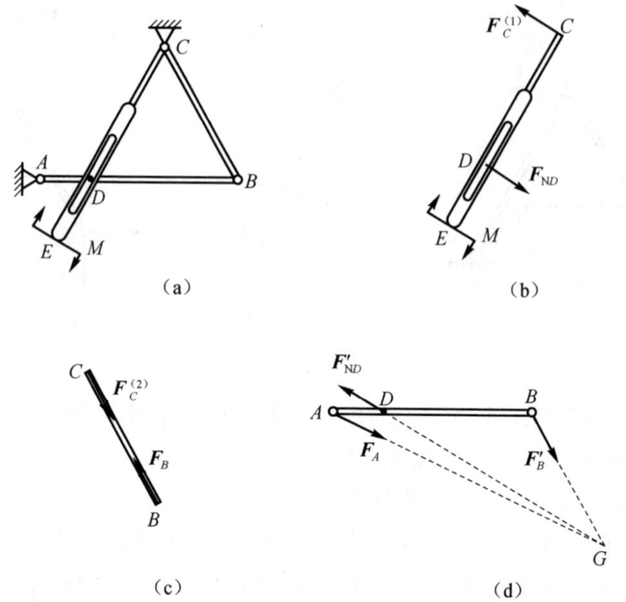

例 4-8 图

解：(1)以杆 CE(不带销钉 C)为研究对象。先画主动力偶 M，D 处为光滑面接触，其约束力 $\boldsymbol{F}_{ND}$ 垂直于滑槽，销钉 C 对杆 CE 的约束力 $\boldsymbol{F}_C^{(1)}$ 与 $\boldsymbol{F}_{ND}$ 组成一力偶才能与主动力偶 M 相平衡，如图(b)所示。

(2)以杆 BC(不带销钉 B、C)为研究对象，它为二力杆，其受力图为图(c)。

(3)以杆 AB(带销钉 A、B)为研究对象，在 B、D 处受 $\boldsymbol{F}_B$ 和 $\boldsymbol{F}_{ND}$ 的反作用力 $\boldsymbol{F}'_B$ 和 $\boldsymbol{F}'_{ND}$ 的作用，根据三力平衡定理，A 处所受约束力 $\boldsymbol{F}_A$ 必过 $\boldsymbol{F}'_B$ 和 $\boldsymbol{F}'_{ND}$ 的交点 G，如图(d)所示。

注意：①销钉 C 连接杆 CE、CB 和大地三个物体，$\boldsymbol{F}_C^{(1)}$、$\boldsymbol{F}_C^{(2)}$ 分别为销钉 C 作用于杆 CE 和 CB 上的力，它们不是作用与反作用力。②由整体平衡知地面作用于销钉 C 上的力 $\boldsymbol{F}_C$ 应与 $\boldsymbol{F}_A$ 组成一个力偶，即 $\boldsymbol{F}_C=-\boldsymbol{F}_A$，才能与主动力偶 M 相平衡。③销钉 C 受到三个力，即 $\boldsymbol{F}_C^{(1)}$ 和 $\boldsymbol{F}_C^{(2)}$ 的反作用力 $\boldsymbol{F}_C^{(1)\prime}$ 和 $\boldsymbol{F}_C^{(2)\prime}$ 及 $\boldsymbol{F}_C$ 的作用而处于平衡状态。

例 4-9 如图(a)所示，直杆 AB 和折杆 BCE 的杆重均不计，通过绳索 OA，光滑固定铰支座 B 和光滑活动铰支座 D 与大地相连，在主动力 $\boldsymbol{F}_1$ 和 $\boldsymbol{F}_2$ 的作用下，于图示位置处于平衡状态，试画出两杆的受力图。

解：该题的销钉 B，与之相连的有三个刚体，即杆 AB、杆 BCE 和大地。

(1)以杆 AB 为研究对象，先画主动力 $\boldsymbol{F}_1$，A 处受绳索约束，其约束力为 $\boldsymbol{F}_T$，B 处受光滑铰链 B 约束，其约束力 $\boldsymbol{F}_B^{(1)}$ 必过 $\boldsymbol{F}_T$ 与 $\boldsymbol{F}_1$ 的交点，如图(b)所示。

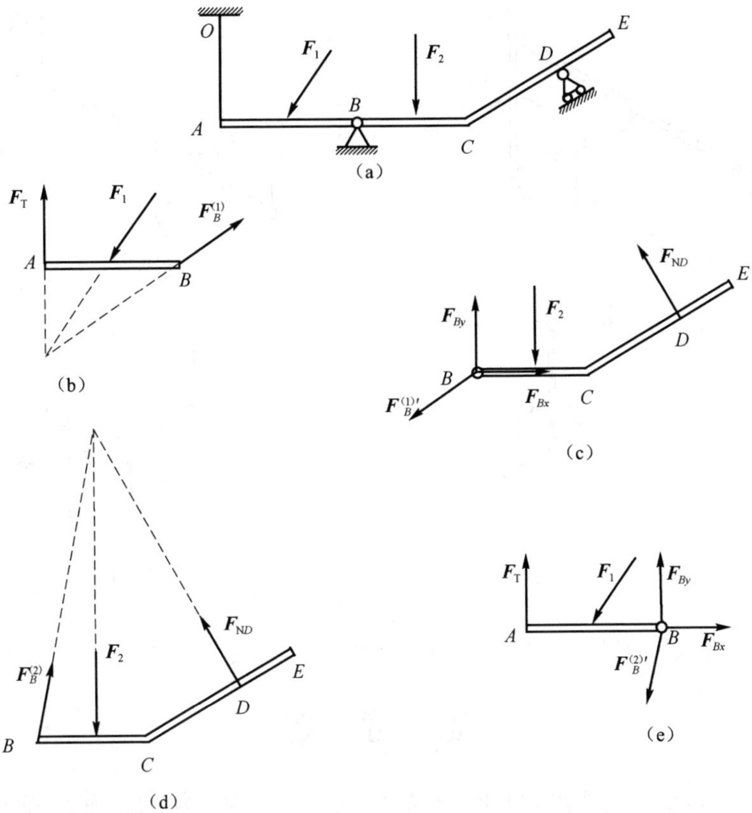

例 4-9 图

(2)以杆 BCE(带销钉 B)为研究对象,先画主动力 $\boldsymbol{F}_2$,D 处受光滑活动铰支座约束,其约束力 $\boldsymbol{F}_{\mathrm{ND}}$垂直于支承面,$B$ 处受杆 AB 反作用力 $\boldsymbol{F}_B^{(1)'}$ 及大地的约束力 $\boldsymbol{F}_{Bx}$ 和 $\boldsymbol{F}_{By}$(大地对销钉 B 的约束力方向无法直接判定)作用,如图(c)所示。

注意:①销钉 B 也可带于杆 AB,此时杆 BCE 和杆 AB 的受力图分别如图(d)、图(e)所示。②$\boldsymbol{F}_B^{(1)}$ 和 $\boldsymbol{F}_B^{(2)}$ 不是作用与反作用力,它们的反作用力作用于销钉 B,且销钉 B 上还作用有大地约束力 $\boldsymbol{F}_{Bx}$ 和 $\boldsymbol{F}_{By}$。

例 4-10 如图(a)所示平面结构,受主动力 $\boldsymbol{F}$ 和力偶矩为 M 的主动力偶的作用,不计各杆自重和摩擦,试画出各杆的受力图。

解:由于主动力偶至少是由一对大小相等、方向相反、不共线的主动力构成,故杆 BC 肯定不是二力杆,显然销钉 C 也连接三个刚体。

(1)以杆 AB 为研究对象。它不受主动力的作用,A 端受链杆约束,其约束力为 $\boldsymbol{F}_A$,B 和 D 处受光滑铰链约束,其约束力方向均无法直接判定,故分别用其正交分力 $\boldsymbol{F}_{Bx}$、$\boldsymbol{F}_{By}$ 和 $\boldsymbol{F}_{Dx}$、$\boldsymbol{F}_{Dy}$ 表示,如图(b)所示。

(2)以杆 BC(带销钉 B)为研究对象。先画主动力偶矩 M,B 处受杆 AB 的反作用力 $\boldsymbol{F}'_{Bx}$、$\boldsymbol{F}'_{By}$ 作用,C 处受光滑铰链约束,其约束力方向也无法直接判定,故也用两个正交分力 $\boldsymbol{F}_{Cx}$、$\boldsymbol{F}_{Cy}$ 表示,如图(c)所示。

(3)杆 CD(带销钉 C 和 D)为研究对象。先画主动力 $\boldsymbol{F}$,D 处受杆 AB 的反作用力 $\boldsymbol{F}'_{Dx}$、$\boldsymbol{F}'_{Dy}$ 作用,C 处受杆 BC 的反作用力 $\boldsymbol{F}'_{Cx}$、$\boldsymbol{F}'_{Cy}$ 和大地的约束力 $\boldsymbol{F}_{Cx}^{(1)}$、$\boldsymbol{F}_{Cy}^{(1)}$(大地对销钉 C 的约束力方向也无法直接判定)作用,如图(d)所示。

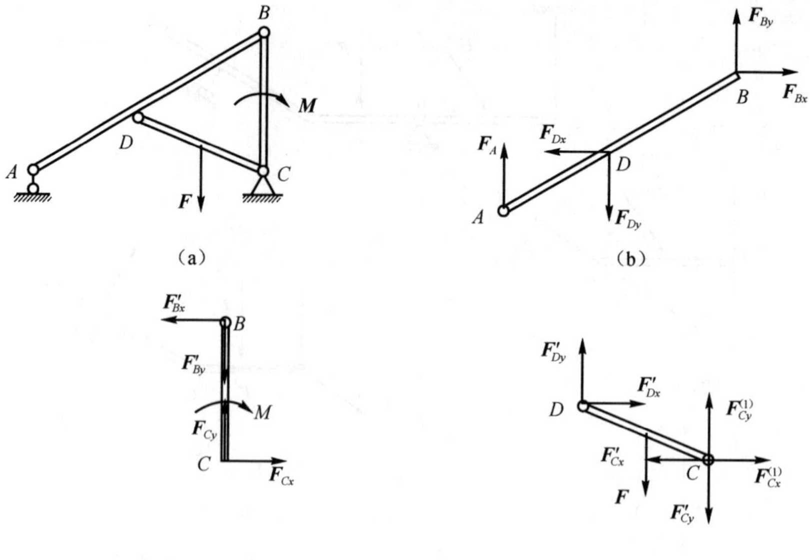

例 4-10 图

注意：由整体平衡知 $F_{Cx}^{(1)}=0$，因此不画 $F_{Cx}^{(1)}$ 也可以，但要说明理由。

思　考　题

4-1　如图所示，正三棱柱体 $OABCDE$ 的高（平行于 x 轴）为 $\sqrt{2}a$，底面等边三角形的边长为 a，在棱角 D 处作用一主动力 $\boldsymbol{F}$，试用矢量表示力矢 $\boldsymbol{F}$ 和该主动力对点 O 的矩。

4-2　如图所示，力 $\boldsymbol{F}$ 作用于长方体（边长分别为 $3a$、$4a$、$5a$）上，如何计算该力在 OC 轴上的投影和对 OC 轴的矩？

4-3　如图所示，在边长为 $3a$、$4a$、$5a$ 的长方体的面 $ABCD$ 内作用一力偶矩为 M 的主动力偶，试用矢量表示该力偶对点 O 的矩。

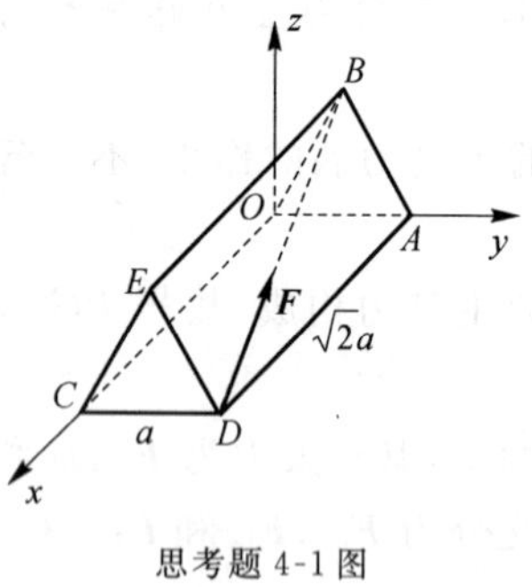

思考题 4-1 图

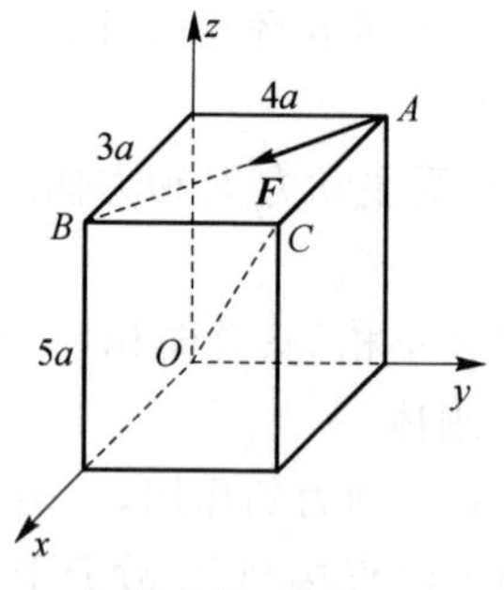

思考题 4-2 图

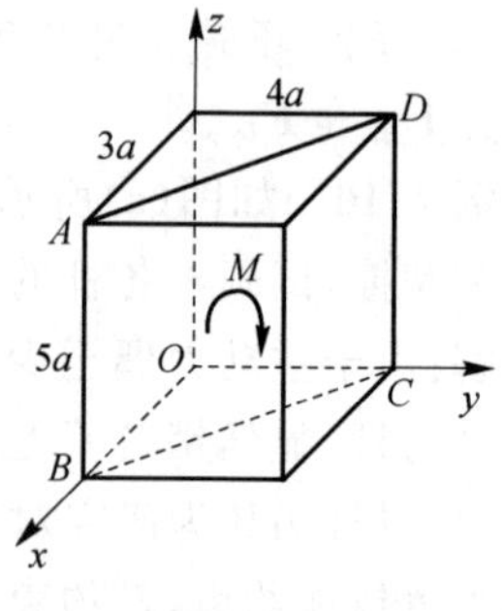

思考题 4-3 图

4-4　试问力矩与力偶矩有何区别？

4-5　如图所示，在边长为 a 的正方体上作用力 $\boldsymbol{F}$，并在上表面内作用力偶矩为 $M=\dfrac{\sqrt{2}}{2}Fa$ 的主动力偶，试写出该力系的主矢，并问该力系对点 A、点 B 的主矩有何差别？

4-6　如图所示，直杆 OA 与直角弯杆 BC 相互铰接，若不计自重和摩擦，$F_1=F_2=F$，试问图(a)和图(b)所示主动力系使固定铰支座 O、B 处所产生的约束力是否相同？为什么？

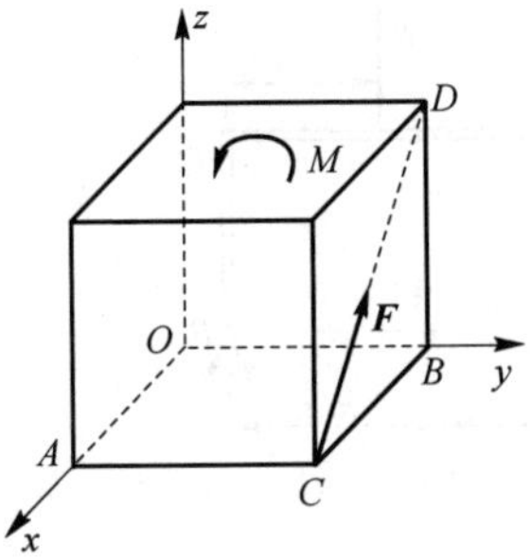

思考题 4-5 图

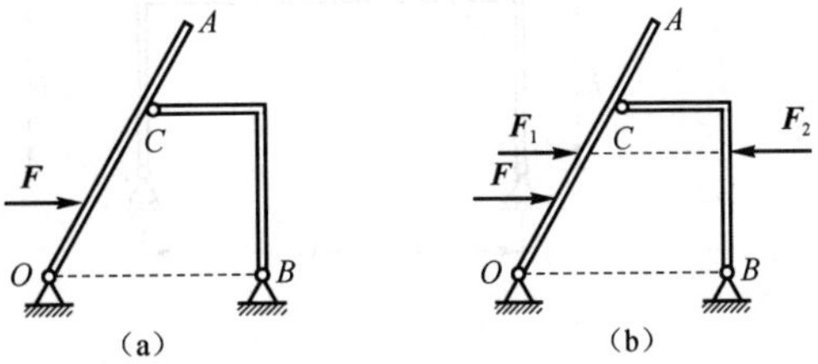

思考题 4-6 图

4-7 某一刚杆(自重不计)受 n 个力作用而平衡,若其中前 $(n-1)$ 个力作用于杆的一端,第 n 个力作用于杆的另一端,试问第 n 个力的作用线有何特点?

4-8 试问力的分力与力的投影有何区别?图示一重量为 W 的均质圆柱体架在光滑的 V 形槽内,试问圆柱对两槽壁的压力等于多少?

4-9 试问分力总比合力小吗?如图所示,工人试图用吊车起吊一个构件,在构件的两边系上一钢索,钢索很粗但自重不计,所能承受的拉力数倍于构件的重量,试问图(a)和图(b)所示方案($\alpha_1 \leqslant 120^\circ$,$\alpha_2 > 120^\circ$),哪个更安全?为什么?

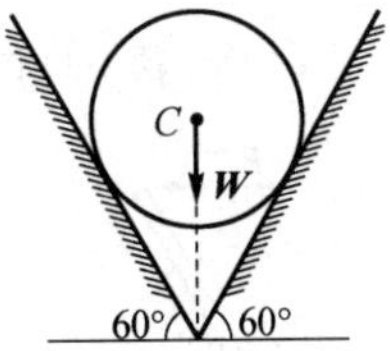

思考题 4-8 图

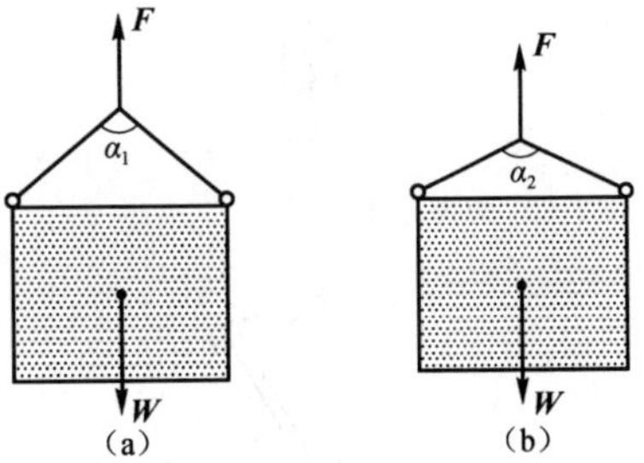

思考题 4-9 图

4-10 如图所示,一辆汽车陷入泥潭,几个人直接用绳子去拉也难以拉出,如果在汽车的前方的路边有一棵树,将绳拴到树上并拉紧,这时几个人只要在绳上某处一起施加横向力 $\boldsymbol{F}$,就有可能将汽车拉出泥潭,试说明其原因。

4-11 图示为一个简易的拔桩装置,在 A 处施加一向下的力 $\boldsymbol{F}$,试求 AB 段和 BC 段绳子的张力,你能得到何结论?若 $\alpha = \beta = 10^\circ$,则 BC 段绳子的张力与 $\boldsymbol{F}$ 的大小有何关系?

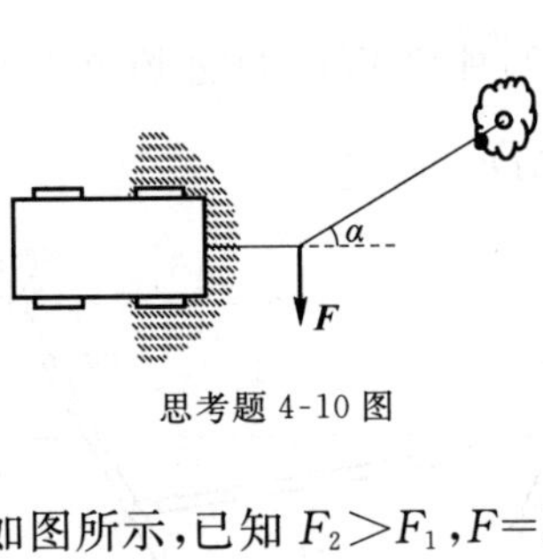

思考题 4-10 图

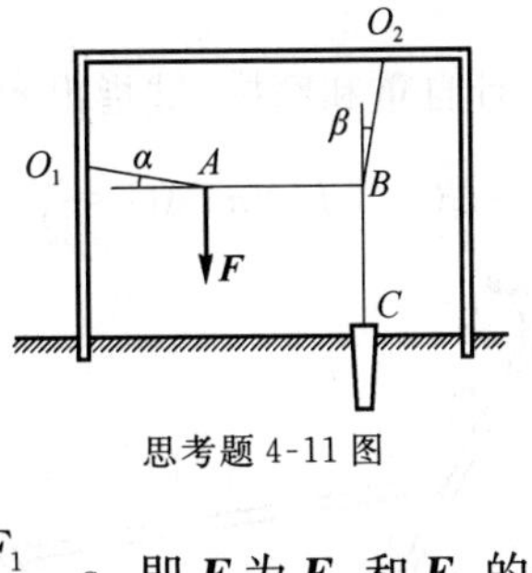

思考题 4-11 图

4-12 如图所示,已知 $F_2 > F_1$,$F = F_1 + F_2$,$c = \dfrac{2F_1}{F_1 + F_2}a$,即 $\boldsymbol{F}$ 为 $\boldsymbol{F}_1$ 和 $\boldsymbol{F}_2$ 的合力。若自重和摩擦不计,图(a)和图(b)所示主动力系是否使固定铰支座 A、B 处产生相同的约束力?为什么?

4-13 图示铅垂面内系统,重物的重量为 P,圆盘的半径为 r,圆盘和绳索的质量不计,力偶矩 $M = Pr$,显然系统平衡。此题为一个力与一个力偶相平衡的例子,试问这种说法对吗?

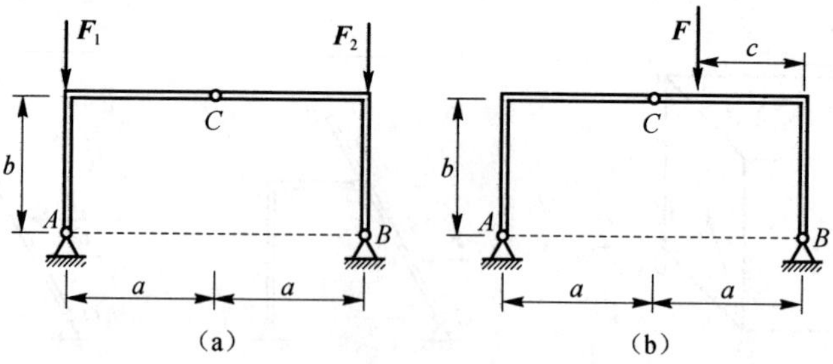

思考题 4-12 图

4-14 不计自重和摩擦，对图示平面三铰拱结构，在画左、右半拱的受力图时，销钉 C 的不同处理方案，试问它们的受力图有何异同？

4-15 不计自重和摩擦，试指出图(a)和图(b)所示两种情况下，D 处约束力有何不同？能否直接判定 A 处约束力的方向？

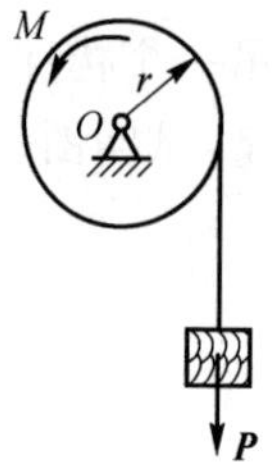

思考题 4-13 图

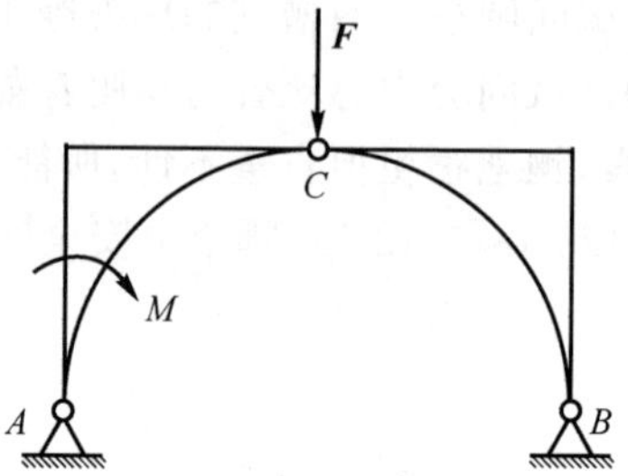

思考题 4-14 图

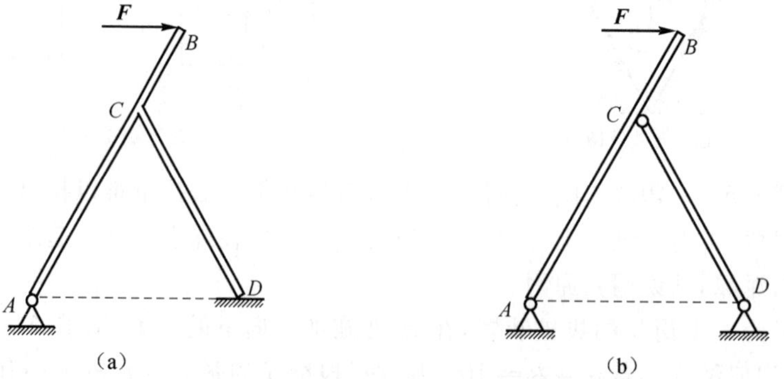

思考题 4-15 图

4-16 不计自重和摩擦，试指出图(a)和图(b)所示两种情况下，D 处约束力的方向有何不同？已知 $AB=BC=CD=a$，$AG=\frac{1}{2}a$，$DH=\frac{3}{4}a$，$\boldsymbol{F}/\!/\overrightarrow{AD}$。

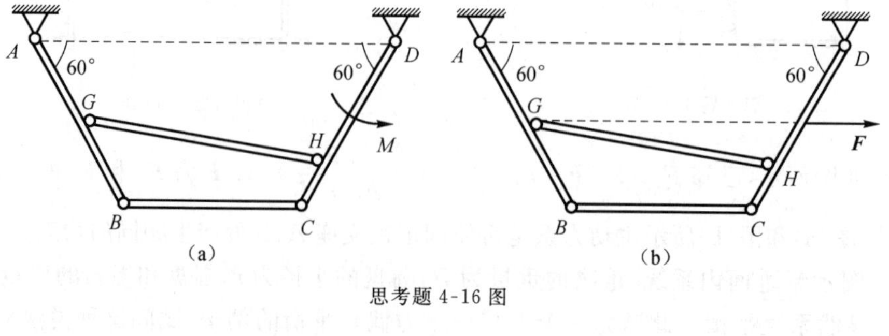

思考题 4-16 图

4-17 不计自重和摩擦，能否画出图示固定铰支座 A、B 处约束力的方向（图(a)中 $M_1=M_2=M$）？试说明理由。

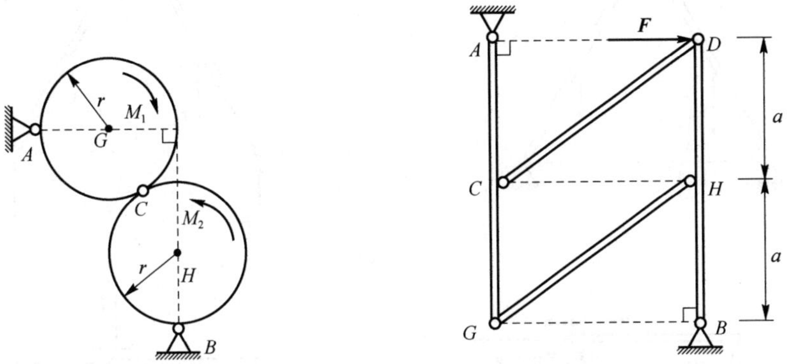

(a) (b)

思考题 4-17 图

4-18 不计自重和摩擦，图中各物体的受力图是否正确，若有错误应如何改正？

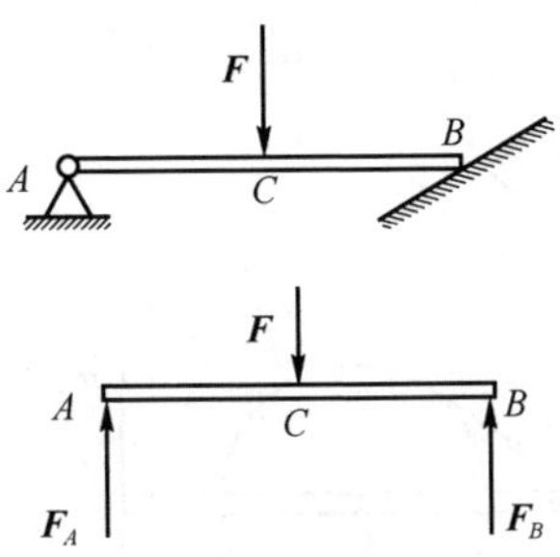

(a)

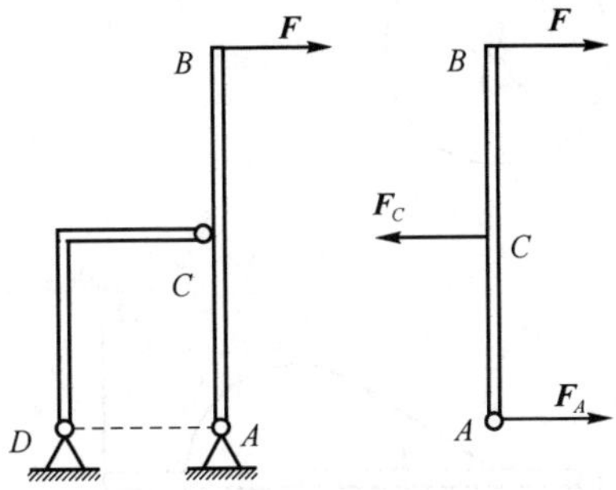

(b)

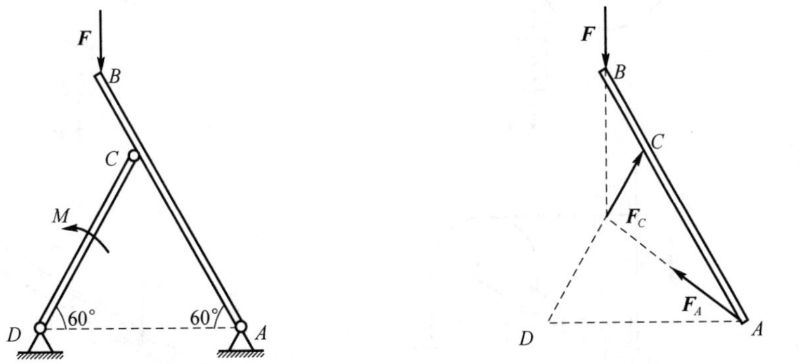

(c)

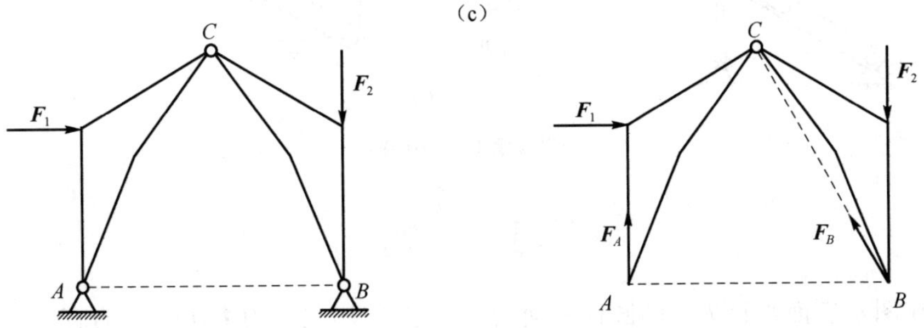

(d)

思考题 4-18 图

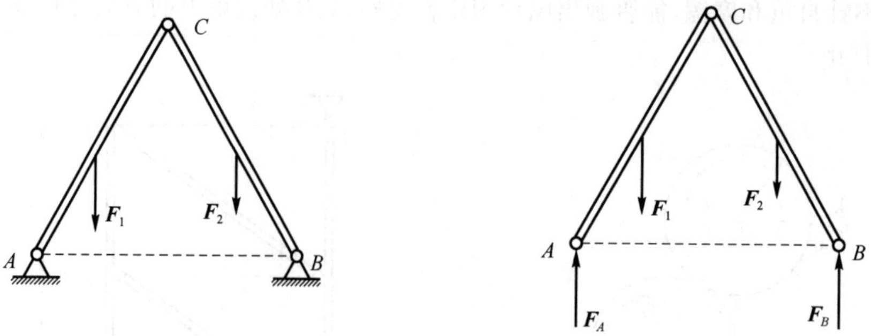

（e）

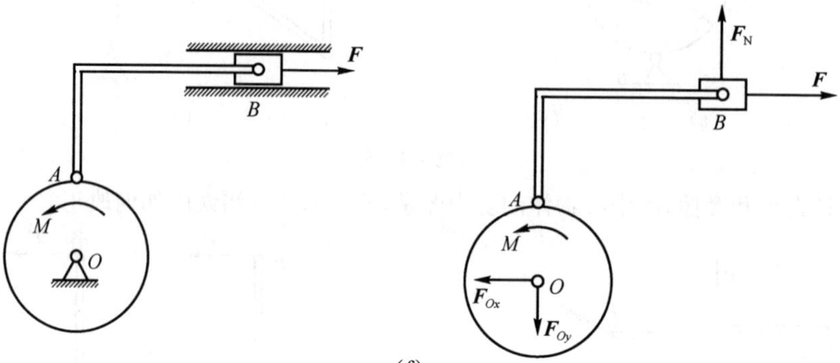

（f）

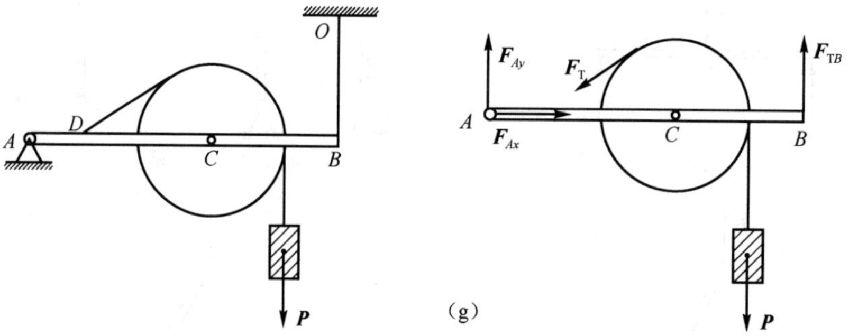

（g）

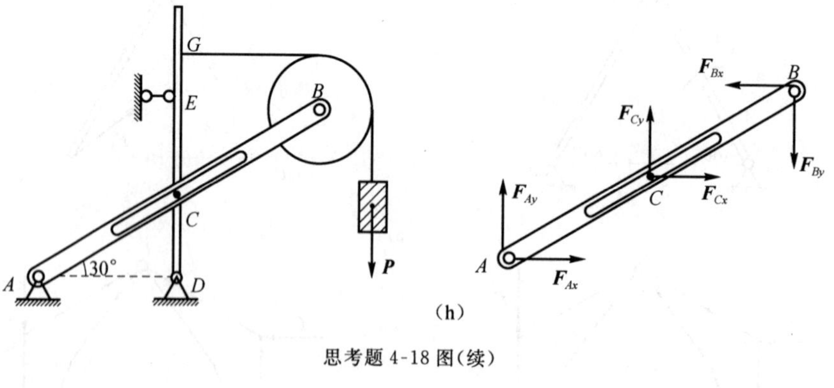

（h）

思考题 4-18 图(续)

习　　题

4-1　在图示底面半径为 r 的圆柱表面的点 A 上作用主动力 $\boldsymbol{F}$，$Oxyz$ 为直角坐标系，试求该力在 x、y、z 轴上的投影和对 x、y、z 轴的矩。

4-2 在图示半径为 r 的球表面点 A 上作用力 $\boldsymbol{F}$，$OC=\frac{\sqrt{3}}{3}r$，$\varphi=60°$，$\theta=60°$，$Oxyz$ 为直角坐标系，试求该力在 x、y、z 轴上的投影和对 x、y、z 轴的矩。

4-3 在图示直四面体 $OABC$ 上作用主动力 $\boldsymbol{F}$，$Oxyz$ 为直角坐标系，$OA=3a$，$OB=4a$，$OC=5a$，D 为 AB 边的中点，试求该力在 x、y、z 轴上的投影和对 x、y、z 轴的矩。

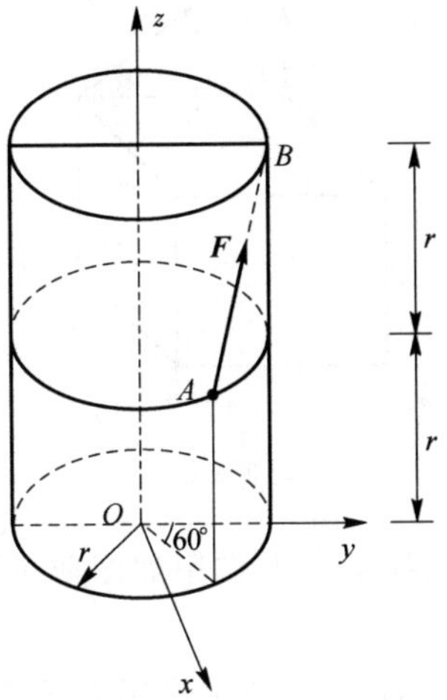

习题 4-1 图

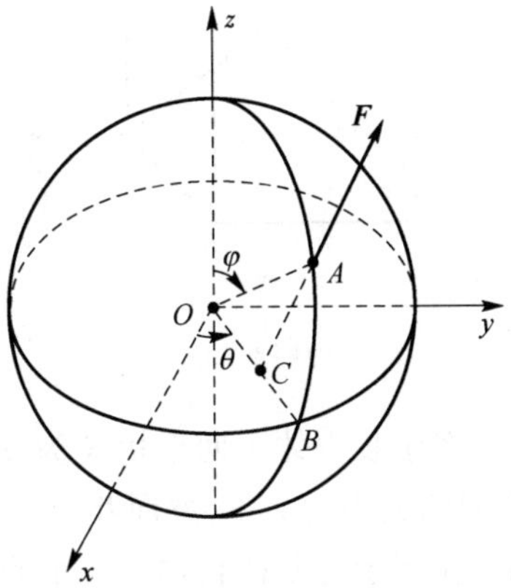

习题 4-2 图

4-4 如图所示，轴 OA 与半径为 r 的圆盘盘面垂直，$Oxyz$ 与 $O'x'y'z'$ 都为直角坐标系，$O'y'z'$ 与 Oyz 共面，在圆盘盘面内沿盘缘上点 B 作用有切向力 $\boldsymbol{F}$，试求该力在 x、y、z 轴上的投影和对 x、y、z 轴的矩。

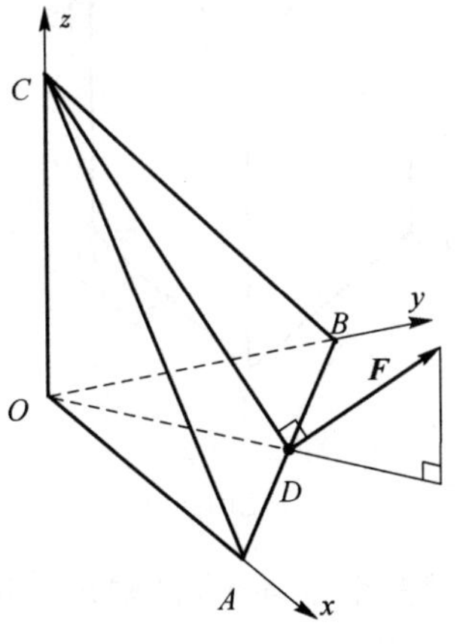

习题 4-3 图

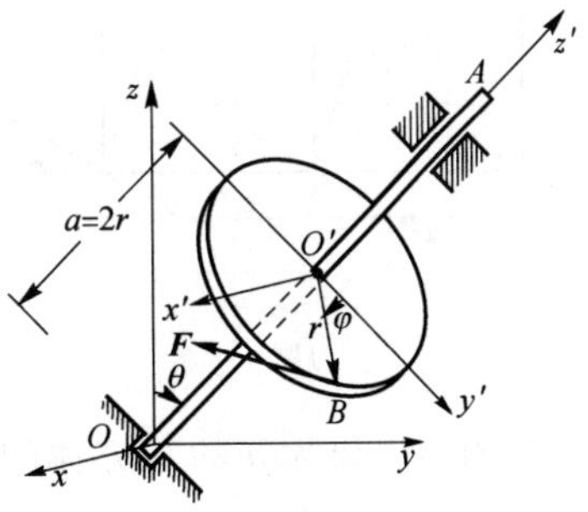

习题 4-4 图

4-5 在图示边长为 $a=1\text{m}$、$b=2\text{m}$、$c=3\text{m}$ 的长方体的顶点 A 上作用一个沿对角线 AB 的大小为 $50\sqrt{14}\text{N}$ 的力 $\boldsymbol{F}$。试求：(1) 力 $\boldsymbol{F}$ 在 x、y、z 轴上的投影；(2) 力 $\boldsymbol{F}$ 对点 O、点 E 的矩；(3) 力 $\boldsymbol{F}$ 对 x、y、z 轴和由点 C 指向点 D 的 CD 轴的矩。

4-6 图示长方体的三个边长为 $a=1.6\text{m}$，$b=1.5\text{m}$，$c=1.2\text{m}$，在顶点 A 上作用一大小等于 100N 的力 $\boldsymbol{F}$，方向如图所示，已知 $\alpha=\arctan\frac{3}{4}$，$\beta=\arctan\frac{4}{3}$。试求：(1) 力 $\boldsymbol{F}$ 在 x、y、z 轴

及由点 B 指向点 C 的 BC 轴上的投影；(2)力 $\boldsymbol{F}$ 对点 O、点 C 的矩；(3)力 $\boldsymbol{F}$ 对 x、y、z 轴及 BC 轴的矩。

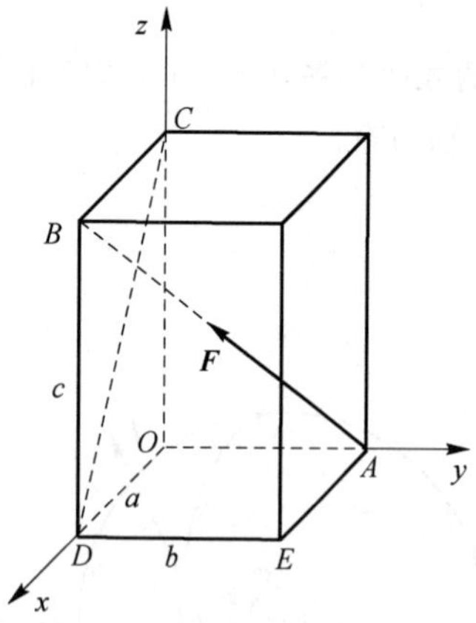

习题 4-5 图

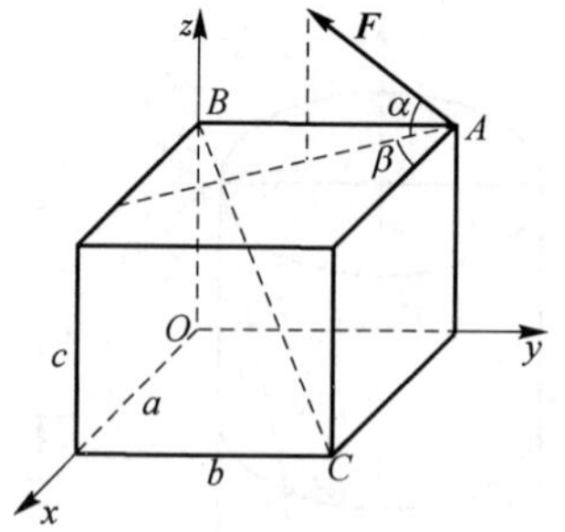

习题 4-6 图

4-7 图示长方体由两个边长为 a 的正方体组成，在 A、B 两点上作用如图所示两个力 $\boldsymbol{F}_1$ 和 $\boldsymbol{F}_2$，它们的大小均为 F，方向相反，试求该力偶的力偶矩。

4-8 在图示九条棱长均为 a 的直棱柱体的三个顶点 A、B、C 上分别作用如图所示三个主动力 $\boldsymbol{F}_1$、$\boldsymbol{F}_2$、$\boldsymbol{F}_3$，它们的大小均为 F，$Oxyz$ 为直角坐标系，且$\triangle OAD$ 在平面 Oxy 内，试求该力系的主矢和对点 O 的主矩。

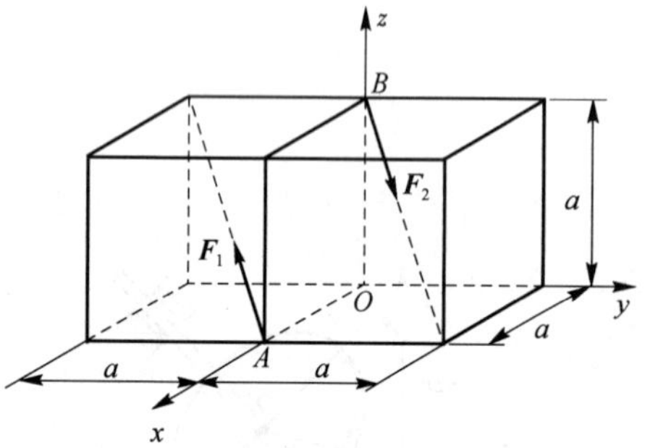

习题 4-7 图

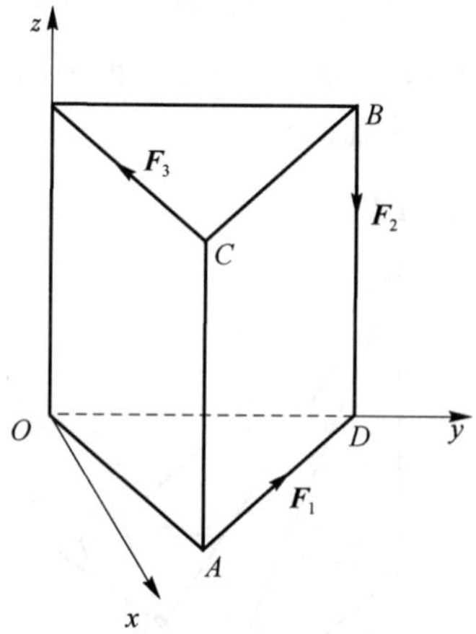

习题 4-8 图

4-9 在图示边长为 a 的立方体的表面上作用如图所示三个主动力，已知 $F_1=F$，$F_2=2F$，$F_3=3F$，在对角平面 $OBDE$ 内作用有力偶，其力偶矩大小为 $\sqrt{2}Fa$，转向如图所示，试求该力系的主矢和分别对点 O、点 D 的主矩。

4-10 在图示直角坐标系 $Oxyz$ 中，已知 $F_1=600\text{N}$，$F_2=400\text{N}$，$F_3=500\text{N}$，三个力的方向如图所示，试求该力系的合力。

4-11 在图示长方体上作用有三个力偶$(\boldsymbol{F}_1,\boldsymbol{F}_2)$，$(\boldsymbol{F}_3,\boldsymbol{F}_4)$，$(\boldsymbol{F}_5,\boldsymbol{F}_6)$，已知 $F_1=F_2=F$，$F_3=F_4=\sqrt{2}F$，$F_5=F_6=3F$，试求该力偶系的合力偶矩。

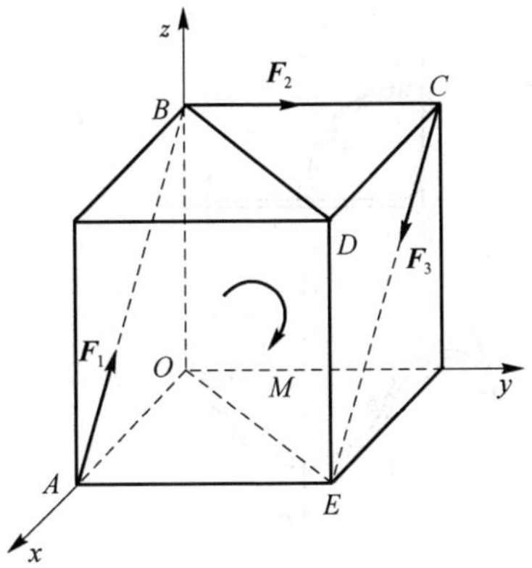

习题 4-9 图

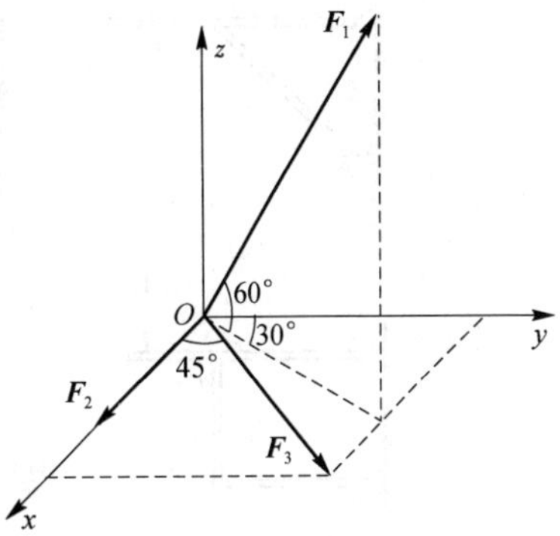

习题 4-10 图

4-12 在图示直角坐标系 $Oxyz$ 中，力偶 $\boldsymbol{M}_1$ 和 $\boldsymbol{M}_2$ 分别作用于平面 ABC 和平面 ACD 内，$OBCD$ 为矩形，已知 $M_1=M_2=M$，试求该力偶系的合力偶矩。

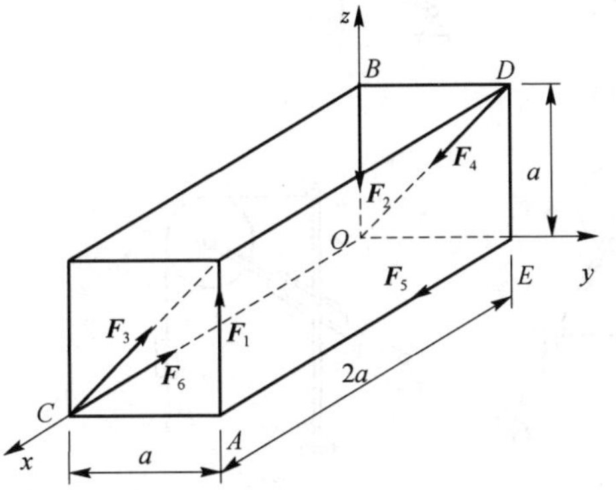

习题 4-11 图

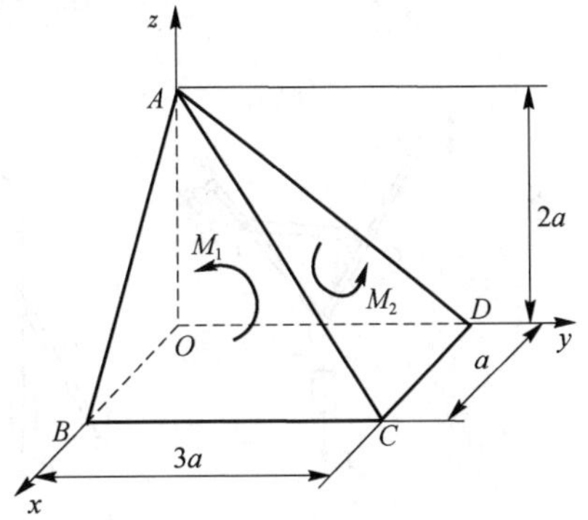

习题 4-12 图

4-13 在图示长方体上作用图示力 $\boldsymbol{F}_1$ 和 $\boldsymbol{F}_2$，且 $F_1=13F$，$F_2=5F$，试用合力矩定理分别求这两个力对 x、y、z 轴的矩。

4-14 在图示梯形直棱柱体的顶点 D 上作用一沿 DE 方向的力 $\boldsymbol{F}$，已知 $OA=a$，$OB=3a$，$OC=a$，$CE=2a$，试求：(1)力 $\boldsymbol{F}$ 对 x、y、z 轴的矩和力 $\boldsymbol{F}$ 对点 O 的矩；(2)力 $\boldsymbol{F}$ 对由点 O 指向点 G 的 OG 轴的矩；(3)力 $\boldsymbol{F}$ 对由点 H 指向点 C 的 HC 轴的矩。

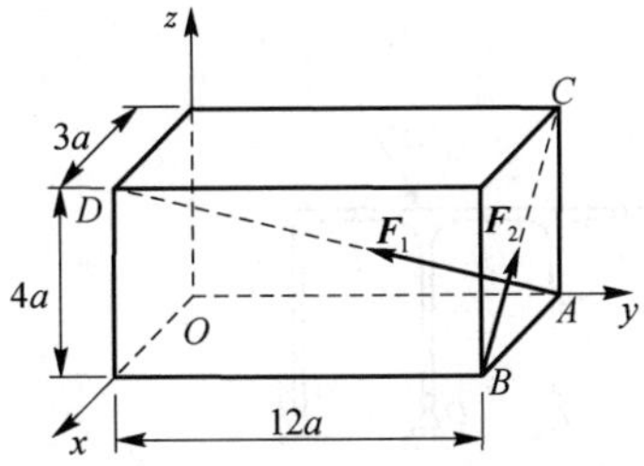

习题 4-13 图

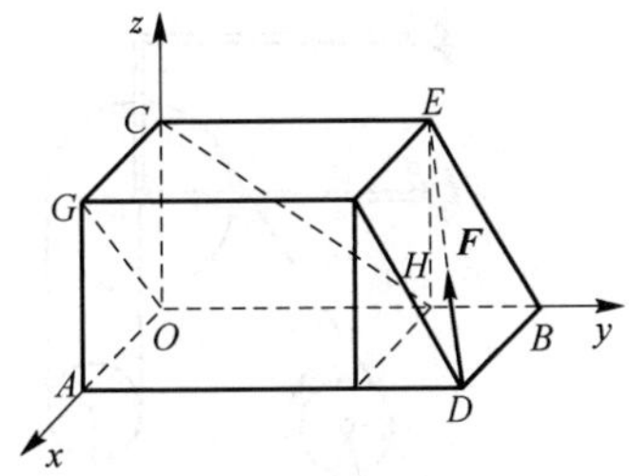

习题 4-14 图

4-15 设各刚体自重不计，各接触处光滑，并处于同一铅垂平面内，试画出下列各刚体的受力图。

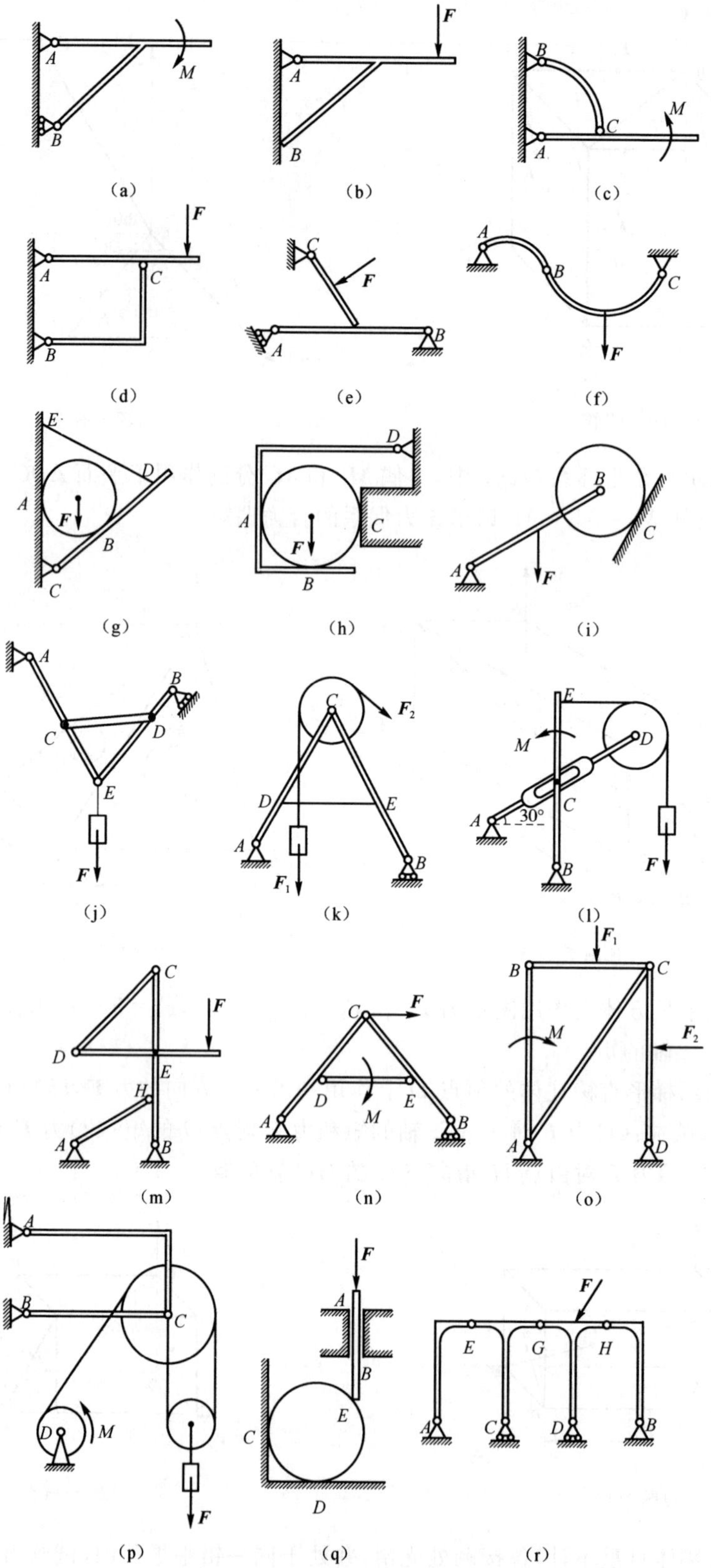
A M B
(a)
F A B
(b)
B C M A
(c)
F A C B
(d)
C F A B
(e)
A B C F
(f)
E D A F B C
(g)
D A F C B
(h)
B A F C
(i)
A B C D E F
(j)
C F2 D E A F1 B
(k)
E M D C A 30° B F
(l)
C F D E H A B
(m)
C F D E M A B
(n)
F1 B C M F2 A D
(o)
A B C D M F
(p)
F A B E C D
(q)
F E G H A C D B
(r)

习题 4-15 图

第 5 章　力系的简化

在工程实际中，一个刚体的受力往往是比较复杂的，为了便于了解力系对刚体总的作用效应，常常需要用一个简单的与之等效的力系进行替换，称为**力系的简化**。力系的简化在研究刚体在力系作用下的平衡条件或运动规律时具有十分重要的意义。

5.1　力的平移定理

在第 4 章中已经指出：作用于同一刚体上的力是一个滑移矢量；作用于同一刚体上的力偶，其力偶矩是一个自由矢量，力偶矩矢量可以在同一刚体内作任意的平移，它都不会影响力偶对刚体的作用效应。那么，力矢量能否像力偶矩矢量那样随意地平移呢？若不行，则需附加什么条件，才能保证将力矢量平移后对刚体的作用效应保持不变呢？下面就来研究这一问题。

设力 $\boldsymbol{F}$ 作用于某个刚体上的点 A，现欲将它平移至刚体上的另一点 O 上去。可以在点 O 加上一对平衡力，使 $\boldsymbol{F}_1=-\boldsymbol{F}_2=\boldsymbol{F}$。新的力系由三个力组成，它与原来作用于点 A 的力 $\boldsymbol{F}$ 等效。新的力系实际上是由这样两个力系组成的：$\boldsymbol{F}$ 和 $\boldsymbol{F}_2$ 构成的力偶和作用于点 O 的力 $\boldsymbol{F}_1$（图 5-1）。这说明，若将作用于刚体上的力 $\boldsymbol{F}$ 平移至同一刚体上不在力 $\boldsymbol{F}$ 的作用线上的其他点，则必须增加一个附加力偶，其力偶矩 $\boldsymbol{M}$ 等于原力 $\boldsymbol{F}$ 对平移点的矩，这样才能保证对刚体的作用效应相同。或者说，原来作用于点 A 的力 $\boldsymbol{F}$ 可以分解为作用于同一刚体上点 O 的一个力和作用于这个刚体上的一个力偶，而且作用于点 O 的这个力的力矢与原作用于点 A 的力的力矢相等，作用于刚体上的这个力偶的力偶矩等于原力对点 O 的矩，这个结论称为**力的平移定理**。显然，$\boldsymbol{M}$ 垂直于由点 O 与原力 $\boldsymbol{F}$ 的作用线所作出的平面。

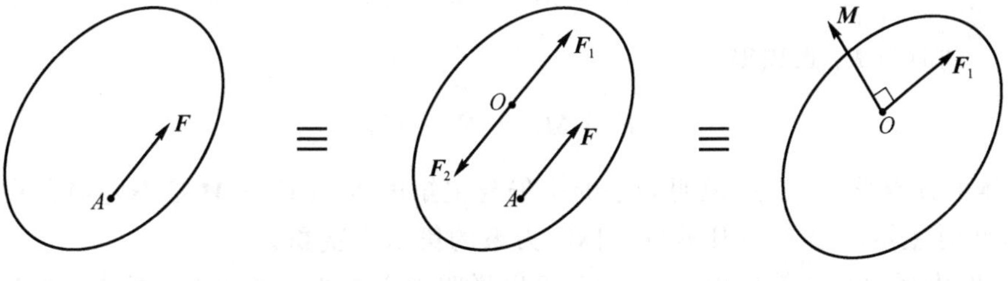

图 5-1　力的平移定理

上述过程的逆过程也是成立的，即当作用于刚体上某点 O 的某个力 $\boldsymbol{F}_1$ 与作用于同一刚体的某个力偶的力偶矩 $\boldsymbol{M}$ 垂直时，该力和力偶可以合成为一个力 $\boldsymbol{F}$。力 $\boldsymbol{F}$ 的力矢与 $\boldsymbol{F}_1$ 相同，其作用线需将 $\boldsymbol{F}_1$ 的作用线平移，平移的垂直方向为 $\boldsymbol{F}_1\times\boldsymbol{M}$ 的方向，平移的垂直距离为 $\dfrac{M}{F_1}$，即力 $\boldsymbol{F}_1$ 和力偶矩为 $\boldsymbol{M}$ 的力偶可以合成为一个作用线过点 B，其大小和方向与 $\boldsymbol{F}_1$ 相同的合力 $\boldsymbol{F}$，且 $\overrightarrow{OB}=\dfrac{\boldsymbol{F}_1\times\boldsymbol{M}}{F_1^2}$。

5.2 一般力系向某点的简化

设某个一般力系是由作用于同一刚体上点 D_i 上的力 $\boldsymbol{F}_i(i=1,2,\cdots,n)$组成。$O$ 为刚体上任一确定点，根据力的平移定理，将力系中各力均向点 O 平移，得到作用于同一点 O 的一个力系 $\boldsymbol{F}_i'=\boldsymbol{F}_i(i=1,2,\cdots,n)$，它为共点力系，和作用于该刚体上的一个力偶系 $\boldsymbol{M}_i=\boldsymbol{M}_O(\boldsymbol{F}_i)=\overrightarrow{OD_i}\times\boldsymbol{F}_i(i=1,2,\cdots,n)$。共点力系可以合成为过点 O 的一个力 $\boldsymbol{F}_O$，其力矢为

$$\boldsymbol{F}_O=\sum_{i=1}^{n}\boldsymbol{F}_i'=\sum_{i=1}^{n}\boldsymbol{F}_i=\boldsymbol{F}_\mathrm{R} \tag{5-1}$$

力偶系可以合成为力偶矩为 $\boldsymbol{M}_O$ 的一个力偶

$$\boldsymbol{M}_O=\sum_{i=1}^{n}\boldsymbol{M}_i=\sum_{i=1}^{n}\boldsymbol{M}_O(\boldsymbol{F}_i) \tag{5-2}$$

这说明，一般力系可简化为过点 O 的一个力 $\boldsymbol{F}_O$ 和力偶矩为 $\boldsymbol{M}_O$ 的一个力偶。$\boldsymbol{F}_O$ 的力矢与力系的主矢相同，$\boldsymbol{M}_O$ 的大小和方向与力系对点 O 的主矩相同。通常，称点 O 为**力系的简化中心**，而将以上过程称为**一般力系向点 O 的简化**。

将这个力系向刚体上另一任意确定点 A 简化，得到过点 A 的一个力 $\boldsymbol{F}_A$ 和力偶矩为 $\boldsymbol{M}_A$ 的一个力偶

$$\boldsymbol{F}_A=\sum_{i=1}^{n}\boldsymbol{F}_i=\boldsymbol{F}_\mathrm{R} \tag{5-3}$$

$$\boldsymbol{M}_A=\sum_{i=1}^{n}\boldsymbol{M}_A(\boldsymbol{F}_i) \tag{5-4}$$

力系的主矢与简化中心无关，称为**力系的第一不变量**。由力系对不同两点的主矩关系知

$$\boldsymbol{M}_A=\boldsymbol{M}_O+\overrightarrow{AO}\times\boldsymbol{F}_\mathrm{R} \tag{5-5}$$

式(5-5)两边同时与 $\boldsymbol{F}_\mathrm{R}$ 点积得

$$\boldsymbol{F}_\mathrm{R}\cdot\boldsymbol{M}_A=\boldsymbol{F}_\mathrm{R}\cdot\boldsymbol{M}_O \tag{5-6}$$

又 A 为刚体上任意确定点，这说明力系的主矢与主矩的点积 $\boldsymbol{F}_\mathrm{R}\cdot\boldsymbol{M}$ 是不随简化中心的不同而改变的(此时主矩的矩心一般不写)，称为**力系的第二不变量**。

作为一般力系向某点简化理论的应用，可以说明固定端约束的约束力的表示方法。当物体的一端受到另一物体的固结作用，不允许它们在约束处发生任意相对平移和转动时，称这种约束为**固定端约束**，其简图如图 5-2(a)所示。被约束的一端上的各点均将受到无法确定的约束力的作用，它们组成一个一般分布的约束力系，如图 5-2(b)所示。为了分析这个约束力系对被约束物体的作用效应，可将此力系向被约束物上与固定端相连的某一点 A 简化，得到过点 A 的一个力 $\boldsymbol{F}_A$ 和一个力偶矩为 $\boldsymbol{M}_A$ 的力偶，如图 5-2(c)所示。$\boldsymbol{F}_A$ 和 $\boldsymbol{M}_A$ 分别称为固定端约束的约束力和约束力偶矩。当受固定端约束的物体受空间力系作用时，因固定端约束的简化结果 $\boldsymbol{F}_A$ 和 $\boldsymbol{M}_A$ 的大小、方向均未知，故一般用其 3 个正交分量 $\boldsymbol{F}_{Ax}$、$\boldsymbol{F}_{Ay}$、$\boldsymbol{F}_{Az}$ 和 $\boldsymbol{M}_{Ax}$、$\boldsymbol{M}_{Ay}$、$\boldsymbol{M}_{Az}$ 分别表示，如图 5-2(d)所示。

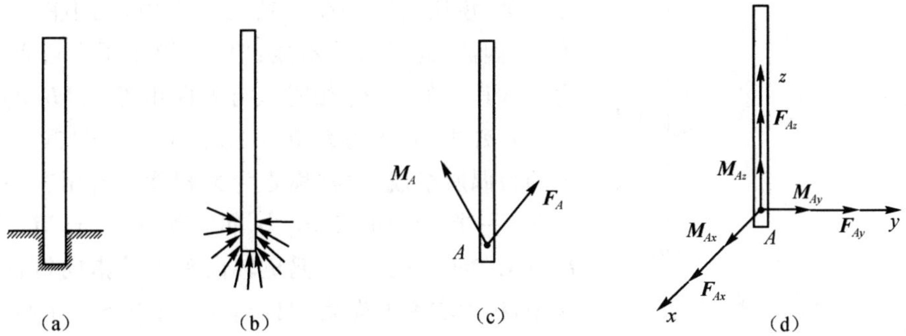

图 5-2　空间力系作用下固定端约束的约束力表示

对于平面问题,固定端约束不允许两物体在约束端发生在平面力系作用面内的任何相对平移和绕垂直于此作用面的轴的任何相对转动。此时固定端各点所受到的约束力均在此作用面内,组成了一个平面一般力系。将此力系向被约束物体上与固定端相连的某点 A 简化,得到的一个过点 A 的约束力 $\boldsymbol{F}_A$,可用其两个正交分力 $\boldsymbol{F}_{Ax}$ 和 $\boldsymbol{F}_{Ay}$ 表示;得到的一个约束力偶,因其力偶矩必垂直于此作用面,故可用带箭头圆弧的一个代数量 M_A 表示(圆弧的转向表示此力偶矩在力偶作用面内的假定转向),如图 5-3 所示。

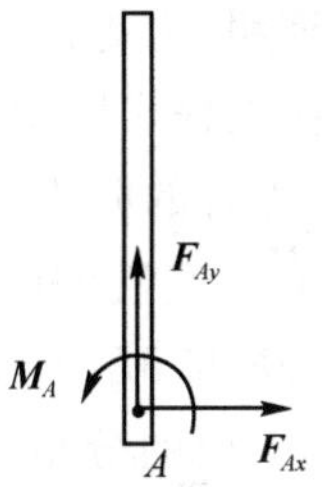

图 5-3　平面力系作用下固定端的约束力表示

若物体的一端不受其他物体的任何约束,则称该端为**自由端**。在工程实际中,将一端为固定端,另一端为自由端的梁(会发生弯曲变形的杆件)称为**悬臂梁**。

5.3　一般力系的最简形式

空间一般力系向任一点 O 简化,得到一个力和一个力偶。其中,这个力 $\boldsymbol{F}_O$ 的作用线过简化中心,其力矢与该力系的主矢 $\boldsymbol{F}_R$ 相同;这个力偶的力偶矩与该力系对简化中心的主矩 $\boldsymbol{M}_O$ 相同。根据 $\boldsymbol{F}_R$ 与 $\boldsymbol{M}_O$ 的不同情况可分为以下几种情形:

(1)若 $\boldsymbol{F}_R=0,\boldsymbol{M}_O=0$,则力系为零力系,即力系平衡;

(2)若 $\boldsymbol{F}_R=0,\boldsymbol{M}_O\neq0$,则力系可简化为一个力偶——合力偶,其力偶矩为 $\boldsymbol{M}_O$;

(3)若 $\boldsymbol{F}_R\neq0,\boldsymbol{M}_O=0$,则力系可简化为一个过简化中心的合力 $\boldsymbol{F}_O$,$\boldsymbol{F}_O$ 的力矢与力系主矢 $\boldsymbol{F}_R$ 相同;

(4)若 $\boldsymbol{F}_R\neq0,\boldsymbol{M}_O\neq0$,则有两种可能情况:

1)力系的第二不变量为零,即 $\boldsymbol{F}_R\cdot\boldsymbol{M}_O=0$,此时 $\boldsymbol{F}_R\perp\boldsymbol{M}_O$,由 5.1 节知,力系可进一步简化为作用线过点 $B\left(\overrightarrow{OB}=\dfrac{\boldsymbol{F}_R\times\boldsymbol{M}_O}{F_R^2}\right)$,力矢与力系主矢 $\boldsymbol{F}_R$ 相同的合力。若在点 O 建立直角坐标系 $Oxyz$,设 $P(x,y,z)$ 为合力作用线上任一点,则合力作用线方程为

$$\frac{F_{Rx}}{x-x_B}=\frac{F_{Ry}}{y-y_B}=\frac{F_{Rz}}{z-z_B} \tag{5-7}$$

2)力系的第二不变量不为零,即 $\boldsymbol{F}_R\cdot\boldsymbol{M}_O\neq0$,此时又可分为两种情况:

①$\boldsymbol{F}_R$ 与 $\boldsymbol{M}_O$ 平行,若平移 $\boldsymbol{F}_O$,所产生的附加力偶的力偶矩总是与 $\boldsymbol{M}_O$ 相垂直,二者不能相

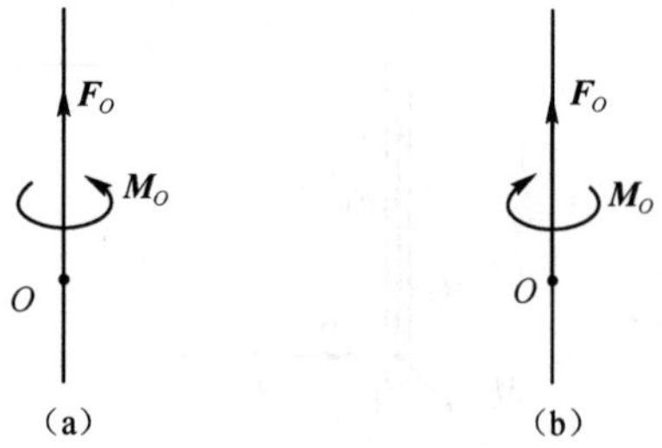

图 5-4　力螺旋

互抵消，说明它既不能等效成一个力，也不能等效成一个力偶，因此，此时力系不能进一步简化了。过点 O 的一个力 $\boldsymbol{F}_O$（其力矢与 $\boldsymbol{F}_R$ 相同），与力偶矩等于 $\boldsymbol{M}_O$ 的力偶组成一个特殊力系，该力系由一个力和一个在与该力垂直平面内的力偶所组成，通常称之为**力螺旋**。若用右手螺旋法则由四手指转向表示力偶，当 $\boldsymbol{F}_O$ 与 $\boldsymbol{M}_O$ 同向，即 $\boldsymbol{F}_O \cdot \boldsymbol{M}_O > 0$ 时，此时力偶矩转向和力的指向符合右手螺旋法则，称为**右手力螺旋**（图5—4(a)）；当 $\boldsymbol{F}_O$ 与 $\boldsymbol{M}_O$ 反向，即 $\boldsymbol{F}_O \cdot \boldsymbol{M}_O < 0$ 时，此时力偶矩的转向和力的指向符合左手螺旋法则，称为**左手力螺旋**（图 5-4(b)）。力螺旋中力的作用线称为**力螺旋的中心轴**。这个作用在简化中心的力螺旋已是力系简化的最简形式，从这个意义上讲，力螺旋如同力和力偶，也是力对刚体作用的最基本形式。不难证明，力螺旋可以与两个大小相等的异面力等效。

在工程实际中力螺旋的例子是比较多的，如用手拧螺钉时，手的作用力 $\boldsymbol{F}_1$ 和作用力偶矩 $\boldsymbol{M}_1$ 与螺钉的阻力 $\boldsymbol{F}_2$ 与阻力偶矩 $\boldsymbol{M}_2$ 是右手力螺旋（图5—5(a)）；飞机螺旋桨受到的空气推进力 $\boldsymbol{F}$ 与空气的阻力偶矩 $\boldsymbol{M}$ 是左手力螺旋（图5—5(b)）。

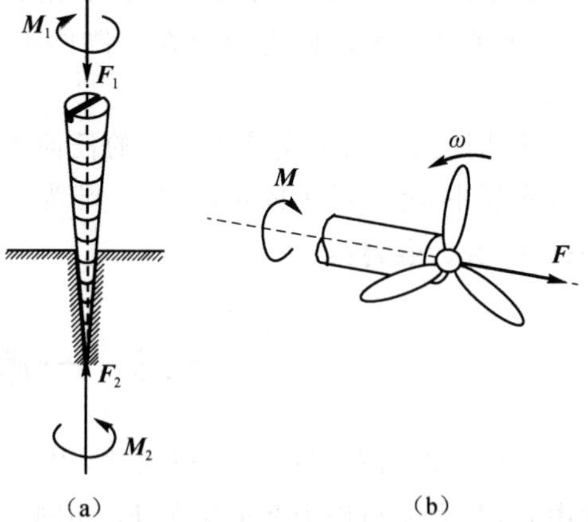

图 5-5　力螺旋实例

②$\boldsymbol{F}_R$ 与 $\boldsymbol{M}_O$ 不平行，此时可将 $\boldsymbol{M}_O$ 分解为沿主矢 $\boldsymbol{F}_R$ 方向的分量 $\boldsymbol{M}_O'$ 和垂直于 $\boldsymbol{F}_R$ 方向的分量 $\boldsymbol{M}_O''$。设 $\boldsymbol{M}_O' = p\boldsymbol{F}_R$，$p$ 的量纲为长度，且 $p = \dfrac{\boldsymbol{F}_R \cdot \boldsymbol{M}_O'}{F_R^2}$，称 p 为**力螺旋参数**，它是一个完全由力系的第一不变量和第二不变量确定的量，称为**力系的第三不变量**。显然，$\boldsymbol{M}_O''$ 和过点 O 的一个力 $\boldsymbol{F}_O(=\boldsymbol{F}_R)$ 进一步简化为作用线过点 $B\left(\overrightarrow{OB} = \dfrac{\boldsymbol{F}_R \times \boldsymbol{M}_O''}{F_R^2} = \dfrac{\boldsymbol{F}_R \times \boldsymbol{M}_O}{F_R^2}\right)$ 的一个力 $\boldsymbol{F}_B$，其力矢与 $\boldsymbol{F}_R$ 相同，于是力系简化为由力 $\boldsymbol{F}_B$ 与力偶矩为 $\boldsymbol{M}_O'$ 的力螺旋。若在点 O 建立直角坐标系 $Oxyz$，设 $P(x,y,z)$ 为力螺旋中心轴上任一点，则该力螺旋的中心轴方程为

$$\frac{F_{Rx}}{x - x_B} = \frac{F_{Ry}}{y - y_B} = \frac{F_{Rz}}{z - z_B} \tag{5-8}$$

综上一般力系的简化情况可归纳为表 5-1。

表 5-1　一般力系的简化的最简形式

$\boldsymbol{F}_R$（主矢）	$\boldsymbol{M}_O$（主矩）	$\boldsymbol{F}_R \cdot \boldsymbol{M}_O$（第二不变量）	力系最简形式
$=0$	$=0$	$=0$	平　衡
$=0$	$\neq 0$	$=0$	合力偶
$\neq 0$	$=0$	$=0$	合　力
$\neq 0$	$\neq 0$	$=0$	合　力
		$\neq 0$	力螺旋

表 5-1 说明，力系的主矢 $\boldsymbol{F}_{\mathrm{R}}$ 和对某点 O 的主矩 $\boldsymbol{M}_O$ 完全确定了力系简化的最简形式，由此也就不难理解为什么称力系的主矢和对某点的主矩为力系的两个极其重要的特征量了。由表 5-1 还可以看出，若力系的第二不变量为零，则力系的最简形式只可能有三种情形，即平衡力系，可合成为一个合力偶，可合成为一个合力；若力系的第二不变量不为零，则力系的最简形式肯定为一个力螺旋。

假设某个一般力系可合成为一个合力 $\boldsymbol{F}$，其作用线通过点 C，根据力系的简化理论，原力系对点 C 的主矩必为零，即

$$\boldsymbol{M}_C = \sum_{i=1}^{n} \boldsymbol{r}_i' \times \boldsymbol{F}_i = 0 \tag{5-9}$$

式中，$\boldsymbol{r}_i'$ 为 $\boldsymbol{F}_i$ 的作用点相对于点 C 的矢径。设 $\boldsymbol{F}_i$ 的作用点相对于空间任一确定点 O 的矢径为 $\boldsymbol{r}_i$，则

$$\boldsymbol{r}_i = \boldsymbol{r}_C + \boldsymbol{r}_i' \tag{5-10}$$

式中，$\boldsymbol{r}_C$ 为点 C 相对于点 O 的矢径。原力系对点 O 的主矩为

$$\boldsymbol{M}_O = \sum_{i=1}^{n} \boldsymbol{M}_O(\boldsymbol{F}_i) = \sum_{i=1}^{n} \boldsymbol{r}_i \times \boldsymbol{F}_i \tag{5-11}$$

将式(5-10)代入式(5-11)，并由式(5-9)得

$$\sum_{i=1}^{n} \boldsymbol{M}_O(\boldsymbol{F}_i) = \boldsymbol{r}_C \times \sum_{i=1}^{n} \boldsymbol{F}_i \tag{5-12}$$

又

$$\boldsymbol{M}_O(\boldsymbol{F}) = \boldsymbol{r}_C \times \boldsymbol{F} = \boldsymbol{r}_C \times \sum_{i=1}^{n} \boldsymbol{F}_i \tag{5-13}$$

由式(5-12)、式(5-13)得

$$\boldsymbol{M}_O(\boldsymbol{F}) = \sum_{i=1}^{n} \boldsymbol{M}_O(\boldsymbol{F}_i) \tag{5-14}$$

式(5-14)说明，若一个一般力系存在合力，则其合力对任一点的矩等于此力系各分力对该点的矩的矢量和。由此不难证明，存在合力的一般力系，其合力对某轴的矩等于此力系各分力对该轴的矩的代数和，以上性质称为**一般力系的合力矩定理**。

例 5-1 在边长为 a 的正方体的顶点 A、D、O、E 上分别作用有五个力 $\boldsymbol{F}_1$、$\boldsymbol{F}_2$、$\boldsymbol{F}_3$、$\boldsymbol{F}_4$ 和 $\boldsymbol{F}_5$，其大小为 $F_1=F_2=F$，$F_3=F_4=F_5=\sqrt{2}F$，方向如图所示，试求该力系简化的最简结果。

解： (1)建立如图所示直角坐标系 $Oxyz$，由已知条件知

$$\boldsymbol{F}_1 = -F\boldsymbol{j},\ \boldsymbol{F}_2 = -F\boldsymbol{k},\ \boldsymbol{F}_3 = F\boldsymbol{j} + F\boldsymbol{k},$$
$$\boldsymbol{F}_4 = F\boldsymbol{i} + F\boldsymbol{k},\ \boldsymbol{F}_5 = -F\boldsymbol{i} - F\boldsymbol{k}$$

(2)力系向坐标原点 O 简化，其结果为

$$\boldsymbol{F}_O = \boldsymbol{F}_{\mathrm{R}} = \sum_{i=1}^{n} \boldsymbol{F}_i = 0$$

$$\begin{aligned}\boldsymbol{M}_O = & \ |\boldsymbol{F}_1|a\boldsymbol{i} - |\boldsymbol{F}_2|a\boldsymbol{i} - \frac{\sqrt{2}}{2}|\boldsymbol{F}_3|a\boldsymbol{j} + \frac{\sqrt{2}}{2}|\boldsymbol{F}_3|a\boldsymbol{k} \\ & + \frac{\sqrt{2}}{2}|\boldsymbol{F}_5|a(-\boldsymbol{j}+\boldsymbol{k}) + \frac{\sqrt{2}}{2}|\boldsymbol{F}_5|a(-\boldsymbol{i}+\boldsymbol{j}) \\ = & -Fa\boldsymbol{i} - Fa\boldsymbol{j} + 2Fa\boldsymbol{k}\end{aligned}$$

(3)该力系的最简结果是力偶矩为 $\boldsymbol{M}_O$ 的一个合力偶。

注意:由于作用于同一刚体上的力偶,其力偶矩是一个自由矢量,因此,力系简化的最简结果是合力偶时,只需指明合力偶矩矢量即可。

例 5-2 大小均为 F 的六个力作用于边长为 a 的正方体的棱边上,方向如图所示,试求此力系简化的最简结果。

解:(1)建立如图所示直角坐标系 $Oxyz$,则由已知条件得

$$\boldsymbol{F}_1=F\boldsymbol{i},\boldsymbol{F}_2=F\boldsymbol{j},\boldsymbol{F}_3=F\boldsymbol{k}$$

$$\boldsymbol{F}_4=-F\boldsymbol{i},\boldsymbol{F}_5=F\boldsymbol{k},\boldsymbol{F}_6=F\boldsymbol{j}$$

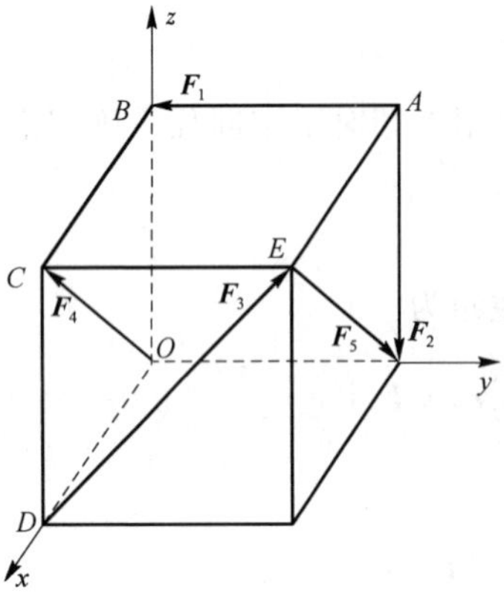

例 5-1 图

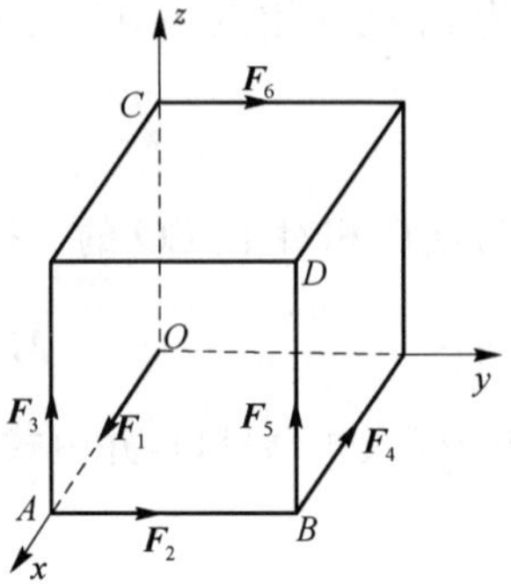

例 5-2 图

(2)该力系向坐标原点 O 简化,其结果为

$$\boldsymbol{F}_O=\boldsymbol{F}_\text{R}=\sum_{i=1}^{6}\boldsymbol{F}_i=2F\boldsymbol{j}+2F\boldsymbol{k}$$

$$\begin{aligned}\boldsymbol{M}_O&=\sum_{i=1}^{6}\boldsymbol{M}_O(\boldsymbol{F}_i)\\&=|\boldsymbol{F}_2|a\boldsymbol{k}-|\boldsymbol{F}_3|a\boldsymbol{j}+|F_4|a\boldsymbol{k}+|\boldsymbol{F}_5|a(\boldsymbol{i}-\boldsymbol{j})-|\boldsymbol{F}_6|a\boldsymbol{i}\\&=-2Fa\boldsymbol{j}+2Fa\boldsymbol{k}\end{aligned}$$

(3)计算力系的第二不变量

$$\boldsymbol{F}_\text{R}\cdot\boldsymbol{M}_O=2F(-2Fa)+2F(2Fa)=0$$

力系可简化为过点 E 的一个合力

$$\overrightarrow{OE}=\frac{\boldsymbol{F}_\text{R}\times\boldsymbol{M}_O}{F_\text{R}^2}=a\boldsymbol{i}$$

即 E 为点 A,合力的力矢与 $\boldsymbol{F}_\text{R}$ 相同。合力作用线可由式(5-7)得

$$\frac{0}{x-a}=\frac{2F}{y}=\frac{2F}{z}$$

即

$$\begin{cases}x=a\\y=z\end{cases}$$

由此知合力作用线过 A、D 两点。

注意:不能因为力系向点 O 简化所得的 $\boldsymbol{F}_O\neq 0$ 和 $\boldsymbol{M}_O\neq 0$,就认为该力系简化结果为力螺旋,当 $\boldsymbol{F}_O\perp\boldsymbol{M}_O$ 时,该力系等价为一个合力。

例 5-3 在边长为 a、b、c 的长方体顶点 B、C 处,分别作用有大小均为 F 的力 $\boldsymbol{F}_1$ 和 $\boldsymbol{F}_2$,方向如图所示。试求该力系简化的最简结果。

解:(1)建立如图所示直角坐标系 $Oxyz$,则

$$\boldsymbol{F}_1=-\frac{a}{\sqrt{a^2+c^2}}F\boldsymbol{i}+\frac{c}{\sqrt{a^2+c^2}}F\boldsymbol{k}$$

$$\boldsymbol{F}_2=\frac{a}{\sqrt{a^2+c^2}}F\boldsymbol{i}+\frac{c}{\sqrt{a^2+c^2}}F\boldsymbol{k}$$

(2)该力系向坐标原点 O 简化,其结果为

$$\boldsymbol{F}_O=\boldsymbol{F}_\mathrm{R}=\boldsymbol{F}_1+\boldsymbol{F}_2=\frac{2c}{\sqrt{a^2+c^2}}F\boldsymbol{k}$$

$$\begin{aligned}\boldsymbol{M}_O&=\boldsymbol{M}_O(\boldsymbol{F}_1)+\boldsymbol{M}_O(\boldsymbol{F}_2)\\&=\left(-\frac{ca}{\sqrt{a^2+c^2}}F\boldsymbol{j}\right)+\left(-\frac{ab}{\sqrt{a^2+c^2}}F\boldsymbol{k}+\frac{bc}{\sqrt{a^2+c^2}}F\boldsymbol{i}\right)\\&=\frac{F}{\sqrt{a^2+c^2}}(bc\boldsymbol{i}-ac\boldsymbol{j}-ab\boldsymbol{k})\end{aligned}$$

(3)计算力系第二不变量

$$\boldsymbol{F}_\mathrm{R}\cdot\boldsymbol{M}_O=-\frac{2abcF^2}{a^2+c^2}<0$$

故力系可简化为一个左手力螺旋,力螺旋中力偶的力偶矩为

$$\boldsymbol{M}'=\boldsymbol{M}'_O=p\boldsymbol{F}_\mathrm{R}=\frac{\boldsymbol{F}_\mathrm{R}\cdot\boldsymbol{M}_O}{F_\mathrm{R}^2}\boldsymbol{F}_\mathrm{R}=-\frac{ab}{2c}\boldsymbol{F}_\mathrm{R}$$

$$=-\frac{abF}{\sqrt{a^2+c^2}}\boldsymbol{k}$$

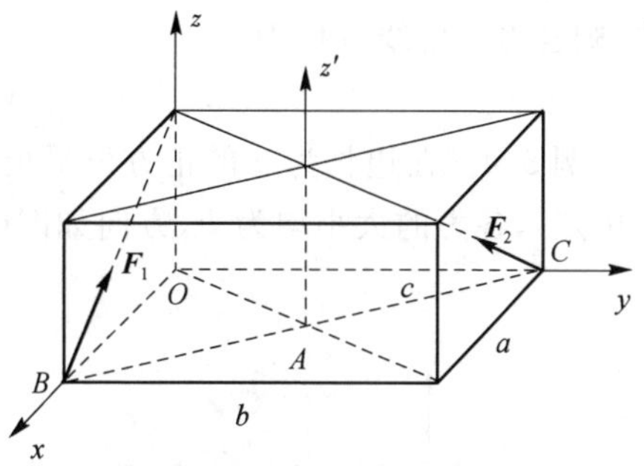

例 5-3 图

力螺旋中力的大小和方向与 $\boldsymbol{F}_\mathrm{R}$ 相同,力的作用线过点 A

$$\overrightarrow{OA}=\frac{\boldsymbol{F}_\mathrm{R}\times\boldsymbol{M}_O}{F_\mathrm{R}^2}=\frac{a}{2}\boldsymbol{i}+\frac{b}{2}\boldsymbol{j}$$

力螺旋中心轴方程可由式(5-8)求得

$$\frac{0}{x-\frac{a}{2}}=\frac{0}{y-\frac{b}{2}}=\frac{\frac{2cF}{\sqrt{a^2+c^2}}}{z}$$

即

$$\begin{cases}x=\frac{a}{2}\\y=\frac{b}{2}\end{cases}$$

由此可知,力螺旋中心轴为 Az'。

注意:①这是一个力螺旋可以等价于两个大小相等的异面力的具体例子。②若选不同的简化中心,最终所得力螺旋是一致的,读者不妨试一试。

5.4 特殊力系的简化

平面力系和平行力系是工程中常见的两类特殊力系,下面分别研究它们的最简形式。

1. **平面力系的简化**

平面力系向其作用面内任一点 O 简化的结果，仍完全取决于力系的主矢 $\boldsymbol{F}_{\mathrm{R}}$ 和对简化中心 O 的主矩 $\boldsymbol{M}_O$。显然，$\boldsymbol{F}_{\mathrm{R}}$ 必在平面力系的作用面内，而 $\boldsymbol{M}_O$ 必垂直于平面力系的作用面，故平面力系的第二不变量 $\boldsymbol{F}_{\mathrm{R}}\cdot\boldsymbol{M}_O=0$。这说明平面力系简化的最简形式只有平衡、合力偶和合力三种情形。

当平面力系的第一不变量 $\boldsymbol{F}_{\mathrm{R}}\neq 0$ 时，由表 5-1 知，力系肯定为存在合力的非平衡情形。合力的力矢与 $\boldsymbol{F}_{\mathrm{R}}$ 相同，合力作用线可由下述方法求出：由于平面力系中各力对点 O 的矩 $\boldsymbol{M}_O(\boldsymbol{F}_i)$ $(i=1,2,\cdots,n)$ 恒垂直于平面力系的作用面，故可称它们为**平面力矩**。根据右手螺旋法则，若规定某一转向所对应的方向为它们的正方向，则 $\boldsymbol{F}_i$ 对点 O 的矩可用一个代数量 $M_O(\boldsymbol{F}_i)$ 来表示。它们的绝对值表示其值的大小，它们的符号表示其转向，即正号表示其转向与规定的正转向一致，负号表示其转向与规定的正转向相反。于是 $M_O=\sum\limits_{i=1}^{n}M_O(\boldsymbol{F}_i)$。若在平面力系的作用面内以简化中心 O 为原点建立直角坐标系 Oxy，且使由 $\boldsymbol{i}$ 至 $\boldsymbol{j}$ 的转向与平面力矩所规定的正转向一致，则合力作用线方程为

$$M_O = xF_{\mathrm{R}y} - yF_{\mathrm{R}x} \tag{5-15}$$

例 5-4 在边长为 a 的正方形平板上，作用有三个力 $\boldsymbol{F}_1$、$\boldsymbol{F}_2$ 和 $\boldsymbol{F}_3$（点 D、E 分别为 CB、AB 的中点），各力的大小均为 F，方向如图(a)所示，试求该平面力系简化的最简结果。

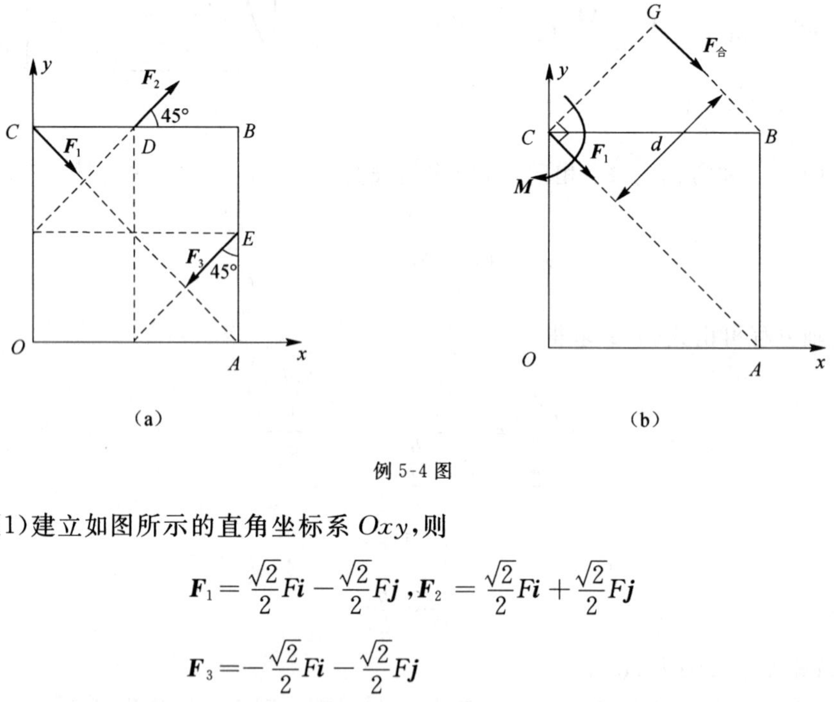

例 5-4 图

解： (1)建立如图所示的直角坐标系 Oxy，则

$$\boldsymbol{F}_1=\frac{\sqrt{2}}{2}F\boldsymbol{i}-\frac{\sqrt{2}}{2}F\boldsymbol{j}\,,\boldsymbol{F}_2=\frac{\sqrt{2}}{2}F\boldsymbol{i}+\frac{\sqrt{2}}{2}F\boldsymbol{j}$$

$$\boldsymbol{F}_3=-\frac{\sqrt{2}}{2}F\boldsymbol{i}-\frac{\sqrt{2}}{2}F\boldsymbol{j}$$

(2)该力系向坐标系原点 O 进行简化，其结果为

$$\boldsymbol{F}_O=\boldsymbol{F}_{\mathrm{R}}=\sum_{i=1}^{3}\boldsymbol{F}_i=\frac{\sqrt{2}}{2}F\boldsymbol{i}-\frac{\sqrt{2}}{2}F\boldsymbol{j}$$

$$M_O(\boldsymbol{F}_1)=-F\left(\frac{\sqrt{2}}{2}a\right)$$

$$M_O(\boldsymbol{F}_2) = -F\left(\frac{\sqrt{2}}{4}a\right)$$

$$M_O(\boldsymbol{F}_3) = -F\left(\frac{\sqrt{2}}{4}a\right)$$

$$M_O = \sum_{i=1}^{3} M_O(\boldsymbol{F}_i) = -\sqrt{2}Fa$$

(3)因 $\boldsymbol{F}_\mathrm{R} \neq 0$,故力系存在合力,合力的力矢与 $\boldsymbol{F}_\mathrm{R}$ 相同,其作用线方程可由式(5-15)得

$$-\sqrt{2}Fa = -\frac{\sqrt{2}}{2}Fx - \frac{\sqrt{2}}{2}Fy$$

即

$$x + y - 2a = 0$$

注意:题中解法所用是平面力系简化的一般性方法,实际上,该例中 $\boldsymbol{F}_2$ 和 $\boldsymbol{F}_3$ 组成一个力偶,其力偶矩 $M = F\frac{\sqrt{2}}{2}a = \frac{\sqrt{2}}{2}Fa$(↺),如图(b)所示,$\boldsymbol{F}_1$ 和 $\boldsymbol{M}$ 可等价成一个合力 $\boldsymbol{F}_{合} = \boldsymbol{F}_1$,作用线过点 G,且图(b)中 $d = \frac{M}{F_1} = \frac{\sqrt{2}}{2}a$,显然合力作用线恰好经过点 B。

2. 平行力系的简化

平行力系的主矢和对空间任一确定点 O 的主矩分别为

$$\boldsymbol{F}_\mathrm{R} = \sum_{i=1}^{n} \boldsymbol{F}_i \tag{5-16}$$

$$\boldsymbol{M}_O = \sum_{i=1}^{n} \boldsymbol{M}_O(\boldsymbol{F}_i) \tag{5-17}$$

由于 $\boldsymbol{F}_i \perp \boldsymbol{M}_O(\boldsymbol{F}_i)$,各 $\boldsymbol{F}_i$ 又相互平行,故 $\boldsymbol{F}_\mathrm{R} \perp \boldsymbol{M}_O(\boldsymbol{F}_i)$,即

$$\boldsymbol{F}_\mathrm{R} \cdot \boldsymbol{M}_O(\boldsymbol{F}_i) = 0 \tag{5-18}$$

式(5-18)对所有 i 求和,并将式(5-17)代入得

$$\boldsymbol{F}_\mathrm{R} \cdot \boldsymbol{M}_O = 0 \tag{5-19}$$

即平行力系的第二不变量等于零,所以平行力系的最简形式也只有平衡、合力偶和合力三种情形。

当平行力系的主矢 $\boldsymbol{F}_\mathrm{R} \neq 0$,由表 5-1 知,该力系必存在合力,合力的力矢与力系的主矢 $\boldsymbol{F}_\mathrm{R}$ 相同。若平行力系中各力作用点 D_i 相对于空间某确定点 O 的矢径用 $\boldsymbol{r}_i$ 表示,合力作用线上任意一点 C 相对于点 O 的矢径用 $\boldsymbol{r}_C$ 表示,根据平行力系的合力对其作用线上的点 C 的矩为零,以及由力系的等效性质知平行力系的合力的矩等于各分力的矩的矢量和,有

$$\boldsymbol{M}_C = \sum_{i=1}^{n} \overrightarrow{CD}_i \times \boldsymbol{F}_i = \sum_{i=1}^{n} (\boldsymbol{r}_i - \boldsymbol{r}_C) \times \boldsymbol{F}_i = 0 \tag{5-20}$$

若取力作用线的某一指向为正向,其单位矢量为 $\boldsymbol{e}$,则

$$\boldsymbol{F}_i = F_i\boldsymbol{e}\,(i = 1,2,\cdots,n) \tag{5-21}$$

将式(5-21)代入式(5-20)得

$$\left[\left(\sum_{i=1}^{n} F_i\boldsymbol{r}_i\right) - \left(\sum_{i=1}^{n} F_i\right)\boldsymbol{r}_C\right] \times \boldsymbol{e} = 0 \tag{5-22}$$

当平行力系的各力大小和作用点保持不变,但各力的作用线绕同方向轴转过任意相同的角度后(体现在 $\boldsymbol{e}$ 方向的任意性上),由式(5-22)可确定一个唯一的固定不变的点 C,满足

$$\boldsymbol{r}_C=\frac{\sum_{i=1}^{n}F_i\boldsymbol{r}_i}{\sum_{i=1}^{n}F_i} \tag{5-23}$$

这个固定不变的点 C 称为**平行力系的中心**,式(5-23)即为平行力系的中心相对于点 O 的矢径公式。若在点 O 建立直角坐标系 $Oxyz$,则平行力系的中心的直角坐标公式为

$$x_C=\frac{\sum_{i=1}^{n}F_ix_i}{\sum_{i=1}^{n}F_i},y_C=\frac{\sum_{i=1}^{n}F_iy_i}{\sum_{i=1}^{n}F_i},z_C=\frac{\sum_{i=1}^{n}F_iz_i}{\sum_{i=1}^{n}F_i} \tag{5-24}$$

式中,(x_i,y_i,z_i) 为 $\boldsymbol{F}_i$ 的作用点 D_i 在直角坐标系 $Oxyz$ 中的坐标。只要求得平行力系的中心位置,则平行力系的合力作用线的位置也就确定了。总之,若平行力系的主矢 $\boldsymbol{F}_R\neq 0$,则平行力系存在合力,且合力必过平行力系的中心,其力矢与 $\boldsymbol{F}_R$ 相同。

例 5-5 在空间点 O 有一直角坐标系 $Oxyz$,力 $\boldsymbol{F}_1$、$\boldsymbol{F}_2$、$\boldsymbol{F}_3$、F_4 的作用点坐标分别为(1,2,3)、(−2,−4,2)、(1,−2,−1)、(−1,5,−2)。大小分别为 F、$2F$、$3F$、$4F$。已知 $\boldsymbol{F}_1$ 和 $\boldsymbol{F}_3$ 都与 y 轴正方向同向,$\boldsymbol{F}_2$ 和 $\boldsymbol{F}_4$ 都与 y 轴负方向同向。试求由这四个力组成的平行力系简化的最简结果。

解: (1)计算力系的主矢。

由已知条件得

$$\boldsymbol{F}_1=F\boldsymbol{j},\boldsymbol{F}_2=-2F\boldsymbol{j},\boldsymbol{F}_3=3F\boldsymbol{j},\boldsymbol{F}_4=-4F\boldsymbol{j}$$

于是

$$\boldsymbol{F}_R=-2F\boldsymbol{j}$$

故该平行力系存在合力。

(2)计算平行力系的中心的坐标值。

$$x_C=\frac{F\times 1+(-2F)\times(-2)+3F\times 1+(-4F)\times(-1)}{-2F}=-6$$

$$y_C=\frac{F\times 2+(-2F)\times(-4)+3F\times(-2)+(-4F)\times 5}{-2F}=8$$

$$z_C=\frac{F\times 3+(-2F)\times 2+3F\times(-1)+(-4F)\times(-2)}{-2F}=-2$$

(3)该平行力系的合力过点(−6,8,−2),大小为 $2F$,方向与 y 轴负向相同。

注意:①平行力系的中心即为平行力系存在合力时,合力作用线必经过的点。②当平行力系中各力大小和作用点不变,方向作相同的变化,则其合力作用线仍过原平行力系的中心。

下面研究平行力系的简化理论在工程中的两个应用。

(1)物体的重心、质心和形心

计算物体的重心是平行力系的简化在工程中的一个具体应用。

物体的重力系是同向的平行力系,显然它的主矢肯定不为零,故一定存在合力。物体重力系的合力称为**物体的重力**,物体重力的中心称为**物体的重心**。整个物体所受的重力可等效于全部都集中在它的重心上。

不妨假设 V 为某物体的体积,$\mathrm{d}V$ 为该物体某一微元体的体积,ρ 为物体密度,g 为重力加速度大小,则该微元体的质量为 $\rho\mathrm{d}V$,它受到的重力的大小为 $\rho g\mathrm{d}V$。有限大小的物体,其上各点处的重力加速度可以认为是相等的。若该微元体相对于空间确定点 O 的矢径为 $\boldsymbol{r}$,在直角坐标系 $Oxyz$ 中的坐标为 (x,y,z),则由式(5-23)、式(5-24)可得物体重心矢径和坐标公式为

$$\boldsymbol{r}_C=\frac{\int_V \boldsymbol{r}\rho \mathrm{d}V}{\int_V \rho \mathrm{d}V} \tag{5-25}$$

$$x_C=\frac{\int_V x\rho \mathrm{d}V}{\int_V \rho \mathrm{d}V},y_C=\frac{\int_V y\rho \mathrm{d}V}{\int_V \rho \mathrm{d}V},z_C=\frac{\int_V z\rho \mathrm{d}V}{\int_V \rho \mathrm{d}V} \tag{5-26}$$

显然,有限大小的物体的重心位置与重力加速度无关,它只是反映物体质量分布特性的一个几何点。物体质量分布的中心称为**物体的质心**。在均匀重力场中,物体的重心与质心重合。应该指出,质心单纯地由质量分布所决定,而重心则只在重力场中才有意义。

当 ρ=常数,即物体是均质时,式(5-25)、式(5-26)可分别写为

$$\boldsymbol{r}_C=\frac{\int_V \boldsymbol{r}\mathrm{d}V}{V} \tag{5-27}$$

$$x_C=\frac{\int_V x\mathrm{d}V}{V},y_C=\frac{\int_V y\mathrm{d}V}{V},z_C=\frac{\int_V z\mathrm{d}V}{V} \tag{5-28}$$

式(5-27)或式(5-28)表明,均质物体的重心位置完全由物体的几何形状所决定,物体几何形状的中心称为**物体的形心**,对于均质物体,其重心和形心重合。

对于面积为 A 的均质平板,其重心矢径和坐标公式可分别写为

$$\boldsymbol{r}_C=\frac{\int_A \boldsymbol{r}\mathrm{d}A}{A} \tag{5-29}$$

$$x_C=\frac{\int_A x\mathrm{d}A}{A},y_C=\frac{\int_A y\mathrm{d}A}{A},z_C=\frac{\int_A z\mathrm{d}A}{A} \tag{5-30}$$

对于工程中常见的等厚、均质薄壳,其厚度可看成趋于零,可用式(5-29)和式(5—30)分别求其重心的矢径和坐标。

对于长度为 l 的均质细长杆,其重心矢径和坐标公式可分别写为

$$\boldsymbol{r}_C=\frac{\int_l \boldsymbol{r}\mathrm{d}l}{l} \tag{5-31}$$

$$x_C=\frac{\int_l x\mathrm{d}l}{l},y_C=\frac{\int_l y\mathrm{d}l}{l},z_C=\frac{\int_l z\mathrm{d}l}{l} \tag{5-32}$$

对于工程中常见的等截面均质细长线条物体,其横截面积可看成趋于零,可用式(5—31)和式(5-32)分别求其重心的矢径和坐标。

任何物体的重心均可利用重心的积分公式求得。但在很多情况下,其积分运算比较麻烦,甚至是相当困难的。下面介绍工程中求均质物体重心的常用方法。

1)查表法

工程中许多均质物体都具有简单的几何形状,其重心可通过工程手册直接查得。表 5-2 列出了常见的几种简单均质等厚物体在其质量对称面内的重心位置及均质半球体和正圆锥体的重心位置。

表 5-2　简单均质物体重心表

图形	重心位置
三角形 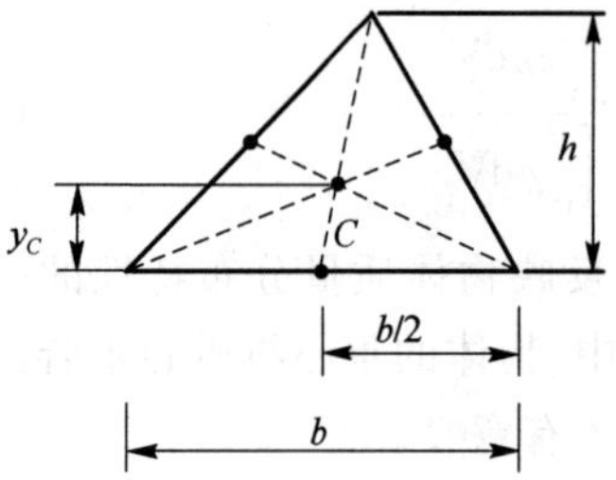	在中线的交点 $y_C=\frac{1}{3}h$ （面积 $A=\frac{1}{2}bh$）
梯形 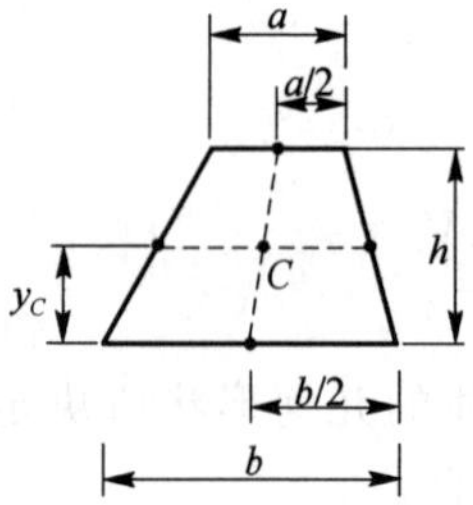	$y_C=\frac{h(2a+b)}{3(a+b)}$ （面积 $A=\frac{1}{2}(a+b)h$）
扇形 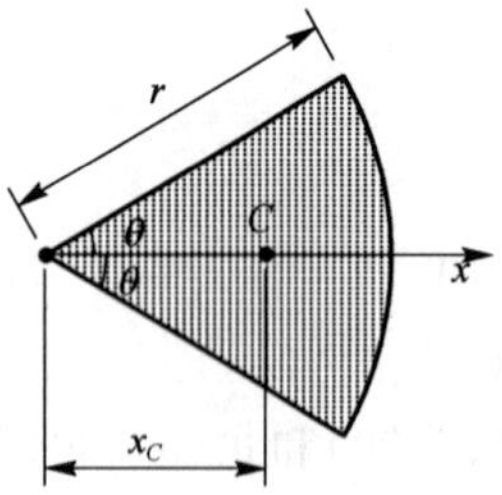	$x_C=\frac{2}{3}\frac{r\sin\theta}{\theta}$ （θ 用弧度表示） （面积 $A=r^2\theta$） 对于半圆，则 $x_C=\frac{4r}{3\pi}$
弓形 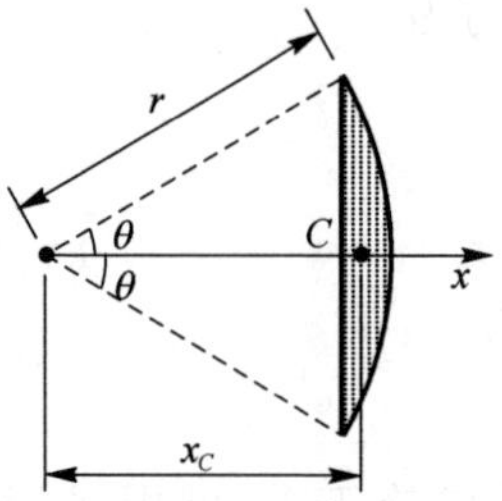	$x_C=\frac{2}{3}\frac{r^3\sin^3\theta}{A}$ （θ 用弧度表示） （面积 $A=\frac{r^2(2\theta-\sin2\theta)}{2}$）
圆弧 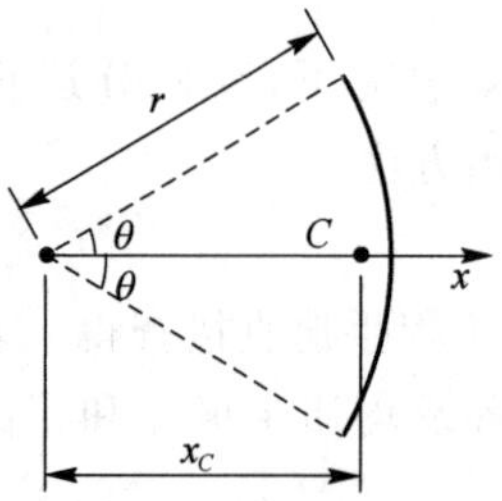	$x_C=\frac{r\sin\theta}{\theta}$ （θ 用弧度表示） 对于半圆弧，则 $x_C=\frac{2r}{\pi}$

<table>
<tr><th>图形</th><th>重心位置</th></tr>
<tr><td>部分圆环
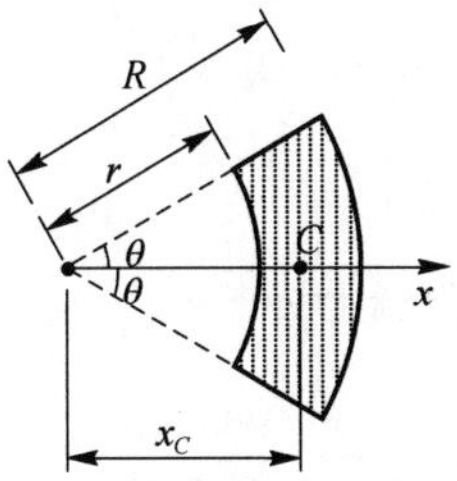</td><td>$$x_C=\frac{2}{3}\frac{(R^3-r^3)\sin\theta}{(R^2-r^2)\theta}$$
（θ 用弧度表示）
（面积 $A=(R^2-r^2)\theta$）</td></tr>
<tr><td>四分之一椭圆
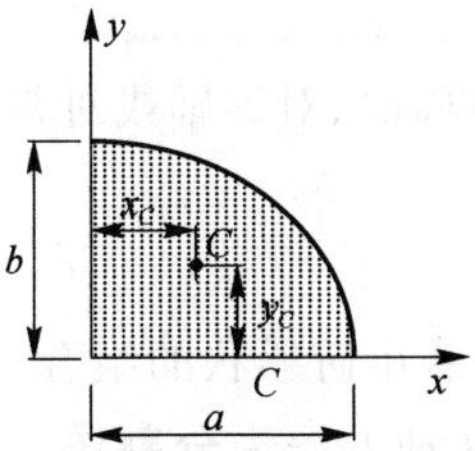</td><td>$$x_C=\frac{4a}{3\pi}$$
$$y_C=\frac{4b}{3\pi}$$
（面积 $A=\frac{\pi}{4}ab$）</td></tr>
<tr><td>二次抛物线面
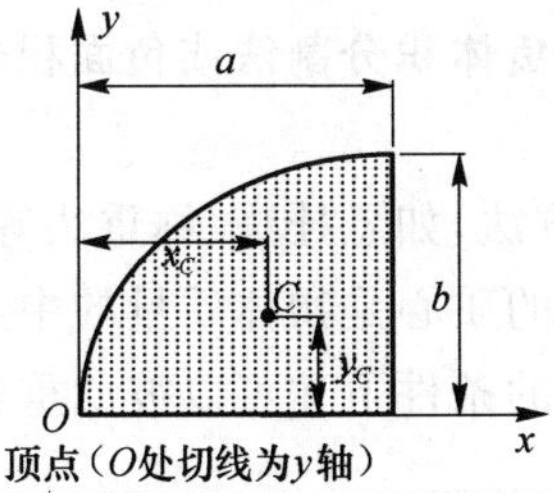
顶点（O处切线为y轴）</td><td>$$x_C=\frac{3}{5}a$$
$$y_C=\frac{3}{8}b$$
（面积 $A=\frac{2}{3}ab$）</td></tr>
<tr><td>二次抛物线面
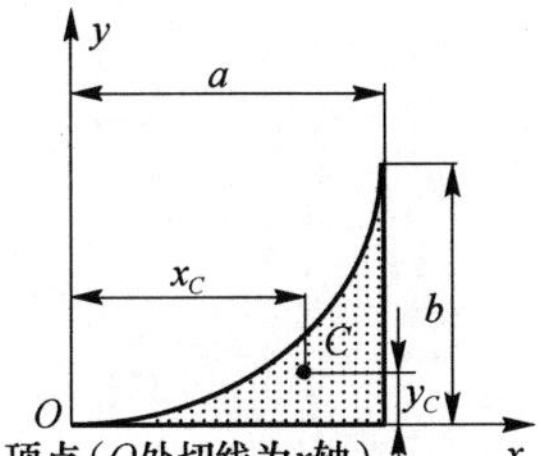
顶点（O处切线为x轴）</td><td>$$x_C=\frac{3}{4}a$$
$$y_C=\frac{3}{10}b$$
（面积 $A=\frac{1}{3}ab$）</td></tr>
<tr><td>半球体
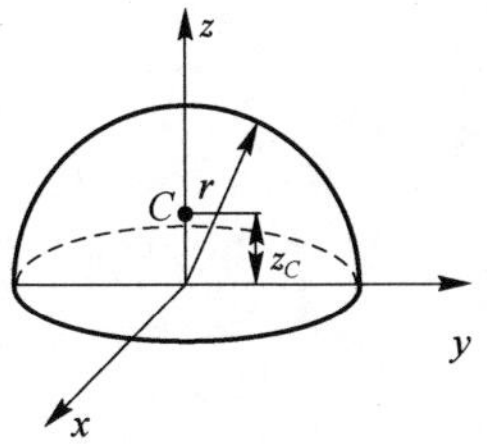</td><td>$$z_C=\frac{3}{8}r$$
（体积 $V=\frac{2}{3}\pi r^3$）</td></tr>
</table>

续表

图形	重心位置
正圆锥体 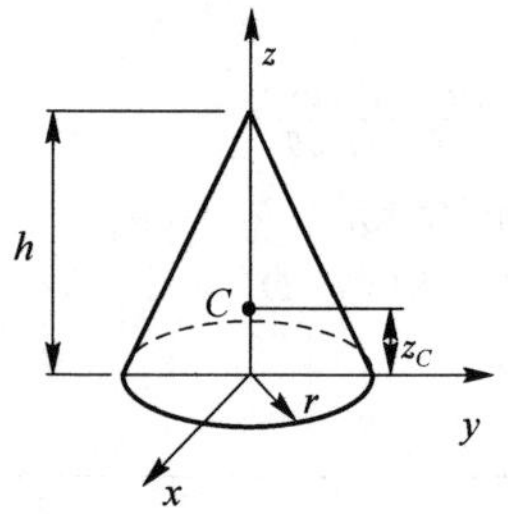	$z_C=\frac{1}{4}h$ (体积 $V=\frac{1}{3}\pi r^2 h$)

2)**对称性法**

凡是具有质量对称面、对称轴或对称点的物体,其重心必在对称面、对称轴或对称点上。根据这一原则,可方便求得重心的一部分坐标或它的全部坐标。

3)**分割法**

如果均质物体的几何形状虽然比较复杂,但能分割成数个简单几何形状的组合,那么先计算各简单部分的重心位置,然后再计算整个物体的重心位置,称这种方法为**分割法**。如果物体有空洞或孔,则可以将原均质物体视为一形状完整的物体与一体积或面积(空洞或孔部分)为负的均质物体的组合,仍利用分割法计算原物体的重心位置,称为**负体积分割法**或**负面积分割法**。

4)**实验法**

如果物体的形状很复杂或质量非均匀分布,则一般用实验方法,如悬挂法、称重法等确定其重心的位置。必须指出,物体的重心是物体重力系的中心,物体的质心是物体质量的中心,物体的形心是物体形状的中心,它们是三个不同的概念,只是在一定的条件下才可以彼此重合。

例 5-6 试求中心角为$\frac{\pi}{2}$,半径为 R 的均质扇形边界的重心位置。

解:(1)设 x 轴为其对称轴,并建立如图所示的直角坐标系 Oxy,则

$$y_C = 0$$

(2)计算各部分重心的 x 坐标。弧线边重心的 x 坐标为

$$x_1 = \frac{\int_{-\frac{\pi}{4}}^{\frac{\pi}{4}} (R\cos\theta)R\mathrm{d}\theta}{\frac{\pi}{2}R} = \frac{2\sqrt{2}}{\pi}R$$

两直线边的重心的 x 坐标为

$$x_2 = \frac{R}{2}\cos\frac{\pi}{4} = \frac{\sqrt{2}}{4}R$$

(3)计算整体重心的 x 坐标

$$x_C = \frac{\left(\frac{\pi}{2}R\right)x_1 + (2R)x_2}{\frac{\pi}{2}R + 2R} = \frac{3\sqrt{2}R}{\pi + 4}$$

(4)该扇形边界的重心坐标为$\left(\frac{3\sqrt{2}R}{\pi+4},0\right)$

注意：对于均质物体，求重心位置也就是求形心位置。题中解法利用了对称性，积分法求圆弧段形心位置，最后用叠加法求系统形心位置。

例 5-7 试求图示均质平面刚体的重心位置。

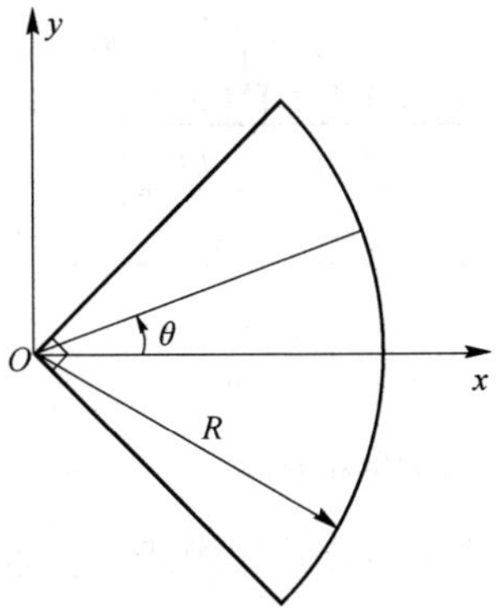

例 5-6 图

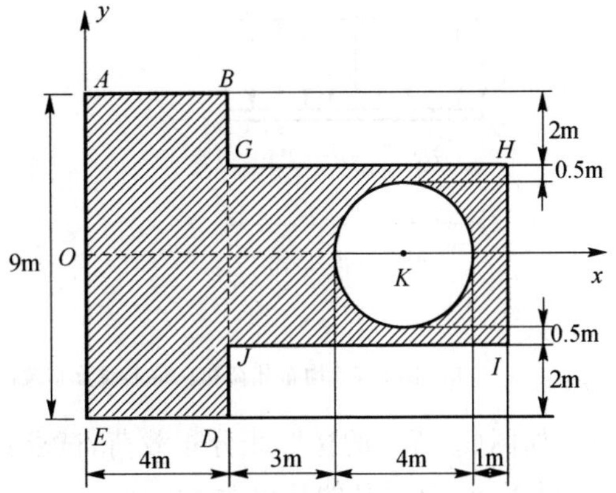

例 5-7 图

解：(1)设 x 轴为其对称轴，并建立如图所示直角坐标系 Oxy，则

$$y_C = 0$$

(2)分割整体并求各部分重心的 x 坐标。将平面刚体分割为矩形 $ABDE$，矩形 $GHIJ$ 和具有负面积的圆 K，以 A_i，$x_i(i=1,2,3)$分别表示其面积和其重心的 x 坐标，则

$$A_1 = 36\text{m}^2, A_2 = 40\text{m}^2, A_3 = -4\pi\text{m}^2$$

$$x_1 = 2\text{m}, x_2 = 8\text{m}, x_3 = 9\text{m}$$

(3)计算整体重心的 x 坐标

$$x_C = \frac{x_1A_1 + x_2A_2 + x_3A_3}{A_1 + A_2 + A_3} = \frac{98 - 9\pi}{19 - \pi}\text{m}$$

(4)整体的重心坐标为$\left(\frac{98-9\pi}{19-\pi}, 0\right)$

注意：该例是对称性、负面积法和叠加法求均质物体重心，即形心的综合应用。

(2)同向线分布载荷的合力

同向线分布载荷是指沿构件轴线连续作用的载荷，作用于构件单位长度(该术语在极限的意义下使用，且单位长度方向与载荷作用方向垂直)上力的大小称为**载荷集度**，求同向线分布载荷的合力大小和合力作用线的位置是平行力系简化的又一具体应用。

在直杆 AB 上作用一垂直向上的线分布载荷。如图 5-6 所示建立直角坐标系 Oxy，若已知位置 x 处载荷集度为 $q(x)$，则平行力系的合力大小及其合力作用点的 x 坐标分别为

$$F = \int_{x_A}^{x_B} q(x)\mathrm{d}x \tag{5-33}$$

$$x_C = \frac{\int_{x_A}^{x_B} q(x)x\mathrm{d}x}{\int_{x_A}^{x_B} q(x)\mathrm{d}x} \tag{5-34}$$

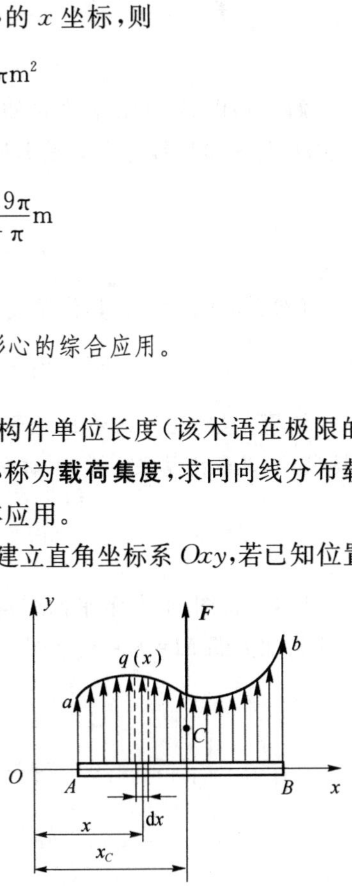

图 5-6 线分布载荷

它们分别是载荷图形 $ABba$ 的面积和形心的 x 坐标。

对于矩形线分布载荷(均布载荷)、三角形线分布载荷,其合力的大小和作用线位置可由图 5-7 表示。

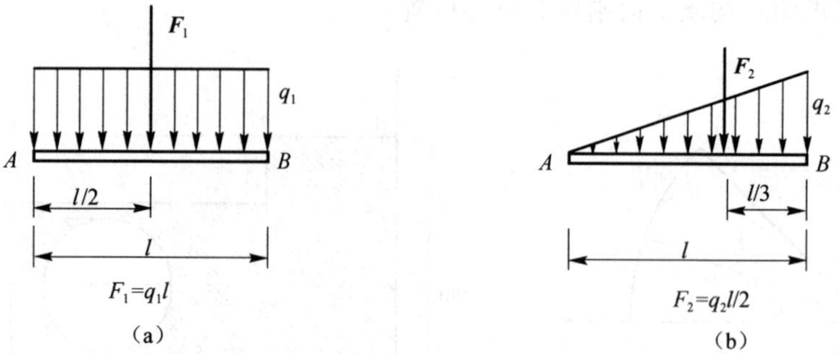

图 5-7　均布载荷和三角形线分布载荷的合力大小和作用线位置

例 5-8　如图(a)所示的梯形线分布载荷,试求其合力的大小及其作用线的位置,已知 $q_1=2\text{kN/m}$,$q_2=5\text{kN/m}$,杆 AB 的长度为 $l=9\text{m}$。

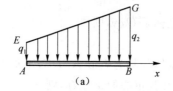

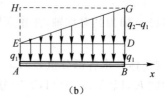

例 5-8 图

解:(1)以 A 为原点建立如图所示坐标轴 x,梯形线分布载荷可看成是矩形线分布载荷 $ABDE$ 与三角形线分布载荷 DEG 的叠加(图(b)),它们的合力大小及其作用线位置分别为

$$F_1=q_1l=18\text{kN},x_1=4.5\text{m}$$

$$F_2=\frac{1}{2}(q_2-q_1)l=13.5\text{kN},x_2=6\text{m}$$

(2)合力的大小和其作用线位置分别为

$$F=F_1+F_2=31.5\text{kN},x=\frac{F_1x_1+F_2x_2}{F}=\frac{36}{7}\text{m}$$

注意:本题还可以看成矩形线分布载荷 $ABGH$ 和反向的三角形线分布载荷 HGE 的叠加(图(b)),其最终结果一致,具体的运算过程请读者自己给出。

思　考　题

5-1　将图(a)所示平面结构中作用于 B 处的力 F 平移到 D 处,并按力的平移定理加上相应的附加力偶 $M=F\cdot a$,如图(b)所示,试问它们对结构的作用效应是否相同?为什么?

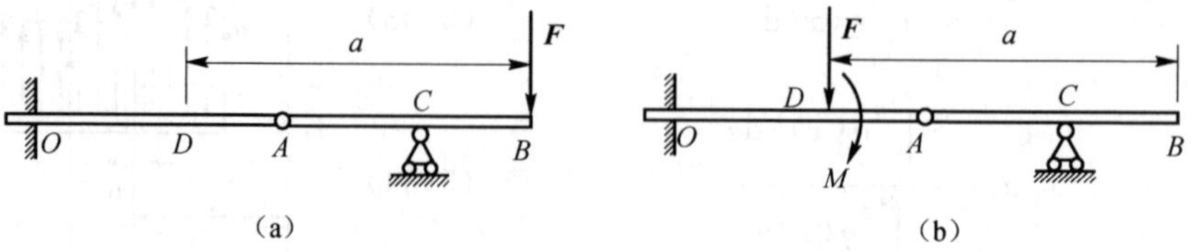

思考题 5-1 图

5-2 设 $Oxyz$ 为一个直角坐标系，若某空间力系满足条件 $\sum F_y=0$，$\sum F_z=0$，$\sum M_x=0$，$\sum M_y=0$，则该力系简化的最简形式可能是什么？

5-3 设 $Oxyz$ 为一个直角坐标系，某空间平行力系各力平行于 z 轴，已知 $\sum F_z=0$，$\sum M_x=0$，则该力系简化的最简形式可能是什么？

5-4 图示作用于正方体上各空间力系均由两个大小相等的力组成，试问图(a)～图(j)所示力系简化的最终结果是什么？你发现什么规律？

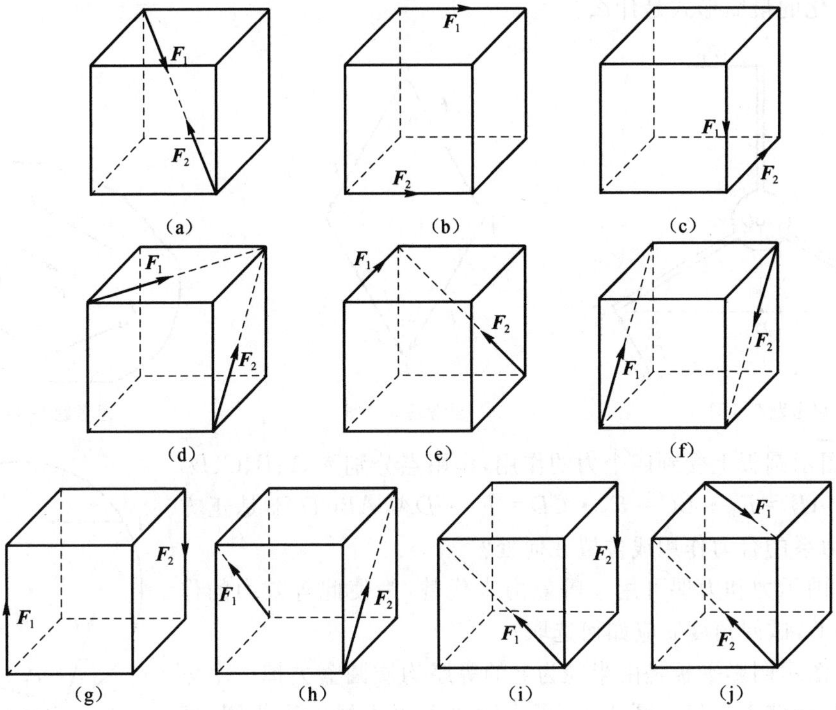

思考题 5-4 图

5-5 图示边长为 a 的各正方体上作用有四个大小相等的力，试分别判断其简化的最简形式是什么？

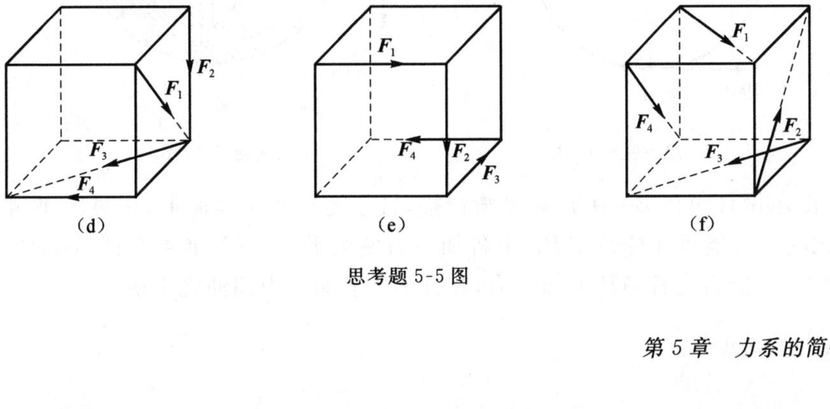

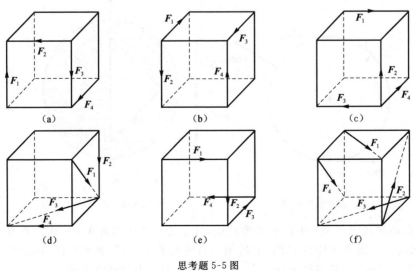

思考题 5-5 图

5-6 图示铰盘有三个等长的柄，长度都为 l，其间夹角均为 120°，每个柄端各作用一垂直于柄的力 $\boldsymbol{F}_1$、$\boldsymbol{F}_2$、$\boldsymbol{F}_3$，它们的大小均为 F，试问：(1)向中心点 O 简化的结果是什么？(2)向 BC 连线的中点 D 简化的结果是什么？这两个结果说明什么问题？

5-7 图示边长为 a 的菱形木板的四个边上分别作用大小都为 F 的四个力，若分别选 A、B 为简化中心，试求该力系简化的最简结果分别是什么？这两个结果说明什么问题？

5-8 图示平面力系中 $\boldsymbol{F}_1$、$\boldsymbol{F}_2$、…、$\boldsymbol{F}_{n-1}$ 的作用线相互平行，但不与 F_n 的作用线平行，试判断该力系简化的最简形式是什么？

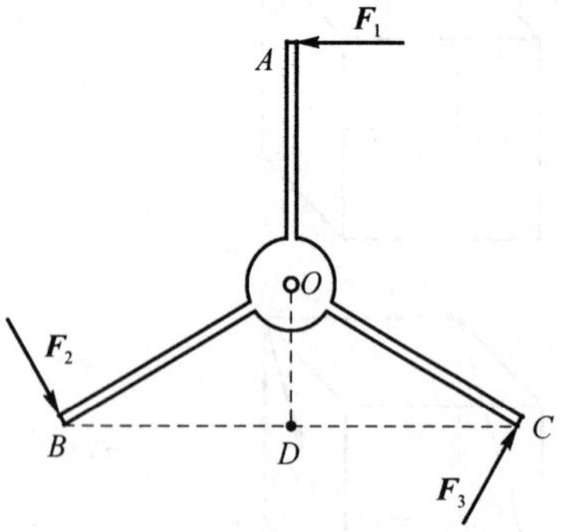

思考题 5-6 图

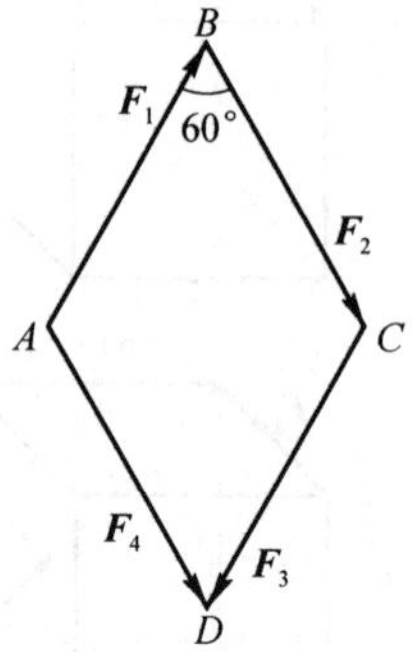

思考题 5-7 图

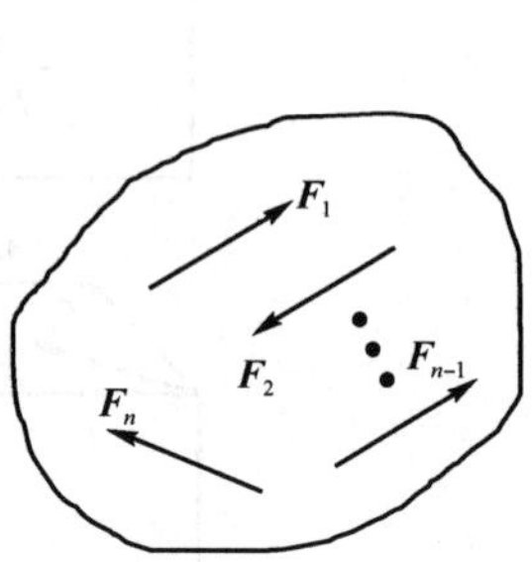

思考题 5-8 图

5-9 图示圆板上受到四个力的作用，作用点分别为 A、B、C、D，且乘积 $F_1 \cdot AB = F_2 \cdot BC = F_3 \cdot CD = F_4 \cdot DA$，$ABCD$ 不是正方形，试问该力系的合力作用线位置在何处？

5-10 图示力和力偶可用一等效力来代替，为使此等效力的作用线通过点 G，试问角度 α 应如何选取？

5-11 图示阴影平板是由半径为 r 的等厚均质圆盘去掉一个三角形而得到，为使重心仍在圆心处，可在圆盘上再去掉一个小圆，试问小圆的圆心在何处？小圆的半径应为多少？

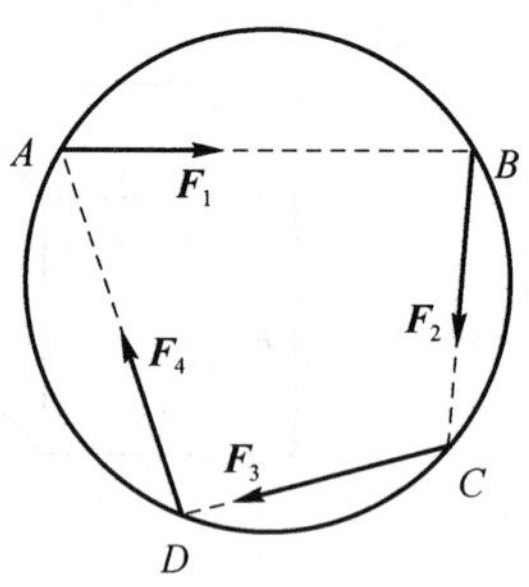

思考题 5-9 图

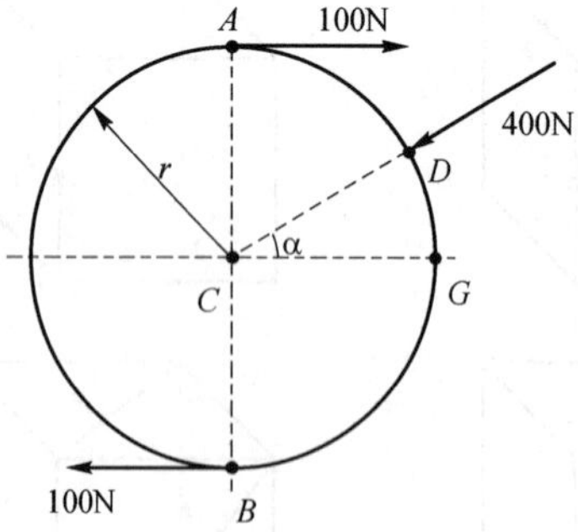

思考题 5-10 图

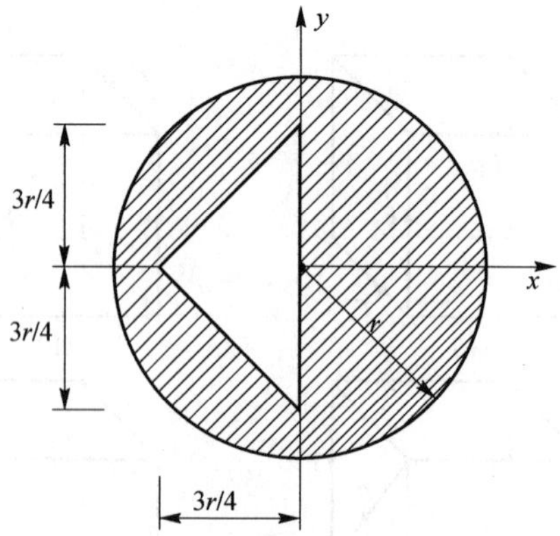

思考题 5-11 图

5-12 图示两杆 AB、BC 在 B 处光滑铰接，置于光滑水平地面上，在 A、C 两端各作用一个力 $\boldsymbol{F}_1$、$\boldsymbol{F}_2$，试问：(1)能否在杆 AB、BC 上各加一力使之平衡？(2)能否在杆 AB、BC 上各加一力偶使之平衡？(3)能否在杆 AB 上加一力，在杆 BC 上加一力偶使之平衡？

5-13 图示边长为 a 的立方体作用有图示力系，其中三个力的大小都为 F，上表面和右表面作用的力偶矩的大小均为 Fa，若欲使该立方体平衡，只需在某处施加一个力即可，试问如何施加？

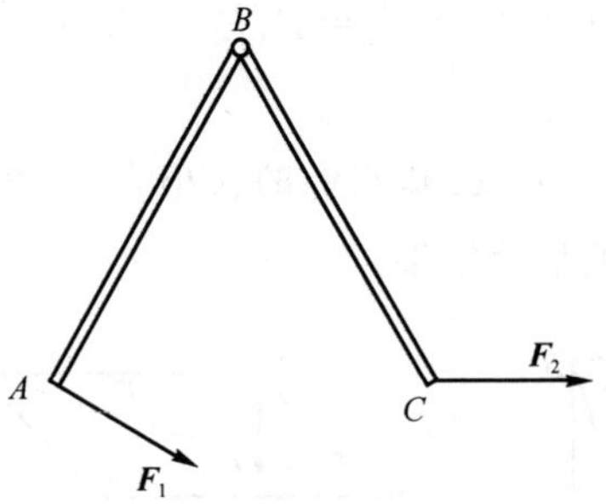

思考题 5-12 图

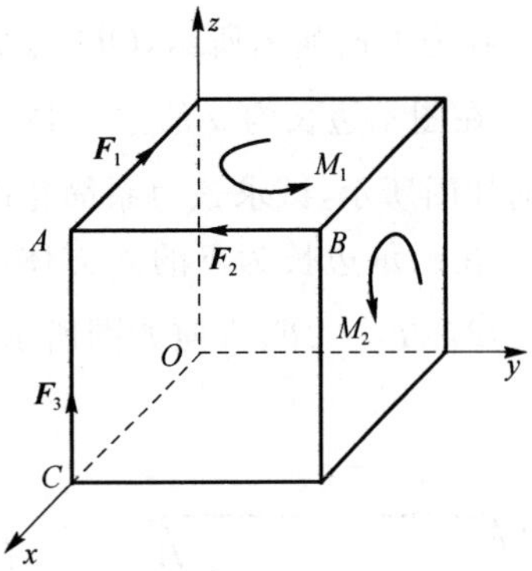

思考题 5-13 图

5-14 不计自重和摩擦，试画出图示平面结构中杆 AB 和杆 CD 的受力图（要确定约束力的正确方向和约束力偶矩的正确转向，图(b)中杆 AB 和杆 CD 在 E 处相互铰接）。

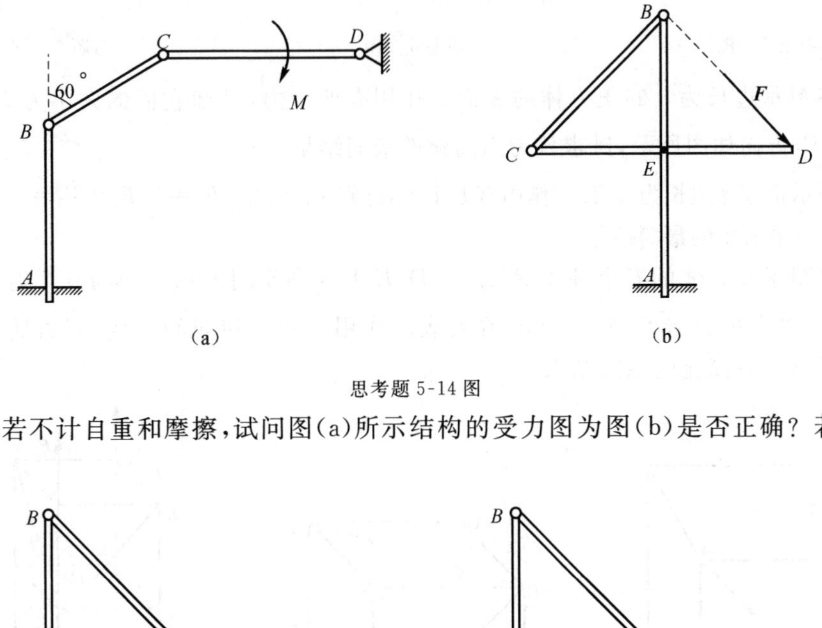

思考题 5-14 图

5-15 若不计自重和摩擦，试问图(a)所示结构的受力图为图(b)是否正确？若有错误，应如何改正？

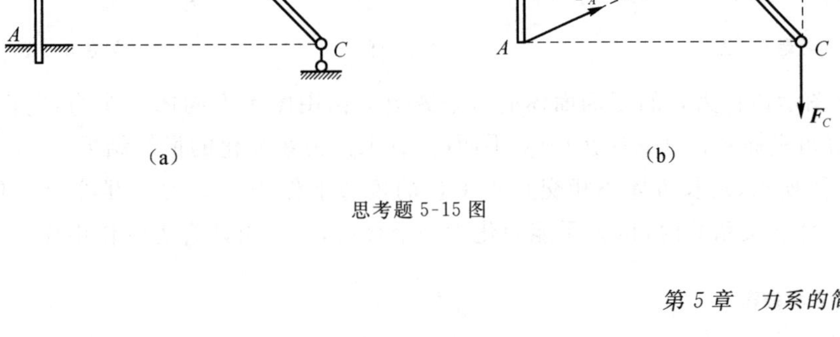

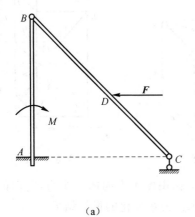

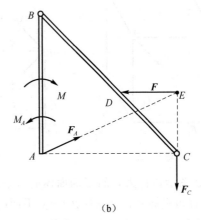

思考题 5-15 图

习　题

5-1　在图示直角三角形直棱柱体上沿着棱边作用有五个力，已知 $F_1=F_2=F_3=F_4=F$，$F_5=\sqrt{2}F$，各力方向如图所示，$OD=OE=a$，$OB=2a$，试求该力系简化的最简结果。

5-2　在图示边长为 a 的立方体上作用有五个力，已知 $F_1=F_2=F$，$F_3=F_4=\sqrt{2}F$，$F_5=\sqrt{3}F$，方向如图所示，试求该力系简化的最简结果。

5-3　在图示边长为 b 的立方体的表面上作用有五个力，已知它们的大小为 $F_1=F_2=F$，$F_3=F_4=\sqrt{2}F$，$F_5=2F$，方向如图所示，试求该力系简化的最简结果。

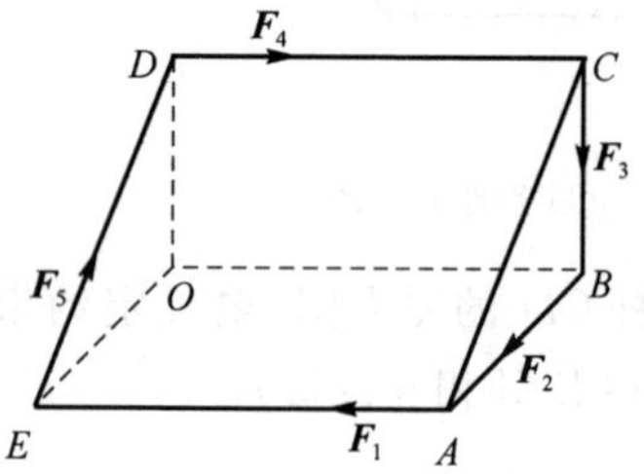

习题 5-1 图

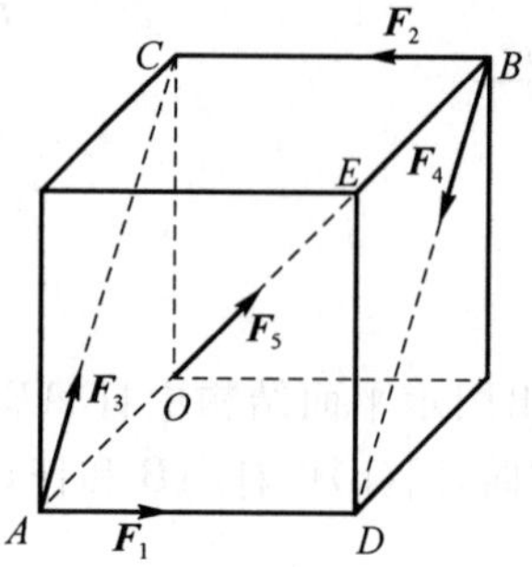

习题 5-2 图

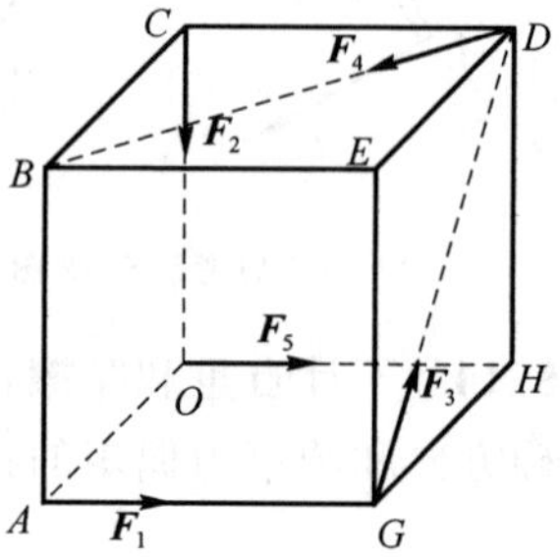

习题 5-3 图

5-4　在图示边长为 c 的正方体的表面上作用有四个力，已知它们的大小为 $F_1=F_2=F$，$F_3=F_4=\sqrt{2}F$，方向如图所示，试求该力系简化的最简结果。

5-5　图示正方体边长为 d，其上作用有五个力，已知 $F_1=F_2=F_3=F$，$F_4=F_5=\sqrt{2}F$，方向如图所示，试求该力系简化的最简结果。

5-6　在图示长方体的五个顶点 A、B、C、D、E 上分别作用图示方向的五个力，且 $F_1=F$，$F_2=2F$，$F_3=\sqrt{2}F$，$F_4=\sqrt{3}F$，$F_5=\sqrt{6}F$，在右表面作用一图示转向的力偶，其力偶矩的大小为 $M=Fa$，试求该力系简化的最简结果。

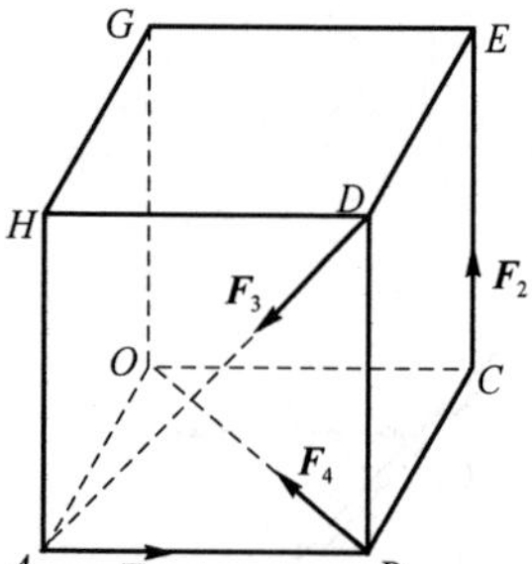

习题 5-4 图

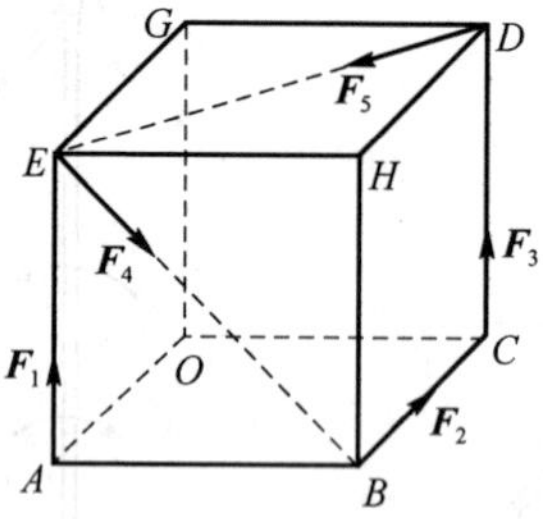

习题 5-5 图

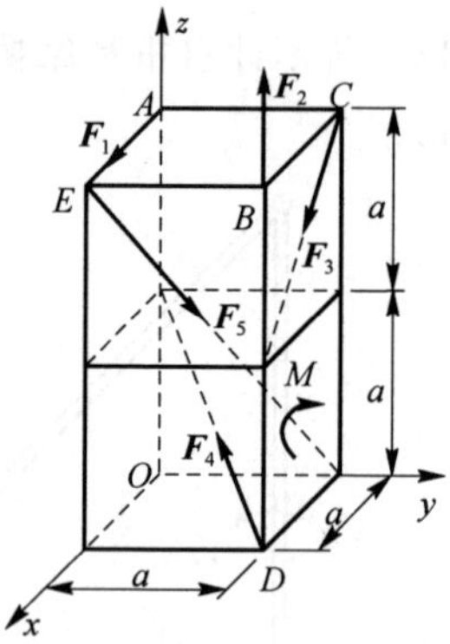

习题 5-6 图

5-7　在图示边长为 a 的正四面体的六条棱边上作用图示方向的六个力，它们的大小都为 F，$Oxyz$ 为直角坐标系，$\triangle OAB$ 在 Oxy 平面内，试求该力系简化的最简结果。

5-8　如图所示，沿长方体不相交且不平行的棱边上作用三个大小都等于 F 的力，试求边长 a、b、c 满足什么关系式时，该力系能简化为一个合力，并写出该合力的作用线方程。

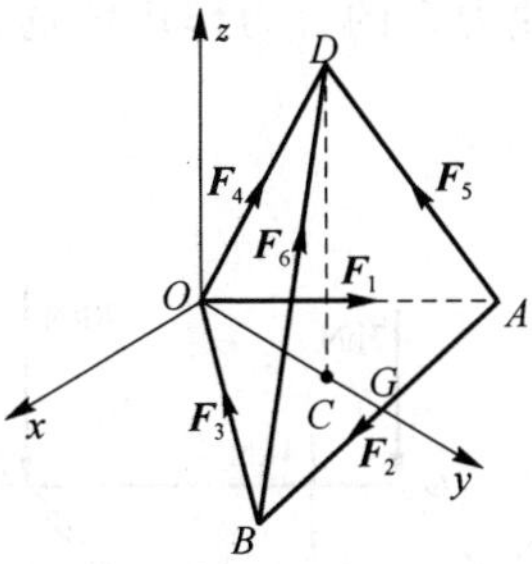

习题 5-7 图

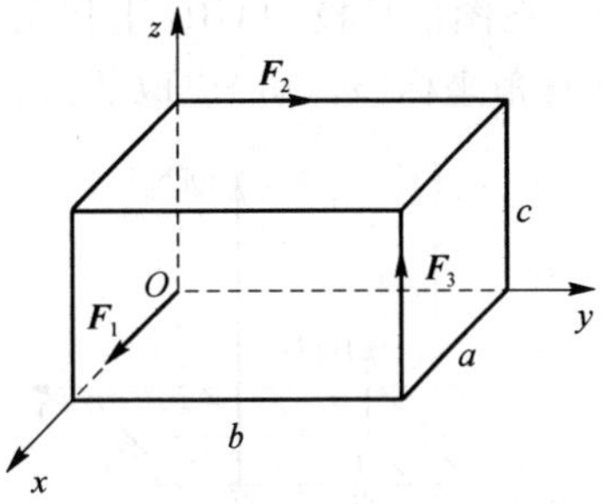

习题 5-8 图

5-9 在图示边长为 $3a$、$3a$、$4a$ 的长方体上作用图示方向的三个力 $\boldsymbol{F}_1$、$\boldsymbol{F}_2$ 和 $\boldsymbol{F}_3$，已知 $F_1=3F$，$F_2=4F$，$F_3=5F$，试求该力系简化时所得的最小力偶矩的大小及对应简化中心所在位置。

5-10 在图示长方体上作用有三个力 $\boldsymbol{F}_1$、$\boldsymbol{F}_2$ 和 $\boldsymbol{F}_3$，已知 $F_2=F_3=F$，若力系等效于通过点 O 的(1)右手力螺旋；(2)左手力螺旋，试求对应的 F_1 的代数值、x 的值和该力螺旋中力偶矩的大小。

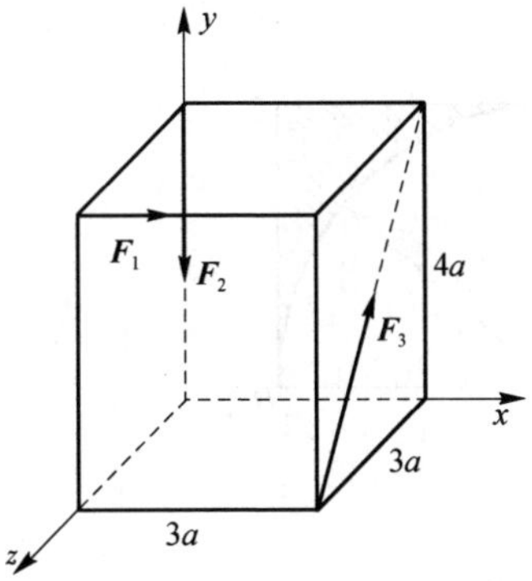

习题 5-9 图

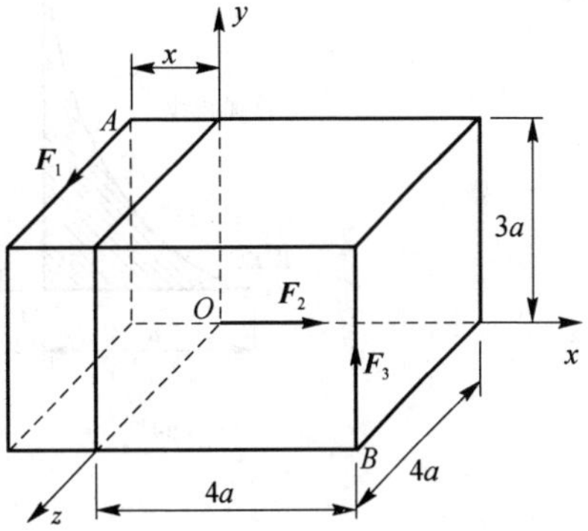

习题 5-10 图

5-11 在图示三角形 ABC 和平行四边形 $ABCD$ 的顶点上作用有大小、方向如图所示的力系，试问图示四种情况下，其简化的最简形式分别是什么？

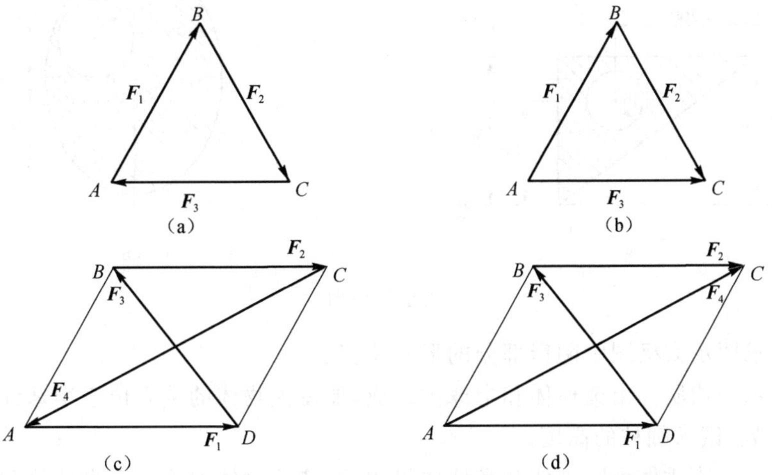

习题 5-11 图

5-12 试求图示平行力系简化的最简结果(图中每格长、宽均表示 1m)。

5-13 在图示平板 $OABD$ 上作用一图示平行力系，为使力系的合力作用线通过板中心，试求点 E 的直角坐标(x_E, y_E)应取的值。

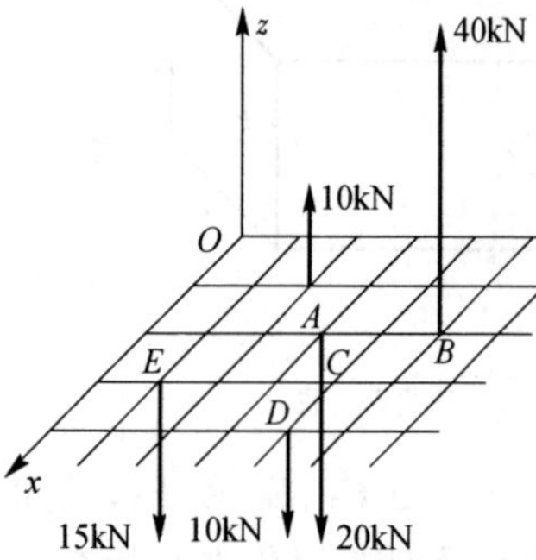

习题 5-12 图

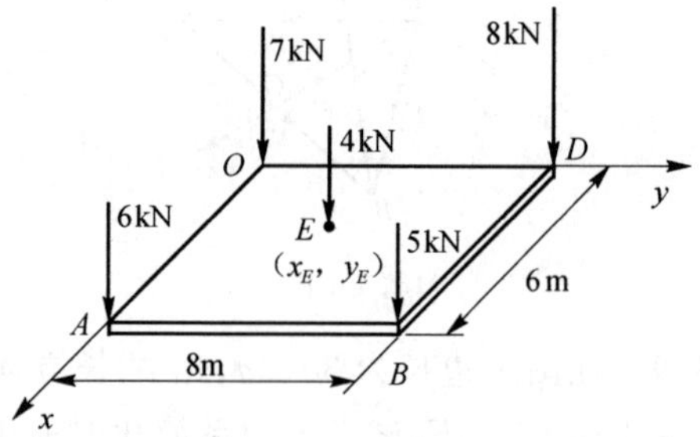

习题 5-13 图

5-14 试求图示两种情况的均质平板的重心位置。

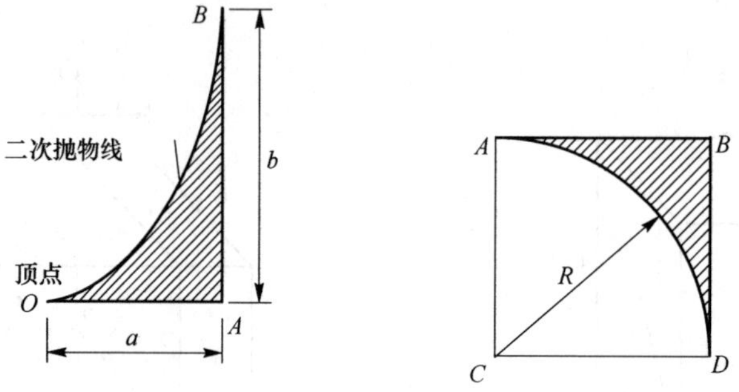

(a) (b)

习题 5-14 图

5-15 试求图示两种横截面形心位置。

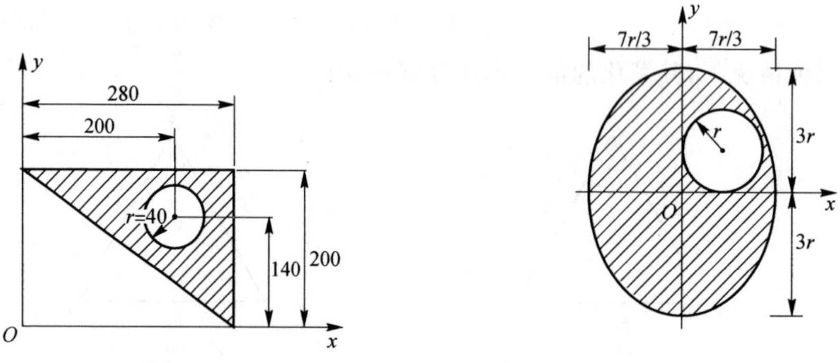

(a) (b)

习题 5-15 图

5-16 试求图示太极图中阴影部分的形心位置。

5-17 图示一均质体由圆柱体和半球体组成，要使该物体的重心位于半球体与圆柱体的交界面的中心 C 处，试求圆柱的高度。

5-18 图示一均质体由圆锥体和半球体组成，要使该物体的重心在半球体和圆锥体的交界面的中心 C 处，试求圆锥体的高度。

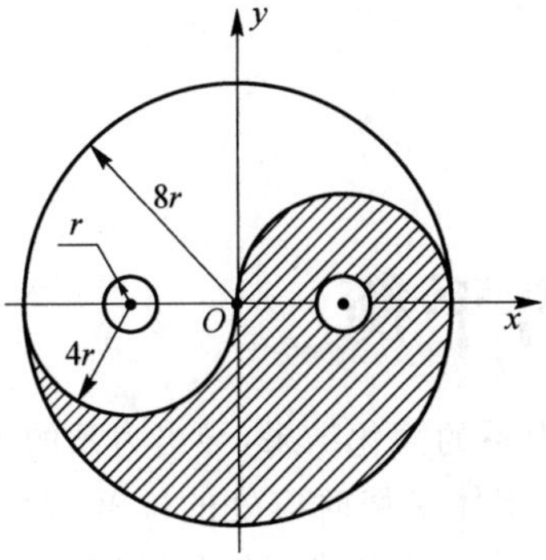

习题 5-16 图

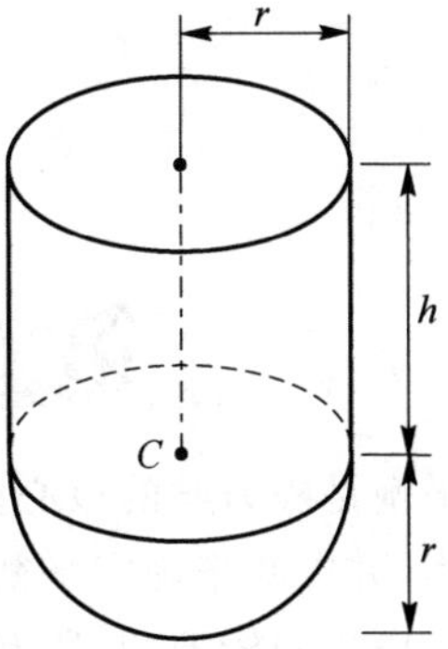

习题 5-17 图

5-19 试求图示平面图形的面积和形心的坐标。

5-20 已知 $q_1=1\text{kN/m}$，$q_2=3\text{kN/m}$，$AD=2\text{m}$，$DB=3\text{m}$。试求图示线分布载荷的合力的大小及其作用线的位置。

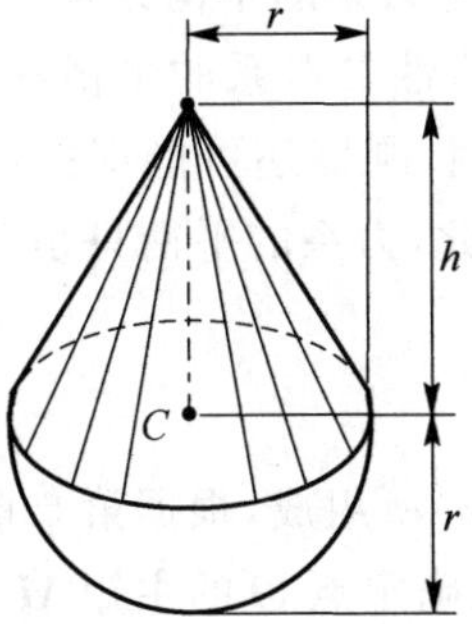

习题 5-18 图

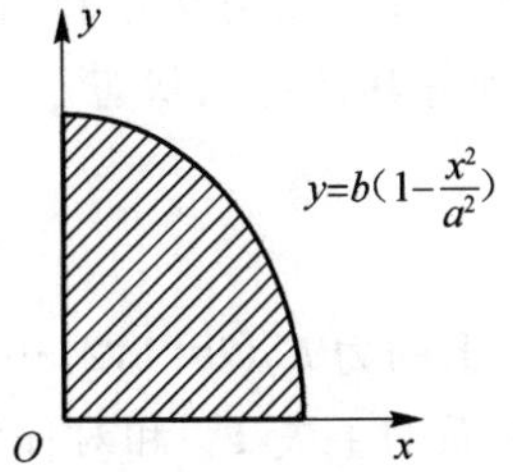

习题 5-19 图

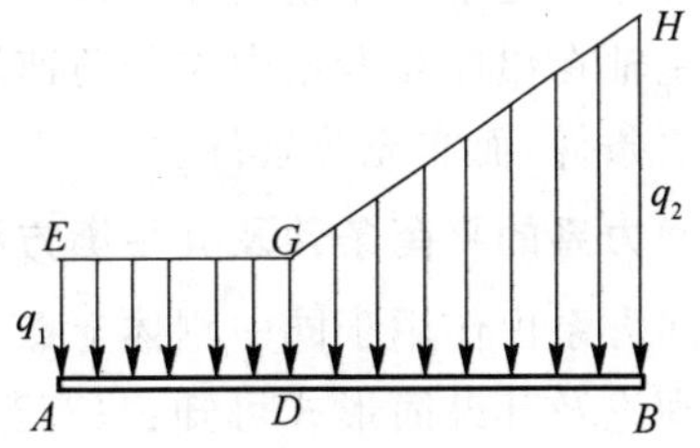

习题 5-20 图

第 6 章　力系的平衡

力系的平衡是静力学的核心内容。本章先根据一般力系的简化结果，导出力系的平衡条件及其平衡方程，并以此来确定平衡刚体所受到的约束力或刚体平衡时应处的位置；然后研究在工程中有重要应用的桁架(其所有构件全为二力直杆)的内力计算和带摩擦的平衡问题。

6.1　力系的平衡条件及其平衡方程

若作用在同一刚体上的力系与零力系等效，则该力系称为**平衡力系**。平衡力系所需满足的条件称为**力系的平衡条件**。表示力系的平衡条件的数学方程式称为**力系的平衡方程**。

一般来说，某个刚体在平衡力系的作用下既可能保持相对于惯性参考系的平衡状态，即相对于惯性参考系处于静止或匀速直线平移状态；在动力学中将看到，刚体还可能保持诸如绕其中心惯性主轴在惯性参考系中作匀角速转动等其他运动状态。因此，力系的平衡只是单个刚体平衡的必要条件，而非充分条件。

1. 空间力系的平衡条件及其平衡方程

设空间力系由作用于同一刚体上点 D_i 上的力 $\boldsymbol{F}_i(i=1,2,\cdots,n)$所组成，根据第 5 章的一般力系简化理论及其最简形式可知：只有当力系的主矢 $\boldsymbol{F}_R$ 和对任意确定点 O 的主矩 $\boldsymbol{M}_O$ 全为零时，力系才为平衡力系；当 $\boldsymbol{F}_R$ 和 $\boldsymbol{M}_O$ 中至少有一个不为零时，力系肯定为非平衡力系。前者说明，$\boldsymbol{F}_R$ 和 $\boldsymbol{M}_O$ 全为零是力系平衡的充分条件；后者说明，$\boldsymbol{F}_R$ 和 $\boldsymbol{M}_O$ 全为零是力系平衡的必要条件。即作用于同一刚体上的空间力系平衡的充要条件是力系的主矢 $\boldsymbol{F}_R$ 和对任一确定点 O 的主矩 $\boldsymbol{M}_O$ 全为零。写成数学表达式则为

$$\sum_{i=1}^{n}\boldsymbol{F}_i=0,\ \sum_{i=1}^{n}\boldsymbol{M}_O(\boldsymbol{F}_i)=0 \tag{6-1}$$

在简化中心 O 建立一直角坐标系 $Oxyz$，将上式分别沿 x、y、z 轴投影得

$$\left.\begin{aligned}\sum_{i=1}^{n}F_{ix}=0,\ \sum_{i=1}^{n}F_{iy}=0,\ \sum_{i=1}^{n}F_{iz}=0\\ \sum_{i=1}^{n}M_{ix}=0,\ \sum_{i=1}^{n}M_{iy}=0,\ \sum_{i=1}^{n}M_{iz}=0\end{aligned}\right\} \tag{6-2}$$

这就是空间力系的平衡方程，它们是六个独立的代数方程。这表明空间力系的各力在直角坐标系的各轴上投影的代数和，以及对各轴的矩的代数和均等于零。也就是说空间平衡力系的平衡方程有无限多个，但独立的最多只有六个。

应该注意，式(6-2)只是空间力系平衡方程的基本形式。这是因为，如果式(6-2)成立，则空间力系中各力在空间任一轴上投影的代数和，以及对空间任一轴的矩的代数和，一定全为零。因此在具体解题时，三个投影轴或矩轴(列写力矩方程的轴)斜交也行，投影轴和矩轴不一致也行，只要保证所列写出的六个平衡方程相互独立就行，但是每次都要做到这一点却不是件容易的事。如果能巧妙地选择投影轴或矩轴(巧妙选择的原则是，投影轴的取向与某些未知力垂直，

矩轴与某些未知力共面等)，使每列写一个平衡方程就能解出一个未知量，这样列写出的平衡方程肯定是相互独立的。

对于以下几种特殊的空间力系，其独立的平衡方程按各自特点作相应减少。

(1)空间汇交力系

设空间力系汇交于点 O，则各力对点 O 的矩恒为零。其独立的平衡方程为

$$\sum_{i=1}^{n} F_{ix}=0, \sum_{i=1}^{n} F_{iy}=0, \sum_{i=1}^{n} F_{iz}=0 \tag{6-3}$$

(2)空间力偶系

由于力偶系的主矢恒为零，故其独立的平衡方程为

$$\sum_{i=1}^{n} M_{ix}=0, \sum_{i=1}^{n} M_{iy}=0, \sum_{i=1}^{n} M_{iz}=0 \tag{6-4}$$

(3)空间平行力系

设空间力系的各力作用线都平行于 z 轴，则各力在 x、y 轴上的投影以及对 z 轴的矩恒为零。其独立的平衡方程为

$$\sum_{i=1}^{n} F_{iz}=0, \sum_{i=1}^{n} M_{ix}=0, \sum_{i=1}^{n} M_{iy}=0 \tag{6-5}$$

下面举例说明空间力系平衡方程的应用。

例 6-1 自重可不计的直杆 AC，一端以光滑球铰链 A 与大地相连，另一端 C 挂一重为 $\boldsymbol{P}$ 的重物，在点 B 系两根与铅垂墙相连的绳索，在图示位置，两绳索在同一水平面内，且系统处于平衡状态，试求球铰链 A 处的约束力和两绳索的张力。

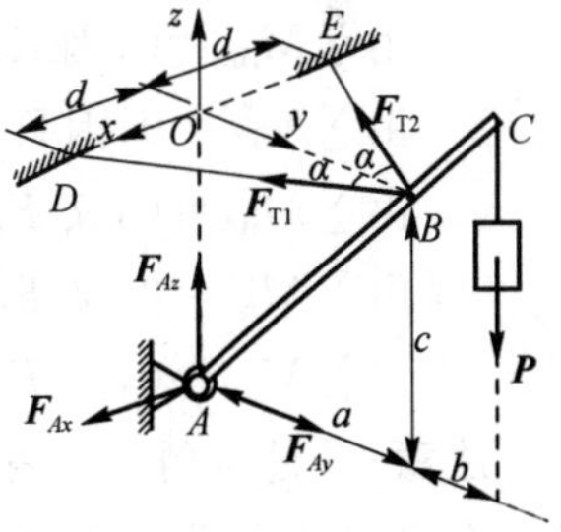

例 6-1 图

解：在选择直角坐标系时，应尽量使更多的力的作用线与坐标轴相交或平行。这样，这些力对与之相交或平行的轴的矩等于零。

(1)建立如图所示直角坐标系 $Oxyz$。

(2)对直杆 AC 进行受力分析，其受力图如图所示。

(3)通过平衡方程[①]求解未知的约束力：

$$\sum M_x=0, F_{Ay}c-P(a+b)=0, F_{Ay}=\frac{a+b}{c}P$$

$$\sum M_y=0, -F_{Ax}c=0, F_{Ax}=0$$

$$\sum M_z=0, -(F_{T1}\sin\alpha)a+(F_{T2}\sin\alpha)a=0, F_{T1}=F_{T2}$$

$$\sum F_y=0, F_{Ay}-F_{T1}\cos\alpha-F_{T2}\cos\alpha=0, F_{T1}=F_{T2}=\frac{a+b}{2ac}\sqrt{a^2+d^2}P$$

$$\sum F_z=0, F_{Az}-P=0, F_{Az}=P$$

注意：在以上计算中，没有用到 $\sum F_x=0$。若写出这个方程为：$F_{Ax}+F_{T1}\sin\alpha-F_{T2}\sin\alpha=0$，显然它与 $\sum M_y=0$ 和 $\sum M_z=0$ 是线性相关的。为什么会这样呢？这是因为，这个空间力系比较特殊，它们均与直线 AC 相交，故对 AC 轴的矩恒为零，从而减少了一个独立平衡方程。

例 6-2 图示六根杆支撑一水平板，各连接处为球链接，在板角处受铅垂力 $\boldsymbol{F}$ 作用。试求各杆对平板的作用力，设板和杆的自重及摩擦不计。

---

① 为书写简单起见，在不致发生误会的地方，通常将 $\sum\limits_{i=1}^{n}$ 简写成 $\sum$，并把其后表达式中的下标 i 略去不写。

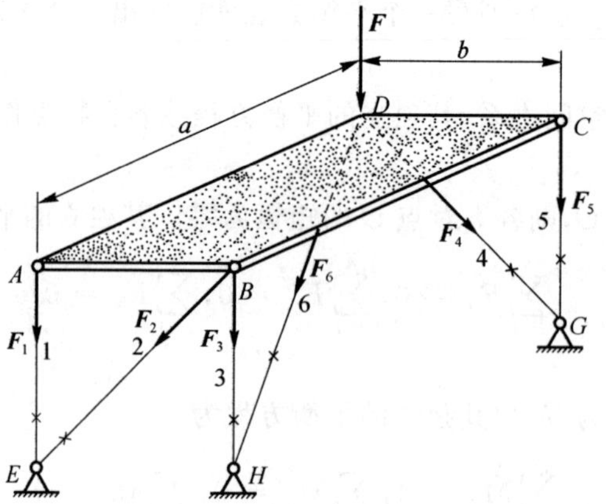

例 6-2 图

解:通过巧妙地选择矩轴,使列写对该轴的矩的方程式中只包含一个未知量,以达到快速求解的目的。

(1)各杆均为二力杆,设它们对平板均为拉力,当求出其代数值为负时,则表示该二力杆为压杆。

(2)由 $\sum M_{BH}=0$,因只有 $\boldsymbol{F}_4$ 对 BH 轴有矩,故 $F_4=0$

由 $\sum M_{AE}=0$,因只有 $\boldsymbol{F}_4$、$\boldsymbol{F}_6$ 对 AE 轴有矩,又 $F_4=0$,故 $F_6=0$

由 $\sum M_{CG}=0$,因只有 $\boldsymbol{F}_6$、$\boldsymbol{F}_2$ 对 CG 轴有矩,又 $F_6=0$,故 $F_2=0$

由 $\sum M_{AB}=0$,又 $F_4=F_6=0$,有 $-Fa-F_5a=O$,$F_5=-F$

由 $\sum M_{BC}=0$,又 $F_4=F_6=0$,有 $-Fb-F_1b=0$,$F_1=-F$

由 $\sum M_{CD}=0$,又 $F_2=0$,有 $-F_1a-F_3a=0$,$F_3=F$

注意:通过本例可以看到,一个空间力系的平衡方程,其相互独立的矩方程可以多至六个,但一个平衡的空间力系,其相互独立的对轴的投影方程却最多只有三个。

2. 平面力系的平衡条件及其平衡方程

平面力系是空间力系的一种特殊情况。设作用于同一刚体上的各力的作用线都在 Oxy 平面内,则构成平面力系的 n 个力沿垂直于平面力系作用面的 z 轴的投影以及对 x 轴、y 轴的矩均恒为零。其独立的平衡方程为

$$\sum_{i=1}^{n} F_{ix}=0,\ \sum_{i=1}^{n} F_{iy}=0,\ \sum_{i=1}^{n} M_{iz}=0 \tag{6-6}$$

设 A 为平面力系作用面上任一确定点,由于平面力系中各力 $\boldsymbol{F}_i$ 对点 A 的矩恒垂直于 Oxy 平面,故可用一代数量 $M_A(\boldsymbol{F}_i)$表示。于是平面力系的独立平衡方程又可改写为

$$\sum_{i=1}^{n} F_{ix}=0,\ \sum_{i=1}^{n} F_{iy}=0,\ \sum_{i=1}^{n} M_A(\boldsymbol{F}_i)=0 \tag{6-7}$$

易证式(6-6)与式(6-7)在本质上是一致的,称它们为平面力系平衡方程的基本形式。由于其中只有一个力矩式,故常称**一矩式**。

平面力系的平衡方程还可以有如下非基本形式:

(1)二矩式

在平面力系作用面上任取两点 A 和 B,再在该平面上任取一个与$\overrightarrow{AB}$不垂直的某根轴(其正向的单位矢量为 $\boldsymbol{l}^{\circ}$),则平面力系的平衡方程可写为

$$\sum_{i=1}^{n} F_{il} = 0, \sum_{i=1}^{n} M_A(\boldsymbol{F}_i) = 0, \sum_{i=1}^{n} M_B(\boldsymbol{F}_i) = 0 \tag{6-8}$$

式中，F_{il} 为 $\boldsymbol{F}_i$ 在 $\boldsymbol{l}^\circ$ 上的投影。

证明 必要性显然。充分性用反证法求证：因为 $\sum_{i=1}^{n} M_A(\boldsymbol{F}_i) = 0$，说明若取点 A 为力系的简化中心，则力系可简化成过点 A 的一个合力 $\boldsymbol{F}$，又 $\sum_{i=1}^{n} M_B(\boldsymbol{F}_i) = 0$，说明合力 $\boldsymbol{F}$ 一定还要经过点 B，而 $\boldsymbol{l}^\circ$ 又不与 $\overrightarrow{AB}$ 垂直，说明若合力 $\boldsymbol{F} \neq 0$，则合力 $\boldsymbol{F}$ 在 $\boldsymbol{l}^\circ$ 上的投影必不为零，这与已知条件 $\sum_{i=1}^{n} F_{il} = 0$ 矛盾，故只能合力 $\boldsymbol{F} = 0$，于是力系为平衡力系。

(2)三矩式

在平面力系的作用面上任取不共线的三点 A、B 和 C，则平面力系的平衡方程可写为

$$\sum_{i=1}^{n} M_A(\boldsymbol{F}_i) = 0, \sum_{i=1}^{n} M_B(\boldsymbol{F}_i) = 0, \sum_{i=1}^{n} M_C(\boldsymbol{F}_i) = 0 \tag{6-9}$$

证明 必要性显然。充分性用反证法求证：因为 $\sum_{i=1}^{n} M_A(\boldsymbol{F}_i) = 0$，说明若取点 A 为力系的简化中心，则力系可简化为过点 A 的一个合力 $\boldsymbol{F}$，又 $\sum_{i=1}^{n} M_B(\boldsymbol{F}_i) = 0$，说明合力 $\boldsymbol{F}$ 一定还要过点 B，再由 $\sum_{i=1}^{n} M_C(\boldsymbol{F}_i) = 0$ 知，合力 $\boldsymbol{F}$ 一定又要过点 C。若合力 $\boldsymbol{F} \neq 0$，则它的作用线要过 A、B、C 三点，而 A、B、C 三点却不在一条直线上，这是不可能的。因此，只能合力 $\boldsymbol{F}=0$，这就证明了力系为平衡力系。

对于以下几类特殊的平面力系，其独立的平衡方程按各自的特点作相应减少：

(1)平面汇交力系

设平面汇交力系汇交于点 A，则 $\sum_{i=1}^{n} M_A(\boldsymbol{F}_i)=0$ 自动满足。其独立的平衡方程为

$$\sum_{i=1}^{n} F_{ix} = 0, \sum_{i=1}^{n} F_{iy} = 0 \tag{6-10}$$

平面汇交力系还可以有以下一矩式和二矩式平衡方程

$$\sum_{i=1}^{n} F_{ix} = 0, \sum_{i=1}^{n} M_B(\boldsymbol{F}_i) = 0 \tag{6-11}$$

式中，AB 连线与 x 轴不垂直，以及

$$\sum_{i=1}^{n} M_B(\boldsymbol{F}_i) = 0, \sum_{i=1}^{n} M_C(\boldsymbol{F}_i) = 0 \tag{6-12}$$

式中，A、B、C 三点不共线。

(2)平面力偶系

平面力偶系各力偶矩的方向恒垂直于平面力偶系的作用面，故可将各力偶矩用一代数量表示。设平面力偶系由力偶矩为 $M_i(i=1,2,\cdots,n)$ 的力偶组成，由于其主矢恒为零，它的合力偶矩等于其分力偶矩的代数和，故其独立的平衡方程只有一个，即

$$\sum_{i=1}^{n} M_i = 0 \tag{6-13}$$

上一章已说明若力偶系中各力偶的作用面相互平行，则该力系可等效为平面力偶系。

(3)平面平行力系

设 x 轴为平行力系作用面内与平行力系的各力作用线相垂直的轴，则 $\sum_{i=1}^{n} F_{ix}=0$ 自动满足，于是独立的平衡方程为

$$\sum_{i=1}^{n} F_{iy}=0,\ \sum_{i=1}^{n} M_A(\boldsymbol{F}_i)=0 \tag{6-14}$$

式(6-14)为平面平行力系的一矩式平衡方程。平面平行力系还可以有以下二矩式平衡方程

$$\sum_{i=1}^{n} M_A(\boldsymbol{F}_i)=0,\ \sum_{i=1}^{n} M_B(\boldsymbol{F}_i)=0 \tag{6-15}$$

式中，A、B 两点在平面平行力系的作用面内，且 A、B 两点的连线与各力作用线不平行。

下面举例说明单个刚体平衡问题的解法。

例 6-3 图示重为 P 的均质等厚方板悬挂在绳索 BE 上，其顶点 A 靠在固定的光滑铅垂墙 ED 上，已知 $AB=BE=a$，试求方板在铅直平面内处于平衡状态时，绳索与墙的夹角 φ，墙对方板的约束力及绳索的张力。

解：本题既可以按三力平衡定理来做，也可以按一般的平面力系来做。

解法一

(1)对方板进行受力分析，其受力图如图所示。

(2)因方板受到三个力的作用而处于平衡状态，这三个力必汇交于点 O_1。在△AO_1E 中，由几何关系知，$AO_1=2BG=2a\sin\varphi$；在△AO_1O 中，由几何关系知，$AO_1=AO\cos\theta=\frac{\sqrt{2}}{2}a\cos(45°-\varphi)$；于是 $2a\sin\varphi=\frac{\sqrt{2}}{2}a\cos(45°-\varphi)$，解之得 $\varphi=\arctan\frac{1}{3}$。

(3)根据平衡方程求约束力

$\sum F_y=0,F_{TB}\cos\varphi-P=0,F_{TB}=\frac{\sqrt{10}}{3}P$

$\sum F_x=0,F_{NA}-F_{TB}\sin\varphi=0,F_{NA}=\frac{P}{3}$

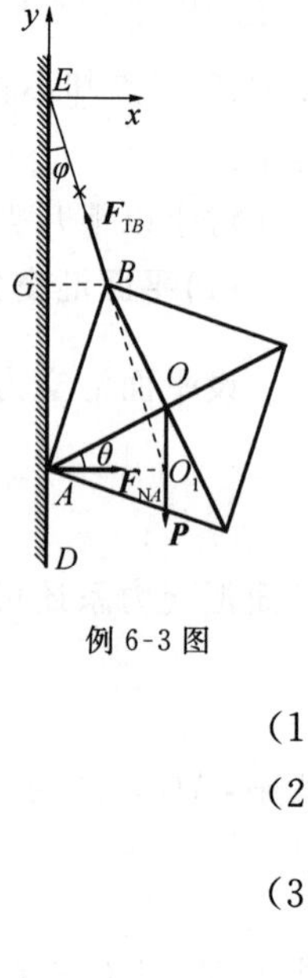

例 6-3 图

解法二

(1)对方板进行受力分析，其受力图如图所示。

(2)列写平衡方程并求解

$$\sum F_x=0,F_{NA}-F_{TB}\sin\varphi=0 \tag{1}$$

$$\sum F_y=0,F_{TB}\cos\varphi-P=0 \tag{2}$$

$$\sum M_E=0,-P\frac{\sqrt{2}}{2}a\cos(45°-\varphi)+F_{NA}(2a\cos\varphi)=0 \tag{3}$$

联立式(1)、式(2)得

$$F_{NA}=P\tan\varphi \tag{4}$$

将式(4)代入式(3)得

$$\varphi=\arctan\frac{1}{3}$$

于是

$$\sin\varphi=\frac{1}{\sqrt{10}},\cos\varphi=\frac{3}{\sqrt{10}}$$

代回式(2)、式(1)得

$$F_{\mathrm{TB}}=\frac{\sqrt{10}}{3}P,F_{\mathrm{NA}}=\frac{P}{3}$$

注意:因预先并不知道系统平衡时的 φ 角,所以当 φ 角画得不合适时,三力无法汇交,说明任意画出的 φ 角,系统并不平衡,建议用解法二求解,实际上,解法二中式(3)即为三力平衡汇交的条件。

例 6-4 如图(a)所示,重为 P 的均质直角弯杆 ABD 在图示光滑水平地面内处于平衡状态。已知 $AB=a,BD=b,BC=c$,试求出 A、D 端在水平地面内的约束力。

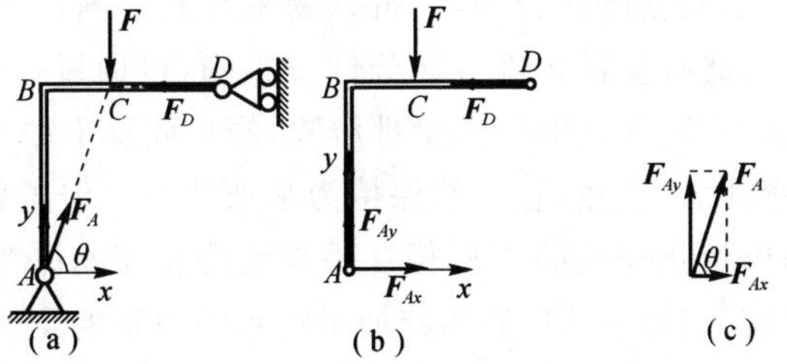

例 6-4 图

解:直角弯杆的重力和水平地面对杆在铅垂方向的约束力自相平衡,因此只需考虑在水平地面内的作用力,这样本题又可看成是三力平衡问题。由于 D 端约束力 $\boldsymbol{F}_D$ 水平向左,A 端约束力 $\boldsymbol{F}_A$ 必过 $\boldsymbol{F}_D$ 与 $\boldsymbol{F}$ 的交点。考虑到要写具体的平衡方程,A 端约束力也可用其两个正交分量 $\boldsymbol{F}_{Ax}$ 和 $\boldsymbol{F}_{Ay}$ 表示。

解法一

(1)直角弯杆在水平面内的受力图如图(a)所示。

(2)因 $\boldsymbol{F}_A$ 过 $\boldsymbol{F}_D$ 与 $\boldsymbol{F}$ 的交点,它与 x 轴正向的夹角为

$$\theta=\arctan\frac{a}{c}$$

(3)通过平衡方程求约束力的值

$$\sum F_y=0,F_A\sin\theta-F=0,F_A=\frac{\sqrt{a^2+c^2}}{a}F$$

$$\sum F_x=0,F_A\cos\theta-F_D=0,F_D=\frac{c}{a}F$$

解法二

(1)直角弯杆在水平面内的受力图如图(b)所示。

(2)通过平衡方程求约束力的值

$$\sum M_A=0,F_D\cdot a-F\cdot \mathrm{c}=0,F_D=\frac{c}{a}F$$

$$\sum F_x=0,F_{Ax}-F_D=0,F_{Ax}=\frac{c}{a}F$$

$$\sum F_y=0,F_{Ay}-F=0,F_{Ay}=F$$

$\boldsymbol{F}_A$ 的大小和方向(图(c))为

$$F_A=\sqrt{F_{Ax}^2+F_{Ay}^2}=\frac{\sqrt{a^2+c^2}}{a}F$$

$$\theta = \arctan \frac{F_{Ay}}{F_{Ax}} = \arctan \frac{a}{c}$$

注意：解法二的计算结果与解法一是一致的。但由于计算 $\boldsymbol{F}_A$ 的方向角 θ 的大小及其三角函数的值比较麻烦，因此用 $\boldsymbol{F}_A$ 的两正交分量 $\boldsymbol{F}_{Ax}$，$\boldsymbol{F}_{Ay}$ 表示 $\boldsymbol{F}_A$ 显得更为方便些。

力系的简化理论和力系的平衡方程都是基于单个刚体的。下面再研究一下物系的平衡问题。所谓**物系**是指由两个或两个以上刚体相互连接所组成的系统，其平衡问题要尤其注意以下两点：

(1)作用于物系上的力系的主矢和对任一点的主矩均为零是物系平衡的必要条件，而非充分条件。

证明：若物系平衡，则根据刚化公理，可将该物系在其平衡位置刚化为一个刚体，它们所要满足的平衡条件相同，因此必要性正确。充分性不正确，可通过一例子来说明。先将例 6-5 中的直角弯杆在水平地面内 A、D 处的约束全部解除，静止放置于水平地面上，若再将例 6-5 中的平衡力系作用于直角弯杆上，显然，它仍然保持为平衡状态。但若将刚性节点 B 改成光滑圆柱铰链，使系统变成为两根相互铰接的直杆相互垂直地静止于水平地面上，这时若再将例 6-5中的 $\boldsymbol{F}$、$\boldsymbol{F}_A$、$\boldsymbol{F}_D$ 作用于系统上(图 6-1)，显然施加于物系的力系的主矢和对任一点的主矩均为零，但只要分析单个刚体的受力，即知直杆 AB 和 BD 都不可能平衡，也即物系并不平衡。

因此，不能通过以作用于物系上的力系的主矢和对任一点的主矩均为零为依据，列写独立平衡方程来判定物系是否平衡或者是否静定。所谓**物系静定**，是指作用于物系上的外力系和刚体间相互约束的内力系，其未知量个数等于物系内各刚体独立平衡方程的总数，此时未知力都能通过平衡方程唯一确定；而当前者数目多于后者的数目时，此时未知力不能或不全能由平衡方程唯一确定，这种物系称为**超静定**或**静不定**(超静定问题的研究不属于刚体静力学范畴，而将在变形体静力学中再对它进行研究)。物系是否平衡或者是否静定，只能通过分析其中每个刚体的受力，考察它们所有的平衡方程是否全能满足，或者全部未知力是否均能通过平衡方程唯一确定来进行判断。例如，图 6-1 中的杆 AB 可看成是水平面内的二力杆，它的受力不满足二力平衡条件，所以物系肯定不平衡，但作用于物系整体的力系的平衡方程却是满足的。再如，图 6-2(a)所示的铅垂面内的系统(杆重和摩擦不计)虽然其整体受力图(图 6-2(a))的独立平衡方程的个数为 3，少于其约束力未知量的个数 4，但不能由此判定物系是超静定的。这是因为，其各个刚体的受力图(图 6-2(b)和图 6-2(c))的独立平衡方程的总数为 6，等于这时约束力未知量的个数 6，因此该物系是静定的。

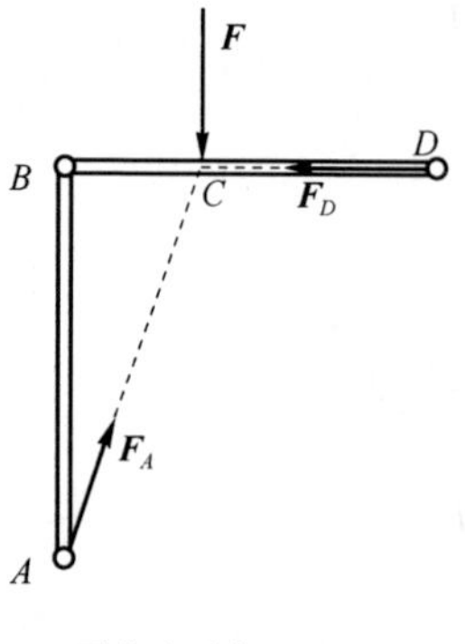

图 6-1　平衡力系作用于物系的实例

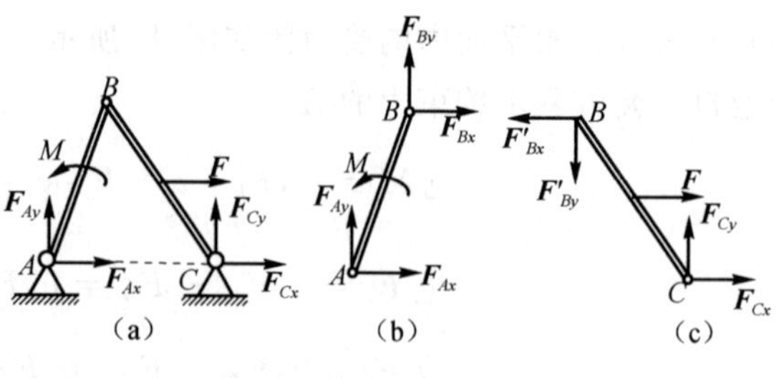

图 6-2　静定物系判定实例

由于作用于物系上的力系的平衡方程仍是物系平衡的必要条件，所以在求解物系平衡问题时，仍可使用这些方程。但必须指出，物系整体的平衡方程与其中各个刚体的平衡方程是线性相关的，即物系的每个刚体的独立平衡方程若均成立，则物系整体的平衡方程必成立。

(2)在实际问题中，并不总是要求将物系中所有未知力全部求出，因此并不需要将物系内各个刚体的平衡方程或物系的平衡方程全部列出。所以，如何选择研究对象，并列写对问题求解有用的最少平衡方程就成为物系平衡问题快速求解的关键所在。

求解物系的平衡问题的一般思路是：首先选取需要求解的未知力所作用的刚体或刚体系统作为研究对象，并对其进行受力分析。判断是否能直接通过其平衡方程求出待求的未知力。若不行，再分析需要事先从其他研究对象求出其中哪个或哪几个未知力后，就能求出待求的未知力；然后再选取含所需要事先求出未知力的其他刚体或刚体系统作为研究对象，并对其进行受力分析和求解；这个过程如果需要还可继续，直到问题解决为止。在选择研究对象时要特别注意以下五点：①分离体包含的未知力越少越好，几何关系越简单越好，但必须包含待求未知力或必须求的中间未知力；②尽量少拆，避免求解不需要求的中间未知力；③若系统中包含二力杆则一定要找出，这样可以简化受力分析和计算过程；④分离体的受力图必须完整画出，对于不出现在所用平衡方程中的力或力偶（包括不必求的约束力）也都必须画出；⑤对分离体不必列写出全部独立的平衡方程，只列写出可解出所求力的平衡方程，并尽可能避免解联立方程，通常将矩心选择在不需要求的未知力的交点上，投影轴选择为与不需要求的未知力垂直，这样可避免这些未知力在平衡方程中出现。按照以上思路进行解题分析，有助于有目的、有步骤、高效率地进行求解，从而避免解题的盲目性。但必须指出，求解物系的平衡问题时，由于研究对象的选择存在多样性和灵活性，因此问题的解法一般不是唯一的。由于物系平衡问题的求解技巧性很强，对培养分析问题的能力很有帮助，读者应熟练掌握，下面举例说明。

例 6-5 如图(a)所示平面结构，杆 BC 处于铅垂位置，已知力偶矩 M，铅垂力 $\boldsymbol{F}$，$AD=BD=CD=AC=a$，$DE=CE$，不计自重和摩擦，试求杆 CD 两端所受到的销钉的约束力。

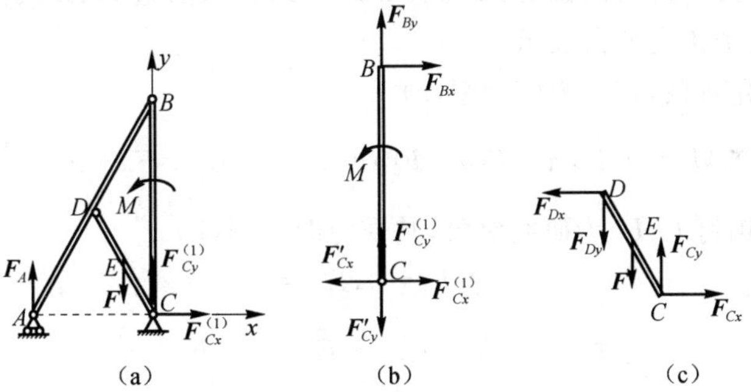

例 6-5 图

解：(1)以整体为研究对象，其受力图如图(a)所示。由平衡方程求 $F_{Cx}^{(1)}$。

$$\sum F_x=0,\quad F_{Cx}^{(1)}=0$$

(2)以杆 BC(带销钉 C)为研究对象，其受力图如图(b)所示。由平衡方程求 F'_{Cx}。

$$\sum M_B=0, M-F'_{Cx}(2a\sin 60^\circ)=0, F'_{Cx}=\frac{\sqrt{3}M}{3a}$$

(3)以杆 CD 为研究对象，其受力图如图(c)所示，由平衡方程求约束力。

$$\sum F_x=0, F_{Cx}-F_{Dx}=0, F_{Dx}=F_{Cx}=F'_{Cx}=\frac{\sqrt{3}M}{3a}$$

$$\sum M_D=0, F_{Cx}(a\sin 60^\circ)+F_{Cy}(a\sin 30^\circ)-F\left(\frac{a}{2}\sin 30^\circ\right)=0$$

$$F_{Cy}=\frac{Fa-2M}{2a}$$

$$\sum F_y=0,-F_{Dy}-F+F_{Cy}=0,F_{Dy}=-\frac{2M+Fa}{2a}$$

（负号表示 $\boldsymbol{F}_{Dy}$ 的真实方向与图示相反）

注意：①杆 BC 上作用有主动力偶，所以杆 BC 不是二力杆。②销钉 C 连接杆 CB、CD 和大地三个物体，受力分析时要特别小心。

例 6-6 如图(a)所示，处于同一铅垂面内的构架由四根杆件 AD、BC、CE 和 DE 组成，AD 和 BC 两杆在它们的中点以销钉 H 相连，已知主动力 $\boldsymbol{F}_1$、$\boldsymbol{F}_2$ 和主动力偶矩 M 及几何尺寸 a，若不计自重和摩擦，试求杆 BC 在三个销钉处所受到的约束力。

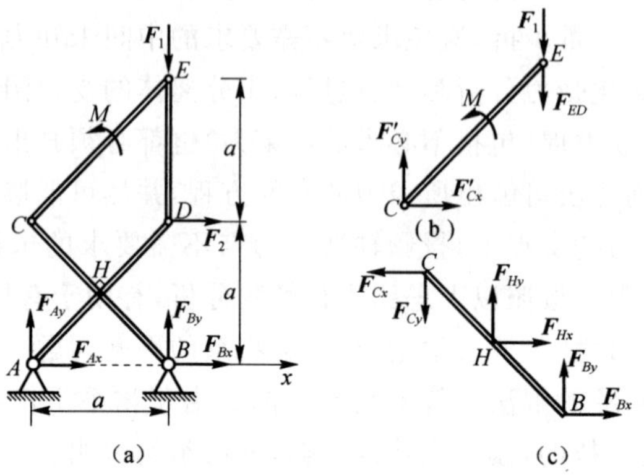

例 6-6 图

解：显然杆 DE 为二力杆，销钉 D、E 对杆 DE 的约束力必过 D、E 两点，而销钉 A、B、C、H 处约束力都只能以两个正交分力表示。

(1)以整体为研究对象，其受力图为图(a)。

$$\sum M_A=0,F_{By}a-F_1a-F_2a+M=0,F_{By}=F_1+F_2-\frac{M}{a}$$

(2)以杆 CE(带销钉 C、E)为研究对象，其受力图为图(b)。

$$\sum F_x=0,F'_{Cx}=0$$

$$\sum M_E=0,M-F'_{Cy}a+F'_{Cx}a=0,F'_{Cy}=\frac{M}{a}$$

(3)以杆 BC 为研究对象，其受力图为图(c)。由牛顿第三定律知，$F_{Cx}=F'_{Cx}=0,F_{Cy}=F'_{Cy}=\dfrac{M}{a}$。

$$\sum M_H=0,F_{Cy}\frac{a}{2}+F_{Cx}\frac{a}{2}+F_{By}\frac{a}{2}+F_{Bx}\frac{a}{2}=0,F_{Bx}=-(F_1+F_2)$$

$$\sum F_x=0,F_{Hx}-F_{Cx}+F_{Bx}=0,F_{Hx}=F_1+F_2$$

$$\sum F_y=0,F_{Hy}-F_{Cy}+F_{By}=0,F_{Hy}=\frac{2M}{a}-(F_1+F_2)$$

注意：题中解法，通过巧妙地选取三个研究对象，利用六个平衡方程求解了六个未知量，效率很高。

例 6-7 图(a)所示平面结构，AB、CDE 两杆处于铅垂位置，杆 BDO 处于水平位置，杆 BDO 与杆 CDE 以销钉 D 相连，重为 P 的重物通过无重柔绳跨过半径为 r 的滑轮 O 连接在杆 CDE 上，已知 $GH/\!/BO$，$AB=BD=CD=DO=a$，不计自重和摩擦，试求销钉 D 对杆 BDO 的约束力。

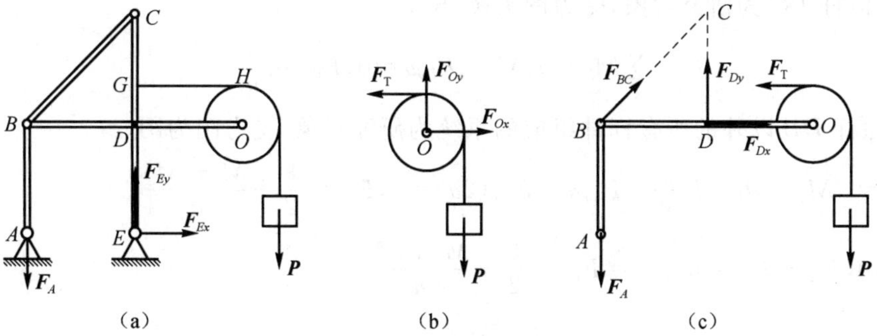

例 6-7 图

解：显然杆 AB、BC 均为二力杆。

(1)以整体为研究对象，其受力图为图(a)。

$$\sum M_E=0, F_A a-P(a+r)=0, F_A=\frac{a+r}{a}P$$

(2)以滑轮及重物为研究对象，其受力图为图(b)。

$$\sum M_O=0, F_T r-Pr=0, F_T=P$$

(3)以杆 AB、杆 BDO、滑轮及重物所组成系统为研究对象，其受力图为图(c)。

$$\sum M_C=0, F_A a+F_{Dx}a-F_T(a-r)-P(a+r)=0, F_{Dx}=\frac{a-r}{a}P$$

$$\sum M_B=0, F_{Dy}a+F_T r-P(2a+r)=0, F_{Dy}=2P$$

注意：题中解法选取了三个研究对象，列写了四个平衡方程求解了要求的两个未知量。这说明，有时只列写与所要求的未知量个数相等的平衡方程，并不一定能求解。

例 6-8　如图(a)所示平面构架，由杆 AC、AE、EC、EG、CG、GD 和 BD 相互铰接构成。已知 $AC=CG=GD=BD=a$，$AE=EG$，主动力 $\boldsymbol{F}$ 以及主动力偶矩 M_1 和 M_2。若各构件自重和接触处摩擦均不计，试求大地对构架的约束力。

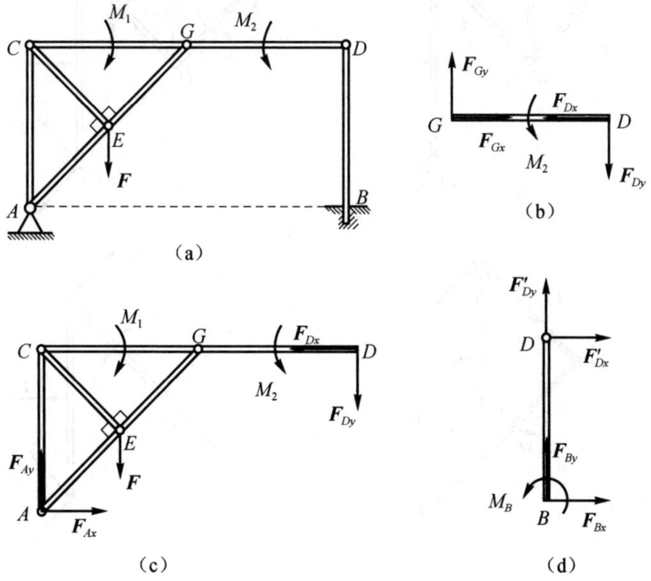

例 6-8 图

解:(1)以杆 DG 为研究对象,受力图为图(b)。

$$\sum M_G=0,M_2-F_{Dy}a=0,F_{Dy}=\frac{M_2}{a}$$

(2)以除杆 DB 以外的所有杆件组成的系统为研究对象,受力图为图(c)。

$$\sum M_A=0,M_2-M_1-F\frac{a}{2}+F_{Dx}a-F_{Dy}(2a)=0,F_{Dx}=\frac{F}{2}+\frac{M_1+M_2}{a}$$

$$\sum F_x=0,F_{Ax}-F_{Dx}=0,F_{Ax}=F_{Dx}=\frac{F}{2}+\frac{M_1+M_2}{a}$$

$$\sum F_y=0,F_{Ay}-F-F_{Dy}=0,F_{Ay}=F+\frac{M_2}{a}$$

(3)以杆 BD(带销钉 D)为研究对象,受力图为图(d)。

$$\sum F_x=0,F_{Bx}+F'_{Dx}=0,F_{Bx}=-F'_{Dx}=-F_{Dx}=-\left(\frac{F}{2}+\frac{M_1+M_2}{a}\right)$$

$$\sum F_y=0,F_{By}+F'_{Dy}=0,F_{By}=-F'_{Dy}=-F_{Dy}=-\frac{M_2}{a}$$

$$\sum M_B=0,M_B-F'_{Dx}a=0,M_B=F'_{Dx}a=F_{Dx}a=\frac{1}{2}Fa+M_1+M_2$$

注意:杆 DB 在 B 处为固定端约束,尽管其不受主动力作用,但它不是二力杆,且 B 处约束力偶 M_B 对点 B 的矩也为 M_B。

例 6-9 如图(a)所示平面结构,各杆长为:$AB=BC=CD=AD=a$,$CE=BD=\sqrt{2}a$,力偶矩 $M_1=M_2=M_3=M_4=M$,力 $\boldsymbol{F}$ 作用于杆 CE 的中点,且水平向左,已知 A、D、E 处于同一直线上,不计自重和摩擦,试求杆 BC 两端所受到的销钉作用力。

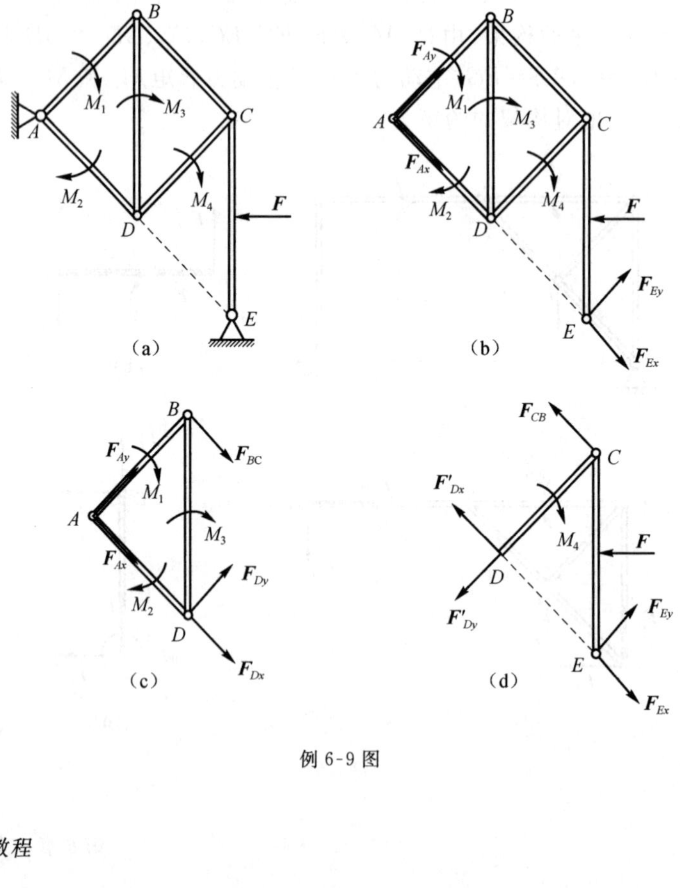

例 6-9 图

解:此题只有杆 BC 为二力杆,设它两端受到销钉的拉力作用。若能正确地选取系统在 A、E 两处所受到大地约束力的两正交分量方向,则可使解题过程变得比较简单。

解法一

(1)以整体为研究对象,其受力图如图(b)所示。

$$\sum M_E=0,-M_1-M_2-M_3-M_4-F_{Ay}(2a)+F\frac{\sqrt{2}a}{2}=0$$

$$F_{Ay}=-\frac{2M}{a}+\frac{\sqrt{2}}{4}F$$

(2)以$\triangle ABD$为研究对象,其受力图如图(c)所示。

$$\sum M_D=0,-M_1-M_2-M_3-F_{Ay}a-F_{BC}a=0$$

$$F_{BC}=-\left(\frac{M}{a}+\frac{\sqrt{2}}{4}F\right)$$

(负号表示杆 BC 为两端受到销钉压力作用的二力杆,即为压杆)

解法二

(1)以整体为研究对象,其受力图如图(b)所示。

$$\sum M_A=0,-M_1-M_2-M_3-M_4-F\frac{\sqrt{2}a}{2}+F_{Ey}(2a)=0$$

$$F_{Ey}=\frac{2M}{a}+\frac{\sqrt{2}}{4}F$$

(2)以 CD 和 CE 两杆为研究对象,其受力图如图(d)所示。

$$\sum M_D=0,-M_4+F_{Ey}a+F_{CB}a=0$$

$$F_{CB}=-\left(\frac{M}{a}+\frac{\sqrt{2}}{4}F\right)$$

(负号表示杆 BC 为两端受到销钉压力作用的二力杆,即为压杆)

注意:题中用两种不同的解法求解了杆 BC 所受的力,都使用了两个平衡方程,难度差不多。应该指出一题多解是物系平衡问题中普遍存在的,读者在练习中应熟练掌握。

例 6-10 如图(a)所示半径为 R 的无底圆柱形均质薄壁空筒放置于光滑固定水平面上,筒内装有两个重量均为 P,半径均为 r 的均质重球,已知 $R>r>\frac{R}{2}$,若不计各接触处摩擦与筒的厚度,试求系统能保持平衡状态的圆筒重量 W。

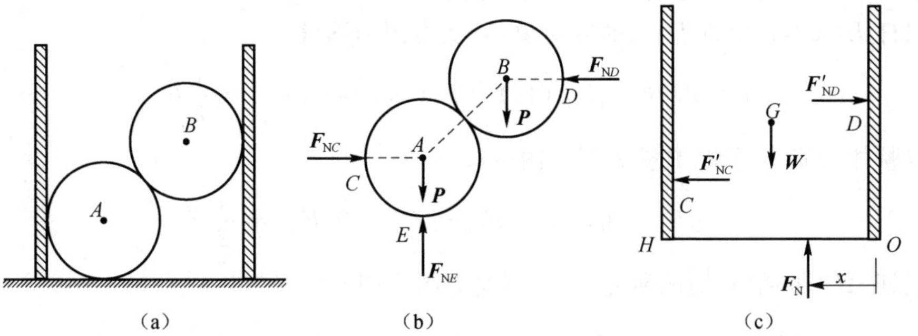

例 6-10 图

解:设系统平衡。

(1)以两圆球为研究对象,其受力图为图(b)。

$$\sum M_A = 0, P(2R-2r) - F_{ND} \cdot \sqrt{(2r)^2-(2R-2r)^2} = 0$$

$$F_{ND} = \frac{P(R-r)}{\sqrt{R(2r-R)}}$$

$$\sum F_x = 0, F_{NC} - F_{ND} = 0, F_{NC} = F_{ND}$$

(2)以圆筒为研究对象,其受力图为图(c),其中 F_N 为光滑固定水平面对圆筒的铅垂向上约束力系所对应的合力,显然 $\boldsymbol{F}'_{NC}$ 和 $\boldsymbol{F}'_{ND}$ 组成一个力偶,$\boldsymbol{W}$ 和 $\boldsymbol{F}_N$ 也组成一个力偶,这两个力偶的力偶距大小相等,方向相反,故

$$W(R-x) = F'_{ND} \cdot \sqrt{(2r)^2-(2R-2r)^2} = 2F_{ND}\sqrt{R(2r-R)} = 2P(R-r)$$

$$x = \frac{WR - 2P(R-r)}{W} = R - \frac{2P}{W}(R-r)$$

由合力矩定理知 $x \geqslant 0$($x=0$ 为圆筒即将翻倒的临界状态),于是系统平衡时,圆筒重量应满足

$$W \geqslant 2P\left(1-\frac{r}{R}\right)$$

注意:①系统平衡时,光滑固定水平面对圆筒铅垂向上的约束力系对称于接触点 C、D 所在的对称平面,它们可以等效于沿图(c)中直线 OH 分布的铅垂向上的非均匀力系,根据同向平行力系必有合力,以及合力对点 O 的矩必等于各分力对点 O 的矩(均垂直纸面朝里)的矢量和知,F_N 的作用线位置必位于点 O 的左侧,位于点 O 的右侧(体现在 $x<0$ 上)是不可能的。②系统平衡时,F_N 的作用线必在 W 作用线的右侧,这体现在 $x=R-\frac{2P}{W}(R-r)<R$ 上。

例 6-11 如图(a)所示平面结构中,$AB=CD=3a$,$AC=BD=4a$,在杆 CD 和 BD 的中点处分别作用有铅垂向下主动力 $\boldsymbol{F}_1$ 和水平向左主动力 $\boldsymbol{F}_2$,在杆 AC 上作用有顺时针转向的主动力偶 M,且 $F_1=F_2=F$,$M=Fa$,若不计自重和摩擦,试求杆 AD 两端所受到的销钉的约束力。

解:显然,结构中只有杆 AD 为二力杆,它的两端所受到的销钉 A、D 的作用力必沿 A、D 两点的连线,现设其为拉杆。由于销钉 A、D 各连接三个刚体,故可将销钉 A 附带于杆 AC、销钉 D 附带于杆 BD、销钉 D 附带于杆 CD 三种思路求解二力杆 AD 的受力,由题中已知条件知 $\sin\varphi=\frac{3}{5}$,$\cos\varphi=\frac{4}{5}$。

解法一(将销钉 A 附带于杆 AC 的求解方法)

(1)以杆 BD(不带销钉 D)为研究对象,其受力图为图(b)。

$$\sum M_D = 0, F_{Bx}(4a) - F_2(2a) = 0, F_{Bx} = \frac{1}{2}F$$

(2)以整体为研究对象,其受力图为图(a)。

$$\sum F_x = 0, F_{Ax} + F_{Bx} - F_2 = 0, F_{Ax} = \frac{1}{2}F$$

(3)以杆 AC(带销钉 A)的研究对象,其受力图为图(c)。

$$\sum M_C = 0, F_{AD}(AC \cdot \sin\varphi) + F_{Ax}(4a) - M = 0, F_{AD} = -\frac{5}{12}F$$

说明杆 AD 为压杆,其两端所受沿杆 AD 轴向的压力大小为 $\frac{5}{12}F$。

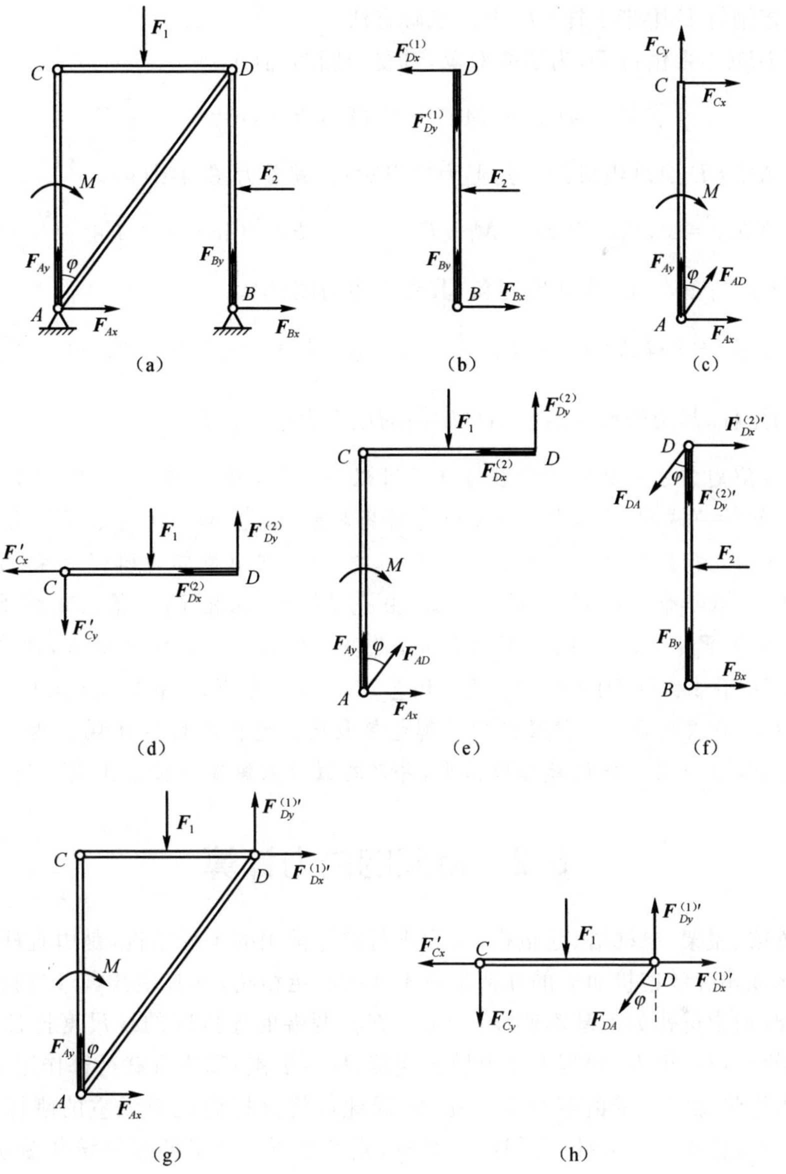

例 6-11 图

解法二(将销钉 D 附带于杆 BD 的求解方法)

(1)以杆 CD(不带销钉 D)为研究对象,其受力图为图(d)。

$$\sum M_C = 0, F_{Dy}^{(2)} \cdot (3a) - F_1\left(\frac{3}{2}a\right) = 0, F_{Dy}^{(2)} = \frac{1}{2}F$$

(2)以杆 AC 和 CD(带销钉 A,但不带销钉 D)为研究对象,其受图为图(e)。

$$\sum M_A = 0, F_{Dx}^{(2)}(4a) + F_{Dy}^{(2)}(3a) - M - F_1\left(\frac{3}{2}a\right) = 0, F_{Dx}^{(2)} = \frac{1}{4}F。$$

(3)以杆 BD(带销钉 D)为研究对象,其受力图为图(f)。

$$\sum M_B = 0, F_2(2a) + F_{DA}(BD \cdot \sin\varphi) - F_{Dx}^{(2)\prime}(4a) = 0, F_{DA} = -\frac{5}{12}F$$

说明杆 AD 为压杆,其两端所受沿杆 AD 轴向的压力大小为$\frac{5}{12}F$。

解法三(将销钉 D 附带于杆 CD 上的求解方法)

(1)以杆 BD(不带销钉 D)为研究对象,其受力图为图(b)。

$$\sum M_B = 0, F_{Dx}^{(1)}(4a) + F_2(2a) = 0, F_{Dx}^{(1)} = -\frac{1}{2}F$$

(2)以杆 AC、CD、AD 组成的三角形为研究对象,其受力图为图(g)。

$$\sum M_A = 0, F_{Dy}^{(1)\prime}(3a) - M - F_1(\frac{3}{2}a) - F_{Dx}^{(1)\prime}(4a) = 0, F_{Dy}^{(1)\prime} = \frac{1}{6}F$$

(3)以杆 CD(带销钉 D)为研究对象,其受力图为图(h)。

$$\sum M_C = 0, F_{Dy}^{(1)}(3a) - F_1(\frac{3}{2}a) - F_{DA}(CD \cdot \cos\varphi) = 0, F_{DA} = -\frac{5}{12}F$$

说明杆 AD 为压杆,其两端所受沿杆 AD 轴向的压力大小为$\frac{5}{12}F$。

注意:三种解题方法中具体的求解方法还可以不一样,例如:解法一中,可以先以整体为研究对象,由 $\sum M_B=0$ 求出 F_{Ay},再以杆 CD 为研究对象,由 $\sum M_D=0$ 求出 F_{Cy}',最后以杆 AC(带钉 A)为研究对象,由 $\sum F_y=0$ 求出 F_{AD};解法二中,可以先以整体为研究对象,由 $\sum M_A=0$ 求出 F_{By},再以杆 CD(不带销钉 D)为研究对象,由 $\sum M_C=0$ 求出 $F_{Dy}^{(2)}$,最后以杆 BD(带销钉 D)为研究对象,由 $\sum F_y=0$ 求出 F_{DA};解法三中,可以先以杆 AC 为研究对象,由 $\sum M_A=0$ 求出 F_{Cx},再以杆 BD(不带销钉 D)为研究对象,由 $\sum M_B=0$ 求出 $F_{Dx}^{(1)}$,最后以杆 CD(带销钉 D)为研究对象,由 $\sum F_x=0$ 求出 F_{DA}。其最终的求解结果相同。此例很好地体现了物系平衡问题求解的灵活多样性,读者应深入仔细地加以体会,并能在以后的解题中灵活正确应用。

6.2 桁架的内力计算

桁架是桥梁、屋架、电视塔、起重机、空间飞行器等常用的工程结构,是由直杆彼此在两端榫接、铆接、焊接或用螺丝连接而成的几何形状不变的稳定结构,具有用料省、结构轻等优点。

对于桁架,通常可作如下基本假设:①由于直杆两端的连接区的线尺度比杆的长度要小很多,因此可以简化成一个点,并当作光滑铰链连接,称为**节点**;②所有载荷都作用于节点上;③由于桁架本身的重量比它承受的载荷要小很多,因此可将直杆简化成无重的刚杆。在以上假设下,桁架的每根直杆均为二力杆,它们或者受拉,或者受压。为了便于系统化分析,在画受力图时一般先假定各杆均受拉,然后通过平衡方程求它们的代数值,当其值为正时,说明为拉杆(两端受杆轴向拉力作用的直杆);当其值为负时,说明为压杆(两端受杆轴向压力作用的直杆)。实验和计算证明,对于上述理想模型的计算结果与实际情况相差很小,且是偏安全的,可以满足工程设计的一般要求。

下面再分析桁架中每一直杆的内力有何特点。若想象地将桁架中某根直杆 AB 取出(图 6-3),则在其两端受到相应节点的作用力 $\boldsymbol{F}_A$ 和 $\boldsymbol{F}_B$ 的作用,由于杆 AB 为二力杆,因此 $\boldsymbol{F}_A$ 和 $\boldsymbol{F}_B$ 必大小相等、方向相反、作用线均与 A、B 两点连线重合。若在杆 AB 之间的任一确定处 C,假想用某一截面将杆截断,则杆的一部分对另一部分的约束关系可用作用于截面上各点的约束力来代替。这种约束力为作用在截面上的分布力系,将它们向截面中心简化,其等效力系是杆件轴向的一作用力,且与 $\boldsymbol{F}_A$ 或 $\boldsymbol{F}_B$ 相平衡。由于 CB 段对 AC 段的作用力合力 $\boldsymbol{F}_C$ 与 AC 段对 CB 段的作用力合力 $\boldsymbol{F}_C'$是一对作用与反作用力,它们必大小相等、方向相反、作用线共线,它们是杆 AB 在截面 C 处的一对内力。左段 AC 的右端截面与右段 CB 的左端截面,本来就是杆 AB 在 C 处的同一截面，其内力应该具有唯一确定的解(大小相等，符号一致)。由于 $\boldsymbol{F}_C$ 和 $\boldsymbol{F}_C'$沿$\overrightarrow{AB}$的投影的正、负号不同，因此，对于杆件内力沿用按投影方向规定其正、负号的方法就不适合了，按如图 6-4 所示，可这样来设定二力直杆内力的正、负号：当二力直杆内力的方向沿轴线背离截面时，规定为正(此时直杆必为拉杆)；当二力直杆内力的方向沿轴线指向截面时，规定为负(此时直杆必为压杆)。

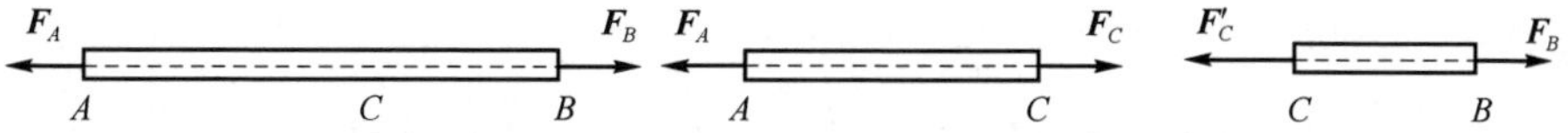

图 6-3 桁架中直杆的受力特点

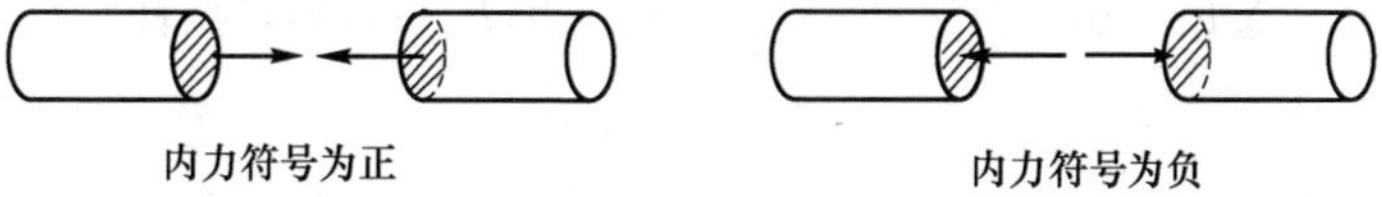

图 6-4 桁架内力的符号规定

计算桁架中直杆内力方法有两种：节点法和截面法。

1. 节点法

桁架的基本性质可归纳为：①各杆均为二力直杆；②在每一节点处，桁架的相关内力、外力组成一个平衡的共点力系。这样可以反复地利用节点处共点力系的平衡条件，杆的二力平衡条件，以及作用力与反作用力定律对桁架中直杆的内力进行计算。对于各杆轴线均在同一平面内，且载荷也在此平面内的平面桁架，其解题的一般步骤为：先列写桁架整体的平衡方程，求出支座约束力；再从只连接两根杆的节点入手，求出这两根杆的内力；然后依次以只有两个未知力的其他节点为研究对象，求解各杆内力。空间桁架中直杆的内力求解方法也可类似给出(此时每个节点可列写三个独立平衡方程，故可求解三个未知量)，这种求解方法是以各节点为研究对象的，故称节点法，适用于桁架需要求出所有杆件内力的情况。

例 6-12 如图(a)所示一平面桁架，在节点 D 处作用一大小为 12kN，方向为水平向左的外力 $\boldsymbol{F}$，桁架的几何尺寸如图，试求各杆内力。

解：(1)以整体为研究对象，其受力图为图(a)。

$$\sum M_E=0, F\times 4-F_A\times 6=0, F_A=8\text{kN}$$

(2)以节点 A 为研究对象，其受力图为图(b)。

$$\sum F_y=0, F_A+F_1\times\frac{4}{5}=0, F_1=-10\text{kN}(\text{压杆})$$

$$\sum F_x=0, F_2+F_1\times\frac{3}{5}=0, F_2=6\text{kN}(\text{拉杆})$$

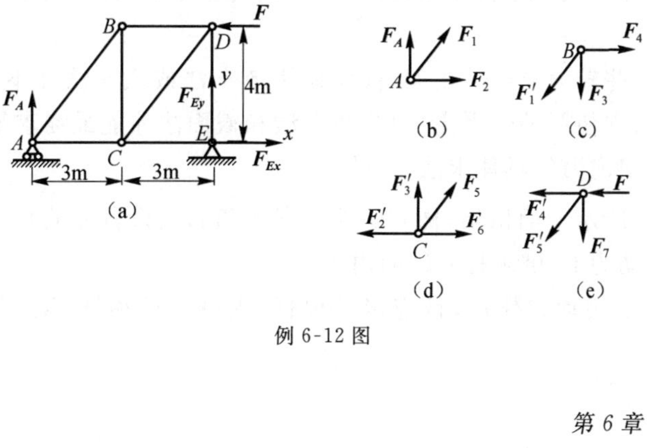

例 6-12 图

(3)依次以节点 B、C、D 为研究对象，其受力图分别为图(c)、(d)、(e)。

对于节点 B

$$\sum F_y=0,-F_1'\times\frac{4}{5}-F_3=0,F_3=8\text{kN}(\text{拉杆})$$

$$\sum F_x=0,-F_1'\times\frac{3}{5}+F_4=0,F_4=-6\text{kN}(\text{压杆})$$

对于节点 C

$$\sum F_y=0,F_3'+F_5\times\frac{4}{5}=0,F_5=-10\text{kN}(\text{压杆})$$

$$\sum F_x=0,-F_2'+F_5\times\frac{3}{5}+F_6=0,F_6=12\text{kN}(\text{拉杆})$$

对于节点 D

$$\sum F_y=0,-F_7-F_5'\times\frac{4}{5}=0,F_7=8\text{kN}(\text{拉杆})$$

注意：由整体的平衡方程可求出 F_{Ex} 和 F_{Ey}，再对节点 E 进行受力分析并列写出平衡方程可验算计算结果是否正确。

从以上求解过程可以看出，若当某一步的计算存在近似，则之后求得的杆的内力值也均可能存在近似，即可能产生误差积累，这是节点法的一个缺点。

2. 截面法

当不需要求桁架的所有直杆的内力，而只需求出某一根或几根直杆的内力时，若采用节点法，则显得很烦琐，这是节点法的又一缺点。这时可用截面法，其思路是：想象用一直的或曲的截面截断桁架中的某些杆件，使桁架成为两部分；取其中的一部分为研究对象，桁架的另一部分对它的作用可用截面所截到的杆的内力表示；然后列写平衡方程，并求解所需的未知力。对于平面桁架，由于平面力系只有三个独立的平衡方程，因此截断杆件的数目一般不超过三根，除非被截杆件有两个以上的内力汇交于同一点。同时要注意截面不能截到节点上，否则，节点的一部分对另一部分的作用力不易表示。在具体求解时，若两个或两个以上的未知力交于同一点，则以它为矩心列写平衡方程求解其他未知力，有时是比较简便的。在作具体的截面前，要留意节点的受力情况，尽量找出**零杆**(内力等于零的杆)，例如，不受主动力作用的节点连接三根杆，其中两根杆在一条直线上，则另外一根杆必为零杆；节点只连接两根不共线的杆件，且作用于该节点的主动力沿其中的一根杆，则另外一根杆必为零杆；不受主动力作用的节点，连接不在同一直线上的两根杆，则这两根杆必为零杆。这样便于作出所需截面，因为零杆不会影响其他杆的内力计算。但必须指出，零杆不是多余杆件，不能随便去掉。因为，若将之去掉，对于前两种情况，当主动力发生变化时，桁架的几何形状可能会发生变化，不合乎结构稳定的要求；对于后一种情况，则可能不合乎工程的要求。

必须指出，对于一些较为复杂的桁架，仅仅使用节点法或截面法并不一定能求出所要求的杆件内力，这时需要联立使用整体平衡方程、节点法和截面法才能最终求解。

下面举例说明桁架内力的具体求法。

例 6-13 如图(a)所示平面桁架，杆 CD 的长度为 $\sqrt{3}a$，其余各杆的长度均为 a，在节点 G 上作用一水平向右的主动力 $\boldsymbol{F}$，试求杆 CD 的内力。

解：(1)节点 E 不受主动力作用，且连接三根杆，因杆 AE 和杆 EC 处于同一直线上，故杆 ED 为零杆。

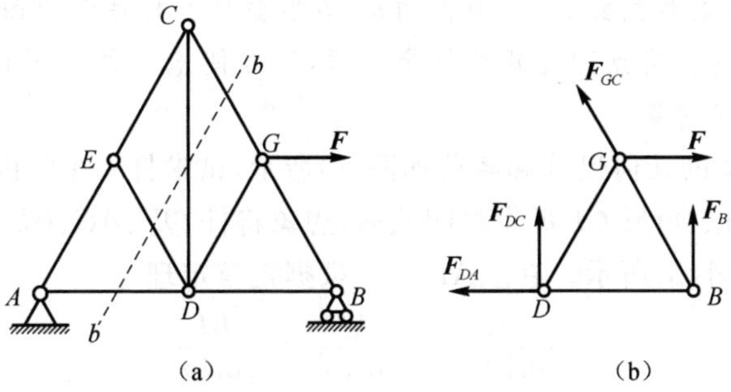

例 6-13 图

(2)作截面 $b-b$,以桁架的右半部分为研究对象,其受力图为图(b)。

$$\sum M_B=0,F\left(a\sin60^{\circ}\right)+F_{DC}a=0,F_{DC}=-\frac{\sqrt{3}}{2}F(\text{压杆})$$

注意:此题若用节点法,则要选取节点 B、G、C 或 A、E、C 才能求解出杆 CD 的内力,显然没有截面法简便。

例 6-14 如图(a)所示为一几何尺寸已知的悬臂式桁架,节点 A 处作用一垂直向下的主动力 $\boldsymbol{F}$,试求杆 1、2、3、4 的内力。

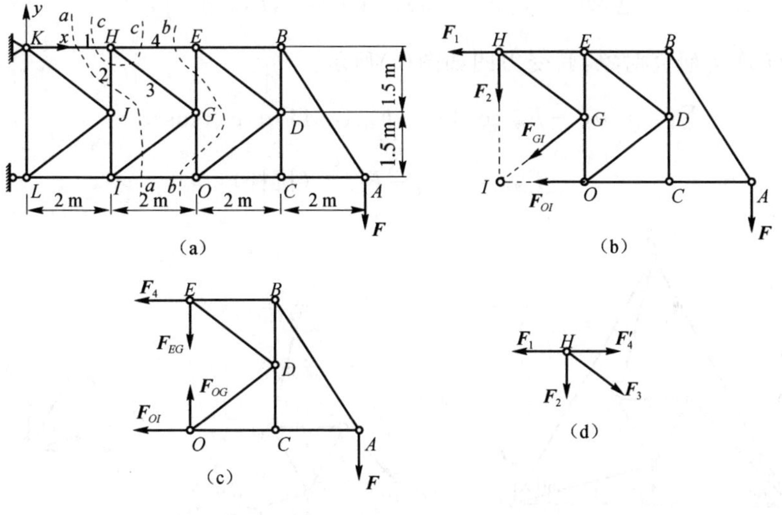

例 6-14 图

解:(1)作截面 $a-a$,以右半部分为研究对象,其受力分析为图(b)所示。

$$\sum M_{\mathrm{I}}=0,F_1\times3-F\times6=0,F_1=2F(\text{拉杆})$$

(2)作截面 $b-b$,以右半部分为研究对象,其受力分析为图(c)所示。

$$\sum M_O=0,F_4\times3-F\times4=0,F_4=\frac{4}{3}F(\text{拉杆})$$

(3)作截面 $c-c$,以上半部分为研究对象,其受力分析如图(d)所示。

$$\sum F_x=0,-F_1+F'_4,+F_3\times\frac{4}{5}=0,F_3=\frac{5}{6}F(\text{拉杆})$$

$$\sum F_y=0,-F_2-F_3\times\frac{3}{5}=0,F_2=-\frac{1}{2}F(\text{压杆})$$

注意:①在题解中,虽然截面 $a-a$ 与截面 $b-b$ 所截到的杆件都为四根,但其中都有三根杆的轴线汇交于同一点,对汇交点列写矩的平衡方程,可方便地求另一根杆的内力。②截面 $c-c$ 相当于取节点 H 为研究对象。

例 6-15 平面桁架的几何尺寸和载荷如图(a)所示,试求杆 OA 的内力。

解:(1)围绕着等边三角形 CDE 作封闭截面,想象将杆 OE、AC、BD 截断,以截面的内部为研究对象,其受力图如图(b)所示。在 $\triangle ABI$ 中,根据正弦定理

$$\frac{AB}{\sin120^\circ}=\frac{AI}{\sin15^\circ}=\frac{BI}{\sin45^\circ}$$

$$AI=\frac{4}{3}\sqrt{3}a\sin15^\circ,BI=\frac{4}{3}\sqrt{3}a\sin45^\circ$$

$$IJ=BI-BJ=BI-AI=\frac{4}{3}\sqrt{3}a(\sin45^\circ-\sin15^\circ)$$

$$\sum M_J=0,F(BJ\cdot\sin15^\circ)+F_{CA}(IJ\cdot\sin60^\circ)=0$$

$$F_{CA}=-\frac{AI\cdot\sin15^\circ}{IJ\cdot\sin60^\circ}F=-\frac{1}{6}(\sqrt{6}-\sqrt{2})F$$

(2)以整体为研究对象,其受力图如图(a)所示。

$$\sum M_O=0,F_{NA}(2a)-Fa=0,F_{NA}=\frac{1}{2}F$$

(3)以节点 A 为研究对象,其受力图如图(c)所示。

$$\sum F_\xi=0,-F_{AO}\cos30^\circ-F'_{CA}\cos45^\circ+F_{NA}\cos60^\circ=0$$

$$F_{AO}=\frac{6+\sqrt{3}}{18}F \qquad (拉杆)$$

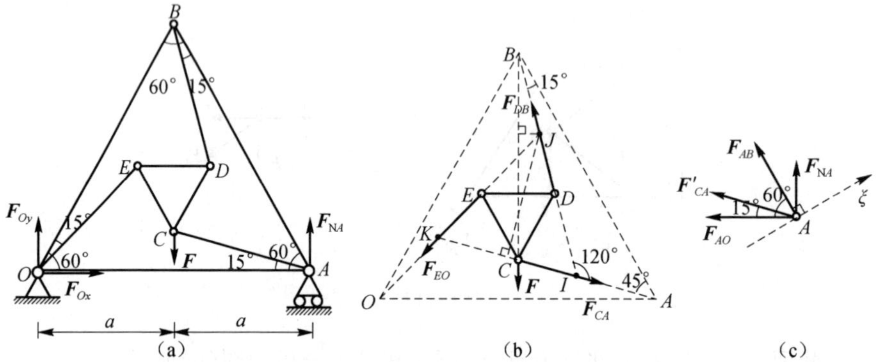

例 6-15 图

注意:①若用节点法求解,此题任一节点都含三个未知力(支座对系统的约束力可由整体平衡方程求出),无法简便求解,除非解复杂的联立方程。②若取题解中封闭截面,则只截断三根杆,用平面力系的平衡方程即可求解这三根杆的内力。③对节点 A 使用 $\sum F_\xi=0$(ξ 轴垂直于 AB 轴),目的是使 F_{AB} 不出现在平衡方程中。

例 6-16 平面桁架的几何尺寸和所受载荷如图(a)所示,且 $F_1=F_2=F$,$AH\perp HB$,$AG\perp GB$,$\angle ABH=\angle GAB=60^\circ$,杆 AH、CH 分别与杆 BG、DG 相交但不相连,试求杆 CD 的内力。

解:(1)以整体为研究对象,其受力图如图(a)所示。

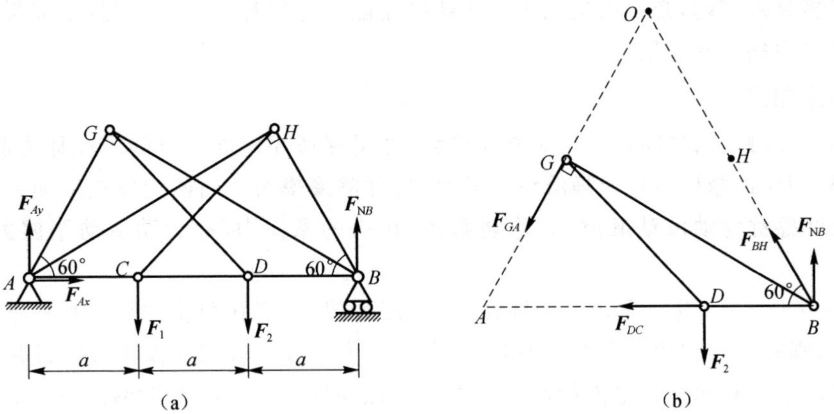

例 6-16 图

$$\sum M_A = 0, F_1 a + F_2(2a) - F_{NB}(3a) = 0, F_{NB} = F$$

(2)作截面想象将杆 AG、CD、BH 截断，以右半部分为研究对象，其受力图如图(b)所示。

$$\sum M_O = 0, F_{DC}(3a\sin 60°) + F_2\left(\frac{a}{2}\right) - F_{NB}\left(\frac{3a}{2}\right) = 0$$

$$F_{DC} = \frac{2\sqrt{3}}{9}F \quad \text{(拉杆)}$$

注意：求解桁架内力的截面法本质上就是巧妙地选取由某个节点或某根杆或某几根杆组成的研究对象，题解中的截面法等价于以杆 BD、BG、DG 组成的三角形 BDG 为研究对象。

6.3 考虑摩擦的平衡问题

1. 摩擦现象

当假定物体间接触处光滑时，物体受到的约束力沿接触处公法线，并指向物体的内部。这时若沿接触处公切面内任意方向对物体施加主动力，则无论该力多么微小，都会使物体产生相对滑动。但由于实际物体在接触处并非光滑，因此，只要该主动力的值在一定范围内，物体的平衡状态都不会遭到破坏。这说明，物体受到了一定程度的在公切面内的约束力，正是这个约束力阻碍了物体间的相对运动，这种现象称为**摩擦**，相应的约束力称为**摩擦力**。以前假定接触处光滑，而将摩擦力略去不计，这只是一种理想状况。当接触处摩擦力不大，它对物体的平衡不起明显的作用时，这种理想假设是可以的。但是，若摩擦力较大，或虽然不大，但对所研究的问题起着重要作用，这时就必须考虑摩擦。例如，重力水坝依靠摩擦力来防止坝体的滑动，夹子依靠摩擦力夹起重物，胶带依靠摩擦力传递动力，汽车依靠摩擦力启动和制动等，这时摩擦力对人们的日常生活和工程实际是有利的，成为讨论问题的主要因素，因此，这时就不能再假定物体间接触处是光滑的，而必须考虑摩擦的存在。当然，摩擦也有其有害的一面，例如，在各种机械运动中，摩擦会使物体发热，消耗能量，据估算，世界上大约有三分之一的能源消耗在摩擦上；摩擦也会磨损零部件，降低机器的使用寿命；在自动控制、精密测量等实际问题中，即使摩擦力很小，也会影响仪表的灵敏度和结果的精确度等。研究摩擦的目的就是掌握摩擦的规律，充分利用其有利一面，同时尽量减少或避免其有害的一面。

产生摩擦的物理机理十分复杂，它涉及物体接触面局部的弹塑性变形、润滑理论、表面物理和化学等许多复杂问题，必须用微观的物理规律才能对它解释得比较清楚，本课程只是从宏观方面说明摩擦力的一些性质。

2. 滑动摩擦力

当两物体接触表面之间具有相对滑动趋势，但仍保持相对静止时的摩擦称为**静滑动摩擦**，简称**静摩擦**；相应的摩擦力称为**静滑动摩擦力**，简称**静摩擦力**。当两物体接触面之间已产生相对滑动时的摩擦称为**动滑动摩擦**，简称**动摩擦**；相应的摩擦力，称为**动滑动摩擦力**，简称**动摩擦力**。

如图 6-5(a)所示，设一重为 P 的圆柱体（底面为圆）放置在静止的粗糙水平桌面上。若不用力去推它，则桌面对它的约束力铅垂向上，即摩擦力为零。若用一作用线贴近物体底面的水平主动力 $\boldsymbol{F}_P$ 推它，粗糙的接触面就产生与 $\boldsymbol{F}_P$ 反向的摩擦力 $\boldsymbol{F}_f$ 以阻碍物体的运动，水平推力越大，则相应的摩擦力也就越大，以维持物体的平衡（图 6-5(b)）。但摩擦力的大小有一个上限 $F_{f,max}$，当水平推力大到一定程度时，摩擦力再也增大不上去，物体将开始运动（图 6-5(c)）。这说明能够维持物体平衡的实际静摩擦力的大小满足以下关系

$$|F_f| \leqslant F_{f,max} \tag{6-16}$$

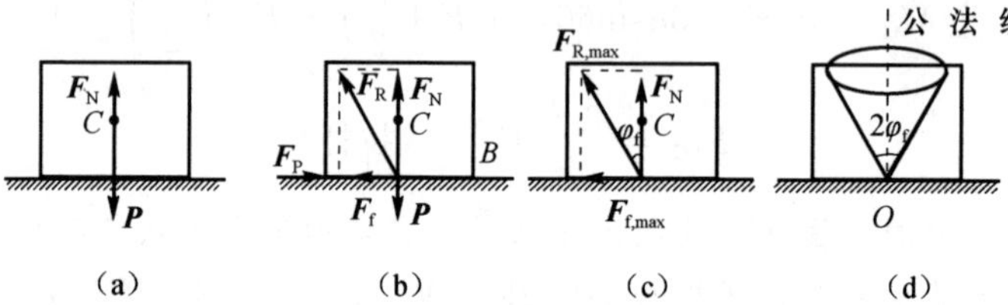

图 6-5　静滑动摩擦

大量物理实验表明，这个最大静摩擦力的大小和当时法向约束力（又称正压力）的大小 F_N 成正比，即

$$F_{f,max} = f_s F_N \tag{6-17}$$

式中，f_s 称为静摩擦因数，它取决于相互接触物体材料及接触面的状况（如粗糙度、温度和湿度等），而与接触面的大小无关。因此，静摩擦因数 f_s 不只是材料固有的特性，而且还与环境条件有关，是两者综合特性的表现。式(6-17)称为**库仑静摩擦定律**。它给我们提出了增大或减小摩擦力的方法，即改变正压力或静摩擦因数。例如，多数汽车重心靠后，故多为后轴驱动（驱动轮所受路面的摩擦力指向行驶方向，是汽车获得向前加速度的原因）；冰雪地车轮易打滑，采用铺沙，加防滑链等措施。

物体受到的静摩擦力的方向总是与物体相对于接触面的滑动趋势方向相反。说“趋势”，是因为物体还处于静止状态，若假想摩擦力消失，则物体就会沿着这个方向产生相对滑动。而在静力学问题中，静摩擦力的真实大小一般由平衡方程求出，但要满足物理条件，即式(6-16)。

当式(6-16)取等号时，物体所处的状态称为**临界状态**，即将动而未动的状态。由于它“将动”，因此可以用等式，$|F_f| = F_{f,max} = f_s F_N$；因为它“未动”，所以仍可对物体列写平衡方程。

由于静摩擦力的存在，接触处对被约束物体的约束力 $\boldsymbol{F}_R$ 为法向约束力（即正压力）$\boldsymbol{F}_N$ 和切向约束力（即静摩擦力）$\boldsymbol{F}_f$ 的合力，称为**全约束力**。当摩擦力的大小达到最大值 $\boldsymbol{F}_{f,max}$ 时，此时全约束力 $\boldsymbol{F}_{R,max}$ 与接触处公法线的夹角 φ_f 称为**摩擦角**，显然静摩擦因数等于摩擦角的正切，即

$$f_s = \tan\varphi_f \tag{6-18}$$

因此，静摩擦因数的值不一定小于 1，只要 $\varphi_f \geqslant 45°$，就有 $f_s \geqslant 1$。如果连续改变主动力 $\boldsymbol{F}_P$

在水平面内的方向，则 $\boldsymbol{F}_{R,max}$ 形成以 O 为顶点的锥面，称为**摩擦锥**(图 6-5(d))。若被约束物体沿各个方向的摩擦性质完全相同，则摩擦锥是一个顶角为 $2\varphi_f$，对称轴为公法线的正圆锥。当作用于物体的主动力系存在指向接触面的合力，且该合力作用线位于摩擦锥以内时，则无论这个主动力的合力有多大，接触处总能产生全约束力与之平衡，使被约束物体恒处于平衡状态，这种现象称为**摩擦自锁**。在工程上常用"自锁"设计一些机构，如螺旋千斤顶或机器上常用的固定螺栓，其螺纹的升角就是按照自锁的要求设计的。而在另一些问题中，则需设法避免产生自锁现象，如水闸闸门的启闭机构等。而当主动力的合力作用线在摩擦锥之外时，则无论这个主动力的合力有多么小，其全约束力永远无法与之相平衡，被约束物体均不能保持平衡状态，即被约束物体必进入运动状态。

必须指出在图 6-5(b)中，若抬高水平推力 $\boldsymbol{F}_P$ 的作用线位置，则由力系的平衡条件(只要对 $\boldsymbol{F}_P$ 与 $\boldsymbol{P}$ 的作用线的交点取矩即可)知法向约束力的合力不再过物体的重心，而是沿物体运动趋势方向平移一定的距离，$\boldsymbol{F}_P$ 作用线抬高得越多，这个平移的距离就越大，若 $\boldsymbol{F}_P$ 能够抬到足够高，便可能发生静摩擦力的大小还未达到最大值时，物体便绕物体最右端与桌面接触点 B 翻倒而失去平衡的情况。

当上述物体与粗糙水平桌面发生了相对滑动时，物体所受到的动摩擦力由**库仑动摩擦定律**给出，即物体所受到的动摩擦力，其方向与物体相对于接触面的滑动方向相反，其大小与此时法向约束力的大小 F_N 成正比，也就是

$$F' = fF_N \tag{6-19}$$

式中，f 称为**动摩擦因数**。与 f_s 相比，f 还与物体相对于接触面的滑动速度有关，而且这种关系往往还比较复杂。但只要速度值在一定范围内，f 一般是随速度的增大而略有减小，在通常的计算中，可以不考虑速度变化对 f 的微小影响，而将 f 看成是常数。在一般情况下，f 略小于 f_s，在精确度要求不是很高的工程计算中，可认为 $f \approx f_s$。

以库仑摩擦定律为基础的古典摩擦理论，远远没有反映摩擦现象的复杂性。但由于其理论形式简单，而且能够满足工程计算的一般要求，因此，至今仍然得到普遍应用。

3. 滚动摩阻力偶

如图 6-6(a)所示，设一半径为 r，重为 P 的圆柱放置于水平地面上(圆柱的轴线与水平地面平行)，且处于静止状态。今在过圆柱的中心作用一水平推力 $\boldsymbol{F}_P$，设地面足够粗糙，保证圆柱不会产生滑动，若圆柱与水平面都是刚性的(图 6-6(b))，则无论 $\boldsymbol{F}_P$ 多小，圆柱都将产生纯滚动。但生活经验却是，当 $\boldsymbol{F}_P$ 不太大时，圆柱还能保持静止状态。这是什么原因呢？原来圆柱与地面在重力和水平推力的共同作用下总会发生微小变形，圆柱与地面之间不是线接触，而是尺度极小的面接触。地面对圆柱的约束力是接触面上不均匀的分布力系(图 6-6(c))。若将这个分布力系向重力与地面交点 A 简化，除了法向约束力 $\boldsymbol{F}_N$，切向静摩擦力 $\boldsymbol{F}_f$ 外，还有一力偶矩为 $\boldsymbol{M}_f$ 的力偶(图 6-6(d))，正是这个力偶阻碍了圆柱的滚动，称为**滚动摩阻力偶**。由平衡方程知，其力偶矩的大小为 $M_f = F_P r$，它随水平主动力的增大而增大，但 $\boldsymbol{M}_f$ 的增大不是无限度的，实验表明，$\boldsymbol{M}_f$ 的大小达到最大值 $M_{f,max}$ 后，再增大 $\boldsymbol{F}_P$，圆柱便开始纯滚动。实验证明，$M_{f,max}$ 与当时法向约束力的大小成正比，即

$$M_{f,max} = \delta F_N \tag{6-20}$$

式中，δ 称为**滚动摩阻系数**，其值主要取决于物体与接触面的变形程度，而与接触面的粗糙程度无关。如橡胶轮胎打足气后，硬度提高，接触面变形减小，δ 也随之变小，所以行驶起来就比较省力；在松软泥地上拉车比在坚硬路面上拉车费力得多。δ 具有长度量纲，其几何意义是：滚

动摩阻力偶的存在相当于使法向约束力沿前进方向平移了一段距离 x，该距离的最大值为 δ（图 6-6(e)）。式(5-20)常称为**滚动摩擦定律**。

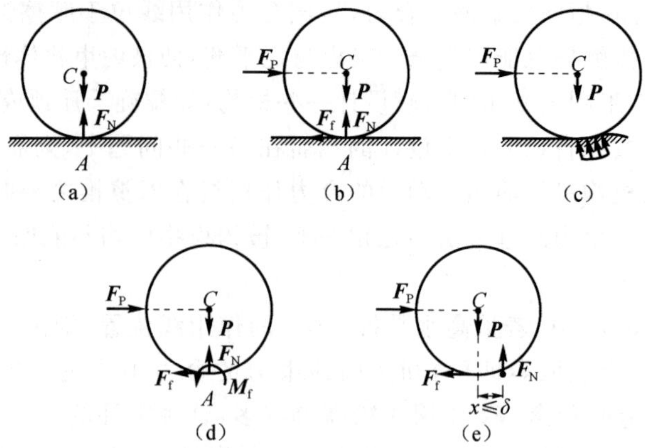

图 6-6　滚动摩擦

生活经验告诉我们，圆柱滚动比滑动要省力得多。这说明克服最大滚动摩阻力偶远比克服最大静摩擦力容易，因此运输工具都采用轮子结构。对于实际工程中的滚轮，由于其 δ 非常小，故总是先产生纯滚动而失去平衡状态。必须注意，滚轮因产生纯滚动而失去平衡，并不是因为静摩擦力不足所导致。也正是由于滚动摩阻系数很小，工程中大多数情况下可将滚动摩阻忽略不计。

4. 考虑摩擦的平衡问题

当研究考虑带静滑动摩擦的物体的平衡问题时，列写物体平衡方程的理论依据不变。只是要特别注意，静摩擦力的大小要满足其物理条件，即补充方程(6-16)。而静摩擦力的方向，有时可根据主动力的作用情况直接判断出其相对滑动趋势后确定；有时也可先假定它沿接触处公切线的某一指向，然后通过平衡方程求出其代数值后再判断假定是否正确；当同一物体在多处受到摩擦时，必须要注意各接触处滑动趋势的相容性；当接触处两相反方向的运动趋势都有可能发生时，可先假定静摩擦力沿其中一个方向，并以这个方向列写平衡方程，再联立不等式：$-f_sF_N \leqslant F_f \leqslant f_sF_N$ 即可求解。对于需要考虑滚动摩阻力偶的平衡问题也可作类似处理。下面举例说明。

例 6-17　如图(a)所示，在倾角为 α 的斜面上放一重为 P 的物块，物块与斜面间的静摩擦因数为 f_s，已知 $f_s < \tan\alpha$，且 $f_s < \cot\alpha$，试求物块能在斜面上保持静止状态所需施加的水平向右的力 $\boldsymbol{F}_P$ 的大小。

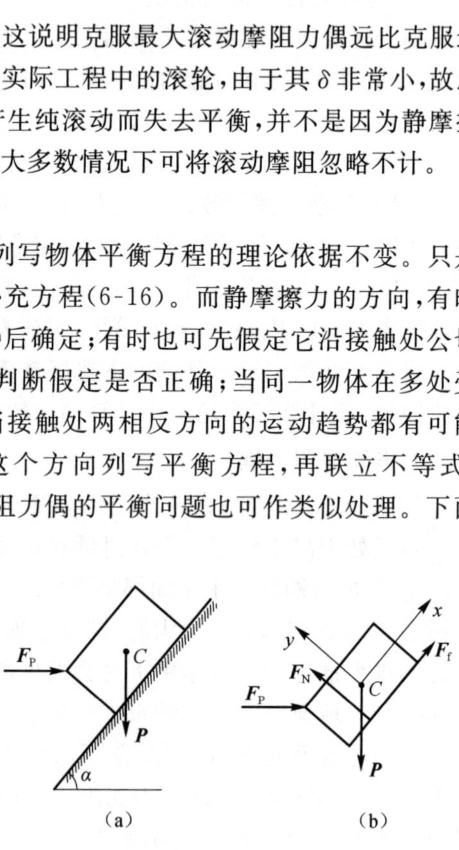

例 6-17 图

解：若在已知主动力 $\boldsymbol{F}_P$ 的作用下，物块能处于平衡状态，则未知量为法向约束力的大小及其作用线位置和静摩擦力的代数值（说代数值是因为物块存在两种运动趋势），共三个未知量。

(1) 以物块为研究对象，其受力图为图(b)，对于图示直角坐标系有

$$\sum F_x = 0, F_f + F_P\cos\alpha - P\sin\alpha = 0, F_f = P\sin\alpha - F_P\cos\alpha$$

$$\sum F_y = 0, F_N - P\cos\alpha - F_P\sin\alpha = 0, F_N = P\cos\alpha + F_P\sin\alpha$$

(2) 由 $|F_f| \leqslant f_sF_N$ 得

$$-f_s(P\cos\alpha + F_P\sin\alpha) \leqslant P\sin\alpha - F_P\cos\alpha \leqslant f_s(P\cos\alpha + F_P\sin\alpha)$$

整理得

$$\frac{\tan\alpha - f_s}{1+f_s\tan\alpha}P \leqslant F_P \leqslant \frac{\tan\alpha + f_s}{1-f_s\tan\alpha}P$$

注意：①题解中静摩擦力方向是假定有下滑趋势时画出，由求出的 F_f 表达式可正，可负，说明它有两个滑动趋势。②由于没有给出物块的几何尺寸，所以不用考虑翻倒情况。③另一平衡方程可用来确定 $\boldsymbol{F}_N$ 作用线的位置。

例 6-18 如图(a)所示一重为 P、长为 $2l$ 的均质细杆 AB，两端放在两个相互垂直的固定平板上，已知右平板与水平面夹角为 α，杆与两平板之间的摩擦角都为 φ_f，试求平衡时，杆与左平板之间的夹角 β。

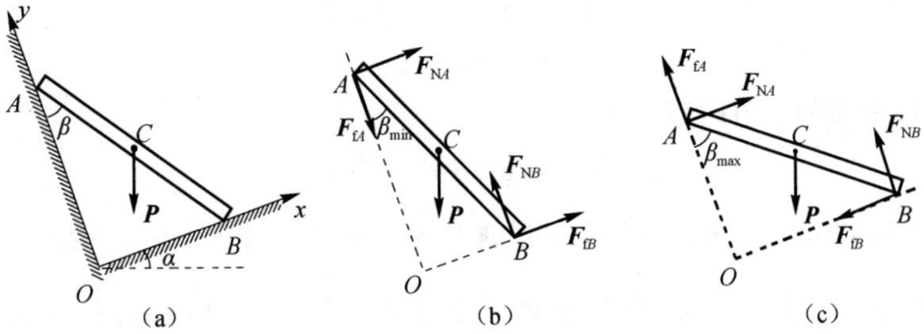

例 6-18 图

解：显然，当 β 角合适，杆能处于平衡状态，此时杆两端的法向约束力和摩擦力都未知，有四个未知量，它们无法由三个独立平衡方程求出唯一解。此题适合于用临界状态来解，此时可减少两个未知量。必须注意杆有两种运动趋势，且处于临界状态时，杆两端的摩擦力都达到最大静摩擦力。

(1)当 B 端有下滑趋势(此时 A 端必有上滑趋势)，且杆处于临界状态，这时 β 的值为平衡状态时的最小值 β_{min}。建立如图(a)所示坐标系 Oxy，如图(b)所示对杆进行受力分析，其平衡方程为

$$\sum F_x=0, F_{NA}+F_{fB}-P\sin\alpha=0 \tag{1}$$

$$\sum F_y=0, F_{NB}-F_{fA}-P\cos\alpha=0 \tag{2}$$

$$\sum M_C=0, -F_{NA}l\cos\beta_{min}+F_{fA}l\sin\beta_{min}+F_{fB}l\cos\beta_{min}+F_{NB}l\sin\beta_{min}=0 \tag{3}$$

其物理条件为

$$F_{fA} = F_{NA}\tan\varphi_f \tag{4}$$

$$F_{fB} = F_{NB}\tan\varphi_f \tag{5}$$

联立式(1)、式(2)、式(4)、式(5)，解得

$$F_{fA}=P\sin(\alpha-\varphi_f)\sin\varphi_f, F_{fB}=P\cos(\alpha-\varphi_f)\sin\varphi_f$$

$$F_{NA}=P\sin(\alpha-\varphi_f)\cos\varphi_f, F_{NB}=P\cos(\alpha-\varphi_f)\cos\varphi_f$$

将以上 4 个式子代入式(3)得

$$\sin[(\alpha-\varphi_f)-(\varphi_f+\beta_{min})]=0$$

$$\beta_{min}=\alpha-2\varphi_f$$

(2)当 B 端有上滑趋势(此时 A 端必有下滑趋势)，且杆处于临界状态，这时 β 的值为平衡状态时的最大值 β_{max}，其受力分析如图(c)所示。其平衡方程为

$$\sum F_x = 0, F_{NA} - F_{fB} - P\sin\alpha = 0 \tag{6}$$

$$\sum F_y = 0, F_{NB} + F_{fA} - P\cos\alpha = 0 \tag{7}$$

$$\sum M_C = 0, -F_{NA}l\cos\beta_{max} - F_{fA}l\sin\beta_{max} - F_{fB}l\cos\beta_{max} + F_{NB}l\sin\beta_{max} = 0 \tag{8}$$

其物理条件为

$$F_{fA} = F_{NA}\tan\varphi_f \tag{9}$$

$$F_{fB} = F_{NB}\tan\varphi_f \tag{10}$$

联立式(6)、式(7)、式(9)、式(10)，解得

$$F_{fA} = P\sin(\alpha+\varphi_f)\sin\varphi_f, F_{fB} = P\cos(\alpha+\varphi_f)\sin\varphi_f$$

$$F_{NA} = P\sin(\alpha+\varphi_f)\cos\varphi_f, F_{NB} = P\cos(\alpha+\varphi_f)\cos\varphi_f$$

将以上 4 个式子代入式(8)得

$$\sin[(\alpha+\varphi_f)+(\varphi_f-\beta_{max})]=0$$

$$\beta_{max}=\alpha+2\varphi_f$$

(3)杆能保持平衡的 β 值的范围为

$$\alpha-2\varphi_f \leqslant \beta \leqslant \alpha+2\varphi_f$$

注意：当 $\alpha<2\varphi_f$ 时，$\beta_{min}<0$，表明 B 端下滑这种运动不会发生；当 $\alpha+2\varphi_f>\frac{\pi}{2}$ 时，$\beta_{max}>\frac{\pi}{2}$，表明 B 端上滑这种运动不会发生；而当上述两个条件同时满足时，无论杆多重，也无论杆如何放置，杆都能平衡，即杆能自锁。

例 6-19 如图(a)所示，可绕固定铰支座 O 转动的不计自重的平板，搁置于重为 P、半径为 r 的圆球上，A 端挂一重物 G，该圆球置于水平地面上。若圆球与平板及地面之间的摩擦角均为 φ_f，试求圆球静止时的角 α。

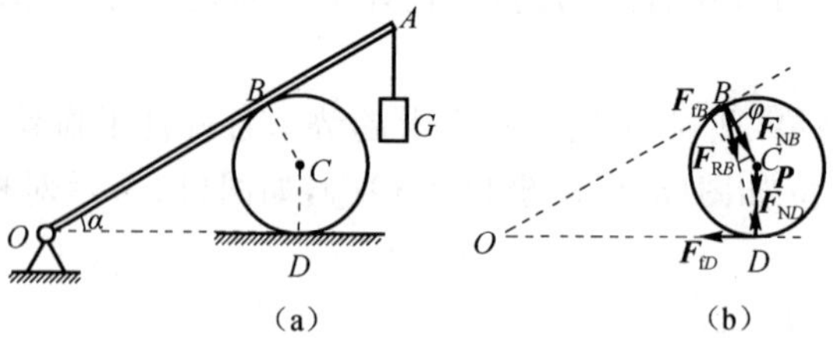

例 6-19 图

解：圆球受到重力 $\boldsymbol{P}$，B 处全约束力 $\boldsymbol{F}_{RB}$ 和 D 处全约束力 $\boldsymbol{F}_{RD}$ 的作用，属于三力平衡问题。由于 $\boldsymbol{P}$ 与 $\boldsymbol{F}_{RD}$ 恒交于点 D，故 $\boldsymbol{F}_{RB}$ 必过点 D。据此可判断 B 处摩擦力方向，并进而可判断出 D 处摩擦力方向。

(1)取圆球为研究对象，根据三力平衡定理，作受力分析如图(b)所示。

$$\sum M_C = 0, F_{fB}r - F_{fD}r = 0, F_{fB} = F_{fD} \tag{1}$$

$$\sum M_O = 0, F_{ND}\cdot OD - P\cdot OD - F_{NB}\cdot OB = 0$$

由于

$$OD=OB$$

所以

$$F_{ND} = F_{NB} + P \tag{2}$$

(2)根据物理条件。

$$(F_{fB})_{max} = f_s F_{NB} \tag{3}$$

$$(F_{fD})_{max} = f_s F_{ND} \tag{4}$$

由式(1)、式(2)、式(3)、式(4)知 B 处先达到最大静摩擦力，即点 B 先达到临界状态，当圆球在点 B 出现滑动瞬间，圆球沿水平地面只滚不滑。

(3)求解。

圆球平衡时

$$\varphi=\frac{\alpha}{2}\leqslant\varphi_{\mathrm{f}}$$

所以

$$\alpha\leqslant 2\varphi_{\mathrm{f}}$$

注意：①当 $\alpha\leqslant 2\varphi_{\mathrm{f}}$ 满足时，无论 G 有多重，圆球都能平衡。②当题中没有给出滚动摩阻系数时，说明解题时忽略滚动摩阻力偶。

例 6-20 如图(a)所示，物块 A 重 P_1，圆轮 B 重 P_2(重心在圆轮中心)，轮半径为 R，两根轮轴半径分别为 r_1 和 r_2。轮轴上绕以柔索，一根柔索与水平线夹角为 α，并跨过一半径为 r，重量不计的光滑定滑轮 O 挂一重 P_3 的重物 C；另一根柔索水平地与物块 A 相连。圆轮与水平地面间静摩擦因数为 f_{s1}，物块 A 与水平地面间静摩擦因数为 f_{s2}，假定系统处于同一铅垂面内，且不计柔索质量，试求系统平衡时 P_3 的值。

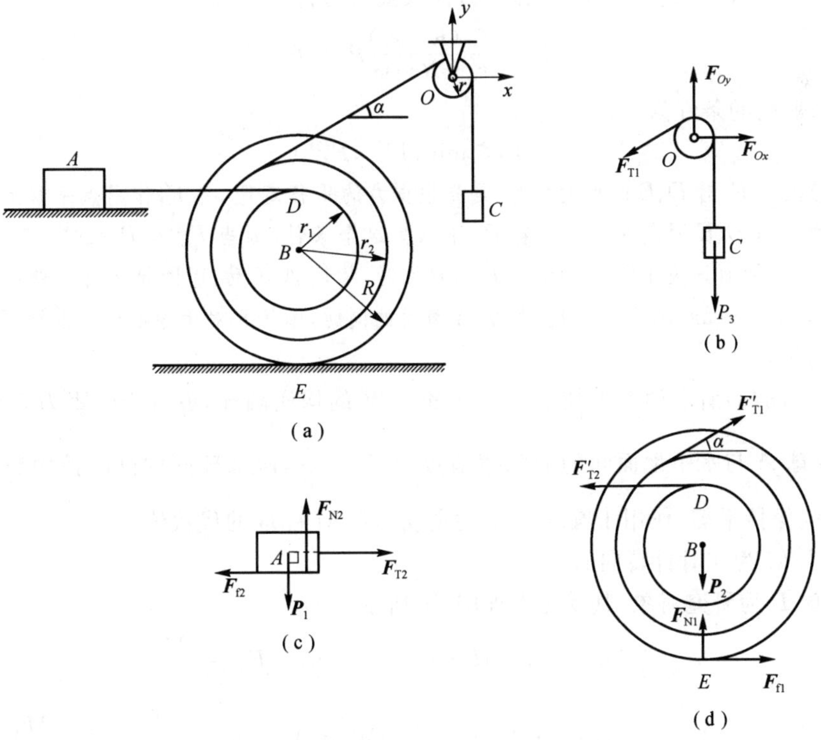

例 6-20 图

解：该系统在两个地方存在外摩擦力，而且很难判断何处先达到临界状态，这时应逐一讨论可能发生的各种临界情况，并经过比较后再得出解答。

(1)以定滑轮 O 和重物 C 为研究对象，受力图为图(b)。

$$\sum M_O=0,F_{\mathrm{T1}}r-P_3r=0,F_{\mathrm{T1}}=P_3 \tag{1}$$

(2)以物块 A 为研究对象，受力图为图(c)。

$$\sum F_x=0,F_{\mathrm{T2}}-F_{\mathrm{f2}}=0,F_{\mathrm{T2}}=F_{\mathrm{f2}} \tag{2}$$

$$\sum F_y = 0, F_{N2} - P_1 = 0, F_{N2} = P_1 \tag{3}$$

(3)以圆轮为研究对象，先利用平衡方程 $\sum M_D=0$ 作定性分析可判断出 E 处摩擦力为水平向右，整个受力图为图(d)。

$$\sum M_D = 0, F_{f1}(R+r_1) + [-F'_{T1}r_2 + (F'_{T1}\cos\alpha)r_1] = 0 \tag{4}$$

$$\sum F_y = 0, F_{N1} - P_2 + F'_{T1}\sin\alpha = 0 \tag{5}$$

$$\sum M_E = 0, F'_{T2}(R+r_1) + [-F'_{T1}r_2 - (F'_{T1}\cos\alpha)R] = 0 \tag{6}$$

(4)由牛顿第三定律得

$$F'_{T1} = F_{T1} \tag{7}$$

$$F'_{T2} = F_{T2} \tag{8}$$

(5)根据物理条件知

$$F_{f1} \leqslant f_{s1}F_{N1} \tag{9}$$

$$F_{f2} \leqslant f_{s2}F_{N2} \tag{10}$$

(6)将式(1)、式(4)、式(5)、式(7)代入式(9)得

$$P_3 \leqslant \frac{f_{s1}(R+r_1)P_2}{r_2 - r_1\cos\alpha + f_{s1}(R+r_1)\sin\alpha} = P_3^{(1)}$$

将式(1)、式(2)、式(3)、式(6)、式(7)、式(8)代入式(10)得

$$P_3 \leqslant \frac{f_{s2}(R+r_1)}{r_2 + R\cos\alpha}P_1 = P_3^{(2)}$$

(7)系统平衡的条件为

$$P_3 \leqslant \min(P_3^{(1)}, P_3^{(2)})$$

注意：①在写 $\boldsymbol{F}'_{T1}$ 对 D、E 两点的矩时，是先根据力的平移定理，将 $\boldsymbol{F}'_{T1}$ 作用点平移至轮心 B，然后再写其等效力系对 D、E 两点的矩。②若 P_3 不满足这个条件，则当 $P_3^{(2)} < P_3 < P_3^{(1)}$ 时，物块 A 先滑动，而圆轮相对于地面只滚不滑；当 $P_3^{(1)} < P_3 < P_3^{(2)}$ 时，物块 A 不动，而圆轮相对于地面打滑，其速度瞬心为点 D；当 $P_3 > \max(P_3^{(1)}, P_3^{(2)})$ 时，物块 A 滑动的同时，圆轮相对于地面连滚带滑，即在水平地面上作带滑动的滚动。

例 6-21　图(a)所示两个半径都为 r，重都为 W 的均质圆球，放置于间距为 $3r$ 的两光滑铅垂墙壁间，圆球 A 与水平地面间的静摩擦因数为 $f_{s1}=\frac{1}{5}$，两圆球间的静摩擦因数为 $f_{s2}=\frac{\sqrt{3}}{3}$，试求能使系统保持平衡，作用于圆球 B 上的主动力偶 M 能取的代数值。

解：(1)当 M 为逆时针转向时：

①以圆球 B 为研究对象，其受力图如图(b)所示。

$$\sum M_B = 0,\quad M - F_{fC}\cdot r = 0,\quad F_{fC} = \frac{M}{r}$$

$$\sum F_y = 0,\quad F_{fC}\sin 30° + F_{NC}\sin 60° - W = 0,\quad F_{NC} = \frac{\sqrt{3}}{3}\left(2W - \frac{M}{r}\right)$$

由物理条件 $F_{fC} \leqslant f_{s2}F_{NC}$，即 $\frac{M}{r} \leqslant \frac{\sqrt{3}}{3}\cdot\frac{\sqrt{3}}{3}\left(2W - \frac{M}{r}\right)$ 得

$$M \leqslant \frac{1}{2}Wr$$

②以圆球 A 为研究对象，其受力图如图(c)所示。

$$\sum M_A = 0,\quad F_{fD}\cdot r - F'_{fC}\cdot r = 0,\quad F_{fD} = F'_{fC} = F_{fC} = \frac{M}{r}$$

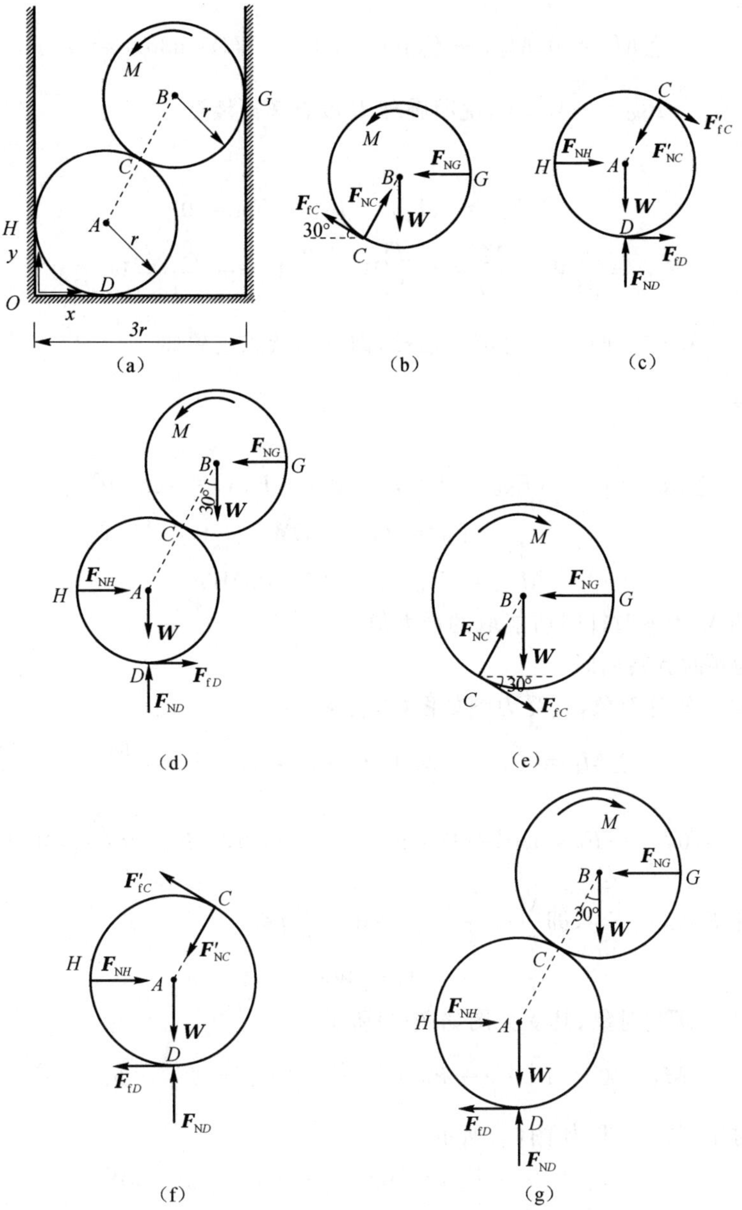

例 6-21 图

以整体为研究对象，其受力图如图(d)所示。

$$\sum F_y = 0,\quad F_{ND} - W - W = 0,\quad F_{ND} = 2W$$

由物理条件 $F_{fD} \leqslant f_{s1} F_{ND}$，即$\dfrac{M}{r} \leqslant \dfrac{1}{5} \cdot 2W$ 得

$$M \leqslant \frac{2}{5} Wr$$

③综合①②知

$M \leqslant \min\left(\dfrac{1}{2}Wr, \dfrac{2}{5}Wr\right) = \dfrac{2}{5}Wr$，说明 D 比 C 处先达到临界状态。

当 M 取最大值$\dfrac{2}{5}Wr$，即 $M_{max} = \dfrac{2}{5}Wr$ 时

对圆球 B：

$$\sum M_C = 0, M_{\max} + F_{NG}(r\cos30°) - W(r\sin30°) = 0$$

$F_{NG} = \frac{\sqrt{3}}{15}W > 0$，说明圆球 B 没有离开墙壁。

对整体：

$$\sum F_x = 0, F_{NH} - F_{NG} + F_{fD} = 0$$

$$F_{NH} = \frac{\sqrt{3}}{15}W - \frac{M_{\max}}{r} = \frac{\sqrt{3}}{15}W - \frac{2}{5}W = -\frac{6-\sqrt{3}}{15}W < 0$$

说明当 $M = \frac{2}{5}Wr$ 时，圆球 A 已离开墙壁，即平衡状态已破坏。

④令 $F_{NH} = 0$

对圆球 A：

$$\sum M_C = 0, -(F_{ND} - W)(r\sin30°) + F_{fD}(r + r\cos30°) = 0$$

$$F_{fD} = (2-\sqrt{3})W$$

$$M_{\max} = F_{fD} \cdot r = (2-\sqrt{3})Wr$$

这就是主动力偶 M 为逆时针时所能取的最大值。

(2)当 M 为顺时针转向时：

①以圆球 B 为研究对象，其受力图如图(e)所示。

$$\sum M_B = 0, \quad -M + F_{fC} \cdot r = 0, \quad F_{fC} = \frac{M}{r}$$

$$\sum F_y = 0, \quad -F_{fC}\sin30° + F_{NC}\sin60° - W = 0, \quad F_{NC} = \frac{\sqrt{3}}{3}\left(2W + \frac{M}{r}\right)$$

由物理条件 $F_{fC} \leqslant f_{s2}F_{NC}$，即 $\frac{M}{r} \leqslant \frac{\sqrt{3}}{3} \cdot \frac{\sqrt{3}}{3}\left(2W + \frac{M}{r}\right)$ 得

$$M \leqslant Wr$$

②以圆球 A 为研究对象，其受力图如图(f)所示。

$$\sum M_A = 0, \quad F'_{fC} \cdot r - F_{fD} \cdot r = 0, \quad F_{fD} = F'_{fC} = F_{fC} = \frac{M}{r}$$

以整体为研究对象，其受力图如图(g)所示

$$\sum F_y = 0, \quad F_{ND} - W - W = 0, \quad F_{ND} = 2W$$

由物理条件 $F_{fD} \leqslant f_{s1}F_{ND}$，即 $\frac{M}{r} \leqslant \frac{1}{5} \cdot 2W$ 得

$$M \leqslant \frac{2}{5}Wr$$

③综合①②知

$$M \leqslant \min\left(Wr, \frac{2}{5}Wr\right) = \frac{2}{5}Wr$$

当 M 取最大值 $\frac{2}{5}Wr$，即 $M_{\max} = \frac{2}{5}Wr$ 时

对圆球 B：

$$\sum M_C = 0, F_{NG}(r\cos30°) - W(r\sin30°) - M_{\max} = 0$$

$F_{NG} = \frac{3}{5}\sqrt{3}W > 0$，说明圆球 B 没有离开墙面。

对整体：

$$\sum F_x = 0, F_{NH} - F_{NG} - F_{fD} = 0$$

$F_{NH}=\frac{3}{5}\sqrt{3}W+\frac{2}{5}W=\frac{1}{5}(3\sqrt{3}+2)W>0$，说明圆球 A 没有离开墙面，也说明 $M_{max}=\frac{2}{5}Wr$ 正确。

(3)综合(1)(2)，对图(a)所示 M，M 能取的代数值范围为

$$-\frac{2}{5}Wr \leqslant M \leqslant (2-\sqrt{3})Wr$$

注意：①此题很容易忘记检查 $F_{NG}\geqslant 0$，$F_{NH}\geqslant 0$，从而造成解题错误。②当主动力偶为逆时针转向时，系统平衡破坏的瞬间，圆球 A 相对于水平地面向右作纯滚动，圆球 B 相对于圆球 A 作不离开铅垂墙面的逆时针纯滚动。③当主动力偶矩为顺时针转向时，系统平衡破坏的瞬间，圆球 A、B 分别绕过 A、B 的水平轴作定轴转动，但两圆球之间无相对滑动。

例 6-22 如图(a)所示，重量为 W、半径为 R 的均质圆轮 A 放置在倾角为 α 的固定斜面上，绕在轮上的质量不计的柔绳跨过半径为 r 的定滑轮 D 与重量为 P 的重物相连接，假设斜面足够粗糙，保证圆轮不会沿斜面发生滑动，圆轮与斜面之间的滚动摩阻系数为 δ，欲使圆轮保持静止，试求重物重量 P 能取的值。

解：(1)当 P 太大时，圆轮 A 将沿斜面向上作纯滚动，考虑此时的临界平衡状态(对应的 P 为系统平衡时重物重量能取的最大值)，圆盘受力图如图(b)所示。

$$\sum F_y = 0,\quad F_{NB} - F_T\sin\alpha - W\cos\alpha = 0 \tag{1}$$

$$\sum M_B = 0,\quad F_T R + (F_T\cos\alpha)R - (W\sin\alpha)R - M_f = 0 \tag{2}$$

物理条件

$$M_f = \delta F_{NB} \tag{3}$$

联立式(1)、式(2)、式(3)得

$$F_T = \frac{R\sin\alpha + \delta\cos\alpha}{R(1+\cos\alpha) - \delta\sin\alpha}W$$

以定滑轮和重物为研究对象，其受力图如图(c)所示

$$\sum M_D = 0\quad,\quad F_T r - Pr = 0\quad,\quad P = F_T = \frac{R\sin\alpha + \delta\cos\alpha}{R(1+\cos\alpha) - \delta\sin\alpha}W$$

(2)当 P 太小时，圆轮 A 将沿斜面向下作纯滚动，考虑此时的临界平衡状态(对应的 P 为系统平衡时重物重量能取的最小值)，圆盘受力图如图(d)所示。

$$\sum F_y = 0,\quad F_{NB} - F_T\sin\alpha - W\cos\alpha = 0 \tag{4}$$

$$\sum M_B = 0,\quad F_T R + (F_T\cos\alpha)R - (W\sin\alpha)R + M_f = 0 \tag{5}$$

物理条件

$$M_f = \delta F_{NB} \tag{6}$$

联立式(4)、式(5)、式(6)，并考虑到 $P=F_T$ 得

$$P = F_T = \frac{R\sin\alpha - \delta\cos\alpha}{R(1+\cos\alpha) + \delta\sin\alpha}W$$

(3)综合式(1)和式(2)，系统保持平衡时重物重量的取值范围为

$$\frac{R\sin\alpha - \delta\cos\alpha}{R(1+\cos\alpha) + \delta\sin\alpha}W \leqslant P \leqslant \frac{R\sin\alpha + \delta\cos\alpha}{R(1+\cos\alpha) - \delta\sin\alpha}W$$

注意：①在写 F_T 对点 B 的矩时，是先根据力的平移定理，将 F_T 作用点平移至轮心 A，然后

再写其等效力系对点 B 的矩。②受力图中 F_{fB} 是假定指向，可以由 $\sum F_x=0$ 求出 F_{fB} 的代数值后确定其真实指向。

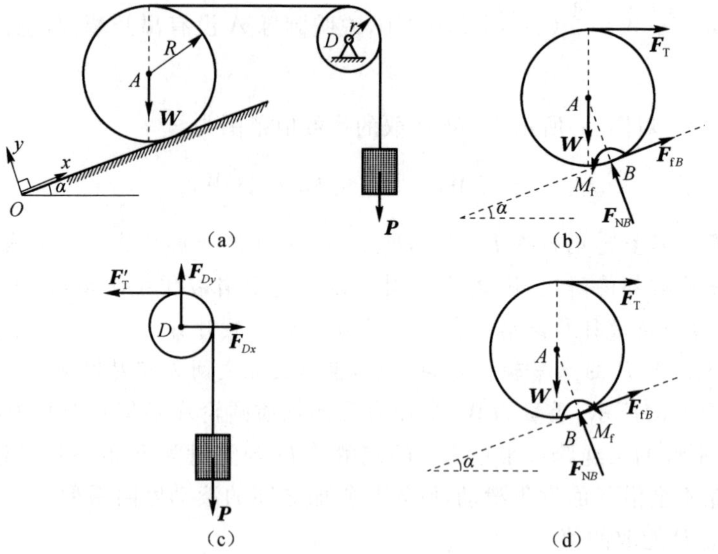

例 6-22 图

思　考　题

6-1　试问在下述情况下，空间平衡力系最多能有几个独立的平衡方程？为什么？

(1)各力的作用线均与某直线垂直；

(2)各力的作用线均与某直线相交；

(3)各力的作用线均与某直线垂直且相交；

(4)各力的作用线均与某一固定平面平行；

(5)各力的作用线分别位于两个平行的平面内；

(6)各力的作用线分别汇交于两个固定点；

(7)各力的作用线分别通过不共线的三个点；

(8)各力的作用线均平行于某一固定平面，且分别汇交于两个固定点；

(9)各力的作用线均与某一直线相交，且分别汇交于此直线外的两个固定点；

(10)由一组力螺旋构成，且各力螺旋的中心轴共面；

(11)由一个平面任意力系与一个平行于此平面任意力系所在平面的空间平行力系组成；

(12)由一个平面任意力系与一个力偶矩均平行于此平面任意力系所在平面的空间力偶系组成。

6-2　如图所示，$ABCDA'B'C'O$ 为边长等于 a、b、c 的长方体，试问下列方程组中，________是空间力系平衡的充分必要条件？

(1) $\sum F_x=0, \sum F_z=0, \sum M_x=0, \sum M_y=0, \sum M_z=0, \sum M_{AA'}=0$；

(2) $\sum F_y=0, \sum M_x=0, \sum M_y=0, \sum M_z=0, \sum M_{BB'}=0, \sum M_{CC'}=0$；

(3) $\sum M_x=0, \sum M_y=0, \sum M_z=0, \sum M_{AA'}=0, \sum M_{BB'}=0, \sum M_{CC'}=0$。

6-3　试分别给出空间任意力系平衡时平衡方程四矩式、五矩式和六矩式的一种方法。

6-4　图示均质等粗直角弯杆，已知其 $AB=l$, $BD=2l$，试求平衡时 φ 为多少？

6-5 自重和摩擦不计的图示平面结构受三个已知力作用，分别汇交于点 B 和点 C，平衡时有____________。

(1)$F_A=0$，F_{ND}不一定为零；　　　　(2)F_A 不一定为零，$F_{ND}=0$；

(3)$F_A=0$，$F_{ND}=0$；　　　　　　　(4)F_A 和 F_{ND}均不一定为零。

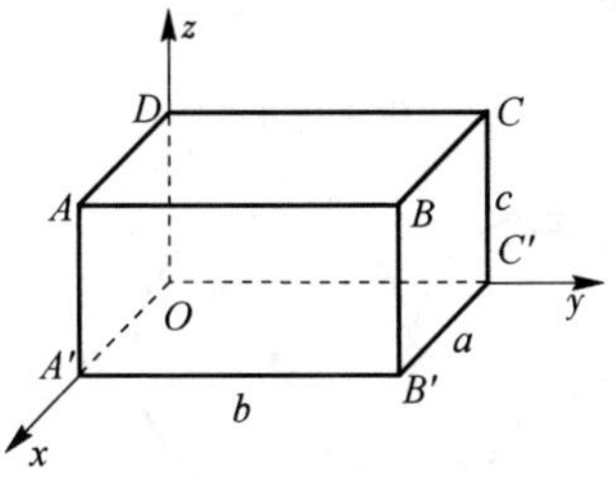

思考题 6-2 图

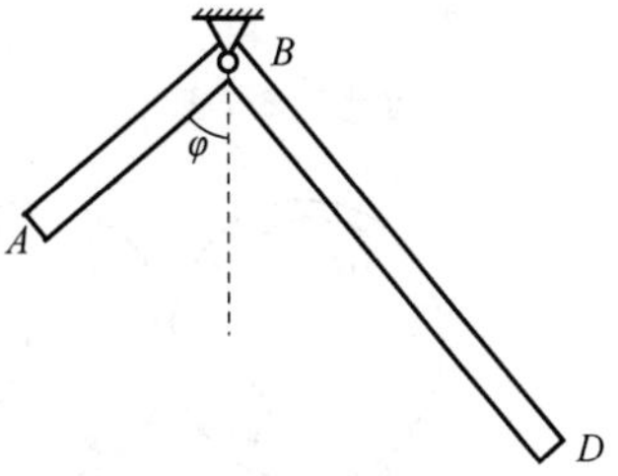

思考题 6-4 图

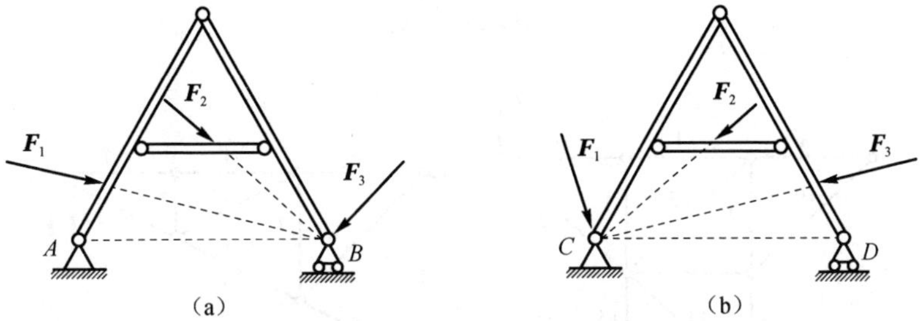

思考题 6-5 图

6-6 试问图示各系统分别是什么系统(静定、超静定、机构)？

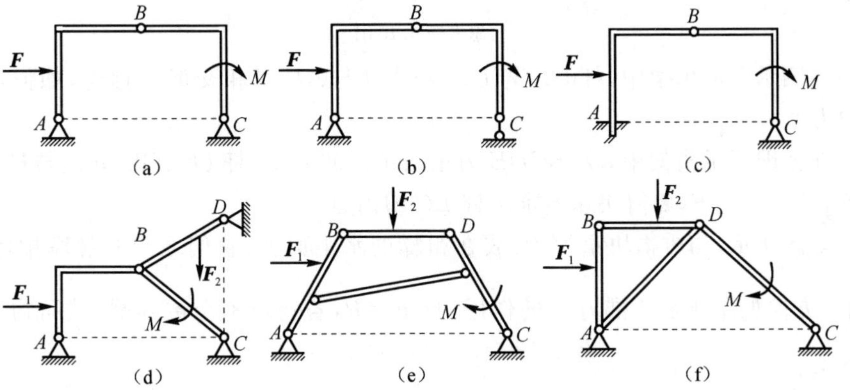

思考题 6-6 图

6-7 若不计自重和摩擦，试问图示平面系统中杆 OA、AB、CD 分别在什么力系作用下处于平衡状态？

6-8 若不计自重和摩擦，试问图示平面系统中杆 AB 和 CD 分别在什么力系作用下处于平衡状态？

6-9 若不计自重和摩擦，已知 $M_1=M_2=M$，两圆盘的半径都为 r，试计算图(a)、(b)所示结构中 A、B、C 处约束力的大小和方向。从计算结果看，你能发现什么规律？

6-10 试判断图示平面桁架中哪些杆为零杆？

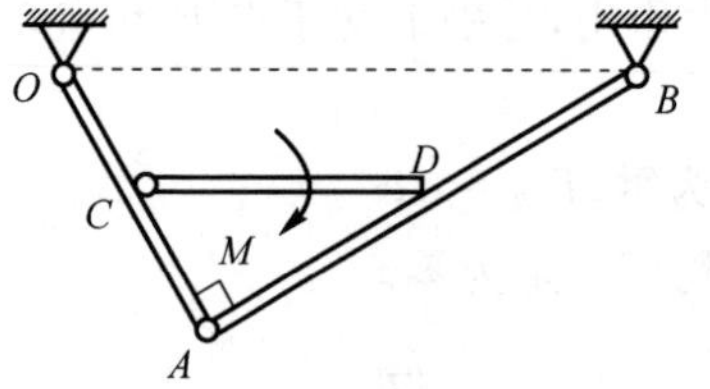

思考题 6-7 图

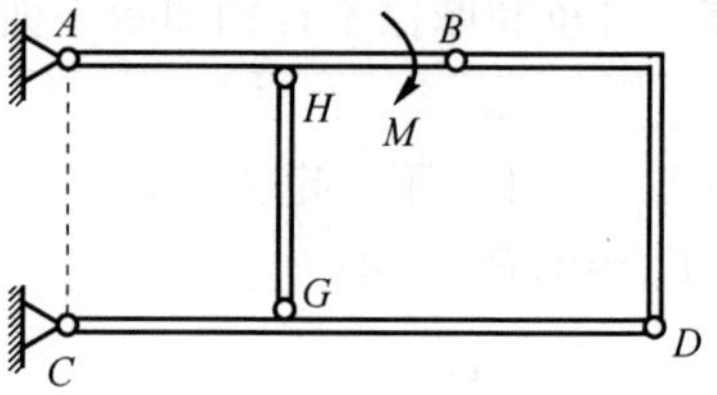

思考题 6-8 图

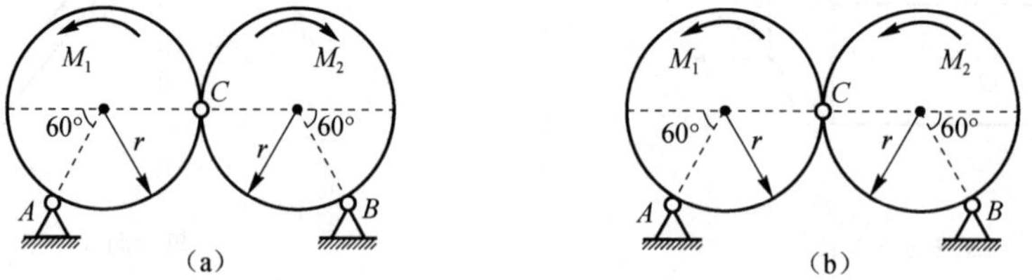

思考题 6-9 图

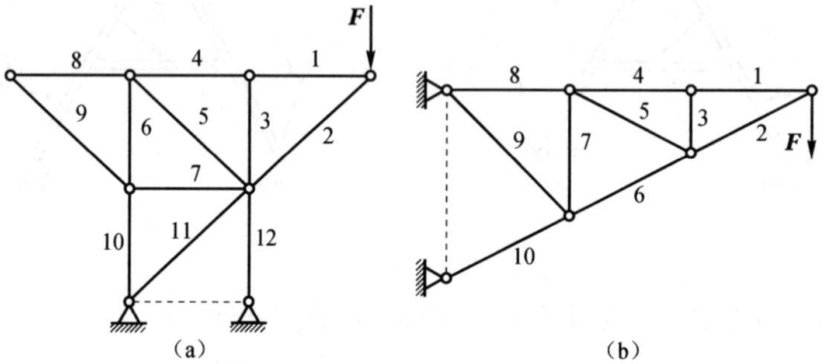

思考题 6-10 图

6-11 在图示平面桁架中，杆 OE 与 BC、杆 BD 与 AE 都相交但不相连，如何快速地求出杆 AB 的内力？

6-12 在如图所示桁架中，$OABCDE$ 为正八角形的一半，杆 OC、OD 分别与杆 AE、BE 相交但不相连，$F_1=F_2=F$，如何快速地求出杆 BC 的内力？

6-13 如图所示，均质物块重为 P，放在粗糙的水平面上，它们之间的静摩擦因数为 $f_s=\frac{\sqrt{3}}{2}$，今受到一方向如图所示的推力 $\boldsymbol{F}$ 的作用，且 $F=P$，若物块不会被翻倒，试问物块能否保持平衡？为什么？

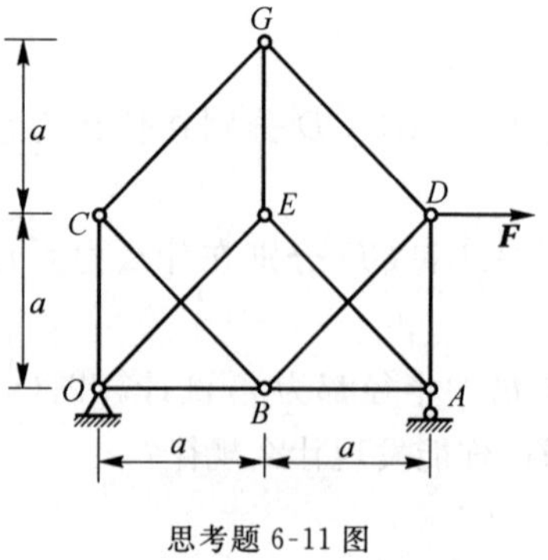

思考题 6-11 图

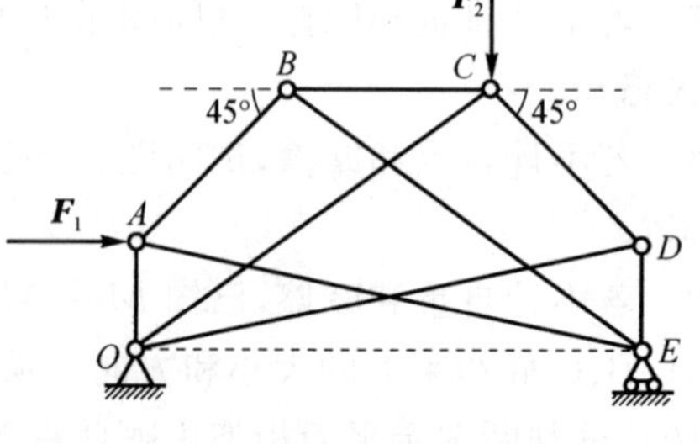

思考题 6-12 图

6-14 如图所示，在机械设备、木工以及坑道作业中，常采用一种楔块，将楔块打入上下两段支柱之间。设楔块与支柱间的摩擦角均为 φ_m，楔块自重忽略不计，试求楔块不会滑出时顶角 α 的最大值。

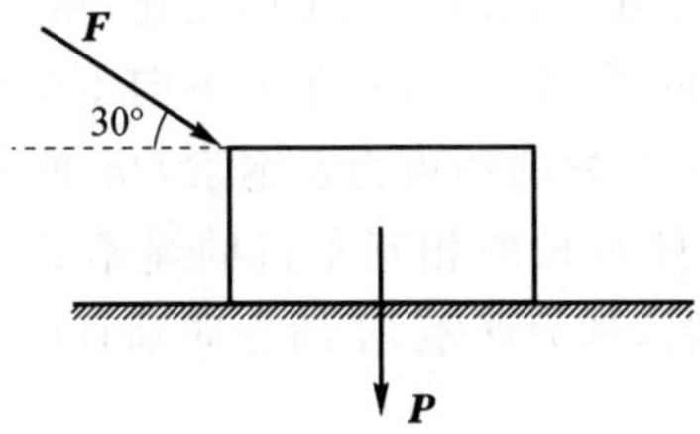

思考题 6-13 图

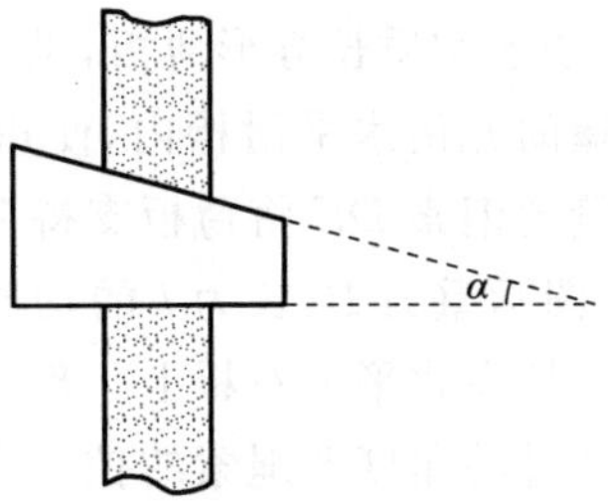

思考题 6-14 图

6-15 图示鼓轮放在墙角里，自重不计，A 处粗糙，B 处光滑，系统处于平衡状态，试问以下改变能否破坏系统的平衡？

(1)增大 R，其余不变；(2)增大 r，其余不变；(3)增大 P，其余不变。

6-16 已知 π 形物体重量为 P，尺寸如图所示，现以水平力拉此物体，当刚开始拉动时，A、B 两处的摩擦力是否都达到最大值？如果 A、B 两处静摩擦因数均为 f_s，则此时两处的摩擦力是否相等？若拉力 F 较小而未能拉动物体时，能否分别求出 A、B 两处静摩擦力的大小？

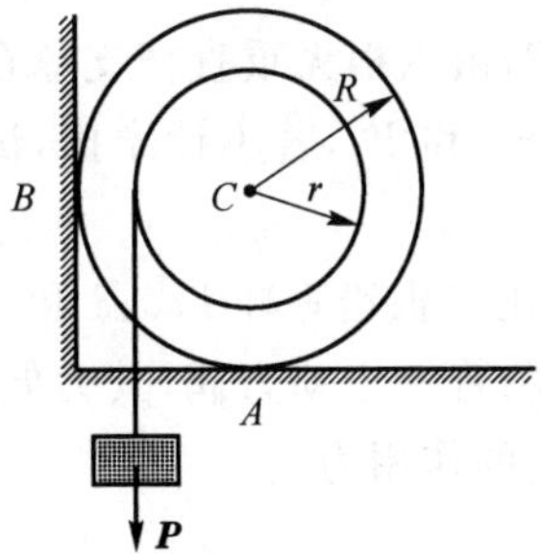

思考题 6-15 图

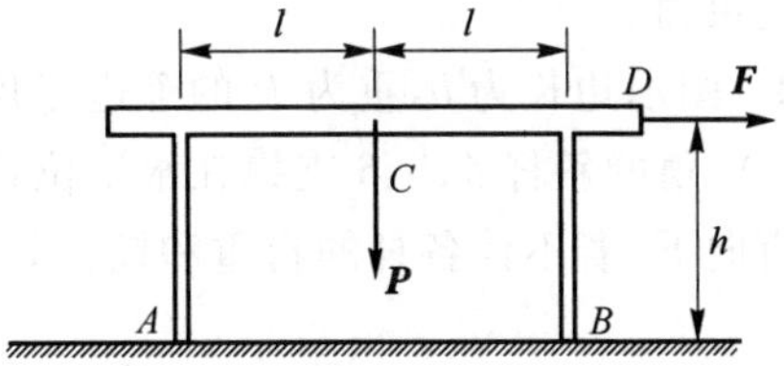

思考题 6-16 图

6-17 图示质量为 m，半径为 r 的均质圆轮上绕有质量不计的软绳，已知其在台阶棱边 A 处静摩擦因数为 $f_s = 0.75$，试问在水平拉力 $\boldsymbol{F}$ 的作用下能无滑动登上台阶的台阶最高高度是多少？并写出此时水平拉力的临界值。

6-18 图示系统处于同一铅垂面内，质量为 m，半径为 r 的均质齿轮放在与之啮合的齿条Ⅰ和齿条Ⅱ之间，齿条Ⅱ固定不动，齿条Ⅰ的自重为 P，与齿条Ⅰ固连的杆 GH 与水平滑道光滑接触，已知齿轮与两齿条之间的滚动摩阻系数都为 δ，在拉力 $\boldsymbol{F}$ 即将拉动齿条Ⅰ时，试判断齿轮 C 在 A、B 两处所受到的滚动摩阻力偶的转向和摩擦力的方向。

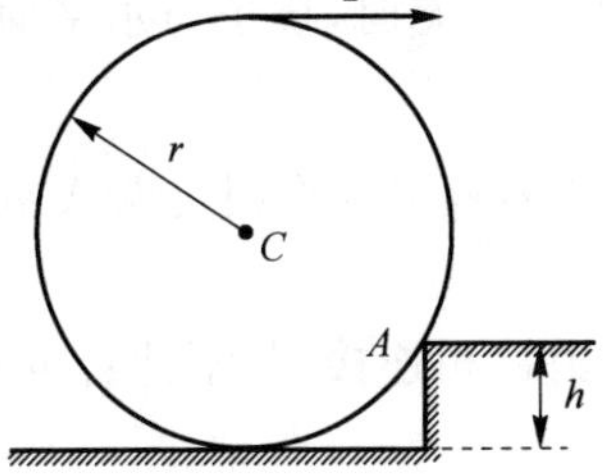

思考题 6-17 图

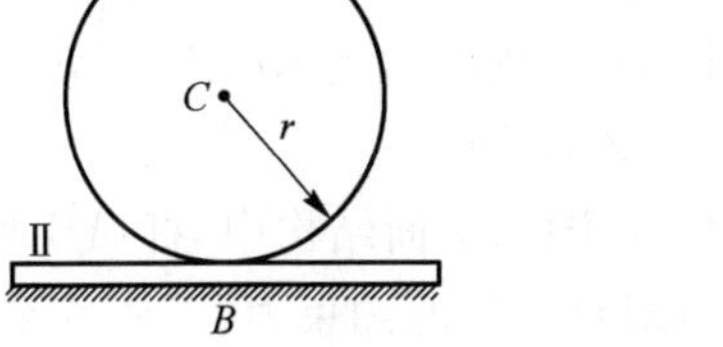

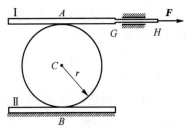

思考题 6-18 图

习　题

6-1　图示均质长方形薄板，重 $P=200\text{N}$，角 O 通过光滑球铰链与固定墙相连，角 B 处突缘嵌入固定墙的光滑水平滑槽内，使角 B 的运动在 x、z 方向受到约束，而在 y 方向不受约束，并用不计质量的钢索 DE 将薄板支持在水平位置上，试求 O、B 处的约束力及钢索 DE 的拉力。

6-2　图示重为 P，长为 l 的均质直杆 AB 用两根与杆等长的相互平行的绳索 DA 和 EB（质量不计）挂在水平天花板上。现在杆上作用一主动力偶，其力偶矩 M 的方向垂直向上，试求杆平衡时转过的角度及绳索的拉力大小。

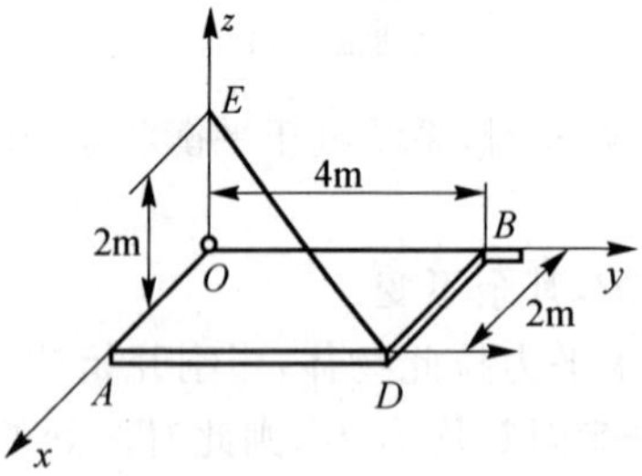

习题 6-1 图

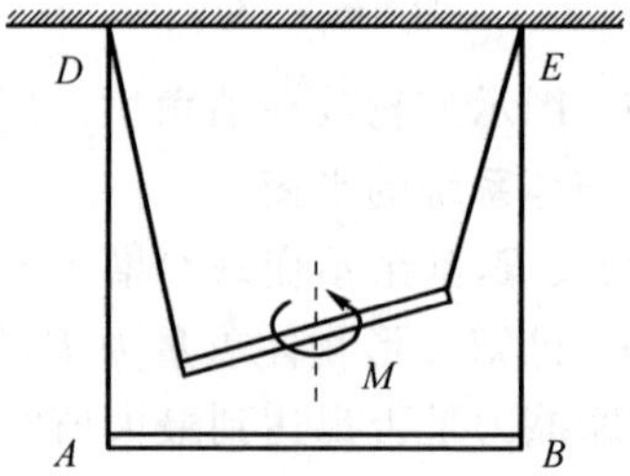

习题 6-2 图

6-3　图示长为 $2a$、宽为 a 的均质矩形薄板 $ABDE$，重为 P，由六根无重直杆支撑在水平位置，已知铅垂杆的长度均为 a。现沿边 ED 和 DB 作用水平力 F_1 和 F_2，若不计摩擦，试求各杆对板的约束力。

6-4　图示边长为 b，重为 P 的等边三角形均质薄板 ABD 用三根铅垂杆 1、2、3 和三根与水平面成 30° 角的斜杆 4、5、6 支撑在水平位置，在板的平面内作用着一主动力偶，其力偶矩 M 的方向垂直向下，若不计各杆的自重和铰接处摩擦，试求各杆对板的作用力。

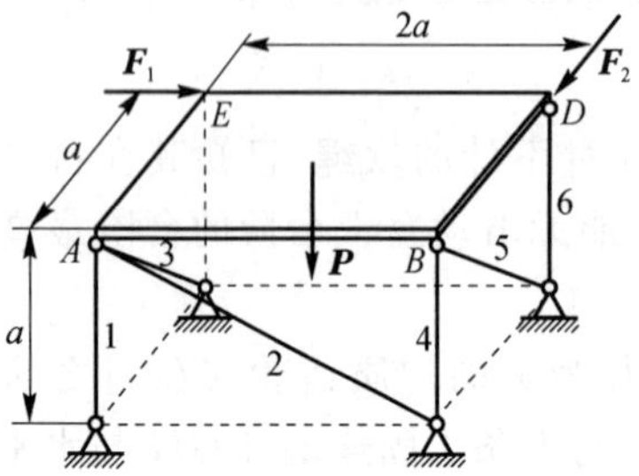

习题 6-3 图

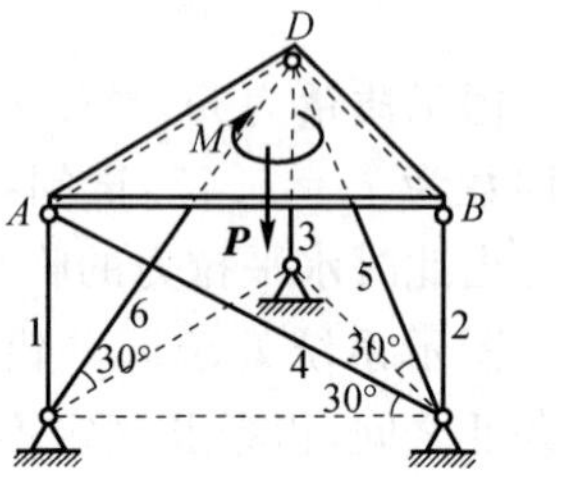

习题 6-4 图

6-5　如图所示，长为 $2l$ 的均质筷子放在半径为 r 的半球形碗内，已知筷子重为 P。若不计摩擦，试求筷子一端在碗内，另一端在碗外，且筷子处于平衡状态时，筷子与水平面夹角 φ 及碗在两接触点对筷子的约束力。

6-6　图示载荷 $q_1=q$，$q_2=3q$，$F=2\sqrt{3}qa$，$M=4qa^2$，试求直杆 AD 在固定端 A 处所受到的约束力（杆重不计）。

6-7　在图示平面结构中，杆 AB 和杆 CD 在中点 O 以销钉相连接，若不计自重和摩擦，试求销钉 O 对杆 AB 的约束力。

6-8 图示铅垂面内多拱结构的自重和摩擦不计，已知几何尺寸 a 和两作用力 $\boldsymbol{F}_1$ 及 $\boldsymbol{F}_2$，试求支座 A、B 处的约束力。

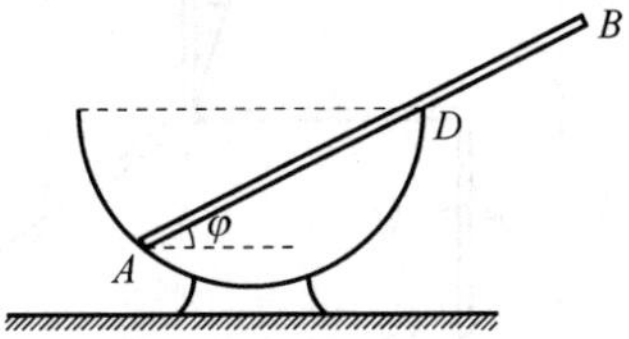

习题 6-5 图

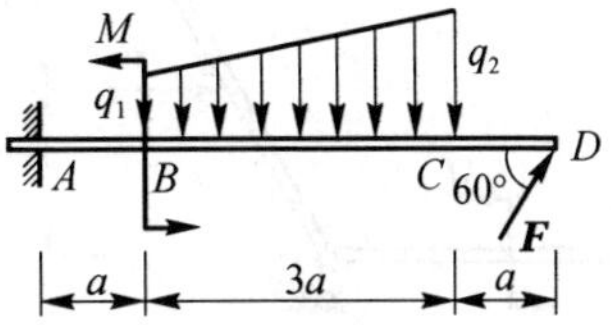

习题 6-6 图

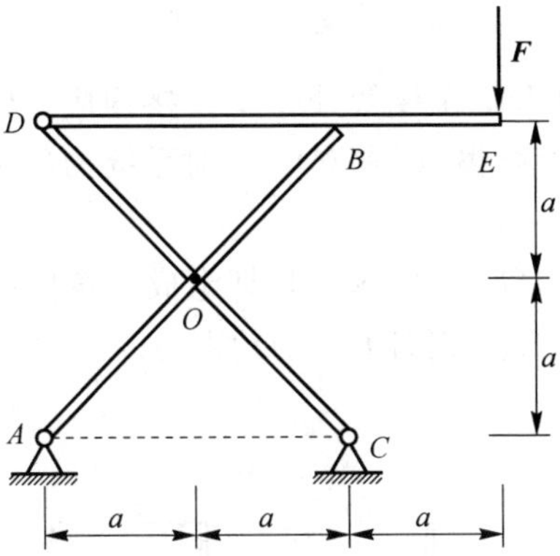

习题 6-7 图

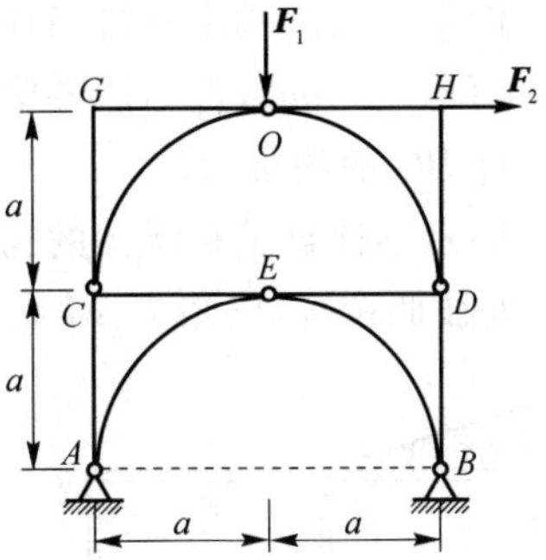

习题 6-8 图

6-9 在图示平面结构中，杆 OA、AB 的长度都为 $l_1=2l$，杆 DE 的长度为 $l_2=2\sqrt{3}l$，杆 AB 与 DE 在它们的中点以光滑销钉相连，杆 DE 的 D 端与杆 OA 光滑接触。系统所受载荷如图所示，且 $F=\dfrac{3}{4}ql$，$M=2ql^2$，不计各构件自重和铰链 O、A、B 处摩擦，试求固定铰支座 O、B 对系统的约束力。

6-10 图示平面结构由直角弯杆 ABC 和直杆 CD、DE 在接触处相互铰接而成，已知图中 a，q，$F=qa$，$M=2qa^2$，若不计各构件自重和铰接处摩擦，试求固定端 A 处的约束力。

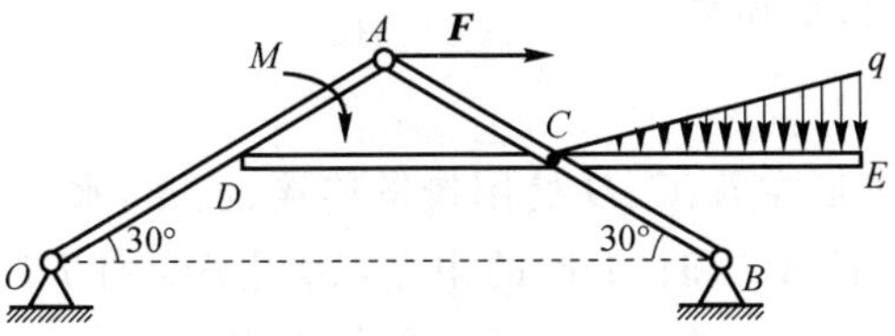

习题 6-9 图

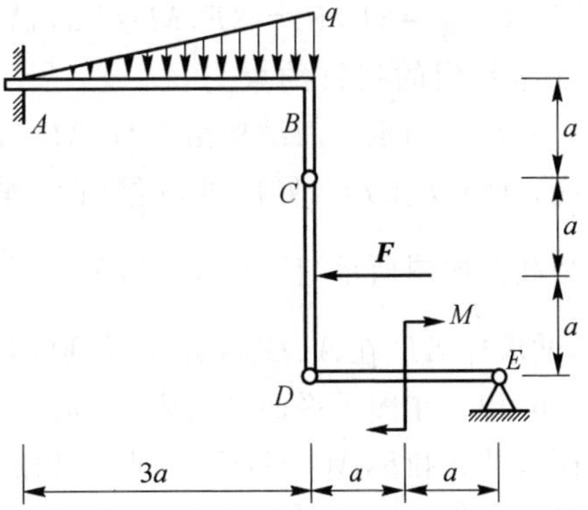

习题 6-10 图

6-11 图示平面结构由直杆 AB、BC 和 CD 在接触处相互铰接而成，已知图中 a，q，$F=\sqrt{3}qa$，$M=2qa^2$，若不计各构件自重和各接触处摩擦，试求支座 A、C、D 对系统的约束力。

6-12 图示平面结构由直角弯杆 AD、CD 和直杆 BD 相互铰接构成，已知图中 a，q，$F=2qa$ 和 $M=3qa^2$，若不计各构件自重和各接触处摩擦，试求支座 A、B、C 对系统的约束力。

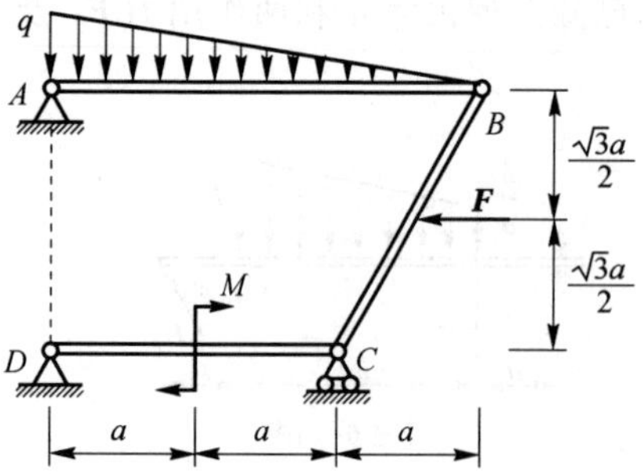

习题 6-11 图

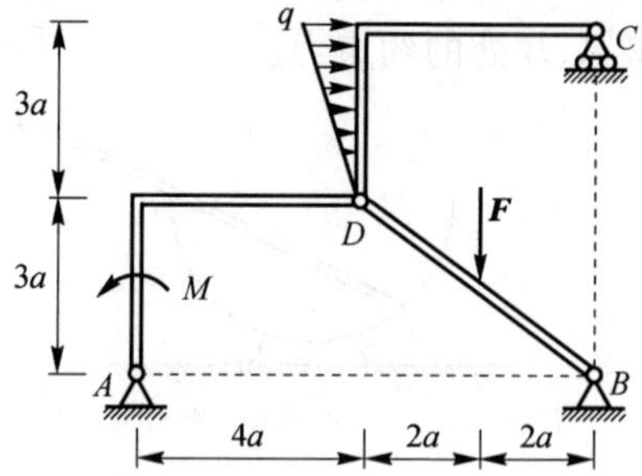

习题 6-12 图

6-13 图示平面结构由直杆 AB、BC 和直角弯杆 CDE 在接触处相互铰接构成，已知图中 a，q，$F=2qa$ 和 $M=4qa^2$，若不计各构件自重和各接触处摩擦，试求支座 C 对系统的约束力，以及杆 AB 对杆 BC 的约束力。

6-14 图示不计自重和摩擦的构架由 OA、BH、CG、OC、GH 这五根杆组成。各杆在 C、D、E、G、H、O 处彼此铰接，已知 F、M 和 a，试求销钉 C、D、E、G 对杆 CG 的约束力。

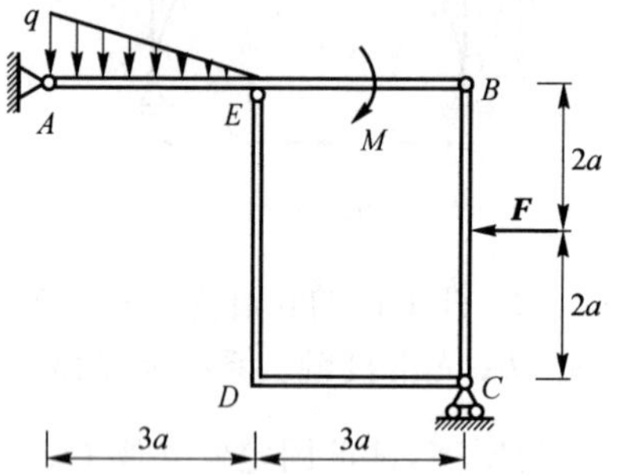

习题 6-13 图

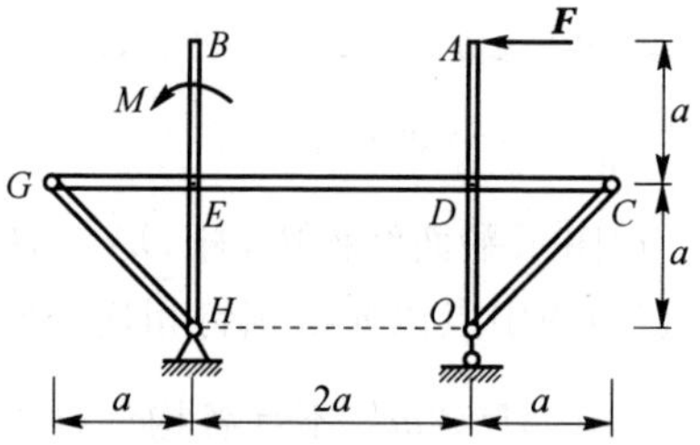

习题 6-14 图

6-15 图示铅垂面内不计自重和摩擦的构架由杆 AB、CD、BE 和 DE 组成，各杆在 B、D、E、H 处彼此铰接，已知 $F_1=2F$，$F_2=3F$，$M=Fa$，试求杆 CD 在 C、H、D 处所受到的销钉约束力。

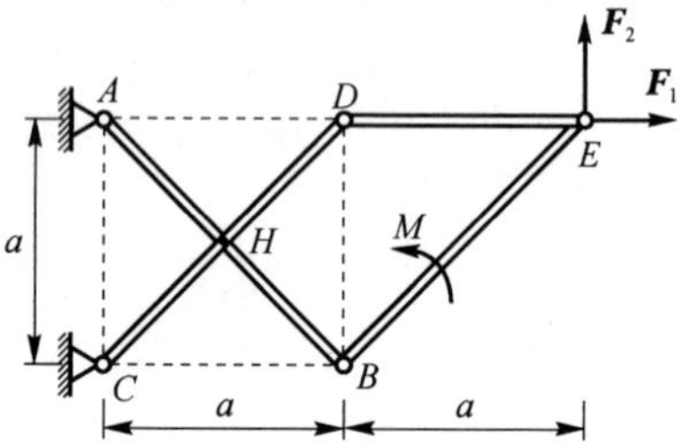

习题 6-15 图

6-16 图示平面结构由直杆 AD 和直角弯杆 BC、CD 组成，杆 AD 和 BC 在 E 处以销钉相连接，其几何尺寸和所受载荷如图所示，且 $F=qa$ 和 $M=\dfrac{15}{2}qa^2$，不计自重和摩擦，试求杆 AD 在 A、E、D 处所受到的约束力。

6-17 在图示平面结构中，三根杆 OB、AC、DE 在 B、C、D 处用铰链连接，已知：水平力 $\boldsymbol{F}$，几何尺寸 a 和 b，$AC=DE=l$，点 B 和点 C 分别为杆 AC 和杆 DE 的中点，$DE\perp AC$，杆 DE 与铅垂线的夹角为 α，不计自重和摩擦，试求销钉 D 沿杆 DE 的轴向和横向的约束力。

6-18 在图示平面结构中，杆 DE 和 AC 在 H 处以销钉相连，固连于杆 DE 上的销钉 G 放置于杆 BC 的直槽内，重物的重量为 P，作用于杆 AC 上的主动力偶 $M=2Pr$，其他构件自重和各接触处摩擦不计，试求 A、B、G 处的约束力。

6-19 平面结构的几何尺寸和所受载荷如图所示，已知 $F_1=F_2=F$，$M=2Fa$，若不计自重和摩擦，试求杆 AC 两端所受的销钉约束力和固定铰支座 O 处的约束力。

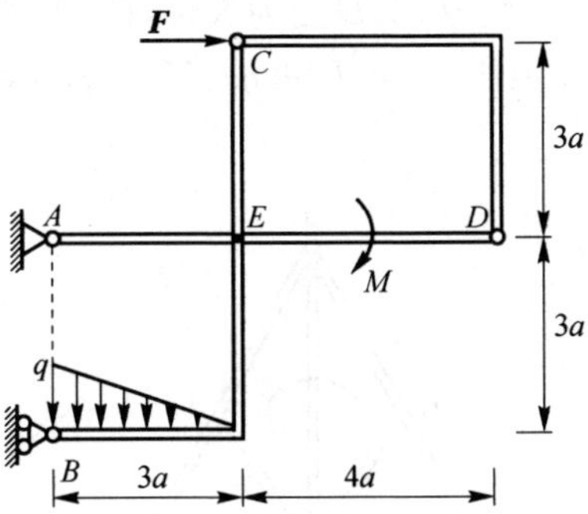

习题 6-16 图

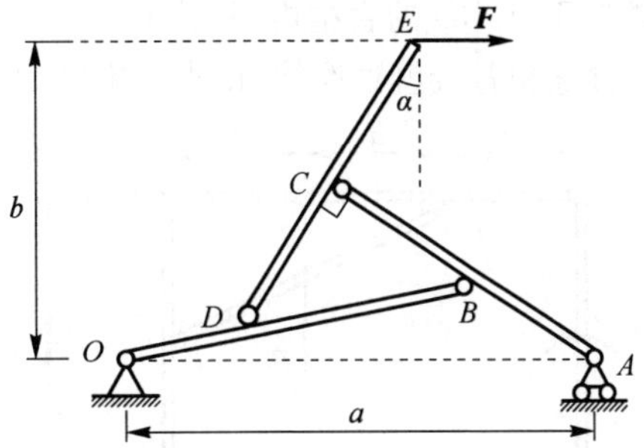

习题 6-17 图

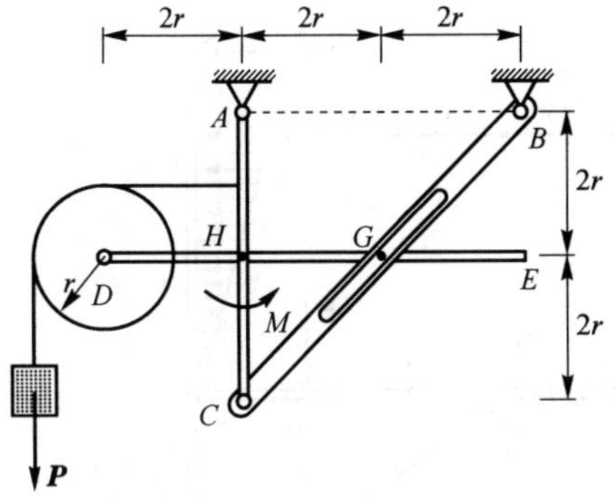

习题 6-18 图

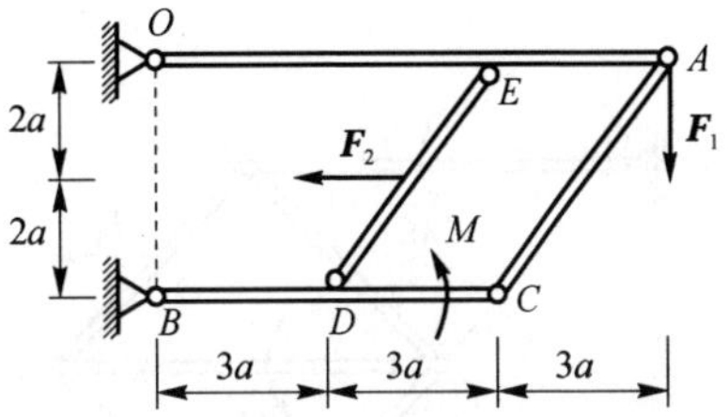

习题 6-19 图

6-20 平面结构的几何尺寸和所受载荷如图所示，已知 $F_1=3F$，$F_2=4F$，$M=Fa$，若不计自重和摩擦，试求固定铰支座 B 处的约束力。

6-21 平面结构的几何尺寸和所受载荷如图所示，已知 $M=2Fa$，若不计自重和摩擦，试求杆 AB 在 A、B、C 处所受的约束力。

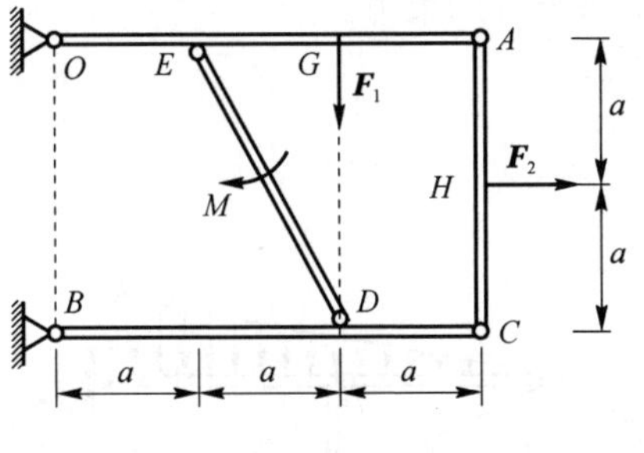

习题 6-20 图

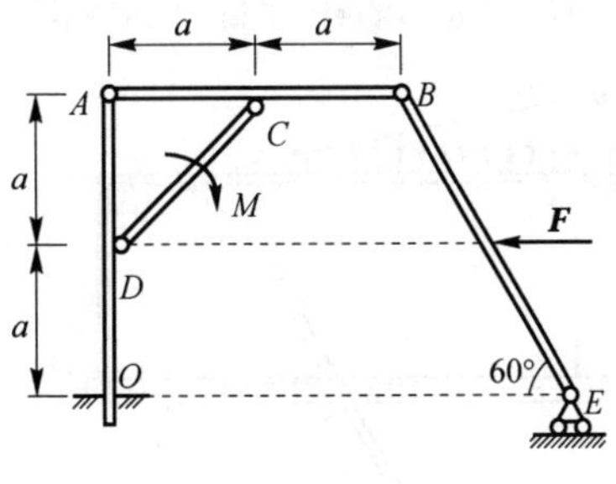

习题 6-21 图

6-22 平面结构的几何尺寸和所受载荷如图所示，已知 $F_1=3F$，$F_2=4F$，$M=5Fa$，不计自重和摩擦，试求直角弯杆 BE 在 B、D、E 处所受的约束力。

6-23 在图示平面结构中，$\triangle OAB$ 为边长等于 $2a$ 的等边三角形，点 D、E、C 分别为三边的中点，若不计自重和摩擦，试求销钉 C 分别对杆 CD、杆 CE 的作用力。

6-24 在图示平面结构中，$ABCD$ 为边长等于 $2a$ 的正方形，点 G、H 分别为边 BC、AB 的中点，$F_1=F_2=F$，$M_1=M_2=M$，若不计自重和摩擦，试求销钉 D 分别对杆 AD、CD 的作用力。

6-25 图示平面结构由杆 OA、AC、BE、BD 在连接处相互铰接而成，已知 $F=2qa$，$M=qa^2$，若不计自重和摩擦，试求固定端 O 和活动铰支座 B 对系统的约束力。

6-26 图示平面结构由直杆 AC、CG、BD 和直角弯杆 CD 组成，C、D 处为铰接，杆 CG 上的销钉 E 放置于杆 BD 的直槽内，其几何尺寸和所受到的载荷如图所示，且 $F=2qa$，$M=3qa^2$，若不计各构件自重和各接触处摩擦，试求固定端 B 处的约束力。

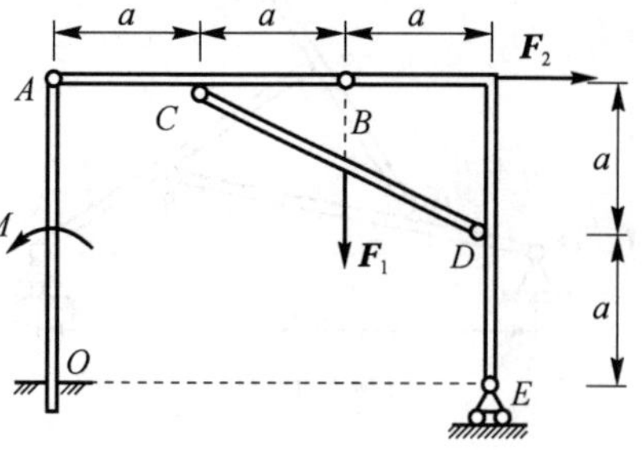

习题 6-22 图

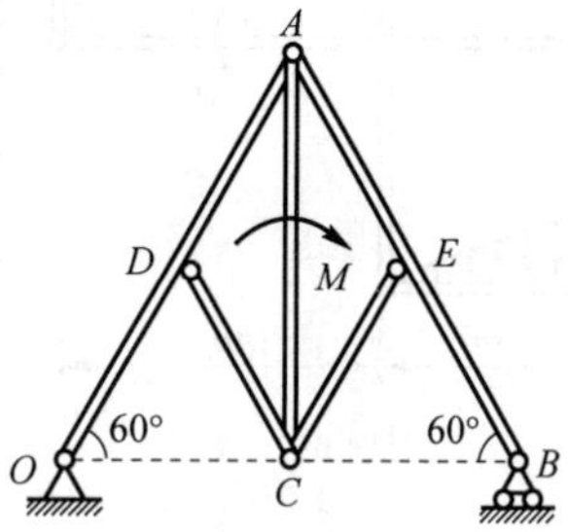

习题 6-23 图

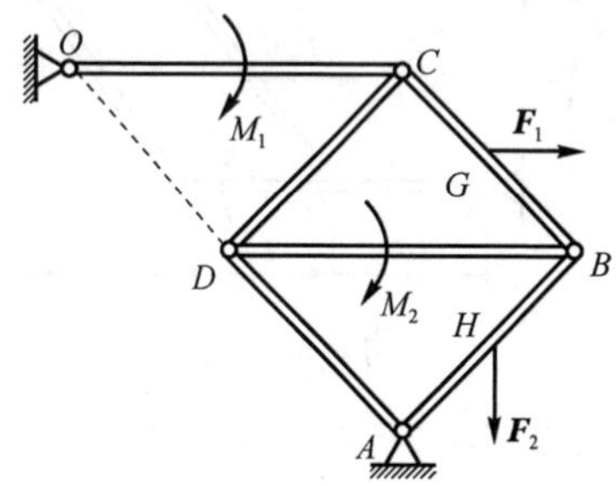

习题 6-24 图

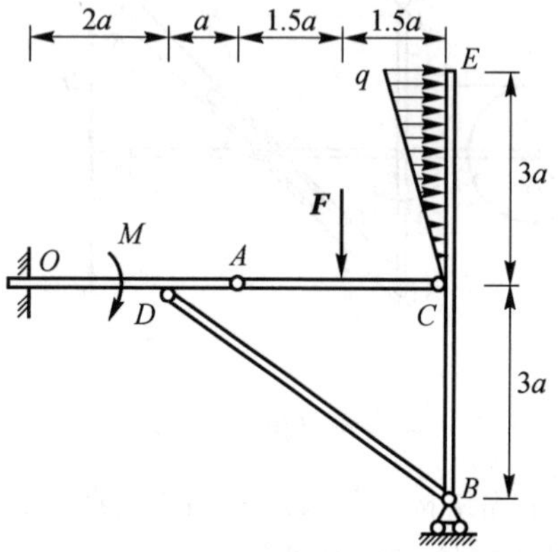

习题 6-25 图

6-27 图示平面结构由直杆 OA、AE、DE 和直角弯杆 BC 在连接处相互铰接而成，已知 $F=2qa$，$M=4qa^2$，若不计自重和摩擦，试求固定端 O 对系统的约束力。

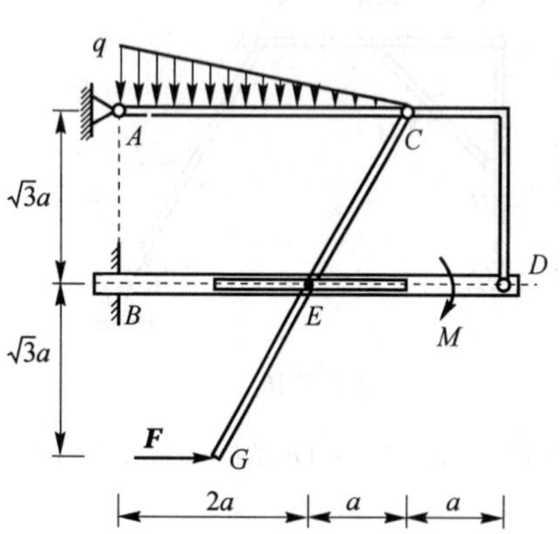

习题 6-26 图

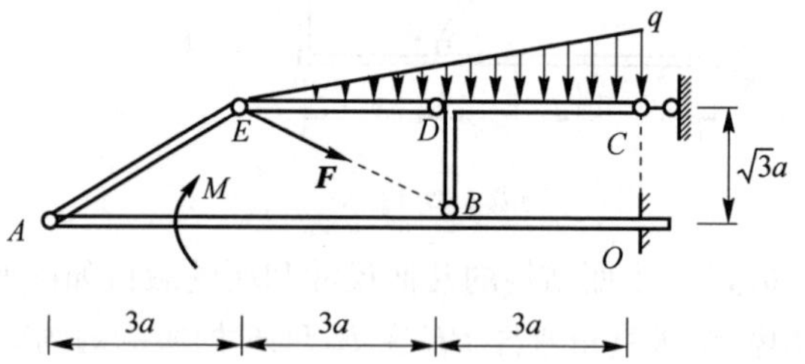

习题 6-27 图

6-28 图示平面结构由直杆 AC、BC、BD 和 CE 组成，固连于杆 CE 上的销钉 O 放置于杆 BD 的直槽内，C 为铰链，已知图中 a，q，$F=3qa$，$M=\dfrac{9}{2}qa^2$，若不计各构件自重和各接触处摩擦，试求支座 A、B 和 D 对系统的约束力。

6-29 图示两种情况是用九根直杆光滑铰接成边长为 a 的正六边形，已知六条边各杆均质，重量均为 W，中间三根杆的重量可忽略不计，系统处于同一铅垂平面内，试分别求中间三根杆受到两端销钉的作用力。

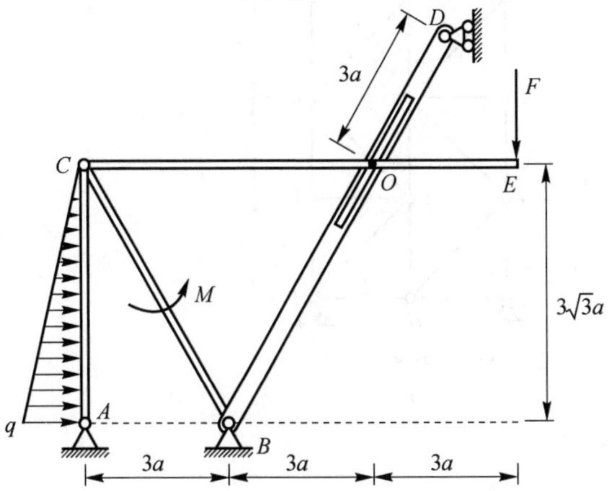

习题 6-28 图

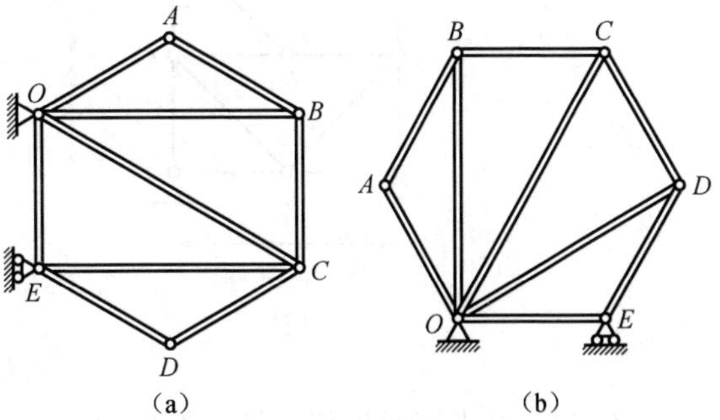

习题 6-29 图

6-30 试求图示桁架各杆的内力。

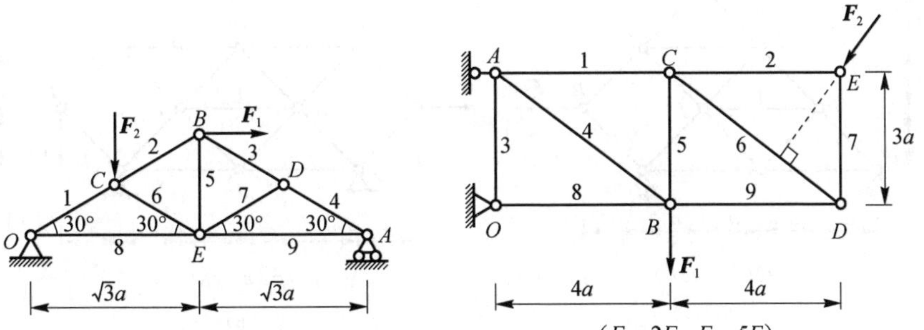

$(F_1=F,\ F_2=\sqrt{3}F)$

(a)

$(F_1=2F,\ F_2=5F)$

(b)

习题 6-30 图

6-31 试求图示桁架中杆 1、杆 2 和杆 3 的内力。

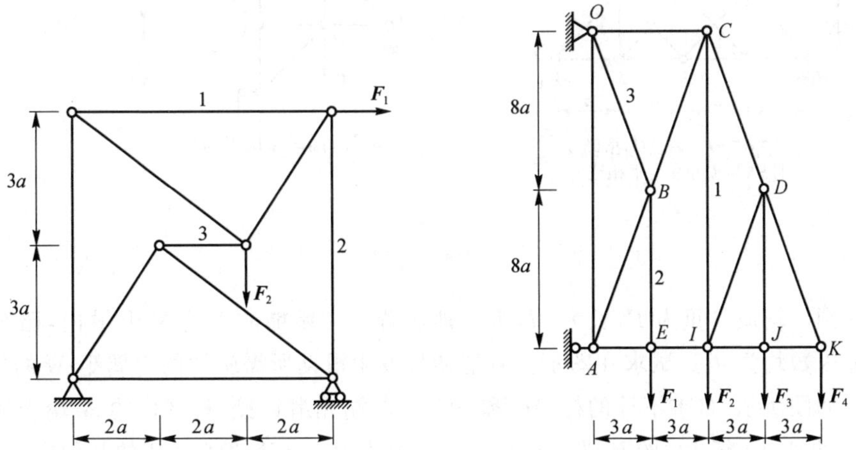

$(F_1=F_2=F)$

(a)

$(F_1=F_2=F_3=F_4=F)$

(b)

习题 6-31 图

6-32 试求图示桁架中杆 1 和杆 2 的内力。

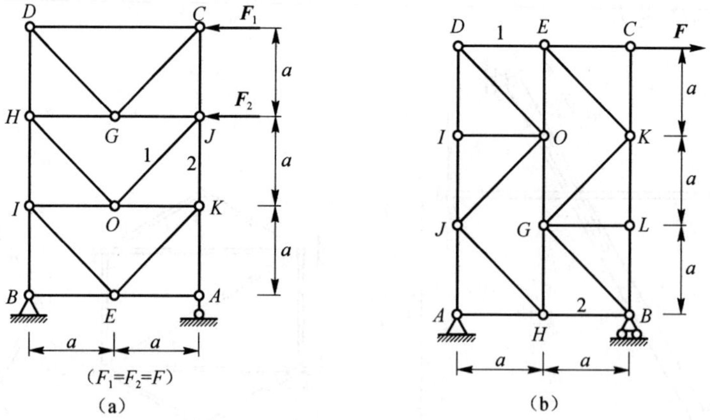

习题 6-32 图

6-33 试求图示桁架中杆 1 的内力。

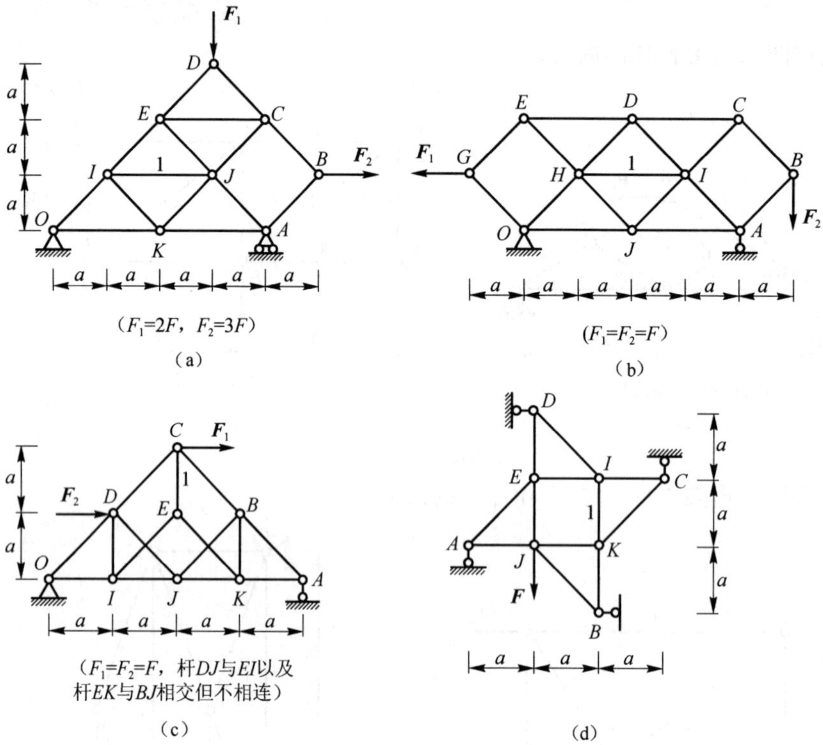

习题 6-33 图

6-34 图示均质杆重为 P，长为 $2l$，水平地放置于一粗糙的直角 V 形槽内，已知杆两端与槽的静摩擦因数均为 f_s。试求在图示位置能使杆发生滑动所需施加的力偶矩 M 的值。

6-35 如图所示，自重不计的杆 AC 和 BC 在 C 端光滑铰接，杆 AC 的 A 端光滑铰接于重量为 P 的滑块 A 上，杆 BC 的 B 端光滑铰接于重量为 $P_1=4P$ 的滑块 B 的几何中心，滑块 A、B 与支承面间的静摩擦因数都为 $f_s=\dfrac{\sqrt{3}}{4}$，欲使系统在图示位置保持平衡状态，试求作用于铰链 C 上的铅垂向下的主动力 $\boldsymbol{F}$ 的值。

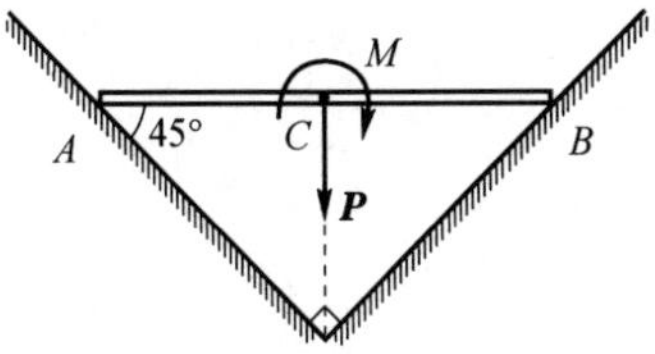

习题 6-34 图

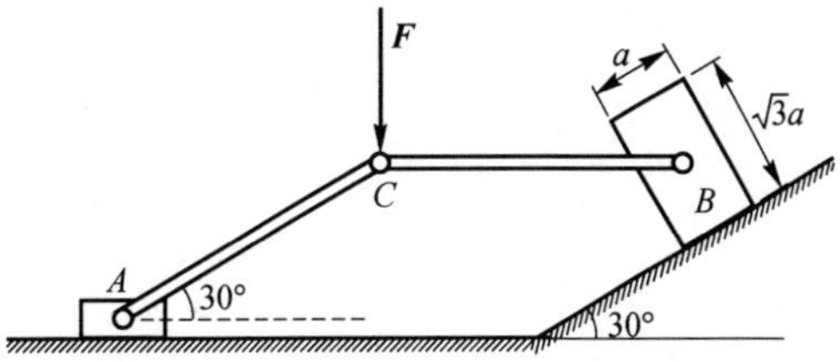

习题 6-35 图

6-36 在图示平面系统中，均质圆盘 D 的重量为 P，半径为 r；均质细直杆 AB 的重量为 $W=2P$；两者在点 A 处光滑铰接，且 $DA=\dfrac{1}{2}r$，圆盘和杆与水平地面之间的静摩擦因数均为 f_s，试求 f_s 至少为多少时，系统才能在图示位置保持平衡。

6-37 图示系统处于同一铅垂平面内，均质三角板 OAB 的重量为 P_1，均质圆轮 C 的重量为 P_2，已知 $OA=AD=DB=a$，圆轮的外半径为 R，内半径为 r，且 $R=2r$，系统在 D、E 处静摩擦因数均为 f_s，若水平拉力 $\boldsymbol{F}_1$、$\boldsymbol{F}_2$ 分别单独作用于圆轮，试求系统能在该位置保持平衡，它们的最大值。

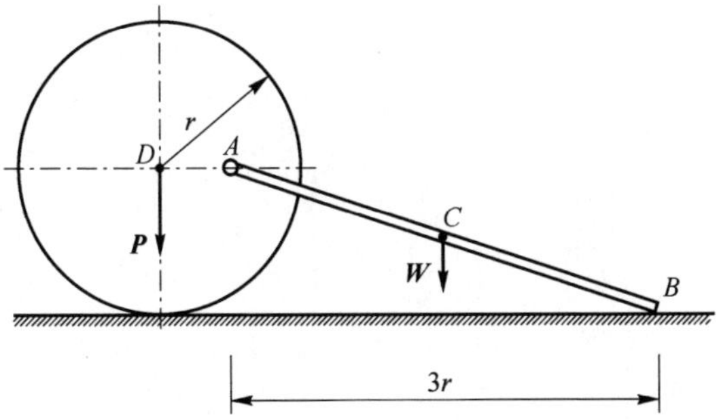

习题 6-36 图

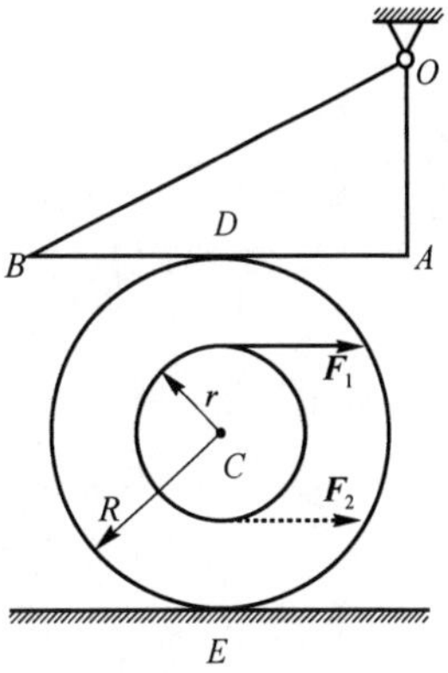

习题 6-37 图

6-38 如图所示，半径为 0.3m，重为 1kN 的两个相同的均质圆柱体放在倾角为 30°的固定斜面上，若各接触处的静摩擦因数均为 0.2，力 $\boldsymbol{F}$ 平行于斜面，且过两圆柱的中心，不计滚动摩阻。试求系统平衡时力 $\boldsymbol{F}$ 的大小。

6-39 如图所示，重量为 P，半径为 r 的均质圆盘 C 放置在倾角为 θ 的斜面上，吊有重物 B 的质量不计的柔绳跨过定滑轮 A 系于圆盘的盘心 C 上，已知圆盘与斜面间的滚动摩阻系数为 δ，试求：(1)圆盘与斜面之间的静摩擦因数为多少才能保证圆盘运动时滚动而不滑动？(2)维持圆盘在斜面上静止时重物 B 的最大和最小重量分别为多少？

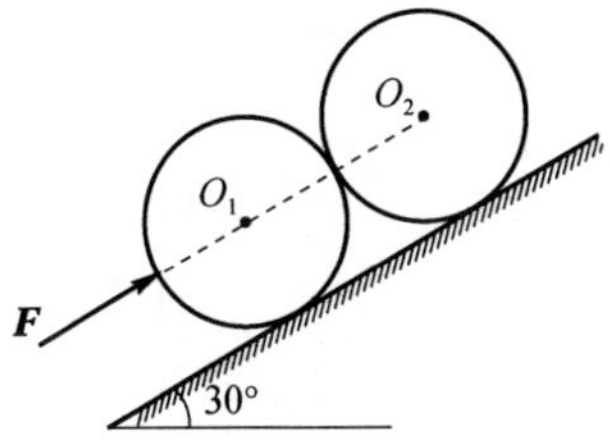

习题 6-38 图

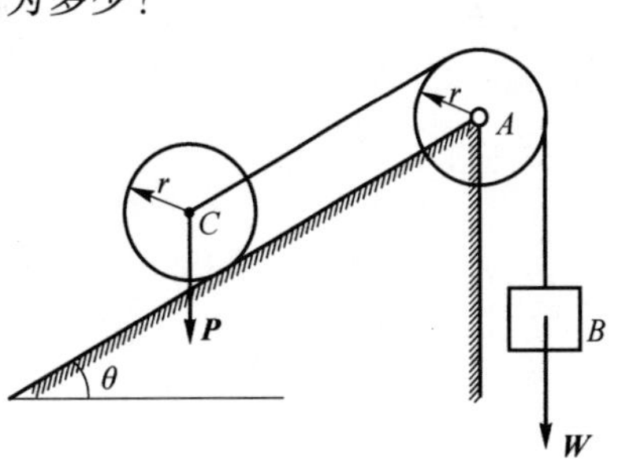

习题 6-39 图

第三篇 动力学

在运动学和静力学中，已经分别研究了对物体运动的描述和物体的受力分析及力系的简化，但没有涉及物体的运动与其所受到的力之间的关系，分析运动和力之间的关系正是动力学的研究任务，在运动学和静力学中所阐述的基本知识也是动力学研究的必要基础。

对于质点动力学，大学物理已基本论述过。对于质点系动力学，原则上说，可以对系统中每个质点由牛顿第二定律列写其运动微分方程，再联立表述各质点间联系方式的约束方程和运动的初始条件，则质点系的动力学问题就可以解决。但是，由于质点系中质点很多或无穷多，其约束方程不仅可能形式复杂，而且可能数量庞大，甚至无法一一写出；就连空间中以万有引力为相互作用力的三个质点，在已知其初始位置和初始速度的前提下，确定这三个质点在任何时刻的位置和速度的解析表达式这样一个看似简单的三体问题，至今也未得到解决。因此，这种方法在具体解题时，往往会遇到数学上难以克服的困难，是不现实的。同时这种方法也不一定是必要的，因为，通常并不需要知道质点系中各质点的运动情况，而只需知道质点系整体运动的特征就够了，例如对于刚体，只需确定其质心的运动和绕质心平移坐标系的转动即可。能够表征质点系运动的特征量有动能、动量和动量矩。

动力学问题一般可分为以下两类基本问题：一是已知物体的运动求作用在物体上的未知力，称为**动力学的第一类问题**，有时也称为**动力学的反问题或逆问题**；二是已知作用于物体上的主动力和运动的初始条件求物体的运动和约束力，称为**动力学的第二类问题**，有时也称为**动力学的正问题**。为了解决这两类基本问题，应根据力学的基本原理建立系统运动与其受力之间的数学关系，称为**系统的动力学方程**，又称**系统的运动微分方程**。动力学逆问题仅涉及微分运算，一般较易解决；而动力学正问题需要对运动微分方程积分，由于积分运算要比微分运算复杂得多，所以求解较为困难，对于一些简单问题可以求得解析解，但多数情况下，系统的运动微分方程都是严重非线性的，需要利用计算机求其数值解。

实际问题中，还存在已知部分主动力和部分运动，求其余运动和未知主动力，以及约束力情形，称为**动力学的综合问题**，在求解这类问题时，通常先求出未知运动再求未知力。

动力学的内容可分为矢量动力学和分析动力学两部分，前者由牛顿运动定律及其推论——动能定理、动量定理和动量矩定理构成，由于其讨论的许多力学概念（速度、角速度、加速度、角加速度、力系的主矢和主矩、动量、动量矩等）都采用矢量描述，故称为**矢量动力学**（又称**牛顿力学**）；后者以达朗贝尔原理和虚位移原理为基础，包括动力学普遍方程、拉格朗日方程等内容，引进标量形式的物理量（广义坐标、广义力、功、动能、势能、拉格朗日函数等），采用纯粹的分析方法来处理力学问题，故称为**分析动力学**。

与运动学不同，动力学研究的质点或刚体一般都必须考虑惯性，应理解为具有质量的几何点或几何体。对于刚体，还应考虑质量在体内的分布状况。

由于牛顿第二定律只在惯性参考系中才成立，因此约定：动力学问题中的定参考系，除特别声明外，都是惯性参考系。对一般工程问题，与地球固连的坐标系可以认为是具有足够精确度的惯性坐标系。

第7章 动力学基础

本章研究质点动力学问题和质点系的两个特征量及其计算，它们是进一步研究质点系、刚体和刚体系等更复杂的研究对象动力学问题的重要基础。

7.1 惯性参考系中的质点动力学

设有一质量为 m 的质点，作用于其上的合力为 $\boldsymbol{F}$，产生的加速度为 $\boldsymbol{a}$，根据牛顿第二定律，有

$$m\boldsymbol{a} = \boldsymbol{F} \tag{7-1}$$

由运动学知，若用矢径 $\boldsymbol{r}$ 表示该质点的空间位置，则有

$$\boldsymbol{a} = \ddot{\boldsymbol{r}} \tag{7-2}$$

于是得矢量形式的质点运动微分方程为

$$m\ddot{\boldsymbol{r}} = \boldsymbol{F} \tag{7-3}$$

将方程(7-3)投影到固定直角坐标轴上，则有

$$\left.\begin{aligned} m\ddot{x} &= F_x \\ m\ddot{y} &= F_y \\ m\ddot{z} &= F_z \end{aligned}\right\} \tag{7-4}$$

这就是**直角坐标形式的质点运动微分方程**。式中 x、y、z 和 F_x、F_y、F_z 分别为矢径 $\boldsymbol{r}$ 和合力 $\boldsymbol{F}$ 在相应的直角坐标轴上的投影。

若已知该质点的运动轨迹，则将方程(7-3)投影到自然坐标系的各坐标轴上，有

$$\left.\begin{aligned} m\ddot{s} &= F_{\mathrm{t}} \\ m\frac{v^2}{\rho} &= F_{\mathrm{n}} \\ 0 &= F_{\mathrm{b}} \end{aligned}\right\} \tag{7-5}$$

这就是**自然轴系形式的质点运动微分方程**。式中 s 为质点的弧坐标，$v=\dot{s}$ 为质点的速度的代数值，ρ 为轨迹上该质点所在处的曲率半径，F_{t}、F_{n}、F_{b} 分别为合力 $\boldsymbol{F}$ 在切线、主法线和副法线上的投影。

必须指出，质点运动微分方程的各投影式方程，其两边坐标正方向应相同，且坐标与坐标的导数正方向也一致。

例 7-1 如图(a)所示平面系统，半径为 r 的均质绕线轮以匀角速度 ω_0 绕轮心 O 作定轴转动，通过质量不计的不可伸长的绳索拉动质量为 m 的小球 A 沿光滑水平滑道运动，且 O、A 两点的连线为水平直线，绳索与轮缘间无相对滑动。试求绳的拉力和滑道对小球的约束力(表示为图示 x_A 的函数)。

解：(1)设 B 为直线段绳索与轮的切点，则 $v_B=r\omega_0$，因绳索不可伸长，故 $v_A\cos\theta=v_B$，又 $\cos\theta=\dfrac{\sqrt{x_A^2-r^2}}{x_A}$，于是得

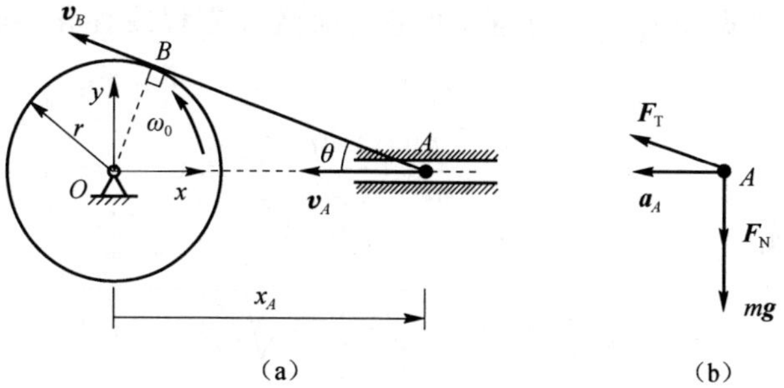

例 7-1 图

$$v_A = \frac{r\omega_0}{\sqrt{1-\frac{r^2}{x_A^2}}}$$

$$a_A = \dot{v}_A = -\frac{r^3\omega_0}{(x_A^2-r^2)^{\frac{3}{2}}}\dot{x}_A$$

因 $\dot{x}_A=-v_A$，故

$$a_A = \frac{r^4\omega_0^2 x_A}{(x_A^2-r^2)^2}$$

(2)以小球 A 为研究对象，其受力图如图(b)所示，由直角坐标形式的牛顿第二定律得

$$-F_T\cos\theta = -ma_A, F_T = m\frac{r^4\omega_0^2x_A^2}{(x_A^2-r^2)^{\frac{5}{2}}}$$

$$F_T\sin\theta - F_N - mg = 0, F_N = m\left[\frac{r^5\omega_0^2x_A}{(x_A^2-r^2)^{\frac{5}{2}}} - g\right]$$

注意：①这是一道已知运动求未知约束力的题目，属于动力学的第一类问题。②由于 v_A 是 x 的函数，在 v_A 对时间 t 求导时要特别注意复合函数的正确求导。③因 v_A 的真实方向与 x 轴正向相反，故 $\dot{x}_A=-v_A$。④因不同位置绳索的张力是变化的，根据大学物理讲述的对定轴的动量矩(角动量)定理知，要实现绕线轮的匀角速转动，可以在圆盘上作用一主动力偶，且主动力偶矩的大小为 F_Tr，它不等于常数，而是随位置而变化的。

例 7-2 如图(a)所示系统位于同一铅垂平面内，质量为 m 的小球 A 穿在半径为 r 的光滑固定半圆形钢丝上；弹簧的刚度系数为 $k=\frac{mg}{2r}$，原长为 l，其一端固定在圆心 O 的正上方的点 B，且 $OB=r$，另一端系于小球 A 上。试求小球 A 在最低位置附近作微振动之固有频率。

解：小球 A 作圆弧运动，选图(a)所示角坐标 θ 描述其运动，其受力分析如图(b)所示，因 $\triangle OAB$ 为等腰三角形，故弹簧力为

$$F = k\left(2r\cos\frac{\theta}{2} - l\right)$$

列写自然轴系切线方向的运动微分方程得

$$mr\ddot{\theta} = F\sin\frac{\theta}{2} - mg\ \sin\theta$$

即

$$mr\ddot{\theta} + mg\ \sin\theta - k\left(r\sin\theta - l\sin\frac{\theta}{2}\right) = 0$$

当小球在最低位置作微振动时，θ 是小量，可将运动微分方程线性化，$\sin\theta\approx\theta$，$\sin\frac{\theta}{2}\approx\frac{\theta}{2}$，于是有

$$\ddot{\theta}+\left[\frac{g}{r}-\frac{k}{m}\left(1-\frac{l}{2r}\right)\right]\theta=0$$

得微振动的固有频率为

$$\omega_0=\sqrt{\frac{g}{r}-\frac{k}{m}\left(1-\frac{l}{2r}\right)}=\sqrt{\frac{g}{2r}\left(1+\frac{l}{2r}\right)}$$

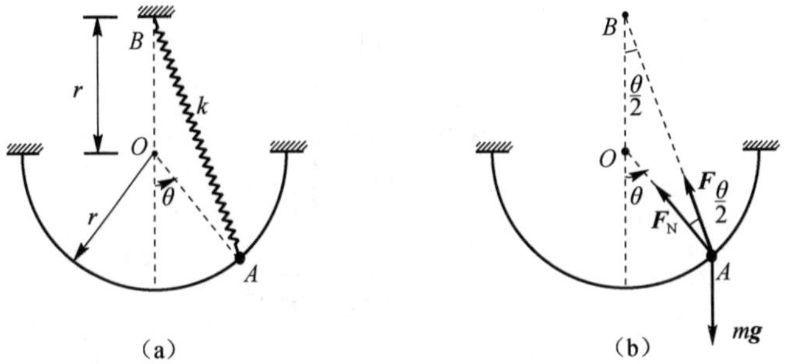

例 7-2 图

注意：①振动问题中，最基本的问题之一是确定系统的固有频率，为此只需列写系统的运动微分方程，并与自由振动运动微分方程的规范形式 $\ddot{x}+\omega_0^2x=0$ 对比，即可确定。②实际的振动系统大多为非线性系统，即其运动微分方程是描述运动广义坐标的非线性微分方程，但在微振动情况下，运动微分方程常常可以线性化，对非线性方程线性化的基本要领是将变量的非线性项作泰勒级数展开，并略去变量的二次方及以上各项。③当 $l=2r$ 时，在最低位置(为平衡位置)时，$\theta=0$，弹簧对小球 A 不施力；在 $\theta=0$ 附近微小区域，弹簧的施力为高阶微量，小球 A 可看成只在重力作用下沿光滑圆弧作微振动，相当于摆长为 r 的单摆，其振动的固有频率为 $\omega_0=\sqrt{\frac{g}{r}}$；当 $l<2r$ 时，在最低平衡位置附近微小区域内弹簧受拉伸，从而减小了小球向平衡位置恢复的趋势，振动趋慢，振动固有频率变小；当 $l>2r$ 时，在最低平衡位置附近微小区域内弹簧受压缩，对小球的推力增加恢复力，使振动加快，振动的固有频率变大。

例 7-3 如图(a)所示，质量为 m 的质点 A 在光滑的水平桌面上运动，此质点系在一根不计质量的不可伸长的绳子上，绳子穿过桌面上的一个光滑的小孔 O 后于另一端系一个相同质量的质点 B，且 OB 保持铅垂。若质点 A 在桌面上离点 O 距离为 a 处，沿垂直于 OA 的方向以速度 $v_0=\left(\frac{9}{2}ag\right)^{\frac{1}{2}}$ 射出，试求质点 A 在以后的运动中离点 O 距离之范围。

解：(1)质点 A 的运动采用图(b)所示极坐标 ρ、φ 描述比较方便。假想有一管子在水平面内绕铅垂轴 O 作定轴转动，其角位移为 φ，小球 A 在该管子中作直线运动，其坐标为 ρ，根据点的复合运动的知识，以小球 A 为动点，想象中作定轴转动的管子为动系，则 $v_r=\dot{\rho}\boldsymbol{\rho}^0$，$v_e=\rho\dot{\varphi}\boldsymbol{\varphi}^0$，$\boldsymbol{a}_r=\ddot{\rho}\boldsymbol{\rho}^0$，$\boldsymbol{a}_e^n=\rho\dot{\varphi}^2(-\boldsymbol{\rho}^0)$，$\boldsymbol{a}_e^t=\rho\ddot{\varphi}\boldsymbol{\varphi}^0$，$\boldsymbol{a}_C=2\dot{\varphi}v_r\boldsymbol{\varphi}^0=2\dot{\rho}\dot{\varphi}\boldsymbol{\varphi}^0$，于是 $\boldsymbol{a}_A=\boldsymbol{a}_r+\boldsymbol{a}_e+\boldsymbol{a}_C=(\ddot{\rho}-\rho\dot{\varphi}^2)\boldsymbol{\rho}^0+(\rho\ddot{\varphi}+2\dot{\rho}\dot{\varphi})\boldsymbol{\varphi}^0$，其中 $\boldsymbol{\rho}^0$、$\boldsymbol{\varphi}^0$ 为如图(b)所示方向的单位矢量。

(2)质点 A 的受力如图(c)所示，由牛顿第二定律可得

$$m(\ddot{\rho}-\rho\dot{\varphi}^2)=-F_T^{(1)} \tag{1}$$

$$m(\rho\ddot{\varphi}+2\dot{\rho}\dot{\varphi})=0 \tag{2}$$

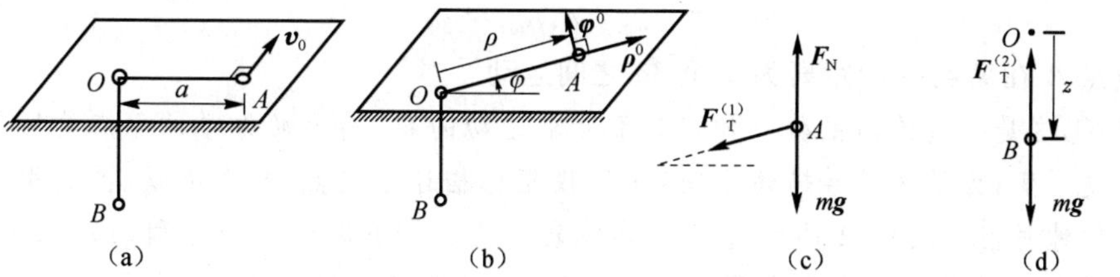

例 7-3 图

式(2)可以改写为

$$m\frac{1}{\rho}\frac{\mathrm{d}}{\mathrm{d}t}(\rho^2\dot{\varphi})=0$$

说明

$$\rho^2\dot{\varphi}=C$$

式中 C 为常数，由初始条件确定其值。即当 $t=0$ 时，$\rho=a$，$\rho\dot{\varphi}=\left(\frac{9}{2}ga\right)^{\frac{1}{2}}$，由此得 $C=a\left(\frac{9}{2}ga\right)^{\frac{1}{2}}$，即

$$\rho^2\dot{\varphi}=\sqrt{\frac{9}{2}ga^3} \tag{3}$$

(3)质点 B 的受力如图(d)所示，由牛顿第二定律得

$$m\ddot{z}=mg-F_T^{(2)}$$

显然

$$F_T^{(2)}=F_T^{(1)}$$

若绳子的长度为 l，则 $l=\rho+z$，可得 $\ddot{z}=-\ddot{\rho}$，于是有

$$m\ddot{\rho}=F_T^{(1)}-mg \tag{4}$$

在式(1)和式(4)中消去 $F_T^{(1)}$ 得

$$2\ddot{\rho}-\rho\dot{\varphi}^2=-g \tag{5}$$

由式(3)得 $\dot{\varphi}^2=\frac{9ga^3}{2\rho^4}$，将之代入式(5)得

$$2\ddot{\rho}-\frac{9ga^3}{2\rho^3}=-g \tag{6}$$

根据 $\ddot{\rho}=\frac{\mathrm{d}\dot{\rho}}{\mathrm{d}t}=\frac{\mathrm{d}\dot{\rho}}{\mathrm{d}\rho}\frac{\mathrm{d}\rho}{\mathrm{d}t}=\dot{\rho}\frac{\mathrm{d}\dot{\rho}}{\mathrm{d}\rho}$，将之代入式(6)得

$$2\dot{\rho}\mathrm{d}\dot{\rho}=\left(\frac{9ga^3}{2\rho^3}-g\right)\mathrm{d}\rho \tag{7}$$

积分式(7)得

$$\dot{\rho}^2\Big|_0^{\dot{\rho}}=-\left(\frac{9ga^3}{4\rho^2}+g\rho\right)\Big|_a^{\rho}$$

即

$$\dot{\rho}^2=\frac{13ga}{4}-\left(\frac{9ga^3}{4\rho^2}+g\rho\right) \tag{8}$$

质点 A 在 $\rho=\rho_{\min}$ 及 $\rho=\rho_{\max}$ 时 $\dot{\rho}=0$，此时式(8)变为

$$4\rho^3-13a\rho^2+9a^3=0$$

即

$$(\rho-a)(\rho-3a)(4\rho+3a)=0$$

于是

$$\rho=a,3a \text{ 或} -\frac{3}{4}a\text{(无意义，舍去)}$$

故 $$\rho_{\min}=a,\rho_{\max}=3a$$

这说明质点 A 在离点 O 的距离为 a 至 $3a$ 之间运动。

注意：①这是一道已知主动力和初始条件求运动的题，属于动力学的第二类问题。②考虑到绳子长度不变，为了运动学描述方便，采用极坐标描述了质点 A 的位置，再利用点的复合运动知识巧妙地写出了质点 A 的加速度的具体表达式。③解题过程中方程(1)、(2)实际上就是质点 A 极坐标形式的运动微分方程。④对于质点 A，因其作平面运动，故 $F_N=mg$。⑤在运动过程中，利用系统的机械能守恒和系统对点 O 的动量矩(角动量)守恒也可求解，请读者自己完成。

7.2 非惯性参考系中的质点动力学

对于非惯性参考系，牛顿第二定律不再成立。然而工程中许多问题都涉及物体在非惯性参考系中的运动，如物体在车辆、飞行器中的运动，水流沿水轮机叶片的流动；在研究洲际导弹或人造卫星的运动时，必须考虑地球自转带来的影响，此时也必须将地球看作非惯性参考系。因此，在非惯性参考系中如何建立质点的动力学方程是一个具有重要实际意义的问题。解决这一问题的一个有效途径是将点的复合运动理论与牛顿第二定律结合起来。

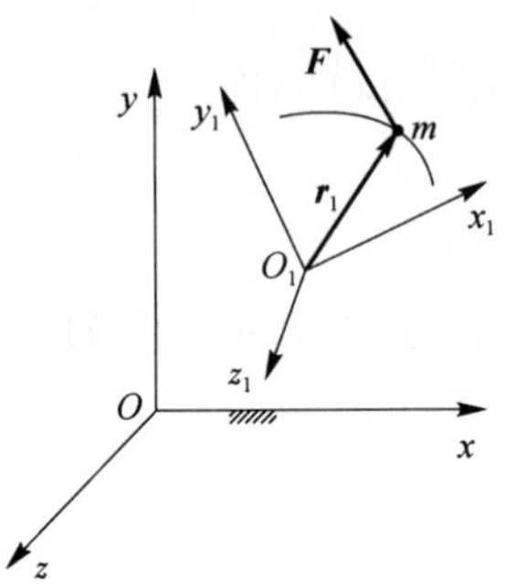

图 7-1 质点相对于非惯性参考系运动

设质量为 m 的质点相对于非惯性参考系 $O_1x_1y_1z_1$(取为动系)运动，而定系为惯性参考系 $Oxyz$，如图 7-1 所示。根据运动学中的加速度合成定理有

$$\boldsymbol{a}_a=\boldsymbol{a}_r+\boldsymbol{a}_e+\boldsymbol{a}_C$$

将牛顿第二定律 $\boldsymbol{F}=m\boldsymbol{a}_a$ 代入，并移项后得

$$m\boldsymbol{a}_r=\boldsymbol{F}-m\boldsymbol{a}_e-m\boldsymbol{a}_C \tag{7-6}$$

式(7-6)表明，在非惯性参考系中所观察到的质点加速度 $\boldsymbol{a}_r$，不仅与作用于其上的真实力的合力 $\boldsymbol{F}$ 有关，而且还与动坐标系本身运动所引起的 $-m\boldsymbol{a}_e$ 和 $-m\boldsymbol{a}_C$ 有关。后两项也具有力的量纲，通常将 $-m\boldsymbol{a}_e$ 记作 $\boldsymbol{F}_{Ie}$，称为**牵连惯性力**；而将 $-m\boldsymbol{a}_C$ 记作 $\boldsymbol{F}_{IC}$，称为**科氏惯性力**。于是式(7-6)可改写为

$$m\boldsymbol{a}_r=\boldsymbol{F}+\boldsymbol{F}_{Ie}+\boldsymbol{F}_{IC} \tag{7-7}$$

称为**质点相对运动的动力学基本方程**。它表明，只要在牛顿第二定律的作用力项中增加牵连惯性力 $\boldsymbol{F}_{Ie}$ 和科氏惯性力 $\boldsymbol{F}_{IC}$，则质点在非惯性参考系中的运动在形式上仍服从牛顿第二定律。必须指出：牵连惯性力或科氏惯性力不存在施力物体，也不存在反作用力(如一光滑的水平直管中放置一小球，当管子绕铅垂轴作定轴转动时，小球在离心力，即牵连惯性力作用下产生离心运动，而这个离心力管子不可能提供)，因此不符合“力是两物体之间的机械作用”的定义，从这个意义上理解，它们都不是真实力，但它们对物体作用的效果可在非惯性参考系中确实被感觉到或被测量出(如电梯加速上升时乘客感到的超重，加速下降时感觉到的失重，若乘客站在放置于电梯里的台秤上，台秤可测出这种超重和失重)，因此从作用效果来看，它们与真实力又难以区分。此外，这两个惯性力的大小和方向取决于所选的非惯性参考系相对于惯性参考系的运动，科氏惯性力还与质点相对于非惯性参考系的相对速度有关，而真实力与参考系的选择及质点相对参考系的运动都无关。

例 7-4　如图(a)所示，车厢以匀加速度 a 向右作水平直线平移，在车厢顶上用不计质量的不可伸长的钢丝悬挂一个质量为 m 的小球。当小球和车厢相对静止时，试求钢丝与铅垂方向的夹角及钢丝对小球的拉力。

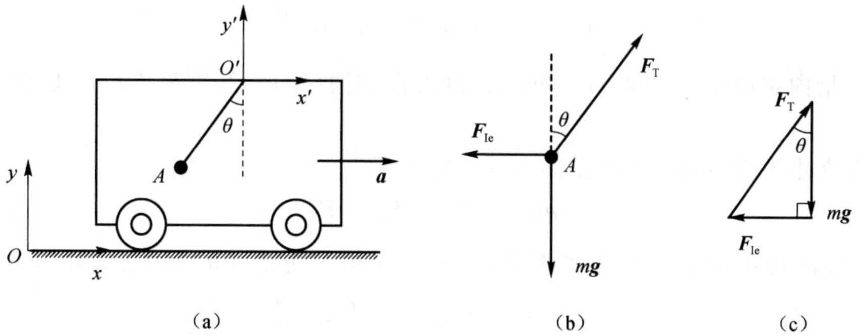

例 7-4 图

解：选取固连于地面上的坐标系 Oxy 为定系，固连于车厢上的坐标系 $O'x'y'$ 为动系。小球所受到的真实力有重力 $\boldsymbol{mg}$ 和钢丝的拉力 $\boldsymbol{F}_{\mathrm{T}}$，如图(b)所示。由于小球相对于车厢静止，故 $v_{\mathrm{r}}=0, a_{\mathrm{r}}=0, a_{\mathrm{C}}=0$，于是 $F_{\mathrm{Ie}}=ma, F_{\mathrm{IC}}=0$，由质点相对运动的动力学基本方程得

$$\boldsymbol{mg}+\boldsymbol{F}_{\mathrm{T}}+\boldsymbol{F}_{\mathrm{Ie}}=0$$

由上式可作出如图(c)所示封闭力三角形，于是

$$\tan\theta=\frac{F_{\mathrm{Ie}}}{mg}=\frac{ma}{mg}=\frac{a}{g}, \qquad \theta=\arctan\frac{a}{g}$$

$$F_{\mathrm{T}}=\sqrt{(mg)^2+(F_{\mathrm{Ie}})^2}=m\sqrt{g^2+a^2}$$

注意：①车厢中的观察者认为，由于车厢有向前的加速度，是作用在小球上向后的牵连惯性力将单摆后拉，从而使钢丝向后倾斜，车厢的加速度越大，则倾斜角越大。②在封闭的车厢中的人看来，悬挂钢丝处于静止的位置才是"重力"的方向，这也说明车厢内站着的人要站得平稳，也必须向前倾斜一个相同的角度 θ。③地面上的观察者认为，正是单摆的向后倾斜，才使钢丝的拉力有了水平向前的正交分量，从而使小球获得了向前的加速度。

例 7-5　如图(a)所示，半径为 r 的空心细圆环(圆心为 D)在水平面内以匀角速度 ω 绕轴 O 作定轴转动。假设圆环内壁是光滑的，质量为 m 的质点 A 在圆环内壁中运动，且在 O、D 的延长线 B 处相对于圆环作微振动，试求微振动的周期。

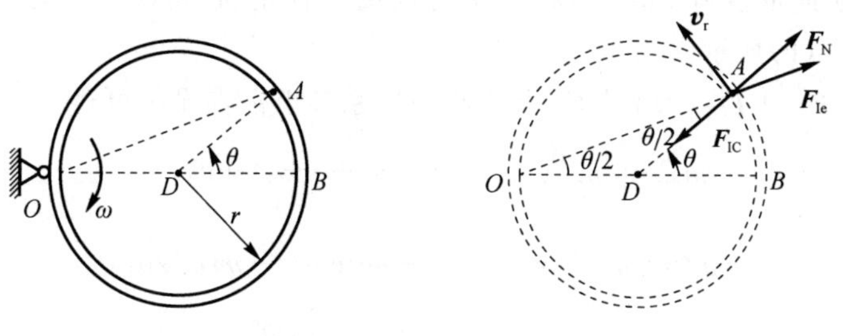

例 7-5 图

解:选取动系固连于空心细圆环,质点 A 相对于圆环作圆周运动,取图中 θ 为描述坐标,则相对弧长 $s_r=r\theta$,由于动系作匀角速定轴转动,故动点 A 的牵连切向加速度为零,牵连加速度就等于牵连法向加速度,其大小为

$$a_e = OA \cdot \omega^2 = 2r\omega^2\cos\frac{\theta}{2}$$

方向由点 A 指向点 O;假设质点 A 的相对速度方向如图(b)所示,则科氏加速度的方向由点 A 背离点 D。

质点 A 在水平面内的受力如图(b)所示,根据

$$m\boldsymbol{a}_r = \boldsymbol{F}_N + \boldsymbol{F}_{Ie} + \boldsymbol{F}_{IC}$$

将上式沿圆环的切线方向投影,并注意到 $a_r^t=\ddot{s}_r=r\ddot{\theta}$,即得质点 A 的相对运动微分方程为

$$mr\ddot{\theta} = -2m\omega^2 r\cos\frac{\theta}{2}\sin\frac{\theta}{2}$$

即

$$\ddot{\theta} + \omega^2\sin\theta = 0$$

因作微振动,$\sin\theta\approx\theta$,因而有

$$\ddot{\theta} + \omega^2\theta = 0$$

即质点在相对平衡位置邻域内作简谐振动,周期为

$$T = \frac{2\pi}{\omega}$$

注意:①圆环内壁对质点 A 的约束力除了图(b)中的 $\boldsymbol{F}_N$ 外,还有铅垂方向的约束力,这个约束力与重力相平衡。②牵连惯性力沿质点 A 所在处相对轨迹切线方向的正交分力与质点离开相对平衡位置的方向相反,是微振动产生的恢复力。或更准确地说,F_{Ie} 对相对轨迹的中心 D 的矩与表示质点相对运动的转角 θ 的转向相反,是相对微振产生的广义恢复力。

例 7-6 如图(a)所示,半径为 r 的空心细圆环以匀角速度 ω 绕铅垂固定轴 z 转动,圆环内有一质量为 m 的小球 A,因受微扰动,由静止开始从圆环内壁的最高位置 A_0 沿圆环内壁下落,且保持圆环的角速度不变。试求小球运动至任意位置 $A(\angle A_0DA=\theta)$ 时的相对速度和圆环对小球的约束力。

解:以小球 A 为研究对象,选取动系 $Dxyz$ 与圆环固连,且 Dx 垂直于圆环平面。小球在任意位置时所受的力有重力和圆环的约束力(分解为背离或指向圆环中心 D 的法向分力 F_{N1} 和垂直于 Dyz 平面并沿 x 轴负向的分力 F_{N2}),由于在运动过程中动系的角速度不变,故牵连切向惯性力 $F_{Ie}^t=0$,牵连法向惯性力 $F_{Ie}^n=mr\omega^2\sin\theta$,方向沿 y 轴正向,科氏惯性力 $F_{IC}=2m\omega v_r\cos\theta$,方向沿 x 轴正向,如图(b)所示。

将 $m\boldsymbol{a}_r=m\boldsymbol{g}+\boldsymbol{F}_{N1}+\boldsymbol{F}_{N2}+\boldsymbol{F}_{Ie}^n+\boldsymbol{F}_{IC}$ 沿自然坐标系各坐标轴投影可得

$$ma_r^t = m\frac{dv_r}{dt} = mg\sin\theta + mr\omega^2\sin\theta\cos\theta \tag{1}$$

$$ma_r^n = m\frac{v_r^2}{r} = -F_{N1} + mg\cos\theta - mr\omega^2\sin^2\theta \tag{2}$$

$$0 = F_{N2} - 2m\omega v_r\cos\theta \tag{3}$$

为求 v_r,可对式(1)积分,为此引入变换

$$\frac{dv_r}{dt} = \frac{dv_r}{d\theta}\frac{d\theta}{dt} = \frac{v_r}{r}\frac{dv_r}{d\theta} = \frac{1}{2r}\frac{d(v_r^2)}{d\theta}$$

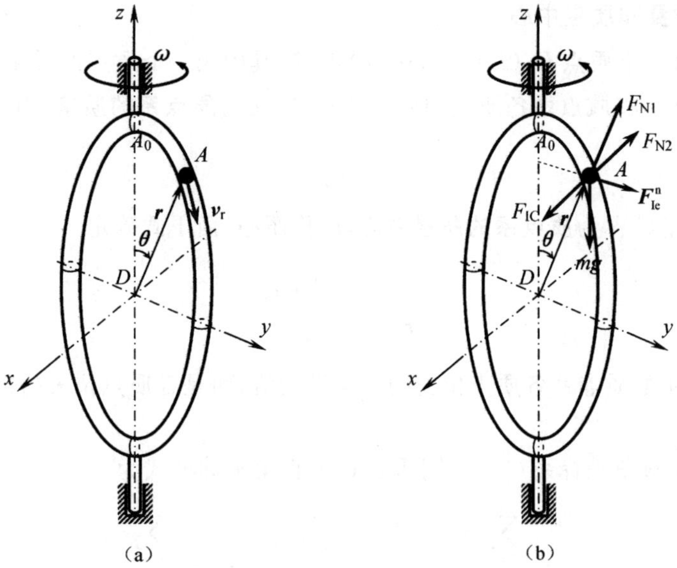

例 7-6 图

由小球运动的初始条件：当 $t=0$ 时，$\theta=0$ 和 $v_r=0$，可得

$$\frac{m}{2r}\int_0^{v_r} dv_r^2 = mg\int_0^{\theta}\sin\theta d\theta + mr\omega^2\int_0^{\theta}\sin\theta d\sin\theta$$

$$\frac{m}{2r}v_r^2 = mg(1-\cos\theta) + \frac{mr\omega^2}{2}\sin^2\theta$$

$$v_r = \sqrt{2gr(1-\cos\theta)+(r\omega\sin\theta)^2} \tag{4}$$

将式(4)代入式(2)可得

$$F_{N1} = mg(3\cos\theta - 2) - 2mr\omega^2\sin^2\theta$$

将式(4)代入式(3)可得

$$F_{N2} = 2m\omega\cos\theta\sqrt{2gr(1-\cos\theta)+(r\omega\sin\theta)^2}$$

注意：①本题动系的角速度 $\boldsymbol{\omega}$ 的方向与 v_r 的方向不垂直，其夹角为 $\frac{\pi}{2}+\theta$，故由 $\boldsymbol{a}_C=2\boldsymbol{\omega}\times v_r$ 知 $\boldsymbol{a}_C$ 的大小为 $2\omega v_r\sin\left(\frac{\pi}{2}+\theta\right)=2\omega v_r\cos\theta$。②由于圆环的角速度不变，有人就认为小球的重力所作的功全部都转化为小球的动能，其实，这种想法是错误的，因为若以圆环为研究对象，对转轴 z 用动量矩(角动量)定理，由于作用于圆环上的重力，轴承约束力和 $\boldsymbol{F}_{N1}$ 的反作用力 $\boldsymbol{F}'_{N1}$ 对 z 轴的矩都为零，但 $\boldsymbol{F}_{N2}$ 的反作用力 $\boldsymbol{F}'_{N2}$ 对 z 轴有力矩，因此，要使圆环的角速度保持不变，必须在圆环上作用一主动力偶，该主动力偶矩的转向与 ω 相同，大小为 $M=F'_{N2}\cdot r\sin\theta=m\omega\sin(2\theta)\cdot\sqrt{2gr(1-\cos\theta)+(r\omega\sin\theta)^2}$，它是随 θ 角的变化而变化的，这个力偶矩对系统也作功。

7.3 质点系质量分布的特征量

质点系的动力学特性与质点系的质量分布密切相关。质点系质量分布有两个特征量：一是质点系的质量中心，在描述质点系有关平移的动力学特性时要用到它；二是质点系的转动惯量，在描述质点系有关转动的动力学特性时要用到它。

1. 质点系的质量和质量中心

设一质点系由 n 个质点 $D_i(i=1,2,\cdots,n)$ 组成，其中第 i 个质点的质量为 m_i，相对于某确定点 O 的矢径为 $\boldsymbol{r}_i$。将质点系各质点的质量总和，定义为**质点系的质量**，用 m 表示，即

$$m=\sum_{i=1}^{n}m_i \tag{7-8}$$

矢径 $\boldsymbol{r}_C$ 所对应的点 C 称为**质点系的质量中心**，简称**质心**，由下式确定

$$\boldsymbol{r}_C=\frac{\sum_{i=1}^{n}m_i\boldsymbol{r}_i}{m} \tag{7-9}$$

因此，质心不是简单的质点系各质点位矢的几何平均值，而是各质点位矢的带权平均值，这个权就是质点的质量。

若在点 O 建立直角坐标系 $Oxyz$，则质心 C 的直角坐标公式为

$$x_C=\frac{\sum_{i=1}^{n}m_ix_i}{m},y_C=\frac{\sum_{i=1}^{n}m_iy_i}{m},z_C=\frac{\sum_{i=1}^{n}m_iz_i}{m} \tag{7-10}$$

其中，x_i,y_i,z_i 为质点 D_i 的直角坐标。

应该指出，质点系的质心不一定与质点系中某个质点重合，它只是表示质点系所在空间中的一个几何点，当质点系中各质点位置发生改变时，其质心的位置一般也可能发生改变。

2. 刚体的转动惯量

(1)转动惯量

将刚体内各质点的质量与该质点到某一确定轴 l 的距离平方的乘积之和定义为**刚体对 l 轴的转动惯量**，用 J_l 表示，即

$$J_l=\sum_{i=1}^{n}m_i\rho_i^2 \tag{7-11}$$

式中，m_i,ρ_i 分别为第 i 个质点的质量和到该轴的距离。

若刚体的质量是连续分布的，则式(7-11)改用积分形式表示，即

$$J_l=\int_m\rho^2\,\mathrm{d}m \tag{7-12}$$

式中，ρ 为质量为 $\mathrm{d}m$ 的微元到该轴的距离，m 表示积分范围遍及刚体全部质量。

由此可见，刚体的转动惯量与其运动状态无关，是一个仅与刚体的质量分布有关的特征量，显然该特征量恒大于或等于零。

设该轴为 z 轴，有时为了便于计算，将刚体对 z 轴的转动惯量 J_z 写成

$$J_z=m\rho_z^2 \tag{7-13}$$

式中，m 为刚体的总质量，ρ_z 称为刚体对 z 轴的**回转半径**或**惯量半径**。它可视为将刚体的全部质量都集中于距 z 轴距离为 ρ_z 的某一点时对 z 轴的转动惯量。

若在某一刚体上或其延拓部分的点 O 建立一个与该刚体固连的直角坐标系 $Oxyz$，设质量为 $\mathrm{d}m$ 的微元的坐标为(x,y,z)，则由式(7-12)得该刚体对 x,y,z 轴的转动惯量为

$$J_x=\int_m(y^2+z^2)\mathrm{d}m,J_y=\int_m(z^2+x^2)\mathrm{d}m,J_z=\int_m(x^2+y^2)\mathrm{d}m \tag{7-14}$$

各种有规则几何形状的均质刚体的转动惯量既可直接计算得到，也可从工程手册中查到。

本书附录Ⅱ中摘录了一些常见的简单形状的均质刚体的转动惯量。对于不规则刚体或非均质刚体的转动惯量一般可根据某些力学规律用实验方法进行测定。

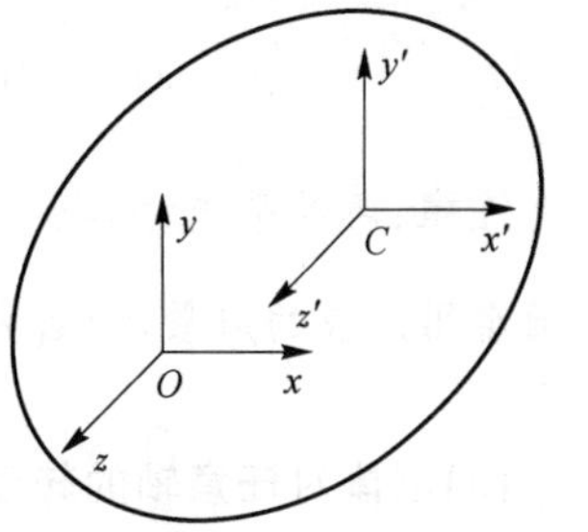

图 7-2　平行轴

(2)转动惯量的平行轴定理

刚体的转动惯量与轴的位置有关，在一般的工程手册中所给出的都是刚体对过质心 C 的轴，简称质心轴的转动惯量。但有时需要求刚体对平行于质心轴的其他轴的转动惯量。为此，可如图 7-2 所示建立直角坐标系 $Oxyz$，使 z 轴与需要求转动惯量的轴重合，再建立质心直角坐标系 $Cx'y'z'$，使它的各轴与 $Oxyz$ 的相应轴平行，点 C 在 $Oxyz$ 中的坐标为(a,b,c)，于是有 $x=x'+a,y=y'+b,z=z'+c$，再根据式(7-14)得

$$J_z=\int_m(x^2+y^2)\mathrm{d}m=\int_m[(x'+a)^2+(y'+b)^2]\mathrm{d}m$$

$$=\int_m(x'^2+y'^2)\mathrm{d}m+(a^2+b^2)\int_m\mathrm{d}m+2a\int_m x'\mathrm{d}m+2b\int_m y'\mathrm{d}m$$

式中，$\int_m\mathrm{d}m=m$，$\int_m x'\mathrm{d}m=mx'_C=0$，$\int_m y'\mathrm{d}m=my'_C=0$。设 z 轴与 z' 轴之间的距离为 d，则 $d^2=a^2+b^2$，于是上式可写为

$$J_z=J_{z'}+md^2 \tag{7-15}$$

这表明，刚体对任一轴的转动惯量等于刚体对过质心且与该轴平行的轴的转动惯量加上刚体质量与两轴之间距离平方的乘积，称为**转动惯量的平行轴定理**。由此可知，刚体对一系列平行轴的转动惯量之中，对过质心的那根轴的转动惯量的值最小。

应当注意，式(7-15)中的 $J_{z'}$ 必须是对质心轴的转动惯量。至于刚体对任意两根平行轴的转动惯量之间关系，必须通过一根与它们平行的质心轴由式(7-15)间接导出。

由转动惯量的定义知，刚体的转动惯量符合叠加原理。这样根据转动惯量的平行轴定理和叠加原理，可以方便地求出由几个简单的几何形状组合而成的刚体对任一轴的转动惯量。若刚体有空心部分，则只要将刚体看成是无空心整体再叠加质量为负的空心部分即可。

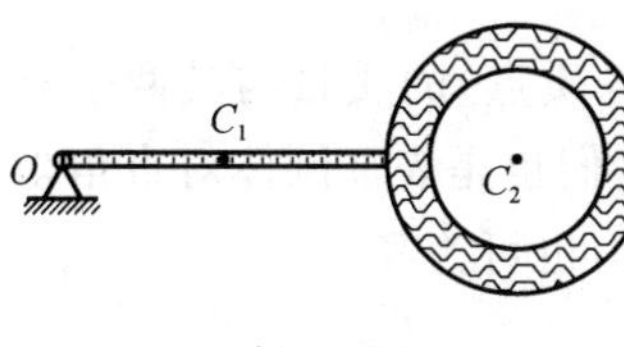

例 7-7 图

例 7-7　如图所示，均质细直杆长度为 l，质量为 m，杆的一端与一质量也为 m、外径为 $2R$、内径为 $2r$ 的均质圆环相固连，试求该刚体对过杆的另一端 O 且垂直于刚体所在平面的轴的转动惯量。

解：(1)设 C_1、C_2 分别为杆、圆环的质心，刚体可看成是由杆Ⅰ，质量为 $m_1=-\dfrac{m\pi r^2}{\pi(R^2-r^2)}$、半径为 r、中心在 C_2 处的均质圆盘Ⅱ和质量为 $m_2=m+\dfrac{m\pi r^2}{\pi(R^2-r^2)}$、半径为 R、中心也在 C_2 处的均质圆盘Ⅲ这三部分组合而成。

(2)$J_O^{\mathrm{I}}=J_{C_1}^{\mathrm{I}}+m(OC_1)^2=\dfrac{1}{12}ml^2+m\left(\dfrac{l}{2}\right)^2=\dfrac{1}{3}ml^2$

$J_O^{\mathrm{II}}=J_{C_2}^{\mathrm{II}}+m_1(OC_2)^2=\dfrac{1}{2}m_1r^2+m_1(l+R)^2$

$J_O^{\mathrm{III}}=J_{C_2}^{\mathrm{III}}+m_2(OC_2)^2=\dfrac{1}{2}m_2R^2+m_2(l+R)^2$

于是

$$J_O = J_O^{\mathrm{I}} + J_O^{\mathrm{II}} + J_O^{\mathrm{III}} = \frac{1}{6}m(8l^2 + 12Rl + 9R^2 + 3r^2)$$

注意：题解中先计算出了圆环的面密度 $\rho = \dfrac{m}{\pi(R^2 - r^2)}$，然后得到负质量的圆盘Ⅱ和正质量的圆盘Ⅲ对应的质量，最后利用叠加原理和转动惯量的平行轴定理计算出系统对 O 轴的转动惯量。

(3)刚体对任意轴的转动惯量的转轴公式

如图 7-3 所示，设 l 轴为空间任一轴，在其上任选一点 A，并以 A 为原点建立任一与刚体固连的直角坐标系 $Axyz$。这样 l 轴的正向单位矢量在 $Axyz$ 中的 3 个方向余弦就可写出，即

$$\boldsymbol{l}^0 = \cos\alpha \boldsymbol{i}_1 + \cos\beta \boldsymbol{i}_2 + \cos\gamma \boldsymbol{i}_3 \tag{7-16}$$

式中，$\boldsymbol{l}^0$、$\boldsymbol{i}_1$、$\boldsymbol{i}_2$、$\boldsymbol{i}_3$ 分别为 l、x、y、z 轴正向的单位矢量；α、β、γ 分别为 $\boldsymbol{i}_1$ 与 $\boldsymbol{l}^0$、$\boldsymbol{i}_2$ 与 $\boldsymbol{l}^0$、$\boldsymbol{i}_3$ 与 $\boldsymbol{l}^0$ 的夹角。

设质量为 $\mathrm{d}m$ 的微元相对于点 A 的矢径为 $\boldsymbol{r}$，它在 $Axyz$ 中的坐标为 (x,y,z)，则该微元到 l 轴的距离平方为

$$\rho^2 = r^2 - r_l^2 \tag{7-17}$$

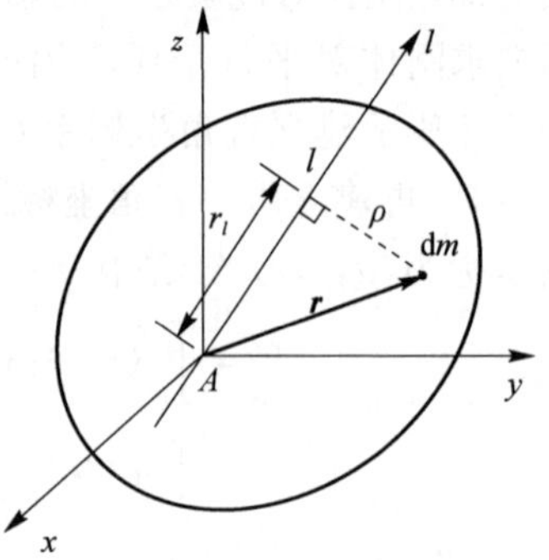

图 7-3 刚体对任意轴的转动惯量

式中，r_l 为 $\boldsymbol{r}$ 在 l 轴上的投影，即

$$r_l = \boldsymbol{r} \cdot \boldsymbol{l}^0 = x\cos\alpha + y\cos\beta + z\cos\gamma \tag{7-18}$$

而

$$r^2 = x^2 + y^2 + z^2 \tag{7-19}$$

将式(7-18)、式(7-19)代入式(7-17)，并注意到 $\cos^2\alpha + \cos^2\beta + \cos^2\gamma = 1$，可得

$$\begin{aligned} \rho^2 = &(y^2 + z^2)\cos^2\alpha + (z^2 + x^2)\cos^2\beta + (x^2 + y^2)\cos^2\gamma \\ &- 2xy\cos\alpha\cos\beta - 2yz\cos\beta\cos\gamma - 2xz\cos\alpha\cos\gamma \end{aligned} \tag{7-20}$$

引入

$$J_{xy} = \int_m xy\,\mathrm{d}m, J_{yz} = \int_m yz\,\mathrm{d}m, J_{xz} = \int_m xz\,\mathrm{d}m \tag{7-21}$$

它们为刚体内各质量微元(对于由离散的质点所组成的刚体则为各质点)的质量与其两个直角坐标的乘积之和，通常称它们为对相应两直角坐标轴的**惯性积**。它们也是表征刚体对直角坐标系 $Axyz$ 的质量分布状况的一种物理量。显然它们的值可正，可负，也可为零。

将式(7-20)代入式(7-12)，并由式(7-14)、式(7-21)可得

$$\begin{aligned} J_l = &J_x\cos^2\alpha + J_y\cos^2\beta + J_z\cos^2\gamma \\ &- 2J_{xy}\cos\alpha\cos\beta - 2J_{yz}\cos\beta\cos\gamma - 2J_{xz}\cos\alpha\cos\gamma \end{aligned} \tag{7-22}$$

或写成矩阵形式

$$J_l = [\cos\alpha \quad \cos\beta \quad \cos\gamma]\begin{bmatrix} J_x & -J_{xy} & -J_{xz} \\ -J_{xy} & J_y & -J_{yz} \\ -J_{xz} & -J_{yz} & J_z \end{bmatrix}\begin{Bmatrix} \cos\alpha \\ \cos\beta \\ \cos\gamma \end{Bmatrix} \tag{7-23}$$

通常将式(7-23)中方阵记为 $\boldsymbol{J}$，即

$$\boldsymbol{J} = \begin{bmatrix} J_x & -J_{xy} & -J_{xz} \\ -J_{xy} & J_y & -J_{yz} \\ -J_{xz} & -J_{yz} & J_z \end{bmatrix} \tag{7-24}$$

它是由对三根轴的三个转动惯量和三个惯性积构成的对称矩阵。对于确定的刚体和确定的与刚体固连的直角坐标系来说，它的各元素都为常数，即与刚体的运动无关。故常称 $J_x, J_y, J_z, J_{xy}, J_{yz}, J_{zx}$ 这六个量为刚体对点 A 的**特征惯量**。矩阵 $\boldsymbol{J}$ 也常称为刚体对点 A 的**惯量矩阵**。式(7-22)或式(7-23)称为**刚体对任意轴的转动惯量的转轴公式**，它是该轴方向余弦的一个二次型，只要知道了刚体对某点的惯量矩阵，利用它就可以求出刚体对过该点的任何一根轴的转动惯量。

(4)主转动惯量

如果与某一轴，如直角坐标系 $Axyz$ 中的 z 轴有关的两个惯性积 J_{yz}、J_{zx} 均等于零，则称 z 轴为刚体对点 A 的一根**惯量主轴**或**惯性主轴**。

若在点 A 再建立另一个与刚体固连的直角坐标系 $A\xi\eta\zeta$，设 $\boldsymbol{e}_1$、$\boldsymbol{e}_2$、$\boldsymbol{e}_3$ 为 ξ、η、ζ 轴正向的单位矢量，则这两个坐标系的单位正交基之间是一个正交变换，即

$$\begin{Bmatrix}\boldsymbol{e}_1\\ \boldsymbol{e}_2\\ \boldsymbol{e}_3\end{Bmatrix}=\begin{bmatrix}Q_{11} & Q_{12} & Q_{13}\\ Q_{21} & Q_{22} & Q_{23}\\ Q_{31} & Q_{32} & Q_{33}\end{bmatrix}\begin{Bmatrix}\boldsymbol{i}_1\\ \boldsymbol{i}_2\\ \boldsymbol{i}_3\end{Bmatrix} \tag{7-25}$$

通常将式(7-25)中方阵记为 $\boldsymbol{Q}$，即

$$\boldsymbol{Q}=\begin{bmatrix}Q_{11} & Q_{12} & Q_{13}\\ Q_{21} & Q_{22} & Q_{23}\\ Q_{31} & Q_{32} & Q_{33}\end{bmatrix} \tag{7-26}$$

它是一个 3×3 的正交矩阵。于是

$$\begin{Bmatrix}x\\ y\\ z\end{Bmatrix}=\boldsymbol{Q}^{\mathrm{T}}\begin{Bmatrix}\xi\\ \eta\\ \zeta\end{Bmatrix} \tag{7-27}$$

式中，(ξ,η,ζ) 为质量为 $\mathrm{d}m$ 的同一微元在 $A\xi\eta\zeta$ 中的坐标，若记

$$\boldsymbol{J}'=\begin{bmatrix}J_{\xi} & -J_{\xi\eta} & -J_{\xi\zeta}\\ -J_{\xi\eta} & J_{\eta} & -J_{\eta\zeta}\\ -J_{\xi\zeta} & -J_{\eta\zeta} & J_{\zeta}\end{bmatrix} \tag{7-28}$$

则根据线性代数的知识知，惯量矩阵 $\boldsymbol{J}$ 和 $\boldsymbol{J}'$ 满足以下关系

$$\boldsymbol{J}=\boldsymbol{Q}^{\mathrm{T}}\boldsymbol{J}'\boldsymbol{Q} \tag{7-29}$$

或

$$\boldsymbol{J}'=\boldsymbol{Q}\boldsymbol{J}\boldsymbol{Q}^{\mathrm{T}} \tag{7-30}$$

再由线性代数的知识知，对于一个实对称的惯量矩阵，总存在一个正交变换矩阵 $\boldsymbol{Q}$，使上式的 $\boldsymbol{J}'$ 成为对角矩阵，此时 $J_{\xi\eta}=J_{\eta\zeta}=J_{\xi\zeta}=0$，说明 ξ、η、ζ 轴都为刚体对点 A 的惯量主轴。这样的 $A\xi\eta\zeta$ 坐标系称为**惯量主轴坐标系**，由于它的惯量矩阵具有最简形式，因此它可使刚体动力学的许多问题得到很大简化。刚体对惯量主轴的转动惯量称为**主转动惯量**。过质心的惯量主轴称为**中心惯量主轴**，相应的转动惯量称为**中心主转动惯量**。

以上结论说明，对于刚体上或刚体的延拓部分的任一点 A，都存在三根惯量主轴，对应的三个主转动惯量就是惯量矩阵 $\boldsymbol{J}$ 的三个特征值，它们分别为 $\boldsymbol{J}'$ 的对角线上三个元素，三个惯量主轴的方向即为三个特征值对应的特征向量的方向。求解实对称矩阵的特征值和特征向量，其运算过程一般比较复杂。但当刚体质量分布具有对称性时，惯量主轴却很容易由下述定理判断。

定理 1　如果刚体有质量对称轴，则该轴是刚体对轴上任一点的一根惯量主轴，同时也是刚体的一根中心惯量主轴。

证明:如图 7-4 所示,设 z 轴是刚体的质量对称轴,先在 z 轴上任选一点 A,再以 A 为原点建立任一与刚体固连的直角坐标系 $Axyz$。根据对称性,若在坐标为(x,y,z)的 D 处有一质量为 m 的质点,则在坐标为$(-x,-y,z)$的 D'处必有一质量也为 m 的另一质点。则整个刚体的

$$J_{xz}=\sum mxz=0$$

$$J_{yz}=\sum myz=0$$

故 Az 轴是刚体对点 A 的一根惯量主轴,又点 A 是刚体质量对称轴上任选的一点,这就证明了刚体的质量对称轴必是刚体对轴上任一点的一根惯量主轴。显然刚体的质心必在其质量对称轴上。故 Az 轴必过刚体质心,这也就证明了刚体的质量对称轴必是刚体的一根中心惯量主轴。

定理 2 如果刚体具有质量对称面,则垂直于该对称面的任一轴必为刚体在该轴与对称面交点的一根惯量主轴。

证明:如图 7-5 所示,设垂直于刚体质量对称面的任一轴为 z 轴,它与对称面的交点为 A,以 A 为原点建立任一与刚体固连的直角坐标系 $Axyz$。若在质量对称面的一边坐标为(x,y,z)的 D 处有一质量为 m 的质点,则在另一边坐标为$(x,y,-z)$的 D'处必有质量也为 m 的另一质点,因此,刚体的

$$J_{xz}=\sum mxz=0$$

$$J_{yz}=\sum myz=0$$

这就证明了 Az 轴必为刚体对点 A 的一根惯量主轴。

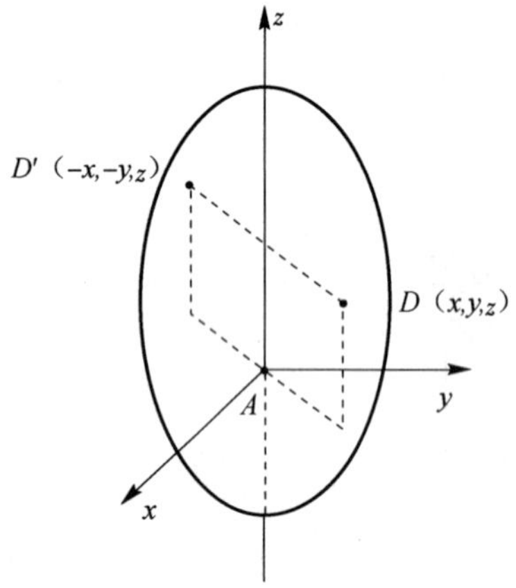

图 7-4 具有质量对称轴的刚体

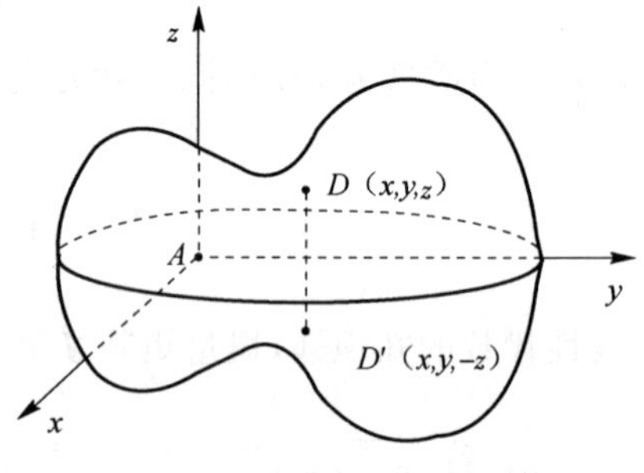

图 7-5 具有质量对称面的刚体

由某一平面图形绕该平面上某轴旋转一圈而构成的轴对称图形均质刚体属于定理 1 描述的情形。当刚体具有质量对称面,且该对称面沿自身所在的平面运动,这是最常见的平面运动刚体,这时利用定理 2 所给出的结论能使这种平面运动刚体的动力学问题得到很大的简化。

思 考 题

7-1 如图所示,质量为 m 的小球 A 放置于倾角为 30°的楔块 B 上,已知楔块的质量为 $4m$,沿水平面向右作加速运动,其加速度的大小为 $a_B=\frac{\sqrt{3}}{4}g$,若所有接触面光滑,试问:(1)小球相对于楔块运动的加速度大小等于$\frac{1}{2}g$吗?(2)要实现这种运动,需作用在楔块 B 上的水平推力 $\boldsymbol{F}$ 的大小等于多少?

7-2 如图所示，质量为 $4m$、半径为 $R=2r$ 的均质圆盘绕其中心水平轴 O 以匀角速度 $\omega=\sqrt{\frac{g}{2r}}$作逆时针转动，小球 A 的质量为 m，被限制在固连于圆盘的两挡板内，长度为 R 的柔绳的一端系于小球，另一端固定在圆盘的 B 点，$OB=r$，且柔绳与挡板平行，若不计挡板和柔绳的质量及各接触处摩擦，试问图示位置柔绳能张紧吗？图示位置作用于圆盘上的主动力偶矩 M 应为多大？

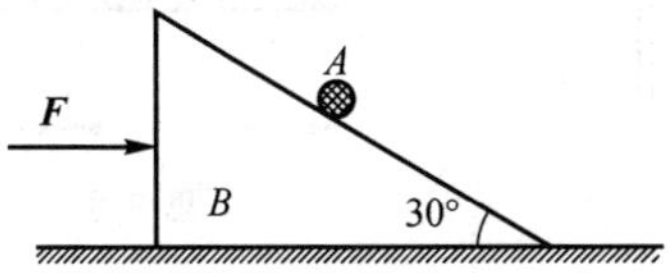

思考题 7-1 图

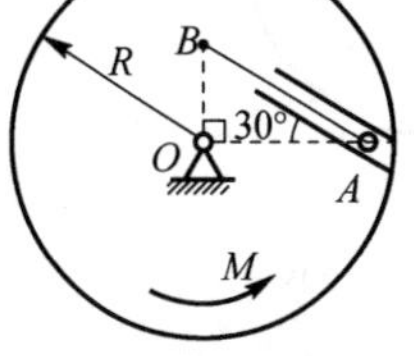

思考题 7-2 图

7-3 如图所示，管 OA 内放置一质量为 m 的小球 B，管壁光滑，初始时小球静止，当管 OA 在水平面内绕铅垂轴 Oz 转动时，小球为什么向管口运动？如果 ω 为常数，管壁的水平侧压力 $\boldsymbol{F}_{\mathrm{N}}$ 的大小等于多少？需在管 OA 上施加的主动力偶矩 M 又等于多少？若用张紧不可伸长的柔绳 OB 拉住小球，F_{N} 和 M 的值又如何？

7-4 如图所示，用一张紧的不计质量的细绳将一小球 A 悬挂在 B 处。当小球在水平面内作匀速圆周运动时，有人认为小球上受到重力 $\boldsymbol{P}$、绳子张力 $\boldsymbol{F}_{\mathrm{T}}$ 及向心力 $\boldsymbol{F}$ 的作用，这种看法对吗？若不对，错在哪里？

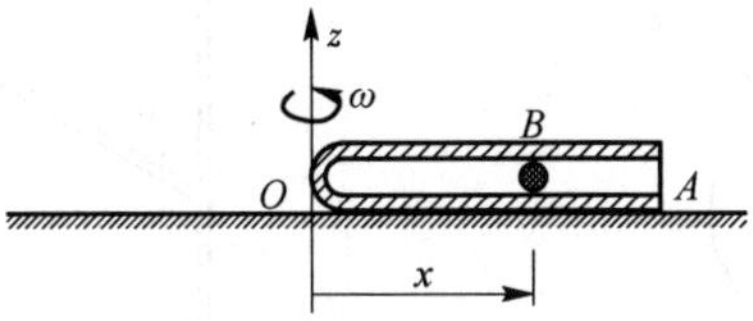

思考题 7-3 图

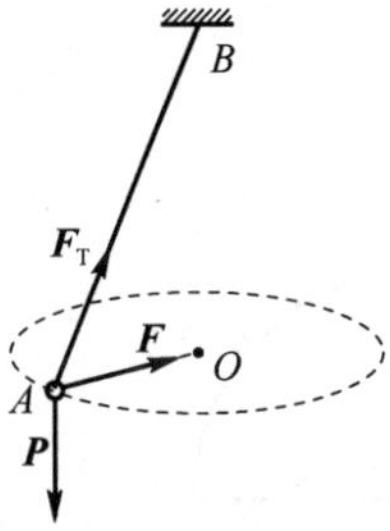

思考题 7-4 图

7-5 汽车以加速度 a 向前作加速直线平移，乘客后背紧压在座椅靠背上，汽车中的观察者和地面上的观察者如何正确解释这一现象？

7-6 歼击机急速爬升时，飞行员会出现“黑晕”(眼睛暂时性失明)现象，而俯冲时又会出现“红视”(看到物体变红)现象，如何解释？

7-7 在北半球：发射的导弹落点偏右，河流右岸冲刷比左岸严重，热带气旋均为右旋(逆时针转向)，如何正确解释？若在南半球，各种现象还会相同吗？为什么？

7-8 如图所示，$Cxyz$ 为质量等于 m 刚体的质心固连坐标系，z_1 和 z_2 与 z 轴平行，z_1 和 z_2 与 z 轴相距分别为 a 和 b，试问该刚体对 z_1、z_2 轴的转动惯量的关系式是什么？

7-9 如图所示，一构件由三段轴线共面且相互垂直的均质细杆焊接而成，$m_{AB}=2m_{OA}=2m_{BD}=2m$，$AB=2OA=2BD=2l$，试问以下关于转动惯量的计算式 $J_O^{AB}=J_A^{AB}+(2m)(OA)^2$ 是否正确？$J_O^{BD}=J_B^{BD}+m(OB)^2$ 是否正确？为什么？

7-10 如图所示，细直杆 AB 由均质钢与均质铝两段相互焊接而成，两段质量分别为 m_1、m_2，

长度都为 $l/2$，试问 J_{z_1} 等于多少？能否利用 $J_{z_2}=J_{z_1}+(m_1+m_2)(\frac{l}{2})^2$ 计算 J_{z_2}？为什么？应如何正确计算？

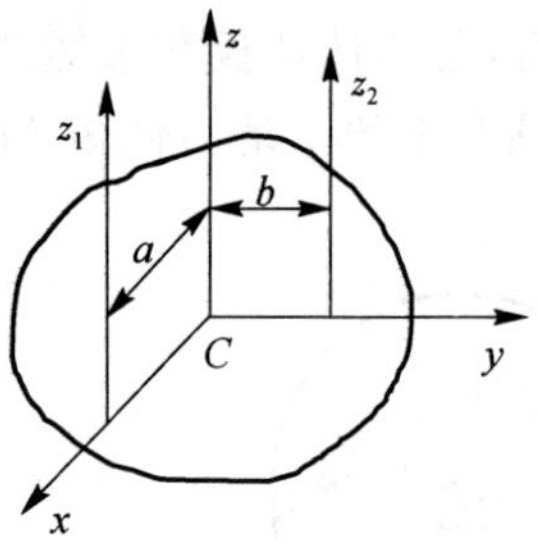

思考题 7-8 图

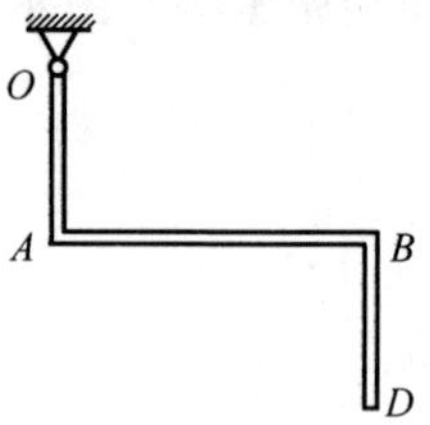

思考题 7-9 图

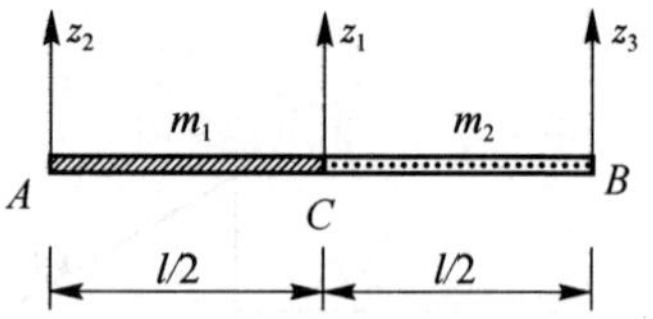

思考题 7-10 图

7-11 如图所示，质量为 m、半径为 r 的均质半圆盘，试问对过圆心且垂直于盘面的 O 轴的转动惯量 J_O 等于多少？若 A 轴平行于 O 轴，能否利用 $J_A=J_O+mr^2$ 来计算 J_A？为什么？应如何正确计算。圆盘对 OA 轴的转动惯量 J_{OA} 有没有简便的计算方法？圆盘对 OB 轴的转动惯量 J_{OB} 等于 J_{OA} 吗？为什么？

7-12 如图所示，已知 Oz 轴是刚体上过点 O 的一根惯量主轴，试问 Oz 轴是否一定为刚体上过另一点 A（也在 Oz 轴上）的一根惯量主轴？并举例说明。

7-13 如图所示，均质细杆 AB 的质量为 m，长度为 l，与转轴 z 焊接，试问杆 AB 对转轴 z 的转动惯量等于多少？转轴 z 是杆 AB 的惯量主轴吗？为什么？

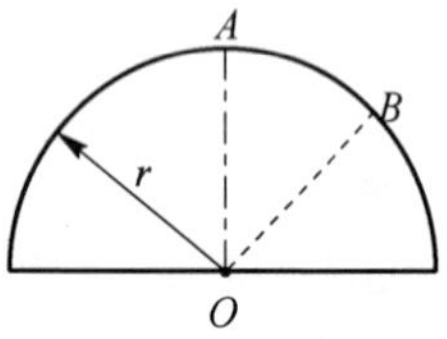

思考题 7-11 图

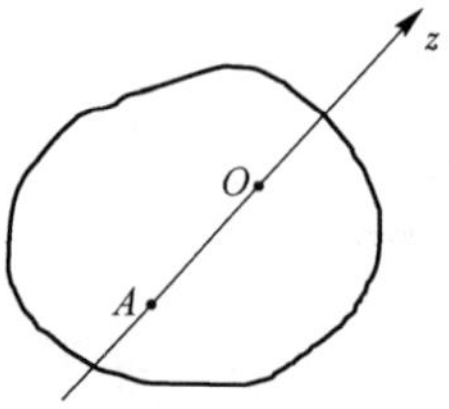

思考题 7-12 图

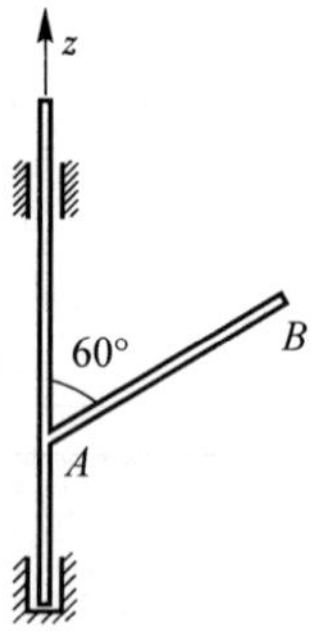

思考题 7-13 图

习　　题

7-1 图示平面系统，绞盘 A 的半径为 r，以匀角速度 ω 作逆时针定轴转动，通过光滑滑轮 B、C（大小可忽略不计）提升质量为 m 的重物 G，B、D 处于同一水平线上，且相距为 $2b$，绳索张紧、不可伸长且不计质量，绳与绞盘之间无相对滑动。试求两斜段绳索 BC、CD 的张力与图示 y 之间的关系。

7-2 图示系统处于同一铅垂平面内，质量为 m 的套筒 A 在不计质量且不可伸长的柔绳的牵引下可沿光滑杆 OD 滑动。绳子的另一端缠绕在半径为 r 的鼓轮上，且绳与鼓轮之间无相对滑动。若鼓轮以匀角速度 ω 绕轴 O 作逆时针转动，试求绳子拉力与图示 x 之间的关系。

7-3 如图所示，一小球 A 从半径为 r 的光滑固定半圆柱体 D 的顶点无初速地沿柱体下滑。试列出小球的运动微分方程，并求小球脱离圆柱体时的角度 θ。

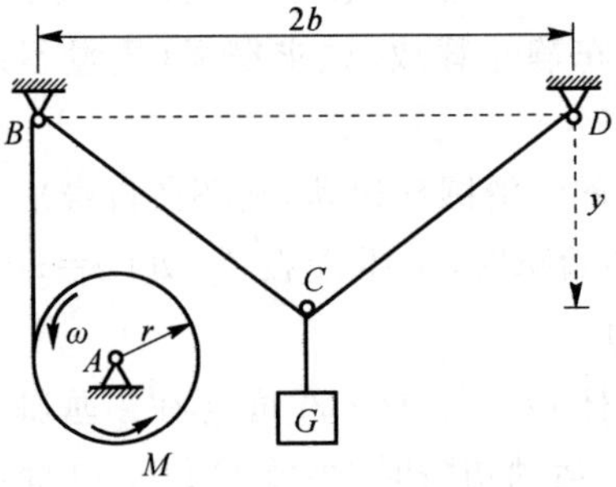

习题 7-1 图

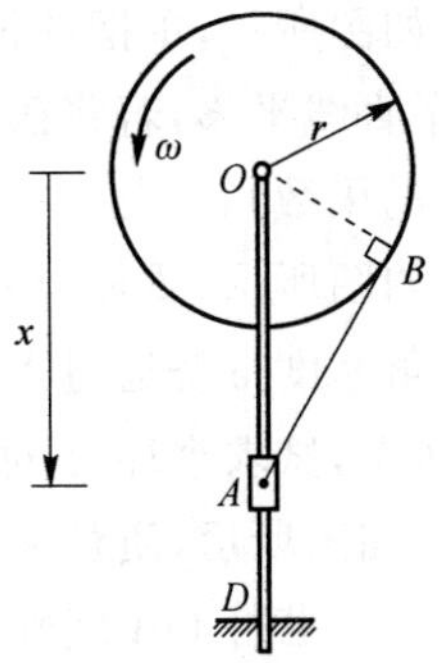

习题 7-2 图

7-4 如图所示，一根质量不计的不可伸长的绳子，其两端分别固定在顶板和底板上，两固定点 O_1、O_2 位于同一铅垂线上，相距为 h，一质量为 m 的小球 A 系于绳上某点处，当小球两边的绳均被拉直时，两绳与铅垂线夹角分别为 θ_1 和 θ_2，若小球以一定速度 v 在水平面内作匀速圆周运动，试求：(1)两绳均被拉直的最小速度 $v_{\min}$；(2)若 $v=\sqrt{2}v_{\min}$，两绳的张力等于多少。

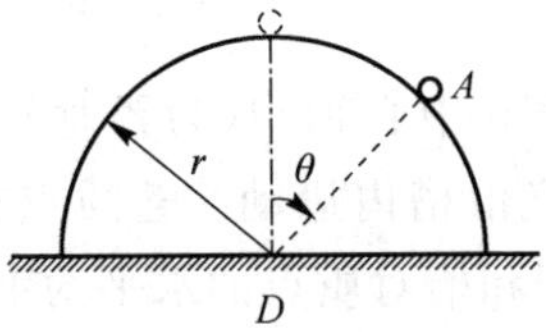

习题 7-3 图

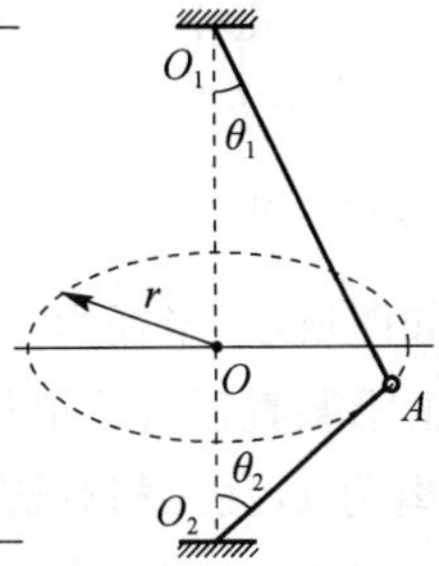

习题 7-4 图

7-5 如图所示，光滑桌面上有一质量为 m_A 的小球 A，用不可伸长的不计质量的细绳与另一质量为 m_B 的小球 B 相连，绳子穿过桌面上的光滑小孔 O，绳子的 OB 部分沿铅垂线自由悬挂。初始时，$OA=a$，小球 A 有速度 $v_0=\sqrt{8ga}$，方向垂直于 OA，试问：(1)开始时小球 B 将上升，m_A 与 m_B 之间的关系是什么；(2)欲使小球 A 运动中离 O 的最大距离为 $2a$，$\dfrac{m_B}{m_A}$的比值应为多少？

7-6 如图所示，半径为 r 的半球形槽以匀加速度 $\boldsymbol{a}$ 沿水平面作直线平移。质点 A 自槽的最低处相对于该槽由静止开始运动。若质点与槽间的滑动摩擦因数为 f，试写出质点 A 关于相对弧坐标 s 的运动微分方程。

7-7 如图所示，半径为 r 的光滑圆环 O，以匀加速度 $\boldsymbol{a}$ 在铅垂平面内向上直线平移。质量为 m 的小环 A 套在圆环上，在图示 $\varphi=0$ 的位置相对于圆环由静止开始运动。试求小环在运动过程中的相对速度和对圆环的压力(表示为 φ 的函数)。

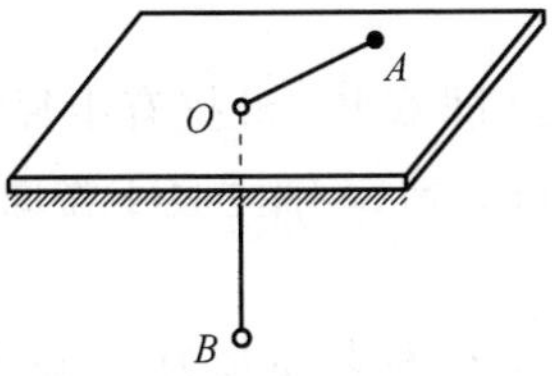

习题 7-5 图

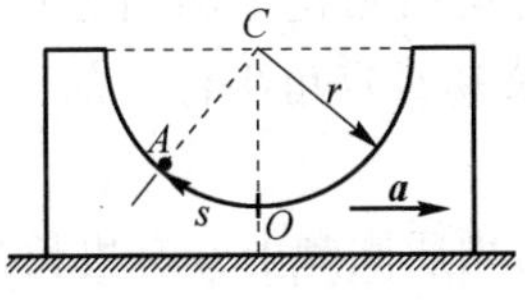

习题 7-6 图

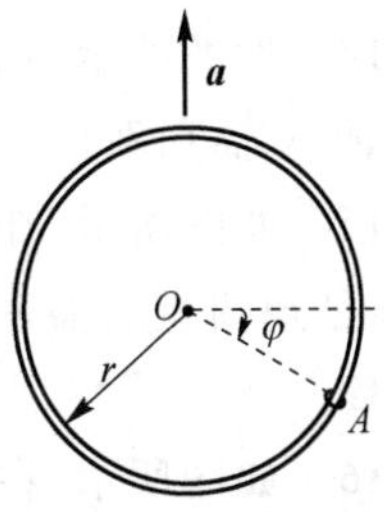

习题 7-7 图

7-8 如图所示，单摆的长度为 l，摆锤 A 的重量为 P，支点 B 在小车上，小车以匀加速度 $\boldsymbol{a}$ 向左作水平直线平移，若将摆在图示 $\varphi=0$ 处相对小车静止释放，试求摆绳（质量不计）的张力（表示为 φ 的函数）。

7-9 如图所示，质量为 m 的小环 A 沿半径为 r 的光滑圆环运动，圆环在自身平面（为水平面）内以匀角速度 ω 绕通过点 O 的铅垂轴转动。在初始瞬时，小环 A 在 A_0 处（$\varphi=90°$），且处于相对静止状态，试求小环 A 对圆环径向压力的最大值。

7-10 如图所示，质量为 m 的小环 D，套在光滑杆 OA 上，杆 OA 固连在铅垂轴 OB 上，二者夹角为 $60°$。若杆 OA 绕轴 OB 以匀角速度 ω 转动，运动初瞬时，小环 D 位于 O 处，且相对于杆 OA 的速度为零，试求当 $OD=x$ 时小环对杆 OA 的压力。

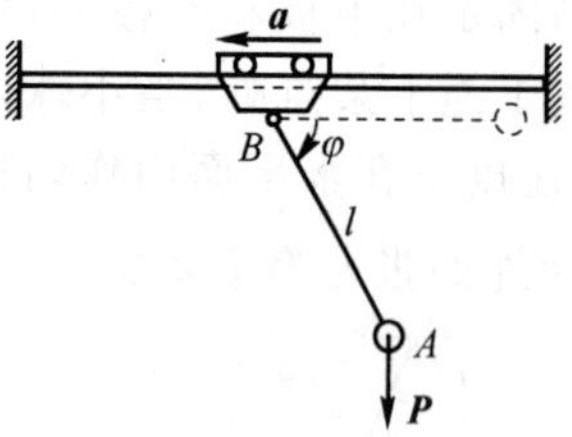

习题 7-8 图

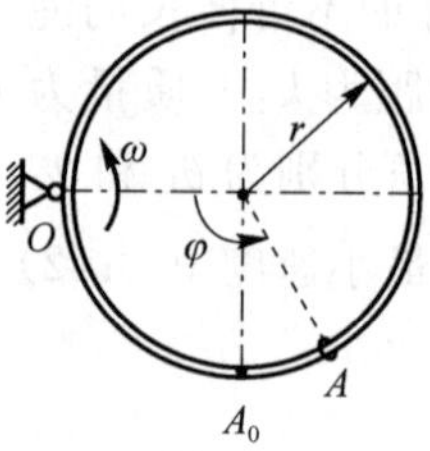

习题 7-9 图

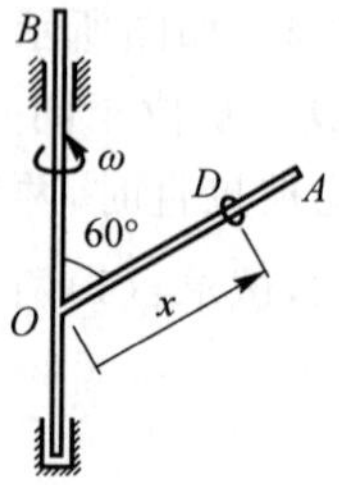

习题 7-10 图

7-11 如图所示，半径为 r 的水平圆盘以匀角速度 ω 绕其中心轴 O（为铅垂轴）作定轴转动。在圆盘上沿某直径有一滑槽，一质量为 m 的质点 A 在光滑槽内运动。若质点在开始时离转轴 O 的距离为 a，且无相对初速，试求质点的相对运动方程和槽对质点的水平约束力。

7-12 如图所示，质量为 m 的单摆 B 悬挂于构件 DE 上点 A，构件 DE 以匀角速度 ω 绕 Oz 轴转动，$DA=a$，$AB=l$，当摆相对于构件 DE 处于静止状态时，试求摆角 φ 所满足的关系式和摆线（质量不计）的拉力。

7-13 如图所示，均质长方形薄板的质量为 m，边长分别为 $2a$ 和 $2b$，试求该薄板对 x 轴、y 轴和垂直于板面的 Oz 轴的转动惯量。

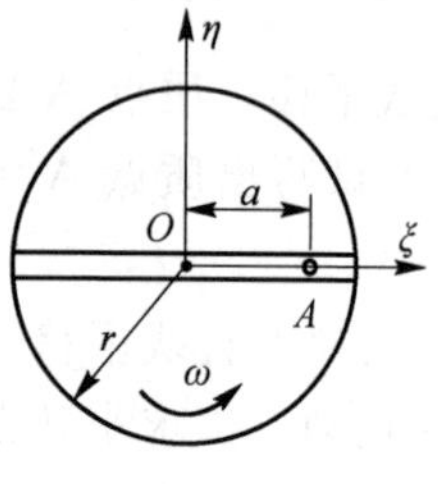

习题 7-11 图

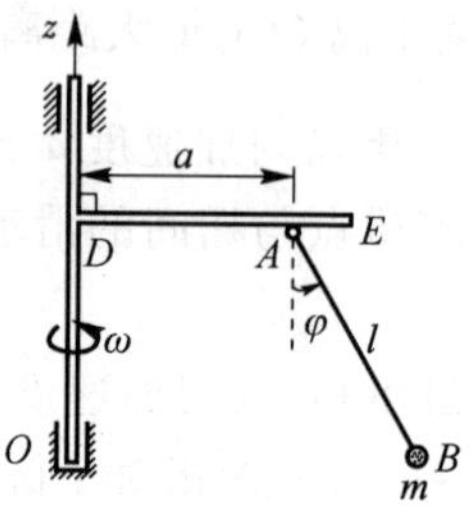

习题 7-12 图

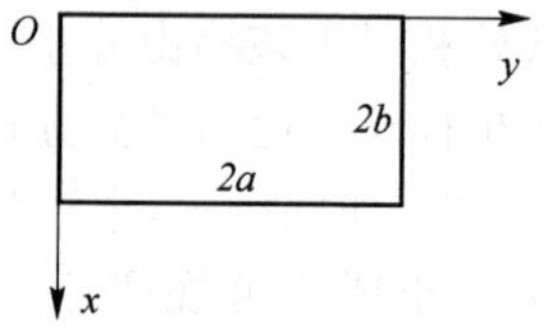

习题 7-13 图

7-14 如图所示，均质等边三角形薄板的质量为 m，边长为 a，C 为其质心，试求该薄板对图示 x 轴、y 轴和垂直于板面的 Cz 轴的转动惯量。

7-15 如图所示，在半径为 R 的均质圆盘上离圆心 O 等于 a 处（即 $OA=a$）挖有半径为 r 的圆孔，已知圆盘的面密度为 ρ，试求其对直角坐标系的 x 轴、y 轴和 z 轴（z 轴垂直于盘面）的转动惯量。

7-16 如图所示，在半径为 R 的均质圆盘上开有边长为 r 的方形孔，秤其质量为 m，试求其对直角坐标系的 x 轴、y 轴和 z 轴（z 轴垂直于板面）的转动惯量。

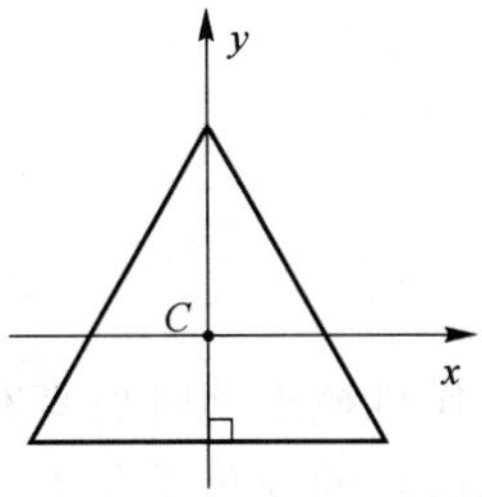

习题 7-14 图

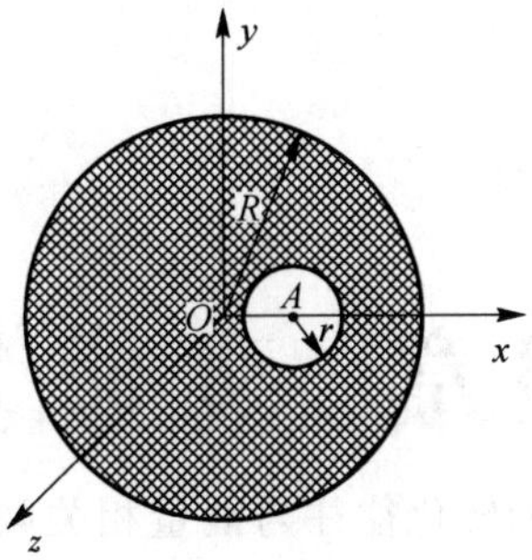

习题 7-15 图

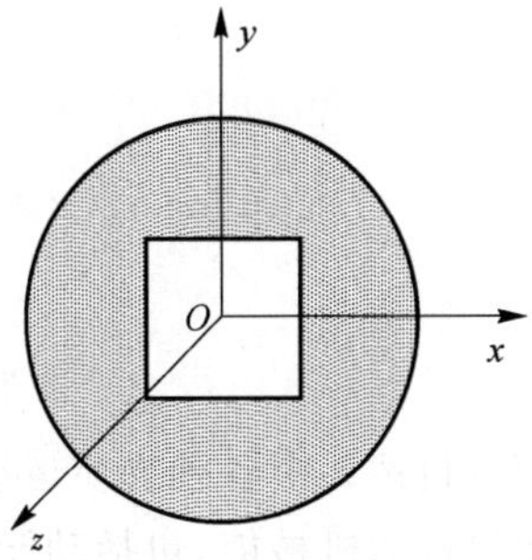

习题 7-16 图

7-17　图示均质等厚三角板 OAB，已知底边长为 a，高为 h，面密度为 ρ，$\angle AOB=\beta$，并在直角坐标系 Oxy 所在平面内，试求其对 x、y 轴的转动惯量和惯性积。

7-18　图示均质长方体，边长为 a，b，c，质量为 m，试求它对其固连坐标系 $Oxyz$ 的惯量矩阵。

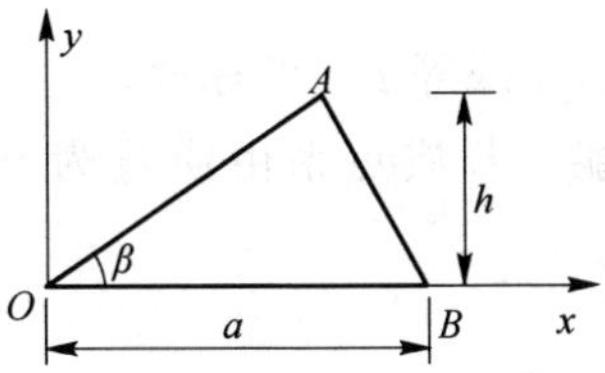

习题 7-17 图

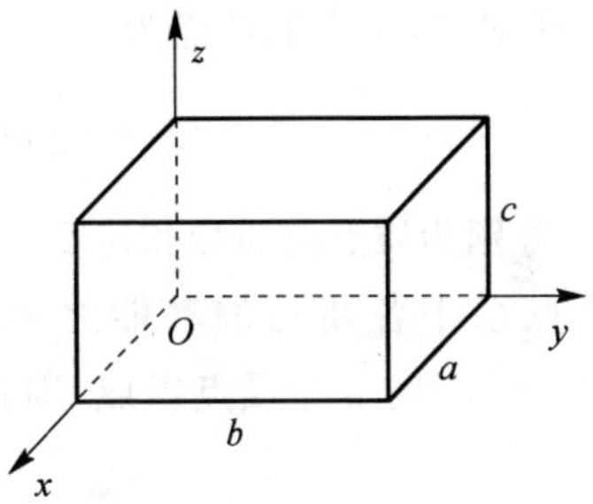

习题 7-18 图

第 8 章　动 能 定 理

自然界中各种物质运动形式的转化往往与能量相关联的。当物体作机械运动时所具有的能量称为机械能，包括动能和势能。动能作为物体机械运动的一种度量，它的变化是用力的功来计算的，因此，动能是物体由于作机械运动而具有的作功能力。本章讨论动能、势能和力的功之间的联系，推导质点系的动能定理和机械能守恒定律。

8.1　动　　能

由物理学知，质点的动能为

$$T = \frac{1}{2}mv^2 \text{ 或 } \frac{1}{2}mv \cdot v \tag{8-1}$$

式中，m、v 分别为质点的质量和速度。质点的动能是一个恒大于或等于零的标量。

将质点系中各质点的动能之和定义为**质点系的动能**。若质点系由质量为 m_i，速度为 $v_i(i=1,2,\cdots,n)$ 的 n 个质点组成，则其动能为

$$T = \sum_{i=1}^{n}\frac{1}{2}m_i v_i^2 \text{ 或 } \sum_{i=1}^{n}\frac{1}{2}m_i v_i \cdot v_i \tag{8-2}$$

对于以速度 v 作平移的刚体，由于其上各点的速度都相同，因而其动能为

$$T = \frac{1}{2}mv^2 \tag{8-3}$$

式中，$m = \sum_{i=1}^{n} m_i$ 为平移刚体的总质量。

对于以角速度 ω 绕 z 轴作定轴转动的刚体，设其上质点 D_i 至 z 轴的距离为 ρ_i，则 $v_i = \rho_i\omega(i=1,2,\cdots,n)$，于是其动能为

$$T = \sum_{i=1}^{n}\frac{1}{2}m_i(\rho_i\omega)^2 = \frac{1}{2}J_z\omega^2 \tag{8-4}$$

式中，$J_z = \sum_{i=1}^{n} m_i\rho_i^2$ 为定轴转动刚体对定轴的转动惯量。

若将质量称为平移惯量，那么平移刚体的动能等于平移惯量与其线速度大小平方的乘积的一半，而定轴转动刚体的动能等于对定轴的转动惯量与其角速度大小平方的乘积的一半，形式上十分相似。

对于一般质点系的动能，在许多情况下，可以利用下述的柯尼希(*König*)定理来简化其计算。

设质点系的质心为 C，先建立与大地固连的直角坐标系 Oxyz，并选它为定系；再建立质心平移坐标系 Cx′y′z′，并选它为动系；以质点系中各质点为动点，则由复合运动的知识知，质点 i 的绝对速度为

$$v_i = v_{ei} + v_{ri} = v_C + v_{ri} \tag{8-5}$$

将上式代入式(8-2)得

$$\begin{aligned} T &= \frac{1}{2}\sum_{i=1}^{n} m_i (v_C + v_{ri}) \cdot (v_C + v_{ri}) \\ &= \frac{1}{2} m v_C^2 + v_C \cdot \left(\sum_{i=1}^{n} m_i v_{ri}\right) + \sum_{i=1}^{n} \frac{1}{2} m_i v_{ri}^2 \end{aligned} \tag{8-6}$$

式中，$m = \sum_{i=1}^{n} m_i$。若质点 D_i 相对于质心 C 的矢径为 $\boldsymbol{r}'_i (i=1,2,\cdots,n)$，则由质心矢径公式

$$\boldsymbol{r}'_C = \frac{\sum_{i=1}^{n} m_i \boldsymbol{r}'_i}{m} \tag{8-7}$$

显然质心相对于它自己的矢径为零，即 $\boldsymbol{r}'_C \equiv 0$，上式两边对时间 t 求一阶相对导数得

$$\sum_{i=1}^{n} m_i v_{ri} = 0 \tag{8-8}$$

将它代入式(8-6)得

$$T = \frac{1}{2} m v_C^2 + \sum_{i=1}^{n} \frac{1}{2} m_i v_{ri}^2 \tag{8-9}$$

它表明，质点系的动能等于将质点系的质量全部都集中于质心时质心的动能，再加上质点系相对于质心平移坐标系的动能，是由德国科学家柯尼希(J. S. König)于1751年提出的，称为**柯尼希定理**。

下面将该定理应用于作一般平面运动刚体的动能计算。设平面运动刚体的角速度为 ω，其上质点 D_i 到过质心并垂直于其运动平面的 Cz' 轴（简称 C 轴）的距离为 ρ'_i，则 $v_{ri} = \omega \rho'_i (i=1,2,\cdots,n)$，于是

$$\sum_{i=1}^{n} \frac{1}{2} m_i v_{ri}^2 = \frac{1}{2}\sum_{i=1}^{n} m_i (\omega \rho'_i)^2 = \frac{1}{2} J_C \omega^2 \tag{8-10}$$

式中，$J_C = \sum_{i=1}^{n} m_i (\rho'_i)^2$ 为一般平面运动刚体对 C 轴的转动惯量。将式(8-10)代入式(8-9)得

$$T = \frac{1}{2} m v_C^2 + \frac{1}{2} J_C \omega^2 \tag{8-11}$$

这就是**一般平面运动刚体的动能计算公式**。必须特别注意，式中 v_C 和 ω 分别为刚体质心的绝对速度和刚体绝对角速度的值。

设 P 为一般平面运动刚体的速度瞬心，则 $v_C = PC \cdot \omega$，将它代入式(8-11)，并利用转动惯量的平行轴定理得

$$T = \frac{1}{2} J_P \omega^2 \tag{8-12}$$

式中，J_P 就是一般平面运动刚体对过速度瞬心 P 并垂直于其运动平面的轴的转动惯量。这是计算一般平面运动刚体的动能的另一种形式。它表明，**作一般平面运动刚体的动能可由瞬时定轴转动的形式给出**。

必须指出，若点 A 为平面运动刚体上除质心外任意一点，则此时 $\boldsymbol{r}'_C = \overrightarrow{AC} \neq 0$，若将一般平面运动刚体的动能写成 $T = \frac{1}{2} m v_A^2 + \frac{1}{2} J_A \omega^2$ 显然是错误的；由于一般情况下 $\mathrm{d}J_P \neq 0$，故对式(8-12)求微分，将它写成 $\mathrm{d}T = J_P \omega \mathrm{d}\omega$ 也是错误的。

例 8-1 如图所示，一半径为 r、质量为 m_1 的均质圆环在水平面内绕 O 轴转动，其转角为 $\varphi=\varphi(t)$。一小珠质量为 m_2，在环上自由滑动，小珠相对于环的转角为$\psi=\psi(t)$，试求系统的动能。

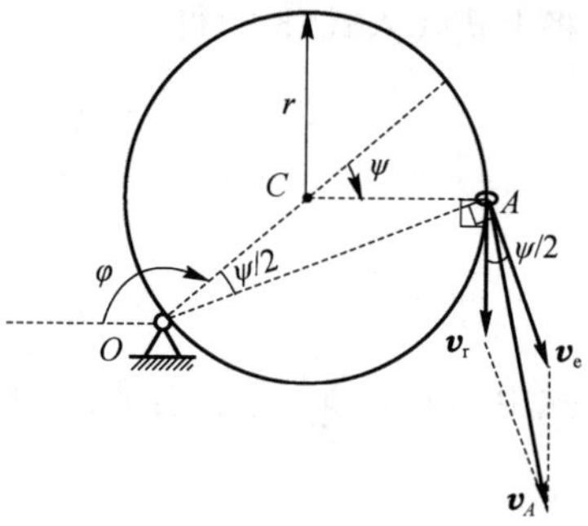

例 8-1 图

解：(1)圆环作定轴转动

$$J_O = J_C + m_1(OC)^2 = m_1 r^2 + m_1 r^2 = 2m_1 r^2$$

于是圆环的动能为

$$T_1 = \frac{1}{2}J_O\omega^2 = \frac{1}{2}(2m_1 r^2)\dot{\varphi}^2 = m_1 r^2\dot{\varphi}^2$$

(2)小珠作平面曲线运动，先求它的绝对速度。为此，以小珠为动点，与圆环固连的坐标系为动系，则

$$v_r = r\dot{\psi}, \quad v_e = OA \cdot \dot{\varphi} = \left(2r\cos\frac{\psi}{2}\right)\dot{\varphi}$$

$$\begin{aligned} v_A^2 &= v_r^2 + v_e^2 - 2v_r v_e \cos\left(\pi - \frac{\psi}{2}\right) \\ &= r^2\dot{\psi}^2 + \left(2r\cos\frac{\psi}{2}\right)^2\dot{\varphi}^2 + \left(4r^2\cos^2\frac{\psi}{2}\right)\dot{\varphi}\dot{\psi} \end{aligned}$$

于是小珠的动能为

$$T_2 = \frac{1}{2}m_2 v_A^2 = \frac{1}{2}m_2 r^2\dot{\psi}^2 + 2m_2 r^2\dot{\varphi}(\dot{\varphi}+\dot{\psi})\cos^2\frac{\psi}{2}$$

(3)系统的动能为

$$T = T_1 + T_2 = \frac{1}{2}r^2\left[2m_1\dot{\varphi}^2 + m_2\dot{\psi}^2 + 4m_2\dot{\varphi}(\dot{\varphi}+\dot{\psi})\cos^2\frac{\psi}{2}\right]$$

注意：①若将 $r\dot{\psi}$ 认为是小珠的绝对速度的大小，则是错误的，它只是小珠相对于圆环速度的大小。②题解中在求 v_A^2 时采用了矢量三角形中的余弦定理方法。

例 8-2 如图所示，一质量为 m_1 的滑块 A 在水平轨道上滑动，它与质量为 m_2、长度为 l 的均质细直杆 AB 用铰链相连，杆在铅垂面内自由转动。试求系统的动能。

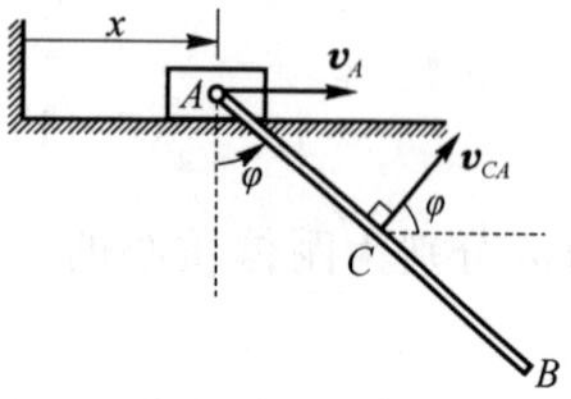

例 8-2 图

解：(1)以图示的 x,φ 为描述系统的广义坐标。

(2)滑块作平移，其动能为

$$T_1 = \frac{1}{2}m_1 v_A^2 = \frac{1}{2}m_1\dot{x}^2$$

(3)杆作平面运动，先求其质心 C 的绝对速度。根据两点速度关系

$$\boldsymbol{v}_C = \boldsymbol{v}_A + \boldsymbol{v}_{CA}$$

可得

$$\begin{aligned} v_C^2 &= \boldsymbol{v}_C \cdot \boldsymbol{v}_C = v_A^2 + 2\,\boldsymbol{v}_A \cdot \boldsymbol{v}_{CA} + v_{CA}^2 \\ &= \dot{x}^2 + 2\dot{x} \cdot \left(\frac{l}{2}\dot{\varphi}\right)\cos\varphi + \left(\frac{l}{2}\dot{\varphi}\right)^2 \\ &= \dot{x}^2 + \frac{l^2}{4}\dot{\varphi}^2 + l\dot{x}\dot{\varphi}\cos\varphi \end{aligned}$$

故杆的动能为

$$T_2=\frac{1}{2}m_2v_C^2+\frac{1}{2}J_C\omega^2$$
$$=\frac{1}{2}m_2\left(\dot{x}^2+\frac{l^2}{4}\dot{\varphi}^2+l\dot{x}\dot{\varphi}\cos\varphi\right)+\frac{1}{2}\left(\frac{1}{12}m_2l^2\right)\dot{\varphi}^2$$

(4)系统的动能为

$$T=T_1+T_2=\frac{1}{2}(m_1+m_2)\dot{x}^2+\frac{1}{6}m_2l^2\dot{\varphi}^2+\frac{1}{2}m_2l\dot{x}\dot{\varphi}\cos\varphi$$

注意:①若将 $AC\cdot\dot{\varphi}$ 认为是杆 AB 质心 C 的速度大小,则是错误的。②题解中在求 v_C^2 时采用了点 C 速度的矢量式与其自身的点积法。③若认为杆 AB 的动能等于随滑块 A 平移动能加上相对滑块 A 的转动动能,则也是错误的。

例 8-3 如图所示,一质量为 m、长度为 $2l$ 的均质细直杆,其一端 A 通过铰链与一沿倾角为 β 的固定斜面运动的无重滑轮相连,试写出系统的动能。

解:(1)以图示 s 和 φ 为描述系统的广义坐标。

(2)杆作平面运动,先求其质心 C 的绝对速度。根据两点速度关系

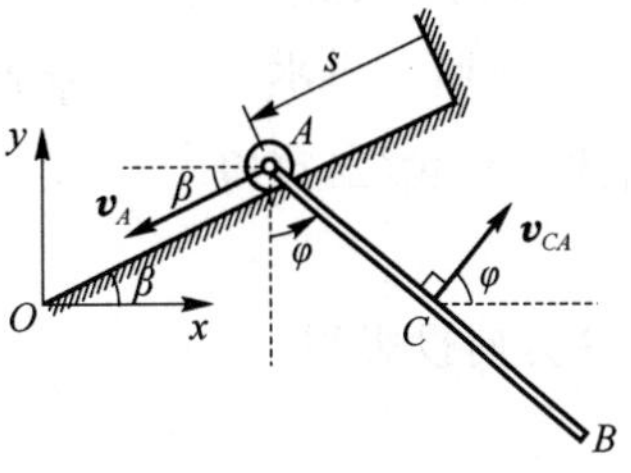

例 8-3 图

$$v_C=v_A+v_{CA}$$

沿图示 x 方向、y 方向分别投影得

$$v_{Cx}=-\dot{s}\cos\beta+l\dot{\varphi}\cos\varphi$$
$$v_{Cy}=-\dot{s}\sin\beta+l\dot{\varphi}\sin\varphi$$

故

$$v_C^2=v_{Cx}^2+v_{Cy}^2=\dot{s}^2+l^2\dot{\varphi}^2-2l\dot{s}\dot{\varphi}\cos(\beta-\varphi)$$

于是系统的动能为

$$T=\frac{1}{2}mv_C^2+\frac{1}{2}J_C\omega^2$$
$$=\frac{1}{2}m[\dot{s}^2+l^2\dot{\varphi}^2-2l\dot{s}\dot{\varphi}\cos(\beta-\varphi)]+\frac{1}{2}\left[\frac{1}{12}m(2l)^2\right]\dot{\varphi}^2$$
$$=\frac{1}{6}m[3\dot{s}^2+4l^2\dot{\varphi}^2-6l\dot{s}\dot{\varphi}\cos(\beta-\varphi)]$$

注意:①由于题中 v_A 与 v_{CA} 的夹角的表示不是很简便,所以题解中采用了投影法求 v_C^2。② v_A、v_{CA} 的方向应分别画成与广义坐标 s 的正方向,φ 的正转向相一致。

例 8-4 如图所示,一质量为 m_1、长为 l 的均质细直杆 OA 在力偶矩为 M 的主动力偶的作用下可绕水平轴 O 作定轴转动,一质量为 m_2、半径为 r 的均质圆盘 C 在杆上相对于杆作纯滚动,试以图示 θ、s 为广义坐标写出系统的动能。

解:本题的关键是写出圆盘质心的绝对速度和圆盘的绝对角速度。可用两种方法来解。

解法一

(1)以圆盘中心 C 为动点,动系与杆 OA 固连

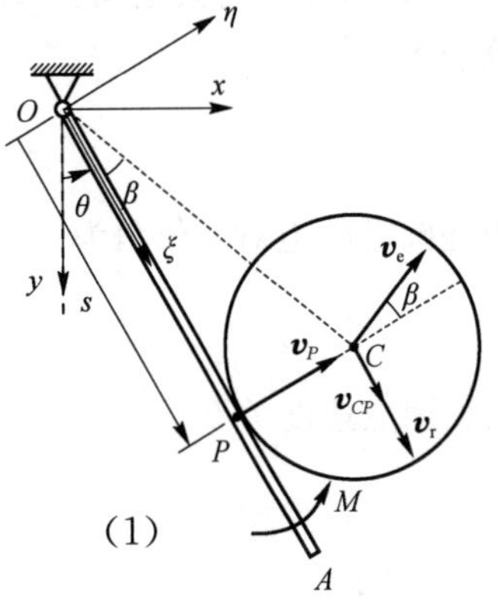

例 8-4 图

	$v_C=$	v_r	+	v_e	(1)
大小	?	$\dot{s}$		$(OC)\dot{\theta}$	
方向	?	与$\overrightarrow{OA}$方向相同		垂直于$\overrightarrow{OC}$向上	

沿图示 ξ 方向、η 方向分别投影得

$$v_{C\xi}=\dot{s}-(OC)\dot{\theta}\sin\beta=\dot{s}-r\dot{\theta}$$

$$v_{C\eta}=(OC)\dot{\theta}\cos\beta=s\dot{\theta}$$

故

$$v_C^2=v_{C\xi}^2+v_{C\eta}^2=(\dot{s}-r\dot{\theta})^2+(s\dot{\theta})^2$$

$$=\dot{s}^2+(r^2+s^2)\dot{\theta}^2-2r\dot{s}\dot{\theta}$$

已知圆盘相对于杆作纯滚动，该圆盘的绝对角速度为 ω_C，根据两点速度关系

	$v_C=$	v_P	$+$	v_{CP}	(2)
大小	已求	$s\dot{\theta}$		$r\omega_C$	
方向	可求	垂直于$\overrightarrow{OA}$向上		与$\overrightarrow{OA}$方向相同	

由式(1)、式(2)可得

$$v_r+v_e=v_P+v_{CP}$$

沿 ξ 方向投影得

$$\dot{s}-r\dot{\theta}=r\omega_C$$

$$\omega_C=\frac{\dot{s}}{r}-\dot{\theta}\quad（正转向为顺时针）$$

(2)系统的动能为

$$T=T_{OA}+T_C=\frac{1}{2}J_O\omega_{OA}^2+\frac{1}{2}m_2v_C^2+\frac{1}{2}J_C\omega_C^2$$

$$=\frac{1}{2}\left(\frac{1}{3}m_1l^2\right)\dot{\theta}^2+\frac{1}{2}m_2[\dot{s}^2+(r^2+s^2)\dot{\theta}^2-2r\dot{s}\dot{\theta}]+$$

$$\frac{1}{2}\left(\frac{1}{2}m_2r^2\right)\left(\frac{\dot{s}}{r}-\dot{\theta}\right)^2$$

$$=\frac{1}{6}m_1l^2\dot{\theta}^2+\frac{1}{4}m_2(3\dot{s}^2+3r^2\dot{\theta}^2+2s^2\dot{\theta}^2-6r\dot{\theta}\dot{s})$$

解法二

(1)取定系与大地固连，动系与杆固连，圆盘为研究对象。圆盘的相对方位角、牵连方位角分别为

$$\varphi_C^{\mathrm{r}}=\frac{s}{r}(\curvearrowright),\ \varphi_C^{\mathrm{e}}=\theta(\curvearrowleft)$$

于是圆盘的绝对方位角为

$$\varphi_C=\frac{s}{r}-\theta\quad（正转向为\curvearrowright）$$

根据两点速度关系

	$v_C=$	v_P	$+$	v_{CP}
大小	?	$s\dot{\theta}$		$r\omega_C$
方向	?	垂直于$\overrightarrow{OA}$向上		与$\overrightarrow{OA}$同向

$$v_C^2 = v_P^2 + v_{CP}^2 = (s\dot{\theta})^2 + \left[r\left(\frac{\dot{s}}{r} - \dot{\theta}\right)\right]^2$$
$$= \dot{s}^2 + (r^2 + s^2)\dot{\theta}^2 - 2r\dot{s}\dot{\theta}$$

(2)系统的动能为

$$T = T_{OA} + T_C = \frac{1}{2}J_O\omega_{OA}^2 + \frac{1}{2}m_2 v_C^2 + \frac{1}{2}J_C\omega_C^2$$
$$= \frac{1}{2}\left(\frac{1}{3}m_1 l^2\right)\dot{\theta}^2 + \frac{1}{2}m_2[\dot{s}^2 + (r^2 + s^2)\dot{\theta}^2 - 2r\dot{s}\dot{\theta}] +$$
$$\frac{1}{2}\left(\frac{1}{2}m_2 r^2\right)\left(\frac{\dot{s}}{r} - \dot{\theta}\right)^2$$
$$= \frac{1}{6}m_1 l^2\dot{\theta}^2 + \frac{1}{4}m_2(3\dot{s}^2 + 3r^2\dot{\theta}^2 + 2s^2\dot{\theta}^2 - 6r\dot{\theta}\dot{s})$$

注意：①圆盘相对于杆作纯滚动的物理含义就是它们在接触点的绝对速度相等。②若认为圆盘的绝对角速度为$\frac{\dot{s}}{r}$，则是错误的，它只是圆盘相对于杆的角速度，而杆本身也有角速度。③若在点 O 建立图示直角坐标系 Oxy，则 $x_C = s\sin\theta + r\cos\theta$，$y_C = s\cos\theta - r\sin\theta$，于是 $\dot{x}_C = \dot{s}\sin\theta + s\dot{\theta}\cos\theta - r\dot{\theta}\sin\theta$，$\dot{y}_C = \dot{s}\cos\theta - s\dot{\theta}\sin\theta - r\dot{\theta}\cos\theta$，也可求出 $v_C^2 = v_{Cx}^2 + v_{Cy}^2 = \dot{x}_C^2 + \dot{y}_C^2 = \dot{s}^2 + s^2\dot{\theta}^2 + r^2\dot{\theta}^2 - 2r\dot{s}\dot{\theta}$，这是纯数学的分析方法。

由以上四个例子可见，尽管读者对动能是比较熟悉的，但求质点系的动能非但没有想象的那样简单，而且还很容易求错。在求质心速度或刚体角速度时经常要用到两点速度关系或点的速度合成公式，有时还用到刚体角速度的合成公式；在求质心速度大小的平方时，既可用矢量三角形的余弦定理，也可用矢量表达式的点积方法，还可用正交分量的合成法（正交分量值可用矢量式的投影法求，有时也用对质心坐标的通式求导的方法求）。读者可初步体会到运动学的正确分析对动力学问题的重要性；将系统动能用系统的广义坐标及其导数表示，也为求得动力学问题的通解奠定了一定的基础。

8.2 力的功

力的功是力在一段路程上对物体作用的累积效应的度量。力作功的结果会使物体的动能或势能发生变化。

1. 力对质点的功

如图 8-1 所示，作用在相对于固定点 O 的矢径为 $\boldsymbol{r}(t)$ 的质点 D 上的力 $\boldsymbol{F}(t)$，$\boldsymbol{F}(t)$ 与该质点的无限小位移 $\mathrm{d}\boldsymbol{r}(t)$ 的点积，称为该力在 t 瞬时的**元功**，用 $\mathrm{d}'W$ 表示，即

$$\mathrm{d}'W = \boldsymbol{F}(t) \cdot \mathrm{d}\boldsymbol{r}(t) \tag{8-13}$$

用几何法和分析法，上式可分别写为

$$\mathrm{d}'W = F(t)\mathrm{d}r(t)\cos\theta \tag{8-14}$$

式中，θ 为 $\boldsymbol{F}(t)$ 的方向与 $\mathrm{d}\boldsymbol{r}(t)$ 的方向（沿轨迹切线方向）间的夹角。

$$\mathrm{d}'W = F_x(t)\mathrm{d}x(t) + F_y(t)\mathrm{d}y(t) + F_z(t)\mathrm{d}z(t) \tag{8-15}$$

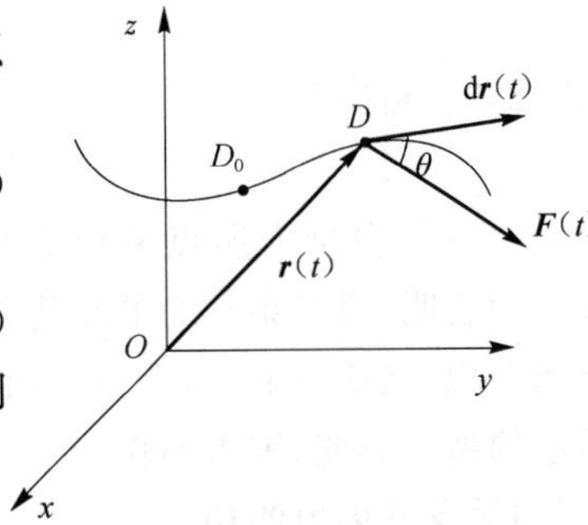

图 8-1 力对质点的元功

式中，$F_x(t)$、$F_y(t)$、$F_z(t)$分别为$\boldsymbol{F}(t)$在直角坐标系$Oxyz$的三个坐标轴x、y、z轴上的投影，$x(t)$、$y(t)$、$z(t)$为该质点的三个直角坐标。

当质点D在力$\boldsymbol{F}(t)$作用下沿空间路径L从点D_0运动至点D的过程中，力$\boldsymbol{F}(t)$所作的**有限功**为

$$W = \int_L \boldsymbol{F}(t) \cdot \mathrm{d}\boldsymbol{r}(t) \tag{8-16}$$

一般情况下，积分W与质点D的运动路径L有关，这也是$\boldsymbol{F}(t) \cdot \mathrm{d}\boldsymbol{r}(t)$一般不记为$\mathrm{d}W$(函数$W$的微分)，而记为$\mathrm{d}'W$的原因。

2. 力系对质点系的功

设质点系内各质点D_i的作用力、矢径和同一时间段$t_1 \sim t_2$的运动路径分别为$\boldsymbol{F}_i$、$\boldsymbol{r}_i$和$L_i(i=1,2,\cdots,n)$，则定义力系对质点系的总元功和在这段时间内所作的总有限功分别为

$$\mathrm{d}'W = \sum_{i=1}^{n} \mathrm{d}'W_i = \sum_{i=1}^{n} \boldsymbol{F}_i \cdot \mathrm{d}\boldsymbol{r}_i \tag{8-17}$$

$$W_{12} = \sum_{i=1}^{n} W_{12}^{(i)} = \sum_{i=1}^{n} \int_{L_i} \boldsymbol{F}_i \cdot \mathrm{d}\boldsymbol{r}_i \tag{8-18}$$

(1)常力系的功

设作用于质点系上的各力为常力(大小、方向都不变)，则在$t_1 \sim t_2$这一时间段内这一常力系的功为

$$\begin{aligned} W_{12} &= \sum_{i=1}^{n} \left(\int_{L_i} \boldsymbol{F}_i \cdot \mathrm{d}\boldsymbol{r}_i \right) = \sum_{i=1}^{n} \left(\boldsymbol{F}_i \cdot \int_{L_i} \mathrm{d}\boldsymbol{r}_i \right) \\ &= \sum_{i=1}^{n} [\boldsymbol{F}_i \cdot (\boldsymbol{r}_i^{(2)} - \boldsymbol{r}_i^{(1)})] \end{aligned} \tag{8-19}$$

式中

$$\boldsymbol{r}_i^{(1)} = \boldsymbol{r}_i(t_1), \quad \boldsymbol{r}_i^{(2)} = \boldsymbol{r}_i(t_2) \quad (i = 1,2,\cdots,n) \tag{8-20}$$

式(8-19)说明，**常力系的功只与各力作用点的起始和终了位置有关，而与运动路径无关。**质点系的重力系属于最常见的常力系，如果z轴垂直向上，则重力沿z轴的负向，令式(8-19)中$\boldsymbol{F}_i = -m_i g\boldsymbol{k}$($\boldsymbol{k}$为$z$轴正向的单位矢量，$m_i$为第$i$个质点的质量)，可得

$$W_{12} = \sum_{i=1}^{n} [-m_i g(z_i^{(2)} - z_i^{(1)})] \tag{8-21}$$

式中，$z_i^{(1)} = z_i(t_1)$、$z_i^{(2)} = z_i(t_2)$分别为质点i的起始和终了位置的z坐标。再根据质点C的z坐标的计算公式(m为质点系的总质量)

$$z_C = \frac{\sum(m_i z_i)}{m} \tag{8-22}$$

知，式(8-21)可写为

$$W_{12} = mg(z_C^{(1)} - z_C^{(2)}) \tag{8-23}$$

式中，$z_C^{(1)}$、$z_C^{(2)}$分别为质点系质心在起始和终了位置的z坐标。式(8-23)表明，质点系重力的功等于质点系的重力与其质心的高度差的乘积，当质心上升，重力作负功；当质心下降，重力作正功；当质心的高度不变，重力不作功。

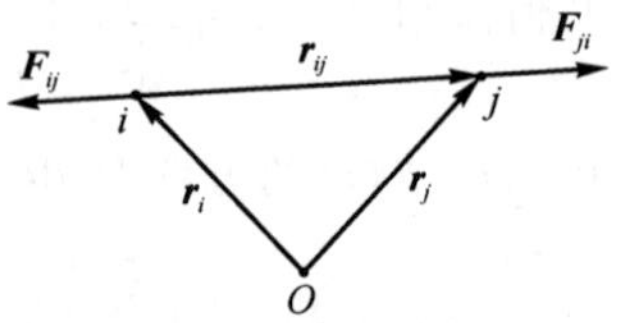

图 8-2 质点系内力的元功

(2)质点系内力的功

如图 8-2 所示，设质点系中矢量分别为$\boldsymbol{r}_i$和$\boldsymbol{r}_j$的任意两个

质点 i 和 j 之间的内力 $\boldsymbol{F}_{ij}$（作用于质点 i）和 $\boldsymbol{F}_{ji}$（作用于质点 j），因内力成对出现，它们的大小相等，方向相反，即 $\boldsymbol{F}_{ij}=-\boldsymbol{F}_{ji}$，则这一对内力的元功之和为

$$\mathrm{d}'W=\boldsymbol{F}_{ij}\cdot\mathrm{d}\boldsymbol{r}_i+\boldsymbol{F}_{ji}\cdot\mathrm{d}\boldsymbol{r}_j=\boldsymbol{F}_{ji}\cdot\mathrm{d}(\boldsymbol{r}_j-\boldsymbol{r}_i)=\boldsymbol{F}_{ji}\cdot\mathrm{d}\boldsymbol{r}_{ij}\tag{8-24}$$

式中

$$\boldsymbol{r}_{ij}=\boldsymbol{r}_j-\boldsymbol{r}_i\tag{8-25}$$

因内力沿两质点的连线，假设其大小只与两质点的距离，即矢量 $\boldsymbol{r}_{ij}$ 的大小有关，则 $\boldsymbol{F}_{ji}$ 可表示为

$$\boldsymbol{F}_{ji}=F(r_{ij})\frac{\boldsymbol{r}_{ij}}{r_{ij}}\tag{8-26}$$

当 $F(r_{ij})>0$ 时，表示排斥力，反之表示吸引力，于是，式(8-24)可写为

$$\begin{aligned}\mathrm{d}'W&=F(r_{ij})\frac{\boldsymbol{r}_{ij}}{r_{ij}}\cdot\mathrm{d}\boldsymbol{r}_{ij}=\frac{F(r_{ij})}{2r_{ij}}\mathrm{d}(\boldsymbol{r}_{ij}\cdot\boldsymbol{r}_{ij})\\&=\frac{F(r_{ij})}{2r_{ij}}\mathrm{d}r_{ij}^2=F(r_{ij})\mathrm{d}r_{ij}\end{aligned}\tag{8-27}$$

式(8-27)说明，当两质点之间的距离发生变化时，这一对内力的元功之和不为零。对于刚体来说，因其任意两质点之间的距离都保持不变，故其内力系的元功之和在任意瞬间都恒为零。所以刚体在运动过程中也不可能有内力作功。

再来研究线性弹簧的弹性力的功。设点 i 和 j 之间以一根刚度系数为 k，原长为 l_0 的弹簧相连，则

$$F(r_{ij})=-k(r_{ij}-l_0)\tag{8-28}$$

于是式(8-27)可写为

$$\begin{aligned}\mathrm{d}'W&=-k(r_{ij}-l_0)\mathrm{d}(r_{ij}-l_0)\\&=-\frac{1}{2}k\mathrm{d}(r_{ij}-l_0)^2\end{aligned}\tag{8-29}$$

于是在 $t_1\sim t_2$ 时间内，这一对弹性力所作的功为

$$W_{12}=\int_{t_1}^{t_2}\mathrm{d}'W=\frac{1}{2}k(\lambda_1^2-\lambda_2^2)\tag{8-30}$$

式中，$\lambda_1=r_{ij}(t_1)-l_0$，$\lambda_2=r_{ij}(t_2)-l_0$ 分别为初始和终了位置弹簧的变形量。

若在时刻 t_1，点 i 和 j 之间的距离为弹簧原长，即 $\lambda_1=0$，则 $W_{12}=-\frac{1}{2}k\lambda_2^2$，说明不管以后弹簧是伸长还是缩短，这对弹性力所作的功总是负功。

(3)外力系对刚体的功

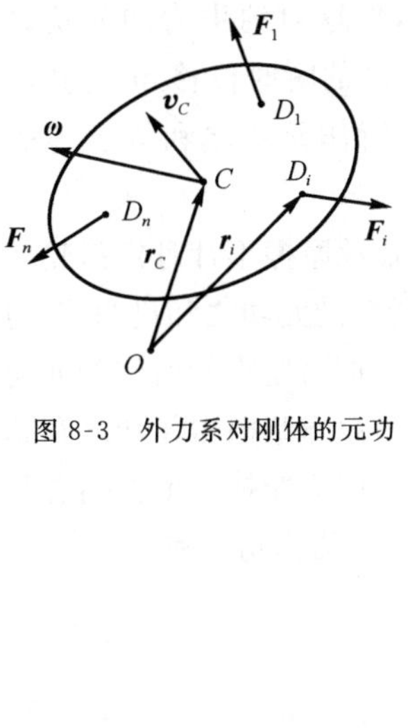

图 8-3 外力系对刚体的元功

如图 8-3 所示，设刚体上矢径为 $\boldsymbol{r}_i$ 的点 D_i 上作用有外力 $\boldsymbol{F}_i$ $(i=1,2,\cdots,n)$，刚体的质心速度为 v_C，刚体的角速度为 $\boldsymbol{\omega}$，建立质心平移坐标系 $Cx'y'z'$，并作为动系，则由点的复合运动知识知，力 $\boldsymbol{F}_i$ 的作用点 D_i 的速度为

$$v_i=v_C+\boldsymbol{\omega}\times\boldsymbol{r}_i'\tag{8-31}$$

式中，$\boldsymbol{r}_i'=\overrightarrow{CD_i}$，式(8-31)可改写为

$$\mathrm{d}\boldsymbol{r}_i=\mathrm{d}r_C+\boldsymbol{\omega}\mathrm{d}t\times\boldsymbol{r}_i'\tag{8-32}$$

于是外力系的总元功可写为

$$\mathrm{d}'W=\sum_{i=1}^{n}\boldsymbol{F}_i\cdot\mathrm{d}\boldsymbol{r}_i=\sum_{i=1}^{n}\boldsymbol{F}_i\cdot(\mathrm{d}\boldsymbol{r}_C+\boldsymbol{\omega}\mathrm{d}t\times\boldsymbol{r}_i')$$

$$= \left(\sum_{i=1}^{n} \boldsymbol{F}_i\right) \cdot \mathrm{d}\boldsymbol{r}_C + \boldsymbol{\omega}\mathrm{d}t \cdot \sum_{i=1}^{n} (\boldsymbol{r}'_i \times \boldsymbol{F}_i)$$

$$= \boldsymbol{F}_{\mathrm{R}} \cdot \mathrm{d}\boldsymbol{r}_C + \boldsymbol{M}_C \cdot \boldsymbol{\omega}\mathrm{d}t \tag{8-33}$$

式中，$\boldsymbol{F}_{\mathrm{R}}$ 为外力系的主矢，$\boldsymbol{M}_C$ 为外力系对质心 C 的主矩。式(8-33)表明，作用于刚体上的外力系的元功等于外力系的主矢与质心无限小位移的点积加上外力系对质心的主矩与刚体瞬时角位移的点积。特别地：

①当刚体作平移时

$$\mathrm{d}'W = \boldsymbol{F}_{\mathrm{R}} \cdot \mathrm{d}\boldsymbol{r}_C \tag{8-34}$$

②当刚体绕 Oz 轴作定轴转动时

$$\begin{aligned}\mathrm{d}'W &= \boldsymbol{F}_{\mathrm{R}} \cdot v_C \mathrm{d}t + \boldsymbol{M}_C \cdot \boldsymbol{\omega}\mathrm{d}t \\ &= \boldsymbol{F}_{\mathrm{R}} \cdot (\boldsymbol{\omega} \times \overrightarrow{OC})\mathrm{d}t + \boldsymbol{M}_C \cdot \boldsymbol{\omega}\mathrm{d}t \\ &= (\overrightarrow{OC} \times \boldsymbol{F}_{\mathrm{R}} + \boldsymbol{M}_C) \cdot \boldsymbol{\omega}\mathrm{d}t \\ &= \boldsymbol{M}_O \cdot \boldsymbol{\omega}\mathrm{d}t = M_{Oz}\mathrm{d}\varphi\end{aligned} \tag{8-35}$$

式中，$\boldsymbol{M}_O$ 和 M_{Oz} 分别为外力系对点 O 的主矩和对 Oz 轴的矩，$\mathrm{d}\varphi$ 为定轴转动刚体的瞬时转角。如果作用在刚体上的是一个力偶，则力偶所作的功仍用上式计算，其中 M_{Oz} 为力偶矩在 Oz 轴上的投影。

③当刚体在质心平移坐标系 $Cx'y'$ 所在平面内作平面运动时

$$\mathrm{d}'W = \boldsymbol{F}_{\mathrm{R}} \cdot \mathrm{d}\boldsymbol{r}_C + M_{Cz'}\mathrm{d}\varphi \tag{8-36}$$

式中，$M_{Cz'}$ 为外力系对 Cz' 轴的矩，$\mathrm{d}\varphi$ 为平面运动刚体的瞬时转角，它们都是代数值，且正方向的规定相同。式(8-36)表明，刚体作平面运动时，可将作用在刚体上的力系向质心 C 简化得到作用于质心的一个力 $\boldsymbol{F}_C(=\boldsymbol{F}_{\mathrm{R}})$ 和作用于刚体的一个力偶(力偶矩与力系对点 C 的主矩相同)，力系的元功就等于此力在质心位移上的元功加上此力偶在刚体角位移上的元功。

(4)约束力的功

约束力可以为质点系的外力，也可以为质点系的内力。当系统受到光滑面约束或光滑活动铰支座约束，由于约束力恒与其作用点的位移垂直，故其约束力的元功为零；当系统受到光滑固定铰支座约束或光滑固定球铰链约束，因作用点的位移为零，故其约束力的元功也为零；当系统受到固定端约束，由于约束处的线位移和角位移都为零，故其约束力和约束力偶的元功都为零；当两个刚体以光滑圆柱铰链或球铰链相连，或以无重刚杆相连，或以张紧不计质量的柔绳相连，它们的作用相当于引进一对约束力，虽然单个约束力的元功不为零，但这对约束力的元功之和却为零；沿固定面作纯滚动的圆盘，固定面对圆盘的约束力的作用点 P 的瞬时位移 $\mathrm{d}\boldsymbol{r}_P$ 为零(否则 $v_P \neq 0$，圆盘就不作纯滚动了)，故其元功恒为零。通常，将约束力所作元功之和等于零的约束称为**理想约束**。

必须指出，当张紧、质量不计、不可伸长的柔绳跨过定滑轮时，如果轴承摩擦不计且定滑轮作匀速转动或定滑轮的质量不计，则定滑轮两边柔绳的张力相等，它们对定滑轮的元功之和仍为零，但当定滑轮的质量不为零，且作非匀速转动时，定滑轮两边柔绳的张力不等，它们对定滑轮所作的元功之和是不为零的，但整根柔绳对整个系统所作的元功之和仍为零。另外，一对静摩擦力作功之和总为零，因为摩擦力作用处没有相对位移；一对动滑动摩擦力作功之和总为负，因为摩擦力的方向总与相对位移的方向相反，"摩擦生热"现象中转化为热能的机械功就是动滑动摩擦力作功之和。

例 8-5 如图所示，鼓轮的外半径为 R，内半径为 r，且 $R=2r$，内轮上绕有张紧、不可伸长、质量不计的软绳，绳上作用常值水平拉力 $\boldsymbol{F}$，使鼓轮在水平地面上作纯滚动，试求轮心 C 运动 x 距离时，力 $\boldsymbol{F}$ 所作的功。

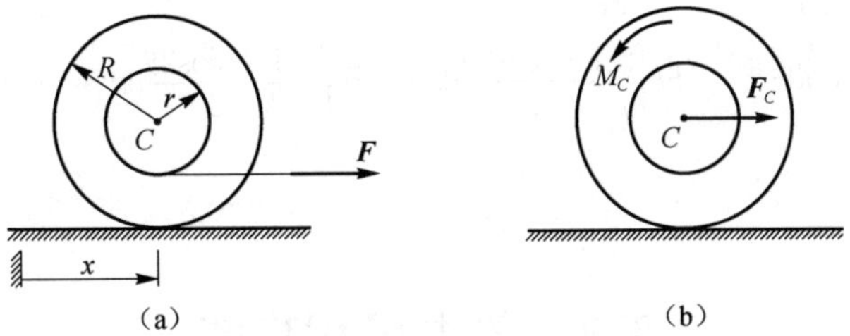

例 8-5 图

解： 将拉力 $\boldsymbol{F}$ 向轮心 C 平移，得到作用于轮心 C 上的一个力 $\boldsymbol{F}_C=\boldsymbol{F}$ 和作用于鼓轮上的一个力偶，该力偶的力偶矩为 $M_C=Fr$(↶)，当鼓轮的轮心产生 x 位移时，因鼓轮作纯滚动，其产生的转角为 $\varphi=\dfrac{x}{R}=\dfrac{x}{2r}$(↻)，于是力 F 所作的功等价为力 $\boldsymbol{F}_C$ 和力偶 M_C 所作功之和，即

$$W = F_C x - M_C\varphi = Fx - Fr\,\frac{x}{2r} = \frac{1}{2}Fx$$

注意： ①力 $\boldsymbol{F}_C$ 与轮心 C 的位移方向相同，故作正功。②力偶矩的转向与鼓轮角位移的转向相反，故作负功。③因拉力 $\boldsymbol{F}$ 的作用点速度总为轮心速度的一半，故当轮心产生 x 向右的位移时，力 $\boldsymbol{F}$ 的作用点只产生向右 $\dfrac{x}{2}$ 的位移，这样也可直接写出力 $\boldsymbol{F}$ 所作的功为 $W=F\cdot\dfrac{1}{2}x=\dfrac{1}{2}Fx$。

例 8-6 如图所示，大小不变的力 $\boldsymbol{F}$ 恒垂直于杆 AB 的 B 端，杆 AB 长为 $2l$，其 A 端和中点 C 分别与滑块铰接，两滑块分别可沿铅垂滑道和水平滑道运动，试求杆从 $\theta=0$ 至 θ 过程中，力 $\boldsymbol{F}$ 所作的功。

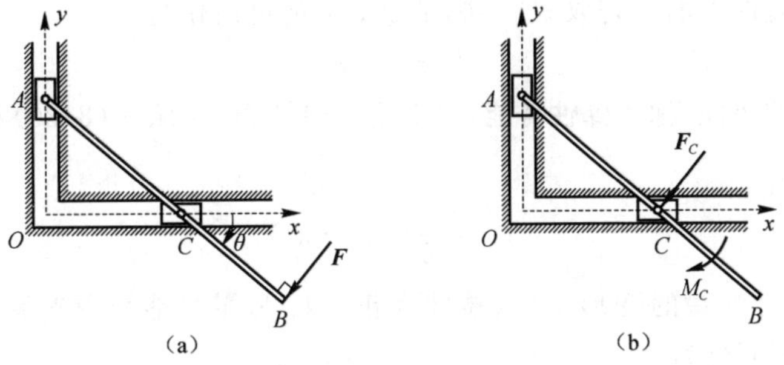

例 8-6 图

解： 将力 $\boldsymbol{F}$ 平移至杆的中点 C，得到作用于点 C 的一个力 $\boldsymbol{F}_C=\boldsymbol{F}$ 和作用于杆 AB 上的一个力偶，由于在运动过程中力 $\boldsymbol{F}$ 始终与杆 AB 垂直，故这个力偶的力偶矩恒为 $M_C=Fl$(↻)，如图(b)所示，于是力 $\boldsymbol{F}$ 的功等价为力 $\boldsymbol{F}_C$ 的功和力偶矩 M_C 的功之和，即

$$\begin{aligned}
W &= \int_0^\theta F_{cx}\,\mathrm{d}x_C + M_C\theta = \int_0^\theta -F\sin\theta\,\mathrm{d}(l\cos\theta) + Fl\theta \\
&= Fl\int_0^\theta \sin^2\theta\,\mathrm{d}\theta + Fl\theta = Fl\int_0^\theta \frac{1-\cos 2\theta}{2}\mathrm{d}\theta + Fl\theta \\
&= Fl\left(\frac{3}{2}\theta - \frac{1}{4}\sin 2\theta\right)
\end{aligned}$$

注意:①将力 $\boldsymbol{F}$ 向杆的中点 C 平移是由于点 C 的轨迹为水平直线，而点 B 的轨迹为未知平面曲线。②分析法解题时 $\mathrm{d}x_C$ 的方向应与 x 轴正向一致。③用定义法也可直接计算出力 $\boldsymbol{F}$ 的功，其计算过程如下：$W=\int_0^\theta F_{Bx}\mathrm{d}x_B+\int_0^\theta F_{By}\mathrm{d}y_B=\int_0^\theta -F\sin\theta\mathrm{d}(2l\cos\theta)+\int_0^\theta -F\cos\theta\mathrm{d}(-l\sin\theta)=2Fl\int_0^\theta\sin^2\theta\mathrm{d}\theta+Fl\int_0^\theta\cos^2\theta\mathrm{d}\theta=2Fl\int_0^\theta\frac{1-\cos2\theta}{2}\mathrm{d}\theta+Fl\int_0^\theta\frac{1+\cos2\theta}{2}\mathrm{d}\theta=Fl\left(\frac{3}{2}\theta-\int_0^\theta\frac{\cos2\theta}{2}\mathrm{d}\theta\right)=Fl\left(\frac{3}{2}\theta-\frac{1}{4}\sin2\theta\right)$。

8.3　势力场和势能

质点在空间的任意位置都受到一个由位置确定的力的作用，这个空间称为一个**力场**。若质点在力场中运动时，力对质点所作的功仅与质点的初始位置和终了位置有关而与运动的路径无关，则称这种力场为**势力场**或**保守力场**，质点所受到的对应力称为**有势力**或**保守力**，如重力场、弹性力场都是势力场。

为了描述势力场对质点作功的能力，引入势能的概念。在势力场中，质点由某一位置 D 运动至任意选定的参考位置 D_0 的过程中，有势力 $\boldsymbol{F}$ 所作的功称为点 D 相对于点 D_0 的**势能**，以 V 表示，即

$$V=\int_D^{D_0}\boldsymbol{F}\cdot\mathrm{d}\boldsymbol{r} \tag{8-37}$$

称 D_0 为**零势能点**或**零势能位置**。将相对于点 D_0 的势能相同的点所组成的曲面称为**等势面**。

对于重力场的势能，称为**重力势能**，对照式(8-23)和式(8-37)，可得重力势能为

$$V=mg(z_C-z_C^{(0)}) \tag{8-38}$$

式中，z_C 为任意位置时质点系质心 C 的 z 坐标，$z_C^{(0)}$ 为零势能位置时质点系质心的 z 坐标，注意此时 z 坐标轴是垂直向上的。若取 $z_C^{(0)}=0$，则重力势能可简化为

$$V=mgz_C \tag{8-39}$$

对于弹性力场的势能，称为**弹性势能**，对于线性弹性力，对照式(8-30)和式(8-37)，可得弹性势能为

$$V=\frac{1}{2}k(\lambda^2-\lambda_0^2) \tag{8-40}$$

式中，λ 为任意位置时弹簧的变形量(以拉伸为正)，λ_0 为零势能位置时弹簧的变形量。若取 $\lambda_0=0$，则弹性势能可简化为

$$V=\frac{1}{2}k\lambda^2 \tag{8-41}$$

显然，当选择不同点为零势能点，则其势能表达式只差一积分常数。

下面给出有势力与势能的关系，式(8-37)可写成

$$\begin{aligned}V&=\int_D^{D_0}(F_x\mathrm{d}x+F_y\mathrm{d}y+F_z\mathrm{d}z)\\&=-\int_{D_0}^{D}(F_x\mathrm{d}x+F_y\mathrm{d}y+F_z\mathrm{d}z)\end{aligned} \tag{8-42}$$

于是

$$\mathrm{d}V=-(F_x\mathrm{d}x+F_y\mathrm{d}y+F_z\mathrm{d}z) \tag{8-43}$$

因 V 只是位置的函数，即 $V=V(x,y,z)$，由高等数学的知识知

$$\mathrm{d}V=\frac{\partial V}{\partial x}\mathrm{d}x+\frac{\partial V}{\partial y}\mathrm{d}y+\frac{\partial V}{\partial z}\mathrm{d}z \tag{8-44}$$

比较式(8-43)和式(8-44)得

$$\left.\begin{aligned}F_x&=-\frac{\partial V}{\partial x}\\F_y&=-\frac{\partial V}{\partial y}\\F_z&=-\frac{\partial V}{\partial z}\end{aligned}\right\} \tag{8-45}$$

即作用于质点系上各有势力在固定坐标轴上的投影等于其势能对相应坐标的偏导数的负值，即有势力 $\boldsymbol{F}=-\mathrm{grad}V$，由于势能函数 V 的梯度矢量必与等势面垂直，因此有势力必沿相应等势面法线的负方向。由此可见，势能不仅本身有其物理意义，而且通过它还可用来表示有势力。

式(8-43)可改写为

$$\mathrm{d}'W=-\mathrm{d}V \tag{8-46}$$

即有势力的元功等于对应势能的全微分的负值。对式(8-46)积分知，当有势力作正功时，对应的势能减少；当有势力作负功时，对应的势能增加。

8.4 动能定理

动能定理表述的是质点或质点系的动能的改变量与作用力的功之间的数量关系。

1. 质点的动能定理

根据牛顿第二定律有

$$m\frac{\mathrm{d}\boldsymbol{v}}{\mathrm{d}t}=\boldsymbol{F}$$

两边点乘 $\boldsymbol{v}\mathrm{d}t=\mathrm{d}\boldsymbol{r}$ 得

$$m\boldsymbol{v}\cdot\mathrm{d}\boldsymbol{v}=\boldsymbol{F}\cdot\mathrm{d}\boldsymbol{r}$$

上式左端 $m\boldsymbol{v}\cdot\mathrm{d}\boldsymbol{v}=\frac{1}{2}\mathrm{d}(m\boldsymbol{v}\cdot\boldsymbol{v})=\mathrm{d}\left(\frac{1}{2}mv^2\right)=\mathrm{d}T$，显然，右端即为作用于质点上的合力 $\boldsymbol{F}$ 的元功 $\mathrm{d}'W$，于是

$$\mathrm{d}T=\mathrm{d}'W \tag{8-47}$$

这表明，质点动能的微分等于作用于质点上的合力的元功，称为**质点动能定理的微分形式**。

设在时间 $t_1\sim t_2$ 的过程中，质点由位置 1 沿路径 L 运动至位置 2，它的速度由 v_1 变成 v_2，积分式(8-47)，并将 $W_{12}=\int_L\boldsymbol{F}\cdot\mathrm{d}\boldsymbol{r}$ 代入得

$$T_2-T_1=W_{12} \tag{8-48}$$

它表明，质点在某一运动过程中动能的改变量等于作用于质点上的合力在同一运动过程中所作的功，称为**质点动能定理的积分形式**。

2. 质点系的动能定理

对于质点系中每个质点，都可写出式(8-47)，只是现在每个质点所受到的力包括质点系外

力的合力和质点系内力的合力。将所有这些方程相加，再交换求和与求微分的顺序，并将 $T=\sum_{i=1}^{n}T_i$ 代入得

$$\mathrm{d}T=\sum_{i=1}^{n}\mathrm{d}'\boldsymbol{W}_i=\sum_{i=1}^{n}\mathrm{d}'\boldsymbol{W}_i^{(\mathrm{e})}+\sum_{i=1}^{n}\mathrm{d}'\boldsymbol{W}_i^{(\mathrm{i})} \tag{8-49}$$

这表明，质点系动能的微分等于作用于质点系上的所有外力的元功（用上标(e)表示）和所有内力的元功（用上标(i)表示）的代数和，称为**质点系动能定理的微分形式**。

设在时间 $t_1 \sim t_2$ 的过程中，质点系发生了某一运动，若在这一运动过程中，质点系的所有外力所作的功用 $W_{12}^{(\mathrm{e})}$ 表示，质点系的所有内力所作的功用 $W_{12}^{(\mathrm{i})}$ 表示，则积分式(8-49)得

$$T_2-T_1=W_{12}=W_{12}^{(\mathrm{e})}+W_{12}^{(\mathrm{i})} \tag{8-50}$$

它表明，质点系的动能在某一运动过程中的改变量等于作用于质点系的所有外力和内力在同一运动过程中所作功的代数和，称为**质点系动能定理的积分形式**。

在讨论力的功时，已经知道质点系内力功之和一般不等于零，如内燃机汽缸中汽体压力推动活塞作功，就属于内力作功，而正是这内力作功才使机器不断运行，只是内力的功不易计算。为了应用上的方便，质点系动能定理还可以表述为另一种形式，即把作用在质点系上的所有力按主动力和约束力来分类，此时式(8-49)可改写为

$$\mathrm{d}T=\sum_{i=1}^{n}\mathrm{d}'W_i^{(\mathrm{F})}+\sum_{i=1}^{n}\mathrm{d}'W_i^{(\mathrm{N})} \tag{8-51}$$

式中，$\sum_{i=1}^{n}\mathrm{d}'W_i^{(\mathrm{F})}$、$\sum_{i=1}^{n}\mathrm{d}'W_i^{(\mathrm{N})}$ 分别表示质点系所有主动力的元功之和、所有约束力的元功之和。

对于理想约束系统，由于 $\sum_{i=1}^{n}\mathrm{d}'W_i^{(\mathrm{N})}=0$，式(8-51)可简化为

$$\mathrm{d}T=\sum_{i=1}^{n}\mathrm{d}'W_i^{(\mathrm{F})} \tag{8-52}$$

式(8-52)表明，在理想约束条件下，质点系动能的微分等于作用于该质点系的所有主动力的元功之和，称为**理想约束质点系动能定理的微分形式**。

积分式(8-52)，得

$$T_2-T_1=W_{12}^{(\mathrm{F})} \tag{8-53}$$

式中，T_1 和 T_2 分别表示质点系在某一运动过程的起始和终了位置时的动能，$W_{12}^{(\mathrm{F})}$ 则表示在这一运动过程中所有主动力的总功。式(8-53)表明，在理想约束条件下，质点系的动能在某一运动过程中的改变量等于作用于质点系的所有主动力在这一运动过程中所作功的代数和，称为**理想约束质点系动能定理的积分形式**。注意，主动力既包含外主动力，又包含内主动力。对于一个具体系统，一般主动力的数量不是很多。

由式(8-53)可见，式中不包括理想约束力，因此，在求解动力学问题时，如果不需要求出这些理想约束力，则应用此式显得特别方便。若约束不完全是理想约束情形，如含摩擦力作功，则可把摩擦力等非理想约束力当作主动力看待，从而式(8-53)仍可应用。

例 8-7 如图所示，放置于倾角为 β 的固定斜面上的质量为 m、半径为 r 的均质圆盘，其中心 A 系有一根一端固定，并与斜面平行的弹簧，同时与一根绕在质量为 m、半径为 r 的鼓轮 B 上不可伸长的张紧绳索相连。今在鼓轮上作用一力偶矩为 M 的常力偶，使系统由静止开始运动，且斜面与圆盘之间的摩擦因数 f_s 足够大，使圆盘 A 沿斜面向上作纯滚动。已知鼓轮对轮

心 B 的回转半径为 $\rho_B=\dfrac{r}{2}$，弹簧的刚度系数为 k，且初始时弹簧为原长。若不计弹簧、绳索的质量及轴承 B 处摩擦，试求鼓轮转过 $\dfrac{\pi}{2}$ 时，圆盘的角速度和角加速度的大小。

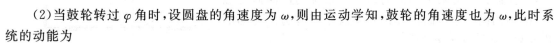

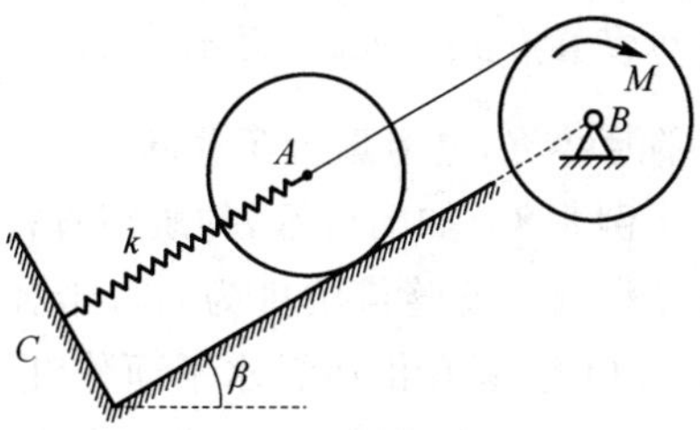

例 8-7 图

解：该题先将圆盘的角速度表示成鼓轮转角 φ 的函数为好，这样便于用求导的方法求圆盘的角加速度。

(1)初始时圆盘的动能为

$$T_0=0$$

(2)当鼓轮转过 φ 角时，设圆盘的角速度为 ω，则由运动学知，鼓轮的角速度也为 ω，此时系统的动能为

$$\begin{aligned}T&=\frac{1}{2}J_B\omega^2+\frac{1}{2}mv_A^2+\frac{1}{2}J_A\omega^2\\&=\frac{1}{2}\left[m\left(\frac{r}{2}\right)^2\right]\omega^2+\frac{1}{2}m(r\omega)^2+\frac{1}{2}\left(\frac{1}{2}mr^2\right)\omega^2\\&=\frac{7}{8}mr^2\omega^2\end{aligned}$$

(3)鼓轮转过 φ 角过程中，系统的所有外力和内力所作的功为

$$W=M\varphi-(mg\sin\beta)r\varphi+\left(\frac{1}{2}k\lambda_0^2-\frac{1}{2}k\lambda^2\right)$$

因为

$$\lambda_0=0,\lambda=r\varphi$$

所以

$$W=M\varphi-(mgr\sin\beta)\varphi-\frac{1}{2}kr^2\varphi^2$$

(4)由动能定理的积分形式

$$T-T_0=W$$

即

$$\frac{7}{8}mr^2\omega^2=M\varphi-(mgr\sin\beta)\varphi-\frac{1}{2}kr^2\varphi^2 \tag{1}$$

$$\omega=\left\{\frac{8\left[M\varphi-(mgr\sin\beta)\varphi-\frac{1}{2}kr^2\varphi^2\right]}{7mr^2}\right\}^{\frac{1}{2}}$$

$$\omega\Big|_{\varphi=\frac{\pi}{2}}=\frac{1}{r}\sqrt{\frac{4M\pi-4mgr\pi\sin\beta-kr^2\pi^2}{7m}}$$

(5)式(1)两边对时间求一阶导数得

$$\frac{7}{4}mr^2\omega\alpha=M\omega-(mgr\sin\beta)\omega-kr^2\varphi\omega$$

于是

$$\alpha=\frac{4(M-mgr\sin\beta-kr^2\varphi)}{7mr^2}$$

$$\alpha\Big|_{\varphi=\frac{\pi}{2}}=\frac{2(2M-2mgr\sin\beta-kr^2\pi)}{7mr^2}$$

注意：①因题中给出的是鼓轮对中心轴 B 的回转半径，说明鼓轮是不均质的，它对 B 轴的

转动惯量为 $J_B=m\rho_B^2$，而不是 $J_B=\frac{1}{2}m\rho_B^2$；也不是 $J_B=\frac{1}{2}mr^2$。②纯滚动圆盘所受到的摩擦力为静摩擦力，它对圆盘不作功。

例 8-8 如图所示，均质细直杆质量为 m_1，长度为 l，上端 B 靠在光滑的铅直墙上，下端 A 以光滑圆柱铰链与质量为 m_2、半径为 r 的均质圆盘的中心 A 相连，圆盘沿粗糙水平面作纯滚动。若当 $\theta=45°$ 时，圆盘中心 A 的速度为 v_0，方向向左，试求该瞬时点 A 的加速度。

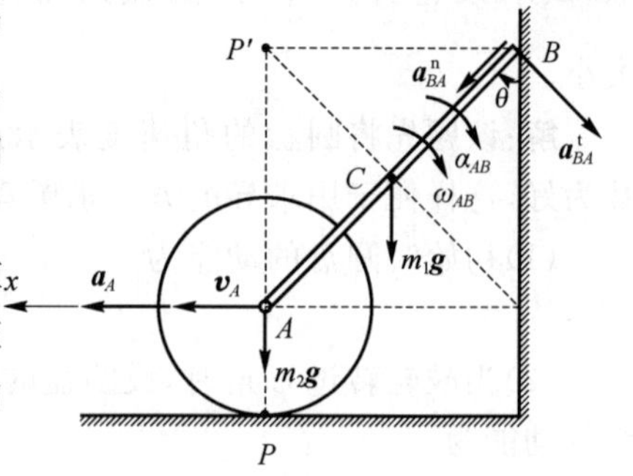

例 8-8 图

解：动能定理的微分形式中的 $\mathrm{d}T$ 是对系统动能求微分，这就需要写出系统动能的通式。系统动能的微分在 $\theta=45°$ 时的值等于该瞬时作用于系统上所有力的元功的代数和。具体解题步骤为：

(1)设 θ 为任意角时，圆盘中心 A 的速度为 v_A，杆 AB 的角速度为 ω_{AB}。圆盘 A 和杆 AB 均作平面运动，其速度瞬心分别为 P、P'，它们对各自速度瞬心的转动惯量分别为

$$J_P=J_A+m_2(PA)^2=\frac{1}{2}m_2r^2+m_2r^2=\frac{3}{2}m_2r^2$$

$$J_{P'}=J_C+m_1(P'C)^2=\frac{1}{12}m_1l^2+m_1\left(\frac{l}{2}\right)^2=\frac{1}{3}m_1l^2$$

于是，系统的动能为

$$\begin{aligned}T&=\frac{1}{2}J_P\omega_A^2+\frac{1}{2}J_{P'}\omega_{AB}^2\\&=\frac{1}{2}\left(\frac{3}{2}m_2r^2\right)\left(\frac{v_A}{r}\right)^2+\frac{1}{2}\left(\frac{1}{3}m_1l^2\right)\omega_{AB}^2\\&=\frac{3}{4}m_2v_A^2+\frac{1}{6}m_1l^2\omega_{AB}^2\end{aligned}$$

(2)求系统动能的微分

$$\mathrm{d}T=\frac{3}{2}m_2v_A\mathrm{d}v_A+\frac{1}{3}m_1l^2\omega_{AB}\mathrm{d}\omega_{AB}$$

(3)当 $\theta=45°$ 的瞬间，设点 A 发生了位移 $\mathrm{d}s(\leftarrow)$，杆 AB 发生的微小转角 $\mathrm{d}\theta=\frac{\mathrm{d}s}{P'A}=\frac{\mathrm{d}s}{l\sin45°}=\frac{\sqrt{2}\mathrm{d}s}{l}(\circlearrowleft)$；$\mathrm{d}r_C=P'C\cdot\mathrm{d}\theta=\frac{l}{2}\cdot\frac{\sqrt{2}\mathrm{d}s}{l}=\frac{\sqrt{2}}{2}\mathrm{d}s$，其方向沿 $\overrightarrow{CA}$，则作用于系统的各力只有杆 AB 的重力有元功，其值为

$$\mathrm{d}'W=m_1g(\mathrm{d}r_C)\cos45°=\frac{1}{2}m_1g\mathrm{d}s$$

(4)由动能定理的微分形式

$$\mathrm{d}T\big|_{\theta=45°}=\mathrm{d}'W$$

两边同时除以 $\mathrm{d}t$，并将 $\frac{\mathrm{d}v_A}{\mathrm{d}t}=a_A$，$\frac{\mathrm{d}\omega_{AB}}{\mathrm{d}t}=\alpha_{AB}$，$\frac{\mathrm{d}s}{\mathrm{d}t}\bigg|_{\theta=45°}=v_0$，$v_A\big|_{\theta=45°}=v_0$ 代入得

$$\frac{3}{2}m_2v_0\left(a_A\bigg|_{\theta=45°}\right)+\frac{1}{3}m_1l^2\left(\omega_{AB}\bigg|_{\theta=45°}\right)\left(\alpha_{AB}\big|_{\theta=45°}\right)=\frac{1}{2}m_1gv_0 \tag{1}$$

(5)对系统进行运动学分析

$$\omega_{AB}\big|_{\theta=45^\circ}=\frac{v_0}{l\sin45^\circ}=\frac{\sqrt{2}v_0}{l} \tag{2}$$

根据两点之间的加速度关系

$$\boldsymbol{a}_B=\boldsymbol{a}_A+\boldsymbol{a}_{BA}^{\mathrm{t}}+\boldsymbol{a}_{BA}^{\mathrm{n}}$$

上式沿图示 x 方向投影得

$$0=a_A\big|_{\theta=45^\circ}-(l\alpha_{AB}\big|_{\theta=45^\circ})\frac{\sqrt{2}}{2}+(l\omega_{AB}^2\big|_{\theta=45^\circ})\frac{\sqrt{2}}{2}$$

于是

$$\alpha_{AB}\big|_{\theta=45^\circ}=\left(a_A\big|_{\theta=45^\circ}+\frac{\sqrt{2}v_0^2}{l}\right)\cdot\frac{\sqrt{2}}{l} \tag{3}$$

(6)将式(2)、式(3)代入式(1)得

$$a_A\big|_{\theta=45^\circ}=\frac{6m_1g}{9m_2+4m_1}\left(\frac{1}{2}-\frac{2\sqrt{2}}{3gl}v_0^2\right)$$

当其值为正时,则表示方向水平向左;当其值为负时,则表示方向水平向右。

注意:①如果将图示位置系统的动能 $T=\frac{1}{2}J_P\omega_A^2+\frac{1}{2}J_{P'}\omega_{AB}^2=\frac{1}{2}\left(\frac{3}{2}m_2r^2\right)\cdot\left(\frac{v_A}{r}\right)^2+\frac{1}{2}\left(\frac{1}{3}m_1l^2\right)\left(\frac{v_A}{\frac{\sqrt{2}}{2}l}\right)^2=\frac{3}{4}m_2v_A^2+\frac{1}{3}m_1v_A^2$ 当作系统动能的通式求微分,则是错误的,因为瞬时表达式是不能求微分的。②此题最好不要将 $\omega_{AB}=\frac{v_A}{l\sin\theta}$代入 T,否则在求 $\mathrm{d}T$ 时运算比较复杂,而应按题中解法那样,先将 v_A 和 ω_{AB} 看成是独立变量写出系统动能的通式,并求微分后,再在图示位置建立运动学量之间的关系,这给解题带来了很大的简便。

8.5 机械能守恒定律

若质点系在运动过程中只有有势力作功,则根据式(8-46)和理想约束质点系动能定理的微分形式(8-52)可得

$$\mathrm{d}T=-\mathrm{d}V \tag{8-54}$$

移项后得

$$\mathrm{d}(T+V)=0 \tag{8-55}$$

即

$$T+V=C(\text{常数}) \tag{8-56}$$

该式说明,质点系在运动过程中,若只有有势力作功,则质点系的机械能保持不变,称为**机械能守恒定律**。

机械能守恒定律是普遍的能量守恒定律的一种特殊情况,它表明质点系在势力场(保守力场)中运动时,动能和势能可以相互转换,动能的减少(或增加),必须伴随着势能的增加(或减小),而且减少和增加的量相等,总的机械能保持不变,这样的系统称为**保守系统**。

例 8-9 图示系统处于同一铅垂平面内,物体 B 和滑轮 O、滑轮 A 的质量均为 m,滑轮的半径均为 r,滑轮可视为均质圆盘,弹簧的刚度系数为 k,不计绳和弹簧的质量及轴承摩擦,绳与轮

之间无相对滑动。当物块 B 离地面的距离为 h 时，系统平衡。若给物块 B 一向下的初速度 v_0，使其恰好能到达地面，试求物块 B 的初速度 v_0 的大小。

解：(1)求弹簧的静伸长

当系统平衡时，三个物体的受力图如图(b)～图(d)所示。

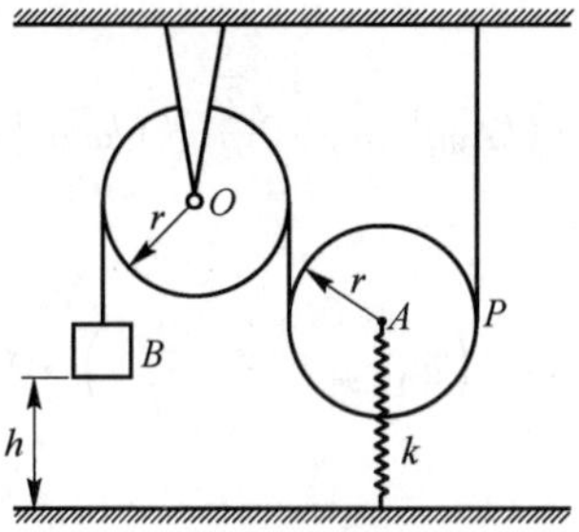

(a)

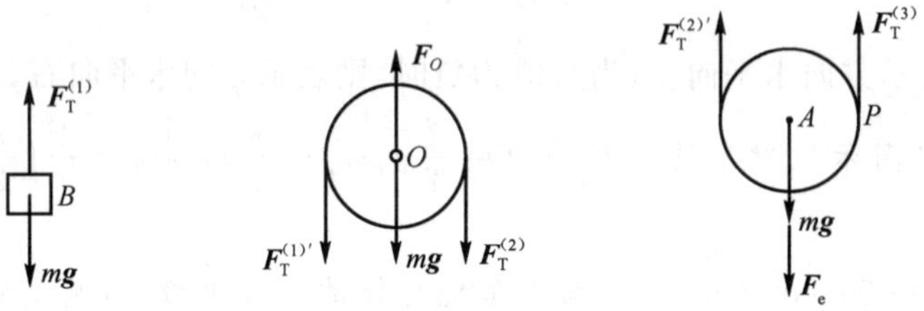

(b) (c) (d)

例 8-9 图

对物块 B：$\sum F_y=0, F_T^{(1)}=mg$

对滑轮 O：$\sum M_O=0, F_T^{(2)}=F_T^{(1)'}=F_T^{(1)}=mg$

对滑轮 A：$\sum M_P=0, F_T^{(2)'}(2r)-mgr-F_e r=0, F_e=mg$

于是弹簧的静伸长为

$$\lambda_0=\frac{F_e}{k}=\frac{mg}{k}$$

(2)运动初瞬时运动学分析

$$\omega_O=\frac{v_0}{r}(\curvearrowleft)$$

点 P 为滑轮 A 的速度瞬心

$$\omega_A=\frac{v_0}{2r}(\circlearrowright),\qquad v_A=PA\cdot\omega_A=\frac{1}{2}v_0(\uparrow)$$

(3)写出初瞬时系统的动能和势能

$$T_1=\frac{1}{2}mv_0^2+\frac{1}{2}\left(\frac{1}{2}mr^2\right)\omega_O^2+\frac{1}{2}mv_A^2+\frac{1}{2}\left(\frac{1}{2}mr^2\right)\omega_A^2$$
$$=\frac{15}{16}mv_0^2$$

设初始位置系统的重力势能为零，弹簧原长时弹性势能为零，则

$$V_1=\frac{1}{2}k\lambda_0^2=\frac{1}{2}k\left(\frac{mg}{k}\right)^2=\frac{m^2g^2}{2k}$$

(4)写出物块恰好能到达地面时系统的动能和势能

$$T_2 = 0$$

$$V_2 = -mgh + mg\frac{h}{2} + \frac{1}{2}k\left(\lambda_0 + \frac{h}{2}\right)^2$$

$$= -\frac{1}{2}mgh + \frac{1}{2}k\left(\frac{mg}{k} + \frac{h}{2}\right)^2 = \frac{m^2g^2}{2k} + \frac{1}{8}kh^2$$

(5)根据机械能守恒定律求解

$$T_1 + V_1 = T_2 + V_2$$

$$\frac{15}{16}mv_0^2 + \frac{m^2g^2}{2k} = \frac{m^2g^2}{2k} + \frac{1}{8}kh^2$$

$$v_0 = h\sqrt{\frac{2k}{15m}}$$

注意:绳因不计质量,故绳的动能一直为零;绳又不伸长,故绳的弹性势能也一直为零,绳子张力对系统不作功。

应该指出,动能定理或机械能守恒定律的数学表达式是一个标量式,它只能提供一个独立的动力学方程。若系统所受到的约束为理想约束,且主动力已知时,利用动能定理的积分形式和微分形式一定可以求解单自由度系统的速度(或角速度)和加速度(或角加速度)问题。但当系统具有两个或两个以上自由度时,则一般需要联立其他动力学定理或原理才能对问题进行求解,这是后面几章将要研究的内容。

思 考 题

8-1 如图所示,半径为 r 的固定半圆环上套一质量为 m 的小环 D,折杆 ABC 穿过小环,AB 段以匀速 v 在倾角为 60°的导槽内滑动,试问如何计算图示位置小环 D 的动能?

8-2 如图所示平面系统,已知 $O_1A = O_2B = O_1O_2 = 2AD = 2DB = 2l$,$DE = \sqrt{3}l$,杆 O_1A 绕轴 O_1 转动的角速度为 ω,均质 T 型杆 AB 段质量为 m_1,DE 段质量为 m_2,试问如何计算 T 型杆在图示位置的动能。

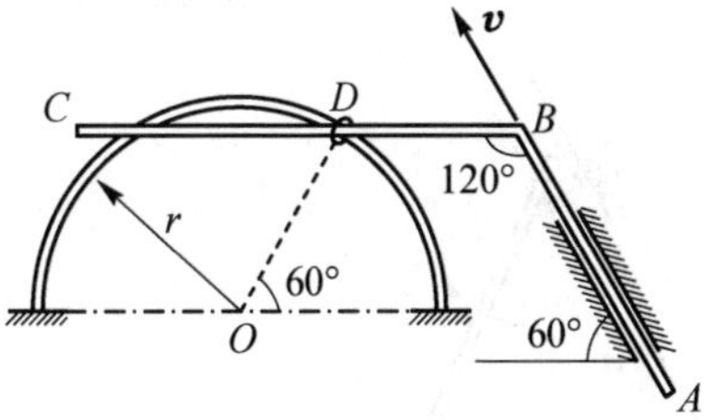

思考题 8-1 图

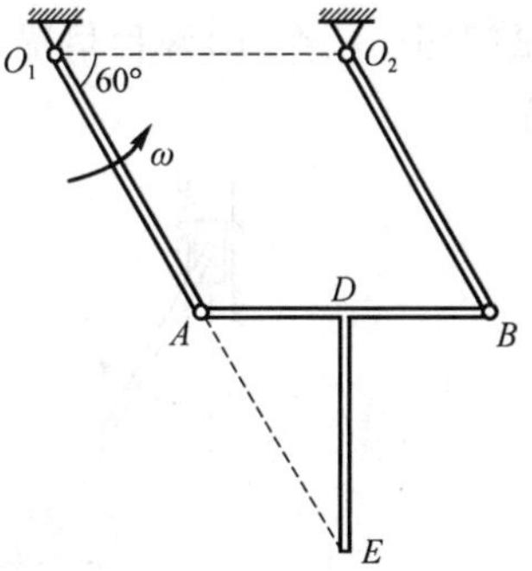

思考题 8-2 图

8-3 如图所示,两种不同材料的均质细直杆焊接成直杆 OAB,OA 段为一种材料,长度为 a,质量为 m_1;AB 段为另一种材料,长度为 $2a$,质量为 m_2。杆 OAB 以角速度 ω 绕轴 O 转动,试问如何计算杆 OAB 的动能。

8-4 如图所示,均质折杆 OAB 的 OA 段、AB 段的质量都为 m,长度都为 l,绕轴 O 转动的角速度为 ω,试问如何计算折杆 OAB 的动能。

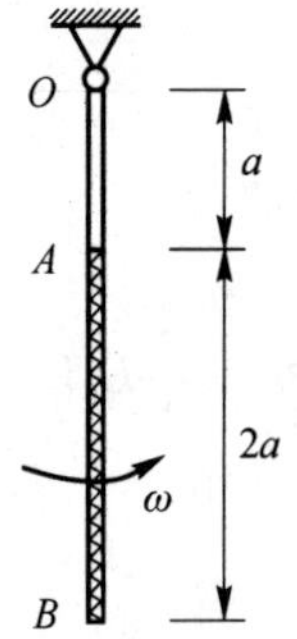

思考题 8-3 图

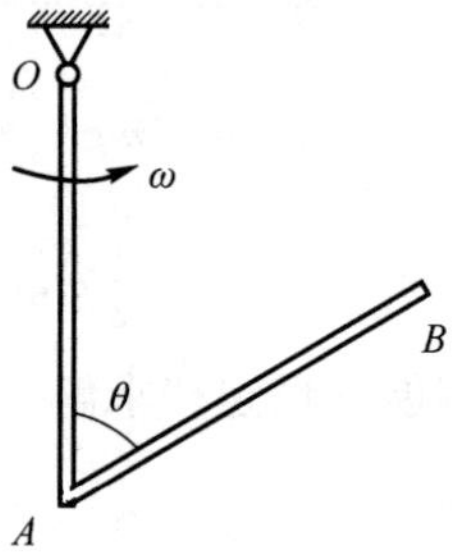

思考题 8-4 图

8-5 如图所示，均质齿轮 C 的质量为 m，半径为 r，相对于直角齿条 OAB 以角速度 $\omega_r=\omega_0$ 滚动；齿条绕轴 O 以角速度 ω_0 作定轴转动，试问图(a)、图(b)两种情况，齿轮在图示位置的动能是否一样？具体为多少？

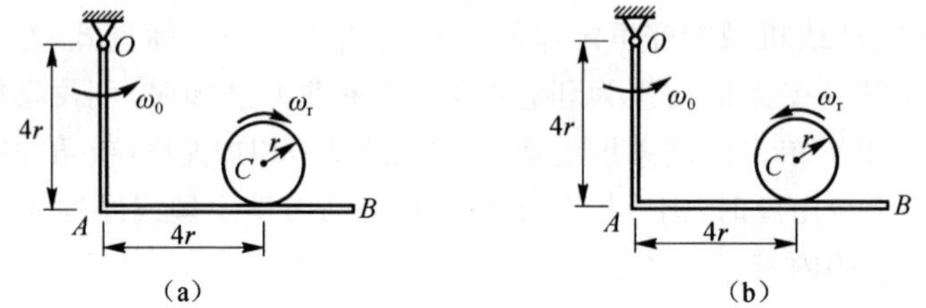

思考题 8-5 图

8-6 如图所示，均质杆 AB 的质量为 m，长度为 l；质量也为 m 的滑块 A 沿滑道滑动的速度为 v_A，杆 AB 的角速度为 ω，试问图(a)、图(b)两种位置，使用 $T=\dfrac{1}{2}mv_A^2+\dfrac{1}{2}J_A^{AB}\omega^2$ 计算杆 AB 在该位置的动能是否正确？

8-7 如图所示，均质杆 AB 的质量为 m，长度为 l，其角速度 ω 为常值，试问图(a)、图(b)两种情况，杆 AB 在运动过程中动能发生变化吗？

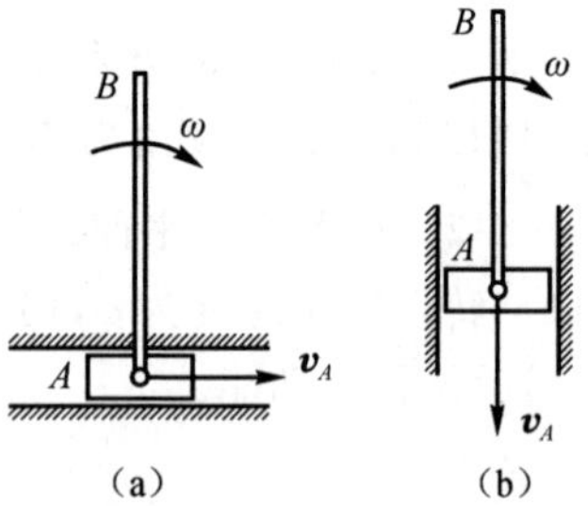

思考题 8-6 图

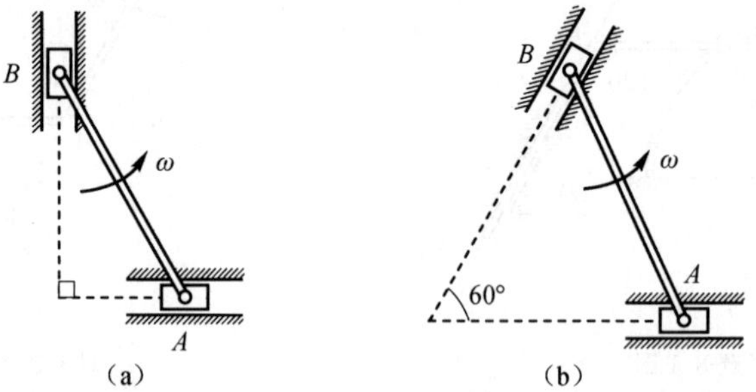

思考题 8-7 图

8-8 图(a)中半径为 r 的圆盘在常力 $\boldsymbol{F}$ 的作用下沿水平地面作纯滚动，则当盘心向右位移为 s 时，力 $\boldsymbol{F}$ 所作的功等于 $F\cdot s$ 吗？为什么？图(b)中半径为 r 的圆盘由不计质量且不可伸长的细绳缠绕，圆盘在光滑斜面上又滚又滑（直线段绳子与斜面平行），已知绳的张力始终为 $\boldsymbol{F}$，则当盘 C 沿斜面向下位移为 s 时，绳子张力对圆盘所作的功等于 $-F\cdot s$ 吗？为什么？

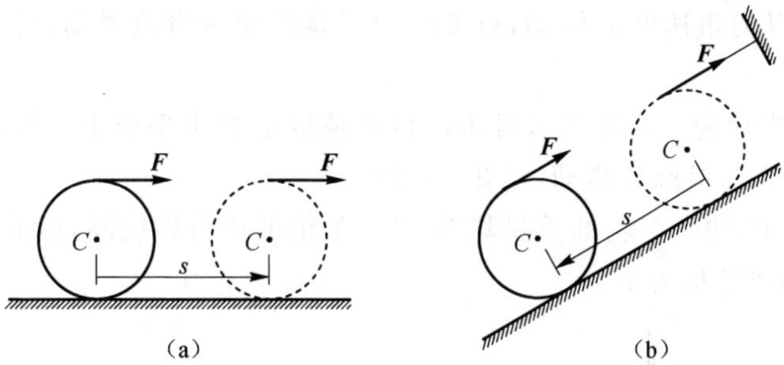

思考题 8-8 图

8-9 如图所示，铅垂平面内系统，半径为 r 的圆盘在常力偶矩 M 的作用下沿半径为 $R=3r$ 凸面（图(a)）和半径为 $R=3r$ 的凹面（图(b)）作纯滚动，由实线位置运动至虚线位置，则两种情况下，主动力偶的功，重力的功和所受摩擦力的功有何差别？

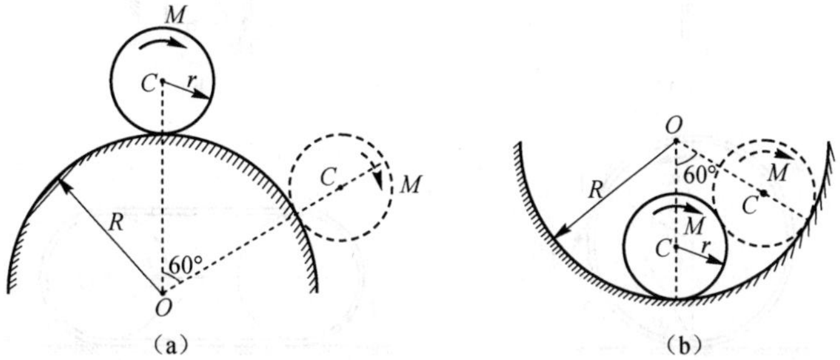

思考题 8-9 图

8-10 图示弹簧的原长为 $2r$，刚度系数为 k，O 端固定，A 端沿直径为 $D=3r$ 的圆弧运动，试问当 $OA=2r$，$OB=3r$，$OC=r$ 时，由 A 到 B 和由 A 到 C 过程中弹簧力所作的功有无区别？由 B 到 C 呢？

8-11 如图所示，一端固定于点 O，另一端可自由运动的弹簧，其原长为 $l_0=\dfrac{2}{3}b$，弹簧的刚度系数为 k，若以点 B 为弹性势能的零势能点，则 A 处弹簧的弹性势能应等于多少呢？

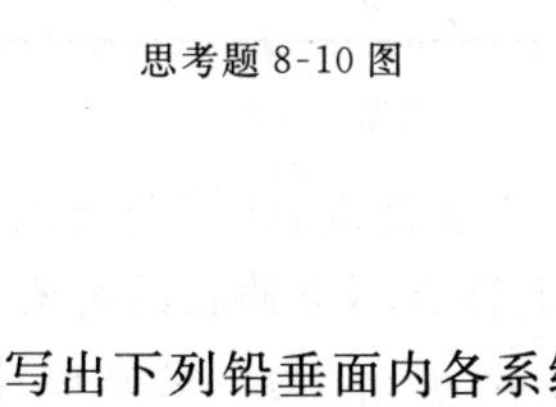

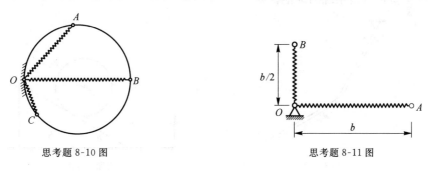

思考题 8-10 图

思考题 8-11 图

习　　题

8-1 试写出下列铅垂面内各系统在图示位置的动能。

(a)质量为 m、长为 l 的均质细直杆 AB 绕水平轴 O 以匀角速度 ω 作定轴转动，已知 $AO=\dfrac{2}{5}l$。

(b)均质细直杆 AB、CD 的质量分别为 m_1、m_2，长度均为 l。两杆在中点 O 用一销钉相连，

杆 AB 绕水平轴 A 以匀角速度 ω 转动，杆 CD 的 C 端沿铅垂滑道滑动，已知$\varphi=90°$、$\beta=30°$，滑块 C 质量不计。

(c)质量为 m_1、半径为 r 的均质细圆环 C 以角速度 ω 在水平面上作纯滚动，有一质量为 m 的小虫 A 以相对速度 v_r 沿圆环爬动，已知 $\theta=60°$。

(d)坦克履带重 P，两个车轮的重量均为 W。车轮可视为均质圆盘，其半径为 r，两车轮轴间距离为 πr，坦克前进速度为 v 。

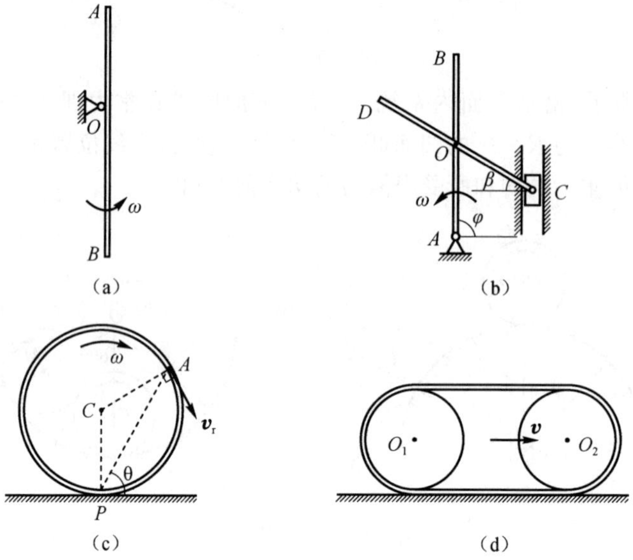

习题 8-1 图

8-2 处于同一铅垂面内质量均为 m、长度均为 l 的均质细直杆 OA 和 AB 连接如图，试以图示的 φ 和 ψ 为广义坐标写出系统的动能。

8-3 在图示系统中，已知均质圆盘 A 的半径为 r，质量为 m；直角三角块 B 的质量为 m_1，其斜面倾角为 β，放置于光滑水平面上。圆盘在三角块斜面上相对于三角块作纯滚动。试以图示 x、s 为广义坐标写出系统的动能。

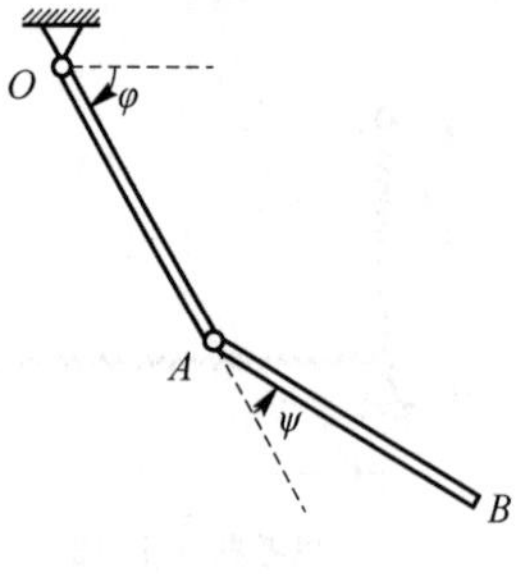

习题 8-2 图

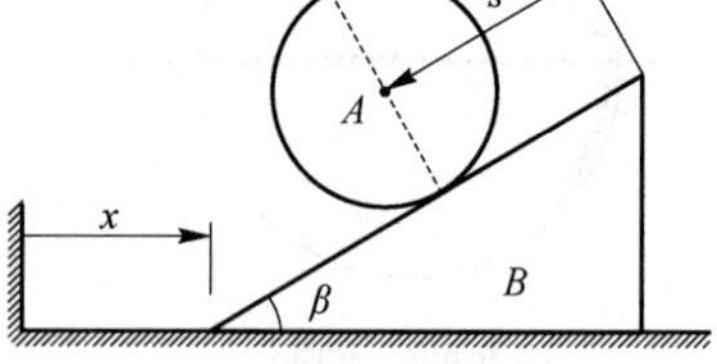

习题 8-3 图

8-4 如图所示，质量为 m_1 的直角三角块 A 沿光滑水平面滑动，在三角块的光滑斜面(倾角为 β)上放置于一质量为 m_3、半径为 r 的均质圆柱 C，其上绕有不可伸长的绳索，绳索通过质量可不计的滑轮 D 悬挂一质量为 m_2 的物块 B。试以图示 q_1、q_2、q_3 为广义坐标写出系统的动能(设绳索与圆柱间无相对滑动)。

8-5 如图所示，曲柄 OA 可绕固定齿轮Ⅰ的轴 O 作定轴转动，A 端铰接动齿轮Ⅱ，两齿轮用链条相连。已知两齿轮的半径均为 r，质量均为 m，且可视为均质圆盘；曲柄 OA 长为 $l=\pi r$，

质量也为 m，可视为均质细直杆；链条的质量也为 m，可视为不可伸长的均质细绳。试求当曲柄以匀角速度 ω 转动时系统的动能。

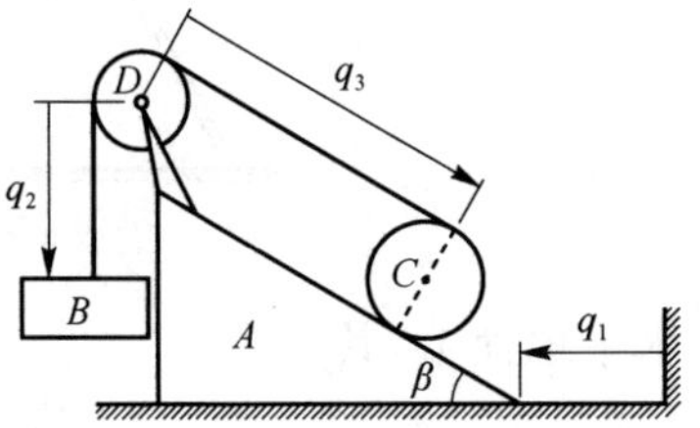

习题 8-4 图

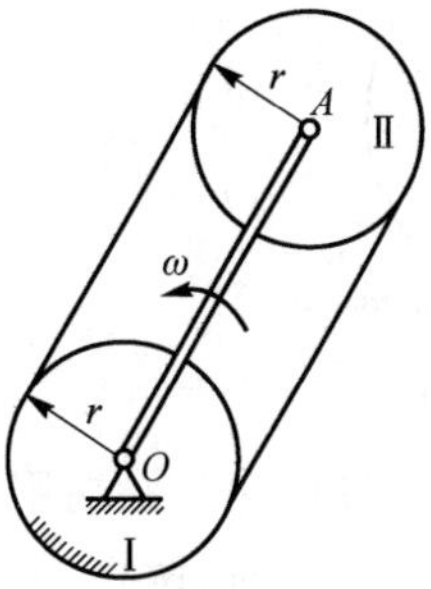

习题 8-5 图

8-6 如图所示，质量为 m、长度为 $l=3r$ 的均质细直杆 AB，可绕水平轴 A 作定轴转动，刚度系数为 $k=mg/(4r)$、原长为 $l_0=2r$ 的弹簧，一端与杆 AB 的 B 端相连，另一端固定于轴 A 正下方离轴 A 距离为 $h=4r$ 的不动点 D，在杆 AB 上作用一逆时针转向的主动力偶，其矩为 $M=\dfrac{8mgr}{\pi}$，试计算杆 AB 从 $\theta=0°$ 转到 $\theta=90°$ 的过程中，主动力偶、弹簧力和重力所作的功分别为多少？

8-7 在图示平面机构中，OA、AB 为相同的均质细直杆，质量都为 m，长度都为 $l=4r$；均质圆盘的质量为 $4m$，半径为 r，沿水平轨道作纯滚动；弹簧的刚度系数为 $k=mg/(6r)$，原长为 $l_0=2r$；在铰链 A 上作用有铅垂向下常力，其大小为 $F=3mg$，在圆轮上作用有顺时针转向的主动力偶，其矩为 $M=mgr/2$；G、H 分别为杆 OA、AB 的中点。试求 θ 从 $60°$ 运动到 $0°$ 时，作用在系统上的力系的有限功。

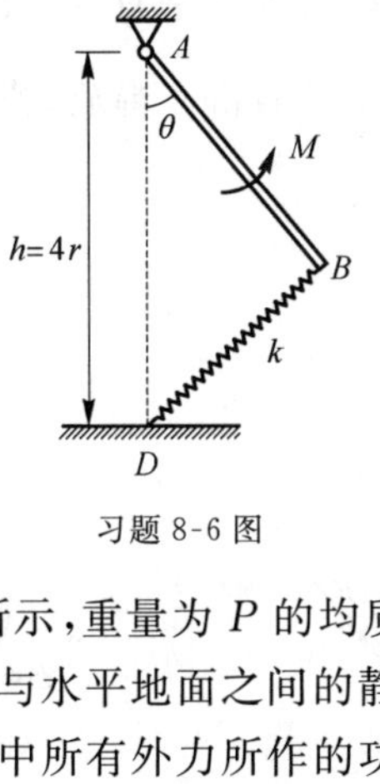

习题 8-6 图

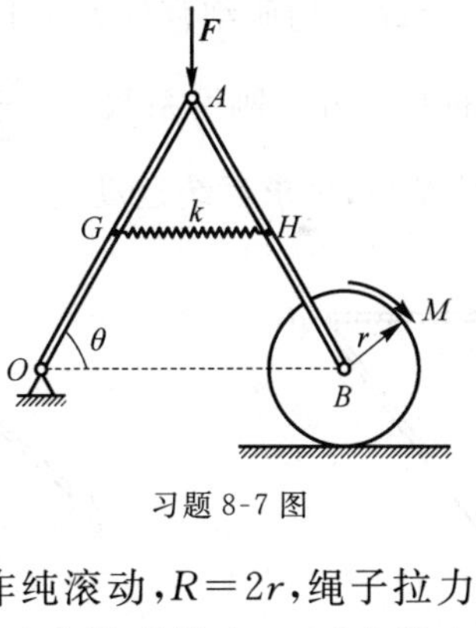

习题 8-7 图

8-8 如图所示，重量为 P 的均质鼓轮沿水平地面作纯滚动，$R=2r$，绳子拉力 F 与水平面成 $30°$ 夹角，轮子与水平地面之间的静摩擦因数为 f_s，滚动摩阻系数为 δ，试求轮心 C 向右移动了 x 距离的过程中所有外力所作的功。

8-9 图示重为 P_1、半径为 r 的均质圆柱形滚子，由静止位置开始沿与水平面成 β 角的斜面作纯滚动，铰接于滚子轴心 O 的重量为 P_2 的光滑杆 OA 随之一起运动，试求滚子轴心 O 加速度的大小。

8-10 图示同一铅垂平面内的均质细直杆 AC 和 BC 的重量均为 P，长度均为 l，由光滑铰链 C 相连接，并置于光滑水平面上。今在两杆中点连接一根刚度系数为 k 的弹簧，当 $\theta=60°$ 时弹簧为原长。若系统从该位置无初速释放，试求 $\theta=30°$ 时，点 C 速度的大小。

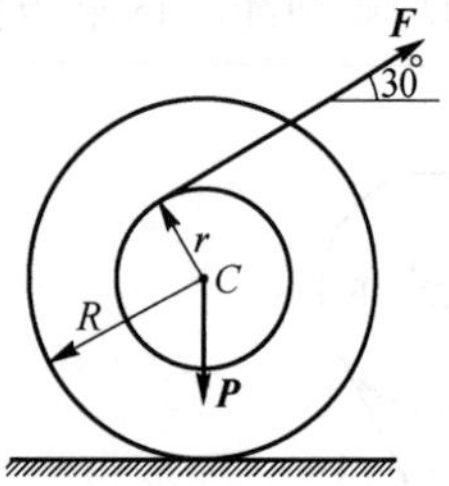

习题 8-8 图

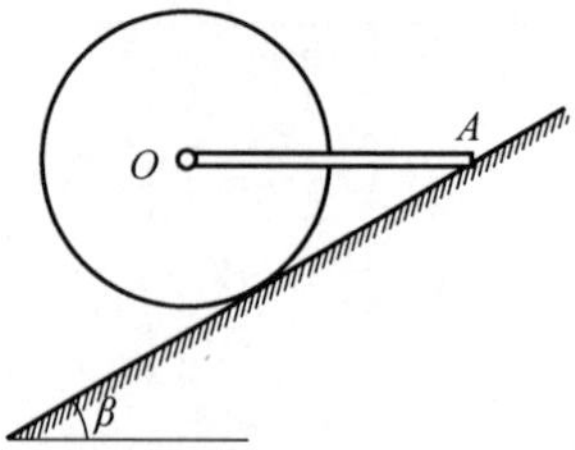

习题 8-9 图

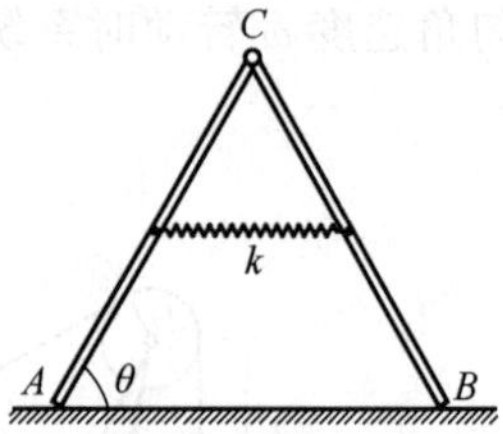

习题 8-10 图

8-11 上题中，设杆 AC 一端用光滑铰链固定于水平地面上，其他条件相同，试求 $\theta=30°$时，两杆的角速度。

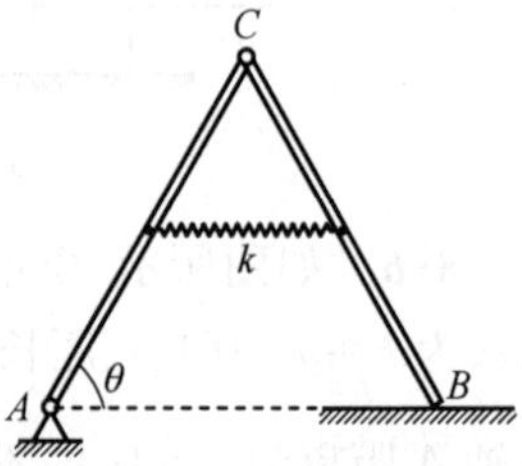

习题 8-11 图

8-12 图示系统处于同一铅垂平面内，均质细直杆 OA 的质量为 $m_{OA}=3m$，长度为 $l_1=3r$；均质细直杆 AB 的质量为 $m_{AB}=5m$，长度为 $l_2=5r$；滑块 B 的质量为 m，可沿水平滑道滑动；转轴 O 离水平滑道的高度为 $h=4r$，各接触处摩擦不计。若系统于图示位置无初速释放，试求当杆 OA 转到铅垂位置时，滑块 B 的速度。

8-13 图示系统处于同一铅垂平面内，均质杆 AB 的质量为 m，长度为 $2l$；杆 OB 的长度为 l，杆 OB 和滑块 C 的质量不计，各接触处摩擦也不计。开始时 $\theta=180°$，杆 AB 静止，今在杆 AB 的 A 端作用一大小不变且始终垂直于杆 AB 的力 $\boldsymbol{F}$，试求铰接点 C（点 C 为 AB 的中点）到达点 O 时（$\theta=0°$），杆 OB 的角速度。

8-14 图示系统处于同一铅垂平面内，其矩为 $M=\dfrac{6mgl}{\pi}$ 的主动力偶作用于质量为 $m_1=2m$、长度为 $l_1=2l$ 的均质细直杆 BD 上（点 O 为 BD 的中点）；均质细直杆 AB 的质量为 m，长度为 l；弹簧的原长为 l，刚度系数 $k=\dfrac{mg}{2l}$；该系统从 $\theta=60°$的位置静止释放，若不计滑块 A 的质量和各接触处摩擦，试求系统运动至 $\theta=0°$时杆 BD 的角速度。

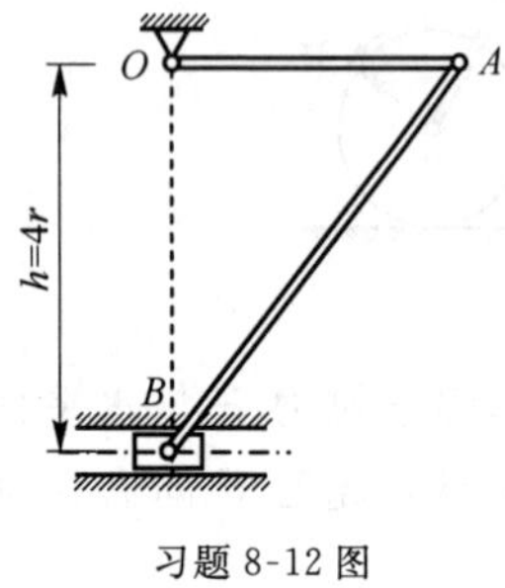

习题 8-12 图

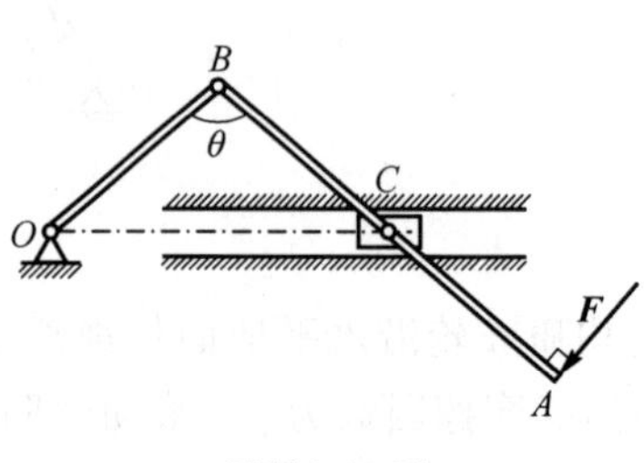

习题 8-13 图

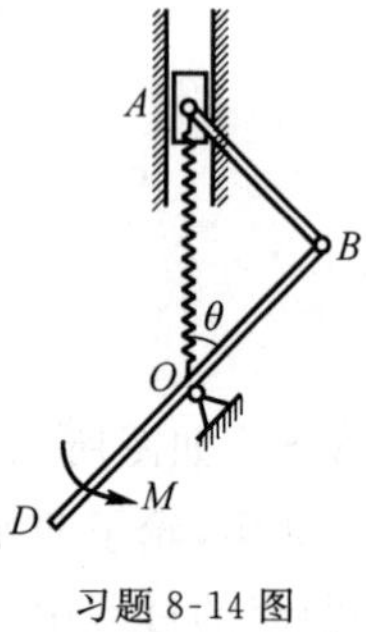

习题 8-14 图

8-15 图示系统处于同一铅垂平面内，均质细直杆 OA 的质量为 $m_{OA}=3m$，长度 $l_1=3l$；均质细直杆 AB 的质量为 $m_{AB}=5m$，长度为 $l_2=5l$；套筒 B 的质量为 m，可沿铅垂杆滑动；弹簧的刚度系数 $k=\dfrac{3mg}{4l}$，在图示位置为原长。若不计各接触处摩擦，系统于图示位置无初速释放，试求杆 AB 运动至水平位置时套筒 B 的速度。

8-16 图示铅垂平面内曲柄一连杆一滑块机构，设曲柄 OA、连杆 AB 及滑块 B 皆均质，质量均为 m，OA 的长度为 l，AB 的长度为 $2l$，曲柄上作用有力偶矩为 M 的常力偶。当 OA 处于铅垂位置时，它的角速度为 ω_1，试求该瞬间曲柄的角加速度 α_1（不计各接触处摩擦）。

8-17 图示铅垂平面内机构，常力偶矩 M 作用于质量为 m_1、长度为 l 的均质细直杆 AB 上。杆 AB 的 B 端铰接一质量可不计的滑块。滑块可在质量为 m_2，重心在转轴 O 上的圆盘的直槽内滑动，已知圆盘对轴 O 的回转半径为 ρ。当直槽处于铅垂位置，$r=\dfrac{l}{4}$，$\beta=30°$ 的图示瞬间，杆 AB 的角速度为 ω_0，若不计各接触处摩擦，试求此时杆 AB 的角加速度 α_0。

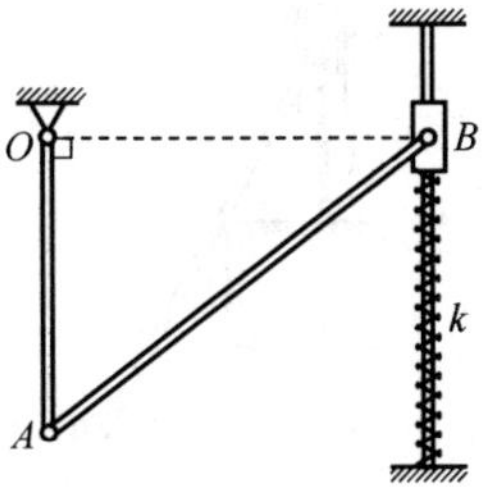

习题 8-15 图

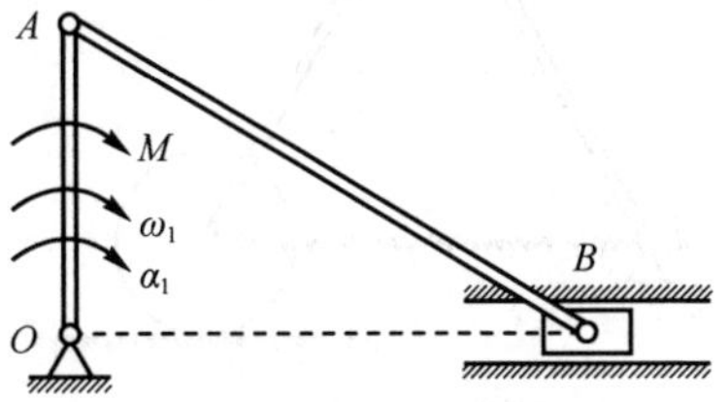

习题 8-16 图

8-18 图示系统处于同一铅垂平面内，已知两物块 A、B 的质量都为 m_1，均质滑轮 O_1、O_2 的质量都为 m_2，半径都为 r；柔绳张紧不可伸长，且质量不计，与轮之间无相对滑动；轴承 O_2 处摩擦也不计。若物块 A 的初速为 v_0，当 A 下落 h 时其速度为 $2v_0$，试求物块 B 与水平面之间的动摩擦因数。

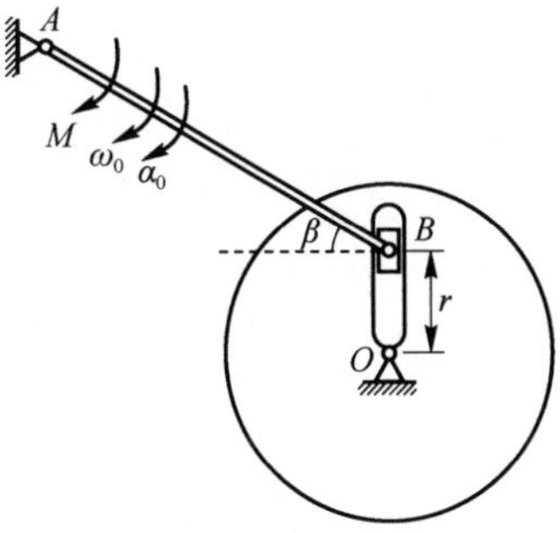

习题 8-17 图

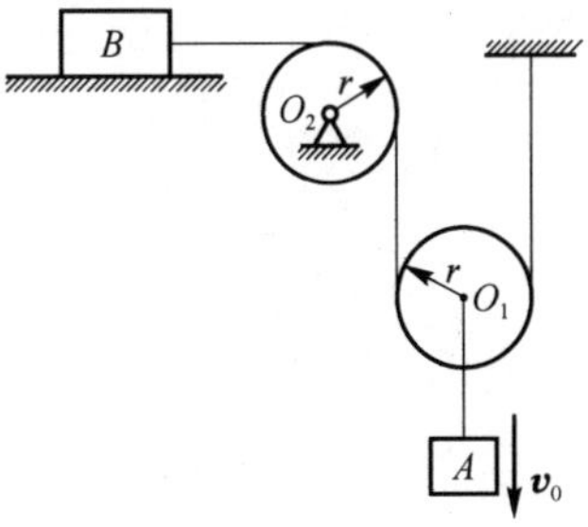

习题 8-18 图

8-19 图示系统处于同一铅垂平面内，物块 A、B 的质量均为 m_1。定滑轮和圆盘皆均质，质量均为 m_2，半径均为 r；刚度系数为 k 的水平线弹簧的一端与圆盘中心 C 相连，另一端与铅垂墙相连。当系统处于平衡时将连接 B 的绳子剪断，若各接触处无相对滑动，不计绳子和弹簧质量及轴承 O 处摩擦，当物块 A 上升了 h 距离时，试求物块 A 的速度和加速度的大小分别为多少？

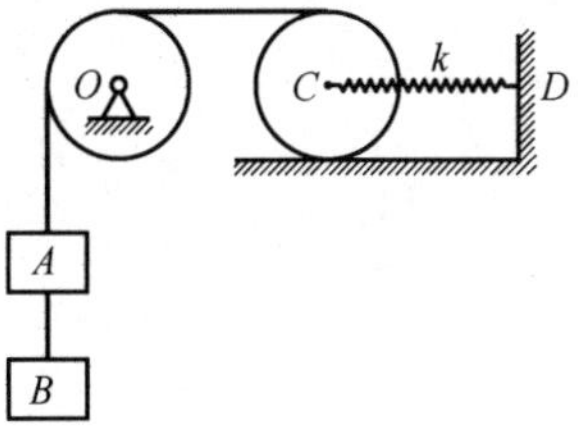

习题 8-19 图

8-20 图示均质细直杆 AB、BC 的质量均为 m，长度均为 l；均质圆盘的中心为 C，其质量为 $4m$，半径为 r；它们处于同一铅垂面内，且以光滑圆柱铰链相互连接，圆盘可沿水平地面作纯滚动，点 A、C 处于同一水平线上，且连接一根原长为 $2l$，刚度系数为 $k=mg/l$ 的弹簧。当 $\theta=60°$ 时，系统无初速释放，试求杆 AB 分别在 $\theta=30°$、$0°$ 时的角速度。

8-21 图示系统处于同一铅垂平面内，已知均质细直杆 AB 的质量为 m，长度为 $l=\dfrac{8}{3}\sqrt{3}r$，

弹簧的刚度系数为 $k=\frac{3mg}{r}$，原长为$\frac{\sqrt{3}}{3}r$，当 $\theta=60^\circ$ 时系统无初速释放，试求系统运动至 $\theta=30^\circ$ 的瞬时杆 AB 的角速度(不计滑块 A 的质量和各接触处摩擦)。

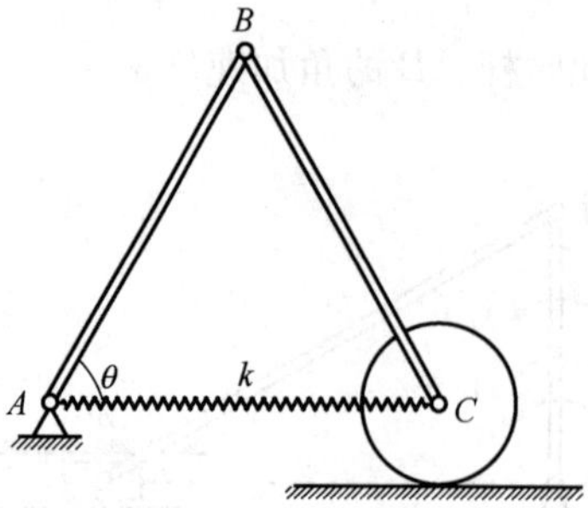

习题 8-20 图

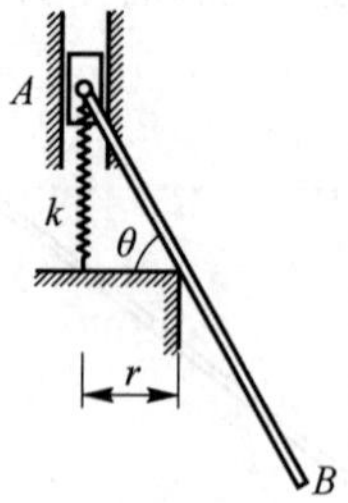

习题 8-21 图

第9章 动量原理

动量原理包括动量定理和动量矩定理。由运动学知，平移和转动是刚体运动的两种基本形式，动量和动量矩则是描述这两种运动形式的动力学特征量。动量定理阐述质点系动量的变化与外力系冲量之间的关系，它的另一种重要形式——质心运动定理则描述质点系质心的运动与外力系主矢之间的关系；动量矩定理建立质点系对某点动量矩的变化率与外力系对该点主矩之间的关系，用它可方便地研究质点系中各质点相对于惯性参考系或质心平移参考系的运动。

9.1 质点系的动量和动量矩

1. 质点系的动量

由物理学知，质点的动量是它的质量 m 与其速度 v 的乘积，用 $\boldsymbol{p}$ 表示，即

$$\boldsymbol{p} = m\boldsymbol{v} \tag{9-1}$$

它是用来表示质点机械运动强弱的一种物理量，是一个矢量，其方向与速度的方向一致。当质点之间存在力的相互作用时，动量可用来描述质点之间机械运动的传递关系。

将质点系中各质点的动量的矢量和定义为**质点系的动量**。若质点系中质点 D_i 相对于惯性参考空间中某一固定点 O 的矢径为 $\boldsymbol{r}_i$，它的质量为 m_i，速度为 $\boldsymbol{v}_i(i=1,2,\cdots,n)$，则质点系的动量为

$$\boldsymbol{p} = \sum_{i=1}^{n} m_i \boldsymbol{v}_i \tag{9-2}$$

将质点系质心的矢径公式

$$\boldsymbol{r}_C = \frac{\sum_{i=1}^{n} m_i \boldsymbol{r}_i}{m}$$

的两边同时对时间求一阶导数可得

$$m\boldsymbol{v}_C = \sum_{i=1}^{n} m_i \boldsymbol{v}_i \tag{9-3}$$

将式(9-3)代入式(9-2)得质点系动量的简洁表达式为

$$\boldsymbol{p} = m\boldsymbol{v}_C \tag{9-4}$$

这表明，质点系的动量等于想象地将质点系的质量都集中于质心时质心的动量。由此可见，质点系的动量是表示其质心运动的一个特征量，而质心运动只是质点系整体运动的一部分。

由质点系的动量的定义知，质点系的动量符合叠加原理，因此，当一个质点系由 n 个刚体组成时，其动量可写成为

$$\boldsymbol{p} = \sum_{i=1}^{n} m_i \boldsymbol{v}_{C_i} \tag{9-5}$$

式中，m_i 和 $\boldsymbol{v}_{C_i}$ 分别为第 i 个刚体的质量和质心的速度。

2. 质点系的动量矩

(1)质点对固定点的动量矩

与定义力对点的矩类似，把质点 D 在某瞬时相对于某固定点 O 的矢径 $\boldsymbol{r}$ 与其动量 $m\boldsymbol{v}$ 的叉积定义为该瞬时**质点 D 的动量对点 O 的矩**，又称**质点对点 O 的动量矩**，记为 $\boldsymbol{L}_O(m\boldsymbol{v})$，即

$$\boldsymbol{L}_O(m\boldsymbol{v})=\boldsymbol{r}\times m\boldsymbol{v} \tag{9-6}$$

若在点 O 建立直角坐标系 $Oxyz$，则

$$\begin{aligned}\boldsymbol{L}_O(m\boldsymbol{v})&=\begin{vmatrix}\boldsymbol{i} & \boldsymbol{j} & \boldsymbol{k}\\ x & y & z\\ mv_x & mv_y & mv_z\end{vmatrix}\\ &=m(yv_z-zv_y)\boldsymbol{i}+m(zv_x-xv_z)\boldsymbol{j}+m(xv_y-yv_x)\boldsymbol{k}\end{aligned} \tag{9-7}$$

式中，$\boldsymbol{i}$、$\boldsymbol{j}$、$\boldsymbol{k}$ 分别为 x、y、z 轴正向的单位矢量，x、y、z 为点 D 的坐标，v_x、v_y、v_z 分别为 v 沿 x、y、z 轴的投影。

与定义力对轴的矩类似，也可定义动量对轴的矩，又称**质点对轴的动量矩**，并且相应地有以下结论：质点对某一固定轴 l 的动量矩 $L_l(m\boldsymbol{v})$ 等于质点对该轴上任意一点 A 的动量矩在该轴上的投影，即

$$L_l(m\boldsymbol{v})=\boldsymbol{L}_A(m\boldsymbol{v})\cdot\boldsymbol{l}^0 \tag{9-8}$$

式中，$\boldsymbol{l}^0$ 为 l 轴正向的单位矢量。

显然，质点对点的动量矩是一个定位矢量，而质点对轴的动量矩是一个代数量。

(2)质点系的动量矩

1)质点系对某固定点的动量矩

设质点系中质点 D_i 相对于某一固定点 O 的矢径为 $\boldsymbol{r}_i$，动量为 $m_i\boldsymbol{v}_i$ $(i=1,2,\cdots,n)$。将质点系中各质点对固定点 O 的动量矩的矢量和定义为**质点系对该点的动量矩**。用 $\boldsymbol{L}_O$ 表示，即

$$\boldsymbol{L}_O=\sum_{i=1}^{n}\boldsymbol{L}_O(m_i\boldsymbol{v}_i)=\sum_{i=1}^{n}\boldsymbol{r}_i\times m_i\boldsymbol{v}_i \tag{9-9}$$

将质点系中各质点对某一固定轴 l 的动量矩的代数和定义为**质点系对该轴的动量矩**，用 L_l 表示，即

$$L_l=\sum_{i=1}^{n}L_l(m_i\boldsymbol{v}_i) \tag{9-10}$$

2)质点系对动点的动量矩

设在惯性参考系中有任意一动点 A，其速度为 $\boldsymbol{v}_A$。现以 A 为原点建立平移直角坐标系 $Ax'y'z'$，设质点系中质点 D_i 相对于 A 的矢径为 $\boldsymbol{r}'_i$，相对于平移直角坐标系 $Ax'y'z'$ 的相对速度为 $\boldsymbol{v}_{ir}$，则由复合运动的知识知，质点 D_i 的绝对速度为

$$\boldsymbol{v}_i=\boldsymbol{v}_{ir}+\boldsymbol{v}_A\ (i=1,2,\cdots,n) \tag{9-11}$$

通常将各质点的质量与其在惯性参考系中的绝对速度的乘积定义为**该质点的绝对动量**，而将质点系中各质点的绝对动量 $m_i\boldsymbol{v}_i$ 对动点 A 的矩的矢量和定义为**质点系对该点的绝对动量矩**，用 $\boldsymbol{L}_A$ 表示，即

$$\boldsymbol{L}_A=\sum_{i=1}^{n}\boldsymbol{L}_A(m_i\boldsymbol{v}_i)=\sum_{i=1}^{n}\boldsymbol{r}'_i\times(m_i\boldsymbol{v}_i) \tag{9-12}$$

将各质点的质量与其在平移直角坐标系 $Ax'y'z'$ 中的相对速度的乘积定义为**该质点的相对动量**，而将质点系中各质点的相对动量 $m_i\boldsymbol{v}_{ir}$ 对动点 A 的矩的矢量和定义为**质点系对该点的相对**

动量矩，用 $\boldsymbol{L}_A^{\mathrm{r}}$ 表示，即

$$\boldsymbol{L}_A^{\mathrm{r}} = \sum_{i=1}^{n} \boldsymbol{L}_A^{\mathrm{r}}(m_i \boldsymbol{v}_{i\mathrm{r}}) = \sum_{i=1}^{n} \boldsymbol{r}'_i \times (m_i \boldsymbol{v}_{i\mathrm{r}}) \tag{9-13}$$

将式(9-11)代入式(9-12)，并由式(9-13)和质点系质心 C 相对于 A 的矢径公式 $\boldsymbol{r}'_C = \sum_{i=1}^{n} m_i \boldsymbol{r}'_i / m$ 可得

$$\boldsymbol{L}_A = \boldsymbol{L}_A^{\mathrm{r}} + \boldsymbol{r}'_C \times (m\boldsymbol{v}_A) \tag{9-14}$$

称为**质点系对动点的绝对动量矩和相对动量矩的关系式**。

特别地，当 A 取为质点系的质心 C 时，则 $\boldsymbol{r}'_C = \overrightarrow{CC} = 0$，于是式(9-14)变成

$$\boldsymbol{L}_C = \boldsymbol{L}_C^{\mathrm{r}} \tag{9-15}$$

即质点系对质心的绝对动量矩和相对动量矩相等，因此可将它们统称为**质点系对质心的动量矩**。一般来说，$\boldsymbol{L}_C^{\mathrm{r}}$ 要比 $\boldsymbol{L}_C$ 容易计算。

3)质点系对固定点和对动点的动量矩之间的关系

因为 $\boldsymbol{r}_i = \boldsymbol{r}_A + \boldsymbol{r}'_i$(其中 $\boldsymbol{r}_A = \overrightarrow{OA}$)，于是式(9-9)可表示为

$$\boldsymbol{L}_O = \sum_{i=1}^{n} (\boldsymbol{r}_A + \boldsymbol{r}'_i) \times m_i \boldsymbol{v}_i = \boldsymbol{r}_A \times \sum_{i=1}^{n} m_i \boldsymbol{v}_i + \sum \boldsymbol{r}'_i \times m_i \boldsymbol{v}_i$$

显然，$\sum_{i=1}^{n} m_i \boldsymbol{v}_i$ 就是质点系的动量 $\boldsymbol{p}$，而 $\sum \boldsymbol{r}'_i \times m_i \boldsymbol{v}_i$ 就是 $\boldsymbol{L}_A$，于是

$$\boldsymbol{L}_O = \boldsymbol{L}_A + \overrightarrow{OA} \times \boldsymbol{p} \tag{9-16}$$

实际上，与力系类似，质点系每个质点的动量组成了一个动量系。这个动量系的主矢量等于动量系中各个动量的矢量和，它也就是质点系的动量；这个动量系对某点 O 或 A 的主矩等于动量系的各个动量对该点 O 或 A 的矩的矢量和，它也就是质点系对该点 O 或 A 的动量矩。式(9-16)也就是动量系对不同两点的主矩关系，它与力系对不同两点的主矩关系的形式一致也就不奇怪了。将式(9-16)中的定点 O 改为另一动点，从推导过程看，也是正确的，这在 9.7 节中有具体应用。

若将各质点的质量与其在平移直角坐标系 $Ax'y'z'$ 中的牵连速度(都等于 $\boldsymbol{v}_A$)的乘积定义为该质点的牵连动量，则牵连动量系可等价成作用于质点系质心 C 的合动量 $m\boldsymbol{v}_A$，这与重力系可等价于作用于质心的重力类似，于是式(9-14)的右端第二项即为牵连合动量对动点 A 的矩，定义为**质点系对动点的牵连动量矩**，于是式(9-14)就表明，质点系对动点的绝对动量矩等于对动点的相对动量矩与对动点的牵连动量矩的矢量和。式(9-14)在 9.7 节中也有具体应用。

(3)运动刚体动量矩的计算

刚体是特殊的质点系，下面给出几类运动较简单的刚体的动量矩的计算公式。

1)平移刚体的动量矩

刚体作平移时，其上各质点相对于质心平移坐标系的相对速度 $\boldsymbol{v}_{i\mathrm{r}}$ 均为零，故

$$\boldsymbol{L}_C = \boldsymbol{L}_C^{\mathrm{r}} = 0 \tag{9-17}$$

由式(9-16)，并将点 A 取为点 C，则平移刚体对任意确定点 O 的动量矩为

$$\boldsymbol{L}_O = \overrightarrow{OC} \times (m\boldsymbol{v}_C) \tag{9-18}$$

即平移刚体对确定点 O 的动量矩等于将平移刚体的质量视为全部集中在质心 C 上时对点 O 的动量矩。

当平移刚体的质心作平面曲线运动时，平移刚体对该平面内任一点的动量矩可视为代数量。

2)**定轴转动刚体的动量矩**

如图 9-1 所示，在转轴上任取一点 O，建立惯性参考空间中的直角坐标系 $Oxyz$，使 z 轴与转轴重合，则定轴转动刚体的角速度可表示为

$$\boldsymbol{\omega} = \omega \boldsymbol{k}$$

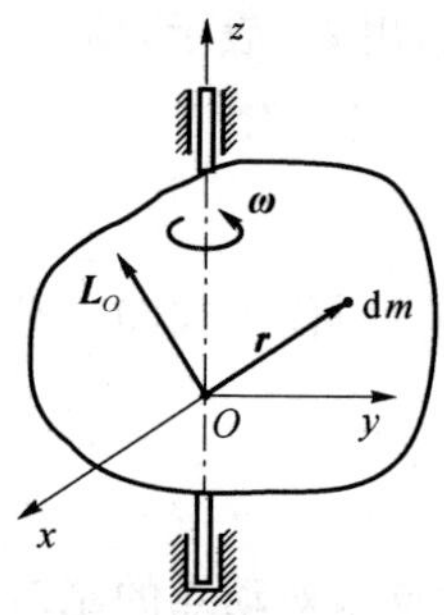

图 9-1 定轴转动刚体对定点的动量矩

设质量为 $\mathrm{d}m$ 的微元，相对于 O 的矢径为 $\boldsymbol{r}$，在 $Oxyz$ 中的坐标为(x,y,z)，即

$$\boldsymbol{r} = x\boldsymbol{i} + y\boldsymbol{j} + z\boldsymbol{k}$$

其速度为

$$v = \boldsymbol{\omega} \times \boldsymbol{r}$$

于是定轴转动刚体对定点 O 的动量矩为

$$\begin{aligned}\boldsymbol{L}_O &= \int_m \boldsymbol{r} \times v\,\mathrm{d}m = \int_m \boldsymbol{r} \times (\boldsymbol{\omega} \times \boldsymbol{r})\mathrm{d}m \\ &= \int_m [r^2\boldsymbol{\omega} - (\boldsymbol{r} \cdot \boldsymbol{\omega})\boldsymbol{r}]\mathrm{d}m \\ &= \int_m [(x^2 + y^2 + z^2)\omega\boldsymbol{k} - (z\omega)(x\boldsymbol{i} + y\boldsymbol{j} + z\boldsymbol{k})]\mathrm{d}m \\ &= -(\int_m xz\,\mathrm{d}m)\omega\boldsymbol{i} - (\int_m yz\,\mathrm{d}m)\omega\boldsymbol{j} + (\int_m (x^2 + y^2)\mathrm{d}m)\omega\boldsymbol{k}\end{aligned}$$

由式(7-14)、式(7-21)知，上式即为

$$\boldsymbol{L}_O = -J_{xz}\omega\boldsymbol{i} - J_{yz}\omega\boldsymbol{j} + J_z\omega\boldsymbol{k} \tag{9-19}$$

这说明定轴转动刚体对轴上任一点的动量矩方向一般不沿转轴。但当转轴为刚体对点 O 的惯量主轴时，由于 $J_{xz} = J_{yz} = 0$，上式变为

$$\boldsymbol{L}_O = J_z\boldsymbol{\omega} \tag{9-20}$$

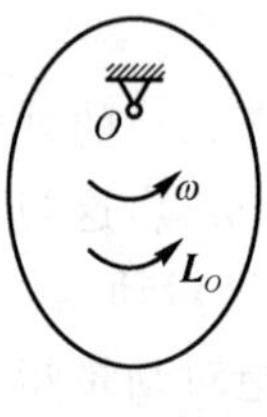

图 9-2 转轴为惯量主轴的刚体对转轴的动量矩

这时 $\boldsymbol{L}_O$ 的方向才沿转轴，且其大小与刚体的角速度成正比，其方向始终与角速度方向相同。

在工程问题中，大多数定轴转动刚体都有质量对称面，且转轴垂直于该对称面，可设它们的交点为 O。此时可将刚体简化成质量集中于对称面的平面刚体，而且转轴 z 必为刚体对点 O 的惯量主轴，因此式(9-20)成立，且 $\boldsymbol{L}_O$、$\boldsymbol{\omega}$ 均可视为代数量，如图 9-2 所示，当 $\boldsymbol{L}_O$、$\boldsymbol{\omega}$ 用其相同转向画出时，则

$$L_O = J_O\omega \tag{9-21}$$

式中，J_O 即为定轴转动刚体对转轴 Oz 的转动惯量。

3)**一般平面运动刚体的动量矩**

建立质心平移坐标系 $Cx'y'z'$，使它的三个坐标轴分别与惯性参考空间中直角坐标系 $Oxyz$ 的三个对应轴平行，且使 Cz' 轴垂直于刚体的运动平面，则一般平面运动刚体相对于上述平移坐标系为绕 Cz' 轴的定轴转动，由式(9-15)、式(9-19)知

$$\boldsymbol{L}_C = \boldsymbol{L}_C^{\mathrm{r}} = -J_{x'z'}\omega\boldsymbol{i} - J_{y'z'}\omega\boldsymbol{j} + J_{z'}\omega\boldsymbol{k} \tag{9-22}$$

若一般平面运动刚体沿其质量对称平面运动，则 Cz' 轴为刚体对点 C 的惯量主轴，即 $J_{x'z'} = J_{y'z'} = 0$，

上式变为

$$L_C = J_C\boldsymbol{\omega} \tag{9-23}$$

式中，J_C 即为一般平面运动刚体对 Cz' 轴的转动惯量。

一般平面运动刚体对任意固定点 A 的动量矩由式(9-16)给出，即

$$\boldsymbol{L}_A = \boldsymbol{L}_C + \overrightarrow{AC} \times m\boldsymbol{v}_C \tag{9-24}$$

式(9-23)中，$\boldsymbol{L}_C$，$\boldsymbol{\omega}$ 也可视为代数量，如图 9-3 所示，当 $\boldsymbol{L}_C$，$\boldsymbol{\omega}$ 用其相同转向画出时，则

$$L_C = J_C\omega \tag{9-25}$$

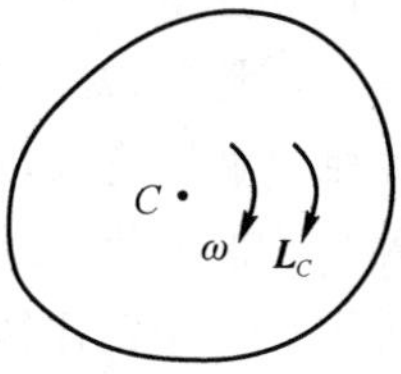

图 9-3　具有质量对称面平面运动刚体对质心的动量矩

例 9-1　在图示平面系统中，三均质刚体的质量都为 m，圆盘的半径为 r，以匀角速度 ω_0 绕水平轴 O 作逆时针转动，滑块 B 沿铅垂滑道滑动，杆 AB 的长度为 $l=5r$，A、B 为光滑圆柱铰链，试求图示位置：(1)系统的动量；(2)系统对点 O 的动量矩。

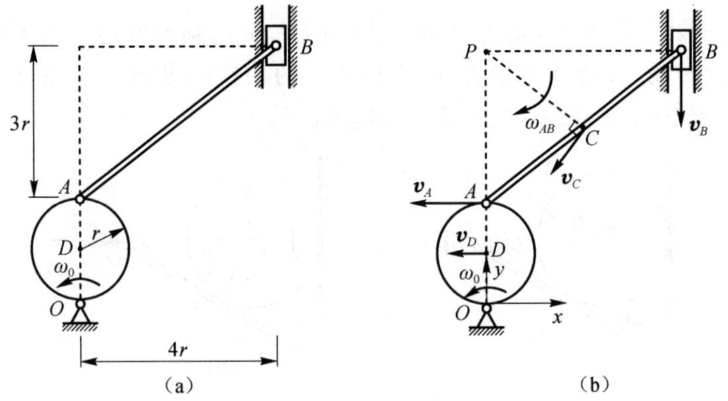

例 9-1 图

解：(1)运动学分析(设 C 为杆 AB 的中点)

如图(b)所示建立直角坐标系 Oxy，点 P 为杆 AB 的速度瞬心

$$v_A = 2r \cdot \omega_0 = PA \cdot \omega_{AB}, \omega_{AB} = \frac{2}{3}\omega_0 \quad (\circlearrowright)$$

$$v_B = PB \cdot \omega_{AB} = 4r \cdot \frac{2}{3}\omega_0 = \frac{8}{3}\omega_0 r$$

$$v_C = \frac{1}{2}(v_A + v_B) = -r\omega_0\boldsymbol{i} - \frac{4}{3}r\omega_0\boldsymbol{j}$$

(2)求系统的动量

$$\boldsymbol{p}_{系统} = mv_D + mv_C + mv_B = mr\omega_0(-2\boldsymbol{i} - 4\boldsymbol{j})$$

(3)求系统对点 O 的动量矩

$$L_O^{盘} = J_O\omega_0 = \frac{3}{2}mr^2\omega_0 \quad (\circlearrowleft)$$

$$L_C^{杆} = J_C\omega_{AB} = \frac{1}{12}m(5r)^2 \cdot \frac{2}{3}\omega_0 = \frac{25}{18}mr^2\omega_0 \quad (\circlearrowright)$$

由 $\boldsymbol{L}_O^{杆} = \boldsymbol{L}_C^{杆} + \overrightarrow{OC} \times (m\boldsymbol{v}_C)$ 得

$$L_O^{杆} = -\frac{25}{18}mr^2\omega_0 + (mr\omega_0)\left(2r + \frac{3}{2}r\right) - \left(\frac{4}{3}mr\omega_0\right) \cdot 2r = -\frac{5}{9}mr^2\omega_0$$

$$L_O^{块} = -\left(\frac{8}{3}m\omega_0 r\right) \cdot 4r = -\frac{32}{3}mr^2\omega_0$$

$$L_O^{系统} = L_O^{盘} + L_O^{杆} + L_O^{块} = -\frac{175}{18}mr^2\omega_0 \text{（负号表示真实转向为顺时针）}$$

注意：①系统的动量是各刚体动量的矢量和，而不是各刚体动量的大小之和。②在求刚体对某点的动量矩时，平移刚体可以将其动量画在质心，然后按质点动量矩的求法求解，即可以用动量乘以动量臂（矩心到动量矢量作用线的垂直距离）求出大小，动量矩的转向可直观判断出，这与力矩的求法类似；但定轴转动刚体和平面运动的刚体对某点的动量矩如果按平移刚体那样去求解则是错误的，应该像题解中那样按正确公式去求解，这是求刚体动量矩与求质点动量矩的本质区别。③在计算$\overrightarrow{OC} \times (mv_C)$时，因其动量臂不易直观写出，故将画在质心上的动量$mv_C$分解成两个正交分量$mv_{Cx}$和$mv_{Cy}$，而这两个分量的动量臂却可方便得到，再利用合动量的动量矩等于各分动量的动量矩的矢量和（对于平面系统可看成代数和）进行求解，这与"合力的矩等于各分力的矩的矢量和"是一个道理。

例 9-2 如图所示平面系统，质量为m、长度为$l=3r$的均质细直杆OA以匀角速度ω_0绕水平轴O作顺时针转动，并带动质量为m、半径为r的均质圆盘B在铅垂墙面上作纯滚动，试求图示位置：(1)系统的动量；(2)系统对点O的动量矩。

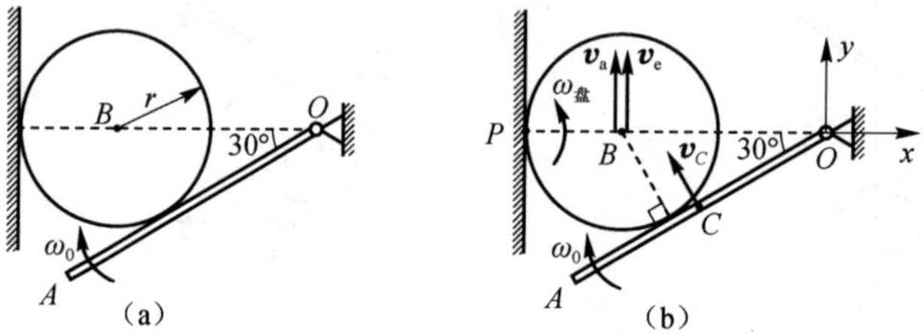

例 9-2 图

解：(1)运动学分析

动点：圆盘中心B；动系：与杆OA固连。根据速度合成公式（见图(b)）

$$v_a = v_r + v_e$$

在图示位置$v_e \perp \overrightarrow{OB}$，$v_e /\!/ v_a$，$v_r /\!/ \overrightarrow{OA}$

故

$$v_r = 0, v_a = v_e = OB \cdot \omega_0 = r\omega_{盘}$$

$$\omega_{盘} = 2\omega_0 (\curvearrowleft)$$

(2)求系统的动量（设杆OA的中点为C）

$$\boldsymbol{p}_{系统} = mv_C + mv_B = m\left(\frac{3}{2}r\omega_0\right)\left(-\frac{1}{2}\boldsymbol{i} + \frac{\sqrt{3}}{2}\boldsymbol{j}\right) + m(2r\omega_0)\boldsymbol{j}$$

$$= \frac{1}{4}mr\omega_0[-3\boldsymbol{i} + (3\sqrt{3}+8)\boldsymbol{j}]$$

(3)求系统对点O的动量矩

$$L_O^{杆} = J_O\omega_0 = \frac{1}{3}m(3r)^2\omega_0 = 3mr^2\omega_0(\curvearrowright)$$

$$L_B^{盘} = J_B\omega_{盘} = \frac{1}{2}mr^2(2\omega_0) = mr^2\omega_0(\curvearrowleft)$$

$$\boldsymbol{L}_O^{盘} = \boldsymbol{L}_B^{盘} + \overrightarrow{OB} \times (mv_B)$$

$$L_O^{盘} = -mr^2\omega_0 + (m \cdot 2r\omega_0) \cdot 2r = 3mr^2\omega_0(\circlearrowright)$$

$$L_O^{系统} = L_O^{杆} + L_O^{盘} = 6mr^2\omega_0(\circlearrowright)$$

注意：①本例与上例的区别主要是在运动学分析上，本例是利用点的速度合成公式建立了刚体之间瞬时运动关系，而上例则是利用速度瞬心建立了各刚体之间瞬时运动关系。②$v_r = 0$，只是在图示位置才有，在系统运动的其他位置 $v_r \neq 0$。

例 9-3 在图示平面机构中，质量为 m、半径为 r 的均质细圆环 D 以匀角速度 ω_0 绕轴 O 作逆时针转动，通过套筒 B 带动质量为 $m_1 = 2m$、长度为 $l = 2r$ 的均质细直杆 AB 绕轴 A 转动。若不计套筒的质量，试求图示瞬时：(1)系统的动量；(2)系统对点 A 的动量矩。

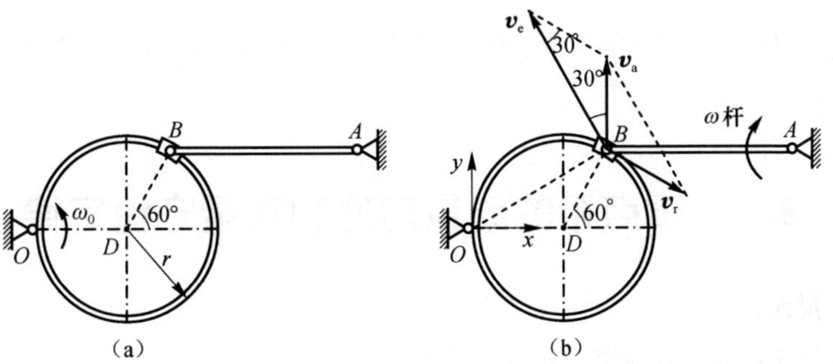

例 9-3 图

解：(1)运动学分析

动点：杆 AB 上点 B；动系：与圆环 D 固连。根据速度合成公式

	v_a	=	v_r	+	v_e
大小	?		?		$OB \cdot \omega_0 = \sqrt{3}r\omega_0$
方向	$\perp \overrightarrow{AB}$		$\perp \overrightarrow{DB}$		$\perp \overrightarrow{OB}$

可作出图(b)所示平行四边形，且其中三角形为等腰三角形，于是 $v_e = \sqrt{3}v_a$，$\sqrt{3}r\omega_0 = \sqrt{3}(2r\omega_{杆})$，$\omega_{杆} = \frac{1}{2}\omega_0(\circlearrowright)$

(2)求系统的动量(设杆 AB 的中点为 C)

$$\boldsymbol{p}_{系统} = \boldsymbol{p}_{环} + \boldsymbol{p}_{杆} = mv_D + (2m)\,v_C = m(r\omega_0)\boldsymbol{j} + (2m)(r\omega_{杆})\boldsymbol{j}$$
$$= 2mr\omega_0\boldsymbol{j}$$

(3)求系统对点 A 的动量矩

$$L_A^{杆} = J_A^{杆}\omega_{杆} = \frac{1}{3}(2m)(2r)^2 \cdot \frac{1}{2}\omega_0 = \frac{4}{3}mr^2\omega_0(\circlearrowright)$$

$$L_D^{环} = J_D^{环}\omega_0 = mr^2\omega_0(\circlearrowleft)$$

$$\boldsymbol{L}_A^{环} = \boldsymbol{L}_D^{环} + \overrightarrow{AD} \times (mv_D)$$

$$L_A^{环} = -L_D^{环} + mr\omega_0 \times (2r + r\cos 60^\circ)$$

$$= -mr^2\omega_0 + \frac{5}{2}mr^2\omega_0 = \frac{3}{2}mr^2\omega_0(\circlearrowright)$$

$$L_A^{系统} = L_A^{杆} + L_A^{环} = \frac{4}{3}mr^2\omega_0 + \frac{3}{2}mr^2\omega_0$$

$$= \frac{17}{6}mr^2\omega_0(\circlearrowright)$$

注意：①因圆环质心 D 的速度方向与杆质心 C 的速度方向在图示位置恰好相同，故系统的动量的大小恰好等于圆环动量的大小与杆动量的大小之和，但这一结论对其他位置并不成立。②尽管圆环绕轴 O 作定轴转动，因定轴转动是平面运动的特殊情况，故题解中在写圆环对点 A 的动量矩时采用了平面运动刚体对定点的动量矩计算公式(9-16)。③若要求系统对点 O 的动量矩，则 $L_O^{环}=J_O^{环}\omega_0=(mr^2+mr^2)\omega_0=2mr^2\omega_0(\curvearrowleft)$，$L_C^{杆}=J_C^{杆}\omega_{杆}=\frac{1}{12}(2m)(2r)^2\cdot\frac{\omega_0}{2}=\frac{1}{3}mr^2\omega_0(\circlearrowright)$，$\boldsymbol{L}_O^{杆}=\boldsymbol{L}_C^{杆}+\overrightarrow{OC}\times(2m\boldsymbol{v}_C)$，$L_O^{杆}=-\frac{1}{3}mr^2\omega_0+(2m)\left(r\cdot\frac{\omega_0}{2}\right)\left(r+\frac{r}{2}+r\right)=\frac{13}{6}mr^2\omega_0(\curvearrowleft)$，于是 $L_O^{系统}=L_O^{环}+L_O^{杆}=\frac{25}{6}mr^2\omega_0(\curvearrowleft)$。④本题的运动学分析也可以采用其他方法，请参见例 3-6。

9.2　质点系的动量定理和动量守恒定律

1. 质点的动量定理

当质点的质量不变时，牛顿第二定律可写为

$$\frac{\mathrm{d}}{\mathrm{d}t}(m\boldsymbol{v})=\boldsymbol{F}$$

两边同乘以 $\mathrm{d}t$ 得

$$\mathrm{d}(m\boldsymbol{v})=\boldsymbol{F}\mathrm{d}t \tag{9-26}$$

即质点的动量的微分等于作用于其上的合力的元冲量，称为**质点动量定理的微分形式**。

式(9-26)在时间 $t_1 \sim t_2$ 内积分，得

$$m\boldsymbol{v}_2-m\boldsymbol{v}_1=\int_{t_1}^{t_2}\boldsymbol{F}\mathrm{d}t \tag{9-27}$$

即质点在时间间隔 $t_1 \sim t_2$ 内动量的改变量等于作用于其上的合力在同一时间间隔内的冲量，称为**质点动量定理的积分形式**。

2. 质点系的动量定理

设作用于质点系中质点 D_i 上质点系的内力和外力的合力分别为 $\boldsymbol{F}_i^{(i)}$ 和 $\boldsymbol{F}_i^{(e)}$，根据式(9-26)有

$$\mathrm{d}(m_i\boldsymbol{v}_i)=(\boldsymbol{F}_i^{(i)}+\boldsymbol{F}_i^{(e)})\mathrm{d}t\quad(i=1,2,\cdots,n) \tag{9-28}$$

将它们求矢量和，再交换求和与求微分的顺序，并将式(9-2)和 $\sum_{n=1}^{n}\boldsymbol{F}_i^{(i)}=\boldsymbol{F}_{\mathrm{R}}^{(i)}=0$，$\sum_{n=1}^{n}\boldsymbol{F}_i^{(e)}=\boldsymbol{F}_{\mathrm{R}}^{(e)}$ 代入得

$$\mathrm{d}\boldsymbol{p}=\boldsymbol{F}_{\mathrm{R}}^{(e)}\mathrm{d}t \tag{9-29}$$

这表明，质点系的动量的微分等于作用于其上的外力系的主矢的元冲量，称为**质点系动量定理的微分形式**。

上式在时间 $t_1 \sim t_2$ 内积分，得

$$\boldsymbol{p}_2-\boldsymbol{p}_1=\int_{t_1}^{t_2}\boldsymbol{F}_{\mathrm{R}}^{(e)}\mathrm{d}t \tag{9-30}$$

它表明，质点系在时间间隔 $t_1 \sim t_2$ 内动量的改变量等于作用于其上的外力系的主矢在同一时间间隔内的冲量，称为**质点系动量定理的积分形式**。

必须指出，尽管质点系的内力不会改变质点系的动量，但它能引起质点系内各质点的动量的相互改变。

动量定理的表达式(9-29)、式(9-30)都是矢量式，它们可以向惯性参考直角坐标轴上投影，得到相应的投影式

$$\left.\begin{aligned}\mathrm{d}(p_x) &= F_{\mathrm{R}x}^{(e)}\,\mathrm{d}t\\ \mathrm{d}(p_y) &= F_{\mathrm{R}y}^{(e)}\,\mathrm{d}t\\ \mathrm{d}(p_z) &= F_{\mathrm{R}z}^{(e)}\,\mathrm{d}t\end{aligned}\right\} \tag{9-31}$$

$$\left.\begin{aligned}p_{2x} - p_{1x} &= \int_{t_1}^{t_2} F_{\mathrm{R}x}^{(e)}\,\mathrm{d}t\\ p_{2y} - p_{1y} &= \int_{t_1}^{t_2} F_{\mathrm{R}y}^{(e)}\,\mathrm{d}t\\ p_{2z} - p_{1z} &= \int_{t_1}^{t_2} F_{\mathrm{R}z}^{(e)}\,\mathrm{d}t\end{aligned}\right\} \tag{9-32}$$

3. 质点系的动量守恒定律

若质点系的外力系的主矢 $\boldsymbol{F}_{\mathrm{R}}^{(e)} \equiv 0$，则由式(9-29)可得，质点系的动量 $\boldsymbol{p}=$ 常矢量；若质点系的外力系的主矢在某一固连于惯性参考空间的直角坐标轴，如 x 轴上的投影 $F_{\mathrm{R}x}^{(e)} \equiv 0$，则由式(9-31)得，质点系的动量在该轴上的投影 $p_x=$ 常数。以上结论统称为**质点系的动量守恒定律**。

利用动量守恒定律可以解释许多现象，例如当汽车停放在光滑水平冰面上时，由于汽车发动机的作用力对汽车来说是内力，它的作用力虽可使汽车的主动轮产生转动，但由于光滑冰面不能产生摩擦力，若汽车在水平向前或向后无主动外力作用，则汽车的动量在水平方向上的投影守恒，这时无论汽车的发动机的功率有多大，都不能使汽车向前行驶或向后倒退，主动轮只是原地打转；同理，对于已经具有一定速度的汽车行驶到光滑水平冰面上，此时若仅靠汽车发动机的作用力要使汽车停下来也是不可能的。再如，将炮身和炮弹看作一个质点系，发射前系统静止，动量为零，发射时弹药爆炸的气体压力为内力，它可使炮弹获得向前的动量，如不计地面对炮身的水平阻力，则系统动量在水平方向上投影守恒，所以炮身必获得向后的动量，即炮身的后退现象，常称为反冲现象。

例 9-4 图示质量为 m_A 的小三角块 A 在重力作用下沿着放置于水平地面上质量为 m_B 的大三角块 B 的斜面滑下。A 与 B 斜面的倾角均为 β。若所有接触面光滑，且初始时系统静止，当 A 相对于 B 下滑了 s 距离时，试求 B 的速度大小。

解：系统有两个自由度，因只有重力作功，故系统的机械能守恒，又系统所受外力系的主矢在水平方向投影为零，故系统的动量在水平方向上的投影守恒。具体解题步骤为：

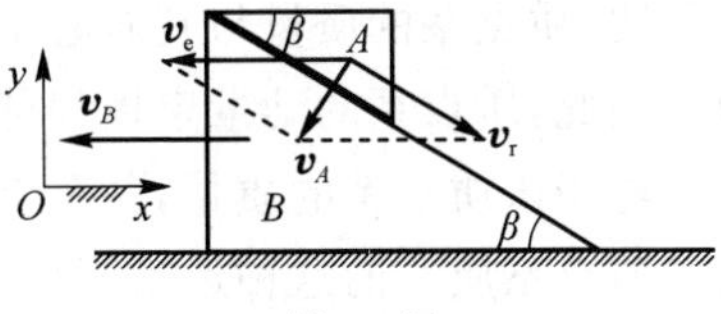

例 9-4 图

(1)建立图示直角坐标系 Oxy，三角块 A、B 均作平移，设它们的速度分别为 v_A、v_B。

(2)因 $F_{\mathrm{R}x}^{(e)} \equiv 0$，又系统初始静止，故

$$p_x = m_A v_{Ax} - m_B v_B = 0 \tag{1}$$

系统初始时动能 $T_0=0$，设系统初始时势能 $V_0=0$，则 B 相对于 A 运动了 s 距离时，系统的动能和势能分别为

$$T = \frac{1}{2}m_A v_A^2 + \frac{1}{2}m_B v_B^2$$

$$V = -m_A g s \sin\beta$$

由机械能守恒定律得

$$T + V = T_0 + V_0$$

即

$$\frac{1}{2}m_A v_A^2 + \frac{1}{2}m_B v_B^2 - m_A g s \sin\beta = 0 \tag{2}$$

(3)运动学分析。以 A 为研究对象，动系与 B 固连，设 A 相对于 B 的速度为 v_r，则

$$v_A = v_r + v_e = v_r + v_B$$

于是

$$v_{Ax} = v_r\cos\beta - v_B \tag{3}$$

$$v_A^2 = v_B^2 + v_r^2 - 2v_B v_r \cos\beta \tag{4}$$

(4)求解未知量。将式(3)、式(4)代入式(1)、式(2)，可解得

$$v_B = \sqrt{\frac{m_A^2 g s \cos\beta \sin 2\beta}{(m_A + m_B)(m_B + m_A \sin^2\beta)}}$$

注意:①若将系统的动量在水平方向上的投影守恒式写成 $m_A\dot{s}\cos\theta = m_B v_B$ 则是错误的，$\dot{s}$ 是 v_r 的大小，漏掉了滑块 A 随滑块 B 运动的牵连速度。②滑块 B 作水平直线平移，因滑块 A 的绝对速度方向不变，故滑块 A 作平行于其绝对速度的平面斜直线平移。③小三角块对大三角块的约束力对大三角块作正功，才是大三角块获得动能的原因，但它的反作用力只在小三角块的牵连位移上作负功，这一对约束力的元功之和为零，是理想约束系统。④整个系统动能获得的根源应是小三角块重力作的功。

9.3 质点系的质心运动定理

1. 质心运动定理

将质点系的动量表达式(9-4)代入质点系的动量定理的微分形式(9-29)得

$$\mathrm{d}(mv_C) = \boldsymbol{F}_R^{(e)}\,\mathrm{d}t$$

对于不变质点系，则 m=常数，此时上式两边同除以 $\mathrm{d}t$ 得

$$m\boldsymbol{a}_C = \boldsymbol{F}_R^{(e)} \tag{9-33}$$

它表明，质点系的质量与其质心加速度的乘积等于作用于其上外力系的主矢，称为**质心运动定理**。因此，质点系的动量定理只能描述其质心的运动，且与这样一个质点的运动相同，该质点的质量等于该质点系的质量，并受到一个大小和方向与该质点系的外力系的主矢相同的力的作用。质点系质心的这种运动不仅与质点系的内力无关，而且与作用于其上各外力的作用点位置也无关。

若一个质点系由 n 个刚体组成，则由质心矢径公式对时间的二阶导数知，其质心运动定理可表示成

$$\sum_{i=1}^{n} m_i \boldsymbol{a}_{C_i} = \boldsymbol{F}_R^{(e)} \tag{9-34}$$

式中，m_i 和 $\boldsymbol{a}_{C_i}$ 分别为第 i 个刚体的质量和其质心的加速度。

2. 质心运动守恒定律

当一个质点系由 n 个刚体组成时，若作用于其上的外力系主矢 $\boldsymbol{F}_{R}^{(e)} \equiv 0$，且初始时系统的质心速度也为零，则根据式(9-33)易知，系统的质心相对于某固定点 O 的矢径

$$\boldsymbol{r}_C = \text{常矢量} \tag{9-35}$$

设系统中各刚体的质心在同一时间间隔内产生有限位移 $\Delta\boldsymbol{r}_{C_i}$，则由上式及系统的质心矢径公式可得

$$m\boldsymbol{r}_C = \sum_{i=1}^{n} m_i \boldsymbol{r}_{C_i} = \sum_{i=1}^{n} m_i(\boldsymbol{r}_{C_i} + \Delta\boldsymbol{r}_{C_i})$$

于是有

$$\sum_{i=1}^{n} m_i \Delta\boldsymbol{r}_{C_i} = 0 \tag{9-36}$$

若外力系的主矢在固连于惯性参考空间的直角坐标轴，如 x 轴上的投影 $F_{Rx}^{(e)} \equiv 0$，且初始时系统的质心速度在该轴上的投影也等于零，则由式(9-33)在该轴上的投影 $ma_{Cx} = F_{Rx}^{(e)}$ 易知，系统的质心在该轴上的坐标值

$$x_C = C(\text{常数}) \tag{9-37}$$

现假设各刚体的质心对该轴的坐标值在同一时间间隔内产生有限改变量 Δx_{C_i}，则由上式及系统的质心坐标公式可得

$$mx_C = \sum_{i=1}^{n} m_i x_{C_i} = \sum_{i=1}^{n} m_i(x_{C_i} + \Delta x_{C_i})$$

于是有

$$\sum_{i=1}^{n} m_i \Delta x_{C_i} = 0 \tag{9-38}$$

以上结论统称为**质心运动守恒定律**。式(9-36)或式(9-38)为其数学表达式。

例 9-5 长度为 l 的无重细直杆，一端固连质量为 m_A 的小球 A，另一端用光滑铰链与质量为 m_B 的滑块 B 的质心相连，滑块 B 可沿光滑水平轨道滑动。若系统于图示水平位置无初速释放，试求细杆下落到与水平线夹角为 θ 位置时，滑块 B 的位移、速度及轨道对它的约束力(设系统在运动过程中，滑块 B 始终不会脱离轨道)。

解:(1)建立图示直角坐标系 Oxy，因 $F_{Rx}^{(e)} \equiv 0$，且系统初始静止，故

$$m_A \Delta x_A + m_B \Delta x_B = 0 \tag{1}$$

由图中几何关系易知

$$\Delta x_A = \Delta x_B - l + l\cos\theta \tag{2}$$

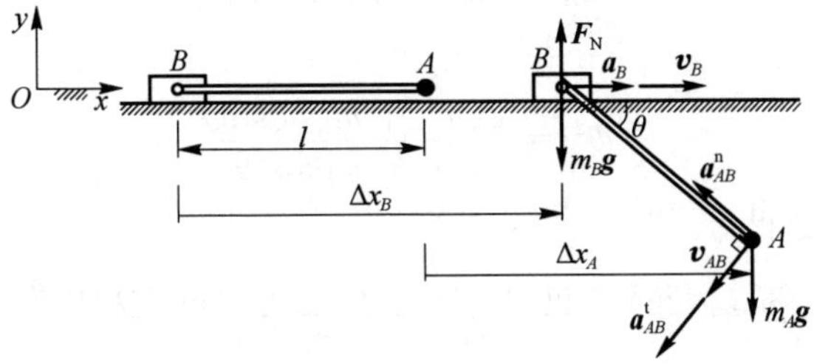

例 9-5 图

将式(2)代入式(1)可解得

$$\Delta x_B = \frac{m_A l(1-\cos\theta)}{m_A + m_B}$$

(2)由两点速度关系 $v_A = v_B + v_{AB}$ 得

$$v_{Ax} = v_B - l\dot{\theta}\sin\theta \tag{3}$$

$$v_{Ay} = -l\dot{\theta}\cos\theta \tag{4}$$

由系统动量在 x 方向上的投影守恒得

$$m_A v_{Ax} + m_B v_B = 0 \tag{5}$$

将式(3)代入式(5)得

$$m_A l\dot{\theta}\sin\theta - (m_A + m_B)v_B = 0 \tag{6}$$

已知系统在初始时的动能 $T_0=0$,设此时系统的势能 $V_0=0$,则

$$T = \frac{1}{2}m_A v_A^2 + \frac{1}{2}m_B v_B^2 = \frac{1}{2}m_A(v_{Ax}^2 + v_{Ay}^2) + \frac{1}{2}m_B v_B^2$$

$$V = -m_A g l\sin\theta$$

由机械能守恒定律得

$$T + V = T_0 + V_0$$

即

$$\frac{1}{2}m_A(v_{Ax}^2 + v_{Ay}^2) + \frac{1}{2}m_B v_B^2 - m_A g l\sin\theta = 0 \tag{7}$$

将式(3)、式(4)代入式(7)得

$$\frac{1}{2}(m_A + m_B)v_B^2 + \frac{1}{2}m_A l^2\dot{\theta}^2 - m_A l\sin\theta(v_B\dot{\theta} - g) = 0 \tag{8}$$

联立式(6)、式(8)解得

$$v_B = \sqrt{\frac{2m_A^2 g l\sin^3\theta}{(m_A + m_B)(m_B + m_A\cos^2\theta)}} \tag{9}$$

(3)由质心运动定理得

$$m_A a_{Ay} + m_B a_{By} = F_N - m_A g - m_B g \tag{10}$$

显然

$$a_{By} = 0 \tag{11}$$

由两点加速度关系 $\boldsymbol{a}_A = \boldsymbol{a}_B + \boldsymbol{a}_{AB}^n + \boldsymbol{a}_{AB}^t$ 得

$$a_{Ay} = l\dot{\theta}^2\sin\theta - l\ddot{\theta}\cos\theta \tag{12}$$

将式(9)代入式(6)可得

$$l\dot{\theta}^2 = \frac{2(m_A + m_B)g\sin\theta}{m_B + m_A\cos^2\theta} \tag{13}$$

式(13)对时间求一阶导数得

$$l\ddot{\theta} = \frac{(m_A + m_B)(m_A + m_B + m_A\sin^2\theta)g\cos\theta}{(m_B + m_A\cos^2\theta)^2} \tag{14}$$

将式(11)、式(12)、式(14)代入式(10)得

$$F_N = (m_A + m_B)g + \frac{m_A(m_A + m_B)g}{(m_B + m_A\cos^2\theta)^2}(2m_B - 3m_B\cos^2\theta - m_A\cos^4\theta)$$

注意：①这是一个两自由度系统，题解中利用系统的动量在水平方向上的投影守恒和系统的机械能守恒两个方程求解了系统的运动问题，再利用系统质心运动定理在 y 方向上的投影式求解了光滑水平轨道的约束力问题，其中运动学关系的正确建立对问题的求解起到了重要作用。②若将题中固连小球 A 的无重刚杆换成一端系于滑块 B 上，另一端连接小球 A 的不计质量且不可伸长的张紧柔绳（长度与刚杆相等），则求解过程也完全一样，说明题中刚杆对小球的约束力方向沿刚杆方向（与柔绳对小球的约束力方向相同），这样，若以 x_B 与 θ 为描述系统的广义坐标，则由质点系质心运动定理在 x 方向上的投影和小球 A 的牛顿第二定律在 $\boldsymbol{a}_{AB}^{t}$ 方向上投影得系统的运动微分方程为 $m_B\ddot{x}_B+m_A(\ddot{x}_B-l\ddot{\theta}\sin\theta-l\dot{\theta}^2\cos\theta)=0$，$l\ddot{\theta}-\ddot{x}_B\sin\theta-g\cos\theta=0$。③若初始位置系统质心 C 的 x 坐标用 $x_C^{(0)}$ 表示，则因在运动过程中质心 C 的 x 坐标保持不变，且 $x_A=x_B+l\cos\theta$，于是有 $x_C^{(0)}=\dfrac{m_Ax_A+m_B(x_A-l\cos\theta)}{m_A+m_B}$，即 $\left(1+\dfrac{m_A}{m_B}\right)(x_A-x_C^{(0)})=l\cos\theta$，$y_A=-l\sin\theta$，于是 $\left(1+\dfrac{m_A}{m_B}\right)^2(x_A-x_C^{(0)})^2+y_A^2=l^2$，这说明小球 A 的运动轨迹是以 $x=x_C^{(0)}$，$y=0$ 为中心的椭圆方程，因此，悬挂在可沿水平面滑动的滑块上，且系统于某个位置无初速释放的单摆也称为椭圆摆。

9.4 质点系对固定点的动量矩定理

1. 质点对固定点的动量矩定理

设质量为 m 的质点 D 对固定点 O 的矢径为 $\boldsymbol{r}$，作用于其上的合力为 $\boldsymbol{F}$，将该质点对点 O 的动量矩对时间求一阶导数得

$$\frac{\mathrm{d}}{\mathrm{d}t}\boldsymbol{L}_O(m\boldsymbol{v})=\frac{\mathrm{d}}{\mathrm{d}t}(\boldsymbol{r}\times m\boldsymbol{v})=\frac{\mathrm{d}\boldsymbol{r}}{\mathrm{d}t}\times m\boldsymbol{v}+\boldsymbol{r}\times\frac{\mathrm{d}}{\mathrm{d}t}(m\boldsymbol{v})$$

因 $\dfrac{\mathrm{d}\boldsymbol{r}}{\mathrm{d}t}=\boldsymbol{v}$，故上式右端第一项为零，由牛顿第二定律知，$\dfrac{\mathrm{d}}{\mathrm{d}t}(m\boldsymbol{v})=m\boldsymbol{a}=\boldsymbol{F}$，故上式右端第二项为合力 $\boldsymbol{F}$ 对点 O 的矩。于是

$$\frac{\mathrm{d}}{\mathrm{d}t}\boldsymbol{L}_O(m\boldsymbol{v})=\boldsymbol{M}_O(\boldsymbol{F}) \tag{9-39}$$

这表明，质点对某一固定点的动量矩对时间的一阶导数等于作用于其上的合力对同一点的矩，称为**质点对固定点的动量矩定理**。

2. 质点系对固定点的动量矩定理

设作用于质点系中质点 D_i（$i=1,2,\cdots,n$）上质点系的内力和外力的合力分别为 $\boldsymbol{F}_i^{(i)}$ 和 $\boldsymbol{F}_i^{(e)}$，设其质量为 m_i，速度为 $\boldsymbol{v}_i$ 根据式(9-39)有

$$\frac{\mathrm{d}}{\mathrm{d}t}\boldsymbol{L}_O(m_i\boldsymbol{v}_i)=\boldsymbol{M}_O(\boldsymbol{F}_i^{(i)})+\boldsymbol{M}_O(\boldsymbol{F}_i^{(e)})\ (i=1,2,\cdots,n) \tag{9-40}$$

将它们求矢量和，再交换求和与求导顺序，并考虑到内力系对某点的主矩必为零，即 $\sum\limits_{i=1}^{n}\boldsymbol{M}_O(\boldsymbol{F}_i^{(i)})=0$，及式(9-9)，最终得

$$\frac{\mathrm{d}\boldsymbol{L}_O}{\mathrm{d}t}=\sum_{i=1}^{n}\boldsymbol{M}_O(\boldsymbol{F}_i^{(e)})=\boldsymbol{M}_O^{(e)} \tag{9-41}$$

这表明，质点系对某一固定点的动量矩对时间的一阶导数等于作用于其上的外力系对同一点的主矩，称为**质点系对固定点的动量矩定理**。

式(9-41)为一矢量式，它可以向过固定点 O 的惯性参考直角坐标轴上投影，得到相应的投影式

$$\left.\begin{aligned}\frac{\mathrm{d}L_x}{\mathrm{d}t} &= M_x^{(e)}\\ \frac{\mathrm{d}L_y}{\mathrm{d}t} &= M_y^{(e)}\\ \frac{\mathrm{d}L_z}{\mathrm{d}t} &= M_z^{(e)}\end{aligned}\right\} \tag{9-42}$$

即质点系对某一固定轴的动量矩对时间的一阶导数等于作用于其上的外力系对同一轴的矩，称为**质点系对固定轴的动量矩定理**。

由式(9-41)和式(9-42)可知，质点系的内力并不改变系统的动量矩，只有外力才能改变系统的动量矩，这是与质点系动量的改变相一致的地方；所不同的是，质点系动量的改变取决于外力系的主矢，而质点系对固定点动量矩的改变却取决于外力系对该固定点的主矩。

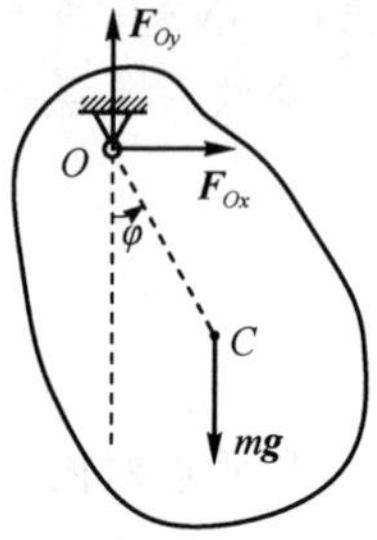

例 9-6 图

例 9-6 在重力作用下绕不通过质心的固定水平轴 O 转动的任何刚体称为**复摆**(**物理摆**)，这名称是相对于单摆(数学摆)而言的。已知复摆的质量为 m，对固定转轴 O 的转动惯量为 J_O，其质心 C 到转轴 O 的距离为 r_C，若不计转轴处摩擦，试求该复摆作微小摆动时的周期。

解：经过质心且垂直于固定水平转轴的复摆截面如图所示，该截面与转轴的交点为 O，复摆在任一瞬时的位置可用 O、C 两点连线与铅垂线的夹角 φ 来确定，刚体的受力分析如图所示，则由对定轴的动量矩定理

$$J_O\ddot{\varphi} = -mgr_C\sin\varphi$$

对于微小摆动，$\sin\varphi \approx \varphi$，令 $\omega^2 = \dfrac{mgr_C}{J_O}$，则上式可改写为

$$\ddot{\varphi} + \omega^2\varphi = 0$$

由此可见，复摆的微小摆动为简谐振动，其周期为

$$T = \frac{2\pi}{\omega} = 2\pi\sqrt{\frac{J_O}{mgr_C}}$$

注意：①工程中常用本题的结论，通过测定零件(如曲柄、连杆等)的微小摆动周期来计算其对转动轴的转动惯量。②长度为 l 的单摆的微振动方程为 $\ddot{\varphi} + \dfrac{g}{l}\varphi = 0$，由此知单摆的微振动周期为 $T = 2\pi\sqrt{\dfrac{l}{g}}$，因此，若设一单摆的长度为 $l_0 = \dfrac{J_O}{mr_C}$，则该单摆的微振动周期与本例中复摆的微小摆动周期相等，长度 $l_0 = \dfrac{J_O}{mr_C}$ 称为**复摆的等值摆长**或**简化长度**。根据转动惯量的平行轴定理知 $J_O = J_C + mr_C^2$，于是有 $l_0 = \dfrac{J_C + mr_C^2}{mr_C} = r_C + \dfrac{J_C}{mr_C}$ 或 $\dfrac{J_C}{mr_C(l_0 - r_C)} = 1$，前式说明复摆的等值摆长 $l_0 > r_C$；后式表明，r_C 与 $r_C' = l_0 - r_C$ 的位置是可以对调的，也就是说，如果将复摆倒过来，悬挂在 OC 延长线上到点 C 的距离为 $l_0 - r_C$ 的点 O' 上，则其微小摆动的周期不变，复摆的这一性质称为**可倒逆性**。由于点 O' 至点 O 的距离就等于复摆的等值摆长 l_0，点 O' 称为**复摆的摆心**，点 O

称为**复摆的悬点**，复摆的悬点与摆心可以互换，而不改变其微振动的周期，如果利用复摆的可倒逆性，找到周期相等的O、O'两点，精确地测出它们的距离l_0，即可利用复摆的等值摆长的周期公式$T=2\pi\sqrt{\frac{l_0}{g}}$精密算出重力加速度$g$的值。应该指出，在实验室用单摆实测重力加速度$g$的值时，若摆长不足够长，将小球看成质点是不正确的，所以用单摆测得的g值往往是不精确的。

悬挂于圆周上任一点的均质细圆环，称为**圆环摆**，它具有一个奇特的性质，就是从圆环的下面对称地截去任意的一段圆弧，则其微小振动的周期不变。可以利用复摆的等值摆长证明如下：

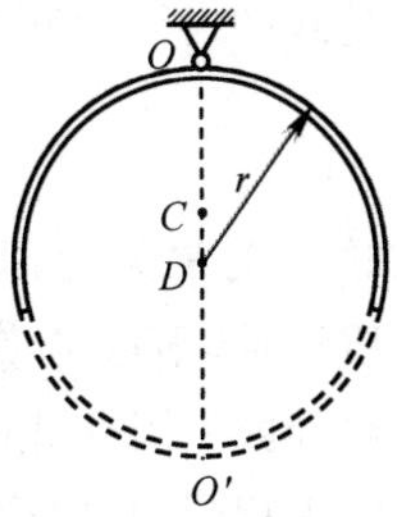

图 9-4　圆环摆

整个均质细圆环直径的两个端点O和O'是对称的，互为倒逆点，故其等值摆长为$l_0=2r$(r为细圆环的半径)。如图 9-4 所示，在细圆环的下面对称地截去一段圆弧，令剩下部分的质心为C，$OC=r_C$，设剩下部分的质量为m，利用转动惯量的平行轴定理，绕过圆心且平行于O轴的D轴的转动惯量为$J_D=J_C+m(r-r_C)^2$，又对于圆心D，细圆环上所有点都等远，故$J_D=mr^2$，于是，$J_C=mr_C(2r-r_C)$，$l_0=r_C+\frac{J_C}{mr_C}=r_C+\frac{mr_C(2r-r_C)}{mr_C}=2r$，这说明此时复摆的等值摆长与整个细圆环时相同，从而其微小摆动的周期为$T=2\pi\sqrt{\frac{l_0}{g}}=2\pi\sqrt{\frac{2r}{g}}$，与对称地截去多少无关。

9.5　质点系对动点的动量矩定理

1. 质点系对动点的动量矩定理的一般表达式

式(9-14)两边同时对时间求一阶导数得

$$\frac{\mathrm{d}\boldsymbol{L}_A}{\mathrm{d}t}=\frac{\mathrm{d}\boldsymbol{L}_A^{\mathrm{r}}}{\mathrm{d}t}+\frac{\mathrm{d}\boldsymbol{r}'_C}{\mathrm{d}t}\times(m\boldsymbol{v}_A)+\boldsymbol{r}'_C\times(m\boldsymbol{a}_A)$$

式中，$\boldsymbol{r}'_C=\boldsymbol{r}_C-\boldsymbol{r}_A=\overrightarrow{AC}$，代入上式，并将$v_A\times v_A=0$代入得

$$\frac{\mathrm{d}\boldsymbol{L}_A}{\mathrm{d}t}=\frac{\mathrm{d}\boldsymbol{L}_A^{\mathrm{r}}}{\mathrm{d}t}+v_C\times(mv_A)+\overrightarrow{AC}\times(m\boldsymbol{a}_A)\tag{9-43}$$

式(9-16)两边同时对时间求一阶导数，并将式(9-41)、式(9-4)、式(9-33)及力系对不同两点的主矩关系：$\boldsymbol{M}_A^{(\mathrm{e})}=\boldsymbol{M}_O^{(\mathrm{e})}+\overrightarrow{AO}\times\boldsymbol{F}_{\mathrm{R}}^{(\mathrm{e})}$代入，最终得

$$\frac{\mathrm{d}\boldsymbol{L}_A}{\mathrm{d}t}=\boldsymbol{M}_A^{(\mathrm{e})}+v_C\times(mv_A)\tag{9-44}$$

由式(9-43)、式(9-44)可得

$$\frac{\mathrm{d}\boldsymbol{L}_A^{\mathrm{r}}}{\mathrm{d}t}=\boldsymbol{M}_A^{(\mathrm{e})}+\overrightarrow{AC}\times(-m\boldsymbol{a}_A)\tag{9-45}$$

式(9-44)、式(9-45)即为**质点系对动点的动量矩定理的两个数学表达式**。它与质点系对定点的动量矩定理的形式是不同的，即对于动点A来说，式(9-41)那种简单形式的动量矩定理一般是不成立的。但有以下四种情形例外：

(1)动点A就取为质点系的质心C，因$\boldsymbol{L}_C=\boldsymbol{L}_C^{\mathrm{r}}$，式(9-45)变为

$$\frac{\mathrm{d}\boldsymbol{L}_C}{\mathrm{d}t}=\boldsymbol{M}_C^{(\mathrm{e})}\tag{9-46}$$

这说明，质点系对其质心的动量矩对时间的一阶导数等于作用于其上外力系对质心的主矩，称为**质点系相对质心的动量矩定理**，其形式与质点系对固定点的动量矩定理完全相同。

(2)当 $\boldsymbol{a}_A=0$ 时，此时因动系 $Ax'y'z'$ 为平移坐标系，其角速度 $\omega=0$，由矢量的绝对导数与相对导数关系式(3-9)知

$$\frac{\mathrm{d}\boldsymbol{L}_A^{\mathrm{r}}}{\mathrm{d}t}=\frac{\tilde{\mathrm{d}}\boldsymbol{L}_A^{\mathrm{r}}}{\mathrm{d}t} \tag{9-47}$$

于是式(9-45)可写为

$$\frac{\tilde{\mathrm{d}}\boldsymbol{L}_A^{\mathrm{r}}}{\mathrm{d}t}=\boldsymbol{M}_A^{(\mathrm{e})} \tag{9-48}$$

此时 v_A 为常矢量，即平移坐标系 $Ax'y'z'$ 也为一惯性参考系。如果在这一惯性参考系中来研究该质点系，则点 A 就变成了定点，质点系对点 A 的动量矩即为 $\boldsymbol{L}_A^{\mathrm{r}}$，对时间的绝对导数就变成了相对导数。因此式(9-48)的物理本质与质点系在惯性参考系 $Oxyz$ 中研究时对定点 O 的动量矩定理相同，是完全符合逻辑的。这样，读者对惯性参考系就有了进一步的理解。

(3)当动点 A 的加速度 $\boldsymbol{a}_A$ 与 $\overrightarrow{AC}$ 恒保持平行时，式(9-45)变为

$$\frac{\mathrm{d}\boldsymbol{L}_A^{\mathrm{r}}}{\mathrm{d}t}=M_A^{(\mathrm{e})} \tag{9-49}$$

除了此时的动量矩为相对动量矩外，其形式与对定点的动量矩定理相同。

(4)当动点 A 的速度 v_A 与质心 C 的速度 v_C 恒保持平行时，由式(9-44)得

$$\frac{\mathrm{d}\boldsymbol{L}_A}{\mathrm{d}t}=\boldsymbol{M}_A^{(\mathrm{e})} \tag{9-50}$$

其形式与对定点的动量矩定理完全相同。

2.具有质量对称面的一般平面运动刚体的动量矩定理的表达式

若所研究的质点系为具有质量对称面的刚体。该刚体在作用面与质量对称面重合的平面力系或其等效力系的作用下，其质量对称面沿自身所在平面运动。设 A 为刚体质量对称面或其延拓部分上的某一确定点，则

$$\boldsymbol{L}_A^{\mathrm{r}}=J_A\boldsymbol{\omega} \tag{9-51}$$

式中，J_A 为刚体对过点 A，且垂直于质量对称面的轴的转动惯量，显然，它为某一常数，$\boldsymbol{\omega}$ 为该刚体运动的角速度。将式(9-51)代入式(9-45)得

$$J_A\boldsymbol{\alpha}=\boldsymbol{M}_A^{(\mathrm{e})}+\overrightarrow{AC}\times(-m\boldsymbol{a}_A) \tag{9-52}$$

式中，$\boldsymbol{\alpha}$ 为刚体运动的角加速度。下面来研究式(9-52)的几种特殊情形：

(1)若点 A 固定不动，不妨将 A 记为 O，则刚体为绕轴 O 作定轴转动。此时，式(9-52)变为

$$J_O\boldsymbol{\alpha}=\boldsymbol{M}_O^{(\mathrm{e})} \tag{9-53}$$

(2)若点 A 取为刚体的质心 C，则式(9-52)变为

$$J_C\boldsymbol{\alpha}=\boldsymbol{M}_C^{(\mathrm{e})} \tag{9-54}$$

当刚体作平移时，因 $\boldsymbol{\omega}\equiv0,\boldsymbol{\alpha}\equiv0$，则由式(9-54)知 $\boldsymbol{M}_C^{(\mathrm{e})}\equiv0$；当刚体为瞬时平移时，因 $\boldsymbol{\omega}=0$，$\boldsymbol{\alpha}\neq0$，则由式(9-54)知 $\boldsymbol{M}_C^{(\mathrm{e})}\neq0$。这从某个侧面反映出了刚体平移与瞬时平移的差别。

(3)若在某一瞬时，点 A 变成为该平面运动刚体的速度瞬心 P，则式(9—52)在该瞬时可写为

$$J_P\boldsymbol{\alpha}=\boldsymbol{M}_P^{(\mathrm{e})}+\overrightarrow{PC}\times(-m\boldsymbol{a}_P) \tag{9-55}$$

一般来说，$\overrightarrow{PC}\neq0$，$\boldsymbol{a}_P\neq0$，$\boldsymbol{a}_p$ 也不与 $\overrightarrow{PC}$ 平行，所以 $J_P\boldsymbol{\alpha}=\boldsymbol{M}_P^{(\mathrm{e})}$ 一般是不成立的。式(9-55)

与式(9-53)的形式不同，从某个侧面反映了刚体瞬时定轴转动与定轴转动的差别。但若在不同瞬时，平面运动刚体的速度瞬心 P 与刚体质心 C 的距离 $|PC|$ 恒等于某一常数，不妨设其为 b，则对于这一特殊情形，显然，$v_C \equiv b\omega$，因此，$a_C^t = b\alpha$。根据平面运动刚体两点加速度关系

$$\boldsymbol{a}_P = \boldsymbol{a}_C^t + \boldsymbol{a}_C^n + \boldsymbol{a}_{PC}^t + \boldsymbol{a}_{PC}^n \tag{9-56}$$

将该式沿图 9-5 所示 ξ 轴(其正向与 v_C 相同)投影得

$$a_{P\xi} = b\alpha - b\alpha = 0 \tag{9-57}$$

因 PC 与 ξ 轴垂直，说明 $\boldsymbol{a}_P /\!/ \overrightarrow{PC}$，于是式(9-55)变为

$$J_P \boldsymbol{\alpha} = \boldsymbol{M}_P^{(e)} \tag{9-58}$$

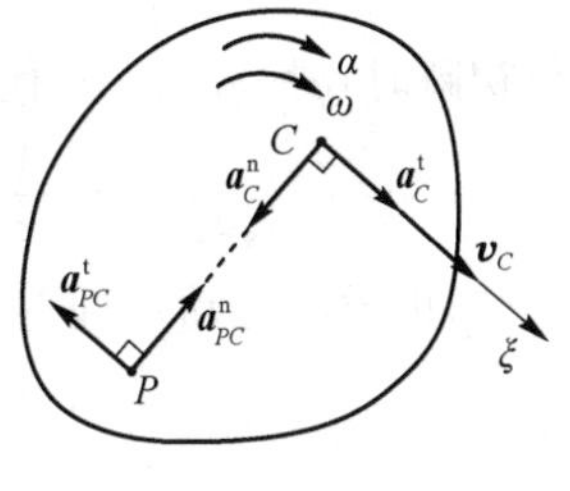

图 9-5　PC 为常数的平面运动刚体

比较式(9-58)、式(9-53)、式(9-54)知，当平面运动刚体的速度瞬心 P 与刚体质心 C 的距离恒保持不变时，平面运动刚体对速度瞬心的动量矩定理才具有定轴转动的动量矩定理或对质心的动量矩定理那种简单的形式。均质圆盘沿水平地面或固定不动曲面作平面纯滚动和均质直杆的两端分别沿在同一平面内相互垂直的两条固定直线运动是刚体的速度瞬心与其质心的距离恒保持不变的最常见例子。

(4)若在某一瞬时，点 A 变成该平面运动刚体的加速度瞬心 P^*，则式(9—52)在该瞬时可写为

$$J_{P^*} \boldsymbol{\alpha} = \boldsymbol{M}_{P^*}^{(e)} \tag{9-59}$$

说明对平面运动刚体的加速度瞬心 P^*，一定具有定轴转动的动量矩定理或对质心的动量矩定理那种简单的形式。

在第 3 章中，曾将刚体的一般平面运动分解为随基点的平移和绕基点的转动两部分，那时基点的选择是任意的，只要对描述刚体的运动方便就行。但在动力学中，必须将刚体的运动和它所受到的力系联系起来。考虑到质心运动定理可将刚体的质心运动与外力系的主矢联系起来，相对于质心的动量矩定理又可将刚体相对于质心平移坐标系的转动和外力系对质心的主矩联系起来。因此在动力学中，将一般平面运动刚体的基点选在质心上是最方便的，因为此时根据质心运动定理和对质心的动量矩定理所建立的平面运动刚体的运动微分方程为

$$\left.\begin{aligned} ma_{Cx} &= m\ddot{x}_C = F_{Rx}^{(e)} \\ ma_{Cy} &= m\ddot{y}_C = F_{Ry}^{(e)} \\ J_C\alpha &= J_C\ddot{\varphi} = M_C^{(e)} \end{aligned}\right\} \tag{9-60}$$

式中，m 为刚体的质量，J_C 为刚体对通过质心并与运动平面垂直的轴 Cz' 的转动惯量，x_C、y_C 为刚体质心在建立在运动平面内的惯性直角坐标系 Oxy 中的坐标，φ 为刚体的方位角，$F_{Rx}^{(e)}$、$F_{Ry}^{(e)}$ 为作用于刚体上外力系主矢沿 x、y 轴的投影，M_C 为外力系对 Cz' 轴的矩。其形式不仅最简单，而且也最不容易出错。也正是由于动量矩定理可用来描述刚体转动的变化情况，因此，在一些文献上又将动量矩称为角动量。

例 9-7　图示均质细直杆 AB 的质量为 m，长度为 l，其 B 端与光滑水平面接触，初始时杆与铅垂线的夹角为 φ_0。试求杆无初速释放的瞬间，水平面对杆的约束力和杆的角加速度，设 B 端不离开水平面。

解：(1)对杆进行受力分析如图(a)所示。设杆在一般位置时其角速度和角加速度分别为 ω 和 α，转向如图所示。

(2)建立图(a)所示直角坐标系 Oxy，因 $F_{Rx}^{(e)} \equiv 0$，且初始时 $v_C = 0$，则 x_C = 常数，即质心沿铅垂直线运动，于是

$$y_C = \frac{1}{2} l\cos\varphi \tag{1}$$

将式(1)对时间求二阶导数得

$$\ddot{y}_C = -\frac{1}{2} l\alpha\sin\varphi - \frac{1}{2} l\omega^2\cos\varphi$$

将在初瞬时，$\varphi=\varphi_0$，$\omega=0$ 代入得

$$\ddot{y}_C\bigg|_{\varphi=\varphi_0} = -\frac{1}{2} l\alpha\bigg|_{\varphi=\varphi_0}\sin\varphi_0 \tag{2}$$

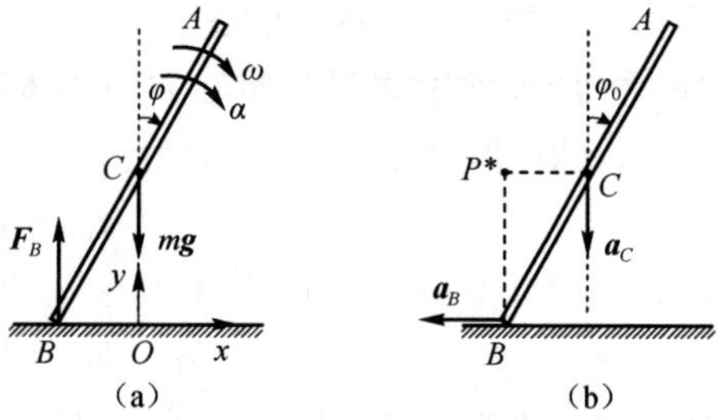

例 9-7 图

(3)由质心运动定理得

$$m\ddot{y}_C\bigg|_{\varphi=\varphi_0} = F_B\bigg|_{\varphi=\varphi_0} - mg \tag{3}$$

(4)由对质心的动量矩定理得

$$\frac{1}{12}ml^2\alpha\bigg|_{\varphi=\varphi_0} = F_B\bigg|_{\varphi=\varphi_0}\cdot\frac{l}{2}\sin\varphi_0 \tag{4}$$

(5)联立式(2)、式(3)、式(4)解得

$$F_B\bigg|_{\varphi=\varphi_0} = \frac{mg}{1+3\sin^2\varphi_0}$$

$$\alpha\bigg|_{\varphi=\varphi_0} = \frac{6g\sin\varphi_0}{(1+3\sin^2\varphi_0)l}$$

注意:①由质心运动守恒定律判断出杆的质心沿铅垂直线运动，是本题求解的关键之处。②因点 B 的加速度 $\boldsymbol{a}_B$ 方向沿水平方向，质心 C 的加速度 $\boldsymbol{a}_C$ 方向沿铅垂方向，又运动初瞬时，即 $\varphi=\varphi_0$ 时，杆的角速度为零，杆的角加速度不为零，因此，在该瞬时，过点 B 作 $\boldsymbol{a}_B$ 的垂直线与过点 C 作 $\boldsymbol{a}_C$ 的垂直线的交点 P^* 为杆 AB 的加速度瞬心(见图(b))，利用 $J_{P^*}\alpha\Big|_{\varphi=\varphi_0} = M_{P^*}^{(e)}$，即 $\left[\frac{1}{12}ml^2+m\left(\frac{l}{2}\sin\varphi_0\right)^2\right]\alpha\Big|_{\varphi=\varphi_0} = mg\frac{l}{2}\sin\varphi_0$，也可方便地求得 $\alpha\Big|_{\varphi=\varphi_0} = \frac{6g\sin\varphi_0}{(1+3\sin^2\varphi_0)l}$，再根据 $a_C\Big|_{\varphi=\varphi_0} = P^*C\cdot\alpha\Big|_{\varphi=\varphi_0} = \frac{l}{2}\sin\varphi_0\cdot\frac{6g\sin\varphi_0}{(1+3\sin^2\varphi_0)l} = \frac{3g\sin^2\varphi_0}{1+3\sin^2\varphi_0}$，以及 $F_B\Big|_{\varphi=\varphi_0} - mg = -ma_C\Big|_{\varphi=\varphi_0}$，可求得 $F_B\Big|_{\varphi=\varphi_0} = mg - ma_C\Big|_{\varphi=\varphi_0} = \frac{mg}{1+3\sin^2\varphi_0}$，这说明当刚体的加速度瞬心容易确定时，利用对加速度瞬心的动量矩定理和质心运动定理求解动力学问题是很简便的。

例 9-8 如图所示，质量为 m、半径为 r 的均质圆盘 C 放置于倾角为 θ 的固定斜面上，在重力的作用下由静止开始运动，设盘与斜面间的静、动摩擦因数分别为 f_s、f'，不计滚动摩阻力偶，试分析圆盘的运动。

解:以圆盘为研究对象，其受力分析如图所示，建立图示直角坐标系 Oxy，注意到 $y_C=r$，因此 $a_{Cy}=0$，$a_C=a_{Cx}$，在一般情况下圆盘作平面运动，设任意瞬时圆心的加速度为 a_C(沿斜面向下)，圆盘的角加速度为 α(顺时针转向)，由质心运动定理沿 x、y 方向的投影式得

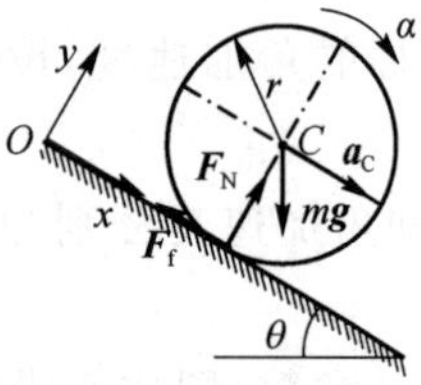

例 9-8 图

$$ma_C = mg\sin\theta - F_f \tag{1}$$

$$0 = -mg\cos\theta + F_N，即\ F_N = mg\cos\theta \tag{2}$$

再由对质心的动量矩定理得

$$J_C\alpha = M_C^{(e)}，即\frac{1}{2}mr^2\alpha = F_f\cdot r \tag{3}$$

在方程(1)、式(3)中包含 a_C、α 和 F_f 三个未知量,需补充一个附加条件才能求解,下面根据圆盘与斜面的接触处不同的粗糙程度来分别讨论:

(1)设接触处绝对光滑,此时 $F_f=0$,由式(1)、式(3)可得

$$a_C = g\sin\theta,\quad \alpha = 0 \tag{4}$$

由 $\alpha=0$ 可知 $\omega=$常数,因为轮由静止开始运动,故 $\omega=0$,表明圆盘在斜面上作直线平移下滑,加速度恒为 $g\sin\theta$。

(2)设接触处足够粗糙,圆盘在斜面上作纯滚动,此时可补充运动学条件

$$a_C = r\alpha \tag{5}$$

联立式(1)、式(3)、式(5)可得

$$a_C = \frac{2}{3}g\sin\theta,\quad \alpha = \frac{2}{3r}g\sin\theta,\quad F_f = \frac{1}{3}mg\sin\theta \tag{6}$$

此时圆盘所受到的摩擦力为静摩擦力,需满足物理条件

$$F_f \leqslant F_{f,\max} = f_s F_N,\ 即\frac{1}{3}mg\sin\theta \leqslant f_s mg\cos\theta$$

得

$$f_s \geqslant \frac{1}{3}\tan\theta \tag{7}$$

(3)当 $f_s<\frac{1}{3}\tan\theta$,圆盘在斜面上又滚又滑,此时

$$F_f = f' F_N = f' mg\cos\theta \tag{8}$$

联立式(1)、式(3)、式(8)可得

$$a_C = (\sin\theta - f'\cos\theta)g,\ \alpha = \frac{2f' g\cos\theta}{r} \tag{9}$$

注意:①当圆盘与斜面的接触处粗糙情况未知时,不能认为圆盘一定作纯滚动,它可能作平移($f_s=0$ 时),也可能作又滚又滑的一般平面运动(f_s 值不够大时)。②当均质圆盘确实在倾面上作纯滚动时,它与斜面的接触点 P 为圆盘的速度瞬心,且不同时刻点 P 与圆盘质心的距离恒为 r,则可以利用 $J_P\alpha=M_P^{(e)}$,即 $\left(\frac{1}{2}mr^2+mr^2\right)\alpha=(mg\sin\theta)r$,求得 $\alpha=\frac{2g\sin\theta}{3r}$,再利用质心运动定理 $mg\sin\theta-F_f=ma_C=mr\alpha$,可求得 $F_f=\frac{1}{3}mg\sin\theta$。③当圆盘在斜面上(或其他固定面上)作纯滚动,但圆盘不均质(质心 C 不在圆心)或尽管圆盘均质,但圆盘上还焊接其他质点或刚体,且系统的质心 C 不在圆心时,不能再对速度瞬心 P 使用 $J_P\alpha=M_P^{(e)}$,这是由于在运动过程中 PC 不再等于常值的缘故。

例 9-9 如图所示,质量为 m、长度为 l 的均质细直杆 AB,其两端分别铰接可沿水平和铅垂滑道滑动的滑块 A 和 B,在主动力 $\boldsymbol{F}$ 的作用下使 $v_A=$常矢量,若不计两滑块的质量和各接触处摩擦,试求图示位置杆的质心 C 的加速度和主动力 $\boldsymbol{F}$ 的值。

解:(1)运动学分析

点 P 为杆 AB 的速度瞬心(见图(b)),$v_A=PA\cdot\omega$,于是

$$\omega = \frac{v_A}{PA} = \frac{v_A}{l\sin\theta}(\curvearrowleft)$$

因 $v_A=$常矢量,故 $\boldsymbol{a}_A=0$,根据同一刚体上两点的加速度关系 $\boldsymbol{a}_B=\boldsymbol{a}_A+\boldsymbol{a}_{BA}^{t}+\boldsymbol{a}_{BA}^{n}$ 可作出图(b)所示平行四边形(为长方形),则

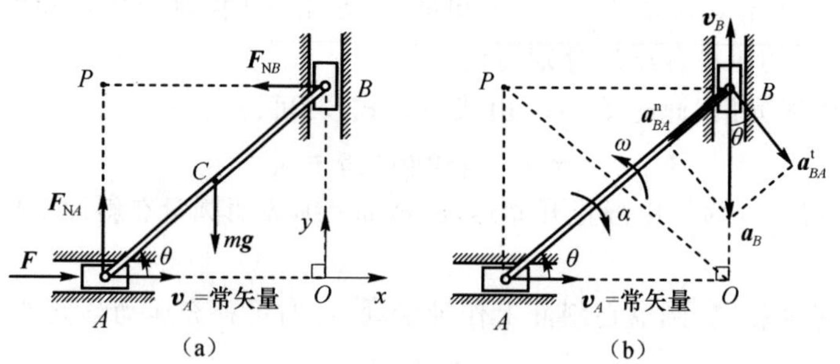

例 9-9 图

$$\tan\theta = \frac{a_{BA}^{n}}{a_{BA}^{t}} = \frac{AB \cdot \omega^2}{AB \cdot \alpha} = \frac{\omega^2}{\alpha}$$

$$\alpha = \frac{v_A^2 \cos\theta}{l^2 \sin^3\theta} \quad (\circlearrowright)$$

$$a_B = \frac{a_{BA}^{n}}{\sin\theta} = \frac{l\omega^2}{\sin\theta} = \frac{v_A^2}{l\sin^3\theta} \quad (\downarrow)$$

设杆的质心为 C,根据 $\boldsymbol{a}_C = \frac{1}{2}(\boldsymbol{a}_A + \boldsymbol{a}_B)$知

$$a_C = \frac{1}{2}a_B = \frac{v_A^2}{2l\sin^3\theta}(\downarrow)$$

(2)求图示位置主动力的值

杆 AB 的受力分析如图(a)所示,因点 P 为杆 AB 的速度瞬心,且 OP 为矩形 $OBPA$ 的对角线,故无论 θ 为何值,$PC \equiv \frac{l}{2}$,所以有

$$J_P\alpha = M_P^{(e)}, 即\left[\frac{1}{12}ml^2 + m\left(\frac{l}{2}\right)^2\right]\frac{v_A^2\cos\theta}{l^2\sin^3\theta} = -Fl\sin\theta + mg\,\frac{l}{2}\cos\theta$$

$$F = \frac{1}{2}mg\cot\theta - \frac{mv_A^2\cos\theta}{3l\sin^4\theta}$$

注意:①如果认为杆的角加速度或质心加速度在动力学问题中一定要利用动力学方程才能求解则是不正确的,对于本例这样已知运动求力的题,它们是由运动学方程求得的。②显然本例中主动力的值是描述系统位置的广义坐标 θ 的函数,说明实现已知运动的主动力一般不等于常值,它一般是随系统位置的变化而变化的。③因点 A 为杆 AB 的加速度瞬心,所以可以先利用 $J_A\alpha = M_A^{(e)}$ 求出 F_{NB},再利用质心运动定理在 x 方向的投影式求出主动力 $\boldsymbol{F}$ 的值;也可以利用 $J_C\alpha = M_C^{(e)}$ 和质心运动定理在 x 方向和 y 方向的投影式联立求解出 F_{NA}、F_{NB}和 F,可见,对于同一个动力学问题,采用不同的解题方法,其难易程度是不一样的。④本题若采用动力学方程 $J_B\alpha = M_B^{(e)}$,则是错误的,这是由于$\overrightarrow{BC} \times (-m\boldsymbol{a}_B) \neq 0$ 的缘故(见式(9-52),将式中点 A 取为点 B)。⑤在运动学中已经分析过,本题求解 α 和 a_C 的解法有许多种,读者可自行练习。⑥请读者思考,若本题无主动力 $\boldsymbol{F}$ 作用,系统于图示位置无初速释放,如何求杆 AB 的角加速度?

例 9-10 图示系统处于同一铅垂平面内,质量为 $m_1 = 4m$、半径为 r 的均质圆盘 D 与质量为 m、长度为 $l = 2r$ 的均质细直杆 AB 在 A 处以光滑圆柱铰链相连,O 为光滑固定铰支座。若系统于图示位置无初速释放,试求释放瞬时圆盘和杆的角加速度。

解:(1)运动学分析

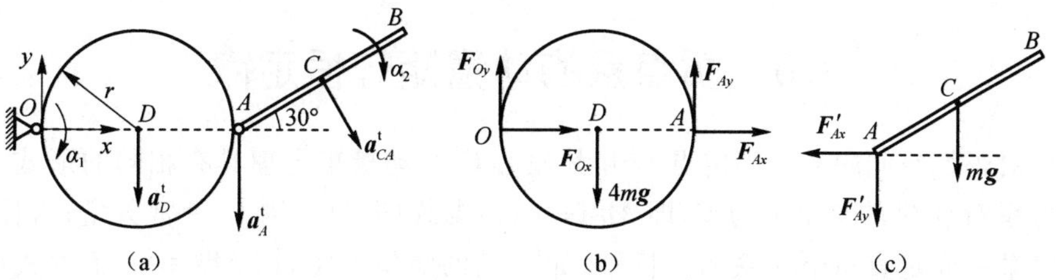

例 9-10 图

设无初速释放的瞬间，圆盘和杆的角加速度分别为 α_1 和 α_2，转向都为顺时针，杆 AB 的质心为 C，根据

$$\boldsymbol{a}_C = \boldsymbol{a}^t_A + \boldsymbol{a}^t_{CA}$$

得

$$a_{Cx} = AC \cdot \alpha_2 \sin 30^\circ = \frac{1}{2} r\alpha_2$$

$$a_{Cy} = -a^t_A - a^t_{CA}\cos 30^\circ = -2r\alpha_1 - \frac{\sqrt{3}}{2} r\alpha_2$$

(2)以圆盘为研究对象，其受力分析如图(b)所示

$$J_O\alpha_1 = M_O^{(e)}，即\frac{3}{2}(4m)r^2\alpha_1 = 4mgr - F_{Ay}(2r) \tag{1}$$

(3)以杆为研究对象，其受力分析如图(c)所示

$$ma_{Cx} = -F'_{Ax}，\quad 即\frac{1}{2}mr\alpha_2 = -F_{Ax} \tag{2}$$

$$ma_{Cy} = -mg - F'_{Ay}，\quad 即\ m\left(2r\alpha_1 + \frac{\sqrt{3}}{2}r\alpha_2\right) = mg + F_{Ay} \tag{3}$$

$$J_C\alpha_2 = F'_{Ax}(r\sin 30^\circ) - F'_{Ay}(r\cos 30^\circ)，\quad 即\frac{1}{12}ml^2\alpha_2 = \frac{1}{2}F_{Ax}r - \frac{\sqrt{3}}{2}F_{Ay}r \tag{4}$$

联立式(1)、式(2)、式(3)、式(4)可得

$$10r\alpha_1 + \sqrt{3}r\alpha_2 = 6g \tag{5}$$

$$6\sqrt{3}r\alpha_1 + 8r\alpha_2 = 3\sqrt{3}g \tag{6}$$

于是

$$\alpha_1 = \frac{39g}{62r}，\quad \alpha_2 = -\frac{3\sqrt{3}g}{31r}$$

注意：①本题从运动学考虑有两个未知量 α_1 和 α_2，从受力考虑有四个未知量 F_{Ox}、F_{Oy}、F_{Ax} 和 F_{Ay}，每个刚体有三个运动微分方程，刚好六个方程解六个未知量。②考虑到刚体系统在一般位置对固定点的动量矩通式不好写，故一般都将每个刚体单独进行受力分析和列写动力学方程，本例由于不要求求解 F_{Ox} 和 F_{Oy}，故圆盘的两个质心运动方程没有列写出；尽管题目也不要求求解 F_{Ax} 和 F_{Ay}，但由于杆对质心的动量矩定理的表达式中出现了 F_{Ax} 和 F_{Ay}，圆盘对固定点的动量矩定理也出现了 F_{Ay}，故对杆由质心运动定理列写了两个动力学方程；这说明，对于刚体系统，由于刚体之间相互作用的约束力的暴露，往往需要列写较多的动力学方程才能对问题进行求解，系统中包括的刚体数量越多，解题过程一般也越麻烦，因此，若只需求解所有未知量中少数几个未知量的瞬时解，用动量原理解题并不方便。

9.6 质点系的动量矩守恒定律

质点系对惯性空间中某一固定点 O 和其质心 C 的动量矩定理具有相同的形式，若作用于其上的外力系对点 O 的主矩恒为零，即 $\boldsymbol{M}_O^{(e)} \equiv 0$，根据式(9-41)，则 $\boldsymbol{L}_O=$常矢量；若作用于其上的外力系对某一固定直角坐标系的坐标轴，如 z 轴的矩恒为零，即 $M_z^{(e)} \equiv 0$，根据式(9-42)，则 $L_z=$常数。或者，作用于其上的外力系对点 C 的主矩恒为零，即 $\boldsymbol{M}_C^{(e)} \equiv 0$，根据式(9-46)，则 $\boldsymbol{L}_C=$常矢量；若作用于其上的外力系对质心平移直角坐标系的坐标轴，如 z' 轴的矩恒为零，即 $M_{z'}^{(e)} \equiv 0$，根据式(9-46)在 z' 轴上的投影式 $\left(\dfrac{\mathrm{d}\boldsymbol{L}_C}{\mathrm{d}t}\right)_{z'}=\dfrac{\mathrm{d}}{\mathrm{d}t}(\boldsymbol{L}_C)_{z'}=\dfrac{\mathrm{d}L_{z'}}{\mathrm{d}t}=M_{z'}^{(e)}$，则 $L_{z'}=$常数，以上结论统称为**质点系的动量矩守恒定律**。

利用质点系的动量矩守恒定律，可以解释许多现象，例如花样滑冰运动员和芭蕾舞演员绕通过足尖的铅垂轴 z 旋转时，因重力和地面法向约束力对 z 轴的矩为零，而足尖与地面之间的摩擦力矩很小，故人体对 z 轴的动量矩近似守恒，因此，他们做旋转动作时，先将两臂和一只腿伸开，旋转起来后，把两臂和那只腿收回，人体的转动惯量 J_z 减小，角速度 ω 增大，停止的时候，重新将两臂和那只腿伸开去，增大人体的转动惯量 J_z，降低转速，人就平稳地停下来。再如体操运动员在做自由操的空翻动作时，先要助跑，然后蹬跳，助跑是使其质心获得速度，蹬跳是使身体获得初角速度。运动员离地后，若不计空气阻力，则只受重力作用，而重力又通过质心铅垂向下，这样，质点系动量在水平方向上的投影守恒，而且对质心的动量矩也守恒，若运动员在空中身体抱得越紧，则相对质心的转动惯量就越小，因此，身体的角速度就变得越大，就能在落地前翻转的度数越大。而跳水运动员按同样方法完成空中翻转动作后，在入水时则应打开身体，以减小角速度，从而取得理想的入水效果。

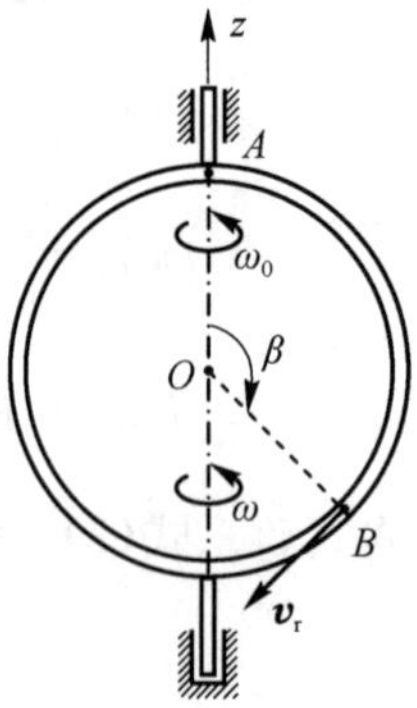

例 9-11 图

例 9-11 图示一质量为 m 的小球可在半径为 r 的铅垂空心细圆环内运动，已知圆环对铅垂轴 z 的转动惯量为 J_z，当小球静止于圆环最高点 A 时，圆环的角速度为 ω_0，转向如图所示。若不计各处摩擦，当小球受微小扰动，由点 A 运动至点 B，也即 $\angle AOB=\beta$ 时，试求圆环的角速度和小球相对于圆环的速度 v_r。

解：系统受理想约束，且只有重力作功，故系统的机械能守恒。作用于系统的外力有重力和轴承约束力，重力平行于转轴，轴承约束力通过转轴，故外力系对转轴的矩恒为零，于是系统对转轴的动量矩守恒。

(1)设转轴为 z 轴，因为 $M_z^{(e)} \equiv 0$，故 $L_z=$常数，即

$$L_z=[J_z+m(r\sin\beta)^2]\omega=J_z\omega_0 \tag{1}$$

(2)设小球在点 A 时系统势能为零，由机械能守恒定律得

$$\frac{1}{2}J_z\omega^2+\frac{1}{2}mv_{球}^2-mgr(1+\cos(\pi-\beta))=\frac{1}{2}J_z\omega_0^2 \tag{2}$$

(3)以小球为动点，动系与圆环固连，由速度合成公式

	$v_{球}$	=	v_r	+	v_e
大小	?		v_r		$\omega r\sin(\pi-\beta)$
方向	?		垂直于 OB 向下		垂直于纸面向里

得
$$v_{球}^2 = v_r^2 + (\omega r\sin\beta)^2 \tag{3}$$

(4)方程求解。由式(1)得

$$\omega = \frac{J_z}{J_z + mr^2\sin^2\beta}\omega_0，方向沿 z 轴正向 \tag{4}$$

将式(3)、式(4)代入式(2)得

$$v_r = \sqrt{\frac{J_z\omega_0^2 r^2\sin^2\beta}{J_z + mr^2\sin^2\beta} + 2gr(1-\cos\beta)}（方向如图所示）$$

注意:①小球的动量为 $mv_{球} = mv_r + mv_e$，由于 mv_r 过转轴，所以 mv_r 对转轴 z 的动量矩为零，而 mv_e 的方向垂直纸面（圆环所在平面）朝里，离转轴距离为 $r\sin\beta$，而 $v_e = \omega r\sin\beta$，故 mv_e 对转轴 z 的动量矩为 $m(r\sin\beta)^2\omega$，这也就是 $mv_{球}$ 对转轴 z 的动量矩。②若认为小球的重力所作的功都变成小球相对于圆环的动能，则是错误的，因为圆环是一个非惯性参考系，牛顿第二定律对非惯性参考系是不成立的，当然在这个非惯性参考系中质点的机械能不守恒。③请读者比较本例与例 7-6的异同。

例 9-12 如图(a)所示，半径为 R、中心为 A 的均质圆轮和长度为 $2R$ 的均质细直杆 AB 用光滑铰链 A 连接，放置在光滑水平面上，它们的质量均为 m，初始时杆处于铅垂位置，且系统静止。由于受到微小扰动，杆由铅垂位置开始下落。当图示 $\beta=30°$时，试求杆的角速度大小（设在运动过程中圆轮始终与地面接触）。

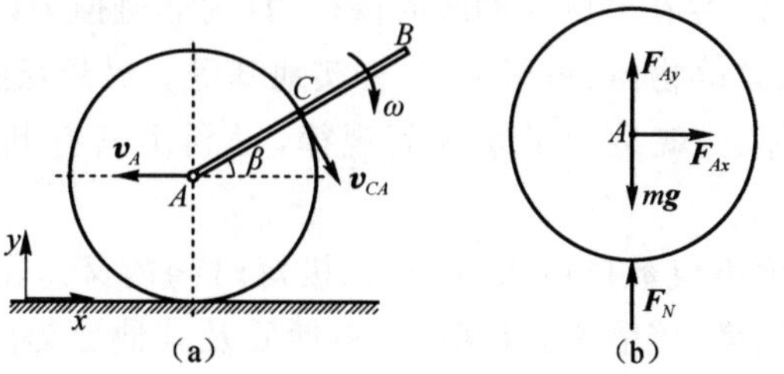

例 9-12 图

解:(1)取圆轮 A 为研究对象，设其角速度为 ω_A，圆轮的受力分析如图(b)所示，显然 $\boldsymbol{M}_A^{(e)} \equiv 0$，故 $\boldsymbol{L}_A$ = 常矢量，又 $L_A = J_A\omega_A$，初始时圆轮的角速度为零，故 $\omega_A \equiv 0$，即圆轮沿水平面作直线平移。

(2)建立图示直角坐标系，以系统为研究对象，设圆轮 A 的速度和杆 AB 的质心 C 的速度分别为 v_A 和 v_C，杆 AB 的角速度为 ω，因为 $F_{Rx}^{(e)} \equiv 0$，故 $p_x \equiv 0$，即

$$-mv_A + mv_{Cx} = 0 \tag{1}$$

(3)由机械能守恒定律（设初始时系统势能为零）得

$$\frac{1}{2}mv_C^2 + \frac{1}{2}\left[\frac{1}{12}m(2R)^2\right]\omega^2 + \frac{1}{2}mv_A^2 - mgR(1-\sin 30°) = 0 \tag{2}$$

(4)由两点速度关系 $v_C = v_A + v_{CA}$，得

$$v_{Cx} = -v_A + R\omega\sin 30° = -v_A + \frac{1}{2}R\omega \tag{3}$$

$$v_{Cy} = -R\omega\cos 30° = -\frac{\sqrt{3}}{2}R\omega$$

$$v_C^2 = v_{Cx}^2 + v_{Cy}^2 = v_A^2 + R^2\omega^2 - v_A R\omega \tag{4}$$

(5)求解方程。将式(3)、式(4)代入式(1)、式(2)解得

$$\omega=\sqrt{\frac{24g}{29R}}$$

注意：①这是一个综合应用机械能守恒、动量守恒和动量矩守恒求解系统运动的典型题目。②若需进一步求 $\beta=30^\circ$ 时杆的角加速度，则从运动学考虑有两个未知量，即 a_A 和杆的角加速度 α（杆 AB 的质心加速度，根据 $\boldsymbol{a}_C=\boldsymbol{a}_A+\boldsymbol{a}_{CA}^{n}+\boldsymbol{a}_{CA}^{t}$，可由 a_A、ω、α 表示出)，从受力考虑有三个未知量，即 F_{Ax}，F_{Ay} 和 F_N，总共有五个未知量，因圆盘作平移，可由质心运动定理列写两个动力学方程；杆作平面运动，由质心运动定理可列写两个方程，对质心的动量矩定理可列写一个动力学方程，五个动力学方程刚好能求解五个未知量。③请读者考虑在求出杆的角速度以前能确定杆 AB 的速度瞬心的位置吗？

9.7 动量原理在碰撞问题中的应用

碰撞是物体在突然受到冲击或遇到障碍时，其运动状态发生急剧改变时的一种力学现象，广泛地存在于人们日常生活和工程实际中，例如击球、打桩、锻压、飞机着陆、飞船对接等。另外，机器中传动零件之间总有一定间隙，也会有撞击发生，如汽车换挡时变速箱啮合齿轮之间的碰撞，离合器接触时两部分之间的碰撞等。碰撞的基本特征是在极短的时间内（为 $10^{-4}\sim10^{-2}$ s）物体的速度发生有限的改变，存在着巨大的瞬时碰撞力（为非碰撞力的 $10^2\sim10^4$ 倍）。人们正是利用这种巨大的碰撞力来打碎物体、锻压工件、夯实地基等。另外，这种碰撞力也会导致机械零件的损坏等。研究碰撞问题，就是为了掌握其规律，以利用其有利的因素，而避免其不利的影响。

在通常情况下，碰撞力不仅数值巨大，而且在极短时间内又急剧变化，其变化规律极其复杂，与物体碰撞时的相对速度、接触表面状况、材料性质及其他更为复杂的因数有关，要测出这种力的瞬时值是十分困难的，因此，想根据力的变化规律来研究物体在碰撞过程中的运动是难以实现的。所以，一般不用力来度量碰撞的作用，也不用运动微分方程来研究碰撞问题。另外，碰撞将使物体产生塑性变形（永久变形），碰撞过程中还伴随有发声、发热甚至发光等其他物理现象，因此，碰撞过程中一般都有机械能的损失，由于这种损失的计算很复杂，所以，对于碰撞问题一般也不用动能定理。由于上述原因，在理论力学课程中，一般不从微观角度研究碰撞过程，而是从宏观角度研究碰撞开始和结束这两个时刻物体的质心速度和物体的角速度等物理量的改变，因此，动量原理（动量定理和动量矩定理）就成了研究碰撞问题的主要工具。

为了便于研究，通常对碰撞问题作以下两个基本假设：

(1)在碰撞过程中，由于碰撞力非常大，重力、弹性力等普通力远远小于碰撞力，因此，这些普通力在碰撞过程中的作用可忽略不计。

(2)由于碰撞时间很短，物体质心速度和物体角速度的大小又是有限量，物体在碰撞开始和碰撞结束时的位置基本上没有变化，因此，物体在碰撞过程中的位移可忽略不计。

1. 碰撞时的动量定理——冲量定理

先讨论一个质点的简单情形。设质点的质量为 m，质点在碰撞前的速度为 v，碰撞后的速度为 $\boldsymbol{u}$，碰撞发生的时间段为$[0,t]$，受到的碰撞力为 $\boldsymbol{F}$，由动量定理有

$$m\boldsymbol{u}-m\boldsymbol{v}=\int_0^t \boldsymbol{F}\mathrm{d}t \tag{9-61}$$

记 $\boldsymbol{I}=\int_0^t \boldsymbol{F}\mathrm{d}t$，为作用于质点上的碰撞力在碰撞过程中的碰撞冲量。式(9-61)表明，质点在碰撞过程中动量的改变等于作用于质点上的碰撞冲量。

对于由 n 个质点组成的质点系，将作用于第 i 个质点上的碰撞冲量 $\boldsymbol{I}_i$ 分为质点系的外碰撞冲量 $\boldsymbol{I}_i^{(e)}$ 和质点系的内碰撞冲量 $\boldsymbol{I}_i^{(i)}$，根据式(9-61)有

$$m_i\boldsymbol{u}_i - m_i\boldsymbol{v}_i = \boldsymbol{I}_i^{(e)} + \boldsymbol{I}_i^{(i)} \quad (i=1,2,\cdots,n) \tag{9-62}$$

将上述的 n 个方程相加(矢量和)，注意到内碰撞冲量总是成对存在，它们的矢量和为零，所以有

$$\sum_{i=1}^{n} m_i\boldsymbol{u}_i - \sum_{i=1}^{n} m_i\boldsymbol{v}_i = \sum_{i=1}^{n} \boldsymbol{I}_i^{(e)} \tag{9-63}$$

式(9-63)表明：在碰撞过程中，质点系动量的改变等于作用于质点系外碰撞冲量的矢量和。利用系统的动量等于质点系的总质量 m 与质点系质心 C 速度的乘积，式(9-63)可写成

$$m\boldsymbol{u}_C - m\boldsymbol{v}_C = \sum_{i=1}^{n} \boldsymbol{I}_i^{(e)} \tag{9-64}$$

式中，$\boldsymbol{u}_C$ 和 $\boldsymbol{v}_C$ 分别为碰撞结束和碰撞开始时质点系质心的速度。式(9-63)或式(9－64)是用于碰撞过程的质点系动量定理，常称为**冲量定理**。

2.碰撞时的动量矩定理——冲量矩定理

也先讨论一个质点的情况。根据碰撞的基本假设(2)，碰撞过程中质点对固定点 O 的矢径 $\boldsymbol{r}$ 保持不变，则由式(9-61)可得

$$\boldsymbol{r}\times m\boldsymbol{u} - \boldsymbol{r}\times m\boldsymbol{v} = \boldsymbol{r}\times\boldsymbol{I} \tag{9-65}$$

式中，$\boldsymbol{r}\times m\boldsymbol{u}$ 和 $\boldsymbol{r}\times m\boldsymbol{v}$ 分别为碰撞结束和碰撞开始时质点对固定点 O 的动量矩，分别记为 $\boldsymbol{L}_O(m\boldsymbol{u})$ 和 $\boldsymbol{L}_O(m\boldsymbol{v})$，而 $\boldsymbol{r}\times\boldsymbol{I}$ 是碰撞冲量对点 O 之矩，记为 $\boldsymbol{M}_O(\boldsymbol{I})$，于是式(9-65)可表示成

$$\boldsymbol{L}_O(m\boldsymbol{u}) - \boldsymbol{L}_O(m\boldsymbol{v}) = \boldsymbol{M}_O(\boldsymbol{I}) \tag{9-66}$$

即在碰撞过程中，质点对于某一固定点的动量矩的改变，等于作用于该质点的碰撞冲量对同一点之矩。

对于由 n 个质点组成的质点系，将作用于第 i 个质点上的碰撞冲量 $\boldsymbol{I}_i$ 仍分为质点系的外碰撞冲量 $\boldsymbol{I}_i^{(e)}$ 和质点系的内碰撞冲量 $\boldsymbol{I}_i^{(i)}$，根据式(9-66)有

$$\boldsymbol{L}_O(m_i\boldsymbol{u}_i) - \boldsymbol{L}_O(m_i\boldsymbol{v}_i) = \boldsymbol{M}_O(\boldsymbol{I}_i^{(e)}) + \boldsymbol{M}_O(\boldsymbol{I}_i^{(i)}) \quad (i=1,2,\cdots,n) \tag{9-67}$$

将上述的 n 个方程相加(矢量和)，记 $\boldsymbol{L}_{O2}=\sum_{i=1}^{n}\boldsymbol{L}_O(m_i\boldsymbol{u}_i)$ 和 $\boldsymbol{L}_{O1}=\sum_{i=1}^{n}\boldsymbol{L}_O(m_i\boldsymbol{v}_i)$，分别表示碰撞结束和碰撞开始时质点系对固定点 O 的动量矩，由于内碰撞冲量对点 O 之矩的矢量和也为零，于是有

$$\boldsymbol{L}_{O2} - \boldsymbol{L}_{O1} = \sum_{i=1}^{n} \boldsymbol{M}_O(\boldsymbol{I}_i^{(e)}) \tag{9-68}$$

式(9-68)表明：在碰撞过程中，质点系对于某一固定点的动量矩的改变，等于作用于质点系的外碰撞冲量对同一点之矩的矢量和。

设质点 i 相对于质点系质心 C 的矢径为 $\boldsymbol{r}_i'$，则同理可得

$$\boldsymbol{L}_{C2} - \boldsymbol{L}_{C1} = \sum_{i=1}^{n} \boldsymbol{M}_C(\boldsymbol{I}_i^{(e)}) \tag{9-69}$$

式中，$\boldsymbol{L}_{C2}=\sum_{i=1}^{n}\boldsymbol{r}_i'\times(m_i\boldsymbol{u}_i)$，$\boldsymbol{L}_{C1}=\sum_{i=1}^{n}\boldsymbol{r}_i'\times(m_i\boldsymbol{v}_i)$，分别为碰撞结束和碰撞开始时质点系对质心 C 的动量矩，$\boldsymbol{M}_C(\boldsymbol{I}_i^{(e)})=\boldsymbol{r}_i'\times\boldsymbol{I}_i^{(e)}$ 为作用于质点 i 上质点系的外碰撞冲量对质心之矩。式(9-69)

表明：在碰撞过程中，质点系对于质心 C 的动量矩的改变，等于作用于质点系的外碰撞冲量对质心之矩的矢量和。

式(9-68)和式(9-69)是用于碰撞过程的质点系动量矩定理，常称为**冲量矩定理**。前者是质点系相对定点的冲量矩定理，后者是质点系相对质心的冲量矩定理。

必须指出，从推导过程看，将质心 C 改为任意确定点，冲量矩定理的形式仍然保持不变，也就是说，只要将式(9-69)的下标 C 改为该确定点即可。而质点系对动点的动量矩既可以由式(9-14)计算，也可以由质点系对不同两点的动量矩关系计算，即只要将式(9-16)中的定点 O 改为该确定动点，而将动点 A 改为系统的质心 C 就可方便地进行计算。

3. 碰撞冲量对定轴转动刚体的作用与撞击中心

设绕定轴 Oz 转动的刚体受到外碰撞冲量的作用，根据式(9-68)在 z 轴上的投影式，有

$$L_{z2}-L_{z1}=\sum_{i=1}^{n}M_z(\boldsymbol{I}_i^{(e)}) \tag{9-70}$$

式中，L_{z2} 和 L_{z1} 分别为刚体在碰撞结束和碰撞开始时对 z 轴的动量矩，设 ω_2、ω_1 分别为刚体在这两个瞬时的角速度，J_z 为刚体对 z 轴的转动惯量，则上式可写为

$$J_z\omega_2-J_z\omega_1=\sum_{i=1}^{n}M_z(\boldsymbol{I}_i^{(e)}) \tag{9-71}$$

式中，$\sum_{i=1}^{n}M_z(\boldsymbol{I}_i^{(e)})$ 为作用于刚体上所有外碰撞冲量对 z 轴之矩的代数和，而作用于刚体上的外碰撞冲量可以区分为两类，一类是主动力的碰撞冲量，另一类是轴承对刚体的碰撞冲量，后者显然不出现在方程(9-71)中，其值可通过碰撞的冲量定理，即式(9-64)计算。轴承对刚体的碰撞冲量虽然对刚体角速度的变化没有影响，但在工程中对构件(可变形的物体)的寿命是有害的，所以应尽量减小或消除它。

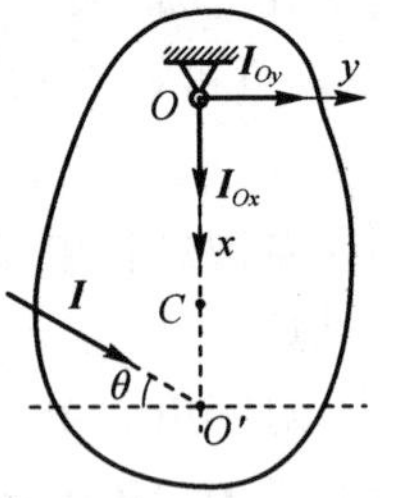

图 9-6

如图 9-6 所示，设刚体具有质量对称面，且刚体绕垂直于此质量对称面的固定轴 Oz 转动(O 在此质量对称面上)，刚体的质量为 m，质心为 C，对转轴 Oz 的转动惯量为 J_O，取 $\overrightarrow{OC}$ 方向为 x 轴的正向，$OC=r_C$；碰撞冲量 $\boldsymbol{I}$ 也作用在此质量对称面内，它的作用线与 x 轴相交于点 O'，与 y 轴夹角为 θ，$OO'=l_0$，刚体在碰撞前后的角速度分别为 ω_1、ω_2，转向都为逆时针，则由式(9-71)得

$$\omega_2-\omega_1=\frac{Il_0\cos\theta}{J_O} \tag{9-72}$$

设轴承 O 对刚体的碰撞冲量 $\boldsymbol{I}_O$ 沿 x、y 轴的正交分量分别为 $\boldsymbol{I}_{Ox}$ 和 $\boldsymbol{I}_{Oy}$，则根据冲量定理在 x、y 轴上的投影式可得

$$\left.\begin{aligned}I\sin\theta+I_{Ox}&=0\\ I\cos\theta+I_{Oy}&=mr_C(\omega_2-\omega_1)\end{aligned}\right\} \tag{9-73}$$

联立式(9-72)、式(9-73)解得

$$\left.\begin{aligned}I_{Ox}&=-I\sin\theta\\ I_{Oy}&=\left(\frac{mr_Cl_0}{J_O}-1\right)I\cos\theta\end{aligned}\right\} \tag{9-74}$$

要使刚体在轴承处不受碰撞冲量的作用，应使 $I_{Ox}=0$，$I_{Oy}=0$，也就是要满足下述条件

$$\left.\begin{aligned} \theta &= 0 \\ l_0 &= \frac{J_O}{mr_C} \end{aligned}\right\} \tag{9-75}$$

满足此条件时碰撞冲量 $\boldsymbol{I}$ 与 O、C 两点连线的交点 O' 称为**撞击中心**。

因此，当碰撞冲量作用于刚体的质量对称面内，通过刚体的撞击中心并垂直于轴心与质心的连线时，在轴承处不会产生碰撞冲量。在设计摆式冲击试验机的摆杆时，必须把冲击试件的刃口设在摆杆的撞击中心，这样可以使轴承避免承受撞击载荷。打棒球时使击球点靠近球棒的撞击中心可减少手受到的冲击而避免震痛。对于复摆(参阅例 9-6)，摆心位置与撞击中心位置的计算公式相同，说明摆心与撞击中心重合。应该注意，若刚体转轴通过其质心，$r_C=0$，则 $l_0\to\infty$，即不存在撞击中心，无论碰撞冲量作用于何处，轴承处不可避免地承受碰撞力的作用。

4. 碰撞冲量对平面运动刚体的作用

设刚体具有质量对称面，而且该平面始终在其自身所在平面内运动。若碰撞冲量也作用在此质量对称面内，则碰撞结束后，刚体的质量对称面仍维持在此平面内运动，对于这样一种平面运动的简单情形，只需联立冲量定理与相对质心的冲量矩定理，即式(9-64)与式(9-69)就可得到以下动力学方程

$$\left.\begin{aligned} mu_{Cx} - mv_{Cx} &= \sum I_x^{(e)} \\ mu_{Cy} - mv_{Cy} &= \sum I_y^{(e)} \\ J_C\omega_2 - J_C\omega_1 &= \sum M_C(\boldsymbol{I}^{(e)}) \end{aligned}\right\} \tag{9-76}$$

式中，$\boldsymbol{u}_C$、v_C 分别为刚体质心在碰撞结束和碰撞开始时的速度，u_{Cx}、u_{Cy} 为 $\boldsymbol{u}_C$ 在 x、y 轴上的投影，v_{Cx}、v_{Cy} 为 v_C 在 x、y 轴上的投影，ω_2、ω_1 分别为刚体在碰撞结束和碰撞开始时的角速度，J_C 为刚体对过质心且垂直于运动平面的质心轴的转动惯量，$\sum I_x^{(e)}$、$\sum I_y^{(e)}$ 分别为作用于刚体上所有外碰撞冲量在 x、y 轴上的投影的代数和，$\sum M_C(\boldsymbol{I}^{(e)})$ 为作用于刚体上所有外碰撞冲量对质心 C 之矩的代数和。

例 9-13 质量为 m、长度为 l 的均质细直杆 AB 在光滑的水平面上以匀角速度 ω_1 绕质心 C 逆时针转动。当点 B 运动至最右边时，若突然将点 B 固定，试求杆绕点 B 转动的角速度 ω_2 及杆在点 B 所受到的碰撞冲量。

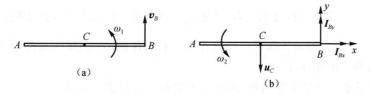

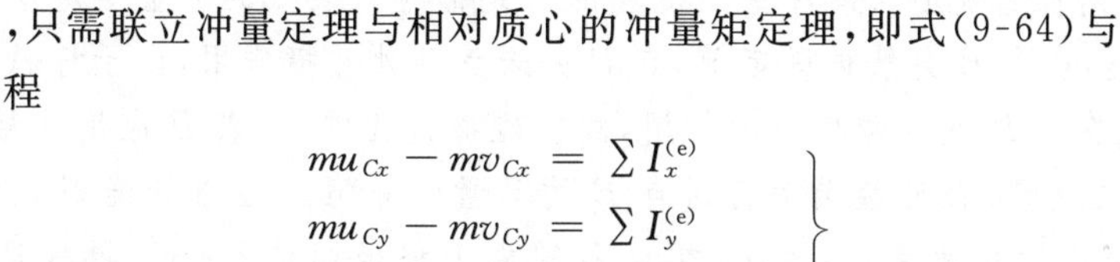

例 9-13 图

解：(1)在突然将点 B 固定之前，点 B 有速度 $v_B=\dfrac{l}{2}\omega_1$，而杆的质心速度 $v_C=0$。若突然将 B 点固定，则点 B 的速度突然变为零。运动突然改变，属碰撞问题。点 B 固定，但杆 AB 仍可在水平面内绕点 B 转动，设其转动的角速度为 ω_2(↶)，则质心 C 的速度为

$$u_C = \frac{l}{2}\omega_2(\downarrow)$$

(2)将点 B 固定的时候，杆端 B 将受到碰撞冲量 $\boldsymbol{I}_{Bx}$ 和 $\boldsymbol{I}_{By}$ 的作用，如图(b)所示。根据质点

系的冲量定理得

$$mu_{Cx} - mv_{Cx} = I_{Bx} \tag{1}$$

$$mu_{Cy} - mv_{Cy} = I_{By} \tag{2}$$

再根据质点系相对于质心的冲量矩定理得

$$J_C\omega_2 - J_C\omega_1 = I_{By} \cdot \frac{l}{2} \tag{3}$$

由于 $u_{Cx}=0$，$v_{Cx}=0$，由式(1)知

$$I_{Bx} = 0$$

由于 $u_{Cy}=-\frac{l}{2}\omega_2$，$v_{Cy}=0$，$J_C=\frac{1}{12}ml^2$，将它们代入式(2)、式(3)后可联立求得

$$\omega_2 = \frac{1}{4}\omega_1$$

$$I_{By} = -\frac{1}{8}ml\omega_1 \quad \text{（负号表示其真实方向与图(b)所示方向相反）}$$

注意：质点系对任意确定点的冲量矩定理的形式都与对质心的冲量矩定理的形式，即式(9-69)相同，对于本题，在点 B 突然被固定前，点 B 并未受到外碰撞作用，由于杆 AB 的点 B 突然被固定时，杆 AB 仅在点 B 受到碰撞力的作用，故在碰撞过程中，对点 B 应用冲量矩定理时，外碰撞冲量对点 B 之矩为零，故碰撞前后杆对点 B 的动量矩守恒。碰撞开始时，由于点 B 具有速度，这相当于对动点计算动量矩，为此，在点 B 建立平移坐标系 $Bx'y'$，再根据式(9-14)，只要将该式的点 A 改为点 B，得：$\boldsymbol{L}_B=\boldsymbol{L}_B^{\mathrm{r}}+\overrightarrow{BC}\times(m\boldsymbol{v}_B)$，$L_B^{\mathrm{r}}=J_B\omega_{\mathrm{r}}=\frac{1}{3}ml^2\omega_1$(↶)，$\overrightarrow{BC}\times(m\boldsymbol{v}_B)$ 的大小为 $\frac{l}{2}m\omega_1\cdot\frac{l}{2}=\frac{1}{4}ml^2\omega_1$，转向为↻，故 $L_B=\frac{1}{3}ml^2\omega_1-\frac{1}{4}ml^2\omega_1=\frac{1}{12}ml^2\omega_1$(↶)，或碰撞前对点 B 的动量矩也可由两点动量矩的关系式 $\boldsymbol{L}_B=\boldsymbol{L}_C+\overrightarrow{BC}\times m\boldsymbol{v}_C$ 求出；碰撞结束时，杆绕点 B 作定轴转动，此时 $L_B=J_B\omega_2=\frac{1}{3}ml^2\omega_2$(↶)，根据 $\frac{1}{12}ml^2\omega_1=\frac{1}{3}ml^2\omega_2$ 得 $\omega_2=\frac{1}{4}\omega_1$，再由题解中的式(1)、式(2)求得 $I_{Bx}=0$，$I_{By}=-\frac{1}{8}ml\omega_1$，其结果一致。

例 9-14 如图所示，质量为 $m_1=2m$、半径为 r 的均质圆盘 D 放置于光滑水平面上；质量为 m、长度为 $l=3r$ 的均质细直杆光滑铰接于圆盘上的点 A，且 $AD=\frac{r}{4}$；开始时系统静止于如图所示的最低位置，今有一冲量 $\boldsymbol{I}$ 水平向左地作用于杆 AB 的 B 端，试求碰撞结束时圆盘中心 D 的速度以及圆盘和杆的角速度。

解：当系统受水平冲量 I 作用时，圆盘是不会跳离光滑水平面的。

(1)以杆 AB 为研究对象，其所受的碰撞冲量如图(b)所示。设杆 AB 的质心为 C，碰撞结束时点 C 的速度为 $\boldsymbol{u}_C$，杆 AB 的角速度为 ω_{AB}(↻)，圆盘中心 D 的速度为 $\boldsymbol{u}_D$，圆盘角速度为 ω_D(↻)，则

$$mu_{Cx} - 0 = I - I_{Ax} \tag{1}$$

$$mu_{Cy} - 0 = I_{Ay} \tag{2}$$

$$J_C(\omega_{AB} - 0) = (I + I_{Ax})\frac{3}{2}r \tag{3}$$

式中，$J_C=\frac{1}{12}m(3r)^2=\frac{3}{4}mr^2$，分别对 C、A 和 A、D 使用两点速度关系，有 $\boldsymbol{u}_C=(\boldsymbol{u}_D+\boldsymbol{u}_{AD})+\boldsymbol{u}_{CA}$，可

得 $u_{Cy}=0, u_{Cx}=u_D+\frac{r}{4}\omega_D+\frac{3r}{2}\omega_{AB}$，于是有

$$I_{Ay}=0 \tag{4}$$

$$\omega_{AB}=\frac{2(I+I_{Ax})}{mr} \tag{5}$$

$$I_{Ax}=I-m\left(u_D+\frac{r}{4}\omega_D+\frac{3r}{2}\omega_{AB}\right) \tag{6}$$

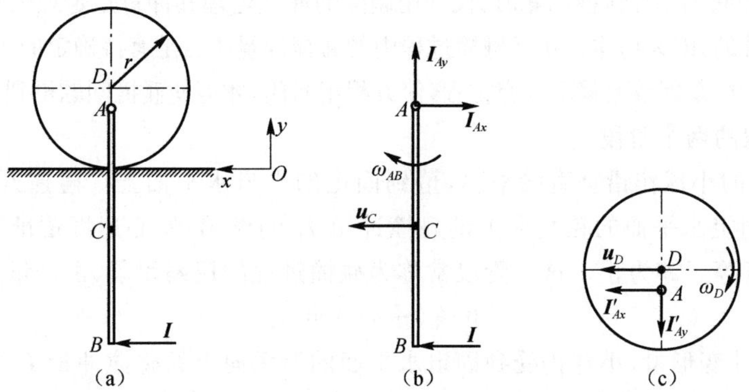

例 9-14 图

(2)再以圆盘为研究对象，注意到 $I_{Ay}=0$，表明圆盘在铅垂方向上无碰撞冲量作用，由于圆盘的重力和光滑地面对圆盘的约束力 F_N 都为非碰撞力，因此圆盘所受的碰撞冲量如图(c)所示，于是

$$(2m)u_D-0=I'_{Ax}=I_{Ax} \tag{7}$$

$$J_D\omega_D-0=I'_{Ax}\frac{r}{4}$$

即

$$\frac{1}{2}(2m)r^2\omega_D=\frac{1}{4}I_{Ax}r \quad 或 \quad I_{Ax}=4mr\omega_D \tag{8}$$

将式(8)代入式(7)得

$$u_D=2r\omega_D \tag{9}$$

再联立式(5)、式(6)、式(8)、式(9)可解得

$\omega_D=-\frac{8I}{73mr}$ （负号表示其真实转向与图(c) 所示方向相反）

$u_D=-\frac{16I}{73m}$ （负号表示其真实方向与图(c) 所示方向相反）

$\omega_{AB}=\frac{82I}{73mr}$

注意：①根据碰撞的两个基本假设，非碰撞冲量在受力分析中不画出，碰撞结束时的位置与碰撞前的位置相同。②在建立运动学补充关系时，$u_C\neq AC\cdot\omega_{AB}$，因为碰撞结束时杆 AB 作平面运动，而不是绕 A 轴作定轴转动，碰撞结束时圆盘并非开始作纯滚动，所以不可误认为盘的速度瞬心就在与水平面接触点处，而错用 $u_A=(r-DA)\omega_D$。③由于求出的 ω_D 为负，由式(8)知 I_{Ax} 也为负，说明 $\boldsymbol{I}_{Ax}$ 的真实方向与图(b)所示方向相反，它减少了由于碰撞冲量 $\boldsymbol{I}$ 的作用而使杆 AB 产生角速度，却与 $\boldsymbol{I}$ 一起使杆 AB 的质心获得向左的速度 $u_C=-\frac{16I}{73m}+\frac{r}{4}\left(-\frac{8I}{73mr}\right)+$

$\frac{3r}{2}\cdot\frac{82I}{73mr}=\frac{105I}{73m}$。④碰撞结束后，由于圆盘质心获得了初始速度，圆盘也获得了初角速度，且 $u_D\neq r\omega_D$，所以，在以后的运动中圆盘在光滑水平地面上又滚又滑；若杆 AB 与圆盘在圆心 D 光滑铰接，则圆盘在碰撞结束后在光滑水平面上应该作直线平移；这说明并不能凭主观想象判定任何圆盘在光滑地面上只能作平移。

5.材料对碰撞的影响与恢复因数

在讨论物体之间的相互碰撞问题时，仅利用碰撞的冲量定理和冲量矩定理列写系统碰撞的动力学方程仍然是不够的，因为物体在相互碰撞过程中的碰撞冲量 $\boldsymbol{I}$ 也是有待确定的未知量，必须根据相互碰撞物体之间的恢复因数列写出补充方程，使方程组封闭，才能使碰撞问题得到最终求解。

(1)碰撞过程的两个阶段

一质量为 m 的小球作铅垂直线平移，落到固定的光滑水平面上。碰撞开始时质心的速度为 v，由于受到固定水平面的铅垂向上的碰撞冲量 $\boldsymbol{I}_1$ 的作用，质心速度逐渐减小，物体变形逐渐增大，直至速度等于零为止。这一阶段常称为碰撞过程的**压缩阶段**，由冲量定理得

$$0-(-mv)=I_1 \tag{9-77}$$

此后由于存在弹性变形量，小球仍受到固定水平面的铅垂向上的碰撞冲量 $\boldsymbol{I}_2$ 的作用，但物体弹性变形逐渐恢复，小球质心获得反向的速度，当小球离开固定水平面的瞬时，其质心速度为 $\boldsymbol{u}$。这一阶段常称为**恢复阶段**，再由冲量定理得

$$mu-0=I_2 \tag{9-78}$$

于是得

$$\frac{u}{v}=\frac{I_2}{I_1} \tag{9-79}$$

对于真实情况，因碰撞过程伴随发热、发声甚至发光等物理观象，材料碰撞后还保留或多或少的残余变形，小球的动能必定有损失，其碰撞结束时的速度大小 u 小于碰撞开始时的速度大小 v。

(2)材料的恢复因数

牛顿在大量实验的基础上发现，对于某种材料的小球与另一种材料（当然也可以是同种材料）的固定水平面，在碰撞结束与碰撞开始时的速度大小之比值几乎是不变的，即

$$\frac{u}{v}=e \tag{9-80}$$

常数 e 称为**恢复因数**。

恢复因数需用实验测定，用待测材料做成小球和质量很大的平板，并将平板水平固定，小球自高度为 h_1 处自由下落，与固定水平板碰撞后，小球反跳，记下达到最高点的高度 h_2，则小球与水平板刚接触时速度的大小为 $v=\sqrt{2gh_1}$，小球离开水平板的瞬时速度的大小为 $u=\sqrt{2gh_2}$，于是得恢复因数为

$$e=\frac{u}{v}=\frac{I_2}{I_1}=\sqrt{\frac{h_2}{h_1}} \tag{9-81}$$

恢复因数表示物体碰撞后其速度恢复的程度，也表示物体变形恢复的程度，同时反映出碰撞过程物体机械能损失的程度。对于各种材料，均有 $0<e<1$，表明碰撞后变形不能完全恢复，动能有损失，称为非完全弹性碰撞；$e=1$ 为理想情形，碰撞后变形完全恢复，动能无损失，称为完全弹性碰撞；$e=0$ 是极限情况，物体在碰撞结束时，物体的变形丝毫没有恢复，称为非弹性碰撞或塑性碰撞。

在研究简单的碰撞问题时，通常假设相碰撞物体的接触面是光滑曲面。如果两个相互碰撞物体在接触点的公法线通过这两个物体质心 C_1 和 C_2，则称为**对心碰撞**，否则称为**偏心碰撞**；如果两个相互碰撞物体在接触点处的相对速度沿接触点的公法线方向，则称为**正碰撞**，否则称为**斜碰撞**。在一般情况下，碰撞前后的两物体都在运动，设 v_1 和 v_2 分别为碰撞开始时第一个和第二个物体接触点的绝对速度；$\boldsymbol{u}_1$ 和 $\boldsymbol{u}_2$ 为碰撞结束时第一个和第二个物体接触点的绝对速度。此时**恢复因数**定义为

$$e = \frac{u_{\mathrm{r}}^{\mathrm{n}}}{v_{\mathrm{r}}^{\mathrm{n}}} = \frac{u_2^{\mathrm{n}} - u_1^{\mathrm{n}}}{v_1^{\mathrm{n}} - v_2^{\mathrm{n}}} \tag{9-82}$$

式中，$u_{\mathrm{r}}^{\mathrm{n}}$ 和 $v_{\mathrm{r}}^{\mathrm{n}}$ 分别为碰撞后和碰撞前两物体接触点在接触处公法线方向的相对速度大小。即恢复因数等于两物体的接触点沿公法线的分离速度大小与接近速度大小之比。

例 9-15 如图(a)所示，质量为 m、长度为 l 的均质细直杆 AB 以速度 v 平行于杆本身而斜撞于光滑地面，杆与地面成 30°角，设为完全弹性碰撞，试求碰撞后杆的角速度、质心 C 的速度及地面对杆的碰撞冲量。

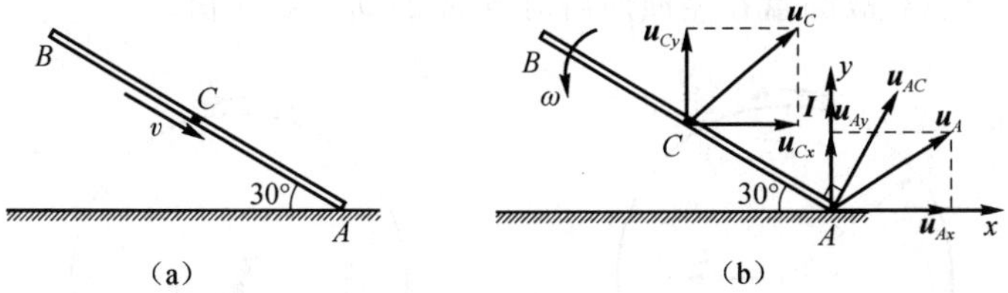

例 9-15 图

解：建立图(b)所示直角坐标系，因地面光滑，当杆与地面碰撞时，杆只受到铅垂方向的碰撞冲量 $\boldsymbol{I}$，杆的动量在水平方向的投影在碰撞前后守恒。设杆碰撞后，其质心 C 的速度为 $\boldsymbol{u}_C$，杆的角速度为 ω(↺)，如图(b)所示。则碰撞前、后质心速度在 x 方向投影不变，即 $u_{Cx} = v\cos 30° = \frac{\sqrt{3}}{2}v$，根据两点速度关系 $\boldsymbol{u}_A = \boldsymbol{u}_C + \boldsymbol{u}_{AC}$ 得碰撞结束时

$$u_{Ay} = u_{Cy} + \left(\frac{l}{2}\omega\right)\cos 30° = u_{Cy} + \frac{\sqrt{3}}{4}l\omega$$

碰撞点 A 在碰撞前沿碰撞面外法线方向的投影为

$$v_{Ay} = -v\sin 30° = -\frac{1}{2}v$$

根据恢复因数的定义

$$e = \left|\frac{u_{Ay}}{v_{Ay}}\right| = 1$$

即

$$u_{Cy} + \frac{\sqrt{3}}{4}l\omega = \frac{1}{2}v \tag{1}$$

应用冲量定理沿 y 轴的投影得

$$mu_{Cy} - m(-v\sin 30°) = I \tag{2}$$

根据对质心的动量矩定理得

$$\frac{1}{12}ml^2\omega - 0 = I\left(\frac{l}{2}\cos 30°\right) \tag{3}$$

联立式(1)、式(2)、式(3)解得

$$\omega=\frac{12\sqrt{3}v}{13l},I=\frac{4}{13}mv,u_{Cy}=-\frac{5}{26}v$$

于是，碰撞后杆质心的速度为

$$\boldsymbol{u}_C=\frac{\sqrt{3}}{2}v\boldsymbol{i}-\frac{5}{26}v\boldsymbol{j}$$

注意：①杆的动量等于杆的质量与质心速度的乘积，杆的动量在水平方向的投影在碰撞前后守恒，也就是碰撞前后的质心速度在 x 方向上的投影相等。②碰撞后杆在空中作平面运动，因杆在空中时只受重力作用，故 u_{Cx} 和 ω 保持不变，直至与地面发生再次碰撞。

例 9-16 如图(a)所示，一均质圆盘的质量为 m，半径为 r，其质心以匀速 v_C 沿水平直线向右运动，且圆盘在固定水平面上作纯滚动。今突然与一高度为 $h(<r)$ 的台阶碰撞，设碰撞是塑性的，且圆盘能绕碰撞点 A 越过台阶。试求碰撞前圆盘质心的速度必须多大？并问对台阶的高度有什么要求吗？

解：(1)因圆盘与台阶的碰撞是塑性的，也就是说，在碰撞过程中圆盘上的碰撞点 A 是不动的，且外碰撞冲量过点 A，故圆盘在碰撞前后对点 A 的动量矩守恒。

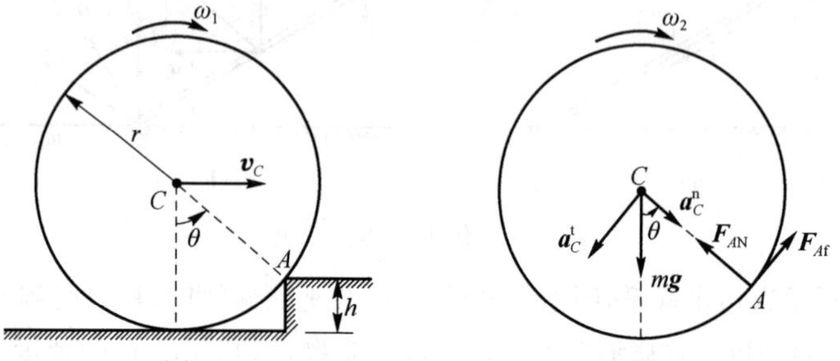

例 9-16 图

碰撞前圆盘的角速度为

$$\omega_1=\frac{v_C}{r}(\circlearrowright)$$

根据质点系对不同两点的动量矩关系，圆盘在碰撞前对点 A 的动量矩为

$$\boldsymbol{L}_A^{(1)}=\boldsymbol{L}_C^{(1)}+\overrightarrow{AC}\times(mv_C)$$

$$L_A^{(1)}=J_C\omega_1+mv_C(r-h)=\frac{1}{2}mr^2\frac{v_C}{r}+mv_C(r-h)$$

$$=mv_C\left(\frac{3}{2}r-h\right)(\circlearrowright)$$

碰撞结束时圆盘的角速度为 $\omega_2(\circlearrowright)$，因为此时圆盘绕点 A 作定轴转动，其对点 A 的动量矩为

$$L_A^{(2)}=J_A\omega_2=\left(\frac{1}{2}mr^2+mr^2\right)\omega_2=\frac{3}{2}mr^2\omega_2(\circlearrowright)$$

根据 $L_A^{(1)}=L_A^{(2)}$ 求得

$$\omega_2=\frac{v_C}{r}-\frac{2h}{3r^2}v_C \tag{1}$$

(2)圆盘能越过台阶的条件是它碰撞后的动能足够大，至少能克服越上台阶时重力要作的功，即

$$\frac{1}{2}J_A\omega_2^2\geqslant mgh \tag{2}$$

联立式(1)、式(2)解得

$$v_C^2 \geqslant \frac{12r^2hg}{(3r-2h)^2} \tag{3}$$

(3)圆盘在碰撞结束后至越上台阶的过程中是绕点 A 作定轴转动，显然若碰撞前 v_C 很大，则圆盘与台阶碰撞时会跳离台阶。圆盘不跳离台阶的条件是在这一运动过程中 F_{NA} 始终大于或等于零，先计算在碰撞结束时的 F_{NA} 值，此时圆盘的受力如图(b)所示，由质心运动定理

$$ma_C^n = mr\omega_2^2 = mg\cos\theta - F_{NA}$$

即

$$F_{NA} = mg\cos\theta - mr\omega_2^2$$

由定性分析知，F_{NA} 在碰撞结束的最初时刻其值最小，因为在越上台阶的过程中，θ 减小，$\cos\theta$ 加大，圆盘的角速度也在减小(由对定点的动量矩定理知圆盘的角加速度的转向与角速度的转向相反)，故 F_{NA} 逐渐增大。于是要求

$$F_{NA} = mg\frac{r-h}{r} - mr\left(\frac{v_C}{r} - \frac{2h}{3r^2}v_C\right)^2 \geqslant 0$$

可得

$$v_C^2 \leqslant \frac{9(r-h)gr^2}{(3r-2h)^2} \tag{4}$$

(4)根据式(3)和式(4)，圆盘要能绕点 A 越过台阶，v_C 必须满足

$$\frac{2r}{3r-2h}\sqrt{3hg} \leqslant v_C \leqslant \frac{3r}{3r-2h}\sqrt{(r-h)g}$$

要使上式所示不等式同时成立，必须有

$$12hg \leqslant 9(r-h)g, h \leqslant \frac{3}{7}r$$

注意:①这与例 9-13 一样，也是"突加约束"问题，即刚体运动时遇到固定障碍物发生塑性碰撞，对于这样一类碰撞问题，刚体在碰撞过程中对碰撞点的动量矩一般都守恒。②从式(9-16)的推导过程可以看出，将固定点 O 换成任意动点也正确，所以题解中采用了计算公式 $\boldsymbol{L}_A^{(1)} = \boldsymbol{L}_C^{(1)} + \overrightarrow{AC} \times (m\boldsymbol{v}_C)$，当然也可以像例 9-13 那样，在点 A 建立平移坐标系，再利用 $\boldsymbol{L}_A^{(1)} = \boldsymbol{L}_A^r + \overrightarrow{AC} \times (m\boldsymbol{v}_A) = \boldsymbol{L}_A^r + \overrightarrow{AC} \times [m(\boldsymbol{v}_C + \boldsymbol{\omega}_1 \times \overrightarrow{CA})]$ 得 $L_A^{(1)} = \frac{3}{2}mr^2\omega_1 + mv_C(r-h) - r(r\omega_1) = mv_C\left(\frac{3}{2}r - h\right)$(↺)。③碰撞前 v_C 不足够大，圆盘绕点 A 越不上台阶比较容易想到，但 v_C 太大，圆盘与台阶碰撞会跳离台阶比较容易疏忽。④仅限于碰撞过程中不计普通力，碰撞结束后必须计入所有普通力，圆盘在碰撞结束后绕点 A 向上翻转时，已离开地面，所以地面约束力为零，重力对点 A 的力矩为逆时针转向，故圆盘作减角速度转动。

例 9-17 如图所示，可视为质量为 m、半径为 r 的均质圆盘的车轮，跳起后在下落的过程中撞到粗糙的水平地面上，碰撞前瞬时，车轮的角速度为 ω_1，轮心速度为 $v_C = \sqrt{3}r\omega_1$，方向与水平线的夹角为 30°，并设碰撞时车轮不从地面弹开。(1)若车轮碰撞时在地面上没有滑动，试求车轮与地面之间的静摩擦因数 f_s 和车轮的角速度；(2)假设碰撞时车轮在水平地面上滑动，车轮与水平地面之间的动摩擦因数为 $f=0.18$，试求碰撞后车轮中心的速度和车轮的角速度。

解:(1)若碰撞时车轮在水平地面上不滑动，则碰撞点 A 为轮的速度瞬心。设碰撞结束时，车轮中心 C 的速度为 $\boldsymbol{u}_C$，车轮的角速度为 ω_2(↺)，碰撞点处的法向和切向的碰撞冲量分别为 $\boldsymbol{I}_N$ 和 $\boldsymbol{I}_f$，如图(b)所示。

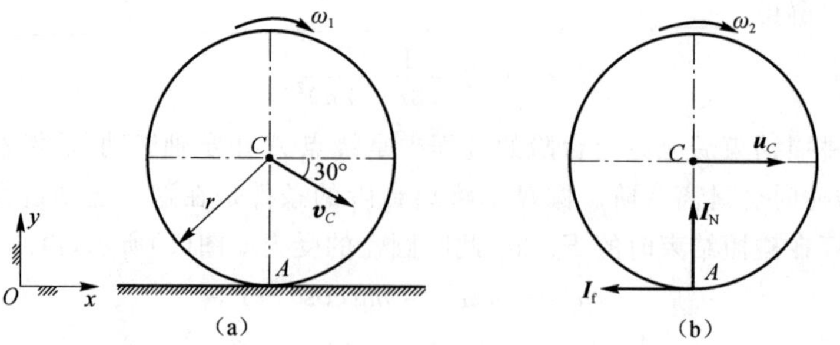

例 9-17 图

根据冲量定理 x,y 轴上的投影，有

$$mu_C - mv_C\cos30^\circ = -I_f \tag{1}$$

$$0-(-mv_C\sin30^\circ) = I_N \tag{2}$$

由对轮心 C 的冲量矩定理得

$$J_C\omega_2 - J_C\omega_1 = I_f r \tag{3}$$

其中，$J_C=\dfrac{1}{2}mr^2$，由运动学条件

$$u_C = r\omega_2 \tag{4}$$

联立式(1)、式(3)、式(4)得

$$\omega_2 = \frac{4}{3}\omega_1, u_C = \frac{4}{3}\omega_1 r, I_f = \frac{1}{6}mr\omega_1$$

由式(2)得

$$I_N = \frac{\sqrt{3}}{2}mr\omega_1$$

为保证车轮在水平地面上不滑动，须满足物理条件

$$I_f \leqslant f_s I_N, f_s \geqslant \frac{\sqrt{3}}{9}$$

(2)若碰撞时车轮在水平地面上滑动，则有

$$I_N = \frac{\sqrt{3}}{2}mr\omega_1$$

$$I_f = fI_N = 0.18\times\frac{\sqrt{3}}{2}mr\omega_1 = \frac{9\sqrt{3}}{100}mr\omega_1 \tag{5}$$

将它代入式(1)得

$$u_C = \left(\frac{3}{2}-\frac{9\sqrt{3}}{100}\right)r\omega_1$$

将式(5)代入式(3)得

$$\omega_2 = \left(1+\frac{9\sqrt{3}}{50}\right)\omega_1$$

注意：①车轮与地面碰撞前一瞬时，由 $v_A=v_C+v_{AC}$ 可得 $v_{Ax}=v_C\cos30^\circ-r\omega_1=\sqrt{3}r\omega_1\cdot\dfrac{\sqrt{3}}{2}-r\omega_1=\dfrac{1}{2}r\omega_1$，方向朝前，故题中摩擦力 $\boldsymbol{F}_f$ 的冲量 $\boldsymbol{I}_f$ 方向朝后，实际上静摩擦力指向可任意假定，待求出其值后可知真实指向。②根据车轮对碰撞点的动量矩计算公式 $\boldsymbol{L}_A=\boldsymbol{L}_C+\overrightarrow{AC}\times$

(mv_C)，车轮与地面碰撞前有 $L_A^{(1)}=\frac{1}{2}mr^2\omega_1+[m(\sqrt{3}r\omega_1)\cos 30°]\cdot r=2mr^2\omega_1(\circlearrowleft)$；而当车轮与地面碰撞后，车轮在碰撞过程中的两种运动情况下，其对碰撞点的动量矩分别为 $(L_A^{(2)})_{纯滚}=\frac{1}{2}mr^2\left(\frac{4}{3}\omega_1\right)+m\left(\frac{4}{3}r\omega_1\right)r=2mr^2\omega_1(\circlearrowleft)$，$(L_A^{(2)})_{滑动}=\frac{1}{2}mr^2\left(1+\frac{9\sqrt{3}}{50}\right)\omega_1+m\left(\frac{3}{2}-\frac{9\sqrt{3}}{100}\right)r^2\omega_1=2mr^2\omega_1(\circlearrowleft)$；说明两种情况下车轮在碰撞过程中对碰撞点的动量矩都是守恒的，只是在纯滚动时 u_C 与 ω_2 有关系式 $u_C=r\omega_2$，而 I_f 与 I_N 相互独立，而在带滑动的滚动时，u_C 与 ω_2 相互独立，而 I_f 与 I_N 有关系式 $I_f=fI_N$。③车轮与地面碰撞过程中，若车轮作纯滚动，则〗车轮碰撞后的运动过程中车轮所受的地面摩擦力为零，且 u_C 和 ω_2 保持不变；车轮与地面碰撞过程中，若车轮作带滑动的滚动，则车轮碰撞结束后碰撞点的速度为 $u_A=u_C-r\omega_2=\left(\frac{3}{2}-\frac{9\sqrt{3}}{100}\right)r\omega_1-\left(1+\frac{9\sqrt{3}}{50}\right)\omega_1 r=\left(\frac{1}{2}-\frac{27\sqrt{3}}{100}\right)r\omega_1>0$，表明点 A 的速度朝右，因此，在以后的运动中车轮所受到的地面摩擦力朝左，使车轮的角速度逐渐增大，轮心的速度逐渐减小，直至满足车轮纯滚动条件，然后地面摩擦力变为零，再一直保持纯滚动。④从接触处公法线方向上来看两种情况的恢复因数都为零，但从公切线方向上看两种情况显然是不一样，这是带摩擦的碰撞问题，因此，第二种情况不是严格意义上的塑性碰撞；在这两种碰撞情况下，车轮在碰撞过程中动能的损失显然是不一样的。⑤由本例可以看出冲量定理和冲量矩定理是解决碰撞问题的基本动力学方程，恢复因数的定义式只是作为有些问题求解的补充方程而已。

9.8 关于动力学的三个基本定理

在上一章和本章中，阐述了质点系动力学的三个基本定理，即动能定理、动量定理和动量矩定理。这三个定理以简明的数学形式分别从某一侧面描述了质点系作为一个整体在力系作用下所遵循的动力学运动规律。动能定理建立了质点系的动能与力系的功之间的联系，反映了质点系能量交换的特性；动量定理建立了质点系的动量与外力系的主矢之间的联系，反映了质点系平移的特性；动量矩定理建立了质点系对固定点或质心的动量矩与外力系对相应点的主矩之间的联系，反映了质点系转动的特性。为了使理论系统化，都是从牛顿第二定律直接推导这三个定理的，并进而得到了三个守恒定律。但是并没有证明这三个守恒定律，只不过是导出了牛顿第二定律的不同表现形式，它们是否正确必须通过实验才能证明，正如牛顿第二定律需要通过实验证明一样。事实上，这三个守恒定律已被许多实验所证明，同时也为牛顿第二定律的正确性提供了重要材料。另外，从科学的发展史来说，这三个定理却是独立被发现的，而且在经典力学以外的物理学领域，它们的守恒定律作为普通的自然规律依然存在，而牛顿第二定律在那里却不再正确。因此，动力学的三个守恒定律，即机械能守恒定律、动量守恒定律和动量矩守恒定律比牛顿第二定律更具有普遍意义。

思考题

9-1 图示均质细直杆的质量为 m，长度为 l，角速度为 ω，试问在图(a)、图(b)两种情况下，杆的动量的大小都为 $\frac{1}{2}ml\omega$，杆对点 O 的动量矩大小都为 $\frac{1}{4}ml^2\omega$，试问这样做对吗？为什么？

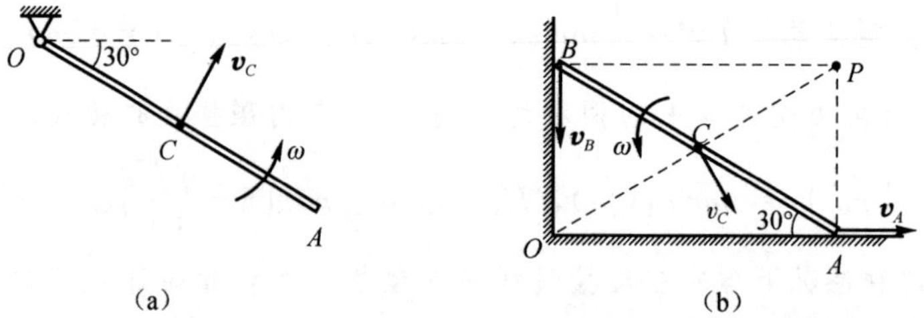

思考题 9-1 图

9-2 如图(a)、图(b)所示，质量为 m、半径为 r 的均质圆盘分别在半径为 $R_1=2r$ 的固定凸面和半径为 $R_2=4r$ 的固定凹面上作纯滚动，则在图示位置，它们的动量相等，对点 O 的动量矩也相等，试问这种说法对吗？为什么？

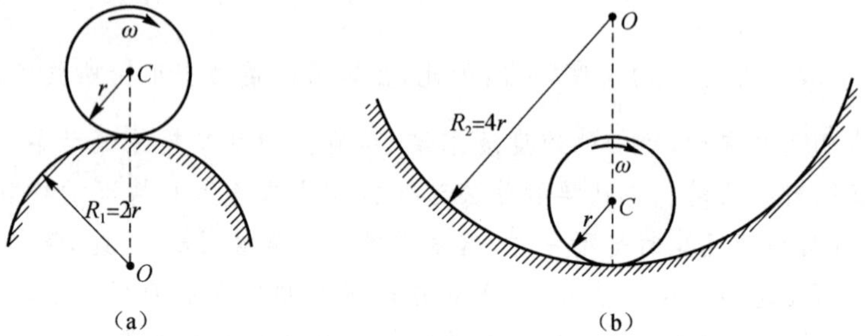

思考题 9-2 图

9-3 如图所示，质量为 m、半径为 r 的均质圆盘相对于杆作纯滚动，相对角速度的大小为 $\omega_r=\omega_0$，转向为顺时针；而杆又以匀角速度 ω_0 绕轴 O 作逆时针转动，试问在图(a)、图(b)所示位置时，计算圆盘对点 O 的动量矩有何异同？

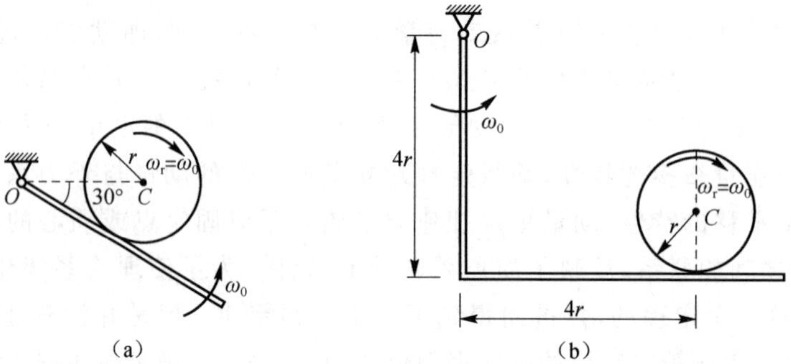

思考题 9-3 图

9-4 如图所示，质量为 m、长度为 l 的均质细直杆静止铅垂立于光滑水平地面上，因受微小扰动，杆在铅垂面内滑倒，且 B 端不离开水平地面，试求杆端 A 的轨迹是什么？杆上其他点的轨迹与点 A 有何不同？

9-5 如图所示，质量为 m、边长为 l 的均质正三角形薄板，使 OA 边铅垂静止于光滑水平地面上，若三角形薄板于图示位置无初速释放，试问 AB 边的中点 D 的轨迹是什么？三角形薄板上哪些点的轨迹与点 D 相似？设在运动过程中质点 O 不离开水平地面。

9-6 如图所示，质量为 m 的均质圆盘静止平放于光滑水平面内，$R=2r$，其受力情况如图(a)、图(b)和图(c)所示，试说明这三种情况下圆盘的运动有何不一样？

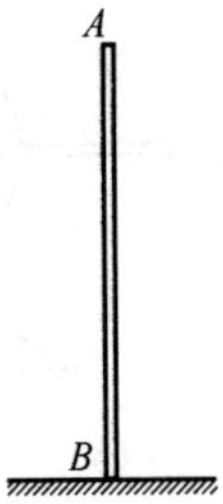

思考题 9-4 图

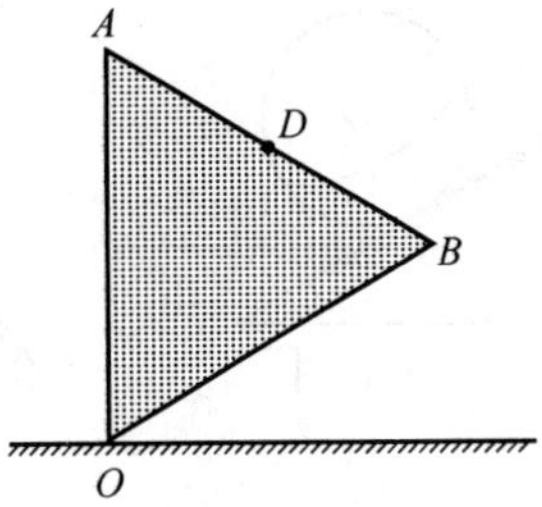

思考题 9-5 图

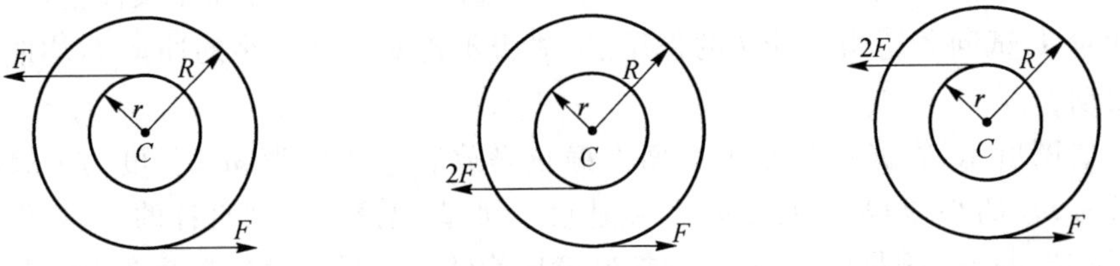

(a) (b) (c)

思考题 9-6 图

9-7 如图所示,质量为 m、半径为 r 的均质圆轮能够在水平地面上作纯滚动,不计滚动摩阻力偶,试问在以下两种情况下,圆轮的角加速度、轮心加速度和地面对圆轮的摩擦力有什么不一样?(a)在圆轮上作用有一顺时针转向的主动力偶,力偶矩为 M;(b)在轮心作用一水平向右的主动力 $\boldsymbol{F}$,且 $F=\dfrac{M}{r}$;当你骑自行车在直线道路上加速前进时,你能分析自行车前后轮的运动及所受到的地面摩擦力的方向吗?再问:若只在圆轮所在平面内作用一大小已知的水平力 $\boldsymbol{F}$,则它作用于什么位置能使地面作用于圆轮的摩擦力为零?在什么情况下,地面作用于圆轮的摩擦力能与力 $\boldsymbol{F}$ 的方向相同?

9-8 如图所示,半径为 r、质量为 m 的均质圆轮沿直线轨道滚动,除重力外不受其他主动力的作用。若轮心初速度为 v_0,圆轮初角速度为 ω_0,试讨论下列三种情况下,圆轮所受的摩擦力及其运动规律(只作定性分析即可):(1) $v_0=r\omega_0$;(2) $v_0>r\omega_0$;(3) $v_0<r\omega_0$(设圆轮与轨道之间的静摩擦因数为 f_s,动摩擦因数为 f,不计滚动摩阻力偶)。

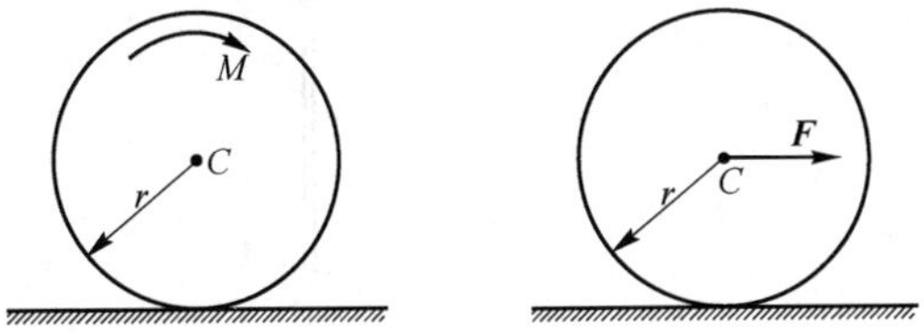

(a) (b)

思考题 9-7 图

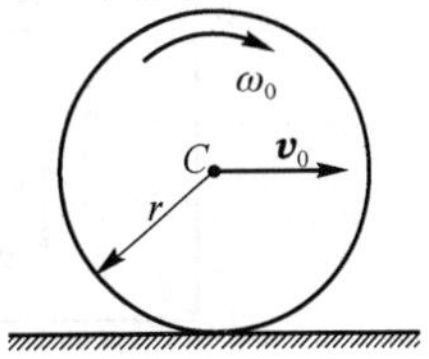

思考题 9-8 图

9-9 如图所示,质量为 m、半径为 r 的均质圆球沿粗糙斜面滚下,且为纯滚动。试问圆球在斜面上滚动时是否具有角加速度?并定性说明圆球离开斜面后将如何运动(不计滚动摩阻力偶)。

9-10 如图所示,质量为 m_1、半径为 r 的均质圆盘在圆心处与一质量为 m_2、长度为 l 的均质细直杆相铰接,若系统于图示位置无初速释放,且不计摩擦,试问在以后的运动过程中图(a)和图(b)中的圆盘分别作何种运动?设倾角为 30°的斜面光滑。

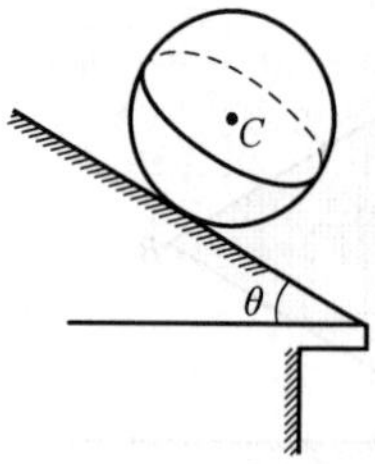

思考题 9-9 图

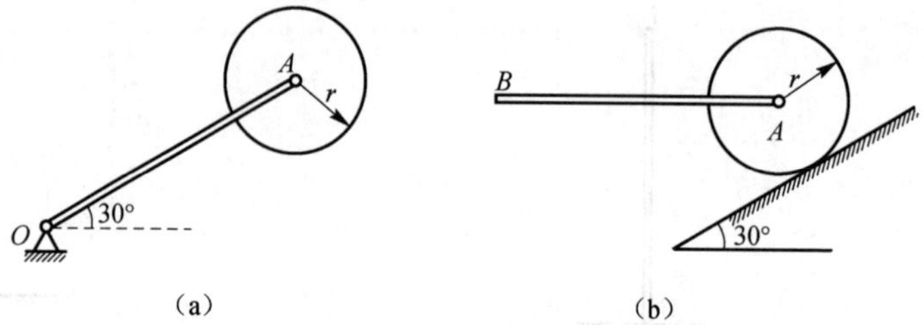

思考题 9-10 图

9-11 如图所示，一质量为 m、半径为 r 的均质圆盘铅垂放置于水平桌面上，今在圆盘上作用一水平冲量 $\boldsymbol{I}$，试问若适当选择 $\boldsymbol{I}$ 的作用点，能否不论对怎样大小的冲量 $\boldsymbol{I}$，均能使圆盘在桌面上作纯滚动？

9-12 如图所示，在光滑的水平桌面上静止平放有一质量为 m_1、长度为 l 的均质细直杆 AB，一质量为 m_2 的小球 O(可视为质点)以速度 v_0 垂直地撞击在细直杆的一端，设碰撞是完全弹性的，试问 m_1 与 m_2 满足什么关系，细杆碰撞后旋转半圈后会第二次撞在小球上？

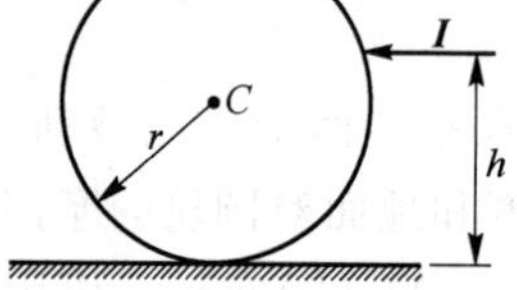

思考题 9-11 图

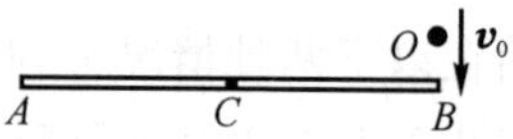

思考题 9-12 图

9-13 如图所示，一质量为 m、边长为 l 的正方形均质薄板在光滑的水平面内运动，其角速度为 ω，质心 C 的速度为 v，且 $v=l\omega$；今在板的一边与其中心的速度 v 相平行的某一瞬时，将板的一角点 A 或 B 突然固定，试问正方形板绕固定点转动的角速度有何区别？能否在板上找到一点，当此点固定时，板将停止运动？

9-14 如图所示，一摆由质量为 m_1、半径为 r 的均质圆盘与一质量为 m_2、长度为 $l=4r$ 的均质细直杆在圆盘直径方向焊接而成，若摆的撞击中心正好与圆盘的重心重合时，试问 m_1 与 m_2 的关系应该如何？

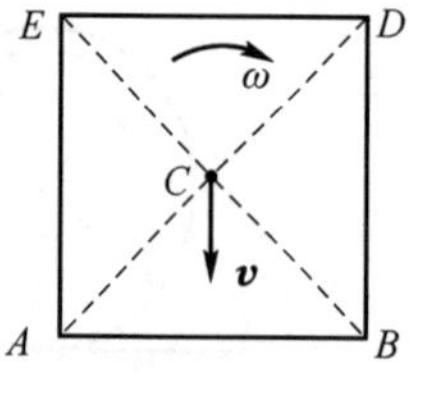

思考题 9-13 图

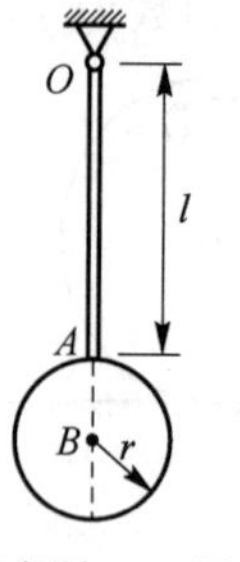

思考题 9-14 图

习　题

9-1 如图所示平面机构，三均质刚体的质量都为 m，圆盘的半径为 r，以匀角速度 ω_0 绕轴 O 作顺时针转动，杆 AB 的长度为 $l=2\sqrt{3}r$，滑块 B 沿图示滑道滑动。试求图示位置系统的动量和对点 O 的动量矩。

9-2 如图所示平面机构，均质杆 OA 的质量为 m，长度为 r，以匀角速度 ω_0 绕轴 O 作逆时针转动；均质杆 AB 的质量为$\sqrt{3}m$，长度为$\sqrt{3}r$；均质圆盘 D 的质量为 $2m$，半径为 r，沿水平地面作纯滚动。试求图示位置系统的动量和对点 O 的动量矩。

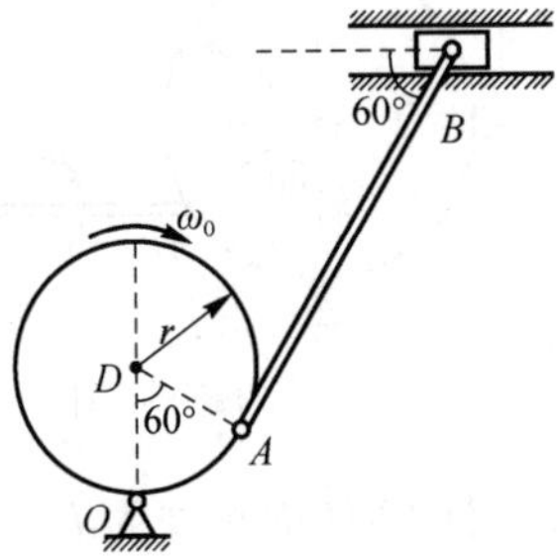

习题 9-1 图

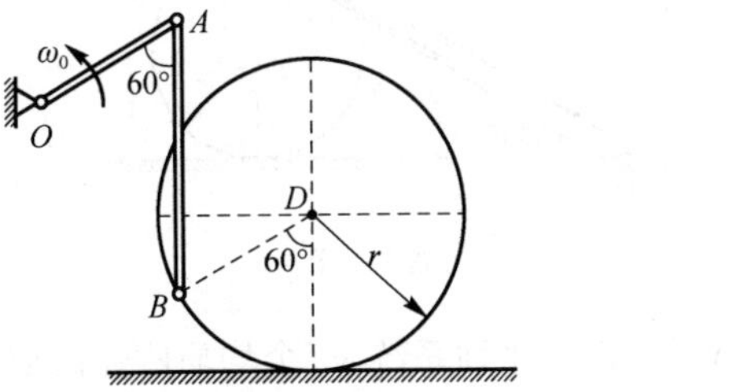

习题 9-2 图

9-3 图示平面机构，均质菱形薄板 $ABDE$ 与均质杆 OA、BG 铰接。已知 $OA=AB=BE=BG=2l$，薄板对过其质心 C 且垂直于薄板平面的轴的回转半径 $\rho=\dfrac{\sqrt{6}}{3}l$，杆 OA、BG 及薄板 $ABDE$ 的质量均为 m，杆 OA 以匀角速度 ω_0 绕轴 O 作顺时针转动。试求图示位置系统的动量和对点 G 的动量矩。

9-4 图示平面机构，各构件在接触处相互铰接，已知 $O_1G=O_2E=O_1O_2=GE=l$，$HG=EB=\dfrac{l}{4}$，$OA=l$，边长为 l 的均质等边三角形薄板的质量为 m，对过其质心 C 且垂直于运动平面的轴的回转半径 $\rho=\dfrac{\sqrt{3}}{6}l$，均质杆 BH 和 OA 的质量也都为 m，杆 O_1G 和 O_2E 的质量不计。若杆 O_1G 以匀角速度 ω_0 绕轴 O_1 作逆时针转动。试求图示位置系统的动量和对点 O 的动量矩。

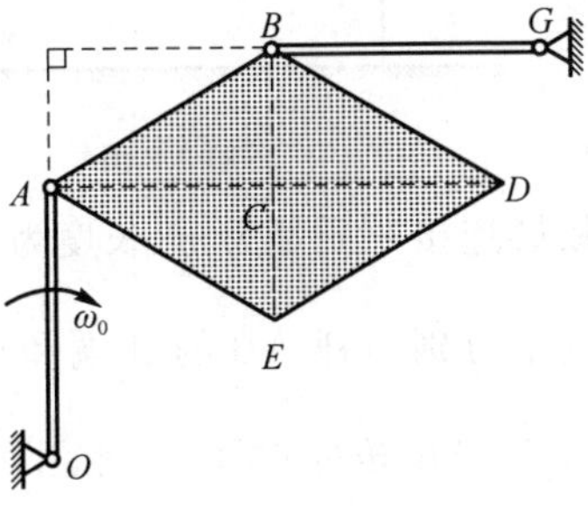

习题 9-3 图

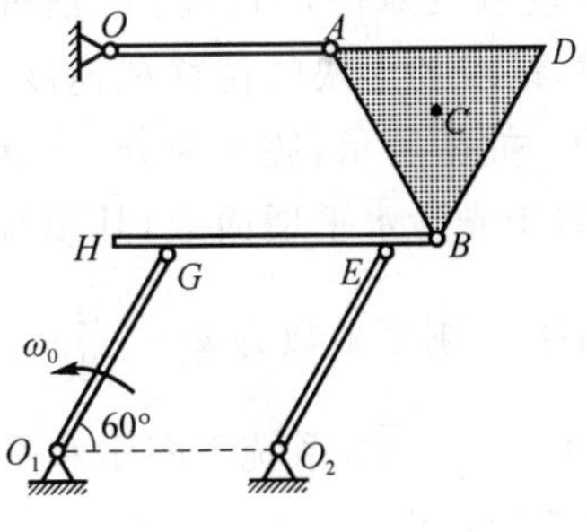

习题 9-4 图

9-5 图示平面系统，质量为 m、半径为 r 的均质圆盘以匀角速度 ω 在水平地面上向左作纯滚动，固连于圆盘上的销钉 A（质量不计）放置于杆 OB 的直槽内，杆 OB 的质量为 m，质心 C 离 O 轴距离为 $3r$，对 O 轴的回转半径为$\dfrac{4\sqrt{3}}{3}r$，试求图示位置系统的动量和对点 O 的动量矩。

9-6 放置于水平地面内的图示系统，质量为 m、长度为 $l=\sqrt{3}r$ 的均质细直杆以匀角速度 ω 绕铅垂轴 O 转动，通过其端点 A 推动质量为 $3m$、半径为 r 的均质圆盘 D 绕铅垂轴 B 转动，试求图示位置系统的动量和对点 B 的动量矩。

9-7 图示平面系统，质量为 m、半径为 r 的均质圆盘以匀角速度 ω 绕轴 O 作顺时针转动，推动靠在其上的质量为 $2m$，长度为 $l=2\sqrt{3}r$ 的均质细直杆 AB 绕轴 A 转动，试求图示位置系统的动量和对点 A 的动量矩。

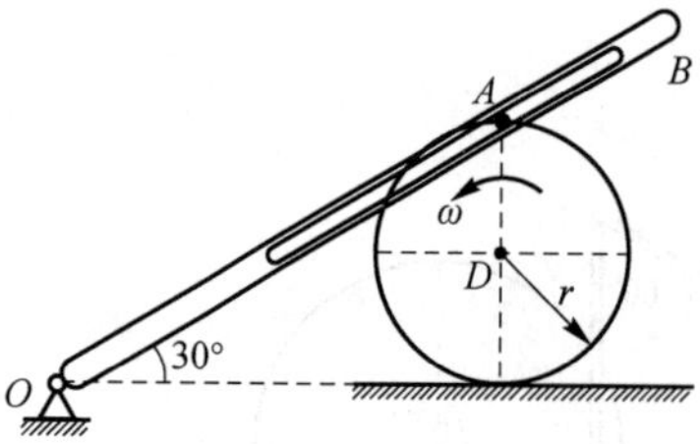

习题 9-5 图

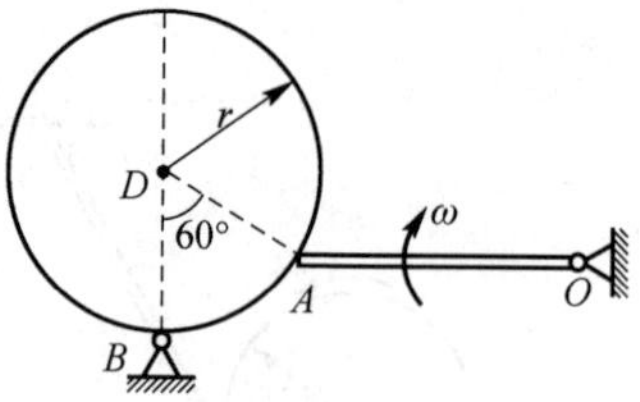

习题 9-6 图

9-8 图示平面系统，三个均质刚体的质量都为 m，细直杆 O_2B 的长度为 $l_1=2\sqrt{3}r$，以匀角速度 ω 绕轴 O_2 作顺时针定轴转动，半径为 r 的圆盘相对于杆 O_2B 作纯滚动，细直杆 O_1A 的长度为 $l_2=2r$，在圆心 A 处与圆盘铰接，$O_1O_2=2r$，试求图示位置系统的动量和对点 O_2 的动量矩。

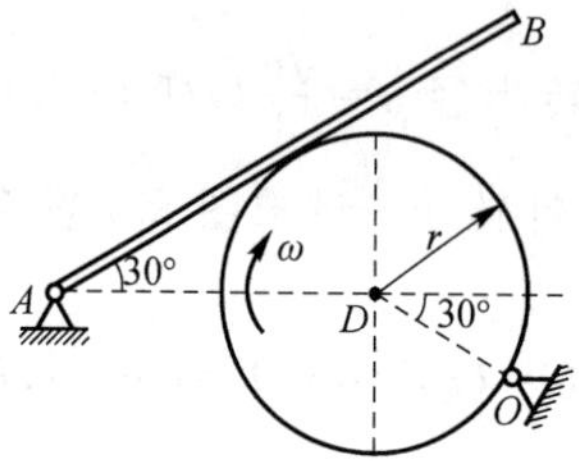

习题 9-7 图

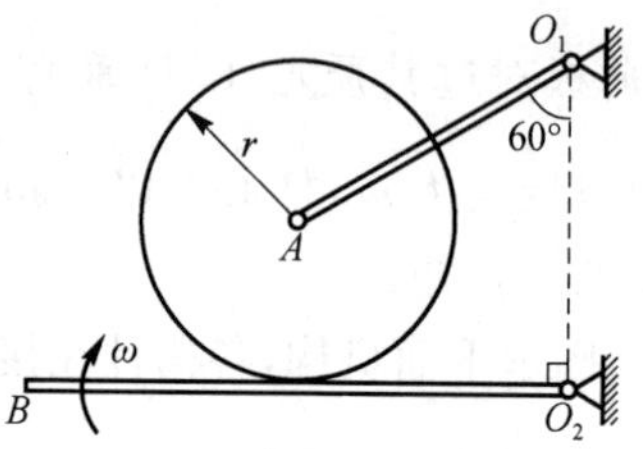

习题 9-8 图

9-9 处于同一铅垂平面内的图示系统，滑块 A 和滑块 B 的质量都为 m，滑块 C 的质量为 $2m$，梯形块 D 的质量为 $4m$，系统初始静止，若不计滑轮 1、滑轮 2 和绳子的质量，不考虑各接触处摩擦，当滑块 C 沿梯形块的斜面下滑 s 距离的瞬时，试求梯形块的位移和速度。

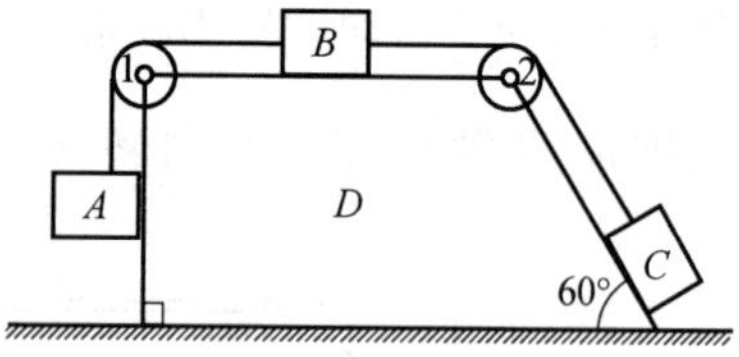

习题 9-9 图

9-10 如图所示，质量为 $m_1=3m$ 的小车（车轮的质量不计）放置于光滑水平地面上，其顶端 A 通过一光滑圆柱铰链连接一质量为 m、长度为 l 的均质细直杆 AB，一刚度系数为 $k=\dfrac{\sqrt{3}mg}{2l}$、原长为 l 的弹簧，其两端分别与杆 AB 的 B 端和车上的点 O 相连，且 $OA=\sqrt{3}l$，系统于图示水平位置无初速释放，试求杆 AB 转过 60°的瞬时，小车的位移和杆 AB 的角速度。

9-11 图示平面系统，质量为 $m_1=3m$、半径为 r 的光滑半圆槽放置在光滑水平地面上，其中放置有质量为 $m_2=m$、长度为 r 的均质细直杆 AB，系统于图示位置无初速释放，试求杆 AB 发生了 30°转角的瞬时，半圆槽的位移和杆 AB 的角速度。

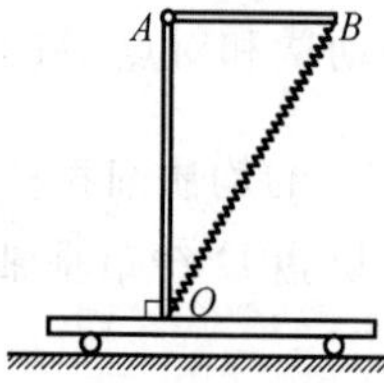

习题 9-10 图

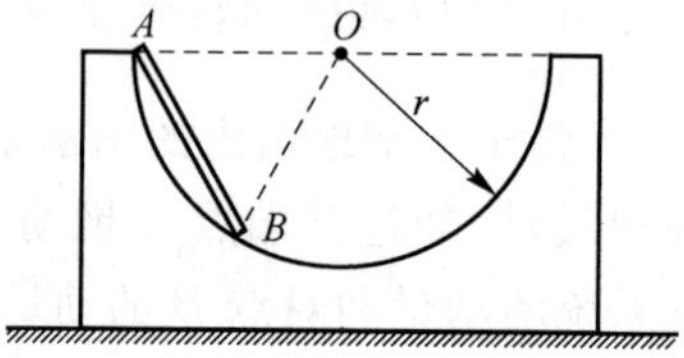

习题 9-11 图

9-12 如图所示，物块 A 的质量为 $4m$，置于光滑水平地面上，均质细直杆 BD 的质量为 m，长度为 l，用光滑铰链 B 与物块 A 相连，在杆 BD 上作用有力偶矩为$M=\dfrac{9\sqrt{3}mgl}{\pi}$的主动力偶，使系统于图示位置由静止进入运动，试求杆 BD 发生了 60°转角的瞬时，物块 A 沿水平地面的位移和杆 BD 的角速度。

9-13 在半径为 r、质量为 m 的均质细圆环上如图所示焊接一根质量也为 m、长度为 r 的均质细直杆 AB 后放置于光滑水平桌面上，系统于图示位置无初速释放，试求杆 AB 发生了 30° 转角的瞬时，圆环中心 B 的位移和圆环的角速度。

9-14 图示凸轮导板机构，半径为 r 的偏心圆轮 C 在力偶矩为 $M(t)$的力偶作用下以匀角速度 ω 绕轴 O 作逆时针转动，偏心距 $OC=e$，导板 ABD 重为 W。当导板在最低位置时，弹簧的压缩量为 b，要使导板在运动过程中始终不离开偏心轮，试求弹簧的刚度系数。

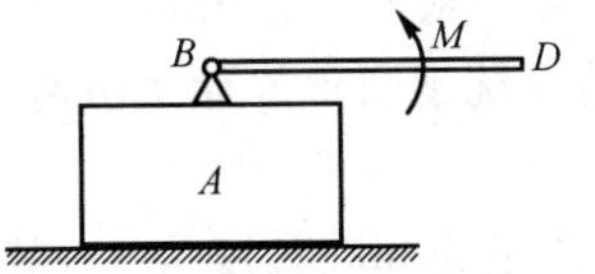

习题 9-12 图

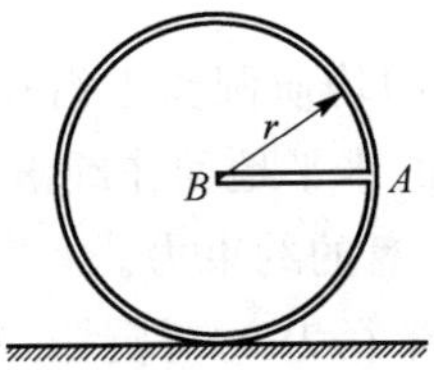

习题 9-13 图

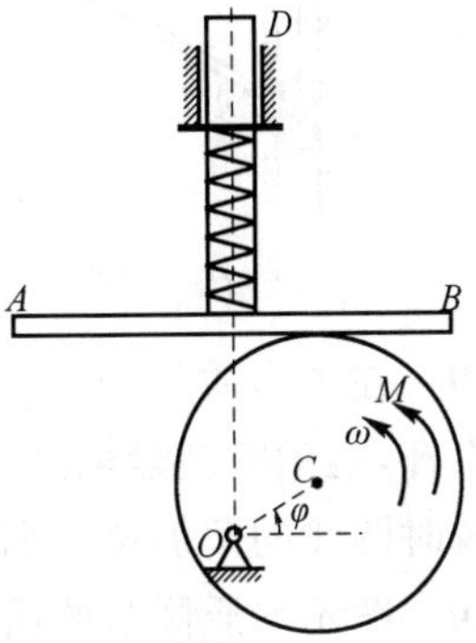

习题 9-14 图

9-15 图示电动机的外壳固定在水平基础上，电动机外壳和定子的质量为 m_1，质心为 C_1；转子的质量为 m_2，质心为 C_2。由于制造、安装误差，C_2 偏离转动轴，偏心距为 e。已知转子以匀角速度 ω 转动，试求基础对电动机的约束力的主矢。又假设电动机没有螺钉固定，且各接触处摩擦均不计，系统初始静止，当转子以匀角速度 ω 转动起来后，试求电动机外壳的运动，并问 ω 为多大时，电动机将跳离地面。

9-16 图示均质圆盘的质量为 m，半径为 r，一质量不计且不可伸长的张紧细绳缠绕其上，其一端固定于点 A，圆盘放置于倾角为 60°的斜面上，此绳与点 A 相连直线部分与斜面平行，圆盘与斜面之间的摩擦因数为 $f=\dfrac{1}{3}$，系统于图示位置无初速释放，试求运动过程中圆心 C 的加速度和圆盘的角加速度。

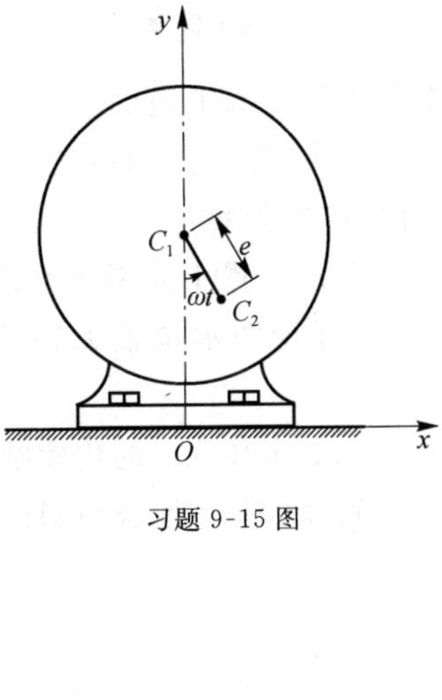

习题 9-15 图

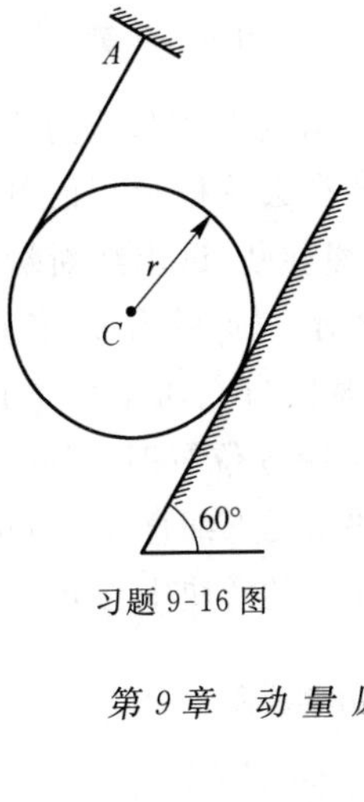

习题 9-16 图

9-17 质量不计的滑块 A 可在光滑竖直槽内滑动，其上用光滑铰链与质量为 m、长度为 l 的均质细直杆 AB 铰接，并用铅垂绳 AD 悬挂，而杆 AB 的 B 端则用铅垂绳 BO 悬挂，绳的质量不计，且不可伸长。若突然将绳 AD 剪断，试求剪断瞬时杆 AB 的角加速度及其两端所受到的约束力。

9-18 质量为 m、长度为 l 的均质杆 AB，其两端分别用质量不计的张紧且不可伸长的细绳悬挂在铅垂平面内，杆在图示位置（细绳 O_1A 处于铅垂位置）被无初速释放，试求释放瞬时杆的角加速度以及两绳的张力。

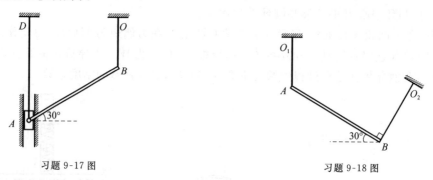

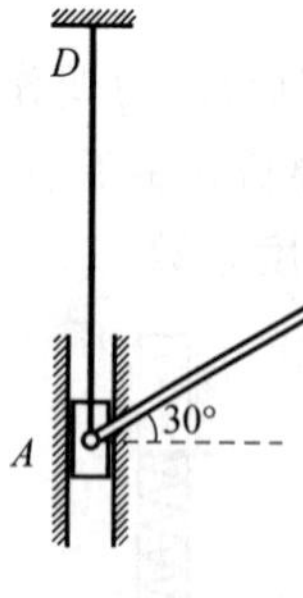

习题 9-17 图

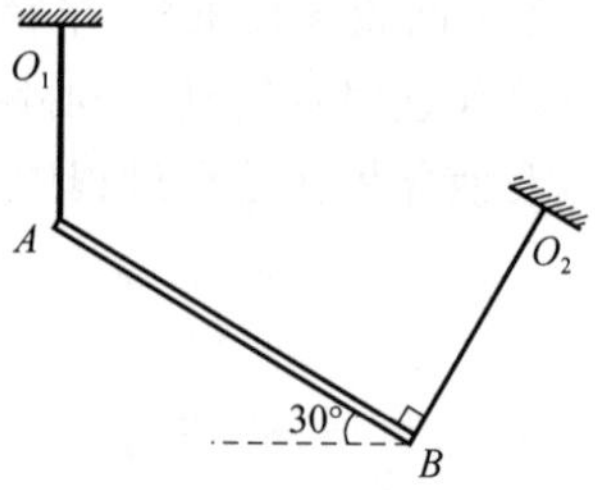

习题 9-18 图

9-19 在图示质量为 m、半径为 r 的均质圆盘上沿径向焊接一根质量也为 m、长度为 r 的均质细直杆，运动时圆盘可沿足够粗糙的水平地面作纯滚动，若系统于图示位置无初速释放，试求释放瞬时圆盘的角加速度和地面对圆盘的约束力。

9-20 图示均质圆盘的质量为 m，半径为 r；均质杆 OA 的质量为 $8m$、长度为 $4r$，其质心位于杆的中点，对水平轴 O 的回转半径为 $\rho=2r$；固连于圆盘中心的不计质量的销钉 D 可沿杆 OA 的光滑直槽滑动，运动时圆盘可沿足够粗糙的铅垂墙面作纯滚动，若系统于图示位置无初速释放，试求释放瞬时圆盘的角加速度和墙面对圆盘的约束力。

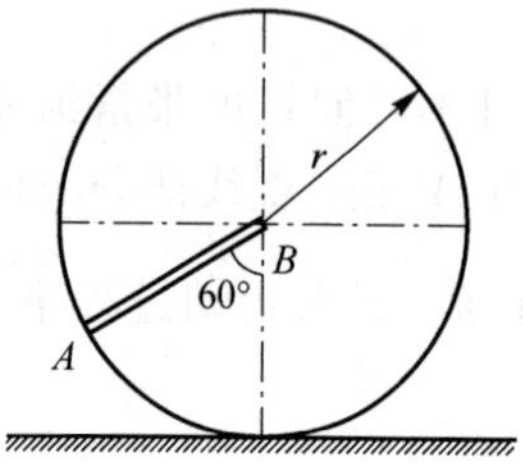

习题 9-19 图

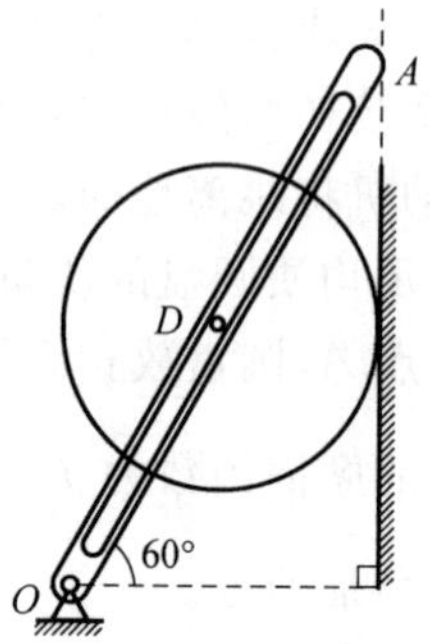

习题 9-20 图

9-21 图示重 100N、长为 1m 的均质细直杆 AB，一端 A 搁置于水平地面上，另一端 B 通过一根绳子挂在天花板上。已知杆与水平面间的摩擦因数为 0.6，杆于图示位置处于静止状态，若突然将绳剪断，试求绳断瞬间杆的角加速度和水平地面对它的摩擦力。

9-22 图示一质量为 m、长度为 $2l$ 的均质细直杆 AB，一端 B 搁置于光滑水平地面上，另一端 A 用一根长为 l、质量可不计的绳子系于水平天花板上。杆于图示位置无初速释放，试求绳子运动至铅垂位置时，杆的两端所受到的约束力。

9-23 图示无重细直杆 AB 的两端通过光滑铰链与一质量为 m、半径为 r 的均质圆盘的中心 A 和一质量为 m 的滑块中心 B 相连，AB 平行于倾角为 β 的固定斜面，圆盘、滑块与斜面间的摩擦

因数均为 f，且 $\frac{1}{3}\tan\beta < f < 2\tan\beta < 1$，圆盘在斜面上作纯滚动，试求杆的内力及斜面对圆盘的摩擦力。

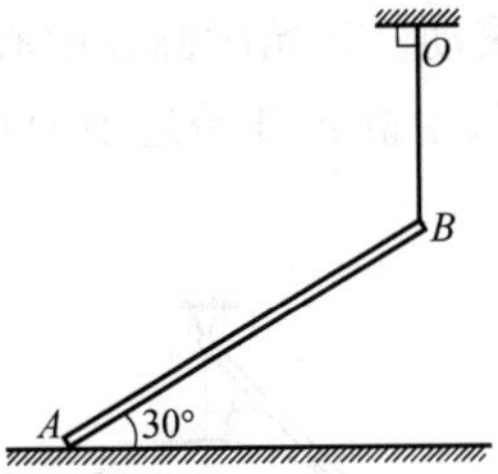

习题 9-21 图

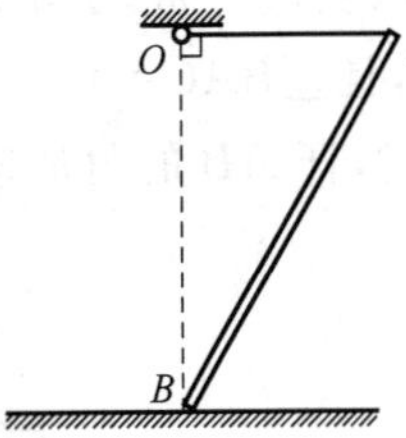

习题 9-22 图

9-24 图示均质细直杆 OA 的质量为 m，长度为 $l=6r$，可绕水平轴 O 转动，杆的另一端以铰链 A 与质量为 $3m$、半径为 r 的均质圆盘的中心相连，弹簧的刚度系数 $k=\frac{mg}{16r}$，原长 $l_0=4r$，若不计摩擦，当系统于图示水平位置无初速释放，试求杆 OA 转至铅垂位置时，杆 OA 的角速度、角加速度及 O 处所受到的约束力。

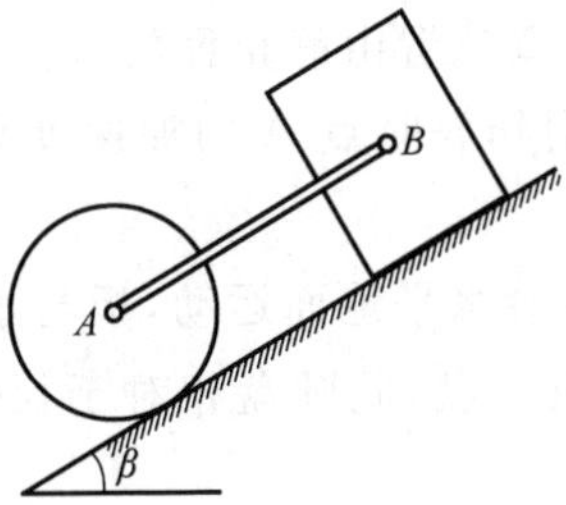

习题 9-23 图

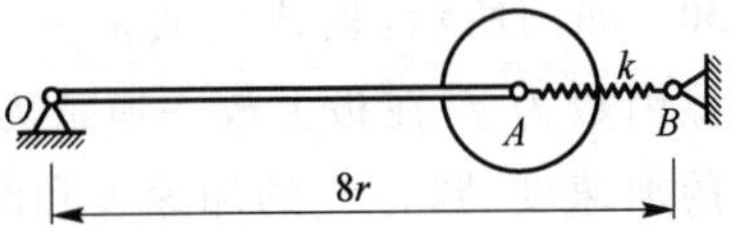

习题 9-24 图

9-25 图示四根均质杆的质量均为 m，长度均为 l，组成一个刚性正方形框架 $OABD$，并置于光滑水平面内，此框架可绕点 O 的铅垂轴作无摩擦定轴转动，其上点 A 处有一质量为 m_1 的小虫 M，系统初始时静止。现小虫 M 沿杆 AB 向点 B 爬动，试求小虫以相对于杆 AB 的速度 u 刚好到达点 B 时，正方形框架的角速度。

9-26 图示处于铅垂平面内质量为 m、半径为 R 的鼓轮，其质心 C 在其几何中心，已知它对水平中心轴 C 的回转半径为 ρ，现有一与水平面恒成 φ 夹角的常力 $\boldsymbol{F}$（$mg > F\sin\varphi$）拉动绕在半径为 r 的轮轴上的无重绳索，使鼓轮从静止开始沿水平地面作纯滚动，试求鼓轮质心的加速度和地面对鼓轮的摩擦力。若将常力 $\boldsymbol{F}$ 平移至图中虚线位置又如何？

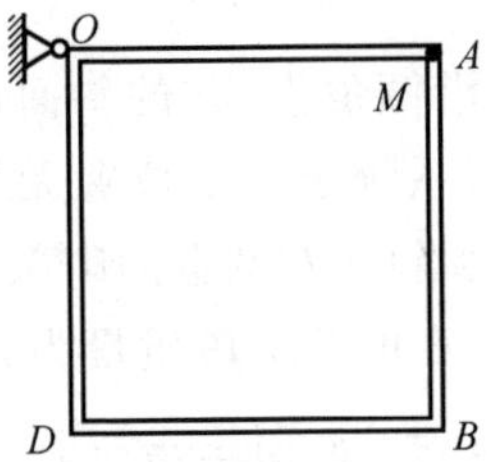

习题 9-25 图

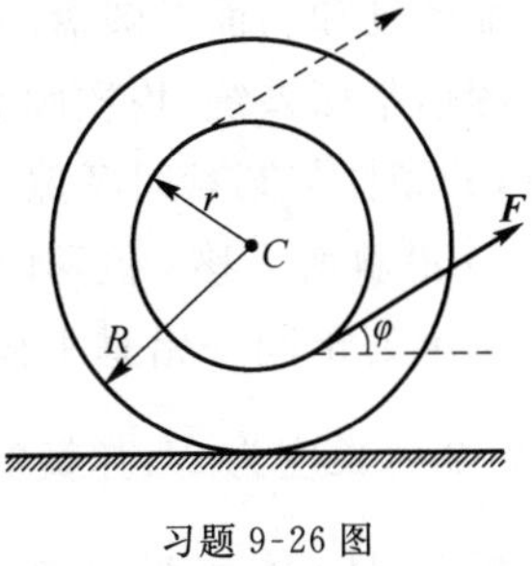

习题 9-26 图

9-27 图示质量为 m、长为 l 的均质细直杆，其两端通过两个光滑铰链分别与滑块 A 和滑

块 B 相连。已知滑块 A、B 可分别沿光滑水平滑道和光滑铅垂滑道滑动，且质量均不计。当 $\beta=60°$ 时，系统无初速释放，试求 $\beta=60°$、$30°$ 时杆的角加速度。

9-28 图示在铅垂平面内长度为 $2r$、质量为 m 的均质光滑细直杆 AB 可绕水平轴 A 转动，以推动半径为 r、质量为 m 的均质圆盘 C 在水平地面上作纯滚动。初始时圆盘中心 C 正好位于点 A 的正下方，且 $\angle BAC=45°$。试求系统在杆的重力作用下，由静止开始运动的瞬时及杆 AB 处于铅垂位置时，杆 AB 的角加速度及地面对圆盘的约束力。

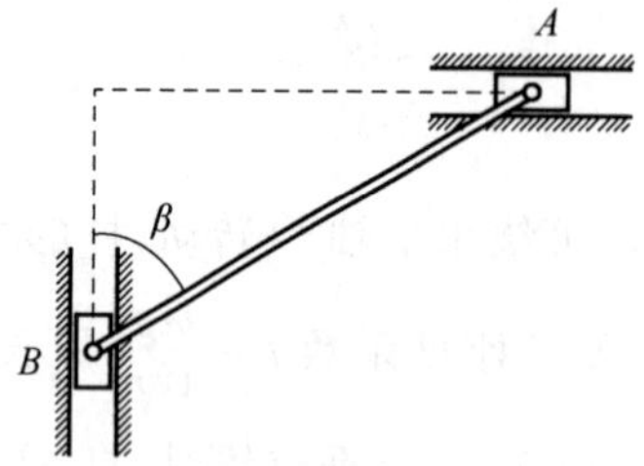

习题 9-27 图

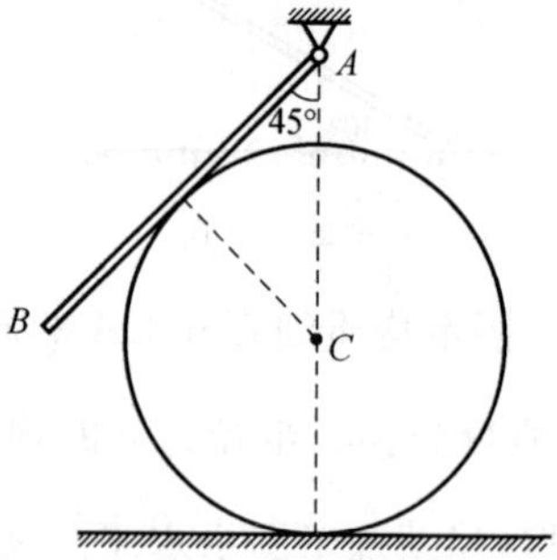

习题 9-28 图

9-29 图示均质细直杆 AB 的质量为 m，长度为 l，在铅垂位置由静止释放，借 A 端小滑轮沿斜角为 30°的斜面滑下，不计摩擦和小滑轮的质量，试求刚释放时点 A 的加速度和杆 AB 的角加速度。

9-30 如图所示，板 A 的质量为 m_1，受水平力 $\boldsymbol{F}$ 作用，沿水平地面运动，板与水平地面间的动摩擦因数为 f，在板上放一质量为 m_2、半径为 r 的均质圆盘，此圆盘相对于板作纯滚动，试求板的加速度、圆心 C 的加速度和圆盘的角加速度。

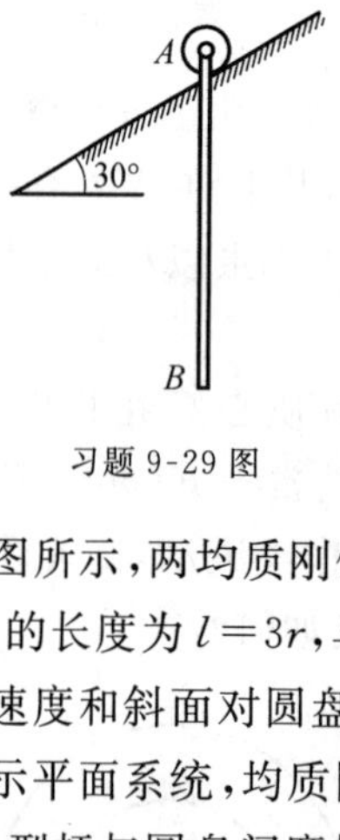

习题 9-29 图

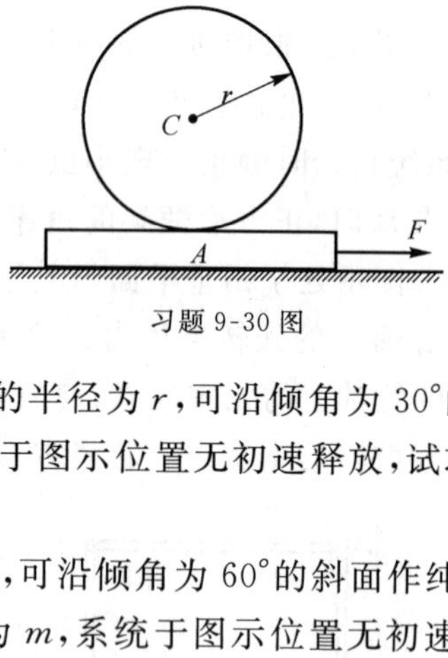

习题 9-30 图

9-31 如图所示，两均质刚体的质量均为 m，圆盘 A 的半径为 r，可沿倾角为 30°的斜面作纯滚动；杆 OB 的长度为 $l=3r$，与圆盘间摩擦不计。系统于图示位置无初速释放，试求释放瞬时圆盘的角加速度和斜面对圆盘的摩擦力。

9-32 图示平面系统，均质圆盘的质量为 m，半径为 r，可沿倾角为 60°的斜面作纯滚动，水平滑道光滑，T 型杆与圆盘间摩擦不计，T 型杆的质量也为 m，系统于图示位置无初速释放，试求圆盘中心 D 沿斜面下移 s 位移时，圆盘的角速度、角加速度和斜面对圆盘的摩擦力。

9-33 图示处于同一铅垂平面内系统，均质刚性弯杆 OAB 的 OA 段质量为 m，长度为 l；AB 段质量为 $2m$，长度为 $2l$；弹簧的刚度系数 $k=\dfrac{9mg}{4l}$，原长为 $\sqrt{3}l$，在图示位置 O、A、D 三点处于同一水平线上，且 $OD=2l$，系统于图示位置无初速释放，试求弯杆顺时针转过 60°的瞬时：(1)弯杆的角速度和角加速度；(2)OA 段对 AB 段的约束力。

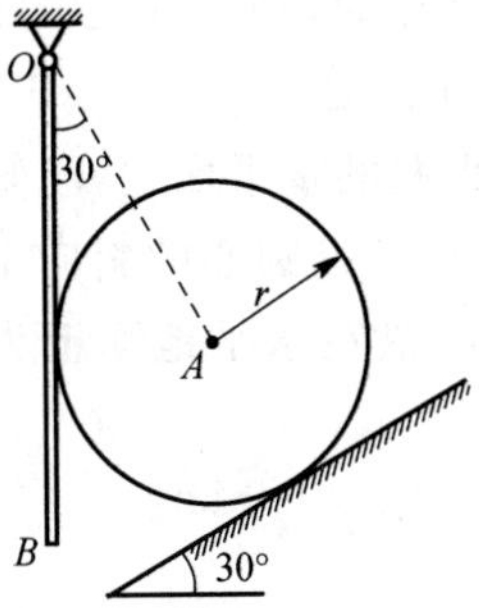

习题 9-31 图

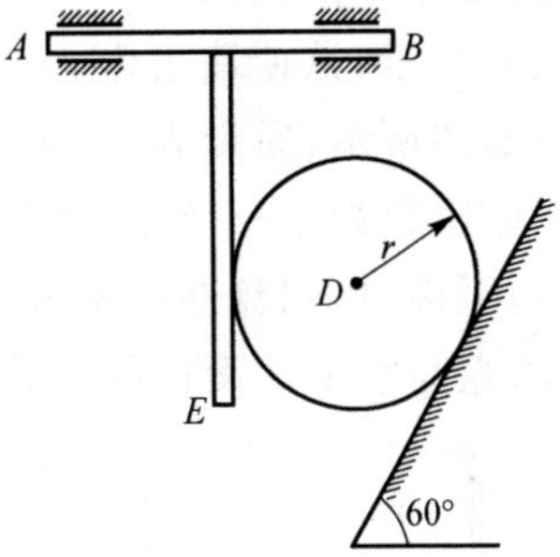

习题 9-32 图

9-34 直径为 l 的均质圆盘和长度为 l 的均质细直杆相互铰接并悬挂如图所示。若它们的质量均为 m,现在杆的 B 端突然受到一水平向右的主动力 $\boldsymbol{F}$ 的作用,试求该瞬时圆盘和杆的角加速度(不计铰链 O 和 A 处的摩擦)。

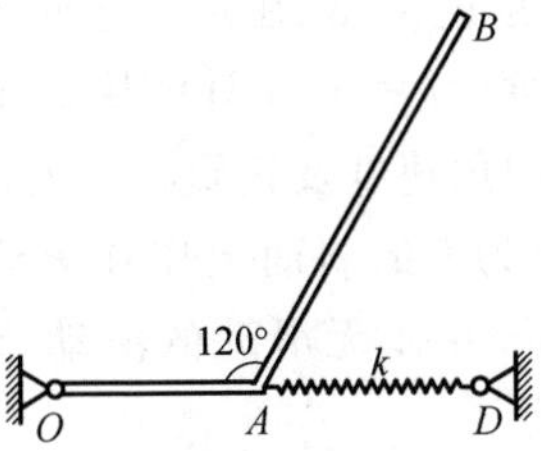

习题 9-33 图

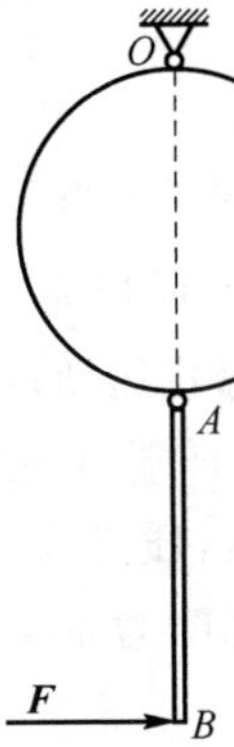

习题 9-34 图

9-35 图示质量为 m 的直角三角块放置于光滑水平地面上,其倾角为 30°的斜面上放置一质量为 m、半径为 r 的均质圆盘,圆盘可相对于三角块作纯滚动。若系统无初速释放,试求三角块运动的加速度及三角块对圆盘的摩擦力和正压力。

9-36 如图所示,系统处于同一铅垂平面内,一质量不计且不可伸长的柔绳跨过质量不计的定滑轮 O,绳的一端系于质量为 m_1、半径为 R 的均质圆盘 A 的圆心,另一端绕在质量为 m_2、半径为 r 的圆盘 B 上,斜面的倾角为 60°,试求:(1)为使圆盘在斜面上作纯滚动,盘 A 与斜面间的静摩擦因数应为何值?(2)点 A 的加速度;(3)盘 B 的角加速度。

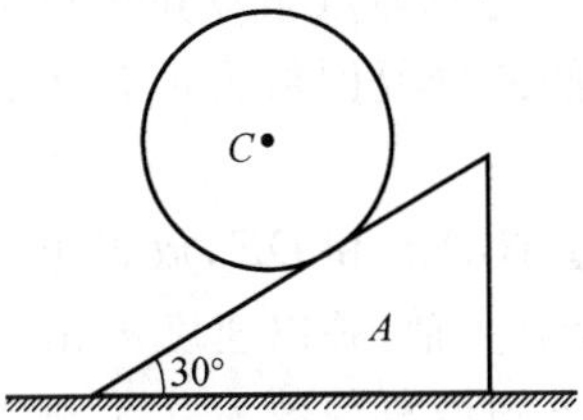

习题 9-35 图

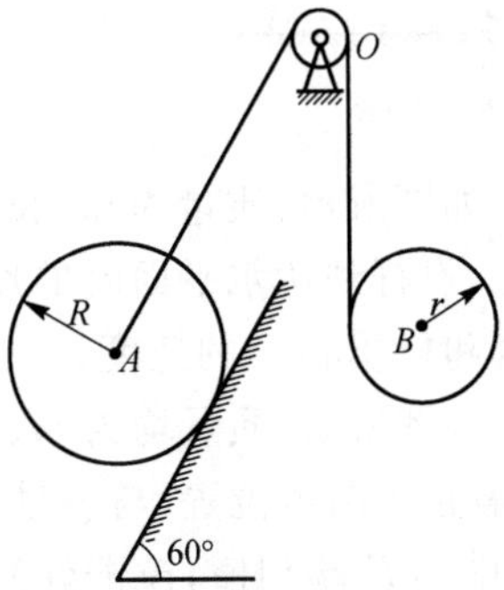

习题 9-36 图

9-37 均质细直杆 OA 和 AB 刚性连接如图所示,设这两根杆的质量分别为 $m_{OA}=m$,

$m_{AB}=2m$，长度都为 l，试问：(1) 当如图(a)所示以点 O 为支承点时，撞击中心的位置在哪里？(2) 当如图(b)所示，欲使撞击中心位于端点 B，则支承点 D 应在何处？

9-38 如图所示，质量为 m、半径为 r 的均质圆盘静置于粗糙的水平面上，已知圆盘与水平地面间的摩擦因数为 f，不计滚动摩阻，今受到与水平线成 φ 角，且过圆心的斜向下冲量 $\boldsymbol{I}$ 的作用，试问：(1) 碰撞时，圆盘在水平地面上不滑动的 φ 角；(2) 若圆盘在水平地面上为带滑动的碰撞，碰撞后圆盘与水平地面接触点的速度。

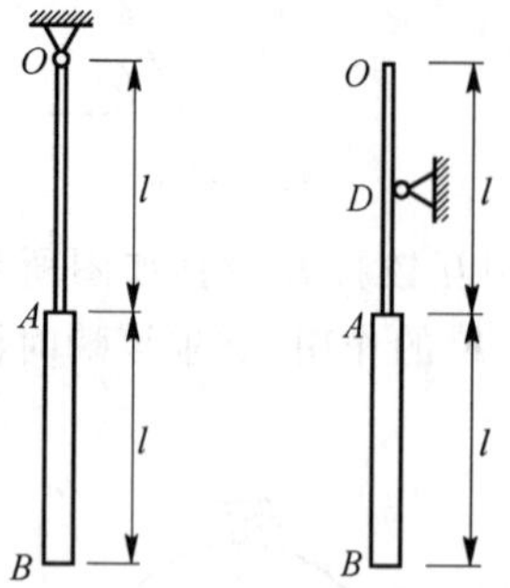

习题 9-37 图

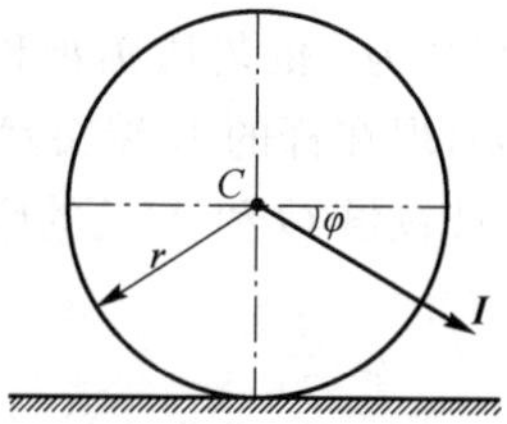

习题 9-38 图

9-39 如图所示，质量为 m、半径为 r 的均质圆盘 D 以匀角速度 ω_0 在水平地面上作纯滚动，撞击杆 AB 后，圆心停止运动；杆 AB 为均质杆，质量为 $6m$，长度为 $l=4r$；不计滑块 B 的质量，不计水平滑道、铰链 B 和杆端 A 处摩擦。试求碰撞结束时杆 AB 的角速度及其质心 C 的速度。

9-40 如图所示，质量为 m、半径为 r 的均质圆盘在倾角为 θ 的斜面上作纯滚动，在即将与水平面相碰时的角速度为 ω_0，当碰到水平面时不离开该平面，并作无滑动的滚动，试求碰撞结束时盘心 C 的速度。

9-41 如图所示，质量为 m、长度为 l 的均质细直杆 AB，水平地自由下落一段高度 h 后，与一光滑支座 $D(BD=l/4)$ 碰撞，已知恢复因数为 e，试求碰撞结束时杆的角速度和杆质心 C 的速度。

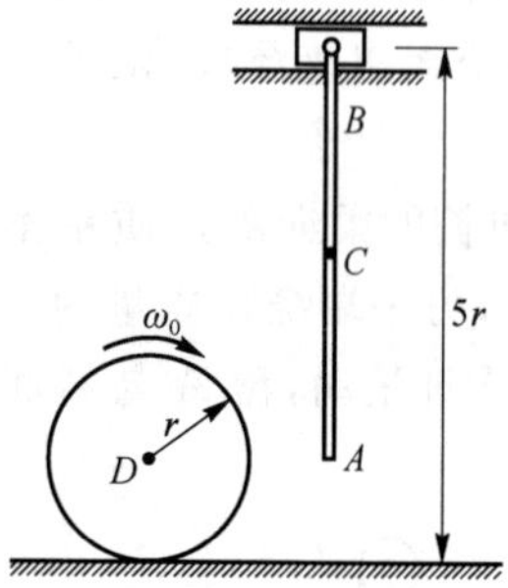

习题 9-39 图

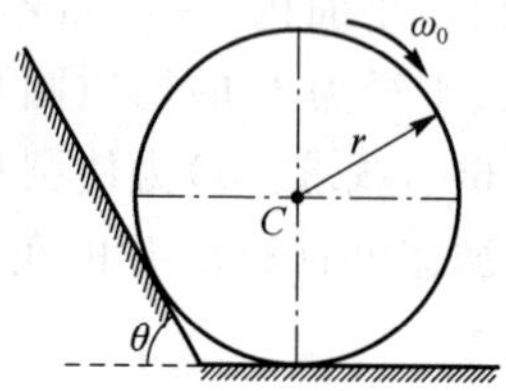

习题 9-40 图

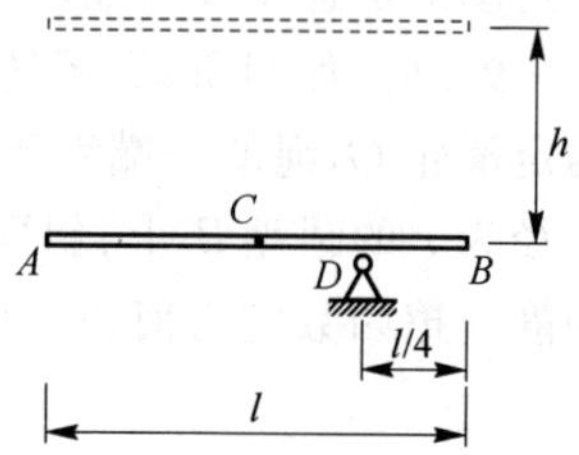

习题 9-41 图

9-42 如图所示，质量为 m、长度为 l 的均质细直杆 AB，与铅垂线成 θ 角平行下落到光滑的水平面上，设杆到达水平面时的速度为 v_0，A 端与水平面间的恢复因数为 e，试求碰撞结束时杆的角速度和杆质心 C 的速度。

9-43 如图所示，质量均为 m、长度均为 l 的两均质细直杆 AB 和 DE，放置于光滑水平面内，杆 DE 静止于图示位置(与 y 轴夹角为 30°)，杆 AB 平行于 x 轴，并以速度 v_0 沿 y 轴向上运动，刚好 B 端与 E 端相撞，撞击处的法线正好平行于 y 轴，已知恢复因数为 0.5，试求碰撞后两杆的角速度和质心的速度。

9-44 图示平面系统，均质细直杆 OA 的质量为 m，长度为 $l=4r$，从 $\theta=30°$ 位置无初速释放，转动到铅垂位置时，撞击一质量为 m、半径为 r 的均质圆盘，设杆与圆盘间的恢复因数为1/3，不计摩擦。试求碰撞结束时：(1)杆的角速度；(2)圆盘的角速度；(3)固定铰支座 D 处的碰撞冲量。

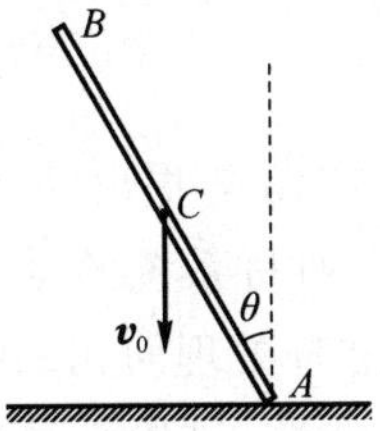

习题 9-42 图

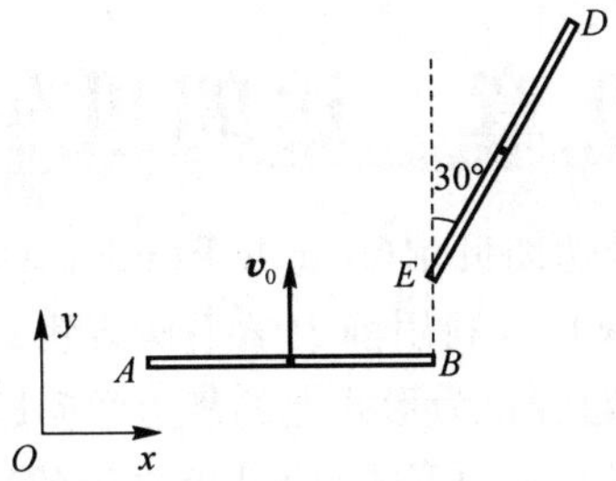

习题 9-43 图

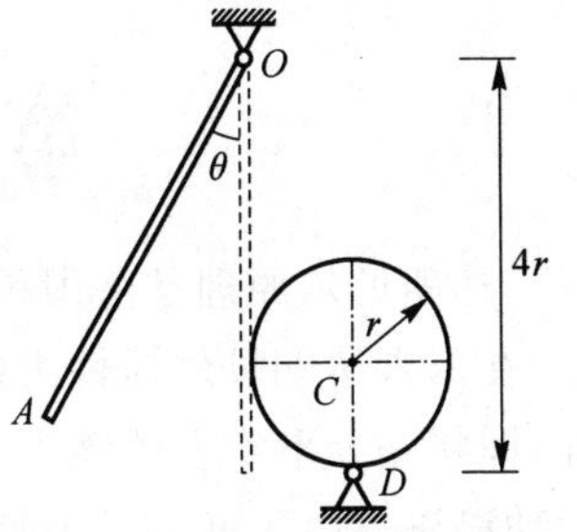

习题 9-44 图

第 10 章　达朗贝尔原理

达朗贝尔原理是法国科学家达朗贝尔(Jean le Rond d'Alembert)于 1743 年提出的,它指的是:在引入达朗贝尔惯性力的基础上,利用静力学平衡方程的数学形式,列写系统的动力学方程,即将一个事实上的动力学问题转化为形式上的静力学问题。通常将这种处理问题的方法称为**动静法**。由于静力学平衡方程有多种形式,而且矩方程的矩心可任意选取,这给计算带来了很大方便,因而动静法在工程实际中得到了广泛的应用。

10.1　达朗贝尔惯性力与质点的达朗贝尔原理

1. 达朗贝尔惯性力

为了将惯性参考系中的动力学问题转化为形式上的静力学问题,以便直接应用在静力学中发展起来的熟悉的行之有效的简化问题、分析问题和解决问题的方法,需要引入达朗贝尔惯性力。这类惯性力的引入思路是这样的:设质量为 m 的非自由质点,在主动力的合力 $\boldsymbol{F}$ 和约束力的合力 $\boldsymbol{F}_N$ 的作用下,在惯性参考系中以加速度 $\boldsymbol{a}$ 运动(见图 10-1)。则由牛顿第二定律知

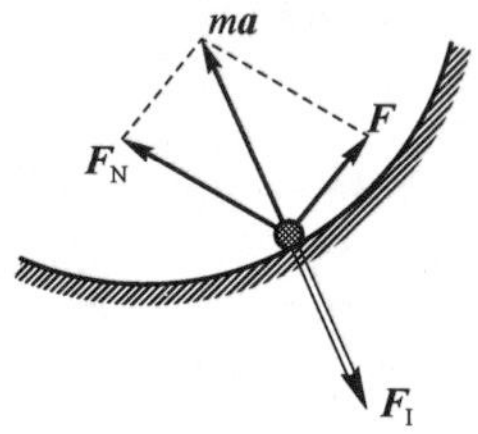

图 10-1　质点的达朗贝尔惯性力

$$m\boldsymbol{a} = \boldsymbol{F} + \boldsymbol{F}_N$$

移项后得

$$\boldsymbol{F} + \boldsymbol{F}_N + (-m\boldsymbol{a}) = 0 \tag{10-1}$$

式(10-1)表明,除质点上作用的真实力的合力 $\boldsymbol{F}$ 和 $\boldsymbol{F}_N$ 外;设想再加上一个等于$(-m\boldsymbol{a})$的力,称为**达朗贝尔惯性力**,用 $\boldsymbol{F}_I$ 表示。这样,质点在运动的任一瞬时,主动力、约束力和达朗贝尔惯性力组成了一个形式上的平衡汇交力系。达朗贝尔惯性力有何特性呢?显然

$$\boldsymbol{F}_I = (-\boldsymbol{F}) + (-\boldsymbol{F}_N) \tag{10-2}$$

根据牛顿第三定律,设 $\boldsymbol{F}'$、$\boldsymbol{F}_N'$分别为 $\boldsymbol{F}$、$\boldsymbol{F}_N$ 的反作用力,则有

$$\boldsymbol{F}_I = \boldsymbol{F}' + \boldsymbol{F}_N' \tag{10-3}$$

这说明,达朗贝尔惯性力与使质点获得加速度的外界施力物体所受到的反作用力相关。但是,作为"平衡"力系中的惯性力则是一种完全虚假的不存在的力,因为这个"力"并不作用在质点上,质点也并不平衡。因此,达朗贝尔惯性力与非惯性参考系中为了使用牛顿第二定律而引入的牵连惯性力和科氏惯性力是不一样的,引入的作用也是不一样的,那为什么都称它们为惯性力呢?这是因为,它们的形式都为质点的质量与某种加速度的乘积的负值,而质量又是质点惯性的度量,如果质点没有质量也就没有这种"力"的缘故。

2. 质点的达朗贝尔原理

在引入达朗贝尔惯性力 $\boldsymbol{F}_I = -m\boldsymbol{a}$ 后,式(10-1)可写成

$$\boldsymbol{F} + \boldsymbol{F}_N + \boldsymbol{F}_I = 0 \tag{10-4}$$

该式称为**质点的达朗贝尔原理的数学表达式**。它通过静力学平衡方程的形式将质点的动力学问题表示了出来。但必须指出，动力学问题与静力学问题存在本质区别，没有什么方法可把动力学现象归结为静力学现象，达朗贝尔原理只是为建立动力学的运动微分方程提供了一种方法，并由此带来了一定程度的简便而已。

10.2 质点系的达朗贝尔原理

设某一质点系由 n 个质点组成，作用于第 i 个质点 D_i 上的主动力和约束力的合力分别为 $\boldsymbol{F}_i$ 和 $\boldsymbol{F}_{\mathrm{N}i}$，质点 D_i 的质量和加速度分别为 m_i 和 $\boldsymbol{a}_i$，则由式(10-4)得

$$\boldsymbol{F}_i+\boldsymbol{F}_{\mathrm{N}i}+\boldsymbol{F}_{\mathrm{I}i}=0 \quad (i=1,2,\cdots,n) \tag{10-5}$$

式中，$\boldsymbol{F}_{\mathrm{I}i}=-m_i\boldsymbol{a}_i$ 为质点 D_i 的达朗贝尔惯性力。

根据加、减平衡力系公理，这 n 个平衡的汇交力系组成了一个空间一般的平衡力系。由于各质点所受到的主动力和约束力，或是质点系的外力，或是质点系的内力。因此，这个空间一般的平衡力系，既包括每个质点的达朗贝尔惯性力，又包括质点系的所有外力和内力。由于质点系的内力总是成对出现的，内力系是一个平衡力系，减去这个平衡力系就可得到以下结论：质点系在运动的任一瞬时，其达朗贝尔惯性力系和外力系组成了一个平衡力系，称为**质点系的达朗贝尔原理**。若质点系各质点所受外力的合力用 $\boldsymbol{F}_i^{(\mathrm{e})}(i=1,2,\cdots,n)$ 表示，根据平衡力系的主矢和对任一点 A 的主矩都为零可写出以下平衡方程

$$\sum_{i=1}^{n}\boldsymbol{F}_i^{(\mathrm{e})}+\sum_{i=1}^{n}\boldsymbol{F}_{\mathrm{I}i}=0 \tag{10-6}$$

$$\sum_{i=1}^{n}\boldsymbol{M}_A(\boldsymbol{F}_i^{(\mathrm{e})})+\sum_{i=1}^{n}\boldsymbol{M}_A(\boldsymbol{F}_{\mathrm{I}i})=0 \tag{10-7}$$

在具体应用时，常利用它们的投影式。必须注意，质点系的达朗贝尔原理所说的“平衡力系”与“平衡方程”，虽然形式上与静力学时一样，但其中多了达朗贝尔惯性力系的主矢与主矩项，因此，在进行受力分析时，除像静力学中那样分析质点系所受外力(含主动力和约束力)以外，还应对具体质点系的达朗贝尔惯性力系的主矢与主矩进行计算。

10.3 质点系达朗贝尔惯性力系的简化

为了便于问题的处理，常将质点系的达朗贝尔惯性力系用一个简单的与之等效的力系来代替，称为**质点系达朗贝尔惯性力系的简化**。由静力学中力系的简化理论知，在一般情况下任意力系向一点简化，可得到一个力和一个力偶，这个力的大小和方向由力系的主矢决定，这个力偶的力偶矩由力系对简化中心的主矩决定。

1. 质点系的达朗贝尔惯性力系的主矢和主矩

质点系的达朗贝尔惯性力系的主矢为各质点达朗贝尔惯性力的矢量和，即

$$\boldsymbol{F}_{\mathrm{IR}}=\sum_{i=1}^{n}\boldsymbol{F}_{\mathrm{I}i}=\sum_{i=1}^{n}(-m_i\boldsymbol{a}_i) \tag{10-8}$$

设质点系的质点 D_i 相对于空间某一固定点 O 的矢径为 $\boldsymbol{r}_i(i=1,2,\cdots,n)$，质点系的总质量为 m，则将质点系质心的矢径公式

$$\boldsymbol{r}_C = \frac{\sum_{i=1}^{n} m_i \boldsymbol{r}_i}{m}$$

两边对时间求二阶导数后可得

$$m\boldsymbol{a}_C = \sum_{i=1}^{n} m_i \boldsymbol{a}_i \tag{10-9}$$

将式(10-9)代入式(10-8)得

$$\boldsymbol{F}_{\mathrm{IR}} = -m\boldsymbol{a}_C \tag{10-10}$$

这说明，**质点系的达朗贝尔惯性力系的主矢等于质点系的总质量与质心加速度的乘积的负值。**

根据定义 $\boldsymbol{F}_{\mathrm{R}}^{(\mathrm{e})} = \sum_{i=1}^{n} \boldsymbol{F}_i^{(\mathrm{e})}$，$\boldsymbol{F}_{\mathrm{IR}} = \sum_{i=1}^{n} \boldsymbol{F}_{\mathrm{I}i}$，并将式(10-10)代入式(10-6)得

$$\boldsymbol{F}_{\mathrm{R}}^{(\mathrm{e})} = m\boldsymbol{a}_C \tag{10-11}$$

这表明，式(10-6)本质上即为质点系质心运动定理的数学表达式。

质点系达朗贝尔惯性力系对空间固定点 O 的主矩为各质点的达朗贝尔惯性力对点 O 的矩的矢量和，即

$$\boldsymbol{M}_{\mathrm{I}O} = \sum_{i=1}^{n} \boldsymbol{M}_O(\boldsymbol{F}_{\mathrm{I}i}) = \sum_{i=1}^{n} \boldsymbol{r}_i \times (-m_i \boldsymbol{a}_i) \tag{10-12}$$

对于质量不变的质点系，将

$$\frac{\mathrm{d}}{\mathrm{d}t}(\boldsymbol{r}_i \times m_i v_i) = v_i \times m_i v_i + \boldsymbol{r}_i \times m_i \boldsymbol{a}_i$$

代入式(10-12)，利用 $v_i \times v_i = 0$，并交换求和与求导的顺序得

$$\boldsymbol{M}_{\mathrm{I}O} = -\frac{\mathrm{d}\boldsymbol{L}_O}{\mathrm{d}t} \tag{10-13}$$

式中，$\boldsymbol{L}_O = \sum_{i=1}^{n} \boldsymbol{r}_i \times (m_i v_i)$ 为质点系对点 O 的动量矩，这表明，**质点系的达朗贝尔惯性力系对点 O 的主矩等于质点系对点 O 的动量矩对时间的一阶导数的负值。**

根据定义 $\boldsymbol{M}_O^{(\mathrm{e})} = \sum_{i=1}^{n} \boldsymbol{M}_O(\boldsymbol{F}_i^{(\mathrm{e})})$，$\boldsymbol{M}_{\mathrm{I}O} = \sum_{i=1}^{n} \boldsymbol{M}_O(\boldsymbol{F}_{\mathrm{I}i})$，将式(10-7)中的点 A 取为点 O，并将式(10-13)代入得

$$\frac{\mathrm{d}\boldsymbol{L}_O}{\mathrm{d}t} = \boldsymbol{M}_O^{(\mathrm{e})} \tag{10-14}$$

这表明，当式(10-7)中的点 A 取为固定点 O 时，其本质即为质点系对空间固定点 O 的动量矩定理的数学表达式。

质点系达朗贝尔惯性力系对任意动点 A 的主矩 $\boldsymbol{M}_{\mathrm{I}A}$ 为各质点的达朗贝尔惯性力对动点 A 的矩的矢量和，设质点系的质点 D_i 相对于动点 A 的矢径为 $\boldsymbol{r}_i'$，则有

$$\boldsymbol{M}_{\mathrm{I}A} = \sum_{i=1}^{n} \boldsymbol{M}_A(\boldsymbol{F}_{\mathrm{I}i}) = \sum_{i=1}^{n} \boldsymbol{r}_i' \times (-m_i \boldsymbol{a}_i) \tag{10-15}$$

根据力系对不同两点的主矩关系，有

$$\boldsymbol{M}_{\mathrm{I}O} = \boldsymbol{M}_{\mathrm{I}A} + \overrightarrow{OA} \times (\boldsymbol{F}_{\mathrm{IR}}) \tag{10-16}$$

将式(10-10)、式(10-13)代入式(10-16)可得

$$\boldsymbol{M}_{\mathrm{I}A} = -\frac{\mathrm{d}\boldsymbol{L}_O}{\mathrm{d}t} + \overrightarrow{OA} \times (m\boldsymbol{a}_C) \tag{10-17}$$

根据质点系对不同两点的动量矩关系，有

$$\boldsymbol{L}_O = \boldsymbol{L}_A + \overrightarrow{OA} \times (m\boldsymbol{v}_C) \tag{10-18}$$

式(10-18)两边对时间求一阶导数得

$$\frac{\mathrm{d}\boldsymbol{L}_O}{\mathrm{d}t} = \frac{\mathrm{d}\boldsymbol{L}_A}{\mathrm{d}t} + \boldsymbol{v}_A \times (m\boldsymbol{v}_C) + \overrightarrow{OA} \times (m\boldsymbol{a}_C) \tag{10-19}$$

将式(10-19)代入式(10-17)可得

$$\boldsymbol{M}_{\mathrm{I}A} = -\frac{\mathrm{d}\boldsymbol{L}_A}{\mathrm{d}t} - \boldsymbol{v}_A \times (m\boldsymbol{v}_C) \tag{10-20}$$

再根据质点系对动点 A 的绝对动量矩和相对动量矩的关系式，有

$$\boldsymbol{L}_A = \boldsymbol{L}_A^{\mathrm{r}} + \overrightarrow{AC} \times (m\boldsymbol{v}_A) \tag{10-21}$$

式(10-21)两边对时间求一阶导数，并注意到$\dfrac{\mathrm{d}\,\overrightarrow{AC}}{\mathrm{d}t} = \dfrac{\mathrm{d}(\boldsymbol{r}_C - \boldsymbol{r}_A)}{\mathrm{d}t} = \boldsymbol{v}_C - \boldsymbol{v}_A$，并利用 $\boldsymbol{v}_A \times \boldsymbol{v}_A = 0$，可得

$$\frac{\mathrm{d}\boldsymbol{L}_A}{\mathrm{d}t} = \frac{\mathrm{d}\boldsymbol{L}_A^{\mathrm{r}}}{\mathrm{d}t} + \boldsymbol{v}_C \times (m\boldsymbol{v}_A) + \overrightarrow{AC} \times (m\boldsymbol{a}_A) \tag{10-22}$$

将式(10-22)代入式(10-20)得

$$\boldsymbol{M}_{\mathrm{I}A} = -\frac{\mathrm{d}\boldsymbol{L}_A^{\mathrm{r}}}{\mathrm{d}t} + \overrightarrow{AC} \times (-m\boldsymbol{a}_A) \tag{10-23}$$

这表明，质点系的达朗贝尔惯性力系对动点 A 的主矩等于两项之和，其中第一项为质点系对动点 A 的相对动量矩对时间的一阶导数的负值，第二项为质点系在平移坐标系 $Ax'y'z'$(一般为非惯性坐标系)中牵连惯性力的合力 $\boldsymbol{F}_{\mathrm{Ie}} = -m\boldsymbol{a}_A$(作用于质点系的质心)对动点 A 的矩。这显然与对定点时不一样。

将式(10-23)代入式(10-7)可得

$$\frac{\mathrm{d}\boldsymbol{L}_A^{\mathrm{r}}}{\mathrm{d}t} = \boldsymbol{M}_A^{(\mathrm{e})} + \overrightarrow{AC} \times (-m\boldsymbol{a}_A) \tag{10-24}$$

这表明式(10-7)中的点 A 取为一般动点时，其本质即为质点系对该空间一般动点 A 的动量矩定理的数学表达式。

若将动点 A 取为质点系的质心，则式(10-23)、式(10-24)可分别写为

$$\boldsymbol{M}_{\mathrm{I}C} = -\frac{\mathrm{d}\boldsymbol{L}_C^{\mathrm{r}}}{\mathrm{d}t} \tag{10-25}$$

$$\frac{\mathrm{d}\boldsymbol{L}_C^{\mathrm{r}}}{\mathrm{d}t} = \boldsymbol{M}_C^{(\mathrm{e})} \tag{10-26}$$

又 $\boldsymbol{L}_C \equiv \boldsymbol{L}_C^{\mathrm{r}}$，故上两式又可写为

$$\boldsymbol{M}_{\mathrm{I}C} = -\frac{\mathrm{d}\boldsymbol{L}_C}{\mathrm{d}t} \tag{10-27}$$

$$\frac{\mathrm{d}\boldsymbol{L}_C}{\mathrm{d}t} = \boldsymbol{M}_C^{(\mathrm{e})} \tag{10-28}$$

式(10-28)就是质点系对质心的动量矩定理的数学表达式。

式(10-11)、式(10-14)、式(10-28)的结论清楚地表明，质点系达朗贝尔原理的平衡方程完全包含了质点系的质心运动定理，对空间固定点的动量矩定理和对质心的动量矩定理，式(10-24)的结论还表明，质点系达朗贝尔原理的平衡方程还包含了质点对任意动点的动量矩定理。因此，达朗贝尔原理实质上是与动量原理等价的(碰撞类问题除外)。它只是提供了一种用静力学方

法列写系统动力学方程的方法，并未改变问题的动力学实质，但是，方程形式的这种变换却带来了分析、解决力学问题的新思路和新方法。

由于静力学分析方法简单直观，研究对象的选取灵活多样，平衡方程有多种形式，达朗贝尔原理的平衡方程中的矩方程，即式(10-7)的矩心可以任意选取，因此用它来求解动力学问题时，可有效地避免在对一般动点写动量矩定理时经常会发生的将式(10-24)中第二项(即质点系牵连惯性力的合力对动点的矩)漏掉的错误。因此，用达朗贝尔原理，即动静法求解非自由质点系的动力学问题往往要比用动量原理更简便，这就是为什么工程技术人员用达朗贝尔原理多于用动量原理求解动力学问题的原因。

2. 平面运动刚体的达朗贝尔惯性力系的简化

刚体作平面运动，其达朗贝尔惯性力系向质心 C 简化得到一个达朗贝尔惯性力和一个达朗贝尔惯性力偶。这个达朗贝尔惯性力的作用线过质心，其力矢与达朗贝尔惯性力系的主矢 $\boldsymbol{F}_{\mathrm{IR}}$ 相同；这个达朗贝尔惯性力偶的力偶矩等于达朗贝尔惯性力系对质心 C 的主矩 $\boldsymbol{M}_{\mathrm{IC}}$。再根据式(10-10)、式(10-27)，这个达朗贝尔惯性力和惯性力偶矩可分别表示为

$$\boldsymbol{F}_{\mathrm{IC}} = -m\boldsymbol{a}_C \tag{10-29}$$

$$\boldsymbol{M}_{\mathrm{IC}} = -\frac{\mathrm{d}\boldsymbol{L}_C}{\mathrm{d}t} \tag{10-30}$$

在工程实际中，平面运动的刚体常具有质量对称面，且质量对称面沿自身所在平面运动，此时 $\boldsymbol{L}_C$ 的方向恒垂直于其质量对称面，且 $\boldsymbol{L}_C = J_C\boldsymbol{\omega}$(其中 J_C 为刚体对过其质心并垂直于其质量对称面的轴的转动惯量，$\boldsymbol{\omega}$ 为其运动的角速度)，于是式(10-30)可简化为

$$\boldsymbol{M}_{\mathrm{IC}} = -J_C\boldsymbol{\alpha} \tag{10-31}$$

式中，$\boldsymbol{\alpha}$ 为其运动的角加速度。在这种情况下，平面运动刚体的达朗贝尔惯性力系向其质心 C 简化所得的一个达朗贝尔惯性力和一个达朗贝尔惯性力偶可用图 10-2表示。

平面平移和定轴转动刚体是平面运动刚体的特殊情形，其达朗贝尔惯性力系的简化结果可有更加简单或明确的形式。

(1)平面平移刚体

因为 $\boldsymbol{L}_C = 0$，所以 $\boldsymbol{M}_{\mathrm{IC}} = 0$，即其达朗贝尔惯性力系向质心 C 简化的结果只有一个达朗贝尔惯性力，其力矢为

$$\boldsymbol{F}_{\mathrm{IC}} = -m\boldsymbol{a}_C \tag{10-32}$$

这个达朗贝尔惯性力可用图 10-3 表示。

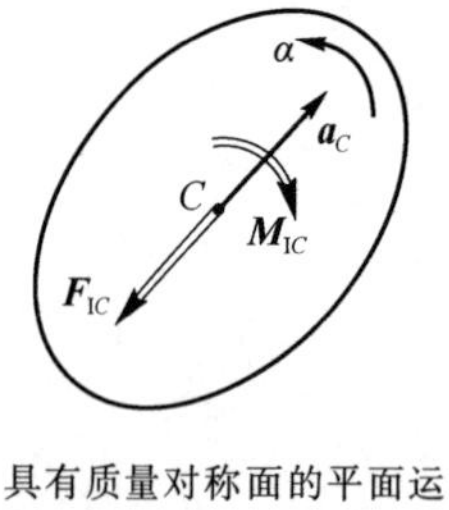

图 10-2　具有质量对称面的平面运动刚体的达朗贝尔惯性力系的简化

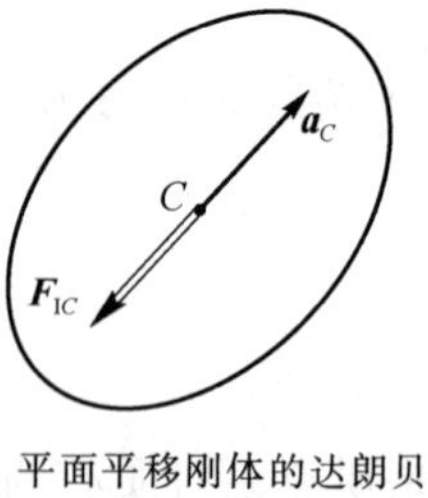

图 10-3　平面平移刚体的达朗贝尔惯性力系的简化

显然，这个结论对空间平移刚体也是成立的。

(2)定轴转动刚体

其质心加速度可由质心的向心加速度和切向加速度表示，故其达朗贝尔惯性力系向质心的

简化结果为

$$\boldsymbol{F}_{\mathrm{IC}}^{\mathrm{n}}=-m\boldsymbol{a}_C^{\mathrm{n}},\boldsymbol{F}_{\mathrm{IC}}^{\mathrm{t}}=-m\boldsymbol{a}_C^{\mathrm{t}} \tag{10-33}$$

$$\boldsymbol{M}_{\mathrm{IC}}=-\frac{\mathrm{d}\boldsymbol{L}_C}{\mathrm{d}t} \tag{10-34}$$

若定轴转动刚体有质量对称面，且定轴垂直于质量对称面，则式(10-34)可由式(10-31)代替，即

$$\boldsymbol{M}_{\mathrm{IC}}=-J_C\boldsymbol{\alpha} \tag{10-35}$$

此时向其质心简化所得的一个达朗贝尔惯性力(用两个正交分量表示)和一个达朗贝尔惯性力偶，可由图 10-4 表示。

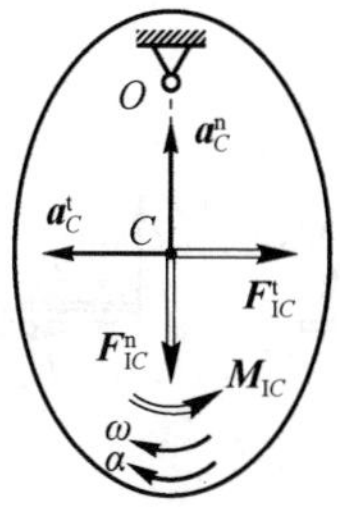

图 10-4 转轴垂直于质量对称面的定轴转动刚体的达朗贝尔惯性力系向质心的简化

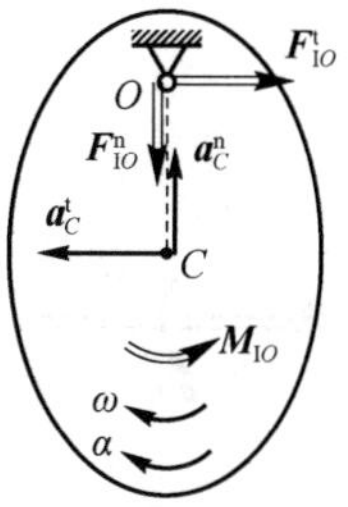

图 10-5 转轴垂直于质量对称面的定轴转动刚体的达朗贝尔惯性力系向转轴上点的简化

有时，习惯于将定轴转动刚体的达朗贝尔惯性力系向定轴上点 O 简化，则由式(10-10)、式(10-13)知，式(10-33)、式(10-34)、式(10-35)、图 10-4 可分别由以下三式和图 10-5 代替。

$$\boldsymbol{F}_{\mathrm{IO}}^{\mathrm{n}}=-m\boldsymbol{a}_C^{\mathrm{n}},\boldsymbol{F}_{\mathrm{IO}}^{\mathrm{t}}=-m\boldsymbol{a}_C^{\mathrm{t}} \tag{10-36}$$

$$\boldsymbol{M}_{\mathrm{IO}}=-\frac{\mathrm{d}\boldsymbol{L}_O}{\mathrm{d}t} \tag{10-37}$$

$$\boldsymbol{M}_{\mathrm{IO}}=-J_O\boldsymbol{\alpha} \tag{10-38}$$

定轴转动刚体的达朗贝尔惯性力系的这两种简化方法是等价的，证明留给读者自己完成，读者最容易犯的一个错误是，将达朗贝尔惯性力画在质心上，而将达朗贝尔惯性力偶矩按定轴 O，即式(10-38)写出。

特别要注意，当按图 10-2～图 10-5 表示达朗贝尔惯性力和惯性力偶时，在写它们的大小时，不要再将对应矢量式前的“负号”带入，因为“负号”所表示的方向(或转向)相反已在图中标出。以后在列写动静法的平衡方程的投影式时，就是按图示方向或转向来列写其投影的正、负号的。应用达朗贝尔原理求解刚体系统的动力学问题时，与静力学中物系的平衡相比，最关键的是要根据刚体的不同运动形式，正确地施加达朗贝尔惯性力和惯性力偶。

10.4 动静法的应用举例

用动静法求解系统的动力学问题的一般步骤为：①明确研究对象；②正确地进行受力分析，画出研究对象上所有主动力和外约束力；③正确地画出其达朗贝尔惯性力系的等效力系；④根据刚化公理，把研究对象刚化在该瞬时位置上；⑤应用静力学平衡条件列写研究对象在此位置上的动态“平衡”方程(说动态，是因为这些方程实质上是含运动特征量的动力学方程)；⑥解“平衡”方程。

例 10-1 如图(a)所示，处于同一铅垂平面内系统，均质杆 OA 和 AB 的质量均为 m，长度均为 l，由图示位置无初速释放，试求在释放的瞬时，两杆的角加速度(不计摩擦)。

解:(1)建立图示直角坐标系 Oxy，在释放瞬时，两杆的角速度都为零，设杆 OA、AB 的角加速度分别为 α_1、α_2，转向均为顺时针；其质心分别为 C_1、C_2。显然杆 OA 作定轴转动，杆 AB 作平面运动。

(2)系统的受力分析如图(b)所示。

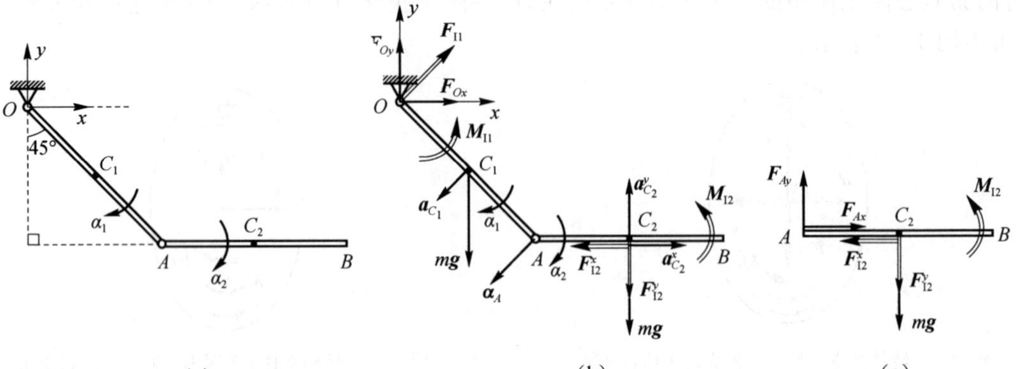

例 10-1 图

(3)写出各达朗贝尔惯性力和惯性力偶矩的表达式

$$a_{C_1}=a_{C_1}^{\mathrm{t}}=\frac{l}{2}\alpha_1, F_{\mathrm{I1}}=ma_{C_1}=\frac{1}{2}ml\alpha_1$$

$$M_{\mathrm{I1}}=J_O\alpha_1=\frac{1}{3}ml^2\alpha_1$$

$$a_A=a_A^{\mathrm{t}}=l\alpha_1, a_{C_2A}^{\mathrm{t}}=\frac{l}{2}\alpha_2$$

根据两点的加速度关系

$$\boldsymbol{a}_{C_2}=\boldsymbol{a}_A+\boldsymbol{a}_{C_2A}^{\mathrm{t}}$$

将它分别沿 x 轴、y 轴方向投影得

$$a_{C_2}^x=-\frac{\sqrt{2}}{2}l\alpha_1$$

$$a_{C_2}^y=-\frac{\sqrt{2}}{2}l\alpha_1-\frac{1}{2}l\alpha_2$$

于是

$$F_{\mathrm{I2}}^x=ma_{C_2}^x=-\frac{\sqrt{2}}{2}ml\alpha_1$$

$$F_{\mathrm{I2}}^y=ma_{C_2}^y=-\frac{1}{2}ml(\sqrt{2}\alpha_1+\alpha_2)$$

$$M_{\mathrm{I2}}=J_{C_2}\alpha_2=\frac{1}{12}ml^2\alpha_2$$

(4)列写“平衡”方程并求解

取整体为研究对象，由 $\sum M_O=0$ 得

$$\frac{1}{3}ml^2\alpha_1-mg\frac{\sqrt{2}}{4}l-mg\left(\frac{\sqrt{2}}{2}l+\frac{l}{2}\right)-\left(-\frac{\sqrt{2}}{2}ml\alpha_1\right)\frac{\sqrt{2}}{2}l$$

$$-\left[-\frac{1}{2}ml(\sqrt{2}\alpha_1+\alpha_2)\right]\left(\frac{\sqrt{2}}{2}l+\frac{l}{2}\right)+\frac{1}{12}ml^2\alpha_2=0 \tag{1}$$

取杆 AB 为研究对象，其受力图为图(c)，由 $\sum M_A=0$ 得

$$\frac{1}{12}ml^2\alpha_2-mg\frac{l}{2}-\left[-\frac{1}{2}ml(\sqrt{2}\alpha_1+\alpha_2)\right]\frac{l}{2}=0 \tag{2}$$

联立式(1)、式(2)解得

$$\alpha_1=\frac{9\sqrt{2}g}{23l},\alpha_2=\frac{21g}{23l}$$

注意：①此例与例 9-10 类似，都属于已知主动力求系统运动的二自由度动力学问题，需要求两杆的角加速度，再加上刚体间的约束力所含的四个未知量，共有六个未知量。本例通过巧妙选择研究对象和“平衡”方程，只通过两个“平衡”方程就求解了问题，而在例 9-10 中却列写了四个动力学方程。②题解中由图示方向或转向列写了两个矩方程对应项的正、负号，然后将未知量的代数值代入，这样就不会出现由于符号混乱所导致的解答错误。

例 10-2 如图(a)所示一半径为 $2r$、质量为 m_1 的均质圆盘通过光滑销钉 A、B 连接一长度为 l、质量为 m_2 的均质细杆 AD，已知系统在力偶矩为 $M(t)$ 的主动力偶的作用下绕圆盘中心的光滑水平轴 O 以匀角速度 ω 转动。若 $m_2=2m_1$，$l=4r$，$OA=r$，当系统转至图示位置(点 O、A 和 D 在同一水平线上)时，突然拔去销钉 B，试求该瞬时杆 AD 和圆盘的角加速度以及 O 处约束力。

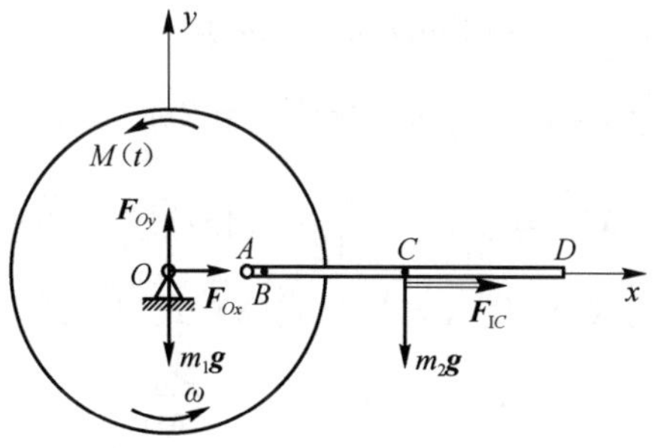

(a)

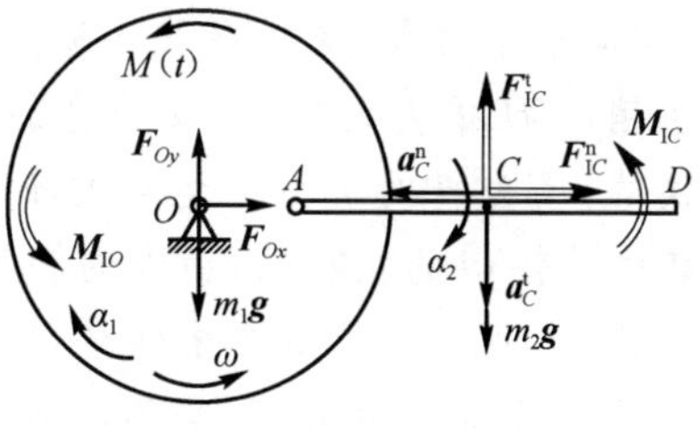

(b)

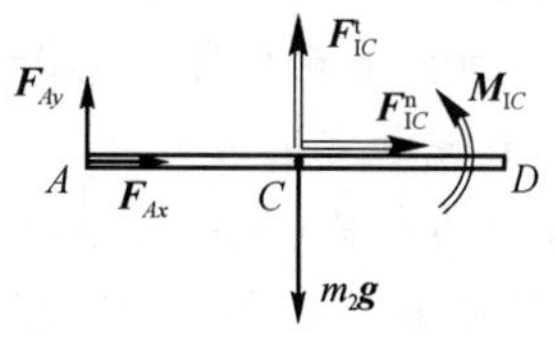

(c)

例 10-2 图

解：系统在铅垂面内能实现匀角速转动，主动力偶矩肯定是要随时间变化的。当销钉 B 突然拔去后的一瞬间，主动力偶和两刚体的角速度都与拔去前的一瞬间相同，但两刚体却均有角加速度。

(1)以 O 为原点建立图(a)所示直角坐标系 Oxy，设点 C 为杆 AD 的质心。

(2)当突然拔去销钉 B 前的一瞬间，取整体为研究对象，其受力图为图(a)，由达朗贝尔原理知

$$\sum M_O = 0, M - m_2 g(r + 2r) = 0, M = 6m_1 gr \tag{1}$$

(3)当拔去销钉 B 后的一瞬间，设圆盘和杆的角加速度分别为 α_1 和 α_2，转向均为顺时针。先取整体为研究对象，其受力图为图(b)，由达朗贝尔原理知

$$\sum F_x = 0, F_{Ox} + F_{IC}^{n} = 0 \tag{2}$$

$$\sum F_y = 0, F_{Oy} - m_1 g - m_2 g + F_{IC}^{t} = 0 \tag{3}$$

$$\sum M_O = 0, M + M_{IO} + M_{IC} + (F_{IC}^{t} - m_2 g)(r + 2r) = 0 \tag{4}$$

再取杆 AD 为研究对象，其受力图为图(c)，由达朗贝尔原理

$$\sum M_A = 0, M_{IC} + (F_{IC}^{t} - m_2 g)2r = 0 \tag{5}$$

由运动学关系

$$a_A^{n} = \omega^2 r(\leftarrow), a_A^{t} = \alpha_1 r(\downarrow)$$

$$a_{CA}^{n} = \omega^2 (2r)(\leftarrow), a_{CA}^{t} = \alpha_2 (2r)(\downarrow)$$

根据两点加速度关系

$$\boldsymbol{a}_C = \boldsymbol{a}_A + \boldsymbol{a}_{CA}^{n} + \boldsymbol{a}_{CA}^{t}$$

上式分别沿 x 轴、y 轴向投影得

$$a_C^{n} = 3r\omega^2, a_C^{t} = r\alpha_1 + 2r\alpha_2$$

于是

$$F_{IC}^{n} = m_2 a_C^{n} = 6m_1 r\omega^2 \tag{6}$$

$$F_{IC}^{t} = m_2 a_C^{t} = 2m_1 r(\alpha_1 + 2\alpha_2) \tag{7}$$

而

$$M_{IO} = J_O\alpha_1 = \frac{1}{2}m_1 (2r)^2 \alpha_1 = 2m_1 r^2 \alpha_1 \tag{8}$$

$$M_{IC} = J_C\alpha_2 = \frac{1}{12}m_2 (4r)^2 \alpha_2 = \frac{8}{3}m_1 r^2 \alpha_2 \tag{9}$$

将式(1)、式(6)、式(7)、式(8)、式(9)代入式(2)、式(3)、式(4)、式(5)，解得

$$\alpha_1 = -\frac{44g}{5r}, \alpha_2 = \frac{24g}{5r}$$

$$F_{Ox} = -6m_1 r\omega^2, F_{Oy} = \frac{7}{5}m_1 g$$

注意：①此例在销钉 B 拔去之前属于已知运动求主动力，销钉 B 拔去以后又属于已知主动力求系统运动和约束力的典型题。②若认为在销钉 B 拔去之前，实现圆盘的匀角速转动而无须施加主动力偶，或施加常主动力偶，则是错误的，因为杆的重力在运动的不同位置对轴 O 的力臂是变化的，所以力偶矩(它的大小与杆的重力对轴 O 的矩相同，而方向相反)是随位置而变化的。③此例在销钉 B 拔去之后，通过四个"平衡"方程求解了四个未知量，而若用动量原理求解，则需分别对圆盘和杆列写质心运动定理和对质心的动量矩定理，需列写六个动力学方程。

例 10-3 如图(a)所示，处于同一铅垂面内的曲柄－连杆－滑块机构，设三构件都均质，质量都为 m，$OA=l$，$AB=2l$，在图示位置时曲柄的角速度为 ω_0，忽略系统各接触处摩擦，试求该瞬时曲柄的角加速度。

解：(1)建立图(a)所示直角坐标系，以杆 OA 为研究对象，它作定轴转动，设其在图示位置时的角加速度为 α_0，转向为顺时针，C'为其质心，它的受力图为图(b)。

$$F_{IO}^{n} = ma_{C'}^{n} = m\omega_0^2 \frac{l}{2}, F_{IO}^{t} = ma_{C'}^{t} = m\alpha_0 \frac{l}{2}$$

$$M_{IO} = J_O\alpha_0 = \frac{1}{3}ml^2 \alpha_0$$

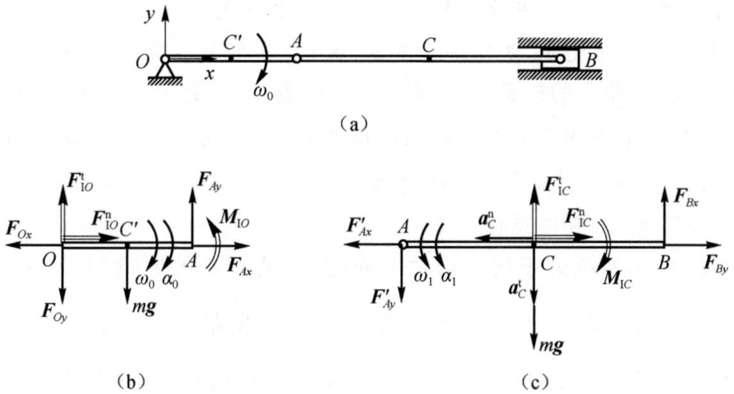

例 10-3 图

由达朗贝尔原理

$$\sum M_O = 0,\frac{1}{3}ml^2\alpha_0 - mg\,\frac{l}{2} + F_{Ay}l = 0 \tag{1}$$

(2)以杆 AB 为研究对象，它作平面运动，设在图示位置其角速度、角加速度分别为 ω_1、α_1，转向均为逆时针，C 为其质心，其受力图为图(c)。

$$F_{IC}^{n} = ma_C^{n},F_{IC}^{t} = ma_C^{t} \tag{2}$$

$$M_{IC} = J_C\alpha_1 = \frac{1}{12}m(2l)^2\alpha_1 = \frac{1}{3}ml^2\alpha_1 \tag{3}$$

由达朗贝尔原理

$$\sum M_B = 0,-M_{IC} + F'_{Ay}(2l) + mgl - F_{IC}^{t}l = 0 \tag{4}$$

根据两点加速度关系

$$\begin{array}{cccccccccc} \boldsymbol{a}_A & = & \boldsymbol{a}_A^{n} & + & \boldsymbol{a}_A^{t} & = & \boldsymbol{a}_B & + & \boldsymbol{a}_{AB}^{t} & + & \boldsymbol{a}_{AB}^{n} \\ \text{大小} & & \omega_0^2 l & & \alpha_0 l & & a_B & & \alpha_1(2l) & & \omega_1^2(2l) \\ \text{方向} & & \leftarrow & & \downarrow & & \leftarrow & & \downarrow & & \rightarrow \end{array}$$

上式沿 y 方向投影

$$-l\alpha_0 = -2l\alpha_1$$

得

$$\alpha_1 = \frac{1}{2}\alpha_0 \tag{5}$$

再根据两点加速度关系

$$\boldsymbol{a}_C = \boldsymbol{a}_C^{n} + \boldsymbol{a}_C^{t} = \boldsymbol{a}_A + \boldsymbol{a}_{CA}^{t} + \boldsymbol{a}_{CA}^{n}$$

上式沿 y 方向投影

$$-a_C^{t} = -l\alpha_0 + l\alpha_1 + 0$$

得

$$a_C^{t} = \frac{1}{2}l\alpha_0 \tag{6}$$

又

$$F_{Ay} = F'_{Ay} \tag{7}$$

将式(2)、式(3)、式(5)、式(6)、式(7)代入式(1)、式(4)解得

$$\alpha_0 = \frac{3g}{2l}$$

注意：①本题也可以像例 8-8 那样用动能定理的微分形式来做。同样，例 8-8 也可用达朗

贝尔原理来做，请读者自己试试，并比较哪种方法更不易出错。②本题是单自由度系统，所有运动学量都可以由曲柄的角速度 ω_0 和角加速度 α_0 表示，而在图示瞬时 ω_0 题中已给出，真正运动学未知量只有 α_0，为将各刚体的达朗贝尔惯性力正确表示出，运动学分析在其中起到了关键作用。③本例若用动量矩定理来做，在对杆 AB 用对动点 B 的动量矩定理 $J_B\boldsymbol{\alpha}_2=\boldsymbol{M}_B^{(e)}+\overrightarrow{BC}\times(-m\boldsymbol{a}_B)$，因在图示位置 $\overrightarrow{BC}/\!/\boldsymbol{a}_B$，故等号右边第二项恰好为零，但当 B、C 不在同一水平线上其他位置时，则这一项不为零，所以要特别小心。

例 10-4 图(a)所示系统处于同一铅垂平面内，均质圆盘的质量为 m，半径为 r；均质细直杆 AB 的质量也为 m，长度为 $l=\frac{2}{3}\sqrt{3}r$，在圆盘边缘沿切线方向与圆盘固连。设圆盘运动时能沿倾角为 30°的固定斜面作纯滚动，若系统于图示位置无初速释放，试求释放瞬时圆盘的角加速度及斜面对圆盘的约束力。

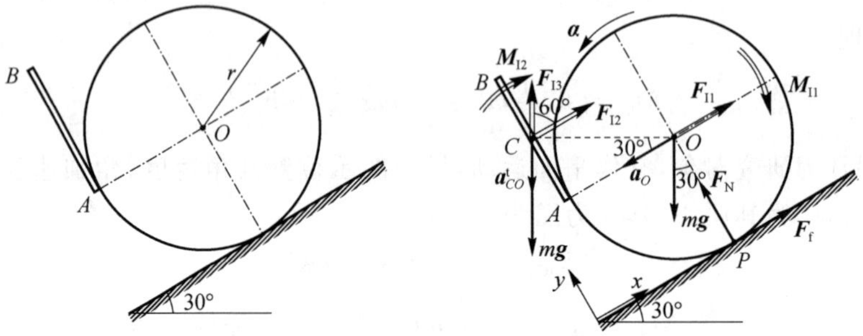

(a)　　　　(b)

例 10-4 图

解：(1)设无初速释放的瞬时圆盘的角加速度为 α(↶)，因圆盘在斜面上作纯滚动，则 $a_O=r\alpha$，杆 AB 的质心 C 的加速度由 $\boldsymbol{a}_C=\boldsymbol{a}_O+\boldsymbol{a}_{CO}^t$ 求得，其中 $a_{CO}^t=OC\cdot\alpha=\frac{2}{3}\sqrt{3}r\alpha$，圆盘和杆的达朗贝尔惯性力系向各自质心的简化结果为

$$F_{I1}=ma_O=mr\alpha,M_{I1}=J_O^{盘}\alpha=\frac{1}{2}mr^2\alpha$$

$$F_{I2}=ma_O=mr\alpha,F_{I3}=ma_{CO}^t=\frac{2}{3}\sqrt{3}mr\alpha$$

$$M_{I2}=J_C^{杆}\alpha=\frac{1}{12}m\left(\frac{2\sqrt{3}}{3}r\right)^2\alpha=\frac{1}{9}mr^2\alpha$$

方向或转向如图(b)所示。

(2)系统的受力图如图(b)所示，根据达朗贝尔原理

$$\begin{aligned}\sum M_P=0,mg(r\sin30^\circ)+mg(OC+r\sin30^\circ)-M_{I1}-M_{I2}\\-F_{I1}r-F_{I2}(r+AC)-F_{I3}(OC+r\sin30^\circ)=0\end{aligned}$$

即

$$\frac{1}{2}mgr+\frac{2}{3}\sqrt{3}mgr+\frac{1}{2}mgr-\frac{1}{2}mr^2\alpha-\frac{1}{9}mr^2\alpha-mr^2\alpha$$

$$-mr^2\alpha-\frac{\sqrt{3}}{3}mr^2\alpha-\frac{4}{3}mr^2\alpha-\frac{\sqrt{3}}{3}mr^2\alpha=0$$

整理后得

$$\frac{71+12\sqrt{3}}{18}mr^2\alpha=\frac{3+2\sqrt{3}}{3}mgr$$

于是

$$\alpha = \frac{6(3+2\sqrt{3})g}{(71+12\sqrt{3})r}$$

$$\sum F_x = 0, F_f - 2mg\sin30° + F_{I1} + F_{I2} + F_{I3}\cos60° = 0$$

得
$$F_f = \frac{23-18\sqrt{3}}{71+12\sqrt{3}}mg$$

$$\sum F_y = 0, F_N - 2mg\cos30° + F_{I3}\sin60° = 0$$

得
$$F_N = \frac{18+59\sqrt{3}}{71+12\sqrt{3}}mg$$

注意:①本例解得的 $F_f<0$,说明圆盘受到的摩擦力的真实方向沿斜面向下,而非主观想象的一定沿斜面向上。②因本例在运动过程中圆盘的速度瞬心 P 的加速度为 $a_P=\omega^2 r$,方向垂直于斜面向上,在无初速释放瞬时的 $\omega=0$,故此时点 P 为圆盘的加速度瞬心,而不是速度瞬心(因为此时圆盘上各点速度都为零,而平面运动刚体的速度瞬心是唯一的),可使用 $J_P\alpha=M_P^{(e)}$,而 $J_P=\frac{3}{2}mr^2+\left\{\frac{1}{9}mr^2+m\left[r^2+\left(r+\frac{\sqrt{3}}{3}r\right)^2\right]\right\}=\frac{71+12\sqrt{3}}{18}mr^2$,$M_P^{(e)}=mg\,\frac{r}{2}+mg\left(OC+\frac{r}{2}\right)=mgr\left(1+\frac{2}{3}\sqrt{3}\right)$,故也得 $\alpha=\frac{6(3+2\sqrt{3})g}{(71+12\sqrt{3})r}$,再由质心运动定理也可求得 F_f 和 F_N,难易程度与题解差不多。③当圆盘有了角速度后,不能再使用 $J_P\alpha=M_P^{(e)}$,因为速度瞬心到系统的质心的距离不再等于常数。

例 10-5 图(a)所示系统处于同一铅垂平面内,质量为 m、半径为 r 的均质圆盘上焊接一质量为 m,长度为 $l=\sqrt{3}r$ 的均质细长直杆 GH(两端点位于圆盘边缘上),质量不计的张紧柔绳 O_1A、O_2B 一端系于圆盘上(AB 为圆盘的直径),另一端系于天花板上。系统于图示位置无初速释放,试求释放的瞬时:(1)圆盘的角加速度;(2)两绳的张力。

解:(1)运动学分析

设无初速释放的瞬时,圆盘的角加速度为 α,则圆盘的加速度瞬心为点 H,于是 $a_D=HD\cdot\alpha=r\alpha$,杆 GH 的质心 C 的加速度 $a_C=HC\cdot\alpha=\frac{\sqrt{3}}{2}r\alpha$。

(2)受力分析

圆盘的受力分析如图(b)所示,$F_{ID}=ma_D=mr\alpha$,$M_{ID}=J_D^{盘}\alpha=\frac{1}{2}mr^2\alpha$,$F_{IC}=ma_C=\frac{\sqrt{3}}{2}mr\alpha$,$M_{IC}=J_C^{杆}\alpha=\frac{1}{12}m(\sqrt{3}r)^2\alpha=\frac{1}{4}mr^2\alpha$。

(3)求解

根据达朗贝尔原理

$$\sum M_H = 0: F_{IC}\cdot\frac{\sqrt{3}}{2}r + M_{IC} + F_{ID}\cdot r + M_{ID} - mg\cdot\frac{r}{2} = 0$$

$$\frac{3}{4}mr^2\alpha + \frac{1}{4}mr^2\alpha + mr^2\alpha + \frac{1}{2}mr^2\alpha - \frac{1}{2}mgr = 0$$

$$\alpha = \frac{g}{5r}(\circlearrowright)$$

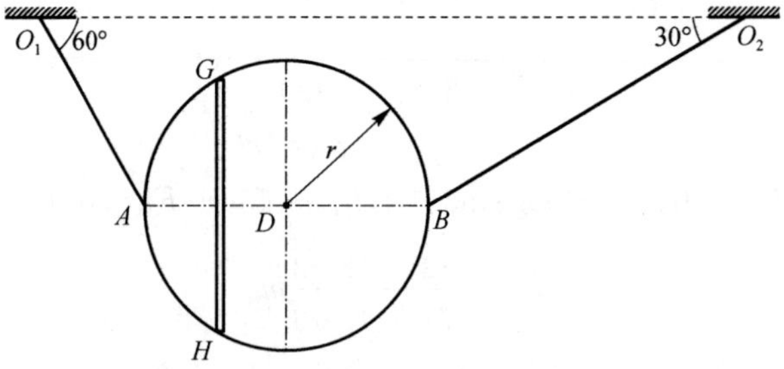

(a)

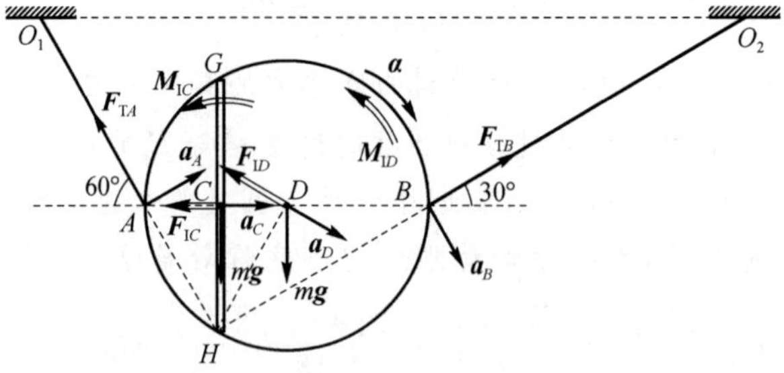

(b)

例 10-5 图

$$\sum M_A = 0: F_{TB} \cdot r + M_{IC} + M_{ID} + F_{ID} \cdot \frac{r}{2} - mg \cdot r - mg\,\frac{r}{2} = 0$$

$$F_{TB} r + \frac{1}{4} mr^2 \alpha + \frac{1}{2} mr^2 \alpha + \frac{1}{2} mr^2 \alpha - \frac{3}{2} mgr = 0$$

$$F_{TB} = \frac{5}{4} mg$$

$$\sum M_B = 0: -F_{TA} \cdot \sqrt{3} r - F_{ID}\,\frac{r}{2} + mgr + mg \cdot \frac{3}{2} r + M_{ID} + M_{IC} = 0$$

$$-\sqrt{3} F_{TA} r - \frac{1}{2} mr^2 \alpha + \frac{5}{2} mgr + \frac{1}{2} mr^2 \alpha + \frac{1}{4} mr^2 \alpha = 0$$

$$F_{TA} = \frac{17\sqrt{3}}{20} mg$$

注意:①可以将 O_1A、O_2B 看成无重刚体,它们的两端分别以铰链与圆盘和天花板相连,于是图示机构就可以看成是四连杆机构了。②当作平面运动的刚体的角速度为零,角加速度不为零时,利用加速度瞬心可方便地求得感兴趣点的加速度大小与刚体角加速度的关系以及其方向;也可利用无初速释放瞬时 $\boldsymbol{a}_B^t = \boldsymbol{a}_A^t + \boldsymbol{a}_{BA}^t$ 求得 $\boldsymbol{a}_A^t$、$\boldsymbol{a}_B^t$ 的大小与刚体角加速度关系,再利用两点加速度关系求 C、D 两点的加速度,显然要比加速度瞬心法麻烦得多。

例 10-6 图(a)所示系统处于同一铅垂平面内,三刚体皆均质,质量都为 m,圆盘 D 的半径为 r,$BD=\frac{r}{2}$,杆 AB 的长度为 $l=3r$,在随位置而变化的主动力 $\boldsymbol{F}$ 的作用下,使 $v_A=$常矢,若不计铰链 A、B 和水平滑道的摩擦,圆盘在水平地面上作纯滚动,试求图示位置主动力 $\boldsymbol{F}$ 的值及地面对圆盘的摩擦力和滑道对系统的约束力。

解:(1)运动学分析

如图(a)所示,杆 AB 作瞬时平移,故 $v_B=v_A$,$\omega_{AB}=0$,又圆盘与地面的接触点 P 为圆盘的速度瞬心,故 $v_B=PB \cdot \omega_D=\frac{3}{2}r \cdot \omega_D$,于是 $\omega_D=\frac{2v_A}{3r}$(↻),根据

$\boldsymbol{a}_B$	$=\boldsymbol{a}_A$	$+\boldsymbol{a}_{BA}^{n}$	$+\boldsymbol{a}_{BA}^{t}$	$=\boldsymbol{a}_D$	$+\boldsymbol{a}_{BD}^{n}$	$+\boldsymbol{a}_{BD}^{t}$	(1)
大小	0	0	$AB\cdot\alpha_{AB}$	$r\alpha_D$	$\omega_D^2\cdot BD$	$BD\cdot\alpha_D$	
			?	?	√	?	
方向			√	√	√	√	

式(1)沿图示 y 轴投影得

$$-a_{BA}^{t}\sin 60^\circ=-a_{BD}^{n},\quad 3r\alpha_{AB}\cdot\frac{\sqrt{3}}{2}=\omega_D^2\cdot\frac{r}{2}$$

$$\alpha_{AB}=\frac{4\sqrt{3}v_A^2}{81r^2}(\circlearrowright)$$

式(1)沿图示 x 轴投影得

$$-a_{BA}^{t}\cos 60^\circ=-r\alpha_D-BD\cdot\alpha_D,\quad \frac{4\sqrt{3}v_A^2}{27r}\cdot\frac{1}{2}=\frac{3}{2}r\alpha_D$$

$$\alpha_D=\frac{4\sqrt{3}v_A^2}{81r^2}(\circlearrowleft)$$

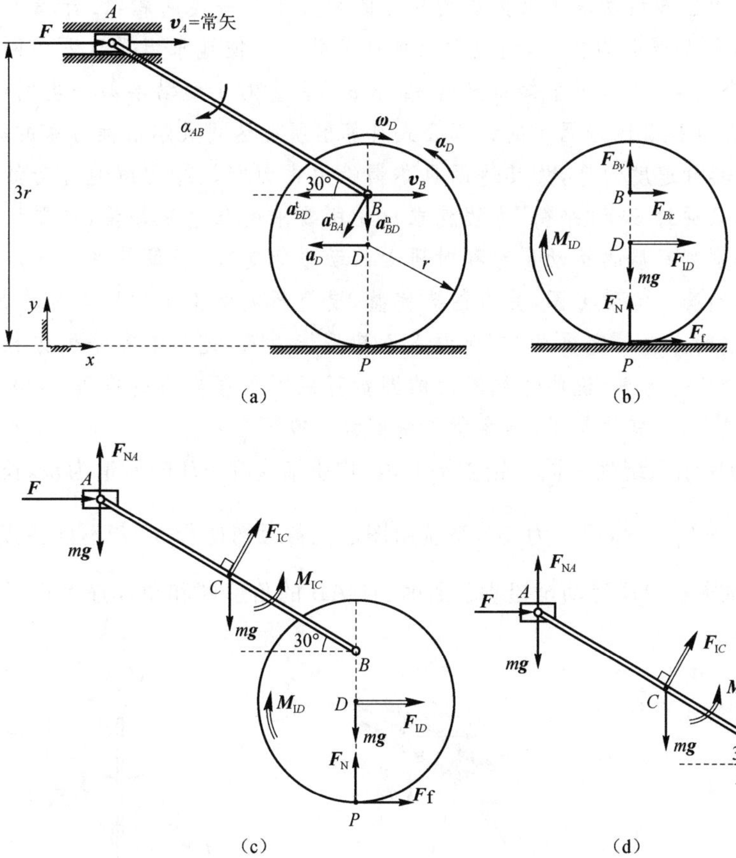

例 10-6 图

(2)取圆盘 D 为研究对象，其受力图为图(b)，其中 $F_{ID}=ma_D=\dfrac{4\sqrt{3}mv_A^2}{81r}$，$M_{ID}=\dfrac{1}{2}mr^2\alpha_D=\dfrac{2\sqrt{3}mv_A^2}{81}$，根据达朗贝尔原理，由 $\sum M_B=0$ 得

$$F_{ID}\cdot\frac{r}{2}-M_{ID}+F_{f}\cdot\frac{3}{2}r=0, F_{f}=0$$

(3)设 C 为杆 AB 的质心，$\boldsymbol{a}_C=\frac{1}{2}(\boldsymbol{a}_A+\boldsymbol{a}_B)=\frac{1}{2}\boldsymbol{a}_{BA}^{t}$，取整体为研究对象，其受力图为图(c)，其中 $F_{IC}=ma_C=\frac{2\sqrt{3}mv_A^2}{27r}$，$M_{IC}=\frac{1}{12}m(3r)^2\alpha_{AB}=\frac{\sqrt{3}mv_A^2}{27}$，根据达朗贝尔原理，由 $\sum F_x=0$ 得

$$F+F_{IC}\cos60°+F_{ID}+F_{f}=0, F=-\frac{7\sqrt{3}mv_A^2}{81r}\text{（负号表示其真实方向为向左）}$$

(4)取杆和滑块为研究对象，其受力图为图(d)，根据达朗贝尔原理，由 $\sum M_B=0$ 得

$$mg\left(\frac{3}{2}r\cos30°\right)+mg(3r\cos30°)+M_{IC}-F(3r\sin30°)$$

$$-F_{NA}(3r\cos30°)-F_{IC}\left(\frac{3}{2}r\right)=0$$

$$F_{NA}=\frac{3}{2}mg+\frac{mv_A^2}{27r}$$

注意：①本题属于已知运动求主动力和约束力的动力学第一类问题，因杆 AB 和圆盘 B 都作平面运动，以点 B 的加速度为桥梁，通过两点加速度关系方便地求出了这两个刚体的角加速度(式(1)尽管有三个问号，但真正未知量只有 α_{AB} 和 α_D)。②对于运动学第一类问题，由运动学分析和达朗贝尔惯性力和惯性力偶矩的计算公式可算出所有达朗贝尔惯性力系的等效力，滑块 B 尽管有质量，但因其加速度为零，故其达朗贝尔惯性力也为零。③题解通过巧妙地选择研究对象和“平衡”方程，只通过三个“平衡”方程就求出了所要求的三个未知量，这要比利用动量原理(需对三个刚体分别列写质心运动定理和对质心的动量矩定理)求解简便许多。④每选取一次研究对象，就要单独画一次受力图，受力图要完整，要将研究对象上的所有外力都画出，即使不出现在平衡方程中的力也一定要画，否则力系不是平衡力系，是不能写平衡方程的。⑤题中求出地面对圆盘的摩擦力为零，说明作纯滚动的圆盘可以不受摩擦力的作用，但本题的摩擦力为零只在图示位置成立，在其他位置，圆盘所受摩擦力一般不为零。

例 10-7 图(a)所示系统处于同一铅垂平面内，均质细直杆 AB 的质量为 m，长度为 l；弹簧的刚度系数为 $k=\frac{(2+\sqrt{3})mg}{2l}$，原长为 $\sqrt{3}l$，系统由图示位置无初速释放，若不计各接触处摩擦和滑块 A、B 的质量，试求杆 AB 运动至铅垂位置时：杆 AB 的角速度和角加速度以及两滑道对系统的约束力。

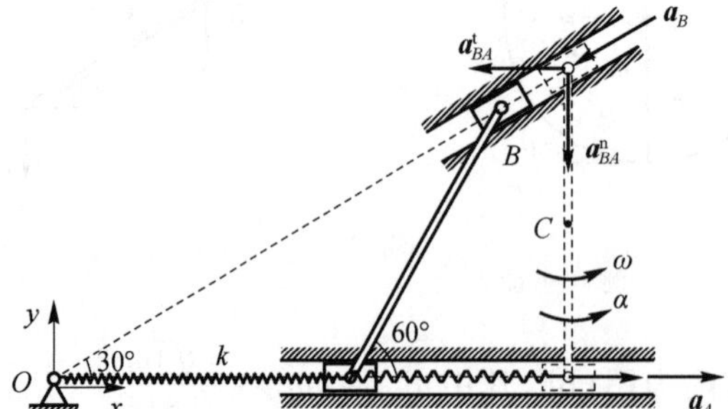

(a)

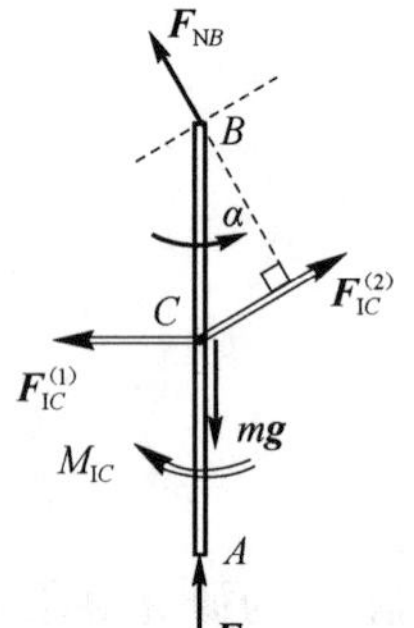

(b)

例 10-7 图

解:(1)求杆 AB 的角速度

已知 $T_1=0$,当杆运动至铅垂位置(图(a)中虚线所示)时,点 B 为杆 AB 的速度瞬心,于是

$$T_2=\frac{1}{2}J_B\omega^2=\frac{1}{6}ml^2\omega^2$$

在这个运动过程中重力和弹性力($\lambda_1=l-\sqrt{3}l,\lambda_2=0$)所作的功分别为

$$W_{12}^{(1)}=-mg\left(\frac{l}{2}-\frac{l}{2}\sin60°\right)=-\frac{2-\sqrt{3}}{4}mgl$$

$$W_{12}^{(2)}=\frac{1}{2}k(\lambda_1^2-\lambda_2^2)=\frac{1}{2}\frac{(2+\sqrt{3})mg}{2l}(l-\sqrt{3}l)^2=\frac{1}{2}mgl$$

根据动能定理的积分形式

$$T_2-T_1=W_{12}^{(1)}+W_{12}^{(2)}$$

得

$$\omega=\sqrt{\frac{3\sqrt{3}g}{2l}}(\circlearrowleft)$$

(2)加速度分析

当杆处于铅垂位置时,根据两点之间的加速度关系(矢量图见图(a))

$$\boldsymbol{a}_B=\boldsymbol{a}_A+\boldsymbol{a}_{BA}^{n}+\boldsymbol{a}_{BA}^{t} \tag{1}$$

式(1)沿图示 y 方向投影得

$$-a_B\cos60°=-a_{BA}^{n}=-\omega^2l,a_B=3\sqrt{3}g$$

式(1)沿图示 x 方向投影得

$$-a_B\cos30°=a_A-a_{BA}^{t},a_A=l\alpha-\frac{9}{2}g$$

(3)根据达朗贝尔求解

杆 AB 位于铅垂位置时,其受力图为图(b),其中根据 $\boldsymbol{a}_C=\frac{1}{2}(\boldsymbol{a}_A+\boldsymbol{a}_B)$可得 $F_{IC}^{(1)}=m\left(\frac{a_A}{2}\right)=m\left(\frac{l\alpha}{2}-\frac{9}{4}g\right),F_{IC}^{(2)}=m\left(\frac{a_B}{2}\right)=\frac{3\sqrt{3}}{2}mg,M_{IC}=J_C\alpha=\frac{1}{12}ml^2\alpha$。

$$\sum M_B=0,M_{IC}+F_{IC}^{(1)}\cdot\frac{l}{2}-F_{IC}^{(2)}\cdot\frac{l}{2}\sin60°=0$$

$$\frac{1}{12}ml^2\alpha+m\left(\frac{l^2}{4}\alpha-\frac{9}{8}gl\right)-\frac{9}{8}mgl=0,\alpha=\frac{27g}{4l}(\circlearrowleft)$$

于是

$$a_A=l\cdot\frac{27g}{4l}-\frac{9}{2}g=\frac{9}{4}g$$

$$\sum M_C=0,F_{NB}\cdot\frac{l}{2}\sin30°-M_{IC}=0,F_{NB}=\frac{9}{4}mg$$

$$\sum F_y=0,F_{NB}\sin60°+F_{IC}^{(2)}\sin30°+F_{NA}-mg=0$$

$$F_{NA}=\frac{8-3\sqrt{3}}{8}mg$$

注意:①这是一个单自由度系统,且为理想约束系统,先由动能定理的积分形式求杆的角速度。②在终了位置时,通过 A、B 两点的加速度关系可将 a_A、a_B 表示成 ω、α 的函数。③使用 $\boldsymbol{a}_C=\frac{1}{2}(\boldsymbol{a}_A+\boldsymbol{a}_B)$可方便地将 $\boldsymbol{F}_{IC}$表示成题解中两个分力 $\boldsymbol{F}_{IC}^{(1)}$ 和 $\boldsymbol{F}_{IC}^{(2)}$。④在终了位置时弹簧为原长,故受力图中未画弹簧力。

10.5 定轴转动刚体的轴承附加动约束力

如图 10-6 所示，一个质量为 m 的刚体在点 D_i 上受主动力或主动力合力 $\boldsymbol{F}_i(i=1,2,\cdots,n)$的作用，以角速度 $\boldsymbol{\omega}$，角加速度 $\boldsymbol{\alpha}$ 绕 AB 轴作定轴转动，轴长 $AB=l$，现以止推轴承 A 为原点，建立一个与刚体固连的动直角坐标系 $Axyz$，并使 z 轴与 AB 轴重合，则刚体质心 C 相对于固定点 A 的矢径可表示为

$$\boldsymbol{r}_C = x_C\boldsymbol{i} + y_C\boldsymbol{j} + z_C\boldsymbol{k}$$

式中，x_C、y_C、z_C 为质心在动坐标系 $Axyz$ 中的坐标值，均为常值。于是质心的速度为

$$v_C = \boldsymbol{\omega} \times \boldsymbol{r}_C = \begin{vmatrix} \boldsymbol{i} & \boldsymbol{j} & \boldsymbol{k} \\ 0 & 0 & \omega \\ x_C & y_C & z_C \end{vmatrix} = -y_C\omega\boldsymbol{i} + x_C\omega\boldsymbol{j} \tag{10-39}$$

质心加速度为

$$\boldsymbol{a}_C = \frac{\mathrm{d}v_C}{\mathrm{d}t} = \frac{\tilde{\mathrm{d}}v_C}{\mathrm{d}t} + \boldsymbol{\omega} \times v_C \tag{10-40}$$

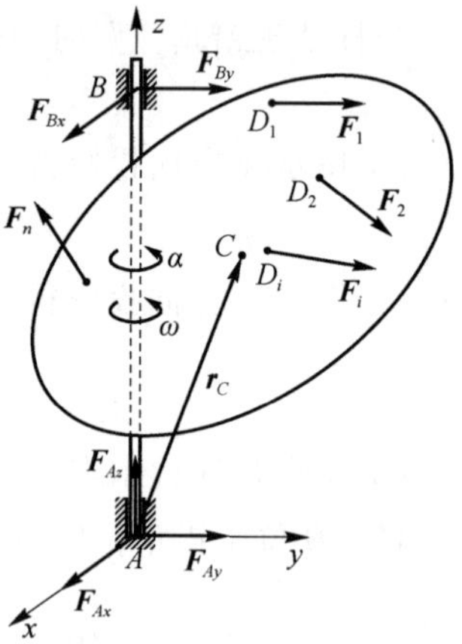

图 10-6　定轴转动刚体

由定义知

$$\frac{\tilde{\mathrm{d}}v_C}{\mathrm{d}t} = -y_C\alpha\boldsymbol{i} + x_C\alpha\boldsymbol{j}\,,\boldsymbol{\omega} \times v_C = \begin{vmatrix} \boldsymbol{i} & \boldsymbol{j} & \boldsymbol{k} \\ 0 & 0 & \omega \\ -y_C\omega & x_C\omega & 0 \end{vmatrix} \tag{10-41}$$

将式(10-41)代入式(10-40)，整理得

$$\boldsymbol{a}_C = -(y_C\alpha + x_C\omega^2)\boldsymbol{i} + (x_C\alpha - y_C\omega^2)\boldsymbol{j} \tag{10-42}$$

根据式(9-19)知，刚体对固定点 A 的动量矩为

$$\boldsymbol{L}_A = -J_{xz}\omega\boldsymbol{i} - J_{yz}\omega\boldsymbol{j} + J_z\omega\boldsymbol{k} \tag{10-43}$$

式中 J_{xz}、J_{yz}、J_z 均为常数。式(10-43)对时间求一阶导数得

$$\frac{\mathrm{d}\boldsymbol{L}_A}{\mathrm{d}t} = \frac{\tilde{\mathrm{d}}\boldsymbol{L}_A}{\mathrm{d}t} + \boldsymbol{\omega} \times \boldsymbol{L}_A \tag{10-44}$$

而

$$\frac{\tilde{\mathrm{d}}\boldsymbol{L}_A}{\mathrm{d}t} = -J_{xz}\alpha\boldsymbol{i} - J_{yz}\alpha\boldsymbol{j} + J_z\alpha\boldsymbol{k}\,,\boldsymbol{\omega} \times \boldsymbol{L}_A = \begin{vmatrix} \boldsymbol{i} & \boldsymbol{j} & \boldsymbol{k} \\ 0 & 0 & \omega \\ -J_{xz}\omega & -J_{yz}\omega & J_z\omega \end{vmatrix} \tag{10-45}$$

将式(10-45)代入式(10-44)，整理后得

$$\frac{\mathrm{d}\boldsymbol{L}_A}{\mathrm{d}t} = -(J_{xz}\alpha - J_{yz}\omega^2)\boldsymbol{i} - (J_{yz}\alpha + J_{xz}\omega^2)\boldsymbol{j} + J_z\alpha\boldsymbol{k} \tag{10-46}$$

根据式(10-10)、式(10-13)，刚体的达朗贝尔惯性力系向点 A 简化所得的一个达朗贝尔惯性力和一个达朗贝尔惯性力偶的力偶矩分别为

$$\boldsymbol{F}_{IA} = m(y_C\alpha + x_C\omega^2)\boldsymbol{i} - m(x_C\alpha - y_C\omega^2)\boldsymbol{j} \tag{10-47}$$

$$\boldsymbol{M}_{IA} = (J_{xz}\alpha - J_{yz}\omega^2)\boldsymbol{i} + (J_{yz}\alpha + J_{xz}\omega^2)\boldsymbol{j} - J_z\alpha\boldsymbol{k} \tag{10-48}$$

刚体所受到的约束力为 $\boldsymbol{F}_{Ax}$、$\boldsymbol{F}_{Ay}$、$\boldsymbol{F}_{Az}$、$\boldsymbol{F}_{Bx}$、$\boldsymbol{F}_{By}$，根据达朗贝尔原理得

$$
\left.\begin{aligned}
&\sum F_x = 0, \sum_{i=1}^{n} F_{ix} + F_{Ax} + F_{Bx} + m(y_C\alpha + x_C\omega^2) = 0 \\
&\sum F_y = 0, \sum_{i=1}^{n} F_{iy} + F_{Ay} + F_{By} - m(x_C\alpha - y_C\omega^2) = 0 \\
&\sum F_z = 0, \sum_{i=1}^{n} F_{iz} + F_{Az} = 0 \\
&\sum M_x = 0, \sum_{i=1}^{n} M_x(\boldsymbol{F}_i) - F_{By}l + (J_{xz}\alpha - J_{yz}\omega^2) = 0 \\
&\sum M_y = 0, \sum_{i=1}^{n} M_y(\boldsymbol{F}_i) + F_{Bx}l + (J_{yz}\alpha + J_{xz}\omega^2) = 0 \\
&\sum M_z = 0, \sum_{i=1}^{n} M_z(\boldsymbol{F}_i) - J_z\alpha = 0
\end{aligned}\right\} \tag{10-49}
$$

式(10-49)中最后一个式子就是刚体定轴转动的运动微分方程，它与约束力无关，当主动力及刚体转动的初始条件已知时，由它可确定刚体转动的角速度和角加速度，再应用式(10-49)中前五个方程可解得约束力为

$$
\left.\begin{aligned}
&F_{Bx} = \left[-\frac{1}{l}\sum_{i=1}^{n} M_y(\boldsymbol{F}_i)\right] - \frac{1}{l}(J_{yz}\alpha + J_{xz}\omega^2) \\
&F_{By} = \left[\frac{1}{l}\sum_{i=1}^{n} M_x(\boldsymbol{F}_i)\right] + \frac{1}{l}(J_{xz}\alpha - J_{yz}\omega^2) \\
&F_{Ax} = \left[-\sum_{i=1}^{n} F_{ix} + \frac{1}{l}\sum_{i=1}^{n} M_y(\boldsymbol{F}_i)\right] + \frac{1}{l}(J_{yz}\alpha + J_{xz}\omega^2) - m(y_C\alpha + x_C\omega^2) \\
&F_{Ay} = \left[-\sum_{i=1}^{n} F_{iy} - \frac{1}{l}\sum_{i=1}^{n} M_x(\boldsymbol{F}_i)\right] - \frac{1}{l}(J_{xz}\alpha - J_{yz}\omega^2) + m(x_C\alpha - y_C\omega^2) \\
&F_{Az} = \left[-\sum_{i=1}^{n} F_{iz}\right]
\end{aligned}\right\} \tag{10-50}
$$

通常将刚体在运动条件下所受到的约束力称为**动约束力**。由式(10-50)可见，动约束力由两部分组成，一是式(10-50)等号右侧方括弧部分，它是与主动力的作用直接相关，且与刚体的运动无关，称为**静约束力**；二是上式等号右侧其余部分，它与刚体的达朗贝尔惯性力系有关，称为**附加动约束力**。

在工程实际中，当转子(作定轴转动的刚体)进入正常工作状态后(即 ω=常数，$\alpha=0$)，由式(10-50)知，附加动约束力在动直角坐标轴上投影是固定不变的。而动直角坐标系 $Axyz$ 相对于定直角坐标系 $A\xi\eta\zeta$ 以匀角速度 ω 作定轴转动，故附加动约束力在定直角坐标轴上的投影应按正弦规律变化。当转子作高速转动时，这种周期性变化的附加动约束力的反作用力，会引起轴承和基座的强烈振动，加速机器的疲劳破坏，并造成噪声污染。

消除定轴转动刚体的附加动约束力的根本方法，就是使达朗贝尔惯性力系自成平衡力系。观察式(10-50)知，只要满足

$$x_C = y_C = 0 \tag{10-51}$$

$$J_{xz} = J_{yz} = 0 \tag{10-52}$$

则无论刚体转动的角速度和角加速度等于何值，刚体都不会受到附加动约束力的作用。式(10-51)表明，刚体的转轴必须通过其质心；式(10-52)表明，刚体的转轴必须为惯量主轴。因此，刚体作定

轴转动时，轴承的附加动约束力为零的条件是转轴必须为中心惯量主轴。

在现代工业的高速转动机械中(如磨床上的砂轮，汽轮机上的叶轮等)，由于制造上或安装上的误差，转子对于转轴的位置会产生偏心或偏斜，这样转轴就不是中心惯量主轴，即使偏心引起的 $|x_C|$、$|y_C|$ 很小，偏斜引起的 $|J_{xz}|$、$|J_{yz}|$ 也不大。但由于 $|\omega|$ 很大，ω^2 就更大，于是轴承受到转子的附加动约束力的反作用力的绝对值还是很大的。这对机械的正常转动影响较大，甚至会酿成严重事故。因此，在高速转子的实际生产中，除了提高加工精度之外，还要进行转子的静平衡调整和动平衡调整。前者的目的是尽可能地减少转子的偏心距，后者的目的是尽可能地使转轴成为转子的惯量主轴，通过这样的调整使附加动约束力的值控制在允许的范围之内。静平衡调整和动平衡调整的具体方法在机械原理、机械振动等课程中有较详细的阐述。

例 10-8 均质细直杆 DE 的长度为 $2l$，质量为 $2m$，以匀角速度 ω 绕铅垂轴 AB 转动，若不计转轴质量，且 $AB=2L$，试求在以下三种情况下，在轴承 A、B 处的动约束力和附加动约束力。

(1)杆 DE 垂直于转轴 AB，其质心 C 在转轴上，且 $AC=BC$，如图(a)所示；

(2)杆 DE 垂直于转轴 AB，其质心 C 离转轴的距离 $CH=e$，且 $AH=BH$，如图(b)所示；

(3)杆 DE 与转轴 AB 的夹角为 β，其质心 C 在转轴上，且 $AC=BC$，如图(c)所示。

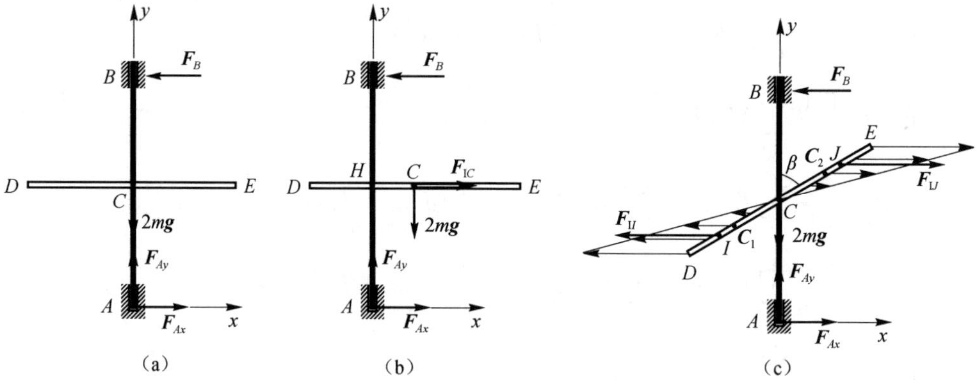

例 10-8 图

解：题中三种情况分别对应转子无偏心也无偏斜，有偏心但无偏斜，有偏斜但无偏心三种典型情况。建立与杆 DE 相固连的动坐标系 Axy，对它们分别求解如下：

(1)受力分析如图(a)所示，达朗贝尔惯性力系向质心 C 简化成一平衡达朗贝尔惯性力系，由达朗贝尔原理

$$\sum F_y = 0, F_{Ay} - 2mg = 0, F_{Ay} = 2mg$$

$$\sum M_A = 0, F_B(2L) = 0, F_B = 0$$

$$\sum F_x = 0, F_{Ax} - F_B = 0, F_{Ax} = 0$$

因此，在轴承 A、B 处的附加动约束力全为零。

(2)受力分析如图(b)所示，达朗贝尔惯性力系向质心 C 简化成一个达朗贝尔惯性力

$$F_{IC} = 2ma_C = 2m\omega^2 e$$

由达朗贝尔原理

$$\sum F_y = 0, F_{Ay} - 2mg = 0, F_{Ay} = 2mg$$

$$\sum M_A = 0, F_B(2L) - 2mge - F_{IC}L = 0, F_B = mg\frac{e}{L} + m\omega^2 e$$

$$\sum F_x = 0, F_{Ax} - F_B + F_{IC} = 0, F_{Ax} = mg\frac{e}{L} - m\omega^2 e$$

因此，在轴承 A、B 处的附加动约束力为

$$F_{Ax}^{(d)} = -m\omega^2 e, F_{Ay}^{(d)} = 0, F_B^{(d)} = m\omega^2 e$$

(3)受力分析如图(c)所示，由于杆 DE 作匀速转动，故杆上各点达朗贝尔惯性力为一平行力系，且呈线性分布。设 CD、CE 段的质心分别为 C_1、C_2，则 CD 和 CE 段的达朗贝尔惯性力系分别可简化成一个合力 $\boldsymbol{F}_{II}$ 和 $\boldsymbol{F}_{IJ}$，其方向垂直于转轴向外，其大小及作用线经过的点 I 和 J 的位置分别为

$$F_{II} = ma_{C_1} = m\left(\frac{l}{2}\sin\beta\right)\omega^2, CI = \frac{2}{3}l$$

$$F_{IJ} = ma_{C_2} = m\left(\frac{l}{2}\sin\beta\right)\omega^2, CJ = \frac{2}{3}l$$

由达朗贝尔原理

$$\sum F_y = 0, F_{Ay} - 2mg = 0, F_{Ay} = 2mg$$

$$\sum M_A = 0, F_B(2L) - m\omega^2\left(\frac{l}{2}\sin\beta\right)\frac{4}{3}l\cos\beta = 0, F_B = \frac{m\omega^2 l^2\sin(2\beta)}{6L}$$

$$\sum F_x = 0, F_{Ax} - F_B = 0, F_{Ax} = \frac{m\omega^2 l^2\sin(2\beta)}{6L}$$

因此，在轴承 A、B 处的附加动约束力为

$$F_{Ax}^{(d)} = \frac{m\omega^2 l^2\sin(2\beta)}{6L}, F_{Ay}^{(d)} = 0, F_B^{(d)} = \frac{m\omega^2 l^2\sin(2\beta)}{6L}$$

注意：对于情况(3)，显然 $J_{xy} \neq 0$，即转轴 y 不是惯量主轴，所以不能使用本书中已推导的有质量对称面的刚体绕与运动平面垂直的轴(此时转轴为惯量主轴)作定轴转动时达朗贝尔惯性力系的简化结果的公式，而需要根据达朗贝尔惯性力系的实际分布情况实施简化，对于题中的三角形分布载荷属于同向的平行力系，它必有合力，合力的作用线过这个三角形的形心，再根据刚体的达朗贝尔惯性力系向任一点简化得到过简化中心的那个力的力矢均与 $\boldsymbol{F}_{IR} = -m\boldsymbol{a}_C$ 相同(C 为刚体质心)，但向简化中心简化时得到的那个达朗贝尔惯性力偶矩(与达朗贝尔惯性力系对简化中心的主矩相等)却一般不为零，所以若简化的最简结果为合力，则合力作用线一般不通过质心，但合力的大小和方向仍由 $-m\boldsymbol{a}_C$ 决定。

例 10-9 图示叶轮可视为一均质薄圆盘，其质量为 m，半径为 r，由于安装误差，致使叶轮的中心对称轴与转轴有一偏角 β，但质心 C 仍在转轴上。若轴承 A、B 的距离为 l，当叶轮以匀角速度 ω 作定轴转动时，试求轴承 A、B 处的附加动约束力。

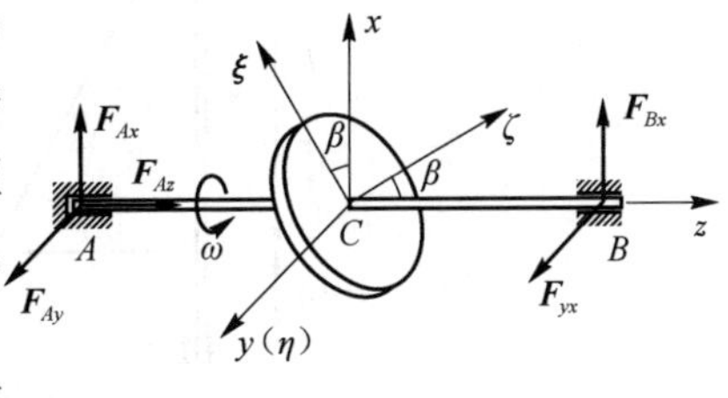

例 10-9 图

解：本题的达朗贝尔惯性力系的分布要比上例复杂，此时可利用式(10-50)直接求解。

(1)以质心 C(固定点)为原点建立与叶轮固连的动直角坐标系 $Cxyz$，使 Cz 轴与转轴重合，Cy 轴为叶轮的质量对称轴，这样 Cy 轴必为叶轮的惯量主轴，于是

$$x_C = y_C = 0, J_{xy} = J_{yz} = 0$$

(2)为了计算 J_{xz}，可再建立与叶轮固连的另一直角坐标系 $C\xi\eta\zeta$，使 $C\eta$ 轴与 Cy 轴重合，$C\zeta$ 轴为叶轮的中心对称轴，则 $C\xi$ 轴在叶轮所在平面内，即 $C\xi\eta\zeta$ 为叶轮中心惯量主轴坐标系。实

际上 $C\xi\eta\zeta$ 可由坐标系 $Cxyz$ 绕 Cy 轴转过图中的 β 角得到，于是

$$x_i=\xi_i\cos\beta+\zeta_i\sin\beta$$
$$z_i=-\xi_i\sin\beta+\zeta_i\cos\beta$$

则

$$\begin{aligned}J_{xz}&=\sum m_ix_iz_i=\sum m_i(\xi_i\cos\beta+\zeta_i\sin\beta)(-\xi_i\sin\beta+\zeta_i\cos\beta)\\&=(\sin\beta\cos\beta)[\sum m_i(\zeta_i^2-\xi_i^2)]+(\cos^2\beta-\sin^2\beta)(\sum m_i\xi_i\zeta_i)\end{aligned}$$

因为，$\sum m_i\xi_i\zeta_i=J_{\xi\zeta}=0$，$\sum m_i(\zeta_i^2-\xi_i^2)=\sum m_i(\zeta_i^2+\eta_i^2)-\sum m_i(\xi_i^2+\eta_i^2)=J_\xi-J_\zeta$，$J_\xi=\dfrac{1}{4}mr^2$，$J_\zeta=\dfrac{1}{2}mr^2$，于是

$$J_{xz}=(\sin\beta\cos\beta)\left(\frac{1}{4}mr^2-\frac{1}{2}mr^2\right)=-\frac{1}{8}mr^2\sin(2\beta)$$

根据式(10-50)，并将 $\alpha=0$ 代入得轴承 A、B 处的附加动约束力为

$$F_{Bx}^{(d)}=\left[\frac{mr^2}{8l}\sin(2\beta)\right]\omega^2$$
$$F_{Ax}^{(d)}=-\left[\frac{mr^2}{8l}\sin(2\beta)\right]\omega^2$$

注意：①因轴承附加动约束力与角速度 ω 的平方成正比，当叶轮的转速很高时，即使 β 角不大，轴承附加动约束力也会很大。②当刚体满足静平衡条件（主动力过质心或转轴，且质心在转轴上）时，转动刚体的轴承附加动约束力不一定为零，只有同时满足式(10-51)和式(10-52)时刚体才能达到动平衡。③轴承 A、B 处的附加动约束力 $F_{Ax}^{(d)}$、$F_{Bx}^{(d)}$ 在平面 Cxz 内构成一力偶，此力偶的作用面跟随叶轮以匀角速度 ω 绕 Cz 轴转动，附加动约束力的方向随同转轴的转动而转动，形成轴承处周期性的交变压力，从而引起轴承的振动。

例 10-10 图示直角三角形均质薄板 ABD 的质量为 m，以匀角速 ω 绕 GH 轴转动，其几何尺寸和离轴承的距离如图所示，试求轴承 G、H 处的附加动约束力。

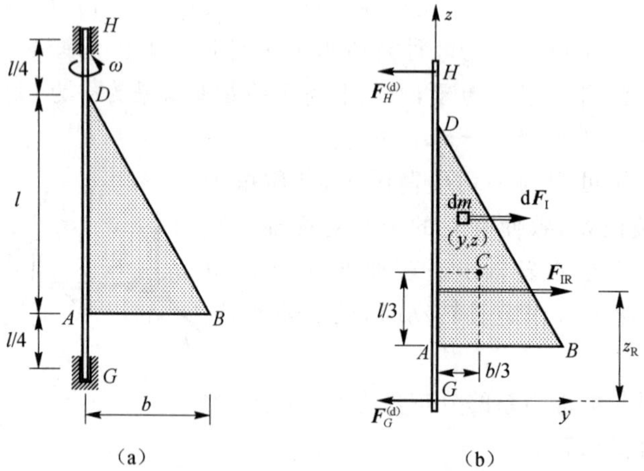

例 10-10 图

解：(1)在轴承 G 处建立随三角板一起转动的直角坐标系 $Gxyz$（如图(b)所示），使转轴与 z 轴重合，y 轴与 AB 平行，并设三角板的面密度为 ρ，因均质三角形薄板作匀角速转动，其上各质点均有向心加速度，质心 C 的加速度为 $a_C=\dfrac{1}{3}b\omega^2$，对薄板上每个质量微元加达朗贝尔惯

性力，其大小为 $dF_I=(dm)(y\omega^2)=\rho\omega^2 y\mathrm{d}y\mathrm{d}z$，因为同向的平行力系，故可等效为一个合力 F_{IR}，其大小为

$$F_{IR}=ma_C=\frac{1}{3}mb\omega^2$$

为求合力作用线位置，用对点 G 的合力矩定理，即

$$F_{IR}z_R=\iint z\mathrm{d}F_I=\iint\rho\omega^2 yz\mathrm{d}y\mathrm{d}z=J_{yz}\omega^2$$

式中

$$J_{yz}=\rho\iint yz\mathrm{d}y\mathrm{d}z=\rho\int_0^b y\left[\int_{\frac{l}{4}}^{\left(\frac{5}{4}-\frac{y}{b}\right)l}z\mathrm{d}z\right]\mathrm{d}y$$

$$=\rho\int_0^b\left(\frac{3}{4}l^2-\frac{5l^2}{4b}y+\frac{l^2}{2b^2}y^2\right)y\mathrm{d}y$$

$$=\frac{1}{12}\rho b^2 l^2=\frac{1}{6}mbl$$

故有

$$z_R=\frac{l}{2}$$

(2)由于只求轴承的附加动约束力，其动载荷(达朗贝尔惯性力的合力和轴承的附加动约束力)如图(b)所示。

$$\sum M_H=0,F_{IR}\left(\frac{3}{2}l-z_R\right)-F_G^{(d)}\cdot\frac{3}{2}l=0$$

$$F_G^{(d)}=\frac{2}{3}F_{IR}=\frac{2}{9}mb\omega^2$$

$$\sum M_G=0,F_{IR}\cdot z_R-F_H^{(d)}\cdot\frac{3}{2}l=0$$

$$F_H^{(d)}=\frac{1}{3}F_{IR}=\frac{1}{9}mb\omega^2$$

注意：①此例与例 10-8 相似，转轴 z 不是惯性主轴，且达朗贝尔惯性力系也是平行力系，但例 10-8 可等效为线分布非均匀平行力系，而此例可等效为面分布非均匀平行力系，其平行力系的中心不易直观判定，故采用合力矩定理求出其合力作用线位置，它平行于三角形底边，且距离为 $z_R-\frac{l}{4}=\frac{l}{4}$，而质心离底边的距离为 $\frac{l}{3}$，说明此时达朗贝尔惯性力系的合力并不作用于质心。②当转轴不是定轴转动刚体的惯量主轴时，都可采用式(10-50)求附加动约束力，在本例中 $J_{xz}=0,J_{yz}=\frac{1}{6}mbl,\alpha=0,x_C=0,y_C=\frac{b}{3}$，于是有 $F_{Gx}^{(d)}=0,F_{Gy}^{(d)}=\frac{1}{\frac{3}{2}l}J_{yz}\omega^2-my_C\omega^2=\frac{1}{9}mb\omega^2-\frac{1}{3}mb\omega^2=-\frac{2}{9}mb\omega^2,F_{Hx}^{(d)}=0,F_{Hy}^{(d)}=\frac{1}{\frac{3}{2}l}(-J_{yz}\omega^2)=-\frac{1}{9}mb\omega^2$，在代入公式时要注意，公式中的点 A、B 即为本例的点 G、H，公式中 $l=AB$，即为本例 $GH=l+\frac{l}{4}+\frac{l}{4}=\frac{3}{2}l$，算出的值为负是由于公式中力的方向与图(b)所画方向相反，所以，最终结果本质是一致的。这说明由达朗贝尔惯性力引起的附加动约束力与主动力引起的静约束力可分别画受力图，然后再分别用平衡方程进行求解。

思　考　题

10-1　如图所示，已知均质半圆板重为 W，半径为 r；杆 O_1A 和 O_2B 的质量不计，长度都为 r；$O_1O_2=AB$；设杆 O_1A 转动至图示铅垂位置时，其角速度 $\omega\neq 0$，角加速度 $\alpha=0$，杆 O_1A 所受力的大小为 F_1，而当系统在图示位置处于静止状态时，杆 O_1A 所受到力的大小为 F_2，试问 F_1 和 F_2 谁大？为什么？

10-2　如图所示，均质矩形平板的长度为 a，宽度为 b，绕通过板的质心 C 并垂直于板面的 z 轴以角速度 ω 及角加速度 α 作定轴转动，试求达朗贝尔惯性力系的等效力系；若该板绕通过板上的角点 A 并垂直于板面的 z' 轴以角速度 ω 及角加速度 α 作定轴转动，则达朗贝尔惯性力系的等效力系有何变化？

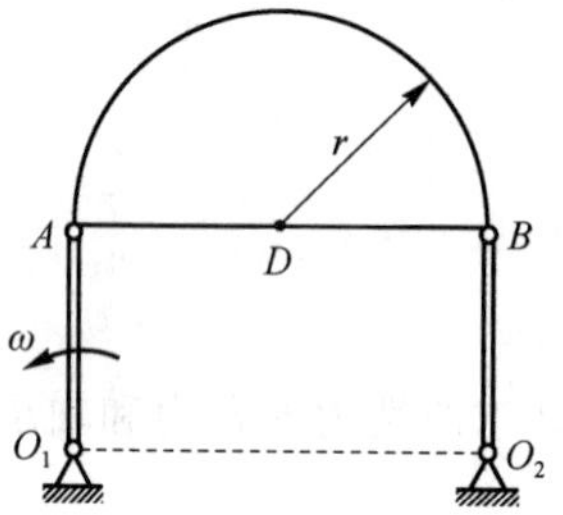

思考题 10-1 图

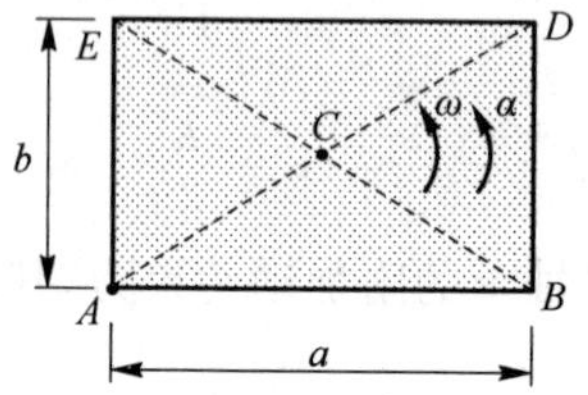

思考题 10-2 图

10-3　如图所示，质量为 m、长度为 l 的均质细直杆 OA 绕轴 O 作定轴转动，其角速度为 ω，角加速度为 α，转向都为顺时针，C 为杆的质心，试判断达朗贝尔惯性力系简化的两种结果图(a)和图(b)的正确性。

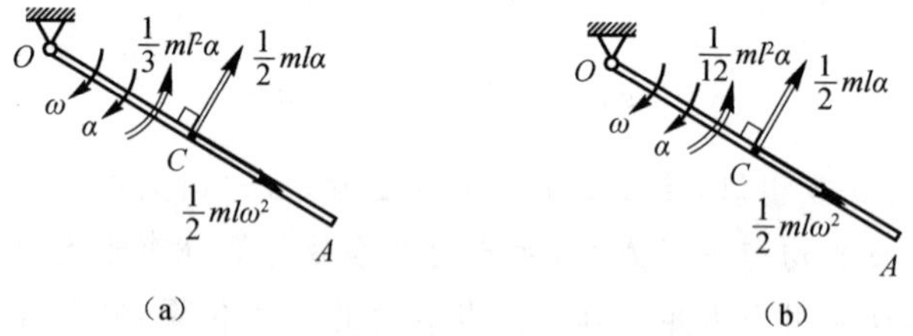

思考题 10-3 图

10-4　已知圆盘的质量均为 m，对质心轴（平行于转轴）的回转半径均为 ρ_C，试问图示四种情形（转轴垂直质量对称面），达朗贝尔惯性力系向转轴 O 简化的结果有何不同？

(a)均质圆盘的质心 C 在转轴上，圆盘作匀角速度转动；

(b)偏心圆盘作匀角速度转动，质心 C 离 O 轴距离为 e；

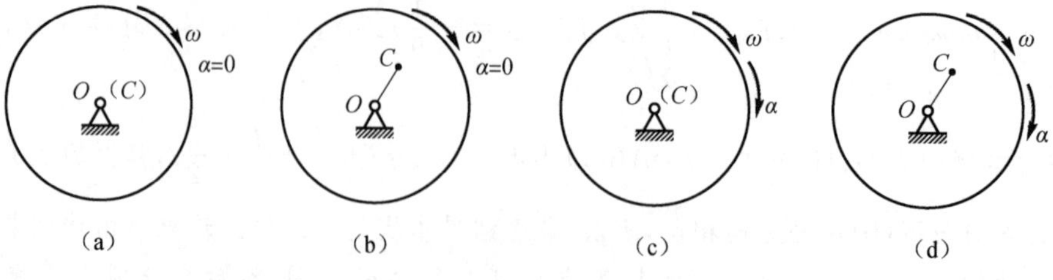

思考题 10-4 图

(c)均质圆盘的质心 C 在转轴上，但既有角速度 ω，又有角加速度 α；

(d)偏心圆盘既有角速度 ω，又有角加速度 α，质心 C 离 O 轴距离为 e。

10-5 图示为作平面运动刚体的质量对称面，其角速度为 ω，角加速度为 α，质量为 m，对通过该平面上任一点 A(非质心 C)且垂直于质量对称面的轴的转动惯量为 J_A，若将刚体的达朗贝尔惯性力系向该点简化，试分析图(a)和图(b)所示结果的正确性。

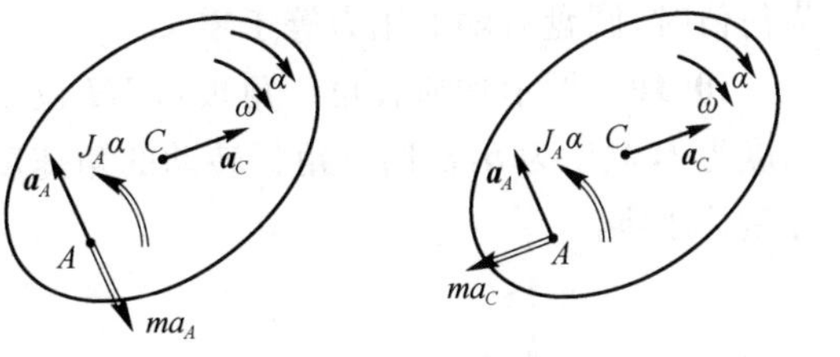

(a)　　(b)

思考题 10-5 图

10-6 如图所示，质量为 m、半径为 r 的均质圆盘在水平直线轨道上作纯滚动，已知圆盘质心的速度为 v，加速度为 $\boldsymbol{a}$，试问该圆盘的达朗贝尔惯性力系简化的结果是合力吗？若是，合力作用线在哪里？

10-7 如图所示，质量为 m、半径为 r 的均质圆盘分别在半径为 $R_1=2r$ 的固定凸轮和半径为 $R_2=4r$ 的固定凹面上作纯滚动，在图(a)和图(b)位置，它们的角速度都为 ω、角加速度都为 α，转向都为顺时针，试问它们的达朗贝尔惯性力系向质心简化的结果有何相同和不同之处？

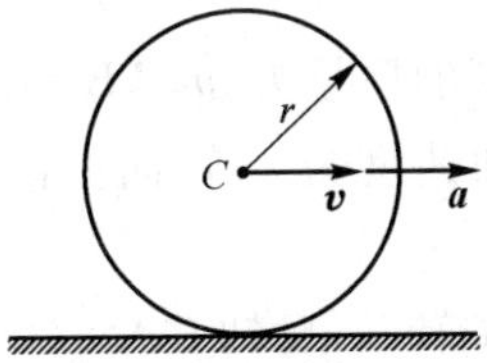

思考题 10-6 图

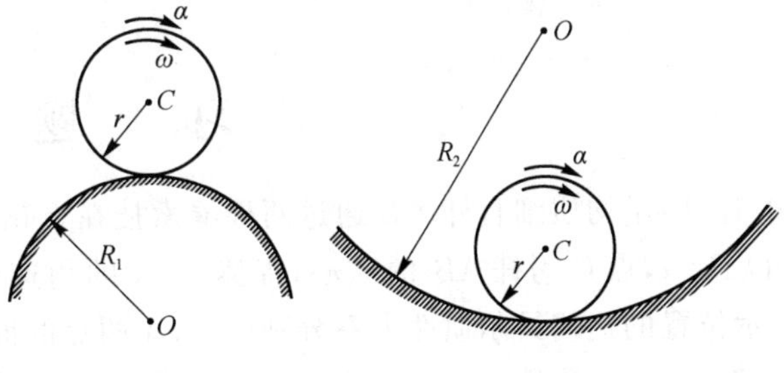

(a)　　(b)

思考题 10-7 图

10-8 处于同一铅垂平面的图示静止系统，两均质细直杆的质量都为 m，长度都为 l，铰链 O、A 光滑，不计柔绳质量，若突然将柔绳 BD 剪断，试针对图(a)、图(b)、图(c)三种情况，分别判断该瞬时杆 AB 的角加速度是否为零？若不为零，转向如何？

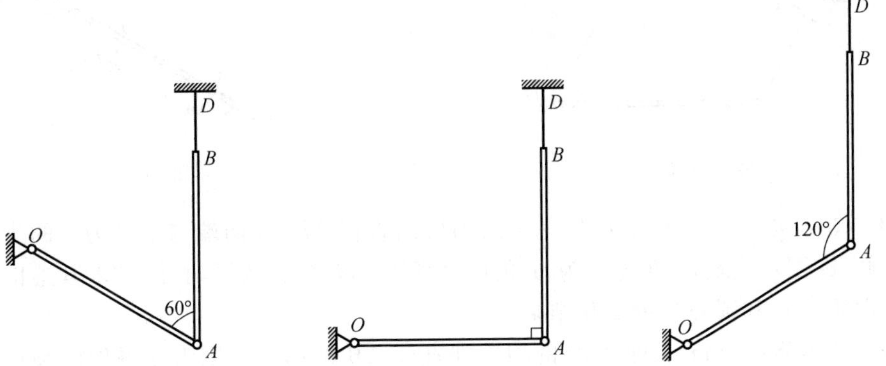

(a)　　(b)　　(c)

思考题 10-8 图

10-9 如图所示，铅垂转轴 Oz 以匀角速度 ω 转动，其上焊接一刚性杆 AB，与之成 φ 角，在轴和杆之间放置一质量为 m、半径为 r 的均质圆盘 C，设圆盘相对于杆静止，且不计摩擦，试问 ω 为何值时，圆盘对轴的压力等于零。

10-10 图示均质直角三角板 OGH 位于铅垂平面内，绕铅垂轴 AB 转动，已知板重量为 P，长度为 l，宽度为 b，试问三角板转动的角速度 ω 为多大时，才能使轴承 A 处约束力的水平正交分量等于零。

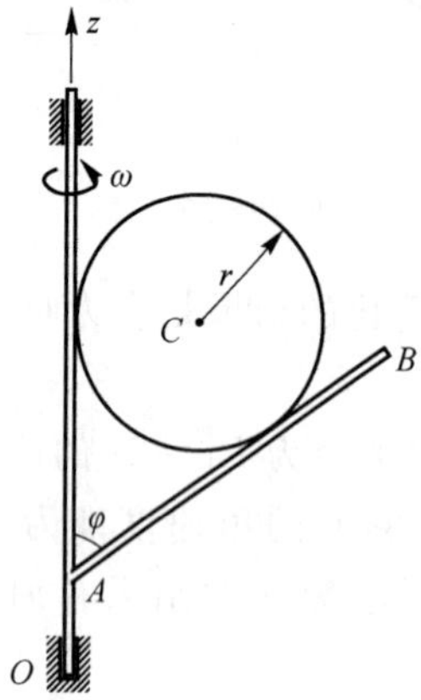

思考题 10-9 图

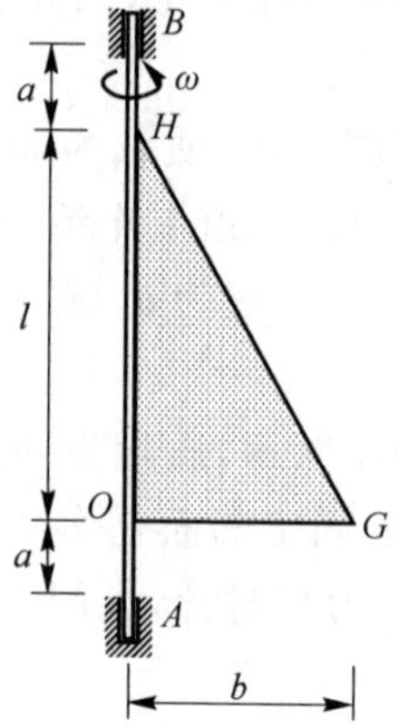

思考题 10-10 图

习　题

10-1 图示均质细直杆 AB 通过两根绳索挂在天花板上，已知杆的质量为 m，$AB=O_1O_2=O_1A=O_2B=l$，点 C 为杆 AB 的质心，绳索 O_1A 的角速度为 ω，角加速度为 α，转向如图所示。试求图示位置的达朗贝尔惯性力系分别向 C、A 两点的简化结果。

10-2 图示均质细直杆 AB 的质量为 m，长度为 l，绕 O 轴作定轴转动，已知 $OA=l/3$，杆的角速度、角加速度分别为 ω、α，转向如图所示，试求其达朗贝尔惯性力系分别向质心 C 和 O 的简化结果。

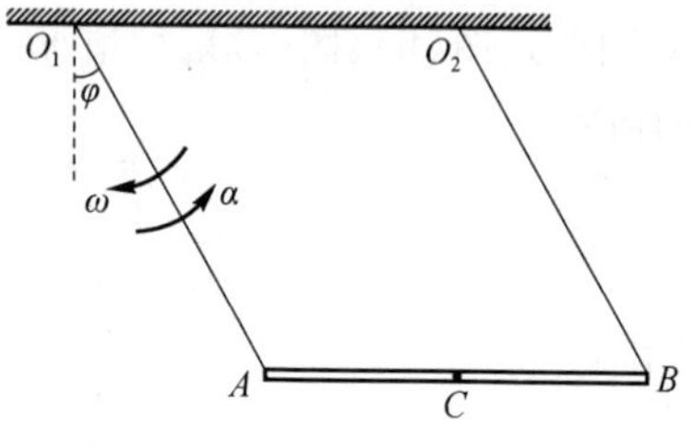

习题 10-1 图

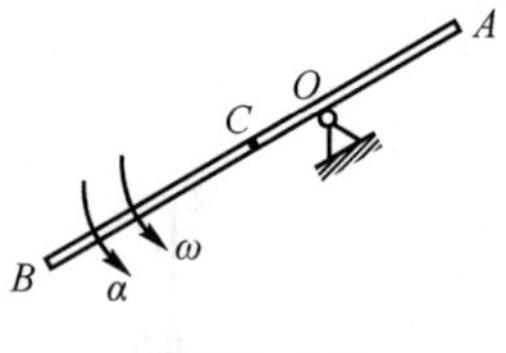

习题 10-2 图

10-3 图示质量为 m、长度为 $l=\sqrt{2}r$ 的均质细直杆 AB，其两端与半径为 r 的半圆形固定凹槽相接触，在图示位置，其角速度为 ω，角加速度为 α，转向都为顺时针，试求其达朗贝尔惯性力系分别向质心 C 和圆心 O 的简化结果。

10-4 图示质量为 m、长度为 $2l$ 的均质细直杆 AB 的两端分别沿水平地面和铅垂墙面运动，已知 v_A = 常矢，试求图示位置杆的达朗贝尔惯性力系分别向质心 C 和点 A 的简化结果。

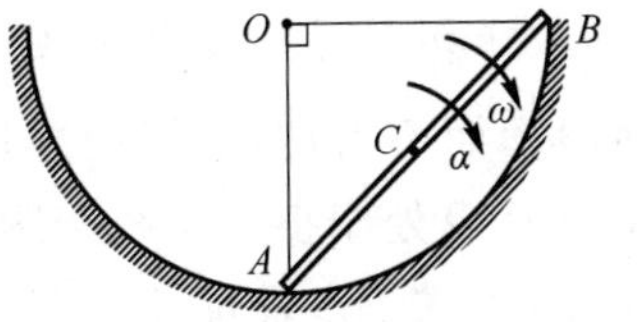

习题 10-3 图

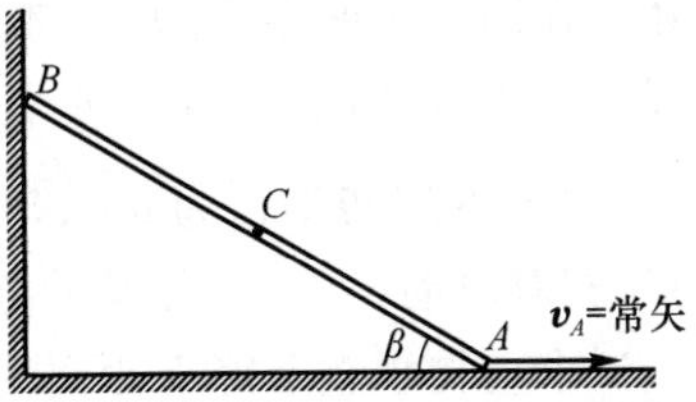

习题 10-4 图

10-5 图示均质细直杆 AB 的质量为 m，长度为 l，用两根等长的绳索悬挂，设绳索张紧，不可伸长并不计质量。试求绳索 OA 突然被剪断，杆开始运动的瞬时，绳索 OB 的张力和杆 AB 的角加速度。

10-6 如图所示，质量为 m、长度为 l 的均质细直杆由两根刚度系数为 k、质量不计的弹簧静止悬挂在空中，若突然将右边弹簧剪断，试求剪断瞬时杆 AB 的角加速度和点 A 的加速度。

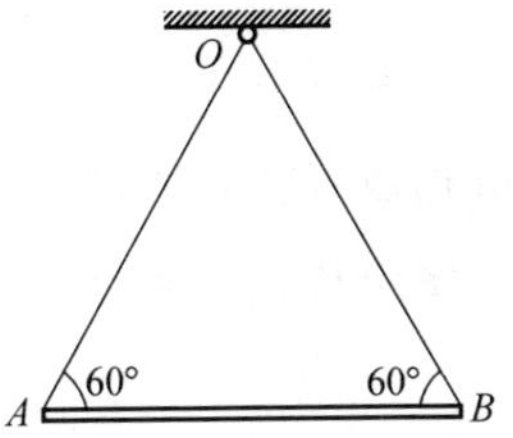

习题 10-5 图

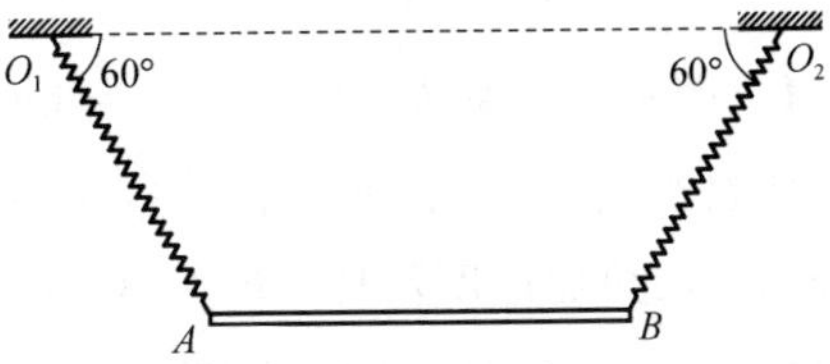

习题 10-6 图

10-7 如图所示，质量为 m、长度为 $2r$ 的均质细直杆 AB 的一端 A 焊接于质量为 m、半径为 r 的均质圆盘的边缘上，圆盘可绕过圆盘中心的光滑水平轴 O 转动，若在图示瞬间圆盘的角速度为 ω，试求该瞬时圆盘的角加速度及杆 AB 在焊接处所受到的圆盘约束力。

10-8 如图所示，固连在一起的两轮子半径分别为 r、R，它们的总质量为 m_1，共同轮心 C 为它们的质心，它们对过质心的水平轴的回转半径为 ρ。现外轮边缘绕有绳索，绳索跨过不计质量的定滑轮 B 与质量为 m 的物块 A 相连。内轮在物块 A 的重力作用下可沿水平悬臂梁作纯滚动。若绳索与轮间无相对滑动，并不计绳索质量，试求物块 A 的加速度及内轮与悬臂梁间的摩擦因数。

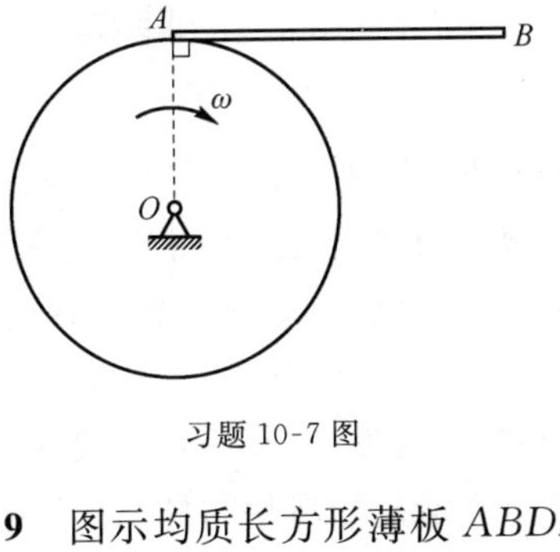

习题 10-7 图

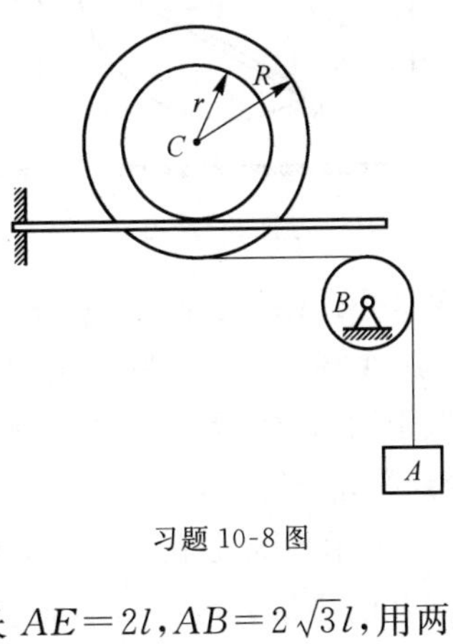

习题 10-8 图

10-9 图示均质长方形薄板 $ABDE$ 的质量为 m，边长 $AE=2l$，$AB=2\sqrt{3}l$，用两根长度都为 l、质量不计且不可伸长的柔绳 O_1A 和 O_2B 悬挂在水平天花板上，且 $O_1O_2=2\sqrt{3}l$，薄板对过其质心，且垂直于板面轴的回转半径为 $\rho_C=\dfrac{2}{3}\sqrt{3}l$，若在静止状态，突然将柔绳 O_2B 剪断，试求剪断瞬时：(1)薄板的角加速度和薄板质心 C 的加速度；(2)柔绳 O_1A 的角加速度和张力。

10-10 在图示平面系统中，已知：重物 A 的质量为 $m_1=m$；均质定滑轮 O 的质量为 $m_2=2m$，半径为 r；鼓轮的内半径为 r，外半径为 $R=2r$，质量为 $m_3=6m$，质心在其中心 C，鼓轮对过轮心 C 的水平轴的回转半径为 $\rho=\sqrt{3}r$，运动时沿水平地面滚动而不滑动；柔绳的质量不计，与两轮之间无相对滑动，且 BD 段绳子与水平地面平行；不计轴承 O 处摩擦。系统于图示位置无初速释放，试求重物垂直下降 h 距离时，重物的速度和加速度，并求 BD 段绳子的张力；为使鼓轮沿水平地面滚动而不滑动，鼓轮与水平地面之间的静滑动摩擦因数至少为多少？

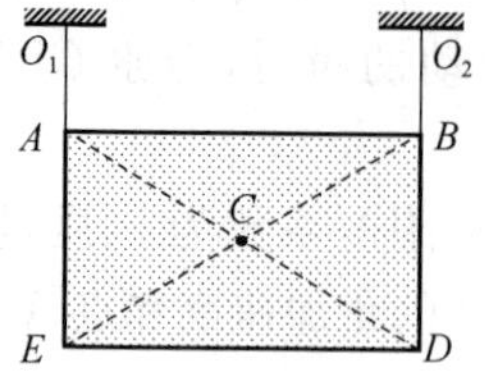

习题 10-9 图

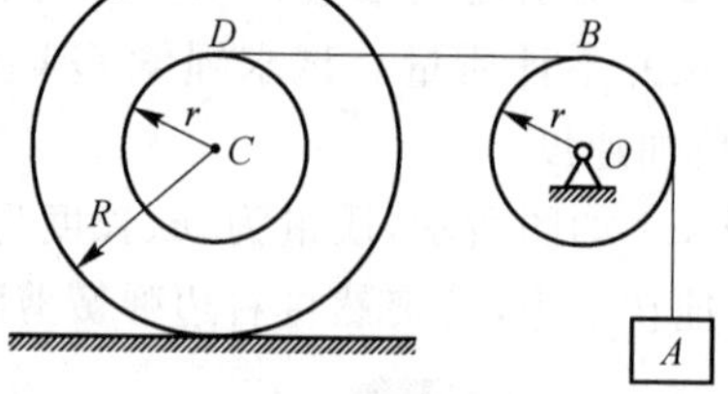

习题 10-10 图

10-11 图示平面系统，质量为 $m_1=3m$、半径为 r 的光滑半圆槽放置在光滑水平地面上，其中放置有质量为 $m_2=m$、长度为 $l=\sqrt{3}r$ 的均质细直杆 AB，系统于图示位置无初速释放，试求释放瞬时杆 AB 的角加速度及杆 AB 在 A、B 处所受到的约束力。

10-12 图示系统处于同一铅垂平面内，长度为 $l=2\sqrt{3}r$、质量为 m 的均质细直杆 AB，在其中点 C 与半径为 r、质量为 m 的均质圆盘 D 焊接，且 AB 沿圆盘的切线方向，杆 AB 的两端与两滑块 A、B 光滑铰接，滑块 A、B 可分别沿水平滑道和倾角为 60°的滑道滑动，OB 为弹簧，不计滑块和弹簧的质量以及滑道摩擦，系统于图示位置处于平衡状态。若在滑块 A 上突然施加大小为 $F=4mg$ 的水平向右的主动力，试求该瞬时，杆 AB 的角加速度和两滑道对系统的约束力。

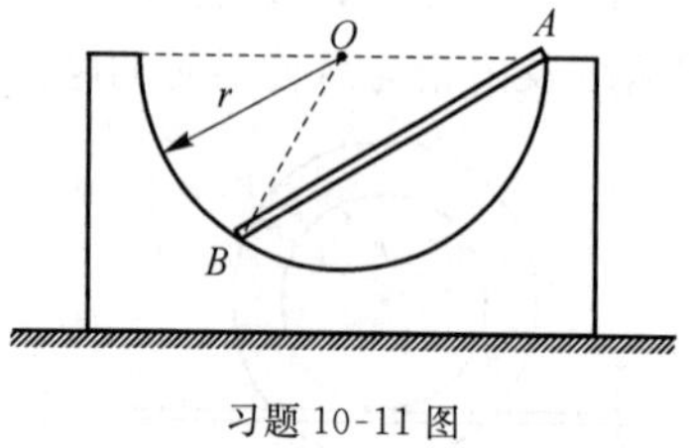

习题 10-11 图

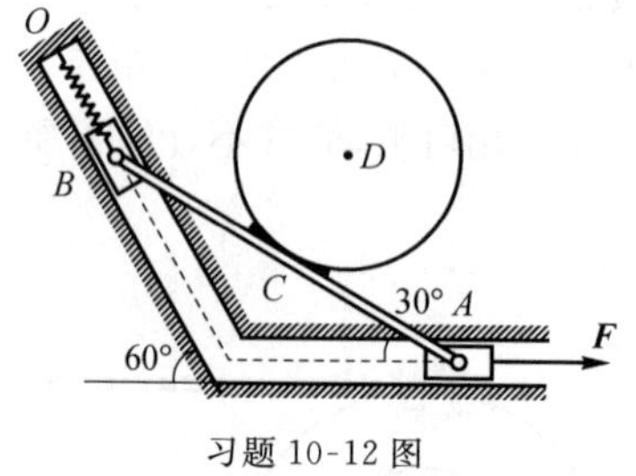

习题 10-12 图

10-13 图示系统处于同一铅垂平面内，均质细直杆 OA 的质量为 m，长度为 $l=2r$，可绕光滑轴 O 转动，其 A 端与一质量为 m、半径为 r 的均质圆盘的盘缘光滑铰接，圆盘可沿光滑水平地面运动。若系统于图示位置无初速释放，试求释放瞬时：(1)两刚体的角加速度；(2)盘心 B 的加速度；(3)圆盘受到的地面约束力。

10-14 图示系统处于同一铅垂平面内，均质细直杆 OA 的质量为 $m_1=m$，长度为 $l_1=l$；均质细直杆 AB 的质量为 $m_2=2m$，长度为 $l_2=2l$；可沿水平滑道滑动的滑块与杆 AB 的中点 C 铰接，在杆 AB 的 B 端作用一主动力 $\boldsymbol{F}$，且 $\boldsymbol{F}$ 与杆 AB 垂直，若不计摩擦和滑块的质量，试求系统于图示位置无初速释放的瞬间，杆 OA 的角加速度及滑道对系统的约束力。

10-15 图示系统处于同一铅垂面内，圆盘、杆、滑块皆为均质，质量都为 m；半径为 r 的圆盘可绕轴 O 转动，OA 为其直径；长度为 $l=4r$ 的细直杆 AB 的两端分别与盘缘上点 A 和滑块 B

铰接，滑块 B 可沿倾角为 30°的滑道运动。若系统于图示位置无初速释放，且不计各接触处摩擦，试求释放瞬时，滑块的加速度和滑道对滑块的约束力。

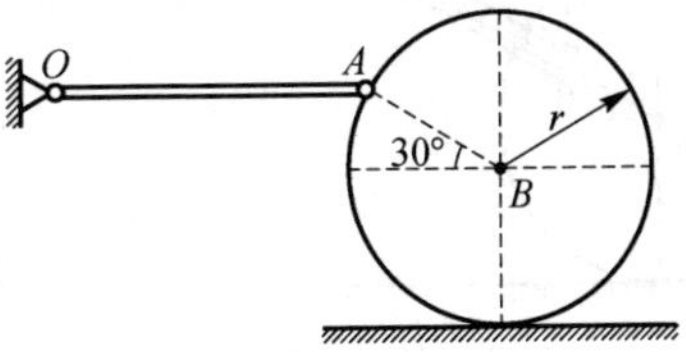

习题 10-13 图

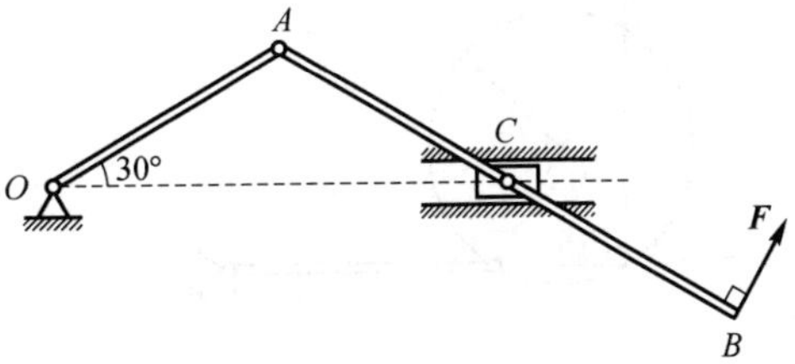

习题 10-14 图

10-16 图示处于铅垂面内的平面系统，细直杆 OA、AB 及圆盘 B 皆均质，质量都为 m；长度为 $l_1=2r$ 的杆 OA 可绕光滑轴 O 转动；长度为 $l_2=4r$ 的杆 AB 的两端分别与杆 OA 的 A 端和盘心 B 光滑铰接；运动时，半径为 r 的圆盘沿倾角为 30°的斜面作纯滚动，且 O、B 两点的连线平行于斜面。若系统于图示位置无初速释放，试求释放瞬间，圆盘的角加速度及斜面对圆盘的约束力。

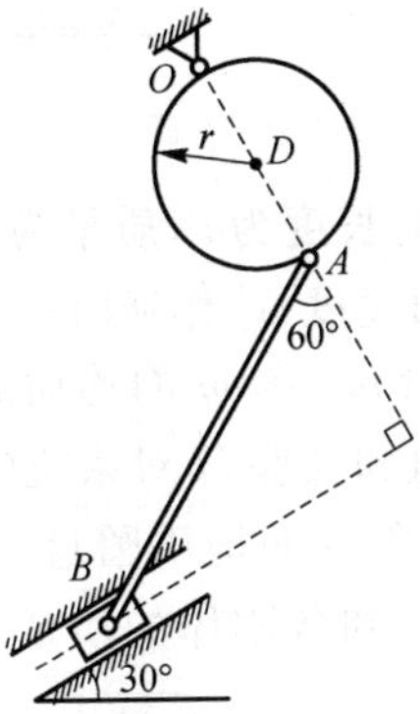

习题 10-15 图

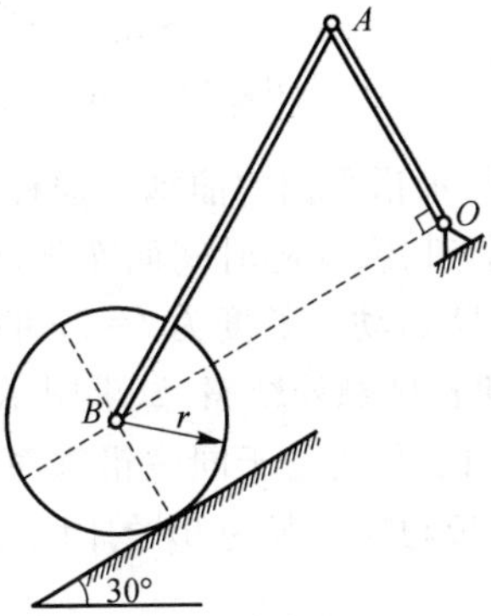

习题 10-16 图

10-17 图示系统处于同一铅垂平面内，均质圆盘 C 的质量为 m，半径为 r；均质细直杆 BD 的质量为 m，长度为 $l=2r$；不计柔绳的质量和铰链 B、D 处摩擦。若系统于图示位置无初速释放，试求释放瞬时：(1)圆盘的角加速度；(2)柔绳 OA 的张力。

10-18 图示系统处于同一铅垂平面内，均质圆盘的质量为 m，半径为 r；杆 OD 的质量也为 m，质心 C 离转轴 O 的距离为 $3r/2$，对转轴 O 的回转半径为 $\rho=\sqrt{3}r$；不计质量的销钉 A 固连于圆盘的盘缘上，并放置于杆的直槽内，直槽和轴承皆光滑。已知运动时圆盘能沿水平地面作纯滚动，若系统于图示位置无初速释放，试求释放瞬时：(1)圆盘的角加速度；(2)地面对圆盘的摩擦力。

10-19 图示系统处于同一铅垂平面内，均质细直杆 OA 的质量为 m，长度为 $l=2r$；均质圆盘 D 的质量为 m，半径为 r；若不计铰链 O、A 处摩擦，系统于图示位置无初速释放，试求释放瞬时两刚体的角加速度。

10-20 图示铅垂平面内曲柄－连杆－滑块机构，曲柄 OA 为均质细直杆，其长度为 r，质量为 m；连杆 AB 也为均质细直杆，其长度为 $2r$，质量为 $2m$；均质滑块的质量为 m。在曲柄上作用一主动力偶，其力偶矩 M 随时间 t 变化，使曲柄 OA 绕轴 O 以匀角速度 ω_0 作顺时针转动。若不计摩擦，试求图示瞬时，力偶矩 M 的值和滑道对滑块的约束力。

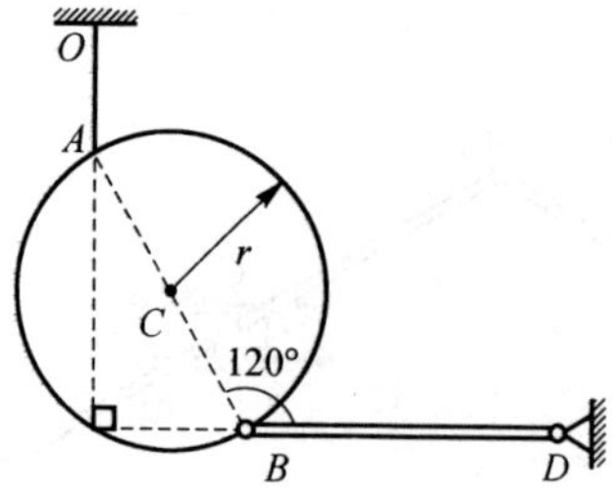

习题 10-17 图

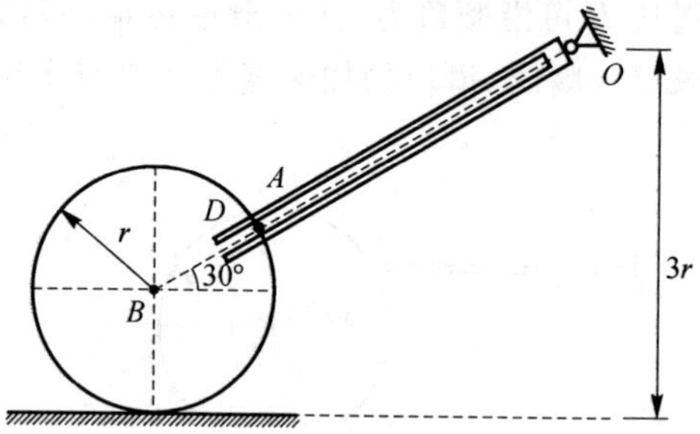

习题 10-18 图

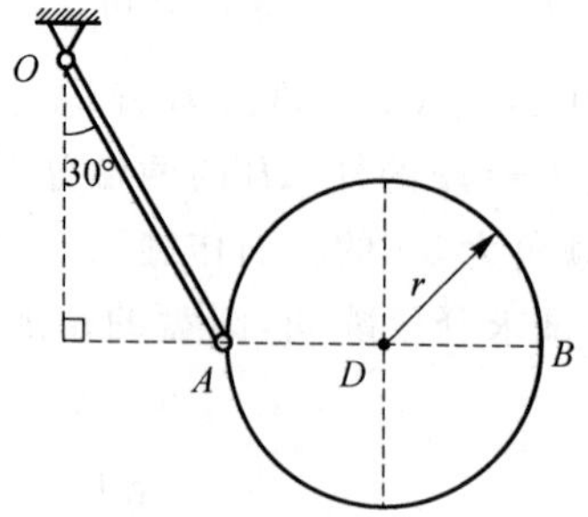

习题 10-19 图

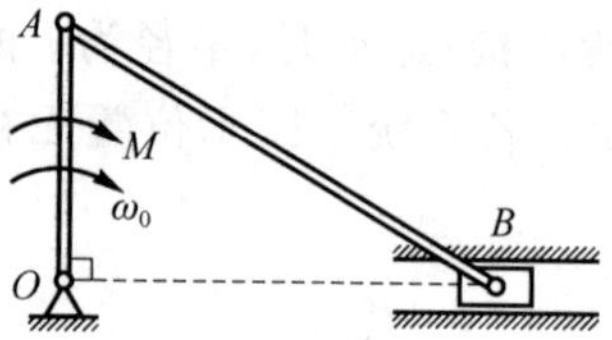

习题 10-20 图

10-21 图示铅垂面内曲柄一摇杆机构，均质曲柄 OA 的长度为 r，质量为 m；曲柄 OA 上作用一主动力偶，其矩 M 随时间而变化，使曲柄绕轴 O 以匀角速度 ω_0 作逆时针转动，并通过滑块 A 带动摇杆 BD 运动。长度为 $l=3r$ 的摇杆 BD 可视为质量 $m_1=8m$ 的均质细直杆，若不计滑块 A 的质量和各接触处摩擦，试求图示瞬时，力偶矩 M 的值和支座 O 对系统的约束力。

10-22 图示系统处于同一铅垂平面内，半径为 r、中心为 B 的均质圆盘由均质连杆 AB 和均质曲柄 OA 带动在半径为 $5r$ 的固定凸圆轮上作纯滚动，已知各刚体的质量均为 m，$AB=4r$，$OA=2r$，当 OA 在主动力偶矩 $M(t)$ 的作用下以匀角速度 $\omega_0\left(\omega_0<9\sqrt{\dfrac{g}{22r}}\right)$ 作逆时针转动时，试求图示瞬时 M 的代数值及固定凸圆轮对圆盘 B 的约束力。

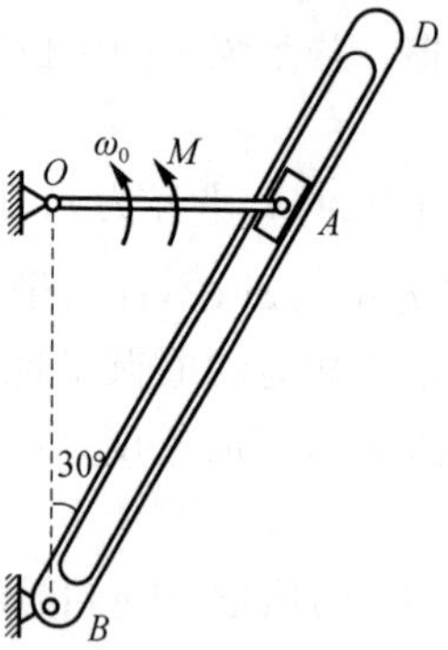

习题 10-21 图

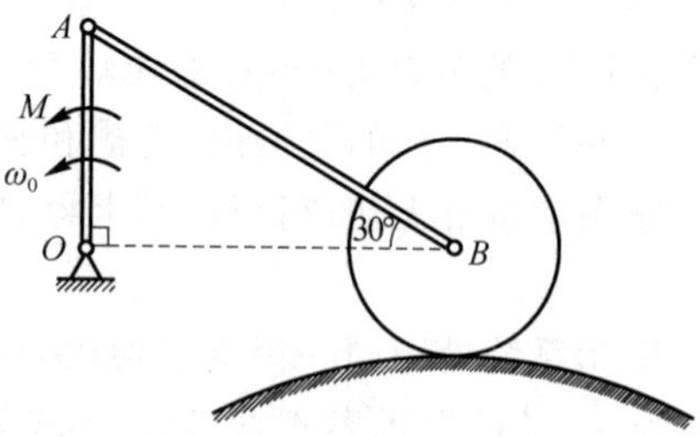

习题 10-22 图

10-23 如图所示，处于铅垂平面内的均质细直杆 AB 的质量为 m，长度为 $l=\sqrt{3}r$，其两端铰接两质量不计的滑块，该两滑块可分别沿水平滑道和倾角为 60°的滑道滑动，质量不计的弹簧的刚度系数为 $k=\dfrac{\sqrt{3}mg}{2r}$，原长为 $l_0=r$，其两端分别与铰链 A 和固定点 D 相连。系统于图示位置(此时 $AD=2r$)无初速释放,若不计摩擦,试求杆 AB 运动至与水平滑道的夹角 $\theta=30°$ 的瞬时,杆 AB 的角速度和角加速度。

10-24 如图所示,重量为 P、长度为 l 的均质细直杆 AB 与重量为 W 的三角形楔块用光滑铰链 B 相连,楔块置于光滑的水平面上。初始时,杆 AB 处于铅垂位置,整个系统静止。在微小扰动下,杆 AB 绕铰链 B 摆动,楔块则沿水平面平移。当杆 AB 摆至水平向左位置时,试求:(1)杆 AB 的角加速度 α_{AB};(2)铰链 B 对杆 AB 的约束力在铅垂向上方向上的投影。

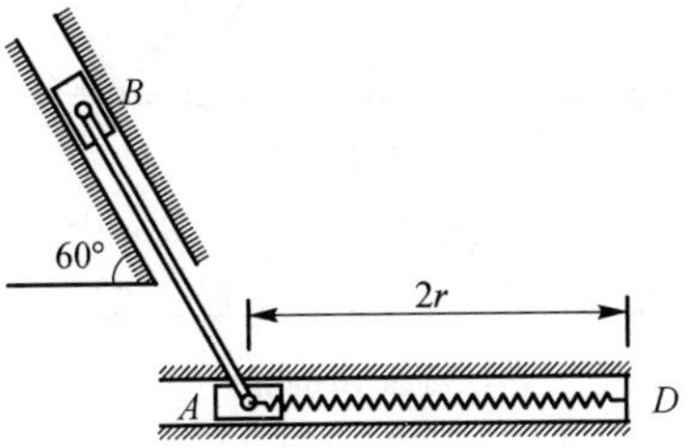

习题 10-23 图

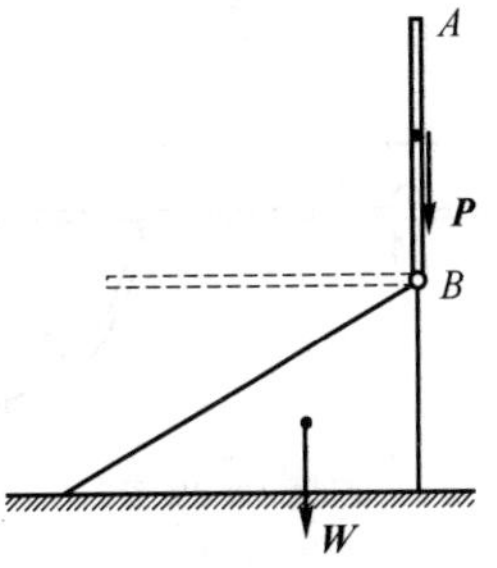

习题 10-24 图

10-25 如图所示,长度为 l、质量为 m 的均质细直杆 AB 用光滑铰链铰接在半径为 r、质量为 m 的均质圆盘的中心 A,设水平地面光滑。若杆 AB 从图示水平位置无初速释放,且圆盘始终与地面接触,试求杆 AB 运动至铅垂位置时:(1)圆心 A 的速度和杆 AB 的角速度;(2)圆心 A 的加速度和杆 AB 的角加速度;(3)地面作用于圆盘上的约束力。

10-26 图示平面机构,质量为 $m_1=20\text{kg}$、半径为 $r=0.3\text{m}$ 的均质圆轮在水平力 $F=100\text{N}$ 的作用下沿水平地面作纯滚动,通过圆轮中心的光滑铰链 O 带动均质细直杆 OA 沿地面滑动,已知 A 端与地面的动滑动摩擦因数 $f=0.5$,杆 OA 的质量为 $m_2=10\text{kg}$,长度为 $l=\sqrt{5}r$,试求运动过程中 A、D 处的约束力。

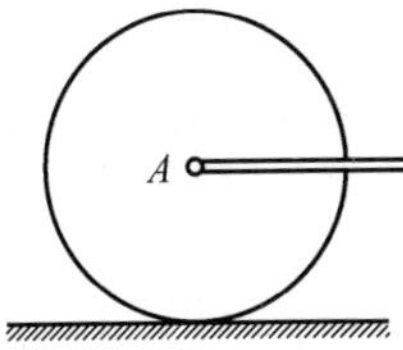

习题 10-25 图

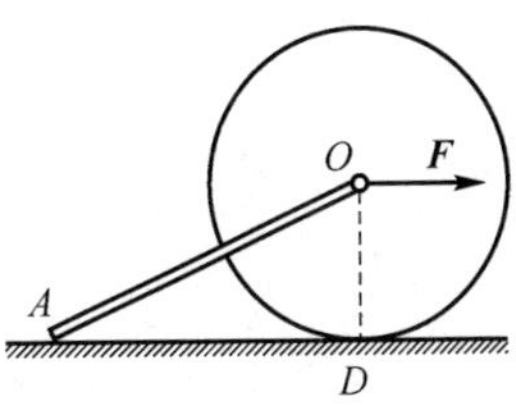

习题 10-26 图

10-27 如图所示,某传动轴上安装有两个齿轮,质量分别为 m_1 和 m_2,偏心距分别为 e_1 和 e_2,它们以匀角速度 ω 绕转轴转动。在图示瞬时,C_1D_1 处于铅垂位置,C_2D_2 处于水平位置,试求此时轴承 A、B 处的附加动约束力。

10-28 图示一均质薄圆盘装在水平轴的中部,圆盘与轴线成$(90°-\beta)$夹角,且偏心距 $OC=e$。已知圆盘的质量为 m,半径为 r,当圆盘以匀角速度 ω 绕转轴转动时,试求轴承 A、B 处的附加动约束力。

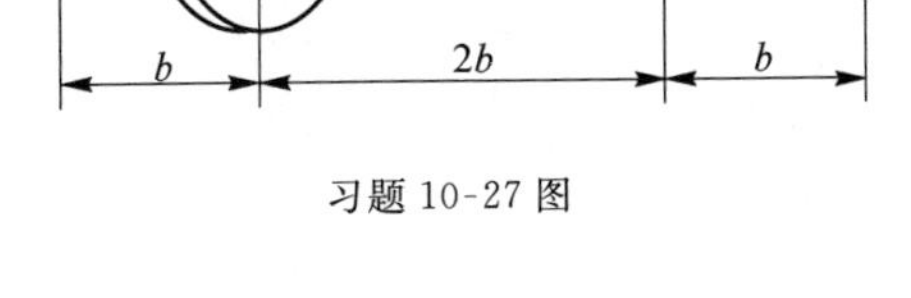

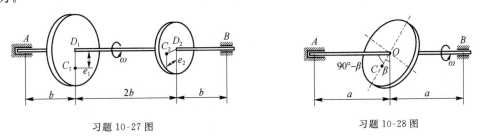

习题 10-27 图

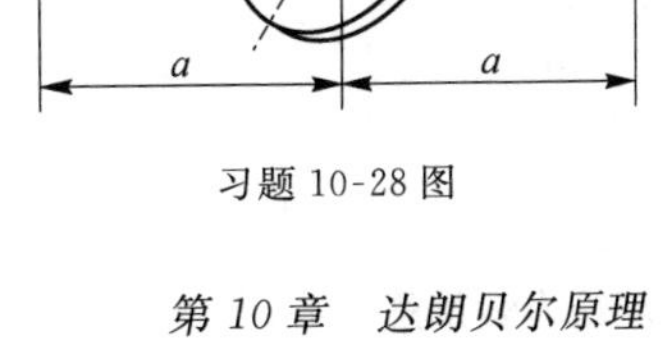

习题 10-28 图

10-29 图示均质四分之一细圆环以匀角速度 ω 绕水平轴转动，已知圆环的半径为 r，质量为 m，A、B 轴承的间距为 l，试求轴承 A、B 处的附加动约束力。

10-30 图示均质薄矩形板的质量为 m，长度为 a，宽度为 b，其质心 C 在转轴上，且质心 C 与轴承 A、B 的距离都为 l，当矩形薄板以匀角速度 ω 绕水平轴转动时，试求轴承 A、B 处的附加动约束力。

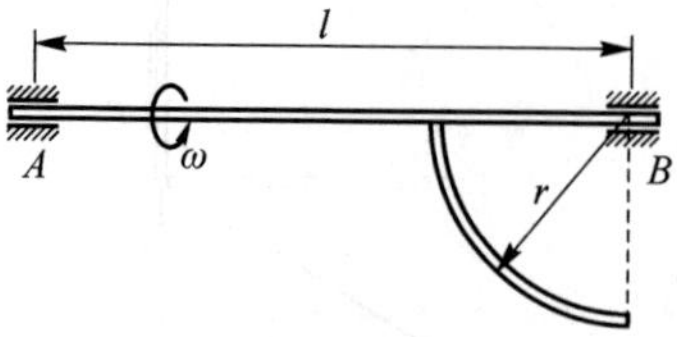

习题 10-29 图

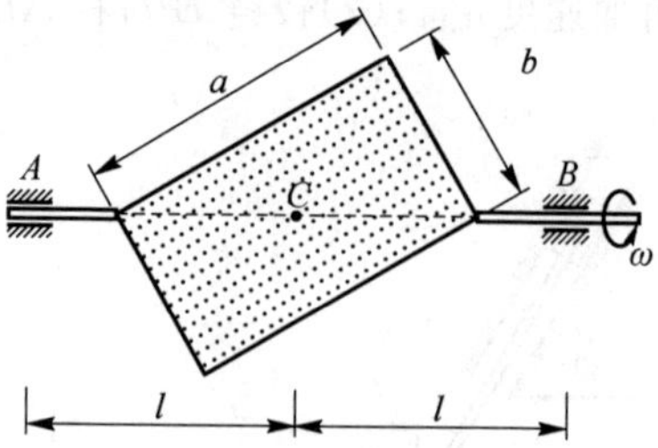

习题 10-30 图

第 11 章　虚位移原理

在静力学中，我们研究了刚体在外力作用下的平衡问题，采用的是几何静力学方法，即通过解除约束，画受力图，建立作用于平衡刚体上的主动力与约束力之间的矢量关系来求解相关问题。用这种方法求解刚体系统的平衡问题时，有时需要巧妙地选择研究对象和平衡方程，由于技巧性太强让初学者一时难以掌握；有时需要拆分刚体，列写足够多的平衡方程，从中消去不需要的未知约束力，才能求得结果，从而使求解过程复杂化。因此，需要寻找一种求解平衡问题的更加简便的方法，虚位移原理正是在这种背景下产生的以分析为基础的方法。它将所有平衡问题归结为一个普遍公式，通过力作虚功的概念，使得未知约束力不再出现在求解方程中，而直接建立了平衡机构上所作用的主动力应满足的关系。对于结构，只要将需要求解的约束力显露出来（解除约束代之以约束力），并将它当作主动力看待就可进行求解。

虽然虚位移原理是研究静力学问题的，但需要应用功的概念，因此安排在动力学中阐述。另外，虚位移原理与达朗贝尔原理结合，还可导出非自由质点系的动力学普遍方程，为解决复杂系统的动力学问题提供了更加有效的研究方法，从而奠定了分析力学的基础。

11.1　约束方程及其分类

1. 约束方程

在研究一个质点相对于某个参考系运动时，对系统中点的位置和速度，常常事先加上一些几何的或者运动学特性的限制，这些限制称为约束。必须注意，当系统运动时，不论作用于其上的力以及运动的初始条件如何，这些约束都必须得到满足。如果将约束条件用数学方程表示出来，就称为**约束方程**。怎样根据约束条件写出具体的约束方程呢？这就要利用几何和运动学知识，写出具体的数学表达式。下面举例说明。

例 11-1　如图所示，平面曲柄－连杆－滑块机构，曲柄 OA 的长度为 r，连杆 AB 的长度为 l，如果用点 A 和点 B 的直角坐标来表示系统的位置，试写出其约束方程。

解：系统的自由度为 1，现有四个描述坐标，有三个约束方程：

$$x_A^2 + y_A^2 = r^2$$
$$(x_B - x_A)^2 + (y_B - y_A)^2 = l^2$$
$$y_B = 0$$

注意：前两个约束方程分别表示曲柄和连杆的长度不变，第三个约束方程表示连杆的 B 端必须沿过坐标原点 O 的水平直线运动。

例 11-2　如图所示，半径为 r 的圆轮在铅垂面内沿水平直线轨道作纯滚动，若建立图示直角坐标系 Oxy，圆轮中心 A 的速度用 v_A 表示，圆轮的角速度用 ω 表示，试写出其约束方程。

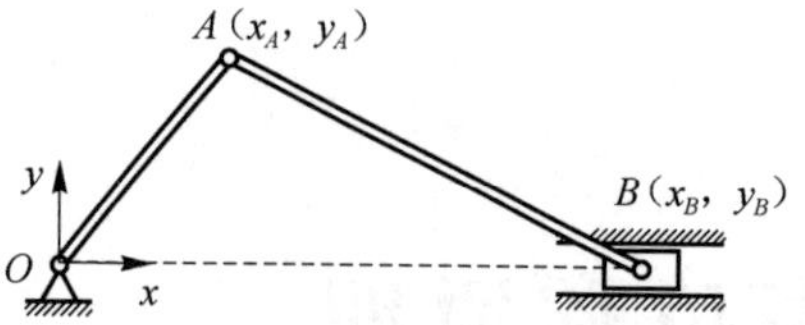

例 11-1 图

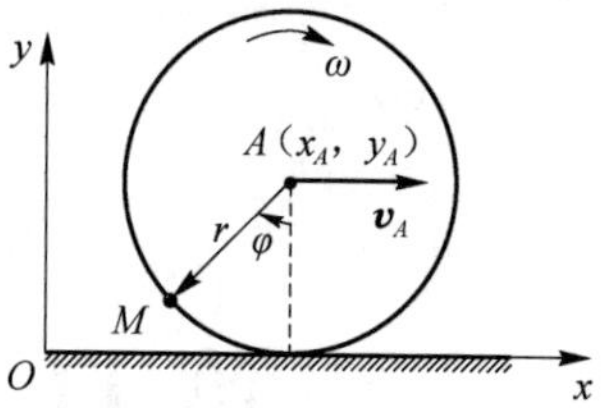

例 11-2 图

解:平面纯滚动的圆盘,其位置可由线段 AM 表示,其描述坐标为图示的 x_A、y_A 和 φ,它的自由度为 1,有两个约束方程:

$$y_A = r$$

$$v_A = r\omega \text{ 或 } \dot{x}_A = r\dot{\varphi}$$

注意:第一个约束方程表示圆盘在水平地面上运动,第二个约束方程表示圆盘为纯滚动。

例 11-3 如图所示,小环 M(可视为质点)在 Oxy 平面内的细直杆 AB 上运动,而直杆 AB 又以匀速 v 沿 y 方向平移,且初始时刻 AB 与 x 轴重合,试写出小环的约束方程。

解:小环 M 在 Oxy 平面内运动,其位置可由直角坐标(x_M,y_M)表示,因其在已知运动的平移直线上运动,故其自由度为 1,有 1 个约束方程

$$y_M = vt$$

注意:这个约束方程表示小环 M 的 y 坐标永远与直杆 AB 上点的 y 坐标相同。

例 11-4 如图所示,冰刀在水平冰面上运动,可看成是一长度为 l 的刚杆 AB,在运动中其中点 C 的速度必须沿杆向,若以 A、B 两点的直角坐标来描述系统,试写出其约束方程。

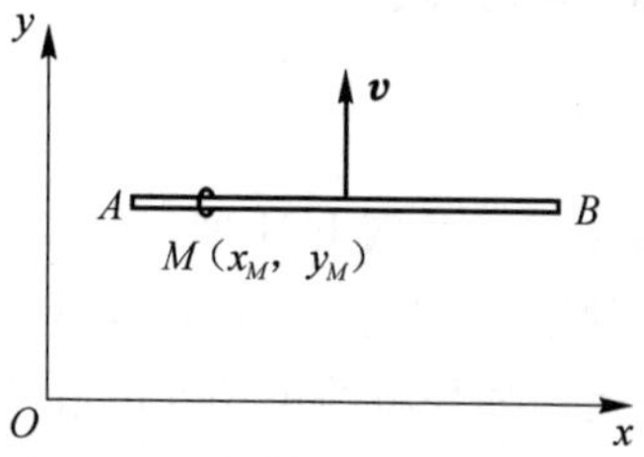

例 11-3 图

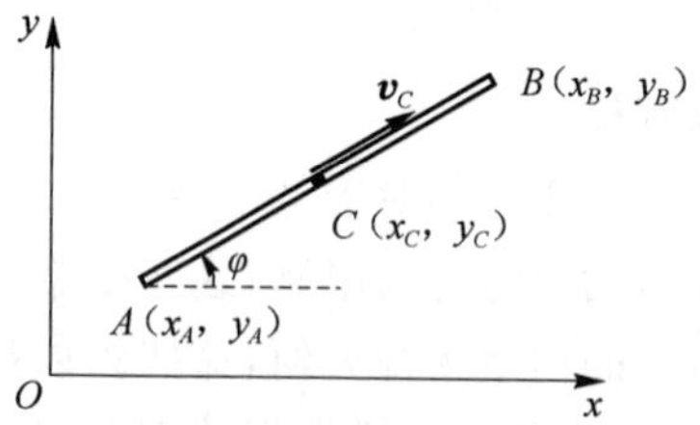

例 11-4 图

解:该刚杆 AB 受到两个约束,即杆长不变及对其中点 C 速度方向的限制,其约束方程有两个:

$$(x_B - x_A)^2 + (y_B - y_A)^2 = l^2$$

$$\frac{\dot{y}_C}{\dot{x}_C} = \frac{y_B - y_A}{x_B - x_A}, \text{即} \quad \frac{\dot{y}_B + \dot{y}_A}{\dot{x}_B + \dot{x}_A} = \frac{y_B - y_A}{x_B - x_A}$$

注意:①题解中用到杆 AB 的中点 C 的直角坐标为 $x_C = \frac{x_B + x_A}{2}$,$y_C = \frac{y_B + y_A}{2}$,从点 C 速度方向看有 $\tan\varphi = \frac{v_{Cy}}{v_{Cx}} = \frac{\dot{y}_C}{\dot{x}_C}$,从杆 AB 的杆向看有 $\tan\varphi = \frac{y_B - y_A}{x_B - x_A}$。②因杆 AB 作平面运动,也可以由中点 C 的直标坐标(x_C,y_C)和杆 AB 与 x 轴夹角 φ 来描述杆的位置,此时其所受的约束只有 1 个,其约束方程为 $\tan\varphi = \frac{\dot{y}_C}{\dot{x}_C}$,两种描述都说明冰刀在冰面上正常运动时,其自由度为 2。

例 11-5 如图所示,一小球 M(可视为质点)在盘缘外固接圆形挡板的半径为 r 的圆盘上运动,而圆盘在某一水平面内运动,且圆心 A 的速度 v_A = 常矢,初始时圆心在 y 轴上,试写出小

球的约束方程。

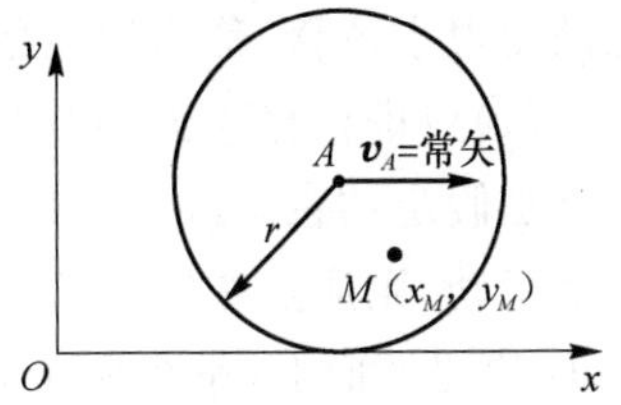

例 11-5 图

解:设 Ox 轴与圆心 A 运动的直线轨迹平行。小球 M 在 Oxy 平面内运动,其位置可由直角坐标(x_M, y_M)表示,由圆盘的运动条件知圆心 A 的直角坐标为(v_At, r),小球 M 在圆盘上运动,其所受的约束方程为

$$(x_M-v_At)^2+(y_M-r)^2\leqslant r^2$$

注意:此约束方程的实质是小球与圆心 A 的距离小于或等于圆盘半径。

2. 约束方程的分类

根据约束方程的形式及约束对质点系运动限制的特性,可将约束作如下分类:

(1)几何约束和运动约束

只限制质点或质点系中质点在空间几何位置的约束称为**几何约束**,对应的约束方程表明质点或质点系中各质点位置坐标受到的限制条件,称为**几何约束方程**。当约束对质点或质点系中质点的运动(速度)进行限制时,这种约束称为**运动约束**,对应的约束方程表明质点或质点系中质点受到了运动学条件的限制,称为**运动约束方程**。在上文列举的五个例子中,只有例 11-2 的第二个约束方程和例 11-4 的第二个约束方程是运动约束方程,其余都为几何约束方程。

(2)定常约束和非定常约束

约束方程中不显含时间 t,即约束条件不随时间而变化,则这种约束称为**定常约束**,对应的约束方程称为**定常约束方程**。而将约束方程中显含时间 t,即约束条件随时间而变化,则这种约束称为**非定常约束**,对应的约束方程称为**非定常约束方程**。在上文列举的五个例子中,只有例 11-3 和例 11-5 中的约束为非定常约束,其余都为定常约束。

(3)双侧约束和单侧约束

约束方程以等式形式出现的约束称为**双侧约束**,对应的约束方程称为**双侧约束方程**。而约束方程以不等式表示的约束称为**单侧约束**,对应的约束方程称为**单侧约束方程**。在上文列举的五个例子中,只有例 11-5 中的约束为单侧约束,其余都为双侧约束。

(4)完整约束和非完整约束

如果约束方程中不含有坐标对时间的导数(所有几何约束都满足这个条件),或约束方程中虽有坐标对时间的导数,但这些导数可以经过积分运算化为有限形式(即通过积分可以转化为对位置的约束),则这类约束称为**完整约束**,对应的约束方程称为**完整约束方程**。如果在约束方程中含有坐标对时间的导数,而且方程中的这些导数不可能积分成有限形式(即不能通过积分使其转化为几何约束方程的形式),则这类约束称为**非完整约束**,对应的约束方程称为**非完整约束方程**。对例 11-2 和例 11-4 的两个运动约束,例 11-2 中第二个约束方程可以积分为 $x_A=r\varphi+C$(C 为积分常数,即当 $\varphi=0$ 时,点 A 的 x 坐标),属于完整约束,而例 11-4 中第二个约束方程却无法积分,属于非完整约束。

11.2 虚 位 移

1. 质点的虚位移

在非自由质点系中,由于约束的作用,使各质点在某些方向的位移不可能发生,而在另一些方向上的位移却为约束所允许。由此引出虚位移的定义:质点在一定位置上为约束所允许的假想的无限小位移，称为**质点的虚位移**。它具有以下四个特征，缺一不可。

(1)对虚位移来说，时间 t 是固定不变的，即虚位移是发生在一定位置上的。具体来说，虚位移是假定约束不改变而假想的位移。如果约束是非定常的，即质点在给定运动规律的某一曲面上运动，则质点在空间 D 位置的瞬时，曲面虽有确定的速度，但虚位移是在这个瞬时的曲面点 D 的切平面上，举个例子来说，某质点受约束 $x^2+y^2+z^2=25t^2$，对瞬时 $t=1\mathrm{s}$ 的虚位移应在半径为 5 的球面质点所在处的切平面上，而在 $t=2\mathrm{s}$ 时的虚位移则在半径为 10 的球面质点所在新位置的切平面上。若将质点看成动点，所在的运动曲面看成动系，则当曲面的运动规律已知时，质点相对定系的(绝对)虚位移就等于它的相对虚位移；当然，如果质点所在曲面运动未知，则质点的虚位移应为质点所在处曲面的切平面上的相对虚位移与随曲面允许运动的牵连虚位移的矢量和。若系统中包含弹簧，由于弹簧力在一定位置上其值是确定的，故认为弹簧力在虚位移的发生过程中，其值是不变的。

(2)虚位移不是任何随便的位移，它必须为约束所允许。否则，所研究的质点就不是给定约束条件的质点了。

(3)虚位移纯粹是一个几何概念，它仅与给定瞬时所受约束特征有关，而与主动力和初始条件均无关，它只说明位移发生的允许性，并不涉及实际的运动，所以，虚位移的发生是没有时间过程的或者说是不需要时间的，这与实位移的发生总需经历一定的时间 $\mathrm{d}t$(尽管它很小)或 Δt 是完全不同的，是一种数学上的抽象，或者说，虚位移是由几何学或运动学的考虑而假想的位移，而不是真实的物理位移，这是虚位移概念中最抽象的地方。

(4)质点在固定的约束面上的虚位移发生在约束面质点所在处的切平面上而又不离开曲面，这种位移只能是无限小的位移。若质点的虚位移要用到合成方法，则由于相对虚位移和牵连虚位移都是无限小的，其合成的(绝对)虚位移当然还是无限小的。

因此，虚位移与实位移是不同的概念。实位移是质点在满足约束条件下，在一定的时间间隔内实际发生的真实位移，它还与质点所受的主动力和运动的初始条件有关，而虚位移仅是满足给定时刻的约束条件，不必考虑其所受主动力及运动初始条件而发生的空间位移的变更，也就是说实位移的发生是有某种原因的，而虚位移的发生根本不涉及原因；实位移是对运动的真实描述，因此既可以是无限小位移(在 $\mathrm{d}t$ 时间内发生)，也可以是有限位移(在 Δt 时间内发生)，而虚位移不是真实运动的描述，它只是在给定时刻约束允许它发生的一种假想，且只能是无限小位移；实位移在约束条件、所受主动力和运动初始条件确定后是唯一的，而虚位移则是只需要满足给定时刻约束条件的一切允许位移，它有无穷多个，它可以沿它所在固定约束曲面位置处切平面的任意方向(若质点被约束在固定平面曲线上运动，虽然平面曲线上的切线只有两个方向，但无限小虚位移的值还可以有无穷多个)。

应当指出，在完整、双侧、定常约束情况下，无限小的实位移必然是无穷多个虚位移中的一个，这是因为约束所允许的位移也可能是真实发生的位移，这时质点系中各质点的虚位移之间的关系与无限小实位移或速度(因为 $\mathrm{d}\boldsymbol{r}=\boldsymbol{v}\mathrm{d}t$)之间的关系相同，运动学中的各种速度分析方法完全适用于虚位移的分析计算。但是在完整、双侧、非定常约束情况下，由于虚位移是与时间无关的位移，实质上是在时间固定的情况下发生的，所以，在这种情况下，虚位移是将已知运动规律的约束面在给定瞬时固定，即认为它所在位置不动后约束所允许的位移，而实位移是不能固定时间的，所以无限小的实位移还包括约束面微小位移的成分，它不可能是虚位移中的一个。

对于矢径为 $\boldsymbol{r}$ 的质点，在 $t\to(t+\mathrm{d}t)$ 无限小时间间隔内的无限小实位移是用 $\mathrm{d}\boldsymbol{r}$ 来表示的，

其中，d 为微分符号；为了区别于无限小实位移，矢径为 $\boldsymbol{r}$ 的质点在 t 时刻的虚位移用 $\delta\boldsymbol{r}$ 来表示，其中 δ 为变分符号。由于虚位移的发生与时间 t 的变化无关，常用 $\delta t=0$ 表示这一现象，即虚位移可抽象为一个等时变分。变分和微分的运算规则和公式相同，但 $\delta t=0$。

2. 质点系的虚位移

对于由 n 个质点组成的受完整、双侧约束的质点系，若其自由度为 k，则其位置可通过一组广义坐标 $q_j(j=1,2,\cdots,k)$ 来确定，即质点 i 的矢径可表示为广义坐标和时间 t 的函数

$$\boldsymbol{r}_i=\boldsymbol{r}_i(q_1,q_2,\cdots,q_k,t)\quad(i=1,2,\cdots,n)\tag{11-1}$$

则其无限小的实位移和虚位移分别为

$$\mathrm{d}\boldsymbol{r}_i=\sum_{j=1}^{k}\frac{\partial\boldsymbol{r}_i}{\partial q_j}\mathrm{d}q_j+\frac{\partial\boldsymbol{r}_i}{\partial t}\mathrm{d}t\quad(i=1,2,\cdots,n)\tag{11-2}$$

$$\delta\boldsymbol{r}_i=\sum_{j=1}^{k}\frac{\partial\boldsymbol{r}_i}{\partial q_j}\delta q_j\quad(i=1,2,\cdots,n)\tag{11-3}$$

式中，$\frac{\partial\boldsymbol{r}_i}{\partial q_j}$和$\frac{\partial\boldsymbol{r}_i}{\partial t}$只与约束方程和质点所处的位置有关。$\mathrm{d}q_j(j=1,2,\cdots,k)$是广义坐标 q_j 在时刻 t，经过时间 $\mathrm{d}t$ 所产生的增量，$\mathrm{d}q_j$ 的大小应由动力学方程和运动初始条件确定。显然由式(11-2)得到的 $\mathrm{d}\boldsymbol{r}_i(i=1,2,\cdots,n)$不仅是约束所允许的，而且其大小和方向还满足运动的初始条件和所受到的主动力。对于给定的约束条件、运动初始条件和所受主动力，$\mathrm{d}\boldsymbol{r}_i(i=1,2,\cdots,n)$有一组唯一的值，这组值真实地反映了质点系中各质点在 $\mathrm{d}t$ 时间内所发生的位移。因此，一般将 $\mathrm{d}\boldsymbol{r}_i(i=1,2,\cdots,n)$称为**质点系的一组实位移**，而将 $\mathrm{d}q_j(j=1,2,\cdots,k)$称为**质点系的一组广义实位移**。而 $\delta q_j(j=1,2,\cdots,k)$是广义坐标在 t 时刻的微小变更，称为**质点系的一组广义虚位移**，其值无须由动力学方程和运动初始条件确定。由于决定系统位置的独立广义坐标是为约束所允许产生的，因此，这组广义坐标的微小变更也是为约束所允许，它们是假想任取的一组无限小的代数量。注意到 δq_j 前的系数$\frac{\partial\boldsymbol{r}_i}{\partial q_j}$是与质点系所受约束和位置有关的，其值为有限量，所以，由式(11-3)决定的质点系的一组虚位移 $\delta\boldsymbol{r}_i(i=1,2,\cdots,n)$是在一定位置仅为约束所允许，与主动力和运动初始条件无关的，它们是不需要时间间隔的、假想的无限小位移，且这样的虚位移有无穷多组。

比较式(11-2)与式(11-3)可以清楚看出，当系统所受约束为完整、双侧、定常时，由于 $\boldsymbol{r}_i$ 不显含时间 t，故$\frac{\partial\boldsymbol{r}_i}{\partial t}=0$，质点系的一组实位移是质点系无穷多组虚位移中的一组，而当系统所受约束为完整、双侧、非定常时，由于$\frac{\partial\boldsymbol{r}_i}{\partial t}\neq0$，实位移和虚位移的计算表达式不同，故质点系的一组实位移不是质点系无穷多组虚位移中的一组。

3. 刚体的虚位移和刚体上点的虚位移

刚体是特殊的质点系，在某一瞬时，刚体内每一点的虚位移一定与约束所允许的刚体的运动相关。刚体的运动完全可由其相应的广义坐标确定。刚体的允许运动也就可以通过表述刚体整体运动的刚体虚位移来表示。刚体在某瞬时能满足其约束条件的任意一个假想的、无限小的位移称为**刚体的虚位移**。

下面给出刚体平移，定轴转动和一般平面运动的虚位移，并且用给出的刚体虚位移表示刚体上任一点的虚位移。

(1)平移

如果约束允许刚体作平移，则其虚位移可用其上任一点，不妨取质心 C 的虚位移 $\delta \boldsymbol{r}_C$ 来表示(见图 11-1)。因此，平移刚体上各点的虚位移相等，任一点 M_i 的虚位移 $\delta \boldsymbol{r}_i$ 都等于 $\delta \boldsymbol{r}_C$，即

$$\delta \boldsymbol{r}_i = \delta \boldsymbol{r}_C \tag{11-4}$$

(2)定轴转动

如果约束允许刚体绕某固定轴转动，则刚体的虚位移可用绕该固定轴转过的一无限小转角 $\delta\varphi$ 来表示(见图 11-2)。此时刚体上任一点 M_i 的虚位移的大小为

$$\delta r_i = \rho_i \delta\varphi \tag{11-5}$$

其中，ρ_i 为点 M_i 到转轴的垂直距离，$\delta \boldsymbol{r}_i$ 的方向与 $\delta\varphi$ 的转向相一致，如图 11-2 所示。

(3)一般平面运动

如果约束允许刚体作一般平面运动，刚体在任一瞬时的运动状态为瞬时平移或者为瞬时转动。对于瞬时平移，刚体上任一点 M 的虚位移与其质心 C 的虚位移相等，即 $\delta \boldsymbol{r}_M = \delta \boldsymbol{r}_C$；而对于瞬时转动，刚体的虚位移可用绕此时刚体虚速度(与虚位移对应的速度称为虚速度)瞬心轴转过的一无限小转角 $\delta\theta$ 来表示(见图 11-3)。此时刚体上任一点 M 的虚位移 $\delta \boldsymbol{r}_M$ 的大小可用 $\delta\theta$ 表示为

$$\delta \boldsymbol{r}_M = PM \cdot \delta\theta \tag{11-6}$$

方向与 $\delta\theta$ 的转向相一致，如图 11-3 所示。

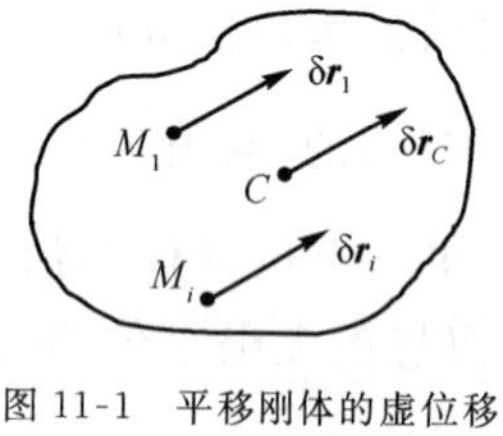

图 11-1　平移刚体的虚位移

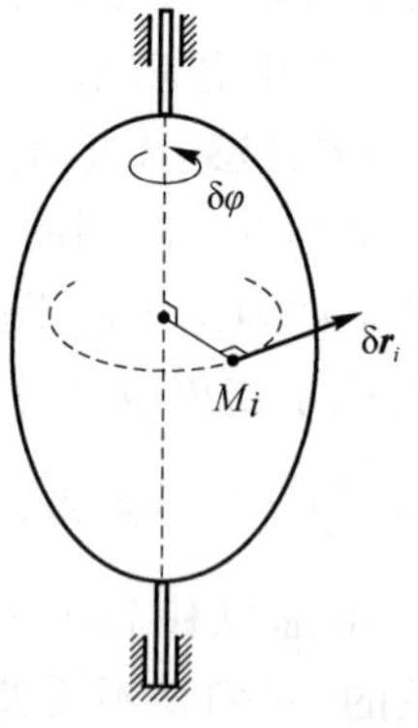

图 11-2　定轴转动刚体的虚位移及其上点的虚位移

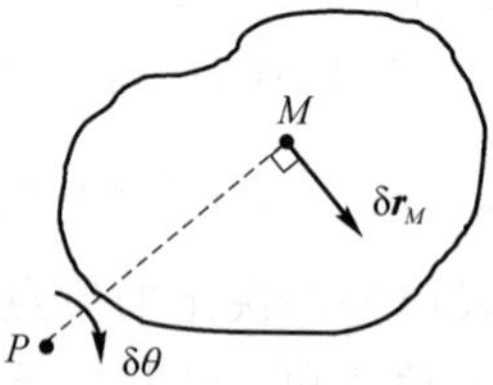

图 11-3　瞬时定轴转动刚体的虚位移及其上点的虚位移

4.质点系中各质点虚位移之间关系的计算

对于受约束的质点系，其中各点的虚位移必须满足约束条件，因而它们之间必然存在一定的关系，确定这些虚位移之间的关系涉及质点的位形变化，内容十分广泛，本书主要针对定常、完整约束的刚体系统，它的独立虚位移个数等于系统的自由度数目，通常采用的有两种方法：几何法和解析法，前者是直接利用给定位置约束条件所需满足的几何关系的方法；而后者则利用坐标的通式或几何关系的通式求等时变分的方法。下面举例说明。

例 11-6　如图所示椭圆规机构，杆 AB 的长度为 l，试求 $\varphi=30^\circ$ 时，两滑块 A、B 之间的虚位移关系。

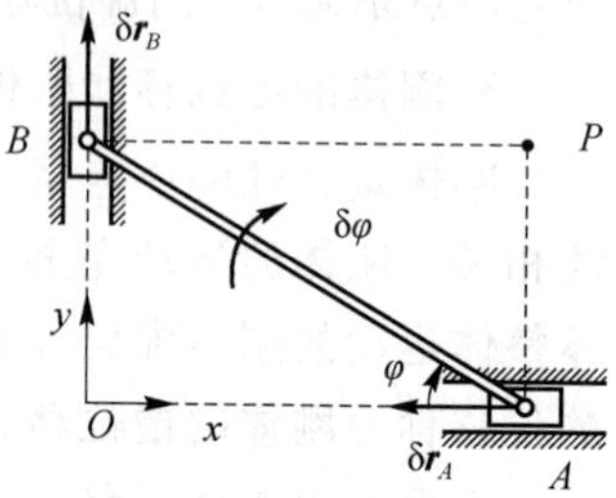

例 11-6 图

解法一：几何法

杆 AB 的运动形式是平面运动，点 P 为其虚速度瞬心，设杆

AB 发生了 $\delta\varphi$ 的虚转角，则

$$\delta r_A = PA \cdot \delta\varphi = l\sin\varphi\delta\varphi$$

$$\delta r_B = PB \cdot \delta\varphi = l\cos\varphi\delta\varphi$$

于是

$$\left.\frac{\delta r_A}{\delta r_B}\right|_{\varphi=30^\circ} = \tan 30^\circ = \frac{\sqrt{3}}{3}$$

解法二：解析法

建立图示直角坐标系 Oxy，则有

$$x_A = l\cos\varphi \qquad \delta x_A = -l\sin\varphi\delta\varphi$$

$$y_B = l\sin\varphi \qquad \delta y_B = l\cos\varphi\delta\varphi$$

$$\delta r_A = -\delta x_A = l\sin\varphi\delta\varphi$$

$$\delta r_B = \delta y_B = l\cos\varphi\delta\varphi$$

$$\left.\frac{\delta r_A}{\delta r_B}\right|_{\varphi=30^\circ} = \tan 30^\circ = \frac{\sqrt{3}}{3}$$

注意：①当用解析法求解时，δx 与 δy 的正向分别与 x 轴、y 轴正向一致，由于图中 $\delta \boldsymbol{r}_A$ 的方向与 x 轴相反，故 $\delta r_A = -\delta x_A$。②当用几何法求解时，$\delta \boldsymbol{r}_A$、$\delta \boldsymbol{r}_B$ 的方向应与 $\delta\varphi$ 转向相一致。

例 11-7 如图所示，可绕轴 O 转动的直角弯杆 OAB 的 OA 段长度为 l，直杆 DE 可沿过点 O 的水平滑道滑动，其上铰接一可沿杆 AB 滑动的套筒 D，试求 $\varphi=30^\circ$ 时点 A 虚位移与杆 DE 虚位移的关系。

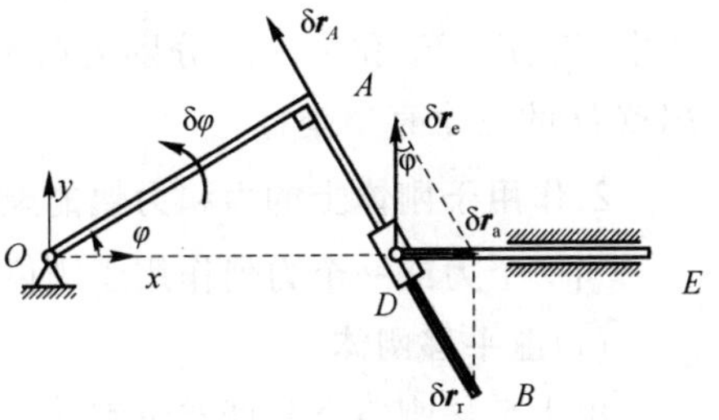

例 11-7 图

解法一：几何法

动点：杆 DE 上点 D，动系：与杆 OAB 固连。

根据 $\delta \boldsymbol{r}_a = \delta \boldsymbol{r}_r + \delta \boldsymbol{r}_e$ 可作出图示平行四边形，由其中直角三角形关系知

$$\delta r_a = \delta r_e \tan 30^\circ = (OD \cdot \delta\varphi)\tan 30^\circ = \frac{l}{\cos 30^\circ}\tan 30^\circ \delta\varphi = \frac{2}{3} l\delta\varphi$$

$$\delta r_{DE} = \delta r_a, \delta r_A = OA \cdot \delta\varphi = l\delta\varphi$$

于是

$$\frac{\delta r_A}{\delta r_{DE}} = \frac{3}{2}$$

解法二：解析法

$$x_D = \frac{OA}{\cos\varphi} = \frac{l}{\cos\varphi}, \quad \delta r_{DE} = \delta x_D = \frac{l\sin\varphi}{\cos^2\varphi}\delta\varphi$$

$$\delta r_A = OA \cdot \delta\varphi = l\delta\varphi$$

$$\left.\frac{\delta r_A}{\delta r_{DE}}\right|_{\varphi=30^\circ} = \frac{\cos^2 30^\circ}{\sin 30^\circ} = \frac{3}{2}$$

注意：①由于杆 DE 作平移，故其虚位移可由其上点 D 表示。②几何法中 $\delta\varphi$ 的转向从概念上讲可任意，但为了便于与解析法比较，最好将 $\delta\varphi$ 的转向画成与 φ 角的转向一致。

11.3 虚　功

力在虚位移上所作的功称为**虚功**。虚功与作用力在无限小实位移上所作的元功的计算方法是相同的。但必须指出，由于虚位移是假想的，不是真实发生的，所以虚功也是假想的；又由于虚位移是针对某瞬时的，不能积分，其值为无限小量，所以虚功也是无限小的，且只有虚元功的形式。

1. 作用于质点上力的虚功

设力 $\boldsymbol{F}$ 的作用点 D 相对于惯性参考系中某固定点 O 的矢径为 $\boldsymbol{r}$，则力 $\boldsymbol{F}$ 在其作用点的虚位移 $\delta\boldsymbol{r}$ 上所作的虚功为

$$\delta' W = \boldsymbol{F} \cdot \delta\boldsymbol{r} \tag{11-7}$$

式中，$\delta' W$ 是点积 $\boldsymbol{F} \cdot \delta\boldsymbol{r}$ 的记号。当式(11-7)用几何法计算时，则为

$$\delta' W = |\boldsymbol{F}|\,|\delta\boldsymbol{r}|\cos\theta \tag{11-8}$$

式中，θ 为 $\boldsymbol{F}$ 方向与 $\delta\boldsymbol{r}$ 方向的夹角。当式(11-7)用解析法计算时，则为

$$\delta' W = F_x\delta x + F_y\delta y + F_z\delta z \tag{11-9}$$

式中，F_x、F_y、F_z 和 x、y、z 分别为在惯性直角坐标系 $Oxyz$ 中力 $\boldsymbol{F}$ 在三个坐标轴上的投影和作用点 D 的三个直角坐标。

2. 作用于刚体上的力和力偶的虚功

当一个力或一个力偶作用于刚体上时，其虚功的简便计算按其虚运动形式介绍如下：

(1)虚平移刚体

由于平移刚体不允许发生虚转角，故作用于其上的力偶的虚功为零；作用于其上相对于某固定点 O 的矢径为 $\boldsymbol{r}$ 的力 $\boldsymbol{F}$ 的虚功为

$$\delta' W = \boldsymbol{F} \cdot \delta\boldsymbol{r}$$

其具体计算可按式(11-8)或式(11-9)进行。

(2)虚定轴转动刚体

设定轴转动刚体某瞬时发生的虚转角为 $\delta\varphi$，则作用于其上力偶矩为 M 的力偶的虚功大小为 $M\delta\varphi$，当它们的转向相同时，其值为正；相反时，其值为负。作用于定轴转动刚体上的力 $\boldsymbol{F}$ 可以向定轴 O 平移得到一个力和一个力偶，这个等效力由于作用于转轴，其作用点无虚位移，故无虚功；而这个等效力偶的力偶矩为 $M_O(\boldsymbol{F})$（为代数值，当其转向与 $\delta\varphi$ 一致时为正，否则为负），于是力 $\boldsymbol{F}$ 的虚功可等效写为

$$\delta' W = M_O(\boldsymbol{F})\delta\varphi \tag{11-10}$$

(3)虚平面运动刚体

设平面运动刚体在某瞬时发生的虚转角为 $\delta\varphi$，则作用于其上的力偶矩为 M（为代数值，与 $\delta\varphi$ 转向相同时为正，否则为负）的力偶的虚功为 $M\delta\varphi$（注意，瞬时虚平移时，由于 $\delta\varphi=0$，其值为零），作用于其上的力 $\boldsymbol{F}$ 的虚功可以计算如下：

1)瞬时平移时

$$\delta' W = \boldsymbol{F} \cdot \delta\boldsymbol{r}$$

由式(11-8)或式(11-9)进行具体计算。

2)虚瞬时定轴转动时

$$\delta' W = M_P(\boldsymbol{F})\delta\varphi \tag{11-11}$$

式中，$M_P(\boldsymbol{F})$为力 $\boldsymbol{F}$ 对虚速度瞬心 P 的矩，也为代数值，当它的转向与 $\delta\varphi$ 相同时为正，否则为负。这个计算公式相当于将力 $\boldsymbol{F}$ 向虚速度瞬心 P 平移得到一个力和一个力偶，由于 $\delta\boldsymbol{r}_P=0$，故这个等效力的虚功为零，而这个等效力偶的虚功即为式(11-11)。

3. 有势力的虚功

设系统为有势系统，系统于某位置产生一组虚位移，其势能由 V 变成$(V+\delta V)$，根据有势力的性质，有势力所作的功应等于势能的减小值，故可得其虚功为

$$\delta' W = V - (V + \delta V) = -\delta V \tag{11-12}$$

这说明有势力的虚功等于其势能变分的负值。对于刚体的重力和线性弹簧的弹性力这两种常见的有势力，其虚功的计算如下：

(1)重力

设 $Oxyz$ 的直角坐标轴 Oz 铅垂向上，m 为刚体的质量，z_C 为刚体质心的 z 坐标，则刚体的重力势能由式(8-38)计算，即

$$V = mgz_C + C$$

式中，C 为零势能位置所决定的常数，于是刚体重力的虚功为

$$\delta' W = -\delta V = -mg\delta z_C \tag{11-13}$$

(2)弹性力

设一线性弹簧的刚度系数为 k，某位置其变形为 λ，则其弹性势能由式(8-40)计算，即

$$V = \frac{1}{2}k\lambda^2 + C$$

式中，C 为零势能位置所决定的常数，于是弹簧的弹性力的虚功为

$$\delta' W = -\delta V = -k\lambda\delta\lambda \tag{11-14}$$

4. 约束力的虚功

在很多情况下，外约束力与约束所允许的虚位移垂直或虚位移为零，其虚功等于零；许多系统内部的相互约束力所作的虚功之和也等于零。若约束力在质点系的任意一组虚位移上所作的虚功之和等于零，则此类约束称为**理想约束**。可以写为

$$\sum_{i=1}^{n} \boldsymbol{F}_{Ni} \cdot \delta\boldsymbol{r}_i = 0 \tag{11-15}$$

其中，$\boldsymbol{F}_{Ni}$为第 i 个质点所受的约束力。在“动能定理”一章中，也曾给过理想约束的定义，即将约束力所作元功之和等于零的约束称为理想约束，那时计算元功用到的无限小位移是指实位移，对于完整、双侧、定常约束系统，实位移可以是虚位移中的一组，所以原来定义的理想约束按新定义仍为理想约束，但现在理想约束的范围扩大了，一部分非定常约束也成为了理想约束，例如，例 11-3 中光滑杆 AB 对小环的约束力与小环的虚位移垂直，它的虚功为零，但显然它的实元功不为零，按现在的定义，小环所受直杆的约束是理想约束。

11.4 虚位移原理及其应用

1. 虚位移原理

虚位移原理是力学中独立于牛顿第二定律的另一个基本原理，其基本思想是由瑞士科学家伯努利(J. Bernoulli)于 1717 年提出的，法国科学家拉格朗日(J. L. Lagrange)于 1764 年在他的《分析力学》专著中进行了总结完善。

虚位移原理 **具有双侧、理想约束的质点系，在某一位置能继续保持静止平衡的充要条件是：作用于质点系的所有主动力在该位置的任何一组虚位移上所作的虚功之和等于零。**写成表达式为

$$\sum_{i=1}^{n}\delta' W_i = \sum_{i=1}^{n}\boldsymbol{F}_i \cdot \delta\boldsymbol{r}_i = 0 \tag{11-16}$$

$\boldsymbol{F}_i$ 是作用在质点 D_i（它相对于空间固定点 O 的矢径为 $\boldsymbol{r}_i$）上的主动力的合力。式(11-16)称为**虚功方程**。

当研究对象为刚体时，若虚功方程中的主动力 $\boldsymbol{F}_i(i=1,2,\cdots,n)$ 全部是作用在该刚体上的外力，在这种情况下，虚功方程的形式为

$$\sum_{i=1}^{n}\delta' W_i^{(e)} = 0 \tag{11-17}$$

当研究对象是包含弹簧连接的刚体系统，或变形固体时，式(11-16)中的主动力 $\boldsymbol{F}_i(i=1,2,\cdots,n)$ 是全部作虚功的力，有内力也有外力，此时式(11-16)可写为

$$\sum_{i=1}^{n}\delta' W_i^{(e)} + \sum_{i=1}^{n}\delta' W_i^{(i)} = 0 \tag{11-18}$$

当 $\boldsymbol{F}_i(i=1,2,\cdots,n)$ 全部为有势力时，力的虚功可用式(11-12)计算，于是虚功方程可写成另一种形式

$$\delta V = 0 \tag{11-19}$$

其中，V 是质点系的势能。

虚位移原理是分析静力学的基本原理，是对事实和经验的归纳与总结，其正确性无须证明。在虚位移原理中提到的静止平衡，其含义为质点系中的每个质点相对惯性空间是静止不动的。如果作用于质点系上的主动力的虚功之和等于零，则质点系仍然保持静止平衡。

虚位移原理的适用范围比牛顿静力学中的力系平衡条件广泛，它可以解决任意质点系的平衡问题。注意对原来静止的单个刚体施加平衡力系后，它仍保持静止，但对于原来静止的无外约束的刚体系统或变形体，施加平衡力系后它们一般不再保持静止，因此，“力系的平衡”一章中所解决的平衡问题，都是利用已知系统平衡，则作用于系统上的力系为平衡力系这一必要条件，而虚位移原理中给出的条件是充分必要条件，所以其应用范围要比力系平衡广泛得多。

在虚位移原理，即虚功方程中，由于不含未知的理想约束力，因此，对于求解受双侧、理想约束的可运动复杂系统的平衡问题时，它可直接给出作用于系统上的主动力应满足的关系，从而避免了由于约束力的出现而需解许多联立方程的麻烦。这是虚位移原理的特点，更是它的优点，可以使问题的求解变得更简便。对于非理想约束情形，如存在摩擦力作功时，只需将非理想的约束力当作主动力看待，则虚位移原理仍然适用。虚位移原理也可用于求解没有运动自由度的结构中所含的约束力问题，这时只要将相应的约束解除，代之以所要求的约束力，赋予系统运动自由度，并将该约束力当作主动力看待即可。这样，利用虚位移原理就解决了静力学中所包含的所有问题，因此，虚功方程又称为**静力学普遍方程**。

2. 虚位移原理的应用

虚位移原理特别适用于复杂机构或结构的静力学分析，主要解决以下三类问题：①求机构平衡时主动力的关系；②求机构在已知主动力作用下的平衡位置；③求结构的外约束力或二力杆的内力。下面通过一些具体例子加以说明。

例 11-8 图示平面机构为公共汽车开门机构的示意图。已知 $O_1A=r, O_1O_2=a, O_1B=b, BC=c, O_2C=d$,不计自重和铰链处摩擦,试求启动手柄的主动力 $\boldsymbol{F}$ 与车门的阻力偶矩 M 之间的关系。

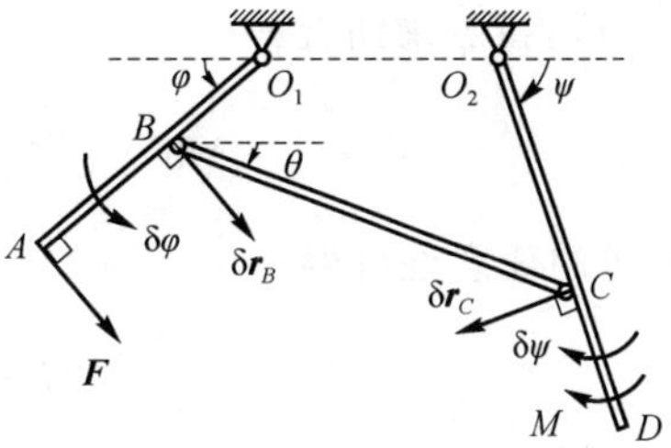

例 11-8 图

解:只要求出机构平衡时 F 的值,则当启动手柄的主动力大于这个值,车门便可打开。

(1)该机构为四连杆机构,其自由度为 1,图示的 φ 角确定后,机构的位置便可确定。设机构在图示位置平衡,并假想杆 O_1A 发生一个虚转角 $\delta\varphi$,为求杆 O_2D 的虚转角 $\delta\psi$,先写出关于图示 φ、ψ、θ 的约束方程。考虑 O_1B、BC 和 O_2C 在水平和铅垂方向的投影,有

$$b\cos\varphi + a + d\cos\psi = c\cos\theta$$

$$b\sin\varphi + c\sin\theta = d\sin\psi$$

取变分后得

$$-b\sin\varphi\delta\varphi - d\sin\psi\delta\psi = -c\sin\theta\delta\theta$$

$$b\cos\varphi\delta\varphi + c\cos\theta\delta\theta = d\cos\psi\delta\psi$$

消去 $\delta\theta$,解得

$$\delta\psi = -\frac{b\sin(\varphi+\theta)}{d\sin(\psi-\theta)}\delta\varphi$$

(2)建立虚功方程

$$Fr\delta\varphi + M\delta\psi = 0$$

将 $\delta\psi$ 的表达式代入,由 $\delta\varphi$ 的任意性可得

$$F = \frac{Mb\sin(\varphi+\theta)}{rd\sin(\psi-\theta)}$$

注意:①由平衡时力 F 的表达式可清楚地看出,减小 b 或增大 r 和 d,就可以用较小的力开启车门。②题解中求虚位移关系用的是解析法,解析法隐含着广义虚转角的转向与方位角的转向相同,题中 $\delta\psi$ 解得的值为负,说明其真实转向与图示相反。③$\delta\psi$ 与 $\delta\varphi$ 的关系也可用几何法求得,由于杆 BC 为刚杆,故 $(\delta\boldsymbol{r}_B)_{BC}=(\delta\boldsymbol{r}_C)_{BC}$,即 $b\delta\varphi\cos\left(\frac{\pi}{2}-\varphi-\theta\right)=-d\delta\psi\cos\left(\frac{\pi}{2}-\psi+\theta\right)$,得 $\delta\psi=-\frac{b\sin(\varphi+\theta)}{d\sin(\psi-\theta)}\delta\varphi$,结果相同。

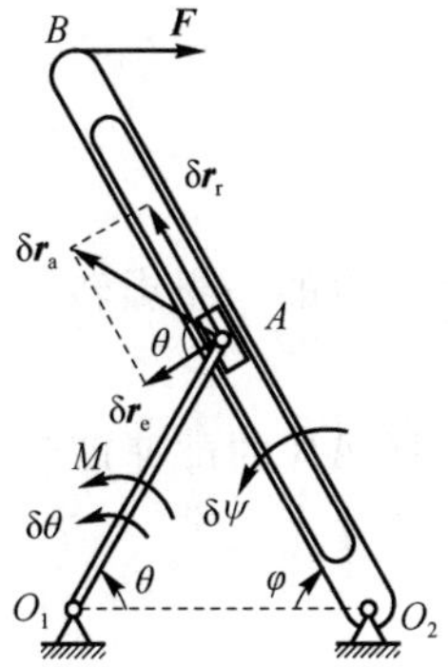

例 11-9 图

例 11-9 图示平面机构,已知曲柄 O_1A 的长度为 r,摇杆 O_2B 的长度为 $l=2r$,$O_1O_2=r$,在曲柄上作用有其矩为 M 的主动力偶,若不计自重和摩擦,试求当 $\theta=60°$ 时机构平衡所需作用于杆 O_2B 的 B 端的水平力 $\boldsymbol{F}$ 的值。

解:(1)这是一个单自由度系统,假想杆 O_1A 发生一个虚转角 $\delta\theta$,需用复合运动求解此时杆 O_2B 发生的虚转角 $\delta\psi$,为此,以杆 O_1A 上点 A 为动点,动系与杆 O_2B 固连,则由 $\delta\boldsymbol{r}_a=\delta\boldsymbol{r}_r+\delta\boldsymbol{r}_e$ 可作出图示平行四边形(为矩形),由其中直角三角形的关系得

$$\delta r_e = (\delta r_a)\cos\theta,\text{即 } O_2A\cdot\delta\psi = (O_1A\cdot\delta\theta)\cos60°$$

得

$$\delta\psi = \frac{1}{2}\delta\theta$$

(2)建立虚功方程

$$M\delta\theta - F(2r\sin 60^\circ)\delta\psi = 0\text{，即}\left(M-\frac{\sqrt{3}}{2}Fr\right)\delta\theta = 0$$

由 $\delta\theta$ 的任意性可得

$$M-\frac{\sqrt{3}}{2}Fr = 0,\quad \text{即}\quad F=\frac{2\sqrt{3}M}{3r}$$

注意：题解中是利用几何法求出两杆之间虚转角的关系的，也可用解析法，因在任意位置 $\triangle O_2O_1A$ 为等腰三角形，故 $\theta+2\varphi=\pi$，求变分得 $\delta\varphi=-\frac{1}{2}\delta\theta$，此处的负号是由于解析法是规定 $\delta\varphi$ 的正转向与角坐标 φ 的正转向相同，即为顺时针转向，其值为负，说明其真实转向为逆时针，这与几何法中在图上所画出的 $\delta\psi$ 转向相同，这说明两种解法其结果实际上是一致的。

例 11-10 在图(a)所示平面机构中，$O_1A=AB=r$，$BC=O_2C=\sqrt{3}r$，已知主动力 $\boldsymbol{F}_1$，若不计自重和摩擦，试求系统在图示位置保持平衡所需施加的作用于点 B 上水平力 $\boldsymbol{F}_2$ 和作用于杆 O_2C 上的主动力偶的力偶矩 M 的值。

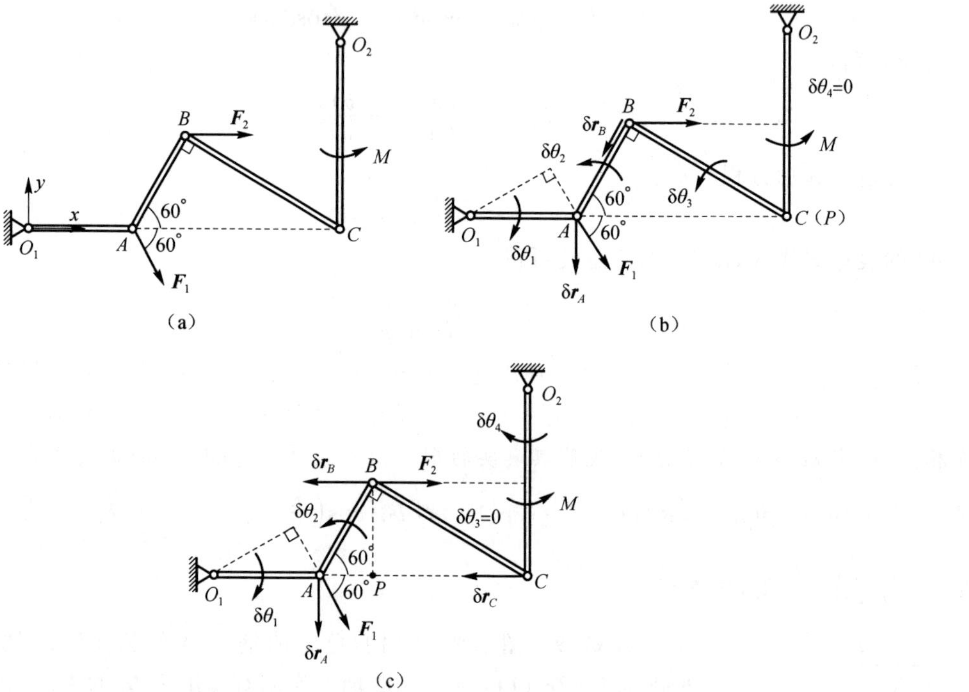

例 11-10 图

解：这是一个两自由度系统，假想杆 O_1A、AB、BC 和 O_2C 在图示位置发生的一组虚转角分别为 $\delta\theta_1$、$\delta\theta_2$、$\delta\theta_3$ 和 $\delta\theta_4$。

(1)令 $\delta\theta_4=0$，$\delta\theta_1\neq 0(\curvearrowright)$（见图(b)），则杆 BC 绕点 C 作虚定轴转动，杆 AB 的虚速度瞬心与点 C 重合，于是

$$\delta r_A = O_1A\cdot\delta\theta_1 = PA\cdot\delta\theta_2,\quad \delta\theta_2=\frac{1}{2}\delta\theta_1(\curvearrowleft)$$

$$\delta r_B = PB\cdot\delta\theta_2 = CB\cdot\delta\theta_3,\quad \delta\theta_3=\delta\theta_2=\frac{1}{2}\delta\theta_1(\curvearrowleft)$$

由虚功方程

$$F_1(O_1A\cdot\sin60^\circ)\delta\theta_1-F_2(CB\cdot\sin30^\circ)\delta\theta_3=0$$

即
$$\left(\frac{\sqrt{3}}{2}F_1r-\frac{\sqrt{3}}{4}F_2r\right)\delta\theta_1=0,\quad \frac{\sqrt{3}}{2}F_1r-\frac{\sqrt{3}}{4}F_2r=0,\quad F_2=2F_1$$

(2)令 $\delta\theta_3=0$,$\delta\theta_4\neq0$(↻)(见图(c)),则杆 BC 作虚瞬时平移,杆 AB 的虚速度瞬心为点 P,于是

$$\delta r_B=\delta r_C=O_2C\cdot\delta\theta_4=\sqrt{3}r\delta\theta_4$$

$$\delta r_B=PB\cdot\delta\theta_2=\sqrt{3}r\delta\theta_4,\quad \delta\theta_2=2\delta\theta_4(↺)$$

$$\delta r_A=O_1A\cdot\delta\theta_1=PA\cdot\delta\theta_2=\frac{1}{2}r\cdot2\delta\theta_4,\delta\theta_1=\delta\theta_4(↺)$$

由虚功方程

$$F_1(O_1A\cdot\sin60^\circ)\delta\theta_1-(F_2\delta r_B)-M\delta\theta_4=0$$

即
$$\left(\frac{\sqrt{3}}{2}F_1r-\sqrt{3}F_2r-M\right)\delta\theta_4=0$$

$$M=\frac{\sqrt{3}}{2}F_1r-2\sqrt{3}F_1r=-\frac{3\sqrt{3}}{2}F_1r\text{(负号表示其真实转向应与图示相反)}$$

注意:①虚位移原理说的是对于双侧、理想约束系统,只要主动力在任意一组虚位移上所作的虚功之和为零,系统就能保持平衡,题解中令其中一根杆的虚转角为零,另一根杆的虚转角不为零,就相当于将系统转化为单自由度系统,再找另外两根杆的虚转角与设为不为零虚转角的关系,降低了求解难度,当然,这种解题思路的解法并不唯一,例如求主动力偶矩 M 时也可令 $\delta\theta_1=0$,$\delta\theta_4\neq0$,读者不妨试试。②也可以将 $\delta\theta_1$(↻)、$\delta\theta_4$(↻)看成是独立虚位移,$\delta\theta_2$(↺)、$\delta\theta_3$(↺)则可利用 $\delta\boldsymbol{r}_B=\delta\boldsymbol{r}_A+\delta\boldsymbol{r}_{BA}=\delta\boldsymbol{r}_C+\delta\boldsymbol{r}_{BC}$ 的沿 x、y 的两个投影式 $-r\delta\theta_2\cos30^\circ=-\sqrt{3}r\delta\theta_4-\sqrt{3}r\delta\theta_3\cos60^\circ$,$-r\delta\theta_1+(r\delta\theta_2)\sin30^\circ=-(\sqrt{3}r\delta\theta_3)\sin60^\circ$ 联立求得 $\delta\theta_2=\frac{3}{2}\delta\theta_4+\frac{1}{2}\delta\theta_1$,$\delta\theta_3=\frac{1}{2}\delta\theta_1-\frac{1}{2}\delta\theta_4$,再根据虚功方程 $F_1(O_1A\cdot\sin60^\circ)\delta\theta_1-M\delta\theta_4-F_2(O_2C\cdot\delta\theta_4)-F_2(CB\cdot\delta\theta_3\cdot\cos60^\circ)=0$ 得 $\left(\frac{\sqrt{3}}{2}F_1r-\frac{\sqrt{3}}{4}F_2r\right)\delta\theta_1+\left(-M-\frac{3\sqrt{3}}{4}F_2r\right)\delta\theta_4=0$,由 $\delta\theta_1$、$\delta\theta_4$ 的任意性知 $\frac{\sqrt{3}}{2}F_1r-\frac{\sqrt{3}}{4}F_2r=0$,$-M-\frac{3\sqrt{3}}{4}F_2r=0$,联立解得 $F_2=2F_1$,$M=-\frac{3\sqrt{3}}{2}F_1r$,其结果与题解相同。③利用虚位移原理求解多自由度系统的平衡问题也经常有一题多解,求解方法比较灵活。

例 11-11 图(a)所示平面系统,已知铅垂向上的作用力 $\boldsymbol{F}$,杆 OA 与杆 BD 在其中点以销钉 C 相连,弹簧的原长为 l,刚度系数为 k,$OA=BD=2AE=2DE=2l$,若不计各构件自重和各接触处摩擦,试求系统平衡时的角 θ。

解:(1)去掉弹簧,代之以一对弹簧力(见图(b)),$F_e=F'_e=k(2l\cos\theta-l)=kl(2\cos\theta-1)$。

(2)建立图(b)所示直角坐标系 Oxy,在任意位置,点 D 总位于点 O 的正上方,说明点 D 在平衡位置的虚位移沿铅垂方向,故 $\boldsymbol{F}_e$ 的虚功为零。

$$x_A=2l\cos\theta,\delta x_A=-2l\sin\theta\delta\theta$$

$$y_E=3l\sin\theta,\delta y_E=3l\cos\theta\delta\theta$$

根据虚功方程,在平衡位置时有

$$-F'_e\delta x_A + F\delta y_E = 0,\quad [2kl^2(2\cos\theta - 1)\sin\theta + 3Fl\cos\theta]\delta\theta = 0$$

由 $\delta\theta$ 的任意性知 $$2kl^2(2\cos\theta-1)\sin\theta+3Fl\cos\theta=0$$

即 $$2kl(2\sin\theta-\tan\theta)+3F=0$$

上式是关于 θ 的超越方程,由此可解出 θ 值,得到平衡位置。

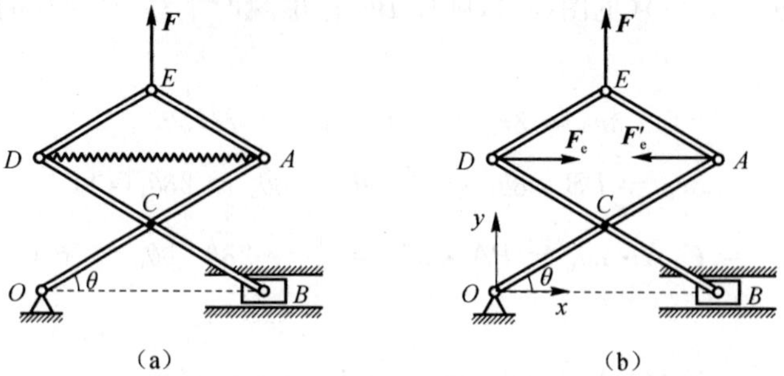

例 11-11 图

注意:①$y_A=2l\sin\theta$,$\delta y_A=2l\cos\delta\theta\neq0$,故 $\delta r_A\neq\delta x_A$;$x_E=r\cos\theta$,$\delta x_E=-r\sin\theta\delta\theta\neq0$,故 $\delta r_E\neq\delta y_E$。②由 B、C 两点的虚位移方向也可判定杆 BD 的虚速度瞬心 P 与点 A 重合,点 D 的虚位移方向与 PD 垂直也可判定点 D 的虚位移沿铅垂方向。③一对弹簧力的虚功也可由式(11-14)求得,即 $\delta' W_e=-k\lambda\cdot\delta\lambda=-k(2l\cos\theta-l)\cdot\delta(2l\cos\theta-l)=2kl^2(2\cos\theta-1)\sin\theta\delta\theta$,其结果与题中解法一致。

例 11-12 图(a)所示系统处于同一铅垂平面内,均质圆盘 B 的质量为 m,半径为 r,其上作用一逆时针转向主动力偶,力偶矩的值为 $M=\frac{\sqrt{3}}{2}mgr$;均质细直杆 OA 的质量为 m,长度为 $l=2r$;系统于图示位置处于静止状态,若不计铰链 O、A 处摩擦,试求粗糙水平地面对圆盘的摩擦力。

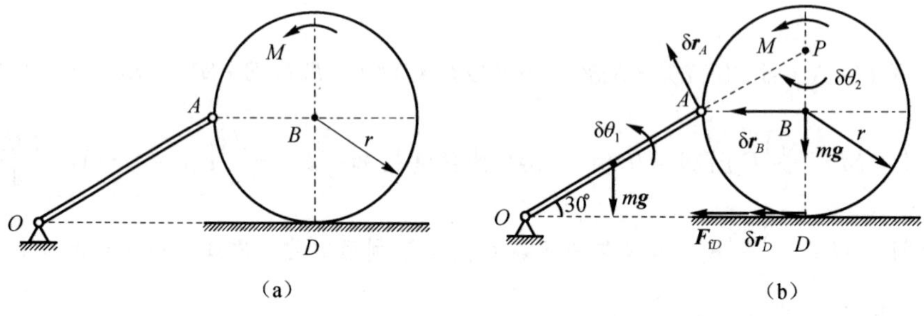

例 11-12 图

解:(1)设粗糙水平地面对圆盘的摩擦力为 $\boldsymbol{F}_{fD}$,假想杆 OA 发生一虚转角 $\delta\theta_1$,因圆心 B 的虚位移在水平方向,故圆盘的虚速度瞬心在点 P(见图(b)),于是,圆盘与地面的接触点 D 有虚位移,摩擦力 $\boldsymbol{F}_{fD}$ 在该虚位移上要作功,说明系统不是理想约束系统,但只要将 $\boldsymbol{F}_{fD}$ 看成是主动力,并认为水平地面光滑,则系统就变成理想约束系统了。

(2)建立虚位移之间关系

$$\delta r_A = OA\cdot\delta\theta_1 = PA\cdot\delta\theta_2,\ \delta\theta_2 = \frac{2r\delta\theta_1}{\frac{2\sqrt{3}}{3}r} = \sqrt{3}\delta\theta_1$$

$$\delta r_D = PD \cdot \delta\theta_2 = \left(\frac{\sqrt{3}}{3}r + r\right)\sqrt{3}\delta\theta_1 = (1+\sqrt{3})r\delta\theta_1$$

(3)根据虚功方程

$$-mg(r\cos30^\circ)\delta\theta_1 - M\delta\theta_2 + F_{fD}\delta r_D = 0$$

$$\left[-\frac{\sqrt{3}}{2}mgr - \frac{\sqrt{3}}{2}mgr \cdot \sqrt{3} + (1+\sqrt{3})rF_{fD}\right]\delta\theta_1 = 0$$

由 $\delta\theta_1$ 的任意性得

$$F_{fD} = \frac{\sqrt{3}}{2}mg$$

注意：本题圆盘由其上 A、B 两点的虚运动方向知它在粗糙水平地面上不可能作虚纯滚动，只能作带滑动的虚滚动，对于这类有摩擦的接触面，摩擦力要在对应的虚位移上作虚功，本来是不符合虚位移原理的应用条件的，但只要将摩擦力看成是主动力，并认为接触面光滑，虚位移原理便可应用了。

例 11-13 图(a)所示平面结构由直杆 OA、AB、BC、DG 在接触处相互铰接而成，已知 $OA=AB=BC=2l$，$DG=\sqrt{3}l$，D、G、H 分别为杆 OA、AB、BC 的中点，所受到的载荷如图所示，且 $M=3Fl$，不计自重和摩擦，试求杆 DG 的内力。

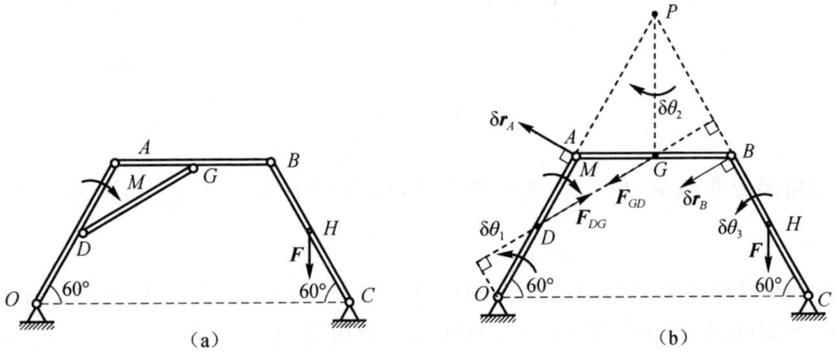

例 11-13 图

解：(1)因杆 DG 为二力杆，可解除杆 DG 对系统的约束代之以图(b)所示一对力，且 $F_{DG}=F_{GD}$，并将它们看成是主动力。假想杆 OA 发生一虚转角 $\delta\theta_1$，点 P 为杆 AB 的虚速度瞬心，则 $\delta r_A = OA \cdot \delta\theta_1 = PA \cdot \delta\theta_2$，$\delta\theta_2 = \delta\theta_1$(↺)，$\delta r_B = PB \cdot \delta\theta_2 = CB \cdot \delta\theta_3$，$\delta\theta_3 = \delta\theta_2 = \delta\theta_1$(↶)。

(2)建立虚功方程

$$-M\delta\theta_1 - F_{DG}(OD \cdot \sin30^\circ)\delta\theta_1 + F_{GD}(PG \cdot \cos30^\circ)\delta\theta_2 + F(CH \cdot \cos60^\circ)\delta\theta_3 = 0$$

$$\left(-M - \frac{1}{2}F_{DG}l + \frac{3}{2}F_{DG}l + \frac{1}{2}Fl\right)\delta\theta_1 = 0$$

由 $\delta\theta_1$ 任意性得

$$-M + F_{DG}l + \frac{1}{2}Fl = 0, F_{DG} = \frac{5}{2}F\text{(拉杆)}$$

注意：①当解除一根二力杆时，一般按它两端受拉画出它对与之相连杆件的约束力，当求出其值为正，则说明为拉杆，若算得的值为负，则说明为压杆。②建立各杆虚转角关系和正确写出主动力的虚功是解题的关键。

例 11-14 图(a)所示平面结构，已知 $AB=3l$，$BD=OD=2l$，C 为 BD 的中点，系统所受载

荷如图所示，且 $F=\sqrt{3}ql$，$M=4ql^2$，若不计各构件自重和铰链 O、B、D 处摩擦，试求固定端 A 处的约束力。

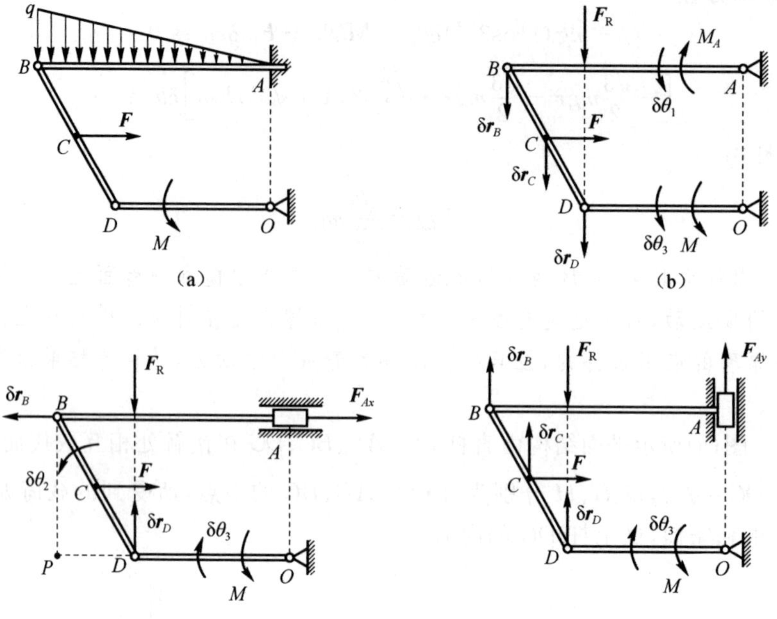

例 11-14 图

解：(1)三角形分布载荷，可等效成一个合力，合力大小为 $F_R=\dfrac{3}{2}ql$，合力作用线离点 A 距离为 $2l$。

(2)解除 A 处转动约束，代之以约束力偶 M_A，如图(b)所示，并将它看成是主动力偶，假想杆 AB 发生一个图(b)所示的虚转角 $\delta\theta_1$，则杆 BD 为虚瞬时平移，$\delta r_C=\delta r_D=\delta r_B=3l\delta\theta_1$，$\delta r_D=OD\cdot\delta\theta_3$，$\delta\theta_3=\dfrac{3}{2}\delta\theta_1$(↶)，根据虚功方程得

$$-M_A\delta\theta_1+F_R(2l)\delta\theta_1+M\delta\theta_3=0,\quad \left(-M_A+3ql^2+\frac{3}{2}M\right)\delta\theta_1=0$$

由 $\delta\theta_1$ 的任意性得

$$-M_A+3ql^2+\frac{3}{2}\cdot(4ql^2)=0,\quad M_A=9ql^2$$

(3)解除 A 端水平方向位移约束，代之以 F_{Ax}，如图(c)所示，并将它看成是主动力，则杆 AB 只能作水平方向虚平移，假想它发生的虚位移为 δr_B(←)，则点 P 为杆 BD 的虚速度瞬心，$\delta r_B=PB\cdot\delta\theta_2$，$\delta\theta_2=\dfrac{\delta r_B}{\sqrt{3}l}=\dfrac{\sqrt{3}\delta r_B}{3l}$(↶)，$\delta r_D=PD\cdot\delta\theta_2=OD\cdot\delta\theta_3$，$\delta\theta_3=\dfrac{\sqrt{3}\delta r_B}{6l}$(↷)，根据虚功方程得

$$-F_{Ax}\delta r_B-F\left(\frac{\sqrt{3}}{2}l\right)\delta\theta_2-M\delta\theta_3=0,\left(-F_{Ax}-\frac{1}{2}F-\frac{\sqrt{3}}{6l}M\right)\delta r_B=0$$

由 δr_B 的任意性知

$$-F_{Ax}-\frac{1}{2}(\sqrt{3}ql)-\frac{\sqrt{3}}{6l}(4ql^2)=0,F_{Ax}=-\frac{7\sqrt{3}}{6}ql$$

(4)解除 A 端铅垂方向位移约束,代之以 F_{Ay},如图(d)所示,并将它看成是主动力,则杆 AB 只能作铅垂方向虚平移,假想它发生的虚位移为 $\delta r_B(\uparrow)$,则杆 BD 为虚瞬时平移,$\delta r_D=\delta r_C=\delta r_B=OD\cdot\delta\theta_3$,$\delta\theta_3=\dfrac{\delta r_B}{2l}(\circlearrowleft)$,根据虚功方程得

$$F_{Ay}\delta r_B-F_R\delta r_B-M\delta\theta_3=0,\left(F_{Ay}-F_R-\frac{M}{2l}\right)\delta r_B=0$$

由 δr_B 的任意性知

$$F_{Ay}-\frac{3}{2}ql-\frac{4ql^2}{2l}=0\quad,F_{Ay}=\frac{7}{2}ql$$

注意:对于平面力系,固定端 A 处的约束力有三个未知量,即约束力偶矩 M_A 及正交分力 F_{Ax} 和 F_{Ay},若将 A 端的全部约束,即杆 AB 的转动位移、水平方向位移和铅垂方向位移三个约束同时解除,则系统由原来的静止变为三自由度系统,这样建立相关虚位移关系比较复杂,解题难度增加,故题解中采取每次只解除 A 处一个约束,还留下其余两个约束,使系统变为单自由度系统,然后分别建立相应虚位移的关系和计算所有主动力(含已解除约束的约束力)的虚功,由虚功方程分别求解,尽管分三次解除不同约束,得到了三个不同的可运动机构,但对每个可运动机构的求解过程都比较简便。

11.5 通过广义力研究质点系的平衡问题

1. 质点系的广义力及其相应的平衡条件

当应用虚功方程求解问题时,经常需要建立虚功方程中各个虚位移之间的关系。这是由于系统存在约束使得这些虚位移彼此之间并不独立的缘故。所谓建立虚位移之间的关系,就是将那些不独立的虚位移用独立的虚位移表示,独立的虚位移的个数要视系统自由度而定。

如果将虚功方程中的虚位移用广义虚位移表示,根据广义虚位移的相互独立性,可以方便地得到系统平衡应满足的充要条件。

将式(11-3)代入到虚功计算式(11-7),可得到作用于质点系上的力系 $\boldsymbol{F}_i$(其作用点相对于固定点 O 的矢径为 $\boldsymbol{r}_i$,$i=1,2,\cdots,n$)的虚功为

$$\sum_{i=1}^{n}\delta' W_{\boldsymbol{F}_i}=\sum_{i=1}^{n}\boldsymbol{F}_i\cdot\delta\boldsymbol{r}_i=\sum_{i=1}^{n}\boldsymbol{F}_i\cdot\left(\sum_{j=1}^{k}\frac{\partial\boldsymbol{r}_i}{\partial q_j}\delta q_j\right)$$
$$=\sum_{j=1}^{k}\left(\sum_{i=1}^{n}\boldsymbol{F}_i\cdot\frac{\partial\boldsymbol{r}_i}{\partial q_j}\right)\delta q_j\tag{11-20}$$

令
$$Q_j=\sum_{i=1}^{n}\boldsymbol{F}_i\cdot\frac{\partial\boldsymbol{r}_i}{\partial q_j}\qquad(j=1,2,\cdots,k)\tag{11-21}$$

称为**与广义坐标 q_j 对应的广义力**,其个数等于系统的自由度。由于 $Q_j\delta q_j$ 具有功的量纲,因此广义力 Q_j 的量纲取决于广义坐标 q_j 的量纲,当 q_j 为长度时,Q_j 为力的量纲;当 q_j 为角度时,Q_j 为力偶矩的量纲。

将式(11-21)代入式(11-20)中,得到虚功方程(11-16)的另一种等价表达形式

$$\sum_{i=1}^{n}\delta' W_{\boldsymbol{F}_i}=\sum_{j=1}^{k}Q_j\delta q_j=0\tag{11-22}$$

对于完整约束系统,广义虚位移 $\delta q_j(j=1,2,\cdots,k)$ 是彼此独立的,并可任意取值,因此,要

使方程(11-22)恒成立，则所有 δq_j 前的系数都应等于零，即

$$Q_j = 0 \quad (j = 1,2,\cdots,k) \tag{11-23}$$

这说明具有双侧、理想、完整约束的质点系静止平衡的充要条件是系统的所有广义力都等于零，这就是**以广义力表示的质点系的平衡条件**。

当作用于系统上的主动力 $\boldsymbol{F}_i(i=1,2,\cdots,n)$已知时，常采用下面两种方法来计算广义力：

(1)解析法

列出所有主动力在惯性直角坐标系 $Oxyz$ 的三个直角坐标上的投影和主动力作用点的位置坐标(为广义坐标的函数)，再由式(11-21)便可得到质点系的广义力

$$Q_j = \sum_{i=1}^{n}\left(F_{ix}\frac{\partial x_i}{\partial q_j} + F_{iy}\frac{\partial y_i}{\partial q_j} + F_{iz}\frac{\partial z_i}{\partial q_j}\right) \quad (j = 1,2,\cdots,k) \tag{11-24}$$

(2)主动力系仅在一个广义虚位移上作功法

因为广义虚位移相互独立，故可令 δq_j 不为零，其余广义虚位移都等于零，这样就可以求出所有主动力在广义虚位移 δq_j 引起的作用点的虚位移上所作的虚功之和，并以 $\sum_{i=1}^{n}\delta' W_{\boldsymbol{F}_i}^{(j)}$ 表示，再由式(11-22)得

$$\sum_{i=1}^{n}\delta' W_{\boldsymbol{F}_i}^{(j)} = Q_j\delta q_j$$

因此有

$$Q_j = \frac{\sum_{i=1}^{n}\delta' W_{\boldsymbol{F}_i}^{(j)}}{\delta q_j} \quad (j = 1,2,\cdots,k) \tag{11-25}$$

当主动力系中各力作用点的位置坐标很容易表示为广义坐标的函数时，直接利用式(11-24)求广义力是方便的，但在绝大多数情况下，利用式(11-25)来计算各广义力 Q_j 往往会更简便。

如果作用在质点系上的主动力都为有势力，则广义力有更简明的表达式。此时，质点系的势能 V 可以表示为质点系中各质点的直角坐标或系统广义坐标的函数

$$V = V(x_1,y_1,z_1,x_2,y_2,z_2,\cdots,x_n,y_n,z_n) = V(q_1,q_2,\cdots,q_k) \tag{11-26}$$

由式(8-45)知

$$F_{ix} = -\frac{\partial V}{\partial x_i}, F_{iy} = -\frac{\partial V}{\partial y_i}, F_{iz} = -\frac{\partial V}{\partial z_i} \quad (i = 1,2,\cdots,n) \tag{11-27}$$

将式(11-27)代入式(11-24)得

$$Q_j = \sum_{i=1}^{n}\left(-\frac{\partial V}{\partial x_i}\frac{\partial x_i}{\partial q_j} - \frac{\partial V}{\partial y_i}\frac{\partial y_i}{\partial q_j} - \frac{\partial V}{\partial z_i}\frac{\partial z_i}{\partial q_j}\right) = -\frac{\partial V}{\partial q_j} \tag{11-28}$$

即系统的广义力等于质点系的势能对相应广义坐标的偏导数的负值。于是，系统的平衡充要条件，即式(11-23)可写成

$$\frac{\partial V}{\partial q_j} = 0 \quad (j = 1,2,\cdots,k) \tag{11-29}$$

此式说明，对于具有双侧、理想、完整约束的有势系统，其平衡的充要条件是势能对每个广义坐标的一阶偏导数都等于零。于是

$$\delta V = \sum_{j=1}^{k}\frac{\partial V}{\partial q_j}\delta q_j = 0 \tag{11-30}$$

这就是**势力场中的虚功方程**。它表明，对于具有双侧、理想、完整约束的有势（保守）系统，质点系的平衡位形一定出现在势能取驻值的位形处，称为有势（保守）系统平衡的驻值原理。在工程中，经常会遇到有势（保守）系统，例如弹性系统就是最常见的有势（保守）系统，固体力学在研究弹性系统的弹性力平衡问题时所使用的瑞利-里兹法（Rayleign-Ritz method）就是这一虚功方程的具体应用。

例 11-15 平面机构在如图（a）所示的位置上平衡，作用于杆 OA 上的主动力偶的力偶矩 M 已知，$OA=l$，$AB=\sqrt{3}l$，$BD=2l$，不计各构件自重和各接触处摩擦，试求图中铅垂主动力 $\boldsymbol{F}_1$ 和水平主动力 $\boldsymbol{F}_2$ 的大小。

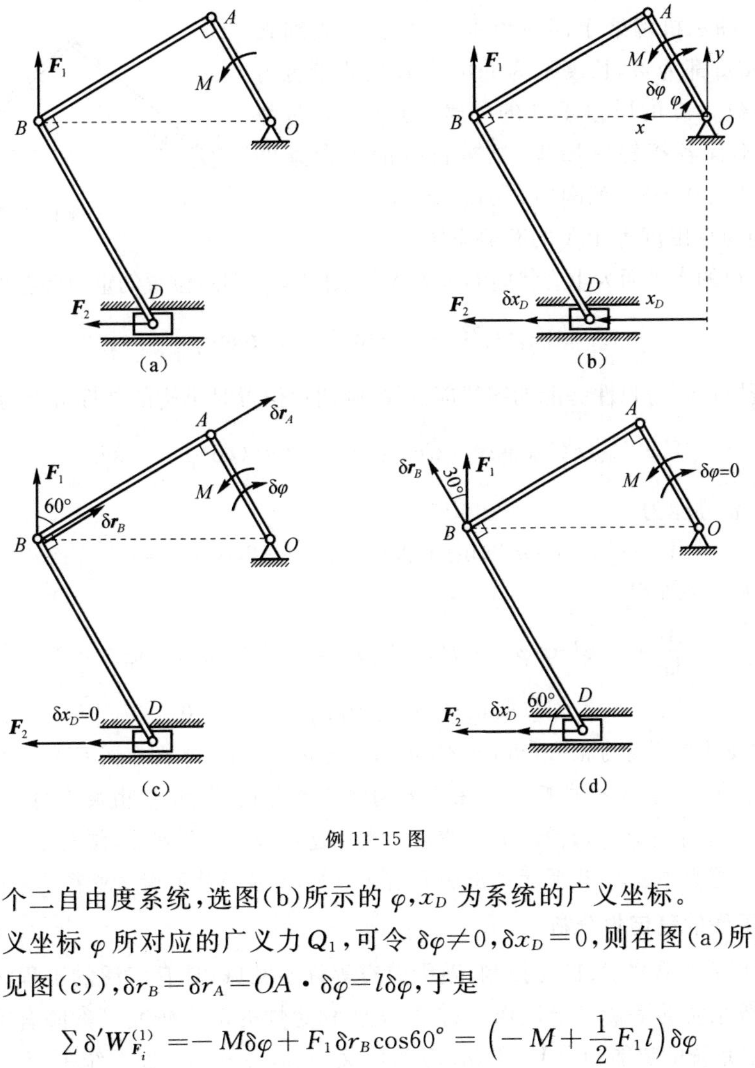

例 11-15 图

解：这是一个二自由度系统，选图（b）所示的 φ，x_D 为系统的广义坐标。

（1）为求广义坐标 φ 所对应的广义力 Q_1，可令 $\delta\varphi\neq 0$，$\delta x_D=0$，则在图（a）所示位置，杆 AB 为虚瞬时平移（见图（c）），$\delta r_B=\delta r_A=OA\cdot\delta\varphi=l\delta\varphi$，于是

$$\sum\delta' W_{\boldsymbol{F}_i}^{(1)}=-M\delta\varphi+F_1\delta r_B\cos 60^\circ=\left(-M+\frac{1}{2}F_1 l\right)\delta\varphi$$

再由平衡条件得

$$Q_1=\frac{\sum\delta' W_{\boldsymbol{F}_i}^{(1)}}{\delta\varphi}=-M+\frac{1}{2}F_1 l=0,\quad F_1=\frac{2M}{l}$$

（2）为求广义坐标 x_D 所对应的广义力 Q_2，可令 $\delta x_D\neq 0$，$\delta\varphi=0$，则此时 $\delta\boldsymbol{r}_B$ 沿杆 DB 方向，$\delta r_D=\delta x_D$（见图（d）），由 $(\delta\boldsymbol{r}_B)_{DB}=(\delta\boldsymbol{r}_D)_{DB}$，即 $\delta r_B=\delta x_D\cos 60^\circ=\frac{1}{2}\delta x_D$，于是

$$\sum \delta' W_{F_i}^{(2)} = F_1 \delta r_B \cos 30° + F_2 \delta x_D = \left(\frac{\sqrt{3}}{4}F_1 + F_2\right)\delta x_D$$

再由平衡条件得

$$Q_2 = \frac{\sum \delta' W_{F_i}^{(2)}}{\delta x_D} = \frac{\sqrt{3}}{4}F_1 + F_2 = 0$$

$$F_2 = -\frac{\sqrt{3}}{4}F_1 = -\frac{\sqrt{3}M}{2l} \quad \text{（负号表示需施加的水平力应向右）}$$

注意：①当 $\delta x_D = 0$ 时，表示块 D 不动，杆 BD 绕点 D 作虚瞬时转动，$\boldsymbol{F}_2$ 无虚功。②当 $\delta\varphi = 0$ 时，表示杆 OA 不动，杆 AB 绕点 A 作虚瞬时转动，主动力偶 M 无虚功。

例 11-16 图示机构处于同一铅垂平面内，均质细直杆 OA、AB 的质量都为 m，长度都为 l；滑块 B 的质量也为 m，系有刚度系数为 k 的质量不计的弹簧，当 $\varphi = \varphi_0$ 时弹簧为原长。若不计各接触处摩擦，试求机构的平衡条件（已知 φ 和 φ_0 都在 0°～90°范围内，且 $\varphi < \varphi_0$）。

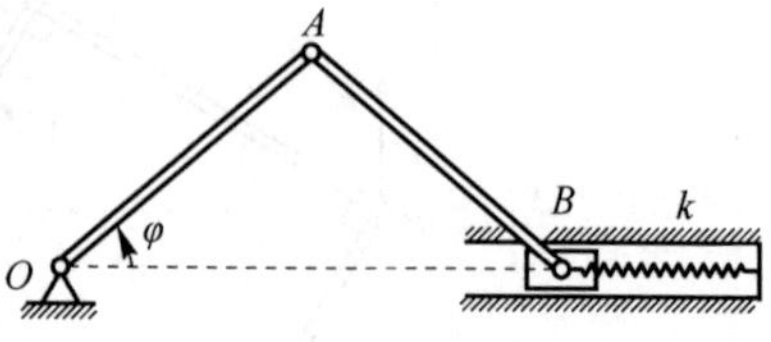

例 11-16 图

解：该机构为自由度等于 1 的有势系统。

(1)设过点 O 的水平面为重力势能的零势能面，则机构在图示位置的重力势能为

$$V_1 = 2\left(mg\frac{l}{2}\sin\varphi\right) = mgl\sin\varphi$$

(2)设弹簧原长时为弹性势能的零势能位置，则图示位置时机构的弹性势能为

$$V_2 = \frac{1}{2}k(2l\cos\varphi - 2l\cos\varphi_0)^2 = 2kl^2(\cos\varphi - \cos\varphi_0)^2$$

(3)系统的总势能为

$$V = V_1 + V_2 = mgl\sin\varphi + 2kl^2(\cos^2\varphi - 2\cos\varphi_0\cos\varphi + \cos^2\varphi_0)$$

由有势系统的平衡条件得

$$\frac{dV}{d\varphi} = mgl\cos\varphi + 2kl^2(-2\cos\varphi\sin\varphi + 2\cos\varphi_0\sin\varphi) = 0$$

$$4kl(\cos\varphi - \cos\varphi_0)\tan\varphi - mg = 0$$

注意：①弹簧的变形量为 $\lambda = 2l\cos\varphi - 2l\cos\varphi_0$，则当 $\varphi_0 > \varphi$ 时，弹簧在图示位置为压缩变形；而当 $\varphi_0 < \varphi$ 时，弹簧在图示位置为拉伸变形；这都不影响弹性势能 V_2 的值，但由最终的平衡条件成立必须 $\varphi_0 > \varphi$，故题中有这一条件。②因滑块 B 的重心一直在过点 O 的水平线上，按题中重力势能的零势能位置的设定，它无重力势能，这说明无论滑块 B 有无质量，对系统的平衡位置都无影响。

2. 质点系平衡的稳定性分析

稳定性问题存在于力学、自动控制、航天航空等许多领域，具有广泛的工程背景。本节仅就单自由度的有势系统的平衡稳定性作一讨论，关于稳定性的深入研究可参阅有关专著。

设单自由度系统的势能函数 $V = V(q)$，q 为广义坐标，在 $q = q_0$ 处系统平衡。满足式(11-29)的势能 V 可能是下面四种情况：①势能取极小值；②势能取极大值；③势能在该处的二阶导数为零，是拐点；④势能不变。现将 $V = V(q)$ 按泰勒级数在 q_0 处展开

$$V(q) = V(q_0) + \left.\frac{dV}{dq}\right|_{q=q_0}(q - q_0) + \frac{1}{2!}\left.\left(\frac{d^2V}{dq^2}\right)\right|_{q=q_0}(q - q_0)^2 + \frac{1}{3!}\left.\left(\frac{d^3V}{dq^3}\right)\right|_{q=q_0}(q - q_0)^3 + \cdots \tag{11-31}$$

略去二阶以上无穷小，并考虑到 $q=q_0$ 时系统平衡，式(11-31)化简为

$$V(q)=V(q_0)+\frac{1}{2}\left(\frac{\mathrm{d}^2V}{\mathrm{d}q^2}\right)\bigg|_{q=q_0}(q-q_0)^2 \tag{11-32}$$

该系统与广义坐标对应的广义力仅有一个 Q，且

$$Q=-\frac{\mathrm{d}V}{\mathrm{d}q}=-\left(\frac{\mathrm{d}^2V}{\mathrm{d}q^2}\right)\bigg|_{q=q_0}(q-q_0)$$

当 $\left(\frac{\mathrm{d}^2V}{\mathrm{d}q^2}\right)\bigg|_{q=q_0}>0$ 时，在 q_0 的无限小领域内，$V(q)>V(q_0)$，势能在 q_0 处取极小值，广义力 Q 与广义位移 $(q-q_0)$ 符号相反，即 Q 使质点系恢复到平衡位置。质点系在 $q=q_0$ 位置的平衡是**稳定平衡**。

如果 $\left(\frac{\mathrm{d}^2V}{\mathrm{d}q^2}\right)\bigg|_{q=q_0}<0$，在 q_0 的无限小领域内，$V(q)<V(q_0)$，势能在 q_0 处取极大值，广义力 Q 与广义位移 $(q-q_0)$ 符号相同，即 Q 使质点系离开平衡位置，质点系在 $q=q_0$ 的平衡是**不稳定平衡**。

第三种可能是 $\left(\frac{\mathrm{d}^2V}{\mathrm{d}q^2}\right)\bigg|_{q=q_0}=0$，这时需考察势能函数 V 的高阶导数在 $q=q_0$ 处的取值情况，如果在各阶导数中，第一个非零导数是奇数阶的，则平衡是不稳定的；而当第一个非零导数是偶数阶的，并且为正值，则势能为极小，平衡是稳定的，否则势能为极大，平衡是不稳定的。这是稳定性理论给出的结论。

第四种可能是 $V=V(q)$ 的各阶导数在 $q=q_0$ 处均为 0，则 $V=V(q_0)=$ 常数，广义力 Q 为零。不存在使质点系回到或远离 $q=q_0$ 处的力，当系统由于扰动偏离了 q_0 位置时，在新位置处依然能够维持平衡，称这种情况为**随遇平衡**。

平衡的稳定性条件可借助图 11-4 加以直观说明，处于铅垂面内质量为 m、长度为 l 的均质杆 AB，若由图(a)所示通过光滑固定铰支座 A 支撑，则图中 $\theta=0$ 是平衡位置，且是势能的极小值，当杆偏离平衡位置时，对应广义坐标 θ 的广义力为 $mg\ \frac{l}{2}\sin\theta$，其转向与 θ 角转向相反，正是这个广义力使杆最终回复到原来位置(动能耗尽时)，所以，这个平衡位置具有抗干扰能力，是稳定的；对于图(b)所示通过光滑固定铰支座 B 支撑，则图中 $\theta=0$ 也是平衡位置，且是势能的极大值，当杆偏离平衡位置时，对应广义坐标 θ 的广义力仍为 $mg\ \frac{l}{2}\sin\theta$，但其转向与 θ 角转向相同，正是这个广义力使杆一旦偏离 $\theta=0$ 的平衡位置，杆就不能再返回到这个平衡位置，说明杆在这个平衡位置没有抗干扰能力，是不稳定的；而图(c)中支撑的光滑固定铰支座正好与杆的质心重合，势能为常值，杆在任意位置都能平衡，是随遇平衡的。

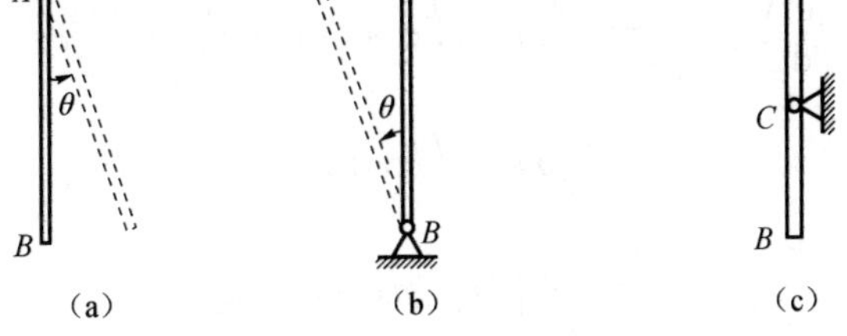

图 11-4　平衡位置的稳定性分析

例 11-17 如图所示系统处于同一铅垂平面内，边长为 a、质量为 m_1 的均质正方形薄板可绕过顶点 O 的光滑水平轴转动，在顶点 A 系一长度为 l 的不计质量的细绳，绳的另一端跨过不计尺寸的定滑轮 B 后悬挂一质量为 m_2 的小球(可视为质点)D，且 $m_2=\frac{\sqrt{2}}{2}m_1$，$B$ 在点 O 的正上方，且 $OB=a$，试求系统的平衡位置，并讨论其稳定性。

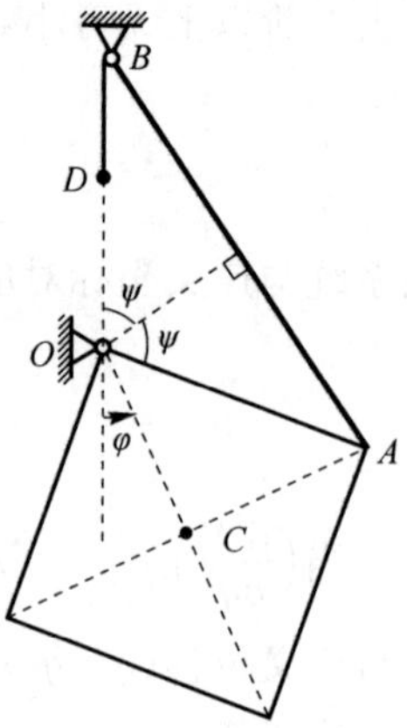

例 11-17 图

解：此系统只有一个自由度，选图示 φ 为广义坐标，$\triangle AOB$ 为等腰三角形，且 $2\psi+\frac{\pi}{4}+\varphi=\pi$，若以过点 O 的水平面为重力势能的零势能面，则系统的势能为

$$V=-m_1 g\cdot\frac{\sqrt{2}}{2}a\cos\varphi+m_2 g\left[a-\left(l-2a\sin\frac{\pi-\varphi-\frac{\pi}{4}}{2}\right)\right]$$

$$=-\frac{\sqrt{2}}{2}m_1 ga\cos\varphi+m_2 g(a-l)+2m_2 ga\sin\left(\frac{3\pi}{8}-\frac{\varphi}{2}\right)$$

于是，令

$$\frac{\mathrm{d}V}{\mathrm{d}\varphi}=\frac{\sqrt{2}}{2}m_1 ga\sin\varphi+2m_2 ga\cos\left(\frac{3\pi}{8}-\frac{\varphi}{2}\right)\left(-\frac{1}{2}\right)$$

$$=\frac{\sqrt{2}}{2}m_1 ga\sin\varphi-\frac{\sqrt{2}}{2}m_1 ga\sin\left(\frac{\pi}{8}+\frac{\varphi}{2}\right)=0$$

$$\sin\varphi-\sin\left(\frac{\pi}{8}+\frac{\varphi}{2}\right)=2\sin\left(-\frac{\pi}{16}+\frac{\varphi}{4}\right)\cos\left(\frac{\pi}{16}+\frac{3}{4}\varphi\right)=0$$

所以

① 当 $\sin\left(-\frac{\pi}{16}+\frac{\varphi}{4}\right)=0$ 时，有 $\varphi=\frac{\pi}{4}$

② 当 $\cos\left(\frac{\pi}{16}+\frac{3}{4}\varphi\right)=0$ 时，有 $\frac{\pi}{16}+\frac{3}{4}\varphi=\frac{\pi}{2}$，$\varphi=\frac{7}{12}\pi$

又因为

$$\frac{\mathrm{d}^2V}{\mathrm{d}\varphi^2}=\frac{\sqrt{2}}{2}m_1 ga\left[\cos\varphi-\frac{1}{2}\cos\left(\frac{\pi}{8}+\frac{\varphi}{2}\right)\right]$$

于是

$$\left.\frac{\mathrm{d}^2V}{\mathrm{d}\varphi^2}\right|_{\varphi=\frac{\pi}{4}}=\frac{\sqrt{2}}{2}m_1 ga\left[\frac{\sqrt{2}}{2}-\frac{\sqrt{2}}{4}\right]=\frac{1}{4}m_1 ga>0$$

所以，$\varphi=\frac{\pi}{4}$ 这个平衡位置是稳定的；

$$\left.\frac{\mathrm{d}^2V}{\mathrm{d}\varphi^2}\right|_{\varphi=\frac{7}{12}\pi}=\frac{\sqrt{2}}{2}m_1 ga\left(\cos\frac{7}{12}\pi-\frac{1}{2}\cos\frac{5}{12}\pi\right)$$

$$=\frac{\sqrt{2}}{2}m_1 ga\left(\cos105^\circ-\frac{1}{2}\cos75^\circ\right)$$

$$=-\frac{3\sqrt{2}}{4}m_1 ga\cos75^\circ<0$$

所以，$\varphi=\frac{7}{12}\pi$ 这个平衡位置是不稳定的。

注意：利用几何关系正确写出系统势能的通式是正确解题的基础。

例 11-18 图示为一天窗开启机构，天窗重 P，重心在点 C，弹簧的两端固定在挡板 D 和铰链 E 上，当 $\theta=0$ 时弹簧为原长，其他尺寸如图所示，若忽略其他构件的自重和各接触处摩擦，试求能使天窗在任意 θ 角位置平衡时弹簧的刚度系数 k。

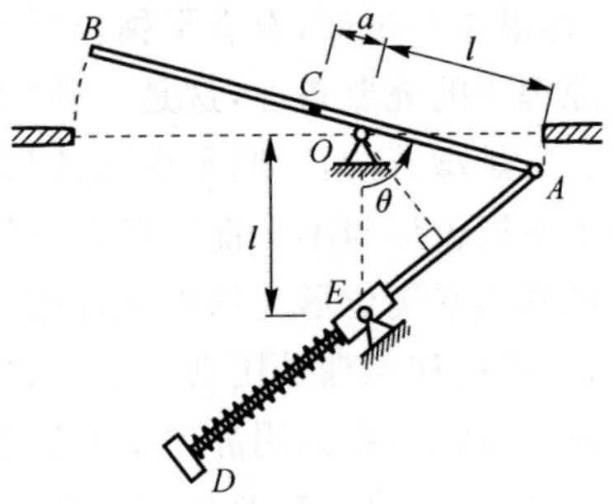

例 11-18 图

解：系统的自由度为 1，以图示的 θ 为系统的广义坐标。设过点 O 的水平面为重力势能的零势能面，则在任意位置系统的重力势能为

$$V_1 = Pa\sin(90^\circ - \theta) = Pa\cos\theta$$

设弹簧为原长时弹性势能为零，则在任意位置时系统的弹性势能为

$$V_2 = \frac{1}{2}k\left(-2l\sin\frac{\theta}{2}\right)^2 = 2kl^2\sin^2\frac{\theta}{2}$$

于是，系统的势能为

$$V = V_1 + V_2 = Pa\cos\theta + 2kl^2\sin^2\frac{\theta}{2}$$

$$\frac{\mathrm{d}V}{\mathrm{d}\theta} = -Pa\sin\theta + 4kl^2\left(\sin\frac{\theta}{2}\cos\frac{\theta}{2}\right)\cdot\frac{1}{2} = -Pa\sin\theta + kl^2\sin\theta$$

$$= (-Pa + kl^2)\sin\theta$$

显然只要 $-Pa+kl^2=0$，即 $k=\dfrac{Pa}{l^2}$ 时，当 θ 为任意值，$\dfrac{\mathrm{d}V}{\mathrm{d}\theta}$ 都等于零，即都为平衡位置。

注意：①当 $\theta=0$ 时，由题中给出的几何关系知，此时弹簧的长度为杆 AD 的长度，故当 $\theta\neq0$ 时，弹簧的压缩量为 AE，所以有题解中的弹性势能表达式。②实际上，系统的势能可写为 $V=Pa\cos\theta+kl^2(1-\cos\theta)=kl^2+(Pa-kl^2)\cos\theta$，当 $k=\dfrac{Pa}{l^2}$ 时，$V=kl^2=Pa=$ 常数，所以，巧妙地利用所学的力学知识可以设计理想的随遇平衡的开启机构。

11.6 关于虚位移原理与静力学平衡条件求解平衡问题的对比

利用虚位移原理求解平衡问题和利用静力学平衡条件求解平衡问题主要有以下三点不同：

(1)平衡的对象不同。静力学平衡条件是对刚体而言的(质点作为其特例)，而虚位移原理给出的是受双侧、理想约束的任意质点系的平衡条件，刚体作为一种受特殊约束的质点系(任意两点间距离不变的质点系，也即刚体的内力之功的代数和为零)，虚位移原理当然也适用于刚体，但是静力学平衡条件却不能直接应用于一般的质点系。例如，虚位移原理可以直接处理连续体的平衡问题，只需将连续体的内力看成是可作功的主动力，就可方便地求出一根弹性梁在外载荷作用下的挠曲线(即在外力和内力共同作用下的平衡位形)一类的问题，而静力学平衡条件却做不到。

(2)处理问题的基本思想不同。静力学平衡条件是基于这样的思想，如果刚体处于平衡，找一找作用于其上的力系应该满足什么条件；而虚位移原理的基本思想是：在质点系所有位形中有无数个是不平衡的，只有特殊的一个或几个是平衡的，我们对每一个位形（当然也包括平衡位形）作虚位移试探，看看平衡位形与不平衡位形相比，在虚功方面有什么不同，从而找到了虚位移原理中的充要条件，这是一种“动中求静”的方法，因此，虚位移原理是一种微分形式的变分原理。它是微分的，表明平衡条件只在平衡位形的邻近无限小区域内成立；它是变分的，表明它指出的平衡位形与不平衡位形在力学性质上是不同的，它提供了一个判据，将质点系在力系作用下的真实平衡位形与约束允许的其他位形区别开来。此外，力作功是动力学中的概念，因而可以说，虚位移原理是用动力学的方法解决静力学问题，可称为**静动法**。这与达朗贝尔原理正好相反，在那里，我们用静力学方法解决了动力学问题。

(3)在解决某些具体问题时，虚位移原理具有静力学平衡条件无法相比的优越性。主要体现在以下两个方面：①静力学平衡条件只能讨论势力场中刚体或刚体系统在平衡时主动力与约束力之间的关系，却无法判定这个平衡位置的稳定性，而虚位移原理却能判断其平衡位置的稳定性；②虚位移原理不出现不作功的约束力，对于一些较为复杂的刚体系统，它是以整体为研究对象，从而可避免大量内部约束力的出现，简捷地得到所需结果，而使用静力学平衡条件常需拆分刚体，不仅技巧性强，而且需要多次画不同分离体的受力图，有时还不可避免地在平衡方程中出现不需要的未知的约束力，需要联立较多的平衡方程才能求得最终结果，费时费力。

总之，虚位移原理是研究平衡问题的最一般原理，同时也是力学学科中一个非常重要的原理。

思 考 题

11-1 在图示平面四连杆机构中，点 B 和点 C 的虚位移方向有四种画法，试问它们都正确吗？为什么？

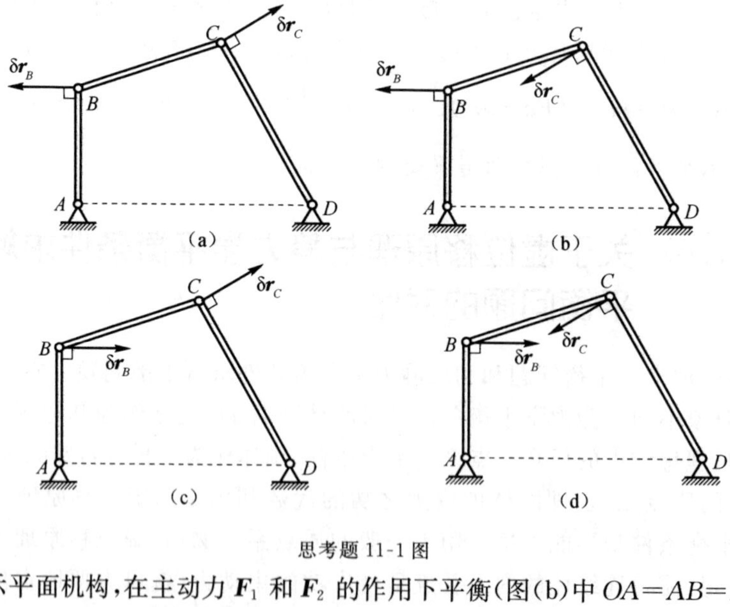

思考题 11-1 图

11-2 图示平面机构，在主动力 $\boldsymbol{F}_1$ 和 $\boldsymbol{F}_2$ 的作用下平衡（图(b)中 $OA=AB=BC=CD=DE=OE$），试问图中所画出的四个虚位移的方向是否都正确？为什么？

11-3 图示平面机构，弹簧的刚度系数为 k，原长为 l，不计构件自重和摩擦，系统在主动力 $\boldsymbol{F}_1$、$\boldsymbol{F}_2$ 的作用下于图示位置处于平衡状态，欲求主动力 $\boldsymbol{F}_1$ 和 $\boldsymbol{F}_2$ 之间的关系，用虚位移原理得出 $\boldsymbol{F}_1\cdot\delta\boldsymbol{r}_A+\boldsymbol{F}_2\cdot\delta\boldsymbol{r}_B=(F_1+F_2)l\delta\theta=0$，$F_1=F_2$，试问这个结果正确吗？为什么？

11-4 图示机构在主动力 $\boldsymbol{F}_1$ 和 $\boldsymbol{F}_2$ 的作用下平衡，已知 $O_1B=O_2C$，$O_1O_2=BC$，若不计各构件自重和摩擦，若在杆 DE 上平移 $\boldsymbol{F}_2$ 的作用线位置，系统的平衡状态是否会得到破坏？为什么？

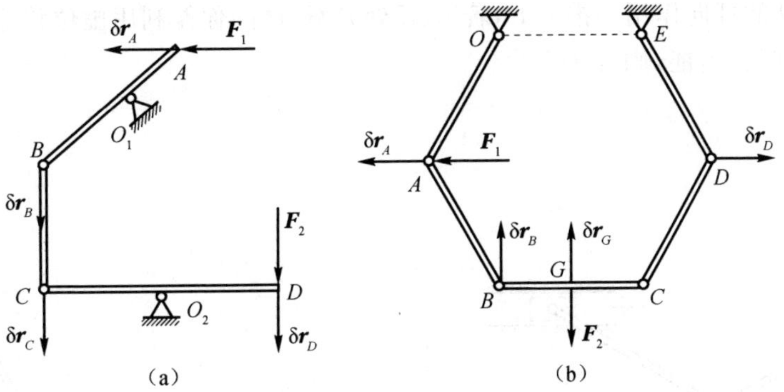

思考题 11-2 图

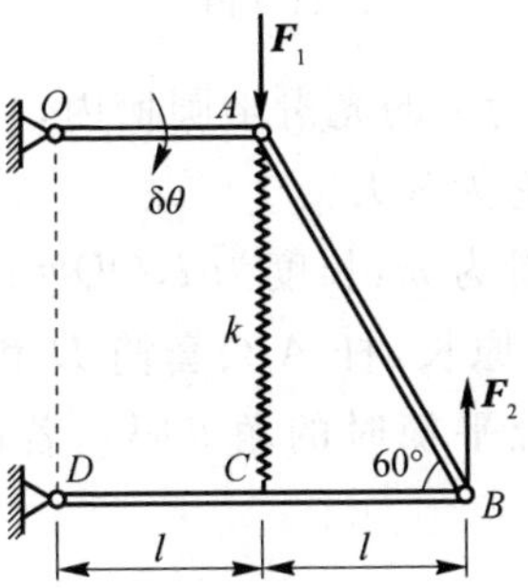

思考题 11-3 图

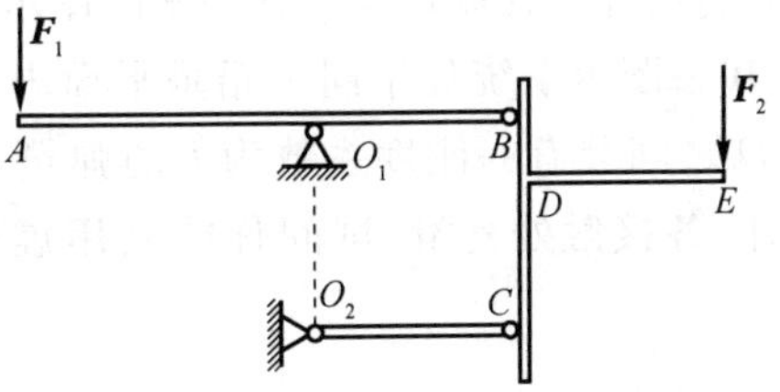

思考题 11-4 图

11-5 图示重为 P 的均质三角板，用长度都为 l 的杆 O_1A、O_2B 支撑，设 $O_1O_2=AB=l$，$GA=BH=\dfrac{l}{2}$，杆重和各铰链处摩擦不计，欲使三角板在图示位置保持平衡，则所需施加的水平力 $\boldsymbol{F}$ 应为多大？施加在三角板上的水平力 $\boldsymbol{F}$ 的大小与其作用线位置有关吗？为什么？

11-6 图示重量为 P、长度为 l 的均质杆 AB，其两端分别放置于光滑水平地面和光滑铅直墙面上，在主动力 $\boldsymbol{F}$ 的作用下于图示位置处于平衡状态。今假想点 A 发生一向右的虚位移 δx_A，试问由虚位移原理所建立的虚功方程是什么？求杆质心 C 的虚位移你能用多少种方法？

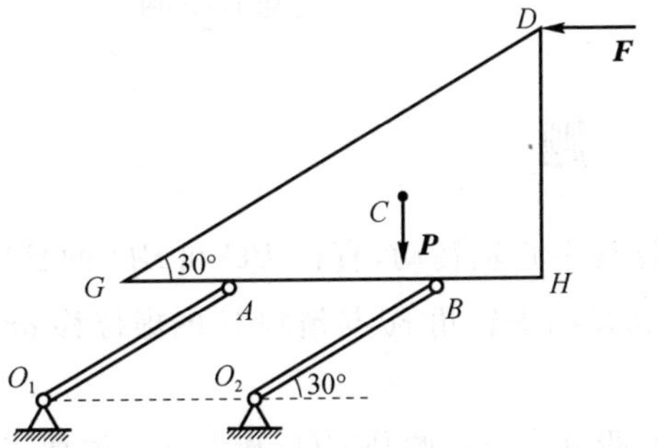

思考题 11-5 图

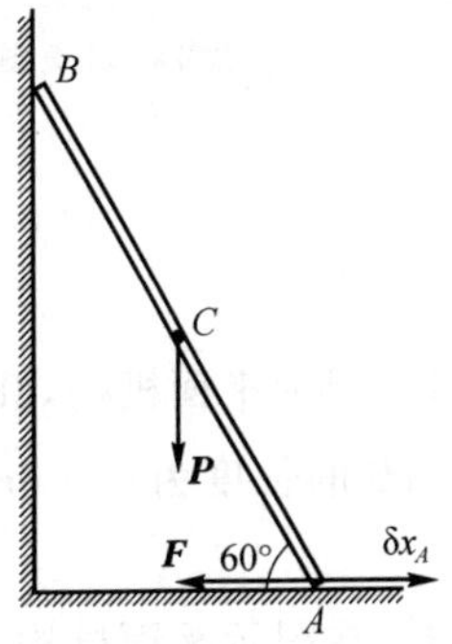

思考题 11-6 图

11-7 图示为铅垂面内的平面机构，均质曲柄 OA 与连杆 AB 的质量都为 m，长度都为 l，滑块的质量不计，铰链 O、A、B 处摩擦不计，若系统于图示位置处于静止状态，试问你能利用虚位移原理求出水平滑道对滑块的摩擦力吗？若能，则等于多少？

11-8 在图示平面系统中，直杆 AB 和 BD 的长度都为 l，自重不计，凸角 E 位于杆 BD 的中点处，沿杆 BD 的杆向作用一推力 F，若 B、E 处光滑，试问你能利用虚位移原理求出固定端 A 处的约束力偶矩吗？若能，则等于多少？

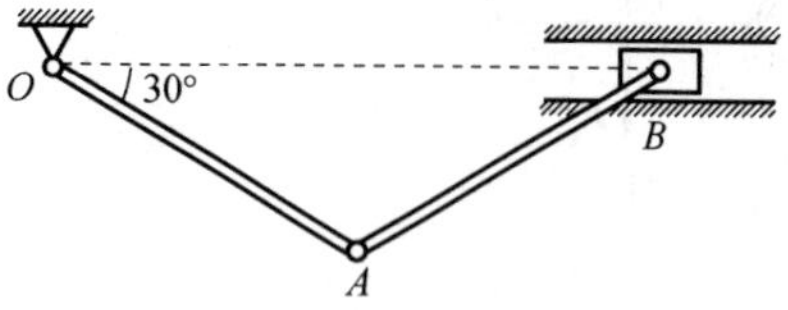

思考题 11-7 图

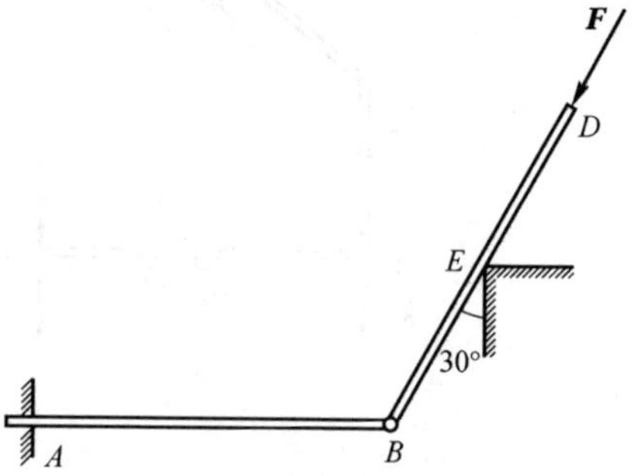

思考题 11-8 图

11-9 图示长度为 l、质量为 m 的均质杆 AB，放置于半径为 r 的光滑半圆槽内，且 $l>2r$，试问你能利用虚位移原理求出杆平衡时图示的角 θ 吗？若能，它为多大？

11-10 图示系统处于同一铅垂平面内，均质杆 OA 的质量为 m，长度为 l，$OD=l$，杆端 B 和铰链 D 之间装有一刚度系数为 k 的弹簧，当 $\theta=0°$ 时弹簧为原长，杆 AB、套筒 D 和弹簧的质量不计，各接触处光滑，试问你能利用虚位移原理求出系统平衡时的角 θ 吗？若能，它为多大？

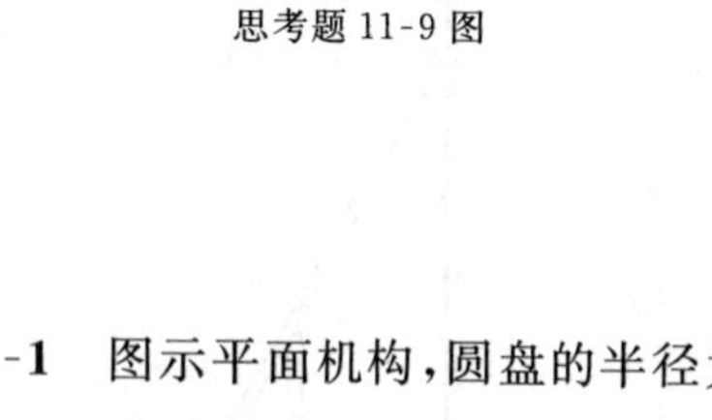

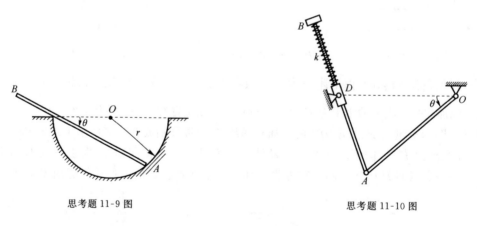

思考题 11-9 图

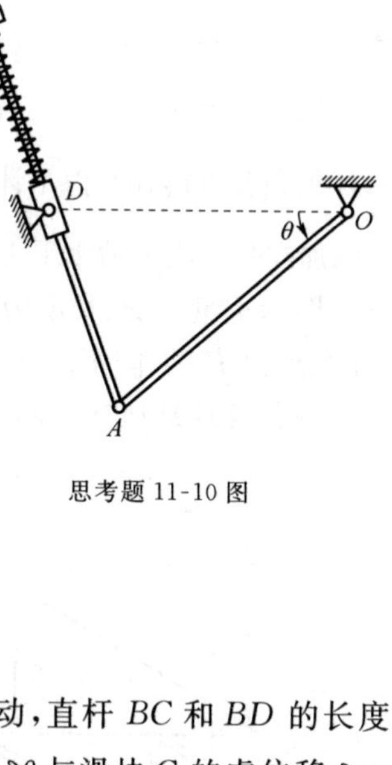

思考题 11-10 图

习　　题

11-1 图示平面机构，圆盘的半径为 r，可绕其中心轴转动，直杆 BC 和 BD 的长度为 $l_1=2r$，直杆 AB 的长度为 $l_2=3r$，试建立图示位置圆盘的虚转角 $\delta\theta$ 与滑块 C 的虚位移 δr_C 之间的关系。

11-2 在图示平面机构中，半径为 $R=2r$ 的四分之一细圆环 BD，其上套一套筒 A，套筒与可绕轴 O 转动的直杆 OA 铰接，OA 的长度为 $l=3r$，试建立图示位置杆 OA 的虚转角与点 D 的虚位移之间的关系。

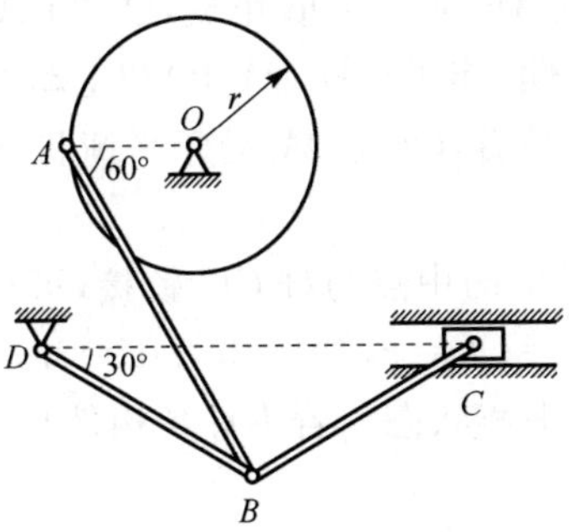

习题 11-1 图

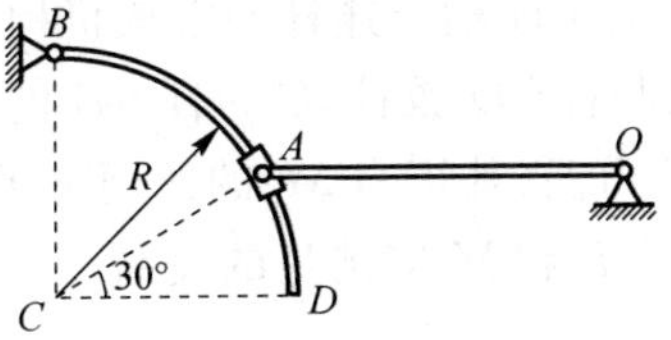

习题 11-2 图

11-3 在图示平面机构中，$O_1A=O_3C=O_3D=AB=l$，在图示位置，$CB=O_2B=\frac{2}{3}\sqrt{3}l$，试建立该位置 A、D 两点虚位移之间的关系。

11-4 在图示平面机构中，ABD 为边长等于 a 的正三角形平板，O_1B、O_2D 的杆长也均为 a。机构在图示位置时，杆 OE 与水平线成 60°夹角，A、D、O_2 在同一水平线上，O_1B 位于铅垂位置，且 $OA=a$，试求此瞬时杆 O_1B 与杆 OE 的虚转角之间的关系。

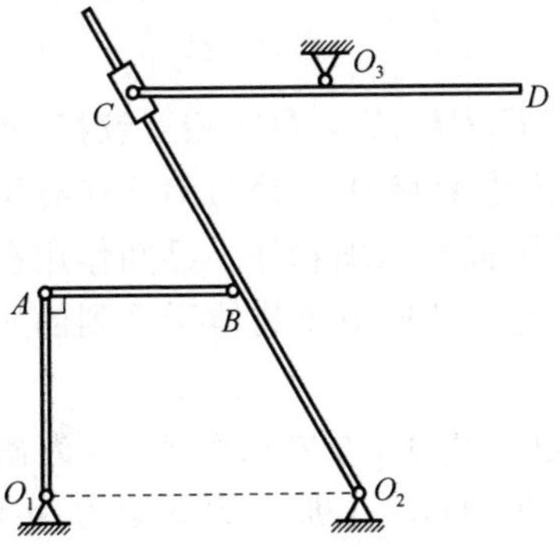

习题 11-3 图

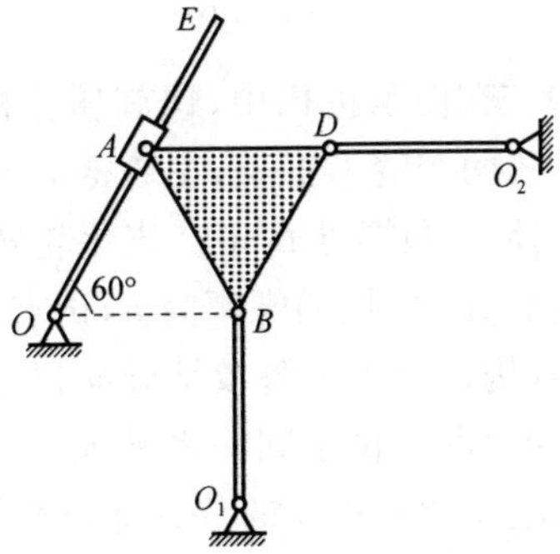

习题 11-4 图

11-5 在图示平面四连杆机构中，在杆 AB 上垂直地作用有三角形分布载荷，其最大集度为 q，在杆 OA 的中点作用有水平向左的主动力 $\boldsymbol{F}$，且 $F=ql$，若不计各构件自重和各接触处摩擦，为使系统在图示位置平衡，所需施加的作用于杆 BC 上的主动力偶矩 M 的值。

11-6 图示平面机构由四连杆机构和连杆－滑块机构组成，已知 $OA=BC=BD=2l$，$AB=\sqrt{3}l$，在主动力 $\boldsymbol{F}$(作用于滑块上)和其矩为 M 的主动力偶(作用于曲柄 OA 上)的作用下于图示位置处于平衡状态，试求 F 和 M 应满足的关系。

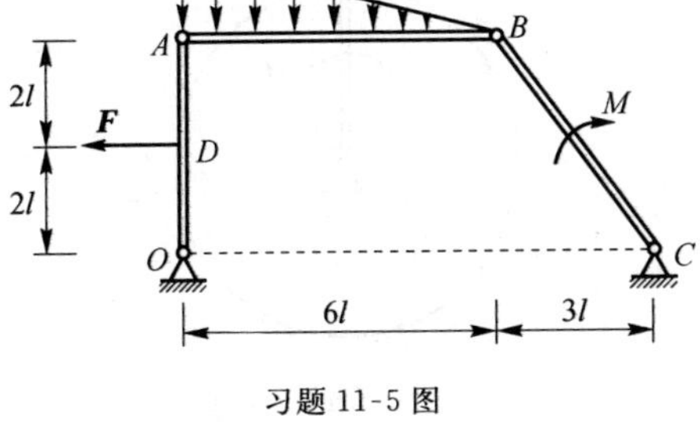

习题 11-5 图

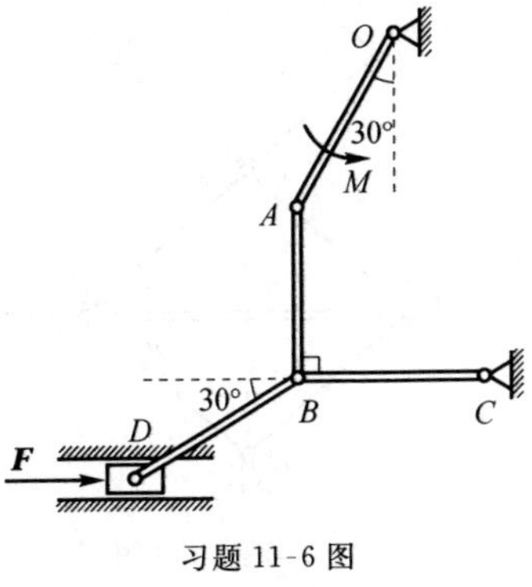

习题 11-6 图

11-7 图示平面机构由曲柄 OA、连杆 AB 和 BD、摇杆 BC 和 DE 组成，已知 $OA=DE=6l$，$AB=10l$，$BC=BD=EG=4l$，系统在其矩为 M 的主动力偶（作用于杆 OA 上）和主动力 $\boldsymbol{F}$（垂直作用于杆 DE 上）的作用下于图示位置（曲柄 OA 处于水平位置，$OB \perp OA$）处于平衡状态，若不计各构件自重和各接触处摩擦，试求 M 和 F 应满足的关系。

11-8 图示曲柄一连杆一滑块机构 OAB 的连杆 AB 的中点与杆 CD 铰接，可绕轴 E 转动的杆 DE 又与杆 CD 铰接，C 为杆 AB 的中点，已知 $OA=CD=r$，$AB=2r$，$DE=3r$，系统在主动力 $\boldsymbol{F}$ 和主动力偶（其矩为 M）的作用下于图示位置处于平衡状态。若不计各构件自重和各接触处摩擦，试求 F 和 M 应满足的关系。

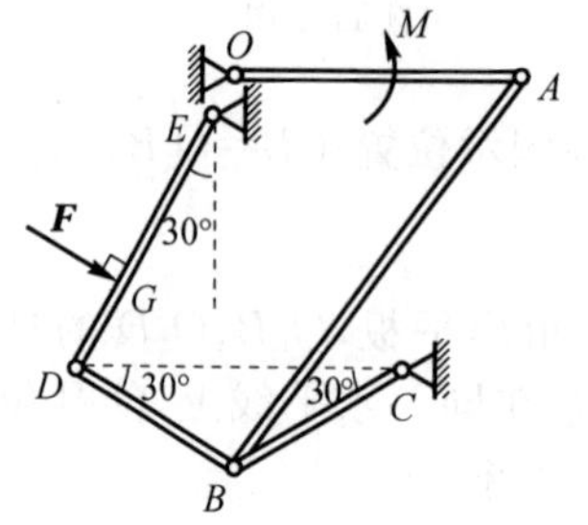

习题 11-7 图

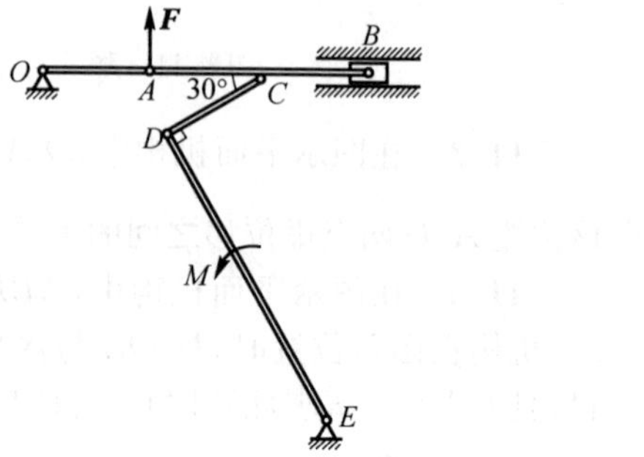

习题 11-8 图

11-9 在图示机构中，螺旋压榨机由直杆 OA、OB、AE、BH、ED、DH 相互铰接，构成边长为 a 和 b 的两个菱形框架，在铰链 A、B 的销钉上分别有光滑套筒 A 与螺母 B。连有手轮的丝杠穿在套筒 A 和螺母 B 中。当手轮转动时，装在点 D 的压板可压缩物体。已知作用在手轮上的力偶矩为 M，丝杠的螺距为 h，试求当菱形框架的顶角为 2α 时，被压物体所受到的压力的大小（不计各构件自重和各铰链处摩擦）。

11-10 图示位于同一水平面内机构，点 B 作用一已知力 $\boldsymbol{F}$，方向如图所示，为使机构在 $BC \perp OA$，$\angle CBO_1=2\alpha$ 的位置保持平衡，而需在长为 l 的曲柄 OA 上加一力偶矩为 M 的力偶，不计铰链 O、A、C、B、O_1 处摩擦，试求此力偶矩 M 的大小（已知 $O_1B=2l/3$，$BC=r$）。

11-11 如图所示，均质圆盘的质量为 m，半径为 r；均质细杆 AB 的长度为 l，质量也为 m，其 A 端与圆盘边缘铰接，B 端与不计质量的滑块 B 铰接，滑块 B 放置于粗糙的铅垂滑道内，当 O、C、A 三点位于同一水平线上，$\theta=30°$时系统平衡，试求滑道对滑块 B 的摩擦力。

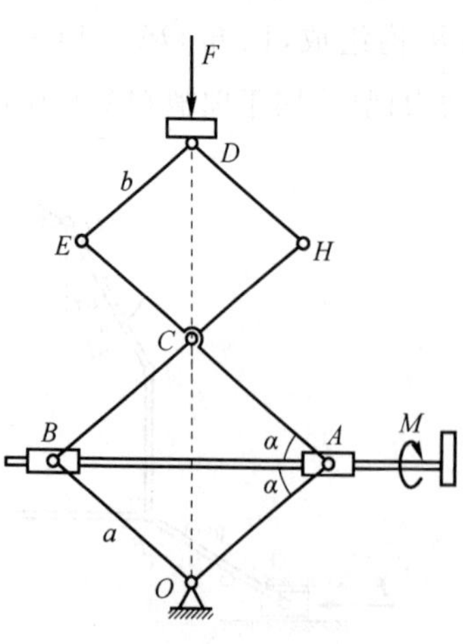

习题 11-9 图

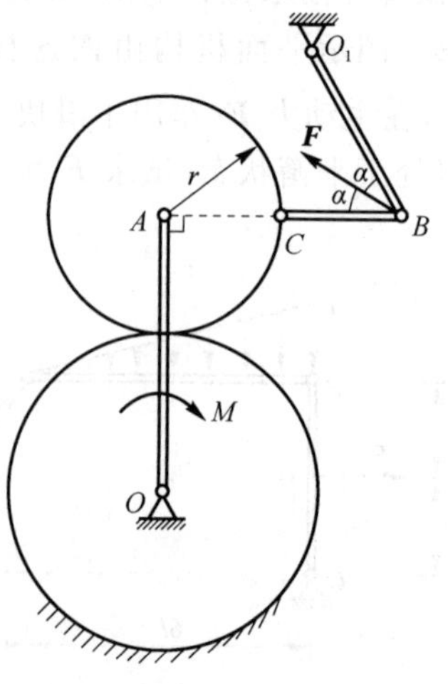

习题 11-10 图

11-12 如图所示，半径为 r 的圆轮放在粗糙水平地面上，连杆 AB 的两端分别与轮缘上的点 A 和滑块 B 光滑铰接，现在圆轮上施加其矩为 M 的主动力偶，在滑块上施加水平向右主动力 $\boldsymbol{F}$，使系统在图示位置（B、A、D 成一直线并与水平线夹角为 $\varphi=30°$）时处于静止状态，设力 $\boldsymbol{F}$ 为已知，忽略滚动摩阻力偶和各构件的重量以及水平滑道对滑块 B 的摩擦，试求主动力偶矩 M 的值及地面对圆轮的摩擦力。

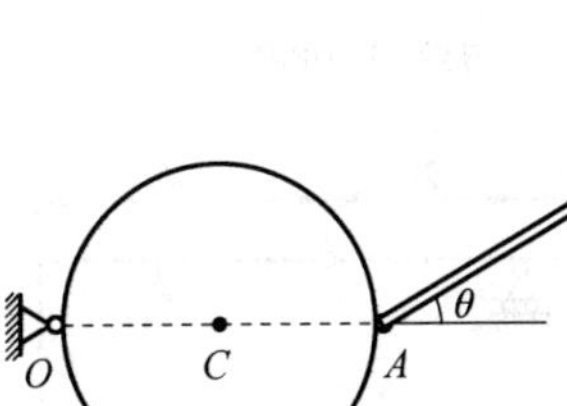

习题 11-11 图

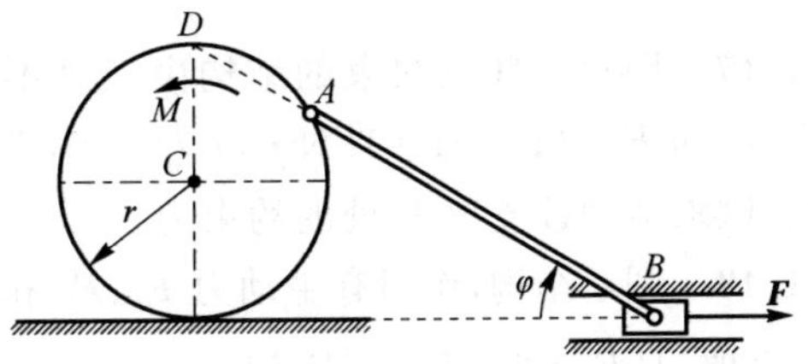

习题 11-12 图

11-13 在图示平面牛头刨床机构中，曲柄 O_1A 的 A 端铰接一滑块，该滑块可沿摇杆 O_2B 的直槽内滑动，固连于滑块 C 上的销钉也放置于摇杆 O_2B 的直槽内，$O_1A=r$，系统在主动力 $\boldsymbol{F}$ 和其矩为 M 的主动力偶的作用下于图示位置处于平衡状态，若不计各构件自重和各接触处摩擦，试求 F 和 M 应满足的关系。

11-14 图示刨床平面机构由曲柄 O_1A、摇杆 O_2B、套筒 A 和 B 及 T 型杆组成。当曲柄 O_1A 绕轴 O_1 转动时，借助套筒 A 可带动摇杆 O_2B 绕轴 O_2 摆动，摇杆借助套筒 B 可带动 T 型杆作水平直线平移，已知 $O_1A=O_1O_2=r$，$O_2B=l$，系统在主动力偶（其矩为 M）和主动力 $\boldsymbol{F}$ 的作用下于图示位置处于平衡状态，若不计各构件自重和各接触处摩擦，试求 M 和 F 应满足的关系。

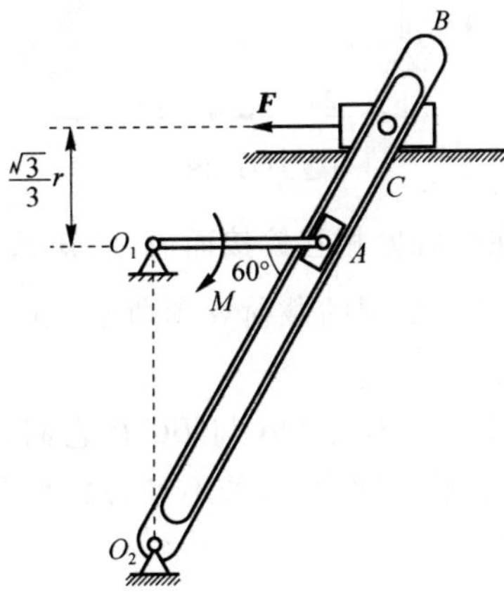

习题 11-13 图

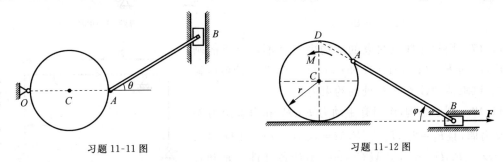

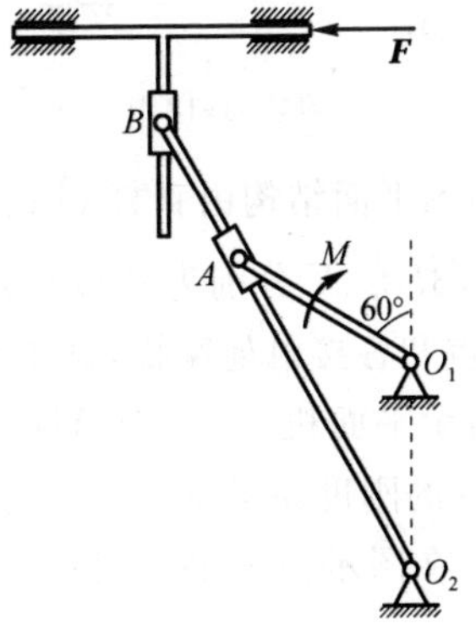

习题 11-14 图

11-15 图示平面机构，已知 $OA=BC=2l$，$CD=4l$，系统在其矩为 M 的主动力偶和水平主动力 $\boldsymbol{F}$ 的作用下于图示位置处于平衡状态，若不计各构件自重和各接触处摩擦，试求 M 和 F 应满足的关系。

11-16 图示平面机构，已知：$OA=CD=r$，$BC=4r$，系统在其矩为 M 的主动力偶（作用于杆 OA 上）和铅垂主动力 $\boldsymbol{F}$（作用于滑块 D 上）的作用下于图示位置处于平衡状态，若不计各构件自重和各接触面间摩擦，试求 M 和 F 应满足的关系。

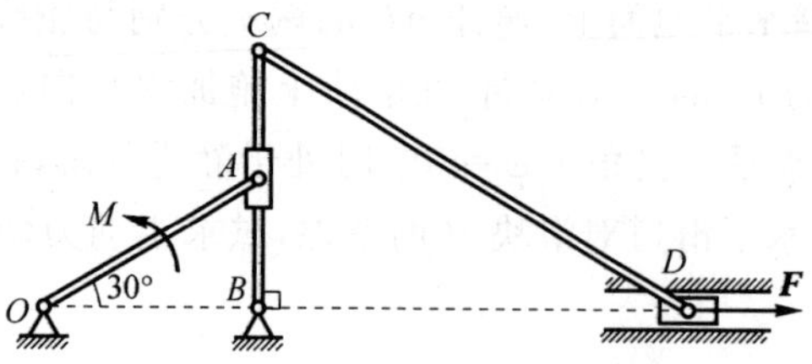

习题 11-15 图

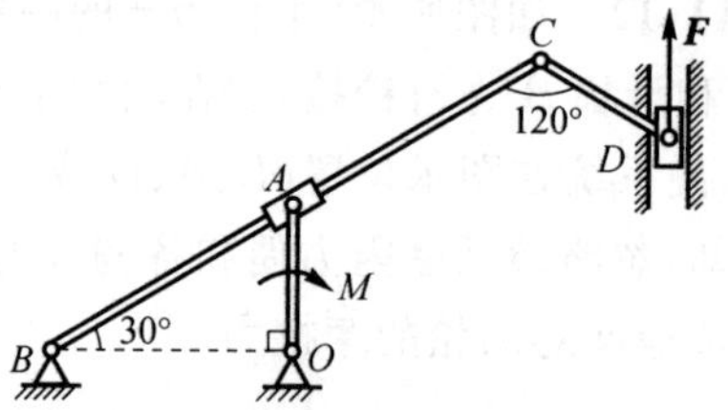

习题 11-16 图

11-17 图示受理想约束的结构由三个不计自重的刚体组成，已知 $F=3\text{kN}$，$M=1\text{kN}\cdot\text{m}$，$l=1\text{m}$，若不计各接触处摩擦，试求活动铰支座 B 处的约束力。

11-18 图示结构，作用有主动力 $\boldsymbol{F}_1$、$\boldsymbol{F}_2$ 和力偶矩为 M 的主动力偶，且 $F_1=2F$，$F_2=3F$，$M=8\sqrt{3}Fa$，$BC=CD=2a$，$EC=ED$，$\angle BAD=60°$，$\angle ABC=90°$，不计各杆件自重和各接触处摩擦，试求 D 处全部的约束力。

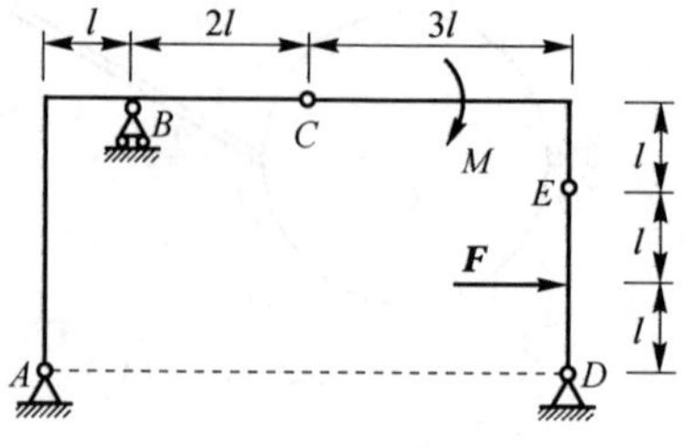

习题 11-17 图

11-19 图示平面结构由直杆 AB、BC、CD、GH 在接触处相互铰接而成，已知图中 a，q，$F=qa$，$M=3qa^2$，若不计各构件自重和各接触处摩擦，试求杆 GH 的内力。

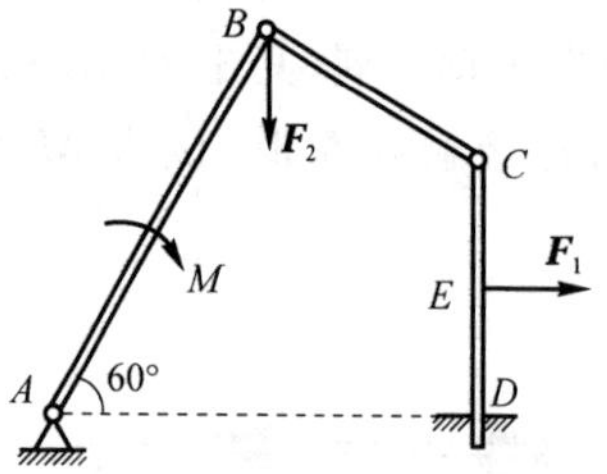

习题 11-18 图

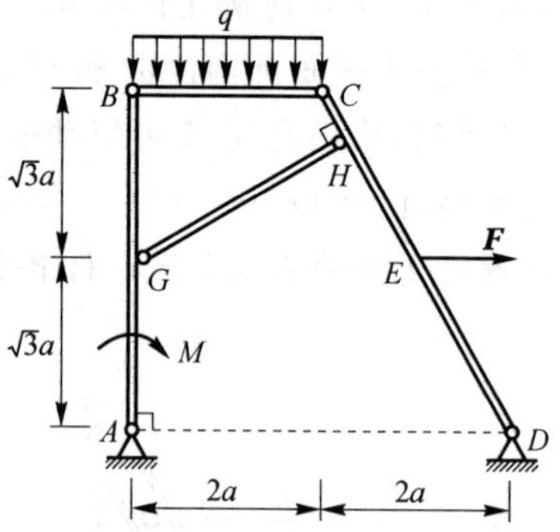

习题 11-19 图

11-20 图示平面结构由直杆 OA、AB、BC、BD 在接触处相互铰接而成，已知 $AB=BC=l$，$OA=2l$，$BD=\sqrt{3}l$，C、E 分别为杆 OA、BD 的中点，系统所受到的载荷如图所示，且 $M=3Fl$，若不计各构件自重和各接触处摩擦，试求杆 AB 的内力。

11-21 图示平面机构，已知 $AD=BD=l$，$OA=BC=2l$，杆 OA 与 BC 在它们的中点以销钉 E 相连，弹簧的刚度系数为 k，在销钉 D 上作用一水平主动力 $\boldsymbol{F}$，若不计各构件自重和各接触处摩擦，试求在图示位置平衡时弹簧的变形量。

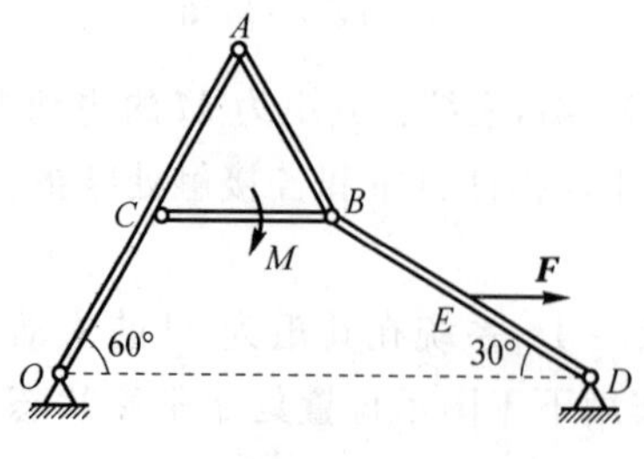

习题 11-20 图

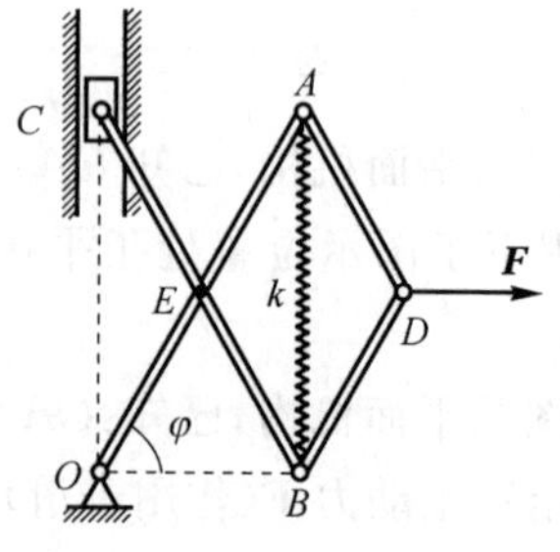

习题 11-21 图

11-22 图示平面机构，其几何尺寸和所受载荷如图所示，且 $F=2ql$，$M=3ql^2$，弹簧的刚度系数为 k，若不计各构件自重和各接触处摩擦，试求在图示位置平衡时弹簧的变形量。

11-23 在图示平面机构中，$OA=BC=AE=3l$，杆 OA 与杆 BC 在 D 处以销钉相连，且 $AD=DC=l$，杆 AE 的 E 端固连一挡板，在挡板和铰链 C 之间连接一刚度系数为 k 的弹簧，O、B 两点处于同一水平线上，在铰链 A 处铅垂地作用一主动力 $\boldsymbol{F}$，若不计各构件自重和各接触处摩擦，当 $\theta=30°$ 时系统处于平衡状态，试求此时弹簧的变形量。

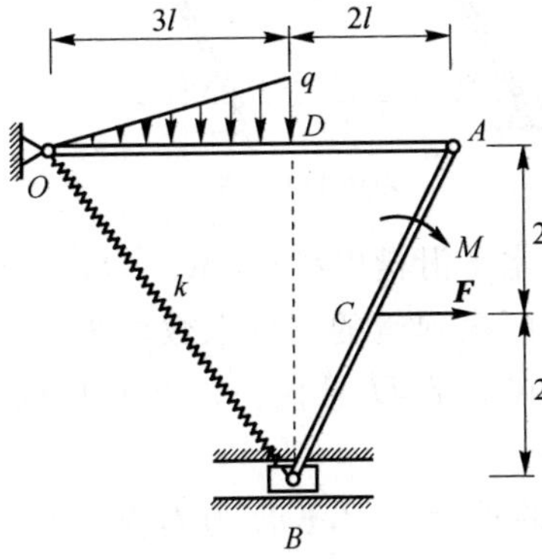

习题 11-22 图

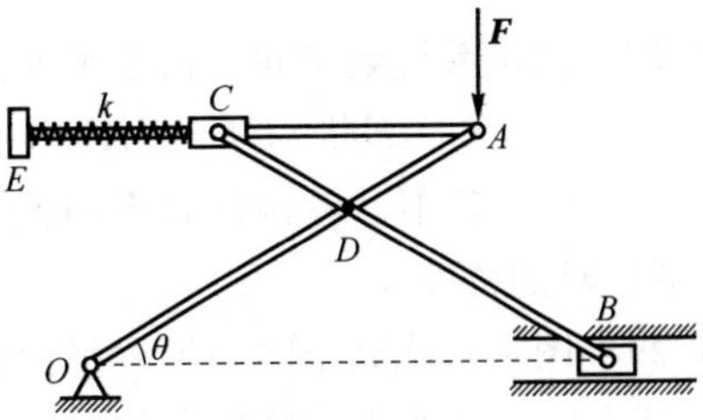

习题 11-23 图

11-24 图示平面机构，杆 AB 套在可绕轴 D 转动的套筒内，其 A 端与可绕轴 O 转动的杆 AE 铰接，B 端垂直固连一挡板，在挡板 B 和铰链 D 之间连接一弹簧，已知弹簧的原长为 $l_0=3b$，$AB=3b$，$OA=OD=OE=b$，若不计各构件自重和各接触处摩擦，在杆 AE 的 E 端作用一其矩为 M 的主动力偶，欲使系统于 $\theta=60°$ 时保持平衡状态，试求弹簧的刚度系数。

11-25 如图所示，由四根杆组成的机构处于同一铅垂平面内。其中 $AB=CD$，$AC=BD=c$，杆 AB 可绕杆上点 O 转动，且 $OA=a$，$OB=b$。今在点 C 作用一铅垂力 $\boldsymbol{F}_1$，在点 D 作用一水平力 $\boldsymbol{F}_2$，使机构处于平衡状态。试问此时杆 AB、AC 与水平线的夹角 α、β 各等于多少？不计各杆自重和各接触处摩擦。

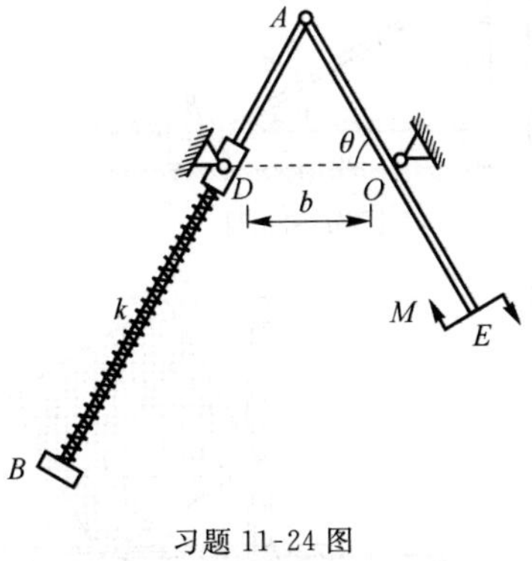

习题 11-24 图

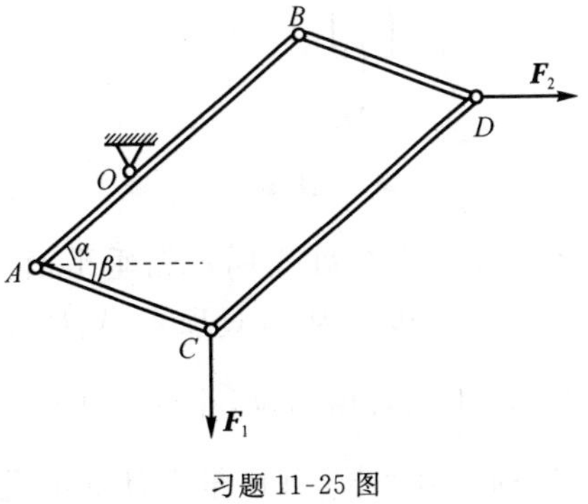

习题 11-25 图

11-26 图示系统处于同一铅垂平面内，均质轮 A 的质量为 m_A，半径为 R；均质轮 B 的质量为 m_B，半径为 r，CD 段绳子处于铅垂位置，若不计绳子质量和轴承 A 处摩擦，欲使系统平衡，试求主动力偶矩 M_1 和 M_2 的大小。

11-27 图示由 AB、CD、DE 三杆组成的平面系统中，$AC=CD=DE=l$，今在三杆上分别作用一力偶，并在图示位置平衡，若不计各构件自重和各接触处摩擦，已知 M_1，试求 M_2 和 M_3 的值。

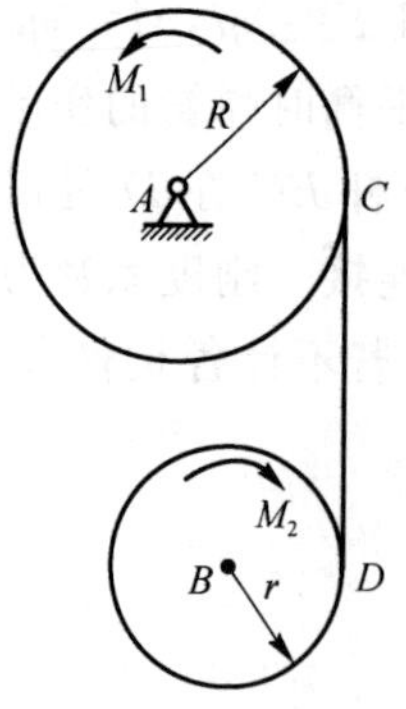

习题 11-26 图

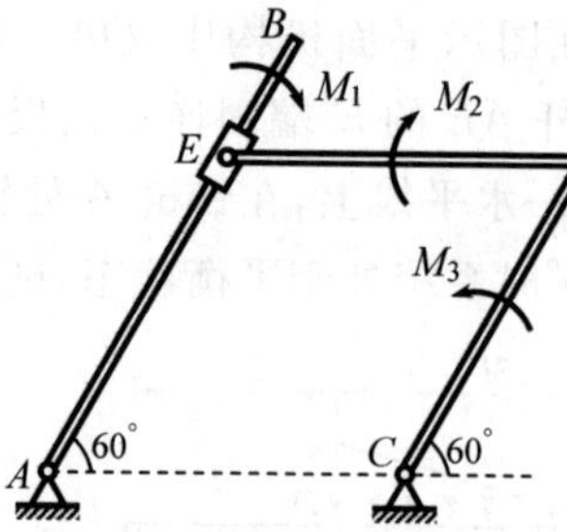

习题 11-27 图

11-28 图示系统处于同一铅垂平面内，滑块 A 可在水平滑槽中滑动，$AC=OC=CI=CB=BD=ID=DE=DG=EH=GH=l$，$C$、$D$ 处为销钉相连，两根弹簧的刚度系数均为 k，且当 $\theta=30°$时都为原长。若不计各构件自重和各接触处摩擦，今在铰链 H 悬挂一自重为 P 的重物，试求机构平衡时的角度 θ。

11-29 图示系统处于同一铅垂平面内，均质杆 AB 的重量为 P，长度为 l，弹簧的刚度系数 $k=P/l$，且当杆在铅垂位置时弹簧不受力，滑块 A、B 及弹簧的质量忽略不计，各接触处均为光滑，试求平衡位置时的角度 θ，并讨论平衡位置的稳定性。

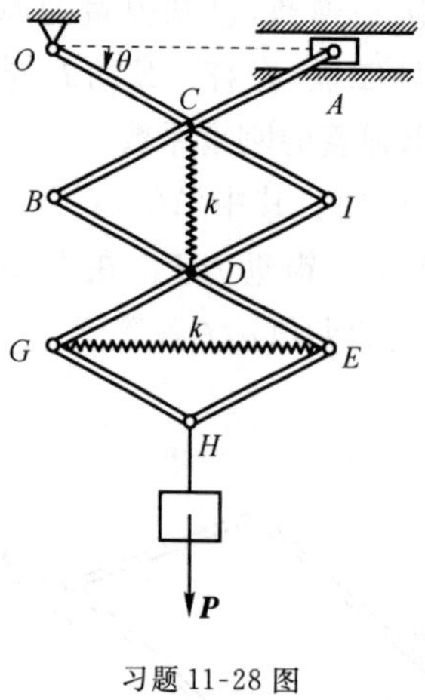

习题 11-28 图

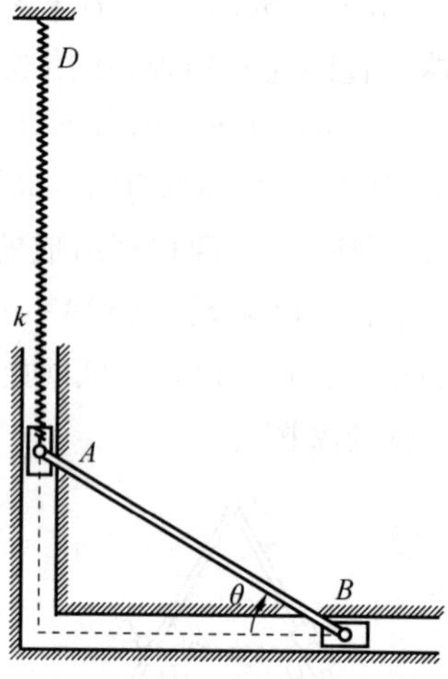

习题 11-29 图

11-30 图示系统处于同一铅垂平面内，均质正方形薄板的质量为 m，边长为 a，其顶点 A、B 分别可沿光滑水平直槽和光滑铅垂直槽滑动，小球 D 的质量为 $\frac{2}{3}m$，用长度为 $l=3a$ 的不可伸长，且质量不计的细绳跨过不计尺寸的光滑定滑轮 E 后系在板的顶点 A 上，试求系统平衡时的角度 θ，并讨论平衡位置的稳定性。

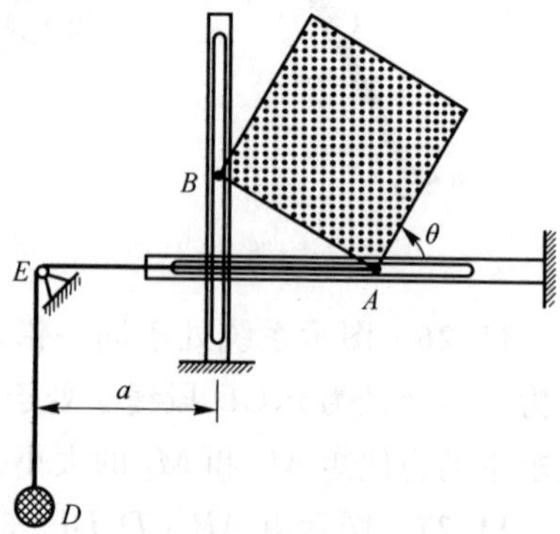

习题 11-30 图

第 12 章　动力学普遍方程和第二类拉格朗日方程

实际问题中的质点系往往是受约束的质点系，即有约束力作用在质点系的质点上，约束力的作用是保证质点系在运动过程中满足事先给定的约束条件。因此，在建立非自由质点系的动力学方程的过程中，不可避免地会出现约束力，而约束力是一种被动的未知力，如果只对质点系的运动感兴趣，求解这些约束力会增加不必要的计算量。那么能否建立一种不含约束力的非自由质点系的动力学方程呢？将达朗贝尔原理和虚位移原理结合起来可以达到这一目的，因为达朗贝尔原理给出了通过列写形式上的静力学平衡方程求解质点系的动力学问题的方法，而虚位移原理又建立了不含约束力的非自由质点系的平衡方程。

根据达朗贝尔原理和虚位移原理所导出的非自由质点系的动力学方程，称为动力学普遍方程。将完整约束系统的动力学普遍方程进而表示成广义坐标的形式，可以推得第二类拉格朗日方程。利用第二类拉格朗日方程可直接写出个数与系统自由度相等的独立的运动微分方程，且运算过程非常程式化，在实际工程中有重要应用。

12.1　动力学普遍方程

设一个质点系由 n 个质点组成，其第 i 个质点的质量为 m_i，在任一瞬时，作用于此质点上的主动力的合力为 $\boldsymbol{F}_i$，约束力的合力为 $\boldsymbol{F}_{\mathrm{N}i}$，其加速度为 $\boldsymbol{a}_i$，根据达朗贝尔原理，在其上假想地施加达朗贝尔惯性力 $\boldsymbol{F}_{\mathrm{I}i}=-m_i\boldsymbol{a}_i$，则

$$\boldsymbol{F}_i+\boldsymbol{F}_{\mathrm{N}i}+\boldsymbol{F}_{\mathrm{I}i}=0\quad(i=1,2,\cdots,n)\tag{12-1}$$

将上式与相应质点的虚位移 $\delta\boldsymbol{r}_i$ 进行点积有

$$(\boldsymbol{F}_i+\boldsymbol{F}_{\mathrm{N}i}+\boldsymbol{F}_{\mathrm{I}i})\cdot\delta\boldsymbol{r}_i=0\quad(i=1,2,\cdots,n)\tag{12-2}$$

然后将式(12-2)中 n 个式子进行求和，得

$$\sum_{i=1}^{n}(\boldsymbol{F}_i+\boldsymbol{F}_{\mathrm{N}i}+\boldsymbol{F}_{\mathrm{I}i})\cdot\delta\boldsymbol{r}_i=0\tag{12-3}$$

如果此质点系所受到的约束为双侧、理想约束，则根据虚位移原理以及理想约束的条件知，$\sum_{i=1}^{n}\boldsymbol{F}_{\mathrm{N}i}\cdot\delta\boldsymbol{r}_i=0$，于是，上式变为

$$\sum_{i=1}^{n}(\boldsymbol{F}_i+\boldsymbol{F}_{\mathrm{I}i})\cdot\delta\boldsymbol{r}_i=0\text{ 或 }\sum_{i=1}^{n}(\boldsymbol{F}_i-m_i\boldsymbol{a}_i)\cdot\delta\boldsymbol{r}_i=0\tag{12-4}$$

这说明，在具有双侧、理想约束的质点系中，在运动的任一瞬时，作用于其上的主动力系和达朗贝尔惯性力系在系统的任何一组虚位移上的虚功之和等于零。式(12-4)称为**动力学普遍方程**或**达朗贝尔－拉格朗日原理**。可以看出，在动力学普遍方程中不包含理想约束力，可提供具有任意多个自由度的质点系的全部运动方程，为处理非自由质点系的动力学问题提供了简便方法。

由于达朗贝尔原理给出的主动力、约束力和达朗贝尔惯性力的平衡关系是对每一瞬时的，非自由质点系的虚位移也是对给定瞬时的，因此只需考虑约束的瞬时性质，这说明，动力学普遍

方程对定常和非定常约束系统也都是适用的。同时，动力学普遍方程对完整和非完整约束系统也都是适用的。

例 12-1 图(a)所示为处于同一铅垂平面内的曲柄－连杆－滑块机构，三均质刚体的质量都为 m，曲柄 OA 的长度为 r，连杆 AB 的长度为 $l=2r$，在曲柄 OA 上作用一力偶矩为 M 的主动力偶，使系统由图示位置无初速地进入运动，不计各接触处摩擦，试求该瞬时曲柄的角加速度。

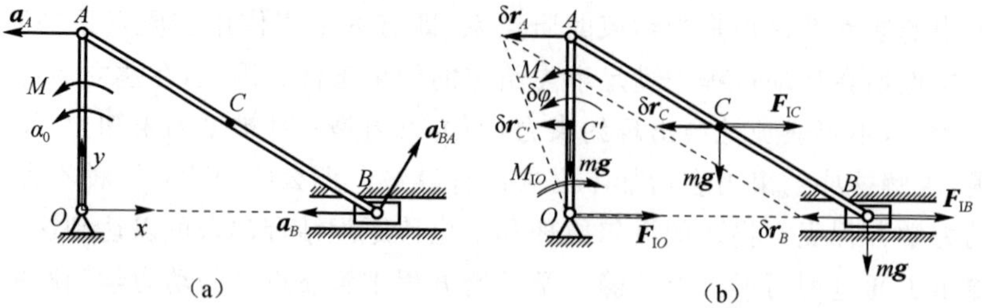

例 12-1 图

解：(1)运动学分析。设运动初瞬时曲柄 OA 的角加速度为 α_0，因为已知运动初瞬时 $\omega_{OA}=0$，$\omega_{AB}=0$，于是 $a_A=a_A^{\mathrm{t}}$，$a_{BA}^{\mathrm{n}}=0$，根据 $\boldsymbol{a}_B=\boldsymbol{a}_A+\boldsymbol{a}_{BA}^{\mathrm{t}}$ 沿 y 方向的投影式知 $a_{BA}^{\mathrm{t}}=0$，即 $\alpha_{AB}=0$，于是 $a_B=a_A=r\alpha_0$，设杆 AB 的质心为 C，根据 $\boldsymbol{a}_C=\frac{1}{2}(\boldsymbol{a}_A+\boldsymbol{a}_B)$ 知 $a_C=a_A=r\alpha_0(\leftarrow)$。

(2)受力分析。系统中主动力有三个重力和一个主动力偶，各刚体惯性力系的等效力系如图(b)所示，其中

$$F_{IO}=m\left(\frac{r}{2}\alpha_0\right),\quad M_{IO}=\frac{1}{3}mr^2\alpha_0$$

$$F_{IC}=ma_C=m(r\alpha_0),\quad F_{IB}=ma_B=m(r\alpha_0)$$

(3)虚位移分析。假想杆 OA 发生图(b)所示虚转角 $\delta\varphi$，则 $\delta r_A=OA\cdot\delta\varphi=r\delta\varphi$，杆 AB 为虚瞬时平移。故 $\delta r_B=\delta r_C=\delta r_A=r\delta\varphi$。

(4)应用动力学普遍方程求解。因系统所受到的约束为双侧、理想约束，以整体为研究对象，则有

$$(M-M_{IO})\delta\varphi-F_{IC}\delta r_C-F_{IB}\delta r_B=0$$

即

$$\left(M-\frac{1}{3}mr^2\alpha_0-mr^2\alpha_0-mr^2\alpha_0\right)\delta\varphi=0$$

由 $\delta\varphi$ 的任意性知

$$M-\frac{7}{3}mr^2\alpha_0=0,\quad \alpha_0=\frac{3M}{7mr^2}$$

注意：①动力学普遍方程说的是所有主动力和达朗贝尔惯性力在任意一组虚位移上所作的虚功之和为零，故题解中只画出了主动力和各刚体达朗贝尔惯性力系的等效力系。②三个重力都与各自作用点的虚位移方向垂直，故它们的虚功为零。③由于 $\boldsymbol{F}_{IO}$ 的作用点无虚位移，故它的虚功为零，但也要画出。④也可将曲柄 OA 的达朗贝尔惯性力系向其质心 C' 简化得 $F_{IC'}=m\left(\frac{r}{2}\alpha_0\right)(\rightarrow)$，$M_{IC'}=\frac{1}{12}mr^2\alpha_0$(↺)，它们的虚功之和为 $-F_{IC'}\delta r_C'-M_{IC'}\delta\varphi=-\left(\frac{1}{4}+\frac{1}{12}\right)mr^2\alpha_0\delta\varphi=-\frac{1}{3}mr^2\alpha_0\delta\varphi$，与题中简化方法所得结果一致。

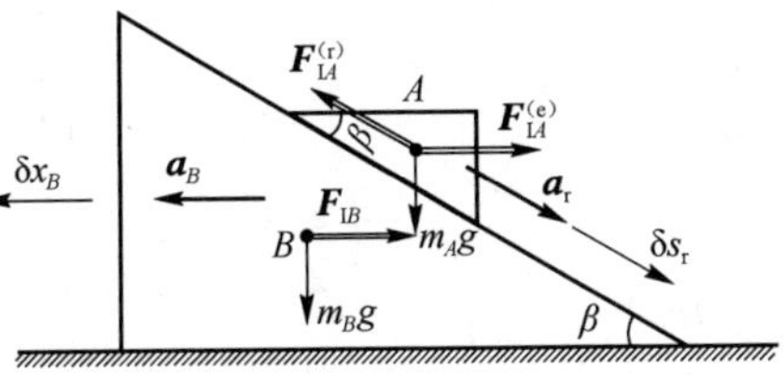

例 12-2 图

例 12-2 如图所示，质量为 m_A 的小三角块 A 在重力作用下沿着放置在水平地面上质量为 m_B 的大三角块 B 的斜面滑下，A 与 B 斜面的倾角均为 β，若所有接触面都是光滑的，试求三角块 A 相对于三角块 B 的加速度，以及三角块 B 在水平面上滑动的加速度。

解：(1)设三角块 B 向左运动的加速度为 $\boldsymbol{a}_B$，则三角块 A 的加速度应由随 B 平移的加速度 $\boldsymbol{a}_B$ 和相对 B 的加速度 $\boldsymbol{a}_r$ 合成，即 $\boldsymbol{a}_A=\boldsymbol{a}_B+\boldsymbol{a}_r$。

(2)系统所受的主动力和达朗贝尔惯性力系的等效力系如图所示，其中 $F_{IB}=m_B a_B$，$F_{IA}^{(e)}=m_A a_B$，$F_{IA}^{(r)}=m_A a_r$。

(3)假想三角块 B 发生水平向左的虚位移 δx_B，三角块 A 相对于三角块 B 发生沿斜面向下的虚位移 δs_r，则滑块 A 发生的虚位移为这两个虚位移的矢量和，根据动力学普遍方程得

$$-F_{IB}\delta x_B+m_A g\sin\beta\cdot\delta s_r+F_{IA}^{(r)}(-\delta s_r+\delta x_B\cos\beta)+F_{IA}^{(e)}(\delta s_r\cos\beta-\delta x_B)=0$$

$$(-m_B a_B+m_A a_r\cos\beta-m_A a_B)\delta x_B+(m_A g\sin\beta-m_A a_r+m_A a_B\cos\beta)\delta s_r=0$$

由 δx_B 和 δs_r 的独立性得

$$\begin{cases}-(m_A+m_B)a_B+m_A a_r\cos\beta=0\\ m_A(g\sin\beta-a_r+a_B\cos\beta)=0\end{cases}$$

解得

$$a_B=\frac{m_A g\sin(2\beta)}{2(m_B+m_A\sin^2\beta)},\quad a_r=\frac{(m_A+m_B)g\sin\beta}{(m_B+m_A\sin^2\beta)}$$

注意：①该系统为二自由度系统，也可以这样来做，先令 $\delta s_r=0$(即 A 在 B 上不动)，$\delta x_B\neq0$，则由动力学普遍方程得 $-F_{IB}\delta x_B-F_{IA}^{(e)}\delta x_B+(F_{IA}^{(r)}\cos\beta)\delta x_B=0$，即有 $-(m_A+m_B)\boldsymbol{a}_B+m_A a_r\cos\beta=0$；然后再令 $\delta x_B=0$(即 B 不动)，$\delta s_r\neq0$，则由动力学普遍方程得 $m_A g\sin\theta\cdot\delta s_r-F_{IA}^{(r)}\delta s_r+F_{IA}^{(e)}\cos\beta\cdot\delta s_r=0$，即有 $m_A(g\sin\beta-a_r+a_B\cos\beta)=0$；最后联立所得的两个方程即可求解。②三角块 B 相对于地面作水平直线平移，而三角块 A 相对于地面作斜直线平移(参见例 9-4)，在求三角块 A 的绝对加速度和绝对虚位移时都使用了运动合成方法。

12.2 第二类拉格朗日方程

在动力学普遍方程中，是直接以质点系内不同质点的虚位移表示各主动力和达朗贝尔惯性力的虚功的，显然，对于非自由质点系，这些虚位移并不独立。因此，利用这种方法解题，需分析各质点虚位移之间的关系，这会给解题带来不少麻烦。若直接用质点系的广义坐标的变分表示各质点的虚位移，则对完整约束系统来说，因广义坐标的变分相互独立，可推得个数与系统自由度数相等的一组独立的运动微分方程，从而使问题得到很大的简化。

设约束质点系由 n 个质点组成，系统的位置由 k 个广义坐标 $q_1,q_2,\cdots,q_k$ 来确定，则各质点相对于定点 O 的矢径可表示为

$$\boldsymbol{r}_i=\boldsymbol{r}_i(q_1,q_2,\cdots,q_k,t)\quad(i=1,2,\cdots,n)\tag{12-5}$$

于是各点的虚位移为

$$\delta\boldsymbol{r}_i=\sum_{j=1}^{k}\frac{\partial\boldsymbol{r}_i}{\partial q_j}\delta q_j\quad(i=1,2,\cdots,n)\tag{12-6}$$

将上式代入式(12-4)得

$$\sum_{i=1}^{n}(\boldsymbol{F}_i - m_i\boldsymbol{a}_i)\cdot\sum_{j=1}^{k}\frac{\partial \boldsymbol{r}_i}{\partial q_j}\delta q_j = 0 \tag{12-7}$$

交换其求和的顺序得

$$\sum_{j=1}^{k}\left[\sum_{i=1}^{n}\boldsymbol{F}_i\cdot\frac{\partial \boldsymbol{r}_i}{\partial q_j}+\sum_{i=1}^{n}(-m_i\boldsymbol{a}_i)\cdot\frac{\partial \boldsymbol{r}_i}{\partial q_j}\right]\delta q_j = 0 \tag{12-8}$$

上式方括号内第一项即为与广义坐标 q_j 对应的广义主动力 Q_j，即

$$Q_j = \sum_{i=1}^{n}\boldsymbol{F}_i\cdot\frac{\partial \boldsymbol{r}_i}{\partial q_j} \tag{12-9}$$

其计算在第 11 章中已论述过。第二项即为与广义坐标 q_j 对应的广义达朗贝尔惯性力，记为 $Q_{\mathrm{I}j}$，即

$$Q_{\mathrm{I}j} = \sum_{i=1}^{n}(-m_i\boldsymbol{a}_i)\cdot\frac{\partial \boldsymbol{r}_i}{\partial q_j} \tag{12-10}$$

为了便于应用，下面来改写 $Q_{\mathrm{I}j}$ 的表达式。为此，先给出两个经典的拉格朗日关系式。式(12-5)对时间求一阶导数得

$$v_i = \frac{\mathrm{d}\boldsymbol{r}_i}{\mathrm{d}t} = \sum_{j=1}^{k}\frac{\partial \boldsymbol{r}_i}{\partial q_j}\dot{q}_j + \frac{\partial \boldsymbol{r}_i}{\partial t} \tag{12-11}$$

式中，$\dot{q}_j = \frac{\mathrm{d}q_j}{\mathrm{d}t}$ 为对应于第 j 个广义坐标的广义速度；$\frac{\partial \boldsymbol{r}_i}{\partial q_j}$，$\frac{\partial \boldsymbol{r}_i}{\partial t}$ 均为广义坐标和时间的函数，它们均不含 $\dot{q}_j$。式(12-11)对 $\dot{q}_j$ 求偏导数得

$$\frac{\partial v_i}{\partial \dot{q}_j} = \frac{\partial \boldsymbol{r}_i}{\partial q_j} \text{ 或 } \frac{\partial \dot{\boldsymbol{r}}_i}{\partial \dot{q}_j} = \frac{\partial \boldsymbol{r}_i}{\partial q_j} \quad (j = 1,2,\cdots,k) \tag{12-12}$$

式(12-11)对第 s 个广义坐标 $q_s(s=1,2,\cdots,k)$ 求偏导数得

$$\begin{aligned}\frac{\partial v_i}{\partial q_s} &= \sum_{j=1}^{k}\frac{\partial^2 \boldsymbol{r}_i}{\partial q_j \partial q_s}\dot{q}_j + \frac{\partial^2 \boldsymbol{r}_i}{\partial t \partial q_s}\\ &= \sum_{j=1}^{k}\frac{\partial}{\partial q_j}\left(\frac{\partial \boldsymbol{r}_i}{\partial q_s}\right)\dot{q}_j + \frac{\partial}{\partial t}\left(\frac{\partial \boldsymbol{r}_i}{\partial q_s}\right)\end{aligned}$$

即

$$\frac{\partial v_i}{\partial q_s} = \frac{\mathrm{d}}{\mathrm{d}t}\left(\frac{\partial \boldsymbol{r}_i}{\partial q_s}\right)$$

上式也可写成

$$\frac{\partial v_i}{\partial q_j} = \frac{\mathrm{d}}{\mathrm{d}t}\left(\frac{\partial \boldsymbol{r}_i}{\partial q_j}\right) \text{ 或 } \frac{\partial \dot{\boldsymbol{r}}_i}{\partial q_j} = \frac{\mathrm{d}}{\mathrm{d}t}\left(\frac{\partial \boldsymbol{r}_i}{\partial q_j}\right) \quad (j = 1,2,\cdots,k) \tag{12-13}$$

式(12-12)和式(12-13)分别称为**第一个和第二个经典的拉格朗日关系式**。

对于质量不变的质点系，式(12-10)可写为

$$Q_{\mathrm{I}j} = -\sum_{i=1}^{n}\left[\frac{\mathrm{d}}{\mathrm{d}t}(m_i v_i)\right]\cdot\frac{\partial \boldsymbol{r}_i}{\partial q_j} \tag{12-14}$$

利用恒等式

$$\frac{\mathrm{d}}{\mathrm{d}t}\left[(m_i v_i)\cdot\frac{\partial \boldsymbol{r}_i}{\partial q_j}\right] = \left[\frac{\mathrm{d}}{\mathrm{d}t}(m_i v_i)\right]\cdot\frac{\partial \boldsymbol{r}_i}{\partial q_j} + (m_i v_i)\cdot\frac{\mathrm{d}}{\mathrm{d}t}\left(\frac{\partial \boldsymbol{r}_i}{\partial q_j}\right)$$

式(12-14)可写为

$$Q_{Ij}=-\sum_{i=1}^{n}\frac{\mathrm{d}}{\mathrm{d}t}\left[(m_i v_i)\cdot\frac{\partial \boldsymbol{r}_i}{\partial q_j}\right]+\sum_{i=1}^{n}(m_i v_i)\cdot\frac{\mathrm{d}}{\mathrm{d}t}\left(\frac{\partial \boldsymbol{r}_i}{\partial q_j}\right)$$

将式(12-12)、式(12-13)代入上式得

$$Q_{Ij}=-\sum_{i=1}^{n}\frac{\mathrm{d}}{\mathrm{d}t}\left[(m_i v_i)\cdot\frac{\partial v_i}{\partial \dot{q}_j}\right]+\sum_{i=1}^{n}(m_i v_i)\cdot\frac{\partial v_i}{\partial q_j} \tag{12-15}$$

为了便于计算 Q_{Ij}，将系统动能的表达式

$$T=\sum_{i=1}^{n}\frac{1}{2}m_i v_i^2=\sum_{i=1}^{n}\frac{1}{2}m_i v_i\cdot v_i$$

对 $\dot{q}_j$，q_j 求偏导数得

$$\frac{\partial T}{\partial \dot{q}_j}=\sum_{i=1}^{n}m_i v_i\cdot\frac{\partial v_i}{\partial \dot{q}_j} \tag{12-16}$$

$$\frac{\partial T}{\partial q_j}=\sum_{i=1}^{n}m_i v_i\cdot\frac{\partial v_i}{\partial q_j} \tag{12-17}$$

将以上两式代入式(12-15)得

$$Q_{Ij}=-\frac{\mathrm{d}}{\mathrm{d}t}\left(\frac{\partial T}{\partial \dot{q}_j}\right)+\frac{\partial T}{\partial q_j} \tag{12-18}$$

由式(12-9)、式(12-10)、式(12-18)知，式(12-8)可写为

$$\sum_{j=1}^{k}\left[Q_j-\frac{\mathrm{d}}{\mathrm{d}t}\left(\frac{\partial T}{\partial \dot{q}_j}\right)+\frac{\partial T}{\partial q_j}\right]\delta q_j=0 \tag{12-19}$$

式(12-19)为**动力学普遍方程在广义坐标下的表达式**。事实上，它不仅适合于完整约束系统，而且也适合于非完整约束系统。对完整约束系统，由 $\delta q_1,\delta q_2,\cdots,\delta q_k$ 的相互独立性得

$$\frac{\mathrm{d}}{\mathrm{d}t}\left(\frac{\partial T}{\partial \dot{q}_j}\right)-\frac{\partial T}{\partial q_j}=Q_j\quad(j=1,2,\cdots,k) \tag{12-20}$$

这就是著名的**第二类拉格朗日方程**，简称为**拉格朗日方程**或**拉氏方程**。它实质上给出了在广义坐标下建立双侧、理想、完整约束系统运动微分方程的规则，通过它可建立 k 个独立的二阶运动微分方程，其个数与系统自由度数相等。

若质点系所受到的全部主动力均为有势力，则其广义力 Q_j 与其势函数 V 的关系已在第 11 章中给出过，即有

$$Q_j=-\frac{\partial V}{\partial q_j}\quad(j=1,2,\cdots,k) \tag{12-21}$$

将它代入式(12-20)，并考虑到系统的势能只是系统广义坐标的函数，它与广义速度 $\dot{q}_j$ 无关，即

$$\frac{\partial V}{\partial \dot{q}_j}=0$$

可得

$$\frac{\mathrm{d}}{\mathrm{d}t}\left[\frac{\partial(T-V)}{\partial \dot{q}_j}\right]-\frac{\partial(T-V)}{\partial q_j}=0\quad(j=1,2,\cdots,k)$$

若引进 $L=T-V$，称为**拉格朗日函数**，则上式可写成

$$\frac{\mathrm{d}}{\mathrm{d}t}\left(\frac{\partial L}{\partial \dot{q}_j}\right)-\frac{\partial L}{\partial q_j}=0\quad(j=1,2,\cdots,k) \tag{12-22}$$

称为**有势系统或保守系统的第二类拉格朗日方程**，其形式非常简洁易记。

例 12-3 如图所示，一重量为 P_1 的平台 A 放置在粗糙的水平地面上，在平台上放置一重量为 P_2、半径为 r 的均质圆柱 B，平台受到水平常力 $\boldsymbol{F}$ 的作用。若圆柱相对于平台作纯滚动，平台与水平地面间的动滑动摩擦因数为 f，设重力 $\boldsymbol{P}_1$ 和 $\boldsymbol{P}_2$、主动力 $\boldsymbol{F}$ 及摩擦力的作用线共面，

试写出系统的第二类拉格朗日方程。

解:(1)系统具有两个自由度,建立如图所示的直角坐标系 Oxy,取平台重心的水平坐标 x_1,圆柱重心相对于平台重心的水平坐标 x_2 为系统的广义坐标。因圆柱相对于平台作纯滚动,故其转角为 $\varphi=\frac{x_2}{r}$。

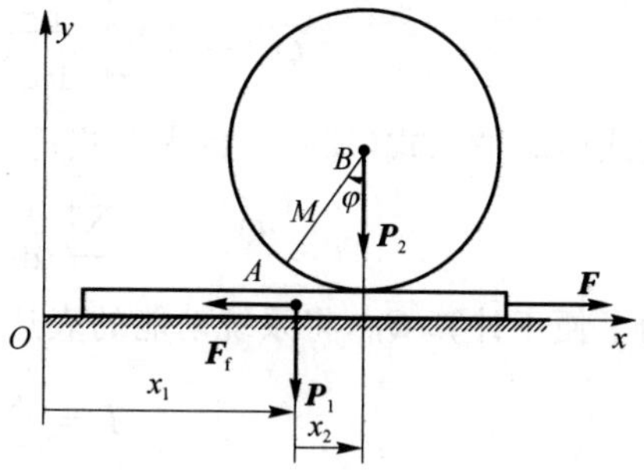

例 12-3 图

(2)计算系统的动能

平台的动能

$$T_1=\frac{1}{2}\frac{P_1}{g}\dot{x}_1^2$$

圆柱的动能

$$T_2=\frac{1}{2}\frac{P_2}{g}(\dot{x}_1+\dot{x}_2)^2+\frac{1}{2}\left(\frac{1}{2}\frac{P_2}{g}r^2\right)\left(\frac{\dot{x}_2}{r}\right)^2$$

于是系统的总动能

$$T=T_1+T_2=\frac{1}{2}\frac{P_1+P_2}{g}\dot{x}_1^2+\frac{3}{4}\frac{P_2}{g}\dot{x}_2^2+\frac{P_2}{g}\dot{x}_1\dot{x}_2$$

(3)计算导数

$$\frac{\partial T}{\partial \dot{x}_1}=\frac{P_1+P_2}{g}\dot{x}_1+\frac{P_2}{g}\dot{x}_2$$

$$\frac{\mathrm{d}}{\mathrm{d}t}\left(\frac{\partial T}{\partial \dot{x}_1}\right)=\frac{P_1+P_2}{g}\ddot{x}_1+\frac{P_2}{g}\ddot{x}_2$$

$$\frac{\partial T}{\partial x_1}=0$$

$$\frac{\partial T}{\partial \dot{x}_2}=\frac{3}{2}\frac{P_2}{g}\dot{x}_2+\frac{P_2}{g}\dot{x}_1$$

$$\frac{\mathrm{d}}{\mathrm{d}t}\left(\frac{\partial T}{\partial \dot{x}_2}\right)=\frac{3}{2}\frac{P_2}{g}\ddot{x}_2+\frac{P_2}{g}\ddot{x}_1$$

$$\frac{\partial T}{\partial x_2}=0$$

(4)计算广义力

先设 $\delta x_1\neq0$,$\delta x_2=0$,并把摩擦力当作主动力来处理,则

$$\sum\delta' W_{F_i}^{(1)}=(F-F_{\mathrm{f}})\delta x_1$$

$$F_{\mathrm{f}}=f(P_1+P_2)$$

于是

$$Q_1=\frac{\sum\delta' W_{F_i}^{(1)}}{\delta x_1}=F-f(P_1+P_2)$$

再设 $\delta x_1=0$,$\delta x_2\neq0$,因圆柱作纯滚动,故

$$\sum\delta' W_{F_i}^{(2)}=0$$

于是

$$Q_2=0$$

(5)由第二类拉格朗日方程

$$\begin{cases}\dfrac{\mathrm{d}}{\mathrm{d}t}\left(\dfrac{\partial T}{\partial \dot{x}_1}\right)-\dfrac{\partial T}{\partial x_1}=Q_1\\ \dfrac{\mathrm{d}}{\mathrm{d}t}\left(\dfrac{\partial T}{\partial \dot{x}_2}\right)-\dfrac{\partial T}{\partial x_2}=Q_2\end{cases}$$

得

$$\begin{cases}(P_1+P_2)\ddot{x}_1+P_2\ddot{x}_2=[F-f(P_1+P_2)]g\\ 2P_2\ddot{x}_1+3P_2\ddot{x}_2=0\end{cases}$$

注意:若取圆盘中心 B 为动点,平台为动系,则 $\dot{x}_2$ 和 $\ddot{x}_2$ 分别为相对速度和相对加速度;$\dot{x}_1$ 和 $\ddot{x}_1$ 分别为牵连速度和牵连加速度;因此,点 B 的绝对速度为 $\dot{x}_B=\dot{x}_1+\dot{x}_2$,绝对加速度为 $\ddot{x}_B=\ddot{x}_1+\ddot{x}_2$;圆盘相对于平台的角速度 $\omega_r=\dfrac{v_r}{r}=\dfrac{\dot{x}_2}{r}$,而 $\omega_e=0$,所以圆盘的绝对角速度等于它的相对角速度。

例 12-4 图示一质量为 m_1、半径为 r 的均质圆盘,其中心 A 与质量不计的刚度系数为 k、原长为 l_0 且与水平地面平行的弹簧的一端相连,弹簧的另一端固定。质量为 m_2、长度为 l 的均质杆 AB 通过一光滑铰链 A 与圆盘中心相连。若圆盘在水平地面上作纯滚动,试求系统运动的拉氏方程。

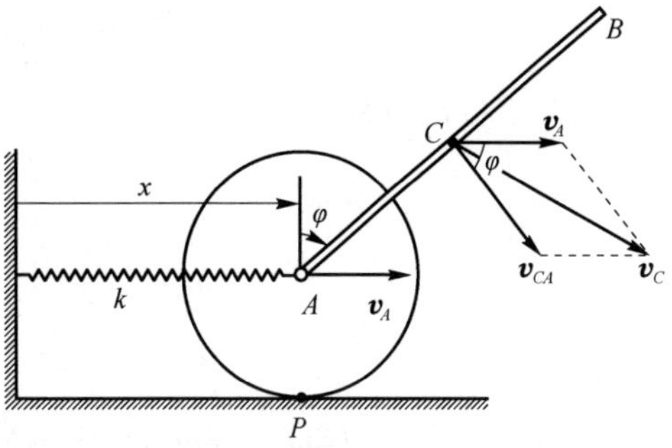

例 12-4 图

解:(1)系统的自由度为 2,并以图示 x,φ 为系统的广义坐标。设杆的质心为点 C,圆盘的速度瞬心为点 P。

(2)圆盘和杆的动能分别为

$$T_1=\frac{1}{2}J_P\omega_1^2=\frac{1}{2}\left(\frac{3}{2}m_1r^2\right)\left(\frac{\dot{x}}{r}\right)^2=\frac{3}{4}m_1\dot{x}^2$$

$$\begin{aligned}T_2&=\frac{1}{2}m_2v_C^2+\frac{1}{2}J_C\omega_2^2\\&=\frac{1}{2}m_2[v_A^2+v_{CA}^2-2v_Av_{CA}\cos(\pi-\varphi)]+\frac{1}{2}\left(\frac{1}{12}m_2l^2\right)\dot{\varphi}^2\\&=\frac{1}{2}m_2\left[\dot{x}^2+\left(\frac{l}{2}\dot{\varphi}\right)^2+2\dot{x}\left(\frac{l}{2}\dot{\varphi}\right)\cos\varphi\right]+\frac{1}{24}m_2l^2\dot{\varphi}^2\\&=\frac{1}{2}m_2\dot{x}^2+\frac{1}{6}m_2l^2\dot{\varphi}^2+\frac{1}{2}m_2l\dot{x}\dot{\varphi}\cos\varphi\end{aligned}$$

故系统的动能为

$$T=T_1+T_2=\left(\frac{3}{4}m_1+\frac{1}{2}m_2\right)\dot{x}^2+\frac{1}{6}m_2l^2\dot{\varphi}^2+\frac{1}{2}m_2l\dot{x}\dot{\varphi}\cos\varphi$$

(3)设过 A 的水平面为重力势能的零势能面,弹簧原长为弹性势能的零势能位置,则系统的势能为

$$V=\frac{1}{2}k(x-l_0)^2+m_2g\,\frac{l}{2}\cos\varphi$$

(4)系统的拉格朗日函数为

$$L=T-V=\left(\frac{3}{4}m_1+\frac{1}{2}m_2\right)\dot{x}^2+\frac{1}{6}m_2l^2\dot{\varphi}^2+\frac{1}{2}m_2l\dot{x}\dot{\varphi}\cos\varphi-$$
$$\frac{1}{2}k(x-l_0)^2-m_2g\,\frac{l}{2}\cos\varphi$$

(5)计算导数

$$\frac{\partial L}{\partial \dot{x}} = \left(\frac{3}{2}m_1 + m_2\right)\dot{x} + \frac{1}{2}m_2 l\dot{\varphi}\cos\varphi$$

$$\frac{\mathrm{d}}{\mathrm{d}t}\left(\frac{\partial L}{\partial \dot{x}}\right) = \left(\frac{3}{2}m_1 + m_2\right)\ddot{x} + \frac{1}{2}m_2 l\ddot{\varphi}\cos\varphi - \frac{1}{2}m_2 l\dot{\varphi}^2\sin\varphi$$

$$\frac{\partial L}{\partial x} = -k(x - l_0)$$

$$\frac{\partial L}{\partial \dot{\varphi}} = \frac{1}{3}m_2 l^2\dot{\varphi} + \frac{1}{2}m_2 l\dot{x}\cos\varphi$$

$$\frac{\mathrm{d}}{\mathrm{d}t}\left(\frac{\partial L}{\partial \dot{\varphi}}\right) = \frac{1}{3}m_2 l^2\ddot{\varphi} + \frac{1}{2}m_2 l\ddot{x}\cos\varphi - \frac{1}{2}m_2 l\dot{x}\dot{\varphi}\sin\varphi$$

$$\frac{\partial L}{\partial \varphi} = -\frac{1}{2}m_2 l\dot{x}\dot{\varphi}\sin\varphi + m_2 g\,\frac{l}{2}\sin\varphi$$

(6)由拉氏方程

$$\begin{cases}\dfrac{\mathrm{d}}{\mathrm{d}t}\left(\dfrac{\partial L}{\partial \dot{x}}\right) - \dfrac{\partial L}{\partial x} = 0\\[2ex]\dfrac{\mathrm{d}}{\mathrm{d}t}\left(\dfrac{\partial L}{\partial \dot{\varphi}}\right) - \dfrac{\partial L}{\partial \varphi} = 0\end{cases}$$

可得

$$\begin{cases}(3m_1 + 2m_2)\ddot{x} + m_2 l\ddot{\varphi}\cos\varphi - m_2 l\dot{\varphi}^2\sin\varphi + 2k(x - l_0) = 0\\ 2l\ddot{\varphi} + 3\ddot{x}\cos\varphi - 3g\sin\varphi = 0\end{cases}$$

注意:①因杆 AB 作平面运动,故其质心 C 的绝对速度为 $v_C = v_A + v_{CA}$。②最终得到的系统运动微分方程是关于广义坐标 x、φ 的二阶非线性常微分方程,一般只能借助计算机求其数值解。

综上所述,第二类拉格朗日方程具有以下几个特点:①它是用广义坐标表示的动力学方程,适用于所有具有理想、双侧、完整约束的力学系统;②在方程中只出现广义坐标、动能、势能或广义力等标量,改变了用矢量来建立系统动力学方程的传统方法;③在方程中不出现约束力;④方程组中方程的数目与系统的自由度数相等,而且无论选择何种形式的广义坐标,其方程都具有式(12-20)或式(12-22)的形式。

12.3 第二类拉格朗日方程的首次积分

在一般情况下,用第二类拉格朗日方程求得的系统运动微分方程是关于广义坐标的一组二阶非线性常微分方程,求其积分的解析表达式是相当困难的。但当系统所受到的主动力均有势时,在某些特殊情况下,可比较方便地获得此微分方程组的某些首次积分,使部分二阶微分方程降为一阶微分方程,从而使问题的求解得到简化。

1. 广义能量积分

当应用第二类拉格朗日方程解题时,需将系统的动能写成广义坐标的形式,动能的这种形式具有一般结构。由式(12-11)知,系统的动能可写为

$$T = \sum_{i=1}^{n} \frac{1}{2} m_i \boldsymbol{v}_i \cdot \boldsymbol{v}_i$$

$$
= \sum_{i=1}^{n} \frac{1}{2} m_i \left(\sum_{j=1}^{k} \frac{\partial \boldsymbol{r}_i}{\partial q_j} \dot{q}_j + \frac{\partial \boldsymbol{r}_i}{\partial t} \right) \cdot \left(\sum_{s=1}^{k} \frac{\partial \boldsymbol{r}_i}{\partial q_s} \dot{q}_s + \frac{\partial \boldsymbol{r}_i}{\partial t} \right)
$$

$$
= \frac{1}{2} \sum_{i=1}^{n} m_i \left[\sum_{j=1}^{k} \sum_{s=1}^{k} \frac{\partial \boldsymbol{r}_i}{\partial q_j} \cdot \frac{\partial \boldsymbol{r}_i}{\partial q_s} \dot{q}_j \dot{q}_s + 2 \left(\sum_{j=1}^{k} \frac{\partial \boldsymbol{r}_i}{\partial q_j} \dot{q}_j \right) \cdot \frac{\partial \boldsymbol{r}_i}{\partial t} + \frac{\partial \boldsymbol{r}_i}{\partial t} \cdot \frac{\partial \boldsymbol{r}_i}{\partial t} \right]
$$

为了简化写法，引入记号

$$
\left.
\begin{aligned}
A_{js} &= \sum_{i=1}^{n} m_i \frac{\partial \boldsymbol{r}_i}{\partial q_j} \cdot \frac{\partial \boldsymbol{r}_i}{\partial q_s} \\
B_j &= \sum_{i=1}^{n} m_i \frac{\partial \boldsymbol{r}_i}{\partial q_j} \cdot \frac{\partial \boldsymbol{r}_i}{\partial t} \\
C_0 &= \frac{1}{2} \sum_{i=1}^{n} m_i \frac{\partial \boldsymbol{r}_i}{\partial t} \cdot \frac{\partial \boldsymbol{r}_i}{\partial t}
\end{aligned}
\right\}
\tag{12-23}
$$

显然 A_{js}，B_j，C_0 均只是系统的广义坐标和时间的函数，与系统的广义速度无关。于是系统的动能可简写为

$$
T = T_2 + T_1 + T_0 \tag{12-24}
$$

式中

$$
\left.
\begin{aligned}
T_2 &= \frac{1}{2} \sum_{j=1}^{k} \sum_{s=1}^{k} A_{js} \dot{q}_j \dot{q}_s \\
T_1 &= \sum_{j=1}^{k} B_j \dot{q}_j \\
T_0 &= C_0
\end{aligned}
\right\}
\tag{12-25}
$$

这样，T_2、T_1、T_0 分别为系统广义速度的二次齐次式、一次齐次式，零次齐次式，系统的动能为这三个广义速度的齐次式之和。

当系统的拉格朗日函数 L 不显含时间 t，即$\frac{\partial L}{\partial t}=0$ 时

$$
\frac{\mathrm{d}L}{\mathrm{d}t} = \sum_{j=1}^{k} \left(\frac{\partial L}{\partial \dot{q}_j} \ddot{q}_j + \frac{\partial L}{\partial q_j} \dot{q}_j \right) \tag{12-26}
$$

将式(12-22)中的每一个方程分别乘以相应的 $\dot{q}_j$，然后相加得

$$
\sum_{j=1}^{k} \left\{ \left[\frac{\mathrm{d}}{\mathrm{d}t} \left(\frac{\partial L}{\partial \dot{q}_j} \right) \right] \dot{q}_j - \frac{\partial L}{\partial q_j} \dot{q}_j \right\} = 0 \tag{12-27}
$$

由式(12-26)、式(12-27)可得

$$
\begin{aligned}
\frac{\mathrm{d}L}{\mathrm{d}t} &= \sum_{j=1}^{k} \left\{ \frac{\partial L}{\partial \dot{q}_j} \ddot{q}_j + \left[\frac{\mathrm{d}}{\mathrm{d}t} \left(\frac{\partial L}{\partial \dot{q}_j} \right) \right] \dot{q}_j \right\} \\
&= \sum_{j=1}^{k} \frac{\mathrm{d}}{\mathrm{d}t} \left(\frac{\partial L}{\partial \dot{q}_j} \dot{q}_j \right)
\end{aligned}
$$

交换上式右端求导与求和顺序，移项后得

$$
\frac{\mathrm{d}}{\mathrm{d}t} \left[\sum_{j=1}^{k} \left(\frac{\partial L}{\partial \dot{q}_j} \dot{q}_j \right) - L \right] = 0 \tag{12-28}
$$

式中，项$\left[\sum_{j=1}^{k} \left(\frac{\partial L}{\partial \dot{q}_j} \dot{q}_j \right) - L \right]$称为**哈密顿函数**（注意，需用广义坐标和广义动量表达，广义动量的定义见后文），常用字母 H 表示，积分上式得

$$H = \sum_{j=1}^{k}\left(\frac{\partial L}{\partial \dot{q}_j}\dot{q}_j\right) - L = C(\text{常数}) \tag{12-29}$$

将式(12-24)代入系统的拉格朗日函数得

$$L = T_2 + T_1 + T_0 - V$$

于是式(12-29)可写为

$$\sum_{j=1}^{k}\left[\frac{\partial T_2}{\partial \dot{q}_j}\dot{q}_j + \frac{\partial T_1}{\partial \dot{q}_j}\dot{q}_j + \frac{\partial T_0}{\partial \dot{q}_j}\dot{q}_j - \frac{\partial V}{\partial \dot{q}_j}\dot{q}_j\right] - (T_2 + T_1 + T_0 - V) = C$$

考虑到

$$\frac{\partial V}{\partial \dot{q}_j} = 0$$

和欧拉齐次函数定理

$$\sum_{j=1}^{k}\frac{\partial T_2}{\partial \dot{q}_j}\dot{q}_j = 2T_2,\ \sum_{j=1}^{k}\frac{\partial T_1}{\partial \dot{q}_j}\dot{q}_j = T_1,\ \sum_{j=1}^{k}\frac{\partial T_0}{\partial \dot{q}_j}\dot{q}_j = 0$$

最后得

$$T_2 - T_0 + V = C \tag{12-30}$$

这一结果常称为第二类拉格朗日方程的**广义能量积分**。

若系统所受到的约束为定常约束，即$\frac{\partial \boldsymbol{r}_i}{\partial t}=0(i=1,2,\cdots,n)$这一特殊情形时，显然 $T_1=0$，$T_0=0$，由式(12-24)、式(12-30)得

$$T + V = C \tag{12-31}$$

这就是第 8 章所论述的机械能守恒定律，也称为第二类拉格朗日函数的能量积分。由此可知，能量积分是广义能量积分的特殊情形。这样，哈密顿函数 H 的物理意义为：在定常约束条件下，H 即为质点系的机械能；在非定常约束条件下，H 即为质点系的广义能量。于是，对于受到理想、双侧、完整约束的质点系，当主动力均有势时，或具有一个能量积分(当约束为定常约束时)或具有一个广义能量积分(当约束为非定常约束时)。

2. 循环积分

当系统的拉格朗日函数 L 不显含某个广义坐标 q_h，即$\frac{\partial L}{\partial q_h}=0$ 时，式(12-22)可写为

$$\frac{\mathrm{d}}{\mathrm{d}t}\left(\frac{\partial L}{\partial \dot{q}_h}\right) = 0$$

积分上式得

$$\frac{\partial L}{\partial \dot{q}_h} = C(\text{常数}) \tag{12-32}$$

这一结果称为第二类拉格朗日方程的**循环积分**，而将 q_h 称为**循环坐标**。当系统具有多个循环坐标时，第二类拉格朗日方程具有同样个数的循环积分。通常将$\frac{\partial L}{\partial \dot{q}_h}$称为**广义动量**，所以，第二类拉格朗日方程具有循环积分时，表示系统的某个或某几个广义动量守恒。

从力学意义上说，广义动量$\frac{\partial L}{\partial \dot{q}_h}$可以是系统的动量，也可以是系统的动量矩。例如，质量为 m 的质点在光滑水平面上运动，除重力外不受其他主动力的作用，设质点所在平面为重力势能的零势能面。

(1)若用直角坐标(x,y)表示质点位置，则

$$L = T - V = \frac{1}{2}m(\dot{x}^2 + \dot{y}^2)$$

于是$\frac{\partial L}{\partial \dot{x}} = m\dot{x}$、$\frac{\partial L}{\partial \dot{y}} = m\dot{y}$分别表示质点的动量在$x$、$y$方向上的投影。此时$x$、$y$都为循环坐标，于是$m\dot{x} = C_1$、$m\dot{y} = C_2$分别表示质点的动量在$x$、$y$方向上的投影守恒。

(2)若用极坐标(r,θ)表示质点位置，则

$$L = T - V = \frac{1}{2}m(\dot{r}^2 + r^2\dot{\theta}^2)$$

于是$\frac{\partial L}{\partial \dot{r}} = m\dot{r}$、$\frac{\partial L}{\partial \dot{\theta}} = mr^2\dot{\theta}$分别表示质点沿径向运动的动量和对极点的动量矩，此时θ为循环坐标，于是$mr^2\dot{\theta} = C$表示质点对极点的动量矩守恒。

但是必须注意，对于更一般的情况，广义动量守恒不一定具有明确的物理意义。

例 12-5　图示质量为m、长度为l的均质细直杆AB通过光滑铰链铰接于半径为r、质量为m的均质圆盘的中心A，圆盘可沿粗糙水平地面作纯滚动。现杆AB从圆盘右侧水平位置无初速释放，试求杆运动至图示$\theta = 30°$时，杆AB的角速度和圆盘中心A的速度（设在运动过程中，圆盘始终与水平地面接触）。

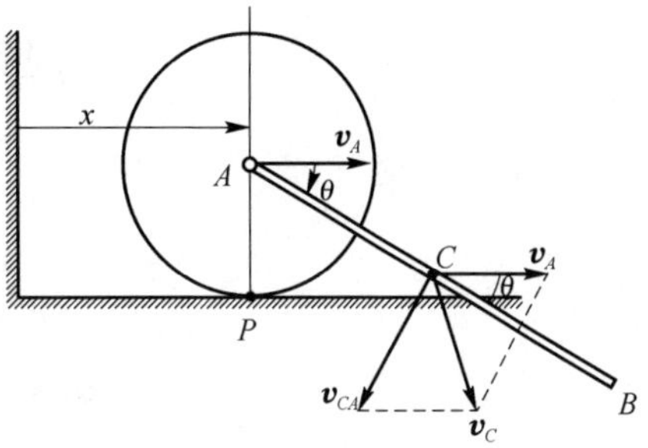

例 12-5 图

解：(1)系统的自由度为2，以图示x、θ为描述系统的广义坐标。设杆的质心为点C，圆盘的速度瞬心为点P。

(2)系统所受约束为双侧、理想、完整约束，且主动力有势。圆盘和杆的动能分别为

$$T_1 = \frac{1}{2}J_P\omega_1^2 = \frac{1}{2}\left(\frac{3}{2}mr^2\right)\left(\frac{\dot{x}}{r}\right)^2 = \frac{3}{4}m\dot{x}^2$$

$$\begin{aligned}T_2 &= \frac{1}{2}mv_C^2 + \frac{1}{2}J_C\omega_2^2 \\ &= \frac{1}{2}m\left[v_A^2 + v_{CA}^2 - 2v_Av_{CA}\cos\left(\frac{\pi}{2} - \theta\right)\right] + \frac{1}{2}\left(\frac{1}{12}ml^2\right)\dot{\theta}^2 \\ &= \frac{1}{2}m\left[\dot{x}^2 + \left(\frac{l}{2}\dot{\theta}\right)^2 - 2\dot{x}\left(\frac{l}{2}\dot{\theta}\right)\sin\theta\right] + \frac{1}{24}ml^2\dot{\theta}^2 \\ &= \frac{1}{2}m\dot{x}^2 + \frac{1}{6}ml^2\dot{\theta}^2 - \frac{1}{2}ml\dot{x}\dot{\theta}\sin\theta\end{aligned}$$

于是系统的动能为

$$T = T_1 + T_2 = \frac{5}{4}m\dot{x}^2 + \frac{1}{6}ml^2\dot{\theta}^2 - \frac{1}{2}ml\dot{x}\dot{\theta}\sin\theta$$

设初始时系统的势能为零，则系统势能为

$$V = -mg\frac{l}{2}\sin\theta$$

于是系统的拉格朗日函数为

$$L = T - V = \frac{5}{4}m\dot{x}^2 + \frac{1}{6}ml^2\dot{\theta}^2 - \frac{1}{2}ml\dot{x}\dot{\theta}\sin\theta + \frac{1}{2}mgl\sin\theta$$

(3)因为$\frac{\partial L}{\partial t}=0$，且系统所受到的约束为定常约束，故有能量积分 $T+V=C_1$，考虑到当 $t=0$ 时，$\dot{x}=0$，$\dot{\theta}=0$，$\theta=0$，于是

$$\frac{5}{4}m\dot{x}^2+\frac{1}{6}ml^2\dot{\theta}^2-\frac{1}{2}ml\dot{x}\dot{\theta}\sin\theta-\frac{1}{2}mgl\sin\theta=0 \tag{1}$$

又因为$\frac{\partial L}{\partial x}=0$，说明 x 为循环坐标，故有循环积分$\frac{\partial L}{\partial \dot{x}}=C_2$，考虑到初始条件得

$$\frac{5}{2}m\dot{x}-\frac{1}{2}ml\dot{\theta}\sin\theta=0 \tag{2}$$

(4)将 $\theta=30°$代入式(1)、式(2)得

$$\begin{cases}15\dot{x}^2+2l^2\dot{\theta}^2-3l\dot{x}\dot{\theta}-3gl=0\\10\dot{x}-l\dot{\theta}=0\end{cases}$$

解之得

$$\dot{x}=\sqrt{\frac{3gl}{185}},\quad \dot{\theta}=2\sqrt{\frac{15g}{37l}}$$

于是，当 $\theta=30°$时

$$\omega_{AB}=2\sqrt{\frac{15g}{37l}}\text{，转向为顺时针}$$

$$v_A=\sqrt{\frac{3gl}{185}}\text{，方向为水平向右}$$

注意：①题解中的能量积分即为系统的机械能守恒。②题解中的循环积分，即关于循环坐标 x 的广义动量守恒并不表示系统的动量在 x 轴(水平轴)上的投影守恒，事实上，由于水平地面是粗糙的，它对圆盘是有水平方向的摩擦力的(因系统初始静止，若圆盘不受水平地面的摩擦力作用，则圆盘作平动，不可能有角速度)，系统的动量在 x 轴上的投影是不可能守恒的，所以，广义坐标为线坐标时，广义动量守恒并不一定是牛顿力学中动量意义上的守恒。

例 12-6 如图所示，质量为 m_1、半径为 R 的均质圆筒可绕其中心水平轴 O 作定轴转动；在圆筒内放置一质量为 m_2、半径为 r 的均质圆柱，已知运动时圆柱沿圆筒内壁作纯滚动，而且两刚体的质量对称面重合，圆筒与地面的接触处 A、B 光滑。现以圆筒转角 θ 以及圆筒中心 O 与圆柱中心 C 的连线与铅垂线的夹角 φ 为描述系统的广义坐标，设起始时系统静止，且 $\theta=0$，$\varphi=\frac{\pi}{3}$，试写出系统在重力作用下运动的首次积分，并求运动过程中 θ 与 φ 的关系。

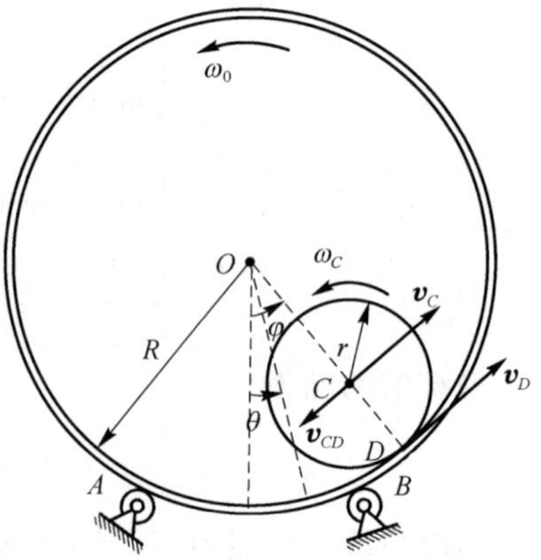

例 12-6 图

解：(1)圆柱中心 C 点的速度大小为 $v_C=(R-r)\dot{\varphi}$，圆筒与圆柱的接触点 D 的速度大小为 $v_D=R\dot{\theta}$，由于圆柱相对于圆筒作纯滚动，故圆柱上的接触点与圆筒上的接触点速度相同，根据$v_C=v_D+v_{CD}$得 $\omega_C=\frac{R\dot{\theta}-(R-r)\dot{\varphi}}{r}$。

(2)系统所受约束为双侧、理想、完整约束，且主动力有势，系统的动能为

$$T=\frac{1}{2}J_O\omega_O^2+\frac{1}{2}m_2v_C^2+\frac{1}{2}J_C\omega_C^2$$

$$=\frac{1}{2}(m_1R^2)\dot{\theta}^2+\frac{1}{2}m_2(R-r)^2\dot{\varphi}^2+\frac{1}{2}\left(\frac{1}{2}m_2r^2\right)\left[\frac{R\dot{\theta}-(R-r)\dot{\varphi}}{r}\right]^2$$

$$=\frac{1}{4}(2m_1+m_2)R^2\dot{\theta}^2+\frac{3}{4}m_2(R-r)^2\dot{\varphi}^2-\frac{1}{2}m_2R(R-r)\dot{\theta}\dot{\varphi}$$

选取过点 O 的水平面为重力势能的零势能面，则系统的势能为

$$V=-m_2g(R-r)\cos\varphi$$

于是系统的拉格朗日函数为

$$L=T-V$$
$$=\frac{1}{4}(2m_1+m_2)R^2\dot{\theta}^2+\frac{3}{4}m_2(R-r)^2\dot{\varphi}^2-\frac{1}{2}m_2R(R-r)\dot{\theta}\dot{\varphi}+m_2g(R-r)\cos\varphi$$

(3)因为$\frac{\partial L}{\partial t}=0$，且系统所受到约束为定常约束，故有能量积分 $T+V=C_1$，考虑到当 $t=0$ 时，$\dot{\theta}=0$，$\dot{\varphi}=0$，$\theta=0$，$\varphi=\frac{\pi}{3}$，于是

$$\frac{1}{4}(2m_1+m_2)R^2\dot{\theta}^2+\frac{3}{4}m_2(R-r)^2\dot{\varphi}^2-\frac{1}{2}m_2R(R-r)\dot{\theta}\dot{\varphi}-$$
$$m_2g(R-r)\cos\varphi=-\frac{1}{2}m_2g(R-r) \tag{1}$$

又因为$\frac{\partial L}{\partial \theta}=0$，说明 θ 为循环坐标，故有循环积分$\frac{\partial L}{\partial \dot{\theta}}=C_2$，考虑到初始条件得

$$(2m_1+m_2)R\dot{\theta}-m_2(R-r)\dot{\varphi}=0 \tag{2}$$

(4)积分式(2)，并注意到 $t=0$ 时，$\theta=0$，$\varphi=\frac{\pi}{3}$，得

$$\theta=\frac{m_2(R-r)\left(\varphi-\frac{\pi}{3}\right)}{(2m_1+m_2)R}$$

这就是运动过程中 θ 与 φ 的关系式。

注意：①题解中的能量积分即为系统的机械能守恒。②题解中的循环积分，即关于循环坐标 θ 的广义动量守恒并不表示系统对水平轴 O 的动量矩守恒，事实上，外力系中圆柱的重力对 O 轴的力矩不为零，系统对 O 轴的动量矩是不可能守恒的，所以，广义坐标为角坐标时，广义动量守恒并不一定是牛顿力学中动量矩（角动量）意义上的守恒。

思 考 题

12-1 用拉格朗日方程建立图示质量为 m、摆长为 l 的单摆的运动微分方程时，取 φ 为广义坐标，则动能 $T=\frac{1}{2}m(l\dot{\varphi})^2$，给出图示虚转角 $\delta\varphi$，则广义力$Q_\varphi=\frac{\sum\delta'W}{\delta\varphi}=mgl\sin\varphi$，代入拉氏方程$\frac{\mathrm{d}}{\mathrm{d}t}(\frac{\partial T}{\partial\dot{\varphi}})-\frac{\partial T}{\partial\varphi}=Q_\varphi$ 得 $\ddot{\varphi}-\frac{g}{r}\sin\varphi=0$，这与由动量矩定理所得到的 $\ddot{\varphi}+\frac{g}{r}\sin\varphi=0$ 不一样。试问错在哪里？

12-2 图示行星轮系处于同一水平面内，行星轮的半径为 r，固定轮的半径 $R_1=2r$（图(a)）

和 $R_2=4r$(图(b)),长度为 $l=3r$ 的曲柄上作用有力偶矩为 M 的主动力偶,若以行星轮的绝对方位角 φ 为广义坐标,则图(a)和图(b)所示系统的广义力有何差别?

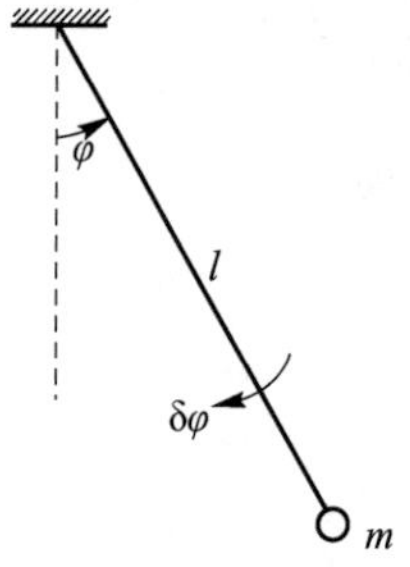

思考题 12-1 图

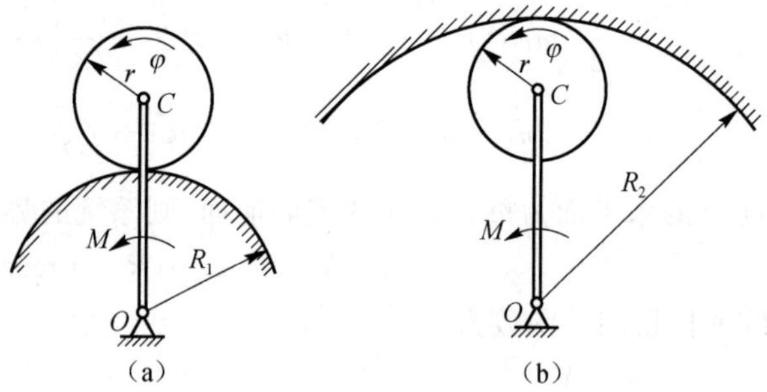

思考题 12-2 图

12-3 处于铅垂平面内的图示系统中,均质细直杆 AB 的质量为 m,长度为 l,滑块 A 的质量和接触处摩擦不计。若以图示 x 和 φ 为描述系统的广义坐标,则对应的广义力 Q_x 和 Q_φ 对图(a)、图(b)两种情况有区别吗?

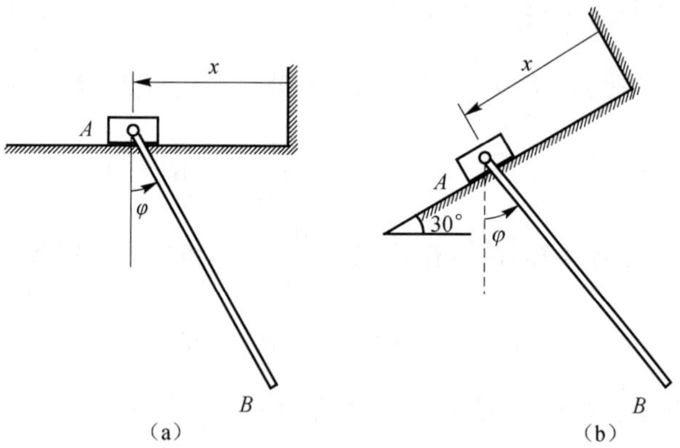

思考题 12-3 图

12-4 图示质量为 m、长度为 l 的均质细直杆 OA 绕其光滑水平轴作定轴转动,若取图示 φ 为广义坐标,试问相应的广义动量是什么?

12-5 图示质点以任一初速度 v_0 作抛射体运动,不计空气阻力,试问质点的循环坐标和对应的循环积分分别是什么?

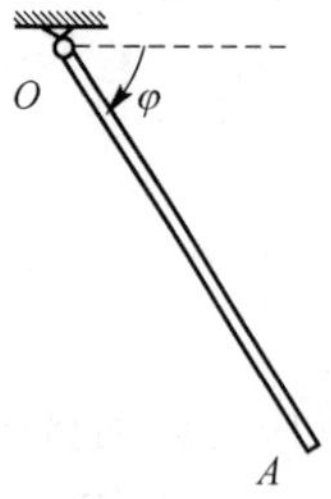

思考题 12-4 图

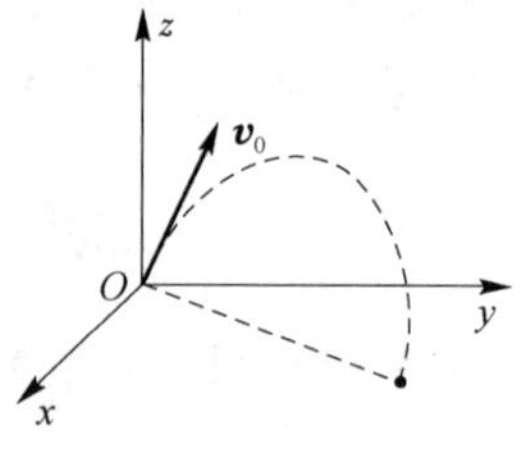

思考题 12-5 图

12-6 图(a)所示两相同的均质物块(质量都为 m,长度都为 a)用刚度系数为 k、原长为 l 的弹簧相连,并将不计质量的弹簧拉伸到一定的长度后将它们初始静止地放置于光滑水平面上,若用图示 x_1、x_2 分别表示两物块质心位置,试问系统运动时的循环坐标是(1)x_1;(2)x_2;(3)x_2-x_1;(4)x_1+x_2?若如图(b)所示将两物块换成两个质量都为 m、半径都为 r 的相同圆盘,盘心用弹簧相连，光滑地面改成粗糙地面，且已知圆盘能沿粗糙地面作纯滚动，则这时还有循环坐标吗？若有，两者的循环积分有什么区别吗？

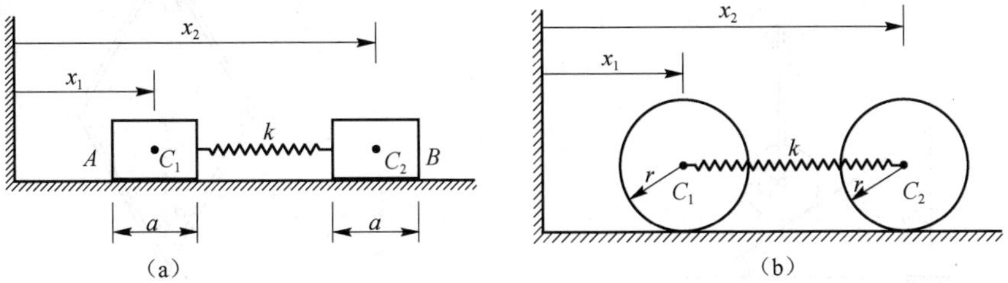

思考题 12-6 图

习　题

12-1　如图所示，吊索一端绕在半径为 r、重量为 P_1 的均质鼓轮Ⅰ上，另一端绕过半径为 R、质量可不计的定滑轮Ⅱ系于重量为 P_2 的平台Ⅲ上，鼓轮上作用一顺时针转向的力偶矩 M，若吊索的质量及轴承 A、B 处摩擦均可略去不计，吊索与轮间无相对滑动，试求平台上升的加速度。

12-2　图示椭圆规机构在水平面内运动。椭圆规尺 AB 由曲柄 OC 带动，曲柄 OC 上作用有逆时针转向的常力偶矩 M_0。已知曲柄和规尺均为均质细直杆，质量分别为 m 和 $2m$，$OC=AC=BC=l$，滑块 A、B 的质量均为 m_1。若不计摩擦，试求曲柄的角加速度。

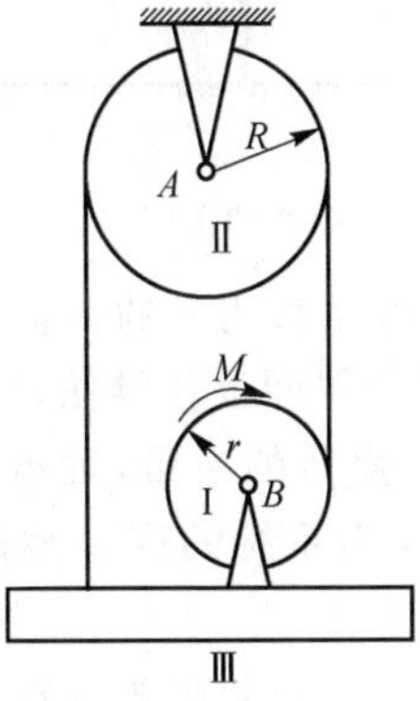

习题 12-1 图

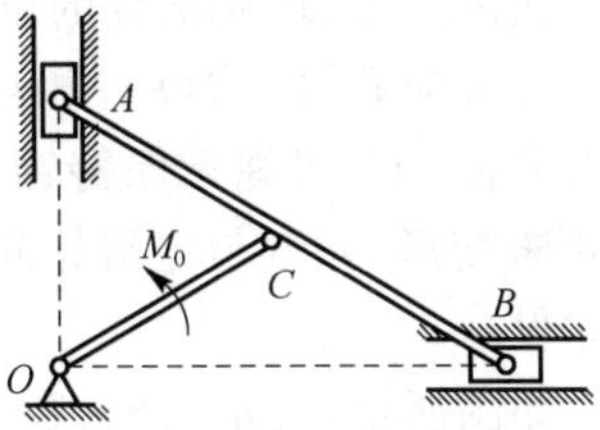

习题 12-2 图

12-3　如图所示，重量为 P_1 的楔块 K 放在光滑水平地面上，铅直杆 OA 重量为 P_2，中心为 O 的均质圆盘重为 P_3，半径为 r，与杆 OA 光滑铰接。在楔块上作用一水平向右的常力 $\boldsymbol{F}$，若圆盘在楔块斜面上只滚不滑，铅垂滑道光滑，楔块的斜面与水平面的夹角为 β，试求楔块在水平地面上作平移的加速度。

12-4　如图所示，四根质量均为 m、长度均为 l 的均质细直杆用光滑圆柱铰链连接成一菱形 $ABCD$，点 A 用固定铰支座与大地相连，点 C 通过质量可不计的滑块沿铅垂线运动。若不计摩擦，试求系统于图示位置($\varphi=30°$)无初速释放的瞬时，四根杆的角加速度。

12-5　如图所示，质量为 m、半径为 r 的均质半圆盘在粗糙水平地面上作无滑动的滚动，试以圆心 O 和质心 C 的连线与铅垂线夹角 θ 为广义坐标写出其运动微分方程，并求其在平衡位置附近作微振动的周期。

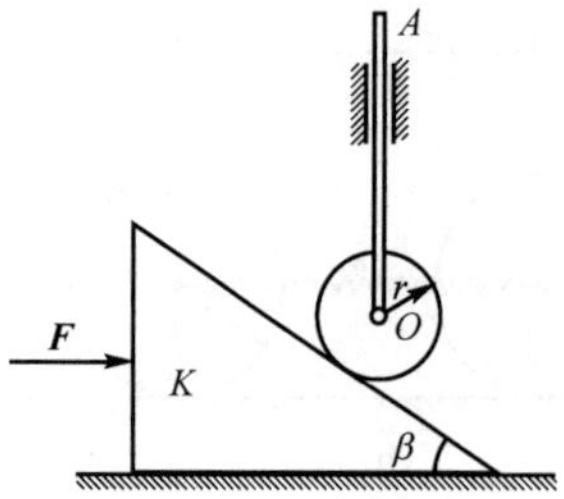

习题 12-3 图

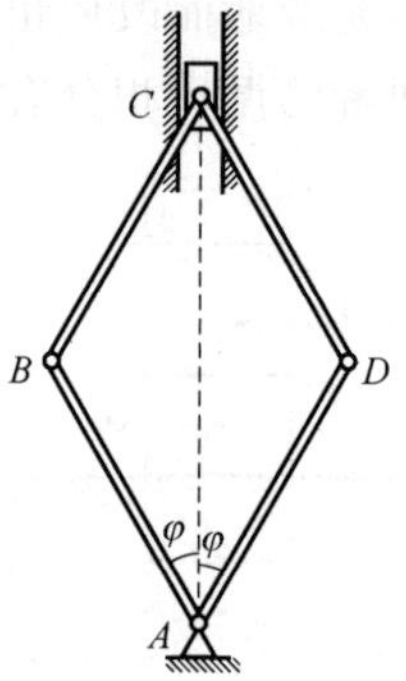

习题 12-4 图

12-6 如图所示，一质量为 m_1、半径为 r 的均质圆柱体 C，在质量为 m_2、半径为 R 的半圆柱槽 A 中作纯滚动，半圆柱槽以刚度系数为 k 的质量不计的弹簧支撑，并被约束在铅垂导轨上无摩擦地上下平移。若以半圆柱槽相对于系统平衡位置向上位移 y 和 O、C 两点连线与铅垂向下直线的夹角 φ 为系统的广义坐标，试写出系统的第二类拉格朗日方程。

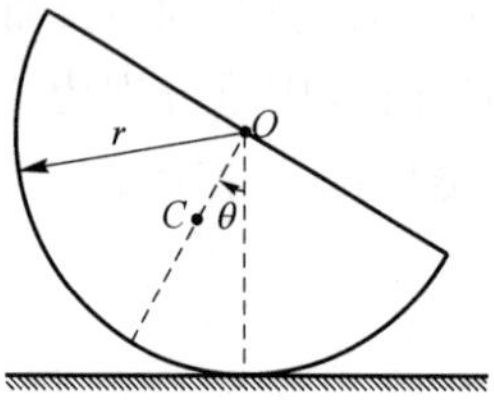

习题 12-5 图

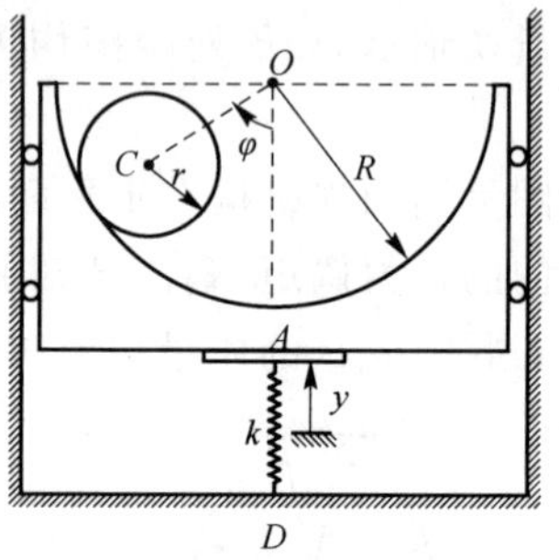

习题 12-6 图

12-7 如图所示，均质圆柱的重量为 P_1、半径为 r，通过刚度系数为 k 的弹簧和绕在定滑轮上的绳索与重量为 P_2 的物块 C 相连。设圆柱在倾角为 β 的固定斜面上作纯滚动，弹簧、DE 段绳索与斜面平行，AC 段绳索保持铅垂。若不计定滑轮、绳索和弹簧的质量，轴承 O 处无摩擦，$s=l_0$ 时弹簧未变形，绳索与定滑轮间无相对滑动，试以图示 x、s 为系统的广义坐标写出系统运动的微分方程。

12-8 如图所示，质量为 m、长度为 $2l$ 的均质细直杆 AB 通过光滑铰链与质量为 m_1、半径为 r 的均质圆盘 A 的中心相连，圆盘可沿倾角为 β 的固定斜面作纯滚动，若不计质量的弹簧，其刚度系数为 k，原长为 l_0，且与斜面平行，试用拉氏方程建立系统关于 s、φ 的运动微分方程。

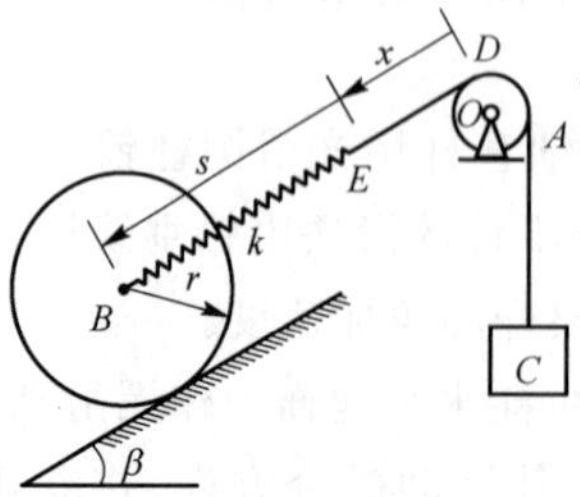

习题 12-7 图

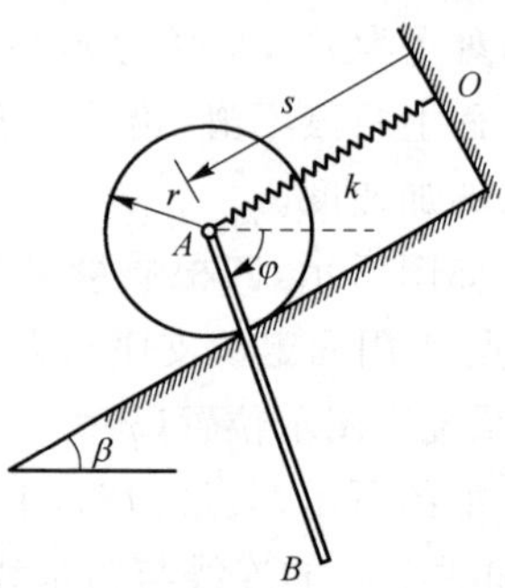

习题 12-8 图

12-9 如图所示，质量为 m_1 的水平平台用两根长度均为 l 且平行的不可伸长的细绳（质量不计）悬吊，质量为 m_2、半径为 r 的均质圆盘可沿平台作纯滚动，刚度系数为 k、原长为 l_0 的水平弹簧，其一端固定于平台上，另一端则与圆盘中心相连，试以图示的 x、θ 为广义坐标建立系统的运动微分方程。

12-10 图示系统位于水平面内，质量为 m、长度为 $l=3r$ 的均质细直杆 OC，其上作用有力偶矩为 M_1 的主动力偶，杆的一端绕通过点 O 的光滑铅垂轴逆时针转动，方位角为 θ，另一端则用光滑铰链与质量为 m、半径为 r 的均质圆盘的质心 C 相连；该圆盘又在另一绕轴 O（也为光滑铅垂轴）作顺时针转动的空心半圆柱的内侧滚动而不滑动；该空心半圆柱的方位角为 φ，对轴 O 的转动惯量 $J_O=8mr^2$，其上作用有力偶矩为 M_2 的主动力偶。试以 θ、φ 为广义坐标建立系统的运动微分方程。

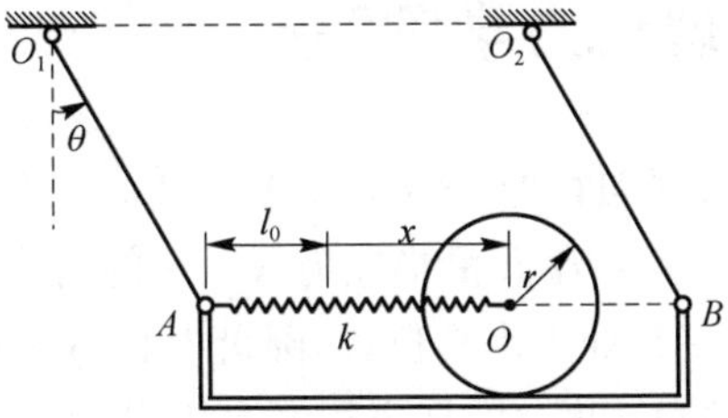

习题 12-9 图

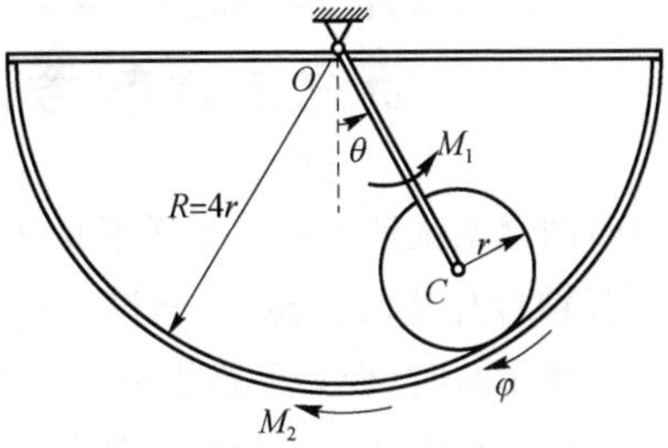

习题 12-10 图

12-11 图示机构处于同一铅垂平面内，均质圆盘 A 的半径 $R=2r$，质量 $m_1=2m$，可绕中心轴 A 转动；均质圆盘 B 的半径为 r，质量为 m，其中心为 B，可在圆盘 A 的边缘相对于圆盘 A 作纯滚动，均质细直杆 AB 的质量也为 m，铰链 A、B 光滑。若以圆盘 A 顺时针方位角 φ 和杆 AB 顺时针方位角 ψ 为系统的广义坐标，试写出系统的拉氏方程，并求其首次积分。

12-12 如图所示，质量为 m_1、半径为 r 的空心薄壁圆柱 A 在水平地面上作纯滚动，在圆柱的质量对称面内有一质量为 m_2 的小圆球 B（可以视为质点）沿光滑的圆柱内壁运动，试以图示的 x、φ 为广义坐标建立系统的运动微分方程，并写出其首次积分。

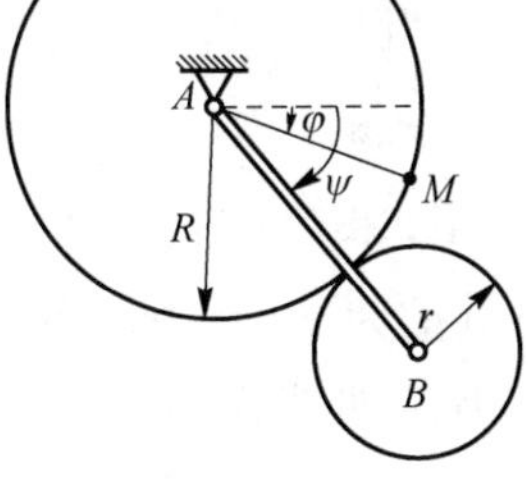

习题 12-11 图

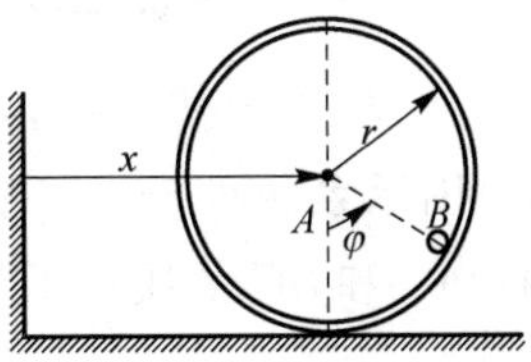

习题 12-12 图

附录A　北京理工大学2010～2013年攻读硕士学位研究生入学考试“理论力学”试题

北京理工大学2010年攻读硕士学位研究生入学考试“理论力学”试题

一、(25分)图示系统处于同一铅垂平面内，已知圆盘的半径为r，$OA=\sqrt{3}r$，$AB=3r$，杆OA以匀角速度ω绕轴O作逆时针转动，通过连杆AB带动圆盘B沿半径为$R=3r$的固定不动的凹轮作纯滚动。试求图示瞬时(杆OA处于铅垂位置，杆AB处于水平位置，圆盘中心B和凹轮圆心D的连线与铅垂线的夹角为30°)：(1)杆AB、圆盘B的角速度；(2)杆AB、圆盘B的角加速度。

二、(25分)在处于同一铅垂平面内的图示系统中，半径为r的细半圆环沿径向焊接一长度为r的细直杆O_2B，长度也为r的细直杆O_1A绕轴O_1以匀角速度ω_0作顺时针转动，通过其A端与半圆环接触，从而带动杆O_2B绕轴O_2转动。试求图示瞬时(O_1A处于铅垂位置，O_2B处于水平位置，A和圆心D的连线与B和D的连线的夹角为60°)：(1)杆O_2B的角速度和角加速度；(2)杆O_1A上点A相对于半圆环的速度和加速度。

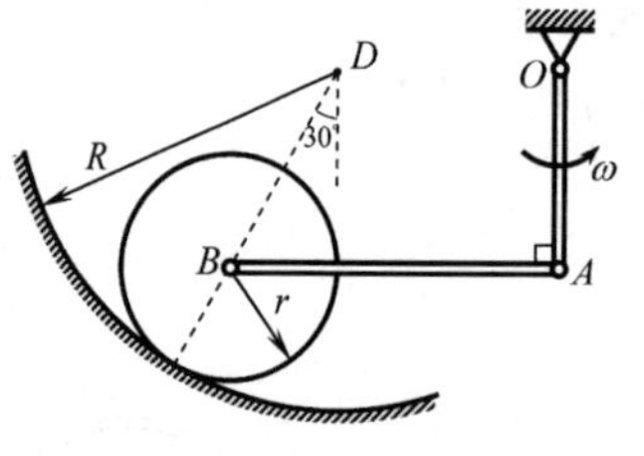

题一图

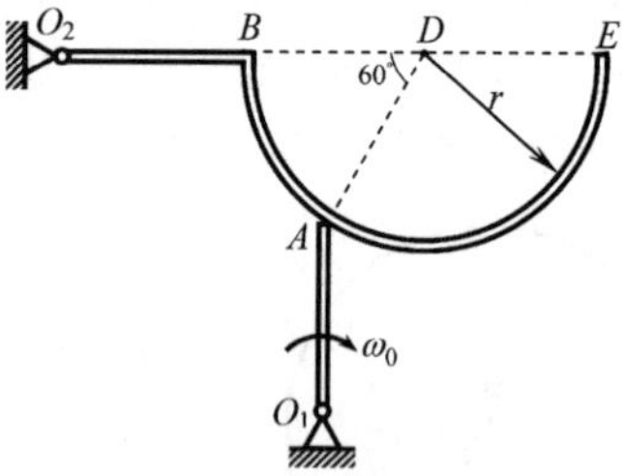

题二图

三、(20分)图示系统处于同一铅垂平面内，物块A的质量为$m_A=3m$，物块B的质量为$m_B=10m$，直杆AC和BC的质量不计，$AC=BC=l$，铰链A、B、C处光滑，物块A与水平面之间及物块B与倾角为30°的斜面之间的静摩擦因数均为$f_s=\dfrac{\sqrt{3}}{4}$，系统在铅垂向下的主动力$\boldsymbol{F}$的作用下于图示位置处于平衡状态。试求：(1)杆AC、BC的内力与F的关系；(2)F能取的值。

四、(20分)图示平面结构由直角弯杆AB和直杆BC、CD相互铰接而成，其几何尺寸和所受载荷如图所示，且$F=3ql$，若不计各构件自重和铰链A、B、C处摩擦，试求固定端D处的约束力偶矩。

五、(30分)图示机构由圆盘、连杆和滑块组成，A、B为铰链，处于同一铅垂面内，三个刚体皆均质，质量都为m，圆盘的半径为r，连杆AB的长度为$l=2r$，在圆盘上作用有逆时针转向的主动力偶，其力偶矩为 $M=\dfrac{12mgr}{\pi}$，系统于图示位置(杆 AB 位于水平位置)无初速进入运动，且不计摩擦，试求圆盘刚好转过 60°的瞬时(圆心 D 恰好位于杆 AB 的延长线上)圆盘的角速度，并写出此时系统的动量和对点 O 的动量矩(可以用圆盘的角速度表示)。

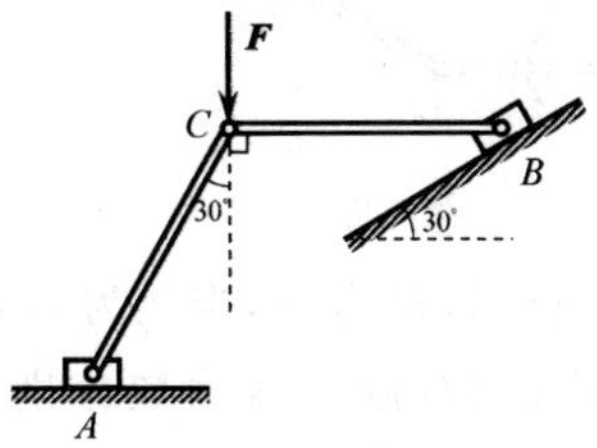

题三图

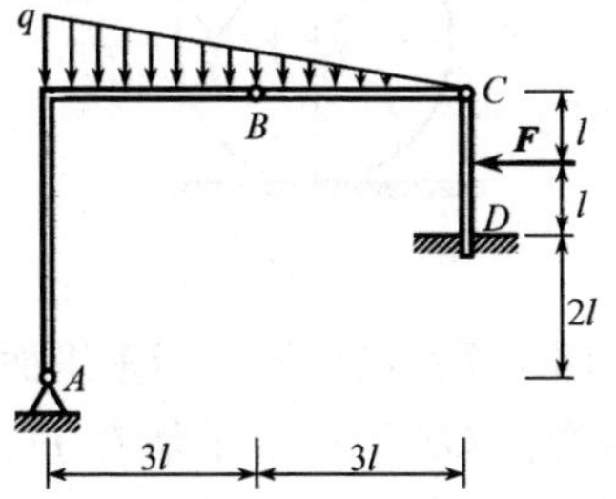

题四图

六、(30 分)处于同一铅垂平面内的曲柄一连杆一滑块机构，均质曲柄 OA 和均质连杆 AB 的质量都为 m，长度都为 l；滑块 B 上作用一水平向左的主动力，其大小为 $F=\sqrt{3}mg$；若不计摩擦和滑块 B 的质量，系统于图示位置无初速释放，试求释放瞬时杆 OA 的角加速度和水平滑道对滑块 B 的约束力。

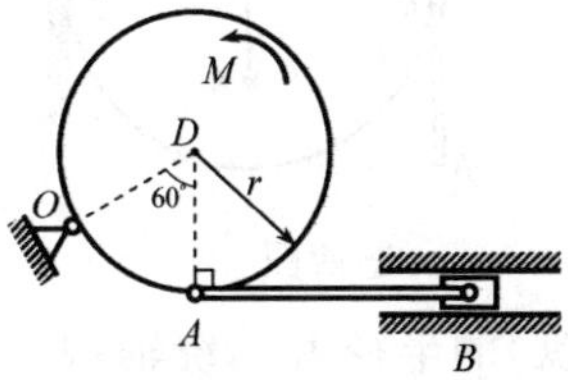

题五图

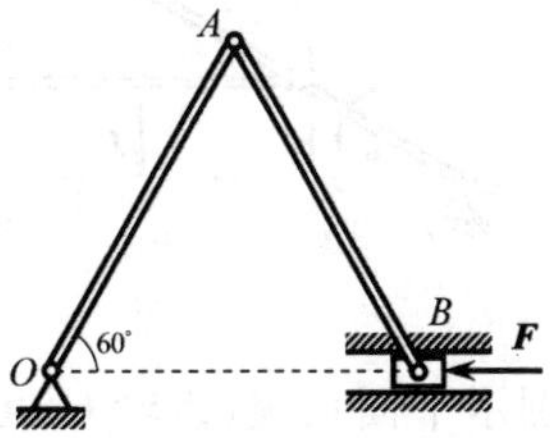

题六图

北京理工大学 2011 年攻读硕士学位研究生入学考试“理论力学”试题

一、(30 分)在处于同一铅垂平面内的图示系统中，等腰三角形平板的腰长为 $AB=AC=10r$，底边的长度为 $BC=12r$，顶点 A、B 分别与半径为 $R=4r$ 的圆盘 D 和滑块 B 铰接，且 $DA=3r$，圆盘 D 以匀角速度 ω_0 在水平地面上作逆时针纯滚动，通过三角板带动滑块 B 沿铅垂滑道运动。试求图示位置(D、A 的连线和 BC 边都处于水平位置)三角板的角速度和角加速度及顶点 C 的加速度。

二、(20 分)图示平面机构，细直杆 AB 套在可绕轴 D 作定轴转动的套筒内，并相对套筒作平移，其 A 端通过铰链与细直杆 OA 相连。已知：杆 OA 以匀角速度 ω_0 绕轴 O 作顺时针转动，$OA=l$，$AB=2l$，图示位置轴 D 恰好位于杆 AB 的中点处，试求该位置杆 AB 的角速度和角加速度。

三、(20 分)图示平面结构由直杆 OA、AB、AD、BC 在接触处相互铰接而成，已知 $OA=2l$，$BC=3l$，$AB=4l$，$AD=2\sqrt{3}l$，G 为杆 AD 的中点，所受到的载荷如图所示，且 $F=\sqrt{3}ql$，$M=5ql^2$，若不计各构件自重和各接触处摩擦，试求杆 AB 的内力。

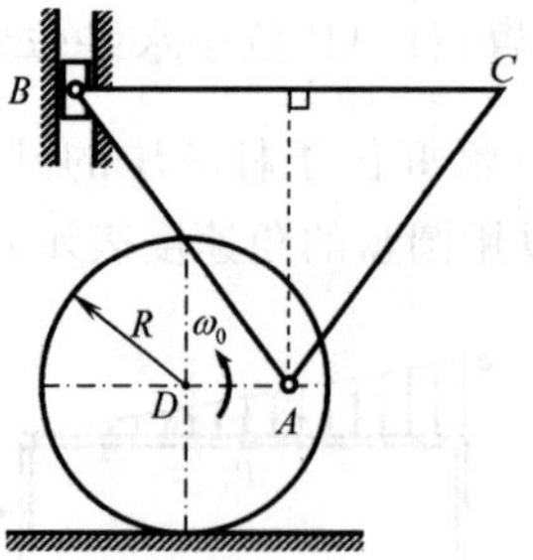

题一图

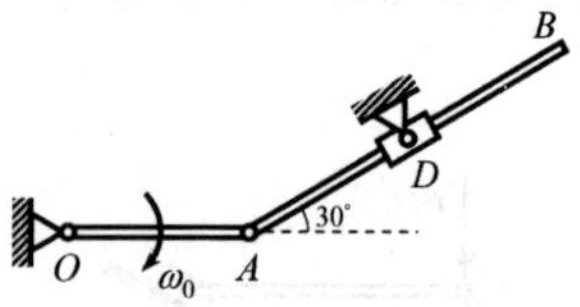

题二图

四、(20 分)图示系统处于同一铅垂平面内,均质圆盘的重量为 W,半径为 r,水平推力为 $P=2W$,圆盘与直角弯杆 OAB 和铅垂墙在 D、E 处为刚性接触,静摩擦因数分别为 $f_{sD}=0.3$ 和 $f_{sE}=0.25$,若不计弯杆 OAB 的自重及固定铰支座 O 处摩擦,系统在图示位置(AB 段平行于铅垂墙)处于静止状态,试求铅垂拉力 $\boldsymbol{F}$ 能取的值。

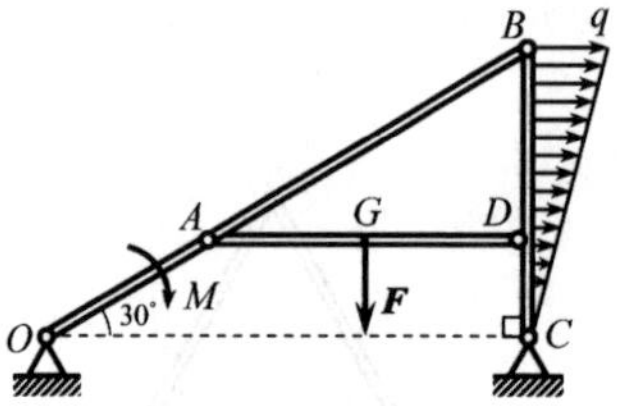

题三图

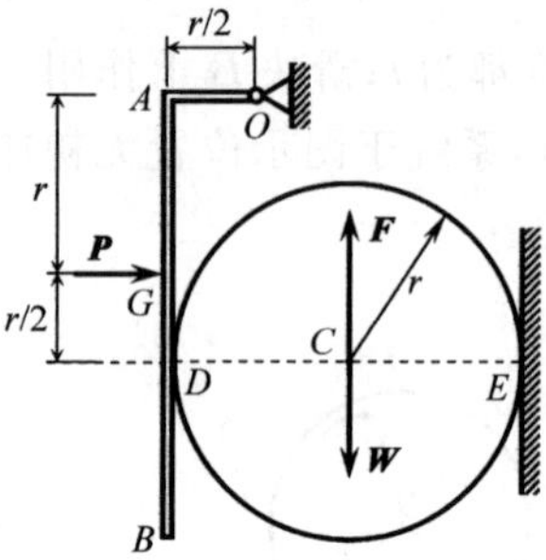

题四图

五、(30 分)图示平面系统,齿轮 C(可视为均质圆盘)的半径为 r,绕轴 O 以匀角速度 ω 作顺时针转动,与齿轮啮合的齿条 AB(可视为均质细直杆)的一端 A 与可沿水平滑道滑动的物块 A 铰接,$AB=2\sqrt{3}r$,O、A 处于同一水平直线上,三个刚体的质量都为 m,在图示瞬时,齿轮与齿条的啮合点为 D,且 $AD=BD$,O、D 两点的连线与水平直线的夹角为 30°,试写出该瞬时系统的动能、动量和对固定点 O 的动量矩。

六、(30 分)图示系统处于同一铅垂平面内,质量为 m、半径为 r 的均质圆盘在其矩 M 随时间而改变的主动力偶的作用下,在半径为 $R=3r$ 的固定凹面上作纯滚动,并通过质量为 m、长度为 $l=2\sqrt{3}r$ 的连杆 AB 带动不计质量的滑块 A 沿倾角为 30°的滑道以 $v_A=$常矢量滑动,不计铰链 A、B 处和滑道的摩擦,试求图示位置(圆盘中心 B 和凹面圆心 O 的连线与铅垂直线的夹角为 30°,杆 AB 处于水平位置)凹面对圆盘的约束力以及主动力偶矩 M 应取的值。

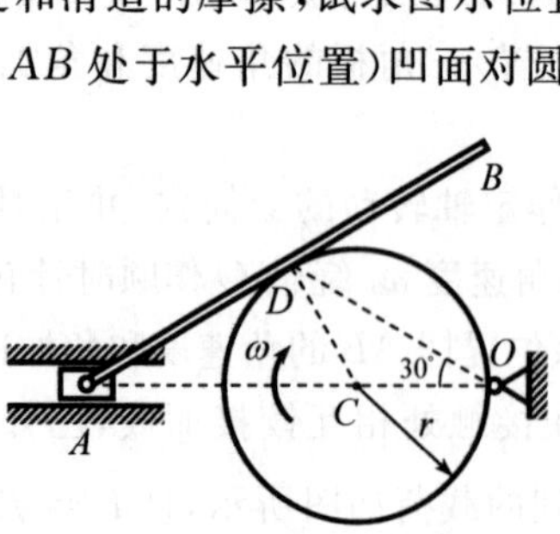

题五图

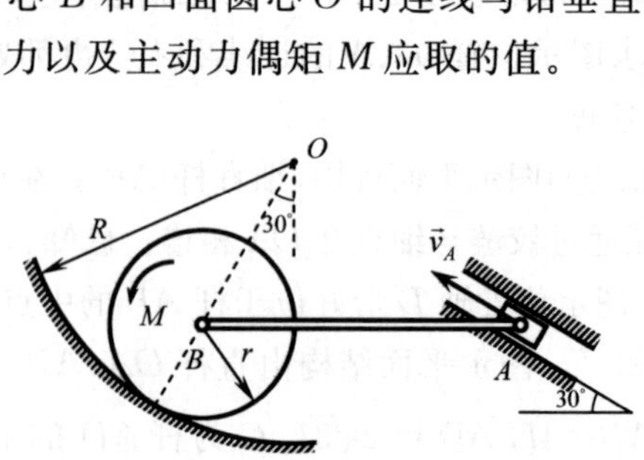

题六图

北京理工大学 2012 年攻读硕士学位研究生入学考试“理论力学”试题

一、(25 分)在图示平面系统中，半径为 r 的圆盘 D 以匀角速度 ω_0 在半径为 $R=2r$ 的固定不动的凸圆轮上作逆时针转向的纯滚动，通过连杆 AB(A、B 为光滑圆柱铰链)带动杆 OA 绕轴 O 作定轴转动，$OA=r$，$AB=2r$，C 为杆 AB 的中点。试求图示位置杆 AB 的角速度和角加速度。

二、(25 分)图示系统处于同一铅垂平面内，已知 $O_1A=O_2B=r$，$O_1O_2=2r$，通过半径为 r 的半圆盘(A、B 为光滑圆柱铰链)推动直杆 GH 在水平滑道内滑动。在图示瞬时，杆 O_1A 绕定轴 O_1 转动的角速度、角加速度分别为 ω_0 、α_0 ，转向都为顺时针，试求该瞬时杆 GH 运动的速度和加速度。

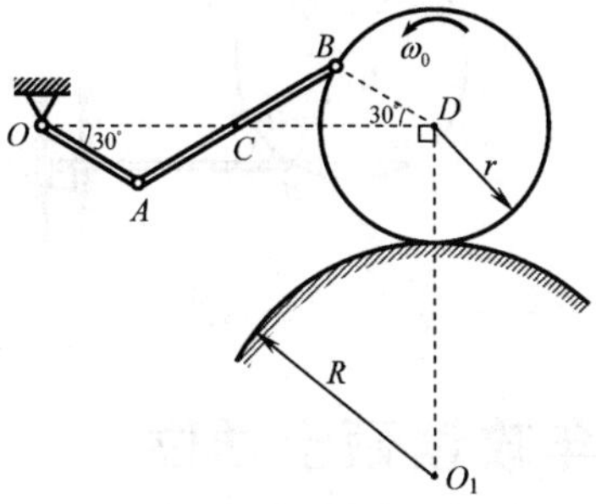

题一图

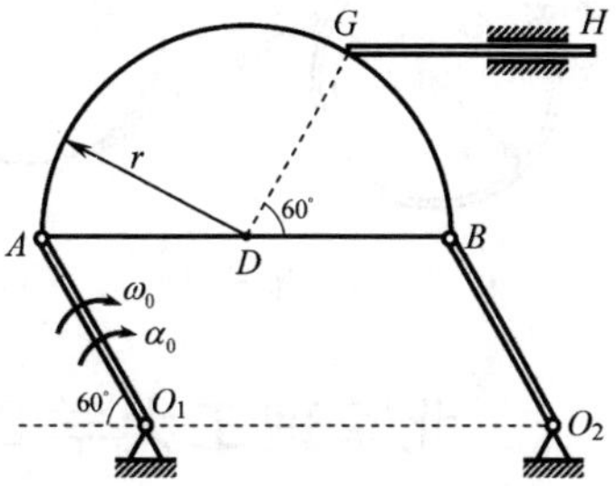

题二图

三、(20 分)如图所示，重量为 W、半径为 r 的均质圆盘与倾角为 30°的固定斜面间的静摩擦因数为 $f_D=\frac{\sqrt{3}}{6}$，与重量也为 W、长度为 $l=4r$ 的直杆 OA 间的静摩擦因数为 $f_B=\frac{\sqrt{3}}{4}$，若系统在 OA 处于铅垂位置，且两刚体接触点 B 恰好位于 OA 的中点时处于静止状态，试求主动力偶矩 M 能取的值。

四、(20 分)图示平面结构由直杆 OA、AB、BC 和 AD 相互铰接而成，已知 $OA=l$，$AB=2l$，D 为杆 BC 的中点，E 为杆 OA 的中点，AD 平行于 AC，所受主动力如图所示，且 $F=3ql$，$M=ql^2$，若不计各构件自重和各接触处摩擦，试求杆 AB 的内力。

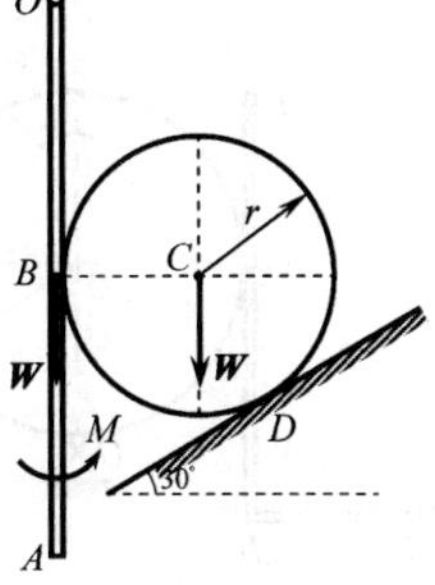

题三图

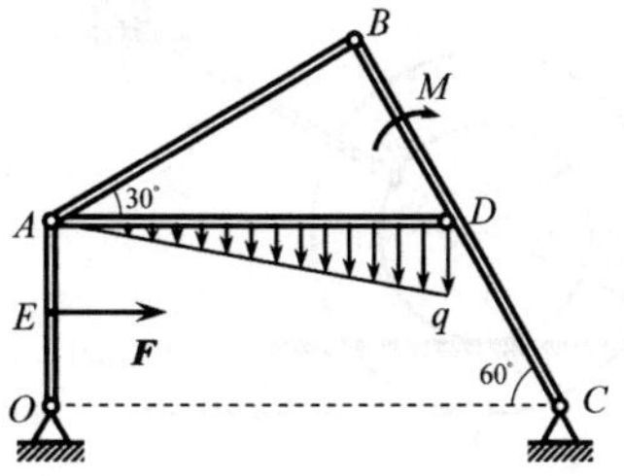

题四图

五、(35 分)在图示平面机构中,均质细圆环 C_1 的质量为 m,半径为 r;均质圆盘 C_2 的质量为 $m_2=3m$,半径为 $R=\dfrac{2\sqrt{3}}{3}r$;均质细直杆 AB 的质量为 m,长度为 $l=2r$;A、B 为光滑圆柱铰链,O、D 为光滑固定铰支座。若圆环 C_1 作逆时针转动的角速度 ω 为常数,试求图示位置系统的动能、动量和对点 O 的动量矩。

六、(25 分)图示系统处于同一铅垂平面内,质量为 m、半径为 r 的均质圆盘 C 与质量为 m、长度为 $l=2r$ 的均质细直杆 BD 相互焊接,且圆盘直径 BA 与杆 BD 的夹角为 120°,长度为 r 的不可伸长张紧柔绳一端系于圆盘上的点 A,另一端系于水平天花板上,与杆 BD 光滑铰接的滑块 D 可沿光滑铅垂滑道运动。若不计柔绳和滑块的质量,系统于图示位置无初速释放,试求释放瞬时:(1)圆盘的角加速度;(2)柔绳的张力;(3)滑道对系统的约束力。

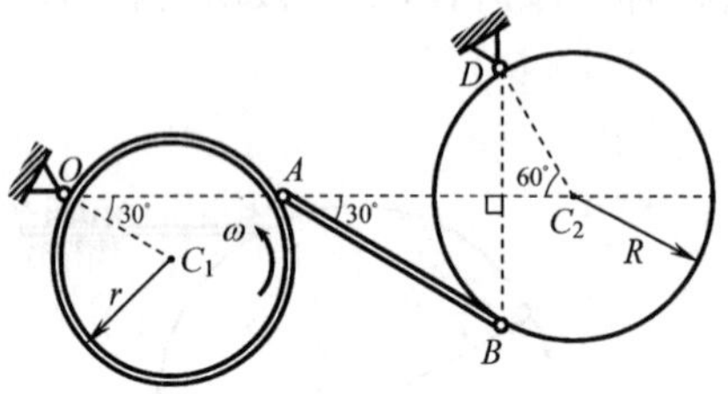

题五图

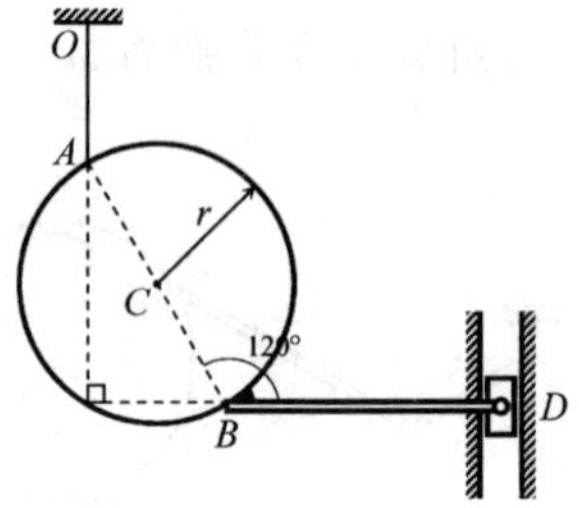

题六图

北京理工大学 2013 年攻读硕士学位研究生入学考试"理论力学"试题

一、(25 分)在处于同一铅垂平面内的图示系统中,鼓轮的内轮半径为 $r_1=3r$,外轮半径为 $r_2=5r$,外轮上绕有与鼓轮无相对滑动的不可伸长的柔绳,通过拉动水平段绳子使内轮在水平导轨上作纯滚动,并通过长度为 $l=9r$ 的连杆 AB(A、B 为光滑圆柱铰链)带动滑块 B 沿水平滑道滑动。已知图示位置(圆心 C 恰好位于杆 AB 的延长线上,该线与水平线夹角为 30°)水平段绳子的速度为 v_0,加速度为 a_0,方向均为水平向右,试求该瞬时滑块 B 的速度和加速度。

二、(25 分)在图示平面机构中,半径为 $R=2r$ 的圆盘 D 绕轴 O 以匀角速度 ω_0 作逆时针定轴转动,从而推动直角弯杆 ABE 绕轴 A 作定轴转动,已知 AB 段的长度为 $l=2r$。在图示瞬时:$OD//BE$,切点 G 离点 B 的距离为 $b=3r$,试求该瞬时:(1)直角弯杆 ABE 的角速度和角加速度;(2)圆心 D 相对于直角弯杆的速度和加速度。

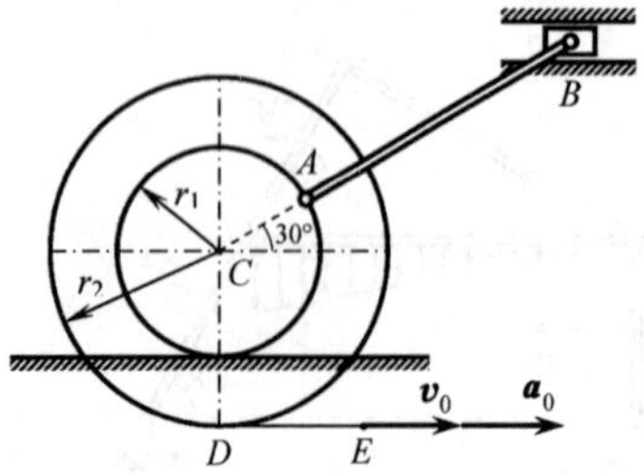

题一图

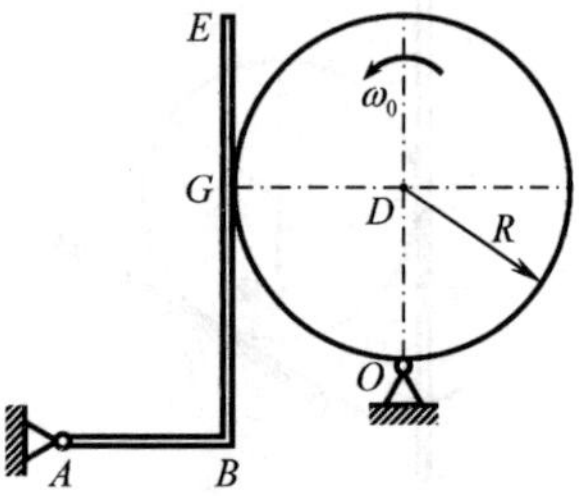

题二图

三、(20 分)在处于同一铅垂平面内的图示系统中，均质圆盘的半径为 r，重量为 P，与倾角为 30°的楔块 D 及铅垂墙面为刚性接触，在接触处 A、B 的静摩擦因数分别为 $f_{sA}=\frac{\sqrt{3}}{6}$、$f_{sB}=\frac{\sqrt{3}}{4}$，若不计楔块的重量及其与水平地面间摩擦，试求系统在图示位置保持静止时水平推力 $\boldsymbol{F}$ 能取的值。

四、(20 分)在处于同一铅垂平面内的图示结构中，已知作用于直角弯杆的 AC 段上线分布载荷的最大集度为 q，作用于杆 BD 上点 G 处水平力 $\boldsymbol{F}$ 的大小为 $F=2ql$，作用于长度为 $DE=\sqrt{3}l$ 的杆 DE 上的主动力偶的力偶矩为 $M=\sqrt{3}ql^2$，滑块 E 放置于倾角为 30°的滑道内，若不计各构件自重和各接触处摩擦，试求固定端 O 对直角弯杆的约束力偶矩。

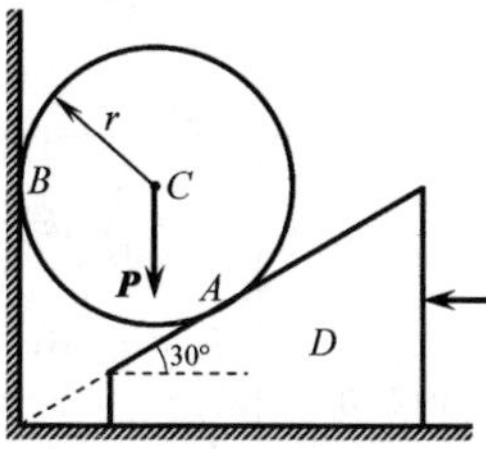

题三图

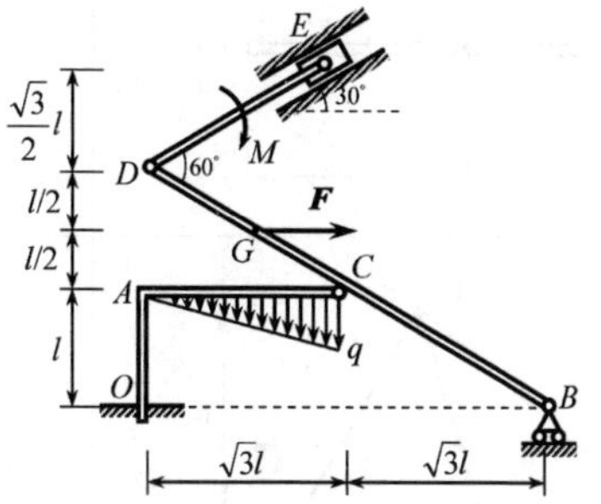

题四图

五、(30 分)图示系统处于同一铅垂平面内，均质圆盘的质量为 $m_1=4m$，半径为 r，在水平面上以匀角速度 ω 作顺时针转向的纯滚动；均质细直杆 AB 的质量为 $m_2=2m$，长度为 $l=2r$；均质细直杆 OA 的质量为 m，长度为 $b=\frac{2\sqrt{3}}{3}r$，绕轴 O 作定轴转动；A、B 为光滑圆柱铰链。试求图示位置(铰链 B 位于圆盘的最高点，杆 AB、OA 与水平线夹角分别为 30°、60°)：(1)系统的动能；(2)系统的动量；(3)系统对点 O 的动量矩。

六、(30 分)在处于同一铅垂平面内的图示系统中，均质细直杆 O_1A 的质量为 m，长度为 $l=2r$；均质等边三角形薄板的质量为 $m_1=4m$，边长为 $b=\sqrt{3}r$，对垂直于板面的质心 C 轴的回转半径为 $\rho_C=\frac{r}{2}$；张紧柔绳 O_2B 的质量不计，长度为 r。若系统于图示位置(杆、柔绳与水平线夹角分别为 60°、30°，三角形的 AB 边处于水平位置)无初速释放，且不计铰链 O_1、A 处摩擦，试求释放瞬时：(1)杆的角加速度；(2)三角形薄板的角加速度；(3)柔绳的张力。

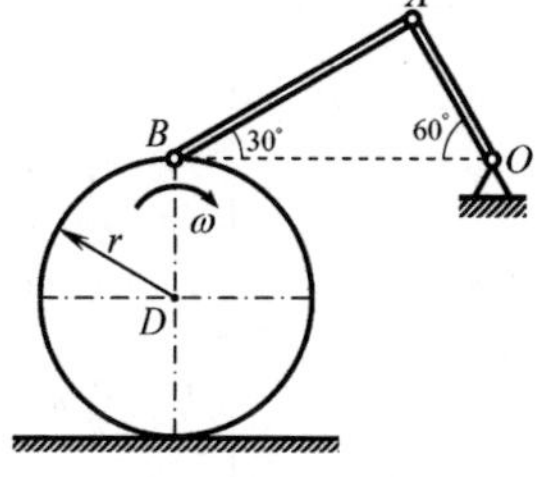

题五图

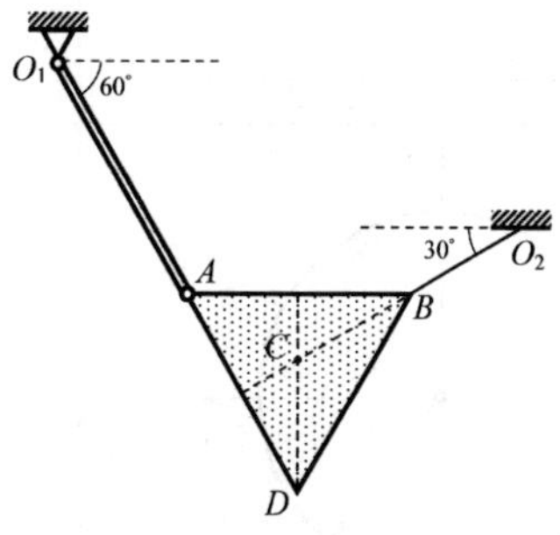

题六图

附录B　简单均质几何体的质心、转动惯量和惯性矩

物体	简图	质心位置	转动惯量与惯性矩
细直杆	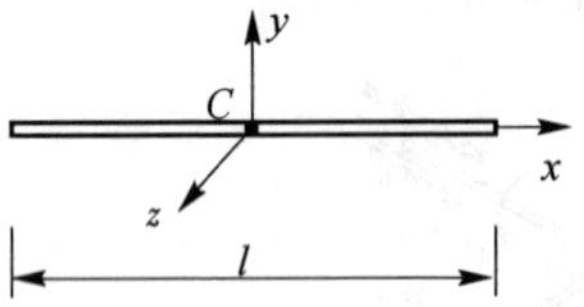	C为杆的中点	$J_x=0$ $J_y=\frac{1}{12}ml^2$ $J_z=\frac{1}{12}ml^2$
任意三角板	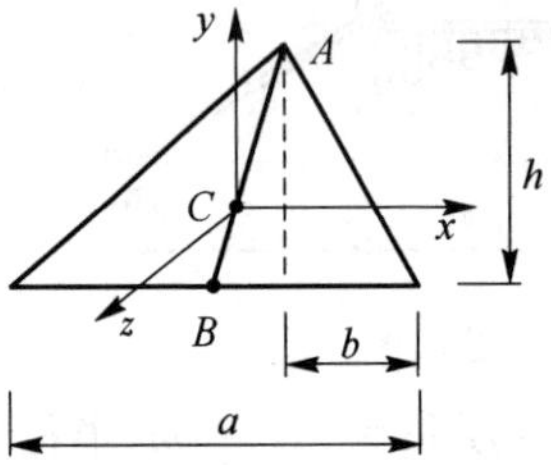	AC为中线AB的2/3	$J_x=\frac{1}{18}mh^2$ $J_y=\frac{1}{18}m(a^2+b^2-ab)$ $J_z=\frac{1}{18}m(a^2+b^2+h^2-ab)$ $J_{xy}=\frac{1}{36}mh(a-2b)$
直角三角板	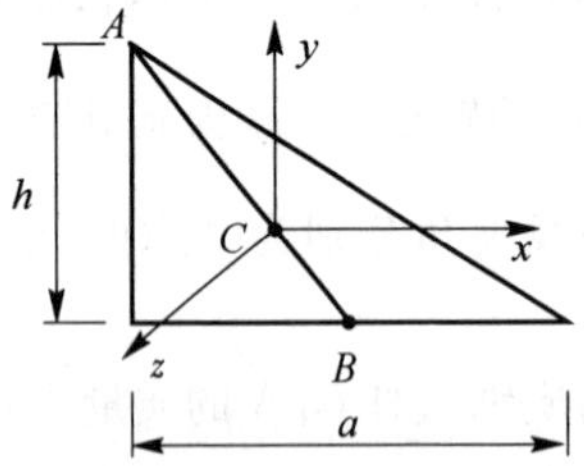	AC为中线AB的2/3	$J_x=\frac{1}{18}mh^2$ $J_y=\frac{1}{18}ma^2$ $J_z=\frac{1}{18}m(a^2+h^2)$ $J_{xy}=-\frac{1}{36}mah$
矩形板	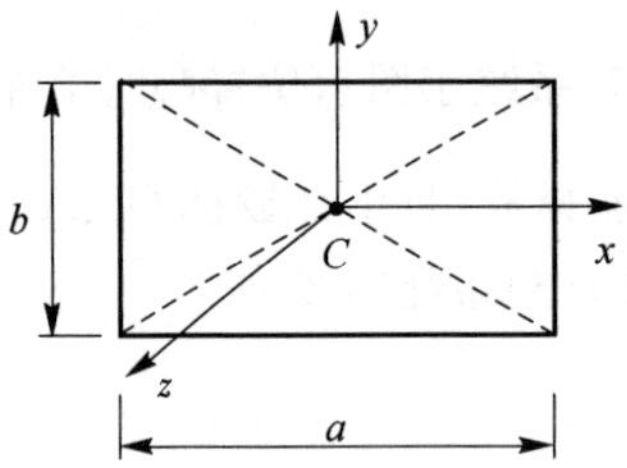	C为对角线的中点	$J_x=\frac{1}{12}mb^2$ $J_y=\frac{1}{12}ma^2$ $J_z=\frac{1}{12}m(a^2+b^2)$
圆板	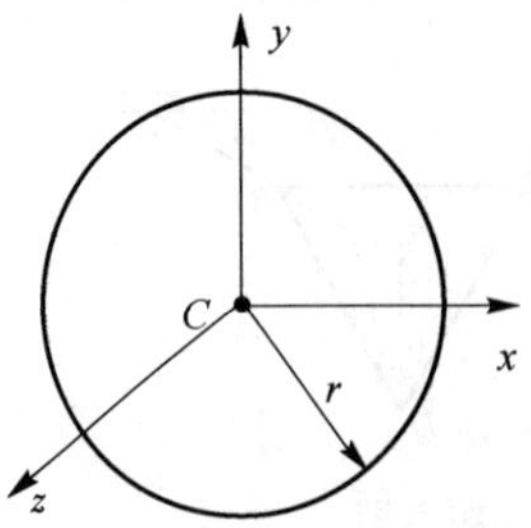	C为圆心	$J_x=\frac{1}{4}mr^2$ $J_y=\frac{1}{4}mr^2$ $J_z=\frac{1}{2}mr^2$

续表

物体	简图	质心位置	转动惯量与惯性矩
半圆板	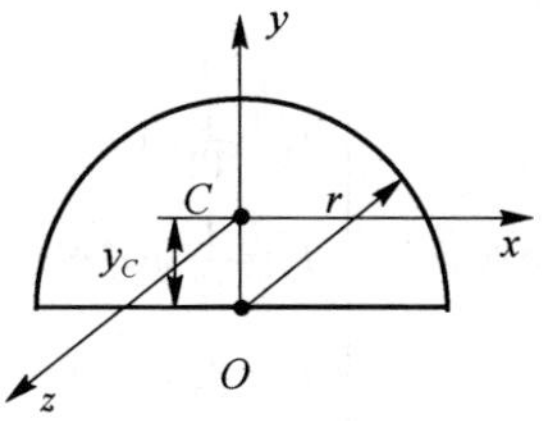	$y_C=\frac{4r}{3\pi}$	$J_x=\frac{1}{36\pi^2}mr^2(9\pi^2-64)$ $J_y=\frac{1}{4}mr^2$ $J_z=\frac{1}{18\pi^2}mr^2(9\pi^2-32)$
四分之一圆板	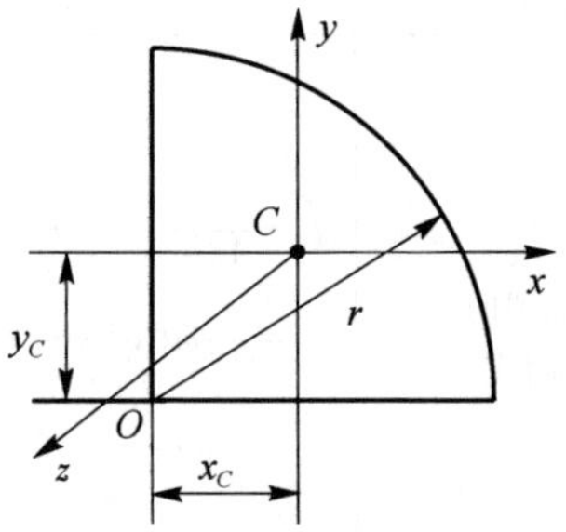	$x_C=\frac{4r}{3\pi}$ $y_C=\frac{4r}{3\pi}$	$J_x=\frac{1}{36\pi^2}mr^2(9\pi^2-64)$ $J_y=\frac{1}{36\pi^2}mr^2(9\pi^2-64)$ $J_z=\frac{1}{18\pi^2}mr^2(9\pi^2-64)$ $J_{xy}=\frac{1}{18\pi^2}mr^2(9\pi^2-32)$
扇形板	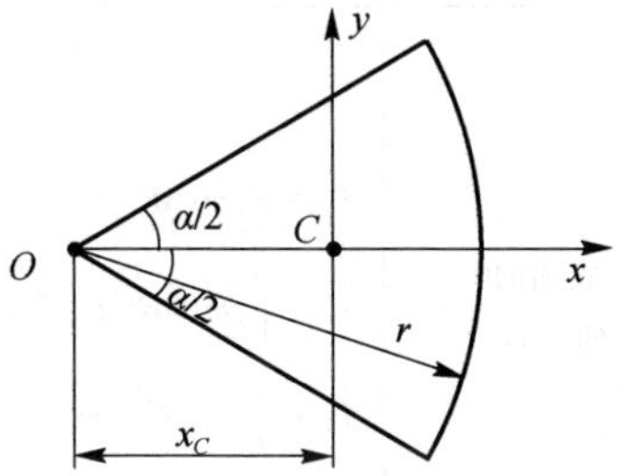	$x_C=\frac{4r}{3\alpha}\sin\frac{\alpha}{2}$ （α 单位为弧度）	$J_x=\frac{1}{4\alpha}(\alpha-\sin\alpha)mr^2$ $J_y=\left[\frac{\alpha+\sin\alpha}{4\alpha}-\frac{8}{9\alpha^2}(1-\cos\alpha)\right]mr^2$ $J_z=\left[\frac{1}{2}-\frac{8}{9\alpha^2}(1-\cos\alpha)\right]mr^2$ （α 单位为弧度）
椭圆板	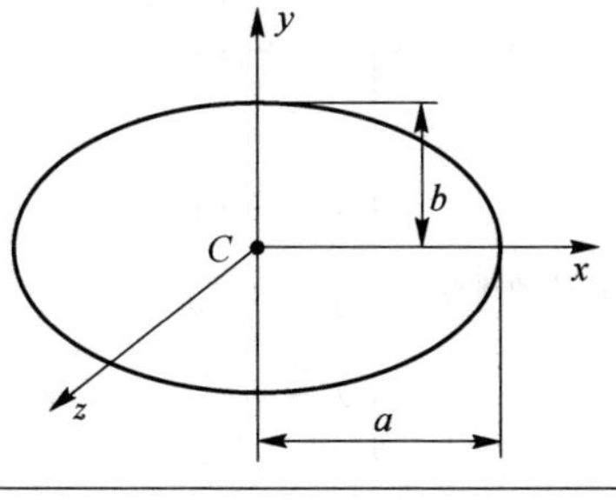	C 为椭圆中心	$J_x=\frac{1}{4}mb^2$ $J_y=\frac{1}{4}ma^2$ $J_z=\frac{1}{4}m(a^2+b^2)$
四分之一椭圆板	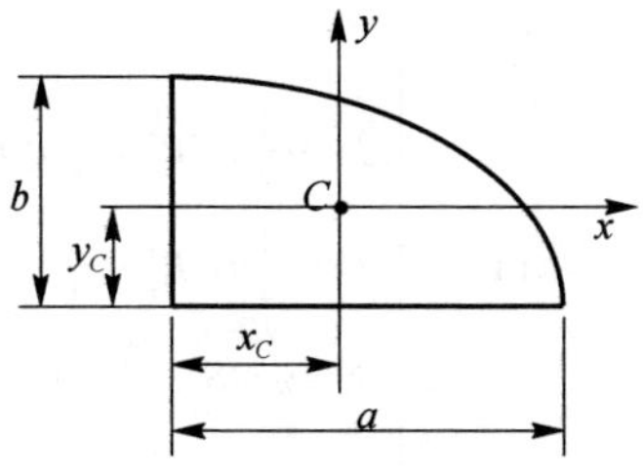	$x_C=\frac{4a}{3\pi}$ $y_C=\frac{4b}{3\pi}$	$J_x=(\frac{9\pi^2-64}{36\pi^2})mb^2$ $J_y=(\frac{9\pi^2-64}{36\pi^2})ma^2$ $J_z=(\frac{9\pi^2-64}{36\pi^2})m(a^2+b^2)$ $J_{xy}=(\frac{9\pi^2-64}{18\pi^2})mab$

物体	简图	质心位置	转动惯量与惯性矩
长方体	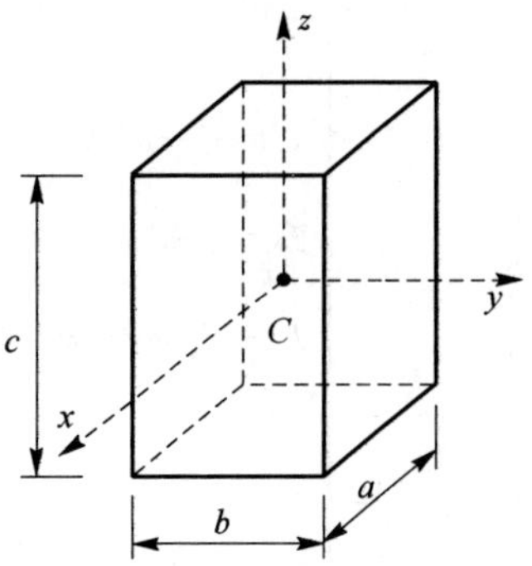	C 为对角线交点	$J_x=\frac{1}{12}m(b^2+c^2)$ $J_y=\frac{1}{12}m(c^2+a^2)$ $J_z=\frac{1}{12}m(a^2+b^2)$
圆柱体	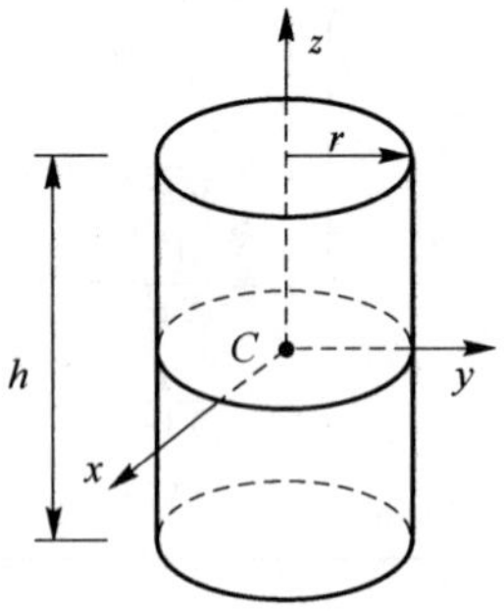	C 为上、下底圆的圆心连线的中点	$J_x=\frac{1}{12}m(3r^2+h^2)$ $J_y=\frac{1}{12}m(3r^2+h^2)$ $J_z=\frac{1}{2}mr^2$
中空圆柱体	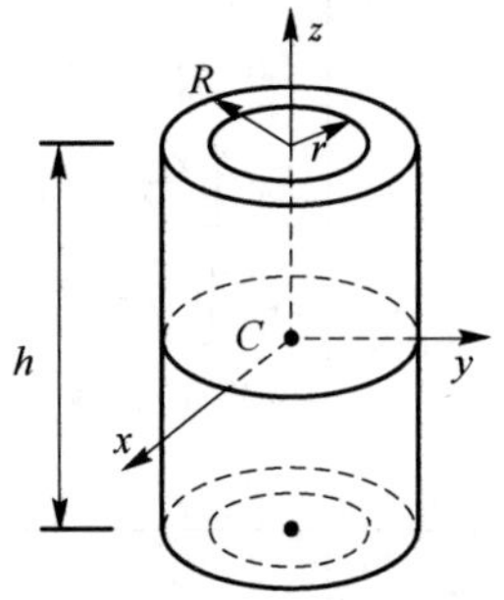	C 为上、下底圆的圆心连线的中点	$J_x=\frac{1}{12}m(3R^2+3r^2+h^2)$ $J_y=\frac{1}{12}m(3R^2+3r^2+h^2)$ $J_z=\frac{1}{2}m(R^2+r^2)$
细圆环 ($r\gg a$)	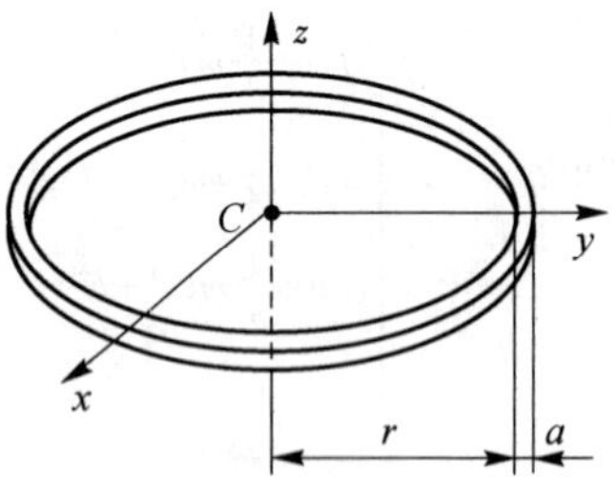	C 为圆环中心线的圆心	$J_x=\frac{1}{2}mr^2$ $J_y=\frac{1}{2}mr^2$ $J_z=mr^2$
粗圆环 ($R>r$)	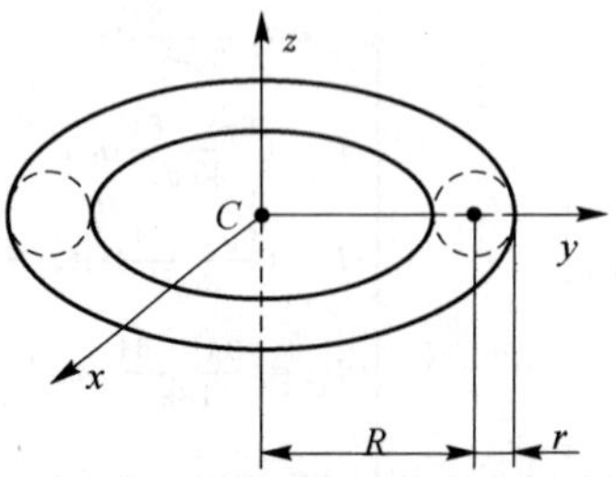	C 为圆环中心线的圆心	$J_x=\frac{1}{2}m(R^2+\frac{5}{4}r^2)$ $J_y=\frac{1}{2}m(R^2+\frac{5}{4}r^2)$ $J_z=m(R^2+\frac{3}{4}r^2)$

物体	简图	质心位置	转动惯量与惯性矩
圆锥体	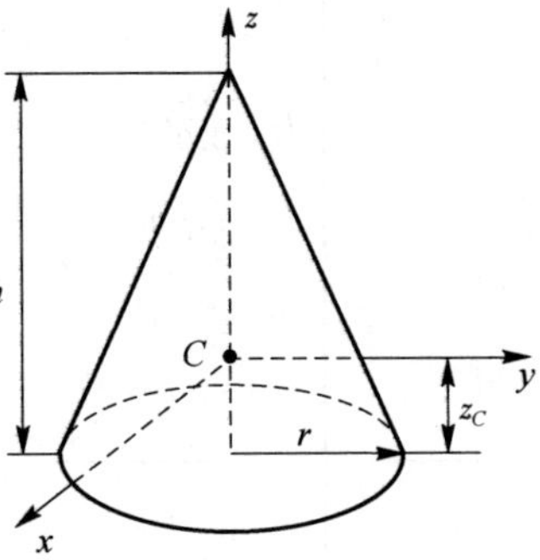	$z_C=\frac{1}{4}h$	$J_x=\frac{3}{80}m(4r^2+h^2)$ $J_y=\frac{3}{80}m(4r^2+h^2)$ $J_z=\frac{3}{10}mr^2$
球形体	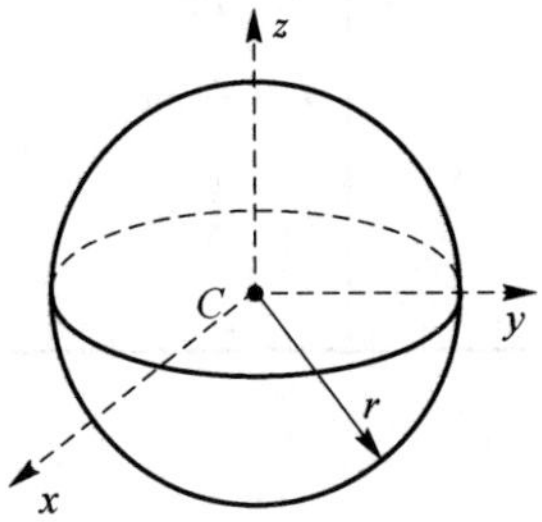	C 为球心	$J_x=\frac{2}{5}mr^2$ $J_y=\frac{2}{5}mr^2$ $J_z=\frac{2}{5}mr^2$
椭球体	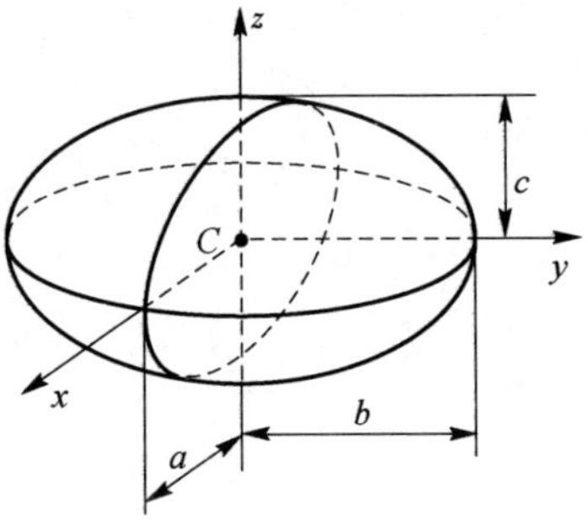	C 为椭球心	$J_x=\frac{1}{5}m(b^2+c^2)$ $J_y=\frac{1}{5}m(c^2+a^2)$ $J_z=\frac{1}{5}m(a^2+b^2)$
半圆柱体	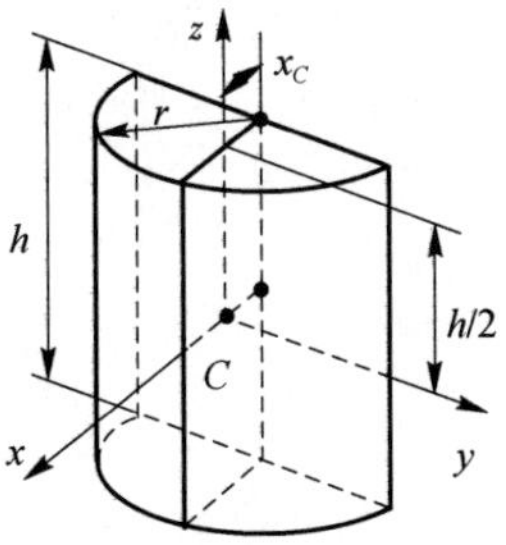	$x_C=\frac{4r}{3\pi}$	$J_x=\frac{1}{12}m(3r^2+h^2)$ $J_y=\frac{1}{36\pi^2}mr^2(9\pi^2-64)+\frac{1}{12}mh^2$ $J_z=\frac{1}{18\pi^2}mr^2(9\pi^2-32)$
半圆锥体	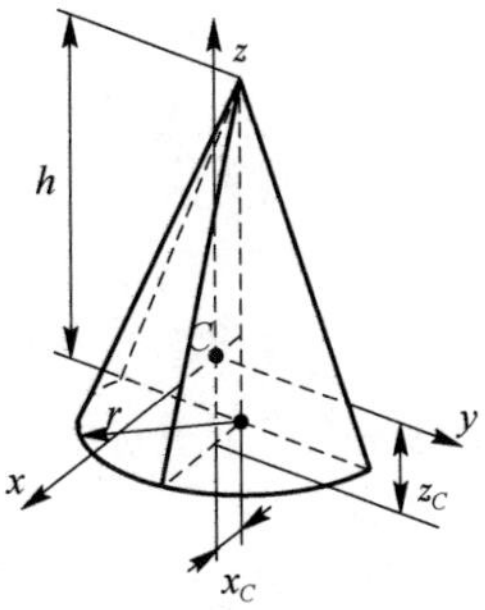	$x_C=\frac{r}{\pi}$ $z_C=\frac{h}{4}$	$J_x=\frac{3}{80}m(4r^2+h^2)$ $J_y=(\frac{3}{20}-\frac{1}{\pi^2})mr^2+\frac{3}{80}mh^2$ $J_z=(\frac{3}{10}-\frac{1}{\pi^2})mr^2$ $J_{xz}=-\frac{1}{20\pi}mrh$

续表

物体	简图	质心位置	转动惯量与惯性矩
半球体	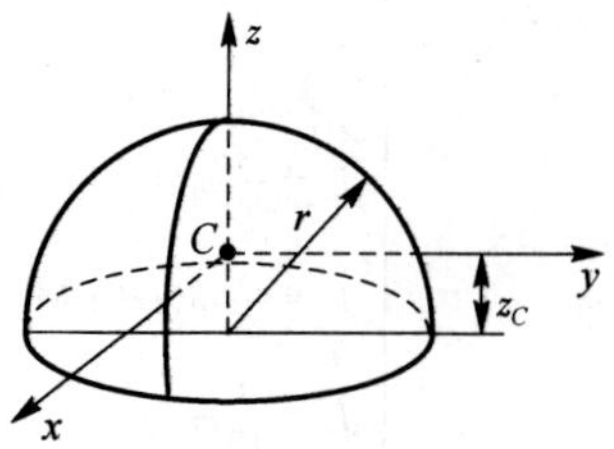	$z_C=\frac{3}{8}r$	$J_x=\frac{83}{320}mr^2$ $J_y=\frac{83}{320}mr^2$ $J_z=\frac{2}{5}mr^2$
半球形壳	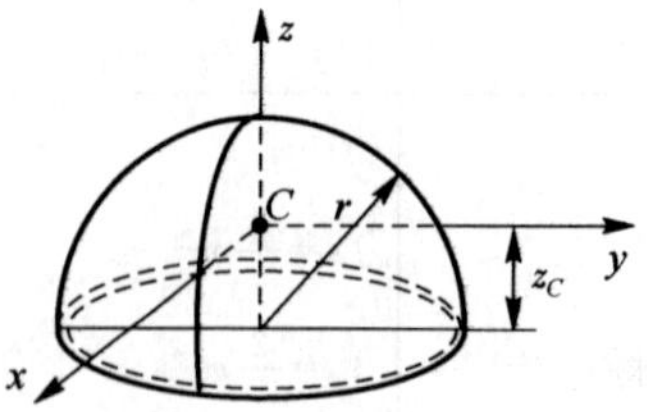	$z_C=\frac{1}{2}r$	$J_x=\frac{5}{12}mr^2$ $J_y=\frac{5}{12}mr^2$ $J_z=\frac{2}{3}mr^2$

习题参考答案

第1章　运动学基础

1-1　$v_C=\frac{\sqrt{3}}{3}v$（向右）；$a_C=\frac{8\sqrt{3}v^2}{9l}$（向右）

1-2　$\omega=\frac{v}{4h}$（逆时针）；$\alpha=\frac{\sqrt{3}v^2}{8h^2}$（顺时针）

1-3　$x_M=r[1+\cos(2\omega t)]$；$y_M=r\sin(2\omega t)$；

$v_M=-2r\omega\sin(2\omega t)\boldsymbol{i}+2r\omega\cos(2\omega t)\boldsymbol{j}$；

$\boldsymbol{a}_M=-4r\omega^2\cos(2\omega t)\boldsymbol{i}-4r\omega^2\sin(2\omega t)\boldsymbol{j}$；

$s=2r\omega t$；$v_M=2r\omega$；$a_M=4r\omega^2$

1-4　$v_M=\sqrt{\frac{2tv^2+pv}{2t}}$（沿轨迹曲线的切线斜向上）；

$a_M=\frac{1}{2t}\sqrt{\frac{pv}{2t}}$（铅垂向下）

1-5　$v_A=\frac{\sqrt{l^2+x^2}}{x}v$（铅垂向上）；$a_A=\frac{l^2}{x^3}v^2$（铅垂向上）

1-6　$v_{AB}=e\omega\cos\varphi\left(1+\frac{e\sin\varphi}{\sqrt{r^2-e^2\cos^2\varphi}}\right)$（铅垂向上）；

$a_{AB}=-e\omega^2\sin\varphi+\frac{e^2\omega^2[r^2\cos(2\varphi)-e^2\cos^4\varphi]}{(r^2-e^2\cos^2\varphi)^{\frac{3}{2}}}$（铅垂向上）

1-7　$v_B=r\omega\sqrt{2\left(1-\sin\frac{\varphi}{2}\right)}$，

方向：斜右向上，与水平线夹角 $\alpha=\arctan\left[\frac{\cos\varphi+\sin\frac{\varphi}{2}}{-\sin\varphi+\cos\frac{\varphi}{2}}\right]$；

$a_B=r\omega^2\sqrt{\frac{5}{4}-\sin\frac{\varphi}{2}}$，

方向：斜左向上，与水平线夹角 $\beta=\arctan\left[\frac{2\sin\varphi-\cos\frac{\varphi}{2}}{2\cos\varphi+\sin\frac{\varphi}{2}}\right]$

1-8　$v_D=6r\omega\frac{1+3\cos\varphi}{(3+\cos\varphi)^2}$；$a_D=6r\omega^2\frac{(3\cos\varphi-7)\sin\varphi}{(3+\cos\varphi)^3}$

1-9　$\omega_{AB}=1\text{rad/s}$（顺时针）；$\alpha_{AB}=\sqrt{3}\text{rad/s}^2$（顺时针）；$a_B=130\text{cm/s}^2$

1-10　$a_t=5\sqrt{3}\text{m/s}^2$（与 v 同方向）或 $\boldsymbol{a}_t=\sqrt{3}(4\boldsymbol{i}+3\boldsymbol{j})\text{m/s}^2$；$\rho=5\text{m}$

第 2 章　刚体的平面运动

2-1 $\begin{cases} x_A=(R+r)\cos(\frac{1}{2}\alpha t^2) \\ y_A=(R+r)\sin(\frac{1}{2}\alpha t^2) \\ \theta=\frac{1}{2}(1+\frac{R}{r})\alpha t^2 \end{cases}$ 或 $\begin{cases} s=\frac{1}{2}(R+r)\alpha t^2 \\ \theta=\frac{1}{2}(1+\frac{R}{r})\alpha t^2 \end{cases}$

2-2 $\omega_D=\frac{R}{r}\dot{\varphi}+\frac{R-r}{r}\dot{\psi}$(顺时针)

2-3 略

2-4 略

2-5 $v_E=\frac{2\sqrt{3}}{3}r\omega$(铅垂向下)

2-6 $\omega_{ED}=\frac{3}{2}\omega$(顺时针)

2-7 $\omega_{O_1}=\frac{(b_1+b_2)r_2v}{a_1b_2r_2-a_2b_1r_1}$(逆时针)

2-8 $\omega_B=\frac{2v}{3r}$(逆时针)

2-9 $v_{Cx}=60\text{cm/s}$，$v_{Cy}=-20\text{cm/s}$

2-10 $v_D=v_A\sin\theta$(方向：$D\to A$)；$a_{Dx}=\frac{v_A^2}{r}(1-\frac{3}{2}\cos^2\theta)$，$a_{Dy}=\frac{3v_A^2}{4r}\sin(2\theta)$

2-11 $v_C=2r\omega$(铅垂向上)；

$a_C=2\sqrt{3}r\omega^2$(方向：斜左上，与水平线夹角为 30°)

或　$a_{Cx}=-3r\omega^2$，$a_{Cy}=\sqrt{3}r\omega^2$

2-12 $v_C=\frac{\sqrt{3}}{3}l\omega_0$(水平向左)；$a_{Cx}=-(5+\sqrt{3})l\omega_0^2$，$a_{Cy}=-\frac{4\sqrt{3}+9}{3}l\omega_0^2$

2-13 $v_C=\sqrt{3}r\omega(//\overrightarrow{CA})$；$a_{Cx}=-\frac{4+3\sqrt{3}}{12}r\omega^2$，$a_{Cy}=-\frac{3+4\sqrt{3}}{12}r\omega^2$

2-14 $v_A=l\omega$(铅垂向上)；$a_A=\sqrt{3}l\omega^2$(铅垂向上)

2-15 $\omega_{\text{II}}=\frac{3}{2}\omega_0$(顺时针)；$\alpha_{\text{II}}=\frac{3}{2}\alpha_0$(顺时针)

2-16 $\omega_{AB}=1.5\text{rad/s}$(顺时针)；$\alpha_{AB}=12.84\text{rad/s}^2$(逆时针)；

$v_C=340\text{mm/s}(\perp OC)$(斜右上)；

$a_C^{\text{n}}=680\text{mm/s}^2(//\overrightarrow{CO})$，$a_C^{\text{t}}=2018.75\text{mm/s}^2(\perp OC)$(斜左上)

2-17 $v_D=v_A$(斜右上，与水平线夹角为 30°)；$a_{Dx}=-\frac{3v_A^2}{r}$，$a_{Dy}=-\frac{\sqrt{3}v_A^2}{r}$

2-18 $\omega_{菱}=0$；$\alpha_{菱}=\frac{\sqrt{3}}{3}\omega^2$(逆时针)；$v_E=r\omega$(水平向左)；

$a_{Ex}=\frac{\sqrt{3}}{3}r\omega^2$，$a_{Ey}=-\frac{2}{3}r\omega^2$

2-19 $v_D=\sqrt{5+2\sqrt{3}}r\omega$；$a_{Dx}=-r\omega^2$，$a_{Dy}=-(\sqrt{3}-1)r\omega^2$

2-20 $\omega_{AB}=\frac{v}{3r}$(逆时针)；$\omega_D=\frac{v}{3r}$(顺时针)；

$\alpha_D=\frac{2\sqrt{3}v^2}{27r^2}$(顺时针)；$\alpha_{AB}=\frac{4\sqrt{3}v^2}{27r^2}$(顺时针)

2-21 $\omega_{OA}=\frac{2v}{l}$（逆时针）；$\alpha_{OA}=\frac{10\sqrt{3}v^2}{l^2}$（逆时针）

2-22 $v_C=\sqrt{3}v(//\overrightarrow{CA})$；$a_{Cx}=\frac{3\sqrt{3}v^2}{l}$，$a_{Cy}=-\frac{v^2}{l}$

2-23 $v_B=\frac{3}{2}r\omega_0$（水平向右）；$a_B=\frac{3}{2}r\alpha_0-\frac{41}{16}r\omega_0^2$（水平向右）

2-24 $\omega_C=\frac{v_B}{r}$（逆时针）；$\alpha_C=\frac{2\sqrt{3}v_B^2}{r^2}$（顺时针）

2-25 $v_C=\frac{\sqrt{3}}{2}v_0$（铅垂向下）；$a_C=\frac{\sqrt{3}}{2}a_0+\frac{(1+3\sqrt{3})v_0^2}{2r}$（铅垂向下）

2-26 $\omega_{AB}=0$；$\alpha_{AB}=\frac{4v_0^2}{5r^2}$（顺时针）

2-27 $v_C=r\omega$(斜右下，与水平线夹角为 60°)；

$a_{Cx}=\frac{3}{8}r\omega^2$，$a_{Cy}=\frac{3\sqrt{3}}{8}r\omega^2$ 或 $a_C=\frac{3}{4}r\omega^2$（斜右上，与水平线夹角为 60°）

2-28 $\omega_C=\frac{3}{4}\omega$（顺时针）；$\alpha_C=\frac{151}{128}\omega^2$（逆时针）

2-29 $v_C=r\omega_0$（沿滑道向下）；$a_C=r\alpha_0-\sqrt{3}r\omega_0^2$（沿滑道向下）

2-30 $\omega_C=\frac{2v_A}{3r}$（逆时针）；$\alpha_C=\frac{2\sqrt{3}v_A^2}{9r^2}$（逆时针）

2-31 $\omega_{AB}=0$；$\omega_{BC}=4\text{rad/s}$（逆时针）；

$\alpha_{AB}=4\text{rad/s}^2$（逆时针）；$\alpha_{BC}=24\text{rad/s}^2$（逆时针）

2-32 $v_C=v$(斜右上，与水平线夹角为 30°)；$a_{Cx}=\frac{3v^2}{l}$，$a_{Cy}=\frac{4v^2}{l}$

第 3 章　复合运动

3-1 $\omega=\frac{v}{r}$（逆时针）

3-2 $\omega_{O_1A}=\frac{2}{3}\omega$（顺时针）

3-3 $\omega_{DE}=\frac{2\sqrt{3}}{3}\omega$（逆时针）

3-4 $v_{AB}=\frac{1}{2}r\omega_0$（铅垂向上）

3-5 $\omega_B=\frac{2\sqrt{3}}{3}\omega_0$（顺时针）

3-6 $v=l\omega_0$（水平向左）

3-7 (1)$\omega=\frac{\sqrt{3}v}{3r}$（逆时针）；(2)$\omega=\frac{2\sqrt{3}v}{3r}$（顺时针）

3-8 $\boldsymbol{a}_C^{AB}=0$；$\boldsymbol{a}_C^{O_1A}=2l\omega^2(\boldsymbol{i}+\boldsymbol{j})$；$\boldsymbol{a}_C^{O_2B}=2l\omega^2(-\boldsymbol{i}+\boldsymbol{j})$

3-9 $\boldsymbol{a}_C^{AB}=0$；$\boldsymbol{a}_C^{BD}=\frac{4\sqrt{3}v_0^2}{l}$（垂直于 BD，斜上右）；$\boldsymbol{a}_C^{OA}=\frac{v_0^2}{l}(14\boldsymbol{i}+2\sqrt{3}\boldsymbol{j})$

3-10 $v_{DE}=\frac{\sqrt{3}}{3}r\omega_0$（铅垂向上）；$a_{DE}=(\frac{8\sqrt{3}}{9}-1)r\omega_0^2+\frac{\sqrt{3}}{3}r\alpha_0$（铅垂向上）

3-11 $\omega_{DE}=2\omega_0$（顺时针）；$\alpha_{DE}=10\sqrt{3}\omega_0^2+2\alpha_0$（逆时针）

3-12 $\omega=\frac{\sqrt{3}v}{2r}$（顺时针）；$\alpha=\frac{(\sqrt{3}-1)v^2}{4r^2}$（逆时针）

3-13 $\omega=\dfrac{\sqrt{3}v_0}{3r}$（逆时针）；$\alpha=\dfrac{\sqrt{3}a_0}{3r}-\dfrac{\sqrt{3}v_0^2}{r^2}$（正转向为逆时针）

3-14 $\omega=2\omega_0$（逆时针）；$\alpha=\dfrac{2\sqrt{3}}{3}\omega_0^2$（逆时针）

3-15 $v_r=3r\omega_0$（垂直于 BD，斜上左）；

$a_r^n=9r\omega_0^2(B\rightarrow D)$，$a_r^t=3r\alpha_0-10\sqrt{3}r\omega_0^2$（垂直于 BD，斜上左）

或 $\boldsymbol{a}_r=(\dfrac{21}{2}r\omega_0^2-\dfrac{3\sqrt{3}}{2}r\alpha_0)\boldsymbol{i}+(-\dfrac{19\sqrt{3}}{2}r\omega_0^2+\dfrac{3}{2}r\alpha_0)\boldsymbol{j}$

3-16 $v_B=2r\omega_0$（水平向右）；$a_B=\dfrac{2\sqrt{3}}{3}(\sqrt{3}r\alpha_0-2r\omega_0^2)$（正方向为水平向右）

3-17 $\omega_D=\dfrac{25}{8}\omega$（顺时针）；$\alpha_D=\dfrac{525}{512}\omega^2$（顺时针）

3-18 $\omega=\dfrac{1}{8}\omega_0$（逆时针）；$\alpha=\dfrac{1}{8}(\dfrac{7\sqrt{3}}{12}\omega_0^2+\alpha_0)$（逆时针）

3-19 $\omega_{AB}=\dfrac{1}{2}\omega_0$（逆时针）；$\alpha_{AB}=\dfrac{\sqrt{3}}{12}\omega_0^2$（顺时针）

3-20 $\omega=\dfrac{\sqrt{3}}{6}\omega_0$（顺时针）；$\alpha=\dfrac{18+5\sqrt{3}}{36}\omega_0^2$（逆时针）

3-21 $\omega=\dfrac{3}{2}\omega_0$（顺时针）；$\alpha=2\omega_0^2+\dfrac{3}{2}\alpha_0$（顺时针）

3-22 $v_r=\dfrac{12}{5}r\omega_0(/\!/\overrightarrow{DA})$；$a_r=\dfrac{144}{125}r\omega_0^2+\dfrac{12}{5}r\alpha_0(/\!/\overrightarrow{AD})$

3-23 $\omega=\dfrac{1}{2}\omega_0$（逆时针）；$\alpha=\dfrac{3\sqrt{3}}{8}\omega_0^2$（逆时针）

3-24 $v_D=2v_A$（铅垂向上）；$\boldsymbol{a}_D=-\dfrac{9v_A^2}{2l}\boldsymbol{i}+(\dfrac{3\sqrt{3}v_A^2}{2l}+2a_A)\boldsymbol{j}$

3-25 $\omega=\dfrac{4\sqrt{3}}{3}\omega_0$（逆时针）；$\alpha=(4-\dfrac{16\sqrt{3}}{9})\omega_0^2$（顺时针）

3-26 $\omega=\dfrac{1}{4}\omega_0$（逆时针）；$v_B=\dfrac{2\sqrt{3}}{3}r\omega_0$（水平向左）；

$\alpha=\dfrac{\sqrt{3}}{8}\omega_0^2$（逆时针）；$a_B=\dfrac{2}{3}r\omega_0^2$（水平向左）

3-27 $\omega_{BD}=\dfrac{1}{2}\omega_0$（逆时针）；$v_E=\sqrt{3}r\omega_0$（水平向左）；

$\alpha_{BD}=\dfrac{3\sqrt{3}}{4}\omega_0^2$（顺时针）；$a_E=3r\omega_0^2$（水平向右）

3-28 $\omega_{\text{半圆板}}=0$；$v_{DE}=2\sqrt{3}r\omega_0$（水平向右）；

$\alpha_{\text{半圆板}}=\dfrac{2\sqrt{3}}{3}\omega_0^2$（逆时针）；$a_{DE}=12r\omega_0^2$（水平向左）

3-29 $\omega_{AB}=\dfrac{\sqrt{3}}{6}\omega_0$（逆时针）；$\omega_D=\dfrac{\sqrt{3}}{2}\omega_0$（顺时针）；

$\alpha_{AB}=\dfrac{1}{12}(6+\dfrac{7\sqrt{3}}{3})\omega_0^2$（顺时针）；$\alpha_D=\dfrac{6+\sqrt{3}}{12}\omega_0^2$（顺时针）

3-30 $v_B=3\sqrt{3}r\omega_0$（垂直于 O_2B，斜左上）；

$a_B^n=\dfrac{27}{4}r\omega_0^2(B\rightarrow O_2)$，$a_B^t=(15+\dfrac{27\sqrt{3}}{4})r\omega_0^2$（垂直于 O_2B，斜右下）

3-31 $\omega_{AB}=\dfrac{1}{2}\omega_0$（逆时针）；$\alpha_{AB}=\dfrac{2\sqrt{3}}{3}\omega_0^2$（顺时针）

3-32 $v_{DE}=\frac{\sqrt{3}}{3}l\omega_0$（铅垂向上）；$a_{DE}=\frac{1}{3}l\omega_0^2$（铅垂向下）

3-33 $v_{DE}=v_A$（水平向左）；$a_{DE}=\frac{12\sqrt{3}v_A^2}{l}$（水平向左）

3-34 $\omega_{O_1E}=\frac{9v_0}{16r}$（逆时针）；$\alpha_{O_1E}=\frac{31\sqrt{3}v_0^2}{128r}$（顺时针）

3-35 $\omega_{AG}=\frac{3}{8}\omega_0$（逆时针）；$\alpha_{AG}=\frac{33}{32}\omega_0^2$（逆时针）

3-36 $\omega_{AD}=\omega_0$（逆时针）；$\alpha_{AD}=\sqrt{3}\omega_0^2$（逆时针）

3-37 $v_r=\frac{\sqrt{3}}{3}v_0$（水平向左）；$a_r=\frac{7v_0^2}{9r}$（水平向右）

3-38 $v_B=l\omega_0$（水平向左）；$a_B=l\alpha_0$（水平向左）

3-39 $v_M=\sqrt{3}l\omega$（铅垂向上）；$a_M=\sqrt{7}l\omega^2$（$M\to O$）

3-40 $\omega_{OA}=\frac{3r_2r_4-4r_1r_3}{(r_1+r_4)(r_4-r_3)}\omega=\frac{3r_2r_4-4r_1r_3}{(r_2+r_3)(r_4-r_3)}\omega$（逆时针）；

$\omega_A=\frac{3r_2-4r_1}{r_4-r_3}\omega$（逆时针）

3-41 $v_M=3r\omega_0\boldsymbol{i}-10r\omega_0\boldsymbol{j}$；$\boldsymbol{a}_M=(-10r\omega_0^2+3r\alpha_0)\boldsymbol{i}+(3r\omega_0^2-10r\alpha_0)\boldsymbol{j}$

3-42 $a_{\text{III}}^B=21r\omega_0^2$（水平向右）；$a_{\text{N}}^D=\frac{81}{5}r\omega_0^2$（水平向右）

3-43 (1) $v_{BD}=\frac{3}{2}r\omega_0$（水平向左）；$a_{BD}=\frac{\sqrt{3}}{2}r\omega_0^2$（水平向左）

(2) $\omega_B=2\omega_0$（逆时针）；$\alpha_B=\sqrt{3}\omega_0^2$（逆时针）

3-44 $\omega_{OA}=\frac{1}{2}\omega_r$（逆时针）；$\alpha_{OA}=\sqrt{3}\omega_r$（顺时针）

3-45 $v_B=2\sqrt{3}l\omega_r$（水平向左）；$\boldsymbol{a}_B=l\omega_r^2(-15\boldsymbol{i}-11\sqrt{3}\boldsymbol{j})$

第 4 章　静力学基本概念

4-1 $F_x=-\frac{\sqrt{6}}{4}F, F_y=\frac{\sqrt{2}}{4}F, F_z=\frac{\sqrt{2}}{2}F$；

$M_x=0, M_y=-\frac{\sqrt{6}}{2}Fr, M_z=\frac{\sqrt{6}}{4}Fr$

4-2 $F_x=\frac{1}{4}F, F_y=\frac{\sqrt{3}}{4}F, F_z=\frac{\sqrt{3}}{2}F$；

$M_x=\frac{\sqrt{3}}{4}Fr, M_y=-\frac{1}{4}Fr, M_z=0$

4-3 $F_x=\frac{6\sqrt{5}}{25}F, F_y=\frac{8\sqrt{5}}{25}F, F_z=\frac{\sqrt{5}}{5}F$

$M_x=\frac{2\sqrt{5}}{5}Fa, M_y=-\frac{3\sqrt{5}}{10}Fa, M_z=0$

4-4 $F_x=F\cos\varphi, F_y=-F\sin\varphi\cos\theta, F_z=F\sin\varphi\sin\theta$；

$M_x=2Fr\sin\varphi, M_y=Fr(2\cos\varphi\cos\theta-\sin\theta), M_z=-Fr(\cos\theta+2\sin\theta\cos\varphi)$

4-5 (1) $F_x=50\text{N}, F_y=-100\text{N}, F_z=150\text{N}$；

(2) $\boldsymbol{M}_O(\boldsymbol{F})=100(3\boldsymbol{i}-\boldsymbol{k})(\text{N}\cdot\text{m}), \boldsymbol{M}_E(\boldsymbol{F})=50(3\boldsymbol{j}+2\boldsymbol{k})(\text{N}\cdot\text{m})$；

(3) $M_x=300\text{N}\cdot\text{m}, M_y=0, M_z=-100\text{N}\cdot\text{m}, M_{\overrightarrow{CD}}=30\sqrt{10}\text{N}\cdot\text{m}$

4-6 (1) $F_x=48\text{N}, F_y=-64\text{N}, F_z=60\text{N}, F_{\overrightarrow{BC}}=-36.48\text{N}\cdot\text{m}$；

(2) $\boldsymbol{M}_O(\boldsymbol{F})=166.8\boldsymbol{i}+57.6\boldsymbol{j}-72\boldsymbol{k}(\text{N}\cdot\text{m})$，

$\boldsymbol{M}_C(\boldsymbol{F})=76.8\boldsymbol{i}+153.6\boldsymbol{j}+102.4\boldsymbol{k}(\text{N}\cdot\text{m})$；

(3) $M_x=166.8\text{N}\cdot\text{m}, M_y=57.6\text{N}\cdot\text{m}, M_z=-72\text{N}\cdot\text{m}, M_{\overrightarrow{BC}}=92.16\text{N}\cdot\text{m}$

4-7 $\boldsymbol{M}(\boldsymbol{F}_1,\boldsymbol{F}_2)=\dfrac{\sqrt{3}}{3}Fa(-\boldsymbol{i}-\boldsymbol{k})$

4-8 $\boldsymbol{F}_R=F(-\sqrt{3}\boldsymbol{i}-\boldsymbol{k})$；$\boldsymbol{M}_O=\dfrac{1}{2}Fa(-\boldsymbol{i}-\sqrt{3}\boldsymbol{j}+\sqrt{3}\boldsymbol{k})$

4-9 $\boldsymbol{F}_R=\sqrt{2}F\boldsymbol{i}+2F\boldsymbol{j}-\sqrt{2}F\boldsymbol{k}$；

$\boldsymbol{M}_O=-3(1+\dfrac{\sqrt{2}}{2})Fa\boldsymbol{i}+(1+\sqrt{2})Fa\boldsymbol{j}-\dfrac{3\sqrt{2}}{2}Fa\boldsymbol{k}$；

$\boldsymbol{M}_D=-(1+\dfrac{\sqrt{2}}{2})Fa\boldsymbol{i}+(1-\sqrt{2})Fa\boldsymbol{j}-(2+\dfrac{\sqrt{2}}{2})Fa\boldsymbol{k}$

4-10 $\boldsymbol{F}=(550+250\sqrt{2})\boldsymbol{i}+(150\sqrt{3}+250\sqrt{2})\boldsymbol{j}+300\sqrt{3}\boldsymbol{k}(\text{N})$，作用于点 O

4-11 $\boldsymbol{M}=Fa(\boldsymbol{i}-4\boldsymbol{j}-\boldsymbol{k})$

4-12 $\boldsymbol{M}=M\left[\dfrac{2\sqrt{5}}{5}\boldsymbol{i}+\dfrac{2\sqrt{13}}{13}\boldsymbol{j}+(\dfrac{\sqrt{5}}{5}+\dfrac{3\sqrt{13}}{13})\boldsymbol{k}\right]$

4-13 $M_x(\boldsymbol{F}_1)=48Fa, M_y(\boldsymbol{F}_1)=0, M_z(\boldsymbol{F}_1)=-36Fa$；

$M_x(\boldsymbol{F}_2)=48Fa, M_y(\boldsymbol{F}_2)=-12Fa, M_z(\boldsymbol{F}_2)=36Fa$

4-14 (1) $M_x=\sqrt{3}Fa, M_y=-\dfrac{\sqrt{3}}{3}Fa, M_z=\dfrac{2\sqrt{3}}{3}Fa$；

$\boldsymbol{M}_O=\sqrt{3}Fa\boldsymbol{i}-\dfrac{\sqrt{3}}{3}Fa\boldsymbol{j}+\dfrac{2\sqrt{3}}{3}Fa\boldsymbol{k}$

(2) $M_{\overrightarrow{OG}}=\dfrac{5\sqrt{6}}{6}Fa$；(3) $M_{\overrightarrow{HC}}=\dfrac{2\sqrt{15}}{15}Fa$

第 5 章　力系的简化

5-1 合力偶：$\boldsymbol{M}=-3Fa\boldsymbol{i}-Fa\boldsymbol{j}-3Fa\boldsymbol{k}$

5-2 合力：$\boldsymbol{F}_R=F(\boldsymbol{i}+\boldsymbol{j}+\boldsymbol{k})$，作用于点 O

5-3 合力：$\boldsymbol{F}_R=2F\boldsymbol{j}$，过点 P 且 $\overrightarrow{OP}=\dfrac{1}{2}b\boldsymbol{i}-b\boldsymbol{k}$，合力作用线方程为 $\begin{cases}x=\dfrac{1}{2}b\\ z=-b\end{cases}$

5-4 左手力螺旋：$\boldsymbol{F}_R=F(-\boldsymbol{i}-\boldsymbol{j})$，$\boldsymbol{M}_O=Fc(\boldsymbol{i}+\boldsymbol{j})$，中心轴方程为 $\begin{cases}x=y\\ z=0\end{cases}$

5-5 右手力螺旋：$\boldsymbol{F}_R=F\boldsymbol{k}$，$\boldsymbol{M}_O=Fd(\boldsymbol{i}+\boldsymbol{j}+\boldsymbol{k})$，力螺旋参数：$p=d$，中心轴方程为 $\begin{cases}x=-d\\ y=d\end{cases}$

5-6 平衡力系：$\boldsymbol{F}_R=0$，$\boldsymbol{M}_O=0$

5-7 左手力螺旋：力矢 $\boldsymbol{F}'=\sqrt{6}F\boldsymbol{k}$，力偶矩 $\boldsymbol{M}'=-\dfrac{\sqrt{3}}{2}Fa\boldsymbol{k}$，中心轴方程为 $\begin{cases}x=0\\ y=\dfrac{\sqrt{3}}{3}a\end{cases}$

5-8 $a=b-c$，合力作用线方程为 $\begin{cases}x=y\\ x=z+a\end{cases}$

5-9 $M_{\min}=6\sqrt{2}Fa$，简化中心在 $\begin{cases}y=2a\\ x+z=6a\end{cases}$ 的直线上

5-10 (1) 右手力螺旋：$F_1=2F, x=a, M=2\sqrt{6}Fa$；

(2) 左手力螺旋：$F_1=-\dfrac{2}{3}F, x=9a, M=2\sqrt{22}Fa$

5-11 (a)合力偶;(b)合力;(c)平衡力系;(d)合力

5-12 合力:$F_R=5k(\text{kN})$,过点 G:$x_G=-7\text{m}$,$y_G=21\text{m}$

5-13 $x_E=6\text{m}$,$y_E=4\text{m}$

5-14 (a)$(\frac{3a}{4},\frac{3b}{10})$(坐标系 Oxy);

(b)$(\frac{2R}{12-3\pi},\frac{2R}{12-3\pi})$(坐标系 Cxy)

5-15 (a)(183.751,131.875);(b)$(-\frac{r}{6},-\frac{r}{6})$

5-16 $(\frac{60}{31}r,-\frac{256}{31\pi}r)$

5-17 $h=\frac{\sqrt{2}}{2}r$

5-18 $h=\sqrt{3}r$

5-19 $A=\frac{2}{3}ab$;$x_C=\frac{3}{8}a$,$y_C=\frac{2}{5}b$

5-20 $F=8\text{kN}$;$x_C=\frac{49}{16}\text{m}$,$y_C=0$(坐标系 Axy)

第6章 力系的平衡

6-1 $F_{Ox}=100\text{N}$,$F_{Oy}=200\text{N}$,$F_{Oz}=100\text{N}$;$F_{Bx}=F_{Bz}=0$;$F_{DE}=100\sqrt{6}\text{N}$

6-2 $\varphi=2\arcsin\frac{2M}{Pl}$;$F_{AD}=F_{BE}=\frac{P}{2\cos\frac{\varphi}{2}}$

6-3 $F_{N1}=F_1-\frac{1}{2}P$;$F_{N2}=-\frac{\sqrt{5}}{2}F_1$;$F_{N3}=-\frac{\sqrt{2}}{2}F_1$;

$F_{N4}=-\frac{1}{2}(F_1+2F_2)$;$F_{N5}=\frac{\sqrt{2}}{2}(F_1+2F_2)$;$F_{N6}=-\frac{1}{2}P$

6-4 $F_1=-\frac{1}{3}(\frac{2M}{b}+P)$;$F_2=-\frac{1}{3}P$;$F_3=-\frac{1}{3}P$;

$F_4=\frac{4M}{3b}$;$F_5=-\frac{4M}{3b}$;$F_6=\frac{4M}{3b}$

6-5 $\varphi=\arccos(\frac{l+\sqrt{l^2+32r^2}}{8r})$;$F_D=\frac{\cos(2\varphi)}{\cos\varphi}P$;$F_A=P\tan\varphi$

6-6 $F_{Ax}=\sqrt{3}qa(\leftarrow)$,$F_{Ay}=3qa(\uparrow)$,$M_A=\frac{5}{2}qa^2$(顺时针)

6-7 $F_{Ox}=F(\leftarrow)$,$F_{Oy}=2F(\uparrow)$

6-8 $F_{Ax}=\frac{1}{2}F_2(\leftarrow)$,$F_{Ay}=\frac{1}{2}(F_1-2F_2)(\uparrow)$;

$F_{Bx}=\frac{1}{2}F_2(\leftarrow)$,$F_{By}=\frac{1}{2}(F_1+2F_2)(\uparrow)$;

6-9 $F_{Ox}=\frac{7}{6}ql(\rightarrow)$,$F_{Oy}=\frac{\sqrt{3}}{2}ql(\downarrow)$;$F_{Bx}=\frac{23}{12}ql(\leftarrow)$,$F_{By}=\sqrt{3}ql(\uparrow)$

6-10 $F_{Ax}=\frac{1}{2}qa(\rightarrow)$,$F_{Ay}=\frac{1}{2}qa(\uparrow)$,$M_A=\frac{1}{2}qa^2$(逆时针)

6-11 $F_{Ax}=\frac{\sqrt{3}}{3}qa(\rightarrow)$,$F_{Ay}=qa(\uparrow)$;$F_C=\frac{3}{2}qa(\uparrow)$;

$F_{Dx}=\frac{2\sqrt{3}}{3}qa(\rightarrow)$,$F_{Dy}=qa(\downarrow)$

6-12 $F_{Ax}=\frac{13}{12}qa(\leftarrow), F_{Ay}=\frac{1}{16}qa(\downarrow); F_{Bx}=\frac{5}{12}qa(\leftarrow), F_{By}=\frac{21}{16}qa(\uparrow)$;

$F_D=\frac{3}{4}qa(\uparrow)$

6-13 $F_C=\frac{19}{12}qa(\uparrow); F_{Bx}=qa(\rightarrow), F_{By}=\frac{1}{4}qa(\downarrow)$

6-14 $F_{CO}=\sqrt{2}F$(压)；$F_{Dx}=2F(\leftarrow), F_{Dy}=\frac{1}{2}(4F+\frac{M}{a})(\downarrow)$

$F_{Ex}=\frac{M}{a}(\leftarrow), F_{Ey}=2F+\frac{3M}{a}(\uparrow); F_{GH}=\sqrt{2}(F+\frac{M}{a})$(拉)

6-15 $F_{Cx}=7F(\leftarrow), F_{Cy}=5F(\downarrow); F_{Hx}=9F(\rightarrow), F_{Hy}=5F(\uparrow)$;
$F_D=2F(\leftarrow)$

6-16 $F_{Ax}=5qa(\leftarrow), F_{Ay}=\frac{3}{2}qa(\uparrow); F_{Ex}=9qa(\rightarrow), F_{Ey}=\frac{9}{2}qa(\downarrow)$;

$F_D=5qa$(拉)

6-17 $F_{DN}=\frac{b}{a}F\cos\alpha-F\sin\alpha$(由 D 指向 E)，

$F_{DS}=F\cos\alpha$(垂直于 DE 斜向下)

6-18 $F_{Ax}=\frac{1}{4}P(\rightarrow), F_{Ay}=\frac{9}{4}P(\uparrow); F_{Bx}=\frac{1}{4}P(\leftarrow), F_{By}=\frac{5}{4}P(\downarrow)$;

$F_G=\sqrt{2}P$(垂直于 BC 斜向下)

6-19 $F_{AC}=\frac{25}{12}F$(拉)；$F_{Ox}=\frac{5}{4}F(\leftarrow), F_{Oy}=\frac{4}{3}F(\downarrow)$

6-20 $F_{Bx}=\frac{3}{2}F(\rightarrow), F_{By}=2F(\downarrow)$

6-21 $F_{Ax}=(\sqrt{3}-1)F(\rightarrow), F_{Ay}=\frac{\sqrt{3}}{2}F(\uparrow); F_{Bx}=F(\leftarrow), F_{By}=\frac{\sqrt{3}}{2}F(\uparrow)$;

$F_{Cx}=(2-\sqrt{3})F(\rightarrow), F_{Cy}=\sqrt{3}F(\downarrow)$

6-22 $F_{Bx}=3F(\leftarrow), F_{By}=F(\downarrow); F_{Dx}=F(\leftarrow), F_{Dy}=F(\downarrow); F_E=2F(\uparrow)$

6-23 $F_{CD}=\frac{\sqrt{3}M}{3a}$(压)；$F_{CE}=\frac{\sqrt{3}M}{3a}$(拉)

6-24 $F_{DA}=\frac{\sqrt{2}}{4}F$(压)；$F_{DC}=\frac{M}{2a}+\frac{\sqrt{2}}{4}F$(压)

6-25 $F_{Ox}=\frac{3}{2}qa(\leftarrow), F_{Oy}=\frac{1}{4}qa(\uparrow), M_O=\frac{5}{2}qa^2$(逆时针)；$F_B=\frac{7}{4}qa(\uparrow)$

6-26 $F_{Bx}=(4-\frac{\sqrt{3}}{6})qa(\rightarrow), F_{By}=\frac{1}{2}qa(\uparrow), M_B=(8\sqrt{3}-5)qa^2$(顺时针)

6-27 $F_{Ox}=\frac{5\sqrt{3}}{2}qa(\rightarrow), F_{Oy}=4qa(\uparrow), M_O=\frac{31}{2}qa^2$(顺时针)

6-28 $F_{Ax}=\sqrt{3}qa(\leftarrow), F_{Ay}=12qa(\uparrow); F_{Bx}=\frac{7\sqrt{3}}{2}qa(\rightarrow), F_{By}=9qa(\downarrow)$;

$F_D=4\sqrt{3}qa(\leftarrow)$

6-29 (a) $F_{BO}=\frac{\sqrt{3}}{2}W$(拉)；$F_{CO}=6W$(拉)；$F_{CE}=-\frac{7\sqrt{3}}{2}W$(压)

(b) $F_{BO}=-\frac{3}{2}W$(压)；$F_{OC}=-\frac{\sqrt{3}}{2}W$(压)；$F_{OD}=\frac{3}{2}W$(拉)

6-30 (a) $F_{N1}=-\frac{7\sqrt{3}}{6}F$(压)；$F_{N2}=-\frac{\sqrt{3}}{6}F$(压)；$F_{N3}=-\frac{5\sqrt{3}}{6}F$(压)；$F_{N4}=-\frac{5\sqrt{3}}{6}F$(压)；$F_{N5}=\frac{\sqrt{3}}{2}F$(拉)；

$F_{N6}=-\sqrt{3}F$(压)；$F_{N7}=0$，$F_{N8}=\frac{11}{4}F$(拉)；$F_{N9}=\frac{5}{4}F$(拉)

(b)$F_{N1}=\frac{7}{3}F$(拉)；$F_{N2}=-3F$(压)；$F_{N3}=-6F$(压)；$F_{N4}=10F$(拉)；$F_{N5}=-4F$(压)；$F_{N6}=\frac{20}{3}F$

(拉)；$F_{N7}=-4F$(压)，$F_{N8}=-\frac{40}{3}F$(压)；$F_{N9}=-\frac{16}{3}F$(压)

6-31 (a)$F_{N1}=\frac{2}{9}F$(拉)；$F_{N2}=-\frac{7}{6}F$(压)；$F_{N3}=F$(拉)

(b)$F_{N1}=\frac{3}{2}F$(拉)；$F_{N2}=F$(拉)；$F_{N3}=\frac{\sqrt{73}}{16}F$(拉)

6-32 (a)$F_{N1}=-\sqrt{2}F$(压)；$F_{N2}=\frac{3}{2}F$(拉)；(b)$F_{N1}=F_{N2}=\frac{1}{2}F$(拉)

6-33 (a)$F_{N1}=-\frac{5}{2}F$(压)；

(b)$F_{N1}=-F$(压)；(c)$F_{N1}=F$(拉)；(d)$F_{N1}=-\frac{1}{3}F$(压)

6-34 $M>\frac{2Plf_s}{1+f_s^2}$

6-35 $\frac{4}{15}P\leqslant F\leqslant\frac{1}{3}P$

6-36 $f_s\geqslant\frac{3}{8}$

6-37 $F_{1\max}=\frac{8f_s}{9(1-f_s)}P_1(f_s\leqslant 1)$；$F_{2\max}=\min[\frac{4(2P_1+3P_2)f_s}{3(3-f_s)},\frac{8P_1f_s}{3(1-f_s)}]$

6-38 $\frac{5}{6}\text{kN}\leqslant F\leqslant\frac{5}{4}\text{kN}$

6-39 (1)$f_s\geqslant\frac{\delta}{r}$；(2)当 $f_s\geqslant\frac{\delta}{r}$时，$(\sin\theta-\frac{\delta}{r}\cos\theta)P\leqslant W\leqslant(\sin\theta+\frac{\delta}{r}\cos\theta)P$；当 $f_s<\frac{\delta}{r}$时，

$(\sin\theta-f_s\cos\theta)P\leqslant W\leqslant(\sin\theta+f_s\cos\theta)P$

第7章 动力学基础

7-1 $F_T^{BC}=F_T^{CD}=\frac{\sqrt{y^2+b^2}}{8y^4}(mr^2b^2\omega^2+4mgy^3)$

7-2 $F_T=m\left[g+\frac{r^4\omega^2x}{(x^2-r^2)^2}\right]\frac{x}{\sqrt{x^2-r^2}}$

7-3 $\ddot{\theta}=\frac{g}{r}\sin\theta$；$\theta=\arccos\frac{2}{3}$

7-4 (1)$v_{\min}=\sqrt{gh\frac{\sin^2\theta_1\sin\theta_2}{\cos\theta_1\sin(\theta_1+\theta_2)}}$；(2)$F_{T1}=mg\frac{\sin(\theta_1+\theta_2)+\sin\theta_1\cos\theta_2}{\sin(\theta_1+\theta_2)\cos\theta_1}$；

$F_{T2}=mg\frac{\sin\theta_1}{\sin(\theta_1+\theta_2)}$

7-5 (1)$m_B<8m_A$；(2)$m_B=3m_A$

7-6 $\ddot{s}+f\frac{\dot{s}^2}{r}+(fg-a)\cos(\frac{s}{r})+(fa+g)\sin(\frac{s}{r})=0$

7-7 $v_r=\sqrt{2(g+a)r\sin\varphi}$；$F_N=3m(g+a)\sin\varphi$

7-8 $F_T=3P\sin\varphi+\frac{3P}{g}a\cos\varphi-\frac{2P}{g}a$

7-9 $F_r=(4+2\sqrt{2})mr\omega^2$

7-10 $F_N^{(1)}=\frac{\sqrt{3}}{4}m\omega^2 x+\frac{\sqrt{3}}{2}mg$（方向：在纸面内，垂直于 OA）；

$F_N^{(2)}=m\omega\sqrt{\frac{9}{4}\omega^2 x^2-3gx}$（方向：垂直于纸面，指向纸内）

7-11 相对运动方程 $\xi=a\mathrm{ch}\omega t$；水平约束力 $F_N=2m\omega^2 a\mathrm{sh}\omega t$

7-12 $g\tan\varphi=(a+l\cos\varphi)\omega^2$；$F_T=\frac{mg}{\cos\varphi}$

7-13 $J_x=\frac{4}{3}ma^2$；$J_y=\frac{4}{3}mb^2$；$J_z=\frac{4}{3}m(a^2+b^2)$

7-14 $J_x=J_y=\frac{1}{24}ma^2$；$J_{Cz}=\frac{1}{12}ma^2$

7-15 $J_x=\frac{\pi}{4}\rho(R^4-r^4)$；$J_y=\frac{\pi}{4}\rho(R^4-r^4)-\pi\rho r^2 a^2$；

$J_z=\frac{\pi}{2}\rho(R^4-r^4)-\pi\rho r^2 a^2$

7-16 $J_x=J_y=\frac{m}{12(\pi R^2-r^2)}(3\pi R^4-r^4)$；

$J_z=2J_x=2J_y=\frac{m}{6(\pi R^2-r^2)}(3\pi R^4-r^4)$

7-17 $J_x=\frac{1}{12}\rho ah^3$；$J_y=\frac{1}{12}\rho ah(a^2+\frac{ah}{\tan\beta}+\frac{h^2}{\tan^2\beta})$；

$J_{xy}=\frac{1}{24}\rho ah^2(a+2h\cot\beta)$

7-18 $$[J]=m\begin{bmatrix}\frac{1}{3}(b^2+c^2) & -\frac{1}{4}ab & -\frac{1}{4}ac\\ -\frac{1}{4}ab & \frac{1}{3}(a^2+c^2) & -\frac{1}{4}bc\\ -\frac{1}{4}ac & -\frac{1}{4}bc & \frac{1}{3}(a^2+b^2)\end{bmatrix}$$

第 8 章　动能定理

8-1 (a)$T=\frac{7}{150}ml^2\omega^2$；(b)$T=\frac{1}{24}(4m_1+7m_2)l^2\omega^2$；

(c)$T=m_1 r^2\omega^2+\frac{1}{2}m(v_r^2+3r^2\omega^2+3r\omega v_r)$；(d)$T=\frac{3v^2}{2g}(W+\frac{2}{3}P)$

8-2 $T=\frac{1}{6}ml^2[4\dot\varphi^2+(\dot\psi-\dot\varphi)^2+3\dot\varphi(\dot\psi-\dot\varphi)\cos\psi]$

8-3 $T=\frac{1}{4}(2m\dot x^2+2m_1\dot x^2+3m\dot s^2-4m\dot x\dot s\cos\beta)$

8-4 $T=\frac{1}{2}m_1\dot q_1^2+\frac{1}{2}m_2(\dot q_1^2+\dot q_2^2)+\frac{1}{2}m_3(\dot q_1^2+\dot q_3^2-2\dot q_1\dot q_3\cos\beta)+\frac{1}{4}m_3(\dot q_2+\dot q_3)^2$

8-5 $T=\frac{7}{8}\pi^2 mr^2\omega^2$

8-6 $W_M=4mgr$；$W_k=-mgr$；$W_{mg}=-\frac{3}{2}mgr$

8-7 $W=\frac{5+24\sqrt{3}}{3}mgr$

8-8 $W=\frac{1+\sqrt{3}}{2}Fx-\frac{\delta(2P-F)}{4r}x$

8-9 $a_O=\frac{2(P_1+P_2)g\sin\beta}{3P_1+2P_2}$

8-10 $v_C=\frac{3}{4}\sqrt{\frac{[2(\sqrt{3}-1)Pl-(2-\sqrt{3})kl^2]g}{P}}$

8-11 $\omega_{AC}=\sqrt{\frac{3[2(\sqrt{3}-1)P-(2-\sqrt{3})kl]g}{7Pl}}$（顺时针）

$\omega_{BC}=\sqrt{\frac{3[2(\sqrt{3}-1)P-(2-\sqrt{3})kl]g}{7Pl}}$（逆时针）

8-12 $v_B=2\sqrt{\frac{6}{7}gr}$（水平向左）

8-13 $\omega_{OB}=\sqrt{\frac{6\pi F}{13ml}}$（顺时针）

8-14 $\omega_{BD}=\sqrt{\frac{2g}{l}}$（逆时针）

8-15 $v_B=\frac{3}{2}\sqrt{5(\sqrt{2}-1)gl}$（铅垂向下）

8-16 $\alpha_1=\frac{3M}{7ml^2}-\frac{3\sqrt{3}}{14}\omega_1^2$（顺时针）

8-17 $\alpha_0=\frac{12M+3\sqrt{3}m_1gl-240\sqrt{3}m_2\rho^2\omega_0^2}{4m_1l^2+48m_2\rho^2}$（顺时针）

8-18 $f=\frac{m_1+m_2}{2m_1}-\frac{3(10m_1+7m_2)v_0^2}{8m_1gh}$

8-19 $v_A=\sqrt{\frac{16m_1gh-2kh^2}{8m_1+7m_2}}$；$a_A=\frac{8m_1g-2kh}{8m_1+7m_2}$

8-20 $\omega_{AB}\big|_{\theta=30^\circ}=\sqrt{\frac{6(5\sqrt{3}-7)g}{43l}}$（顺时针）；

$\omega_{AB}\big|_{\theta=0^\circ}=\sqrt{\frac{3(\sqrt{3}+1)g}{2l}}$（顺时针）

8-21 $\omega_{AB}=\frac{1}{2}\sqrt{\frac{3\sqrt{3}g}{r}}$（逆时针）

第9章　动量原理

9-1 $\boldsymbol{p}=-\frac{1}{4}mr\omega_0(\boldsymbol{i}+\sqrt{3}\boldsymbol{j})$；$\boldsymbol{L}_O=\frac{9}{4}mr^2\omega_0\boldsymbol{k}$

9-2 $\boldsymbol{p}=mr\omega_0(\frac{7}{4}\boldsymbol{i}+\frac{6+\sqrt{3}}{4}\boldsymbol{j})$；$\boldsymbol{L}_O=\frac{33\sqrt{3}-29}{12}mr^2\omega_0\boldsymbol{k}$

9-3 $\boldsymbol{p}=3ml\omega_0(\boldsymbol{i}+\sqrt{3}\boldsymbol{j})$；$\boldsymbol{L}_G=(5-\frac{16\sqrt{3}}{3})ml^2\omega_0\boldsymbol{k}$

9-4 $\boldsymbol{p}=\sqrt{3}ml\omega_0(-\frac{2}{3}\boldsymbol{i}+\frac{\sqrt{3}}{2}\boldsymbol{j})$；$\boldsymbol{L}_O=\frac{13}{24}ml^2\omega_0\boldsymbol{k}$

9-5 $\boldsymbol{p}=\frac{1}{8}mr\omega(-11\boldsymbol{i}+3\sqrt{3}\boldsymbol{j})$；$\boldsymbol{L}_O=\frac{17}{6}mr^2\omega\boldsymbol{k}$

9-6 $\boldsymbol{p}=mr\omega(-3\boldsymbol{i}+\frac{\sqrt{3}}{2}\boldsymbol{j})$；$\boldsymbol{L}_B=\frac{23}{4}mr^2\omega\boldsymbol{k}$

9-7 $\boldsymbol{p}=\sqrt{3}mr\omega\boldsymbol{j}$；$\boldsymbol{L}_A=(\frac{7\sqrt{3}}{3}-\frac{1}{2})mr^2\omega\boldsymbol{k}$

9-8 $\boldsymbol{p}=\frac{\sqrt{3}}{2}mr\omega(-\sqrt{3}\boldsymbol{i}+5\boldsymbol{j})$；$\boldsymbol{L}_{O_2}=-\frac{35}{6}mr^2\omega\boldsymbol{k}$

9-9 $a=\frac{1}{4}s$(向左)；$v=\sqrt{\frac{\sqrt{3}-1}{28}gs}$(向左)

9-10 $s=\frac{1}{16}l$(向右)；$\omega_{AB}=\sqrt{\frac{192\sqrt{3}g}{55l}}$(顺时针)

9-11 $s=\frac{3-\sqrt{3}}{16}r$(向左)；$\omega_{AB}=\sqrt{\frac{96(3-\sqrt{3})g}{133l}}$(逆时针)

9-12 $s=\frac{1}{20}l$(向右)；$\omega_{BD}=2\sqrt{\frac{330\sqrt{3}g}{71l}}$(逆时针)

9-13 $s=\frac{2-\sqrt{3}}{8}r$(向右)；$\omega=\frac{4}{5}\sqrt{\frac{3g}{5r}}$(顺时针)

9-14 $k\geqslant\frac{P(e\omega^2-g)}{(b+2e)g}$

9-15 $F_x=-m_2e\omega^2\sin(\omega t)$，$F_y=m_1g+m_2g+m_2e\omega^2\cos(\omega t)$；

$s=\frac{m_2e\sin(\omega t)}{m_1+m_2}$；$\omega>\sqrt{\frac{(m_1+m_2)g}{m_2e}}$(电动机将跳离地面)

9-16 $a_C=\frac{3\sqrt{3}-2}{9}g$(沿斜面向下)；$\alpha=\frac{(3\sqrt{3}-2)g}{9r}$(顺时针)

9-17 $\alpha=\frac{3\sqrt{3}g}{4r}$(逆时针)；$F_A=\frac{3\sqrt{3}}{16}mg$(向左)；$F_B=\frac{7}{16}mg$(向上)

9-18 $\alpha=\frac{3\sqrt{3}g}{40l}$(顺时针)；$F_A=\frac{11}{20}mg(//\overrightarrow{AO_1})$；$F_B=\frac{21\sqrt{3}}{80}mg(//\overrightarrow{BO_2})$

9-19 $\alpha=\frac{3\sqrt{3}g}{28r}$(逆时针)；$F_f=\frac{3\sqrt{3}}{16}mg$(向左)，$F_N=\frac{215}{112}mg$(向上)

9-20 $\alpha_D=\frac{6g}{7r}$(逆时针)；$F_N=\frac{2\sqrt{3}}{7}mg$(向左)，$F_f=\frac{3}{7}mg$(向上)

9-21 $\alpha_{AB}=13.4715\ \mathrm{rad/s^2}$(顺时针)；$F_f=24.2858\mathrm{N}$(向右)

9-22 $F_N=\frac{27-2\sqrt{3}}{36}mg$(向上)；$F_T=\frac{27+2\sqrt{3}}{36}mg$(向上)

9-23 $F_{AB}=\frac{1}{5}mg(3f\cos\beta-\sin\beta)$(拉)；

$F_{fA}=\frac{1}{5}mg(2\sin\beta-f\cos\beta)$(沿斜面向上)

9-24 $\omega_{OA}=\sqrt{\frac{g}{3r}}$(顺时针)；$\alpha_{OA}=\frac{3g}{200r}$(逆时针)；

$F_{Ox}=\frac{3}{200}mg$(向右)，$F_{Oy}=\frac{431}{40}mg$(向上)

9-25 $\omega=\frac{3m_1u}{2(5m+3m_1)l}$(逆时针)

9-26 $a_C^{(1)}=\frac{FR(R\cos\varphi-r)}{m(\rho^2+R^2)}$(向右)；$F_f^{(1)}=\frac{F(\rho^2\cos\varphi+Rr)}{\rho^2+R^2}$(向左)；

$a_C^{(2)}=\frac{FR(R\cos\varphi+r)}{m(\rho^2+R^2)}$(向右)；$F_f^{(2)}=\frac{F(\rho^2\cos\varphi-Rr)}{\rho^2+R^2}$(向左)

9-27 $\alpha_{\beta=60^\circ}=\frac{3\sqrt{3}g}{4l}$(逆时针)；$\alpha_{\beta=30^\circ}=\frac{3g}{4l}$(逆时针)

9-28 $\alpha_{AB}^{(1)}=\frac{3\sqrt{2}}{26}\frac{g}{r}$(逆时针)；$F_f^{(1)}=\frac{3}{26}mg$(向左)，$F_N^{(1)}=\frac{35}{26}mg$(向上)；

$\alpha_{AB}^{(2)}=\frac{27(\sqrt{2}-1)}{169}\frac{g}{r}$(顺时针)；$F_f^{(2)}=\frac{12(2-\sqrt{2})}{169}mg$(向左)，

$F_N^{(2)}=mg$(向上)

9-29 $a_A=\frac{8}{7}g$（沿斜面向下）；$\alpha_{AB}=\frac{6\sqrt{3}g}{7l}$（逆时针）

9-30 $a=\frac{3[F-(m_1+m_2)gf]}{3m_1+m_2}$（向右）；$a_C=\frac{F-(m_1+m_2)gf}{3m_1+m_2}$（向右）；

$\alpha=\frac{2[F-(m_1+m_2)gf]}{(3m_1+m_2)r}$（逆时针）

9-31 $\alpha_A=\frac{2g}{9r}$（逆时针）；$F_f=\frac{1}{9}mg$（沿斜面向上）

9-32 $\omega=\frac{2}{r}\sqrt{\frac{\sqrt{3}gs}{7}}$（逆时针）；$\alpha=\frac{2\sqrt{3}g}{7r}$（逆时针）；

$F_f=\frac{\sqrt{3}}{7}mg$（沿斜面向上）

9-33 (1)$\omega=\frac{3\sqrt{7}}{7}\sqrt{\frac{g}{l}}$（顺时针）；$\alpha=\frac{13g}{28l}$（顺时针）

(2)$F_{Ax}=\frac{108+13\sqrt{3}}{28}mg$（向左），$F_{Ay}=\frac{17+36\sqrt{3}}{28}mg$（向上），

$M_A=\frac{25+108\sqrt{3}}{84}mgl$（逆时针）

9-34 $\alpha_O=\frac{4F}{5ml}$（顺时针）；$\alpha_{AB}=\frac{21F}{5ml}$（逆时针）

9-35 $a=\frac{\sqrt{3}}{9}g$（向右）；$F_f=\frac{2}{9}mg$（沿斜面向上）；

$F_N=\frac{4\sqrt{3}}{9}mg$（垂直于斜面向上）

9-36 (1)$f_s\geqslant\left|\frac{3\sqrt{3}m_1-2m_2}{9m_1+2m_2}\right|$；(2)$a_A=\frac{3\sqrt{3}m_1-2m_2}{9m_1+2m_2}g$（沿斜面向下）；

(3)$\alpha_B=\frac{2(3+\sqrt{3})m_1g}{(9m_1+2m_2)r}$（顺时针）

9-37 (1)$l_0=\frac{10}{7}l$；(2)$OD=\frac{4}{5}l$

9-38 (1)$\tan\varphi\geqslant\frac{1}{3f}$；(2)$u_A=\frac{I}{m}(\cos\varphi-3f\sin\varphi)$（向右）

9-39 $\omega_{AB}=\frac{1}{4}\omega_0$（逆时针）；$u_C=\frac{1}{6}r\omega_0$（向右）

9-40 $u_C=\frac{1}{3}r\omega_0(2\cos\theta+1)$（向右）

9-41 $\omega_{AB}=\frac{12(e+1)\sqrt{2gh}}{7l}$（逆时针）；$u_C=\frac{(3-4e)\sqrt{2gh}}{7}$（向下）

9-42 $\omega=\frac{6(e+1)v_0\sin\theta}{l(1+3\sin^2\theta)}$（逆时针）；$u_C=\frac{e-3\sin^2\theta}{1+3\sin^2\theta}v_0$（向上）

9-43 $\omega_{AB}=\frac{36v_0}{23l}$（顺时针）；$\omega_{DE}=\frac{18v_0}{23l}$（顺时针）；

$u_{C_1}=\frac{17v_0}{23}$（向上）；$u_{C_2}=\frac{6v_0}{23}$（向上）

9-44 (1)$\omega_{OA}=\frac{5}{113}\sqrt{\frac{3(2-\sqrt{3})g}{8r}}$（逆时针）；

(2)$\omega_C=\frac{32}{113}\sqrt{\frac{6(2-\sqrt{3})g}{r}}$（顺时针）；

(3)$I_{Dx}=\frac{32m}{113}\sqrt{6(2-\sqrt{3})gr}$（向左），$I_{Dy}=0$

第 10 章　达朗贝尔原理

10-1 $F_{IC}^{n}=ml\omega^2(//\overrightarrow{O_1A})$，$F_{IC}^{t}=ml\alpha(\perp O_1A)$，$M_{IC}=0$；

$F_{IA}^{n}=ml\omega^2(//\overrightarrow{O_1A})$，$F_{IA}^{t}=ml\alpha(\perp O_1A)$，

$M_{IA}=\frac{1}{2}ml^2(\alpha\sin\varphi+\omega^2\cos\varphi)$（顺时针）

10-2 $F_{IC}^{n}=\frac{1}{6}ml\omega^2(//\overrightarrow{CB})$，$F_{IC}^{t}=\frac{1}{6}ml\alpha(\perp CB)$，$M_{IC}=\frac{1}{12}ml^2\alpha$（顺时针）；

$F_{IO}^{n}=\frac{1}{6}ml\omega^2(//\overrightarrow{OB})$，$F_{IO}^{t}=\frac{1}{6}ml\alpha(\perp OB)$，$M_{IO}=\frac{1}{9}ml^2\alpha$（顺时针）

10-3 $F_{IC}^{n}=\frac{\sqrt{2}}{2}mr\omega^2(//\overrightarrow{OC})$，$F_{IC}^{t}=\frac{\sqrt{2}}{2}mr\alpha(//\overrightarrow{CB})$，

$M_{IC}=\frac{1}{6}mr^2\alpha$（逆时针）；

$F_{IO}^{n}=\frac{\sqrt{2}}{2}mr\omega^2(//\overrightarrow{OC})$，$F_{IO}^{t}=\frac{\sqrt{2}}{2}mr\alpha(//\overrightarrow{AB})$，

$M_{IO}=\frac{2}{3}mr^2\alpha$（逆时针）

10-4 $F_{IC}^{n}=\frac{mv_A^2}{4l\sin^2\beta}(//\overrightarrow{CB})$，$F_{IC}^{t}=\frac{mv_A^2\cos\beta}{4l\sin^3\beta}(\perp AB)$，$M_{IC}=\frac{mv_A^2\cos\beta}{12\sin^3\beta}$（顺时针）；

$F_{IA}^{n}=\frac{mv_A^2}{4l\sin^2\beta}(//\overrightarrow{AB})$，$F_{IA}^{t}=\frac{mv_A^2\cos\beta}{4l\sin^3\beta}(\perp AB)$，$M_{IA}=\frac{mv_A^2\cos\beta}{3\sin^3\beta}$（顺时针）

10-5 $F_{TOB}=\frac{2\sqrt{3}}{13}mg$（拉）；$\alpha_{AB}=\frac{18g}{13l}$（逆时针）

10-6 $\alpha_{AB}=\frac{3g}{l}$（顺时针）；$a_{Ax}=-\frac{\sqrt{3}}{6}g$，$a_{Ay}=g$

10-7 $\alpha_{AB}=\frac{6g}{17r}$（顺时针）；$F_{Ax}=\frac{6}{17}mg-mr\omega^2$，$F_{Ay}=\frac{11}{17}mg-mr\omega^2$，

$M_A=\frac{9}{17}mgr-mr^2\omega^2$（逆时针）

10-8 $a_A=\frac{m(R-r)^2g}{m(R-r)^2+m_1(r^2+\rho^2)}(\downarrow)$；　$f_s\geqslant\frac{m(rR+\rho^2)}{m(R-r)^2+m_1(r^2+\rho^2)}$

10-9 (1)$a_C=\frac{9}{13}g(\downarrow)$；$\alpha_C=\frac{3\sqrt{3}g}{13l}$（顺时针）；

(2)$\alpha_{O_1A}=\frac{3\sqrt{3}g}{13l}$（逆时针）；$F_T=\frac{4}{13}mg(\uparrow)$

10-10 $v_A=\sqrt{\frac{3}{10}gh}(\downarrow)$；$a_A=\frac{3}{20}g(\downarrow)$；$F_{TBD}=\frac{7}{10}mg$（拉）；

$f_s\geqslant\frac{1}{60}=0.0167$

10-11 $\alpha=\frac{16g}{29r}$（顺时针）；$F_A=\frac{34\sqrt{3}}{87}mg(//\overrightarrow{AO})$；$F_B=\frac{50\sqrt{3}}{87}mg(//\overrightarrow{BO})$

10-12 $\alpha=\frac{16\sqrt{3}g}{29r}$（逆时针）；$F_A=(\frac{124\sqrt{3}}{87}-\frac{7}{6})mg(\downarrow)$；

$F_B=(\frac{8\sqrt{3}}{87}+\frac{5}{12})mg$（垂直于60°的滑道向上）

10-13 (1)$\alpha_{OA}=\frac{3g}{16r}$（顺时针）；$\alpha_B=\frac{\sqrt{3}g}{4r}$（逆时针）；(2)$a_B=\frac{\sqrt{3}}{8}g(\rightarrow)$；

(3) $F_N=\frac{11}{8}mg(\uparrow)$，$F_{Ax}=\frac{\sqrt{3}}{8}mg(\rightarrow)$，$F_{Ay}=\frac{3}{8}mg(\downarrow)$

10-14 $\alpha_{OA}=\frac{\sqrt{3}g}{12l}+\frac{F}{2ml}$（顺时针）；$F_N=\frac{41}{18}mg-\frac{7\sqrt{3}}{9}F(\uparrow)$

10-15 $a_B=\frac{10}{19}g$（沿滑道向下）；$F_N=\frac{29\sqrt{3}}{38}mg$（垂直于滑道向上）

10-16 $\alpha_B=\frac{15g}{34r}$（逆时针）；$F_N=\frac{27\sqrt{3}}{34}mg$（垂直于斜面向上），

$F_f=\frac{15}{68}mg$（沿斜面向上）

10-17 (1) $\alpha_C=\frac{6g}{11r}$（顺时针）；(2) $F_T=\frac{23}{22}mg$（拉）

10-18 (1) $\alpha_B=\frac{\sqrt{3}g}{6r}$（顺时针）；(2) $F_f=\frac{\sqrt{3}}{12}mg(\rightarrow)$

10-19 $\alpha_{OA}=\frac{5g}{28r}$（顺时针）；$\alpha_D=\frac{23g}{42r}$（顺时针）

10-20 $M=\frac{2\sqrt{3}}{3}mr^2\omega_0^2$；$F_N=\frac{2}{9}mr\omega_0^2+2mg(\uparrow)$

10-21 $M=\frac{3\sqrt{3}}{4}mr^2\omega_0^2+2mgr$；$F_{Ox}=\frac{11}{4}mr\omega_0^2+\frac{3\sqrt{3}}{2}mg(\leftarrow)$，

$F_{Oy}=\frac{3\sqrt{3}}{4}mr\omega_0^2+\frac{5}{2}mg(\uparrow)$

10-22 $M=-\frac{16\sqrt{3}}{9}mr^2\omega_0^2$；$F_N=\frac{3}{2}mg-\frac{11}{27}mr\omega_0^2(\uparrow)$，$F_f=\frac{2\sqrt{3}}{9}mr\omega_0^2(\leftarrow)$

10-23 $\omega=\sqrt{\frac{3g}{5r}}$（逆时针）；$\alpha=\frac{3g}{10r}$（逆时针）

10-24 (1) $\alpha_{AB}=\frac{3g}{2l}$（逆时针）；(2) $F_{By}=\frac{1}{4}P(\uparrow)$

10-25 (1) $v_A=\sqrt{\frac{3gl}{10}}(\rightarrow)$，$\omega_{AB}=\sqrt{\frac{24g}{5l}}$（顺时针）；

(2) $a_A=0$，$\alpha_{AB}=0$；

(3) $F_N=\frac{22}{5}mg(\uparrow)$

10-26 $F_{NA}=35.078\text{N}(\uparrow)$，$F_{fA}=17.539\text{N}(\leftarrow)$；

$F_{ND}=258.922\text{N}(\uparrow)$，$F_{fD}=20.613\text{N}(\leftarrow)$

10-27 $F_{Ax}^{(d)}=\frac{3}{4}m_1e_1\omega^2$（铅垂向上），$F_{Ay}^{(d)}=\frac{1}{4}m_2e_2\omega^2$（垂直于传动轴指向内）；

$F_{Bx}^{(d)}=\frac{1}{4}m_1e_1\omega^2$（铅垂向上），$F_{By}^{(d)}=\frac{3}{4}m_2e_2\omega^2$（垂直于传动轴指向内）

10-28 $F_{Ax}^{(d)}=\frac{1}{2}m[e\cos\beta+\frac{1}{2a}(\frac{1}{4}r^2+e^2)\sin(2\beta)]\omega^2$（铅垂向上），$F_{Ay}^{(d)}=0$；

$F_{Bx}^{(d)}=\frac{1}{2}m[e\cos\beta-\frac{1}{2a}(\frac{1}{4}r^2+e^2)\sin(2\beta)]\omega^2$（铅垂向上），$F_{By}^{(d)}=0$

10-29 $F_{Ay}^{(d)}=\frac{mr^2}{\pi l}\omega^2(\uparrow)$；$F_{By}^{(d)}=\frac{mr(2l-r)}{\pi l}\omega^2(\uparrow)$

10-30 $F_{Ay}^{(d)}=\frac{1}{24}m\frac{ab(a^2-b^2)}{l(a^2+b^2)}\omega^2(\uparrow)$；$F_{By}^{(d)}=\frac{1}{24}m\frac{ab(a^2-b^2)}{l(a^2+b^2)}\omega^2(\downarrow)$

第 11 章　虚位移原理

11-1 $\delta r_C=\sqrt{3}r\delta\theta$

11-2 $\delta r_D=\sqrt{6}r\delta\theta_{OA}$

11-3 $\delta r_D=\frac{8\sqrt{3}}{3}\delta r_A$

11-4 $\delta\varphi_{O_1B}=2\sqrt{3}\delta\varphi_{OE}$

11-5 $M=5ql^2$

11-6 $M=\frac{\sqrt{3}}{3}Fl$

11-7 $M=\frac{16(4+\sqrt{3})}{13}Fl$

11-8 $M=12Fr$

11-9 $F=\frac{\pi a\tan\alpha}{(a+b)h}M$

11-10 $M=\frac{Fl}{2\cos\alpha}$

11-11 $F_f=\frac{3}{2}mg$

11-12 $M=2Fr$；$F_f=F$(向左)

11-13 $M=\frac{4\sqrt{3}}{9}Fr$

11-14 $M=\frac{\sqrt{3}}{4}Fl$

11-15 $M=2Fl$

11-16 $M=\sqrt{3}Fr$

11-17 $F_B=5\text{kN}$(向上)

11-18 $M_D=\frac{11\sqrt{3}+4}{2}Fa$(逆时针)，

$F_{Dx}=\frac{11\sqrt{3}+8}{4}F$(向左)，$F_{Dy}=\frac{11}{4}F$(向上)

11-19 $F_{GH}=\frac{1+\sqrt{3}}{2}qa$(拉杆)

11-20 $F_{AB}=\frac{8\sqrt{3}-1}{6}F$(拉杆)

11-21 $\lambda=\frac{3F}{2k}\tan\varphi$(压缩)

11-22 $\lambda=\frac{ql}{12k}$(压缩)

11-23 $\lambda=\frac{3\sqrt{3}F}{2k}$(压缩)

11-24 $k=\frac{2\sqrt{3}M}{3b^2}$

11-25 $\alpha=\arctan\frac{F_1a}{F_2b}$；$\beta=\arctan\frac{F_1}{F_2}$

11-26 $M_1=m_BgR$；$M_2=m_Bgr$

11-27 $M_2=\frac{1}{2}M_1$；$M_3=M_1$

11-28 $\theta=\arctan\frac{\sqrt{3}(5P+2kl)}{6kl}$

11-29 $\theta=30°$(稳定平衡),$\theta=90°$(不稳定平衡)

11-30 $\theta=\arctan\frac{7}{3}=66.8°$(不稳定平衡)

第 12 章 动力学普遍方程和第二类拉格朗日方程

12-1 $a=\frac{2M-(P_1+P_2)r}{(3P_1+P_2)r}g(\uparrow)$

12-2 $\alpha=\frac{M_0}{(3m+4m_1)l^2}$(逆时针)

12-3 $a=\frac{2(F-P_2\tan\beta-P_3\tan\beta)g}{2P_1+2P_2\tan^2\beta+2P_3\tan^2\beta+P_3}$

12-4 $\alpha_{AB}=\frac{6g}{7l}$(逆时针);$\alpha_{AD}=\frac{6g}{7l}$(顺时针);

$\alpha_{BC}=\frac{6g}{7l}$(顺时针);$\alpha_{CD}=\frac{6g}{7l}$(逆时针)

12-5 $(\frac{3}{2}-\frac{8}{3\pi}\cos\theta)\ddot{\theta}+\frac{4}{3\pi}\dot{\theta}^2\sin\theta+\frac{4g}{3\pi r}\sin\theta=0$;$T=\pi\sqrt{\frac{(9\pi-16)r}{2g}}$

12-6 $\begin{cases}(m_1+m_2)\ddot{y}+m_1(R-r)(\ddot{\varphi}\sin\varphi+\dot{\varphi}^2\cos\varphi)+ky=0\\3(R-r)\ddot{\varphi}+2\ddot{y}\sin\varphi+2g\sin\varphi=0\end{cases}$

12-7 $\begin{cases}(3P_1+2P_2)\ddot{x}+3P_1\ddot{s}-2g(P_1\sin\beta-P_2)=0\\3P_1(\ddot{x}+\ddot{s})-2g[P_1\sin\beta-k(s-l_0)]=0\end{cases}$

12-8 $\begin{cases}(3m_1+2m)\ddot{s}+2ml[\ddot{\varphi}\sin(\varphi+\beta)+\dot{\varphi}^2\cos(\varphi+\beta)]-2(m_1+m)g\sin\beta+2k(s-l_0)=0\\4l\ddot{\varphi}+3l\ddot{s}\sin(\varphi+\beta)-3g\cos\varphi=0\end{cases}$

12-9 $\begin{cases}(m_1+m_2)l\ddot{\theta}+m_2\ddot{x}\cos\theta+(m_1+m_2)g\sin\theta=0\\3\ddot{x}+2l\ddot{\theta}\cos\theta-2l\dot{\theta}^2\sin\theta+2\frac{k}{m_2}x=0\end{cases}$

12-10 $\begin{cases}33mr^2\ddot{\theta}+12mr^2\ddot{\varphi}=2M_1\\6mr^2\ddot{\theta}+16mr^2\ddot{\varphi}=M_2\end{cases}$

12-11 $\begin{cases}2\ddot{\varphi}-\ddot{\psi}=0\\11r\ddot{\psi}-2r\ddot{\varphi}-3g\cos\psi=0\end{cases}$

$\begin{cases}4r\dot{\varphi}^2+11r\dot{\psi}^2-4r\dot{\varphi}\dot{\psi}-6g\sin\psi=C_1\\2\dot{\varphi}-\dot{\psi}=C_2\end{cases}$

12-12 $\begin{cases}(2m_1+m_2)\ddot{x}+m_2r\ddot{\varphi}\cos\varphi-m_2r\dot{\varphi}^2\sin\varphi=0\\r\ddot{\varphi}+\ddot{x}\cos\varphi+g\sin\varphi=0\end{cases}$

$T+V=(m_1+\frac{1}{2}m_2)\dot{x}^2+\frac{1}{2}m_2r^2\dot{\varphi}^2+m_2r\dot{x}\dot{\varphi}\cos\varphi-m_2gr\cos\varphi=C_1$

$\frac{\partial L}{\partial\dot{x}}=(2m_1+m_2)\dot{x}+m_2r\dot{\varphi}\cos\varphi=C_2$

附录A 参考答案

北京理工大学2010年攻读硕士学位研究生入学考试“理论力学”试题参考答案

一、(1) $\omega_{AB}=\frac{1}{3}\omega$（逆时针），$\omega_B=2\omega$（顺时针）；(2) $\alpha_{AB}=\frac{2\sqrt{3}}{27}\omega^2$（顺时针），$\alpha_B=\frac{4\sqrt{3}}{9}\omega^2$（逆时针）

二、(1) $\omega_{O_2B}=\frac{\sqrt{3}}{6}\omega_0$（逆时针），$\alpha_{O_2B}=\frac{6+5\sqrt{3}}{12}\omega_0^2$（顺时针）；

(2) $v_r=\frac{\sqrt{3}}{2}r\omega_0$（沿圆弧点 A 处的切线斜向下），

$a_r^t=\frac{6+\sqrt{3}}{12}r\omega_0^2$（沿圆弧点 A 处的切线斜向下），

$a_r^n=\frac{3}{4}r\omega_0^2$（由点 A 指向点 D）

三、(1) $F_{AC}=\frac{2\sqrt{3}}{3}F$（压杆），$F_{CB}=\frac{\sqrt{3}}{3}F$（压杆）；(2) $2mg\leqslant F\leqslant 9mg$

四、$M_D=\frac{3}{4}ql^2$（顺时针）

五、$\omega_D=\sqrt{\frac{9g}{5r}}$（逆时针），$\boldsymbol{p}=\frac{1}{4}mr\omega_D(-11\boldsymbol{i}+\sqrt{3}\boldsymbol{j})$，$L_O=\frac{19}{12}mr^2\omega_D$（逆时针）

六、$\alpha_{OA}=\frac{15g}{13l}$（逆时针）， $F_{NB}=\frac{28}{13}mg$（铅垂向上）

北京理工大学2011年攻读硕士学位研究生入学考试“理论力学”试题参考答案

一、$\omega_{ABC}=\frac{1}{2}\omega_0$（顺时针），$\alpha_{ABC}=\frac{3}{16}\omega_0^2$（顺时针），$\boldsymbol{a}_C=-3r\omega_0^2\boldsymbol{i}-\frac{25}{8}r\omega_0^2\boldsymbol{j}$

二、$\omega_{AB}=\frac{\sqrt{3}}{2}\omega_0$（逆时针），$\alpha_{AB}=\frac{1+\sqrt{3}}{2}\omega_0^2$（顺时针）

三、$F_{AB}=\frac{19\sqrt{3}}{9}ql$（拉杆）

四、$\frac{3}{11}W\leqslant F\leqslant\frac{21}{13}W$

五、$T=\frac{17}{4}mr^2\omega^2$，$\boldsymbol{p}=\frac{1}{2}mr\omega(3\sqrt{3}\boldsymbol{i}+5\boldsymbol{j})$，$L_O=\frac{7}{2}mr^2\omega$（顺时针）

六、$F_{fP}=mg+\frac{\sqrt{3}mv_A^2}{4r}$，$F_{NP}=\frac{2\sqrt{3}}{3}mg+\frac{23mv_A^2}{36r}$，$M=\frac{\sqrt{3}}{3}mv_A^2+mgr$（逆时针）

北京理工大学2012年攻读硕士学位研究生入学考试“理论力学”试题参考答案

一、$\omega_{AB}=\frac{1}{2}\omega_0$（逆时针），$\alpha_{AB}=\frac{65\sqrt{3}}{36}\omega_0^2$（顺时针）

二、$v_{GH}=\sqrt{3}r\omega_0$（→），$a_{GH}=\sqrt{3}r\alpha_0-3r\omega_0^2$（正方向为→）

三、$\frac{8\sqrt{3}}{21}Wr \leqslant M \leqslant 2\sqrt{3}Wr$

四、$F_{AB} = \frac{37\sqrt{3}}{45}ql$（拉杆）

五、$T = \frac{29}{12}mr^2\omega^2$，$\boldsymbol{p} = \frac{1}{2}mr\omega(-3\boldsymbol{i}+\sqrt{3}\boldsymbol{j})$，$L_O = \frac{5}{6}mr^2\omega$（顺时针）

六、(1) $\alpha = \frac{3g}{7r}$（顺时针）；(2) $F_T = \frac{13}{14}mg$（↑）；(3) $F_{ND} = \frac{3\sqrt{3}}{14}mg$（→）

北京理工大学 2013 年攻读硕士学位研究生入学考试“理论力学”试题参考答案

一、$v_B = \frac{3}{2}v_0$（←），$a_B = \frac{3}{2}a_0 + \frac{2\sqrt{3}v_0^2}{3r}$（←）

二、(1) $\omega_{ABE} = \frac{2}{3}\omega_0$（逆时针），$\alpha_{ABE} = \frac{16}{27}\omega_0^2$（逆时针）

(2) $v_r = \frac{8}{3}r\omega_0$（↓），$a_r = \frac{82}{27}r\omega_0^2$（↓）

三、$\frac{4\sqrt{3}}{21}P \leqslant F \leqslant \sqrt{3}P$

四、$M_O = ql^2$（顺时针）

五、(1) $T = \frac{41}{6}mr^2\omega^2$；(2) $\boldsymbol{p} = \frac{3}{4}mr\omega(11\boldsymbol{i}+\sqrt{3}\boldsymbol{j})$；(3) $L_O = \frac{4}{3}mr^2\omega$（顺时针）

六、(1) $\alpha_{O_1A} = \frac{7g}{24r}$（逆时针）；(2) $\alpha_C = \frac{7\sqrt{3}g}{18r}$（顺时针）；(3) $F_T = \frac{22}{9}mg$（拉）

参考文献

[1] 梅凤翔,周际平,水小平.工程力学(上、下册).北京:高等教育出版社,2003

[2] 梅凤翔,周际平,水小平.工程力学学习指导(上、下册).北京:北京理工大学出版社,2003

[3] 李树焕,戴泽墩.理论力学教程(上、下册).北京:北京理工大学出版社,1990

[4] 戴泽墩,李树焕.理论力学的基本概念与解题技巧.北京:兵器工业出版社,2000

[5] 朱照宣,周起钊,殷金生.理论力学(上、下册).北京:北京大学出版社,1982

[6] 贾书惠,李万琼.理论力学.北京:高等教育出版社,2002

[7] 贾书惠.理论力学学习辅导.北京:清华大学出版社,2007

[8] 刘延柱,朱本华,杨海兴.理论力学.第3版.北京:高等教育出版社,2009

[9] 洪嘉振,杨长俊.理论力学.第3版.北京:高等教育出版社,2008

[10] 谢传锋.静力学.第2版.北京:高等教育出版社,2004

[11] 谢传锋.动力学.第2版.北京:高等教育出版社,2004

[12] 李俊峰.理论力学.北京:清华大学出版社,2001

[13] 刘又文,彭献.理论力学.北京:高等教育出版社,2006

[14] 蒋平.工程力学基础(Ⅰ),理论力学.第2版.北京:高等教育出版社,2008

[15] 哈尔滨工业大学理论力学教研室编.理论力学(Ⅰ、Ⅱ).第6版.北京:高等教育出版社,2002

[16] 王铎,程靳.理论力学解题指导及习题集.第3版.北京:高等教育出版社,2005

[17] 王永岩.理论力学.北京:科学出版社,2007

[18] 武清玺,冯奇.理论力学.北京:高等教育出版社,2003

[19] 刘巧伶,李洪.理论力学.第3版.北京:科学出版社,2005

[20] 贾启芬,刘习军.理论力学.北京:机械工业出版社,2002

[21] 徐燕候,郭长铭,周凯元.理论力学(上、下册).合肥:中国科学技术大学出版社,1989

[22] 郭应征,周志红.理论力学.北京:清华大学出版社,2005

[23] 范钦珊,刘燕,王琪.理论力学.北京:清华大学出版社,2004

[24] 蔡泰信,和兴锁.理论力学(Ⅰ、Ⅱ).北京:机械工业出版社,2004

[25] 张祥东,胡文绩,程光均.理论力学.第2版.重庆:重庆大学出版社,2006

[26] 罗特军,魏泳涛.理论力学.成都:四川大学出版社,2006

[27] 李心宏.理论力学.第4版.大连:大连理工大学出版社,2006

[28] 韦林,周松鹤,唐晓弟.理论力学.上海:同济大学出版社,2007

[29] 江晓仑,葛玉梅,张明.理论力学创新思维训练.北京:中国铁道出版社,2003

[30] 江晓仑,王桥川,李定海.理论力学错解范例分析.北京:中国铁道出版社,2005

[31] 梅凤翔,刘桂林.分析力学基础.西安:西安交通大学出版社,1987

[32] [美]R. C. Hibbeler 著,董春敏、金云平、王崧译.工程力学——静力学.第3版.北京:电子工业出版社,2006

[33] [美]R. C. Hibbeler 著,王崧、董春敏、金云平译.工程力学——动力学.第3版.北京:电子工业出版社,2006

[34] [德]K. Magnus,H. H. Müller 著.张维等译.工程力学基础.北京:北京理工大学出版社,1997

[35] [德]H. H. Müller,K. Magnus 著.张维等译.工程力学基础习题详解.北京:高等教育出版出版社,2001

[36] 李绍文.国外理论力学习题选编(上、下册).北京:北京理工大学出版社,1988

反侵权盗版声明